Handbibliothek für Bauingenieure

Ein Hand- und Nachschlagebuch
für Studium und Praxis

Begründet von

Robert Otzen

I. Teil. Hilfswissenschaften. 4. Band:

Vermessungskunde

von

Martin Näbauer

Dritte, ergänzte und verbesserte Auflage

Springer-Verlag Berlin Heidelberg GmbH

1949

Vermessungskunde

Von

Dr.-Ing. Martin Näbauer

Geh. Baurat, o. Professor an der Technischen Hochschule
zu München

Dritte,
ergänzte und verbesserte Auflage

Mit 460 Abbildungen

Springer-Verlag Berlin Heidelberg GmbH

1949

ISBN 978-3-662-11952-5   ISBN 978-3-662-11951-8 (eBook)
DOI 10.1007/978-3-662-11951-8

Vorwort.

Dieses Buch bildet einen Bestandteil der von R. Otzen herausgegebenen Handbibliothek für Bauingenieure und wendet sich – wie schon bisher – in erster Linie an diejenigen Bauingenieure, welche nicht nur einige Begriffe erhaschen möchten, sondern sich ernsthaft mit der Vermessungskunde befassen wollen oder müssen. Ist diese schon dem Inlandsbauingenieur unentbehrlich, weil er selbst Vermessungsarbeiten auszuführen oder doch vielfach zu überwachen, zu beurteilen und vor allem weiter zu verwenden hat, so ist sie es erst recht für unsere Auslandsingenieure. Ihnen steht im allgemeinen kein Vermessungsspezialist zur Seite, und sie haben in kartographisch unbekannten Ländern häufig recht umfangreiche Vermessungen vollkommen selbständig durchzuführen[1].

Eine etwas gründlichere Behandlung des Stoffes war also geboten, zumal geodätische Arbeiten nicht nur bei den einfacheren Verhältnissen der Tiefebene, sondern auch im schwierigeren Hügel- und Gebirgsgelände auszuführen sind. Immerhin darf das Buch nicht zu umfangreich werden. Deshalb mußte die Routenaufnahme von vornherein ausscheiden; aus dem weiten Gebiet der astronomisch-geographischen Ortsbestimmung wurden nur die notwendigsten Angaben zur behelfsmäßigen Breiten- und Azimutbestimmung gebracht, und auch die Photogrammetrie ist in einem mäßigen Umfang behandelt, so daß dem Buch der Charakter einer Vermessungskunde erhalten bleibt. Für diese hier mehr oder weniger zurückgestellten Gebiete ist aber durch gute Sonderwerke[2] gesorgt; ihre Weglassung bzw. kürzere Behandlung ist daher kaum als eine wesentliche Lücke anzusprechen.

Die eingeflochtenen Fehlerbetrachtungen und Genauigkeitsangaben haben nicht nur theoretische Bedeutung; sie sollen vor allem den Leser befähigen, das für seine Absichten jeweils zweckmäßigste Beobachtungs- und Aufnahmeverfahren herauszugreifen und unter Vermeidung überflüssiger Arbeit ausreichende Genauigkeit zu erzielen. In einzelnen Kapiteln (Theodolitpolygonzüge, Photogrammetrie, Papieränderung, Flächenberechnung) etwas weiter getriebene Fehleruntersuchungen sind ein Zugeständnis an den Vermessungsingenieur; der Bauingenieur mag sie überschlagen.

Auch dem Studierenden möchte das Werk eine Hilfe sein. Den vollen Nutzen wird aber nur derjenige ziehen, welcher das Buch nicht als bequemen Ersatz für den Vor-

---

[1] Infolge ihrer häufigen Abwesenheit kommt aber die Vertretung ihrer besonderen geodätischen Interessen leicht zu kurz.

[2] Siehe z. B. G. v. Neumayer „Anleitung zu wissenschaftlichen Beobachtungen auf Reisen", Bd. I, Hannover 1906 (L. Ambronn: Geographische Ortsbestimmung auf Reisen; P. Vogel: Aufnahme des Reiseweges und des Geländes); ferner auf dem Gebiet der astronomisch-geographischen Orts-, Zeit- und Azimutbestimmungen einschlägige Bücher von L. De Ball, F. Brünnow, E. Gelcich, K. Graff, P. Güssfeldt, J. Ph. Herr — W. Tinter, W. Jordan, A. Marcuse, Th. Niethammer, A. Sawitsch, C. W. Wirtz, W. F. Wislicenus. Zur Photogrammetrie siehe die Literaturangaben auf Seite 260 und 261 dieses Buches.

trag, sondern als dessen Hilfsmittel und Ergänzung betrachtet und welcher sich auch mit der praktischen Seite der Meßkunst in den vorgesehenen Übungen vertraut macht.

Der Vermessungsingenieur wird natürlich an das Buch nach mancher Richtung hin noch weitergehende Anforderungen stellen; immerhin wird er es auch in der vorliegenden Form nicht ohne allen Nutzen aus der Hand legen.

Nach diesen Leitgedanken wurde seinerzeit das Buch angelegt, und sie gelten auch für die vorliegende 3. Auflage.

Von den gelegentlich der Besprechung der 2. Auflage geäußerten Wünschen konnte zur Vermeidung eines übermäßigen Buchumfangs nur ein Teil berücksichtigt werden. Die jetzt vorgenommene Erweiterung betrifft in etwas die Linsenoptik samt Strahlenbegrenzung, die Genauigkeit der trigonometrischen Punktbestimmung, vor allem aber die Photogrammetrie und das Winkelbildverfahren, welches in manchen Fällen neben der trigonometrischen Bogenabsteckung erhebliche Bedeutung gewonnen hat.

Meiner Frau und meiner Tochter Dr. Martha Näbauer danke ich für ihre Unterstützung bei den verschiedenen Korrekturen für den Druck dieses Buches.

München, Ende Dezember 1948.

Dr. Martin Näbauer.

Inhaltsverzeichnis.

Seite

III. Aufnahmearbeiten.

IV. Planherstellung und Flächenberechnung.

Berichtigungen

zu Näbauer, Vermessungskunde, 3. Auflage.

Seite 154, dritte Zeile vor (442³), lies „S_o" statt „S"

Seite 164, dritte Zeile nach (479), lies „m_{β_i}" statt „$m_{\beta i}^2$"

Seite 211, erste Zeile nach Tabelle 33, lies „d_e" statt „d_i"

Seite 215, Zeile 3 von unten, lies „in" statt „im"

Seite 313, Zeile 19 von unten, lies „$A_i B^i$" statt „$A^i B^i$"

Einleitung.

Aufgabe der Vermessungskunde im Umfange der sog. niederen Geodäsie oder praktischen Geometrie ist die Vermessung, Berechnung und Abbildung von kleineren Teilen der Erdoberfläche in einem solchen Ausmaße, daß für die grundrißlichen Darstellungen noch die Ebene als Bezugsfläche dienen kann. Sollen dabei relative Längenverzerrungen über 1:50000 vermieden werden, so dürfen die äußersten Punkte des Aufnahmegebietes nicht mehr als 40 km von einem das Gebiet der Länge nach teilenden Großkreis abstehen.

Für die zweckmäßige Durchführung einer Vermessung muß man sich von vornherein über die anzustrebende Genauigkeit, die zu ihrer Erreichung geeignetste Methode und den notwendigen Arbeitsaufwand im klaren sein; ferner darf man es aus Gründen der Ehrlichkeit und der Sicherheit halber nicht unterlassen, sich aus dem Verlauf der Beobachtungen und dem Verhalten der aus ihnen berechneten Ergebnisse von der wirklich erreichten Zuverlässigkeit der Endresultate ein richtiges Bild zu machen. Es ist daher notwendig, der Vermessungskunde eine kurze Fehlertheorie vorauszuschicken, welche den Leser wenigstens mit der Beurteilung von Beobachtungsreihen, der Berechnung des mittleren Fehlers bei gleichen und verschiedenen Gewichten aus Beobachtungsfehlern und Beobachtungsdifferenzen, mit der Fehlerfortpflanzung in Funktionen der Beobachtungen sowie mit der zweckmäßigsten Verteilung einzelner Widersprüche gegen feste Beobachtungssummen vertraut macht. Auch ein knapper Formelsatz für die Ausgleichung vermittelnder und bedingter Beobachtungen ist nicht zu entbehren.

Eine besondere Instrumentenkunde lehrt die Einrichtung und den Gebrauch der für Vermessungen wichtigsten Instrumente, wobei gelegentlich auch schon einfache Messungen zu besprechen sind. Hingegen bringen die Abschnitte über Aufnahme- und Absteckungsarbeiten die Beschreibung der Messungen einzeln und im Zusammenhang, wie sie insbesondere bei Projektierungen auftreten. Hinsichtlich der Verarbeitung von Aufnahmen ist das Wichtigste im Abschnitt über Planherstellung und Flächenberechnung enthalten.

Den Anstoß zur Entwicklung der Vermessungskunde, deren Ursprung sich im Dunkel der Zeiten verliert, gaben zweifellos praktische Bedürfnisse, und die alten Kulturvölker Mesopotamiens, denen die Herstellung ausgedehnter Bewässerungsanlagen nachgerühmt wird, müssen wohl schon im Besitze einer über die ersten Anfänge hinausgewachsenen praktischen Geometrie gewesen sein. Das alte Ägypten hatte schon ein Grundstückskataster, und die infolge der regelmäßig wiederkehrenden Überschwemmungen des Nils etwa verlorengegangenen Grenzen konnten wiederhergestellt werden. Ein hervorragender Zeuge für die Pflege der praktischen Geometrie in Griechenland ist Heron von Alexandrien, der bereits die Ausführung einer Aufnahme durch rechtwinklige Koordinaten samt Flächenberechnung ausführlich beschreibt. Auch die Römer hatten ihr Kataster und in den Agrimensoren eine eigene Feldmesserzunft. Eine nennenswerte Fortbildung aber hat die Vermessungskunst weder den Römern noch den folgenden Jahrhunderten zu verdanken. In die erste Hälfte des 14. Jahrhunderts fällt das Auftreten der ersten Ablesevorrichtung, der Transversalenteilung, und erst 1631 war die Entwicklung des außerordentlich wichtigen Nonius abgeschlossen. Schon etwas früher (um 1590) hatte Praetorius den Meßtisch erfunden, welcher in der Aufnahmepraxis bis tief ins vorige Jahrhundert hinein das Feld beherrschte.

Einen ungemein kräftigen Aufschwung erfuhr die Vermessungskunde durch die zu Beginn des 19. Jahrhunderts hauptsächlich in Deutschland — meist zu Steuer-

zwecken — einsetzenden Landesvermessungen, die vielfach noch den Meßtisch verwendeten. Bei dieser Gelegenheit wurde dank der fruchtbaren Zusammenarbeit von
REICHENBACH und FRAUNHOFER durch ersteren auch die Latte zum Selbstablesen
vom Instrumente aus eingeführt. Infolge der mit der Bodenbewertung gestiegenen
Genauigkeitsansprüche aber trat das Aufnehmen durch unmittelbar gemessene, rechtwinklige Koordinaten auf trigonometrischer Grundlage, die sog. Zahlenaufnahme oder
Koordinatenmethode, immer mehr in den Vordergrund. Diesem inzwischen hoch entwickelten Verfahren tritt neuerdings — in bezug auf Schärfe nahezu ebenbürtig — die
Planaufnahme nach Polarkoordinaten mit waagrechter Entfernungslatte zur Seite.
Der hohe Stand dieser Aufnahmearten, bemerkenswerte Fortschritte im Instrumenten-
bau vornehmlich mit dem Ziele, trotz einer Gewichtsverminderung die Ausführung
der Beobachtungen zu erleichtern und zu verschärfen, die Umstellung ganzer Formel-
sätze von der logarithmischen auf die Maschinenrechnung, ferner die größtenteils
durch die Bedürfnisse des Eisenbahnbaues seit etwa 1840 bewirkte Entwicklung des
geometrischen Nivellements zur genauesten Methode der Höhenmessung, die Ausbreitung der Tachymetrie, das Aufblühen der Photogrammetrie sowie der für größere und
wichtigere Messungen heute überall verlangte Genauigkeitsnachweis sind charakteristisch für den gegenwärtigen Stand der Vermessungskunde[1].

---

[1] An Literatur zu diesen geschichtlichen Ausführungen sei verwiesen auf: 1. HERODOT: II,
109 und VI, 42; 2. HAMMER, E.: Geschichte der Landmessung in Ägypten. Z. Vermess.-Wes. 1908,
S. 377— 384; 3. BORCHARDT, L.: Nilmesser u. Nilstandsmarken. Abh. d. K. preuß. Ak. d. W. 1906,
Anhang Abh. I, S. 1—55; 4. CANTOR, M.: Die römischen Agrimensoren u. ihre Stellung in der
Feldmeßkunst. Leipzig 1875; 5. STÖBER, E.: Die römischen Grundsteuervermessungen. München
1877; 6. JORDAN-STEPPES: Das deutsche Vermessungswesen. Stuttgart 1882; 7. ROEDDER:
Zur Geschichte des Vermessungswesens Preußens, insbesondere Altpreußens, aus der ältesten Zeit
bis in das 19. Jahrhundert. Z. Vermess.-Wes. Beginn 1907 S. 689, Schluß 1908, S. 195; 8. LÜHRS, W.:
Ein Beitrag zur Geschichte der Transversalteilungen und des „Nonius". Z. Vermess.-Wes. 1910,
S. 177ff.; 9. v. BAUERNFEIND, C. M.: JOSEPH von UTZSCHNEIDER, München 1880, u. 10. JO-
HANN GEORG von SOLDNER, München 1885; 11. v. DYCK, W.: GEORG von REICHENBACH, München 1912; 12. REPSOLD, JOH. A.: Zur Geschichte der astronomischen Meßwerkzeuge, I. Bd.
(von 1450—1830). Leipzig 1908, II. Bd. (von 1830—1900). Leipzig 1914; 13. SCHMIDT, Fr.: Geschichte der geodätischen Instrumente u. Verfahren im Altertum u. Mittelalter. Neustadt a. H. 1935.
Dazu treten 14. Veröffentlichungen der einzelnen Staaten über ihre Landesvermessungsarbeiten
u. 15. die geodätischen Veröffentlichungen (besonders Erdmessungsarbeiten) von internationalen
geodätischen Vereinigungen.

I. Elemente der Fehlertheorie[1].

1. Fehler und Fehlereigenschaften.

Alle in den messenden Wissenschaften ausgeführten Beobachtungen sind mit Fehlern behaftet, welche ihr Entstehen hauptsächlich den Unvollkommenheiten der Sinnesorgane, kleinen Fehlern im Bau, in der Berichtigung und Aufstellung des Instruments, ungünstigen atmosphärischen Verhältnissen und anderen ähnlichen Gründen verdanken. Diese Fehler verraten sich bei wiederholter Beobachtung ein und derselben Größe in den zwischen den Beobachtungen bestehenden Abweichungen. Liegen hingegen nur einmalige Beobachtungen verschiedener Größen vor, welche wie die Winkel im Dreieck einer von vornherein bekannten Bedingung strenge genügen sollen, so äußern sie sich in dem Widerspruch, welchen die Beobachtungen der Erfüllung einer oder mehrerer solcher Bedingungen entgegensetzen.

Die Beobachtungsfehler lassen sich nach Art ihrer Entstehung und Wirkung in drei Gruppen zusammenfassen, nämlich in

a) grobe Fehler, b) systematische Fehler, c) rein zufällige, unvermeidliche Fehler.

Die groben Fehler entspringen der Unachtsamkeit. Sie können bei genügender Sorgfalt von vornherein vermieden oder doch mit Hilfe von Kontrollen rechtzeitig aufgedeckt und beseitigt werden, so daß sie in der Fehlertheorie keine wesentliche Rolle spielen.

Wichtiger sind schon die systematischen Fehler, welche ihre Entstehung mehr oder weniger einseitig wirkenden Ursachen, wie restigen Instrumentenfehlern oder Temperatureinflüssen von gleichartigem Charakter verdanken. Diese Art von Fehlern tritt in einer zeichnerischen Darstellung der Beobachtungen meist deutlich zutage. Die Messungen schmiegen sich nämlich in einem solchen Falle einer Kurve an, welche sehr häufig eine Gerade ist. In diesem sehr wichtigen Falle spricht man von einem linearen Verlauf des systematischen Fehlers. Liegt diese Gerade parallel zur Abszissenachse, so handelt es sich um einen gleichbleibenden Fehlereinfluß, der als konstanter Fehler bezeichnet wird. Wenn in einer Reihe von n Elementen ein Gesamtfehler

$$\varepsilon_i' = \varepsilon_i + c \tag{1}$$

rechnerisch in den rein zufälligen Fehler ε_i und den konstanten Fehler c zerlegt werden soll, so geschieht dies mittels der Gleichungen

$$c = \frac{1}{n}\,(\varepsilon_1' + \varepsilon_2' + \cdots + \varepsilon_n'), \quad \varepsilon_i = \varepsilon_i' - c\,. \tag{2}$$

Die systematischen Fehler können aus dem Verlaufe der Beobachtungen errechnet und zahlenmäßig berücksichtigt werden. Dieser Weg ist zwar etwas umständlich, läßt sich aber — besonders in der Astronomie — nicht immer vermeiden. Einfacher ist

---

[1] Zum tieferen Studium der Fehlertheorie u. Ausgleichungsrechnung sowie ihrer Anwendungen siehe: a) HELMERT, F. R.: Die Ausgleichungsrechnung nach der Methode der kleinsten Quadrate, 3. Aufl. Leipzig und Berlin 1924; b) JORDAN, W.: Handbuch der Vermessungskunde Bd. 1: Ausgleichungsrechnung nach der Methode der kleinsten Quadrate, 7. Aufl. Stuttgart 1920. c) HEGEMANN, E.: Übungsbuch für die Anwendung der Ausgleichungsrechnung, 2. Aufl. Berlin 1902; d) VOGLER, CH. A.: Geodätische Übungen für Landmesser u. Ingenieure Teil II, 3. Aufl. Berlin 1913.

Ein ausführliches Literaturverzeichnis über das Gebiet der Fehlertheorie enthält CZUBER, E.: Die Entwicklung der Wahrscheinlichkeitstheorie u. ihre Anwendungen, im Jahresbericht der deutschen Mathematikervereinigung Bd. 7. Leipzig 1899.

es, durch eine planmäßige Anordnung und Verbindung der Beobachtungen absolut genommen gleich große positive und negative Summen der systematischen Fehlereinflüsse zu erzielen, so daß das Mittel aus den Beobachtungen einen von diesen Fehlern freien Wert vorstellt. Dieses als Tilgungsmessung oder Kompensationsmessung bezeichnete Verfahren der Fehlertilgung ist besonders in der Geodäsie weit verbreitet. Ein einfaches Beispiel dafür ist die übliche Art der Horizontalwinkelmessung in zwei Fernrohrlagen, bei welcher das Hinausfallen einer größeren Anzahl von systematischen Fehlern erreicht wird. Befreit man die Beobachtungen von den groben und systematischen Fehlern, so bleiben noch die rein zufälligen, unvermeidlichen Beobachtungsfehler, mit denen man sich in der Fehlertheorie hauptsächlich zu befassen hat, übrig. Diese treten bei jedem Beobachtungsverfahren auf und sind als unvermeidlich zu betrachten. Sie können aber unter sonst gleichen Umständen durch vermehrte Sorgfalt bei flottem Arbeitsgange verkleinert werden und üben insbesondere auf das Mittel aus mehrfach wiederholten Beobachtungen nur noch einen stark verringerten Einfluß aus.

Die zufälligen, unvermeidlichen Beobachtungsfehler sind aber nicht etwa vollständig gesetzlos; sie besitzen vielmehr eine Reihe von charakteristischen Eigenschaften, unter denen besonders folgende zu nennen sind:

1. das arithmetische Mittel der algebraischen Fehlerwerte soll mit zunehmender Fehlerzahl gegen Null konvergieren;

2. die Vorzeichen sollen annähernd gleichmäßig über die Fehlerreihe verteilt sein, und die Vorzeichenfolgen sollen den Vorzeichenwechseln die Waage halten;

3. kleine Fehler treten häufiger auf als große; zwischen bestimmten Grenzen soll eine bestimmte Zahl von Fehlern liegen;

4. die unter den Fehlermaßen bestehenden theoretischen Beziehungen sollen erfüllt sein[1].

Ehe auf diese Punkte eingegangen wird, mögen einige allgemeine Bemerkungen über die algebraische Definition des Fehlers eingeschaltet werden. Unter einem Fehler versteht der Sprachgebrauch eine Größe, welche man von der Beobachtung wegnehmen muß, um auf den verbesserten Wert zu kommen. Hingegen ist zur Erreichung des gleichen Zieles die Verbesserung zur Beobachtung hinzuzufügen. Aus praktischen Gründen zieht man das Wort Fehler, das sich auch schon in sehr vielen Zusammensetzungen fest eingebürgert hat, dem schleppenden Ausdruck Verbesserung vor, und aus rechnerischen Gründen gibt man jenem heute ziemlich allgemein die sachliche Bedeutung der Verbesserung. Diesem Brauche folgend, wird künftighin immer, wenn nicht ausdrücklich anderes bemerkt ist, unter dem Fehler eine Größe verstanden, deren Hinzutreten zur Beobachtung diese in den richtigen bzw. in einen verbesserten Wert überführt.

Sind also für eine Größe, deren wahrer Wert X ist, die fehlerhaften Beobachtungen $l_1, \ldots l_i, \ldots l_n$ gefunden worden und sind $\varepsilon_1, \ldots \varepsilon_i, \ldots \varepsilon_n$ die wahren Fehler dieser Beobachtungen, so ist

$$X = l_1 + \varepsilon_1 = \cdots = l_i + \varepsilon_i = \cdots = l_n + \varepsilon_n \tag{3}$$

und

$$\varepsilon_i = X - l_i. \tag{4}$$

Bleibt der wahre Wert X unbekannt und tritt an seine Stelle ein Näherungswert x, so treten auch an Stelle der ε_i die scheinbaren Beobachtungsfehler v_i.

Für den besonderen Fall, daß die Näherung x ein wahrscheinlichster Wert[2] ist, werden die einzelnen v_i wahrscheinlichste Beobachtungsfehler. Den Gleichungen (3) und (4) entsprechen hier die Beziehungen

$$x = l_i + v_i, \quad v_i = x - l_i. \tag{5}$$

---

[1] Für weitergehende Ansprüche sei noch hinzugefügt 5. Das Kriterium von ABBE: Die Summe der Quadrate der Unterschiede unmittelbar aufeinanderfolgender Fehler soll gleich sein der doppelten Summe der Quadrate aller Einzelfehler.

[2] Der wahrscheinlichste Wert ist ein der Wahrheit möglichst nahekommender Wert, welcher bei einer unendlich oft wiederholten Messung der gesuchten Größe in der Reihe der Beobachtungen am häufigsten auftreten würde.

Nach dieser Abschweifung kehren wir wieder zu den unvermeidlichen Beobachtungsfehlern zurück. Bezeichnet man mit $W_\varepsilon^{\varepsilon+d\varepsilon}$ die **mathematische Wahrscheinlichkeit** für das Fallen eines Fehlers zwischen die Grenzen ε und $\varepsilon + d\varepsilon$, so ist, wie zuerst C. F. GAUSS[1] gezeigt hat,

$$W_\varepsilon^{\varepsilon+d\varepsilon} = \varphi(\varepsilon)\,d\varepsilon = \frac{h}{\sqrt{\pi}}\,e^{-h^2\varepsilon^2}\,d\varepsilon. \tag{6}$$

Den Faktor

$$\varphi(\varepsilon) = \frac{h}{\sqrt{\pi}}\,e^{-h^2\varepsilon^2} \tag{7}$$

bezeichnet man als das **GAUSSsche Fehlergesetz**. Die Größe h ist für die Güte der Beobachtungsreihe kennzeichnend und wird deshalb das **Maß der Genauigkeit** genannt. Das angegebene Fehlergesetz enthält den Fehler ε nur in der zweiten Potenz; also sind positive und negative Fehler gleichen Absolutwertes gleich wahrscheinlich. Aus dieser Erkenntnis aber folgen leicht die unter 1. und 2. aufgezählten Fehlereigenschaften.

Der Verlauf des GAUSSschen Fehlergesetzes ist für die Annahme $h = 1$ in Abb. 1 veranschaulicht, in welcher die ε als Abszissen und die zugehörigen $\varphi(\varepsilon)$ als Ordinaten aufgetragen sind. Die so entstehende Kurve ist symmetrisch zur Achse der $\varphi(\varepsilon)$, und die im Bilde schraffierte schmale Fläche ist nach (6) die Wahrscheinlichkeit $W_\varepsilon^{\varepsilon+d\varepsilon}$.

Unter der **Häufigkeitszahl** $H_{\varepsilon_i}^{\varepsilon_r}$ versteht man die Zahl

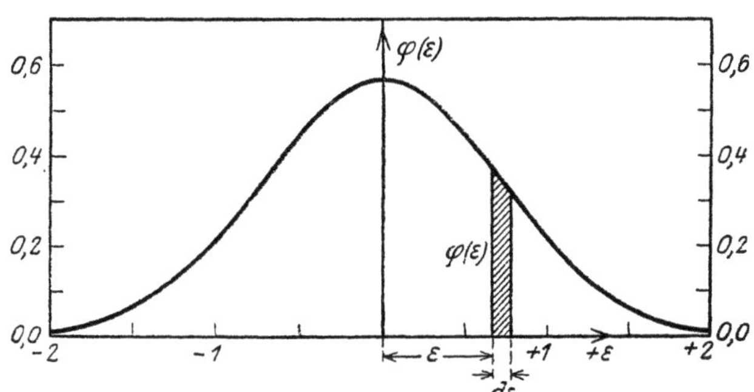

Abb. 1. Das Gaußsche Fehlergesetz für $h = 1$.

derjenigen Fehler, welche zwischen den Grenzen ε_i und ε_r liegen. Sie ist das Produkt

$$H_{\varepsilon_i}^{\varepsilon_r} = n \cdot W_{\varepsilon_i}^{\varepsilon_r} = n \int_{\varepsilon_i}^{\varepsilon_r} \varphi(\varepsilon)\,d\varepsilon = n\,\frac{h}{\sqrt{\pi}} \int_{\varepsilon_i}^{\varepsilon_r} e^{-h^2\varepsilon^2}\,d\varepsilon, \tag{8}$$

---

[1] C. F. GAUSS (1777—1855) hat sein Fehlergesetz 1794 aufgestellt, aber erst 1809 in der Theorie der Bewegung der Himmelskörper (ins Deutsche übertragen von C. HAASE, Hannover 1865) veröffentlicht. Seine Ableitung stützt sich auf den Begriff der mathematischen Wahrscheinlichkeit (Verhältnis der dem Eintreffen eines Ereignisses günstigen Anzahl von Fällen zur Gesamtzahl aller möglichen Fälle) u. auf die allgemein gebräuchliche Annahme, daß der wahrscheinlichste Wert gleich genauer, direkter Beobachtungen das einfache arithmetische Mittel sei. Die später hauptsächlich von BESSEL, HAGEN u. CROFTON entwickelte Theorie der Elementarfehler führt ebenfalls zum GAUSSschen Fehlergesetz. Sie besitzt den großen Vorzug, auf die Natur der Beobachtungsfehler als zusammengesetzte Größen einzugehen u. führt wieder unter Benutzung des Wahrscheinlichkeitsbegriffes, aber ohne Verwendung des arithmetischen Mittels zum Ziele. Voraussetzung ist bei CROFTON [Philos. Trans. Roy. Soc., Lond. Bd. 160 (1870), S. 175ff.] nur mehr, daß jeder Beobachtungsfehler als die algebraische Summe einer sehr großen Zahl von im Vergleich zum Gesamtfehler sehr kleinen Elementarfehlern betrachtet werden darf u. daß die im allgemeinen verschieden großen Elementarfehler irgendein gerades Fehlergesetz befolgen, d. h., daß bestimmte Absolutfehler ebenso häufig positiv wie negativ auftreten. Von dem vielgliedrigen Charakter der Beobachtungsfehler kann man sich leicht überzeugen. So setzt sich z. B. der Fehler des in üblicher Weise in zwei Fernrohrlagen gemessenen Horizontalwinkels ungerechnet einer Drehung der Unterlage aus 28 Elementarfehlern (4 Einstellfehler, 8 Ablesefehler, 8 Kreisteilungsfehler, 8 Nonienteilungsfehler) zusammen. Aber auch dann, wenn scheinbar einfache Verhältnisse vorliegen wie bei der Einschätzung der Lage eines Teilstriches in einem Felde, handelt es sich um einen physiologisch recht komplizierten Vorgang, da das Zustandekommen der Strichbilder durch die Vermittlung einer sehr großen Zahl von Sehstäbchen erfolgt. Jedes der bei der Bildentstehung mitwirkenden Stäbchen gibt gewissermaßen ein mit einem Fehler, dem Elementarfehler, behaftetes Urteil über die Strichlage ab.

wenn n die Gesamtzahl der Beobachtungen bedeutet und $W_{\varepsilon i}^{\varepsilon r}$ die Wahrscheinlichkeit für das Fallen eines Fehlers zwischen die Grenzen ε_i und ε_r angibt. Da man nach Gleichung (18) h über den mittleren Fehler aus den Beobachtungsfehlern ableiten kann, so läßt sich die Häufigkeitszahl $H_{\varepsilon i}^{\varepsilon r}$ zahlenmäßig berechnen. Es ist zweckmäßig, die Grenzen ε_i und ε_r in Einheiten des schon genannten mittleren Fehlers einzuführen. Da dieser auch bei Punkt 4 eine Rolle spielt, so müssen wir zunächst auf die Fehlermaße eingehen, ehe die Besprechung der unter 3. und 4. genannten Eigenschaften der rein zufälligen, unvermeidlichen Beobachtungsfehler ganz abgeschlossen wird.

2. Fehlermaße und Gewichte.

Der Wert einer Beobachtungsreihe wird durch die zugehörige Fehlerreihe erschöpfend bestimmt. Aus praktischen Gründen sucht man für diese Beurteilung nach einem kürzeren Ausdruck, welcher sich in den sog. Fehlermaßen ergibt. Davon kommen in Betracht

1. der mittlere Fehler m,
2. der durchschnittliche Fehler d,
3. der wahrscheinliche Fehler w,

welche alle ganz bestimmte Mittelwerte aus den Einzelfehlern $\varepsilon_1, \ldots \ldots \varepsilon_n$ sind. Ihre Berechnung erfolgt nach den Beziehungen

$$m = \pm \sqrt{\frac{[\varepsilon\,\varepsilon]}{n}}, \tag{9}$$

$$d = \pm \frac{[|\varepsilon|]}{n}, \tag{10}$$

$$w = \pm \left|\varepsilon_{\frac{1}{2}(n+1)}\right| \text{ für ungerades } n, \quad \left|\varepsilon_{\frac{n}{2}}\right| < w < \left|\varepsilon_{\frac{n}{2}+1}\right| \text{ für gerades } n, \tag{11}$$

in welchen die eckige Klammer das von Gauss in die Geodäsie eingeführte Summenzeichen bedeutet, während das Zeichen $|\ |$ angibt, daß es sich um den Absolutwert der zwischen den Strichen stehenden Größe handelt. Die Vorzeichenverbindung $\pm$ weist darauf hin, daß die Fehlermaße als Unsicherheiten der Beobachtungen aufzufassen sind; nicht aber als Größen, welche, mit einem bestimmten Vorzeichen versehen, zur fehlerhaften Beobachtung hinzugefügt, deren richtigen Wert ergeben. Nach den Gleichungen (9) bis (11) ist der mittlere Fehler die Wurzel aus dem arithmetischen Mittel der Quadrate der Einzelfehler, während der durchschnittliche Fehler das arithmetische Mittel aus den Absolutwerten der wahren Beobachtungsfehler angibt. Der wahrscheinliche Fehler wird in der nach Absolutwerten geordneten Fehlerreihe ebenso oft nicht erreicht, als er überschritten wird. Also ist in einer derart geordneten Reihe bei einer ungeraden Anzahl von Beobachtungen das in der Mitte stehende Element der wahrscheinliche Fehler; für gerades n hingegen liegt er zwischen den beiden in der Mitte der Fehlerreihe stehenden Elementen und kann in der Regel hinreichend genau durch deren arithmetisches Mittel ersetzt werden.

Denkt man sich die Beobachtungen unendlich oft wiederholt und zugleich die Fehlergrenzen ins Unendliche erweitert, so gelangt man unter Beachtung des Umstandes, daß die Zahl der im Intervall $d\varepsilon$ liegenden Fehler diesem selbst proportional ist, auf folgende, die Fehlermaße bestimmende Integralausdrücke

$$m = \pm \left\{ 2 \int_0^{+\infty} \varepsilon^2 \cdot \varphi(\varepsilon)\, d\varepsilon \right\}^{\frac{1}{2}}, \tag{12}$$

$$d = \pm 2 \int_0^{+\infty} \varepsilon \cdot \varphi(\varepsilon)\, d\varepsilon, \tag{13}$$

$$\tfrac{1}{4} = \int_0^{+w} \varphi(\varepsilon)\, d\varepsilon. \tag{14}$$

Diese Formen haben wenig praktisches Interesse, sind aber für theoretische Untersuchungen nicht zu entbehren.

Ersetzt man in den drei letzten Gleichungen $\varphi(\varepsilon)$ durch den Ausdruck (7), so führt die nunmehr mögliche Auswertung der Integrale zu den **strengen Ergebnissen**

$$m = \pm \frac{1}{h\sqrt{2}}, \qquad d = \pm \frac{1}{h\sqrt{\pi}}, \qquad w = \pm \frac{0,476\,9363\ldots}{h}, \tag{15}$$

nach welchen die Fehlermaße einfache Funktionen des Maßes der Genauigkeit sind. Hieraus entsteht durch Elimination von h die ebenfalls **strenge Beziehung**

$$m = d\sqrt{\frac{\pi}{2}} = \frac{w}{0,476\,9363\ldots\sqrt{2}} \approx \frac{w}{0,672}, \tag{16}$$

welche für praktische Zwecke durch die sehr gute **Näherung**

$$m \approx \tfrac{5}{4}d \approx \tfrac{3}{2}w \tag{17}$$

ersetzt werden kann[1].

Weitaus das wichtigste Fehlermaß ist der mittlere Fehler, welcher die Genauigkeitsverhältnisse am ungünstigsten darstellt. Er wird immer berechnet, während die beiden anderen Fehlermaße nur dann bestimmt werden, wenn es sich um die eingehende Untersuchung einer Fehlerreihe handelt, wobei auch festzustellen ist, ob die durch (16) bzw. (17) bestimmten theoretischen Beziehungen zwischen den Fehlermaßen genügend erfüllt werden. Will man ausnahmsweise das Maß der Genauigkeit in Zahlen haben, so findet man es bei bekanntem m leicht aus der Beziehung

$$h = \frac{1}{m\sqrt{2}} \tag{18}$$

Tabelle 1.

r	$W_0^{r\,m}$	r	$W_0^{r\,m}$
0,0	0,000	0,6	0,451
0,1	0,080	0,8	0,576
0,2	0,159	1,0	0,683
0,3	0,236	1,2	0,770
0,4	0,311	1,5	0,866
0,5	0,383	2,0	0,954
0,6	0,451	3,0	0,997

Wir müssen noch einmal auf die unter (8) stehende Häufigkeitszahl zurückkommen, indem wir an Stelle von ε_i und ε_r als Grenzen die Beträge 0 und $r \cdot m$ einführen. Die entsprechenden **Wahrscheinlichkeitszahlen** $W_0^{r\,m}$ dafür, daß ein Fehler zwischen 0 und dem r-fachen mittleren Fehler liegt, sind in Tabelle 1 zusammengestellt. Die zugehörige Häufigkeitszahl ist

$$H_0^{r\,m} = n\,W_0^{r\,m}. \tag{19}$$

Tabelle 1 zeigt, daß rund zwei Drittel (68,3%) aller Fehler den mittleren Fehler nicht überschreiten sollen. Die Zahl H_{im}^{rm} der zwischen den Grenzen im und rm zu erwartenden Fehler ist als die Differenz der Häufigkeitszahlen H_0^{im} und H_0^{rm} der Ausdruck

$$H_{i\,m}^{r\,m} = n\,(W_0^{r\,m} - W_0^{i\,m}). \tag{20}$$

Ein weiterer wichtiger Begriff ist der **Maximalfehler oder Grenzfehler**. Er ist offenbar die Summe der Absolutwerte aller den Beobachtungsfehler zusammensetzenden Elementarfehler. Da diese aber nicht genügend genau bekannt sind, so läßt sich der Grenzfehler auf Grund dieser Definition nicht wohl bestimmen. Sehr viel einfacher findet man ihn hinreichend genau durch folgende Überlegung. Nach der Tabelle der Wahrscheinlichkeitszahlen ist erst unter 300 Beobachtungen eine einzige zu erwarten, deren Fehler den dreifachen mittleren Fehler erreicht. In der erdrückend großen Mehrzahl der kürzeren Beobachtungsreihen ist deshalb der größte auftretende zufällige Fehler stets kleiner als $3\,m$ zu erhoffen. Daher setzt man heute allgemein den Maximalfehler M dem dreifachen mittleren Fehler gleich; also ist

$$M = 3\,m. \tag{21}$$

---

[1] Die einfachen Beziehungen (16) u. (17) entsprechen dem GAUSSschen Fehlergesetz. Sie lauten anders, wenn die Fehler (z. B. Abrundungsfehler) einem anderen Gesetze gehorchen.

Als Erläuterung der bisherigen Ausführungen mag ein Beispiel dienen. Zur Feststellung der Länge eines 20-m-Bandes und zur Prüfung der mit ihm erreichbaren Meßgenauigkeit wurde eine vorher mit genaueren Hilfsmitteln zu $X = 507{,}410$ m bestimmte Länge wiederholt gemessen, wobei die in Tabelle 2 unter l eingetragenen Zahlen gefunden wurden. Mit dem Werte X, welchem mit Rücksicht auf die genauere Bestimmungsart der Charakter eines wahren Wertes beigelegt werden soll, vergleichen wir zunächst die einzelnen Beobachtungen l und finden hierbei in den Differenzen $X - l = \varepsilon'$ die wahren Beobachtungsfehler. Der einseitige Vorzeichenverlauf und die große algebraische Summe dieser in Spalte 3 enthaltenen Werte zeigen, daß die ε' offenbar keine rein zufälligen Beobachtungsfehler sind, sondern durch systematische Fehler entstellt werden. Daß dem so ist, zeigt deutlich ein Blick auf Abb. 2, in welcher die Beobachtungsnummern (Zeiten!) als Abszissen, die Werte ε' als Ordinaten aufgetragen sind. Die entstandene Punktreihe läßt sich genügend genau durch eine Gerade[1] ausgleichen, welche zufällig

Tabelle 2.

Nr.	l	ε'	ε	$\varepsilon\,\varepsilon$	$\lvert\varepsilon\rvert$
	m	cm	cm	cm²	cm
1	507,35	+ 6,0	+ 6,0	36,0	0,0
2	38	— 3,0	— 2,6	6,8	0,4
3	35	+ 6,0	— 5,4	29,2	0,6
4	44	— 3,0	— 3,6	13,0	1,0
5	31	— 10,0	— 7,3	53,3	1,1
6	40	— 1,0	0,0	0,0	1,6
7	47	— 6,0	7,4	54,8	2,0
8	47	— 6,0	— 7,5	56,2	2,5
9	43	— 2,0	— 3,6	13,0	2,6
10	37	+ 4,0	— 2,0	4,0	3,4
11	39	+ 2,0	— 0,4	0,2	3,6
12	39	+ 2,0	— 0,6	0,4	3,6
13	40	— 1,0	— 1,6	2,6	4,5
14	37	+ 4,0	+ 1,1	1,2	4,9
15	48	— 7,0	— 10,2	104,0	5,4
16	41	0,0	— 3,4	11,6	6,0
17	40	+ 1,0	— 2,5	6,2	7,3
18	33	+ 8,0	— 4,5	20,2	7,4
19	36	+ 5,0	+ 1,0	1,0	7,5
20	32	+ 9,0	— 4,9	24,0	10,2
[+]		+ 62,0	+ 34,8		
[—]		— 24,0	— 40,8		
[±]		+ 38,0	— 6,0	437,7	75,6

durch den Koordinatenursprung geht. Der Grund für diesen systematischen Fehlerverlauf ist in einer von der zunehmenden Tagestemperatur herrührenden Verlängerung des Meßbandes zu suchen. Durch die ausgleichende Gerade wird, wie

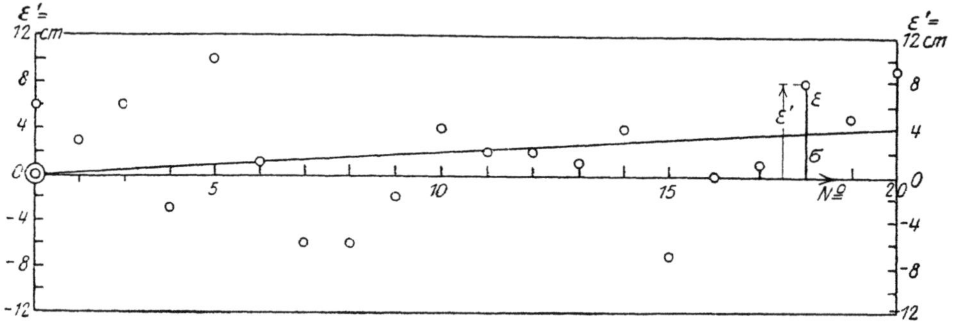

Abb. 2. Verlauf einer Fehlerreihe.

es in Abb. 2 für die 18. Beobachtung angedeutet ist, jede Fehlerordinate ε' in einen systematischen Fehleranteil σ und den übrigbleibenden rein zufälligen Beobachtungsfehler ε zerlegt. Die der Abbildung entnommenen ε stehen in Spalte 4 der Tabelle. Ihr arithmetisches Mittel ist — 6,0 cm : 20 = — 0,3 cm, ein im Vergleich zu den Fehlern selbst verschwindend kleiner Wert[2]. Auch die Vorzeichenverteilung ist be-

---

[1] Die strenge Behandlung führt auf eine Ausgleichung mit zwei Unbekannten. Zur umfangreichen Literatur siehe besonders die Jahrgänge 1918, 1925, 1930, 1938, 1941, 1942 u. 1943 der Z. Vermess.-Wes.

[2] Er könnte durch eine geringe Parallelverschiebung — besser durch eine Drehung u. Parallelverschiebung — der ausgleichenden Geraden vollständig zum Verschwinden gebracht werden.

friedigend. Es sind 9 positive und 10 negative Vorzeichen, während ein Fehler Null ist. Auch die Zahl der 10 Vorzeichenfolgen unterscheidet sich nur wenig von der Anzahl der 8 Vorzeichenwechsel. Nachdem die bisherige Prüfung der Fehlerreihe befriedigt, gehen wir an die Berechnung des mittleren Fehlers. Die hierzu notwendigen Quadrate $\varepsilon\varepsilon$ enthält Spalte 5 der Tabelle 2, ihre Summe ist 437,7 cm². Es wird also nach (9) der mittlere Fehler der einzelnen Messung der ganzen Länge

$$m = \pm \sqrt{\frac{437,7}{20}} = \pm 4,7 \text{ cm}. \tag{21^1}$$

Der durchschnittliche Fehler ergibt sich aus den Beobachtungen mittels (10) zu $\pm 3,8$ cm. Aus den in der letzten Spalte von Tabelle 2 stehenden, ihrer absoluten Größe nach geordneten Fehlerwerten folgt, daß der wahrscheinliche Fehler zwischen 3,4 und 3,6 liegt. Wir setzen ihn gleich dem Mittel dieser Zahlen, also $w = \pm 3,5$ cm. Mit Hilfe von (17) kann man bei bekanntem m die Werte d und w auch auf theoretischem Wege finden. Sie sind $d = \frac{4}{5} m = \pm 3,8$ cm und $w = \frac{2}{3} m = \pm 3,1$ cm. Die Zusammenstellung dieser Ergebnisse in Tabelle 3 zeigt, daß die von der Theorie geforderte Beziehung zwischen

Tabelle 3.

Fehlermaße	
aus der Beobachtung	nach der Theorie
cm	cm
$m = \pm 4,7$	
$d = \pm 3,8$	$d = \pm 3,8$
$w = \pm 3,5$	$w = \pm 3,1$

Tabelle 4.

i	r	im	rm	Häufigkeitszahl H_{im}^{rm} aus	
				der Beobachtung	der Theorie
		cm			
0	0,5	0	2,35	7	7,7
0,5	1,0	2,35	4,7	6	6,0
1,0	1,5	4,7	7,05	3	3,7
1,5	2,0	7,05	9,4	3	1,8
2,0	∞	9,4	∞	1	0,9

den Fehlermaßen beim durchschnittlichen Fehler genau, beim wahrscheinlichen Fehler etwas weniger gut erfüllt ist.

Zur Klärung der Fehlerverteilung sind mittels Gleichung (20) die Häufigkeitszahlen berechnet und in Tabelle 4 zusammengestellt worden. Sie stimmen mit den durch unmittelbares Abzählen aus den Beobachtungen gewonnenen Zahlen recht gut überein.

Der Maximalfehler endlich ist $M = 3 \cdot 4,7$ cm $= \pm 14,1$ cm und wird, wie ein Blick auf die letzte Spalte von Tabelle 2 zeigt, von keinem der Einzelfehler erreicht. Alles in allem läßt sich feststellen, daß die untersuchte Fehlerreihe dem GAUSSschen Fehlergesetz recht gut entspricht.

Über die Länge des Meßbandes gibt uns die ausgleichende Gerade in Abb. 2 Aufschluß. Da diese durch den Koordinatenursprung geht, so ist zu Beginn der Messung kein systematischer Fehler vorhanden gewesen; das Meßband besaß in diesem Zeitpunkte die Soll-Länge 20 m $+$ 0,00 mm. Am Schluß der Messung wird infolge des systematischen Fehlers die Länge von 507,410 m um 4,2 cm zu klein, also muß das Meßwerkzeug um den verhältnismäßigen Betrag $(20 : 507,410) \cdot 4,2$ cm $= 1,65$ mm zu groß sein. Es war also die Meßbandlänge am Ende der Messung 20 m $+$ 1,65 mm. Ist der Ausdehnungskoeffizient des Meßbandes $1,1 \cdot 10^{-5}$ (1,1 mm auf 10 m und 10°), so folgt aus der errechneten Längenzunahme des Bandes von 1,65 mm eine Temperaturzunahme von 7,5° während der Messung, was durchaus im Bereiche der Möglichkeit liegt.

Unter dem Gewicht p einer Beobachtung versteht man den reziproken Wert ihres mittleren Fehlerquadrates, also

$$p = \frac{1}{m^2}, \tag{22}$$

oder auch

$$p = 2h^2 \tag{23}$$

mit Rücksicht auf die Beziehung (15). Für rechnerische Zwecke faßt man den Begriff des Gewichtes etwas weiter auf und setzt $p = C : m^2$, wobei C eine für die betreffende Berechnung unveränderliche Größe bedeutet, welche so gewählt wird, daß die Rechnung mit handlichen Zahlen geführt werden kann.

Besitzen die ungleich genauen Beobachtungen $l_1, \ldots l_i, \ldots l_n$ die mittleren Fehler $m_1, \ldots m_i, \ldots m_n$ und die Gewichte $p_1, \ldots p_i, \ldots p_n$, so besteht die fortlaufende Verhältnisgleichung

$$p_1 : p_2 : \ldots : p_n = \frac{1}{m_1^2} : \frac{1}{m_2^2} : \ldots \frac{1}{m_n^2} \, . \tag{24}$$

Ferner ist allgemein

$$p_i \cdot m_i^2 = C \, . \tag{25}$$

Der mittlere Fehler m_0 der Gewichtseinheit ist derjenige mittlere Fehler, welcher zum Gewicht $p_0 = 1$ gehört. Setzen wir das Wertepaar p_0, m_0 in (25) ein, so zeigt sich, daß $C = m_0^2$ ist. Hieraus folgen die viel gebrauchten Beziehungen

$$m_0 = m_i \sqrt{p_i} \quad \text{bzw.} \quad m_i = \frac{m_0}{\sqrt{p_i}} \, . \tag{26}$$

Bei einer Fehlerberechnung aus ungleichgewichtigen Beobachtungen sind die wahren Beobachtungsfehler ε erst auf gleiches Maß der Genauigkeit, d. h. auf gleiches Gewicht zu bringen, damit man sie als zur selben, gleich sorgfältig ausgeführten Beobachtungsreihe gehörige Fehler betrachten kann. Diese Reduktion erfolgt nach dem Vorgange von (26). Es sind also die Ausdrücke

$$\varepsilon_1' = \varepsilon_1 \sqrt{p_1}, \ldots \quad \varepsilon_i' = \varepsilon_i \sqrt{p_i}, \ldots \quad \varepsilon_n' = \varepsilon_n \sqrt{p_n} \tag{27}$$

die auf gleiches Maß der Genauigkeit, und zwar auf das Gewicht 1 gebrachten wahren Beobachtungsfehler, welche für alle weiteren Untersuchungen an Stelle der ε treten. Nach dieser Überlegung folgt aus (9) der mittlere Fehler der Gewichtseinheit

$$m_0 = \pm \sqrt{\frac{[\varepsilon' \varepsilon']}{n}} = \pm \sqrt{\frac{[p \varepsilon \varepsilon]}{n}} \tag{28}$$

und für die Zerlegung eines Gesamtfehlers

$$\varepsilon_i'' = \varepsilon_i + c \tag{29}$$

in den zufälligen Anteil ε_i und den konstanten Fehler c dienen die Beziehungen

$$c = [\varepsilon_i'' \sqrt{p_i}] : [\sqrt{p_i}], \quad \varepsilon_i = \varepsilon_i'' - c \, . \tag{30}$$

3. Fehlerfortpflanzung.

Durch die Beobachtungsfehler werden auch alle aus den Beobachtungen abgeleiteten Größen gefälscht. Ist

$$x = f(l_1, l_2, \ldots l_n) \tag{31}$$

eine Funktion der Beobachtungen $l_1, l_2, \ldots l_n$ und erfahren diese die bestimmten Änderungen $dl_1, dl_2 \ldots dl_n$, so ist die Funktionsänderung dx das totale Differential

$$dx = \frac{\partial f}{\partial l_1} \cdot dl_1 + \frac{\partial f}{\partial l_2} \cdot dl_2 + \ldots + \frac{\partial f}{\partial l_n} \cdot dl_n \tag{32}$$

der Funktion[1]. Verstehen wir unter den dl wahre Beobachtungsfehler ε und setzen wir zur Abkürzung $\frac{\partial f}{\partial l_i} = q_i$, so folgt aus (32) ein bestimmter Funktionsfehler

$$\xi = q_1 \varepsilon_1 + q_2 \varepsilon_2 + \cdots q_n \varepsilon_n = [q\varepsilon] \, . \tag{33}$$

---

[1] Aus (32) folgt: a) der bestimmte relative Fehler eines Produktes ist gleich der Summe der relativen Faktorenfehler, b) der bestimmte relative Fehler eines Quotienten ist die Differenz: relativer Fehler des Zählers minus relativer Fehler des Nenners.

Denken wir uns die Reihe der Beobachtungen ν-mal wiederholt, so ergeben sich auch ν verschiedene bestimmte Funktionsfehler $\xi_1, \xi_2, \ldots \xi_\nu$, aus denen nach dem Begriff des mittleren Fehlers für das mittlere Fehlerquadrat der Funktion x der Ausdruck

$$m_x^2 = \frac{\overset{\nu}{\underset{1}{[\xi^2]}}}{\nu} = \frac{1}{\nu} \sum_1^\nu [q\,\varepsilon]^2 \qquad (34)$$

folgt. Wenn man diesen Ausdruck unter Einführung aller möglichen Vorzeichenverbindungen der ε entwickelt, so fallen alle Glieder mit $\varepsilon_i \varepsilon_k$ hinaus, und es bleibt

$$m_x^2 = q_1^2 \frac{[\varepsilon_1 \varepsilon_1]}{\nu} + q_2^2 \frac{[\varepsilon_2 \varepsilon_2]}{\nu} + \cdots + q_n^2 \frac{[\varepsilon_n \varepsilon_n]}{\nu} . \qquad (35)$$

Die hierin enthaltenen Quotienten sind aber die zu den Beobachtungswerten $l_1, l_2, \ldots l_n$ gehörigen mittleren Fehlerquadrate $m_1^2, m_2^2, \ldots m_n^2$, so daß aus (35) die Beziehung

$$m_x = \pm \sqrt{[q^2 m^2]} = \pm \sqrt{\left(\frac{\partial f}{\partial l_1}\right)^2 m_1^2 + \left(\frac{\partial f}{\partial l_2}\right)^2 m_2^2 + \cdots + \left(\frac{\partial f}{\partial l_n}\right)^2 m_n^2} \qquad (36)$$

folgt, welche das sog. mittlere Fehlergesetz enthält. Machen wir von dem Zusammenhange $m_i = m_0 : \sqrt{p_i}$ Gebrauch, so erscheint (36) in der häufig benützten Form

$$m_x = m_0 \sqrt{\left[\frac{q\,q}{p}\right]} , \qquad (37)$$

deren unter der Wurzel stehender Ausdruck $\left[\dfrac{q\,q}{p}\right]$ als Gewichtskoeffizient der Funktion x bezeichnet wird. Bei sinngemäßer Anwendung des Gewichtsbegriffes auf die Funktion x ist nach (26)

$$m_x = \frac{m_0}{\sqrt{p_x}} , \qquad (38)$$

wenn p_x das Funktionsgewicht bedeutet. Ein Vergleich der zwei letzten Gleichungen zeigt, daß der Gewichtskoeffizient das reziproke Funktionsgewicht ist.

Zur Erläuterung ein einfaches Beispiel! Die beiden Teile $\alpha = l_1 = 42^0\ 17'\ 20''$ und $\beta = l_2 = 37^0\ 42'\ 30''$ eines Winkels $\gamma = x$ sind unabhängig voneinander mit den mittleren Fehlern $m_\alpha = m_1 = \pm 10''$ und $m_\beta = m_2 = \pm 15''$ beobachtet worden.

Aus

$$\gamma = \alpha + \beta = l_1 + l_2 = x \qquad (38^1)$$

folgt dann

$$\frac{\partial \gamma}{\partial \alpha} = \frac{\partial f}{\partial l_1} = + 1 = \frac{\partial \gamma}{\partial \beta} = \frac{\partial f}{\partial l_2} . \qquad (38^2)$$

und der mittlere Fehler von γ wird

$$m_\gamma = \pm \sqrt{(1 \cdot 10)^2 + (1 \cdot 15)^2} = \pm 18'' . \qquad (38^3)$$

Endergebnis: $\gamma = 79^0\ 59'\ 50'' \pm 18''$.

Liegen gleich genaue, d. h. gleichgewichtige Beobachtungen mit demselben mittleren Fehler m_0 vor, so wird

$$m_x = m_0 \sqrt{[q\,q]} . \qquad (39)$$

Besonders wichtig ist der Fall einer Summe

$$x = l_1 + l_2 + \cdots l_n \qquad (40)$$

von gleich genauen Beobachtungen. Da hier sämtliche Differentialquotienten $q = 1$ sind, so wird $[qq] = n$ und

$$m_x = \pm m_0 \sqrt{n} , \qquad (41)$$

woraus der wichtige Satz folgt, daß die mittlere Unsicherheit einer Summe von gleich genauen Beobachtungen mit der Wurzel aus der Zahl der Be-

obachtungen fortschreitet. Dieses Ergebnis bleibt auch bestehen, wenn die Summe
negative Glieder enthält.

Ein weiteres, praktisch wichtiges Beispiel mag diese Ausführungen beschließen. Zur
Bestimmung der unzugänglichen Entfernung BC (siehe Abb. 3) wurden in dem Dreiecke ABC die notwendigen Bestimmungsstücke c, α und β
gemessen, denen die mittleren Fehler m_c, m_a und m_β zu-
kommen. Wie groß ist der mittlere Fehler m_a der gesuchten
Entfernung $BC = a$ zu befürchten?

Nach dem Sinussatz ist

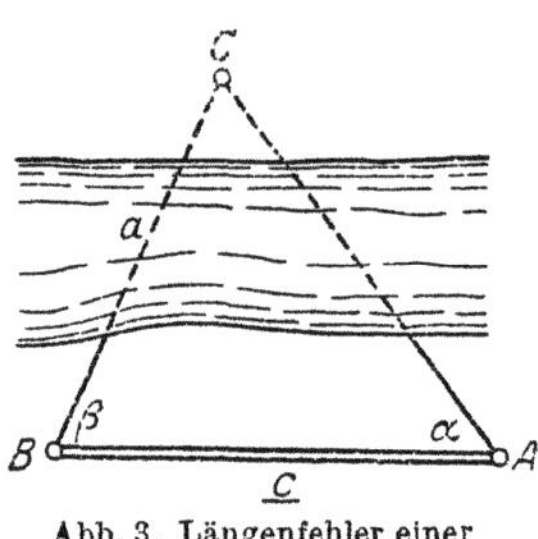

Abb. 3. Längenfehler einer Dreiecksseite.

$$a = c\,\frac{\sin \alpha}{\sin (\alpha + \beta)}, \tag{42}$$

in welchem Ausdruck c, α und β als die fehlerhaften Beobachtungen aufzufassen sind. Um auf die Differentialquotienten der Funktion nach den verschiedenen Veränderlichen
zu kommen, wollen wir die Funktion, da sie Produktenbau
besitzt, erst logarithmieren und dann differentiieren. Es ist

$$\log a = \log c + \log \sin \alpha - \log \sin (\alpha + \beta)$$

und

$$\begin{aligned}
d a &= a \left\{ \frac{dc}{c} + \operatorname{ctg} \alpha \cdot d\alpha - \operatorname{ctg}(\alpha + \beta) \cdot d(\alpha + \beta) \right\}, \\
&= a \left\{ \frac{dc}{c} + (\operatorname{ctg} \alpha + \operatorname{ctg} \gamma)\, d\alpha + \operatorname{ctg} \gamma \cdot d\beta \right\}. \tag{43}
\end{aligned}$$

In der letzten Gleichung ist $-\operatorname{ctg}(\alpha + \beta)$ durch $\operatorname{ctg}\gamma$ ersetzt, da man γ als die Ergänzung der Summe $\alpha + \beta$ der beiden gemessenen Winkel auf 180^0 leicht ermitteln kann.
Aus (43) gewinnen wir in einfachster Weise die partiellen Differentialquotienten

$$\frac{\partial a}{\partial c} = \frac{a}{c}, \qquad \frac{\partial a}{\partial \alpha} = a\,(\operatorname{ctg} \alpha + \operatorname{ctg} \gamma), \qquad \frac{\partial a}{\partial \beta} = a\,\operatorname{ctg} \gamma, \tag{44}$$

deren Einführung in (36) auf den gesuchten mittleren Längenübertragungsfehler

$$m_a = \pm a \sqrt{\left(\frac{m_c}{c}\right)^2 + \{(\operatorname{ctg} \alpha + \operatorname{ctg} \gamma)\, m_a\}^2 + (\operatorname{ctg} \gamma \cdot m_\beta)^2} \tag{45}$$

der unzugänglichen Entfernung in allgemeiner Form führt. Die in diesem Ausdruck
enthaltenen Winkelfehler m_α und m_β sind im Bogenmaß zu verstehen[1].

4. Das einfache arithmetische Mittel.

Der wahrscheinlichste Wert einer Anzahl gleich genauer, direkter Beobachtungen $l_1, l_2, \ldots l_n$ der gesuchten Größe ist das einfache arithmetische
Mittel aus den Beobachtungen

$$x = \frac{[l]}{n}. \tag{46}$$

Für die praktische Rechnung ist es meist zweckmäßig, die Beobachtungen in der
Form $l_i = l_0 + \Delta l_i$ zu verwenden, wo l_0 irgendeinen runden Näherungswert der Beobachtungen und Δl_i den Überschuß der Beobachtung l_i über l_0 bedeutet. Wie eine
sehr einfache Rechnung zeigt, wird dann

$$x = l_0 + \frac{[\Delta l]}{n}. \tag{47}$$

Man hat bei diesem naheliegenden Verfahren den großen Vorteil, die Mittelbildung
mit den kleinen Beträgen Δl vornehmen zu können.

---

[1] Der Längenübertragungsfehler bei Verwendung einfach abgeglichener Dreieckswinkel ist
auf Seite 19 behandelt.

Ein Vergleich der einzelnen Beobachtungen mit x führt nicht auf die wahren, sondern auf die **wahrscheinlichsten** (scheinbaren) **Beobachtungsfehler**

$$v_i = x - l_i, \tag{48}$$

deren Summe stets Null sein muß, wie auch die Beobachtungen beschaffen sind. Die Beziehung

$$[v] = 0, \tag{49}$$

welche leicht aus (46) und (48) herzuleiten ist, besitzt also lediglich den Charakter einer **Rechenprobe**. Um den mittleren Fehler m_x des einfachen arithmetischen Mittels aus dem mittleren Fehler m_0 einer Einzelbeobachtung zu finden, denken wir uns (46) in der Form $x = \dfrac{l_1}{n} + \dfrac{l_2}{n} + \cdots + \dfrac{l_n}{n}$ angeschrieben, woraus sich die Differentialquotienten $q_1 = q_2 = \cdots = q_n = \dfrac{1}{n}$ ergeben. Damit wird der Gewichtskoeffizient

$$[qq] = n\,(1:n)^2 = 1:n,$$

und hiermit finden wir aus (39)

$$m_x = \frac{m_0}{\sqrt{n}} \tag{50}$$

als den **mittleren Fehler des einfachen arithmetischen Mittels**. Da er zur Wurzel aus der Wiederholungszahl umgekehrt proportional ist, so läßt sich die Genauigkeit des Mittels durch eine Vergrößerung der Wiederholungszahl, besonders solange n noch klein ist, steigern. Ein Vergleich von (50) mit (38) zeigt, daß

$$p_x = n \tag{51}$$

das Gewicht des einfachen arithmetischen Mittels ist.

Wie ergibt sich nun, da wir die wahren Beobachtungsfehler ε im allgemeinen doch nicht kennen, der mittlere Beobachtungsfehler m_0 aus den scheinbaren Beobachtungsfehlern v? Aus den beiden Gleichungen $\varepsilon_i = X - l_i$, $v_i = x - l_i$ folgen die Ausdrücke

$$\varepsilon_i = (X - x) + v_i \tag{52}$$

und

$$\varepsilon_i\,\varepsilon_i = (X - x)^2 + 2\,v_i\,(X - x) + v_i v_i. \tag{53}$$

Also wird ·

$$[\varepsilon\,\varepsilon] = n\,(X - x)^2 + 2\,[v]\,(X - x) + [v\,v], \tag{54}$$

oder mit Rücksicht auf (49)

$$[\varepsilon\,\varepsilon] = n\,(X - x)^2 + [v\,v]. \tag{55}$$

Dieser noch strenge Ausdruck enthält in der Differenz $(X - x)$ den wahren Fehler des arithmetischen Mittels, der immer unbekannt bleiben wird. Da es sich um eine im Vergleich zu den Beobachtungsfehlern kleine Größe handelt, welche in (55) keinen großen Einfluß ausüben kann, so ersetzen wir $X - x$ durch den mittleren Fehler m_x des arithmetischen Mittels, welcher mit dessen wahrem Fehler dieselbe Größenordnung besitzt. Damit wird näherungsweise $[\varepsilon\,\varepsilon] = n \cdot m_x^2 + [v\,v]$. Nun ist nach der Definition des mittleren Fehlers $[\varepsilon\,\varepsilon] = n \cdot m_0^2$, und nach (50) wird $n \cdot m_x^2 = m_0^2$, so daß

$$n \cdot m_0^2 = m_0^2 + [v\,v] \tag{56}$$

oder

$$(n - 1)\,m_0^2 = [v\,v] \tag{57}$$

wird. Daraus aber erhalten wir unmittelbar

$$m_0 = \pm \sqrt{\frac{[v\,v]}{n - 1}} \tag{58}$$

als Näherungsausdruck für den mittleren Fehler der einzelnen Beobachtung.

Durch die Entwicklung $[v\,v] = [v(x - l)] = x[v] - [l\,v] = 0 - [l\,v]$ ergibt sich für die Fehlerquadratsumme die **Rechenprobe**

$$[v\,v] = - [l\,v] \tag{59}$$

oder bequemer

$$[v\,v] = - [\varDelta l \cdot v]\,, \tag{60}$$

wenn wieder wie früher die $\varDelta l$ die Überschüsse der Beobachtungen l über irgendeinen Wert l_0 bedeuten.

5. Das allgemeine arithmetische Mittel.

Besitzen die direkten Beobachtungen $l_1, l_2, \ldots l_n$ einer gesuchten Größe die Gewichte $p_1, p_2, \ldots p_n$, so kann der wahrscheinlichste Wert x nur durch eine unter Berücksichtigung der Gewichte durchgeführte Mittelbildung gefunden werden.

Bedeuten m_0 und m_i die mittleren Fehler einer Beobachtung vom Gewicht 1 und der Beobachtung l_i, so ist nach (26)

$$m_i = \frac{m_0}{\sqrt{p_i}}\,. \tag{61}$$

Ein Vergleich dieser Beziehung mit (50) zeigt, daß sich jedes l_i als einfaches arithmetisches Mittel aus p_i gleich genauen Beobachtungen $\lambda^{(i)}$, deren jede denselben mittleren Fehler m_0 besitzt, auffassen läßt. Aus diesen gleich genauen, fingierten Elementarbeobachtungen λ, deren Gesamtzahl $p_1 + p_2 + \cdots + p_n = [p]$ ist, läßt sich nunmehr der wahrscheinlichste Wert x als einfaches arithmetisches Mittel x berechnen, nämlich

$$x = \frac{(\lambda_1^{(1)} + \lambda_2^{(1)} + \lambda_3^{(1)} + \cdots + \lambda_{p_1}^{(1)}) + \cdots + (\lambda_1^{(n)} + \lambda_2^{(n)} + \cdots + \lambda_{p_n}^{(n)})}{[p]}\,. \tag{62}$$

Durch Multiplikation der einzelnen Zählerausdrücke mit den zugehörigen Quotienten $\dfrac{p_i}{p_i}$ erhält man

$$x = \frac{p_1\dfrac{\lambda_1^{(1)} + \lambda_2^{(1)} + \lambda_3^{(1)} + \cdots + \lambda_{p_1}^{(1)}}{p_1} + \cdots + p_n\dfrac{\lambda_1^{(n)} + \lambda_2^{(n)} + \cdots + \lambda_{p_n}^{(n)}}{p_n}}{[p]} \tag{63}$$

Die im Zähler stehenden Quotienten sind nun die verschieden gewichtigen, wirklich ausgeführten Beobachtungen $l_1, \ldots l_n$, so daß sich als wahrscheinlichster Wert der direkt beobachteten Größe schließlich der Ausdruck

$$x = \frac{p_1\,l_1 + p_2\,l_2 + \cdots + p_n\,l_n}{p_1 + p_2 + \cdots + p_n} = \frac{[p\,l]}{[p]} \tag{64}$$

ergibt, welchen man als das **allgemeine arithmetische Mittel** der Beobachtungen bezeichnet. Auch hier gestaltet sich die Rechnung wesentlich einfacher, wenn man nach Absonderung eines Näherungswertes l_0 die Mittelbildung wieder auf die Beobachtungsreste $\varDelta l$ beschränkt, den wahrscheinlichsten Wert x also nach der Formel

$$x = l_0 + \frac{[p \cdot \varDelta l]}{[p]} \tag{65}$$

ermittelt. Der für das einfache arithmetische Mittel gültigen Kontrolle $[v] = 0$ entspricht hier die einfache **Rechenprobe**

$$[p\,v] = 0\,, \tag{66}$$

von deren Richtigkeit man sich durch Einsetzen der $v = x - l$ und weitere Entwicklung des Ausdrucks leicht überzeugen kann. Auch der **mittlere Fehler** m_x des **allgemeinen arithmetischen Mittels** läßt sich bei bekanntem m_0 leicht angeben. Dieses Mittel kann, wie wir gesehen haben, als einfaches arithmetisches Mittel aus insgesamt $[p]$ fingierten Beobachtungen λ mit dem gleichen mittleren Fehler m_0 aufgefaßt werden. Also ergibt die sinngemäße Anwendung von (50)

$$m_x = \frac{m_0}{\sqrt{[p]}}. \tag{67}$$

Ein Vergleich dieses Ausdrucks mit (38) zeigt, daß

$$p_x = [p] \tag{68}$$

das Gewicht des allgemeinen arithmetischen Mittels ist. Der mittlere Fehler m_0 der Gewichtseinheit läßt sich unter Benutzung von (66) und (67) auf ganz ähnlichem Wege finden wie beim einfachen arithmetischen Mittel. Er ist

$$m_0 = \pm \sqrt{\frac{[p\,v\,v]}{n-1}}. \tag{69}$$

Eine Rechenprobe für die richtige Ermittlung der hierin enthaltenen Fehlerquadratsumme bietet die Beziehung

$$[p\,v\,v] = -[p\,l\,v] = -[\dot{p} \cdot \varDelta l \cdot v]. \tag{70}$$

Als Erläuterung der Berechnung des einfachen und des allgemeinen arithmetischen Mittels mag das folgende einfache Beispiel dienen. Zur Bestimmung des Winkels α wurden bei einer ersten Beobachtungsreihe die in Tabelle 5 enthaltenen Werte α' gefunden, aus denen der wahrscheinlichste Wert $x_1 = 10^0\ 11'\ 55{,}0'' \pm 0{,}6''$ hervorgeht, während der mittlere Fehler jeder der gleich genauen sieben Einzelbeobachtungen $m_1 = \pm 1{,}6''$ ist. Eine spätere Messung des gleichen Winkels mit einem anderen Instrument lieferte die in der zweiten Hälfte von Tabelle 5 stehenden gleich genauen 11 Einzelwerte α'', deren einfaches arithmetisches Mittel auf den wahrscheinlichsten Wert $x_2 = 10^0\ 11'\ 56{,}0'' \pm 0{.}7''$ führt. Der mittlere Fehler der einfachen Beobachtung ist

Tabelle 5.

Nr.	α'			v	vv	Nr.	α''			v	vv
	0	′	″	″	$('')^2$		0	′	″	″	$('')^2$
1	10	11	56	$-1{,}0$	$1{,}0$	1	10	11	56	$0{,}0$	$0{,}0$
2			52	$+3{,}0$	$9{,}0$	2			55	$+1{,}0$	$1{,}0$
3			55	$0{,}0$	$0{,}0$	3			61	$-5{,}0$	$25{,}0$
4			57	$-2{,}0$	$4{,}0$	4			53	$+3{,}0$	$9{,}0$
5			54	$+1{,}0$	$1{,}0$	5			58	$-2{,}0$	$4{,}0$
6			56	$-1{,}0$	$1{,}0$	6			56	$0{,}0$	$0{,}0$
7			55	$0{,}0$	$0{,}0$	7			54	$+2{,}0$	$4{,}0$
						8			55	$+1{,}0$	$1{,}0$
						9			58	$-2{,}0$	$4{,}0$
						10			56	$0{,}0$	$0{,}0$
[+]				$+4{,}0$		11			54	$+2{,}0$	$4{,}0$
[−]				$-4{,}0$		[+]				$+9{,}0$	
						[−]				$-9{,}0$	
[±]				$0{,}0$	$+16{,}0$	[±]				$0{,}0$	$+52{,}0$

$x_1 = 10^0\ 11'\ 55{,}0'';$
$m_1 = \pm 1{,}6'';\ m_{x_1} = \pm 0{,}6''$

$x_2 = 10^0\ 11'\ 56{,}0'';$
$m_2 = \pm 2{,}3'';\ m_{x_2} = \pm 0{,}7''$

hier $m_2 = \pm 2{,}3''$. Aus den beiden Werten x_1 und x_2, deren Unterschied die Summe ihrer mittleren Fehler nicht erreicht, soll durch Bildung des allgemeinen arithmetischen Mittels der wahrscheinlichste Wert α des Winkels und sein mittlerer Fehler m_α abgeleitet werden. Wären beide Beobachtungsreihen mit demselben Instrument und vom gleichen Beobachter unter denselben Verhältnissen durchgeführt worden, so könnte man nach der im Anschluß an (61) erfolgten Deutung der Gewichte die Gewichte p_1 und p_2 der Größen x_1 und x_2 den zugehörigen Wiederholungszahlen 7 und 11 gleichsetzen. Da diese Voraussetzung nicht zutrifft und es sich auch nach dem Zeugnis der stark voneinander abweichenden mittleren Beobachtungsfehler m_1 und m_2 um verschiedenwertige Beobachtungsreihen handelt, müssen wir zur Gewichtsermittlung auf die mittleren Fehler von x_1 und x_2 zurückgreifen, indem wir $p_1 = C : m_{x_1}^2$ und $p_2 = C : m_{x_2}^2$ setzen. Nehmen wir die Konstante $C = 1$, so ergeben sich die in Spalte 5 der Tabelle 6 stehenden Gewichtszahlen, und mit diesen findet man aus den über $x_0 = 10^0\ 11'\ 50''$ überschießenden Resten $\varDelta x$ das allgemeine Mittel $\alpha = 10^0\ 11'\ 50'' + (26{,}0'' : 4{,}8)$ $= 10^0\ 11'\ 55{,}4''$. Die anschließende Fehlerberechnung führt auf die Fehlerquadratsumme $[pvv] = 1{,}17$, woraus sich der mittlere Fehler der Gewichtseinheit nach (69) zu $m_0 = \pm\, 1{,}1''$ und nach (67) der mittlere Fehler m_α zu $1{,}1'' : \sqrt{4{,}8} = \pm\, 0{,}5''$ ergibt. Also ist der wahrscheinlichste Wert des gesuchten Winkels und sein mittlerer Fehler $\alpha = 10^0\ 11'\ 55{,}4'' \pm 0{,}5''$.

Tabelle 6.

Nr.	x	m_x	m_x^2	p	$p \cdot \varDelta x$	v	$p\,v$	$p\,v\,v$
1	$10^0\ 11'\ 55{,}0''$	0,6	0,36	2,8	$+\,14{,}0$	$+\,0{,}4''$	$+\,1{,}12$	0,45
2	56,0	0,7	0,49	2,0	$+\,12{,}0$	$-\,0{,}6$	$-\,1{,}20$	0,72
[ ]				4,8	$+\,26{,}0$		$-\,0{,}08$	1,17

6. Beobachtungsdifferenzen.

Bei Doppelbeobachtungen ergibt sich für jede Größe an Stelle eines einzelnen l_i je ein Wertepaar l_i', l_i'', aus dem der wahrscheinlichste Wert $x_i = \tfrac{1}{2}(l_i' + l_i'')$ folgt. Die Unterschiede

$$d_i = l_i'' - l_i' \tag{71}$$

der beiden gleich genauen Elemente jeder Doppelbeobachtung werden als Beobachtungsdifferenzen bezeichnet. Sie besitzen, da der Sollbetrag Null einer jeden Differenz von vornherein feststeht, den Charakter von wahren Beobachtungsfehlern; deshalb kann die zu Elementen vom Gewicht 1 gehörige mittlere Beobachtungsdifferenz d_0 aus den Einzelwerten d_i ebenso gefunden werden, wie früher der mittlere Fehler m_0 aus den ε. Für den allgemeinen Fall, daß in den n Doppelbeobachtungen die Elemente paarweise die verschiedenen Gewichte $p_1, \ldots p_i, \ldots p_n$ besitzen, wird daher nach (28)

$$d_0 = \sqrt{\frac{[p\,d\,d]}{n}}. \tag{72}$$

Aus diesem mittleren Fehler einer Beobachtungsdifferenz zum Elementengewicht 1 soll nunmehr der mittlere Fehler m_0 einer Einzelbeobachtung l vom Gewicht 1 hergeleitet werden. Ist

$$x = l_0'' - l_0' \tag{73}$$

eine Differenz von solchen Beobachtungen, so führt das mittlere Fehlergesetz auf

$$d_0^2 = m_0^2 + m_0^2 = 2\,m_0^2 ; \tag{74}$$

also wird

$$m_0 = \frac{d_0}{\sqrt{2}} = \pm \sqrt{\frac{[p\,d\,d]}{2n}}. \tag{75}$$

Aus diesem mittleren Fehler der Gewichtseinheit der Einzelbeobachtung findet man leicht den mittleren Fehler μ_0 der Doppelbeobachtung

$$x_0 = \tfrac{1}{2}(l_0' + l_0''), \tag{76}$$

diese als arithmetisches Mittel zweier zusammengehöriger Einzelbeobachtungen vom Gewichte 1 aufgefaßt. Es ist nach dem mittleren Fehlergesetz

$$\mu_0 = \frac{m_0}{\sqrt{2}} = \pm \frac{1}{2}\sqrt{\frac{[p\,d\,d]}{n}}. \tag{77}$$

Noch ein Wort über die Gewichtsverhältnisse! Sind p_{d_0}, p_0, p_{x_0} die Gewichte der Beobachtungsdifferenz d_0, der Einzelbeobachtung l_0' bzw. l_0'' und der Doppelbeobachtung x_0, so besteht nach dem Gewichtsbegriff und den Gleichungen (75), (76) die Verhältnisgleichung

$$p_{d_0} : p_0 : p_{x_0} = \frac{1}{d_0^2} : \frac{1}{m_0^2} : \frac{1}{\mu_0^2} = \frac{1}{2m_0^2} : \frac{1}{m_0^2} : \frac{2}{m_0^2} = \frac{1}{2} : 1 : 2 \, ;$$

also ist

$$p_{d_0} = \tfrac{1}{2} p_0 = \tfrac{1}{2} \quad \text{und} \quad p_{x_0} = 2 p_0 = 2 \, . \tag{78}$$

Diese Erkenntnis läßt sich natürlich auch auf die in Wirklichkeit ausgeführten Beobachtungen l_i', l_i'' vom Gewicht p_i, ihr Mittel x_i mit dem Gewicht p_{x_i} und die zugehörige Beobachtungsdifferenz d_i vom Gewichte p_{d_i} übertragen, so daß

$$p_{d_i} = \tfrac{1}{2} p_i \, , \qquad p_{x_i} = 2 p_i \tag{79}$$

die allgemeineren Beziehungen für den Zusammenhang der Gewichte sind[1].

7. Ausgleichung von Beobachtungen, deren Summe ein Festwert ist.

Häufig tritt die Aufgabe heran, aus direkten Beobachtungen $l_1, \ldots l_n$ mit den Gewichten $p_1, \ldots p_n$ die wahrscheinlichsten Werte $x_1, \ldots x_n$ der gesuchten Größen abzuleiten, wenn ihre Summe ein bestimmter Wert S sein muß. Die unveränderten Beobachtungen genügen dieser Bedingung nicht, weisen vielmehr einen Widerspruch

$$S - \overset{n}{\underset{1}{[l_i]}} = w \tag{80}$$

auf. Zur Bestimmung von x_i dient außer der unmittelbaren Beobachtung l_i mit dem Gewicht p_i und dem mittleren Fehler $m_i = m_0 : \sqrt{p_i}$ auch noch die Ergänzung der Summe der übrigen Beobachtungen auf den Sollbetrag S, also der Ausdruck

$$y_i = S - \overset{n}{\underset{1}{[l_i]}} + l_i = l_i + w \tag{81}$$

mit dem mittleren Fehlerquadrat

$$m_{y_i}^2 = m_0^2 \left(\frac{1}{p_1} + \ldots + \frac{1}{p_{i-1}} + \frac{1}{p_{i+1}} + \ldots \frac{1}{p_n} \right) = m_0^2 \left(\overset{n}{\underset{1}{\left[\frac{1}{p}\right]}} - \frac{1}{p_i} \right) \tag{82}$$

und dem Gewicht

$$p_{y_i} = \frac{1}{\left[\frac{1}{p}\right] - \frac{1}{p_i}} \, . \tag{83}$$

Aus l_i und y_i erhält man nun den wahrscheinlichsten Wert x_i als das allgemeine arithmetische Mittel

$$x_i = \frac{p_i l_i + p_{y_i} y_i}{p_i + p_{y_i}} = \frac{p_i l_i + \dfrac{l_i + w}{\left[\frac{1}{p}\right] - \frac{1}{p_i}}}{p_i + \dfrac{1}{\left[\frac{1}{p}\right] - \frac{1}{p_i}}} = l_i + \frac{w}{p_i \left[\frac{1}{p}\right]} = l_i + \frac{m_i^2}{[m^2]} \cdot w \, . \tag{84}$$

Es ist also der Widerspruch w umgekehrt proportional den Gewichten oder direkt proportional den Quadraten der mittleren Fehler auf die Beobachtungen zu verteilen.

---

[1] Ein Zahlenbeispiel siehe in Tabelle 27.

Für die Fehlerberechnung gewinnt man aus den scheinbaren Beobachtungsfehlern

$$v_i' = x_i - l_i = \frac{1}{p_i} \frac{w}{\left[\frac{1}{\cdot p}\right]} \quad \text{und} \quad v_i'' = x_i - y_i = \frac{1}{p} \frac{w}{\left[\frac{1}{p}\right]} - w \text{ mit den zugehörigen Gewichten}$$

p_i und p_{y_i} die Fehlerquadratsumme $[p\,vv] = \dfrac{w^2}{\left[\frac{1}{p}\right]}$ und hieraus den mittleren Fehler

der Gewichtseinheit

$$m_0 = \pm \frac{w}{\sqrt{\left[\frac{1}{p}\right]}}. \tag{85}$$

Die Summe der Gewichte von l_i und y_i ist $p_i + p_{y_i} = p_i : \left(1 - \dfrac{1}{p_i\left[\frac{1}{p}\right]}\right)$; also folgt

für den mittleren Fehler des errechneten Mittels x_i nach (67) der Ausdruck

$$m_{x_i} = \pm \frac{w}{\sqrt{\left[\frac{1}{p}\right]}} \sqrt{\frac{1}{p_i}\left(1 - \frac{1}{p_i\left[\frac{1}{p}\right]}\right)}. \tag{86}$$

Für den besonderen Fall, daß es sich um lauter gleich genaue Beobachtungen vom selben Gewicht $p = 1$ handelt, trifft auf jede der n Beobachtungen dieselbe Verbesserung $w:n$; der mittlere Fehler der einzelnen Beobachtung und derjenige jedes wahrscheinlichsten Wertes x sind

$$m_0 = \frac{w}{\sqrt{n}} \quad \text{bzw.} \quad m_x = \frac{w}{n}\sqrt{n-1} = m_0\sqrt{\frac{n-1}{n}}. \tag{87}$$

Die nach den Gleichungen (85) bis (87) berechneten Fehler besitzen jedoch nur geringe Zuverlässigkeit, da sie sich nur auf ein einzelnes w stützen.

Ein Beispiel ist die Winkelabgleichung im Dreieck. Aus den gleich genau beobachteten Winkeln α', β', γ' eines ebenen Dreiecks folgt der Dreieckswiderspruch

$$w = 180^0 - (\alpha' + \beta' + \gamma') \cdot \tag{88}$$

Seine gleichmäßige Verteilung auf die einzelnen Winkel ergibt die ausgeglichenen Winkel:

$$\alpha = \alpha' + \frac{w}{3}, \qquad \beta = \beta' + \frac{w}{3}, \qquad \gamma = \gamma' + \frac{w}{3}. \tag{89}$$

Umständlicher ist hier die Ermittlung der als Längenübertragungsfehler bezeichneten Seitenfehler. Aus den bestimmten Fehlern $d\alpha'$, $d\beta'$, $d\gamma'$ der beobachteten Winkel ergeben sich über (88) und (89) diejenigen der abgeglichenen Winkel zu

$$\left.\begin{aligned} d\alpha &= \tfrac{1}{3}(2d\alpha' - d\beta' - d\gamma'), \qquad d\beta = \tfrac{1}{3}(2d\beta' - d\alpha' - d\gamma'), \\ d\gamma &= \tfrac{1}{3}(2d\gamma' - d\alpha' - d\beta'). \end{aligned}\right\} \tag{90}$$

Die aus einer gegebenen Seite a mit den abgeglichenen Dreieckswinkeln berechnete Seite

$$c = a \cdot \frac{\sin\gamma}{\sin\alpha} \tag{91}$$

besitzt wegen (91) und (90) den bestimmten Fehler

$$\begin{aligned} dc &= c\left(\frac{da}{a} - \operatorname{ctg}\alpha \cdot d\alpha + \operatorname{ctg}\gamma \cdot d\gamma\right) \\ &= \frac{c}{3}\left\{3\frac{da}{a} - (2\operatorname{ctg}\alpha + \operatorname{ctg}\gamma)\,d\alpha' + (2\operatorname{ctg}\gamma + \operatorname{ctg}\alpha)\,d\gamma' + (\operatorname{ctg}\alpha - \operatorname{ctg}\gamma)\,d\beta'\right\}. \end{aligned} \tag{92}$$

Sind m_a, m_c und μ die mittleren Unsicherheiten der Seiten a, c und der beobachteten Dreieckswinkel, so erhält man aus (92) beim Übergang auf mittlere Fehler

$$m_c = \pm c \sqrt{\left(\frac{m_a}{a}\right)^2 + \frac{2}{3}\, (\operatorname{ctg}^2 \alpha + \operatorname{ctg} \alpha \operatorname{ctg} \gamma + \operatorname{ctg}^2 \gamma)\, \widehat{\mu^2}} \,. \tag{93}$$

Hierin ist μ im Bogenmaß zu verstehen.

8. Allgemeines Ausgleichungsprinzip.

Die mathematische Wahrscheinlichkeit für das gleichzeitige Eintreffen mehrerer sich nicht ausschließender Ereignisse ist gleich dem Produkt der Wahrscheinlichkeiten für das Eintreffen der einzelnen Ereignisse. Nach diesem Satze ist die Wahrscheinlichkeit dafür, daß ein bestimmtes Fehlersystem $\varepsilon_1, \ldots \varepsilon_i, \ldots \varepsilon_n$ eintrifft oder, genauer gesagt, daß je ein Element der Fehlerreihe zwischen den Grenzen ε_1 und $\varepsilon_1 + d\varepsilon, \ldots \varepsilon_i$ und $\varepsilon_i + d\varepsilon, \ldots \varepsilon_n$ und $\varepsilon_n + d\varepsilon$ liegt, das Produkt

$$W(\varepsilon_1, \ldots \varepsilon_i, \ldots \varepsilon_n) = \varphi(\varepsilon_1)\, d\varepsilon \cdot \varphi(\varepsilon_2)\, d\varepsilon \cdot \varphi(\varepsilon_3)\, d\varepsilon \ldots \varphi(\varepsilon_n)\, d\varepsilon$$

oder mit Rücksicht auf (6):

$$W(\varepsilon_1, \varepsilon_2, \ldots \varepsilon_n) = \frac{h_1 \cdot h_2 \cdot \ldots h_n}{\sqrt{\pi^n}} (d\varepsilon)^n e^{-(h_1^2 \varepsilon_1^2 + h_2^2 \varepsilon_2^2 + \cdots + h_n^2 \varepsilon_n^2)} \,. \tag{94}$$

In diesem Ausdruck sind, sofern sich an der Genauigkeit der Beobachtungen, also auch an den h nichts ändert, lediglich die im Exponenten stehenden ε^2 veränderlich, während der Faktor der Potenz als ein Festwert C betrachtet werden kann. Unter Beachtung von (23) erhält also (94) die Form

$$W(\varepsilon_1, \varepsilon_2, \ldots \varepsilon_n) = C\, e^{-\frac{1}{2}[p\,\varepsilon\,\varepsilon]} \,. \tag{95}$$

Unter den unendlich vielen möglichen Fehlersystemen $\varepsilon_1, \ldots \varepsilon_n$ ist eines das wahrscheinlichste, welches mit $v_1, v_2, \ldots v_n$ bezeichnet werden soll. Man findet es leicht aus der Bedingung heraus, daß es den Ausdruck (95) zu einem größten Werte machen muß, was dann zutrifft, wenn

$$V = [p\,v\,v] = \text{Min.} \tag{96}$$

ist. Nach diesem Ergebnis muß man, um auf die wahrscheinlichsten Werte der Beobachtungen zu kommen, diese — unter Beachtung etwa vorhandener Nebenbedingungen — mit solchen Verbesserungen v versehen, daß die Summe der mit den zugehörigen Gewichten multiplizierten Quadrate dieser Verbesserungen ein kleinster Wert wird. Dieses Prinzip ist die mathematische Grundlage der Ausgleichungsrechnung nach der Methode der kleinsten Quadrate; es hat dem Verfahren auch den Namen gegeben, und auf ihm fußt die Lösung aller möglichen Formen von Ausgleichungsaufgaben, welche auf die Gewinnung von wahrscheinlichsten Werten hinzielen.

Der für die Genauigkeitsbeurteilung unentbehrliche mittlere Fehler einer Beobachtung vom Gewicht 1 ist der Ausdruck

$$m_0 = \pm \sqrt{\frac{[p\,v\,v]}{\ddot{u}}} \,, \tag{97}$$

wenn $\ddot{u}$ die Zahl der überschüssigen Bestimmungsstücke bedeutet.

Die Anwendung der Forderung (96) auf die beiden gebräuchlichsten Ausgleichungsarten führt zu folgenden Ergebnissen.

a) Ausgleichung vermittelnder Beobachtungen.

Von einer Ausgleichung vermittelnder Beobachtungen spricht man, wenn zwischen den n Beobachtungen $l_1, l_2, \ldots l_n$ mit den Gewichten $p_1, p_2, \ldots p_n$ und den wahren Werten X, Y, Z, ... der ν Unbekannten ein linearer Zusammenhang[1] besteht, welcher durch die n

Bestimmungsgleichungen

$$
\begin{aligned}
a_1 X + b_1 Y + c_1 Z + \cdots &= l_1 + \varepsilon_1 , \\
a_2 X + b_2 Y + c_2 Z + \cdots &= l_2 + \varepsilon_2 , \\
&\cdots\cdots\cdots \\
a_n X + b_n Y + c_n Z + \cdots &= l_n + \varepsilon_n
\end{aligned}
\tag{98}
$$

ausgedrückt wird. a, b, c, ... bedeuten hierin fehlerfreie Koeffizienten, während ε_1, ε_2, ... ε_n die wahren Fehler der Beobachtungen l sind. Damit man von einer Ausgleichung sprechen kann, muß stets $\nu < n$ sein. Ersetzt man in (98) die wahren Werte X, Y, Z, ... der Unbekannten durch deren wahrscheinlichste Werte x, y, z, ..., so treten an Stelle der unbekannten wahren Beobachtungsfehler ε die wahrscheinlichsten Beobachtungsfehler v, und aus den Bestimmungsgleichungen gehen die n

Fehlergleichungen

$$
\begin{aligned}
a_1 x + b_1 y + c_1 z + \cdots - l_1 &= v_1 , \\
a_2 x + b_2 y + c_2 z + \cdots - l_2 &= v_2 , \\
&\cdots\cdots\cdots \\
a_n x + b_n y + c_n z + \cdots - l_n &= v_n
\end{aligned}
\tag{99}
$$

hervor. Hieraus läßt sich der analytische Ausdruck für $V = [pvv]$ aufstellen, welcher nach (96) zum Minimum zu machen ist. Man erhält durch Differentiation von V nach den einzelnen Veränderlichen x, y, z, ... die ν

abgekürzten Normalgleichungen

$$
[pav] = 0, \quad [pbv] = 0, \quad [pcv] = 0, \; \ldots
\tag{100}
$$

aus welchen nach Substitution der unter (99) stehenden Ausdrücke der v die ν

Normalgleichungen

$$
\begin{aligned}
[paa]x + [pab]y + [pac]z + \cdots &= [pal] , \\
[pab]x + [pbb]y + [pbc]z + \cdots &= [pbl] , \\
[pac]x + [pbc]y + [pcc]z + \cdots &= [pcl] \\
&\cdots\cdots\cdots
\end{aligned}
\tag{101}
$$

hervorgehen. Aus diesem linearen Gleichungssystem, dessen Gleichungszahl gleich der Zahl der Unbekannten ist, können nunmehr die wahrscheinlichsten Werte x, y, z, ... eindeutig ermittelt werden. Aus (99) folgen dann auch die wahrscheinlichsten Beobachtungsfehler v. Da $\ddot{u} = n - \nu$ die Zahl der überschüssigen Beobachtungen angibt, so wird nach (97) der **mittlere Fehler der Gewichtseinheit**

$$
m_0 = \pm \sqrt{\frac{[pvv]}{n-\nu}} .
\tag{102}
$$

Treten in (101) an Stelle der x, y, z, ... Reihen von neuen Unbekannten, die sog. **Gewichtskoeffizienten**

$$
\begin{aligned}
Q_{11} , \quad Q_{12} , \quad Q_{13} , \quad \ldots , \\
Q_{12} , \quad Q_{22} , \quad Q_{23} , \quad \ldots , \\
\cdots\cdots\cdots \\
Q_{1\nu} , \quad Q_{2\nu} , \quad Q_{3\nu} , \quad \ldots ,
\end{aligned}
\tag{103}
$$

---

[1] Besteht dieser lineare Zusammenhang nicht von vornherein, so kann man ihn nach Einführung guter Näherungswerte der Unbekannten mit Hilfe des TAYLORschen Satzes leicht herstellen.

zu welchen auf der rechten Seite statt $[pal]$, $[pbl]$, $[pcl]$, ... die neuen Absolutglieder

$$\begin{matrix} 1, & 0, & 0, & \ldots, \\ 0, & 1, & 0, & \ldots, \\ 0, & 0, & 1, & \ldots, \\ \multicolumn{4}{c}{\cdots\cdots\cdots\cdots} \end{matrix} \tag{104}$$

gehören, so entstehen ν verschiedene Systeme von Gewichtsgleichungen, welche auch auf die quadratischen Gewichtskoeffizienten Q_{11}, Q_{22}, Q_{33}, ... führen. Dem häufigen Fall von $\nu = 2$ Unbekannten entsprechen folgende zwei Systeme von

Gewichtsgleichungen

$$\left.\begin{aligned} [paa]Q_{11} + [pab]Q_{12} = 1, \\ [pab]Q_{11} + [pbb]Q_{12} = 0, \end{aligned}\right\} \tag{105} \qquad \left.\begin{aligned} [paa]Q_{12} + [pab]Q_{22} = 0, \\ [pab]Q_{12} + [pbb]Q_{22} = 1. \end{aligned}\right\} \tag{106}$$

Mit Hilfe der quadratischen Gewichtskoeffizienten ergeben sich dann auch die mittleren Fehler der wahrscheinlichsten Werte der Unbekannten, nämlich

$$m_x = m_0 \sqrt{Q_{11}}, \qquad m_y = m_0 \sqrt{Q_{22}}, \qquad m_z = m_0 \sqrt{Q_{33}}, \ldots \tag{107}$$

b) Ausgleichung bedingter Beobachtungen.

Für eine Reihe von Größen, deren wahre Werte X_1, X_2, X_3, ... X_n sind, liegen direkte Beobachtungen l_1, l_2, ... l_n mit den Gewichten p_1, p_2, ... p_n vor. Die unbekannt bleibenden wahren Werte X_i wie auch die zu bestimmenden wahrscheinlichsten Werte der Unbekannten

$$x_1 = l_1 + v_1, \qquad x_2 = l_2 + v_2, \ldots \qquad x_n = l_n + v_n \tag{108}$$

müssen die r linearen

Bedingungsgleichungen

$$\begin{aligned} a_0 + a_1 x_1 + a_2 x_2 + \cdots + a_n x_n = 0, \\ b_0 + b_1 x_1 + b_2 x_2 + \cdots + b_n x_n = 0, \\ c_0 + c_1 x_1 + c_2 x_2 + \cdots + c_n x_n = 0 \end{aligned} \tag{109}$$

streng erfüllen. Die wahrscheinlichsten Beobachtungsfehler v sind also diesmal so zu bestimmen, daß $V = [pvv]$ unter Einhaltung der durch (109) ausgedrückten Nebenbedingungen ein kleinster Wert wird. Die dieser Forderung entsprechende analytische Behandlung führt zu folgender Lösung.

Zunächst erhält man durch Einsetzen der Beobachtungen l in die Bedingungsgleichungen (109) die r den Charakter von Fehlern besitzenden

Widersprüche

$$w_1 = a_0 + [al], \qquad w_2 = b_0 + [bl], \qquad w_3 = c_0 + [cl], \ldots \tag{110}$$

mit deren Hilfe die r

Normalgleichungen

$$\left[\frac{a\,a}{p}\right]k_1 + \left[\frac{a\,b}{p}\right]k_2 + \left[\frac{a\,c}{p}\right]k_3 + \ldots + w_1 = 0,$$

$$\left[\frac{a\,b}{p}\right]k_1 + \left[\frac{b\,b}{p}\right]k_2 + \left[\frac{b\,c}{p}\right]k_3 + \ldots + w_2 = 0, \tag{111}$$

$$\left[\frac{a\,c}{p}\right]k_1 + \left[\frac{b\,c}{p}\right]k_2 + \left[\frac{c\,c}{p}\right]k_3 + \ldots + w_3 = 0$$

$$\cdots\cdots\cdots\cdots\cdots\cdots$$

zur Ermittlung der Korrelaten k_1, k_2, ... k_r aufgestellt werden können. Mit Rücksicht auf diese Hilfsgrößen spricht man hier auch von einer **Korrelatenausgleichung**. Sind die k bekannt, so ergeben sich aus den n

$$\mathrm{K\,o\,r\,r\,e\,l\,a\,t\,e\,n\,g\,l\,e\,i\,c\,h\,u\,n\,g\,e\,n}$$

$$
\begin{aligned}
p_1 v_1 &= a_1 k_1 + b_1 k_2 + c_1 k_3 + \cdots, \\
p_2 v_2 &= a_2 k_1 + b_2 k_2 + c_2 k_3 + \cdots, \\
&\;\cdots\cdots\cdots\cdots\cdots\cdots\cdots \\
p_n v_n &= a_n k_1 + b_n k_2 + c_n k_3 + \cdots
\end{aligned}
\tag{112}
$$

die n wahrscheinlichsten Beobachtungsverbesserungen

$$v_i = \frac{1}{p_i}\,(a_i k_1 + b_i k_2 + c_i k_3 + \cdots). \tag{113}$$

Die Gleichungen (108) führen dann unmittelbar auf die wahrscheinlichsten Werte x, welche vor ihrer weiteren Verwertung durch Einsetzen in die Bedingungsgleichungen (109) zu verproben sind.

Da die r Bedingungsgleichungen mit r überschüssigen Beobachtungen gleichwertig sind, so wird der mittlere Fehler der Gewichtseinheit

$$m_0 = \pm\sqrt{\frac{[p\,v\,v]}{r}}. \tag{114}$$

Eine gute Rechenprobe bildet die Beziehung

$$[p\,v\,v] = -\,[w\,k]. \tag{115}$$

II. Elemente der Instrumentenkunde[1].

9. Geodätische Maßeinheiten.

Unter der Messung einer Größe versteht man die Ermittlung ihres Verhältnisses zu einer anderen als Einheit (Benennung) dienenden Größe derselben Art. Durch dieses als Maßzahl bezeichnete Verhältnis im Zusammenhalt mit der Benennung ist die Größe bestimmt. In der niederen Geodäsie oder Vermessungskunde haben wir es hauptsächlich mit Längenmessungen, Flächenmessungen, Winkelmessungen und ihren Einheiten zu tun.

a) Längenmaße.

In den meisten Kulturstaaten ist heute das internationale Meter die gesetzliche Längeneinheit. Ursprünglich sollte das Meter ein sog. Naturmaß werden und nach einem Beschluß der französischen Nationalversammlung vom 30. III. 1791 der 10000000te Teil des durch Paris gehenden Erdmeridianquadranten sein. Zur Verkörperung mußte es durch die bisherige Maßeinheit, die Peru-Toise, ausgedrückt werden. Der gewünschte Zusammenhang wurde aus einer von MECHAIN und DELAMBRE[2] in der Zeit von 1792 bis 1798 auf dem Pariser Meridian zwischen Dünkirchen und Barcelona durchgeführten Breitengradmessung gefunden. Nach diesen Messungen war das Meter

---

[1] Zur Entwicklung der Instrumentenkunde siehe J. A. REPSOLD: Zur Geschichte der astronomischen Meßwerkzeuge von Purbach bis Reichenbach 1450—1830. Leipzig 1908. — Ein vorbildliches Werk über Instrumentenkunde sind heute noch VOGLERS Abbildungen geodätischer Instrumente (mit Text). Berlin 1892.

[2] Siehe DELAMBRE: Base du système métrique decimal (3 Bände). Paris 1806, 1807, 1810. Zur Frage der Längenmaße siehe auch G. BERNDT: Grundlagen und Geräte technischer Längenmessungen, 2. Aufl. Berlin 1929.

443,296 Pariser Linien, deren die Toise 864 besaß. Zur Festhaltung der errechneten
Meterlänge verfertigte FORTIN einen Platinendmaßstab mit den Querschnittsausmaßen
4 mm auf 25 mm, dessen Endflächenabstand bei 0^0 C die Meterlänge darstellte[1]. Sie
wurde ebenso wie der sie verkörpernde Maßstab als das Archivmeter oder legale
Meter bezeichnet. Das neue Urmaß hatte einige Nachteile, die sich mit der zunehmenden Verfeinerung der Messungen immer störender bemerkbar machten. Es zeigte infolge
seines ungünstigen Querschnitts eine beträchtliche Durchbiegung, die Maßvergleichung
war nicht so genau durchzuführen wie bei einem Strichmaßstab, und infolge einer unvermeidlichen Endenabnützung schien auch die Meterlänge nicht genügend gesichert.
Das 1875 begründete internationale Maß- und Gewichtsbureau in Sèvres hat daher
aus einer sehr widerstandsfähigen Legierung von 90% Platin und 10% Iridium ein
neues Meterprototyp von der in Abb. 4 dargestellten Querschnittsform als Strichmaßstab hergestellt. Die Meterlänge ist hier durch den Abstand dargestellt, welchen bei der Temperatur des schmelzenden Eises die
Mitten zweier in der neutralen Faserschicht ab befindlicher Endstriche besitzen. Die bei dieser äußerst widerstandsfähigen Querschnittsform noch möglichen geringen Durchbiegungen haben auf
den in der neutralen Faserschicht gemessenen Strichabstand nur
noch einen verschwindend kleinen Einfluß. Bei der gewählten
Querschnittsform findet auch eine rasche Anpassung der Maß-
stabtemperatur an diejenige der Umgebung statt. Das beschriebene Urmaß wurde vom internationalen Maß- und Gewichts-
komitee auf seiner Generalkonferenz in Paris im September 1889

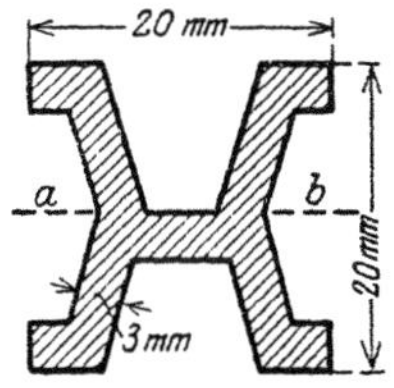

Abb. 4. Querschnitt
des internationalen
Meterstabes.

als das internationale Meter angenommen[2]. Aus dem Gußblock des internationalen Meters wurde gleichzeitig mit diesem eine Anzahl von Kopien hergestellt, welche
nach genauer Vergleichung mit dem internationalen Urmaß an die beteiligten Staaten
als sog. nationale Prototype verlost wurden. Deutschland erhielt hierbei den Maßstab
Nr. 18, dessen jeweilige Länge durch seine Gleichung

$$M_{18} = 1 \text{ m} - 1{,}0\,\mu + (8{,}59\,t + 1{,}70\,t^2)\,\mu \pm 0{,}2\,\mu \qquad (116)$$

ausgedrückt wird. Hierin ist $-1{,}0\,\mu$ ($1\,\mu = 0{,}001$ mm) die absolute Maßstabverbesserung[3], das zweite Glied gibt die Temperaturverbesserung, während
das letzte Glied den mittleren Fehler der Maßstabgleichung bedeutet. Die Tempe-
raturangaben t beziehen sich in (116) auf ein Quecksilberthermometer mit Celsiusgraden[4].

Die in der Geodäsie gebräuchlichen Zusammensetzungen und Unterabteilungen des
Meters sind folgende:

1 hm = 100 m (Hektometer), 1 km = 1000 m (Kilometer), 1 dm = 0,1 m (Dezimeter), 1 cm = 0,01 m (Zentimeter), 1 mm = 0,001 m (Millimeter), 1 dmm = 0,1 mm
(Dezimillimeter), 1 cmm = 0,01 mm (Zentimillimeter), $1\,\mu$ = 0,001 mm (Mikron).

Vielfach braucht man auch den Zusammenhang älterer und fremder Maß-
einheiten mit dem Meter. Es bestehen folgende Beziehungen[5]:

---

[1] Nach Vergleichung des Maßstabs mit der Peru-Toise auf dem Komparator von LENOIR.

[2] Es ist um 13,355 $\mu \approx {}^1\!/_{75}$ mm kürzer als das legale Meter. Beim Übergang auf internationale Meter ist zum Logarithmus einer in legalen Metern ausgedrückten Länge der
Betrag $+ 58 \cdot 10^{-7}$ zu addieren.

[3] Zu verschiedenen Zeiten wiederholte Vergleichungen scheinen eine geringe Veränderlichkeit
der absoluten Maßstabverbesserung zu ergeben.

[4] Zur Einführung des internationalen Meters als gesetzliche Längeneinheit im Deutschen
Reiche siehe die Novelle zur Maß- u. Gewichtsordnung v. 26. IV. 1893 sowie das Gesetz über die
Maß- u. Gewichtsordnung v. 30. V. 1908. Die Bezeichnung der Maße (u. Gewichte) ist zuletzt
durch Bundesratsbeschluß v. 14. XII. 1911 geregelt worden. Das metrische Maßsystem war im
Norddeutschen Bunde schon 1868 eingeführt u. 1872 auf das ganze Deutsche Reich ausgedehnt
worden.

[5] Die folgenden Beziehungen u. die entsprechenden bei den Flächenmaßen sind in der Hauptsache aus BAUERNFEIND: Elemente der Vermessungskunde, entnommen.

1 Toise = 6 Pariser Fuß = 6 · 12 Pariser Zoll = 6 12 · 12 (= 864) Pariser
    Linien = 1,949 036 m,
1 badischer Fuß = 0,300 000 m,
1 bayerischer Fuß = 0,1 Rute = 12 Werkzoll = 144 Werklinien = 10 Dezi-
    malzoll = 100 Dezimallinien = 0,291 859 m,
1 braunschweigischer Fuß = 0,285 362 m,
1 hannoverscher Fuß = 12 Zoll = 144 Linien = 0,292 095 m,
1 preußischer (rheinländischer) Fuß = 12 preuß. Zoll = 12 · 12 (= 144) preuß.
    Linien = 0,313 8535 m,
1 sächsischer Fuß (verschiedene Zusammensetzungen und Unterabteilungen)
    = 0,283 19 m,
1 württembergischer Fuß = 10 Zoll = 100 Linien = 0,286 490 m,
1 Wiener Klafter = 6 Fuß = 6 · 12 Zoll = 6 · 12 · 12 Linien = 6 · 12 · 12 · 12
    Punkte = 10 Feldschuh = 100 Feldzoll = 1000 Feldlinien = 1,896 484 m,
1 englischer Yard = 3 Fuß = 3 · 12 Zoll = 3 · 12 · 12 Linien = 3 · 12 · 12 · 12
    Punkte = 0,914 3835 m,
1 russischer Fuß = 1 englischer Fuß = 0,3048 m.

$$\left.\vphantom{\begin{array}{c}1\\1\\1\\1\\1\\1\\1\\1\\1\\1\\1\end{array}}\right\} \quad (117)$$

Der Umstand, daß eine sehr große Zahl von gut bestimmten Kopien des internationalen Urmaßes auf die verschiedensten Teile der Erdoberfläche verteilt ist, bietet eine gewisse Gewähr gegen den Verlust der internationalen Längeneinheit. Immerhin bleibt zu bedenken, daß infolge des gemeinsamen Ursprungs der verschiedenen nationalen Prototype aus dem gleichen Gußblock auch gleichartige Veränderungen derselben zu befürchten sind, welche bei einer erneuten Vergleichung der Urmaßkopien unter sich oder mit dem internationalen Meter nur zum Teil offenbar werden. Es ist deshalb sehr zu begrüßen, daß es den Physikern gelungen ist, durch die Herstellung einer sehr scharfen Beziehung zwischen der Wellenlänge des Lichtes und der Meterlänge diese noch fester zu verankern. Aus den Beobachtungen amerikanischer und französischer Physiker vor einigen Jahrzehnten ergab sich mit großer Genauigkeit für ganz trockene Luft bei 760 mm Druck und + 15° des Wasserstoffthermometers die Beziehung

$$1 \text{ m} = 1553165 \, \lambda_r, \qquad (118)$$

in welcher λ_r die Wellenlänge der roten Linie des Kadmiumspektrums bedeutet[1].

b) Flächenmaße.

Die Flächenmaße bauen sich in einfachster Weise aus den Längenmaßen auf, indem die Flächeneinheiten die Quadrate der Längeneinheiten sind.

Die eigentliche Flächeneinheit ist das Quadratmeter, das mit 1 qm oder 1 m² bezeichnet wird. Die wichtigsten Unterabteilungen sind: 1 qdm (1 dm²) = 0,01 qm, 1 qcm (1 cm²) = 0,01 qdm und 1 qmm (1 mm²) = 0,01 qcm. Ferner sind die größeren Einheiten 1 a = 100 qm (Ar), 1 ha = 100 a (Hektar) und 1 qkm (1 km²) = 100 ha (Quadratkilometer) in Gebrauch. Es sind das die Flächen von Quadraten, deren Seitenlängen 1 m, 1 dm, 1 cm, 1 mm, 10 m, 1 hm und 1 km sind.

Einige ältere Flächenmaße sind folgende:
1 badischer Morgen = 400 Quadratruten = 0,36 ha,
1 bayerisches Tagwerk = 100 Dezimalen = 40 000 Quadratfuß = 3407,27 qm,
1 hannoverscher Morgen = 120 Quadratruten = 2621 qm,
1 preußischer Morgen = 180 Quadratruten = 0,255 322 ha,
1 sächsischer Acker = 2 Scheffel = 300 Feldmesserquadratruten = 5534,23 qm,
1 württembergischer Morgen = 384 Quadratruten = 3151,745 qm,
1 österreichisches Joch = 1600 Quadratklafter = 5754,64 qm,
1 englischer Acre = 160 Quadratruten = 4840 Quadratyards = 4046,7 qm,
1 Square Mile = 640 Acres = 2,5899 qkm.

$$\left.\vphantom{\begin{array}{c}1\\1\\1\\1\\1\\1\\1\\1\\1\end{array}}\right\} \quad (119)$$

---

[1] Siehe hierzu BENOÎT, FABRY u. PEROT: Nouvelle détermination du Mètre en longueurs d'ondes lumineuses. C. R. Acad. Sci., Paris Bd. 144 (1907), S. 1082—1086, u. den Bericht von HAMMER: Die Sicherung der Grundlage des Metersystems. Z. Vermess.-Wes. 1908, S. 45—48.

c) Winkelmaße.

An Winkelmaßen sind in der Geodäsie das Gradmaß und das analytische oder Bogenmaß in Verwendung. Mit Rücksicht auf die praktisch unerläßliche Forderung, daß die Kreisteilungen nach einem vollen Umgange wieder in sich selbst zurückkehren, ist für die Messungen nur ein solches Winkelmaß brauchbar, dessen Einheit im Kreisumfang ohne Rest enthalten ist. Dies trifft leider nicht für das Bogenmaß, wohl aber für das Gradmaß zu, in welchem deshalb unsere Winkelteilungen ausschließlich ausgeführt werden.

Das ältere Gradmaß entspricht der Sexagesimalteilung und lehnt sich auf das engste an die althergebrachte Zeiteinteilung an. Der rechte Winkel wird hier in 90^0, 1^0 in $60'$ und $1'$ in $60''$ zerlegt. Etwaige Bruchteile von Sekunden werden in Dezimalform angegeben. Die im Bergbau früher übliche Stundenteilung der Markscheiderinstrumente ist der Sexagesimalteilung auf das engste verwandt. Der Zusammenhang zwischen der Sexagesimalteilung und den Zeiteinheiten wird durch die Beziehungen

$$1^h = 15^0, \quad 1^m = 15', \quad 1^s = 15'' \quad \text{bzw.} \quad 1^0 = 4^m, \quad 1' = 4^s, \quad 1'' = \frac{1^s}{15}$$

ausgedrückt.

Von Frankreich aus verbreitete sich im vorigen Jahrhundert die dort im Anschluß an die dezimale Unterteilung des Meters eingeführte Zentesimalteilung des Quadranten. Bei dieser Teilung wird der rechte Winkel in 100^g, 1^g in 100^c und 1^c in 100^{cc} geteilt, so daß man die Ablesung sofort in Form eines Dezimalbruches anschreiben kann[1].

Bedeuten $\alpha^{(0)}$ und $\alpha^{(g)}$ die Maßzahlen ein und desselben Winkels in Sexagesimalteilung (alte Teilung) und Zentesimalteilung (Neuteilung), so besteht nach dem Gesagten der Zusammenhang

$$\alpha^{(0)} = \tfrac{9}{10}\,\alpha^{(g)} \quad \text{bzw.} \quad \alpha^{(g)} = \tfrac{10}{9}\,\alpha^{(0)}. \tag{120}$$

Für analytische Untersuchungen, in der Geodäsie besonders bei Fehlerberechnungen, gebraucht man das Bogenmaß. Das Bogenmaß $\widehat{\alpha}$ eines Winkels α (Abb. 5) ist das Verhältnis eines zwischen den Winkelschenkeln konzentrisch zum Winkelscheitel A liegenden Bogens b zum zugehörigen Halbmesser r. Nimmt dieser den besonderen Wert $r_0 = 1\,\mathrm{m}$ an, so ist die Maßzahl des zugehörigen Bogens b_0 unmittelbar gleich $\widehat{\alpha}$. Daher gilt

$$\widehat{\alpha} = \frac{b}{r} = \frac{b_0}{1\,\mathrm{m}}, \tag{121}$$

wenn $1\,\mathrm{m}$ wieder die Längeneinheit bedeutet.

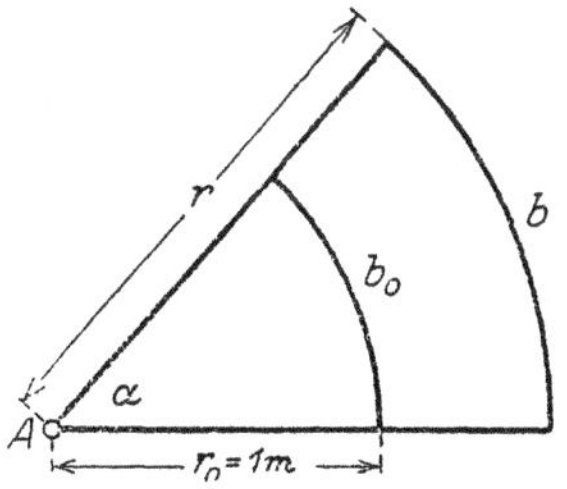

Der Zusammenhang zwischen Bogenmaß und Gradmaß folgt aus dem Umstande, daß der gestreckte Winkel im alten Gradmaß 180^0, im Bogenmaß aber gleich π ist. Hieraus findet man leicht

Abb. 5. Bogenmaß.

$$\alpha^0 = \frac{180^0}{\pi}\cdot\widehat{\alpha} = \varrho^0\widehat{\alpha}; \quad \alpha' = 60\cdot\varrho^0\widehat{\alpha} = \varrho'\widehat{\alpha}; \quad \alpha'' = 60\cdot\varrho'\widehat{\alpha} = \varrho''\widehat{\alpha} \tag{122}$$

---

[1] Statt ^{c} und ^{cc} werden auch die Bezeichnungen ` u. `` verwendet.

Während die Sexagesimalteilung den Vorteil des engen Zusammenhanges mit der Zeit, die Zentesimalteilung die einfache Form, vielleicht auch eine etwas einfachere Berechnung der Beobachtungsergebnisse für sich hat, besitzt die zum Zwecke einer an sich sehr wünschenswerten Vereinheitlichung der Winkelteilung vor einigen Jahrzehnten vorgeschlagene dezimale Unterteilung des alten Grades keinen dieser Vorzüge in ausgesprochenem Maße.

Durch Runderlaß v. 18. X. 1937 hat das Reichsministerium des Innern für den amtlichen deutschen Vermessungsdienst die Zentesimalteilung vorgeschrieben. Für geographische Koordinaten u. Netzlinien bleibt weiterhin die Sexagesimalteilung in Gebrauch; sie kann auch für astronomisch-geodätische Arbeiten verwendet werden.

Schon diese Zugeständnisse deuten an, daß mit diesem Erlaß die erstrebte Einheitlichkeit der Winkelteilung kaum erreicht wird, zumal die Sexagesimalteilung für die Nautik, also auch für die großen seefahrenden Völker, die vorteilhaftere ist.

und umgekehrt

$$\widehat{\alpha} = \alpha^0 : \varrho^0 = \alpha' : \varrho' = \alpha'' : \varrho''. \tag{123}$$

Die Umwandlungskonstanten $\varrho^0, \varrho', \varrho''$ geben die Zahlen der Grade bzw. der Minuten und Sekunden an, welche ein Winkel vom Bogenmaß 1 faßt. Ihre Werte sind:

$$\varrho^0 = 57{,}29\,578^0; \qquad \varrho' = 3437{,}747'; \qquad \varrho'' = 206\,264{,}8''. \tag{124}$$

Die entsprechende Umwandlungskonstante für Zentesimalteilung ist

$$\varrho^g = 200^g : \pi = 63{,}66\,198^g. \tag{125}$$

Den runden Halbmessern (Entfernungen) 1 hm, 1 hm, 1 km und den runden Winkeln (Richtungsfehlern) 1^0, $1'$, $1''$ entsprechen die als **Hektometergrad**, **Hektometerminute** und **Kilometersekunde** bezeichneten Bögen (Querfehler):

$$1\ \mathrm{hm}^0 = 1{,}75\ \mathrm{m}, \qquad 1\ \mathrm{hm}' = 2{,}91\ \mathrm{cm}, \qquad 1\ \mathrm{km}'' = 4{,}85\ \mathrm{mm}. \tag{126}$$

Im **Zentesimalsystem** sind die entsprechenden Beträge

$$1\ \mathrm{hm}^g = 1{,}57\ \mathrm{m}, \qquad 1\ \mathrm{hm}^c = 1{,}57\ \mathrm{cm}, \qquad 1\ \mathrm{km}^{cc} = 1{,}57\ \mathrm{mm}. \tag{127}$$

Diese Werte leisten bei Genauigkeitsschätzungen gute Dienste[1].

10. Bestandteile geodätischer Meßinstrumente.

Unter diesen sind besonders zu nennen Spiegel und Prismen, Linsen und Ablesevorrichtungen.

a) Spiegel und Prismen.

Die **Spiegel** sind vor den Prismen dadurch ausgezeichnet, daß sie stets sog. farblose, d. h. von Farbenzerstreuung freie Bilder liefern. Ihre geometrische Wirkungsweise beruht auf dem Reflexionsgesetz, nach welchem der einfallende und der reflektierte Strahl (PQ und QA in Abb. 6) mit der Flächennormalen QN in einer Ebene liegen und

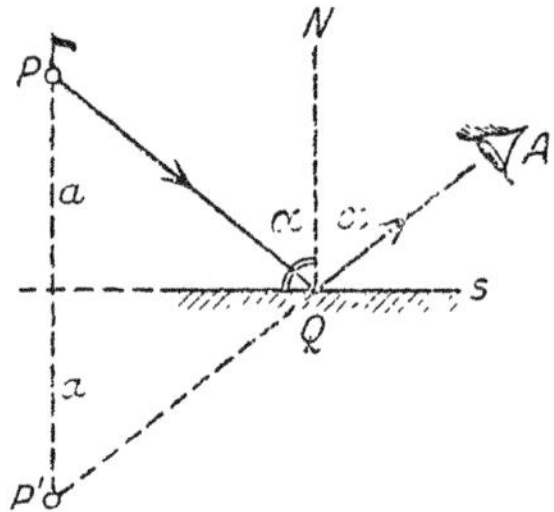

Abb. 6. Reflexion durch einen ebenen Spiegel.

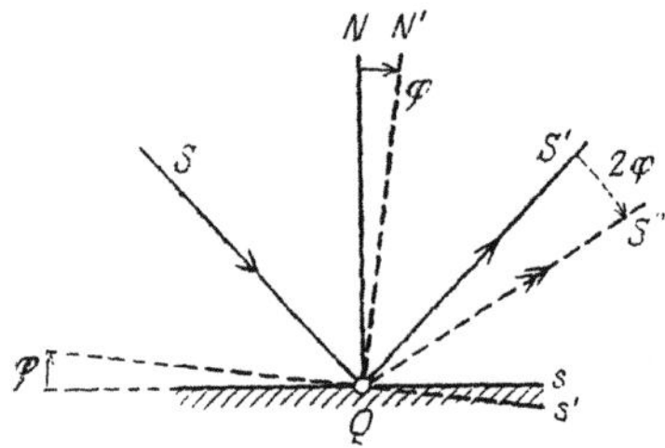

Abb. 7. Spiegeldrehung und Bildwanderung.

der Reflexionswinkel $\sphericalangle NQA$ gleich dem Einfallswinkel $\sphericalangle PQN$ ist. Für einen ebenen Spiegel liegen P und sein virtuelles Spiegelbild P' symmetrisch zur Spiegelfläche. Demnach behält bei wanderndem Auge A das Spiegelbild P' seinen Ort bei. Aus dem Spiegelgesetz ergibt sich folgende wichtige Erkenntnis. Dreht sich der Spiegel um eine zur Einfallsebene senkrechte Achse um den Winkel φ (Abb. 7), so dreht sich der reflektierte Strahl im gleichen Sinne um den Betrag $2\,\varphi$. Ebene Spiegel führen bei horizontaler Lage durch Vertauschung von oben und unten eine **einfache Bildaufrichtung** und bei lotrechter Stellung durch Vertauschung von rechts und links eine **einfache Seitenvertauschung** herbei.

---

[1] Bei der für geodätische Zwecke kaum verwendeten **Strichteilung** ist der ganze Kreisumfang U in 6400 Striche ($^\frown$) geteilt. Es gilt also $6400^\frown = 360^0 = 400^g$ u. $1^\frown = 3{,}375' = 202{,}5''$ $= 625^{cc}$. Der Kilometerstrich ist $1\ \mathrm{km}^\frown = 0{,}982\cdots m \approx 1\ \mathrm{m}$.

Wichtiger als die einfachen Spiegel sind in der Instrumentenkunde die Prismen, die wegen ihrer besseren Eigenschaften die eigentlichen Spiegel fast vollkommen verdrängt haben.

Abb. 8 stellt den Strahlengang im senkrechten Querschnitt eines dreiseitigen Prismas dar. Ein einfarbiger Strahl S trifft in 1 unter dem Einfallswinkel α auf das Prisma und wird beim Übergang in dieses unter dem Brechungswinkel β gebrochen, so daß nach dem SNELLIUSschen Brechungsgesetz

$$\sin \alpha : \sin \beta = n \qquad (128)$$

ist, wenn n den Brechungsindex bedeutet. Er ist für den Übergang des sichtbaren Lichtes aus Luft in Kronglas 1,54 und aus Luft in Wasser 1,34. Besitzen der auftreffende und der gebrochene Strahl die gegen eine beliebige Ausgangsrichtung im Uhrzeigersinn positiv gezählten Richtungswinkel φ_1 und φ_2, so ist

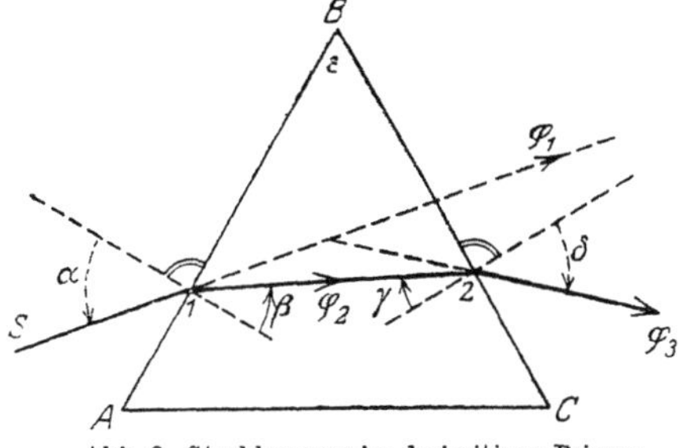

Abb. 8. Strahlengang im dreiseitigen Prisma.

die Richtungsänderung des Strahles infolge einmaliger Brechung durch den Ausdruck

$$\sin (\varphi_2 - \varphi_1) = \sin (\alpha - \beta) = \frac{1}{2n} (2 \sin \alpha \sqrt{n^2 - \sin^2\alpha} - \sin 2\alpha) \qquad (129)$$

bestimmt. Der weitergehende Strahl verläßt schließlich in 2 das Prisma unter einem Richtungswinkel φ_3, indem er mit dem Einfallslot den Winkel δ einschließt, welcher sich aus der Beziehung

$$\sin \delta = \sin \varepsilon \sqrt{n^2 - \sin^2\alpha} - \cos \varepsilon \sin \alpha \qquad (130)$$

berechnen läßt. ε bedeutet hierin den brechenden Winkel des Prismas. Bei bekanntem δ wird die Gesamtablenkung des Strahles der Ausdruck

$$\varphi_3 - \varphi_1 = \alpha + \delta - \varepsilon . \qquad (131)$$

Das Minimum $(\varphi_3 - \varphi_1)_m$ der Ablenkung erscheint für $\delta = \alpha = \alpha_0$, wo letzteres durch $\sin \alpha_0 = n \cdot \sin \frac{\varepsilon}{2}$ bestimmt ist.

Denkt man sich den zweiten Einfallswinkel γ wachsend, bis der zugehörige Brechungswinkel $\delta = 90^0$ wird, so gleitet der gebrochene Strahl die Seite BC entlang, und γ ist in diesem Fall in den durch $\sin \gamma_0 = 1 : n$ bestimmten Inzidenzwinkel γ_0 übergegangen. Bei weiterem Wachstum von γ kann der Strahl das Prisma nicht mehr verlassen; er wird dann total reflektiert, bei welchem Vorgang infolge geringen Lichtverlustes sehr helle Spiegelbilder entstehen.

Für kleine Winkel α, ε ergibt sich die Näherungsbeziehung

$$\varphi_3 - \varphi_1 \approx (n - 1) \varepsilon . \qquad (132)$$

Denken wir uns das Auge A im Prisma, so wird ihm ein vom Einfallspunkt Q (Abb. 9) um s entfernter Punkt P unter der größeren Entfernung $AQ + \sigma$ in P' erscheinen. Da AQ der Natur der Sache nach im Vergleich zu den Punktentfernungen verschwindend klein ist, so vernachlässigen wir es und setzen die scheinbare

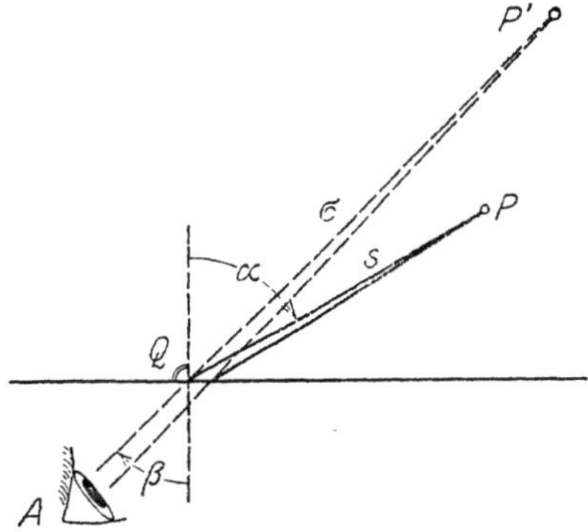

Abb. 9. Bildweite σ und Gegenstandsweite s, wenn Gegenstand und Auge in verschiedenen Medien liegen.

Entfernung des betrachteten Punktes vom Auge unmittelbar gleich σ. Dieses ist unter Beibehaltung der bisher gebrauchten Bezeichnungen

$$\sigma = \frac{s}{n} \{n^2 + (n^2 - 1) \operatorname{tg}^2\alpha\} . \qquad (133)$$

Hiernach erscheint vom dichteren Medium aus der im dünneren Medium liegende Gegenstand stets in zu großer Entfernung und umgekehrt.

Häufig verwendet man Prismen, deren Querschnitt ein gleichschenkliges Dreieck ist, unter Ausnutzung der totalen Reflexion als Spiegel zur Bildaufrichtung. In Abb. 10 trifft der mehrfarbige Strahl S_{rv} in 1 auf den Querschnittsschenkel AB und wird hier beim Eintritt in das Prisma in verschiedenfarbige Strahlen zerlegt, unter denen S_r (rot) und S_v (violett) die äußersten sichtbaren sein mögen. Jeder dieser Strahlen erfährt eine andere Brechung und geht deshalb in der Folge seinen eigenen Weg. S_r z. B. gelangt in 2_r, unter einem Einfallswinkel, der größer ist als der Inzidenzwinkel, an die Grundlinie AC und wird dort total reflektiert. Bei 3_r trifft er auf den Schenkel BC und verläßt hier nach nochmaliger Brechung das Prisma. Da die Basiswinkel bei A und C einander gleich sind und die Strahlenstücke 2_r 1 und 2_r 3_r infolge der an der Grundlinie stattfindenden Reflexion mit der Grundlinie AC die gleichen Winkel einschließen, so treffen die genannten Strahlenstücke auch unter gleichen Winkeln auf die Schenkel AB und BC. Sie schließen also innerhalb und nach dem Brechungsgesetze deshalb auch außerhalb des Prismas mit dem Einfallslote N_{rv} und N_r dieselben Winkel ein. Daraus folgt aber unmittelbar, daß der eintretende Strahl S_{rv} und der austretende S_r gegen die Basis AC gleichmäßig geneigt sind. Der ganze Vorgang kann daher seiner Endwirkung nach durch eine Spiegelung ersetzt werden, die an

Spiegelprismen.

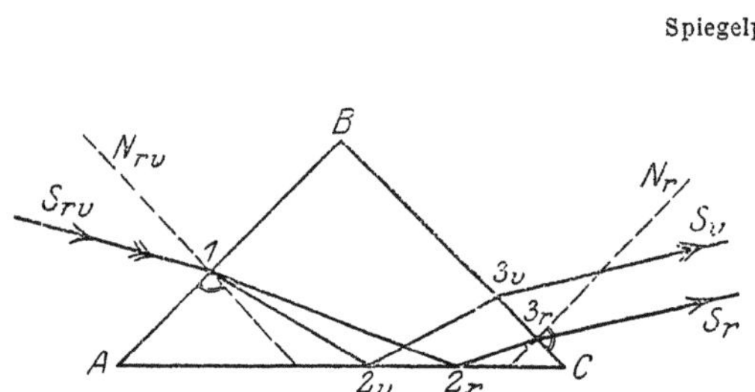

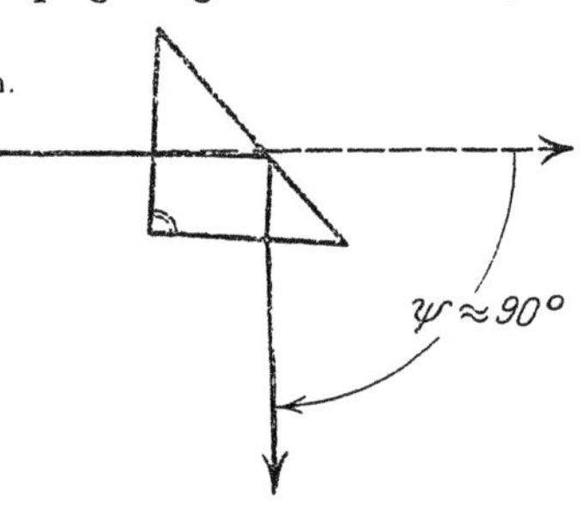

Abb. 10. Gang eines mehrfarbigen, einmal reflektierten Strahls durch ein gleichschenkeliges dreiseitiges Prisma.

Abb. 11. Prisma zur Strahlenablenkung von annähernd 90° durch Spiegelung.

einer durch den Schnittpunkt von S_{rv} und S_r parallel zu AC gelegten Fläche stattfindet. Ganz Entsprechendes gilt auch für den violetten Strahl S_v und für jeden anderen. Es werden deshalb alle aus dem Prisma austretenden Strahlen zueinander parallel sein und im Auge wieder in einem Punkte der Netzhaut vereinigt werden, so daß doch wieder von Farbenzerstreuung freie Bilder entstehen.

Die Frage, ob die scheinbare Bildentfernung dieselbe ist wie die Entfernung des Gegenstandes, ist nach Abb. 9 und Gl. (133) zu bejahen; denn während beim Eintritt des Strahls in das Prisma eine Vergrößerung der Entfernung von s auf σ stattfindet und durch die Reflexion in 2_r Bildgröße und Bildentfernung sich nicht ändern, findet beim Strahlenaustritt in 3_r, welche unter den gleichen Verhältnissen wie in 1, nur unter Vertauschung von Einfalls- und Brechungswinkel vor sich geht, wieder eine Verkleinerung der Entfernung von σ auf die ursprüngliche Entfernung s statt.

Ist der Prismenquerschnitt ein gleichschenkliges rechtwinkliges Dreieck (Abb. 11), so erfährt ein auf die Kathetenfläche annähernd senkrecht auffallender Strahl eine Richtungsablenkung ψ von annähernd 90°. Ein Spiegelbelag auf der Hypotenusenfläche ist nicht unbedingt notwendig, weil der Strahl diese Fläche unter einem Einfallswinkel von etwa 45° trifft, welcher noch größer ist als der für Kronglas und Luft rund 42° betragende Grenzwinkel, so daß noch totale Reflexion stattfinden muß. Durch die Anbringung eines solchen Prismas vor dem Objektiv oder besser vor dem Okular kann man auch stark geneigte Sichten bei bequemer Kopfhaltung vornehmen.

Neuerdings spielen auch die vollständigen Umkehrprismen, welche sowohl eine Bildaufrichtung als auch eine Seitenvertauschung herbeiführen, eine größere Rolle.

Das in Abb. 12 dargestellte Prisma dieser Art ist das ABBESCHE Prisma[1], ein sog. geradsichtiges Prisma, bei dem eintretender und austretender Hauptstrahl in einer Geraden liegen, so daß keine seitliche Bildverschiebung stattfindet. Dem Prisma, in welchem der Strahl ausschließlich vorwärts geführt wird, ist unten eine Dachfläche angeschliffen. Diese Vorkehrung bewirkt die Seitenvertauschung, während die Vertauschung von unten und oben durch den eigentlichen Prismenkörper herbeigeführt wird.

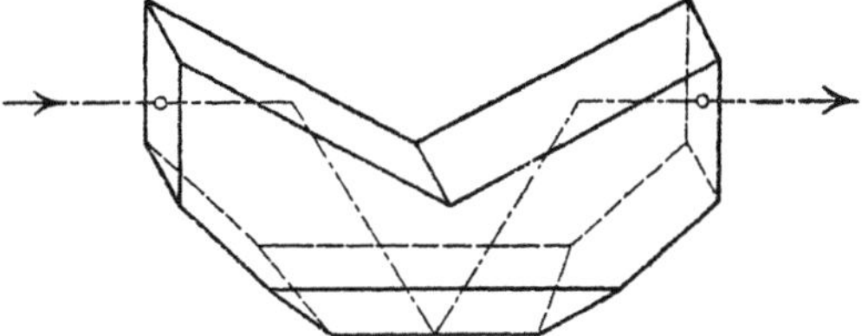

Abb. 12. Geradsichtiges vollständiges Umkehrprisma von Abbe.

Ein anderes geradsichtiges vollständiges Umkehrprisma ist das Dachprisma von HENSOLDT, welches ebenfalls nur Vorwärtsführung des Strahles aufweist[2].

Auch Prismen, deren Querschnitt ein Parallelogramm ist, werden in der Geodäsie verwendet, um eine parallele Verschiebung des Strahlengangs zu erreichen (Abb. 13). Ein solches Prisma verschiebt alle unter sich parallelen Strahlen, die sowohl an BC wie auch an AD total reflektiert werden, parallel und um den gleichen Betrag nach derselben Seite hin. Treffen die Strahlen, wie in Abb. 13 angenommen, senkrecht

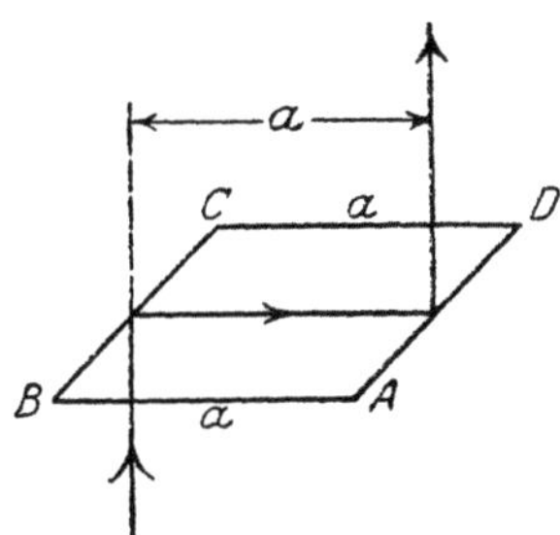

Abb. 13. Prisma zur Parallelverschiebung der Strahlen.

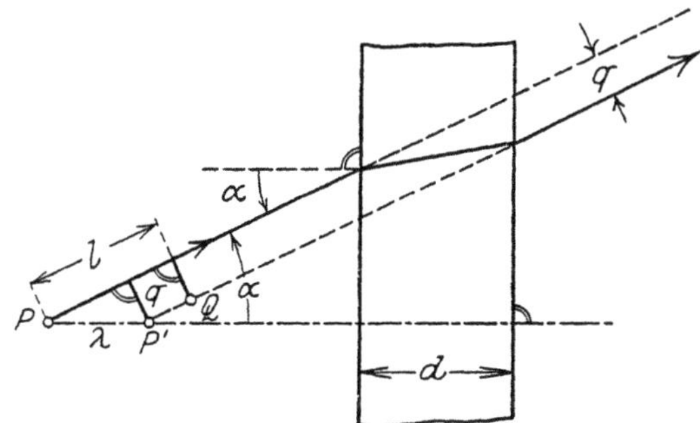

Abb. 14. Wirkung der planparallelen Platte.

auf das Prisma, so ist das Maß der Parallelverschiebung die Länge der vom ankommenden Strahl getroffenen Querschnittsseite.

Trifft ein Strahl unter dem Einfallswinkel α (Abb. 14) auf eine planparallele Platte von der Dicke d, so ist der austretende Strahl zum auffallenden parallel und gegen diesen um den Betrag

$$q = d \cdot \sin \alpha \left\{ 1 - \frac{1}{\sqrt{n^2 + (n^2 - 1)\,\mathrm{tg}^2\,\alpha}} \right\} \tag{134}$$

seitlich verschoben. Aus (134) folgt der bei kleineren Einfallswinkeln ausreichende Näherungsausdruck

$$q \approx \frac{n-1}{n}\,d \cdot \widehat{\alpha}\,. \tag{135}$$

Die durch P gehende Senkrechte zur Platte trifft die rückwärtige Verlängerung des austretenden Strahles in einem Punkte P', der um

$$\lambda = \frac{q}{\sin \alpha} = d \cdot \left\{ 1 - \frac{1}{\sqrt{n^2 + (n^2 - 1)\,\mathrm{tg}^2\,\alpha}} \right\} \tag{136}$$

näher an der Platte liegt wie P. Für nicht allzu große α wird meistens die aus Gl. (135) folgende Näherung

$$\lambda \approx \frac{n-1}{n}\,d \tag{137}$$

[1] Siehe A. GLEICHEN: Die Theorie der modernen optischen Instrumente, S. 152. Stuttgart 1911.
[2] Siehe E. HAMMER: Neues HENSOLDTsches Fernrohr mit aufrechten Bildern für kleinere geodätische Instrumente. Z. Vermess.-Wes. 1909, S. 247ff.

genügen. Dieser Betrag ist von α unabhängig, so daß auch alle Nachbarstrahlen in ihrer Rückverlängerung durch denselben Punkt P' gehen und dem hinter der Platte befindlichen Auge der Punkt P um λ senkrecht gegen die Platte zu verschoben erscheint. Bei größeren Einfallswinkeln aber gilt dies nur näherungsweise. Für eine gewöhnliche Glasplatte ist der Näherungswert λ ein Geringes größer als $d : 3$.

Bei schärferen Anforderungen ist zu berücksichtigen, daß der scheinbare Ort für P ein sehr nahe bei P' liegender Punkt Q ist, dessen Koordinaten in bezug auf P und den von ihm ausgehenden Strahl die Werte

$$l = d \cdot \cos\alpha \left\{ 1 - \frac{n^2 - (n^2 - 1)\,\mathrm{tg}^4\alpha}{\sqrt{n^2 + (n^2 - 1)\,\mathrm{tg}^2\alpha}^{\,3}} \right\} \tag{138}$$

und q sind. Durch Reihenentwicklungen ergeben sich aus (134) und (138) die Ausdrücke

$$q = \frac{n-1}{n} \cdot d \cdot \widehat{\alpha}\left\{ 1 + \frac{3 + 3n - n^2}{6\,n^2} \cdot \widehat{\alpha}^2 + \frac{15\,(n+1)\,(3 - n^2) + n^4}{120\,n^4} \cdot \widehat{\alpha}^4 + G^6 \right\}, \tag{139}$$

$$l = \frac{n-1}{n} \cdot d + \frac{n-1}{n} \cdot d \cdot \widehat{\alpha}^2 \left\{ \frac{3\,(n+1) - n^2}{2\,n^2} + \frac{15\,(n+1)\,(3 - n^2) + n^4}{24\,n^4} \cdot \widehat{\alpha}^2 + G^4 \right\}, \tag{140}$$

mit deren Hilfe nachträglich auch die Genauigkeit der Faustformeln (135) und (137) beurteilt werden kann[1].

b) Linsen.

Unter Linsen versteht man durchsichtige homogene, meist aus Glas bestehende, durch Kugelflächen begrenzte Körper. Je nachdem sie in der Mitte dicker oder dünner sind als am Rande, hat man es mit Sammellinsen oder mit Zerstreuungslinsen zu

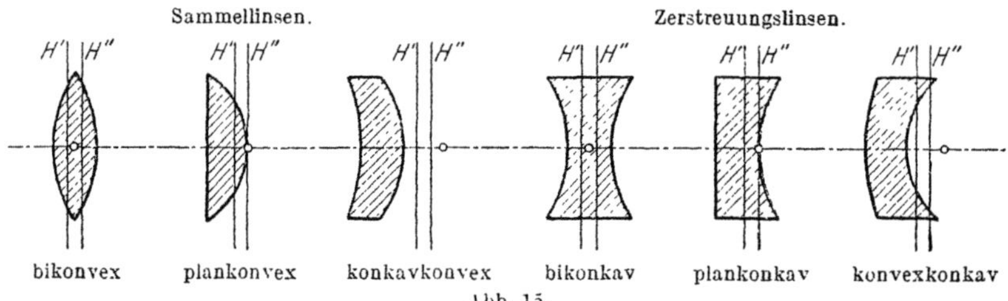

Abb. 15.

tun. Erstere sammeln das parallele Licht, letztere machen es divergent. Die linke Hälfte von Abb. 15 bringt die bikonvexe, plankonvexe und konkavkonvexe Sammellinse, während rechts die bikonkave, plankonkave und konvexkonkave Zerstreuungslinse dargestellt ist.

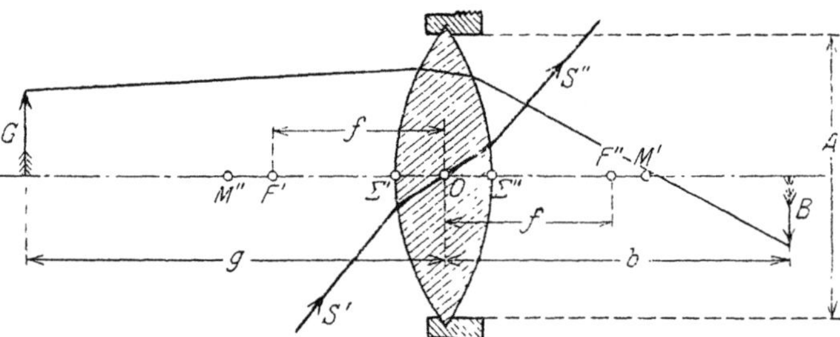

Abb. 16. Verhältnisse an der Linse für die Näherungsannahme, daß die Hauptpunkte in den optischen Mittelpunkt fallen.

In Abb. 16 sind M', M'' die Mittelpunkte der die Linse begrenzenden Kugelflächen. Ihre Verbindungsgerade, die optische Achse der Linse, trifft diese in den Scheitelpunkten Σ' und Σ''. A bedeutet die als Linsenöffnung bezeichnete lichte Weite der Linse. Alle durch den optischen Mittelpunkt O gehenden Strahlen[2] sind in ihren außerhalb

---

[1] An einschlägiger Literatur sei genannt: a) Samel: Der Durchgang des Lichtes durch eine planparallele Glasplatte. Z. Vermess.-Wes. 1930, S. 229—234. b) Holcken: Der Durchgang des Lichtes durch eine planparallele Glasplatte. Z. Vermess.-Wes. 1930, S. 493—497.

[2] Zunächst wird einfarbiges Licht vorausgesetzt.

der Linse liegenden Hälften S', S'' zueinander parallel. Die Linse entwerfe nun vom Gegenstand G ein dazu konjugiertes Bild B, deren Abstände von den zugehörigen – bald zu besprechenden – Hauptpunkten die Gegenstandsweite g und die Bildweite b sind. Zwischen ihnen und der **Brennweite** f besteht die grundlegende Beziehung

$$\frac{1}{g} + \frac{1}{b} = \frac{1}{f} \qquad \text{bzw.} \qquad (g-f)(b-f) = f^2, \tag{141}$$

welche man als **dioptrische Hauptformel** oder **Abbildungsgleichung** bezeichnet. Unter der Linsenbrennweite versteht man die unter sich gleichen Abstände der Hauptpunkte von den beiden Brennpunkten F' und F'', in welchen die von rechts bzw. von links her parallel zur optischen Achse auffallenden Strahlen je in einem Punkte der Achse gesammelt werden. Den reziproken Wert der in Metern ausgedrückten Brennweite nennt man die **Dioptrienzahl** oder **Brechkraft** der Linse.

Zwischen der Gegenstandsgröße G und der Bildgröße B besteht die einfache Beziehung

$$B : G = b : g = \beta, \tag{142}$$

welche man als die **lineare seitliche Bildvergrößerung** bezeichnet. Die Differentiation von (141) liefert in

$$db = -\left(\frac{b}{g}\right)^2 dg \tag{143}$$

den wichtigen Ausdruck für die einer bestimmten, kleinen Änderung dg der Gegenstandsweite entsprechende **Bildweitenänderung** db. Hieraus folgt die **Längsvergrößerung**

$$\frac{db}{dg} = -\left(\frac{b}{g}\right)^2 = \lambda = -\beta^2 \ldots \tag{143^1}$$

In der für das geodätische Meßfernrohr meist ausreichenden einfacheren Theorie, welche von der Verwendung der Hauptpunkte absieht, werden g, b und f vom optischen Mittelpunkt O aus gezählt.

Diese einfachere Theorie reicht aber nicht immer aus, besonders nicht in der Photogrammetrie, wo ein Teil der Strahlen unter sehr großen Winkeln gegen die optische Achse des Objektivs auftrifft. In der genaueren Theorie spielen die **Haupt- und Knotenpunkte** eine wichtige Rolle. Die **Knotenpunkte** zeichnen sich dadurch aus, daß die durch sie nach zwei beliebigen konjugierten Punkten gezogenen Richtungen parallel sind. Hingegen versteht man unter den beiden **Hauptebenen** einer Linse diejenigen achsensenkrechten, konjugierten Ebenen, in welchen Gegenstand und Bild gleich groß und gleich gerichtet sind, so daß die Verbindungsgeraden entsprechender Punkte dieser Ebenen zur optischen Achse parallel laufen. Unter den **Hauptpunkten** aber, die in der Folge ebenso wie die Hauptebenen selbst mit H' und H'' bezeichnet werden sollen, versteht man die Durchstoßpunkte der optischen Achse durch die Hauptebenen. Hauptpunkte und Knotenpunkte sind getrennte Punkt-

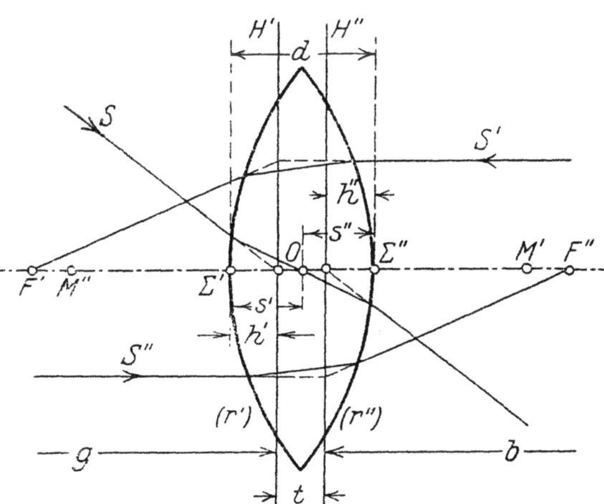

Abb. 17. Verhältnisse an der Linse für die strengere Annahme, daß die Hauptpunkte nicht in den optischen Mittelpunkt fallen.

paare, wenn, wie beim Auge, vor und hinter der Linse zwei verschieden brechende
Medien liegen. Bei allen an geodätischen Instrumenten verwendeten Linsen aber fällt
je ein Hauptpunkt in den entsprechenden Knotenpunkt, weil sich hier vor und hinter
der Linse ein und dasselbe Medium befindet. In der Regel spricht man dann von
den Hauptpunkten der Linse, obwohl man meistens die aus dem Begriff der Knotenpunkte folgenden Eigenschaften im Auge hat.

Im Zusammenhang mit den Hauptpunkten ist zu der schon früher erwähnten Eigenschaft des optischen Mittelpunktes noch hinzuzufügen, daß die parallelen Außenhälften
eines durch O gehenden Strahles in ihren Verlängerungen durch die beiden Hauptpunkte gehen (Abb. 17).

Ist d die Linsendicke, t der Abstand beider Hauptebenen, n der Brechungsquotient
und bedeuten M', M'' die Mittelpunkte der begrenzenden Kugelflächen mit den Halbmessern r' und r'', ferner h', h'' die Abstände der Hauptpunkte H', H'' von den zugehörigen Linsenscheiteln Σ', Σ'' und s', s'' die Entfernungen des optischen Mittelpunktes O von den genannten Scheitelpunkten, so sind die gegenseitigen Größen-
verhältnisse durch folgende Beziehungen[1] bestimmt:

$$\frac{1}{f} = (n-1)\left(\frac{1}{r'} + \frac{1}{r''} - \frac{n-1}{n}\cdot\frac{d}{r'\,r''}\right) \approx (n-1)\left(\frac{1}{r'} + \frac{1}{r''}\right), \tag{144}$$

$$h' = \frac{r'\,d}{n\,(r'+r'')-(n-1)\,d} \approx \frac{r'\,d}{n\,(r'+r'')} \approx \frac{s'}{n}, \tag{145}$$

$$h'' = \frac{r''\,d}{n\,(r'+r'')-(n-1)\,d} \approx \frac{r''\,d}{n\,(r'+r'')} \approx \frac{s''}{n}, \tag{146}$$

$$s' = \frac{r'}{r'+r''}\,d \approx n\cdot h', \qquad s'' = \frac{r''}{r'+r''}\,d \approx n\cdot h'', \tag{147}$$

$$t = d - (h'+h'') = \frac{(n-1)\,(r'+r''-d)\cdot d}{n\,(r'+r'')-(n-1)\,d} \approx \frac{n-1}{n}\,d, \tag{148}$$

$$s':s'' = h':h'' = r':r''. \tag{149}$$

In Abb. 17 besitzen alle diese Größen positives Vorzeichen. Für Glaslinsen, bei
denen n rund 1,5 ist, findet man aus (148) für den Hauptpunktabstand $t \approx d:3$.

Abb. 15, in welcher die Spuren der Hauptebenen mit H', H'' und die optischen
Mittelpunkte durch kleine Kreise bezeichnet sind, gibt einen Überblick über die Lage
der genannten Ebenen und Punkte für die wichtigsten Linsenformen.

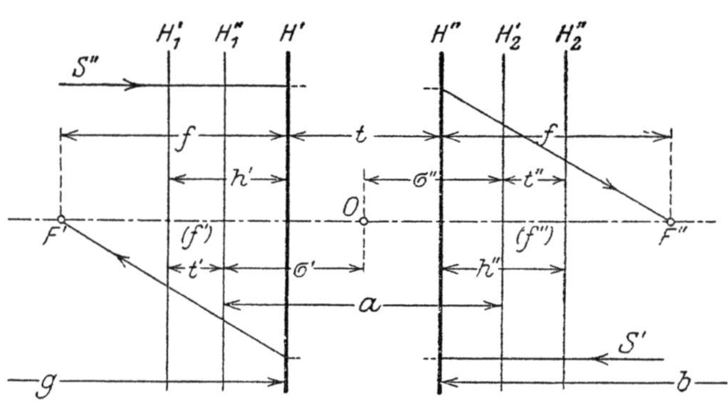

Abb. 18. Zusammenwirken zweier Einzellinsen.

Da g und b von den
Hauptebenen aus zählen,
so bleibt der zwischen ihnen
liegende Raum für die Bild-
konstruktion aus den Strahlen gewissermaßen unwirk-
sam, weshalb er und seine
Dicke t als der tote Raum
bezeichnet werden.

Abb. 18 veranschaulicht
das Zusammenwirken
zweier zentrierter Ein-
zellinsen mit den Brenn-
weiten f' und f'', den Haupt-
ebenenpaaren H'_1, H''_1 und H'_2, H''_2, den toten Räumen t', t'' und dem Abstand a der beiden

---

[1] In (144) bis (148) sind die jeweils zuerst angeführten Ausdrücke streng für die zentralen
Strahlen.

Nach (144) bleibt für gleiches n die Brennweite f erhalten, wenn die Kehrwerte $\frac{1}{r'}, \frac{1}{r''}$ der Krüm-
mungsradien entgegengesetzt gleich große Änderungen erfahren. Die dadurch bewirkte Form-
änderung nennt man Durchbiegung der Linse.

Hauptebenen H_1', H_2''. Die optische Wirkung der beiden Linsen läßt sich durch diejenige einer einzigen fingierten Linse ersetzen, welche die Brennpunkte F', F'', die Äquivalentbrennweite f, den optischen Mittelpunkt O und die Hauptebenen H', H'' besitzt. Die gegenseitige Lage der genannten Gebilde ist durch die Beziehungen

$$f = \frac{f'\,f''}{f' + f'' - a}\,; \tag{150}$$

$$h' = \frac{a\,f'}{f' + f'' - a} = \frac{a}{f''}\cdot f, \qquad h'' = \frac{a\,f''}{f' + f'' - a} = \frac{a}{f'}\cdot f, \tag{151}$$

$$\sigma' = \frac{h'}{h' + h''}\,a = \frac{f'}{f' + f''}\,a, \qquad \sigma'' = \frac{h''}{h' + h''}\,a = \frac{f''}{f' + f''}a, \tag{152}$$

$$\sigma' : \sigma'' = h' : h'' = f' : f'', \tag{153}$$

$$t = t' + t'' - \frac{a^2}{f' + f'' - a} = t' + t'' - \frac{a^2}{f'\,f''}\,f \tag{154}$$

vollständig bestimmt. Die Bedeutung der hierin enthaltenen Bezeichnungen wird durch die Angaben von Abb. 18, denen lauter positive Vorzeichen entsprechen, ergänzt. Auch hier gilt wieder die alte Abbildungsgleichung (141), wenn g und b von den Hauptebenen H', H'' der Äquivalentlinse aus gezählt werden. Ebenso besitzt der neue optische Mittelpunkt O die früher angegebene Eigenschaft, daß die Außenhälften aller durch ihn gehenden Strahlen je zueinander parallel sind und in ihrer Verlängerung sämtlich durch die zugehörigen Hauptpunkte H', H'' gehen.

Wird die Linsendicke vernachlässigt, so daß die beiden Hauptpunkte jeder Einzellinse in deren optischen Mittelpunkt fallen, so bleiben die angegebenen Beziehungen bestehen. Die Gleichungen (150) bis (153) behalten für diesen Fall auch ihre äußere Form; lediglich (154) läßt sich, da bei der getroffenen Annahme t' und t'' verschwinden, in die einfachere Gestalt

$$t = -\frac{a^2}{f' + f'' - a} = -\frac{a^2}{f'\,f''}\,f \tag{155}$$

bringen, wobei man jetzt a kurzweg als den Linsenabstand auffassen kann.

Die wichtigsten Mängel der einfachen Linse sind: Farbenabweichung, Kugelabweichung, Astigmatismus und Koma, Bildverzerrung und Bildwölbung.

Farbenabweichung tritt ein, wenn ein Strahl S (Abb. 19) verschiedenfarbigen Lichtes beim Durchgang durch die Linse in seine Einzelfarben zerlegt wird. Die kurzwelligen Strahlen S_v werden dabei stärker gebrochen als die langwelligen S_r. Liegt S parallel zur optischen Achse, so sind die Schnittpunkte F_r, F_v der genannten Strahlen mit der Achse die getrennten Brennpunkte der roten und violetten Strahlen,

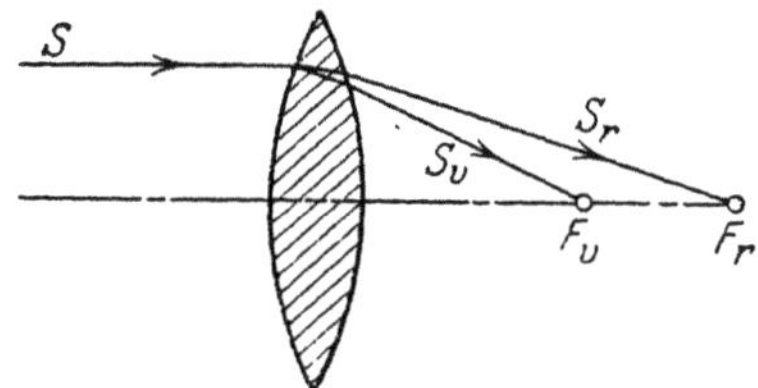

Abb. 19. Farbenabweichung.

während ihr Abstand den entsprechenden Brennweitenunterschied (Farbenlängsabweichung) darstellt. Die Bilder sind hier von störenden farbigen Säumen umgeben[1].

---

[1] Achromasie (Farbenreinheit) für zwei Wellenlängen (meist werden für visuelle Zwecke die FRAUNHOFERschen Linien C, F oder eine zwischen B u. C liegende Stelle mit F vereinigt) wird erzielt, wenn beide Bilder Punkt für Punkt zusammenfallen, d. h. wenn sie gleiche Lage u. Größe besitzen. Das bedingt im System für beide Farben gleiche Lage der Brennpunkte u. gleiche Brennweiten; beides zusammen läßt sich nur mit Linsen aus verschiedenen Glassorten erreichen. Die noch bleibende geringe Abweichung eines solchen zweilinsigen Achromaten ist sein sekundäres Spektrum, welches durch Hinzunahme einer dritten Linse beseitigt werden kann. Farbenfreiheit der Brennweite allein, d. h. gleiche Bildgröße für alle Farben, wird schon mit zwei Linsen aus gleichem Glas erzielt, wenn der Linsenabstand gleich dem arithmetischen Mittel der Einzelbrennweiten ist. Bei Okularen begnügt man sich vielfach mit der Erfüllung dieser Teilforderung gleicher Bildgröße.

Weniger wichtig als die Farbenabweichung der Brennweite u. der Brennpunkte ist die Farbenabweichung der weiteren noch zu besprechenden Bildfehler.

Ein zur optischen Achse paralleler Randstrahl S_r (Abb. 20) und ein gleichgerichteter zentraler Strahl S_z treffen nach der Brechung die Linsenachse in den getrennten Punkten F_r und F_z, welche die Brennpunkte der Randstrahlen und der Zentralstrahlen sind. Diese Erscheinung ist die **Kugelabweichung oder sphärische Aberration.** Den Abstand λ beider Brennpunkte F_r und F_z nennt man die sphärische Längsabweichung. Hingegen ist die sphärische Querabweichung σ der achsensenkrechte Abstand des Brennpunktes der zentralen Strahlen von einem vor der Brechung achsenparallelen Randstrahl. Auch wenn der Dingpunkt im Endlichen liegt, F_r und F_z also

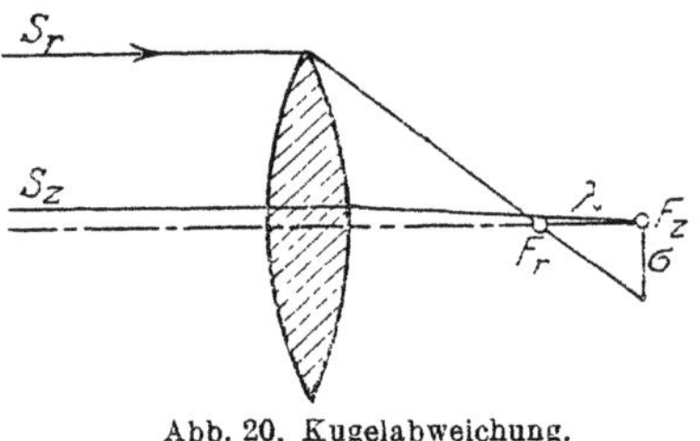

Abb. 20. Kugelabweichung.

nicht mehr Brennpunkte, sondern gewöhnliche Bildpunkte sind, spricht man von sphärischer Aberration. Infolge der Kugelabweichung, welche mit dem **Quadrat der Einfallshöhe** (Abstand des Strahleneinfallspunktes von der optischen Achse) wächst, wird das Bild eines Punktes nicht wieder ein Punkt, sondern ein Scheibchen, worunter die Deutlichkeit des Bildes leidet[1].

Von einem **Koma** (Asymmetrie) spricht man, wenn die seitlich der Achse liegenden Bildpunkte – trotz Beseitigung der Kugelabweichung für den Achsenpunkt – als unscharfe, kometenschweifartige Gebilde erscheinen. Man kann diesen Fehler entweder als die meridionale sphärische Abweichung eines Seitenpunktes betrachten oder aber als die Auswirkung des Umstandes, daß ein kleiner achsensenkrechter Gegenstand durch die verschiedenen Zonen der Linse je in verschiedener Größe abgebildet wird. Die Erscheinung läßt sich auch damit erklären, daß in der Meridianebene des Seitenpunktes auf beiden Seiten des **Blendenhauptstrahls** (Strahl durch den Blendenmittelpunkt) infolge systematisch verschieden starker Abblendung verschieden große Teile von Strahlenbüscheln an der Bildentstehung beteiligt sind[2].

Die um einen leuchtenden **Achsenpunkt** P (Abb. 21) als Zentrum in einem homogenen Medium (Luft) sich ausbreitenden Wellenflächen (geometrische Örter der Punkte gleicher Schwingungsphase) sind Kugeln. Beim Eintritt in die Linse erfahren sie eine Formänderung (Einbeulung), bleiben aber Drehflächen in bezug auf die optische Achse. Das trifft auch für die hinter der Linse wieder ganz in Luft liegenden Wellenflächen zu. Die Normalen einer solchen Wellenfläche, die Lichtstrahlen, gehen aber nicht mehr alle durch ein und denselben Punkt; die Abbildung wird **astigmatisch oder punktlos**

---

[1] Geeignetes Durchbiegen der einfachen Linse vermindert ihre Kugelabweichung nebst Koma u. Astigmatismus. Eine plankonvexe Linse zeigt das Bild eines weit entfernten Dingpunktes mit kleiner bzw. großer Kugelabweichung, je nachdem die gewölbte bzw. die ebene Fläche den ankommenden Strahlen zugekehrt ist. Durch die geeignete Verbindung von zwei Linsen, welche der ersten SEIDELschen Bedingung (Astronomische Nachrichten 43. Bd. 1856, Spalte 289—332, besonders 317) genügen, läßt sich die sphärische Abweichung für eine bestimmte schmale Kugelzone u. für eine bestimmte Dingweite aufheben. Beim geodätischen u. astronomischen Meßfernrohr wird die Gegenstandsweite des Achsenpunktes unendlich groß vorausgesetzt. Ist die Kugelabweichung für die Randstrahlen beseitigt, so ist sie auch für die inneren Zonen wesentlich verringert.

[2] Zur Beseitigung des **Komafehlers** muß für ein unendlich kleines, achsensenkrechtes Flächenstück, welches den aberrationsfreien Achsenpunkt umgibt, die **Sinusbedingung** oder **FRAUNHOFERsche Bedingung** (zuerst von SEIDEL als zweite seiner Bedingungen zur Beseitigung der Bildfehler aufgestellt. Siehe Astron. Nachrichten 43. Bd. 1856, Spalte 289—332, besonders 326) erfüllt sein. Sind die Linsen in ein homogenes Medium – etwa in Luft – eingebettet, so lautet diese Beziehung $\sin \gamma' : \sin \gamma = \beta = $ Konstante. Hierin sind γ, γ' die beiden Schnittwinkel der äußeren Stücke eines Strahlenzugs mit der optischen Achse im Ding- und Bildraum, während β die lineare Vergrößerung des Bildes angibt. Das Koma kann, wie schon die Kugelabweichung, immer nur für eine bestimmte Gegenstandsweite beseitigt sein. Linsensysteme, welche für die gleiche Gegenstandsweite von Kugelabweichung u. vom Koma frei sind, nennt man **Aplanate** u. das Paar von konjugierten Punkten, für welche dies zutrifft, sind die **aplanatischen Punkte.** Systeme, die für mindestens zwei Farben aplanatisch sind u. für drei Farben achromatisch (also frei vom sekundären Spektrum), werden als **Apochromate** bezeichnet.

Alle diejenigen ∞^1 Strahlen, welche den gleichen Parallelkreis (Krümmungslinie) einer Wellenfläche treffen, schneiden sich aus geometrischen Gründen im gleichen Punkt der optischen Achse, und zwar in der gleichen Schwingungsphase, so daß eine Lichtver-

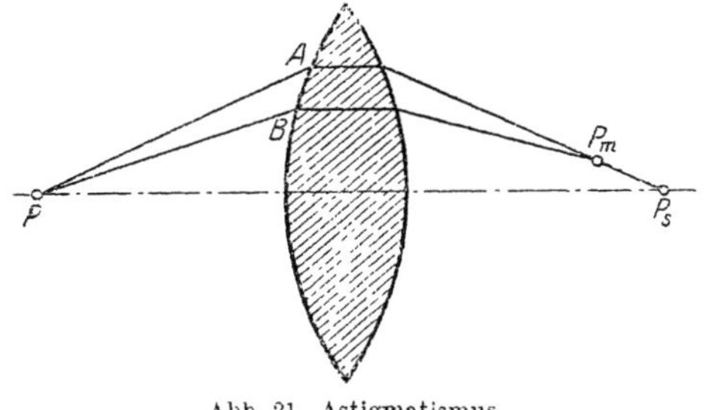

Abb. 21. Astigmatismus.   Abb. 22. Brennflächenspur
eines Achsendingpunktes.

stärkung eintritt. Gleiches gilt für alle übrigen Parallelkreise, und ihrer Gesamtheit entspricht daher ein Stück SS' der optischen Achse (Abb. 22), das sagittale oder äquatoriale Bild. Die in der Ebene eines Meridians (Krümmungslinie) liegenden ∞^1 Strahlen schneiden sich auch, aber nicht mehr im gleichen Punkt, und nur je zwei unendlich benachbarte treffen sich in gleicher Phase. Diese Schnittpunkte P_m bilden eine zur Achse symmetrische Brennlinie (Kaustik), deren Zweige m, m' im Achsenpunkt S eine Spitze besitzen. Ebenso verhalten sich die Strahlen der übrigen Meridianebenen. Die Gesamtheit der Brennlinien ergibt eine schwach leuchtende Rotationsfläche, die als meridionales oder tangentiales Bild von P bezeichnet wird. Das vollständige, von den Normalen der beiden Scharen von Krümmungslinien erzeugte und berührte Bild von P ist also ein Doppelgebilde (Achsenstrecke und Fläche), die Brennfläche oder kaustische Fläche. In ihrer kaustischen Spitze S, welche einem Nabelpunkt der Wellenfläche entspricht, werden besonders viele in gleicher Phase ankommende Strahlen vereinigt, so daß dieser Punkt vom Auge in erster Linie als Bildpunkt erfaßt wird.

Unübersichtlicher sind die Verhältnisse bei der Abbildung eines nicht auf der optischen Achse liegenden Dingpunktes. Hier besteht nur noch in bezug auf seine eigene Meridianebene Symmetrie der Erscheinungen, und weder die deformierten Wellenflächen noch die Brennflächen sind Drehflächen. Für ein unendlich dünnes, schief auffallendes Strahlenbündel läßt sich zeigen, daß die Strahlen sich in zwei unendlich kurzen, zueinander senkrecht gekreuzten Brennlinienstücken schneiden, deren eines in der Achsenebene liegt, während das andere zu dieser Ebene senkrecht steht. Man spricht hier vom Astigmatismus eines schiefen Bündels und bezeichnet den Abstand seiner Brennlinienstücke als seine astigmatische Differenz. Linsenverbindungen zur Beseitigung bzw. Verminderung des Astigmatismus werden als Anastigmate bezeichnet[1].

Von einer Bildfeldwölbung spricht man, wenn das Bild einer achsensenkrechten Dingebene nicht streng eben, sondern gewölbt ist[2].

Eine Verzeichnung liegt vor, wenn das Bild perspektivisch nicht richtig ist. In diesem Falle besitzen die einzelnen Kreiszonen des Bildes einer achsensenkrechten Ebene verschiedene Vergrößerung. Ist die Vergrößerung in der Mitte stärker (Vorderblende)

---

[1] Hierfür muß die Bedingung von Zinken-Sommer u. bei weit geöffneten Strahlenbündeln die umfassendere dritte Seidelsche Bedingungsgleichung erfüllt sein.

[2] Zur Beseitigung der Bildfeldwölbung durch ein Linsensystem muß die vom Abstand der Einzellinsen u. von der Gegenstandsweite unabhängige Petzval-Bedingung (1843) erfüllt sein. Sie besitzt für ein System dünner Linsen in Luft die einfache Form $\sum \frac{1}{n_i f_i} = 0$. Hierin ist n_i der Brechungsindex u. f die Brennweite der i-ten Linse. Es können also nicht alle f_i dasselbe Vorzeichen besitzen.

bzw. schwächer (Hinterblende) als am Rand, so macht das Bild eines quadratischen Gitters einen tonnenförmigen bzw. einen kissenförmigen Eindruck (Abb. 23)[1].

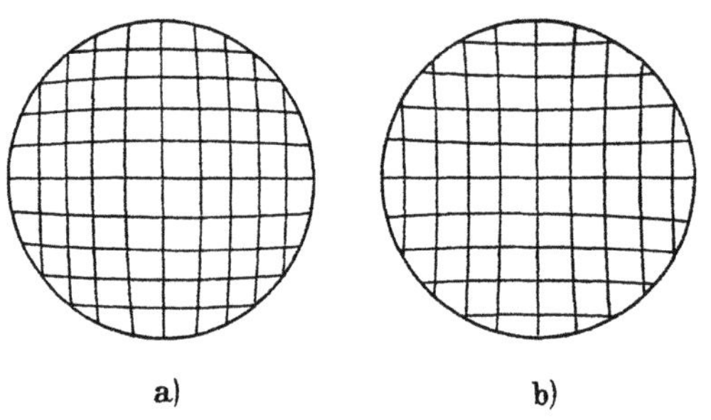

a)   b)

Abb. 23.
a) tonnenförmige Verzeichnung.   b) kissenförmige Verzeichnung.

Diese verschiedenen Fehler, welche wegen ihres starken Wachstums mit der Strahlenneigung besonders in der Photogrammetrie lästig fallen müßten, kann man durch das Zusammenwirken mehrerer und verschiedenartiger Linsen, sowie durch die Verwendung geeigneter Blenden am richtigen Orte so weit beheben, daß sie – besonders bei Fernrohren – praktisch belanglos werden. Eine vollkommene, gleichzeitige Beseitigung aller Linsenfehler ist jedoch unmöglich[2]. Man wird daher jeweils diejenigen Fehler sorgfältig beseitigen, welche dem besonderen Zweck des Instruments am abträglichsten sind, die anderen wird man nach Möglichkeit verkleinern und im übrigen dulden müssen.

Es mögen noch einige weitere, zum Teil schon gestreifte Begriffe an zentrierten Linsenfolgen zusammengestellt werden.

Von einem vor den Linsen auf der gemeinsamen Achse liegenden Dingpunkt P (Abb. 24) aus erscheint eine der vorhandenen Blenden – dazu gehören für diese Betrachtung auch die Linsenfassungen – oder ihr Bild als die kleinste. Diese körperliche Blende Bl nennt man die Öffnungsblende (Aperturblende, Iris); ihr durch die ding-

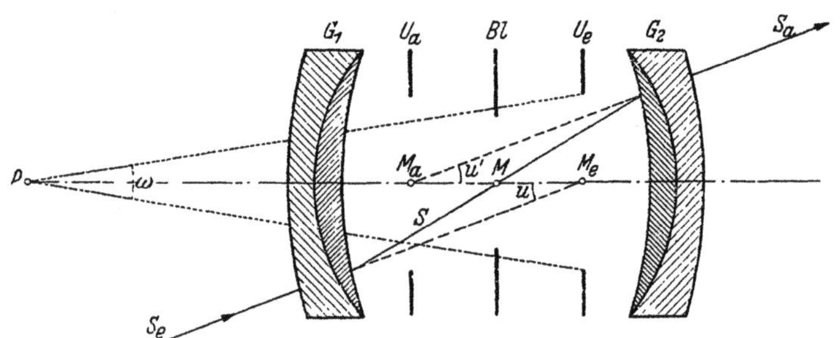

Abb. 24. Symmetrisches Doppelobjektiv, Eintritts- und Austrittspupille, Öffnungswinkel, Hauptstrahlen.

seitigen Linsen entworfenes Bild ist die Eintrittspupille U_e, während das von den bildseitigen Linsen erzeugte Bild als Austrittspupille U_a bezeichnet wird. Die Gesamtheit der von allen Dingpunkten kommenden Strahlen wird durch die Eintrittspupille begrenzt. Zueinander konjugierte Strahlen S_e, S_a durch die Pupillenmittelpunkte M_e, M_a gehen nach erfolgter Brechung auch durch den Blendenmittelpunkt M.

---

[1] Verzeichnungsfreiheit (Orthoskopie) erfordert mehrere Linsen, die nicht alle unmittelbar aneinander liegen dürfen. Sie müssen der von AIRY 1827 aufgestellten Tangentenbedingung $tg\ u' : tg\ u = \beta =$ Konstante genügen, in welcher β die lineare Bildvergrößerung angibt, während u, u' (Sonderwerte von γ, γ') die Neigungen der von den Mittelpunkten der Eintritts- und Austrittspupille (Erklärung siehe etwas später) nach zwei konjugierten Punkten führenden Strahlen gegen die optische Achse sind. Dieser Bedingung genügen z. B. alle symmetrischen Doppelobjektive (Abb. 24), für welche die Blendenebene Symmetrie-Ebene ist. Tangensbedingung u. Sinusbedingung können gleichzeitig nur für kleine Winkel mit ausreichender Genauigkeit erfüllt sein.

[2] KLEIN, F.: Zeitschr. f. Mathem. u. Physik 46 (1901), S. 376.

Sie werden als **Hauptstrahlen** (Pupillenhauptstrahlen bzw. Blendenhauptstrahl S) bezeichnet. **Eintrittsluke** nennt'man die kleinste der vom Mittelpunkt M_e der Eintrittspupille aus bildseitig gesehenen Blenden (**Gesichtsfeldblende**) bzw. das kleinste Blendenbild, während die **Austrittsluke** das durch die bildseitigen Linsen entworfene Bild der Eintrittsluke ist. Das Verhältnis des Durchmessers p der Eintrittspupille zur Brennweite des ganzen Linsensystems bezeichnet man als ihr **Öffnungsverhältnis**. Hingegen ist der **Öffnungswinkel** ω derjenige Winkel, unter welchem vom Achsendingpunkt P aus der Durchmesser der Eintrittspupille erscheint. Der Öffnungswinkel hängt also von der Lage des Dingpunktes ab.

Wichtig ist auch die Tiefe der scharfen Abbildung oder **Schärfentiefe**. Die in Abb. 25 enthaltene Einstellebene (Dingebene) E ist zur festgedachten Bildebene konjugiert, so daß jeder in ihr enthaltene Punkt – von den Bildfehlern abgesehen – wieder punktförmig abgebildet wird. Rückt der Dingpunkt aus E heraus, etwa um $\varDelta g_v$ vorwärts nach P_v oder um $\varDelta g_r$ rückwärts nach P_r, so werden durch die abbildenden Strahlenbündel zu den Mittelpunkten P_v, P_r und die Eintrittspupille als gemein-

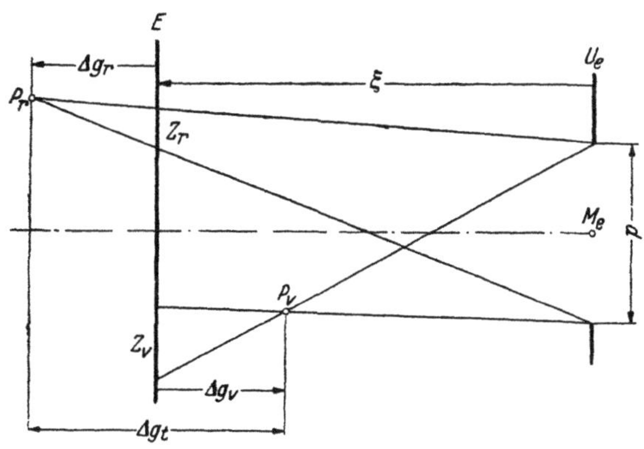

Abb. 25. Schärfentiefe.

samer Basis in E die Zerstreuungskreise mit den Durchmessern Z_v, Z_r erzeugt, denen in der Bildebene Zerstreuungskreise mit den Durchmessern $z_v = \beta \cdot Z_v$, $z_r = \beta \cdot Z_r$ entsprechen. Setzt man von vornherein einen Betrag z fest, welcher der Summe $\varDelta g_t = \varDelta g_v + \varDelta g_r$ entspricht und der nicht überschritten werden darf, so folgt aus der Figur leicht der entsprechende zulässige Spielraum der Gegenstandsweite, die sog. **Schärfentiefe**

$$\varDelta g_t \approx 2\,z\,\frac{\xi}{\beta \cdot p}. \tag{155[1]}$$

In diesem Näherungsausdruck bedeutet ξ den Abstand der Dingebene E von der Eintrittspupille U_e zur Öffnung p und β die lineare Bildvergrößerung[1].

c) Ablesevorrichtungen.

Als Ablesevorrichtungen kommen hauptsächlich in Betracht die Meßschraube, der Meßkeil, der einfache Zeiger, die Lupe, Transversalen, der Nonius, das Strichmikroskop, das Skalenmikroskop, das Schraubenmikroskop und das Noniusmikroskop.

Die **Meßschraube** oder **Mikrometerschraube** ist eine feingearbeitete Schraube mit geringer Ganghöhe, welche bei fester Lagerung zur genauen Messung kleiner Verschiebungen eines Schlittens, im andern Fall zur sorgfältigen Bestimmung von Dicken, Tiefen und dergleichen verwendet werden kann. Abb. 26 veranschaulicht einen Dickenmesser (Lehrschraube), dessen in einer festen Mutter M gelagerte Feinschraube S bei einer Drehung mittels des Knopfes K in ihrer Längsrichtung verschoben wird. Das

[1] Für ein tieferes Eingehen auf bisherige und spätere optische Fragen sei verwiesen auf a) GAUSS, C. F.: Dioptrische Untersuchungen (1840); b) v. ROHR, M.: Die Theorie der optischen Instrumente. Berlin 1904, sowie Theorie u. Geschichte des photographischen Objektivs. Berlin 1899; c) CZAPSKI-EPPENSTEIN: Grundzüge der Theorie der optischen Instrumente nach Abbe, 3. Aufl. Leipzig 1924; d) WHITTAKER, E. T.: Einführung in die Theorie der optischen Instrumente, 2. Aufl., ins Deutsche übertragen von Dr. Alfred Hay. Leipzig 1926; e) KÖNIG, A.: Geometrische Optik. Leipzig 1929 (Bd. 20, 2. Teil des Handbuchs der Experimentalphysik); f) CARATHEODORY, C.: Geometrische Optik. Berlin 1937; g) HERZBERGER, M.: Geschichtlicher Abriß der Strahlenoptik, Z. Instrumentenkde. 1932, S. 429-435, 485-493, 534-542.

Schraubenende und das ihm gegenüberstehende Widerlager W sind flach gewölbt und gehärtet; die Ablesungen erfolgen mittels einer Zeigerkante Z an dem als geteilte Trommel ausgebildeten Schraubenkopf T. Zur Vermeidung

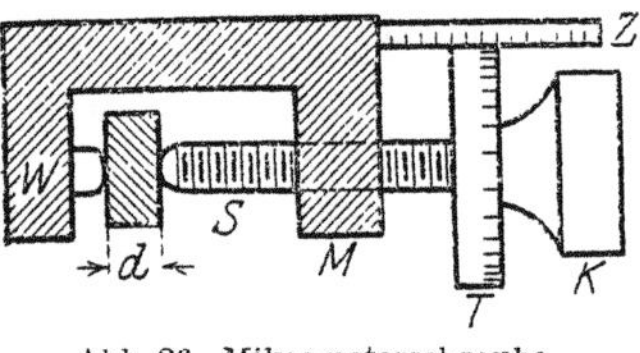

Abb. 26. Mikrometerschraube.

ungleichen Druckes bei der Messung wird zweckmäßig eine sogenannte Fühlschraube verwendet, bei welcher der Knopf K auf der Schraubenspindel nur durch Reibung aufsitzt. Bedeutet a_0 die Trommelablesung bei anstoßender Schraube, a diejenige bei eingeschobenem Körper, so ist dessen in Schraubenganghöhen ausgedrückte Dicke $d = a - a_0$.

Eine Feinmeßschraube besonderer Art ist die Tangentenkippschraube[1], welche mitunter bei der Ermittlung von waagerechten Entfernungen, Höhenunterschieden, Neigungen und kleinen Horizontalwinkeln gute Dienste leistet. Der wichtigste Bestandteil ist eine feingängige Schraube F (Abb. 27), welche von einer mit dem Instrument fest verbundenen kräftigen Mutter M – gegen seitliche Bewegungen möglichst geschützt – meist lotrecht geführt wird. Ihre Spitze S stützt sich gegen die gehärtete – hier untere – ebene Fläche eines mit einer waagerechten Achse A (Kippachse) verbundenen Hebelarmes H. Die Ablesungen erfolgen mittels eines Zeigers Z an der geteilten Trommel T. Durch eine Schraubendrehung gelangt bei unveränderter Lage von A und M die Trommel von T nach T', die Spitze von S nach S' und der Hebel in die Lage H'.

Die Tangentenkippschraube muß folgende Bedingungen erfüllen:

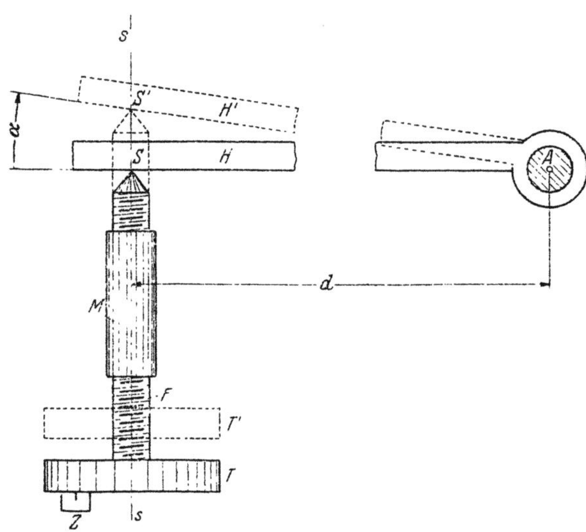

Abb. 27. Tangentenkippschraube.

1. die Schraubenachse s steht rechtwinklig zur Kippachse A; beide besitzen den unveränderlichen Abstand d;

2. die Schraubenachse muß sich in einer Geraden verschieben, auf welcher stets auch die Schraubenspitze liegt;

3. die Schraubenspitze soll auf der Ansatzfläche des mit der Achse A verbundenen Hebelarmes in einer Geraden gleiten, welche die Kippachse schneidet.

Dazu kommt zwecks möglichst einfacher Höhenermittlung noch:

4. bei waagerechter Zielachse muß die Schraubenspitze der Kippachse am nächsten liegen.

Bei Erfüllung dieser Voraussetzungen sind die tg-Änderungen der Höhenwinkel α den Änderungen der Trommelablesungen direkt proportional.

Der Meßkeil[2] (Abb. 28) ist ein mit einer Teilung versehener Keil, dessen wirk-

---

[1] Sie wurde 1800 durch den amerikanischen Oberst HOGREWE eingeführt. Eine eingehende Beschreibung siehe bei VOGLER, Chr. A., Die Tangentenkippschraube, Z. f. Verm.-W. 1891, S. 145 bis 159.

[2] Schon 1760 hat BECCARIA bei der Grundlinienmessung von Turin den Meßkeil für geodätische Zwecke – zur Messung der Durchbiegung langer Basislatten – benützt. Weitere Verbreitung fand er durch REICHENBACH, welcher ihn bei seinem 1806 konstruierten Basisapparat verwendete.

same Flächen nur schwach gegeneinander geneigt sind und welcher dazu dient, kleine Abstände zweier meist gekreuzter Schneiden oder den Abstand einer Schneide von einer dazu parallelen ebenen Fläche genau zu bestimmen. Bei einer solchen Messung wird der Keil vorsichtig bis zum Auftreten des ersten Widerstandes eingeschoben und an der Teilung die Ablesung i gefunden. Sind d_o und d_n die zu den Ablesungen o und n gehörigen, etwa mit Hilfe einer Mikrometerschraube bestimmten Keildicken, so ist offenbar

$$d = d_o + i \cdot \frac{d_n - d_o}{n} = d_o + C \cdot i \qquad (156)$$

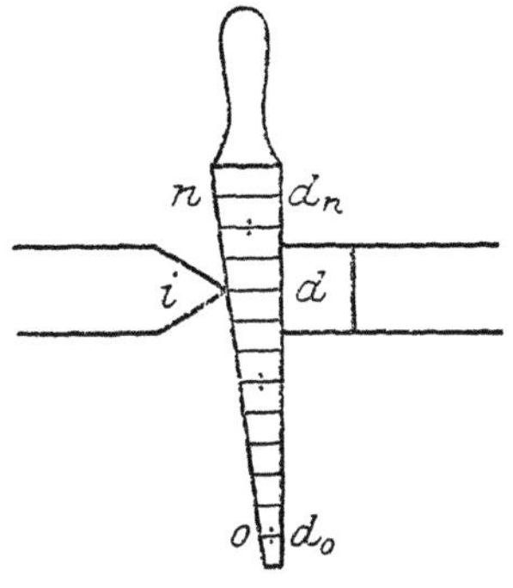

Abb. 28. Meßkeil.

der gesuchte Schneidenabstand. Diese Beziehung (156) nennt man die **Keilgleichung**.

Der mittlere Fehler einer sorgfältigen Keilmessung ist auf rund 1 cmm, derjenige einer sehr guten Mikrometerschraubenmessung auf wenig mehr als 1 μ zu veranschlagen.

Der **einfache Zeiger** ist ein Strich, eine Kante oder Spitze, womit diejenige Stelle der Teilung bezeichnet wird, an welcher abgelesen werden soll. Da eine Angabe auf ganze Teilungseinheiten in der Regel nicht genau genug ist, so muß die Stellung des Zeigers Z (Abb. 29) gegen die beiden ihn einfassenden Striche geschätzt werden. Bei einiger Übung läßt sich an einer guten, d. h. scharfen und übersichtlichen Teilung bis auf Zwanzigstel der Teilungseinheit schätzen[1]. Einfache Zeiger an geodätischen Instrumenten sind wegen der geringeren Ablesegenauigkeit nicht häufig; sie werden aber z. B. an den Nadelenden mancher Bussolen angebracht.

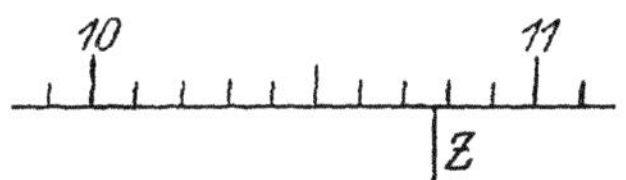

Abb. 29. Einfacher Zeiger.

Die **Lupe**[2] ist eine Sammellinse mit kurzer Brennweite und dient zur Betrachtung kleiner, nahe gelegener Gegenstände, welche um ein geringes innerhalb des Brennpunktes liegen müssen. Das Auge kann zwei Punkte bzw. Striche, deren scheinbarer Abstand beträchtlich unter 1′ bzw. 5″ sinkt, nicht mehr voneinander trennen. Eine Annäherung zum Auge vergrößert allerdings diesen Gesichtswinkel, findet aber ihre Grenze in der deutlichen Sehweite, da sonst das Bild des Gegenstandes hinter die Netzhaut fällt und unscharf wird. Diesem Übelstand hilft die Lupe L mit der Brennweite f dadurch ab, daß sie von dem kleinen Gegenstand G mit der geringen Gegenstandsweite g (Abb. 30) in der deutlichen Sehweite w ein virtuelles, aufrechtes, stark vergrößertes Bild B entwirft, zu dem eine Bildweite b gehört.

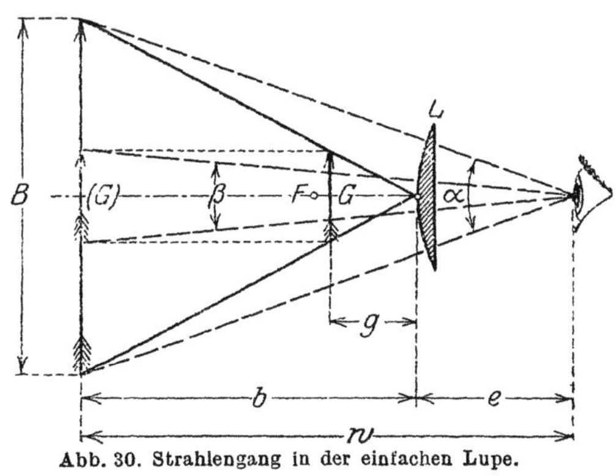

Abb. 30. Strahlengang in der einfachen Lupe.

Erscheint dem in der Entfernung e von der Lupe befindlichen Auge das vergrößerte Bild unter dem Winkel α, während es unbewaffnet den in derselben Entfernung w

---

befindlichen Gegenstand unter dem kleineren Winkel β sehen würde, so ist das Verhältnis $v = \alpha : \beta$ die **Lupenvergrößerung**. Unter Anwendung der dioptrischen Hauptgleichung findet man an der Hand von Abb. 30 leicht den Ausdruck

$$v = \frac{w}{f} + 1 - \frac{e}{f} \, . \tag{157}$$

Ist das Auge ganz an der Lupe, so ergibt sich nach (157) der Größtwert $v_{max} = (w : f) + 1$. Da das Auge kaum jemals weiter als um die Brennweite von der Lupe absteht, so kann man für den kleinsten Wert der Lupenvergrößerung den Quotienten $v_{min} = w : f$ nehmen.

Wird die Lupe aus freier Hand gebraucht, wie z. B. bei Bussolenablesungen, so hat man es mit einer **Handlupe** zu tun. Die an Instrumenten zur Erleichterung der Ablesung befestigten Lupen sind entweder **ringförmige Lupen** (Abb. 31) oder **Röhrenlupen** (Abb. 32). Bei ersteren ist das Auge unmittelbar an der Linse, bei letzteren rund um die Brennweite dahinter, so daß die Lupenvergrößerung die Extremwerte v_{max} bzw. v_{min} annimmt. Bei der Röhrenlupe, welche innen matt oder geschwärzt ist, werden die bei der ringförmigen Lupe zur Bildentstehung mitverwendeten stören-

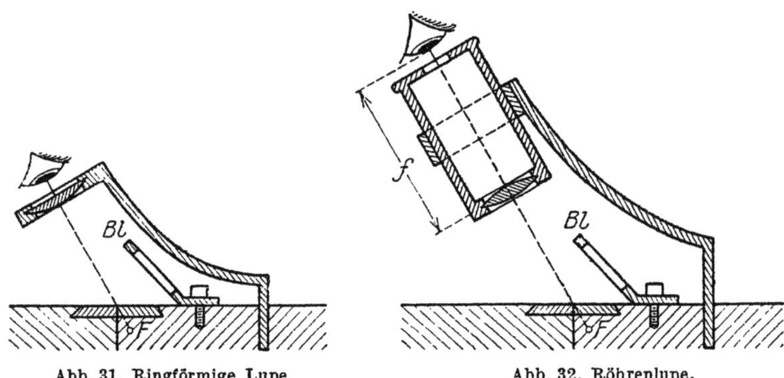

Abb. 31. Ringförmige Lupe.Abb. 32. Röhrenlupe.

den Randstrahlen abgehalten. Die Blende *Bl* dient in beiden Fällen zur Verbesserung der Beleuchtung. Außer diesen einfachen Lupen, welche als Einzellinsen mit den früher besprochenen Linsenfehlern behaftet sind, gibt es auch **zusammengesetzte Lupen**, bei denen diese Mängel zum Teil behoben sind. Sie dienen hauptsächlich als Okulare und sollen dort besprochen werden, kommen aber auch als sog. Mikroskoplupen mit größerem Linsenabstand als Ablesehilfsmittel an Teilungen zur Verwendung.

Die gebräuchlichsten Lupenvergrößerungen gehen etwa bis zu $v = 10$.

Die **Transversalen**[1] sind das älteste bekannte Hilfsmittel zur Verfeinerung von Ablesungen; sie wurden am Rande der geteilten Kreise aufgetragen. Mit dem Auftauchen des Nonius im 17. Jahrhundert verschwanden sie bald von den Kreisen, finden aber heute noch für zeichnerische Zwecke Verwendung bei den **Transversalmaßstäben** (Abb. 33), welche zum genauen Auftrag bestimmter Längen und umgekehrt zur genauen Messung der mit dem Zirkel abgegriffenen Maße dienen. Ein solcher Transversalmaßstab wird durch einen auf Messing, Nickel, Neusilber oder auch starkes Papier aufgetragenen rechteckigen Rahmen eingefaßt, welcher durch Parallele zu den Schmalseiten in Einzelrechtecke von runder Höhe – in der Abbildung 10 m – zerlegt

---

[1] Nach LÜHRS, W.: Ein Beitrag zur Geschichte der Transversalteilungen u. des Nonius, Z. Vermess.-Wes. 1910, S. 177ff., gebührt das Verdienst der Erfindung u. ersten Anwendung der Transversalteilung LEVI BEN GERSON aus Avignon (1288—1344). Einen sehr ausgedehnten Gebrauch von dieser Ablesevorrichtung machte in der zweiten Hälfte des 16. Jahrhunderts der bekannte dänische Astronom TYCHO BRAHE, welcher seine Instrumente am Rande der Kreise mit Transversalen ausgestattet hatte.

wird. Auf den beiden Längsseiten des letzten dieser Rechtecke ist ein und dieselbe Teilung aufgetragen, deren Einheit – wie in der Abbildung – so gewählt wird, daß die Teilung noch übersichtlich bleibt. Verbindet man je einen Strich der linken mit dem folgenden der rechten Teilung, so entsteht das bekannte Bild der **Paralleltransversalen.** Zur leichten Bestimmung des Abstandes irgendeines Punktes einer solchen Transversalen von ihrem Anfangspunkt dient eine Anzahl von – in der Regel 9 – Parallelen zu den Langseiten des Rahmens. Die Abstände der Schnittpunkte dieser Parallelen mit den Transversalen von den Rechtecksschmalseiten nehmen von Punkt zu Punkt um je ein Zehntel der Einheit zu, und da man zwischenhinein noch bis auf einzelne Zehntel schätzen kann, so läßt sich der Abstand zweier günstig gestellter Zirkelspitzen, besonders wenn nicht nur mit dem Auge, sondern auch mit dem Gefühl beobachtet wird, bis auf einige Hundertstel der Teilungseinheit bestimmen. Die in Abb. 33 eingetragene Länge z. B. ist $l = 12{,}77$ m im Maßstab $M = 1:250$.

Die am weitesten verbreitete und wichtigste Ablesevorrichtung an Teilungen ist zweifellos der **Nonius.** Er ist ein längs einer Hauptteilung H_a (Abb. 34) verschiebbarer Hilfsmaßstab H_i mit gleichmäßiger Teilung, deren Nullstrich Ablesezeiger ist und auf deren Länge von n Noniusteilen N die Zahl von $n-1$ Maßstabteilen M trifft. Der Unterschied $M-N$ zwischen einem Maßstab- und einem Noniusteil ist die **Noniusangabe** a, für die man aus der Beziehung $L = n \cdot N = (n-1)\,M$ leicht den Ausdruck

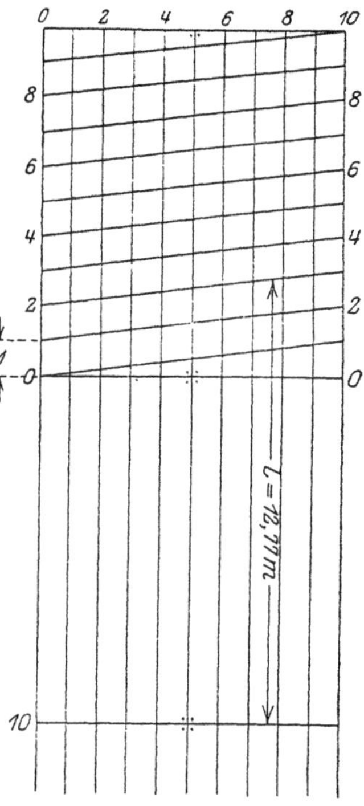

Abb. 33. Transversalmaßstab.

$$a = \frac{M}{n} \tag{158}$$

findet. Viele Nonien besitzen eine kleine **Überteilung,** die besonders für Ablesungen in der Nähe eines Striches der Hauptteilung sowie bei Genauigkeitsuntersuchungen gute Dienste leistet. Bei der Ablesung gibt man, wenn es sich etwa um eine Winkelteilung handelt, zuerst die vor dem Zeigerstrich liegende Gradzahl A_0 (Abb. 35) an,

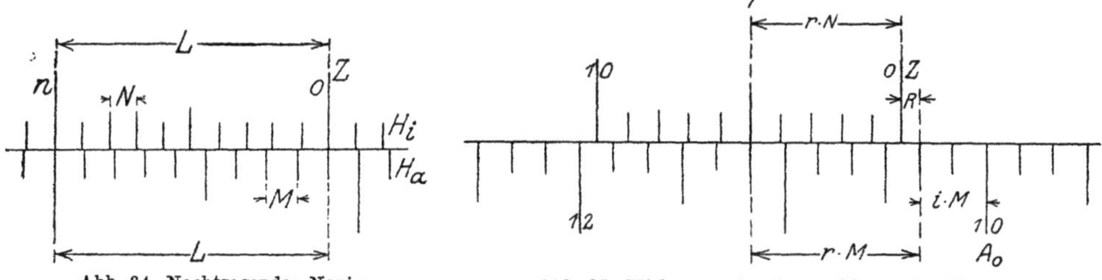

Abb. 34. Nachtragender Nonius.

Abb. 35. Wirkungsweise des nachtragenden Nonius.

fügt dazu die i ganzen Maßstabteile M zwischen dem Gradstrich A_0 und dem Zeiger Z und sucht sodann die **Deckstelle (Koinzidenzstelle)** T eines Noniusstriches mit einem Striche der Hauptteilung. Umfaßt der Abstand ZT etwa r Noniusteile und wird die gesuchte Ablesung am Zeiger mit A bezeichnet, so ist nach den Eintragungen in der Abbildung

$$A = A_0 + i \cdot M + R = A_0 + i \cdot M + r\,(M - N) = A_0 + i \cdot M + r \cdot a. \tag{159}$$

Im Bild ist $M = 10'$, $n = 10$, also $a = 1'$, ferner $A_0 = 10^0$, $i = 2$, $r = 5$, und die Ablesung wird $A = 10^0 + 2 \cdot 10' + 5 \cdot 1' = 10^0\,25'$. Bei übersichtlichen Teilungen läßt sich die Deckstelle zwischen zwei Noniusstrichen bis auf die Hälfte oder das Drittel der Noniusangabe einschätzen. Heute verwendet man fast ausschließlich den eben besprochenen, nachtragenden Nonius, dessen Bezifferung mit derjenigen der Hauptteilung gleichgerichtet ist. Früher stand auch der vortragende Nonius in Gebrauch, bei dem auf n Noniusteile n + 1 Maßstabteile treffen und dessen Bezifferung derjenigen des Hauptmaßstabes entgegenläuft.

Die Leistungsfähigkeit des Nonius liegt zwischen derjenigen des Meßkeils und derjenigen einer feinen Mikrometerschraube; der mittlere Fehler der mit dem Nonius an einer guten Teilung unter Verwendung einer rund 10-fach vergrößernden Lupe ausgeführten Ablesung mag linear etwa $\pm 5\,\mu$ betragen[1].

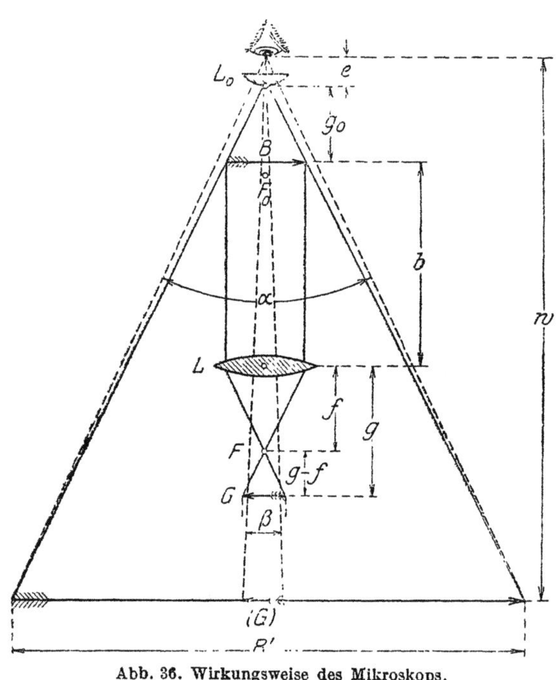

Abb. 36. Wirkungsweise des Mikroskops.

Während der einfache Zeiger, auch wenn eine Lupe zur Ablesung benutzt wird, stets in der Teilungsebene liegt, handelt es sich beim Strichmikroskop um einen in der Bildebene des Mikroskops liegenden einfachen Zeigerstrich, welcher nicht unmittelbar auf der Teilung, sondern in deren Bild die abzulesende Stelle bezeichnet.

Die Wirkungsweise des Mikroskops im allgemeinen ist folgende. Ein aus mehreren Linsen bestehendes achromatisches Objektiv L (Abb. 36) mit der Brennweite f entwirft von einem in der Entfernung $g > f$ aber $< 2f$ befindlichen Gegenstande G ein umgekehrtes, reelles, schon ziemlich stark vergrößertes Bild B in der Bildweite b, welches vom Auge durch eine in der Regel zusammengesetzte Okularlupe L_0 mit der Brennweite f_0 betrachtet und in der deutlichen Sehweite w als umgekehrt bleibendes, stark vergrößertes, virtuelles Bild B' gesehen wird. Sind α und β die Winkel, unter denen das vergrößerte Bild B' und der nicht vergrößerte Gegenstand G in der deutlichen Sehweite erscheinen, so ist die Mikroskopvergrößerung

$$v = \frac{\alpha}{\beta} = v' \cdot v'' = \frac{f}{g-f}\left(\frac{w}{f_0} + 1 - \frac{e}{f_0}\right). \tag{160}$$

Hierin bedeutet $v' = B : G$ die reelle Objektivvergrößerung, v'' die Lupenvergrößerung. Die verschiedenen in der Geodäsie als Ablesevorrichtungen verwendeten Mikroskope besitzen etwa 20- bis 50-fache Vergrößerung.

---

[1] Zur geschichtlichen Seite siehe die in der vorhergehenden Anmerkung genannte Studie von Lührs. Ferner Hammer, E.: Pedro Nunes. Z. Vermess.-Wes. 1909, S. 177ff. Den ersten Anstoß zur Erfindung des Nonius gab eine praktisch allerdings nicht verwendbare Erfindung des Portugiesen Nunes (1502—1578 ?), direkt nicht mehr meßbare Teile mit Hilfe von Koinzidenzen zu bestimmen. Das Verfahren wurde durch Curtius, besonders durch Clavius (1537—1612) weiter ausgebildet u. schließlich durch Pierre Vernier (1580—1637 ?), Münzdirektor der Grafschaft Burgund, 1631 zum Abschluß gebracht. Nahezu gleichzeitig (1643) u. vermutlich unabhängig von Vernier hat auch der schwedische Gelehrte Hædraeus (1608—1659) den Nonius erfunden.

Das auf Anregung von Reinhertz[1] 1902 durch Fennel konstruierte Strichmikroskop besitzt in der Bildebene $B.E.$ einen in Abb. 37 durch ein Kreuz bezeichneten, im Gesichtsfeld (Abb. 38) unmittelbar sichtbaren Zeigerfaden Z, dessen Stellung in der Teilung bis auf ein Zehntel oder ein Zwanzigstel des meist 10′ betragenden Maßstabteils geschätzt werden kann. Durch einen oben durch ein Glasplättchen abgeschlossenen Stutzen St trifft an der Ablesestelle stets lotrechtes Licht auf die im übrigen verdeckte Teilung, so daß durch eine gleichmäßig gute Beleuchtung die Schärfe der Ablesung gefördert wird. Nach den von Reinhertz[1] durchgeführten Untersuchungen ist für ein

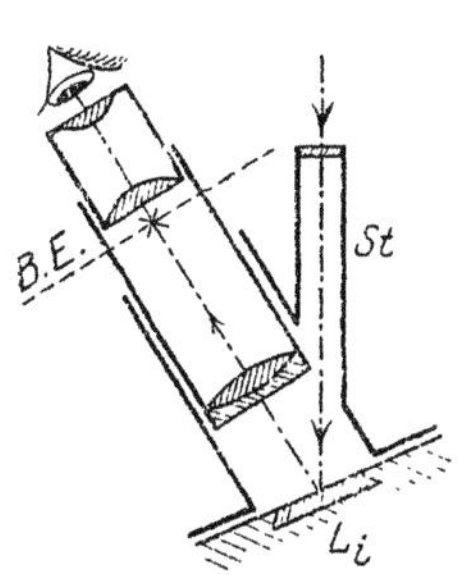

Abb. 37. Strichmikroskop (Achsenschnitt).

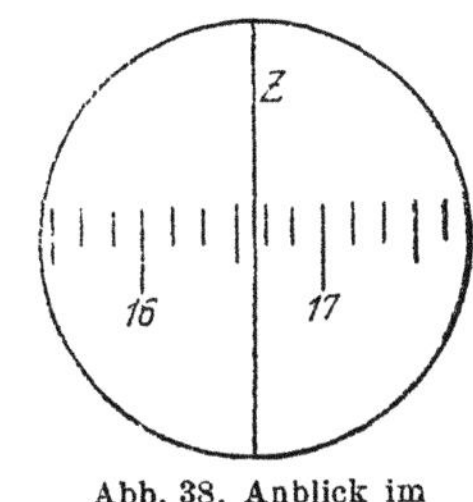

Abb. 38. Anblick im Strichmikroskop.

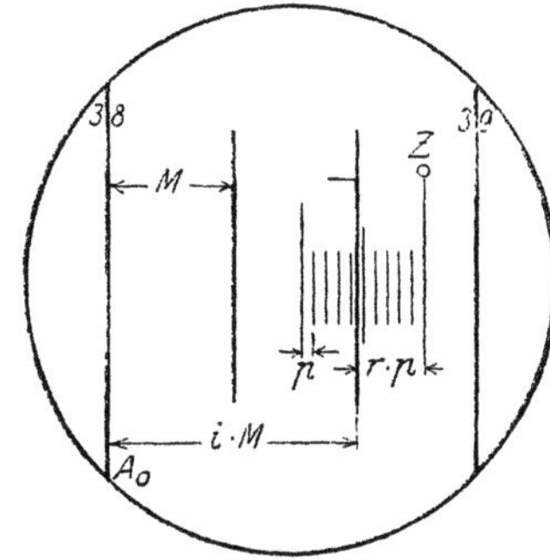

Abb. 39. Skalenmikroskop (Anblick im Gesichtsfeld).

Instrument von 13 cm Kreisdurchmesser $\pm 1'$ (linear $\pm 27\,\mu$) als Maximalfehler der einzelnen Ablesung zu betrachten. Die entsprechenden mittleren Fehler sind rund 20″ bzw. 1 cmm. Das Strichmikroskop dürfte daher für Längenmessungen in bezug auf Genauigkeit dem Meßkeil etwa gleichwertig sein[2].

Das in der jetzt gebräuchlichen Form von M. Hensoldt 1878 erfundene Skalenmikroskop[3] enthält in der Bildebene des Mikroskops ein durchsichtiges Glasplättchen mit einer feinen Teilung (Abb. 39), deren Länge mit dem Bilde des Maßstabteiles M genau übereinstimmt. Enthält die Hilfsteilung, deren Nullstrich (rechter, langer Strich) zugleich der Ablesezeiger Z ist, n Teile p, so ist der Wert der Teilungseinheit $p = M : n$. Fast immer ist $M = 20'$ und $n = 10$, also $p = 2'$. Die auszuführende Ablesung ist

$$A = A_0 + i \cdot M + r \cdot p, \qquad (161)$$

wenn A_0 die vorhergehende Gradzahl, i die Anzahl der ganzen Maßstabteile zwischen A_0 und Z und r die Zahl von Einheiten der Hilfsteilung von Z bis zum vorhergehenden Strich der Hauptteilung bedeutet. Die zahlenmäßige Ablesung in Abb. 39 z. B. ist

$$A = 38^0 + 2 \cdot 20' + 5{,}6 \cdot 2' = 38^0 51' 12''.$$

Bei etwa 40- bis 50-facher Vergrößerung des Mikroskops ist diese die Augen etwas weniger anstrengende Ablesevorrichtung dem Nonius ungefähr gleichwertig.

Unter den heute gebräuchlichen geodätischen Ablesevorrichtungen ist die feinste das Schraubenmikroskop (neben dem optischen Mikrometer), in dessen Bildebene ein durch Führungsstücke ff (Abb. 40) geleiteter Schlitten S durch eine in

---

[1] Siehe Reinhertz: Ablesung am Strichmikroskop. Z. Vermess.-Wes. 1902, S. 213—214, u. Fennel: Fennels neue Schätzmikroskop-Theodolite. Z. Vermess.-Wes. 1902, S. 214 ff.

[2] Einige Bemerkungen über das Strichmikroskop u. seine Genauigkeit siehe auch bei Fennel, A.: Kleine Theodolite mit Ablesung durch Strichmikroskope. Z. Vermess.-Wes. 1931, S. 12—17.

[3] Schon in der 2. Hälfte des 18. Jahrhunderts hat Brander (siehe Friedrich, C.: Georg Friedrich Brander u. sein Werk. München 1909 ?) zu Meßzwecken Feinteilungen auf Glas in die Bildebene von Mikroskopen u. Meßfernrohren gebracht. Hensoldt hat sein Skalenmikroskop unter dem Titel „Ein vereinfachtes Ablesemikroskop für Kreis- u. Längenteilungen" in der Z. Vermess.-Wes. 1879, S. 497—504, beschrieben. Die gleichzeitig entstandenen Abarten von Hildebrand (Kantenteilung auf einem Silberplättchen) und Hahn (Transversalteilung auf Glas) haben sich nicht eingebürgert.

der Büchse M gelagerte Feinschraube F eine Verschiebung erfährt, welche an der geteilten Trommel T mittels eines – in der Abbildung nicht enthaltenen – Zeigers ab-gelesen werden kann[1]. Zur Vermeidung eines toten Ganges dient ein gegen den Schlitten drückender Federstift e, welcher in der mit dem Mikroskopkasten K verschraubten Federbüchse B sitzt. Auch kann der Gang der Feinmeßschraube durch ein auf die geschlitzte Mutter M drückendes Schräubchen s geregelt werden. In einem

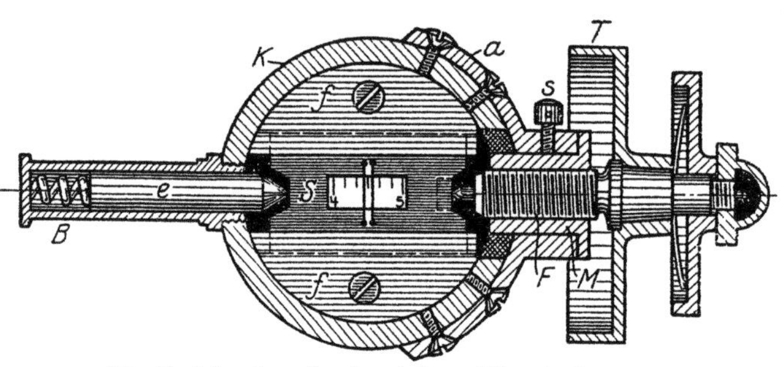

Abb. 40. Schraubenmikroskop (offener Mikroskopkasten).

Ausschnitt des Schlittens erscheint das bei guter Beleuchtung helle Bild der Maßstabteilung, von welchem sich ein über den Ausschnitt hinweg auf dem Schlitten aufgespannter Doppelfaden abhebt (siehe auch Abb. 41). Zeigermarke für die Ablesung ist hier die Spitze eines ins Teilungsbild hineinragenden Zahnes, welcher in fester Verbindung mit dem Führungsstück f eine feste, von der Schlittenstellung unabhängige Lage besitzt. Die Brennweite des Mikroskopobjektivs, dessen Abstand von der Teilung und die Ganghöhe der Meß-schraube werden so gewählt, daß durch eine oder mehrere ganze Schraubenumdrehungen der Faden von einem Teilstrichbild bis zum nächsten verschoben wird. Bei der Ablesung wird nun der Doppelfaden, welcher in der Nullstellung (in Abb. 41 gestrichelt) die Zeiger-

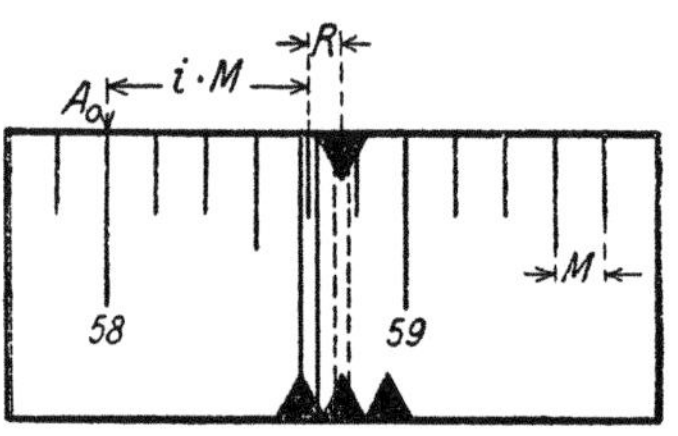

Abb. 41. Anblick des Bildes im Schraubenmikroskop.

spitze einschließt, verschoben, bis er den vorhergehenden (linken) Teilstrich einschließt. Faßt der zugehörige Trommelweg τ Trommelteile t, nämlich r ganze Umdrehungen u und τ' restige Trommelteile, so ergibt das Produkt $R = \tau \cdot t$ offenbar den vom Faden überstrichenen Rest der Ablesung, und die Gesamtablesung wird

$$A = A_0 + i \cdot M + \tau \cdot t = A_0 + i \cdot M + r \cdot u + \tau' \cdot t , \qquad (162)$$

wenn zwischen der letzten Gradablesung A_0 und dem Ablesezeiger noch i ganze Maß-stabteile M liegen. Bei ganz scharfen Messungen wird der Faden stets auf beide den Zeiger einschließende Striche eingestellt. Ergeben sich dabei links und rechts die ver-schiedenen Restablesungen R_l und R_r mit dem Mittel $a = \frac{1}{2}(R_l + R_r)$ und der Differenz $\Delta = R_l \doteq R_r$ (Run), so tritt an Stelle von (162) der genauere Ausdruck

$$A = A_0 + i \cdot M + a + \left(\frac{M}{2} - a\right)\frac{\Delta}{M} = A_0 + i \cdot M + R_l - a\,\frac{\Delta}{M} . \qquad (163)$$

Die Leistungsfähigkeit dieser Ablesevorrichtung hängt in erster Linie von der Be-schaffenheit und Lagerung der Mikrometerschraube ab[2].

Schließlich ist noch das Noniusmikroskop[3] zu nennen, ein Mikroskop, in dessen Bildebene auf einem Glasplättchen – ähnlich wie beim Skalenmikroskop – eine feine

---

[1] Die Schraubenmikroskope sind in den Einzelheiten vielfach verschieden ausgebildet. Die hier gegebene Darstellung entspricht der FENNELschen Konstruktion (siehe Z. Vermess.-Wes. 1903, S. 574—578).

[2] Die Vereinigung des schon seit dem Ende des 16. Jahrhunderts bekannten Mikroskops mit der Meßschraube zum Schraubenmikroskop hat zuerst vermutlich RAMSDEN (1735—1800) durchgeführt.

[3] Theodolite mit Noniusmikroskopen werden seit etwa 1912 von FENNEL gebaut. Den dabei verwendeten Gedanken hat schon HENSOLDT (siehe Z. Vermess.-Wes. 1879, S. 497 ff.) ausgesprochen.

Teilung aufgetragen ist, welche in bezug auf das Bild der Hauptteilung ein Nonius ist. Bei seiner Kürze – er faßt nur 10 Teile – kann er rasch überblickt und abgelesen werden. Nach Untersuchungen von HAMMER, HOHENNER und KLEMPAU[1] scheint seine Genauigkeit etwa dieselbe zu sein wie die eines vorzüglichen Nonius.

Eine neuere praktische Ablesevorrichtung ist das Kombinationsmikroskop, bei welchem die Ablesegenauigkeit durch Verwendung eines verstellbaren Zeigerstrichs und Ablesung an einer Hilfsteilung gesteigert werden kann[2].

Alle die verschiedenen Ablesemikroskope müssen eine ganz bestimmte Stellung gegen die abzulesende Teilung einnehmen. Für das Strichmikroskop genügt es, wenn der deutlich sichtbare Zeiger in der Ebene des Teilungsbildes liegt, was beim Nichtzutreffen leicht durch ein Verschieben des ganzen Mikroskops senkrecht zur Teilung herbeigeführt werden kann. Bei den anderen Mikroskopen aber muß auch noch das Bild der Teilungseinheit eine ganz bestimmte Länge besitzen, so daß ein etwaiger Überschuß über den Sollbetrag (Run) durch Verschiebung erst des Mikroskopobjektivs in der Objektivröhre und dann des ganzen Mikroskops in seiner Längsrichtung (Stimmen des Mikroskops) zu beseitigen ist. Der letzte Restfehler in der Abstimmung läßt sich beim Schraubenmikroskop, wie vorhin angegeben, aus den Einstellungen auf Strich links und rechts ermitteln und berücksichtigen, beim Skalenmikroskop und beim Noniusmikroskop hingegen nicht, so daß wohl schon aus diesem Grunde das Schraubenmikroskop von den anderen Mikroskopen nicht überboten werden dürfte. Unbedingte Voraussetzung für die volle Ausnutzung der im Vergleich zum Nonius größeren Leistungsfähigkeit der Mikroskope ist ihre möglichst stabile Verbindung mit der Alhidade. Sind in diesem Punkte Unzulänglichkeiten vorhanden, so ist schließlich ein guter Nonius in Verbindung mit einer hochwertigen Lupe vorzuziehen.

Das optische Mikrometer besteht in seiner einfachsten Form aus einer drehbaren, planparallelen Glasplatte in Verbindung mit einer festen Absehvorrichtung. In der Normalstellung P_l der Platte (Abb. 42) steht diese auf der durch die Punkte K, O bestimmten Zielrichtung senkrecht, und der Strahl S erfährt beim Plattendurchgang weder eine Brechung noch eine Verschiebung. Durch eine Drehung α_1 der Platte in die neue Lage P_l' wird der Strahl parallel nach S' verscho

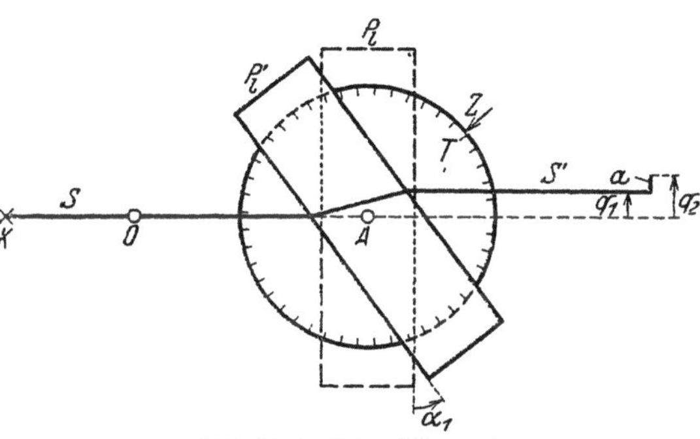

Abb. 42. Optisches Mikrometer.

ben. Die Verschiebung q_1 ist bei kleinem Drehwinkel α_1 hinreichend genau durch (135) bestimmt. Bei größeren Drehwinkeln ist die schärfere Formel (139) oder gar der strenge Ausdruck (134) zu verwenden[3]. Um die senkrecht zu S gestellte, kleine

---

[1] HAMMER, E. v.: Theodolit mit Nonienmikroskopen von A. FENNEL: Z. Instrumentenkde. 1912, S. 148—154. HOHENNER, H.: Beitrag zur Bestimmung der Ablesegenauigkeit des FENNELschen Noniusmikroskops. Z. Vermess.-Wes. 1913, S. 484—487. KLEMPAU: Über die Genauigkeit der FENNELschen Theodolite mit Nonienmikroskopen. Landmesser 1914, S. 292—297.

[2] F. W. BREITHAUPT hat nach Vorschlägen von HECKMANN Instrumente mit derartigen Ablesevorrichtungen gebaut. Auch bei FENNELschen Instrumenten werden sie verwendet. Siehe hierzu H. HECKMANN: Die Entwicklung des Kombinationsmikroskops mit optischem Mikrometer, Z. Instrumentenkde. 1932, S. 128—131, u. Entgegnung von A. FENNEL in Z. Instrumentenkde. 1932, S. 247/248. HECKMANN hat auch eine neue optische Teilstricheinstellvorrichtung an Feinnivellieren angegeben (Z. Instrumentenkde. 1929, S. 204—207). OSTERMEIER fand, daß das Kombinationsmikroskop die Genauigkeit des Schraubenmikroskops nahezu erreicht (Z. f. Vermess.-Wes. 1933, S. 581—583).

[3] Siehe hierzu auch HOHENNER: Eine neue Meßlupe u. ihre Verwendung als Ablesevorrichtung sowie als selbständiges Meßgerät. Z. Vermess.-Wes. 1929, S. 353—366. Die Abhandlung enthält auch einige historische Angaben.

Größe a zu messen, werden deren Enden durch geeignete Plattendrehungen eingestellt und die zugehörigen Querabstände q_1, q_2 aus den beobachteten Winkeln α_1, α_2 ermittelt. Ihr Unterschied $q_2 - q_1$ ist der gesuchte Wert a.

Zum Abschluß der Ausführungen über Bestandteile geodätischer Meßinstrumente seien noch einige Hinweise über Hilfsmittel zur sehr genauen Messung sehr kleiner Größen, insbesondere von Richtungsablenkungen, zusammengestellt: a) HERTZSPRUNG, E.: Photographische Messung der atmosphärischen Dispersion. Astron. Nachr. Bd. 192 (Kiel 1912), Nr. 4603, S. 309—320 (Zusatzspektrum); b) TURLYGHIN: Optische Multiplikatoren. Z. Instrumentenkde. 1928, S. 187—191 (Prismen in genäherter Inzidenzlage); c) BERROTH, A.: Ein Hilfsmittel für äußerst genaue Winkelmessungen, Z. Instrumentenkde. 1934, S. 69—76 (Drehkeil); dazu d) die Verwendung von Interferenzen und die Spiegelung an einem oder mehreren kreiszylindrischen Konvexspiegeln sehr kleinen Durchmessers oder die Verwendung entsprechender zylindrischer Konkavlinsen.

11. Zielvorrichtungen.

Zur Bezeichnung und Festhaltung beliebiger Richtungen im Raum dienen Ziel- oder Absehvorrichtungen, als welche hauptsächlich Diopter und Meßfernrohre in Betracht kommen.

a) Das Diopter.

Die ältere und ungenauere Zielvorrichtung ist das Diopter, dessen Hauptbestandteile zwei durch ein Lineal, eine Röhre oder ein anderes Mittel in fester Verbindung stehende Plättchen ausmachen. Der dem Auge zugewendete Okularflügel o (Abb. 43) enthält in der Mitte ein rundes Schauloch von etwa 1 mm Durchmesser, während der dem einzustellenden Gegenstand P zugewendete Objektivflügel O mit einem sog. Fadenkreuz aus Pferdehaaren oder feinem Draht ausgestattet ist. Dient das Instrument

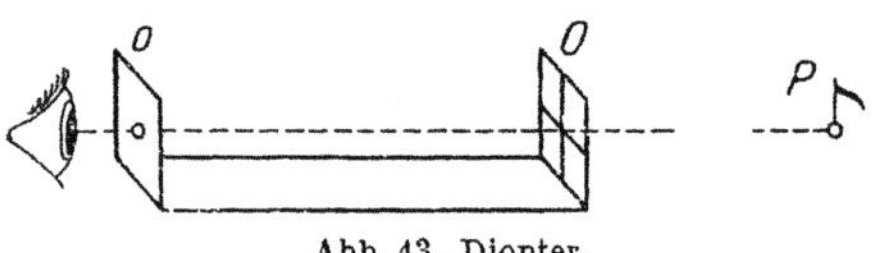
Abb. 43. Diopter.

lediglich zur Bezeichnung von Lotebenen, so genügen vertikale Spalten. Beim Gebrauch ist das Diopter so lange zu verstellen, bis – vom Schauloch aus gesehen – der Schnittpunkt des Objektivkreuzes den einzustellenden Punkt P deckt. In diesem Falle liegt P auf der durch den Schaulochmittelpunkt und den Fadenkreuzschnittpunkt bestimmten Ziellinie. Das Diopter besitzt den Vorteil eines großen Gesichtsfeldes; mißlich ist der Umstand, daß das Auge beim Einrichten den Mittelpunkt des Objektivkreuzes und den einzustellenden Gegenstand wegen ihrer sehr verschiedenen Entfernungen nicht gleichzeitig, sondern nur rasch nacheinander deutlich sehen kann. Diese Absehvorrichtung findet heute noch bei den verschiedenen Kreuzscheibenkonstruktionen Verwendung; sie tritt als sog. Sucher auch in Verbindung mit stärker vergrößernden Fernrohren auf und ermöglicht es, den einzustellenden Punkt schnell in das kleine Gesichtsfeld des Fernrohrs zu bringen. Die Zielgenauigkeit des Diopters hängt hauptsächlich von der Schaulochöffnung, die zur Vermeidung von Beugungserscheinungen nicht unter 1 mm betragen darf, ferner von der Dicke der Objektivfäden und in geringerem Grade auch von der Länge des Instruments ab. Einem guten Diopter kann man einen mittleren Zielfehler von etwa $\pm\, 20''$ zuschreiben[1].

b) Das Meßfernrohr.

Zu einer wesentlich genaueren Zielvorrichtung hat sich im Laufe der Zeit das Meßfernrohr entwickelt. Seine ursprüngliche Gestalt ist das in den Hauptbestandteilen

---

[1] STAMPFER, S.: Über die Genauigkeit des Visierens bei Winkelmessungen. Bd. 18 d. Jahrbücher d. k. k. Polytechnischen Instituts in Wien, S. 211—236, Wien 1834, gibt noch beträchtlich kleinere mittlere Fehler an u. teilt auch eine Zusammenstellung der zweckmäßigsten Abmessungen mit.

TYCHO BRAHE (1546—1601) hat die astronomischen Beobachtungen, aus denen später KEPLER die berühmten Bewegungsgesetze der Planeten ableitete, noch mit Diopterinstrumenten ausgeführt.

schon 1611 von KEPLER angegebene einfache astronomische Fernrohr. Dasselbe besteht im wesentlichen aus zwei Sammellinsen L, L_0 (optische Mittelpunkte O, O_0) mit einer großen und einer kleinen Brennweite f bzw. f_0 (Abb. 44). Das dem Gegenstand zugewendete, in der Objektivröhre $O.R.$ steckende Objektiv entwirft von einem

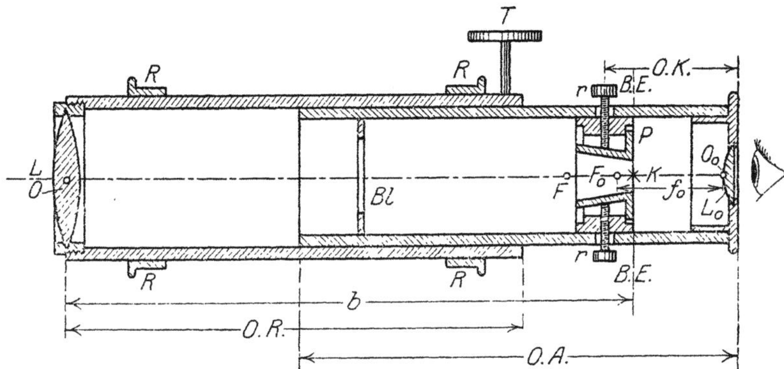

Abb. 44. Einfaches astronomisches Fernrohr (Längsschnitt).

Gegenstand in der Bildweite b ein verkleinertes, reelles, umgekehrtes Bild, von dem das im Okularauszug $O.A.$ steckende und als Lupe wirkende Okular ein umgekehrt bleibendes, virtuelles, stark vergrößertes Bild erzeugt, welches das Auge in der deutlichen Sehweite w sieht (siehe auch Abb. 45). Okularröhre und Objektivröhre stecken ineinander, sind zur Vermeidung von Reflexen innen geschwärzt und durch eine Okulartriebschraube T, seltener durch einen Objektivtrieb, gegeneinander verschiebbar. Fernrohre mit einer eigenen mechanischen Achse sind auch noch mit zylindrischen Ringen

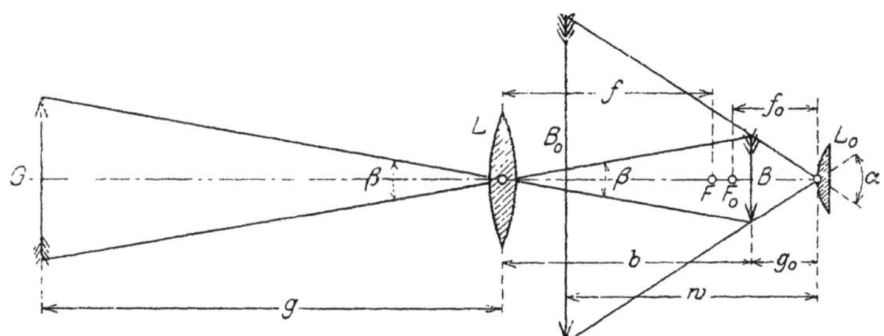

Abb. 45. Strahlengang im einfachen astronomischen Fernrohr.

$R R$ versehen. Die das Bild verschlechternden Randstrahlen werden durch die Blende Bl abgehalten, während die eigentliche Abgrenzung des Bildes die Bildfeldblende P besorgt. Der als Okularkopf $O.K.$ bezeichnete hintere Teil des Okularauszugs enthält noch die für ein Zielfernrohr unentbehrliche Fadenkreuzeinrichtung[1], welche erst der Engländer WILLIAM GASCOIGNE um 1640 eingeführt hat. Auf eine in der Bildebene $B.E.$ liegende, auch als Bildfeldblende dienende Fadenkreuzplatte P sind Spinnfäden gespannt, deren Schnittpunkt K mit einem Punkt des Bildes B zur Deckung gebracht werden kann, so daß das Fernrohr eine ganz bestimmte Richtung erhält. Sehr alt ist der Ersatz der Spinnfäden durch feine, in Glas eingerissene Linien. Die

---

[1] Siehe hierzu: a) HAMMER, E.: Zur Geschichte des Fadenkreuzes. Z. Vermess.-Wes. 1896, S. 513 ff.; b) ROHR, M. v.: Leitlinien zur Erfindung, Verbesserung u. Herstellung der optischen Geräte. Z. Instrumentenkde. 1938, S. 100—119.

Zur Technik des Fadenkreuzaufziehens siehe etwa: a) BAUERFEIND, C. M.: Elemente der Vermessungskunde I. Bd., 7. Aufl. Stuttgart 1890, S. 122 u. 123; b) STAMPFER-LORBER: Nivellieren, 9. Aufl. Wien 1894, S. 81 u. 82; c) SAWITSCH-PETERS: Abriß der praktischen Astronomie. Leipzig 1879, S. 58—60.

Fadenkreuzplatte sitzt auf einem Kegelstumpf, welcher meist durch vier Richtschräubchen rr gefaßt wird und senkrecht zur Längsrichtung des Fernrohrs etwas verschoben werden kann. Auch eine geringe Verschiebung in der Längsrichtung ist möglich, wenn die Schräubchen durch schlitzförmige Öffnungen gehen. Gegen ein etwa feststehendes Fadenkreuz läßt sich das Okular verschieben, wenn es nicht durch Verschraubung, sondern mittels einer Steckhülse in der Okularröhre befestigt ist. Abb. 46 gibt eine Zusammenstellung der **wichtigsten Fadenkreuzformen.** Die Größe des virtuellen Bildes B_0 (Abb. 45) läßt sich leicht durch die Gegenstandsgröße und die verschiedenen auftretenden Entfernungen ausdrücken. Nach den in der Abbildung enthaltenen ähnlichen Dreiecken ist

$$B_0 = \frac{w}{g_0} \cdot \frac{b}{g} \cdot G \approx \frac{w}{g} \cdot v \cdot G \approx v \cdot \beta \cdot w \qquad (164)$$

die scheinbare Bildgröße in der deutlichen Sehweite.

Die Abkürzung $v = b : g_0$ ist, wie wir bald sehen werden, die Fernrohrvergrößerung.

Bei der **Einstellung des Fernrohrs** auf einen Punkt spielen sich folgende Vorgänge ab:

1. Zur deutlichen Sichtbarmachung des Fadenkreuzes ist an dem auf hellen Hintergrund gerichteten Fernrohr durch Verschieben der Okularhülse – seltener des Fadenkreuzes – der Abstand der Okularlinse von den Fäden so zu ändern, daß diese scharf und deutlich erscheinen.

2. Ist etwa mit Hilfe eines Suchers oder durch bloße Versuche der Zielpunkt in das Gesichtsfeld des Fernrohrs gebracht, so ist durch Verstellen des ganzen Okular-

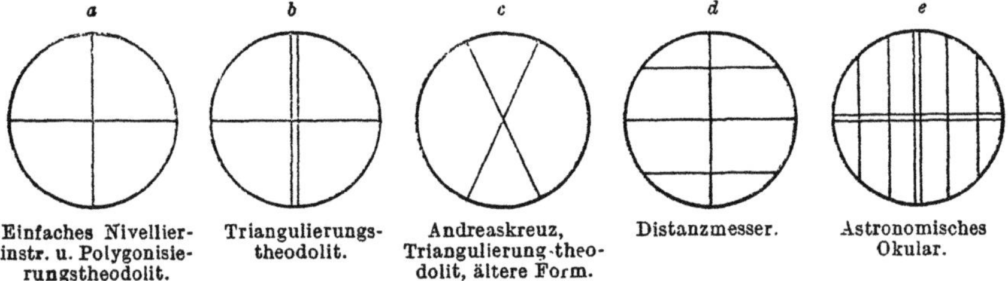

Abb. 46. Fadenkreuzformen.

auszugs mittels der Triebschraube auch die deutliche Sichtbarkeit des Zielbildes herbeizuführen. Eine scharfe Probe für das vollkommene Gelingen dieses Vorgangs liegt darin, daß beim Hin- und Herbewegen des Auges vor dem Okular der Fadenkreuzschnittpunkt sich nicht mehr gegen das Bild verschieben darf, da dieses nach seiner Deutlichmachung in der Ebene des ebenfalls deutlich sichtbaren Fadenkreuzes liegen soll. Ist trotzdem eine solche Verschiebung vorhanden, so spricht man von einer **Parallaxe zwischen Bild und Fadenkreuz**[1], welche durch eine geringe Verstellung des Okularauszugs, möglicherweise auch noch durch eine kleine Verbesserung in der deutlichen Sichtbarmachung des Fadenkreuzes zu beheben ist.

3. Jetzt wird bei angezogenen Klemmen durch waagerecht und lotrecht wirkende Feinstellschrauben das Fernrohr so gedreht und geneigt, daß der Fadenkreuzschnittpunkt das Bild des Zielpunktes deckt. Dann ist der Punkt eingestellt, d. h. die als Zielachse bezeichnete Verbindungsgerade des Fadenkreuzschnittpunktes mit dem optischen Mittelpunkt des Objektivs geht in ihrem äußeren Teile durch den angezielten Punkt.

Für die **Leistungsfähigkeit des Meßfernrohrs** sind hauptsächlich maßgebend 1. die Fernrohrvergrößerung, 2. das Gesichtsfeld, 3. die Fernrohrhelligkeit, 4. die Beschaffenheit der Fernrohrbilder.

---

[1] Beim **einfachen astronomischen Fernrohr** mit den Linsenbrennweiten f, f_0 verursacht sie in Bogenmaß einen Richtungsfehler $d\varphi \approx \frac{q \cdot z}{f - f_0} \ldots (164^1)$, wenn sich das Auge um q rechts von der Fernrohrachse befindet und das reelle Bild B um z vor der Fadenkreuzebene liegt.

Die Fernrohrvergrößerung v ist das Verhältnis der beiden Winkel α und β, unter welchen im Fernrohr das virtuelle Bild B_0 und andererseits mit freiem Auge der Gegenstand G erblickt werden.

Sie kann an Hand von Abb. 45 z. B. aus den optischen Konstanten des Fernrohrs gefunden werden. Wegen der im Vergleich zur Gegenstandsweite g recht kleinen Fernrohrlänge dürfen wir den Scheitel des Winkels β auch in den optischen Mittelpunkt des Objektivs verlegen, ohne den Winkel merklich zu verändern. Dann ist, wenn wir B näherungsweise als Kreisbogen zum Halbmesser b bzw. g_0 auffassen,

$$v = \alpha : \beta = b : g_0 \,. \tag{165}$$

Für die beim geodätischen Meßfernrohr auftretenden größeren Entfernungen ist die Bildweite b nahezu gleich der Objektivbrennweite f. Ferner ist wegen der Lupenwirkung des Okulars g_0 nahezu gleich der Okularbrennweite f_0, so daß der Quotient

$$v = f : f_0 \tag{166}$$

der beiden Linsenbrennweiten in einer praktischen Zwecken genügenden Annäherung die Fernrohrvergrößerung angibt.

Am einfachsten und häufigsten aber wird diese unmittelbar aus dem Sehwinkelverhältnis bestimmt, wie in Abb. 47 (teilweise Umklappung) angedeutet ist. Projiziert man das im Fernrohr gesehene Bild einer Latte von der Länge L auf die mit dem anderen, unbewaffneten Auge direkt gesehene Latte, so erscheint ein vergrößerter Lattenabschnitt (l) unter dem gleichen Gesichtswinkel α wie die ganze Lattenlänge L dem freien Auge. Diesem würde der Lattenabschnitt l unter dem kleineren Gesichtswinkel β erscheinen. Nach dem Begriff der Fernrohrvergrößerung ergibt sich mit den in die Abbildung eingetragenen Bezeichnungen

$$v = \frac{\alpha}{\beta} \approx \frac{L}{D} : \frac{l}{D} = \frac{L}{l}, \tag{167}$$

wenn l und L wie Kreisbögen zum Halbmesser D behandelt werden, was bei den kleinen auftretenden Winkeln praktisch erlaubt ist.

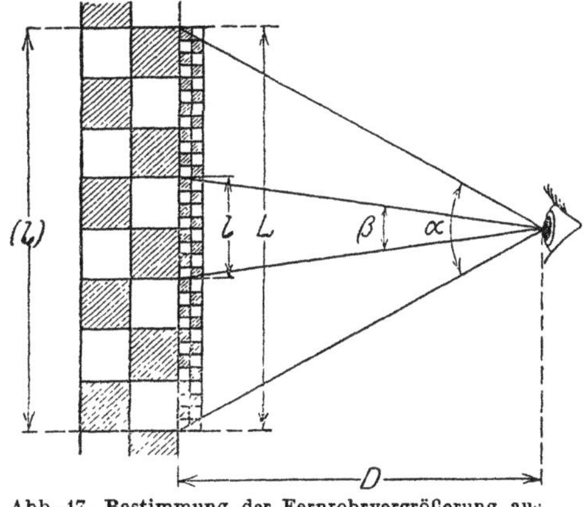

Abb. 47. Bestimmung der Fernrohrvergrößerung aus dem Sehwinkelverhältnis.

Auch mit Hilfe des RAMSDENschen Lichtkreises (Austrittspupille) kann man die Vergrößerung bestimmen. Bei Stellung des Fernrohrs auf ∞ besteht nämlich die Beziehung $A : d = f : f_0 = v$, wenn A die Objektivöffnung und d den Durchmesser des um f_0 hinter dem Okular erscheinenden hellen Kreises (von L_0 entworfenes Bild des Objektivs L) bedeutet[1]. Es ist also, wenn der RAMSDENsche Bildkreis der vollen Objektivöffnung entspricht, die Vergrößerung auch gleich dem Verhältnis der Objektivöffnung zum Durchmesser des RAMSDENschen Bildkreises.

Fernrohre von mittlerer Leistungsfähigkeit besitzen eine etwa 20fache Vergrößerung.

Unter dem Gesichtsfeld γ versteht man den Öffnungswinkel des im Fernrohr auf einmal zu überblickenden Kegelraums, dessen Leitlinie und Spitze der Innenrand der Bildfeldblende P (Abb. 48) und der optische Mittelpunkt O des Objektivs sind. Bei einer Blendenöffnung d ist $\widehat{\gamma} = d : b$ oder auch $\widehat{\gamma} = d : f$, da man für diesen Zweck wieder die Bildweite durch die Brennweite ersetzen darf. Drückt man die Blendenöffnung $d = k \cdot f_0$ in Einheiten der Okularbrennweite aus, so ergibt sich

$$\widehat{\gamma} = k\,(f_0 : f) = k : v \,. \tag{168}$$

---

[1] Bei den hernach zu besprechenden Fernrohren von HUYGENS u. RAMSDEN liegt der RAMSDENsche Bildkreis um $\tfrac{1}{2}f_0$ hinter dem Augenglas.

Bei unveränderlicher Blendenöffnung ist daher das Gesichtsfeld zur Vergrößerung des Fernrohrs umgekehrt proportional.

Die wirkliche Bestimmung des Gesichtsfeldes erfolgt aber nicht aus
den Fernrohrabmessungen, sondern zweckmäßiger auf empirischem Wege. Richtet
man das horizontale Fernrohr so auf eine in der Entfernung g befindliche lotrechte
Latte, daß diese zu einem Durchmesser des Gesichtsfeldes wird, und erscheinen bei
dieser Stellung a_o und a_u als Lattenablesungen am oberen und unteren Blendenrand,
so ist, wie Abb. 48 zeigt, das im Gradmaß ausgedrückte Gesichtsfeld

$$\gamma^0 = \varrho^0 \, \frac{a_u - a_o}{g}. \tag{169}$$

Bei mittleren Instrumenten beträgt es etwa $1\frac{1}{2}^0$.

Die Fernrohrhelligkeit h ist das Verhältnis der Lichtmengen H' und H, welche
das Fernrohrbild und der frei gesehene Gegenstand auf die Flächeneinheit der Netzhaut senden. Man findet dafür den Ausdruck

$$h = \frac{H'}{H} = \frac{A^2}{O^2 \, v^2}, \tag{170}$$

wo A die Objektivöffnung, O die Pupillenöffnung und v die Fernrohrvergrößerung bedeutet. h kann durch Verkleinerung eines etwa veränderlichen O nur so lange gesteigert

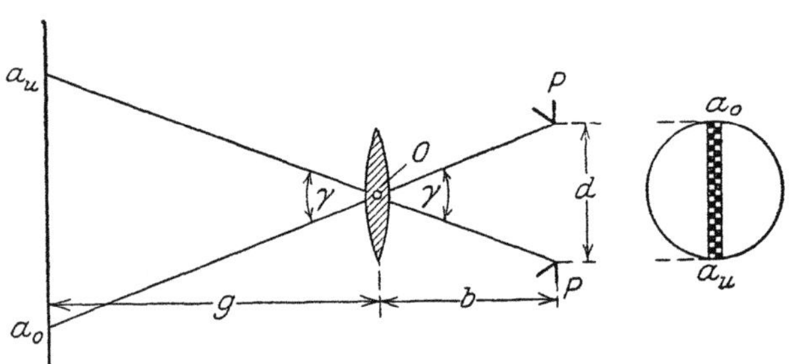

Abb. 48. Bestimmung des Fernrohrgesichtsfeldes.

werden, bis das aus dem Okular
austretende Licht gerade die
Pupille ausfüllt. In diesem Falle
ist $h_{max} = 1$, ebenso für jedes
kleinere O. Der angegebene
Größtwert 1 der Fernrohr-
helligkeit wird in Wirklichkeit
niemals erreicht, weil beim
Durchgang der Strahlen durch
die Linsen sowie durch Reflexion an den Linsenoberflächen immer etwas Licht

verlorengeht. Nach (168) und (170) ist h zu γ^2 direkt und zu v^2 indirekt proportional.

Die Fernrohrbilder sollen genügend groß und hell und im übrigen so beschaffen
sein, daß sie zum Original perspektivisch richtig sind, keine störende Farben- oder
Kugelabweichung zeigen und alle wichtigen Einzelheiten deutlich erkennen lassen. Betrachtet man im Fernrohr eine scharf begrenzte schwarz-weiße Felderteilung oder andere
regelmäßig begrenzte, tiefschwarze Körper auf weißem Papier, so sollen auch die Bilder
deutlich, tief schwarz, unverzerrt und, abgesehen von einem schwachblauen Saum, frei
von farbigen Rändern erscheinen. Von besonderer Wichtigkeit für die deutliche Sichtbarkeit der Einzelheiten im Bild ist das Trennungs- oder Auflösungsvermögen des
Fernrohrs. Man versteht darunter den Gesichtswinkel, welchen an einer gleichmäßigen
Teilung die Feldbreiten besitzen, wenn sie bei guter Beleuchtung im Fernrohr eben noch
als getrennte Gebilde erscheinen. Muß man z. B. eine Nivellierlatte mit der Feldgröße t
in die Entfernung g bringen, damit dieser Grenzzustand eintritt, so ist das in Sekunden
ausgedrückte Trennungsvermögen

$$\tau = \varrho'' \, \frac{t}{g}. \tag{171}$$

Denkt man sich eine planparallele Platte senkrecht zur optischen Achse des Objektivs eines Fernrohres vor dieses gebracht, so wird dadurch nach (137) und den anschließenden Ausführungen der angezielte Gegenstand scheinbar um rund ein Drittel
der Plattendicke näher gerückt. Dieser im Vergleich zur Gegenstandsweite verschwindend kleinen Verringerung derselben entspricht nach (143) wegen des im allgemeinen
sehr kleinen Verhältnisses $b : g$ nur eine verschwindend kleine Vergrößerung der Bild-

weite, die einer Messung kaum mehr zugänglich ist und daher vernachlässigt werden kann. Wird hingegen die Platte hinter dem Objektiv in den konvergenten Strahlengang eingeschoben, so wird dadurch die Bildweite um rund ein Drittel der Plattendicke vergrößert. Die Wirkung der Platte auf die Lage des Bildes ist also in beiden Fällen eine ganz verschiedene.

Das einfache astronomische Fernrohr mit seinen einfachen Linsen liefert unvollkommene Bilder, deren starke Kugel- und Farbenabweichung nur durch recht starkes Abblenden, also zu sehr auf Kosten der Helligkeit genügend vermieden werden könnte. Diese Mängel lassen sich durch die Verwendung geeignet zusammengesetzter Linsen praktisch bedeutungslos machen. Nicht die älteste, aber die wichtigste Linsenzusammenstellung ist das achromatische Objektiv, welches 1758 von DOLLOND in die praktische Optik eingeführt und am Anfange des 19. Jahrhunderts durch FRAUNHOFER wesentlich vervollkommnet wurde[1]. Es besteht aus einer dem Gegenstand zugewendeten bikonvexen Kronglaslinse L_1 (Abb. 49) und einer im Scheitel berührenden,

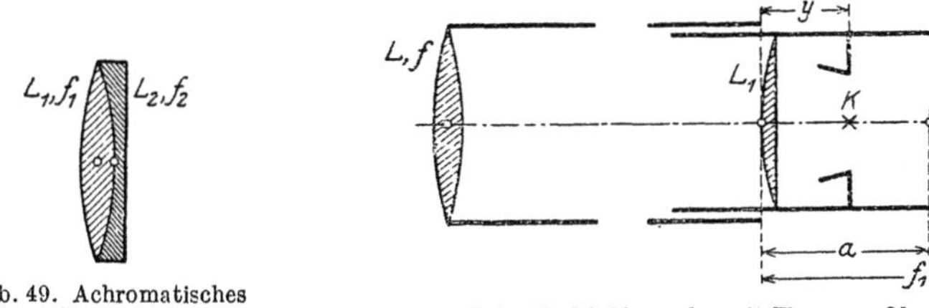

Abb. 49. Achromatisches Objektiv.

Abb. 50. Meßfernrohr mit Huygens-Okular.

auch sonst nahezu anschließenden und fast plankonkaven, optisch dichteren Flintglaslinse L_2, welche so ausgewählt werden, daß die Brennpunkte zweier Farben genau und die der übrigen näherungsweise damit zusammenfallen. Für Überschlagsrechnungen kann der geringe Abstand der optischen Mittelpunkte der beiden Linsen mit den Brennweiten f_1, f_2 vernachlässigt werden, so daß sich nach (150) die Ersatzbrennweite des Systems zu $\varphi = f_1 f_2 : (f_1 + f_2)$ ergibt. Das FRAUNHOFERsche Objektiv ist nicht nur farbenrein, sondern es ist für einen Gegenstand im Unendlichen auch frei von Koma und Kugelabweichung. Seine Linsen haben die Brechungszahlen $n_1 \approx 1{,}53$ und $n_2 \approx 1{,}64$.

Um 1660 ist das zusammengesetzte Okular von HUYGENS (Abb. 50) entstanden, welches aus zwei plankonvexen Linsen L_0 (Augenglas) und L_1 (Kollektiv) mit den Brennweiten f_0, f_1 und dem Abstand a besteht. Die dem Objektiv ihre gewölbten Seiten zukehrenden Linsen sollen so ausgewählt werden, daß sie gemeinsamen hinteren Brennpunkt F_{01} besitzen und daß das Verhältnis

$$f_0 : a : f_1 = 1 : 2 : 3 \tag{172}$$

besteht. Beim Zutreffen dieser Voraussetzungen halbiert die Bildebene den Linsenabstand, so daß ihr Abstand vom Kollektiv den Betrag $y = f_0$ annimmt. Vom optischen Standpunkt aus ist diese Konstruktion eigentlich als zusammengesetztes Objektiv anzusprechen, da L und L_1 zusammen das durch L_0 als Lupe betrachtete reelle Bild erzeugen. Lediglich die gleichzeitige Befestigung von L_1 und L_0 in der Okularröhre rechtfertigt die Bezeichnung „zusammengesetztes Okular". Die Ersatzlinse für L und L_1 besitzt für die Stellung des Fernrohres auf unendlich die Brennweite $\varphi = \tfrac{2}{3}f$.

---

[1] Nach M. v. ROHR ist das achromatische Objektiv 1733 von CHESTER MOOR HALL erfunden worden. Siehe M. v. ROHR: Der wahre Erfinder der achromatischen Fernrohre. Z. Instrumentenkde. 1931, S. 85—91.
Erst die optische Leistung FRAUNHOFERS hat es REICHENBACH ermöglicht, die früher üblichen schwerfälligen Schiebelatten durch die Latten zum Selbstablesen (sprechende Latten) vom Instrument aus zu ersetzen u. die Genauigkeit sowohl der grundlegenden Beobachtungen als auch der Einzelaufnahme wesentlich zu steigern.

Um 1760 entstand das in Abb. 51 skizzierte RAMSDEN-Okular, eine aus zwei, die gewölbten Seiten einander zukehrenden, plankonvexen Linsen L_0 (Augenglas) und L_1

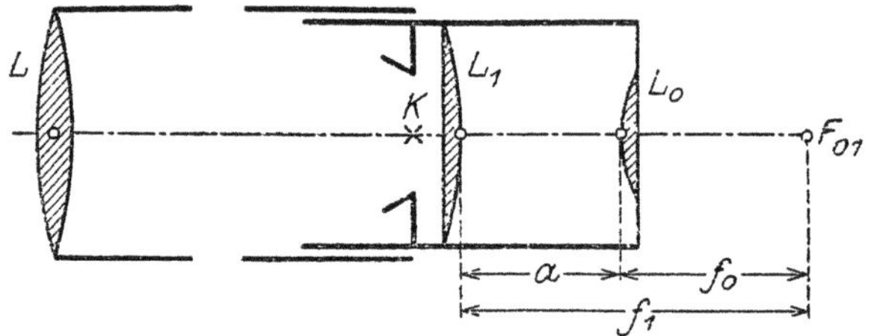

Abb. 51. Meßfernrohr mit Ramsden-Okular.

(Kollektiv) zusammengesetzte Lupe, deren Bestandteile ebenfalls einen gemeinsamen hinteren Brennpunkt F_{01} haben und der Bedingung

$$f_0 : a : f_1 = 5 : 4 : 9 \qquad (173)$$

genügen sollen. Das Fadenkreuz liegt bei dieser Konstruktion sehr nahe am Kollektiv zwischen diesem und dem Objektiv. Die L_1 und L_0 ersetzende Äquivalentlinse besitzt hier die Brennweite $\varphi_0 = 0{,}9\,f_0$.

Ein Vergleich der besprochenen Okularformen zeigt, daß beim HUYGENS-Okular das Fadenkreuz eine sehr geschützte Lage besitzt, während das RAMSDEN-Okular perspektivisch etwas bessere Bilder liefert. Über ihre Leistungsfähigkeit im Vergleich mit dem einfachen astronomischen Fernrohr unterrichtet die Zusammenstellung in Tabelle 7.

Tabelle 7.

Instrument	Vergrößerung	Gesichtsfeld	Fernrohr-helligkeit	Fernrohr-verkürzung
Einfaches astronomisches Fernrohr	v	γ	h	.
Huygens-Fernrohr	$v' = \tfrac{2}{3}\,v$	$\gamma' = \tfrac{3}{2}\,\gamma$	$h' = \tfrac{9}{4}\,h$	$\tfrac{1}{2}\,f_0$
Ramsden-Fernrohr	$v'' = \tfrac{10}{9}\,v$	$\gamma'' = \tfrac{9}{10}\,\gamma$	$h'' = \tfrac{81}{100}\,h$	$\tfrac{1}{50}\,f_0$

Eine um 1850 entstandene Weiterbildung des RAMSDEN-Okulars ist das orthoskopische Okular von KELLNER, bei dem das Augenglas selbst eine achromatische Linse ist. Im Euriskop-Okular (HENSOLDT, 1907) ist auch noch das RAMSDENsche Kollektiv

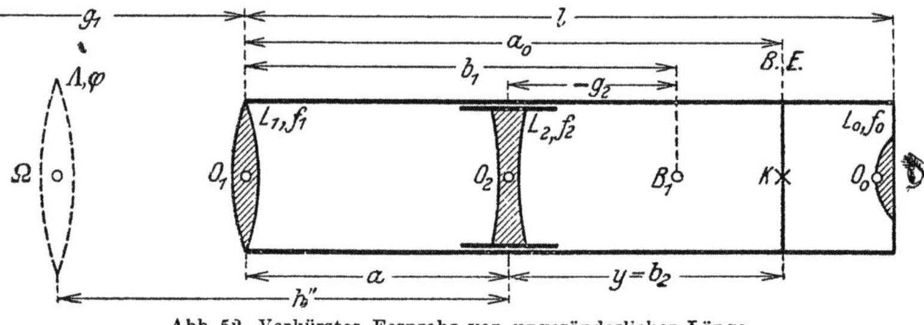

Abb. 52. Verkürztes Fernrohr von unveränderlicher Länge.

ein Achromat. Diese Okulare besitzen farbenreinere, bis an den Gesichtsfeldrand scharfe, perspektivisch richtige Bilder und ein großes Gesichtsfeld[1].

Neuerdings trifft man häufig das verkürzte Fernrohr von unveränderlicher Länge[2], dessen wesentliche Bestandteile aus Abb. 52 zu ersehen sind. Objektiv L_1,

---

[1] Besondere Okulare verwendet die Firma ZEISS bei ihren Instrumenten (siehe z. B. GLEICHEN: Die Theorie der modernen optischen Instrumente. Stuttgart 1911, S. 145 ff., oder KÖNIG, A.; Geometrische Optik. Leipzig 1929, S. 317 ff. Vor einigen Jahrzehnten ist auch - hauptsächlich für Berichtigungszwecke - die Konstruktion von biaxialen Fernrohren wieder aufgenommen worden, nachdem BRANDER schon in der zweiten Hälfte des 18. Jahrhunderts amphidioptrische Fernrohre, d. h. Fernrohre zum Vorwärts- und Rückwärtszielen, gebaut hatte (siehe BRANDER, G. F.: Die neue Art, Winkel zu messen. Augsburg 1772).

[2] Der erste Erfinder des Meßfernrohres von unveränderlicher Länge ist vermutlich der bekannte Augsburger Mechaniker G. F. BRANDER (siehe Z. Instrumentenkde. 1931, S. 92). Dem Wirken dieses hervorragendsten süddeutschen Feinmechanikers des 18. Jahrhunderts gelten die Abhandlungen: a) FRIEDRICH, C.: Georg Friedrich Brander u. sein Werk. München 1910. b) MÜLLER, Fr. J.: Georg Friedrich Brander in Z. d. Vereins d. höheren bayerischen Vermessungs-beamten 1910, S. 146—162 u. 188—201.

Fadenkreuz K und Okular L_0 sitzen in unveränderlichen Abständen fest in der gleichen Röhre; das Zusammenfallen der Bildebene $B.E.$ mit der Fadenkreuzebene wird durch Verstellen einer schwach gekrümmten Zerstreuungslinse L_2, der Einstellinse (Fokussierlinse), mittels eines Triebes oder Einstellringes (Fokussierring) erreicht. Diese Fernrohre sind gegen das Eindringen von Staub besser geschützt wie die Auszugfernrohre; sie besitzen bei sicherer Führung den weiteren Vorteil, daß L_1 und L_2 zusammen ein sog. Teleobjektiv bilden, wodurch eine kurze Fernrohrlänge l erzielt wird.

Mit den in der Abbildung enthaltenen Bezeichnungen ergibt sich

$$\varphi = \frac{f_1 f_2}{f_1 + f_2 - a} \tag{174}$$

als Brennweite der an Stelle von L_1, L_2 tretenden hinteren Ersatzlinse. Deren Abstand von L_2 ist

$$h'' = \frac{a \cdot f_2}{f_1 + f_2 - a} = \frac{\varphi}{f_1} \cdot a \tag{175}$$

und die Fernrohrverkürzung wird

$$k = h'' - a = \frac{a - f_1}{f_1 + f_2 - a} \cdot a = \left(\frac{\varphi}{f_1} - 1\right) a . \tag{176}$$

Wählt man kleines, positives f_1 und großes, negatives f_2, so erhält man nach (174) und (175) normales, positives φ und großes, positives h''. Die Objektivlinsen werden dadurch beträchtlich an das Okular herangerückt, und das Fernrohr erfährt nach (176) eine wesentliche, mit a veränderliche Verkürzung.

Die zu einer bestimmten Gegenstandsweite g gehörige Stellung der Einstellinse kann man entweder durch ihren jeweiligen Abstand a von der eigentlichen Objektivlinse L_1 oder durch ihren Abstand y vom Fadenkreuz festlegen. Um diese Größen zu finden, denkt man sich von einem Punkt P (in der Abbildung nicht mehr enthalten) durch L_1 ein Bild B_1 und von diesem durch L_2 ein mit K zusammenfallendes neues Bild entworfen. Man erhält dann durch Anwendung der dioptrischen Hauptgleichung auf die beiden Zusammenstellungen g_1, f_1, b_1 und g_2, f_2, b_2 leicht die Ausdrücke

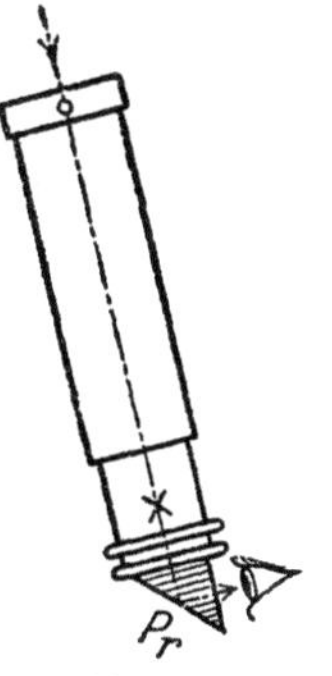

Abb. 53.
Okularprisma.

$$a = \frac{1}{2}\left(a_0 + \frac{f_1 g_1}{g_1 - f_1}\right) - \sqrt{\frac{1}{4}\left(a_0 + \frac{f_1 g_1}{g_1 - f_1}\right)^2 - \left(a_0 f_2 + \frac{a_0 - f_2}{g_1 - f_1} \cdot f_1 g_1\right)}, \tag{177}$$

$$y = a_0 - a = \frac{1}{2}\left(a_0 - \frac{f_1 g_1}{g_1 - f_1}\right) + \sqrt{\frac{1}{4}\left(a_0 + \frac{f_1 g_1}{g_1 - f_1}\right)^2 - \left(a_0 f_2 + \frac{a_0 - f_2}{g_1 - f_1} \cdot f_1 g_1\right)}. \tag{178}$$

Hierin ist a_0 der feste Abstand der nach Einstellung eines Zieles in die Fadenkreuzebene fallenden Bildebene $B.E.$ vom Objektiv[1].

Bei sehr stark geneigten Sichten kann man am einfachsten durch Verwendung eines den Strahlengang um rund 90^0 ablenkenden Okularprismas P_r (Abb. 53) eine Beobachtung bei bequemer Kopfhaltung ermöglichen. Diese einfache Anordnung besitzt anderen gegenüber den großen Vorteil, daß der Strahlengang vor der Bildentstehung nicht gestört wird, also auch etwaige Schliffehler des Prismas die gegenseitige Lage zwischen Bild und Fadenkreuz nicht stören können[2].

---

[1] Über die Möglichkeit, Fadenkreuz u. Strichkreuz zu vermeiden, siehe NABAUER: Ein Zielfernrohr ohne materielle Bildmarke, in der Festschrift zur Jahrhundertfeier der Technischen Hochschule Karlsruhe (1925).

[2] Für Messungen auf sehr verkehrsreichen Plätzen wird manchmal aus Gründen der Sicherheit ein Fernrohr mit aufrechten Bildern gewünscht. Diesen Zweck kann man durch eine nochmalige Bildumkehrung mittels eines sog. terrestrischen Okulars erreichen, welches jedoch unbequem lang ist. Einfacher gelangt man dazu durch Einschalten eines vollständig bildumkehrenden Prismas in den Strahlengang, wie es beim HENSOLDTschen Fernrohr mit aufrechten Bildern (siehe HAMMER, E.: Z. Vermess.-Wes. 1909, S. 247—250) zutrifft. Allerdings hat hier jede Lageänderung des Prismas eine Bildverschiebung gegen das feststehende Fadenkreuz zur Folge.

Die Fernrohrachsen sind: 1. die Zielachse, 2. der Fadenkreuzweg bzw. die Führungslinie der Einstellinse, 3. die mechanische Achse. Weniger wichtig ist 4. die optische Achse.

Die Zielachse[1] verbindet den Fadenkreuzschnittpunkt mit dem hinteren Knotenpunkt des Objektivs bzw. eines koaxialen Objektivsystems. Eine zu dieser inneren Zielachse Parallele durch den vorderen Knotenpunkt nennt man die äußere Zielachse. Kann man bei geringeren Genauigkeitsansprüchen die Linsendicke vernachlässigen, so tritt an Stelle der Knotenpunkte der optische Mittelpunkt des Objektivs[2]. Die mechanische Achse wird durch die Mittelpunkte der beiden zylindrischen Ringe RR (in Abb. 39) bestimmt, während die optische Achse (Cardinale) diejenige Gerade ist, welche sowohl einen ins Fernrohr eintretenden wie auch den dazu konjugierten ausfahrenden Strahl enthält. Diese Fernrohrachsen sollen zusammenfallen, was dann zutrifft, wenn der Fadenkreuzschnittpunkt und die verschiedenen optischen Mittelpunkte bzw. die Knotenpunkte auf der mechanischen Fernrohrachse liegen. Die weitere Untersuchung soll auf das einfache, astronomische Fernrohr beschränkt bleiben[3].

Zur Prüfung der zentrischen Lage des Objektivs L (Abb. 54) steckt man etwa bei herausgenommenem Okularauszug eine in ihrer Brennebene eine feine Glasteilung T enthaltende Röhrenlupe so in die Objektivröhre, daß die Hilfsteilung in die Objektivbildebene $B.E.$ zu liegen kommt und die Röhrenlupe unabhängig vom Fernrohr durch einen besonderen Halter H getragen wird. Ursprünglich wird zu einem eingestellten Punkt P ein Bildort P' gehören; nach einer halben Drehung des Fernrohrs um seine im Bild durch eine strichpunktierte Linie bezeichnete mechanische Achse gehört dazu ein anderer Bildpunkt P'', wenn eine Exzentrizität e_1 des Objektivmittelpunktes vorhanden ist. Aus dem an der Mikrometerteilung abgelesenen Abstand $P'P'' = 2e'_1$ findet man

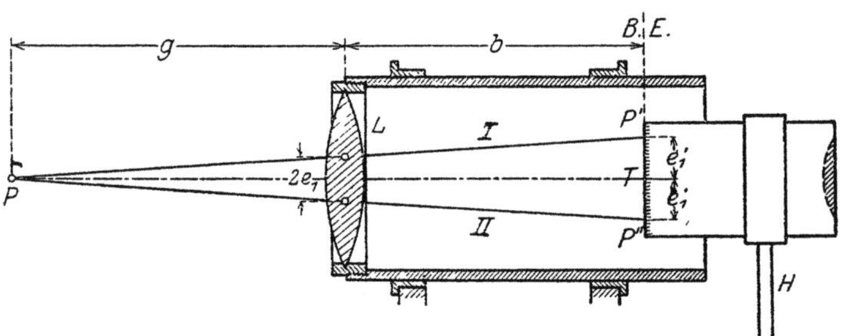

Abb. 54. Prüfung der zentrischen Lage des Objektivs.

$$e_1 = \frac{g}{g+b}\, e'_1. \tag{179}$$

Zur Untersuchung der zentrischen Lage des Okulars kann man bei getrennt aufgestelltem Objektiv irgendeinen mit freiem Auge deutlich sichtbaren Punkt (z. B. oberes Lattenende) auf das Fernrohrbild einer Lattenteilung vor und nach der Drehung des Fernrohres um seine mechanische Achse projizieren. Ist der am Lattenbild ab-

---

[1] Der mit Zielachse ursprünglich gleichwertige Ausdruck Ziellinie wird neuerdings vielfach für das vom Objektivsystem im Objektraum entworfene Bild des Fadenkreuzweges gebraucht. An der Definition der Zielachse kann man auch noch festhalten, wenn die Linsen kleine Abweichungen von der koaxialen Lage besitzen, denn auch in diesem Fall gibt es unter Vernachlässigung von kleinen Größen höherer Ordnung noch Haupt-, Brenn- und Knotenpunkte. Diese Punkte liegen auf der optischen Achse des nicht zentrierten Systems. Die erste eingehende Behandlung dieser Frage ist wohl F. Casorati (Alcuni Strumenti topografici A Riflessione E Le Proprietà Cardinali Dei Cannocchiali Anche Non Centrati, Milano 1872) zu verdanken.

[2] Von dieser Näherung macht man besonders bei zeichnerischen Darstellungen Gebrauch.

[3] Bei anderen Fernrohren spielt in die einschlägigen Untersuchungen natürlich die Eigenart der Konstruktion herein. Im übrigen sind kleine Achsenfehler, sofern sie während der Dauer einer vollen Beobachtung konstant bleiben, nicht schlimm, da sie für alle genaueren Messungen durch ein geeignetes Beobachtungsverfahren (z. B. Nivellieren aus der Mitte der Station oder Beobachten in zwei Fernrohrlagen) unschädlich gemacht werden.

gelesene Abstand dieser Projektionen $2r$, so ist der Abstand des optischen Mittelpunktes der Okularlinse von der mechanischen Fernrohrachse hinreichend genau

$$e_2 = \frac{b}{g} \cdot r, \tag{180}$$

wenn b und g ihre bisherige Bedeutung besitzen.

Der Einfluß einer geringen Linsenexzentrizität auf die Messungen kann durch geeignete Anordnungen leicht vollständig ausgeschaltet werden. Man begnügt sich daher meist mit der kurzen summarischen Prüfung, ob bei einer Drehung des ganzen Fernrohrs um seine mechanische Achse ein mit freiem Auge gesehener, ins Fernrohrbild hineinprojizierter Punkt in diesem feststeht oder wandert.

Die Exzentrizität e des Fadenkreuzschnittpunktes K (Abb. 55) läßt sich aus den Abständen x, y der beiden Fäden F_1, F_2 von der mechanischen Achse A_m mittels der Beziehung $e^2 = x^2 + y^2$ finden. Um die Komponente x zu gewinnen, macht

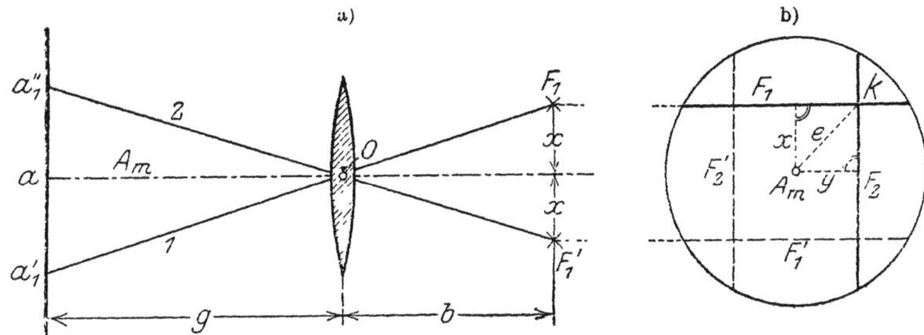

Abb. 55. Ermittlung der Fadenkreuzexzentrizität.

man den ersten Faden F_1 zum waagerechten und liest seine Stellungen a_1' und a_1'' an einer lotrechten Teilung in der ursprünglichen 1. Fernrohrlage und nach einer Halbdrehung des Fernrohrs um seine mechanische Achse in der 2. Fernrohrlage ab. Mittels der beiden in Abb. 55a enthaltenen ähnlichen Dreiecke findet man leicht

$$x = \frac{1}{2} \cdot \frac{b}{g} \left(a_1'' - a_1' \right). \tag{181}$$

In ganz entsprechender Weise ergibt sich nach einer Drehung um 90°, welche F_2 zum waagerechten Faden macht, die Komponente y. Zur Beseitigung der Fadenkreuzexzentrizität e ist jeder Faden durch Verschieben auf die Mittellage aus beiden Fadenstellungen mittels der Fadenkreuzschräubchen für sich zu zentrieren. Der Faden F_1 z. B. wäre auf die Ablesung $a = \frac{1}{2}\left(a_1' + a_1''\right)$ einzustellen. Ist die Berichtigung gelungen, so darf der Fadenkreuzschnittpunkt beim Drehen des Fernrohrs um seine mechanische Achse den ursprünglich eingestellten Punkt nicht verlassen.

Wird die für eine bestimmte Entfernung durchgeführte Fadenkreuzzentrierung unter Verwendung anderer Zielweiten nachgeprüft und zeigen sich dabei wieder Mängel, so fällt der Fadenkreuzweg nicht in die Zielachse. Diese besitzt dann für jede andere Stellung des Okularauszugs eine etwas andere Stellung zum Fernrohr[1].

Die Erfahrung lehrt, daß die Zielgenauigkeit unter sonst gleichen Umständen nicht nur von der Vergrößerung, sondern wesentlich auch von der Helligkeit und Schärfe des Bildes sowie der Form der Zielzeichen abhängt. Aus sehr gründlichen und umfangreichen Untersuchungen gibt NOETZLI[2] abweichend von früheren Annahmen

---

[1] Wird das Fadenkreuz — allenfalls in fester Verbindung mit einem Linsensystem — geradlinig bewegt, während die vor ihm liegenden Linsen festliegen, so ist das Bild des Fadenkreuzweges im Objektraum eine Gerade. Dagegen beschreibt das Bild eines festliegenden Fadenkreuzes bei geradliniger Bewegung einer vor ihm liegenden Linse bzw. eines in sich festen Linsensystems einen Kegelschnitt, der eine sehr flache Hyperbel ist.

[2] NOETZLI, A.: Untersuchungen über die Genauigkeit des Zielens mit Fernrohren. Zürich 1915. Diese sehr lesenswerte Arbeit enthält auch noch andere für die Zielgenauigkeit wichtige Folgerungen, auf die hier nicht in allen Einzelheiten eingegangen werden kann. LÜDEMANN, K.: Der mittlere Zielfehler bei Winkelmessungen für Kleintriangulation. Z. Vermess.-Wes. 1927, S. 100 bis 105, findet etwas größere - rund doppelt so große - Zielfehler.

an, daß für einen einigermaßen geübten Beobachter unter nicht zu ungünstigen äußeren Umständen der mittlere Zielfehler

$$m \approx \pm 3{,}5'' : \sqrt{v} \tag{182}$$

(v = Vergrößerung) gesetzt werden darf. Die günstigste scheinbare Fadenstärke ist nach ihm für gewöhnlich etwa 1′, bei Einstellungen auf stärkere Lichtquellen dagegen rund 2′. Dünne Einzelfäden sind meist günstiger als parallele Doppelfäden, deren Abstand für die scheinbare Zielgröße bald zu groß und bald zu klein ist. Sie könnten zweckmäßig durch zwei in der Mitte des Bildfeldes in Keilform zusammenlaufende Fäden ersetzt werden[1]. Die günstigste Form der Zielmarke ist ein Keil mit kleinem Öffnungswinkel[2].

Zu einem anderen Ausdruck für den mittleren Zielfehler ist neuerdings Vogg gekommen[3]. Er hat unter Verwendung von weißen Parallelstreifen auf schwarzem Grund als Zielzeichen, die unter gleicher scheinbarer Breite – beiderseits von einem schmalen, hellen Lichthaar begleitet – erschienen, die Beziehung

$$m = c : (v_0 + v) \tag{182^1}$$

gefunden (v = Fernrohrvergrößerung, v_0 = Vergrößerung eines Fernrohrs mit der unveränderten Objektivbrennweite des untersuchten Fernrohrs und der fingierten Okularbrennweite 1 cm). Für einen guten Beobachter schätzt Vogg den Beiwert c zu 10″ im Laboratorium und zu 20″ für Beobachtungen im Freien unter günstigen Umständen. Bei Einstellung auf trigonometrische Ziele dürfte $c \approx 40''$ sein.

12. Die Libelle.

Die ältesten Hilfsmittel zur Lotrechtstellung und Horizontallegung von Geraden und Ebenen sind zweifellos das Lot und die Oberfläche einer ruhenden Flüssigkeit. Ersteres findet als Senkel noch heute ausgedehnte Anwendung, und in der Kanalwaage besitzen wir auch noch ein auf dem hydrostatischen Prinzip beruhendes Instrument. Genauere Orientierungen gegen das Lot aber führt man heute ausschließlich mit Hilfe der auf dem Auftrieb beruhenden Libellen durch, die in der Form von Dosenlibellen und Röhrenlibellen Verwendung finden.

a) Die Dosenlibelle.

Die Dosenlibelle besteht in ihrer zweckmäßigsten Form aus einem einzigen zugeschmolzenen[4], zylindrischen Glaskörper (Abb. 56). Seine Kugelhaube trägt – neuerdings zur Vermeidung von Parallaxe auf der Innenfläche – einen zu ihrem Mittelpunkte M konzentrischen Einstellkreis K. Die Füllflüssigkeit ist meist Weingeist, auf dem eine aus dessen Dampf bestehende Blase schwimmt, deren Durchmesser am besten 1 bis 1,5 mm unter dem des Einstellkreises bleibt. Zum Schutze der Libelle dient eine Metallfassung, die bei Instrumenten zur Horizontalstellung von Ebenen mit einer zur Tangentialebene T_m von M parallelen, ebenen Aufsatzfläche ausgestattet ist. Wird unter dieser

---

[1] Diese Erkenntnis ist nicht neu, wie die altbekannte Fadenkreuzform des Andreaskreuzes beweist.

[2] Die erste größere Messung, bei der verfeinerte Instrumente mit Fernrohren Verwendung fanden, war die von Picard 1669 bis 1670 ausgeführte Gradmessung.

[3] Vogg, Adolf: „Die Genauigkeit des Zielens mit Fernrohren" in Z. Vermess.-Wes. 1943, S. 189—194.

[4] Zugeschmolzene Dosenlibellen, bei denen kein Auslaufen der Füllflüssigkeit und kein Eindringen der Luft zu befürchten ist, hat 1904 zuerst Mollenkopf in Stuttgart hergestellt; siehe Z. Vermess.-Wes. 1904, S. 699.

Zur Erfindung der Dosenlibelle siehe in der Z. Instrumentenkde. 1931 a) Lüdemann, K.: Zur Geschichte der Dosenlibelle, S. 136—144; b) Breithaupt, G.: Zur Geschichte der Dosenlibelle, S. 256 u. f.

Voraussetzung die Libelle durch Neigen der Unterlage zum Einspielen gebracht, so fällt M in den Blasenmittelpunkt, zu dem stets ein lotrechter Halbmesser gehört. Die darauf senkrecht stehende Tangentialebene T_m und die dazu parallele Aufsatzfläche AA bzw. die Oberfläche der Unterlage sind also dann waagerecht. Soll die Libelle zur Lotrechtstellung einer mit ihr verbundenen Achse dienen, so muß T_m auf dieser senkrecht stehen.

Die Berichtigung der Dosenlibelle, welche mit größtem Vorteil zur ersten angenäherten Orientierung gegen das Lot dient, entspricht ganz derjenigen der hernach ausführlicher zu behandelnden Röhrenlibelle. Zur Beurteilung ihrer ungefähren Leistungsfähigkeit mögen die folgenden Angaben von SAMEL[1] dienen. Er fand bei senkrechter Draufsicht an zugeschmolzenen Libellen

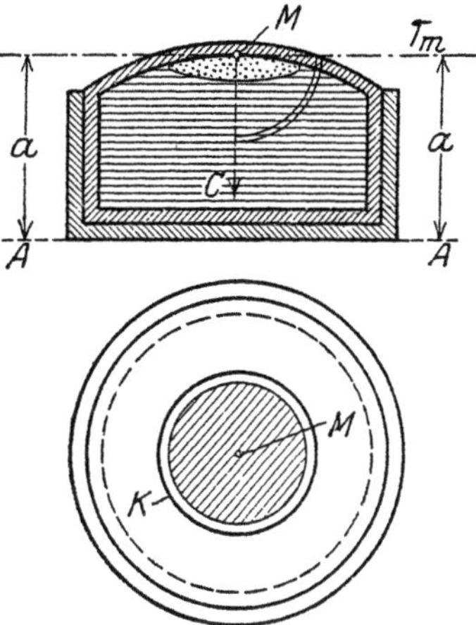

Abb. 56. Dosenlibelle im Vertikalschnitt und im Grundriß.

1. den mittleren Fehler einer Lotrechtstellung der Drehachse $m = \pm (35 \pm 8{,}4)''$,
2. den mittleren Fehler des Einspielenlassens der Dosenlibelle $m = \pm (21 \pm 12{,}4)''$,
3. den Konvergenzwinkel zwischen Stehachse und Dosennormale $Z = \pm (28 \pm 2{,}5)''$.

$$(183)$$

Diese Zahlen sind arithmetische Mittel aus Einzelbestimmungen an vier Dosenlibellen mit einem durchschnittlichen Krümmungshalbmesser von rund 0,8 m. Für $r = 1$ m wird also der mittlere Fehler der Lotrechtstellung

$$m \approx \pm \tfrac{1}{2}'. \qquad (184)$$

b) Die Röhrenlibelle[2].

Dieses feinere, auch zur Messung ganz kleiner Neigungswinkel dienende Richtmittel besteht aus einer tonnenförmig ausgeschliffenen Glasröhre, welche mit einer leicht beweglichen Flüssigkeit – meist Schwefeläther – und einer darauf schwimmenden, aus deren Dampf bestehenden Blase gefüllt ist (Abb. 57)[3]. Das eine der heute stets zugeschmolzenen Enden ist manchmal als Kammer K ausgebildet, mit deren Hilfe die Blasenlänge im Hauptkörper geregelt werden kann. Die Innenwand der Libelle ist

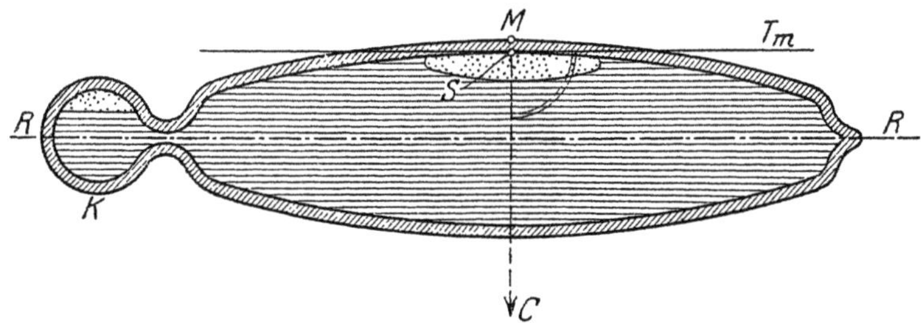

Abb. 57. Röhrenlibelle mit Kammer (Längsschnitt).

ihrer Entstehung nach eine Rotationsfläche, welche durch die Drehung eines flachen Kreisbogens um eine Achse RR, die Rotationsachse der Libelle, entsteht. Den in Wirklichkeit von einem Kreisbogen meist etwas abweichenden Schnitt einer durch RR

---

[1] SAMEL: Genauigkeit der Lotrechtstellung von Stehachsen mit Dosenlibellen aus einem einzigen Glaskörper u. mit solchen älterer Form. Z. Vermess.-Wes. 1911, S. 149—160. Siehe auch HAUSSMANN, K.: Glasdosenlibelle für Feldmeßinstrumente. Z. Vermess.-Wes. 1920, S. 241—245; ferner LÜDEMANN, K.: Einige Beobachtungen an Dosenlibellen. Z. Instrumentenkde. 1928, S. 31 bis 39.

[2] Die Röhrenlibelle wurde um 1661 von THÉVENOT erfunden; siehe MÜLLER, C.: Zur Geschichte der Röhrenlibelle. Z. Vermess.-Wes. 1907, S. 673—678.

[3] Es handelt sich also um eine Blasenwaage.

gehenden Lotebene mit der Röhreninnenwand bezeichnet man als die Schliffkurve der Libelle. Der Glaskörper trägt außen eine über der Schliffkurve hinziehende Teilung (Abb. 58), deren Mittelpunkt M über dem Scheitel S der Schliffkurve liegt. Die Teilungseinheit a ist meist eine Pariser Linie (1 P. L. = 2,256 mm), seltener 2 mm. Besondere Bedeutung besitzt die als Libellenachse bezeichnete Scheiteltangente T_m der Schliffkurve. Bei einspielender Libelle umgibt die Blase den Teilungsmittelpunkt symmetrisch. Es wird also der zum höchsten Punkt S der Schliffkurve führende Halbmesser CS (C = Mittelpunkt der Schliffkurve) lotrecht und die darauf senkrecht stehende Libellenachse T_m waagrecht liegen. Den Ort der Blasenmitte bezeichnet man als den Blasenstand b;

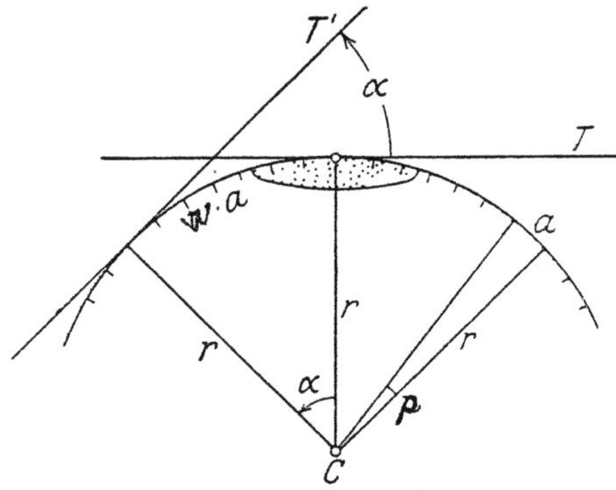

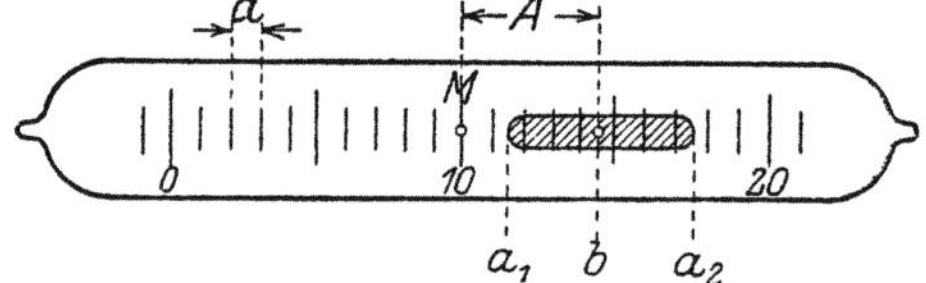

Abb. 58. Röhrenlibelle mit Teilung (Grundriß).   Abb. 59. Neigungsänderung und Blasenweg.

er ist das arithmetische Mittel aus den Ablesungen a_1, a_2 an den Blasenenden. Hingegen ist der Libellenausschlag A der Abstand des Blasenmittelpunktes von der Mittelmarke M. Man hat demnach

$$b = \tfrac{1}{2}(a_1 + a_2), \qquad A = b - M. \tag{185}$$

Der Libellenteilwert p (Libellenangabe) ist der Winkel, den zwei nach benachbarten Teilstrichen führende Halbmesser (Abb. 59) einschließen; er ist in Sekunden

$$p'' = \varrho'' \frac{a}{r}, \tag{186}$$

wenn r den Halbmesser der Schliffkurve bedeutet. Bei einer Neigungsänderung α der Libelle in der Richtung ihrer Achse gelangt die Tangente T an den Blasenmittelpunkt in die Lage T'. Sie erfährt dabei eine Richtungsänderung α, der eine Änderung des Blasenstandes um w Teilungseinheiten (Blasenweg) entspricht[1]. Nach Abb. 59 und Gl. (186) ist die Neigungsänderung

$$\alpha = \varrho'' \frac{w \cdot a}{r} = w \cdot p''. \tag{187}$$

Zur Bestimmung des Teilwertes verbindet man die Libelle mit einem gleichgerichteten horizontalen Fernrohr, das auf eine in der Entfernung D von der Drehachse lotrecht aufgestellte, geteilte Latte gerichtet wird. Zwei extremen Blasenständen b_1 und b_2, zwischen denen ein Blasenweg $w \cdot a$ (Abb. 60) liegt, werden die Lattenablesungen a_1, a_2 entsprechen. Sind 1, 2 die zugehörigen Tangenten an die Blasenmittelpunkte, I und II die entsprechenden Lagen der Zielachse, welche Linienpaare infolge einer gleichen Neigungsänderung je denselben Winkel β einschließen, so ist nach der Abbildung $\beta = \dfrac{\varrho''}{D}(a_2 - a_1) = w \cdot p''$; also wird der gesuchte Teilwert

$$p'' = \varrho'' \frac{a_2 - a_1}{w \cdot D}. \tag{188}$$

---

[1] In Wirklichkeit werden bei einer solchen Bewegung auch C und die Schliffkurve verschoben. Durch eine einfache Parallelverschiebung, welche an den betrachteten Richtungen nichts ändert, kann man den verschobenen Mittelpunkt der Schliffkurve wieder in seine ursprüngliche Lage bringen. Man kann daher, soweit es sich um die Richtungen handelt, von der erwähnten Verschiebung von vornherein absehen, wie es auch in Abb. 59 zur Vereinfachung geschehen ist.

Ein besonderes Hilfsmittel zur Bestimmung des Libellenteilwertes und zur eingehenden Untersuchung der Libelle ist das Legebrett oder der Libellenprüfer. Dieses Instrument ist in Abb. 61 im Aufriß skizziert und besteht im wesentlichen aus einem von zwei Füßen FF und einer Schraube S getragenen Brett B, welches zwei für die Aufnahme einer Libelle L bestimmte Gabellager GG trägt. An der Trommel der Schraube S wird mittels eines Zeigers Z der jeweilige Stand des Legebrettes abgelesen.

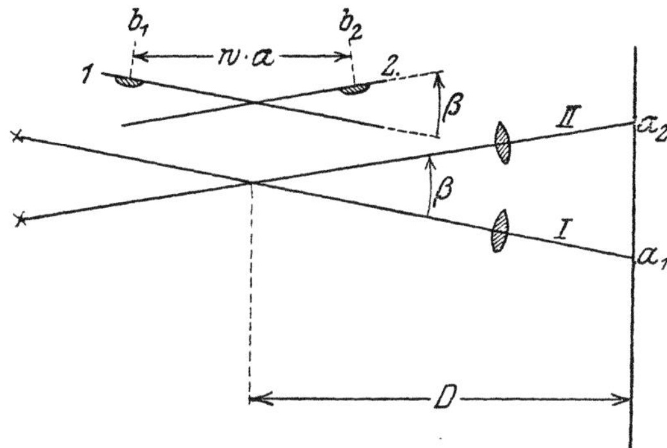

Abb. 60. Teilwertbestimmung aus Lattenablesungen.

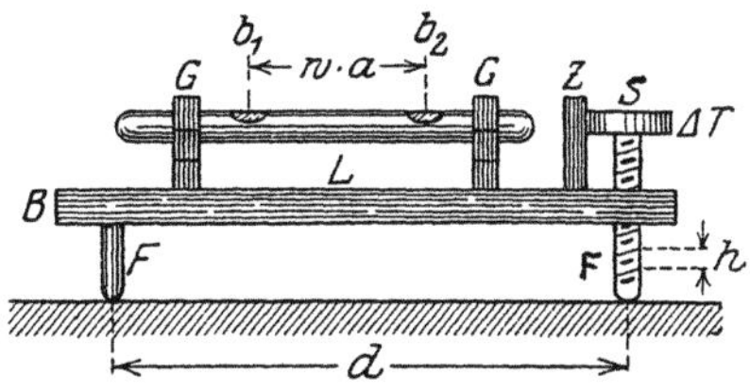

Abb. 61. Teilwertbestimmung mit dem Legebrett.

Einer ganzen Schraubenumdrehung entspricht eine gewisse als Konstante des Legebretts oder Sekundenwert der Schraubenganghöhe bezeichnete Neigungsänderung t der Längsachse des Instruments. Sie ist durch den Ausdruck $t'' = \varrho'' \cdot (h : d)$ bestimmt, wenn h die Schraubenganghöhe und d den Abstand der Schraube von der durch die Verbindungslinie der Fußendpunkte gebildeten Drehachse bedeutet.

Entspricht nun bei einer Drehung der Schraube um einen Trommelweg $\varDelta T$ diesem ein Blasenweg $w \cdot a$, so ist die vorgenommene Neigungsänderung $\beta'' = w \cdot p'' = \varDelta T \cdot t''$. Hieraus aber folgt für den Teilwert der Ausdruck

$$p'' = \frac{\varDelta T}{w} \cdot t''. \tag{189}$$

Libellen, welche auch zur Messung von kleinen Neigungswinkeln dienen, sind von Zeit zu Zeit auf den glatten Gang der Blase sowie die Veränderlichkeit der Schliffkurve und des Teilwertes[1] zu untersuchen. Liegen keine Unregelmäßigkeiten und keine Veränderungen vor, so entspricht demselben Trommelweg stets ein und derselbe Blasenweg.

Nach REINHERTZ[2] sind die mittleren Fehler m_s und m_b für das Einspielenlassen der Libelle bzw. für den abgelesenen Blasenstand etwa

$$m_s \approx \pm 0,1 \sqrt{p} \quad \text{und} \quad m_b \approx \pm 0,2 \sqrt{p}, \tag{190}$$

wo m_s, m_b und p in Sekunden zu verstehen sind. Die für eine richtige Ausnutzung der Libelle zweckmäßigste Blasenlänge beträgt etwa ein Drittel der Röhrenlänge. Sehr viel kürzere Blasen, wie sie an heißen Tagen auftreten, sind zu träge. Dagegen sind längere Blasen, wie man sie in den kühleren Morgenstunden beobachten kann, viel zu unruhig[3].

---

[1] Teilwertänderungen sind mehrfach beobachtet worden. Sie treten namentlich in Begleitung starker Temperaturänderungen auf, wenn die Libellenfassung — besonders bei eingegipsten Libellen — einen der Längenänderung des Glaskörpers hinderlichen Zwang ausübt. Eine zusammenfassende Darstellung dieser Frage gibt SAMEL, P.: Der Einfluß von Luftdruck u. Temperatur auf die Angabe von Röhrenlibellen. Z. Vermess.-Wes. 1913, S. 569 ff. Siehe auch PINKWART: Der Einfluß der Temperatur auf die Angabe von Röhrenlibellen. Z. Vermess.-Wes. 1931, S. 187 bis 191 u. 215—230.

[2] Mitteilungen über einige Beobachtungen an Libellen. Z. Instrumentenkde. 1890, S. 309 bis 323 u. 347—360.

[3] Nach WANACH, B.: Untersuchungen von Sekundenlibellen. Z. Instrumentenkde. 1926, S. 221—238, sind größere Blasenlängen vorzuziehen a) wegen ihrer geringeren Trägheit, b) wegen der geringeren Wirkung eines Gestaltsfehlers auf die Blaseneinstellung; sie ist – nach S. 232 – zur Blasenlänge umgekehrt proportional. Siehe auch Z. Vermess.-Wes. 1941, S. 347.

Außerordentlich störend ist das **Nachziehen der Blase**. Bei nicht ganz wasserfreier Füllung treten am Glas haftende Ausscheidungen[1] auf, welche die Beweglichkeit der Blase manchmal so sehr hindern, daß die Libelle vollständig unbrauchbar wird.

Jede Libelle besitzt zu ihrem Schutze und zur Ermöglichung einer Verbindung mit der Unterlage eine möglichst spannungsfreie **Fassung**. Häufig ist, wie in Abb. 62 angedeutet, der Glaskörper mit Hilfe einer Fadenwicklung ff in einer Röhre befestigt, welche selbst durch Richtschräubchen r, r' oder durch Richtschräubchen und Gegenfeder im lotrechten und waagrechten Sinne etwas gegen eine äußere Fassung verstellt werden kann. Bei größeren Temperatursprüngen ist eine ruckweise Lageänderung des Glaskörpers gegen die Fassungsröhre oder dieser beiden gegen die äußere Fassung um so mehr zu befürchten, je verschiedener die Ausdehnungskoeffizienten dieser Körper sind. Durch sog. **spannungsfreie Fassungen** soll diese schädliche Erscheinung möglichst vermieden werden.

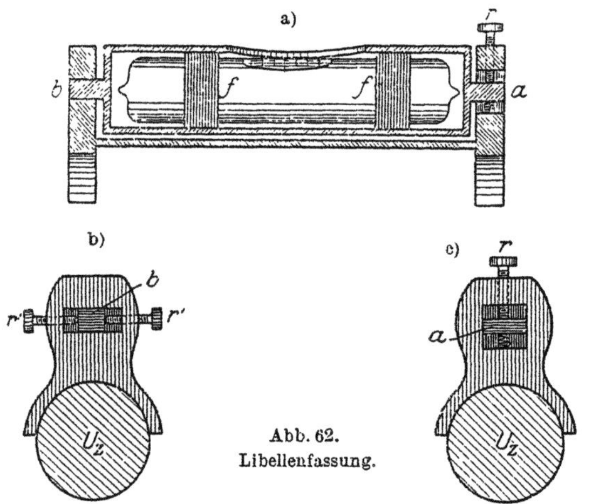

Abb. 62.
Libellenfassung.

Die Form der Röhrenlibelle wechselt mit ihrem Zweck und der Art ihrer Fassung. Im einzelnen sind zu nennen: 1. die Setz- oder Tischlibelle, 2. die Reitlibelle, 3. die Hängelibelle, 4. die Doppelschlifflibelle, 5. die fest mit dem Instrument verbundene Libelle, 6. die bei umlegbarem Fernrohr mit dem Fernrohr oder den Fernrohrstützen fest verbundene Libelle[2].

Die **Setzlibelle** (Abb. 63) ist eine Libelle mit ebener Bahn und dient zur Horizontalstellung von Ebenen. Vor dem Gebrauch ist ihr **Neigungsfehler** δ, der Winkel nämlich, welchen die Libellenachse mit der ebenen Bahn einschließt, zu beseitigen. Zu diesem Zweck bringt man die Libelle durch Neigen der Unterlage zum Einspielen, so daß die Libellenachse in Lage I (Abb. 64) waagrecht liegt. Setzt man die Libelle um, so gelangt deren Achse in Lage II, welche mit Lage I den Winkel $2\,\delta$ einschließt, so daß der beobachtete Blasenausschlag A

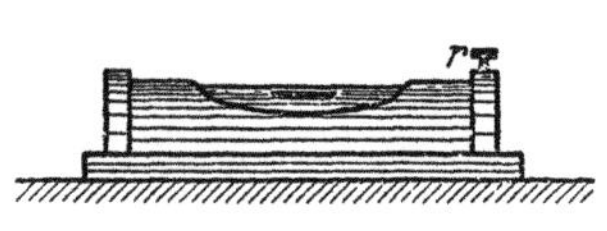

Abb. 63. Setzlibelle.

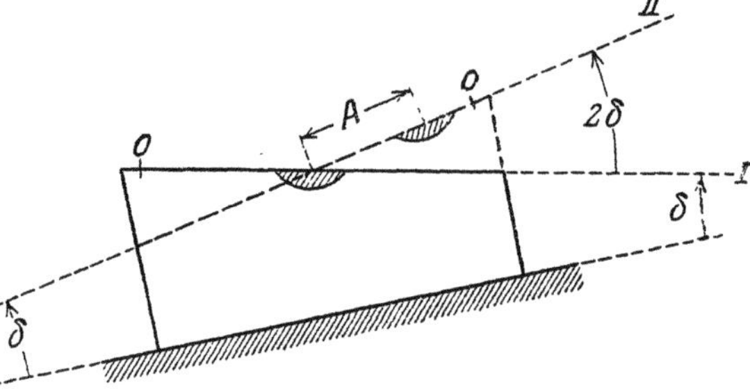

Abb. 64. Untersuchung der Setzlibelle.

dem doppelten Neigungsfehler entspricht. Zur Beseitigung des Neigungsfehlers ist der halbe Libellenausschlag durch Heben oder Senken des einen Libellenendes mit Hilfe eines lotrecht wirkenden Richtschräubchens r zum Verschwinden zu bringen. Der Ausschlag der berichtigten Libelle gibt unmittelbar den Neigungswinkel der Unterlage in der Libellenrichtung an.

---

[1] Siehe hierzu den Bericht von LÖWENHERZ, L.: Die Tätigkeit der Physikalisch-Technischen Reichsanstalt bis Ende 1890. Z. Instrumentenkde. 1891, S. 166, Absatz Störungen bei Libellen.

[2] Der Vollständigkeit halber sei auch noch die weniger wichtige Reversions- oder Kehrlibelle genannt.

Auch mit Hilfe einer nicht berichtigten Libelle kann man aus den vor und nach dem Umsetzen beobachteten Blasenständen b_1 und b_2 den Neigungswinkel α einer Unterlage U und den Neigungsfehler δ bestimmen. Ist in Abb. 65 H die Horizontale und bedeutet M wieder die Ablesung an der Mittelmarke, so sind die beiden Blasenstände offenbar die Ausdrücke

$$b_1 = M + \alpha + \delta, \qquad b_2 = M - \alpha + \delta,$$

welche sofort auf die Größen

$$\alpha = \tfrac{1}{2}(b_1 - b_2), \quad \delta = \tfrac{1}{2}(b_1 + b_2) - M \qquad (191)$$

führen. Hierbei entspricht die Richtung von U dem Sinne der Libellenbezifferung in der ersten Lage.

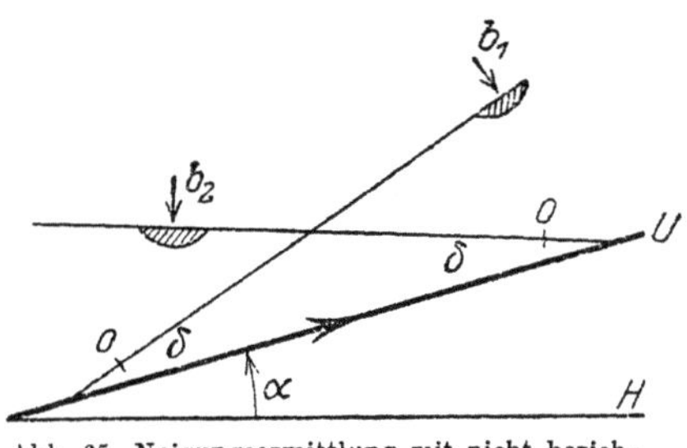

Abb. 65. Neigungsermittlung mit nicht berichtigter Libelle.

Die Reitlibelle ist zum Aufsetzen auf eine zylindrische Achse U_z bestimmt und daher mit Füßen ausgestattet, welche entweder zylindrische oder gabelförmig ausgebildete Enden mit dachförmig gestellten, ebenen Ansatzflächen besitzen, wie es die Abb. 62 und 66 zeigen. Der Beseitigung des wie bei der Tischlibelle wegzuschaffenden Neigungsfehlers geht hier die Beseitigung des Kreuzungsfehlers voraus. Man versteht unter diesem Fehler denjenigen Winkel $\varkappa$ (Abb. 67), welchen die Libellenachse mit der die mechanische Achse A_u der Unterlage enthaltenden Lotebene einschließt. Dreht man, nachdem die Libelle in ihrer gewöhnlichen Lage zum Einspielen gebracht ist und die

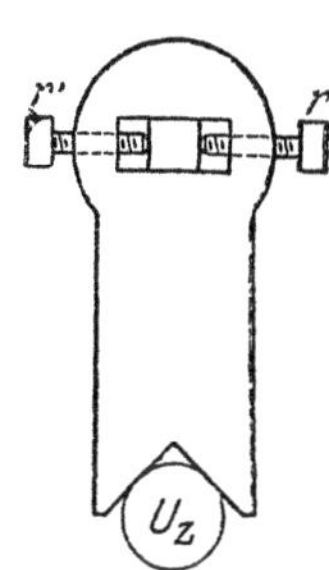

Abb. 66.
Fuß einer Reitlibelle mit dachförmigem Ende.

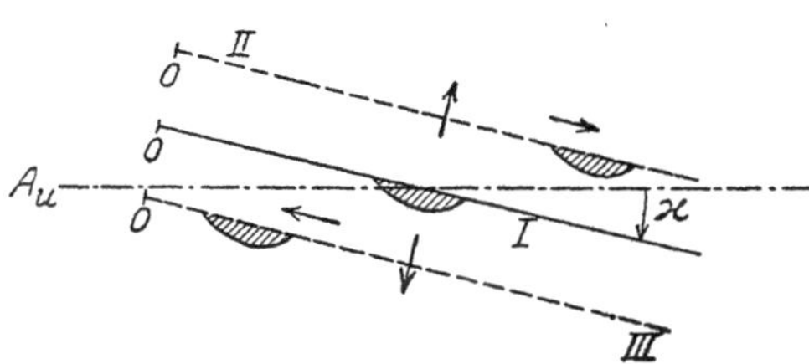

Abb. 67. Kreuzungsfehler der Libelle.

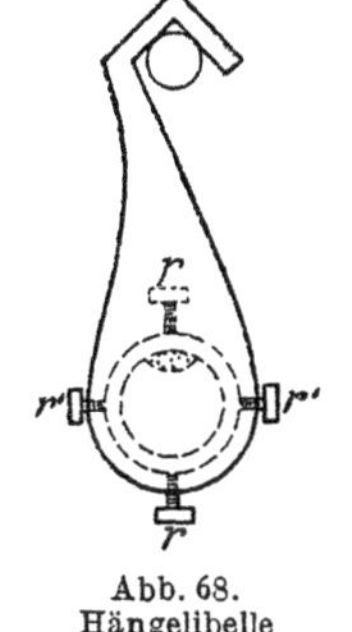

Abb. 68.
Hängelibelle
(Seitenansicht).

Libellenachse die Lage I besitzt, die Libelle auf oder mit der zylindrischen Unterlage nach verschiedenen Seiten hin (Lage II und III der Libellenachse), so findet infolge der Kreuzung beider Achsen das eine Mal eine Senkung und Hebung, das andere Mal eine Hebung und Senkung der Libellenenden statt, so daß sich die Blase in beiden Fällen nach verschiedenen Seiten hin bewegt. Der Kreuzungsfehler kann mit Hilfe der horizontal wirkenden Richtschräubchen $r'\, r'$ weggebracht werden. Wird bei einem in den Lagern drehbaren Ringfernrohr auch noch das Fadenkreuz zentriert, so sind schließlich Libellenachse, mechanische Fernrohrachse und Ziellinie zueinander parallel.

Die Hängelibelle besitzt zwei meist nach verschiedenen Seiten geöffnete Haken (Abb. 68 zeigt einen derselben), womit sie an einer zylindrischen Achse aufgehängt wird. Kreuzungs- und Neigungsfehler werden wie bei der Reitlibelle beseitigt.

Für die Vermessungskunde wichtiger ist die zwei Teilungen tragende Doppelschlifflibelle (Abb. 69a), deren Achsen T_1, T_2 zueinander parallel sein müssen[1].

---

[1] In Wirklichkeit schließen die beiden Libellentangenten einen kleinen Winkel ω, den Konvergenzwinkel, ein, dessen geringer Einfluß durch die Beobachtungsmethode unschädlich gemacht werden kann. Über die Größe dieses Konvergenzwinkels bei verschiedenen Libellen u. seine Veränderung mit der Zeit siehe in der Z. Vermess.-Wes. DORN, 1907, S. 359, MÜLLER, C., 1920, S. 113, u. DÜRRBAUM, 1936, S. 226.

Zur Geschichte der Doppelschlifflibelle siehe a) Neues Nivellierinstrument von J. AMSLER-LAFFON in Schaffhausen. Dinglers polytechn. J. Bd. 153 (1859), S. 401—404; b) FENNEL, A.: Betrachtungen über Nivellierinstrumente mit Reversionslibelle (gemeint ist die Doppelschlifflibelle!). Z. Vermess.-Wes. 1927, S. 273—279.

Um die Ziellinie eines Fernrohrs mit Doppelschlifflibelle zu den Libellenachsen parallel zu stellen, richtet man nach Andeutung von Abb. 69b das Fernrohr vor und nach dem Durchschlagen bei einspielender Libelle auf eine lotrechte Teilung, an welcher zu den beiden Lagen *I* und *II* der Ziellinie die Ablesungen a_1, a_2 gefunden werden, deren Mittel

$$a_0 = \tfrac{1}{2}\,(a_1 + a_2)$$

der waagrechten Lage *III* der Zielachse entspricht. Für die Berichtigung ist der nach Einstellung des Fernrohrs auf a_0 vorhandene Libellenausschlag mit Hilfe der Höhenrichtschräubchen der Libelle zu beseitigen. Ist dies nicht möglich, so muß man bei einspielender Libelle die Einstellung a_0 durch eine lotrechte Fadenkreuzverstellung herbeiführen. Ein etwaiger kleiner Kreuzungsfehler $\varkappa$ der Libellenachse mit der Ziellinie kann bei gewöhnlichen Messungen wegen seines geringen Einflusses unberücksichtigt bleiben; gegebenenfalls wäre dieser Fehler schon vor dem Neigungsfehler zu beseitigen[1]. Die durch ihn bei einspielender Libelle verursachte geringe Neigung der Ziellinie ist, wie hier ohne Beweis mitgeteilt werden soll,

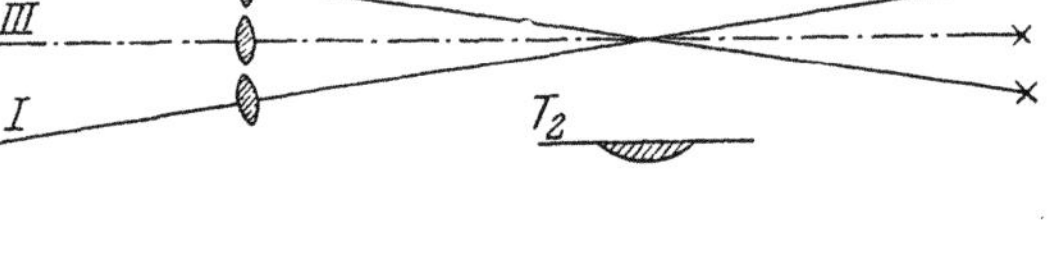

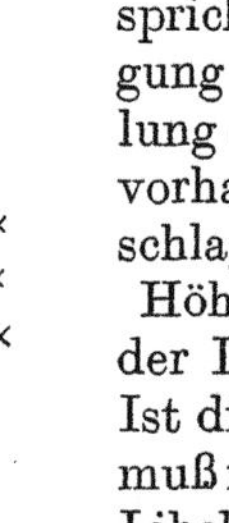

Abb. 69. Doppelschlifflibelle und ihre Berichtigung.

$$v'' = v'' \cdot \frac{\varkappa^0}{\varrho^0}, \tag{192}$$

wenn v'' den seitlichen Stehachsenfehler oder mit anderen Worten den kleinen Winkel bedeutet, welchen die zur Libellenachse parallele Ebene durch die Ziellinie mit dem Horizont einschließt.

Bei fester Verbindung der Libelle mit dem Instrument kann man nach vorheriger Senkrechtstellung der Libellenachse zur Stehachse[2] die parallele Lage von Libellenachse und Zielachse nach Andeutung von Abb. 70 prüfen. Wurden mit dem zunächst in A stehenden Instrument bei einspielender Libelle an der nacheinander in P_1 und P_2 aufgestellten Latte die Ablesungen a_1', a_2' ausgeführt, so kommt das Instrument nunmehr in einen um den Lattenabstand D über P_2 hinausliegenden Punkt B zu stehen, wo wieder bei einspielender Libelle an der Latte in P_2 und P_1 die Ablesungen a_3', a_4' erscheinen. Wäre kein Neigungsfehler δ vorhanden, so hätten sich die den horizontalen Sichten entsprechenden Ablesungen a_1, a_2, a_3, a_4 ergeben. Deren letzte aber läßt sich

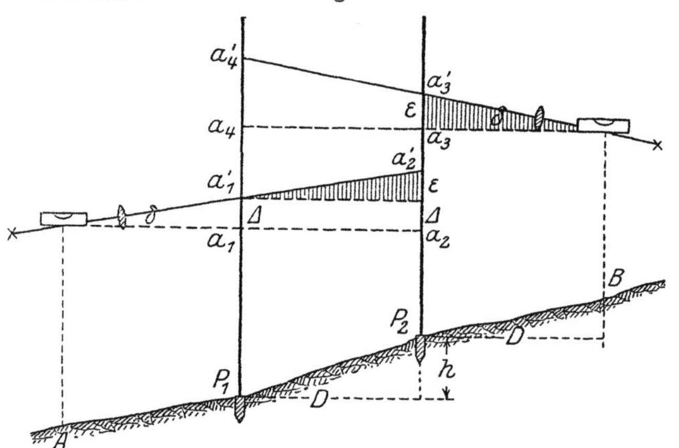

Abb. 70. Libellenberichtigung bei fester Verbindung aller Bestandteile durch Ablesungen in zwei Außenständen.

---

[1] Siehe hierzu HELMERT: Theorie der Libellenachse. Z. Vermess.-Wes. 1878, S. 192, ferner VOGLER: Lehrbuch der Praktischen Geometrie II, S. 34. Braunschweig 1894, und HOHENNER in Z. Vermess.-Wes. 1912, S. 567.

[2] Dieser Vorgang wird später beim Theodolit ausführlich besprochen.

aus den fehlerhaften Ablesungen berechnen. Bei der getroffenen Anordnung sind nämlich die beiden schraffierten Dreiecke kongruent, und man findet daher über die Gleichungen

$$h = a_1 - a_2 = a_4 - a_3,$$
$$a_4 = a_1 - a_2 + a_3,$$
$$a_1 = a_1' - \varDelta,$$
$$a_2 = a_2' - \varDelta - \varepsilon,$$
$$a_3 = a_3' - \varepsilon,$$

leicht das Ergebnis

$$a_4 = a_1' - a_2' + a_3'. \tag{193}$$

Zur Beseitigung des Neigungsfehlers ist bei einspielender Libelle der Fadenkreuzkörper zu heben oder zu senken, bis die errechnete Ablesung a_4 erscheint. Bezüglich des Kreuzungsfehlers zwischen Libellenachse und Ziellinie gelten die bei der Doppelschlifflibelle gemachten Ausführungen.

Die Berichtigung der auf S. 60 unter 6. genannten Libellenverbindung wird etwas später S. 66 (Abb. 78) und S. 68 (Abb. 81) behandelt.

13. Nivellierinstrumente und Nivellierlatten.

Die verschiedenen Nivellierinstrumente (Nivelliere) beruhen auf dem Prinzip des Pendels, der kommunizierenden Röhren oder des Auftriebs.

a) Pendelinstrumente.

Bei den verschiedenen Instrumenten dieser Art, welche nur untergeordnete Bedeutung besitzen, ist eine Senkrechte zu dem durch ein Pendel verkörperten Lot die horizontale Ziellinie[1]. Ein solches Instrument ist unter vielen z. B. das in Abb. 71 skizzierte Pendelnivellierinstrument von STARKE und KAMMERER, welches manchmal bei der Anlage von Waldwegen und ähnlichen Aufgaben Verwen-

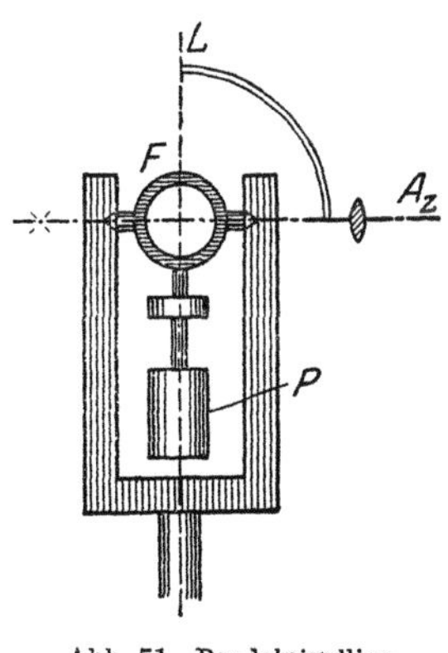

Abb. 71. Pendelnivellierinstrument von Starke und Kammerer.

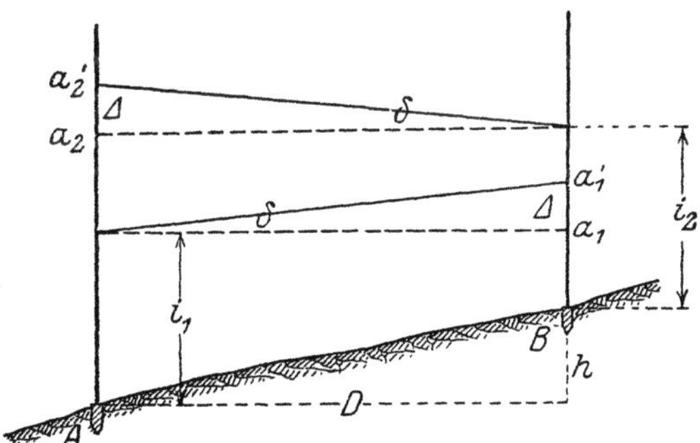

Abb. 72. Berichtigung des Pendelnivellierinstruments.

dung findet. Es besteht aus einem in einer Gabel hängenden Fernrohr F, dessen – in der Umklappung gezeichnete — Ziellinie A_z durch ein Pendel P senkrecht zum Lot L gerichtet wird. Zur Prüfung der horizontalen Lage der Ziellinie kann man Gegenbeobachtungen nach Gl. (193) verwenden oder in folgender Weise verfahren. Liegt der Instrumentenhorizont in den Punkten A, B (Abb. 72) um i_1 bzw. i_2 über diesen Punkten und erhält man im Instrument an der jeweils im anderen Punkte stehenden Latte die Ablesungen a_1', a_2', während der horizontalen Ziellinie a_1, a_2 entsprechen würde, so findet man aus der Abbildung leicht die Beziehungen

$$\varDelta = \tfrac{1}{2}(a_1' + a_2') - \tfrac{1}{2}(i_1 + i_2), \qquad \delta'' = \varrho'' \frac{\varDelta}{D}, \qquad a_2 = a_2' - \varDelta. \tag{194}$$

---

[1] Die von PICARD um 1670 gebaute Pendelwaage war schon mit einem Fernrohr ausgestattet u. zur Fehlertilgung zum Umhängen eingerichtet.

Hierin ist δ der Neigungsfehler der Ziellinie, während a_2 die durch Berichtigung herzustellende Ablesung bedeutet.

Zu den Pendelnivellieren gehört auch die Verbindung des Schnursenkels mit einem der bald zu beschreibenden optischen Instrumente zum Abstecken rechter Winkel. Ist z. B. in Abb. 73 P ein BAUERNFEINDsches Winkelprisma, so sieht das durchblickende Auge das Lot L um 90^0 abgelenkt. Das Lotbild L' ist also eine waagrechte Absehlinie, und der Geländepunkt P_2, auf den es hinweist, liegt um die Aughöhe i über dem Standpunkt P_1 des Beobachters. Bei flüchtigen, unvermittelt herantretenden Höhenbestimmungen kann diese einfache Vorrichtung gute Dienste leisten.

Um ein ungefähres Bild von der Leistungsfähigkeit der Pendelnivelliere zu geben, sei bemerkt, daß der mittlere Fehler des mit einem solchen

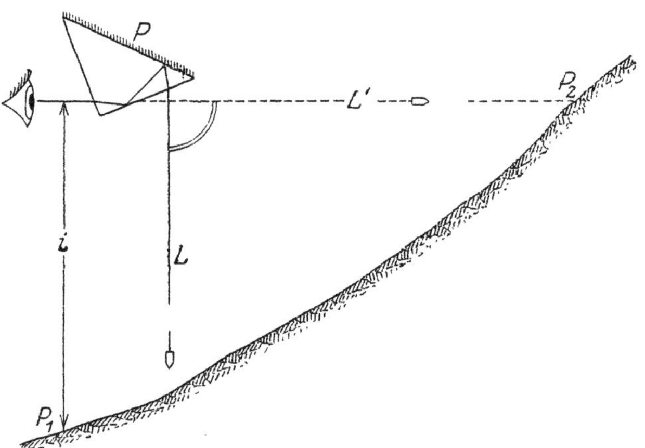
Abb. 73. Optische Horizontallegung des Lotes.

Instrument bestimmten Höhenunterschieds zweier um 1 km entfernten Punkte bei mäßigen Zielweiten auf etwa 0,5 m zu veranschlagen ist.

b) Hydrostatische Nivellierinstrumente.

Ein älteres dieser auf dem Prinzip der kommunizierenden Röhren beruhenden Instrumente ist die in Abb. 74 skizzierte offene Kanalwaage[1]. Sie besteht aus zwei mit einem Stativ verbundenen, 1 bis 1½ m voneinander abstehenden kommunizierenden Röhren RR, welche in offene Glaszylinder GG endigen. Das Instrument enthält meist rot gefärbtes Wasser, dessen Spiegel sich gut von der Umgebung abhebt. Da das Wasser in beiden Schenkeln gleich hoch steht, so liegt jede in den beiden Flüssigkeitsspiegeln streichende Sicht HH waagerecht.

In neuerer Zeit hat KAHLE[2] die bequemer zu verwendende geschlossene Handkanalwaage eingeführt. Es ist dies eine mit gefärbter Flüssigkeit etwa zur Hälfte gefüllte, allseitig geschlossene Röhre, welche die Form eines Rechtecks oder, wie in Abb. 75, eines Kreises von nicht zu großen Abmessungen besitzt.

Eine Kanalwaage besonderer Art ist die etwa 30 bis 40 m lange Schlauchkanalwaage[3], mit der man auch um die Ecke herum nivellieren kann.

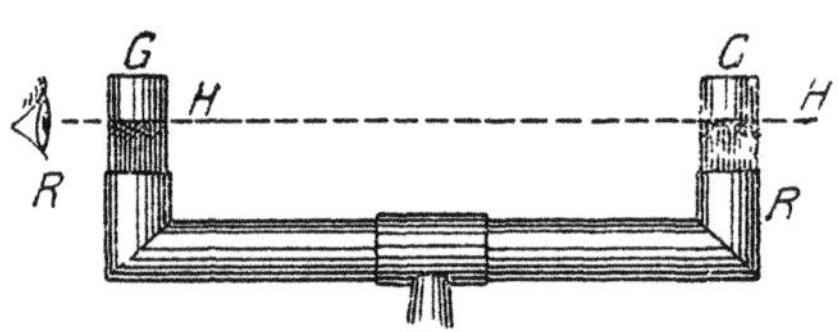
Abb. 74. Offene Kanalwaage.

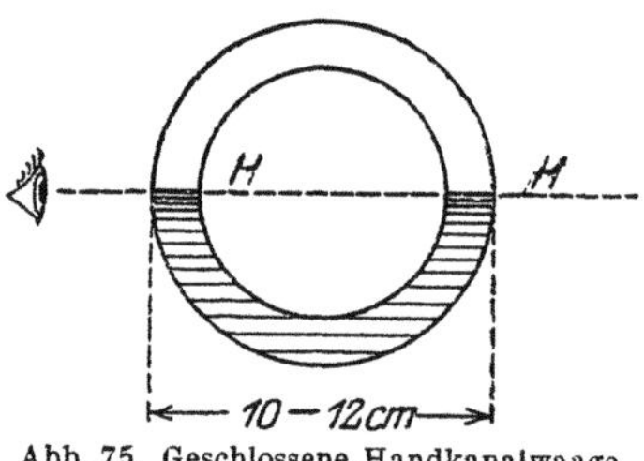
Abb. 75. Geschlossene Handkanalwaage von Kahle.

---

[1] Eine Kanalwaage mit Diopter hat schon HERON von Alexandria verwendet. Siehe SCHÖNE, H.: Herons von Alexandria Vermessungslehre u. Dioptra. Leipzig 1903.

[2] Siehe KAHLE, P.: Z. Vermess.-Wes. 1889, S. 183; 1892, S. 49; 1894, S. 513—537.

[3] Sie ist wohl von GIOVANNI BRANCA 1629 erfunden u. von BLONDAT 1840 wieder erfunden worden. Siehe dazu Z. Vermess.-Wes. 1913, S. 537-540, u. 1891, S. 45, 46. In der v. TERZAGHIschen Form (Bautechnik 1933, Heft 41) mit Fühlspitze u. Mikrometerablesung kann sie auch für Feinmessungen an Bauwerken Verwendung finden. Weiteres hierzu siehe in Z. Instrumentenkde. 1936, S. 146-156, 1937, S. 1-14, Der Bauingenieur 1938, S. 424-426 u. Z. Vermess.-Wes. 1940, S. 348-358.

Kanalwaagen, deren Handhabung keine besonderen Kenntnisse erfordert, werden manchmal noch im Bauhandwerk verwendet. Sie genießen den Vorzug, keiner Berichtigung zu bedürfen. In einem sehr steilen und unübersichtlichen Gelände kann wohl auch für geodätische Zwecke die Handkanalwaage vorteilhaft sein, über deren Gebrauch und Leistungsfähigkeit KAHLE auf Grund eigener Erfahrungen besonders in der letzten der in Anmerkung 2 Seite 64 zitierten Arbeiten „Über Nivellements mit geschlossener Kanalwaage" eine umfassende Darstellung gibt.

Die Fehler der hydrostatischen Nivellierinstrumente sind etwa von derselben Größenordnung wie diejenigen der Pendelnivellierinstrumente.

c) Fernrohrnivellierinstrumente mit Libelle.

Auch hier gibt es Freihandinstrumente, welche geringeren Genauigkeitsansprüchen genügen. Trotz ihrer verschiedenen Ausbildung in Einzelheiten beruhen sie alle auf dem gleichen Grundgedanken. Es wird nämlich durch Spiegelwirkung die Blase einer Libelle, deren Achse zur Fernrohrzielachse parallel ist, in das Gesichtsfeld des Fernrohres gebracht und dieses so geneigt, daß der Blasenmittelpunkt auf dem Horizontalfaden des Fadenkreuzes liegt. In dieser Stellung ist die Zielachse waagerecht, und es wird nun in Richtung des verlängerten Horizontalfadens an dem in der anderen, helleren Gesichtsfeldhälfte erscheinenden Lattenbild abgelesen.

Ein neueres Instrument dieser Art ist das in Abb. 76 u. 77 skizzierte amerikanische Handnivellier, bei welchem durch ein Prisma sowohl die Blase B als auch der zwischen dem Prisma und der Libelle liegende Horizontalfaden F in das Gesichtsfeld gespiegelt wird.

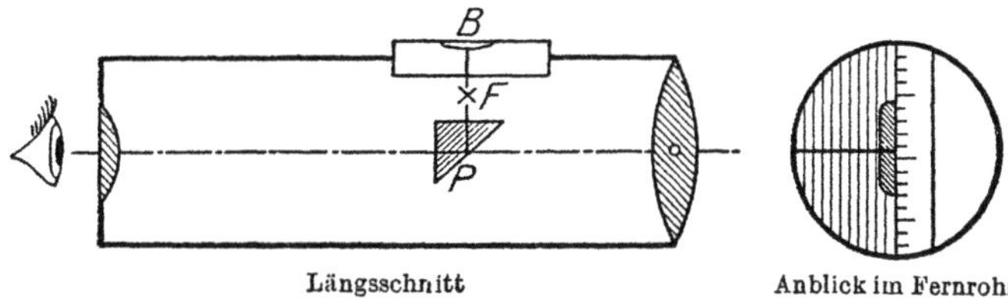

Abb. 76 u. 77. Amerikanisches Freihandnivellierinstrument.

Alle Freihandnivelliere verschwinden aber an Bedeutung vollständig neben den verschiedenen Fernrohrnivellierinstrumenten mit Stativ und Libelle. Die Hauptbestandteile eines solchen auf einem stabilen Stativ befestigten Instruments sind vor allem ein gutes, stark (etwa 15- bis 40fach) vergrößerndes Fernrohr und eine in seiner Längsrichtung angeordnete, mit dem Fernrohr fest oder lose verbundene Röhrenlibelle. Beide sind um eine Stehachse, meist auch um eine besondere Horizontalachse drehbar. An Nebenbestandteilen sind zu nennen eine Dosenlibelle, welche zur angenäherten und vielfach schon ausreichenden Lotrechtstellung der Stehachse dient, ferner eine oder zwei Feinstellschrauben. Vielfach wird das Nivellierinstrument durch Beigabe einer Distanzmessereinrichtung, eines Horizontal- und eines Höhenkreises zum sog. Feldmesseruniversal ausgebildet.

Die Röhrenlibelle, deren Teilwert sich etwa zwischen 15″ und 4″ bewegt, soll dem Fernrohr angepaßt sein. Um hierüber Klarheit zu gewinnen, kann man zunächst aus wiederholten Einstellungen auf denselben Zielpunkt den mittleren Fehler m_b des Blasenstandes bestimmen und hierauf umgekehrt bei wiederholter Einstellung desselben Blasenstandes aus Lattenablesungen in der für das Instrument gebräuchlichen Zielweite den mittleren Ablesefehler m_a ermitteln. Stimmen diese in derselben Maßeinheit auszudrückenden Fehler ungefähr überein, so steht die Empfindlichkeit der Libelle zur Leistungsfähigkeit des Fernrohrs im richtigen Verhältnis.

Die mannigfachen Konstruktionen der Fernrohrstativnivelliere lassen sich etwa nach der Anordnung der Hauptbestandteile (Libelle, Fernrohr, Fußgestell) gliedern, deren Verbindung 1. vollständig, 2. teilweise oder 3. gar nicht gelöst werden kann. Hiernach ist auch, wie vorweg bemerkt sei, die Berichtigung des Instruments eine verschiedene, welche der Reihe nach im allgemeinen 1. einen Stand ohne Lattenablesung, 2. einen Stand mit Lattenablesungen, 3. zwei Stände mit Lattenablesungen erfordert.

Eine bekannte Konstruktion ist das in Abb. 78 skizzierte **Zapfennivellier-instrument** mit in einem Rohrlager $R\,R$ drehbaren Ringfernrohr und umsetzbarer Reitlibelle. Das Instrument endigt in einen konischen Zapfen Z, welcher in der Büchse des Stativkopfes St durch eine Schraube S befestigt wird. Um die als Stehachse bezeichnete Zapfenachse erfolgt die Horizontaldrehung; sie kann durch eine Klemme K mit Feinbewegung F gehemmt werden. Auch eine Kippbewegung des Fernrohrs um eine besondere Horizontalachse ist möglich. Bei angezogener Klemme K' erfolgt die entsprechende Feinbewegung mittels einer Feinstellschraube F', welcher meist der Stift eines Federhäuschens H oder auch eine Blattfeder entgegenwirkt. Mangels eines besonderen Fußgestells kann die Stehachse lediglich durch Verstellen der Stativbeine nach dem Augenmaß oder mit Hilfe einer etwa vorhandenen Dosen-

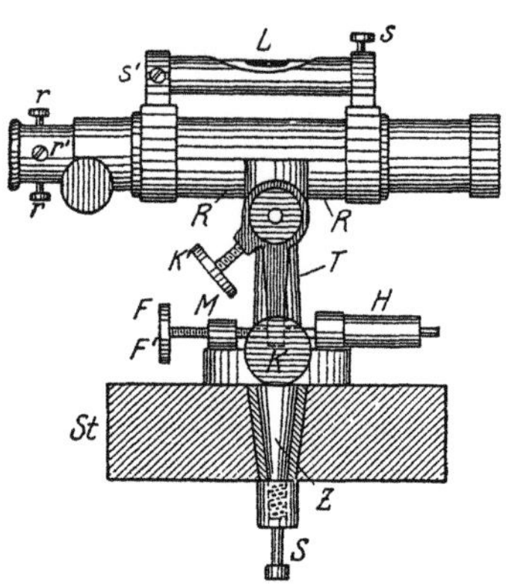

Abb. 78. Zapfennivellierinstrument (Münchener Form).

libelle angenähert lotrecht gestellt werden, weshalb man auch von einem Instrument mit schiefer Steh-achse spricht. Die Gleichheit der Ringdurchmesser kann bei dieser Konstruktion leicht durch Umlegen des Fernrohrs unter der Libelle – die Libellenfüße kommen dabei wieder in dieselben Rohrlagerenden – und Beobachtung der beiden Blasenstände geprüft wer-den. Zur Berichtigung des Instruments ist nach erfolgter deutlicher Sichtbarmachung des Fadenkreuzes 1. dieses zu zentrieren, 2. der Libellenkreuzungsfehler wegzuschaffen, 3. der Neigungsfehler der Libelle durch Umsetzen zu beseitigen. Dabei wird, da man bei der praktischen Anwendung doch immer eine Nivellierlatte zur Hand hat, zweck-mäßig vor und nach dem Umsetzen je bei scharf einspielender Libelle an einer lot-rechten Teilung (Latte) abgelesen, dann mit der Kippschraube das Ablesemittel ein-gestellt und der Libellenausschlag am Höhenrichtschräubchen der Libelle weggeschafft.

Endigt das Instrument unten nicht in einen Zapfen, sondern in einen Dreifuß, so handelt es sich um ein **Dreifußnivellierinstrument mit lösbaren Haupt-bestandteilen**, dessen Stehachse nach einem bei der Theodolitberichtigung zu be-sprechenden Verfahren (Seite 78) genau lotrecht gestellt werden kann.

Abb. 79 stellt ein **Nivellierinstrument der zweiten Art – mit nur teilweiser Lösbarkeit der Hauptbestandteile –** vor. Die einschliffige, oben oder unten fest mit dem Ringfernrohr verbundene Libelle kann mit diesem in den Lagern gedreht und umgelegt werden, während der vielfach mit einer Dosenlibelle D ver-sehene Fernrohrträger mittels eines Dreifußes auf dem Stativkopf ruht und in einen Schraubenansatz endigt, welcher bei der festen Verbindung des In-struments mit dem Stativ von unten her durch die Mutter einer Befestigungsschraube gefaßt wird. Die Berichtigung[1] ist hier eine etwas andere, je nachdem zur scharfen Parallelstellung von Libellen- und Ziel-achse noch die genaue Fadenkreuzzentrierung oder aber scharfe Senkrechtstellung der Ziellinie zur ge-nau lotrechten Stehachse verlangt wird. Im ersten Falle ist nach angenäherter Lotrechtstellung der Stehachse zunächst das Fadenkreuz zu zentrieren, der Kreuzungsfehler zu beseitigen und schließlich die Libellenachse parallel zur Zielachse zu machen. Um

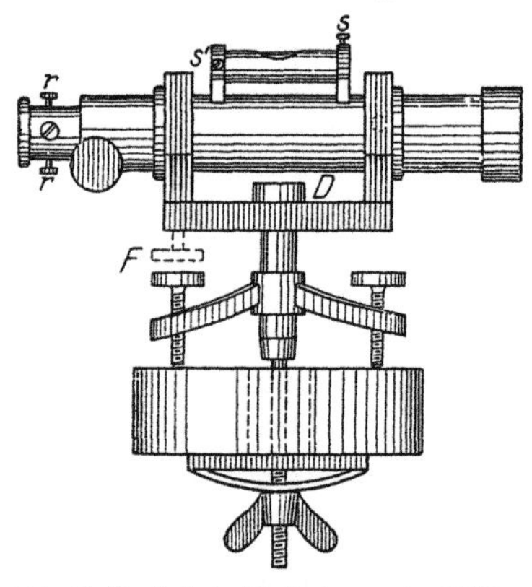

Abb. 79. Dreifußnivellierinstrument mit Ring-fernrohr mit fest verbundener Libelle (Fern-rohr umlegbar oder mit Doppelschlifflibelle ausgestattet).

---

[1] Von dem meist äußerst geringen, beim Nivellieren aus der Mitte vollkommen belanglosen Unterschiede der Ringdurchmesser, welcher etwa mittels zweier Hilfsfernrohre durch sog. Faden-kreuzkollimation festgestellt werden könnte, soll hier abgesehen werden.

letzteres zu erreichen, bringt man die Libelle zum Einspielen und legt sie hierauf mit dem Fernrohr in den Lagern um. Die in die mechanische Fernrohrachse A_m fallende zentrierte Ziellinie A_z (siehe Abb. 80) besitzt vor und nach diesem Vorgange dieselbe Stellung, während die Libellenachse T_m die den doppelten Neigungsfehler 2δ einschließenden Lagen *I* und *II* einnimmt.

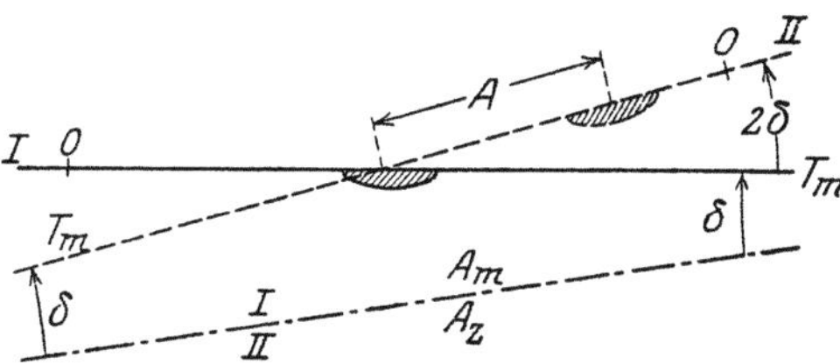

Abb. 80. Berichtigung des in Abb. 79 dargestellten Instruments für ein umlegbares Fernrohr unter Wahrung der scharfen Fadenkreuzzentrierung.

Zur Berichtigung wird die Hälfte des Ausschlages A an dem Höhenrichtschräubchen s der Libelle beseitigt. Das scharfe Einspielenlassen der Libelle erfolgt jeweils mittels der der Zielebene nächstliegenden Fußschraube.

Soll die Zielachse genau senkrecht zur Stehachse gelegt werden, so ist unter Verwendung der Fußschrauben und des Höhenrichtschräubchens der Libelle zunächst die Stehachse scharf lotrecht und die Libellenachse senkrecht dazu – also waagrecht – zu stellen[1]. Hierauf ist erst noch die Zielachse horizontal zu legen. Dazu richtet man das Fernrohr vor und nach dem Umlegen – jeweils mit Libelle oben – auf die gleiche lotrechte Teilung und findet in beiden Lagen die Ablesungen a_1, a_2. Unter Voraussetzung gleicher Ringdicken und gleicher Lageröffnungswinkel wird die Libelle auch in der zweiten Fernrohrlage einspielen. Infolge der lotrechten Stellung der Stehachse liegen a_1, a_2 symmetrisch zur Ablesung a_0, welche bei waagrechter Lage der Zielachse erscheinen würde. Diese Ablesung

$$a_0 = \tfrac{1}{2}(a_1 + a_2) \tag{195}$$

ist nunmehr lediglich durch eine Höhenverstellung des Fadenkreuzes mittels seiner Höhenrichtschräubchen herbeizuführen.

Eine gleichzeitige scharfe Fadenkreuzzentrierung und Senkrechtstellung der Ziellinie zur Stehachse ist nur zu erreichen, wenn die gleichzeitige Neigung von Fernrohr und Libelle nicht mehr durch eine der Fußschrauben, sondern durch eine besondere, in Abb. 79 gestrichelt angedeutete Höhenfeinstellschraube F vorgenommen wird, oder wenn es möglich ist, das eine Ringlager durch Richtschrauben etwas zu heben oder zu senken.

Ist in Abb. 79 das Ringfernrohr drehbar, aber nicht umlegbar und besitzt es eine Doppelschlifflibelle, so ist erst das Fadenkreuz zu zentrieren, der Kreu-

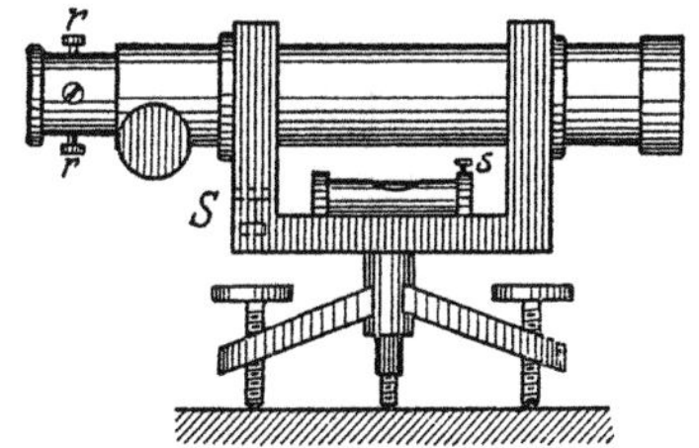

Abb. 81. Dreifußnivellierinstrument mit drehbarem und umlegbarem Ringfernrohr; Libelle fest mit dem Fernrohrträger verbunden.

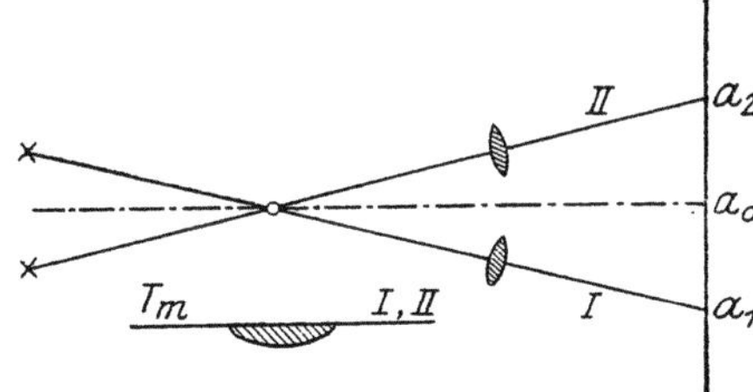

Abb. 82. Berichtigung des in Abb. 81 dargestellten Instruments.

zungsfehler zu beseitigen und hierauf vor und nach einer Halbdrehung des Fernrohrs um seine mechanische Achse bei jeweils einspielender Libelle an einer lotrechten Latte abzulesen. Nach Abb. 69, welche auch auf diesen Fall paßt, ist das arithmetische Mittel a_0 beider Ablesungen a_1, a_2, die einer waagrechten Ziellinie entsprechende Ab-

---

[1] Die Einzelheiten einer solchen Berichtigung sind beim entsprechenden Vorgang am Theodolit auf Seite 78 ausführlich beschrieben.

lesung. Der bei ihrer Einstellung erscheinende Libellenausschlag ist mittels der Libellenrichtschrauben zu beseitigen.

Eine scharfe Senkrechtstellung der zentrierten Ziellinie zur Stehachse ist auch hier nur unter den vorher getroffenen Voraussetzungen möglich.

Das in Abb. 81 skizzierte Instrument ist ein **Dreifußnivellierinstrument mit einem drehbaren und umlegbaren Ringfernrohr** sowie mit einer **fest mit dem Fernrohrträger verbundenen Libelle.** Zur Berichtigung ist das Fadenkreuz zu zentrieren, die Stehachse genau lotrecht, die Libellenachse horizontal zu stellen und hierauf vor und nach dem Umlegen des Fernrohrs an ein und derselben Latte abzulesen. Das Mittel a_0 (Abb. 82) aus den beiden Ablesungen a_1, a_2 entspricht wieder der horizontalen Ziellinie. Diese Einstellung a_0 kann entweder durch Heben oder Senken des einen Lagerbockes mittels einer in Abb. 81 gestrichelt angedeuteten Lagerschraube S erfolgen, oder sie kann mangels einer solchen Schraube durch Verschieben des Fadenkreuzes im vertikalen Sinne erzielt werden; allerdings nur auf Kosten der Zentrierung, so daß immer nur in der gleichen Fernrohrstellung beobachtet werden darf.

Manche Vorteile sind dem von WILD[1] konstruierten Nivellierinstrument der Firma Zeiß eigen. Bei einem durch zweckmäßige Abmessungen erreichten geringen Gewicht besitzt es ein mit sehr guter Optik ausgestattetes Fernrohr von konstanter Länge. Infolge des einen staubdichteren Abschluß ermöglichenden festen Abstandes des Okulars L_0 (Abb. 83) vom Objektiv L muß die scharfe Einstellung des Bildes durch Verschieben einer besonderen Einstellinse L_e vorgenommen werden. Der Hauptvorteil dieser schwach konkaven Einstellinse besteht darin, daß ihrer Querverschiebung e eine sehr viel kleinere Bildverschiebung e' entspricht. Nach Abb. 84, in welcher L'_e die von der Bildebene um y abstehende, um e seitlich verschobene Einstellinse mit dem einen Brennpunkt F_e

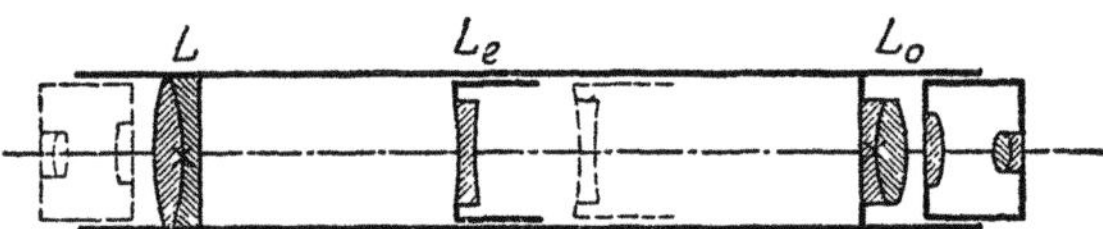

Abb. 83. Das Wildsche Nivellierfernrohr der Firma Zeiß.

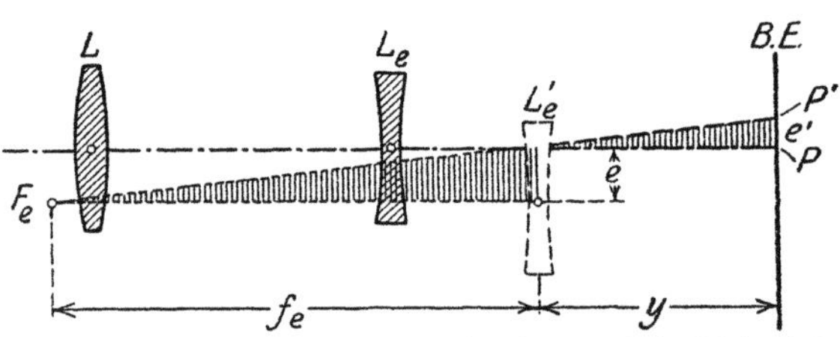

Abb. 84. Querverschiebung der Einstellinse und des Bildes beim Wildschen Nivellierfernrohr.

und der Brennweite f_e, ferner P und P' die richtige und die um e' fehlerhafte Lage des Bildpunktes bedeuten, ergibt sich aus den beiden ähnlichen schraffierten Dreiecken $e' = e \cdot (y : f_e)$. Da der Quotient $y : f_e$ etwa ein Fünftel beträgt, so ist – gleich sorgfältige Arbeit vorausgesetzt – bei dieser Konstruktion der einer Querverschiebung der Einstellinse entsprechende lineare Ablesefehler nur rund der fünfte Teil des Fehlers, welcher aus einer gleich großen Querverschiebung des Okularauszugs bzw. des Fadenkreuzes folgt. Das Fernrohr, welches an Stelle eines Fadenkreuzes in die Linsenoberflächen eingeritzte Strichkreuze besitzt, kann zwecks Durchführung einer bequemen Berichtigung durch Umstecken des hinteren Okularteils vor das Objektiv zum Rückwärtszielen[2] eingerichtet werden. Die vom Okular aus durch ein besonderes Prismensystem zu beobachtende Blase einer Doppelschlifflibelle erscheint in zwei Längshälften gespalten (Abb. 85), die bei einspielender Libelle sich zum vollen Blasenbild vereinigen[3]. Die Berichtigung erfolgt mit Hilfe von vier Ablesungen a_1, a_2, a_3, a_4, welche man beim Vorwärts- und Rückwärtszielen je bei einspielender Libelle links und rechts an einer im gleichen Punkte bleibenden lotrechten Latte abliest. Das arithmetische Mittel

$$a = \tfrac{1}{4}(a_1 + a_2 + a_3 + a_4), \tag{196}$$

[1] WILD, H.: Neue Nivellierinstrumente. Z. Instrumentenkde. 1909, S. 329—344.
[2] Siehe Anmerkung 1, S. 52.
[3] Siehe hierzu auch WERKMEISTER, P.: Besondere Vorrichtungen zum Beobachten des Libellenstandes bei Nivellierinstrumenten. Z. Instrumentenkde. 1928, S. 39/40.

ist frei vom Einfluß einer Achsenkonvergenz der Doppelschlifflibelle und des Libellenneigungsfehlers; es entspricht der horizontalen Zielachse. Man wird also in der durch Vorwärtsvisur bei Libelle links gekennzeichneten Gebrauchslage durch Neigen des Fernrohrs die Einstellung a herbeiführen und hierauf durch Verschieben des Prismensystems die nunmehr ausschlagende Libelle wieder zum Einspielen bringen.

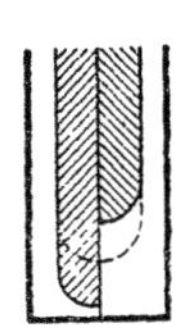

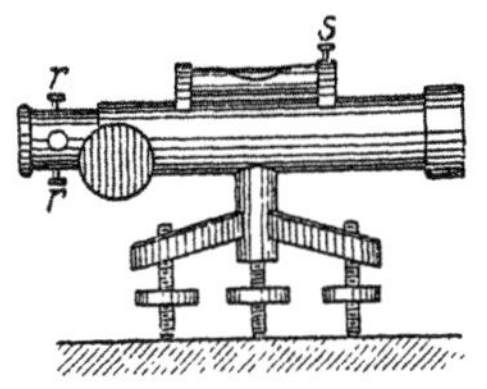

Weitere, später hinzugetretene Feinheiten zeigt Abb. 252 a, b.

Abb. 85. Bild der Libellenblase am Wildschen Nivellierfernrohr.

Abb. 86. Dreifußnivellierinstrument mit durchwegs fest verbundenen Bestandteilen (Norddeutsche Form).

Ein Dreifuß-Nivellierinstrument, dessen sämtliche Bestandteile fest miteinander verbunden sind, ist in Abb. 86 skizziert. Zur Berichtigung wird erst die Stehachse lotrecht und gleichzeitig die Libellenachse horizontal gestellt. Hierauf erfolgt nach (193) aus den in zwei Aufstellungen erhaltenen Lattenablesungen die Ermittlung der einer waagrechten Zielachse entsprechenden Einstellung a_4, welche durch Verstellen des Fadenkreuzes mittels der Richtschräubchen rr herbeigeführt wird.

d) Nivellierlatten.

Die Nivellierlatten, welche 3 bis 4 m lang und in untergeordneten Fällen zum Zusammenklappen eingerichtet sind, bestehen aus trockenem, geradfaserigem Tannenholz und sind zum Schutze gegen den Einfluß der wechselnden Feuchtigkeit mit einem dichten Ölfarbanstrich überzogen, während die Stirnseiten der Latte durch Metallkappen gegen Beschädigungen geschützt sind. Der Lattenquerschnitt ist entweder ein Rechteck von etwa 3 cm auf 10 cm (Abb. 87) oder zur größeren Versteifung von einfach T-förmiger, doppelt T-förmiger oder auch kastenförmiger Gestalt. Eine fast verschwundene Lattenform ist die Schiebelatte[1]. Sie ist (Abb. 88) mit einer gleitenden Zielscheibe versehen, deren Höhenlage meist mit Hilfe einer über eine Rolle R geführten Zugschnur so lange geändert wird, bis der Zielscheibenmittelpunkt auf der horizontalen Ziellinie liegt. In dieser Stellung wird nicht etwa vom Instrumente aus, sondern am Lattenstandort die Höhenlage der Zielscheibe an einer auf der Rückseite der Latte befindlichen Teilung abgelesen. Die heute fast ausschließlich gebräuchlichen Latten sind zum

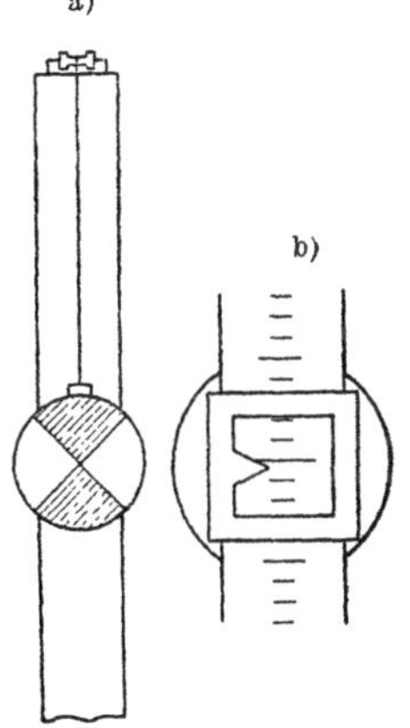

Abb. 88. Schiebelatte.

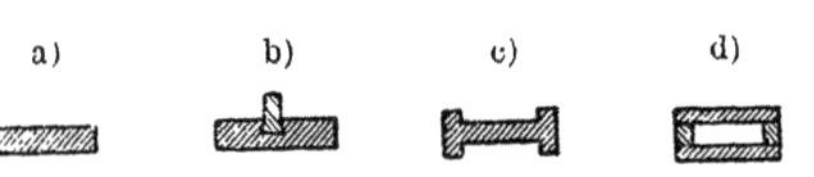

Abb. 87. Querschnitte von Nivellierlatten.

Selbstablesen vom Instrument aus bestimmte, sog. sprechende Latten[2], deren Teilungen möglichst übersichtlich sein müssen, um auf größere Entfernungen hin deutlich sichtbar zu bleiben. Verwendung finden Strichteilungen und Felderteilungen (Abb. 89), manchmal auch Teilungen mit keilförmigen Strichen. Die Bezifferung gibt fast immer Dezimeter an, und die umgekehrten Ziffern stehen entweder neben dem zugehörigen Teilstrich oder in dem Feld, welches sie bezeichnen. Abb. 89a zeigt eine einfache, stets eine starke Fernrohrvergrößerung erfordernde Strichteilung, Abb. 89b und c zwei einreihige Felderteilungen, deren erste zur Meterbezeichnung Punkte verwendet, während die andere mit einer Halbdezimeterübersicht ausgestattet ist. Sehr viel vorteilhafter als einreihige Felderteilungen, bei denen sehr häufig am schwarzen Faden im schwarzen Felde abzulesen ist, sind doppelreihige Felder

---

[1] Schon HERON VON ALEXANDRIA hat in seiner Dioptra eine Schiebelatte beschrieben.

[2] FRAUNHOFER schuf durch seine optischen Leistungen die Vorbedingungen für die Anwendung sprechender Latten, und REICHENBACH machte sich um ihre Einführung sehr verdient.

teilungen (Abb. 89d), die stets eine Ablesung im weißen Felde ermöglichen. Abb. 89e zeigt die Teilung einer Seibt-Latte, deren Teilfeldbreite 4 mm beträgt, während die zwischen den getrennten Felderreihen stehende Bezifferung Doppeldezimeter angibt. Auf der Rückseite der Latte befindet sich dieselbe Teilung, nur mit entgegengesetzter

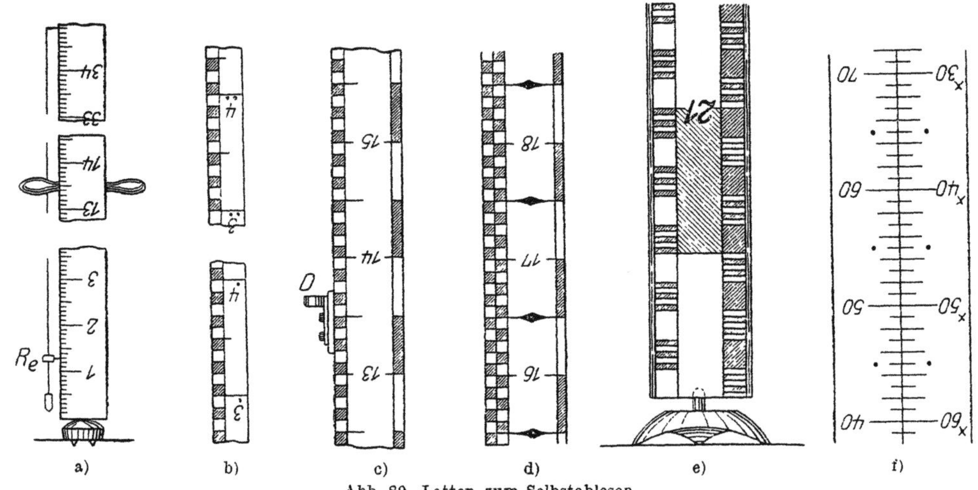

Abb. 89. Latten zum Selbstablesen.

Bezifferung, so daß die Summe zweier zusammengehöriger Ablesungen an beiden Teilungen dieser Wendelatte ein Festwert ist. Sie ist für die Einstellung des Horizontalfadens auf die Teilfeldmitte bestimmt, während bei der in Abb. 89f skizzierten Strichteilung der früheren Preußischen Landesaufnahme je ein Teilstrich in die Mitte zwischen den zwei Horizontalfäden des Instruments eingestellt wird. Das Teilungsintervall ist hier 0,5 cm, während die Bezifferung mit gegenüberstehender dekadischer Ergänzung in Halbdezimetern gehalten ist.

Beim Gebrauch wird die Latte auf eine fest in den Boden getretene Unterlagsplatte gesetzt, welche entweder (Abb. 89a) in eine Kugelhaube oder (Abb. 89e) in einen Zapfen endigt, der in eine Höhlung des Lattenschuhes eingreift. Die Lotrechtstellung der an Griffen zu haltenden Latte wird entweder nach dem Augenmaße, mit Hilfe eines in einem Einstellring spielenden Senkels (Abb. 89a) oder in der Regel mittels einer Dosenlibelle (Abb. 89c) aus freier Hand oder auch unter Verwendung einer Verspreizung vorgenommen. Die meist zum Anschrauben eingerichtete Dosenlibelle ist nach ihrer Befestigung an der Latte daraufhin zu prüfen, ob sie bei lotrecht gestellter Teilungskante einspielt. Die Genauigkeit der Lotrechtstellung der Latte geht aus den in Tabelle 8 enthaltenen mittleren Aufstellungsfehlern hervor. Die Zahlen LORBERS enthalten den Gesamtaufstellungsfehler der Latte und beziehen sich auf ungünstige äußere Verhältnisse, während HOHENNERS Angaben sich auf günstige Verhältnisse beziehen und nur die eine Komponente des Aufstellungsfehlers angeben. Sie mögen unter ungünstigen Verhältnissen auf das Doppelte bis Fünffache anwachsen. SAMEL[1] fand den mittleren Gesamtaufstellungsfehler einer mit Dosenlibelle versehenen 3 m langen Latte zu $\pm$ 6,6′.

Tabelle 8.

Autor	Art der Lotrechtstellung				Nachweis
	Augenmaß	Senkel	Dosenlibelle	Dosenlibelle u. Verspreizung	
Lorber . . .	$\pm$ 2⁰ 20′	$\pm$ 1⁰ 20′	$\pm$ 0⁰ 25′	$\pm$ 0⁰ 5′	Z. Instrumentenkde. 1886, S. 377
Hohenner. .	$\pm$ 22,2′	$\pm$ 12,2′	$\pm$ 5,2′	$\pm$ 1,2′	Z. d. Bayer. Geom. Ver. 1911, S. 271

[1] Z. Vermess.-Wes. 1914, S. 606—608.

14. Instrumente zum Abstecken fester Winkel.

Bei der Einzelaufnahme spielt besonders die Absteckung rechter Winkel eine
große Rolle. Sie, wie auch die Absteckung anderer fester Winkel kann durch Diopter-,
Spiegel-, Prismeninstrumente oder durch Schnurdreiecke erfolgen.

a) Diopterinstrumente.

Unter den verschiedenen, stets auf einem Stock gebrauchten Instrumenten dieser
Art sind das Winkelkreuz, die Kreuzscheibe und die verschiedenen Winkelköpfe zu
nennen. Das Winkelkreuz[1] besteht aus zwei fest verbundenen, senkrecht zueinander
gestellten Dioptern, und die Kreuzscheibe ist nichts anderes als ein zur Erzielung
größerer Widerstandsfähigkeit auf einer kräftigen Grundplatte befestigtes Winkelkreuz.
Diese älteren Hilfsmittel besitzen nur ein geringes vertikales Gesichtsfeld und sind
fast ganz von den verschiedenen Winkelköpfen (Kegelkreuzscheibe, Kugelwinkel-
kopf, prismatischer Winkelkopf, Zylinderwinkelkopf), insbesondere durch die im
folgenden allein beschriebene Kegelkreuzscheibe verdrängt worden. Sie besteht, wie
Abb. 90 zeigt, aus einem auf einer kräftigen Grundplatte G befestigten hohlen Kegelstumpf, dessen Mantel vier gleichabständige, in
besondere Schaulöcher endigende Schlitze enthält.
Diese bilden zwei Diopter mit zueinander senkrechten Zielebenen, deren jede das ziemlich große,
von den äußersten Lagen A'_z und A''_z der Ziellinie
begrenzte, vertikale Gesichtsfeld α besitzt. Zur Ermöglichung einer etwas genaueren Lotrechtstellung
der zusammenfallenden Kegel- und Stabachse ist
mit dem Instrument eine Dosenlibelle D verbunden.

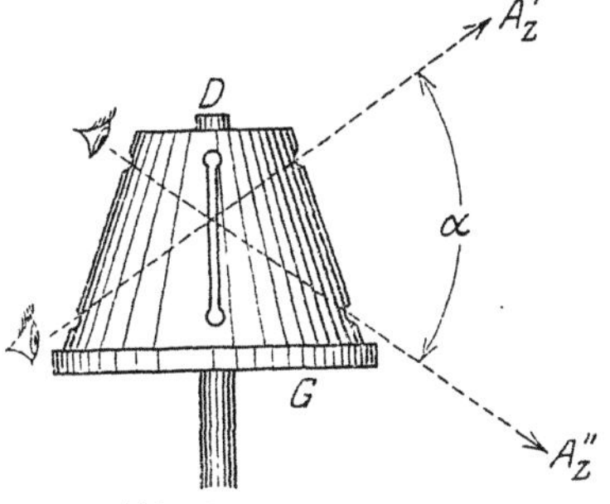

Abb. 90. Kegelkreuzscheibe.

Soll zur Geraden AB, d. h.
zur Horizontalprojektion der
die Punkte A, B verbindenden
Strecke, eine Senkrechte AC
(Abb. 91) errichtet werden, so stellt man die Kegelkreuzscheibe
lotrecht in A auf, dreht sie, bis B in der einen Diopterzielebene
eingestellt ist, und weist hierauf in der anderen, zur ersten senkrechten Zielebene einen Punkt C ein. Soll umgekehrt der Fußpunkt F einer durch C gehenden Senkrechten zu AB gefunden
werden, so errichtet man erst in einem Näherungsort F' des
Fußpunktes eine Senkrechte zu AB. Entsprechend dem geschätzten Abstande des Punktes C von der
Zielebene wird die Lage von F' verbessert
und der geschilderte Vorgang wiederholt,

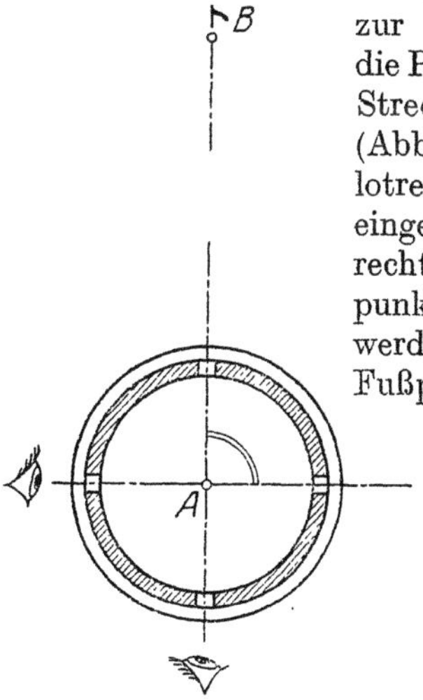

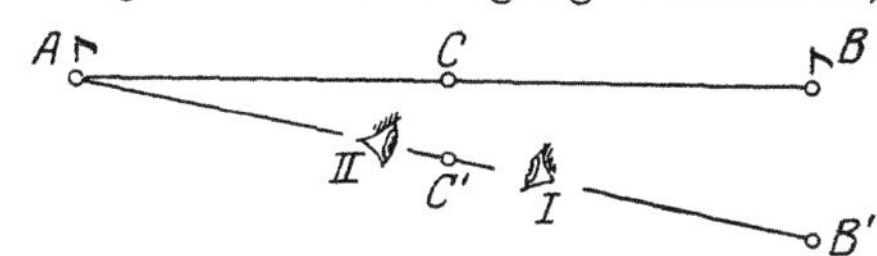

Abb. 91. Gebrauch der Kegelkreuzscheibe zum Abstecken rechter Winkel.

Abb. 92. Abstecken eines gestreckten Winkels mit
der Kegelkreuzscheibe.

bis schließlich C genau in der zweiten Diopterzielebene liegt. Die Kegelkreuzscheibe
steht in diesem Falle im Fußpunkt F. Ist etwa ein Punkt C (Abb. 92) in die
Gerade AB einzuschalten, d. h. ein gestreckter Winkel abzustecken, so richtet

---

[1] Hierher gehört auch die Groma der römischen Feldmesser. Eine bei Ausgrabungen am
Limes aufgefundene Groma ist in der Z. Vermess.-Wes. 1903, S. 419, abgebildet. Siehe auch Z. Vermess.-Wes. 1925, S. 311—314 (pompejanischer Fund), u. Z. Instrumentenkde. 1925, S. 254.

man bei Stellung *I* des Auges das in einem Näherungsort C' aufgestellte Instrument rückwärts auf Punkt A ein und sieht dann in der Augenstellung *II* vorwärts in derselben Zielebene, welche jedoch auf einen neben B liegenden fehlerhaften Ort B' hinweist. Aus dem etwa in Stabdicken zu schätzenden Abstande BB' und der Lage des Aufstellungspunktes gegen A und B kann man die notwendige Versetzung $C'C$ leicht abschätzen und bei verbesserter Aufstellung den Vorgang wiederholen, bis die Punkte B' und B nicht mehr getrennt wahrgenommen werden.

Vor dem Gebrauch des Instruments ist zu prüfen, ob die vorwärts und rückwärts gerichteten Zielachsen zusammenfallen, sowie ob die beiden Diopterzielebenen zueinander senkrecht stehen. Ersteres trifft zu, wenn die gegenüberliegenden Spaltenmittellinien in einer Ebene und die Mittelpunkte der Schaulöcher auf den Mittellinien der

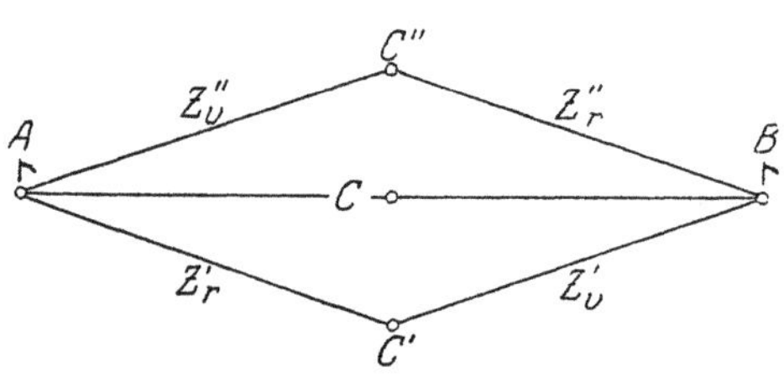

Abb. 93. Untersuchung der Kegelkreuzscheibe auf das Zusammenfallen der vorwärts und rückwärts gerichteten Zielachsen.

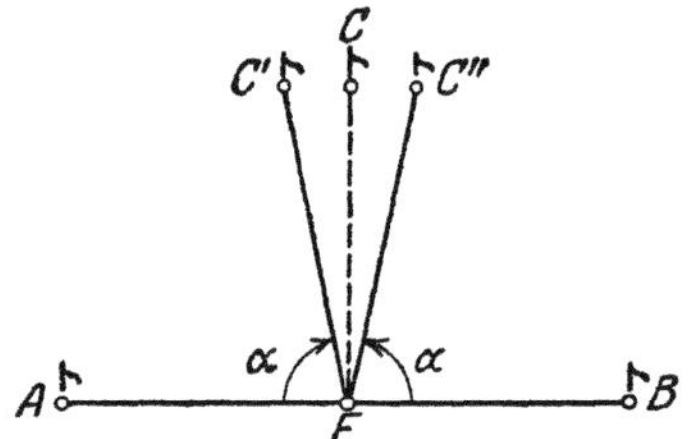

Abb. 94. Untersuchung der Kegelkreuzscheibe auf die rechtwinklige Stellung der Diopterzielebenen.

Spalten liegen. Eine Abweichung hiervon hat zur Folge, daß beim Einrichten eines Zwischenpunktes C in der Geraden AB die rückwärts und vorwärts gerichteten Ziellinien die Lagen Z'_r, Z'_v bzw. Z''_r, Z''_v (Abb. 93) besitzen, wenn die Absteckung vor und nach einer Drehung des Instruments um 180° erfolgt. Es ergeben sich also an Stelle von C zwei verschiedene Punkte C', C''. Zur Prüfung der senkrechten Lage der beiden Zielebenen wird man etwa in einem einer Geraden AB (Abb. 94) angehörenden Punkte F von beiden Seiten her einen vermeintlich rechten Winkel, in Wirklichkeit einen Winkel α abtragen. Kommt man hierbei auf zwei verschiedene Punkte C', C'', so ist der von beiden Diopterzielebenen eingefaßte Winkel α von einem rechten verschieden.

Besitzt die Kegelkreuzscheibe noch ein zweites, gegen das erste um 45° verdrehte Paar von senkrechten Diopterzielebenen, so kann sie auch zum Abstecken von 45°-Winkeln verwendet werden.

b) Spiegelinstrumente.

Hier ist vor allem der zur Absteckung rechter Winkel bestimmte 45°-Winkelspiegel[1] (Abb. 95) zu nennen, welcher aus zwei einen 45°-Winkel einschließenden Spiegeln s_1, s_2 besteht, die in einem mit Griff versehenen Gehäuse unter zwei Ausschnitten f_1, f_2 befestigt sind. Trifft ein zur Spiegelschnittkante senkrechter Strahl in B und C unter den Winkeln β und γ auf die beiden Spiegel s_1 und s_2 (Abb. 96), so ist die Gesamtdrehung ψ, welche der austretende Strahl gegen den eintretenden erfahren hat — $2\,(90^0 - \beta)$

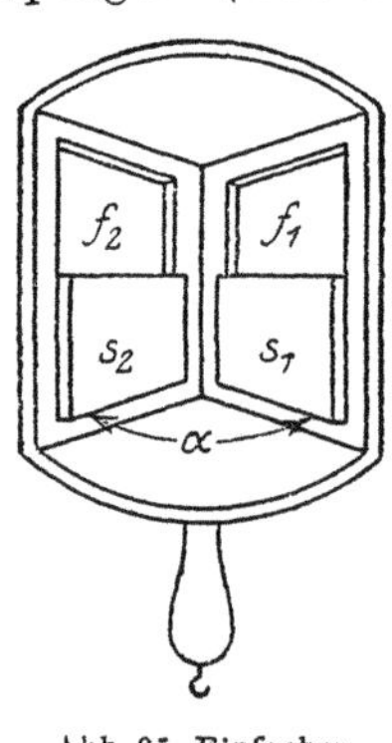

Abb. 95. Einfacher Winkelspiegel.

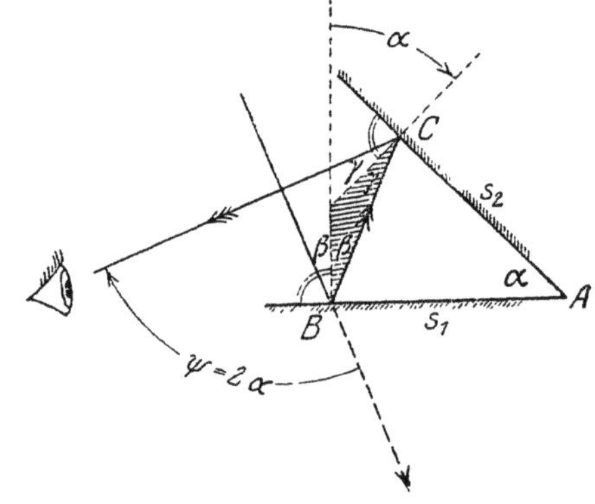

Abb. 96. Strahlengang im einfachen Winkelspiegel.

<hr>

[1] Der Winkelspiegel hat sich aus dem wahrscheinlich von NEWTON erfundenen Spiegelsextanten entwickelt.

$-2(90^0-\gamma)=2(\beta+\gamma)$. Nun ist $\beta+\gamma$ als Winkel zwischen den beiden Einfallsloten dem Öffnungswinkel α des Winkelspiegels gleich, so daß die infolge zweimaliger Reflexion verursachte Gesamtablenkung $\psi=2\alpha$, also für $\alpha=45^0$ $\psi=90^0$ wird. Um nun z. B. den Fußpunkt C (Abb. 97) einer zur Geraden AB Senkrechten durch D zu finden, sucht man zunächst im Instrument, dessen Spiegelschnittkante lotrecht liegen soll, die bei einer Drehung des Spiegels um das Lot unbeweglichen, zweimal reflektierten Bilder der Punkte A, B. Hat man diese durch eine Bewegung senkrecht zu AB zur Deckung und damit den Spiegel in die Lotebene durch AB gebracht, so bewegt man sich noch so weit nach rechts oder links, bis sich diese zusammenfallenden Bilder mit dem durch eines der Fenster direkt gesehenen Punkte D decken. Dann befindet sich das Instrument im

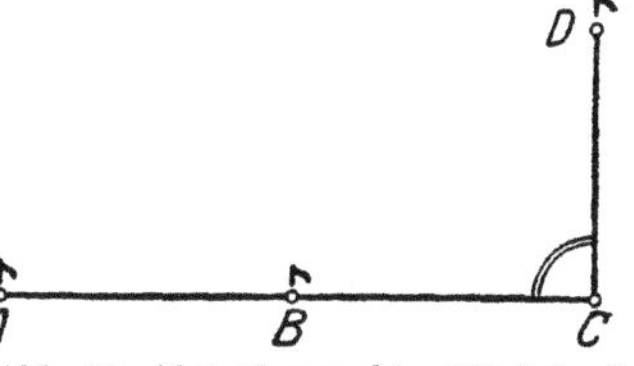

Abb. 97. Abstecken rechter Winkel mit dem Winkelspiegel.

gesuchten Fußpunkt C. Die Untersuchung des Winkelspiegels erfolgt ganz nach den an Abb. 94 angeschlossenen Ausführungen. Eine zur Berichtigung etwa notwendige Änderung des Öffnungswinkels α kann durch geringes Verstellen des einen Spiegels mittels Richtschräubchen erreicht werden.

Zum Abstecken von gestreckten Winkeln dient das aus zwei aufeinander senkrechten Spiegeln s_1, s_2 (Abb. 98) bestehende **Spiegelkreuz**.

Bewegt man sich mit diesem Instrument vorwärts oder rückwärts, bis die einmal reflektierten, also beweglichen Bilder zweier Punkte L, R sich decken, so liegt der Spiegelschnitt in der Lotebene durch L und R; denn nach der Abbildung ist der in diesem Falle von den auffallenden Strahlen eingeschlossene Winkel

$$\gamma=2\alpha+2\beta=2(\alpha+\beta)$$
$$=2\cdot90^0=180^0.$$

c) Prismeninstrumente[1].

Zu den wichtigsten Instrumenten dieser Art gehört das 1851 von BAUERNFEIND erfundene symmetrische Winkelprisma, dessen Querschnitt ein gleichschenkliges

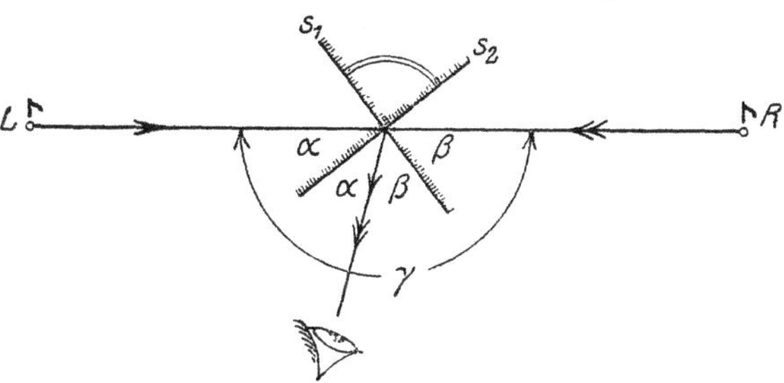

Abb. 98. Abstecken gestreckter Winkel mit dem Spiegelkreuz.

rechtwinkliges Dreieck ist (Abb. 99) und dessen Hypotenusenfläche Spiegelbelag trägt. Es beruht auf dem optischen Satze, daß die Richtungsablenkung ψ (Abb. 100) eines im Prismenquerschnitt ABC liegenden, im Prisma zweimal reflektierten sowie beim Ein- und Austritt je einmal gebrochenen Strahles konstant, und zwar gleich dem Winkel A ist, wenn dieser dem Winkel $2C$ gleich ist. Da im symmetrischen BAUERNFEINDschen Prisma $\sphericalangle A=90^0$ und $\sphericalangle C=45^0$ beträgt, so ist hier die Richtungsablenkung ein rechter Winkel. Die Richtigkeit des benutzten Satzes ist leicht einzusehen. Innerhalb des Prismas findet eine zweimalige Reflexion statt; der Vorgang ist also derselbe wie beim Winkelspiegel und Strahl $3\,4$ wird gegen $1\,2$ um $2C$ abgelenkt sein. Da

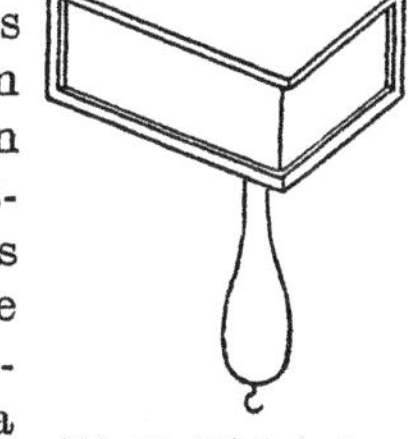

Abb. 99. Winkelprisma von Bauernfeind.

Winkel $A=2C$ ist, so wird $1\,2$ mit AB den gleichen Winkel einschließen wie $3\,4$ mit AC. Es müssen also auch die Ablenkungen von $1\,2$ gegen S und von S' gegen $3\,4$ gleich groß sein, so daß auch die Außenstrahlen S, S' den konstanten Winkel $\psi=A=2C$ einschließen.

Auch das Prisma von GOULIER, dessen Querschnitt Abb. 101 zeigt, wirkt wie ein

---

[1] Siehe hierzu SCHELLENS, FRANZ: Kritische Betrachtung der gebräuchlichen Winkelprismenformen. Geodätische Woche Köln 1925, S. 230—250.

45°-Winkelspiegel und verursacht daher innerhalb des Prismas eine Strahlenablenkung von 90°. Der eintretende und der austretende Strahl sind gegen die anstoßenden Strahlenstücke, welche mit den Prismenflächen dieselben Winkel einschließen, wieder um ein und denselben Betrag im gleichen Sinne gedreht, so daß die Richtungsablenkung

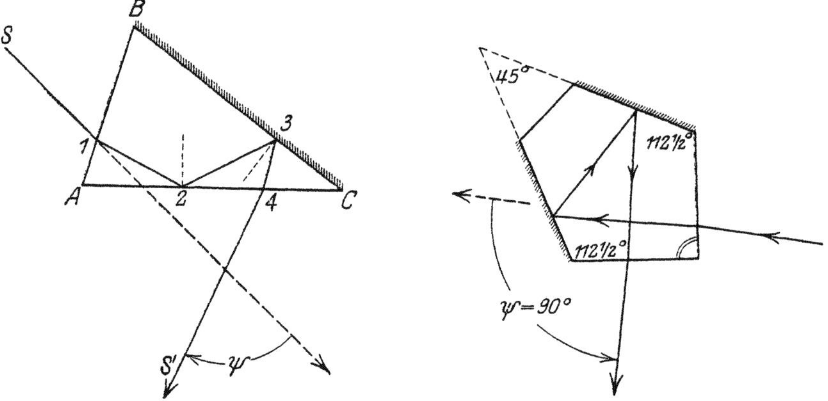

<table>
<tr><td>Abb. 100. Strahlengang im Winkelprisma.</td><td>Abb. 101. Winkelprisma von Goulier.</td></tr>
</table>

von 90° auch hier für die äußeren Strahlen erhalten bleibt. Dieses Prisma hat zwei gewöhnliche Reflexionen, das BAUERNFEINDsche hingegen eine totale und eine gewöhnliche. Beim GOULIERschen Prisma liegt der Scheitel des abgesteckten rechten Winkels im Prisma.

Zum Abstecken von 180°-Winkeln dient das in Abb. 102 skizzierte BAUERNFEINDsche Prismenkreuz, in dem zwei symmetrische, übereinander liegende BAUERNFEINDsche Prismen so verbunden sind, daß zwei Kathetenflächen in einer Ebene liegen, während die Hypotenusenflächen aufeinander senkrecht stehen. Das lotrecht zu haltende Prisma liegt auf der geraden Verbindungslinie zweier Punkte L, R, wenn deren Bilder L', R' übereinanderliegen. Die vorhin angegebene gegenseitige Stellung beider Prismen braucht mit Ausnahme der parallelen Lage der Prismenkanten nur näherungsweise zuzutreffen. Sie muß jedoch scharf eingehalten sein, wenn, wie beim

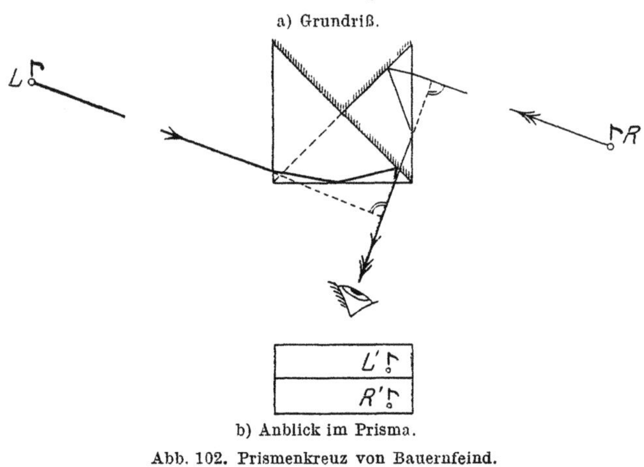
a) Grundriß.

b) Anblick im Prisma.

Abb. 102. Prismenkreuz von Bauernfeind.

Spiegelkreuz, die beweglichen Bilder Verwendung finden.

Spiegel und Prismen sind viel handlicher als die Diopterinstrumente. Prismen haben die kleinsten Ausmaße, und sie sind im Gegensatz zum Winkelspiegel ohne jede Berichtigung stets brauchbar, wenn sie bei der ersten Untersuchung richtig befunden worden sind; auch sind die Prismenbilder meist etwas heller als die Spiegelbilder. Ein Nachteil der Spiegel und Prismen ist das kleine vertikale Zielfeld. Im hügeligen Gelände erscheinen Bild und direkt gesehener Gegenstand häufig in sehr verschiedenen Höhen, und selbst unter Zuhilfenahme eines in den Strahlengang gebrachten Lotes ist es schwer zu beurteilen, ob Bild und Gegenstand wirklich auf dem gleichen Lote liegen. Deshalb eignen sich gewöhnliche Winkelspiegel und Prismen vorzüglich für die Ebene, während man in einem hügeligen Gelände die Kegelkreuzscheibe oder einen anderen Winkelkopf trotz ihrer Schwerfälligkeit vorziehen wird[1].

Der mittlere Fehler einer mit der Kreuzscheibe oder dem Winkelspiegel abgesteckten Richtung ist etwas über 2′, während er für Prismen vielleicht die Hälfte beträgt.

d) Absteckung fester Winkel durch Schnurdreiecke.

Mit geringerer Genauigkeit können Winkel von 45^0, 60^0 und 90^0 auch lediglich durch Längenmessung abgesteckt werden. Da man hierfür meist Schnüre benutzt, so spricht man von Schnurdreiecken. Soll z. B. in B (Abb. 103) eine Senkrechte zu BA errichtet werden, so erhält man durch Abtragen der gleichen, an sich beliebigen Längen $\frac{1}{2}g$ von B aus nach beiden Seiten hin die auf AB liegenden Hilfspunkte H', H'', welche als die Endpunkte der Grundlinie eines gleichschenkligen Dreiecks aufzufassen sind, dessen Höhe BC die zu errichtende Senkrechte ist. Von H' und H'' aus findet man nun den Punkt C leicht durch Einkreuzen unter Verwendung derselben Halbmesser s. Ist die Verlängerung von AB untunlich, so kann man sich durch die Konstruktion eines sog. Pythagoreischen Dreiecks etwa mit den Seitenlängen 3, 4, 5 unter Verwendung beliebiger Einheiten helfen. Es wäre dann z. B. $BH'' = 3 \cdot 2$ m, $BC = 4 \cdot 2$ m und $H''C = 5 \cdot 2$ m zu nehmen. Hat man umgekehrt den Fußpunkt einer durch C gehenden Senkrechten zur vorgegebenen, durch A gehenden Richtung zu ermitteln, so wird man von C aus mit der willkürlichen Schenkellänge s durch Einkreuzen auf der vorgegebenen Richtung die Basisendpunkte H', H'' finden, deren Mittelpunkt der gesuchte Fußpunkt ist.

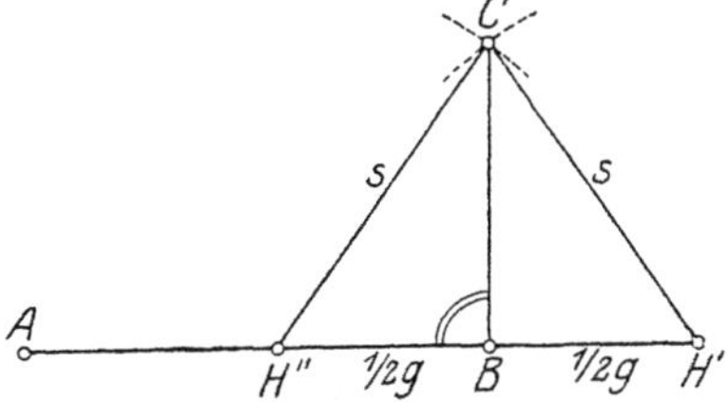

Abb. 103. Abstecken rechter Winkel durch Schnurdreiecke.

Derartige Hilfsmittel sind aber immer nur als Notbehelf zu betrachten.

15. Der Theodolit.

Der Theodolit[2] ist das genaueste Hilfsmittel zur Messung beliebiger Horizontalwinkel (Seitenwinkel); er wird häufig auch zur Messung von Höhenwinkeln verwendet. Ein Horizontalwinkel hat waagrechte Schenkel und kann als Grundriß eines schiefen oder Positionswinkels[3] aufgefaßt werden, dessen Schenkel im Raum beliebig liegen. Der Höhenwinkel hingegen gehört stets einer Lotebene an und besitzt einen horizontalen Schenkel.

a) Einrichtung des Theodolits.

Dieses Instrument ruht meist mittels dreier Schrauben F_1, F_2, F_3 (Abb. 104) auf einem Fußgestell, welches seinerseits die Dreifußbüchse B und damit auch die hori-

---

[1] Beim Steilsichtprisma von SCHELLENS (Winkelkantgläser mit Schliff für steile Sichten: Z. Vermess.-Wes. 1919, S. 356—372), ist der gewöhnlichen Prismen anhaftende Übelstand des geringen vertikalen Gesichtsfeldes dadurch wesentlich gemildert, daß mit Hilfe einer spiegelnden Grund- oder Deckfläche neben dem normalen Bild jeweils noch ein zweites, ziemlich hoch oder tief im gleichen Lot liegendes Bild erzeugt wird. Zur notwendigen genaueren Lotrechtstellung der Prismenkanten dient ein mit dem Prismenstiel verbundenes Gewicht.

[2] Siehe hierzu HAMMER, E.: Zur Geschichte des Theodolits u. besonders seines Namens. Z. Vermess.-Wes. 1908, S. 81—91.

[3] Zur Messung von schiefen Winkeln (Positionswinkel), die heute auf festem Land kaum noch in Betracht kommt, dienen Sextant, Spiegel- und Prismenkreis.

zontale Kreisscheibe K trägt. In diese ist ein schmaler Silberstreifen S, der Limbus, fest eingelassen; auf ihm liegt die feine, im Uhrzeigersinne bezifferte Kreisteilung[1], von deren Güte die Leistung des Instruments wesentlich abhängt. Innerhalb des Kreises dreht sich um dessen Mittelpunkt eine Zeigervorrichtung, die Alhidade A, deren meist schwach konischer Stahlzapfen Z in der aus Rotguß bestehenden Dreifußbüchse steckt. Die Alhidade trägt die Fernrohrstützen, deren obere Enden als Lager (siehe Abb. 105) für die zylindrischen Enden der waagrechten Drehachse des Zielfernrohrs ausgebildet sind. Außerdem sind an der Alhidade fast immer zwei zur Tilgung des periodisch veränderlichen Exzentrizitätsfehlers diametral gestellte Ablesevorrichtungen angebracht[2]. Geringeren Genauigkeitsanforderungen genügen unter Umständen einfache Zeiger oder besser das Strichmikroskop; weitaus am häufigsten wird bei mittleren Genauigkeiten der Nonius, seltener das Skalen- und Noniusmikroskop verwendet[3]. Den schärfsten Anforderungen aber entsprechen die mit Schraubenmikroskopen oder optischen Mikrometern ausgestatteten Instrumente. Der Theodolit ist außerdem mit Klemmen, Feinstellungen sowie Richtschrauben und Libellen zur Achsenberichtigung versehen. Zur ersten Orientierung gegen das Lot dient meist eine zwischen den Fernrohrstützen befindliche Dosenlibelle D, zur scharfen Berichtigung aber eine Röhrenlibelle L, die je nach ihrem Orte als Alhidadenlibelle (wie in Abb. 104), Stützenlibelle (an den Fernrohrstützen), Fernrohrlibelle (fest oder umsetzbar auf dem Fern-

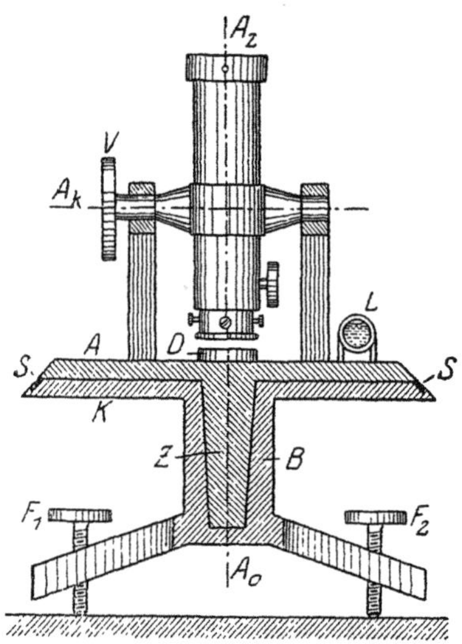

Abb. 104. Theodolit (Vertikalschnitt, Fernrohr in der Ansicht).

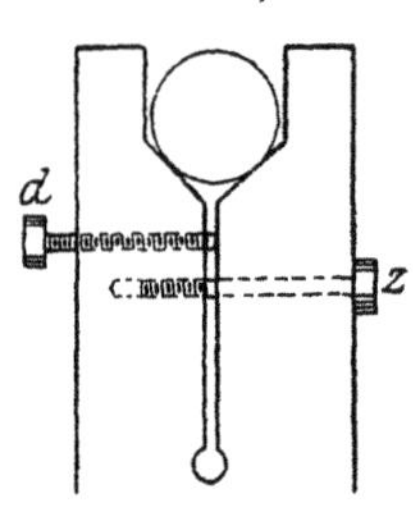

Abb. 105.
Kippachsenlager.

---

[1] Kreisteilungen werden mit Hilfe eigener Kreisteilmaschinen hergestellt, unter deren älteren Typen besonders die im Deutschen Museum in München befindliche REICHENBACHsche Kreisteilmaschine zu nennen ist. Dort steht auch die erste automatische Kreisteilmaschine von OERTLING. Näheres über Kreisteilmaschinen, besonders über automatische, siehe bei AMBRONN: Handbuch der astronomischen Instrumentenkunde. Berlin 1899. Siehe auch HAMMER, E.: Z. Instrumentenkde. 1905, S. 69—73; FÖRSTER, G.: Veröff. d. Preuß. Geodät. Inst. N. F. Nr. 74 u. 85, sowie Z. Instrumentenkde. 1913, S. 10—19 u. 39—51; HELMERT, F. R.: Die Ausgleichungsrechnung nach der Methode der kleinsten Quadrate, VII. Kap., § 1; HEUVELINK: Z. Vermess.-Wes. 1913, S. 441—452, u. Z. Instrumentenkde. 1925, S. 70—84; CZERSKI, Z.: Z. Vermess.-Wes. 1935, S. 321—329; LEEMANN, W.: Schweiz. Z. f. Vermess.-Wes. u. K. T. 1930, S. 82—87; HAUER, Fr.: Z. Instrumentenkde. 1935, S. 456—464, u. 1936, S. 442—459; SCHÜTTE, K., und OBERBAUER, W.: Z. Instrumentenkde. 1937, S. 406—412; KASPER, H.: Z. Instrumentenkde. 1938, S. 443—448; UHINK, W.: Z. Instrumentenkde. 1941, S. 169—174.

[2] Die Anwendung von zwei diametralen Nonien hat schon 1643 HEDRAEUS vorgeschlagen (siehe LÜHRS: Z. Vermess.-Wes. 1910, S. 246).

[3] Mittleren Genauigkeitsanforderungen etwa genügen auch die seit der Jahrhundertwende von HEYDE in Dresden hergestellten Zahnkreistheodolite, bei denen die Fortbewegung der Alhidade mittels einer feingearbeiteten Mikrometerhohlschraube erfolgt, welche mit einer größeren Anzahl von Gängen in den mutterförmigen Rand der Kreisscheibe eingreift. Da der Kreis nur eine grobe Teilung zur Feststellung der ganzen Grade besitzt und die Feinablesung an der geteilten Schraubentrommel erfolgt, so werden bei dieser, auch eine besondere Feinstellung ersetzenden Ablesevorrichtung die Augen sehr geschont. Als etwas Neues aber können diese Zahnkreistheodolite - abgesehen etwa von der gegen früher erhöhten Genauigkeit der Ausführung - kaum bezeichnet werden, denn Zahnkreistheodolite mit gewöhnlicher Schraube, wie sie in schöner Ausführung im Deutschen Museum stehen, hat schon der Augsburger Mechaniker BRANDER in der zweiten Hälfte des 18. Jahrhunderts hergestellt, u. die Hohlschraube hat nach HAMMER (Z. Instrumentenkde. 1911, S. 315) bereits der englische Uhrmacher JOHN HINDLEY in York verwendet.

rohr) oder Achsenlibelle[1] (umsetzbar auf der Kippachse) bezeichnet wird. Ein Höhenbogen oder ein Vertikalkreis V ermöglicht auch die Messung von Vertikalwinkeln.

Die Klemmen dienen zur festen Verbindung zwischen Kreis und Alhidade; sie greifen entweder am Kreisrand oder in der Nähe der Achse an, so daß man Rand- oder Peripherieklemmen und Achsenklemmen (Ringklemmen und radial wirkende Achsenklemmen) antrifft. In der eine Ringklemme darstellenden Abb. 106 bedeutet K die Klemme, durch deren Anziehen ein geschlitzter Ring R fest an die Dreifußbüchse B gepreßt wird. Mit dem Klemmring R ist ein Gestell G verbunden, dessen Enden die Mutter einer Feinstellschraube F und ein Federhäuschen H tragen. Da die Feinstellschraube und der Stift St des Federhäuschens von verschiedenen Seiten her gegen ein fest mit der Alhidade verbundenes An-

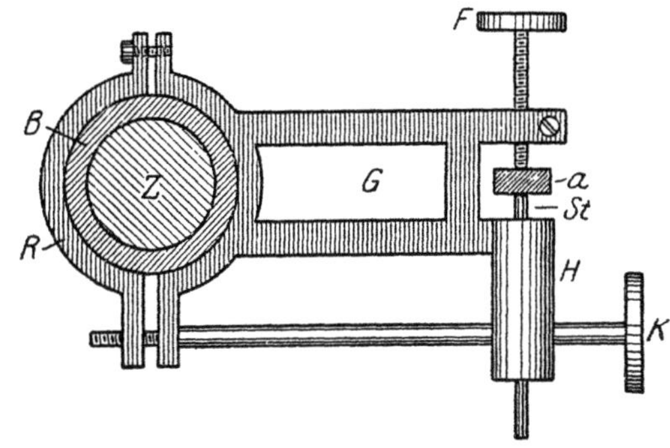

Abb. 106. Achsenklemme (Ringklemme) mit tangentialer Feinbewegung.

satzstück a drücken, so ist bei angezogener Klemme nur noch durch die Feinstellschraube eine als Feinstellung bezeichnete geringe Drehung der Alhidade möglich. Neben der hier skizzierten tangentialen Feinbewegung, die manchmal durch eine tangentiale Schraube ohne Ende vermittelt wird, ist auch die Feinbewegung in der Sehnenrichtung zu erwähnen.

b) Berichtigung des Theodolits.

Die Hauptachsen des Theodolits sind: Alhidadenachse, Kippachse und Zielachse. Die Alhidadenachse A_a soll lotrecht, die Horizontal- oder Kippachse A_k waagrecht liegen, während die Zielachse A_z zur Kippachse senkrecht stehen muß. Nur beim Zutreffen dieser Bedingungen fällt die in horizontale Lage gekippte Fernrohrzielachse in die Horizontalprojektion der ursprünglich eingestellten Sicht. Andernfalls ist das Instrument mit einem Aufstellungsfehler, Kippachsenfehler und Zielachsenfehler behaftet, deren Untersuchung und Berichtigung von der Libellenanordnung abhängt.

In dem meist zutreffenden Falle, daß der Theodolit eine Alhidaden-, Stützen- oder Fernrohrlibelle besitzt, geht der Beseitigung des Kippachsenfehlers diejenige des Zielachsenfehlers, zweckmäßig auch diejenige des Aufstellungsfehlers, voraus. Ist aber das Instrument nur mit einer umsetzbaren Achsenlibelle ausgestattet, so werden Aufstellungs- und Kippachsenfehler durch eine gemeinsame Untersuchung beseitigt.

Wir behandeln zunächst den ersten Fall. Der Aufstellungsfehler v (Abb. 107) ist der von der Alhidadenachse A_a mit dem Lot L eingeschlossene Winkel. Die um irgendeinen Punkt C von A_a beschriebene Einheitskugel, welche von L und A_a in den Punkten P, P' getroffen wird, zeigt im Abstand dieser Durchstoßpunkte den Winkel v als Bogen, dessen Projektionen v_x und v_y auf zwei beliebige zueinander senkrechte Lotebenen als die Komponenten des Aufstellungsfehlers bezeichnet werden. Aus dem sehr kleinen, wegen seiner geringen Ausdehnung als ein ebenes zu behandelnden, rechtwinkligen Dreieck $P\,P'\,P_x$ findet man

$$v = \sqrt{v_x^2 + v_y^2}, \tag{197}$$

---

[1] Eine zur bequemen Kontrolle der jeweiligen Kippachsenlage dienende Achsenlibelle leistet wegen des mit der Höhe zunehmenden Kippachsenfehlereinflusses besonders bei steilen Sichten gute Dienste.

nach welcher Beziehung der Aufstellungsfehler aus einem beliebigen Paar von senkrechten Komponenten ermittelt werden kann. In Abb. 108, welche eine Projektion auf die die Komponente v_x enthaltende Lotebene darstellt, ist T_1 die zu einer ersten Lage (Teilungsnullpunkt links) mit dem Blasenstand b_1 gehörige Tangente an den Blasenmittelpunkt, während NN die zur Alhidadenachse Senkrechte parallel zur gewählten Lotebene bedeutet. Nach einer Drehung der Alhidade um 180^0 gelangt T_1 in die Lage T_2, welche mit T_1 den Win-

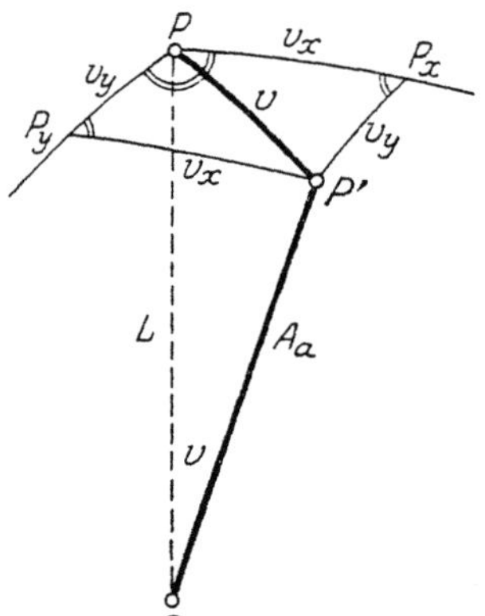

Abb. 107. Bestimmung des Aufstellungsfehlers aus zwei zueinander senkrechten Komponenten.

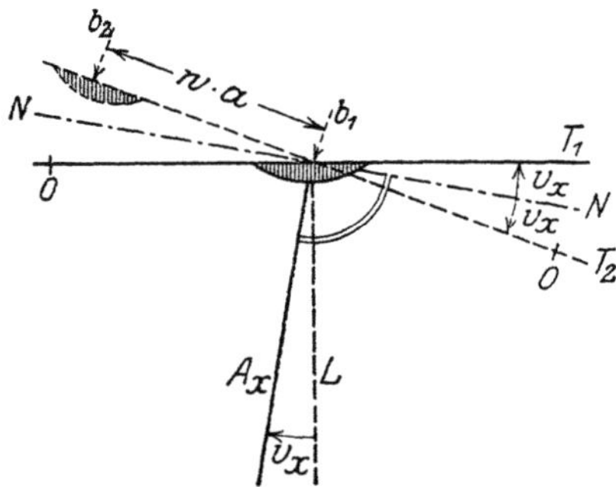

Abb. 108. Bestimmung einer Komponente des Aufstellungsfehlers.

kel $2v_x$ einschließt. Der Vergleich des neuen Blasenstandes b_2 mit dem alten ergibt einen Blasenweg $w = b_2 - b_1$, welcher der doppelten Komponente $2v_x$ entspricht. Also ist, wenn p wieder den Teilwert bedeutet, offenbar

$$v_x = \tfrac{1}{2} (b_2 - b_1) \, p'' \tag{198}$$

die eine der gesuchten Komponenten des Aufstellungsfehlers. Dabei ist wie im Bild v_x positiv, wenn die nach oben verlängerte Richtung A_x rechts von dem nach oben verlängerten Lot L liegt. Den zugehörigen Wert v_y findet man nach einer Drehung der Alhidade um 90^0 auf dem gleichen Wege.

Zur Beseitigung des Aufstellungsfehlers bringt man die durch eine Alhidadendrehung parallel zur Lotebene durch zwei Fußschrauben F_1, F_2 (Abb. 109a) gestellte Röhrenlibelle durch Drehen an diesen Schrauben zum Einspielen, nachdem schon vorher mittels einer etwa vorhandenen Dosenlibelle eine genäherte Lotrechtstellung der Alhidadenachse erfolgt ist. Nach einer Drehung der Alhidade um 180^0 zeigt sich ein Libellenausschlag (Abb. 109b), welcher der doppelten Komponente des Aufstellungsfehlers v_x in der Lotebene durch F_1, F_2 entspricht. Den zugehörigen Aufriß veranschau-

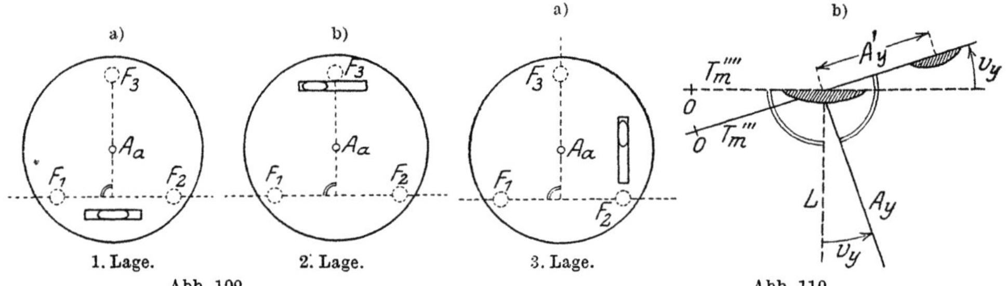

1. Lage.   2. Lage.   3. Lage.

Abb. 109.   Abb. 110.

Lotrechtstellung der Alhidadenachse mittels einer gleichzeitig zu berichtigenden Alhidadenlibelle.

licht Abb. 108, wenn man hierin T_1 und T_2 durch die beiden Lagen T'_m, T''_m der Libellenachse ersetzt denkt und dem Blasenweg $w \cdot a$ die besondere Bedeutung des Blasenausschlags A'_x beilegt. Dieser in Lage II vorhandene Ausschlag wird zur Hälfte je an den Libellenrichtschräubchen (bei einer Fernrohrlibelle an der Kippschraube) und an den

Fußschrauben F_1, F_2 beseitigt, wodurch die Senkrechtstellung der Libellenachse zu der im Raum noch schief liegenden Alhidadenachse herbeigeführt wird. Nach einer Alhidadendrehung um 90^0 zeigt sich ein Ausschlag A_y', welcher der einfachen zweiten Komponente v_y des Aufstellungsfehlers entspricht und ganz an der dritten Fußschraube F_3 zu beseitigen ist (Abb. 110a, b). Dadurch wird die Libellenachse samt der Alhidadenachse um v_y gedreht, so daß erstere waagrecht, letztere aber lotrecht gestellt wird. Ist die Berichtigung – meist erst nach einigen Wiederholungen – hinreichend gelungen, so muß die Libelle bei jeder Alhidadenstellung einspielen. Auch jede andere etwa noch vorhandene Libelle hat dann einen festen Spielpunkt, der lediglich mit Hilfe der Libellenrichtschräubchen in den Teilungsmittelpunkt zu legen ist.

Steht die Zielachse A_z (Abb. 111) nicht auf der Kippachse A_k senkrecht, so spricht man von einem Zielachsenfehler (Kollimationsfehler) c. Man versteht hierunter den Überschuß desjenigen Winkels über einen rechten, welchen das Objektivende der Zielachse mit dem Kreisende der Kippachse einschließt. Der Zielachsenfehler läßt sich aus Beobachtungen in zwei Fernrohrlagen bestimmen und beseitigen, wobei die zweite Lage entweder durch Durchschlagen oder Umlegen des Fernrohrs herbeigeführt wird. Im ersten

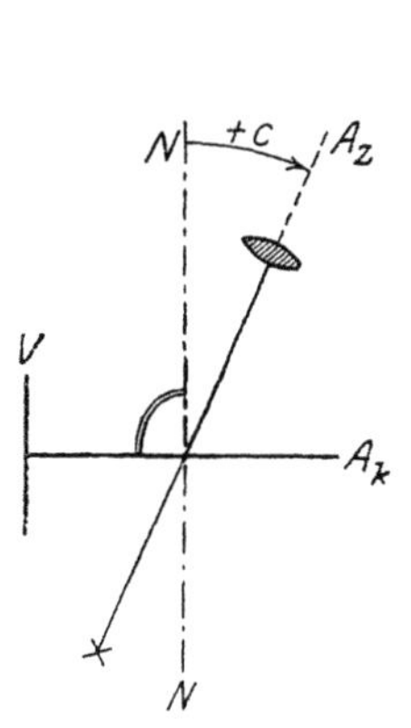

Abb. 111. Zielachsenfehler.

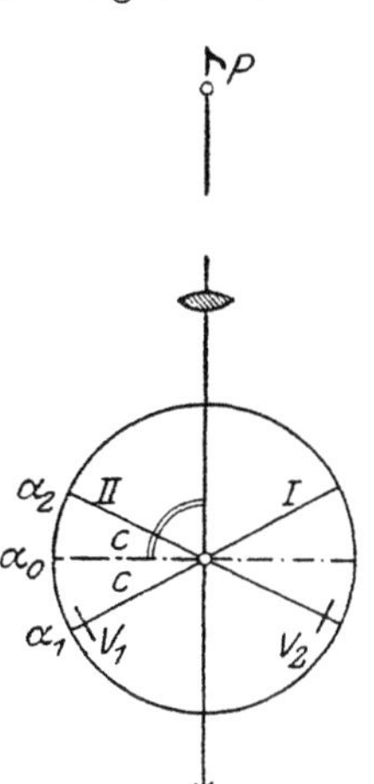

Abb. 112. Beseitigung des Zielachsenfehlers mittels Durchschlagens.

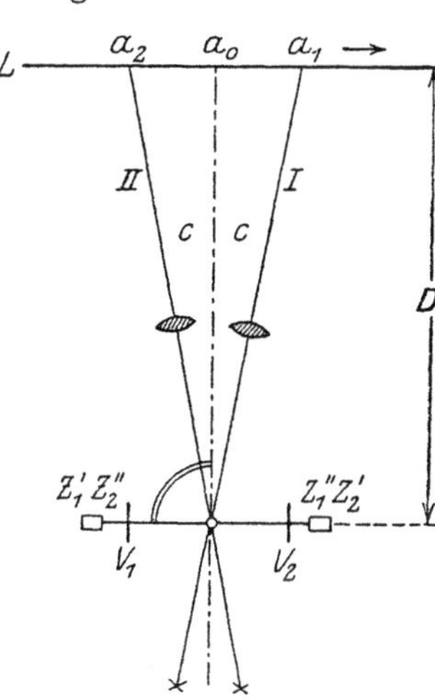

Abb. 113. Beseitigung des Zielachsenfehlers durch Umlegen.

Falle, dem Abb. 112 entspricht, erhält man nach Einstellung irgendeines im Instrumentenhorizont liegenden, deutlich sichtbaren Punktes P bei Höhenkreis links an dem in der Kippachsenlotebene befindlichen Zeiger die Horizontalkreisablesung α_1. Wird nunmehr das Fernrohr durchgeschlagen, d. h. um seine Horizontalachse gedreht, wobei Objektiv und Okular ihren Ort wechseln, die Achsenzapfen aber in ihren Lagern bleiben, und wird ferner nach einer Umstellung der Alhidade Punkt P wieder eingestellt, so besitzt die Kippachse bei Höhenkreis rechts die Lage II, welche mit Lage I den Winkel $2c$ einschließt. Bedeutet α_2 die zu Lage II der Kippachse gehörige Horizontalkreisablesung, so ist der Zielachsenfehler nach Größe und Vorzeichen

$$c = \tfrac{1}{2}(\alpha_2 - \alpha_1).\tag{199}$$

Der richtigen Lage der Zielachse gegen die Kippachse würde eine Ablesung

$$\alpha_0 = \tfrac{1}{2}(\alpha_1 + \alpha_2)\tag{200}$$

entsprechen. Man wird daher zur Beseitigung des Zielachsenfehlers α_0 am Grundkreis einstellen und hierauf mittels der horizontal wirkenden Richtschräubchen das Fadenkreuz verschieben, bis Punkt P wieder eingestellt ist.

Ähnlich ist zu verfahren, wenn man (Abb. 113) das Fernrohr umlegen kann. Dabei findet eine Drehung um die Längsachse des Fernrohres statt; Objektiv und Okular bleiben an ihrer Stelle, dagegen vertauschen die Achszapfen Z', Z'' ihre Lager. Zur Untersuchung richtet man das Fernrohr auf eine im Instrumentenhorizont liegende geteilte, zur Ziellinie senkrechte, horizontale Latte[1] L im Abstande D und findet an der Latte eine Ablesung a_1. Wird jetzt das Fernrohr umgelegt, so gelangt die Zielachse aus Lage I in Lage II, welche mit I den Winkel $2c$ einschließt. Ist a_2 die zugehörige Lattenablesung, so besteht, wenn die Bezifferung der Latte wie diejenige des Kreises im Uhrzeigersinne zunimmt, die einfache Beziehung

$$c = \frac{\varrho''}{2D}\,(a_1 - a_2). \tag{201}$$

Zur richtigen Lage der Ziellinie gehört die Lattenablesung

$$a_0 = \tfrac{1}{2}\,(a_1 + a_2), \tag{202}$$

welche zur Beseitigung des Zielachsenfehlers bei unveränderter Alhidadenstellung mittels der Fadenkreuzrichtschräubchen einzustellen ist.

Die Kippachse soll bei lotrechter Alhidadenachse horizontal liegen. Sonst spricht man von einem Kippachsenfehler i (Abb. 114) und versteht hierunter den Höhen-

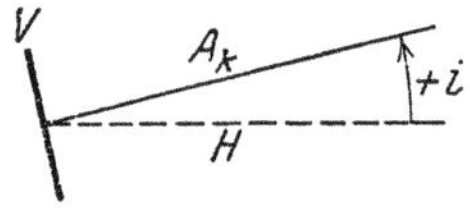

Abb. 114. Kippachsenfehler.

winkel des kreisfreien Endes der Kippachse. Ist etwa eine – für die jetzige Art der Untersuchung nicht notwendige – Achsenlibelle vorhanden, so kann i leicht zahlenmäßig durch Umsetzen der Libelle und Rechnung nach der ersten der beiden Gleichungen (191) gefunden werden. Zur Wegschaffung des Kippachsenfehlers kann man nach vorhergegangener scharfer Beseitigung des Aufstellungs- und Zielachsenfehlers das waagrechte Fernrohr auf ein Lot L (Abb. 115a) einstellen und hierauf dem Fernrohr eine starke Neigung erteilen. Bei der Kippbewegung beschreibt die Ziellinie in der auf der Zielebene senkrechten Lotebene eine Zielspur S, welche beim Vorhandensein eines Kippachsenfehlers i mit dem Lot L den Winkel i einschließt. Zur Horizontallegung der Kippachse ist das eine Achsenende mit Hilfe von besonderen Lagerschräubchen d, r (Abb. 105) so lange zu heben oder zu senken, bis der Fadenkreuzschnittpunkt des stark geneigten Fernrohrs auf dem ursprünglich eingestellten Lote liegt. Mangels eines materiellen Lotes kann man auch in folgender Weise vorgehen. Wird ein sehr hoch oder sehr tief gelegener Punkt P (Abb. 115b) vor und nach dem Durchschlagen des Fernrohrs eingestellt, so beschreibt die Zielachse beim Kippen im Aufriß die Zielspuren S_1 und S_2. Bei horizontaler Lage des Fernrohrs trifft die Zielachse in ihren beiden Lagen die zur Horizontalprojektion P_0 des Punktes P symmetrisch liegenden Punkte P_1 und P_2. Sind γ_1, γ_2 die Horizontalkreisablesungen, wenn die Ziellinie nach P_1 bzw. in der zweiten Lage nach P_2 gerichtet ist, so muß, wenn die Grundkreiseinstellung

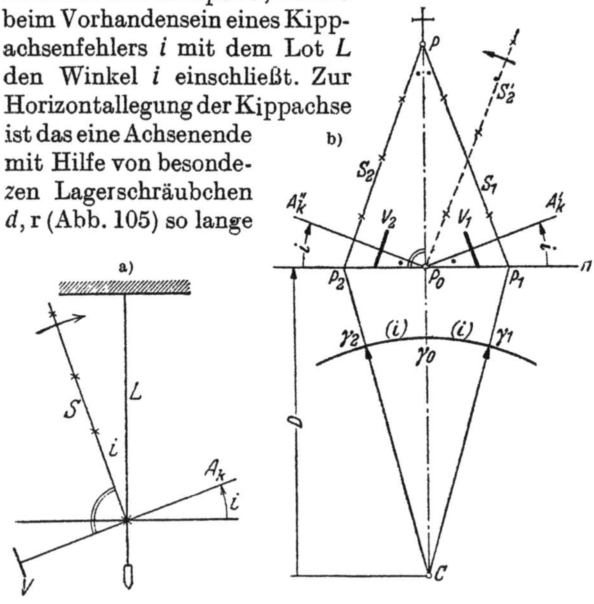

Abb. 115. Berichtigung des Kippachsenfehlers.

$$\gamma_0 = \tfrac{1}{2}\,(\gamma_1 + \gamma_2) \tag{203}$$

---

[1] Falls es sich nicht um die zahlenmäßige Bestimmung, sondern nur um die Beseitigung des Zielachsenfehlers handelt, kann an Stelle der geteilten Latte wieder ein scharf sichtbarer Punkt im Horizont treten. Für beide Untersuchungsarten (mittels Durchschlagen oder durch Umlegen) muß P bzw. L so weit entfernt sein, daß eine etwa vorhandene geringe Exzentrizität der Zielachse gegen die Alhidadenachse die Untersuchung nur unmerklich beeinflußt.

herbeigeführt wird, die waagrechte Zielachse nach P_0 gerichtet sein. Sie wird jetzt die an P vorbeigehende Zielspur S_2' beschreiben, und es ist nun wieder durch Heben oder Senken des einen Kippachsenlagers der Fadenkreuzschnittpunkt nach P, d. h. in das durch P_0 gehende Lot zu verlegen.

Besitzt der Theodolit nur eine Kippachsenlibelle, so kann der Zielachsenfehler vor oder nach der übrigen Untersuchung genau wie vorhin beschrieben beseitigt werden. Im übrigen wird die Berichtigung in folgender Weise erzielt. Nachdem die Reitlibelle durch Umsetzen berichtigt wurde, die Libellenachse also parallel zur Kippachse liegt, wird durch eine Alhidadendrehung die Libelle parallel zur Lotebene durch zwei Fußschrauben gestellt und durch Drehen an diesen zum Einspielen gebracht. In dieser ersten Stellung (Abb. 116a) liegen dann Libellenachse und Kippachse A_k' horizontal, während zur Projektion der Alhidadenachse auf die genannte Lotebene die Komponente v_x des Aufstellungsfehlers gehört. Der nach Umstellung der Alhidade vorhandene Ausschlag A_x (Abb. 116b) entspricht der doppelten Komponente $2v_x$ und ist je zur Hälfte an den benutzten Fußschrauben und durch Höhenverstellung des einen Kippachsenlagers zu beseitigen.

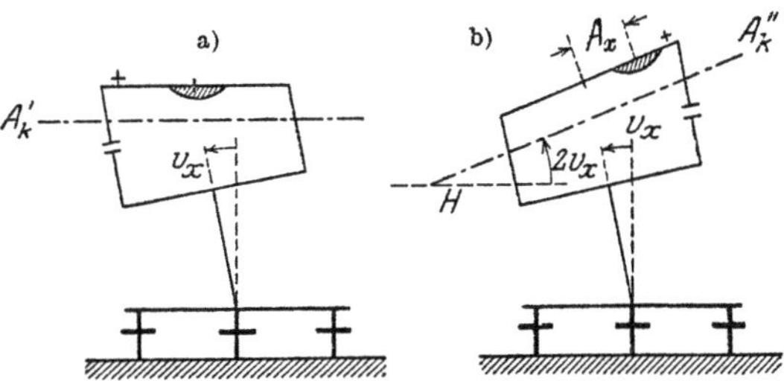

Abb. 116. Gleichzeitige Beseitigung des Aufstellungs- und Kippachsenfehlers mit umsetzbarer Kippachsenlibelle.

Damit ist die Kippachse senkrecht zu der noch schiefliegenden Alhidadenachse gestellt. Der infolge dieser Neigung nach einer Alhidadendrehung um 90^0 sich zeigende Ausschlag A_y ist lediglich mittels der dritten Fußschraube zu beseitigen.

Der Einfluß des Ziel- und Kippachsenfehlers ist eine Funktion des Höhenwinkels α der Sicht, derjenige des Aufstellungsfehlers ist auch noch von dem Winkel β zwischen Zielebene und Alhidadenlotebene abhängig[1]. Bedeuten φ_l', φ_r' die bei Höhenkreis links und rechts an Stelle von φ ausgeführten fehlerhaften Horizontalkreisablesungen, so ist

$$\varphi = \varphi_l' + \frac{c}{\cos\alpha} - i\,\mathrm{tg}\,\alpha - v\sin\beta\,\mathrm{tg}\,\alpha = \varphi_r' - \frac{c}{\cos\alpha} + i\,\mathrm{tg}\,\alpha - v\sin\beta\,\mathrm{tg}\,\alpha. \qquad (204)$$

Hieraus folgt durch Einführung des Mittels $\varphi' = \tfrac{1}{2}(\varphi_l' + \varphi_r')$ der fehlerhaften Beobachtungen

$$\varphi = \varphi' - v\sin\beta\,\mathrm{tg}\,\alpha. \qquad (205)$$

Nach diesem Ergebnis ist das arithmetische Mittel der in zwei Fernrohrlagen (mit Durchschlagen[2]) ausgeführten Horizontalkreisbeobachtungen frei vom Einfluß des Ziel- und Kippachsenfehlers, während der Einfluß des Aufstellungsfehlers erhalten bleibt. Er kann jedoch durch sorgfältige Lotrechtstellung der Alhidadenachse unter der jeweils zulässigen Grenze gehalten werden.

Bei bekanntem, nach (199) oder (201) ermittelten c findet man nach den beiden Gleichungen (204) den Kippachsenfehler mittels des Ausdrucks

$$i = \tfrac{1}{2}(\varphi_l' - \varphi_r')\,\mathrm{ctg}\,\alpha + \frac{c}{\sin\alpha}. \qquad (206)$$

Die Richtigkeit des Ausdrucks (204) läßt sich an Hand der Abb. 117, 115b und 118 leicht einsehen. In Bild 117 ist P der Zielpunkt zum Höhenwinkel α; P' ist der durch die

---

[1] β = Winkel des Objektivendes der Zielachse mit dem Grundriß der nach oben verlängerten schiefen Alhidadenachse, im Uhrzeigersinn positiv gezählt.

[2] Träte an Stelle des Durchschlagens das Umlegen, so würde im Beobachtungsmittel der Einfluß des Kippachsenfehlers nicht getilgt.

Kippachsennormale N bezeichnete Punkt in der zu A_k parallelen Lotebene des Zielpunktes. Die Strahlen vom Instrumentenmittelpunkt C nach P und P' schließen den Zielachsenfehler c ein, ihre Grundrisse CP_0, $CP_0' = N_0$ seinen Einfluß (c). In N_0 liegt auch der Ablesezeiger. Aus den unmittelbar abzulesenden Näherungen:

$$P_0' P_0 = -(c) \cdot CP_0 \\ = P'P = c \cdot CP = c \cdot \frac{CP_0}{\cos\alpha} \left.\right\} \quad (206^0)$$

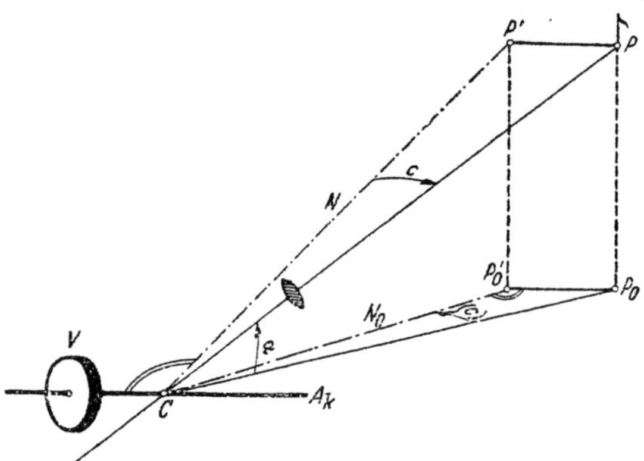

Abb. 117. Zielachsenfehlereinfluß bei geneigter Sicht.

folgt für die erste Fernrohrlage der Fehlereinfluß

$$(c) = -\frac{c}{\cos\alpha} \qquad (206^1)$$

Nach Bild 115b (unten Grundriß, oben Aufriß) ist $P_0 P_1 = (i) \cdot CP_0 = i \cdot P_0 P = i \cdot (CP_0 \cdot \operatorname{tg}\alpha)$, so daß sich für die erste Lage der Kippachsenfehlereinfluß

$$(i) = i \cdot \operatorname{tg}\alpha \qquad (206^2)$$

ergibt. In der zweiten Fernrohrlage ändern die Ausdrücke (c) und (i) lediglich ihr Vorzeichen.

Besteht ein Aufstellungsfehler v, so wird bei einer Alhidadendrehung die zur Alhidadenachse normale Kippachse auf der Einheitskugel um den Mittelpunkt C einen um v geneigten Großkreis K_n (Abb. 118) beschrei-

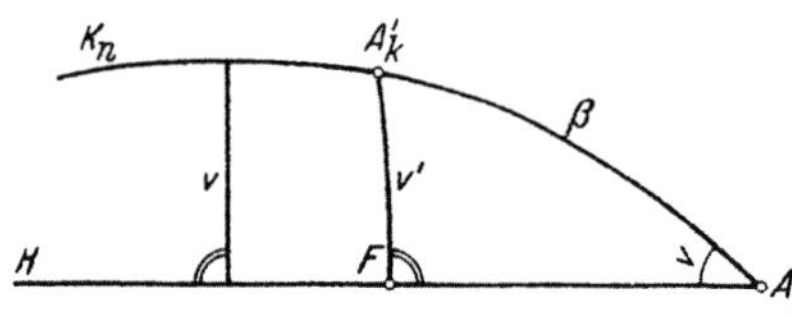

Abb. 118. Einfluß eines Aufstellungsfehlers.

ben. Sie liegt waagrecht, wenn die Zielebene lotrecht steht; ihr Richtungsbild A_k (Sinn nach dem kreisfreien Ende) fällt dann in den Horizont H. Werden Zielebene und Kippachse von dieser Ausgangsstellung um β herausgedreht, so gehört zur nunmehr um v' geneigten Kippachse das Bild A_k'. Aus dem bei F rechtwinkligen sphärischen Dreieck $A_k F A_k'$ folgt $\sin v' = \sin v \cdot \sin \beta$ oder genähert $v' = v \cdot \sin \beta$. Dieser Neigung der Kippachse entspricht aber nach (206^2) der Fehlereinfluß

$$(v) = v' \cdot \operatorname{tg}\alpha = v \cdot \sin\beta \cdot \operatorname{tg}\alpha, \qquad (206^3)$$

welcher sein Vorzeichen auch in der zweiten Fernrohrlage beibehält. Fügt man diese Fehlereinflüsse mit geändertem Vorzeichen zu den in beiden Lagen ausgeführten Beobachtungen, so erscheint unmittelbar Gl. (204).

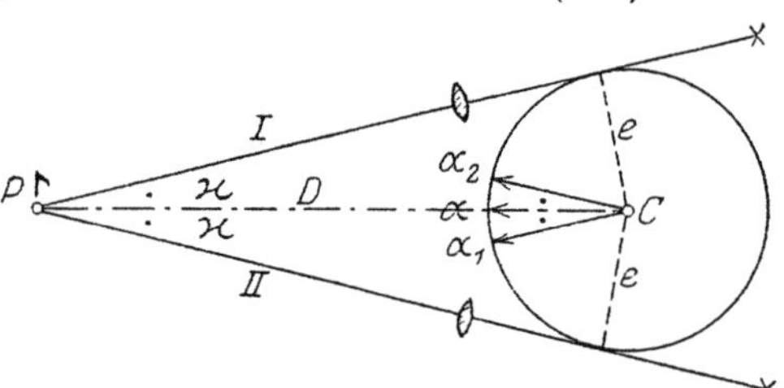

Abb. 119. Exzentrische Lage der Ziellinie.

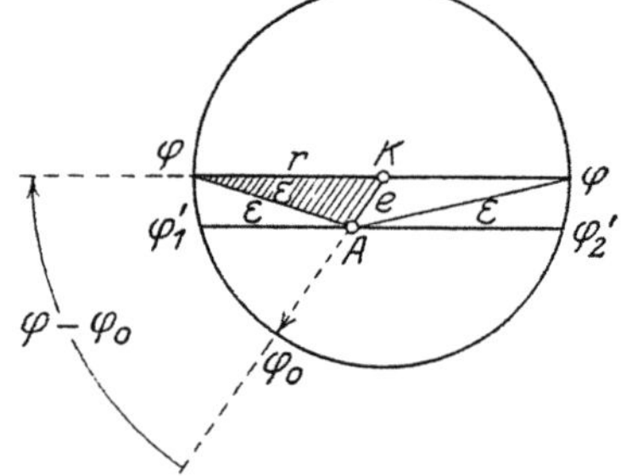

Abb. 120. Periodisch veränderlicher Exzentrizitätsfehler der Alhidade.

Bei einer seitlichen Anordnung des Fernrohrs besitzt die auf einen Punkt P eingestellte Ziellinie eine bestimmte Lage I (Abb. 119), und die an einem zur Zielebene parallel gedachten Zeigerarm erscheinende Grundkreisablesung ist α_1. Zur anderen Fernrohrlage II aber gehört eine Ablesung α_2, die mit α_1 symmetrisch zur Sollablesung α liegt, welche einem nach P gerichteten Zeiger entspricht. Es stellen also die Ausdrücke

$$\alpha = \tfrac{1}{2}(\alpha_1 + \alpha_2), \qquad \varkappa = \alpha - \alpha_1 \approx \varrho'' \frac{e}{D} \qquad (207)$$

die vom Fehler der Fernrohrexzentrizität e befreite Grundkreisablesung bzw. den Fehler der zur Lage I gehörigen Ablesung vor, wenn e und D den Abstand des Fernrohrs und des Zielpunktes von der Alhidadenachse bedeuten.

Fällt der Kreismittelpunkt K (Abb. 120) nicht auf die Alhidadenachse A, so entsteht ein periodisch veränderlicher Exzentrizitätsfehler ε. Um diesen Betrag unterscheiden sich die an den Enden einer zunächst noch gestreckt gedachten Alhidade ausgeführten Ablesungen φ_1', φ_2' von dem richtigen Werte φ, welcher an den Enden eines zu den Zeigerarmen parallelen Kreisdurchmessers erscheinen würde. Dieser richtige Wert ist nach der Abbildung

$$\varphi = \tfrac{1}{2}\,(\varphi_1' + \varphi_2')\,. \tag{208}$$

Also ist das Mittel der an zwei diametralen Zeigern in einer Fernrohrlage ausgeführten Ablesungen frei vom Einfluß des periodisch veränderlichen Exzentrizitätsfehlers. Er ist auch, wie sich einfach zeigen läßt, im Mittel der am gleichen Zeiger in zwei Fernrohrlagen (mit Durchschlagen) ausgeführten Ablesungen nicht mehr enthalten.

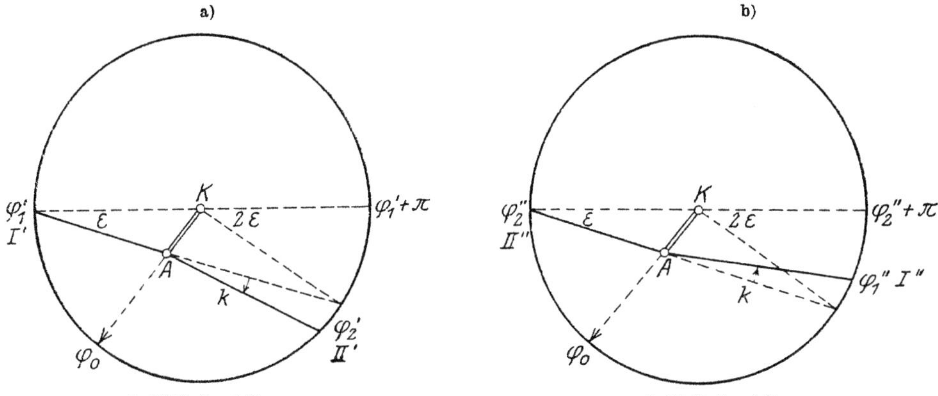

1. Alhidadenstellung.   2. Alhidadenstellung.

Abb. 121. Bestimmung des periodisch veränderlichen Exzentrizitätsfehlers und des Knickungsfehlers der Alhidade.

Bedeutet r den Kreishalbmesser, $e = AK$ die lineare Exzentrizität und φ_0 die zu ihrer Richtung gehörige Kreisablesung, so ist nach dem in der Abb. 120 schraffierten Dreieck

$$\varepsilon = \varrho''\,\frac{e}{r}\,\sin(\varphi - \varphi_0) = \varepsilon_{max}\,\sin(\varphi - \varphi_0)\,, \tag{209}$$

also eine periodisch veränderliche Größe, deren Maximalwert $\varepsilon_{\max} = \varrho''\,\dfrac{e}{r}$ ist.

Die zahlenmäßige Bestimmung des periodisch veränderlichen Exzentrizitätsfehlers aus Beobachtungen wird vielfach mit einer Teilungsuntersuchung verbunden und sei an der Hand von Abb. 121 kurz erklärt. In einer ersten Alhidadenstellung erscheinen an den beiden Zeigern I', II' die Ablesungen φ_1', φ_2'. Ist, wie hier angenommen, der zweite Zeigerarm gegen die Rückwärtsverlängerung des ersten um einen Betrag k verdreht, so spricht man von einem Knickungsfehler k der Alhidade. Wird diese nun um 180° gedreht, so erscheinen an den in den Stellungen I'', II'' befindlichen Ablesevorrichtungen die Ablesungen φ_1'', φ_2'', deren Vergleich mit φ_1', φ_2' sowohl den konstanten Wert k wie auch die mit der Alhidadenstellung veränderliche Größe ε ergibt. Unter Verwendung der Abkürzungen

$$\varphi_2' - (\varphi_1' + 180^0) = d_1\,, \qquad \varphi_2'' + 180^0 - \varphi_1'' = d_2 \tag{210}$$

findet man aus der Doppelabb. 121 leicht die Beziehungen

$$d_1 = 2\,\varepsilon + k\,, \qquad -d_2 = 2\,\varepsilon - k \tag{211}$$

und hieraus gewinnt man die Fehlerausdrücke

$$k = \tfrac{1}{2}\,(d_1 + d_2)\,, \qquad \varepsilon = \tfrac{1}{4}\,(d_1 - d_2)\,. \tag{212}$$

Werden mehrere Beobachtungen – etwa in 15° Abstand – über den ganzen Kreis verteilt, so erhält man aus den einzelnen k einen Mittelwert k_m, der, zu 180^0 hinzugefügt, den wahrscheinlichsten Zeigerabstand vorstellt, während der mittlere Fehler eines einzelnen k dem mittleren Fehler der Einzelablesung entspricht. Für die nach (212) ermittelten ε, welche ungefähr einer Sinuskurve folgen, lassen sich unter Zugrundelegung von (209) durch eine Ausgleichung nach vermittelnden Beobachtungen Verbesserungen berechnen, die dem Zusammenwirken der unvermeidlichen Beobachtungsfehler, der regelmäßigen und der unregelmäßigen Kreisteilungsfehler entsprechen.

Um den Einfluß der Kreisteilungsfehler herabzumindern, wird man, nachdem jeweils der Kreis verstellt worden ist, die Beobachtungen an verschiedenen Kreisstellen ausführen. So werden nicht nur die unregelmäßigen, sondern auch die regelmäßigen Kreisteilungsfehler mit verschiedenen Vorzeichen in das Beobachtungsmittel eingehen und auf dieses nur mehr einen geringen Einfluß ausüben. Das jeweilige Maß der Kreisverstellung ist $360^0 : n \cdot m$, wenn m die Zahl der Ablesevorrichtungen und n die beabsichtigte Wiederholungszahl der Beobachtungen (Satzzahl) bedeutet.

Eine ungleiche Dicke der kreiszylindrischen Achszapfen bewirkt eine gleichbleibende Neigungsänderung der Kippachse, deren Einfluß gemeinsam mit dem des Kippachsenfehlers getilgt werden kann[1].

c) Der Wild-Theodolit.

Eine sehr eigenartige Neukonstruktion ist der in Abb. 122 dargestellte Wild-Theodolit[2]. Sein kurzes Fernrohr F von fester Länge ist mit Einstell-Linse E und Teleobjektiv ausgestattet; es trägt seitlich ein Mikroskop M, in dessen Gesichtsfeld die Kreisteilungen vom Okular aus abgelesen werden können. Ein Grundkreis I und ein Höhenkreis II, beide aus Glas, sind zur Erzielung eines erhöhten Schutzes vollkommen verdeckt und staubdicht abgeschlossen. In ihre Oberflächen sind in Randnähe die Teilungen eingeritzt und durch eine spiegelnde, aufgebrachte Silberschicht noch besonders geschützt. Für die weitere Beschreibung soll, da die Einrichtung für beide Kreise grundsätzlich dieselbe ist, nur der Horizontalkreis I in Betracht kommen.

Zur Sichtbarmachung der Teilung führen die Beleuchtungsprismen $1\text{—}5$ zwei diametralen Kreisstellen Licht zu. Dieses wird an der versilberten Oberfläche unter Mitnahme des Teilungsbildes reflektiert und durch die Abbildungsprismen 5 in den hohlen Alhidadenzapfen geworfen. Zur Unterscheidung sind die von zwei gegenständigen Kreisstellen kommenden Strahlen durch $\text{—}\cdot\text{—}\cdot\text{—}$ und einfachen Pfeil bzw. durch $\text{—}\cdot\cdot\text{—}\cdot\cdot\text{—}$ und Doppelpfeil bezeichnet. Diese Strahlen erfahren bei ihrem Durchgang durch ein rhombisches Prisma 7 eine beträchtliche Parallelversetzung. In dieser Lage durchsetzen die aufwärts gerichteten Strahlen das optische Doppelmikrometer 8, 9 und in einem Scheideprisma 10 werden die beiden diametralen Bilder längs einer feinen Trennungslinie nebeneinandergelegt, wie es Abb. 123a zeigt. Hinter dem Mikroskopkollektiv 12 erfahren die Strahlen noch eine Ablenkung von $90°$, und schließlich vereinigen sie sich zu einem stark vergrößerten, im Mikroskop M sichtbaren

---

[1] Eine solche vollständige Unschädlichmachung ist aber bei elliptischen Achszapfen nicht möglich; siehe hierzu BAESCHLIN, F.: Z. Instrumentenkde. 1916, S. 285—293, u. UHINK, W.: Z. Instrumentenkde. 1934, S. 205—220.

[2] Abb. 122 ist im wesentlichen die Verkleinerung einer von WILD in Heerbrugg hergestellten Tafel. Eine Beschreibung der Neukonstruktion enthält die Schrift von WILD, HEINRICH: Der neue Theodolit. Sonderabdruck aus der Schweizerischen Zeitschrift für Vermessungswesen u. Kulturtechnik 1925. Einen ebenfalls von WILD konstruierten Vorläufer dieses Theodolits hat schon einige Jahre früher C. ZEISS in Jena herausgebracht. Siehe hierzu SCHERMERHORN, W.: Vergleichung des neuen Zeiß-Theodolits mit heutigen Konstruktionen. Z. Instrumentenkde. 1925, S. 16—35. Inzwischen ist auch das einschlägige ZEISS-Instrument wesentlich vervollkommnet worden. Siehe etwa ACKERL, F., in Z. Instrumentenkde. 1935, S. 70—75.

Doppelbild. Zur Feinablesung in einem gesonderten Mikroskopbild dient die Sekundentrommel r, deren Randteilung durch das Einfangprisma *11* in den weiteren Strahlengang (—···— ··· — bzw. dreifacher Pfeil) einbezogen wird. Will man am Höhenkreis *II* beobachten, so wird durch Verschieben des Einschaltprismas $H.P.$ der vom Horizontalkreis kommende Strahlengang abgeschnitten und dafür der von *II* kommende eingeschaltet.

Nach Einstellung eines Zielpunktes im Fernrohr F erscheint im Mikroskop M das Bild 123a: die abgebildeten diametralen Kreisstellen liegen mit verschieden gerichteter Bezifferung längs einer feinen Trennungslinie übereinander; eine Marke S, an der aber nicht abgelesen wird, bezeichnet die Mitte des Gesichtsfeldes. Nun werden mittels der Sekundentrommel r die beiden Platten *8, 9* des optischen Mikrometers gleichmäßig nach verschiedenen Seiten gedreht, bis die dem Strich S nächstgelegenen Striche beider Teilungen koinzidieren. Dann hat man im Mikroskop den Anblick 123b; je zwei Striche der beiden Teilungen treffen zusammen, und darüber erscheint die mittels des Einfangprismas *11* einbezogene Teilung der Sekundentrommel. Zum leichteren Verständnis der Ablesung denken wir uns zunächst ein Schraubenmikroskop (siehe S. 43) so

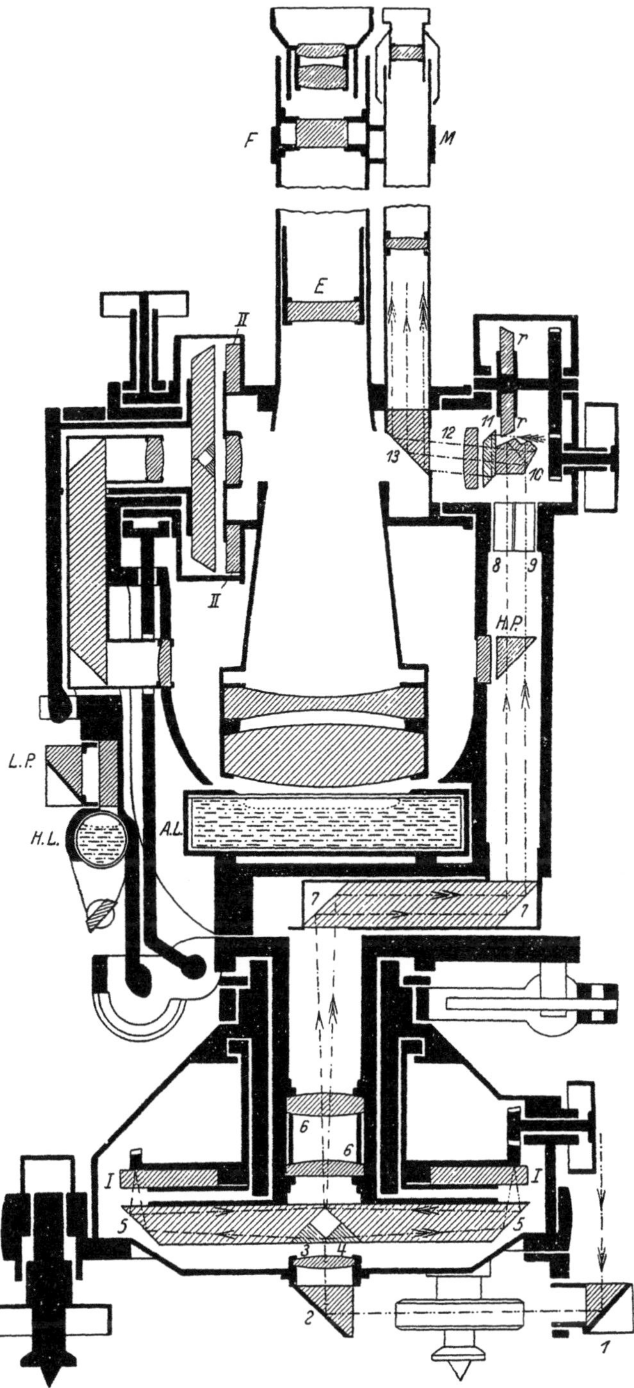

Abb. 122. Vertikalschnitt durch den Wild-Theodolit.
F Fernrohr von unveränderlicher Länge, M Mikroskop, E Einstell-Linse, r Sekundentrommel, *12, 13* Kollektiv des Mikroskops, *11* rhombisches Einfangprisma, *10* Scheideprisma, *8, 9* optisches Mikrometer, *II* Höhenkreis aus Glas, $H.P.$ Einschaltprisma für den Höhenkreis, $L.P.$ Libellenprisma, $H.L.$ Höhenkreislibelle, $A.L.$ Alhidaden-Libelle, *7* rhombisches Prisma zur Strahlenversetzung, *6* Abbildungsobjektiv, I Grundkreis aus Glas, *5, 5* Abbildungsprisma, *1–4* Beleuchtungsprisma für den Grundkreis.

angeordnet, daß sein Faden bei Nullstellung der Trommel auf S fällt. Dann erhalten wir oben und unten die Ablesungen

$$A' = A_0 + i \cdot M + R', \qquad \text{bzw.} \qquad A'' = A_0 + i \cdot M + R'', \tag{213}$$

wenn zu der S vorhergehenden Gradzahl noch i ganze Maßstabteile dazukommen und R', R'' die weiterhin noch bis S bleibenden Reste sind. Der wahrscheinlichste Wert wäre dann das Mittel

$$A = \tfrac{1}{2}(A' + A'') = A_0 + i \cdot M + \tfrac{1}{2}(R' + R'') = A_0 + i \cdot M + R. \tag{214}$$

Während nun der Hauptbetrag $A_0 + i \cdot M$ bei der neuen Ablesevorrichtung ebenso wie beim Schraubenmikroskop unmittelbar abgelesen wird, erfolgt die Messung der Restbeträge R', R'' nicht durch Fadenverschiebungen mittels einer Meßschraube. Vielmehr werden mit dem optischen Mikrometer die zwei einander entsprechenden, S benachbarten Striche zur Deckung gebracht, so daß beide Teilungen koinzidieren. Dann erfolgt unmittelbar die Ablesung des Mittelwertes R am Zeiger Z im Bild der Sekundentrommel. In Abb. 123 ist also die Ablesung

$$\left. \begin{aligned} A &= 4^0 + 40' + 3'\,25{,}7'' \\ &= 4^0\,43'\,25{,}7''. \end{aligned} \right\} \tag{215}$$

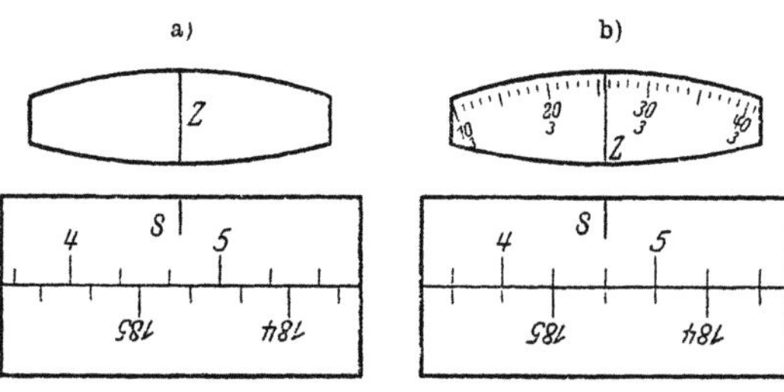

Abb. 123. Anblick im Ablesemikroskop.

Die besonders in die Augen springenden Vorteile des neuen Theodolits sind: geringes Gewicht, bequeme Ablesung vom Okular aus, große Ableseschärfe, Einsparung der Hälfte aller Ablesungen und der Mittelung, geschützte Lage der Kreise und nicht zuletzt die außergewöhnliche Genauigkeit der Teilungen.

d) Gebrauch des Theodolits zur Messung von Horizontalwinkeln.

Zur Horizontalwinkelmessung wird die Alhidadenachse des Theodolits ins Lot des Winkelscheitels gebracht. Als Unterlage eignet sich am besten ein Steinpfeiler oder etwa auch eine dicke, nicht zu lange Holzsäule, in deren Oberfläche der Aufstellungspunkt durch einen Bolzen oder Nagel bezeichnet ist. Für gewöhnlich muß man sich aber damit begnügen, das Instrument auf einem Stativ[1], dessen drei Beine fest in den Boden getreten werden, zu befestigen, um es in eine möglichst unveränderliche Verbindung mit dem Gelände zu bringen. Ein Stativ soll möglichst standfest und handlich sein und eine rasche Aufstellung ermöglichen. Diesen Anforderungen genügen am besten diejenigen Stative, welche der in Abb. 124 skizzierten idealen Grundform des Gitterstativs mit möglichst breiten Gelenkseiten nahe kommen. Allgemein unterscheidet man Zapfenstative und Teller- oder Scheibenstative. Erstere, welche heute als Theodolitträger nicht mehr in Frage kommen, besitzen einen von drei Beinen getragenen prismatischen, in einen Zapfen endigenden Kopf (Abb. 125), an dem mittels Steckhülse das Instrument befestigt wird. Für Theodolitaufstellungen kommen aus-

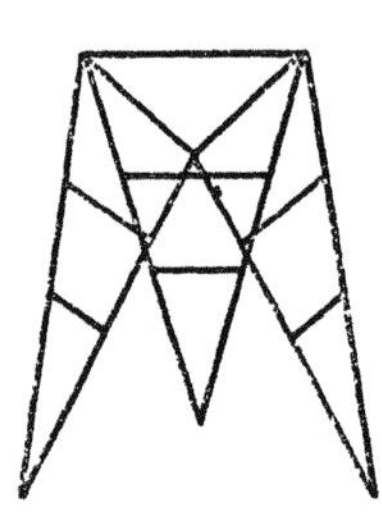

Abb. 124. Gitterstativ.

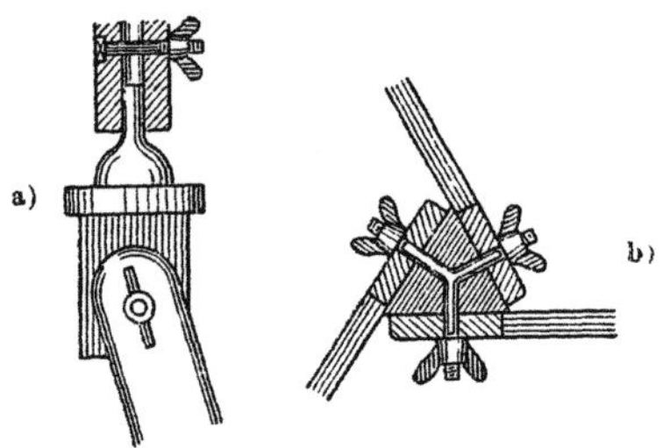

Abb. 125. Zapfenstativ mit ebenen Reibungsflächen.

---

[1] Näheres über Stative siehe VOGLER: Abbildungen geodätischer Instrumente. Berlin 1892.

schließlich die in einen Kopf mit waagrechter Aufsatzfläche[1] endigenden Tellerstative in Frage, deren wichtigste Formen in den Abb. 126 bis 131 skizziert sind. Abb. 132 zeigt die gebräuchliche Stativfußausbildung mit Eisenschuh und festem Trittansatz. Die

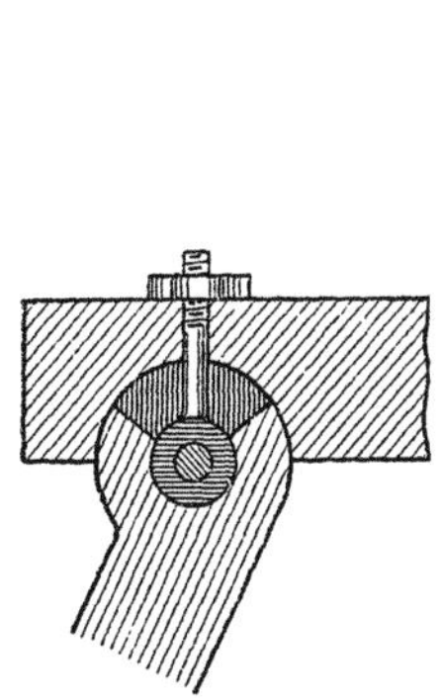
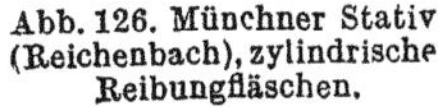

Abb. 126. Münchner Stativ (Reichenbach), zylindrische Reibungfläschen.

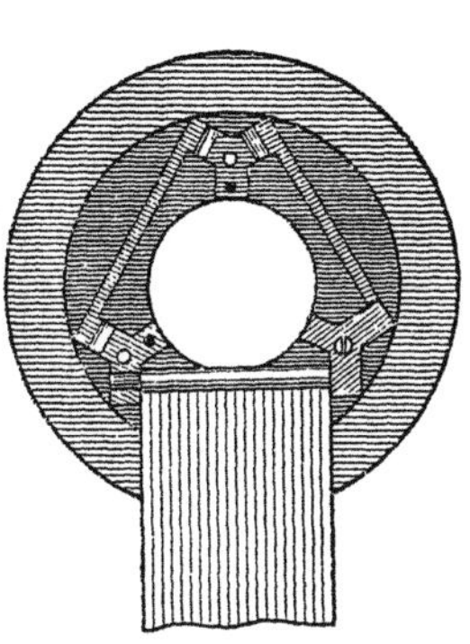

Abb. 127. Berliner Stativ von Meißner, zylindrische, fest mit einer Gußplatte verbundene Achsen (Untenansicht).

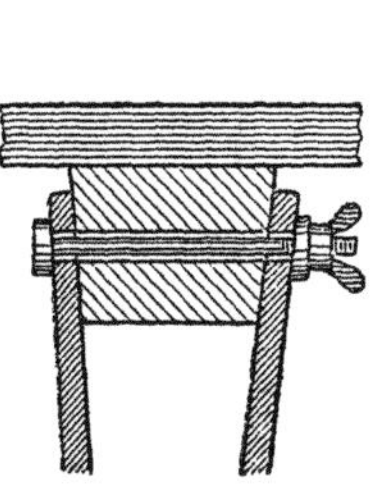

Abb. 128. Französisches Stativ (auch nach Pistor und Martins benannt), ebene Reibungsflächen, kein Fortschritt.

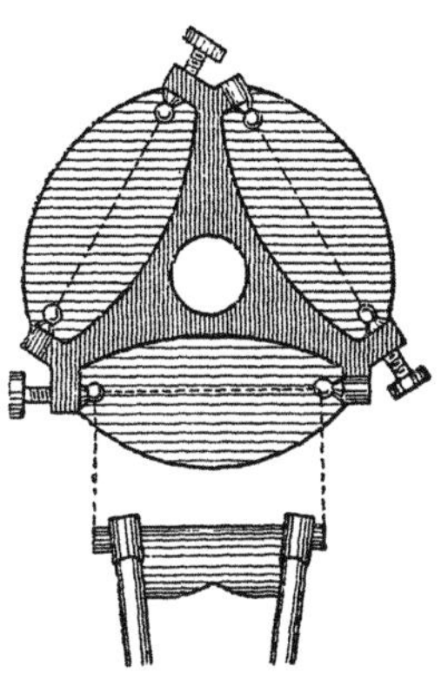

Abb. 129. Wiener Stativ von Starke u. Kammerer, die Enden der Stativbeine besitzen Kugellager (Untenansicht).

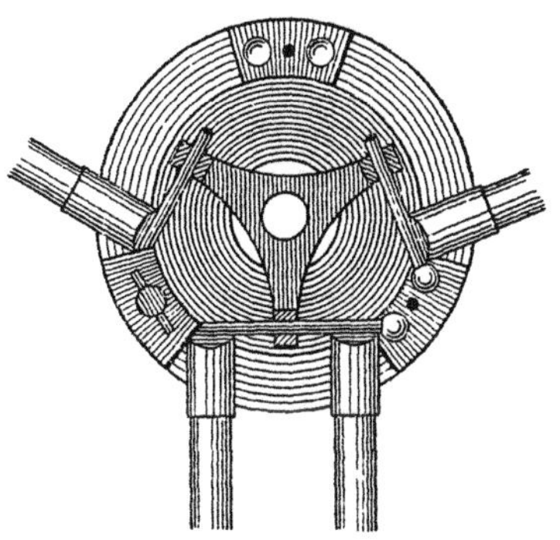

Abb. 130. Stativ von Wolz in Bonn, die kugeligen Enden der Stativbeine ruhen in Kugellagern des Stativkopfes (Untenansicht).

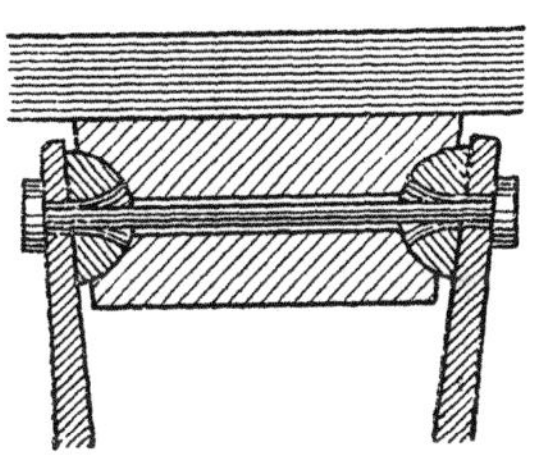

Abb. 131. Pariser Stativ mit Kugelreibung.

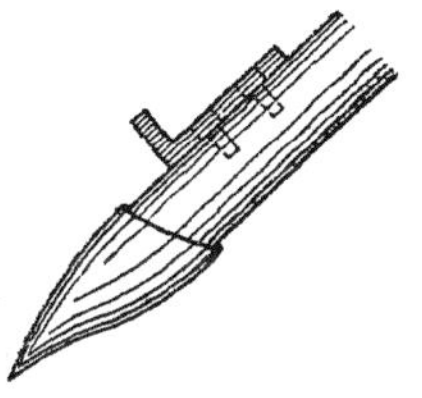

Abb. 132. Stativfuß mit Eisenschuh und Trittansatz.

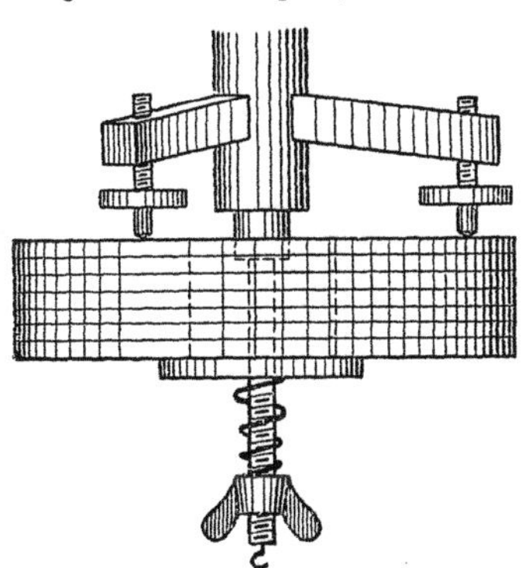

Abb. 133. Verbindung des Instruments mit dem Stativ.

feste Verbindung des Instrumentes mit dem Stativkopf erfolgt wie in Abb. 133 mittels Herzschraube und Gegenfeder, die als Spirale oder wie in Abb. 79 als Blattfeder ausgebildet ist.

Um nun den Theodolit lotrecht über einem bestimmten Bodenpunkt aufzustellen, wird das Instrument auf dem schon angenähert horizontierten Stativkopf so verschoben, daß die Spitze eines in den Stengelhaken der Herzschraube eingehängten Lotes unmittelbar über dem Bodenpunkt liegt[2]; hierauf wird die Alhidadenachse angenähert lotrecht gestellt, die hierdurch etwa gestörte Zentrierung noch einmal verbessert, und dann erst wird durch Anziehen der Befestigungsmutter und der Gelenkschrauben feste

---

[1] AUBELL hat die Waagrechtstellung von Stativköpfen u. die Lotrechtstellung von Achsen mit Hilfe eines Drehkeilpaares vorgeschlagen (Österr. Z. Vermess.-Wes. 1937, S. 90—94).

[2] Das im Wind pendelnde Schnurlot verzögert u. verschlechtert die Zentrierung u. wird wegen dieser unangenehmen Eigenschaft oft durch das starre Lot ersetzt. Es besteht bei der von MÜLLER

Verbindung des Instruments mit der Umgebung hergestellt. Ist durch eine gelungene Berichtigung vor allem der Aufstellungsfehler des Theodolits beseitigt, so werden zur Messung des zwischen den Zielen L, R (Abb. 134) liegenden Horizontalwinkels α_{lr} am Zeiger in den Stellungen Z_l, Z_r die zu den aufeinanderfolgenden Einstellungen beider Zielpunkte gehörigen Grundkreisablesungen a_l, a_r ausgeführt, deren Differenz

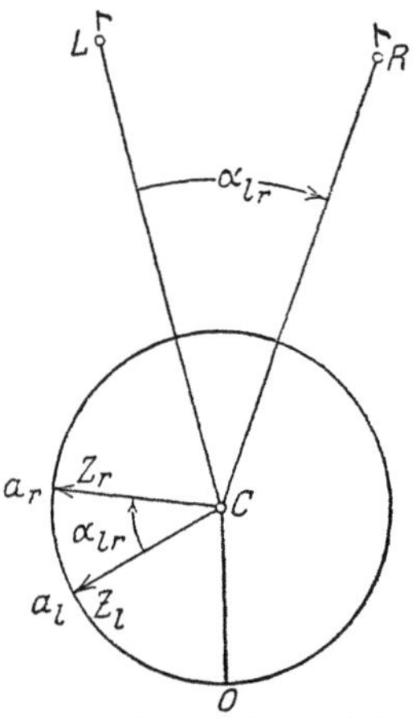

$$\alpha_{lr} = a_r - a_l \tag{216}$$

bei berichtigtem Instrument der gesuchte Winkel ist. Beobachtungen in nur einer Fernrohrlage[1], für welche auch der Ziel- und Kippachsenfehler möglichst scharf zu beseitigen sind, werden heute nur für untergeordnete Zwecke verwendet. Gewöhnlich erfolgen die Winkelmessungen in zwei Fernrohrlagen (mit Durchschlagen) so, daß in der ersten Lage von links nach rechts, in der zweiten von rechts nach links eingestellt wird. Erst die Mittel aus den vier zum gleichen Zielpunkt gehörigen Ablesungen (als Gradzahlen werden diejenigen der ersten Ablesevorrichtung in der ersten Fernrohrlage beibehalten) werden zur Winkelberechnung nach (216) verwendet. Diese Art der Winkelmessung und Winkelberechnung, für welche Tabelle 9 ein einfaches Beispiel enthält, nennt man Tilgungsmessung oder Kompensationsmessung, weil bei diesem Verfahren eine große Zahl von Fehlern (Zielachsenfehler, Kippachsenfehler, ungleiche Dicke der kreiszylindrischen Achszapfen, exzentrische Lage der Alhidade und der Ziellinie, regelmäßige Drehung der Unterlage) unschädlich gemacht wird. Nicht getilgt werden der Aufstellungsfehler der Alhidadenachse, ein Exzentrizitätsfehler des Instruments und des Zielpunktes

Abb. 134. Horizontalwinkelmessung.

Tabelle 9.

Standpunkt: Polygonpunkt 6.

Zielpunkt	Ablesungen in Lage $\frac{1}{2}$		Mittel	Winkel
	Nonius I	Nonius II		
P.P.5	16^0 05′ 20″	5′ 00″	16^0 05′ 22″	0^0 00′ 00″
	196 05 40	5 30		
P.P.7	127 16 40	17 00	127 17 05	111 11 43
	307 17 20	17 20		

(z. B. Phasenbeleuchtung), der Einfluß einer nicht kreiszylindrischen Form der Achszapfen, sowie die aus einer unregelmäßigen Veränderung der Unterlage entspringenden Fehler. Auch der Einfluß des rein zufälligen Einstell- und Ablesefehlers, sowie der Kreisteilungsfehler[2] bleibt erhalten, kann aber durch mehrfache Wiederholung der

---

u. Reinecke (Z. Vermess.-Wes. 1888, S. 115) erstellten Konstruktion im wesentlichen aus ineinander verschiebbaren, eine materielle Fortsetzung der Alhidadenachse bildenden Röhren, deren innerste unten in eine Spitze mit Trittansatz endigt. Diese wird beim Gebrauch in den Bodenpunkt getreten u. das Instrument auf dem besonders ausgebildeten Stativkopf so verschoben, daß eine mit dem starren Lot verbundene Dosenlibelle einspielt, deren Mittelpunktshalbmesser parallel zur Röhrenachse liegt. Siehe auch das feste Lot von Löschner (Z. Vermess.-Wes. 1912, S. 575). Es gibt auch optische Abloteinstrumente, mit denen die Zentrierung auf einige Zehntelmillimeter durchgeführt werden kann. Die entsprechenden Beträge beim starren Lot u. beim Schnurlot sind etwa 1 mm bzw. 5 mm.

[1] Noch in der ersten Hälfte des 19. Jahrhunderts wurden Hauptdreiecksnetzwinkel in nur einer Fernrohrlage gemessen.

[2] Bei allen als gut anzusprechenden Instrumenten bleiben die Kreisteilungsfehler unter 1″.

Beobachtungen (n Sätze), die mit Rücksicht auf die Kreisteilungsfehler bei verschiedenen Kreisstellungen (jedesmalige Verstellung $180^0 : n$) erfolgen soll, stark herabgedrückt werden. Bedeutet m_e den mittleren zu einer Einstellung gehörigen Einstellfehler des Fernrohrs und m_a den mittleren Ablesefehler an einer Ablesevorrichtung für eine Fernrohrlage, so lautet der analytische Ausdruck für den hieraus entspringenden mittleren Fehler einer einzelnen aus Beobachtungen in zwei Fernrohrlagen und unter Verwendung zweier Ablesevorrichtungen ermittelten Richtung

$$m_r = \pm \sqrt{\tfrac{1}{2} m_e^2 + \tfrac{1}{4} m_a^2} \,, \tag{217}$$

während

$$m_w = m_r \sqrt{2} = \pm \sqrt{m_e^2 + \tfrac{1}{2} m_a^2} \tag{218}$$

den mittleren Fehler des als Richtungsdifferenz aufgefaßten Winkels angibt[1].

Die entsprechenden, durch das Zeichen μ charakterisierten mittleren Fehler der aus n solchen Sätzen ermittelten Richtungs- bzw. Winkelmittel sind

$$\mu_r = m_r : \sqrt{n} = \pm \sqrt{\frac{1}{n}(\tfrac{1}{2} m_e^2 + \tfrac{1}{4} m_a^2)} \quad \text{und} \quad \mu_w = \pm \sqrt{\frac{1}{n}(m_e^2 + \tfrac{1}{2} m_a^2)} \,. \tag{219}$$

Als Zielzeichen dienen natürliche oder künstliche Signale. Zu ersteren gehören Türme, Blitzableiter oder andere hervorstechende Punkte an Bauwerken. Bei Blitzableitern wird deren Fußpunkt angezielt, bei Türmen die Stelle, wo der Knopf auf der Helmstange sitzt, wenn es sich um Horizontalwinkelmessungen handelt, dagegen der Kugelmittelpunkt bei Höhenwinkelmessungen. An künstlichen Signalen sind hauptsächlich zu nennen Fluchtstäbe, Zielstangen und Zieltafeln. Erstere sind 2 bis 3 m lange, einige cm dicke, mit Ölfarbenanstrich in wechselnden Farben versehene Stäbe (Abb. 135) aus geradfaserigem Tannenholz, welche mit ihrem eisenbeschuhten Fuß lotrecht in den zu bezeichnenden Punkten aufgestellt werden. Zur Lotrechtstellung wird entweder das gewöhnliche Lot oder eine mit einem Anlegewinkel verbundene Dosenlibelle benützt;

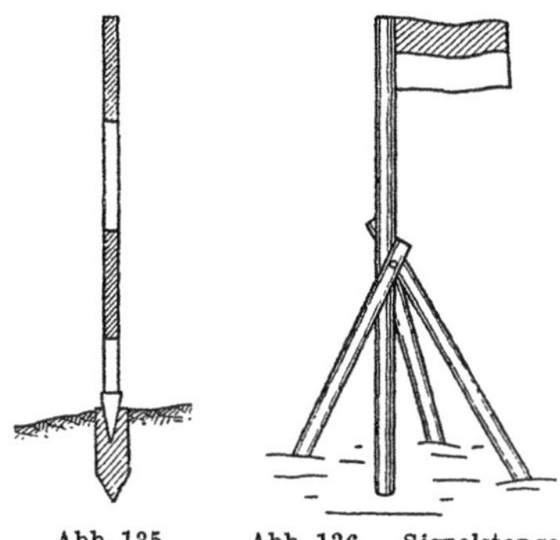

Abb. 135. Fluchtstab.   Abb. 136. Signalstange mit Fahne.

Abb. 137. Zieltafeln.

ein verstellbarer Dreifuß dient vielfach, besonders auf hartem Boden, zur Festhaltung des stets am tiefsten sichtbaren Punkte anzuzielenden Stabes in seiner lotrechten Lage. Auf größere Entfernungen hin verwendet man kräftige, 4 bis 5 m lange Stangen, die zur Erhaltung der lotrechten Lage durch Stützen fest verspreizt werden (Abb. 136). Ein vielfach zweifarbiges Bretterkreuz oder ein zweifarbiges, im Winde flatterndes Fähnchen machen das Signal auf größere Entfernungen hin sichtbar. Auch besondere quadratische oder kreisförmige Zieltafeln mit Kontrastfarben (Abb. 137) finden Verwendung[2].

---

[1] Die Zahl der an Theodoliten ausgeführten Genauigkeitsuntersuchungen ist eine sehr große. Einige Untersuchungen siehe bei a) KLEMPAU: Z. Vermess.-Wes. 1912, S. 265—280. b) LÜDEMANN: Landmesser 1913, S. 97 ff. c) LÜDEMANN: Z. Instrumentenkde. 1920, S. 49—56. d) HEUVELINK: Die Prüfung der Kreisteilungen von Theodoliten u. Universalinstrumenten. Z. Instrumentenkde. 1925, S. 70—84. e) WILD, H.: Der neue Theodolit, Schweiz. Z. f. Vermess.-Wes. u. K.T. 1925. f) ACKERL, FRANZ: Prüfung der Teilung eines Wildschen Universaltheodolits. Öst. Z. Vermess.-Wes. 1926, S. 85—103. g) ACKERL, F.: Z. Instrumentenkde. 1930, S. 511—525.

[2] Auf sehr große Entfernungen, wie sie bei den Triangulierungsarbeiten der höheren Geodäsie auftreten, werden - manchmal auf sehr hohen Pfeilern - Heliotropenlichter u. Lampensignale verwendet.

Wegen der günstigsten Form der Zielzeichen sei auf die in Anmerkung 2, S. 55, genannte Arbeit von NOETZLI hingewiesen.

e) Repetitionswinkelmessung.

Für die Repetitionswinkelmessung[1], die zunächst das Mehrfache des gesuchten Winkels ergibt, braucht man einen Theodolit mit doppeltem Achsensystem, einen Repetitionstheodolit (Abb. 138). Bei diesem Instrument ist die Alhidade wie auch der Kreis um je eine besondere Achse drehbar, die jedoch beide zusammenfallen sollen. Auch soll auf ihnen der Kreismittelpunkt liegen.

Zur Repetitionswinkelmessung stellt man das Fernrohr durch Drehung um die Alhidadenachse nacheinander auf P_l (Abb. 139) und P_r ein, wobei die Grundkreisablesungen a_0, a_1 erscheinen, deren zweite durch mechanische Addition des gesuchten Winkels α zu a_0 entsteht. Nun wird bei angezogener Alhidadenklemme die Kreisklemme gelöst und die Alhidade mit dem Kreis zurückgeführt, bis der linke Zielpunkt wieder ein-

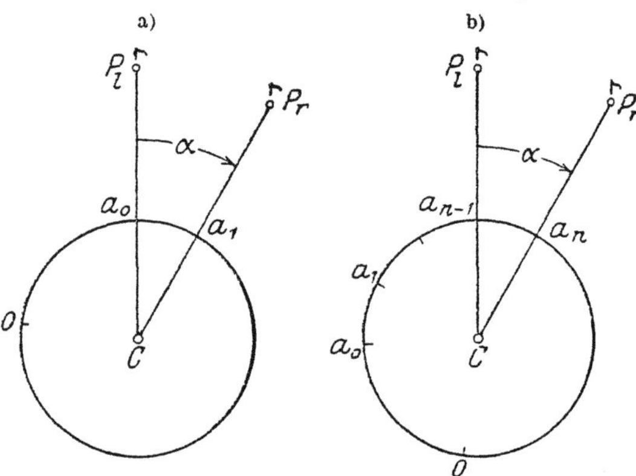

Abb. 139. Vorgang bei der Repetitionswinkelmessung.

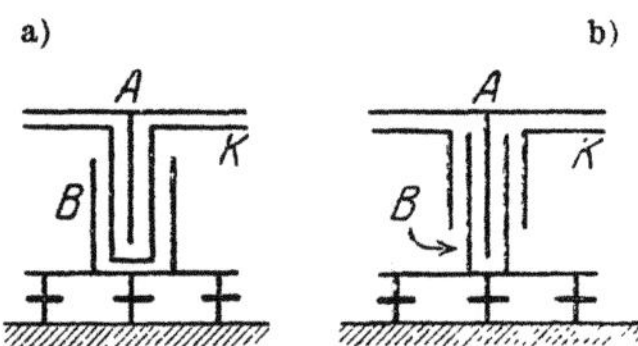

Reichenbachscher Französischer
Repetitionstheodolit (Achsensystem).
Abb. 138.

gestellt ist; ein Vorgang, bei dem die Kreisablesung unverändert erhalten bleibt. Die neuerliche Einstellung von P_r durch Drehung der Alhidade um ihre Achse addiert α ein zweites Mal zur Anfangsablesung. Wird nunmehr wieder um die Kreisachse zurückgedreht und das beschriebene Verfahren einigemal wiederholt, so erscheint nach n-maliger Addition (Repetition) des Winkels α zur Anfangsablesung eine Ablesung $a_n = a_0 + n \cdot \alpha$, aus welcher sich der einfache Winkel

$$\alpha = \frac{1}{n}(a_n - a_0) \tag{220}$$

ergibt. Auch hier beobachtet man aus den gleichen Gründen wie früher in zwei Fernrohrlagen, wobei aber in der zweiten Lage durch Rückwärtsdrehen um die Alhidadenachse (Vorwärtsdrehen um die Kreisachse) α stets von der vorhergehenden Ablesung subtrahiert wird, so daß, von Beobachtungsfehlern abgesehen, zum Schluß wieder die Anfangsablesung erscheint. Je nachdem nach dem Durchschlagen die Wiedereinstellung des rechten Zielpunktes mittels Drehung um die Alhidadenachse oder um die Kreisachse (GAUSSsches Verfahren) erfolgt, sind a_0 und a_n bzw. a_0 allein Mittelwerte aus Ablesungen in beiden Fernrohrlagen. Für den mittleren Fehler des unter Verwendung zweier Ablesevorrichtungen in zwei Lagen des Fernrohrs je n-mal repetierten Winkels ergibt sich der Ausdruck

$$m_w = \pm \sqrt{\frac{1}{n}\left(m_e^2 + \frac{1}{2n}m_a^2\right)} \quad \text{bzw.} \quad m_w' = \pm \sqrt{\frac{1}{n}\left(m_e^2 + \frac{3}{4n}m_a^2\right)}, \tag{221}$$

je nachdem nach dem Durchschlagen um die Alhidadenachse oder um die Kreisachse gedreht worden ist.

Da beide Theodolitachsen niemals genau zusammenfallen, sondern etwas windschief zueinander liegen werden, muß man sich auf die Lotrechtstellung einer

---

[1] Die Repetitionswinkelmessung wurde um 1780 von dem Göttinger Astronomen TOBIAS MAYER erfunden.

Achse, der Kreisachse, beschränken. Unter dieser Voraussetzung ist es möglich[1], den Einfluß einer Achsenschiefe dadurch zu beseitigen, daß man eine Wiederholungszahl n wählt, welche den n-fachen Winkel zu einem (annähernd) ganzen Vielfachen des Kreisumfanges macht. Zweckmäßiger ist aber folgender Weg. Wird bei einer Beobachtung in zwei Fernrohrlagen der Oberteil des Theodolits durch eine Drehung um die lotrechte Kreisachse umgestellt, so ist der aus den Beobachtungsmitteln errechnete Winkel α frei vom Einfluß einer windschiefen Lage der Alhidadenachse gegen die Kreisachse.

Ein Vergleich der Fehlerausdrücke (219) und (221) zeigt den mit der Repetitionszahl n stark abnehmenden Einfluß des Ablesefehlers und weist darauf hin, daß ein Instrument mit einem leistungsfähigen Fernrohr und einer schlechten Ablesevorrichtung besser zur Repetitionswinkelmessung als zur einfach wiederholten Winkelmessung verwendet wird. Der Repetitionstheodolit, welcher nach der Achsenanordnung entweder nach REICHENBACH (von innen nach außen: Alhidadenzapfen, Kreisbüchse, Dreifußbüchse) benannt oder als französischer Repetitionstheodolit (Alhidadenzapfen, Dreifußbüchse, Kreisbüchse) bezeichnet wird, besitzt neben seinen unbestreitbaren Vorzügen leider auch systematische Fehlerquellen, die seine Verwendung zu Messungen erster Ordnung ausschließen[2].

f) Höhenwinkelmessung.

Zur Festlegung einer Richtung CP_1 oder CP_2 gegen den Horizont HH oder das Lot CP_z dient der Höhenwinkel α, der Zenitabstand ζ, der Tiefenwinkel α' oder der Nadirabstand ζ'. Die nähere Bedeutung dieser Größen folgt unmittelbar aus Abb. 140, in welcher P_z den Zenitpunkt und P_n den Nadirpunkt des Lotes bezeichnen. Ihre Messung kann mit jedem Theodolit erfolgen, der mit einem meist fest auf der Kippachse sitzenden Höhenkreis oder doch mit einem Höhenbogen ausgerüstet ist. Die Ermittlung des Zenitabstandes ζ einer Richtung CP (Abb. 141) geschieht unter der Voraussetzung eines Vollkreises mit durchlaufend beziffertem Kreisumfang in folgender Weise. Man bringt bei lotrecht gestellter Alhidadenachse das Fernrohr in diejenige als Lage I bezeichnete Stellung, für welche bei einer Fernrohrkippung der Zenitabstand und die Ablesung am Höhenkreis sich gleichsinnig ändern[3], und erhält nach Einstellung von P eine Lage I der Ziellinie und die Ablesung a_1 am Höhenkreis. Nach einer Drehung der Alhidade um 180° gelangt die Ziellinie in die Lage I' (Beobachter mitgedreht!), welche mit dem Lot ebenso wie I den Winkel ζ

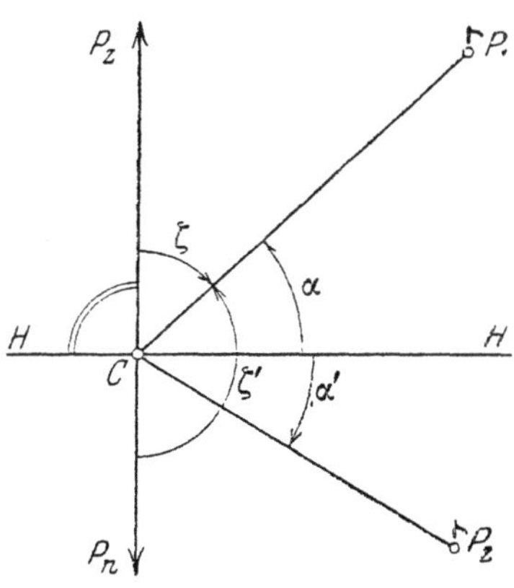

Abb. 140. Richtungsbestimmung im lotrechten Sinne.

einschließt. Eine Kippung des Fernrohrs bis zur Wiedereinstellung von P verlangt also eine Fernrohrdrehung 2ζ. In dieser neuen Stellung besitzt die Zielachse die

---

[1] HELMERT: Über das Vertikalachsensystem des Repetitionstheodoliten. Z. Vermess.-Wes. 1876, S. 296—300.

[2] Siehe hierzu: a) FRIEBE: Über das Mitschleppen des Limbus u. verwandte Fehler bei Repetitionstheodoliten. Z. Vermess.-Wes. 1894, S. 333. b) NIPPA: Über die Verschiebungen der Alhidade gegen den Limbus bei Repetitionstheodoliten französischer Form. Z. Vermess.-Wes. 1896, S. 675. c) ISRAEL: Zur Theorie der einseitig wirkenden Instrumentalfehler an Repetitionstheodoliten. Borna-Leipzig 1912. d) RÖSCH, A.: Zur Beurteilung der Repetitionsmessungen u. ihrer Fehler sowie ihrer praktischen Ergebnisse bei der ersten Triangulierung Bayerns auf Grund eines neugebildeten Hauptdreiecksnetzes (nicht veröffentlicht).

[3] Bei berichtigtem Instrument ist also die Beobachtung in Lage I unmittelbar die gesuchte Größe.

Lage *II*, und die am Höhenkreis erscheinende Ablesung a_2 ist um $2\,\zeta$ kleiner als a_1, so daß der Zenitabstand

$$\zeta = \tfrac{1}{2}\,(a_1 - a_2) \tag{222}$$

und der Höhenwinkel $\alpha = 90^0 - \zeta$ wird.

Der Unterschied

$$v_z = \zeta - a_1 = -\tfrac{1}{2}\,(a_1 + a_2) \tag{223}$$

stellt die **Zeigerverbesserung** oder **Indexverbesserung** des Höhenkreises dar, welche zur Beobachtung a_1 in der ersten Lage hinzugefügt, den Zenitabstand ζ ergibt. Da bei einer sorgfältigen Behandlung des Instruments v_z konstant bleibt, so bildet seine jedesmalige Ableitung bzw. die Unveränderlichkeit der Summe $s = a_1 + a_2$ eine willkommene Beobachtungsprobe (Standprobe).

Besitzt das Instrument nur eine zur Zielebene senkrechte Libelle, so ist vor Beginn der Messung die Alhidadenachse scharf lotrecht zu stellen. Von dieser scharfen Beseitigung des Aufstellungsfehlers kann nur dann abgesehen werden, wenn eine mit der Alhidade des Horizontalkreises oder den Fernrohrstützen verbundene, zur Zielebene parallele Libelle vor der scharfen Einstellung des Zielpunktes mittels einer geeignet liegenden Fußschraube genau zum Einspielen gebracht wird. Manche Theodolite

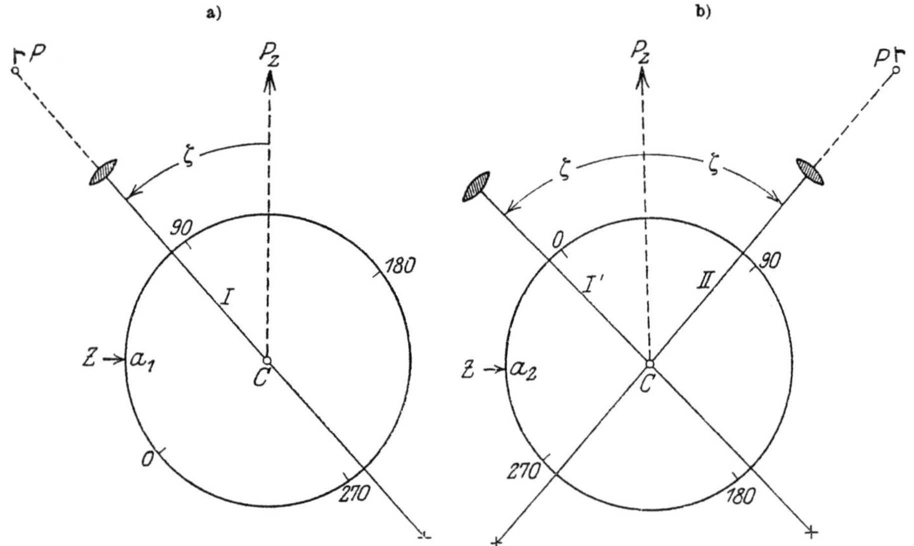

Abb. 141. Messung von Zenitabständen.

besitzen auch eine direkt mit der Höhenalhidade verbundene, mit dieser unabhängig vom Fernrohr verstellbare **Versicherungslibelle**, die mittels besonderer Feinstellschraube erst unmittelbar vor der Kreisablesung zum Einspielen gebracht wird.

Ein **Zahlenbeispiel** für die Zenitwinkelmessung mit einem von 0 bis 360^0 bezifferten Kreis enthält Tabelle 10.

Tabelle 10.

Standpunkt P_i, Zielpunkt P_k, Instrumentenhöhe 1,38 m.

Lage	Kreisablesungen		Mittel	Berechnung
	Nonius I	Nonius II		
I	50^0 10′ 15″	10′ 45″	50^0 10′ 30″	$2\,\zeta = 100^0$ 21′ 40″
II	309 49 00	48 40	309 48 50	$\zeta = $ 50 10 50
		$a_1 + a_2 =$	359 59 20	$\alpha = $ 39 49 10
			$v_z = \pm\,20''$	

Zur Genauigkeitssteigerung werden mehrere Sätze beobachtet. Bei einem Fernrohr, welches drei Horizontalfäden, d. h. drei Zielachsen besitzt, ist dies recht einfach dadurch zu erreichen, daß nacheinander alle drei Fäden auf das Ziel eingestellt werden.

Manchmal dienen zur Zenitwinkelmessung Vollkreise, deren Teilung von 0^0 aus beiderseits bis 180^0 anwächst (Abb. 142). An solchen Halbkreisteilungen mit gegen-läufiger Bezifferung ändern sich bei einer Fernrohrkippung die Beobachtungen a_1', a_2' an der einen Ablesevorrichtung – es sei Nonius I – in beiden Fernrohrlagen im Sinne der Zenitabstände ζ, während die zur anderen Ablesevorrichtung gehörigen Be-obachtungen a_1'', a_2'' sich wie die Nadirabstände ζ' ändern. Ist I (Abb. 142a) die Lage der Zielachse bei der ersten Einstellung von P, I' (Abb. 142b) ihre Stellung nach Um-stellung der Alhidade, so muß man um $\zeta + \zeta = a_1' + a_2'$ drehen, um in die Lage II der Zielachse nach Wiedereinstellung von P zu kommen. Es wird also

$$\zeta = \tfrac{1}{2}(a_1' + a_2') \quad \text{bzw.} \quad \zeta' = \tfrac{1}{2}(a_1'' + a_2'') . \tag{224}$$

Die Beziehung $\zeta + \zeta' = 180^0$ kann als Probe dienen.

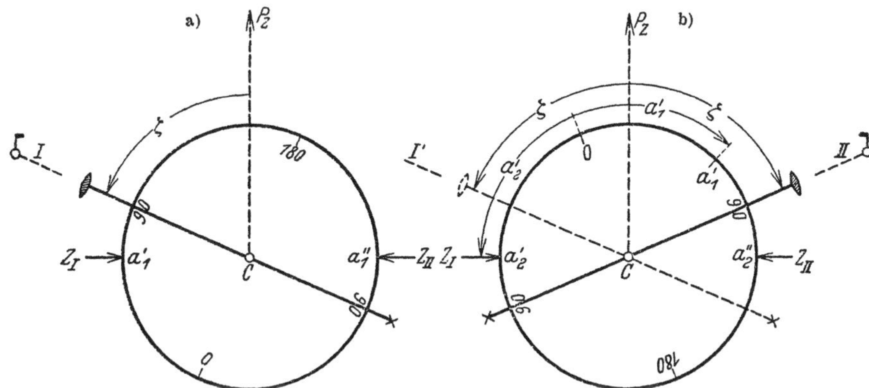

Abb. 142. Zenitwinkelmessung mit gegenläufigen Halbkreisteilungen.

Ist der Kreis nach Quadranten (Abb. 143) beziffert, so ergibt sich aus den in beiden Fernrohrlagen ausgeführten Ablesungen a_1, a_2 der Höhenwinkel als das Mittel

$$\alpha = \tfrac{1}{2}(a_1 + a_2) . \tag{225}$$

Aber auch der Tiefenwinkel α' ist bei Verwendung einer Quadrantenteilung durch den gleichen Ausdruck

$$\alpha' = \tfrac{1}{2}(a_1 + a_2) \tag{226}$$

bestimmt. Die Entscheidung, ob Höhen- oder Tiefenwinkel, gibt bei schwach geneigter Sicht ein Blick auf den Blasenstand der Fernrohrlibelle (Höhenwinkel, wenn Blase am Objektivende) oder das Vorzeichen, welches der zur Ablesung be-nützte Flügel des hier notwendigen Doppelnonius trägt.

Häufig besitzt das Instrument nur einen Höhenbogen, an dem nur in einer Fernrohrlage abgelesen werden kann. Hier muß vor der Messung die Berichtigung so weit durchgeführt werden, daß die Ablesung am Höhenbogen unmittelbar den Höhenwinkel bzw. den Zenitabstand angibt oder daß man doch die Zeigerverbes-serung kennt, durch deren Hinzufügen zur Ablesung diese berich-tigt wird. Die Bestimmung und Beseitigung des Zeigerfehlers am Höhenkreis ist je nach der Bauart des Instruments verschieden, läuft aber immer darauf hinaus, die zur lotrechten Alhidadenachse und waagrechten Zielachse gehörige Kreisablesung bzw. deren Abweichung gegen ihren Sollbetrag zu finden und, wo möglich, diese Abweichung durch ein Verschieben des Nonius zu beseitigen. Im schlimmsten Falle kann man sich immer mit Gegenbeob-

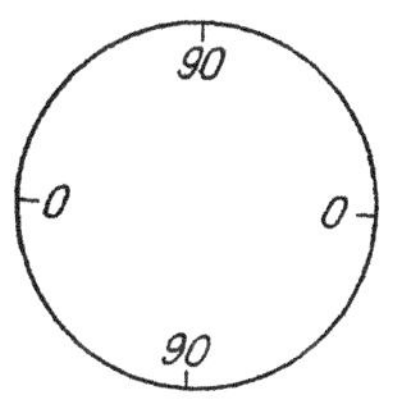

Abb. 143. Höhenkreis mit Quadran-tenbezifferung.

achtungen helfen. Richtet man das über A (Abb. 144) mit lotrechter Alhidadenachse
aufgestellte Instrument auf den Punkt i_1 ($i_1 =$ Instrumentenhöhe in A) einer in B
stehenden lotrechten, geteilten Latte, so besitzen Zielachse und Linie AB denselben
Höhenwinkel α, während am Höhenbogen eine Ablesung a_1 erscheint. Nach Vertauschung von Instrument und Latte liefert der entsprechende Vorgang für den Tiefenwinkel $\alpha' = \alpha$ eine Ablesung a_2. Ist v_z die der Höhenwinkelangabe entsprechende
Zeigerverbesserung, so gelten die Beziehungen

$$v_z = \tfrac{1}{2}\,(a_2 - a_1), \qquad \alpha = a_1 + v_z = \tfrac{1}{2}\,(a_1 + a_2), \tag{227}$$

nach denen der Zeigerfehler bestimmt und rechnerisch berücksichtigt werden kann.

Ist der Bogen nach Zenitabständen beziffert und sind a_1, a_2 wieder die Ablesungen
in den beiden Aufstellungen A, B, so ergeben sich für den Zeigerfehler und für den zur
ersten Beobachtung gehörigen Zenitabstand die Ausdrücke

$$\left.\begin{aligned} v_z &= 90^0 - \tfrac{1}{2}\,(a_1 + a_2),\\ \zeta &= a_1 + v_z = 90^0 + \tfrac{1}{2}\,(a_1 - a_2). \end{aligned}\right\} \tag{228}$$

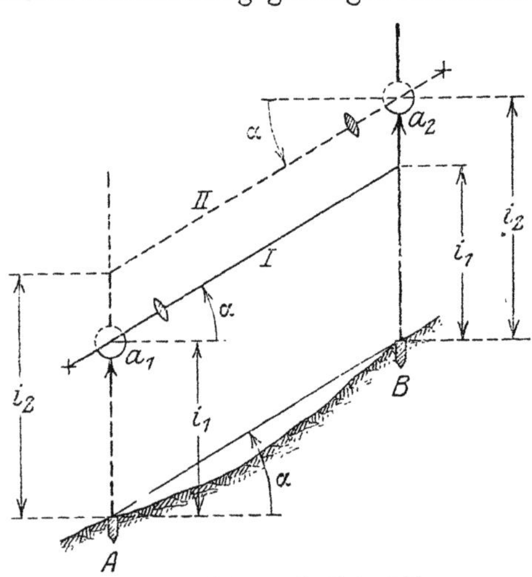

Abb. 144. Bestimmung des Zeigerfehlers am
Höhenbogen aus Gegenbeobachtungen.

Zum Einfluß der Achsenfehler auf
die Höhenwinkelmessung sei bemerkt,
daß der Zielachsenfehler, der Kippachsenfehler und die in der Kippachsenrichtung
liegende Komponente des Aufstellungsfehlers Ablesungsänderungen verursachen, die,
wenn man die genannten Fehler als kleine
Größen erster Ordnung auffaßt, nur kleine
Größen zweiter Ordnung sind. Sie liegen
bei einer einigermaßen sorgfältig durchgeführten Instrumentenberichtigung weit
innerhalb der Grenzen der Beobachtungsfehler und können daher vernachlässigt werden. Die zur Zielebene parallele Komponente
des Aufstellungsfehlers aber, die ganz in die
Höhenwinkelmessung eingehen würde, wird
durch das Einspielenlassen einer zur Zielebene parallelen Libelle unschädlich gemacht.

Der analytische Ausdruck[1] für den Einfluß des Zielachsenfehlers c und des
Kippachsenfehlers i auf den Zenitwinkel ζ lautet

$$d\zeta = \frac{1}{\varrho''}\cdot\frac{c\cdot i}{\sin\zeta} - \frac{1}{2\,\varrho''}\,(c^2 + i^2)\,\operatorname{ctg}\zeta. \tag{229}$$

Hierin sind $d\zeta$ (Verbesserung), c und i in Sekunden zu nehmen.

Eine den Höhenkreisablesungen eigentümliche Fehlerquelle ist die mit dem sin des
Zenitabstandes wachsende Fernrohrbiegung. Der größte, bei waagrechtem Fernrohr auftretende Fehler ist meist nur von der Größenordnung einer Sekunde. Für
ingenieurtechnische Zwecke ist daher die Fernrohrbiegung belanglos[2].

Die Genauigkeit der Höhenwinkelmessung ist, abgesehen vom Einfluß der
atmosphärischen Strahlenbrechung[3], prinzipiell nahezu dieselbe wie bei der Horizontalwinkelmessung. Bei einem sog. (astronomischen) Universalinstrument, dessen
Höhenkreis von derselben Güte wie der Horizontalkreis ist, werden daher die Höhenwinkelmessungen den Horizontalwinkelmessungen ungefähr gleichwertig sein; bei den
meisten Theodoliten bleibt allerdings wegen der geringeren Dimension des Höhenkreises die Genauigkeit der Höhenwinkel hinter derjenigen der Horizontalwinkel.

<hr>

[1] Eine Ableitung siehe bei HERR u. TINTER: Lehrbuch der sphärischen Astronomie, S. 267.
Wien 1887.

[2] Siehe hierzu v. HAIMBERGER, PAUL: Über die Bestimmung der Fernrohrbiegung. Z. Vermess.-Wes. 1910, S. 697—711.

[3] Siehe die späteren Ausführungen über die trigonometrische Höhenmessung.

16. Andere Instrumente zur Messung beliebiger Horizontalwinkel.

Mit geringerer Genauigkeit wie mit dem Theodolit kann man beliebige Horizontalwinkel auch mit anderen Instrumenten messen. Als solche kommen hauptsächlich in Betracht die Winkeltrommel[1], die Prismentrommel und die Bussole.

a) Die Winkeltrommel.

Dieses meist mittels einer Steckhülse auf einem Zapfenstativ befestigte Instrument (Abb. 145) besteht aus zwei zylindrischen Trommeln A und B, deren gemeinsame Achse bei der Aufstellung mit Hilfe einer Dosenlibelle D durch Verstellen der Stativbeine lotrecht gestellt wird. Der untere Zylinder B ist eine festliegende, die Kreisteilung tragende Büchse, gegen den mittels einer in einen Zahnkranz greifenden Triebschraube T der obere Teil A gedreht werden kann. Dieser trägt den manchmal mit einem Nonius ausgerüsteten Ablesezeiger Z und mindestens zwei diametrale Spalten mit Schaulöchern, die zusammen ein Diopter bilden, das hier an Stelle des Fernrohrs zur Einstellung der Punkte benützt wird. Vielfach trägt der Mantel des beweglichen Zylinders noch drei weitere gleichabständige Diopter, so daß das Instrument auch als Zylinderkreuzscheibe zum Abstecken von rechten und von 45°-Winkeln dienen kann. Der gesuchte Horizontalwinkel ist die Differenz der zu den Punkteinstellungen gehörigen Trommelablesungen. Diesem rohen Instrument entspricht günstigenfalls ein mittlerer Winkelfehler von etwa $\pm 2'$.

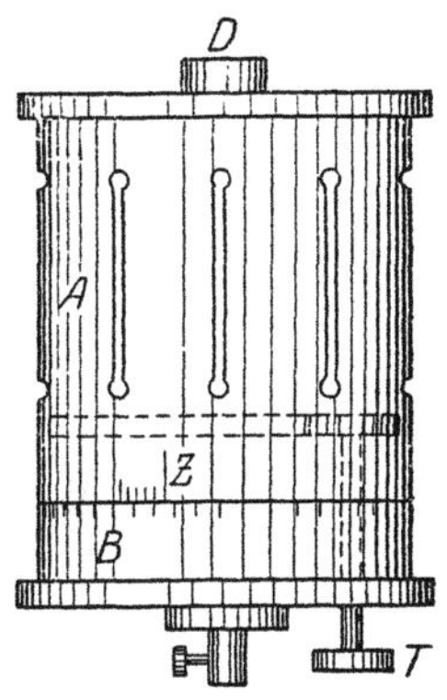

Abb. 145. Winkeltrommel.

b) Die Prismentrommel.

Bei diesem aus freier Hand oder auf einem Stock zu gebrauchenden Instrument, dessen Genauigkeit etwa derjenigen der Winkeltrommel entspricht, liegen in einem zylindrischen Gehäuse zwei rechtwinklig gleichschenklige Prismen (Abb. 146) so übereinander, daß die Schnittkante der Hypotenusenflächen (ebene Spiegel!) in die Zylinderachse fällt. Die Prismentrommel wird mit lotrechter Achse verwendet, und zwar wird das mit einem Zeiger verbundene, bewegliche, gegen das fest im Gehäuse sitzende Prisma so gedreht, daß die von zwei Punkten L und R her auffallenden und die Prismen verlassenden Strahlen aus derselben Richtung kommen. Dann ist der an einer auf dem Gehäuse befindlichen Teilung abzulesende Winkel α beider Hypotenusenebenen die Hälfte des Horizontalwinkels ψ, unter dem vom Instrumente aus der Abstand der Punkte L, R erscheint[2]. Strenggenommen liegt der Scheitel dieses Winkels ψ nicht

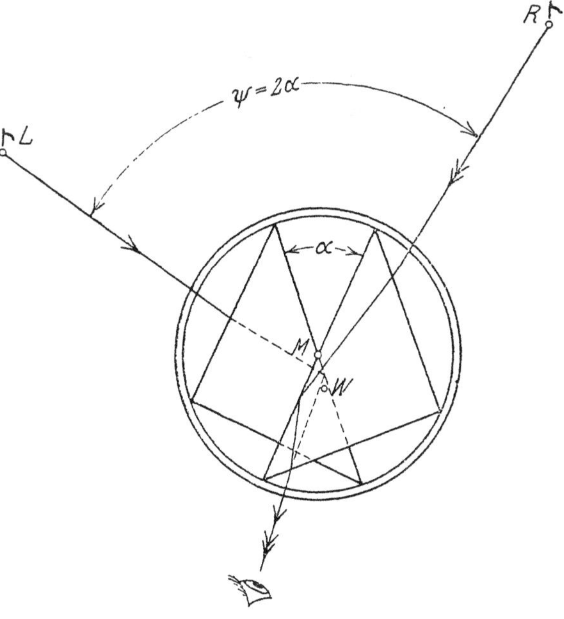

Abb. 146. Prismentrommel.

---

[1] Nur noch historisches Interesse besitzt der zu Anfang des 17. Jahrhunderts noch von SNELLIUS verwendete holländische Kreis (Scheibeninstrument).

[2] In Wirklichkeit wird infolge Verdoppelung der Bezifferung unmittelbar ψ abgelesen.

in der Instrumentenmitte M, sondern in einem Punkte W, welcher durch die Verlängerungen der von L und R kommenden Strahlen bestimmt wird. Die von DECHER
eingeführte Prismentrommel, welche eigentlich nur eine einfachere Form des STEIN-
HEILschen Prismenkreises[1] ist, findet hauptsächlich bei der Kreisbogenabsteckung
Verwendung.

c) Die Bussole.

Die Verwendung der Bussole[2] zur Richtungsmessung beruht auf der Richtkraft,
die das erdmagnetische Feld auf die Magnetnadel ausübt. Da diese Richtkraft für
kürzere Zeiträume und in Nachbarorten sich nicht merklich ändert, so läßt sich die
Magnetnadel als ein während der Messung stets gleich gerichteter Zeiger betrachten,
mit dessen Hilfe an einer drehbaren Kreisteilung abzulesen ist. Im Gegensatz zum
Theodolit handelt es sich hier im allge-
meinen um eine festgerichtete Alhidade
und einen beweglichen Kreis, welchem
Umstande meist durch eine linkssinnig
bezifferte Teilung Rechnung getragen
wird. Als die wichtigsten der nach
ihrem Zweck verschieden eingerichteten
Bussolen sind zu nennen: der Taschen-
kompaß und die Schmalcalder-
Bussole[3] als Freihandinstrumente für

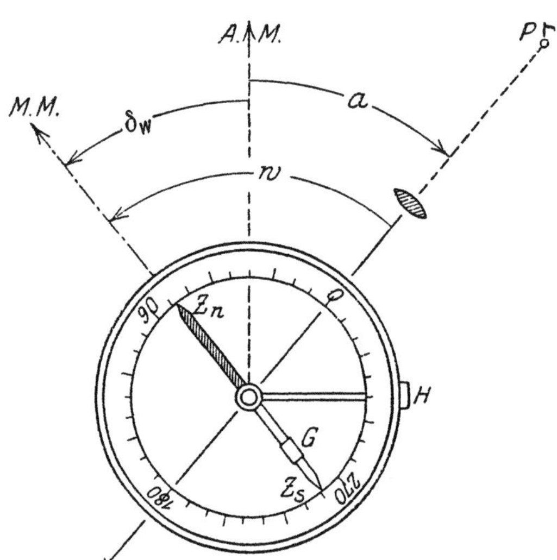

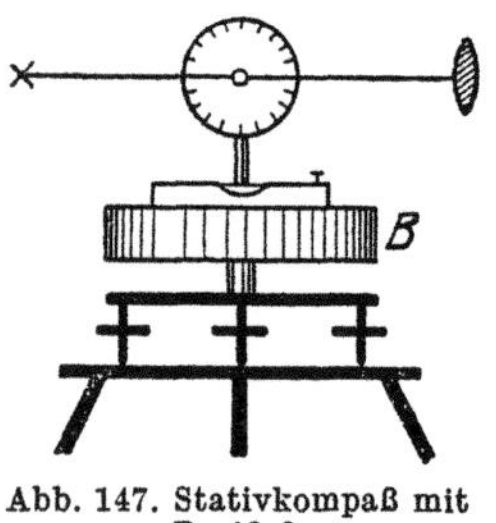

Abb. 147. Stativkompaß mit
Dreifuß.

Abb. 148. Kompaßbüchse im Grundriß.

besonders flüchtige Aufnahmen; der für Bussolenmeßbandzüge wichtige Stockkom-
paß, ferner der auf einem Stativ verwendete Feldmesserkompaß, die Aufsatz-
bussole, die verschiedenen Orientierbussolen und die teils als Stativinstrumente,
teils als Hängeinstrumente ausgebildeten Bergkompasse.

Das für die Messungen über Tage wichtigste Magnetinstrument ist
der auch als Feldmesserbussole bezeichnete Stativkompaß, auf den im
folgenden an Hand der Abb. 147 bis 149 kurz eingegangen werden soll. Auf einem
durch ein Tellerstativ getragenen Dreifuß ruht eine Bussole B, deren zur Stehachse
senkrechte Kreisebene mittels einer Libelle horizontal gestellt werden kann. Als Zielvorrichtung dient ein meist mit Höhenkreis oder Höhenbogen und mit Distanzfäden
ausgestattetes Meßfernrohr. In der Mitte der Kreisteilung befindet sich eine als Pinne
bezeichnete konische, feine Stahlspitze, auf welcher mittels eines als Hohlkonus ausgebildeten Achathütchens eine meist hochkantig gestellte, etwa 10 bis 12 cm lange
Magnetnadel schwingt, deren entweder spitz zulaufende oder mit Strichen versehene
Enden unmittelbar als Ablesezeigsr Z_n und Z_s dienen. Die Nadel, deren Nordhälfte

---

[1] Eine von STEINHEIL herrührende Beschreibung des Prismenkreises enthalten die Astronomischen Nachrichten, Bd. 11 (1834), S. 43—48 u. 105—119.

[2] Zur Geschichte der Bussole siehe GERLAND, E.: Der Kompaß bei den Arabern u. im christ-
lichen Mittelalter. Mitt. z. Geschichte d. Med. u. Naturw. 1906, S. 9—19. Hiernach war der Kompaß bei den Chinesen schon in vorchristlichen Zeiten in Gebrauch.

[3] Die Schmalcalder-Bussole wird auch als Stockinstrument gebraucht.

durch Blauanlauf kenntlich gemacht ist, wird, solange sie nicht im Gebrauch ist, besonders aber beim Transport zur Schonung mittels einer Hemmung H von der Pinne abgehoben und gegen einen die Bussole abschließenden Glasdeckel gepreßt. Ein manchmal vorhandenes Gleitstück G dient zur Horizontallegung der Nadel mit Rücksicht auf die wechselnde Inklination. Außer der Magnetnadel und der Pinne darf das Instrument keine magnetischen Bestandteile, besonders weder Eisen noch Nickel, enthalten. Das kippbare Zielfernrohr ist so angeordnet, daß es sich mit dem Kreis dreht und daß dessen Nullhalbmesser in der Zielebene liegt.

Wird nun bei lotrechter Stehachse des Instruments dessen Zielvorrichtung auf einen Punkt P eingestellt, so ist die am Nordende Z_n der Nadel erscheinende Ablesung w derjenige als **magnetischer Streichwinkel** der eingestellten Richtung bezeichnete Winkel, welchen die Zielebene mit der Lotebene durch den magnetischen Meridian $M.M.$ einschließt. Er ist um die **westliche magnetische Deklination** δ_w (Mißweisung) größer als das vom astronomischen Meridian $A.M.$ aus gezählte astronomische Azimut a. Es gelten also die Beziehungen

$$w = a + \delta_w \quad \text{und} \quad a = w - \delta_w, \qquad (230)$$

vorausgesetzt, daß der Nullhalbmesser in der zur Kippachse senkrechten Zielebene liegt und die durch die Nadelenden gehende **geometrische Nadelachse** A_g (Abb. 149) mit der durch die Pole P_n, P_s bestimmten **magnetischen Nadelachse** A_m zusammenfällt. Beides trifft niemals genau zu, und man spricht dann

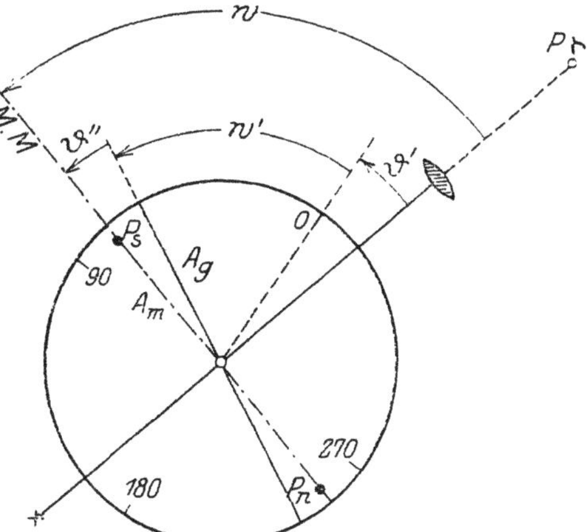

Abb. 149. Orientierungs- und Kreuzungsfehler.

von einem **Orientierungsfehler** ϑ' der Bussole gegen die Zielvorrichtung bzw. einem **Kreuzungsfehler** ϑ'' der beiden Nadelachsen. Bezeichnet w' die wirklich ausgeführte, gefälschte Ablesung und $\vartheta = \vartheta' + \vartheta''$ den gesamten Zeigerfehler, so gilt offenbar

$$w = w' + \vartheta \quad \text{und} \quad a = w' + \vartheta - \delta_w = w' - \varDelta, \qquad (231)$$

wenn zur Abkürzung $\delta_w - \vartheta = \varDelta$ gesetzt wird. Zur numerischen Ermittlung der Reduktionsgröße $\varDelta$ wird man für eine Richtung mit bekanntem astronomischen Azimut a_0 den zugehörigen Streichwinkel w_0' beobachten. Nach Gl. (231) wird dann

$$\varDelta = w_0' - a_0. \qquad (232)$$

Ist $\varDelta$ aufgestellt, so liefert der Ausdruck $a = w' - \varDelta$ sofort die astronomischen Azimute. Vollständig Entsprechendes gilt, wenn an Stelle der astronomischen Azimute die später ausführlicher zu besprechenden Richtungswinkel treten.

Den Winkel α, welchen die Sicht nach P mit der Parallelen p^x (Abb. 150) zur Abszissenachse durch den Anfangspunkt C der Sicht einschließt, bezeichnet man als ihren **Richtungswinkel.** Er ist

$$\alpha = a - \varkappa, \qquad (233)$$

wo $\varkappa$ die sog. **Meridiankonvergenz** bedeutet. In guter Näherung ist sie

$$\varkappa'' \approx \varDelta\lambda'' \cdot \sin\varphi \approx \varrho'' \frac{y}{r} \operatorname{tg}\varphi. \qquad (234)$$

Hierin sind $\varkappa$ und $\varDelta\lambda$ in Sekunden zu verstehen; letzteres ist die von der Abszissenachse aus nach Osten positiv gezählte geographische Länge des Beobachtungsortes, φ ist seine geographische Breite, y seine Ordinate (allgem. System) und $r \approx 6370\,\text{km}$ der Erdhalbmesser. Mit diesen Angaben ist jederzeit der Übergang von astronomischen

Azimuten auf Richtungswinkel und umgekehrt möglich. Man kann aber viel einfacher unmittelbar von den beobachteten Streichwinkeln w' auf die Richtungswinkel

$$\alpha = w' - \Gamma \tag{235}$$

kommen, wenn die Reduktionsgröße (Reduktion auf den Richtungswinkel)

$$\Gamma = w_0' - \alpha_0 \tag{236}$$

durch Beobachten eines Strahles von bekanntem Richtungswinkel α_0 ermittelt wird.

Bei verstellbarem Kreisring der Bussole kann Γ bzw. Δ zu Null gemacht werden.

Unter der Nadelabweichung g_w versteht man den nach West positiv gezählten Winkel des magnetischen Meridians $M.M.$ mit der Parallelen p^x zur Abszissenachse. Nach Abb. 150 bestehen die Beziehungen

$$g_w = \delta_w + \varkappa, \qquad \alpha = w - g_w. \tag{237}$$

Über die Achsenfehler der Bussole sei folgendes bemerkt. Kippachsen- und Zielachsenfehler verhalten sich wie beim Theodolit; sie kommen aber, obwohl nur in einer Fernrohrlage beobachtet wird, neben dem größeren Gesamteinfluß des Einstell- und Ablesefehlers kaum in Betracht, wenn das Instrument einigermaßen berichtigt ist. Der Einfluß einer exzentrischen Lage der Pinne zum Kreismittelpunkt und derjenige einer Nadelknickung ist im Mittel der an beiden Nadelenden ausgeführten Ablesungen nicht mehr enthalten. Eine exzentrische Lage der Bussole übt auf die Beobachtungen überhaupt keinen Einfluß aus, und der Einfluß einer exzentrischen Lage der Zielvorrichtung würde im Mittel der in zwei Fernrohrlagen ausgeführten Beobachtungen verschwinden. Lediglich die vorher genannte Abweichung der geometrischen Nadelachse aus dem magnetischen Meridian[1] kann nicht ganz so einfach unschädlich gemacht werden; sie

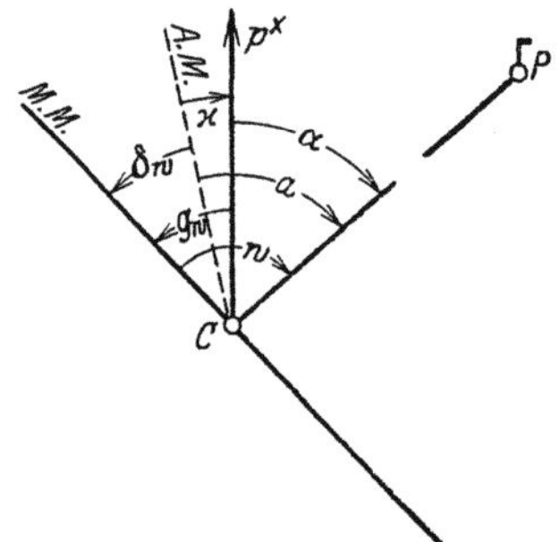
Abb. 150. Magnetische Streichwinkel, astronomische Azimute und Richtungswinkel.

kann jedoch besonders bei hochkantig gestellten Nadeln von vornherein sehr klein gehalten werden und ist im übrigen in den nach Gl. (232) bzw. (236) bestimmten Reduktionsgrößen Δ und Γ berücksichtigt.

Die magnetische Deklination[2] ist nicht nur mit dem Ort, sondern auch mit der

---

[1] Sie kann bei Nadeln, welche ein Doppelhütchen besitzen, durch Umlegen der Nadel bestimmt werden.

[2] Über ihren zeitlichen und örtlichen Verlauf in Mitteleuropa während der letzten Jahre unterrichtet Fr. Burmeister hauptsächlich in den beiden Arbeiten: a) Der voraussichtliche Säkularverlauf der magnetischen Deklination im mittleren Europa während der nächsten Jahre, b) Grundlagen und Bearbeitung der Karte der magnetischen Mißweisung für die Epoche 1945,0 in „Gerlands Beiträge zur Geophysik", Heft 60 1—2 (1943), S. 147—156, u. Heft 60 3—4 (1944), S. 177—195. Nach diesen Quellen war im Zeitpunkt 1947,0 die westliche Deklination δ_w in Aachen 1,0°, Amsterdam 1,1°, Bamberg 1,0°, Basel 1,0°, Berlin 0,9°, Braunschweig 1,0°, Breslau 0,9°, Brünn 0,9°, Brüssel 1,0°, Budapest 0,9°, Danzig 0,9°, Darmstadt 1,0°, Dresden 0,9°, Erlangen 1,0°, Freiberg i. Sa. 0,9°, Freiburg i. Br. 1,0°, Genf 1,0°, Göttingen 1,0°, Graz 0,9°, Hamburg 1,0°, Hannover 1,0°, Heidelberg 1,0°, Innsbruck 0,9°, Jena 1,0°, Karlsruhe 1,0°, Kiel 1,0°, Königsberg 0,9°, Köln 1,0°, Kopenhagen 1,0°, Krakau 0,9°, Leipzig 0,9°, Linz 0,9°, München 0,9°, Mainz 1,0°, Nancy 1,0°, Ödenburg 0,9°, Passau 0,9°, Prag 0,9°, Regensburg 0,9°, Salzburg 0,9°, Straßburg 1,0°, Stuttgart 1,0°, Tübingen 1,0°, Warschau 0,9°, Wien 0,9°, Würzburg 1,0°, Zürich 1,0°. Die derzeitige (1948,5) jährliche Änderung der westlichen magnetischen Deklination ist im Durchschnitt $\delta_w \approx -8,0' = -0,13°$. Von diesem Durchschnittswert, der sich auf 10 über Mitteleuropa verteilte erdmagnetische Warten stützt, weichen die Einzelwerte im Maximum noch nicht 1' ab. Über den allgemeinen Stand der erdmagnetischen Vermessung in Deutschland unterrichtet uns weiterhin Haussmann, Karl: Mitt. des Reichsamts für Landesaufnahme 1929/30, S. 277 bis 285. Siehe ferner Burmeister, F.: Erdmagnetische Landesaufnahme von Bayern für 1909,0 u. 1925,5, München 1928, u. Erdmagnetische Vermessung der Rheinpfalz, München 1932 (Veröffentl. d. Erdphysikalischen Warte bei der Sternwarte in München). Weiterhin siehe Nippoldt: Mitteilungen des Reichsamts für Landesaufnahme 1932/33, S. 191—205.

Zeit veränderlich. Neben der säkularen Änderung treten auch mit der Tageszeit **Schwankungen der magnetischen Deklination** auf, die im Winter am kleinsten, im Sommer am größten sind. Nach Angaben von MESSERSCHMITT[1] betragen im Sommer die täglichen Abweichungen der Deklination von ihrem Tagesmittel bis zu 4'. Auch mit plötzlichen unregelmäßigen Deklinationsänderungen (magnetisches Gewitter) ist zu rechnen. Aus diesen Gründen eignet sich die Bussole nur für diejenigen ingenieurtechnischen Messungen über Tage, deren Genauigkeitsgrad es erlaubt, die während der Dauer der Messungen etwa eintretenden Deklinationsänderungen zu vernachlässigen.

Für die Leistungsfähigkeit einer Bussole sind der mittlere **Ablesefehler** m_a und der mittlere **Einstellfehler** m_e ihrer Magnetnadel charakteristisch. Unter diesem versteht man die mittlere Abweichung der magnetischen Nadelachse aus dem magnetischen Meridian. Sie soll bei guten Instrumenten 3' nicht überschreiten und wird um so geringer ausfallen, je größer die magnetische Richtkraft und je kleiner die Reibung zwischen Pinne und Hütchen ist. **Zur gesonderten Ermittlung des Einstellfehlers** m_e kann man ein Nadelende in der Bildebene eines Mikroskops, dessen Teilstriche oder Meßfaden zur Nadelachse parallel liegen, deutlich sichtbar machen und nach je einer von n Schwingungen der Nadel ihre Stellung a im Mikroskop beobachten. Die dabei auftretenden Beobachtungsfehler verschwinden im Vergleich zum gesuchten Einstellfehler, welcher daher im Gradmaß der Ausdruck

$$m_e = \pm \frac{\varrho'}{r} \sqrt{\frac{[v\,v]}{n-1}} \qquad (238)$$

ist, wenn $v_i = a_0 - a_i$, $a_0 = [a] : n$ und r die halbe Nadellänge bedeutet. Der dem Zusammenwirken des reinen Ablesefehlers m_a und des Einstellfehlers m_e entsprechende Ausdruck $m_{(a+e)}$ kann aus den zu n' wiederholten Einstellungen der Nadel auf die gleiche Kreisstelle gehörigen Ablesungen a' an einer horizontalen, zur Ziellinie senkrechten Latte gefunden werden. Er ist in Minuten

$$m_{(a+e)} = \pm \frac{\varrho'}{D} \sqrt{\frac{[v'\,v']}{n'-1}}, \qquad (239)$$

wenn n' die Zahl der Beobachtungen mit den scheinbaren Beobachtungsfehlern v' und D die Entfernung der Latte bedeutet. $m_{(a+e)}$ kann auch aus einem Vergleich von Bussolenablesungen B_i mit den entsprechenden, praktisch fehlerfreien Theodolitkreisablesungen T_i bestimmt werden. Aus n'' Einzeldifferenzen $d_i = T_i - B_i$ erhält man den Mittelwert $d = [d_i] : n''$, hieraus die wahrscheinlichsten Beobachtungsfehler $v''_i = d - d_i$ und damit

$$m_{(a+e)} = \pm \sqrt{\frac{[v''\,v'']}{n''-1}}. \qquad (240)$$

Der **eigentliche Ablesefehler** wird dann

$$m_a = \pm \sqrt{m_{(a+e)}^2 - m_e^2}. \qquad (241)$$

Der mittlere Ablesefehler kann, wenn das Teilungsintervall 1^0 ist, im Mittel der Ablesungen an beiden Nadelenden zu höchstens rund 10' veranschlagt werden; also mag auch der mittlere Fehler $m_{(a+e)} = \sqrt{m_e^2 + m_a^2}$ des beobachteten Streichwinkels ungefähr 10' betragen.

17. Der Meßtisch.

Der um 1590 von dem Altdorfer Professor PRAETORIUS erfundene Meßtisch[2] dient in Verbindung mit der Kippregel und Lotgabel zur graphischen Planaufnahme, wobei die Richtungen und Entfernungen sofort in der Natur auf zeichnerischem Wege bestimmt werden, so daß schon auf dem Felde ein verjüngter Plan entsteht.

---

[1] MESSERSCHMITT: Die Mißweisung der Magnetnadel. Z. Vermess.-Wes. 1903, S. 681—686. Die Mittellage trifft etwa auf 10^h u. 18^h; am kleinsten bzw. am größten ist δ_w etwa um 8^h bzw. um 13^h.
[2] Siehe hierzu SCHMIDT, M.: Mensula Praetoriana. Z. Vermess.-Wes. 1893, S. 257—283.

a) Einrichtung des Meßtisches.

Der Hauptbestandteil des Meßtisches ist ein mit Zeichenpapier bespanntes Meßtischblatt b aus Holz oder Aluminium, welches durch Schrauben s auf einem metal-
lenen Wenderahmen ww befestigt werden kann.
Bei der in Abb. 151 skizzierten Konstruktion ist,
so lange die durch Ringe rr hindurchgeführten
Schrauben nicht angezogen sind, eine für die genaue Zentrierung etwa notwendige geringe Verschiebung des Meßtischblattes gegen den Wenderahmen möglich. Ein am Wenderahmen sitzender
Zapfen wird von der Dreifußbüchse B geführt, so
daß bei offenem Klemmhebel $K.H.$ mit freier Hand
eine grobe und bei angezogener Klemme durch die
Feinstellschraube F eine feine Horizontaldrehung
des Meßtischoberteils möglich ist. Die Verbindung
des Fußgestells GG mit dem Kopf eines kräftigen
Stativs erfolgt in ähnlicher Weise wie beim Theodolit. Die wichtigsten Meßtischtypen stammen von

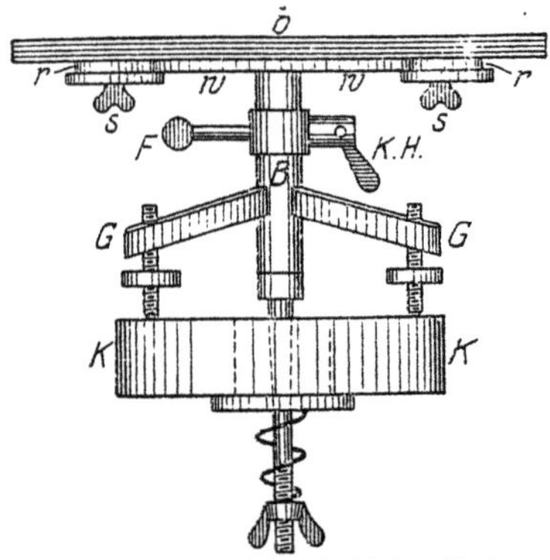

Abb. 151. Meßtisch (Achsentisch).

BRANDER, LEHMANN, REICHENBACH, ERTEL, GEYER und FRANKE. Man kann sie nach der
Art der groben Horizontalbewegung des Meßtischblattes mit dem Wenderahmen eintei-
len in 1. Achsentische, 2. Tische mit Ringführung, 3. Meßtische ohne feste
(materielle) Vertikalachse. Erstere besitzen eine massive Vertikalachse von geringem
Querschnitt; ihre Standfestigkeit ist deshalb nicht sehr groß. Die unter 2. und 3. genannten Typen jedoch erlauben eine festere Verbindung der Hauptbestandteile; sie besitzen daher eine sehr große Standfestigkeit[1].

b) Lotgabel und Kippregel.

Zur Meßtischausrüstung gehört die Lotgabel, besonders aber die Kippregel. Die in
Abb. 152 abgebildete Lotgabel besteht aus zwei Schenkeln s_1, s_2 von solcher Länge
und mit einem solchen Öffnungswinkel α, daß das im Endpunkt des Schenkels s_2 hängende Lot L in seiner Verlängerung durch den End-
punkt des horizontal liegenden Schenkels s_1 hindurchgeht. Unter dieser Voraus-
setzung wird bei waagrechter Lage des Meßtischblattes der durch das eine
Schenkelende eingestellte
Bildpunkt p lotrecht über

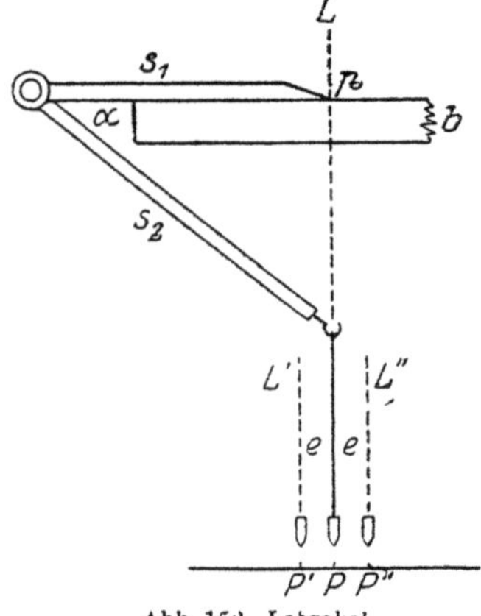
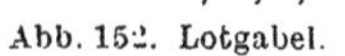

Abb. 152. Lotgabel.

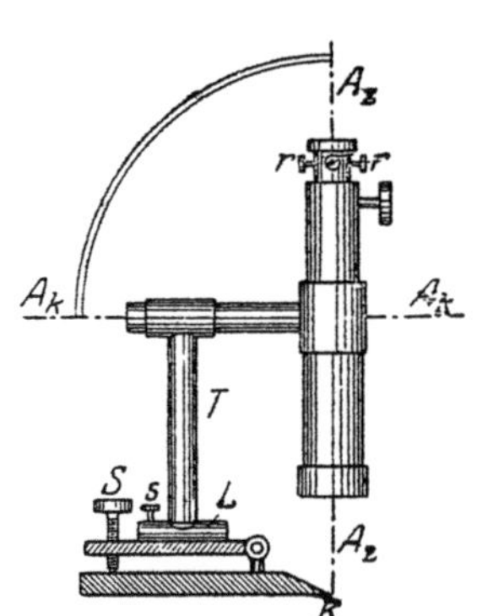

Abb. 153. Kippregel (Stirnansicht).

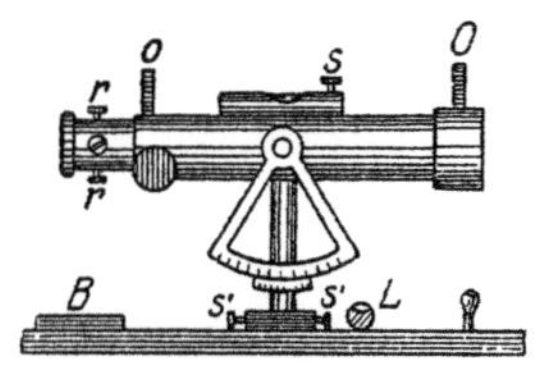

Abb. 154. Kippregel
(Längsansicht).

dem durch die Senkelspitze bezeichneten Feldpunkt P liegen. Zur Prüfung der
Lotgabel wird ein Bildpunkt p vor und nach dem Umsetzen der Lotgabel auf den
Boden projiziert. Ergeben sich etwa zwei verschiedene Projektionen P', P'', so ist deren

---

[1] Eine sehr gute Konstruktion ist der neue GEYERsche Ringtisch, den M. SCHMIDT in der
Z. Vermess.-Wes. 1893, S. 281, beschrieben hat. Er ist in HOHENNER: Geodäsie, S. 101, Leipzig
1910, abgebildet.

halber Abstand e der Projektionsfehler des Instruments. Zu seiner Beseitigung ist der Öffnungswinkel α so zu ändern, daß die Lotspitze auf den Mittelpunkt P der Strecke $P'\,P''$ trifft.

Die Kippregel dient zur Übertragung der Horizontalrichtungen des Feldes auf den Meßtisch und umgekehrt. Sie besteht (siehe Abb. 153 und 154) aus einem meist distanzmessenden, vielfach auch mit einer Libelle, einem Sucherdiopter (oO) und einem Höhenbogen ausgestatteten kippbaren Zielfernrohr, welches mittels einer Tragsäule T mit einem kräftigen Lineal so verbunden ist, daß dessen Kante K in der Fernrohrzielebene liegt. Das zum bequemen Abheben vielfach mit einem Griff versehene Lineal trägt meistens eine Querlibelle L, ab und zu auch eine Orientierbussole B. Die Untersuchung und Berichtigung der Kippregel erstreckt sich auf 1. die Geradlinigkeit der Linealkante, 2. den Zielachsenfehler, 3. den Kippachsenfehler, 4. den Kreuzungsfehler, 5. den Zeigerfehler am Höhenbogen.

Um die Geradlinigkeit der Linealkante zu prüfen, zieht man vor und nach dem Umsetzen der Kippregel längs der jeweils durch dasselbe Punktpaar gehenden Linealkante je einen, im ganzen also zwei Striche, deren Zusammenfallen die Geradlinigkeit der Kante bezeugt.

Ein Zielachsenfehler ist wie beim Theodolit dann vorhanden, wenn die Ziellinie A_z zur Kippachse A_k nicht genau senkrecht steht. Zur Untersuchung stellt man irgendeinen im Instrumentenhorizont liegenden scharf sichtbaren Punkt P_1 (Abb. 155) ein, bezeichnet die Lage der Linealkante auf dem Tisch durch Randmarken[1] R_1, R_2, schlägt das Fernrohr durch und legt nach einer Drehung der Kippregel um 180⁰ die Linealkante wieder genau an die beiden Randmarken an. Dadurch kommt, von einer für unseren Zweck belanglosen Parallelverschiebung abgesehen, auch die Kippachse A_k im Grundriß wieder in ihre alte Lage. Die waagrechte Ziellinie wird in ihren beiden

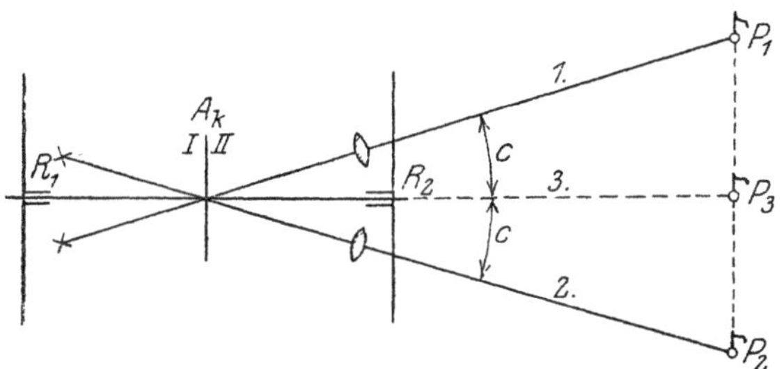

Abb. 155. Berichtigung des Zielachsenfehlers der Kippregel.

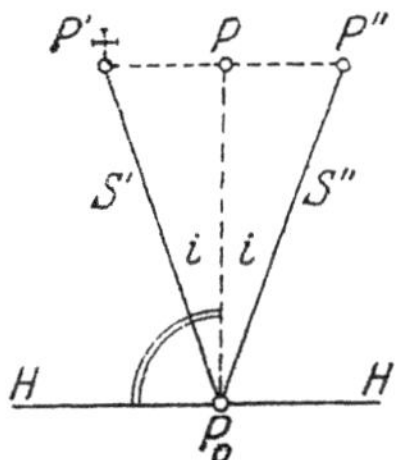

Abb. 156. Berichtigung des Kippachsenfehlers der Kippregel.

Lagen *1* und *2* den doppelten Zielachsenfehler $2c$ einschließen und in Lage *2* auf einen von P_1 verschiedenen, in der Natur nicht besonders bezeichneten Punkt P_2 treffen. Zur Beseitigung des Zielachsenfehlers wird bei unveränderter Stellung von Tisch und Kippregel deren Fadenkreuz mittels der horizontal wirkenden Richtschräubchen so verschoben, daß der Fadenkreuzschnittpunkt auf dem Mittelpunkt P_3 der Strecke $P_1 P_2$ liegt[2].

Die Kippachse A_k soll zur Linealbahn parallel sein, also bei waagrechter Lage des Meßtischblattes ebenfalls horizontal liegen. Ihre etwaige Neigung bei horizontaler Bahn ist der Kippachsenfehler oder Neigungsfehler des Instruments, dessen einfache Beseitigung die vorher besprochene scharfe Berichtigung der Zielachse zur Voraussetzung hat. Zur Berichtigung ist zunächst die Tischfläche besonders in Richtung quer zum Lineal sorgfältig horizontal zu stellen. Dies geschieht entweder mit Hilfe einer be-

---

[1] Die Randmarken werden meist durch feine eingerissene Linien (Anstichlinien), bei größeren Arbeiten vielfach auch nur durch Anschlagnadeln bezeichnet.

[2] Durch die zur Erzielung einer einfacheren Zeichnung stillschweigend gemachte Annahme, daß die Kippachse genau senkrecht zur Linealachse liege, wird die Allgemeingültigkeit der besprochenen Berichtigung nicht eingeschränkt.

sonderen Setzlibelle oder einer auf dem Lineal sitzenden, meist quer dazu gestellten Libelle, welche bei dieser Gelegenheit, wenn nötig, auch berichtigt wird. Die weitere Untersuchung kann wie beim Theodolit mit Hilfe eines materiellen Lotes (Abb. 115a) oder mit Hilfe von sehr stark geneigten Sichten erfolgen. In diesem Falle wird zunächst ein sehr hoch oder sehr tief gelegener Punkt P' eingestellt; nach Bezeichnung der Randmarken wird das Fernrohr durchgeschlagen und die Kippregel nach einer Drehung um 180^0 wieder scharf an die Randmarken angelegt. Nach dem Aufwärtskippen des Fernrohrs wird beim Vorhandensein eines Kippachsenfehlers die Ziellinie einen anderen Punkt P'' treffen. Da jede der den beiden Fernrohrlagen entsprechenden Zielspuren S' und S'' (Abb. 156) in einer zur Kippachse parallelen Lotebene den Winkel i mit dem Lot einschließt und die horizontale Ziellinie in beiden Lagen nach demselben Punkte P_0 trifft, so liegt der Mittelpunkt P der Strecke $P' P''$ offenbar auf dem Lote durch P_0, und man hat zur Beseitigung des Kippachsenfehlers mittels einer etwa vorhandenen Neigungsschraube S (Abb. 153) den Träger T samt dem Fernrohr so weit zu neigen, daß der Fadenkreuzschnittpunkt auf den erwähnten Mittelpunkt P trifft. Kann, wie es in Abb. 153 zutrifft, die Querlibelle samt dem Oberteil der Kippregel durch eine besondere Stellschraube S gegen das Lineal geneigt werden, so bringt man, wieder unter Verwendung eines hochgelegenen Zielpunktes bei näherungsweise waagrechter Tischfläche in beiden Fernrohrlagen die Querlibelle mittels der Stellschraube S zum Einspielen und beseitigt die eine Hälfte der Abweichung der Ziellinie von ihrer ersten Lage mittels der genannten Stellschraube. Wird der dadurch an der Querlibelle erscheinende Ausschlag am Höhenrichtschräubchen der Querlibelle beseitigt, so ist deren Achse parallel zur Kippachse und diese bei einspielender Querlibelle horizontal.

Sowohl der Kippachsenfehler wie auch der Zielachsenfehler, denen die Projektionsfälschungen $i \operatorname{tg} h$ und $-(c : \cos h)$ entsprechen, müssen besonders beim Auftreten steiler Sichten sorgfältig beseitigt werden, da bei Meßtischaufnahmen aus praktischen Gründen nur in einer Fernrohrlage beobachtet werden kann, so daß hier die bei Theodolitmessungen übliche einfache Art der Fehlertilgung versagt.

Der Kreuzungsfehler der Kippregel ist der Winkel, den die Linealkante mit der Zielebene einschließt. Er bewirkt, daß jede auf den Meßtisch übertragene Richtung, also auch das ganze, abgesehen von der Orientierung richtig bleibende Bild um den Betrag des Kreuzungsfehlers gegen die Natur verdreht ist. Zur Feststellung eines groben Kreuzungsfehlers kann man untersuchen, ob ein durch Zielen längs der Linealkante eingestellter Punkt auch in der Nähe der Fernrohrzielebene liegt. Die Beseitigung des Kreuzungsfehlers erfolgt durch Drehen der das Fernrohr tragenden Säule gegen das Lineal. Vielfach aber ist gar keine Einrichtung zur Beseitigung dieses durchaus ungefährlichen Fehlers vorhanden.

Bei waagrechter Ziellinie soll am Höhenkreis je nach dessen Einrichtung 0^0 bzw. 90^0 abgelesen werden; andernfalls ist ein Zeigerfehler vorhanden, der ganz entsprechend wie beim Theodolit bestimmt und beseitigt werden kann.

c) Aufstellung des Meßtisches.

Der gebrauchsfertige Meßtisch muß zentriert, orientiert und horizontiert sein. Ein mit Hilfe der Lotgabel zentrierter Tisch ist so aufgestellt, daß ein vorgegebener Bildpunkt lotrecht über dem zugehörigen Feldpunkt liegt. Orientiert ist der Tisch, wenn eine auf dem Meßtischblatt vorgegebene Richtung zur entsprechenden Richtung auf dem Felde parallel liegt. Um dies zu erreichen, wird die Linealkante der Kippregel an die Randmarken der bis an den Blattrand verlängerten (eventuell durch Berechnung der Blattschnitte) Bildrichtung angelegt und hierauf das Meßtischblatt samt der Kippregel gedreht, bis der zweite gegebene Feldpunkt in der Fernrohrzielebene liegt. Die Horizontierung endlich erfolgt durch eine Röhren- oder Dosenlibelle mit ebener Aufsatzfläche, und zwar muß man sich, da die Tischfläche niemals genau eben ist, in der Regel damit begnügen, die am meisten gebrauchte Tischmitte waagrecht zu stellen.

Fast jeder Praktiker stellt den Meßtisch zunächst so auf, daß er dem Augenmaße nach den drei gestellten Bedingungen ungefähr genügt und verbessert dann nacheinander die Zentrierung, Horizontierung und Orientierung. Durch dieses ineinandergreifende, versuchsweise Verfahren kommt man bei einiger Übung rascher zum Ziel als durch die sog. systematische Zentrierung, bei welcher der der Tischachse entsprechende Bildpunkt c (Abb. 157) mittels seiner auf die Bildstrecke a, b und deren Anfangspunkt bezogenen und abgegriffenen Koordinaten x, y auf das Feld übertragen wird. Man kann dann zunächst ohne jede Rücksicht auf die Orientierung den Tisch zentrisch über dem gewonnenen Feldpunkte C aufstellen, kann ihn hierauf horizontieren und schließlich so lange drehen, bis gleichzeitig a und b in die Lotebene durch $A B$ zu liegen kommen, womit neben der Orientierung auch die genaue Zentrierung erreicht ist. Ist die richtige Aufstellung des Tisches gelungen, so werden zur besseren Verbindung der einzelnen Bestandteile zwecks Erhöhung der Standsicherheit des Meßtisches die etwa vorhandenen Versicherungsschrauben angezogen.

Über den Gebrauch der Kippregel sei kurz folgendes bemerkt. Sie ist beim Einstellen einer neuen Richtung vom Tisch abzuheben, in der Luft zu drehen und dann erst wieder aufzusetzen, damit eine Beschmutzung des Papiers und eine unbeabsichtigte

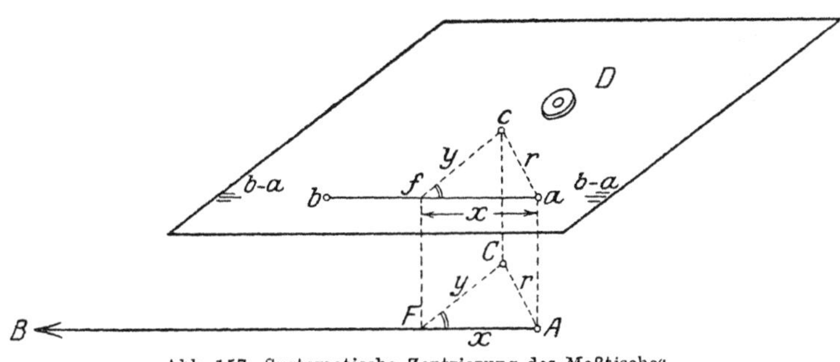

Abb. 157. Systematische Zentrierung des Meßtisches.

Drehung des Tischblattes möglichst vermieden wird. Zur scharfen Neueinstellung[1] eines Punktes verschiebt man die Kippregel vorsichtig, bis ihre Linealkante genau durch den Bildpunkt des Aufstellungsortes geht, legt hier an das Lineal den Scheitel eines gegen den Tisch gedrückten Winkels an und dreht hierauf das am Winkelscheitel anliegende Instrument, bis dessen Zielebene den einzustellenden Punkt enthält. Hierauf zieht man mit flachem, hartem Blei oder mit einer Nadel einen Strich so weit, als man ihn voraussichtlich braucht. Linien, die eine besondere Bedeutung besitzen, werden jedoch auch noch am Rande durch besondere Anstichlinien bezeichnet. Je weiter diese Randmarken voneinander entfernt sind und je länger daher gegebenenfalls die Anlegelinie wird, um so kleiner wird der einem bestimmten linearen Anlegefehler entsprechende Richtungs- bzw. Orientierungsfehler. Um eine unzulässige Drehung des Tisches zu vermeiden, ist die ursprünglich gewählte Orientierungsrichtung nicht nur bei besonderen Anlässen, sondern auch regelmäßig von Zeit zu Zeit – etwa nach je 15 Punkten – nachzusehen und ein etwaiger Fehler zu berichtigen.

18. Neigungsmesser.

Mit geringerer Genauigkeit als mit dem Höhenkreis des Theodolits können Höhenwinkel auch unter Verwendung besonderer Neigungsmesser ermittelt werden, die man je nach dem Gebrauch als Setzinstrumente, Hängeinstrumente und Ziel- oder Freihandinstrumente bezeichnen kann.

---

[1] Diese Arbeit wird bei Benützung eines häufig mit der Kippregel verbundenen Parallellineals wesentlich vereinfacht.

a) Setzinstrumente.

Die als Setzinstrumente bezeichnete Art von Neigungsmessern dient zur Ermittlung der Neigung einer ebenen Unterlage, auf welche sie mittels einer angearbeiteten ebenen Bahn aufgesetzt werden. Hierher gehören z. B. der Setzbogen, der Setzquadrant und die Universalwaage. Der Setzbogen (Abb. 158) besteht aus einem gleichschenklig dreieckigen Rahmen, unter dessen Spitze ein Pendel hängt, dessen zeigerförmiges Ende Z_1 auf einer von der Bogenmitte aus nach beiden Seiten zunehmend bezifferten Gradteilung T_1 unmittelbar die Neigung der Unterlage angibt, wenn 1. der Mittelpunkt von T_1 in den Pendeldrehpunkt C fällt und 2. bei horizontaler Aufsatzfläche AB die Ablesung Null erscheint. Das Pendel wird durch sein Eigengewicht oder, etwas genauer, durch eine in der Abbildung gestrichelt angedeutete Libelle L lotrecht gehalten. Die Untersuchung des Instruments erfolgt durch Umsetzen. Sind a_1 und a_2 die in beiden Lagen gewonnenen Ablesungen, so ist

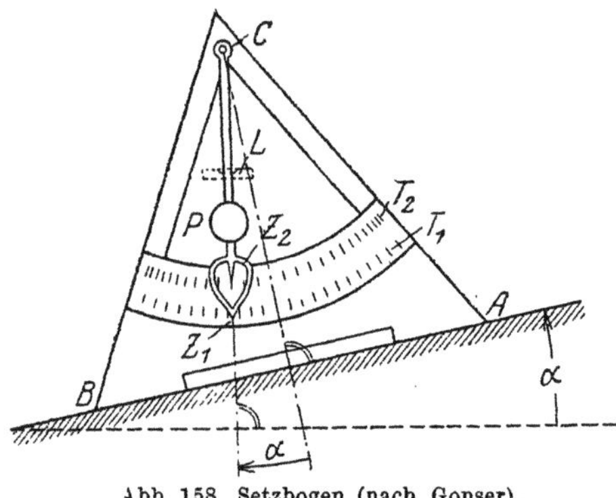

Abb. 158. Setzbogen (nach Gonser).

$$v_z = \tfrac{1}{2}\,(a_2 - a_1) \tag{242}$$

die Zeigerverbesserung zur ersten Lage, so daß der Neigungswinkel $\alpha = a_1 + v_z = \tfrac{1}{2}\,(a_1 + a_2)$ erhalten wird. Durch Anbringen einer zweiten Teilung T_2, an welcher mittels eines Zeigers Z_2 die einer Länge von 5 m entsprechenden Horizontalreduktionen abgelesen werden, erhält man den für die Schrägmessung mit 5-m-Latten bequemen Gradbogen von Gonser[1].

Häufig wird auch der Setzquadrant (Abb. 159) verwendet. Um den Mittelpunkt C einer Kreisteilung dreht sich innerhalb eines Quadranten ein mit einer Libelle waagrecht zu stellender Arm. Sein freies Ende trägt einen Zeiger Z, mit welchem bei ein-

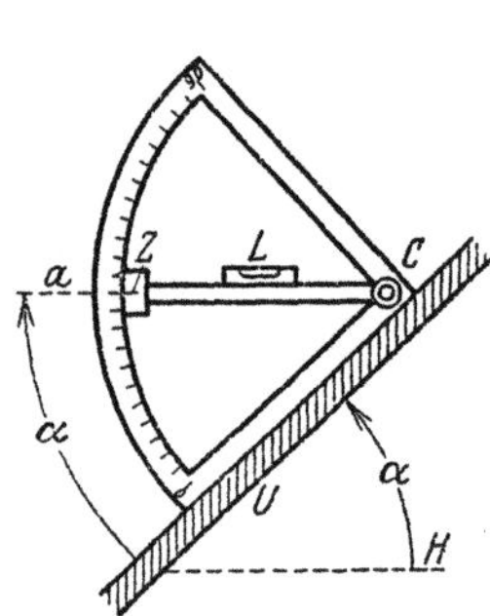

Abb. 159. Setzquadrant.

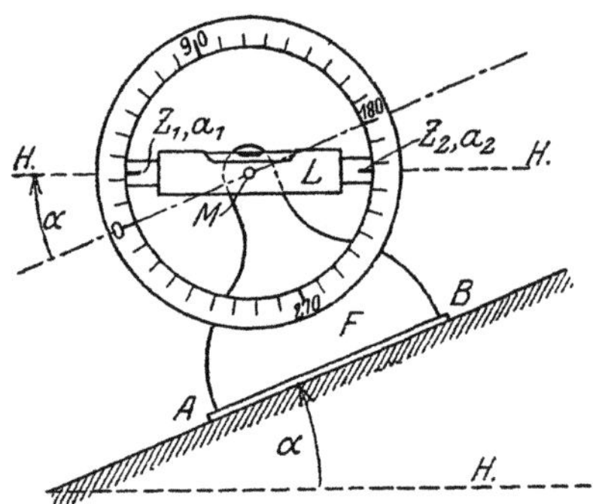

Abb. 160. Universalwaage.

spielender Libelle abgelesen wird. Die Ablesung gibt unmittelbar den Neigungswinkel α der Unterlage an, wenn 1. der Nullhalbmesser parallel zur ebenen Aufsatzfläche und 2. die Libellenachse parallel zur Zeigerlinie CZ liegt, während 3. der Kreismittelpunkt in die Drehachse des Zeigerarmes fällt. Das Instrument kann nur in einer Lage gebraucht werden.

Bei der Universalwaage (Abb. 160) trägt ein mit einer ebenen Ansatzfläche AB ausgestatteter kräftiger Fuß F einen Vollkreis, um dessen Mittelpunkt M sich eine Libellenalhidade L mit mindestens einem Zeiger Z_1 dreht. Liegt 1. M auf der Drehachse

---

[1] Siehe Steiff: Z. Vermess.-Wes. 1893, S. 242—249.

von L, 2. der Kreisdurchmesser 0^0—180^0 parallel zu AB und ist 3. MZ_1 parallel zur Libellenachse, so ist die bei einspielender Libelle an Z_1 erscheinende Ablesung a_1 unmittelbar der Neigungswinkel α der Unterlage. Die Berichtigung dieses Instruments, das Neigungswinkel von 0^0—360^0, also auch an der Decke gemessene Winkel angibt, erfolgt durch Umsetzen.

Die Genauigkeitsgrenze ist beim Setzbogen und Setzquadrant auf etwa $^1/_5{}^0$, bei der Universalwaage auf wenige Minuten zu schätzen.

b) Hängeinstrumente.

Die Hängeinstrumente dienen zur Bestimmung der Neigung von Schnüren und Drähten. Sehr verbreitet ist die in Abb. 161 skizzierte Hängewaage, welche, im wesentlichen aus einem von der Mitte aus nach beiden Seiten je von 0^0 bis 90^0 bezifferten Halbkreis bestehend, mittels zweier gleich langer, nach verschiedenen Seiten hin geöffneten Haken H_1, H_2 an einer Schnur SS aufgehängt wird. Ein als Zeiger dienendes, im Kreismittelpunkt M befestigtes Fadenpendel L gibt am Kr．．unmittelbar die Neigung α der Schnurlinie an. Sollen mit der Hängewaage gute Ergebnisse erzielt werden, so sind folgende Forderungen zu erfüllen: 1. der Gradbogen soll eine vollkommen ebene und glatte Oberfläche besitzen; 2. das Lot muß genau im Kreismittelpunkt befestigt sein, da ein etwaiger Exzentrizitätsfehler durch Umhängen und Mittelbildung nicht beseitigt wird; 3. die Schnurlinie muß zum 90^0-Durchmesser parallel sein und 4. soll das Instrument

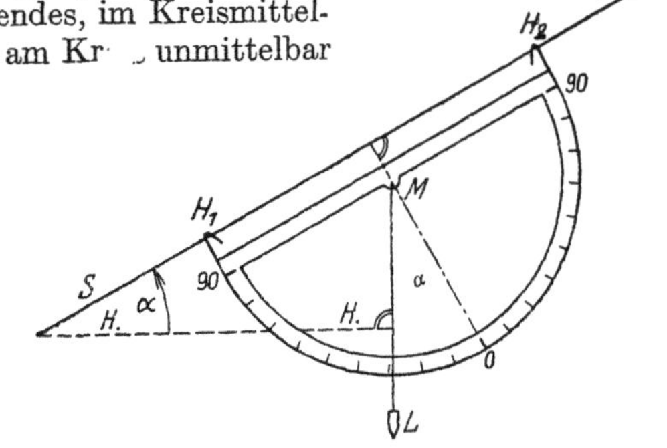

Abb. 161. Hängewaage.

möglichst leicht (Aluminium) und die Schnur kurz (nicht über 20 m) und gut gespannt sein damit die Durchbiegung nicht ins Gewicht fällt. Bei Beachtung dieser Anforderungen werden die Messungsfehler nur selten den Betrag von einigen Minuten überschreiten[1].

c) Zielinstrumente.

Mit den auf dem Pendelprinzip oder der Erscheinung des Auftriebs beruhenden Zielinstrumenten wird die Neigung einer Sicht bestimmt. Ein auf dem Pendelprinzip beruhendes Instrument dieser Art ist z. B. der in Abb. 162 skizzierte Zugmaiersche Höhenmesser[2]. Er besteht aus einem von einem Gehäuse G umgebenen, beim Gebrauch um eine horizontale Achse M drehbaren, von der Mitte aus quadrantenförmig geteilten Halbkreis B, welcher mit Hilfe eines Gewichtes Q so ausbalanciert wird, daß sein Nullhalbmesser stets waagrecht liegt. Ein kleines Schauloch o und ein in der Mitte eines größeren Fensters O befindlicher Faden F bilden zusammen ein

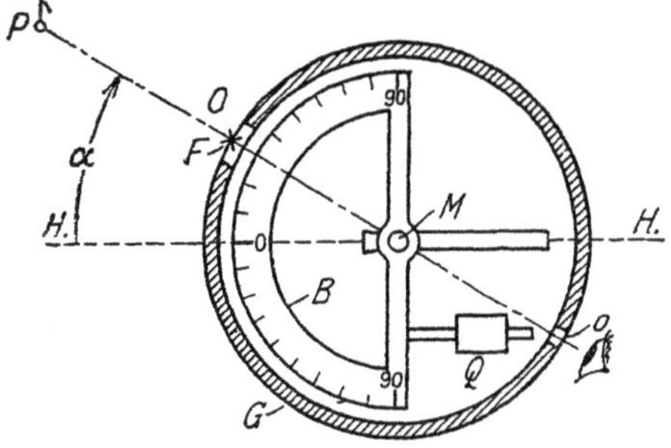

Abb. 162. Höhenmesser nach Zugmaier.

[1] Zur Neigungsmessung mit dem Gradbogen siehe a) SCHMIDT, M.: Über die Verbesserung der mit Schnur und Gradbogen gewonnenen Messungsresultate. Jahrbuch für das Berg- u. Hüttenwesen im Königreich Sachsen auf das Jahr 1884. b) SEELIS, W.: Beiträge zur Theorie markscheiderischer Messungen. Mitt. Markscheidewes. 1928, S. 94—108.

[2] Der von KREHAN in der Z. Vermess.-Wes. 1873, S. 113 u. 114, beschriebene ZUGMAIERsche Höhenmesser entstand durch geringe Abänderungen aus dem in der Z. Vermess.-Wes. 1872, S. 213 bis 219, beschriebenen Höhenmesser von MATTHES. Siehe auch BRANDIS: Neigungsmesser in Z. Vermess.-Wes. 1892, S. 603 u. 604.

Diopter, dessen Ziellinie in die nach einem Punkt P führende Sicht gebracht wird. Das in o befindliche Auge kann dann mittels des Zeigerfadens F an der innen auf einem Kegelmantel befindlichen, also schräg gestellten Teilung den gesuchten Neigungswinkel α unmittelbar ablesen. Dieses einfache Instrument, dessen Richtigkeit entweder durch Gegenbeobachtungen oder durch die Messung eines vorher mit dem Theodolit genau bestimmten Höhenwinkels geprüft werden kann, liefert die Neigungen mit einer mittleren Unsicherheit von etwa $\frac{1}{5}^0$.

Etwas genauer sind die auf dem Prinzip des Auftriebs beruhenden Zielneigungsmesser.

Das einfachste Instrument dieser Art ist der in seinen Hauptbestandteilen in Abb. 163 skizzierte **Spiegelneigungsmesser mit Libelle.** Ein Diopterrohr R, dessen Ziellinie auf P eingestellt wird, ist mit einem Gradbogen fest verbunden. Sein Mittelpunkt liegt auf der Drehachse eines Zeigerarmes, welcher durch eine Libelle L in lotrechte Lage gebracht werden kann. R besitzt einen Ausschnitt, so daß durch einen, den halben Rohrquerschnitt einnehmenden Spiegel s das Bild der Libellenblase dem Auge zugeworfen werden kann. Beim Gebrauch wird P mit dem Diopter eingestellt und der Zeigerarm so gedreht, daß der auf P gestellte Querfaden das Blasenbild halbiert.

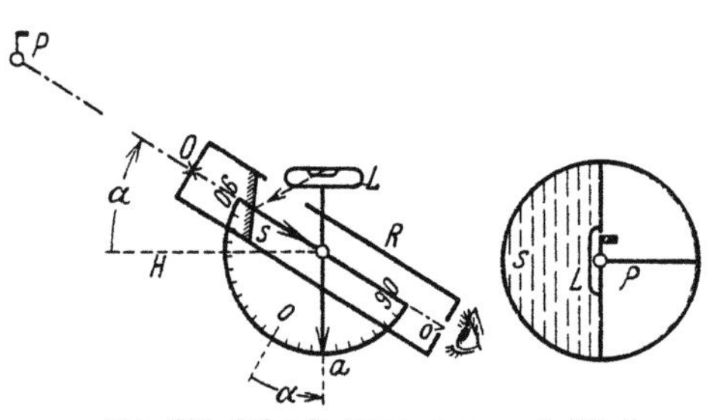

Abb. 163. Spiegelneigungsmesser mit Libelle.

Fällt 1. der Teilungsmittelpunkt in die Zeigerdrehachse, steht 2. die Libellenachse senkrecht zur Zeigerlinie, liegt 3. der Gradbogen in einer Lotebene und ist 4. der 90⁰ Durchmesser parallel zur Ziellinie, so geben die Ablesungen unmittelbar die Höhenwinkel α an.

Aus dieser einfachen Grundform des Spiegelneigungsmessers haben sich später auf dem Weg über den Libellenquadrant recht genaue Freihandhöhenmesser entwickelt[1].

19. Instrumente zur direkten Längenmessung und ihr Gebrauch.

Die wichtigsten Hilfsmittel der niederen Geodäsie zur direkten Längenmessung, bei welcher die zu ermittelnde Strecke begangen werden muß, sind in der Reihenfolge abnehmender Genauigkeit Meßlatten, Meßbänder sowie Meßrad, Feldzirkel und Schrittzähler.

a) Lattenmessung.

Die Meßlatten (Abb. 164) sind Maßstäbe aus geradfaserigem Tannenholz, welche gegen die Feuchtigkeit durch einen Ölfarbanstrich und gegen Beschädigungen an den Enden durch Metallkappen geschützt sind. Der Lattenquerschnitt ist meist rechteckig

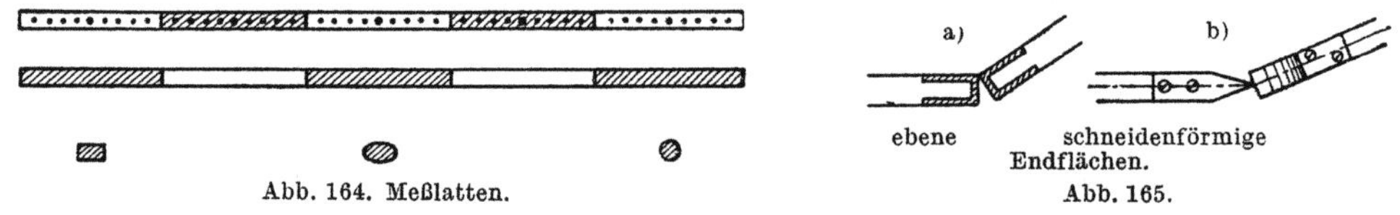

Abb. 164. Meßlatten.

Abb. 165.

und manchmal, besonders bei geschwellten Latten, oval. Unzweckmäßig ist der kreisförmige Querschnitt, der leicht ein Beiseiterollen der Meßstangen zur Folge hat. Die einzelnen Meterfelder der meist 3 m (zur Ordinatenmessung) oder 5 m (zur Abszissenmessung) langen Latten sind durch verschiedene Farben – weiß und rot oder weiß

---

[1] Siehe hierzu BLOCK, W.: Die Anwendung von Libellen bei nautischen Höhenwinkelmessern. Jb. dtsch. Versuchsanst. Luftf. 1930, S. 491—500.

und schwarz – unterschieden, und bei zwei zusammengehörigen Latten, einem **Latten-paar**, beginnt die eine Latte mit einem weißen, die andere aber mit einem roten oder schwarzen Außenfeld. Zur Dezimeterbezeichnung dienen Nägel oder Striche. In Abb. 165 sind die gebräuchlichsten Formen der Schutzkappen, nämlich **ebene** und **schneiden-förmige Endflächen**, dargestellt. Seltener sind kugelige Endflächen. Als die wichtigsten **Arten der Lattenmessung** sind zu nennen: 1. die Messung auf horizontaler Unterlage, 2. die Staffelmessung, 3. die Schrägmessung, 4. die Messung längs gespannter Schnüre, 5. die Keilmessung.

Am einfachsten liegen die Verhältnisse bei der **Lattenmessung auf waagrechter Unterlage**. Ist die Richtung der zu bestimmenden Horizontalentfernung AB (Abb. 166)

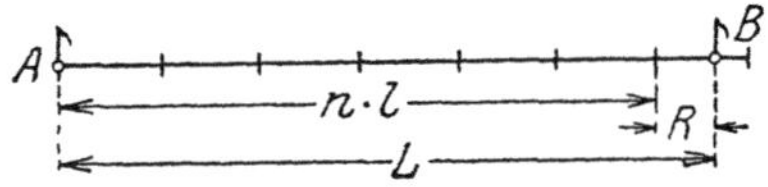
Abb. 166. Lattenmessung auf horizontaler Unterlage.

durch eine genügende Anzahl von etwa 30 m voneinander abstehenden Fluchtstäben bezeichnet, so besteht die ganze Längenmessung nur in einer an A beginnenden, fortwährenden Aneinanderreihung der beiden Latten eines Lattenpaares in der bezeichneten Lotebene. Zur Einschränkung von Zählfehlern beginnt man die Messung stets mit der gleichen Latte – etwa mit den weißen Außenmetern –, deren Vorderende also die ungeraden 5-m-Zahlen angibt, während die geraden 5-m-Zahlen zum Vorderende der anderen Latte gehören. Da bei den der ganzen Länge nach aufliegenden Latten eine Durchbiegung nicht zu befürchten ist, so können sie durchweg auf die Breitseite gelegt werden. Ist n die Zahl der ganzen innerhalb AB liegenden Latten von der Länge l und R das überschießende, an der Lattenteilung abzulesende Reststück, so ist die gesuchte Horizontalentfernung der Ausdruck

$$L = n \cdot l + R. \tag{243}$$

Auf geneigtem Gelände wird eine Horizontalmessung durch die **Staffelmessung** ermöglicht. Nachdem die Richtung AB (Abb. 167) im Gelände genügend ersichtlich gemacht ist, wird die zur Vermeidung einer Durchbiegung auf die hohe Kante gestellte, mit ihrem hinteren Endpunkte in A anliegende erste Latte l_1 mittels einer Setzlibelle horizontal gelegt und ihr vorderer Endpunkt E_1 mittels eines Senkels auf den Boden nach E_1' abgelotet. An diesen Punkt E_1' wird nunmehr die zweite Latte l_2 horizontal angelegt und ihr vorderes Ende E_2 ebenfalls abgelotet. Fährt man in dieser Weise fort, so findet man schließlich n ganze horizontale Längen l und ein Reststück R, womit sich der gesuchte Horizontalabstand L ebenfalls nach (243) ergibt.

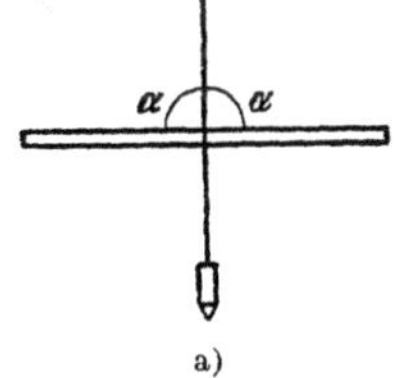
a)

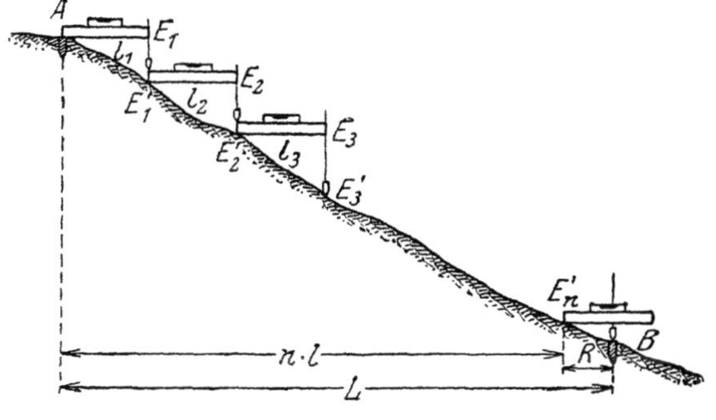
Abb. 167. Staffelmessung.

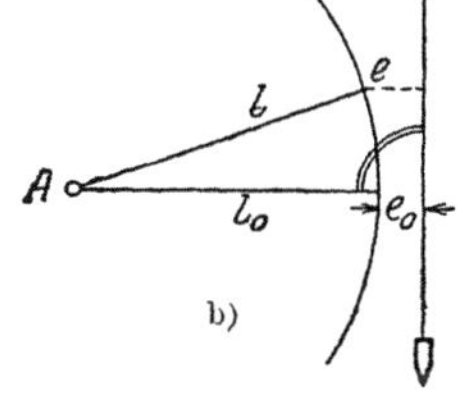
b)

Abb. 168. Horizontallegung der Latte mit Hilfe eines Senkels.

Mangels einer Setzlibelle kann mit etwas geringerer Genauigkeit die **Horizontal-legung der Latten** auch mit Hilfe des Senkels (Abb. 168) erfolgen, indem man entweder dem Augenmaß nach die Latte senkrecht zur Lotschnur richtet oder sie um ihren festliegenden Anfangspunkt A so lange dreht, bis ihr Endpunkt den kleinsten

Abstand e_0 von einem festliegenden Lot besitzt. In dieser Lage l_0 liegt die Latte aus leicht ersichtlichen Gründen waagrecht.

Bei mäßig geneigtem Gelände kann die Schrägmessung vorteilhafter sein, besonders wenn durch windiges Wetter bei der Staffelmessung die Sicherheit der Ablotung stark beeinträchtigt wird. Bei der Schrägmessung werden die Neigungswinkel α (Abb.169) der unmittelbar auf dem Boden aufliegenden Lattenlängen l' mit einem der früher beschriebenen Setzinstrumente gemessen. Die Horizontalprojektion der i-ten Latte ist dann $l_i = l_i' \cos \alpha_i$ und die horizontale Entfernung der Punkte A, B wird

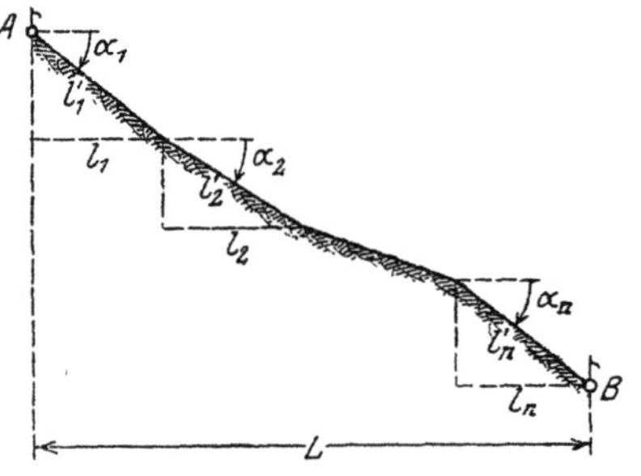

Abb. 169. Schrägmessung.

$$L = \sum_{i=1}^{n} l_i' \cos \alpha_i . \tag{244}$$

Handelt es sich stets um dieselbe Länge $l_i' = l'$, so ergibt sich die etwas einfachere Form

$$L = l' \sum_{i=1}^{n} \cos \alpha_i . \tag{245}$$

Den Unterschied $\varDelta l$ der schiefen Länge l' gegen ihre Horizontalprojektion l bezeichnet man als die Reduktion der schiefen Länge auf den Messungshorizont. Ihr strenger Ausdruck lautet

$$\varDelta l = l' - l = l' - l' \cos \alpha = 2 \, l' \sin^2 \frac{\alpha}{2} . \tag{246}$$

Hieraus folgt durch Reihenentwicklung

$$\varDelta l_{(mm)} \approx 0{,}152 \, l'_{(m)} \cdot (\alpha^0)^2 - 0{,}000\,0039 \, l'_{(m)} \cdot (\alpha^0)^4 , \tag{247}$$

ein Ausdruck, dessen zweites Glied bei mäßigen Neigungen immer unterdrückt werden darf.

Verwendet man zu den Messungen 5-m-Latten und den früher beschriebenen Setzbogen von Gonser, so gibt dessen Teilung T_2 unmittelbar die Reduktionen auf den Horizont an. In einem solchen Falle ist es zweckmäßiger, nach der aus (246) folgenden Formel

$$L = [l'] - [\varDelta l] \tag{248}$$

zu rechnen.

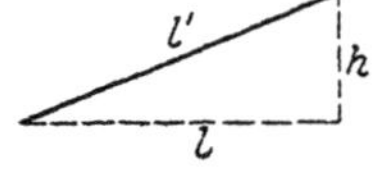

Abb. 170. Längenreduktion auf den Messungshorizont bei bekanntem Höhenunterschied der Endpunkte.

Tritt etwa an die Stelle des Lattenneigungswinkels α der Höhenunterschied h der Lattenendpunkte (Abb. 170), so ist die Horizontalprojektion

$$l = l' \sqrt{1 - \left(\frac{h}{l'}\right)^2}. \tag{249}$$

Der strenge Ausdruck für die Horizontreduktion lautet

$$\varDelta l = l' - l = l' \left\{ 1 - \sqrt{1 - \left(\frac{h}{l'}\right)^2} \right\}; \tag{250}$$

hieraus aber folgt durch Reihenentwicklung nach dem Binomialsatz der einfache Näherungsausdruck

$$\varDelta l \approx \frac{h^2}{2 \, l'} . \tag{251}$$

Werden, was meist geschieht, 5-m-Latten verwendet, so ergibt sich aus (251) leicht die besonders einfache Form

$$\varDelta l_{(mm)} \approx h^2_{(dm)} . \tag{252}$$

Solange h klein bleibt und etwa 3 dm nicht überschreitet, kann man $\varDelta l$ mit genügender Sicherheit aus einem geschätzten h bestimmen und bei der Messung sogleich dadurch berücksichtigen, daß man den Anfangspunkt der nächsten Latte nicht unmittelbar an das Ende der vorhergehenden Latte anlegt, sondern nach Schätzung um den Betrag Δl davon abstehen läßt. Man spricht dann von einer **Lattenmessung mit abstehenden Enden**, die bei kleinen Höhenunterschieden h recht gute Ergebnisse liefert.

Versuche, das besprochene **Vorlegemaß** auf rein mechanischem Wege bei der Messung zu berücksichtigen, haben noch keine vollständig gelungene Lösung erzielt.

Zur Schrägmessung verwendete Latten sollen **schneidenförmige** Enden besitzen (Abb. 165b), damit die Endenberührung in der Lattenachse stattfinden kann. Obwohl eine sorgfältig durchgeführte Schrägmessung der Staffelmessung an Genauigkeit überlegen ist, so wird doch meist die Staffelmessung bevorzugt, die keine Zwischenaufschreibungen erfordert, während die Schrägmessung fortlaufende Aufschreibungen und deren Berechnung verlangt.

Sehr genau ist die **Streckenmessung längs gespannter Schnüre**. Bei diesem besonders für Grubenmessungen wichtigen Verfahren wird zunächst das Streckenprofil durch Nägel abgeteilt. Diese in Bodenpflöcken oder im Zimmerwerk befestigten Nägel werden durch straff gezogene Schnüre verbunden, deren Länge durch angelegte Maßstäbe genau bestimmt werden kann. Liegen die Schnüre nicht horizontal, so sind auch die Schnurneigungen – etwa mit der Hängewaage – zu ermitteln. Ein Zahlenbeispiel enthält die nebenstehende Tabelle.

Tabelle 11.

Strecke Nr.	Neigung α	Schiefe Länge l'	Reduktion Δl	Waagrechte Länge l
	°	m	mm	m
1	1,5	20,465	7,0	20,458
2	1,6	21,138	8,2	21,130
3	1,3	19,847	5,1	19,842
4	1,0	18,135	2,8	18,132
		79,585	23,1	79,562

Die waagrechte Länge der Gesamtstrecke ist
$$L = [l'] - [\Delta l] = 79{,}562 \text{ m}.$$

Um das Zurückweichen der vorher gelegten Latte durch ein Anstoßen der folgenden zu vermeiden, läßt man bei der **Keilmessung** zwischen den stets senkrecht zueinander gestellten schneidenförmigen Lattenenden (Abb. 28) einen kleinen Abstand d, welcher jeweils mit Hilfe des Meßkeils nach (156) bestimmt wird. Gehören wie bisher zu den schiefen Lattenlängen l' die Horizontalprojektionen l, so ist die gesuchte Länge hier der Ausdruck

$$L = [l] + [d]. \qquad (253)$$

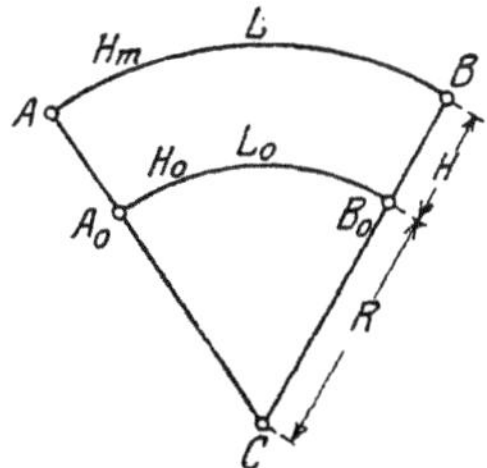

Abb. 171. Längenreduktion auf den Meeresspiegel.

Eine Reduktion der einzelnen Schneidenabstände d auf den Horizont ist nur in Ausnahmefällen berechtigt.

Die nach irgendeinem der bisher besprochenen Verfahren gefundene Horizontalentfernung L entspricht einem mittleren Messungshorizont H_m (Abb. 171); sie weicht von ihrer Projektion L_0 auf den Meereshorizont H_0 um einen kleinen, als **Reduktion auf den Meeresspiegel** bezeichneten Betrag ΔL ab. Derselbe ist von L und der Meereshöhe H abhängig und ergibt sich aus Abb. 171 zu

$$\Delta L = L - L_0 = L - \frac{LR}{R+H} = \frac{HL}{R+H}. \qquad (254)$$

wofür man zweckmäßiger die stets ausreichende Näherung

$$\Delta L \approx \frac{H}{R} \cdot L \qquad (255)$$

verwendet. Nimmt man für den Erdhalbmesser R den runden Wert 6370 km so beträgt die Reduktion 1,57 mm für je 100 m in H und L.

b) Bandmessung.

Sehr häufig werden zur direkten Längenmessung – besonders im freien Feld und bei etwas geringeren Genauigkeitsansprüchen – auch Meßbänder aus Stahl[1] verwendet, die je nach dem Gebrauch in Ziehstahlbänder und Handstahlbänder unterschieden werden. Die für die Abszissenmessung bestimmten Ziehstahlbänder sind 20 bis 30 m lang, etwa 20 mm breit, 0,3 mm dick und endigen in drehbare, zylindrische Ringe (Abb. 172), deren Achsen um die Meßbandlänge l voneinander abstehen. Zur Messung dienen besondere Ziehstäbe oder Bandstäbe, deren zylindrischer Querschnitt genau gleich der Ringöffnung ist, so daß bei lotrechten Stäben und gestrecktem, horizontalem Band auch die Stabachsen um die Bandlänge l voneinander abstehen. Diese Stäbe endigen in Eisenschuhe mit Querriegeln, die ein Herabfallen der Endringe verhindern. Beim Gebrauch wird das bis auf Dezimeter geteilte Feldstahlband zunächst angenähert in die Messungslotebene gebracht; der hintere Gehilfe steckt seinen Stab in den Anfangspunkt der zu messenden Länge und weist den Vorderstab noch genauer in die Messungsrichtung ein. Dann wird das Band mit etwa 20 kg Zug gestreckt und bei gut lotrechten Stäben das andere Ende der Bandlage durch Eindrücken des Vorderstabes in den Boden bezeichnet. Nach dem Herausnehmen des Stabes wird dieser Punkt durch einen Stift festgehalten und nunmehr das Band durch Vorwärtsziehen in die nächste Lage gebracht, wo in der gleichen Weise wie vorher verfahren wird, nachdem der hintere Stab in den durch den ersten Stift bezeichneten Punkt gesteckt worden ist. Die Zahl der vom vorderen Gehilfen gesteckten Stifte, welche der Hintermann alle wieder mitzunehmen hat, gibt die zurückliegende Teillänge an, weshalb man von Zählern spricht. Eine willkommene Probe für die richtige Zählung der ganzen Bandlängen ermöglicht

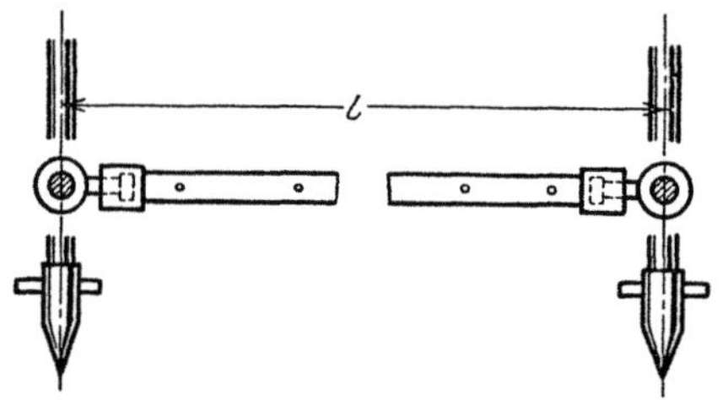

Abb. 172. Ziehstahlband.

auch die Restzahl der Zähler, welche am Ende der Messung der vordere Gehilfe noch in Händen hat.

Die Messung mit dem Ziehstahlband gestaltet sich am einfachsten bei horizontaler Unterlage, auf welcher das Band unmittelbar aufliegt. Bei geneigtem Gelände wird vielfach gestaffelt, wobei am Ende des straff gezogenen Bandes, bei stärkeren Neigungen auch schon an den Stellen 10 m oder 5 m abgelotet wird. Auch die Schrägmessung kann bei langen, ganz gleichmäßig geneigten Strecken mit Vorteil verwendet werden. Zur Neigungsmessung dient in diesem Falle am besten ein am oberen Ende des Hinterstabes befestigter Freihandhöhenmesser, mit dem das obere Ende des gleich langen Vorderstabes angezielt wird.

Viel handlicher als die schweren Ziehstahlbänder sind die 10 bis 20 m langen, meist in einem Schutzgehäuse befindlichen, bequem aufrollbaren Handstahlbänder, welche hauptsächlich für die Ordinatenmessung und zur Messung anderer nicht in der Standlinie liegenden Maße bestimmt sind. Das Handstahlband trägt meist Zentimeterteilung und wird bei der Messung nur selten auf den Boden gelegt, vielmehr meistens in Brusthöhe gebraucht, wenigstens dann, wenn die zu messende Länge kleiner als die Bandlänge ist. Leinenhandbänder sind mit der Feuchtigkeit starken Längenänderungen unterworfen, so daß sie für ingenieurtechnische Zwecke wenig Verwendung finden.

Stahlmeßbänder erfordern eine sehr sorgfältige Behandlung; sonst werden sie in kurzer Zeit untauglich. Insbesondere sind sie vor Schleifenbildung zu bewahren und nach beendeter Arbeit sorgfältig trocken zu wischen. Ziehstahlbänder werden nach dem Gebrauch auf einen besonderen Rahmen gerollt. Verwahrloste Bänder springen leicht ab, und eine eingeätzte Teilung ist bald völlig unkenntlich.

---

[1] Auch rostfreie Stähle werden verwendet. Siehe LÜDEMANN, K. Z. Vermess.-Wes. 1933, S. 145—159.

Präzisionslängenmessungen oder Feinlängenmessungen kann man auf horizontaler oder nur schwach geneigter Unterlage außer z. B. mit Schneidenlatten, Setzbogen und Meßkeil auch mit entsprechend eingerichteten Stahlbändern, sog. **Feinstahlbändern**, vornehmen. Bei solchen Feinmessungen kommt es hauptsächlich auf die Erfüllung zweier Forderungen an: 1. muß die jeweilige Bandlänge genau bekannt sein und 2. soll die Aneinanderreihung der einzelnen Bandlagen in möglichst einwandfreier Weise vor sich gehen. Die genaue jeweilige von der Temperatur und der Bandspannung abhängige Bandlänge, welche bei dem in Abb. 173 skizzierten, mit Handgriffen versehenen Feinstahlband durch den Abstand zweier durch Kerben hervorgehobener Endstriche A, E bestimmt ist, ergibt sich aus der bei der Messung beobachteten Temperatur und dem an der Federwaage abgelesenen Zug.

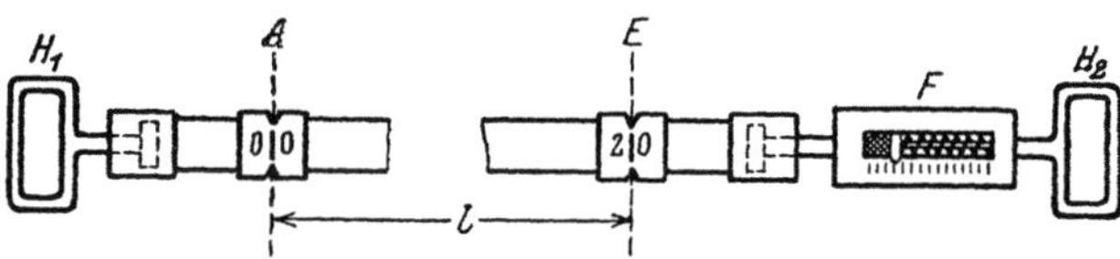

Abb. 173. Feinstahlband mit Federwaage.

Der Temperatureinfluß beträgt bei einem Stahlband rund 1,1 mm für 10^0 C Temperaturänderung auf 10 m Länge. Bei Sonnenschein ist die Bandtemperatur kaum zu ermitteln; deshalb sollen Feinlängenmessungen bei bedecktem Himmel oder noch besser in der Nacht ausgeführt werden. Die Längenänderung infolge des Zuges ist nicht nur vom Material, sondern auch vom wechselnden Querschnitt des Bandes abhängig, so daß sie erst durch eine besondere Abgleichung zu ermitteln ist. Sie bleibt konstant, solange unter Anwendung des gleichen Zuges gemessen wird. Eine sorgfältige **Aneinanderreihung**[1] der Bandlängen läßt sich in verschiedener Weise erreichen. Man kann z. B. nach einer vorangegangenen flüchtigeren, vorläufigen Messung in den Endpunkten der Bandlängen Pflöcke schlagen und auf diesen bei der nachfolgenden scharfen Messung das Bandende jeweils mittels einer in die Kerbe bei E gebrachten Stecknadel genau bezeichnen. Man kann aber auch von vornherein in den nach einer ersten Messung in den Anreihepunkten geschlagenen Pflöcken durch Nadeln oder durch Querstriche Punkte bezeichnen, deren um einige

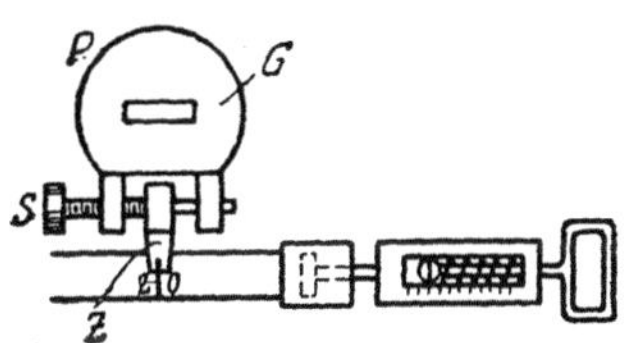

Abb. 174. Anreihevorrichtung von Löschner.

Millimeter von der Bandlänge abweichende Entfernungen an einer etwa beiderseits der Endmarke E angebrachten kurzen Millimeterteilung mittels der als Zeiger dienenden Nadel genau abgelesen werden können. An Stelle der Pflöcke mit den Nadeln können auch zwei Exemplare einer besonderen, tragbaren **Anreihevorrichtung** treten, wie sie Löschner[2] angegeben hat. Sie besteht aus einer mit einem Griff G (Abb. 174) versehenen, etwa 3 kg schweren Eisenplatte P mit einem aufklappbaren Zeiger Z, welcher mittels einer Schraube S (später als Meßschraube ausgebildet) genau auf den Endstrich des Bandes eingestellt werden kann, während umgekehrt bei festliegenden Zeigern der Anfangsstrich des Bandes auf den ersten Zeiger eingestellt und mit dem Zeiger der zweiten Anreihevorrichtung an der Millimeterteilung des Bandendes abgelesen würde[3].

---

[1] Siehe hierzu auch Reinhertz: Zur Stahlbandmessung. Z. Vermess.-Wes. 1903, S. 176—183.

[2] Löschner, H.: Längenmessungen mit Präzisionsstahlmeßbändern. Z. Vermess.-Wes. 1912, S. 639—645. Siehe auch Z. Vermess.-Wes. 1903, S. 165—176, u. Z. Instrumentenkde. 1940, S. 174—177.

[3] Durch die Verwendung von Invarbändern oder Invardrähten mit besonderen Spannstativen wird die Genauigkeit der Längenmessung noch gesteigert; doch gehört die Beschreibung dieser Apparate u. ihres Gebrauches bei Grundlinienmessungen besser in die höhere Geodäsie.

Zur Längenmessung mit freischwebendem Meßband siehe die S. 105 Anmerkung 1 genannte Abhandlung von Seelis.

c) Meßrad, Feldzirkel und Schrittzähler.

Diese Hilfsmittel der direkten Längenmessung besitzen für die Ingenieurtechnik eine mehr untergeordnete Bedeutung. Immerhin können das Meßrad – z. B. in Form eines mit einem Zählwerk verbundenen Wagenrades – und der Schrittzähler bei flüchtigen Aufnahmen in kartographisch unbekannten Ländern auch dem Ingenieur von Nutzen sein.

Das allbekannte Meßrad (Abb. 175), welches man auch als eine zylindrische Meß-latte auffassen kann, besteht aus einem mit Speichen versehenen, zylindrischen Rad R,

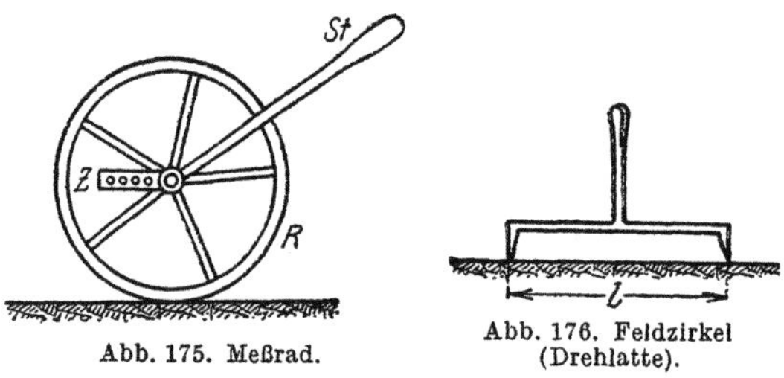

Abb. 175. Meßrad.

Abb. 176. Feldzirkel (Drehlatte).

welches an einem Stiel St gehalten und vorwärtsgeschoben wird. Ein Zeigerwerk Z gibt die Zahl n der Radumdrehungen an. Ist u der bekannte Radumfang, so ist der in der Bodenoberfläche zurückgelegte Weg $U = n \cdot u$. Dieser stimmt mit der Horizontalentfernung der Wegendpunkte nur dann überein; wenn der befahrene Boden nahezu eben und horizontal ist[1].

Der manchmal noch für landwirtschaftliche Zwecke verwendete Feldzirkel oder die Drehlatte (Abb. 176) ist gewissermaßen ein Zirkel mit fester Öffnung l ($l = 2$ bis 3 m), mit welchem die gesuchte Entfernung auf dem Felde abgezirkelt wird. Horizontalentfernungen ergeben sich unmittelbar nur auf waagrechtem Boden.

Für untergeordnete Zwecke lassen sich Längen auch durch Abschreiten bestimmen. Die Schrittlänge eines jungen Mannes von mittlerer Größe ist etwa 83 cm, so daß 300 Schritte ziemlich genau 250 m ausmachen. Eine schärfere Bestimmung der Schrittlänge ist durch Abschreiten einer vorher gemessenen Strecke möglich. Sollen große Entfernungen durch Abschreiten bestimmt werden, so verwendet man mechanische Schrittzähler oder Pedometer, die am Knie befestigt werden und bei jeder Hebung des Fußes ein Zählwerk in Bewegung setzen.

d) Fehler der direkten Längenmessung.

Die Fehler der unmittelbaren Längenmessung sind teils regelmäßige, teils unregelmäßige. Unter den zur gemessenen Länge direkt proportionalen, regelmäßigen Fehlern sind besonders zu nennen: 1. der Einfluß einer unrichtigen Länge des Meßwerkzeugs, 2. der Einfluß einer Durchbiegung desselben, 3. die von einem Ausweichen des Meßwerkzeugs aus der Horizontalen und der Messungslotebene entstehenden Fehler, 4. die Fehler infolge Zurückstoßens einer schon liegenden durch die neu anzulegende Latte, 5. die etwaige Unterlassung der Reduktion auf den Meereshorizont, 6. der Einfluß eines Abrutschens der Latte bei stark geneigter Unterlage, 7. der Fehler infolge Vorziehens des hinteren Bandstabes beim Anziehen des vorderen Stabes, 8. der durch das Eindringen von Fremdkörpern zwischen die Lattenenden entstehenden Fehler.

Die unter 2. bis mit 5. genannten Ursachen wirken stets vergrößernd auf das Messungsergebnis. Im gleichen Sinne wirkt eine unrichtige Lattenlänge, wenn sie von einer Abnutzung der Lattenenden herrührt. Eine durch das stets wiederholte, starke

---

[1] Über Erfahrungen mit dem Meßrad berichten in der Z. Vermess.-Wes. a) LORBER: Über die Genauigkeit der Längenmessungen mit dem Meßrad von Wittmann & Co. in Wien. 1877, S. 333—345; b) SCHLEHBACH: Über die Genauigkeit und Brauchbarkeit des Meßrades bei gewöhnlichen Längenmessungen. 1877, S. 241—249. Wie BAUERNFEIND: Elemente der Vermessungskunde Bd. 1, 7. Aufl. Stuttgart 1890, S. 407, angibt, wird die Idee, Räder zum Messen von Entfernungen zu benutzen, schon von VITRUVIUS als eine überlieferte bezeichnet. Auch HERON von Alexandria beschreibt im Kapitel XXXIV seiner Dioptra schon die Längenmessung mit Hilfe des Wagenrades u. eines besonderen Zählwerks (SCHÖNE, H. Anmerkung 1, S. 64). Bekannt ist der aus dem Anfang des 16. Jahrhunderts stammende Versuch des französischen Arztes FERNEL, den Bogen Paris-Amiens aus der Umdrehungszahl eines Wagenrades zu ermitteln.

Anziehen der Bandstäbe hervorgerufene Verlängerung der Endringe und damit des Bandes selbst hat eine **Verkleinerung** des Messungsergebnisses zur Folge. Auch die unter 7. und 8. genannten Fehler bewirken stets ein zu kleines Messungsergebnis. Das unter 6. genannte Abgleiten der Latte vergrößert oder verkleinert das Ergebnis, je nachdem aufwärts oder abwärts gemessen wird. Dem Umstande, daß die meisten Fehler das Messungsergebnis vergrößern, wird vielfach durch eine geringe Verlängerung des Meßwerkzeugs über den Sollwert hinaus Rechnung getragen. Im einzelnen sei zu diesen regelmäßigen Fehlern noch folgendes bemerkt.

Die **unrichtige Länge des Meßwerkzeugs** kann, wie schon erwähnt, von einer Abnutzung der Lattenenden oder einem Langziehen der Endringe des Meßbandes herrühren. Sie kann bei hölzernen Meßlatten ihren Grund aber auch in einer durch den Wechsel der Feuchtigkeit bedingten Änderung des Lattenmeters[1] haben und bei Meßbändern durch die Nichtbeachtung einer stärkeren Ausdehnung des Bandes bei einem

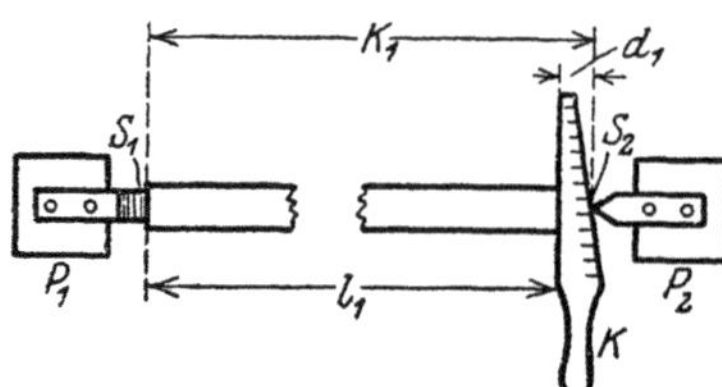

Abb. 177. Komparator zur Abgleichung von Meßlatten.

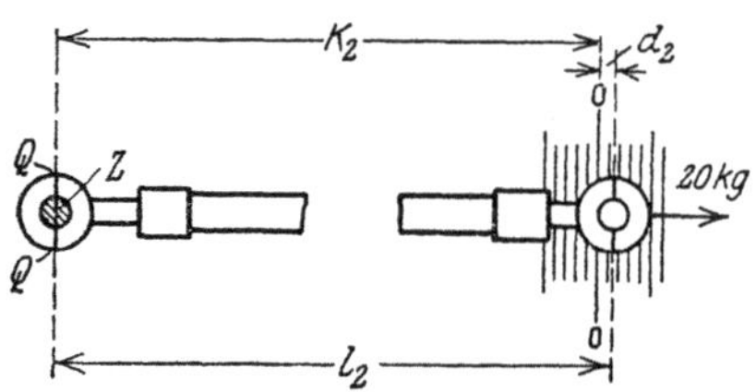

Abb. 178. Komparator zur Abgleichung von Meßbändern.

größeren Temperaturwechsel, sehr häufig aber auch durch das mangelhafte Zusammenflicken eines abgerissenen Bandes verursacht werden. Zur Beseitigung dieses unter Umständen sehr schlimmen Fehlers muß man von Zeit zu Zeit die Länge des Meßwerkzeugs durch eine scharfe Abgleichung mit Hilfe eines Komparators neu bestimmen. Ein **Komparator für Lattenabgleichung** besteht im wesentlichen aus zwei in fest eingerammten Pflöcken P_1, P_2 (Abb. 177) oder in Mauerwerk sitzenden Schneiden S_1, S_2, deren möglichst unveränderlicher Abstand K_1, die **Komparatorlänge**, durch wiederholtes Abschieben mit Hilfe eines Normalmeters bestimmt wird. Mißt man nun bei eingelegter, an S_1 anstoßender Latte mittels eines Meßkeils K den Abstand d_1 der zweiten Komparatorschneide vom anderen Lattenende, so ist die gesuchte Lattenlänge

$$l_1 = K_1 - d_1. \tag{256}$$

Der Sicherheit halber wird die Komparatorlänge auch nach der Längenabgleichung noch einmal bestimmt. In ähnlicher Weise geht nach Andeutung von Abb. 178 die **Längenabgleichung eines Meßbandes**[2] vor sich. Hier ist die ebenfalls durch Abschieben zu ermittelnde Komparatorlänge K_2 durch den Abstand des Nullstriches einer Millimeterteilung von der Achse eines kurzen, zylindrischen Zapfens Z bestimmt. Bei der Abgleichung wird der Anfangsring des Bandes an den Zapfen Z gehängt und so verkeilt, daß sein durch Striche bezeichneter Querdurchmesser QQ die Zapfenachse

---

[1] Sehr eingehend ist diese Frage behandelt in einer zusammenfassenden Arbeit von LÜDEMANN: Die Längenänderung hölzerner Meß- u. Nivellierlatten. Z. Vermess.-Wes. 1912, S. 409 bis 418, 433—447, 463—473. LÜDEMANN sagt S. 447 zusammenfassend: „Bei gut gearbeiteten Präzisionsmeß- und Nivellierlatten wird also die Amplitude der jährlichen Schwankung des Lattenmeters 50 cmm im allgemeinen nicht überschreiten..." Man wird also bei Meßlatten, deren Ölfarbanstrich im Laufe der Zeit gelitten hat, wohl mit einer jährlichen Schwankung des Lattenmeters von etwa 0,5 mm rechnen müssen. LÜDEMANN verspricht eine künftige Erörterung der Frage, ob alle Lattenmeter dieselbe Änderung erfahren. Diese Frage ist (für Nivellierlatten) schon von M. SCHMIDT in negativem Sinne beantwortet worden. (Siehe SCHMIDT, M.: Ergänzungsmessungen zum bayerischen Präzisionsnivellement, Heft 1, München 1908, u. Heft 2, München 1919.)

[2] Für **sehr scharfe Abgleichungen** siehe THOMAS, P. A.: Die Einrichtungen der Reichsanstalt für Maß u. Gewicht für Längenbestimmungen höherer Genauigkeit an Meßbändern u. Drähten. Z. Instrumentenkde. 1919, S. 321—332.

schneidet, wenn am anderen Bandende mit 20 kg Zug angezogen wird. Bedeutet d_2 den an der Teilung abzulesenden Betrag, um welchen bei dieser Stellung der Querdurchmesser des Endringes über den Teilungsnullpunkt hinausfällt, so ist die Bandlänge

$$l_2 = K_2 + d_2 . \tag{257}$$

Bei Feinstahlbändern wäre in ähnlicher Weise zu verfahren und auch noch die Temperaturverbesserung zu berücksichtigen. Bei gewöhnlichen Stahlbändern sieht man davon meistens ab, nimmt aber dafür die Abgleichung bei einer mittleren Temperatur vor, wie sie etwa bei den Messungen im Felde auftritt. Hat man Latten zur Verfügung, deren Länge scharf bekannt ist, so kann man die Bandabgleichung ohne eine besondere künstliche Vergleichsvorrichtung in der Weise durchführen, daß man den für eine scharf bezeichnete Länge aus wiederholten Stahlbandmessungen gefundenen Mittelwert mit der aus sorgfältigen Lattenmessungen erhaltenen Angabe vergleicht[1].

Infolge einer Durchbiegung des Meßwerkzeugs besitzt nicht die horizontale Entfernung AE (Abb. 179) der Latten- bzw. Bandendpunkte, sondern der Bogen ASE die Länge l, welche fehlerhafterweise an Stelle der Sehne s gesetzt wird. Da man ASE in erster Näherung als einen Kreisbogen mit der Pfeilhöhe p betrachten kann, so läßt sich auch der Unterschied $f = s - l$ leicht näherungsweise angeben. Stellt man nämlich s als Funktion von l und p dar, so erhält man nach einer einfachen Reihenentwicklung bei Unterdrückung der Glieder höherer Ordnung

$$f = - \frac{8}{3} \frac{p^2}{l} . \tag{258}$$

Die Durchbiegungsfehler sind bei hohlliegenden oder an einem Ende aufliegenden Latten nur gering und können durch Stellen der Latte auf die hohe Kante ganz unschädlich gemacht werden. Bei längeren Meßbändern aber sind sie sehr zu fürchten. Ihr Einfluß kann aber auch hier durch Unterstützen des Bandes in der Mitte oder an anderen geeigneten Stellen stark verringert werden. Die einem frei durchhängenden 20-m-Band entsprechenden Beträge von f enthält Tabelle 12.

$l = 20$ m   Tabelle 12.

p	1 dm	2 dm	3 dm	4 dm	5 dm
$-f$	1,3 mm	5,3 mm	12,0 mm	21,3 mm	33,3 mm

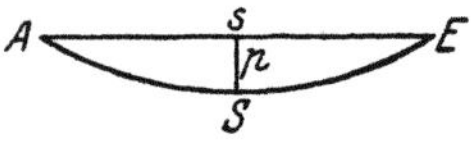

Abb. 179. Durchbiegung des Meßwerkzeugs.

Sind die Werte $h'_1, \ldots h'_n$ die Höhenunterschiede der Endpunkte des Meßwerkzeugs, so ist die an der schief gemessenen Gesamtlänge anzubringende Verbesserung

$$v' = - \left| \frac{h'^2}{2l} \right| = - \frac{n}{2l} \left[\frac{h'^2}{n} \right] = - n \cdot \frac{h'^2_m}{2l} = - \frac{L}{2} \left(\frac{h'_m}{l} \right)^2 . \tag{259}$$

Hierin bedeutet h'_m den nach Analogie des mittleren Fehlers bestimmten mittleren Höhenunterschied beider Enden des Meßwerkzeugs. Ist diese Größe etwa aus Versuchen für einen Beobachter bestimmt worden, so kann dieser für eine von ihm ausgeführte Messung den Wert v' wenigstens näherungsweise angeben. Ein ganz entsprechender Ausdruck ist die infolge einer mittleren seitlichen Abweichung h''_m notwendige Verbesserung

$$v'' = - n \cdot \frac{h''^2_m}{2l} = - \frac{L}{2} \left(\frac{h''_m}{l} \right)^2 . \tag{260}$$

Die wichtigsten unregelmäßigen, gleich oft positiven und negativen Fehler der direkten Längenmessung sind: die Anlegefehler, Anreihefehler, Ablotungsfehler, Ab-

---

[1] Auch im Feld verwendbare Vergleichsvorrichtungen sind konstruiert worden. Siehe hierzu BLASS, K.: Ein Feldkomparator zur Bestimmung der Längen von Meßlatten. Z. Vermess.-Wes. 1912, S. 11—14, und HOHENNER, H.: Ein neuer Feldkomparator von C. SICKLER in Karlsruhe. Z. Vermess.-Wes. 1912, S. 601—604.

lesefehler, die Fehler der gemessenen Neigungen und die infolge unrichtigen Zuges entstehenden Spannungsfehler. Zu letzteren sei bemerkt, daß eine bestimmte Zugänderung – z. B. um 1 kg – einen um so geringeren Längenfehler verursacht, je größer die gewählte Normalspannung – z. B. 20 kg – ist[1].

Nach Theorie und Erfahrung schreitet der mittlere unregelmäßige Fehler m_u mit der Wurzel aus der gemessenen Länge L fort. Dagegen sind die am Anfang und Ende der Strecke je einmal auftretenden Anlege- und Ablesefehler m_a', m_a'' von der Länge unabhängig. Entspricht $\pm m_a$ ihrem Zusammenwirken und bedeutet m_r den mittleren regelmäßigen, m den mittleren Gesamtfehler der Länge, so gelten die Beziehungen

$$m_a = \sqrt{m_a'^2 + m_a''^2}, \quad m_r = C \cdot L, \quad m_u = m_0 \sqrt{L}, \quad m = \sqrt{m_r^2 + m_u^2 + m_a^2}, \quad (261)$$

in welchen C den mittleren regelmäßigen, m_0 den mittleren unregelmäßigen Fehler der Längeneinheit bezeichnet. m_0 läßt sich aus Doppelmessungen mit dem gleichen Meßwerkzeug bestimmen. Werden für verschiedene Strecken $L_1, \ldots L_i, \ldots L_n$ auf dem Hin- und Rückwege die Wertepaare $L_1', L_1'', \ldots L_i', L_i'', \ldots L_n', L_n''$ mit den Differenzen $d_1, \ldots d_i, \ldots d_n$ gefunden, so ergibt sich damit in Anlehnung an (75)

$$m_0 = \pm \sqrt{\frac{1}{2n}[p\,d\,d]} = \pm \sqrt{\frac{1}{2n}\left[\frac{d^2}{L}\right]}, \quad (262)$$

vorausgesetzt, daß durch die Benutzung eines Anschlagwinkels zur Bezeichnung des Längenanfangs und eines mm-Maßstabes zur Endablesung die Bestandteile von m_a so klein gehalten werden, daß dieses neben den Differenzen d verschwindet.

Die mittlere Differenz der Längeneinheit ist $d_0 = m_0 \sqrt{2}$, und die mittlere Differenz zwischen Hin- und Rückmessung der Länge L wird

$$d = d_0 \sqrt{L} = m_0 \sqrt{2L}. \quad (263)$$

Setzt man nach Analogie des Maximalfehlers die Maximaldifferenz D der dreifachen mittleren Differenz gleich, so ist, wenn man zur Gewinnung einer einfachen Formel den kleinen Betrag m_a vernachlässigt,

$$D = 3\,d = (3\,m_0 \sqrt{2})\sqrt{L} = k \cdot \sqrt{L} \quad (264)$$

die größte zulässige Abweichung zwischen der Hin- und Rückmessung einer Strecke.

Der Wert k hängt nicht nur von der Art und Güte des Meßwerkzeugs, dem Messungsverfahren, der Gewandtheit und Sorgfalt des Beobachters, sondern auch von der Beschaffenheit des Geländes und der Witterung ab, so daß wiederholte Versuche immer auf etwas verschiedene Werte m_0 und k führen werden. Es haben auch die Verwaltungen der verschiedenen Staaten stark voneinander abweichende Werte k festgesetzt. Jedenfalls aber kann man fordern, daß im ebenen Gelände der Bedingung

$$D \lessgtr 0{,}007 \sqrt{L} \quad (265)$$

genügt wird, in welcher D und L in Metern zu verstehen sind[2].

---

[1] Nach HAUSSMANN, K.: Elastizitätsmodul für Stahlmeßbänder, Z. Vermess.-Wes. 1903, S. 161—165, ist der Dehnungskoeffizient für vertikal hängende Stahlbänder $0{,}5 \cdot 10^{-6}$. Dieser Betrag ist für horizontale, aufliegende Bänder um rund 10% zu vermindern. Direkte Längenmessungen in lotrechter Richtung spielen im Bergbau eine große Rolle. Siehe hierzu LÜDEMANN, KARL: Über die Genauigkeit von Teufenbändern aus Stahl u. der damit ausgeführten Teufenmessungen. Mitt. Markscheidew. 1923, S. 8—23.

[2] Einige amtliche Fehlergrenzen folgen später bei Besprechung der Fehler im Polygonzug. Mit den Fehlern der direkten Längenmessung beschäftigt sich sehr eingehend HORNOCH, A. T., in der Schrift „Eine neue fehlertheoretische Untersuchung der Ergebnisse der Bonner-Nachmessung." Sopron (Ödenburg) 1930.

20. Indirekte Längenmessung.

Wird eine Länge ermittelt, ohne daß sie dabei begangen wird, so handelt es sich um eine **indirekte Längenmessung**, die auf geometrischem, trigonometrischem oder optischem Wege erfolgen kann.

a) Geometrischer Weg.

Von einer **geometrischen, indirekten Entfernungsmessung** spricht man, wenn sich die gesuchte Entfernung aus einer oder mehreren unmittelbar gemessenen Längen durch einfache geometrische Sätze ableiten läßt. Soll z. B. die große Entfernung x eines unzugänglichen Punktes C (Abb. 180) von einem zugänglichen Punkte A gefunden werden, so kann man etwa mit einem sog. **entfernungsmessenden Prisma**[1] von A aus eine Richtung AB' abstecken, welche mit AC einen der konstanten Richtungsablenkung α gleichen Winkel einschließt. Sucht man nun mit Hilfe des Prismas auf AB' denjenigen Punkt B, von dem aus BC mit BA denselben Winkel α einschließt, so hat man in ABC ein gleichschenkliges Dreieck, dessen kurze Grundlinie b direkt zu messen ist. Die gesuchte Entfernung ist dann

$$x = b : 2 \cos \alpha = C \cdot b ; \qquad (266)$$

sie kann in einfacher Weise ermittelt werden, da alle diese Prismen so geschliffen sind, daß der Vergrößerungsfaktor $C = 1 : 2 \cos \alpha$ ein runder Wert – 20, 50, 100, … – ist.

Hat man etwa ein Instrument zum Abstecken von 45°-Winkeln, so ergibt sich für ABC

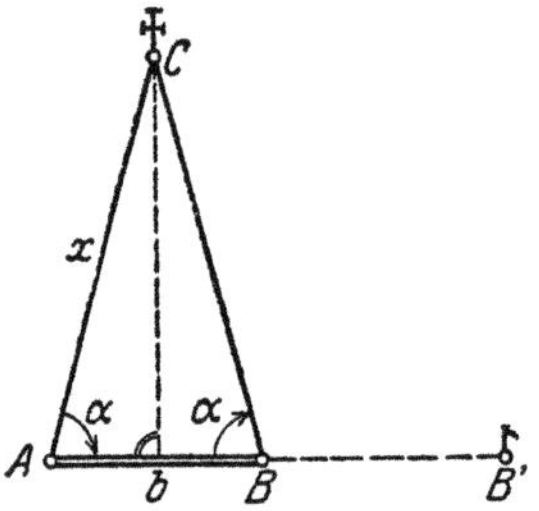

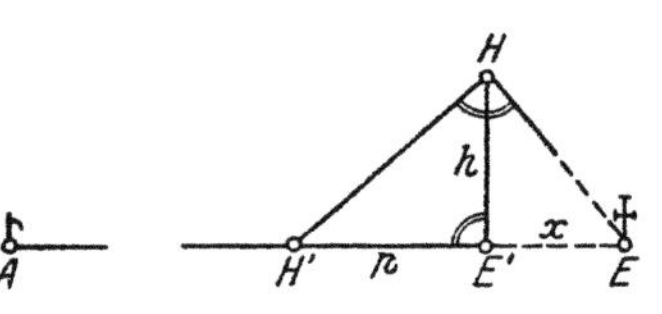

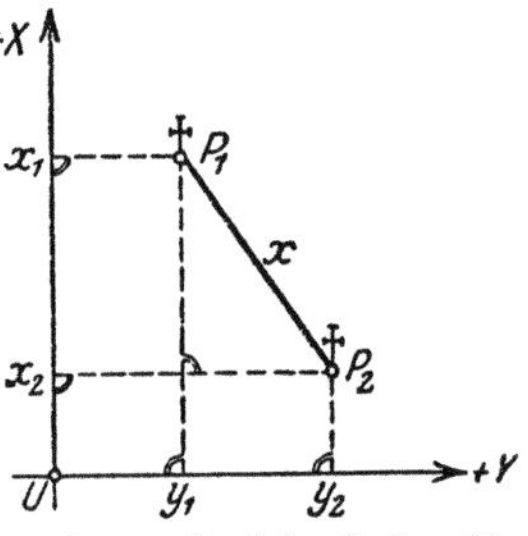

ein unzugänglicher
Abb. 181.

zwei unzugängliche Endpunkte
Abb. 182.

Abb. 180. Indirekte geometrische Entfernungsmessung mit Hilfe eines Distanzprismas.

Indirekte geometrische Entfernungsmessung unter Benutzung von Instrumenten zum Abstecken rechter Winkel.

ein gleichschenklig rechtwinkliges Dreieck, und die gesuchte Entfernung wird $x = b : \sqrt{2}$. Kann man aber $\alpha = 60°$ machen, so entsteht ein gleichseitiges Dreieck, und es ist unmittelbar $x = b$. Ist die unmittelbare Messung einer Strecke AE (Abb. 181) nur bis zu einem Punkte E' möglich und steht zur Bestimmung der Reststrecke $E'E = x$ außer einem Längenmeßwerkzeug nur ein Instrument zum Abstecken rechter Winkel zur Verfügung, so kann man auf AE in E' eine Senkrechte $E'H$ und auf HE hierauf eine Senkrechte errichten, welche auf AE den Punkt H' ausschneidet. Aus den direkt zu messenden Längen $H'E' = p$ und $E'H = h$ findet man

$$x = \frac{h^2}{p} \qquad (267)$$

Sind etwa die **beiden** Endpunkte P_1, P_2 einer gesuchten Entfernung x (Abb. 182) unzugänglich, so kann man in einem auf dem Felde abgesteckten Koordinatenkreuz mit Prisma oder Winkelkopf die Koordinatenfußpunkte bestimmen und aus den direkt zu messenden Koordinatenunterschieden $\Delta x = x_2 - x_1$, $\Delta y = y_2 - y_1$ die gesuchte Länge

$$x = \sqrt{\Delta x^2 + \Delta y^2} \qquad (268)$$

berechnen. – Alle diese Lösungen sind aber nur als ein **Notbehelf** zu betrachten.

---

[1] Das älteste Prisma dieser Art ist vermutlich das **unsymmetrische Prisma** von BAUERNFEIND. Siehe auch die Beschreibung des militärischen Entfernungsmessers SOUCHIER in Z. Vermess.-Wes. 1895, S. 177ff.

b) Trigonometrischer Weg.

Genauere Ergebnisse liefert die indirekte trigonometrische Entfernungsbestimmung, welche mittels trigonometrischer Sätze von den gemessenen Stücken
auf die gesuchte Länge führt.

Die in Abb. 183 enthaltene Länge $AP = x$ kann nicht direkt gemessen werden,
weil ein von der Seite durchschnittenes Grundstück nicht betreten werden darf. Kann

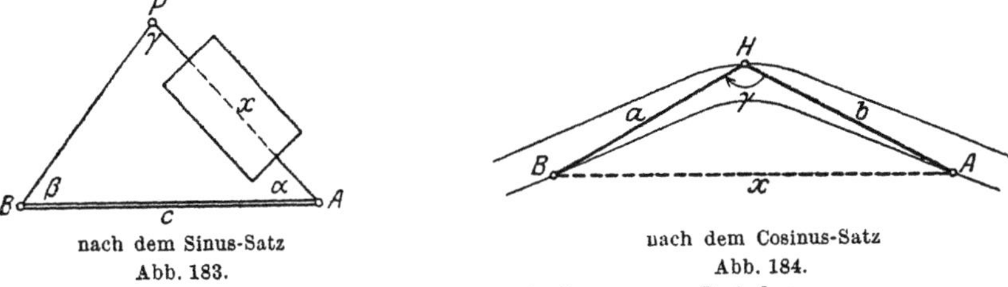

nach dem Sinus-Satz
Abb. 183.

nach dem Cosinus-Satz
Abb. 184.

Trigonometrische Entfernungsbestimmung aus Dreiecken

man einen Hilfspunkt B so wählen, daß ein günstig geformtes Dreieck entsteht, in dem
die Seite $AB = c$ und mindestens zwei Winkel – vielleicht β, γ – direkt gemessen werden können, so führt die Anwendung des Sinus-Satzes zum Ziel. Es ist nämlich

$$x = c\,\frac{\sin\beta}{\sin\gamma}. \tag{269}$$

Wenn irgend möglich, werden alle Dreieckswinkel gemessen, so daß nach Verteilung
des Dreieckswiderspruchs ausgeglichene Winkel β, γ in die Rechnung eingehen.

Ist eine unzugängliche Strecke $AB = x$ (Abb. 184) zu ermitteln und kann man
den Hilfspunkt H nicht so wählen, daß ein günstiges Dreieck entsteht, etwa, weil
man H auf einem nahe an x hinziehenden Weg annehmen muß, so wird man die von H
nach den Endpunkten von x führenden Seiten a, b sowie den von ihnen eingeschlossenen
Winkel γ messen; damit ergibt sich nach dem Cosinus-Satz

$$x = \sqrt{a^2 + b^2 - 2\,a\,b\,\cos\gamma}. \tag{270}$$

Wenn eine gesuchte Entfernung x einschließlich ihrer beiden Endpunkte A, B (Abb. 185) unzugänglich bleibt, so wird man etwa aus einer direkt
gemessenen Grundlinie CD und den in ihren Endpunkten beobachteten Winkeln γ', γ''
und δ', δ'' zunächst mittels des sin-Satzes die Seiten AC, AD, BC, BD berechnen,
worauf sich x nach dem Cosinus-Satz einmal aus AC, BC, γ'' und zur Probe ein zweites Mal aus AD, BD, δ' ergibt.

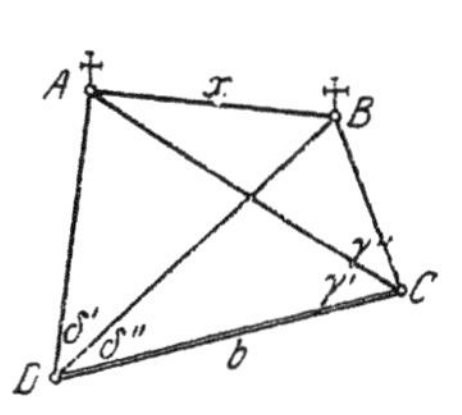

Beide Streckenendpunkte
sind unzugänglich.
Abb. 185. Trigonometrische
Entfernungsbestimmung
aus einem Viereck.

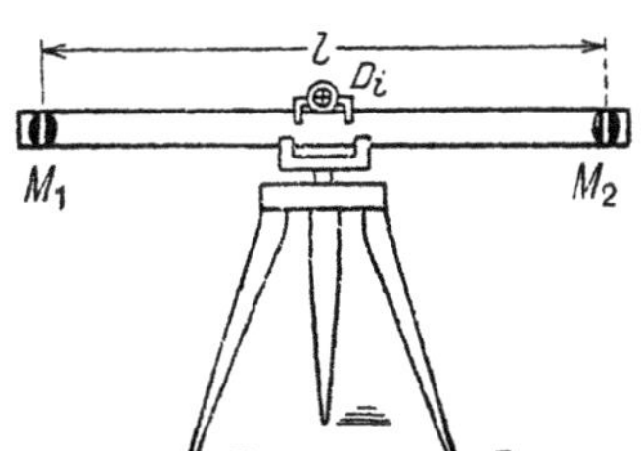

Distanzlatte von Böhler.
Abb. 186a.

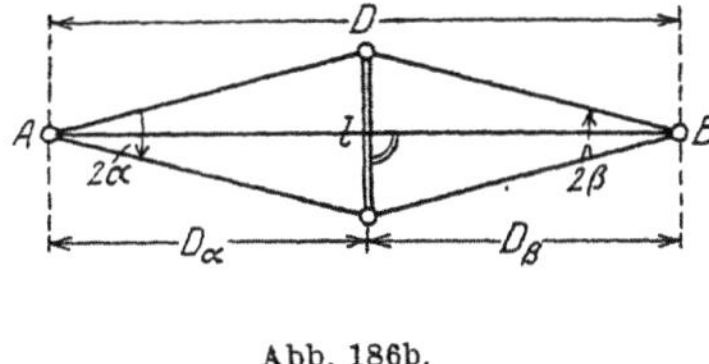

Abb. 186b.

Trigonometrische Entfernungsbestimmung mit horizontaler Distanzlatte.

Im unwegsamen Gelände kann auch die trigonometrische Entfernungsmessung mit waagrechter Distanzlatte angewendet werden. Eine solche z. B.
von Böhler konstruierte Latte besitzt an den Enden zwei gut einstellbare Marken
M_1, M_2 (Abb. 186a), deren Abstand l durch ein Normalmeter scharf bestimmt wird.

Die Latte wird auf ein Stativ ungefähr in der Mitte der zu messenden Seite AB gebracht und mit Hilfe eines zur Latte senkrechten Diopters D_i so gestellt, daß sie mit A und B je ein gleichschenkliges Dreieck bildet. Werden in A und B durch eine sehr scharfe Messung (Mikroskoptheodolit) die Winkel 2α und 2β bestimmt, unter welchen von dort aus die Latte erscheint, so ergibt sich mit den Bezeichnungen der Abb. 186b die gesuchte Entfernung zu

$$D = D_\alpha + D_\beta = \frac{l}{2}\,(\operatorname{ctg}\alpha + \operatorname{ctg}\beta). \tag{271}$$

Diese erst für koloniale Zwecke (indirekte Polygonseitenmessung) gedachte Methode ist schließlich unter Hinzunahme einer weiteren Lattenmarke zur sog. Meßbalkenmethode entwickelt worden, wobei die scharfe Messung der kleinen Winkel häufig mit dem von C. Pulfrich eingeführten Streckenmeßtheodolit erfolgt. Die Alhidadendrehung dieses Instruments wird durch eine waagrecht gelagerte Tangentenschraube (siehe S. 38) übernommen und gemessen[1].

c) Optische Entfernungsmessung.

Mit Hilfe der optischen Entfernungsmesser[2] kann man Längen bestimmen, ohne sie begehen oder eine Hilfsstrecke messen zu müssen. Für die Ingenieurtechnik kommen nur die Distanzmesser mit Latte am Ende der gesuchten Entfernung in Frage.

Bei allen diesen wird die Entfernung als Bestandteil eines langen schmalen Dreiecks ermittelt, dessen bekannte Basis, der Lattenabschnitt, am Ende der gesuchten Strecke liegt. Bei den für geodätische Zwecke im allgemeinen viel zu ungenauen Entfernungsmessern ohne Latte ist die Basis des langen, schmalen Dreiecks mit dem Instrument verbunden, liegt also am Anfang der gesuchten Strecke.

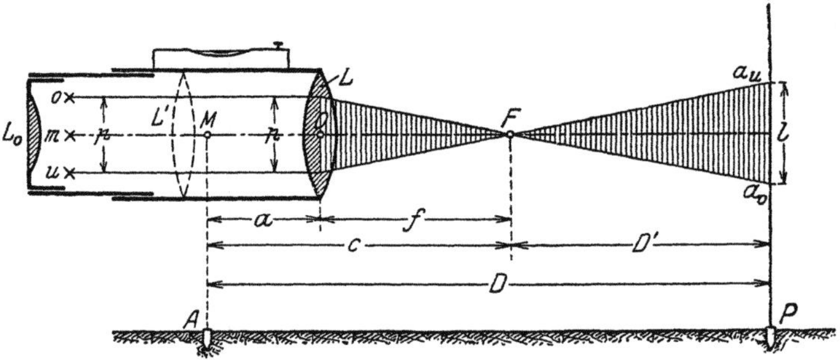

Abb. 187. Strahlengang im Reichenbachschen Entfernungsmesser.

<hr>

[1] Einschlägige Literatur: a) Böhler, H.: Beschreibung des Basismeßverfahrens mittels horizontaler Distanzlatte, Berlin 1905; b) Peschel, H.: Untersuchungen der mittelbaren Streckenmessung mit der Anwendung von Theodoliten u. Tangentenschraubeninstrumenten zur mikrometrischen Winkelmessung, Dresden 1936; c) v. Gruber, O. (und Mitarbeiter): Optische Streckenmessung und Polygonierung, Berlin-Grunewald 1942; d) Werkmeister, P.: Z. Vermess.-Wes. 1922, S. 321—333 (Referat v. Hammer in Z. Instrumentenkde. 1923, S. 284—287) sowie Z. Instrumentenkde. 1937, S. 190—201; e) Lüdemann, K.: Z. Instrumentenkde. 1933, S. 337—343; f) Lange, A.: Mitt. d. R. A. f. Landesaufn. 1933/34, S. 164—186; ferner im Jahrg. 1936 der Mitt. d. R. A. f. Landesaufn. S. 174—181: g) Gigas, S. 52—58; h) Wolf, Helmut, S. 59—85; i) Kuhlmann, H., S. 102—111, u. k) Daniloff, V. W., S. 24—39.

[2] Schon der Augsburger Mechaniker G. F. Brander beschreibt in „Polymetroskopium Dioptrikum", Augsburg 1764, einen – allerdings noch unvollkommenen – von ihm verfertigten Distanzmesser, womit an einer Feinteilung auf Glas die einem Gegenstand von bekannter Höhe entsprechende Bildhöhe gemessen wird, welche selbst einen Schluß auf die gesuchte Gegenstandsweite gestattet. Im Deutschen Museum zu München sind derartige Brandersche Entfernungsmesser zu sehen. Schon viel früher (1674) hatte in Italien Montanari einen auf demselben Grundgedanken beruhenden Distanzmesser erfunden. Um die weitere Entwicklung des Instruments haben sich in England J. Watt (1771) u. Green (1778) verdient gemacht. In Deutschland wurde der Fadendistanzmesser um 1810 durch Reichenbach eingeführt u. wesentlich vervollkommnet. Weitere geschichtliche Mitteilungen siehe bei Hammer: Zur Geschichte der Distanzmessung. Z. Vermess.-Wes. 1891, S. 295—299), u. Z. Instrumentenkde. 1892, S. 155—161; ferner Schmidt, M.: Mensula Praetoriana. Z. Vermess.-Wes. 1893, S. 257—283, u. Hammer in Z. Instrumentenkde. 1897, S. 278 ff.

Der REICHENBACHsche Entfernungsmesser[1] in seiner heute gebräuchlichen Form besteht im wesentlichen aus einem Meßfernrohr, in dessen Bildebene drei Horizontalfäden, ein Mittelfaden m (Abb. 187) und zwei dazu parallele, um p voneinander abstehende Seitenfäden o, u aufgespannt sind. Wesentliches Zubehör ist eine geteilte Latte, die sog. Distanzlatte. Zur Ermittlung der waagrechten Entfernung D zweier Punkte A, P wird das mit seinem Mittelpunkt M lotrecht über A aufgestellte und mittels einer Libelle oder dem Augenmaß nach horizontal gelegte Fernrohr auf die in P lotrecht stehende Distanzlatte gerichtet. An den Entfernungsfäden o und u erscheinen die Ablesungen a_o, a_u, deren Differenz $a_u - a_o$ einen Lattenabschnitt l ergibt. Diejenigen von den Enden des Lattenabschnitts ausgehenden und auf die Seitenfäden treffenden Strahlen, welche durch den vorderen Brennpunkt F des Objektivs (anallatischer oder anallaktischer Punkt) gehen, verlaufen innerhalb des Fernrohrs parallel zur optischen Achse des Objektivs. Also sind die beiden im Bild lotrecht schraffierten Flächen zwei ähnliche Dreiecke mit den Grundlinien p, l und den Höhen f (Objektivbrennweite) und D', welches ein Teil der unbekannten Entfernung D ist. Mit Rücksicht auf die Proportion $l : p = D' : f$ kann man aus der Abbildung leicht die Beziehung

$$D = a + f + D' = a + f + \frac{f}{p} \cdot l \tag{272}$$

ablesen, in welcher a den Abstand des Objektivs von der Instrumentenmitte bedeutet. Mit den als Additionskonstante und Multiplikationskonstante bezeichneten Abkürzungen

$$c = a + f, \qquad C = \frac{f}{p} \tag{273}$$

lautet daher die Entfernungsgleichung

$$D = c + D' = c + C \cdot l. \tag{274}$$

Der von den Brennpunktstrahlen eingeschlossene Winkel $a_o F a_u$ ist der parallaktische Winkel ε. Zwischen ihm und C bestehen die Beziehungen

$$\operatorname{tg} \tfrac{1}{2}\varepsilon = p : 2f = 1 : 2C, \qquad C \cdot \varepsilon \approx 1, \tag{275}$$

welche sich aus dem linken schraffierten Dreieck ergeben.

Eine willkürliche Änderung der Multiplikationskonstanten, für welche ein runder Wert – meist 100 – angestrebt wird, ist hier nur in dem selten zutreffenden Fall möglich, daß durch Schräubchen der Fadenabstand p etwas geändert werden kann.

Abb. 188 veranschaulicht den Verlauf der Brennpunktstrahlen in dem mit einem HUYGENS-Okular ausgestatteten ERTELschen Distanzmesser. Hiernach ist $p' = \dfrac{f_1}{f_1 - y}\,p$, wenn y den Abstand der Fadenkreuzebene vom Kollektiv bedeutet. Behält c seine frühere Bedeutung bei, so erhalten wir unter Berücksichtigung des Umstandes, daß die schraffierten Dreiecke ähnlich sind, den Ausdruck

$$D = c + \frac{f}{p'} \cdot l = c + \frac{f}{p}\left(1 - \frac{y}{f_1}\right) l, \tag{276}$$

aus dem unter Verwendung der Abkürzung

$$C = \frac{f}{p}\left(1 - \frac{y}{f_1}\right) \tag{277}$$

für die Multiplikationskonstante die übliche Form der Entfernungsgleichung

$$D = c + C \cdot l \tag{278}$$

hervorgeht. Da hier nach (277) C auch von y abhängt, so kann die Multiplikationskonstante durch eine Längsverschiebung des Fadenkreuzes in der Okularröhre etwas geändert werden. Eine hernach etwa notwendige deutliche Sichtbar-

---

[1] Der REICHENBACHsche Entfernungsmesser in seiner ältesten Form hatte zwei Okulareinsichten, eine für den oberen und eine für den unteren Faden.

machung des Fadenkreuzes ist dann durch eine entsprechende Verschiebung des Augenglases L_0 in der Okularröhre herbeizuführen.

Wird in einem REICHENBACHSchen Entfernungsmesser eine Linse L' (Abb. 187) so zwischen Objektiv L und Fadenkreuzebene eingeschaltet, daß der vordere Brennpunkt des Äquivalentsystems für L und L', der anallatische Punkt, in die Instrumentenmitte M fällt, so sind die von hier aus gerechneten Entfernungen D zu den Lattenabschnitten l unmittelbar proportional. Für einen solchen PORROschen Distanzmesser lautet daher die Entfernungsgleichung

$$D = C \cdot l. \tag{279}$$

Auch Fernrohre mit Einstellinse werden zur Entfernungsmessung benutzt. Durch

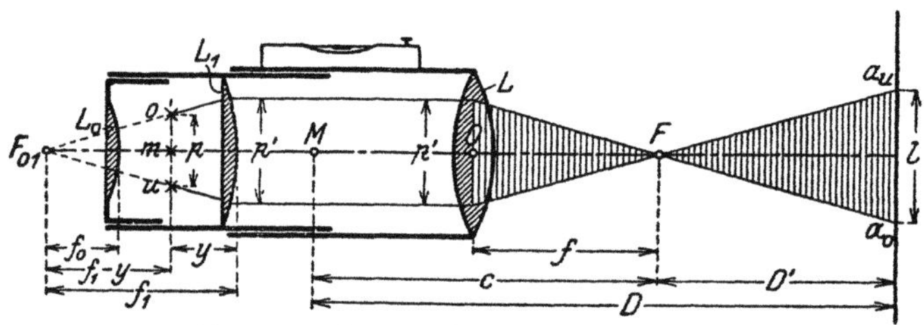

das zur deutlichen Sichtbarmachung des Bildes notwendige Verstellen der Fokussierlinse wird jeweils der anallatische Punkt verschoben und damit die Additionskonstante um einen kleinen, praktisch aber bedeutungslosen Betrag geändert[1].

Abb. 188. Strahlengang im Ertelschen Distanzmesser.

Zur empirischen Bestimmung der Distanzmesserkonstanten wird zuerst die Additionskonstante c ermittelt, welche sich nach der ersten der Gleichungen (273) aus der unmittelbar am Instrument abzumessenden Entfernung a (Objektiv — Instrumentenmitte) und der Objektivbrennweite f zusammensetzt. Auch diese kann man dem Instrument entnehmen. Sie ist nämlich, wenn das Fernrohr auf einen sehr weit entfernten Punkt eingestellt wird, genügend genau der Abstand des Fadenkreuzes vom Objektiv. Dies gilt aber nur, wenn zwischen diesen beiden Bestandteilen keine weitere Linse eingeschaltet ist. Beim ERTELSchen Distanzmesser z. B. ist der genannte gemessene Abstand noch um den Betrag $\frac{1}{2} f_0$ (= Fernrohrverkürzung beim HUYGENS-Okular) zu vergrößern, damit er die Länge f darstellt.

Nachdem c bekannt ist und, wenn möglich, die Multiplikationskonstante nahe an ihren Sollwert gebracht wurde, bezeichnet man zur Bestimmung der Multiplikationskonstanten C den lotrecht unter dem anallatischen Punkt F befindlichen Bodenpunkt und setzt von dort aus durch eine scharfe, unmittelbare Längenmessung in der Zielebene des Fernrohrs die horizontalen Entfernungen D' – etwa 30 m, 60 m, 90 m, 120 m, 150 m – ab, deren Endpunkte ebenfalls scharf bezeichnet werden. Hierauf werden am Instrument bei horizontalem Fernrohr jeweils die im Lattenbild erscheinenden Zufallsstellungen der beiden Entfernungsfäden abgelesen, deren Differenz den zugehörigen Lattenabschnitt l angibt. Zum Schutz gegen grobe Irrtümer und zur Erhöhung der Genauigkeit ermittelt man jeden dieser Lattenabschnitte als das Mittel aus einigen zu etwas verschiedenen Fernrohrstellungen gehörigen Einzelwerten[2]. Nunmehr ergibt sich für jede der n Entfernungen D' nach (274) ein Wert

$$C = \frac{D'}{l}. \tag{280}$$

---

[1] Siehe hierzu: a) UHINK, W.: Über die optische Distanzmessung mit Fernrohren von unveränderlicher Länge. Mitt. Markscheidewes., Jahresheft 1926, S. 42—50; b) HAERPFER, A.: Der anallaktische Punkt beim Fernrohr mit innerer Einstellinse. Allgem. Verm.-Nachr. 1936, Nr. 14; c) ROELOFS, R.: Fadendistanzmesser mit Innenfokussierung. Z. Instrumentenkde. 1941, S. 137—147.

[2] Bei Anstrebung voller Unabhängigkeit der Ablesungen kann man die Latte in verschiedenen kleinen Entfernungen (einige dm) von Leitpunkten mit scharfen runden Entfernungen aufstellen. Da der Beobachter die jeweilige genaue Entfernung nicht kennt, so werden alle Ablesungen vollkommen unbefangen ausgeführt.

Für die allerdings nur roh zutreffende Näherungsannahme, daß der mittlere Fehler m_l des Lattenabschnitts zur Entfernung D' direkt proportional sei, nämlich $m_l = k \cdot D'$, wird $k \cdot C^2 = k_1$ der gleiche mittlere Fehler aller C sein, so daß gleich genaue Einzelbestimmungen C_i vorliegen und das einfache arithmetische Mittel

$$C = \frac{1}{n} \overset{n}{\underset{1}{[C_i]}} = \frac{1}{n} \left[\frac{D'_i}{l_i} \right] \tag{281}$$

den wahrscheinlichsten Wert der Multiplikationskonstanten angibt. Aus der Fehlerberechnung folgt der mittlere Fehler m_C des einmal bestimmten C_i und

$$\mu_C = \frac{m_c}{\sqrt{n}} \tag{282}$$

als der mittlere Fehler des Mittelwertes C.

Ein nach den vorstehenden Ausführungen berechnetes Zahlenbeispiel zur Konstantenbestimmung enthält Tabelle 13.

Tabelle 13.

Instrument: Kreutertachymeter Nr. 26 von Ertel & Sohn

$c = 0,00$ m · Beobachter: Bl. . . ., 13. 8. 1927

D'	a'_u a'_o l'	a''_u a''_o l''	a'''_u a'''_o l'''	Mittel-wert l	C_i	v_i	$v_i v_i$
m	m	m	m	m		10^{-2}	10^{-4}
30,00	1,531 1,231 0,300	1,552 1,252 0,300	1,570 1,271 0,299	$0,299_7$	100,10	$-5,5$	30
60,00	1,781 1,182 0,599	1,798 1,198 0,600	1,740 1,150 0,599	$0,599_7$	100,05	$-0,5$	0
90,00	1,630 0,729 0,901	1,702 0,801 0,901	1,600 0,701 0,899	$0,900_3$	99,97	$+7,5$	56
120,00	1,698 0,499 1,199	1,796 0,596 1,200	1,799 0,600 1,199	$1,199_3$	100,06	$-1,5$	2
$C = 100,045 \pm 0,027$				$[C_i] =$	400,18	0,0	88

$$m_C = \pm\, 10^{-2} \cdot \sqrt{88 : 3} = \pm\, 5,4 \cdot 10^{-2}, \quad \mu_C = m_C : \sqrt{4} = \pm\, 2,7 \cdot 10^{-2}$$

Die scharf ermittelte, im allgemeinen geringe Abweichung der Multiplikationskonstanten von ihrem runden Sollwert kann man entweder durch eine leichte Kopfrechnung oder mittels eines einfachen Diagramms berücksichtigen.

Um einen Einblick in die Genauigkeit der Fadendistanzmessung zu gewinnen, leiten wir aus (278) das Differential der Entfernung, d. h. den Entfernungsfehler

$$dD = dc + l \cdot dC + C \cdot dl \tag{283}$$

ab. Sind m_c, m_C und m_l die den dc, dC und dl entsprechenden mittleren Unsicherheiten, so wird der mittlere Entfernungsfehler

$$m_D = \pm\, \sqrt{m_c^2 + l^2 \cdot m_C^2 + C^2 m_l^2} \,. \tag{284}$$

Der Einfluß des Fehlers dc der Additionskonstanten, welcher leicht unter 1 cm gehalten werden kann, ist belanglos. Verlangt man, daß bei $C = 100$ durch dC die Entfernungen bis zu 150 m um nicht mehr als etwa 5 cm gefälscht werden, so darf dC den Betrag 0,033 . . . nicht überschreiten. Über die genügende Erfüllung dieser Bedingung gibt der nach (282) gewonnene mittlere Fehler μ_C des auf zwei Stellen nach dem Komma zu berechnenden C Aufschluß. Die Multiplikationskonstante ist hauptsächlich infolge wechselnder Luftfeuchtigkeit[1] sowie unvermeidlicher Erschütterungen des Instruments und einer etwaigen geringen Veränderung der Objektivbrennweite mit der Temperatur kleinen Änderungen unterworfen. Man muß sie daher, um ein unzulässiges Anwachsen von dC zu verhindern, von Zeit zu Zeit neu bestimmen.

Den schlimmsten Einfluß übt der mit dem Faktor C multiplizierte Fehler dl im Lattenabschnitt aus, als dessen Hauptursachen zu nennen sind: a) die unregelmäßigen Fehler der Lattenteilung und eine fehlerhafte Länge des Lattenmeters, b) die eigentlichen Ablesefehler an der Latte, c) die ungleiche Strahlenbrechung der oberen und unteren Ziellinie, d) die etwaige Änderung der Stellung des Oberfadens bis zur Vollendung der Ablesung am Unterfaden, e) die schiefe Stellung der Latte.

Eine Berücksichtigung der im allgemeinen sehr geringfügigen Lattenteilungsfehler kann bei der Fadendistanzmessung wohl unterbleiben, und eine etwaige größere Änderung des Lattenmeters[2] läßt sich mit Hilfe eines von Zeit zu Zeit auf die Teilung zu legenden Normalmeters genügend scharf verfolgen und, wenn nötig, berücksichtigen[3]. Während der Einfluß der unregelmäßigen Lattenteilungsfehler auf l von der Entfernung unabhängig ist und wechselndes Vorzeichen besitzt, ist derjenige eines fehlerhaften Lattenmeters zur Entfernung direkt proportional. Die entsprechenden mittleren Fehlerbeträge im Lattenabschnitt sind $m_t \sqrt{2}$ und $l \cdot m_m$, wenn m_t den mittleren Teilungsfehler und m_m den mittleren Fehler im Lattenmeter bedeutet.

Der bei der Schätzung der Fadenstellung im Teilfelde t entstandene Ablesefehler hängt vom Zustand der Luft, der Beschaffenheit des Teilungsbildes und unter sonst gleichen Umständen auch von der Feldstelle ab, an welcher geschätzt wird. Am sichersten ist die Ablesung in der Feldmitte und an den Feldenden, während sie an den Stellen 0,25 und 0,75 am unzuverlässigsten wird. Der Ablesefehler enthält auch einen regelmäßigen Anteil, der symmetrisch zur Feldmitte so verläuft, daß der kleinere Feldteil in der Regel zu klein geschätzt wird[4]. Im übrigen hängt der mittlere Ablesefehler (Gesamtschätzungsfehler) m_a, abgesehen von äußeren Umständen sowie der Geschicklichkeit und Sinnesschärfe des Beobachters, hauptsächlich von der Größe t des Teilfeldes, der Zielweite D und der Fernrohrvergrößerung v ab. Eggert[5] und Hohenner[6] haben für den mittleren Ablesefehler die Ausdrücke

$$m_{a\,(\mathrm{mm})} = 0{,}0292\, t_{(\mathrm{mm})} + 0{,}13\, \frac{D_{(\mathrm{m})}}{v}, \quad (\text{Eggert}) \tag{285}$$

$$m_{a\,(\mathrm{mm})} = 0{,}2 \qquad\qquad + 0{,}019\, \frac{D_{(\mathrm{m})}}{v} \cdot t_{(\mathrm{mm})} \quad (\text{Hohenner}) \, . \tag{286}$$

[1] Nach einer Untersuchung von Samel (Der Einfluß der Luftfeuchtigkeit auf die Multiplikationskonstante des Reichenbachschen Entfernungsmessers. Z. Vermess.-Wes. 1913, S. 353 bis 359) soll die durch die Luftfeuchtigkeit bedingte Spannungsänderung der Fäden eines Reichenbachschen Entfernungsmessers auf die Größe der Multiplikationskonstanten praktisch ohne Einfluß bleiben.

[2] Das Lattenmeter ist der durchschnittliche wirkliche Abstand derjenigen Teilstriche, die 1 m voneinander abstehen sollen.

[3] Die eingehendere Lattenuntersuchung soll erst beim geometrischen Nivellement, für welches sie eine größere Bedeutung besitzt, besprochen werden.

[4] Eine zusammenfassende Darstellung dieser Fragen auf Grund der Arbeiten von Stampfer, Vogler, Wagner, Reinhertz, Kummer u. einiger eigener Untersuchungen enthält die Abhandlung von Müller, C.: Einiges über Beobachtungsfehler beim Abschätzen an Teilungen geodätischer Instrumente. Fortschritte der Psychologie u. ihrer Anwendungen Bd. 4 (1916), Heft 1, S. 1—33. Siehe auch Bäckström, Helmer: Über die Dezimalgleichung beim Ablesen von Skalen. Z. Instrumentenkde. 1930, S. 561—575, 609—624, 1932, S. 105—123 u. 260—274.

Ein anschauliches Bild über den Verlauf des mittleren zufälligen, regelmäßigen u. Gesamtschätzungsfehlers in einem 1-cm-Feld geben die in Abb. 189 enthaltenen Kurven K_z, K_r und K_g. Sie sind einer Abhandlung von Kummer: Genauigkeit der Abschätzung mittels Nivellierfernrohrs. Z. Vermess.-Wes. 1897, S. 225—245 u. 257—275, entnommen, entsprechen Entfernungen von etwa 30—60 m und einer 43½fachen Vergrößerung eines Meissnerschen Instruments.

[5] Eggert: Die Zielweite beim Nivellieren. Z. Vermess.-Wes. 1914, S. 249—252.

[6] Hohenner: Über das Zielen mit dem Zielfernrohr u. das Abschätzen der Lage des Zielfadens auf Teilungen. Z. Vermess.-Wes. 1915, S. 357—376.

aus einer graphischen Ausgleichung älteren Materials und (HOHENNER) unter Hinzunahme eigener Beobachtungen gefunden. Hiernach findet Proportionalität zwischen dem mittleren Ablesefehler und der Entfernung nur bei größeren Zielweiten statt, für welche allerdings die Fehlerfrage von ganz besonderer Wichtigkeit ist. Der Einfluß des mittleren Ablesefehlers auf den Lattenabschnitt ist $m_a \sqrt{2}$.

Eine **ungleiche Refraktion**[1] ist besonders dann zu fürchten, wenn die untere Ziellinie nahe am Boden hinstreicht. Der hieraus entspringende Fehler ist rechnerisch kaum zu fassen, wächst jedoch in der Hauptsache mit dem Quadrat der Zielweite[2]. Sein mittlerer Einfluß auf D ist ein Ausdruck von der Form $m_{\Delta r} = \delta \cdot D^2$. Er fällt weg, wenn die Ablesungen nicht an einer lotrechten, sondern an einer waagrechten Latte erfolgen.

Eine **Stellungsänderung des Oberfadens** während der Dauer der Ablesung wird in der Hauptsache von einer geringen Neigungsänderung des Fernrohrs herrühren und daher zur Entfernung, annähernd wohl auch zur Beobachtungsdauer proportional sein. Es ist ein wesentlicher Vorteil der Okularfadendistanzmesser, daß der erwähnte Fehler, sobald er merklich wird, durch einen nochmaligen Blick auf den Oberfaden aufgedeckt werden kann. Sein Einfluß auf D hat die Form $m_0 = \varkappa \cdot D$, wenn zu jeder Ablesung gleich viel Zeit gebraucht wird.

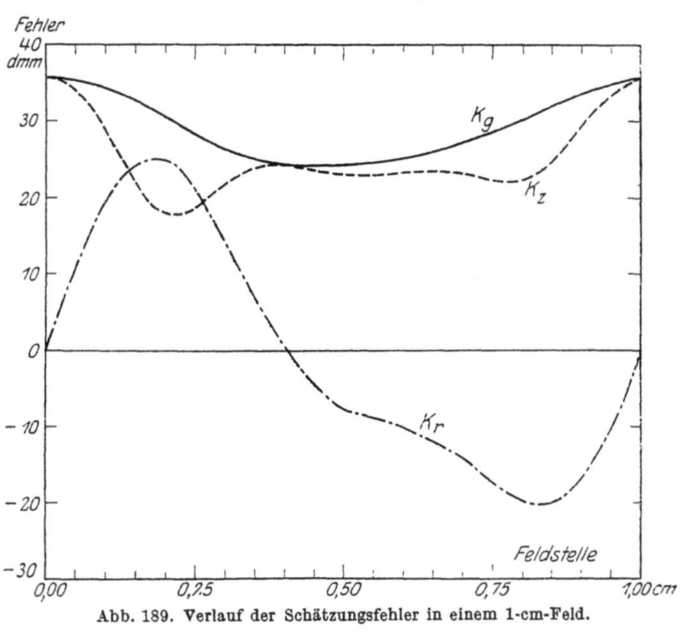

Abb. 189. Verlauf der Schätzungsfehler in einem 1-cm-Feld.

Die mittlere **Lattenschiefe** m_α (Bogenmaß) setzt sich aus ihren zueinander senkrechten Komponenten m_α' (Neigung in der Zielebene) und m_α'' (Seitwärtshängen) nach der Beziehung $m_\alpha^2 = m_\alpha'^2 + m_\alpha''^2$ zusammen.

Sie bewirkt, daß zwischen den beiden Entfernungsfäden statt l der zu große Wert $l : \cos m_\alpha$ erscheint; alle damit berechneten Entfernungen D wären mit $\cos m_\alpha$ zu multiplizieren und bedürfen zu ihrer Richtigstellung einer Verkleinerung um $m_\sigma = \frac{1}{2} D m_\alpha^2$. Der betrachtete Fehlereinfluß m_σ ist also durchaus einseitig und zur Entfernung direkt proportional. Dient zur Lotrechtstellung der Latte eine Dosenlibelle, so wird m_α selbst unter ungünstigen Verhältnissen den Betrag von 30' kaum erreichen[3]. Dieser Grenze würde aber selbst bei $D = 200$ m erst ein 8 mm noch nicht erreichender Fehler ent-

---

[1] Diesbezügliche Untersuchungen hat EGGERT in dem Aufsatze: Einfluß der Refraktion auf die Fadendistanzmessung, Z. Vermess.-Wes. 1911, S. 493—498, durchgeführt u. unter anderem gefunden, daß die bei seinen Beobachtungen aus dem unteren Lattenabschnitt berechnete Entfernung (ungefähr 133 m) sich um rund 0,75% kleiner ergab als die gleiche aus dem oberen Abschnitt berechnete Entfernung.

Siehe auch LÜDEMANN: Der Einfluß der Strahlenbrechung auf die Längenmessung mit Entfernungsfäden bei lotrechter Latte. Schweiz. Z. Vermess.-Wes. 1926 Nr. 2 u. 3; ferner LÖFFLER, WILHELM: Die topographische Refraktion und ihr Einfluß auf die optische Distanzmessung. Darmstadt 1928.

[2] Näheres hierüber siehe beim geometrischen Nivellement u. bei der trigonometrischen Höhenmessung.

[3] Siehe Tabelle 8, Seite 70.

sprechen, der jederzeit vernachlässigt werden kann. Die Lotrechtstellung der Latte nach dem Augenmaß allerdings kann bei ungünstigen äußeren Verhältnissen Fehler bis zu rund $2{,}5^0$ enthalten, wodurch schon in eine 100-m-Strecke ein Fehler von rund 10 cm hineingetragen wird[1].

Mit diesen Einzelfehlern ergibt sich das mittlere Fehlerquadrat des Lattenabschnitts

bzw.

$$m_l^2 = 2\,m_t^2 + l^2 \cdot m_m^2 + 2\,m_a^2 + C^2 \cdot \delta^2 \cdot l^4 + \varkappa^2 \cdot l^2 + \tfrac{1}{4}\,l^2 \cdot m_\alpha^4 \tag{287}$$

$$m_l^2 = 2\,m_a^2 + \delta^2 \cdot D^4 , \tag{288}$$

wenn etwa die bei einer sorgfältigen Beobachtung mit guter Ausrüstung bedeutungslos werdenden Fehleranteile von vornherein unterdrückt werden.

Für eine gegebene Vergrößerung v und eine bestimmte Teilungseinheit t erhält man sowohl aus (285) wie auch aus (286) für das Quadrat des mittleren Ablesefehlers einen Ausdruck von der Form

$$m_a^2 = C_0 + C_1 D + C_2 D^2 , \tag{289}$$

so daß aus (287) das unverkürzte mittlere Fehlerquadrat

$$m_l^2 = 2(C_0 + m_t^2) + 2C \cdot C_1 \cdot l + l^2(m_m^2 + 2C^2 \cdot C_2 + \varkappa^2 + \tfrac{1}{4}m_\alpha^4) + C^2 \cdot \delta^2 \cdot l^4 \tag{290}$$

folgt. Mit diesem Ausdruck erhält man aus (284) unter Beachtung von $l \approx D : C$ schließlich den mittleren Entfernungsfehler in der Form

$$m_D = \pm \sqrt{k_0 + k_1 D + k_2 D^2 + \delta^2 \cdot D^4} . \tag{291}$$

Hierin ist

$$k_0 = m_c^2 + 2C^2(C_0 + m_t^2) , \tag{292}$$

$$k_1 = 2C^2 \cdot C_1 , \tag{293}$$

$$k_2 = \left(\frac{m_C}{C}\right)^2 + m_m^2 + 2C^2 \cdot C_2 + \varkappa^2 + \tfrac{1}{4}m_\alpha^4 , \tag{294}$$

während

$$\delta = \varDelta k : 2\,r \tag{295}$$

das Verhältnis der mittleren gegenseitigen Abweichung der den beiden Sichten eigenen Refraktionskoeffizienten k_1 und k_2 zum Erddurchmesser $2r$ bedeutet.

Infolge der zusammengesetzten Natur dieser Koeffizienten ist es schwierig, dafür bestimmte, einigermaßen zuverlässige Zahlenwerte anzugeben. Hält man jedoch alles zusammen, so steht zu erwarten, daß bei kurzen Entfernungen in m_D der konstante Fehleranteil überwiegt, daß jedoch m_D bei mittleren Entfernungen zu D und bei großen Entfernungen zu D^2 näherungsweise proportional ist.

Die praktische Erfahrung zeigt, daß der mittlere Fehler einer mit dem Fadendistanzmesser bestimmten Entfernung $D = 100$ m bei Verwendung eines guten Instruments etwa ± 5 cm beträgt[2].

---

[1] Zum Einfluß der Lattenschiefe bei geneigtem Fernrohr siehe die einschlägigen Ausführungen beim tachymetrischen Nivellement.

[2] Weiteres über Entfernungsmesser mit Latte siehe bei der tachymetrischen Geländeaufnahme. Der distanzmessende (parallaktische) Winkel ε kann auch mit Hilfe von doppelt brechenden Kristallen erzeugt werden. Dieser Gedanke ist bei dem 1777 von MASKELYNE vorgeschlagenen „Prismatic Micrometer" sowie bei dem gleichzeitig entstandenen u. von ARAGO zur Messung von Planetenscheiben viel verwendeten Mikrometer von ROCHON benutzt worden. Siehe hierzu a) VALENTINER: Handwörterbuch der Astronomie III. Bd. 1, S. 219; b) REPSOLD, J.: Zur Geschichte der astronomischen Meßwerkzeuge von 1450—1830, S. 72, Leipzig 1908; c) AUBELL, FRANZ: Ein reduzierendes Doppelbild-Tachymeter. Öst. Z. Vermess.-Wes. 1910, S. 44.

Ein vor dem Objektiv befindlicher Glaskeil kann ebenfalls zur Erzeugung des parallaktischen Winkels benutzt werden; ein Beispiel hierfür ist das später beschriebene Reduktionstachymeter BOSSHARDT-ZEISS. Nach JORDAN, W. (Z. Vermess.-Wes. 1899, S. 311—313), hat der Amerikaner R. H. RICHARDS (J. Assoc. Eng. Soc. Bd. 13. 1894) zuerst einen Distanzmesser mit achromatischem Prisma vor dem Objektiv angewendet. LÜDEMANN (Z. Instrumentenkde. 1928, S. 109 bis 113) teilt mit, daß die Grundlagen für die Verwendung des Glaskeils vor dem Objektiv bereits in einem deutschen Reichspatent gegeben sind, welches 1890 für einen „Entfernungsmesser mit Latte" den Engländern ARCHIBALD BARR u. WILLIAM STROUD erteilt wurde.

III. Aufnahmearbeiten.

21. Allgemeines über die Horizontalaufnahme.
Ebene Koordinaten.

Durch eine Horizontalaufnahme werden die für den Aufnahmezweck wichtigen Gebilde im Grundriß festgelegt, während auf eine Darstellung der Höhenverhältnisse verzichtet wird. Dem Rahmen dieses Buches entsprechend soll es sich dabei nur um die Aufnahme von Gebieten solcher Größe handeln, für welche die Ebene noch als Projektionsfläche verwendet werden darf, ohne daß die relativen Längenverzerrungen 1 : 50 000 überschreiten. Diese Bedingung ist, wie in der höheren Geodäsie gezeigt wird, immer erfüllt, wenn die äußersten Punkte der Aufnahmefläche von einem geeignet gewählten Mittelpunkte nicht mehr als 40 km abstehen. Reine Horizontalaufnahmen sind in erster Linie für die Sicherung des Grundeigentums, in vieler Hinsicht aber auch für ingenieurtechnische Zwecke von Bedeutung. Eine solche Horizontalaufnahme kann durchgeführt werden 1. mittels rechtwinkliger Naturmaßkoordinaten auf trigonometrischer Grundlage, 2. nach der Methode der Polarkoordinaten mit Hilfe des entfernungsmessenden Theodolits, 3. nach der gleichen Methode, jedoch unter Verwendung der Bussole, 4. mit dem Meßtisch.

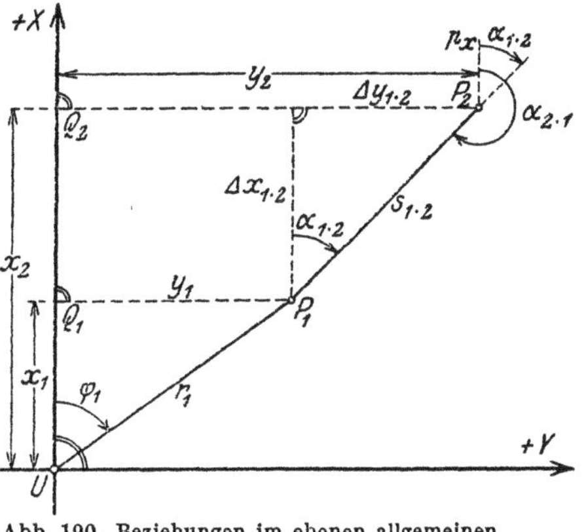

Abb. 190. Beziehungen im ebenen allgemeinen Koordinatensystem.

Den grundlegenden Rahmen aller größeren Aufnahmen bildet ein das Gebiet überspannendes Netz von Dreiecken, das Dreiecksnetz 1. Ordnung, in welches je nach Bedarf noch Netze 2., 3. und etwa noch 4. Ordnung mit stets abnehmender Punktentfernung eingeschaltet werden. Bei großen Gebieten, welche der vorher angegebenen Grenze sich nähern, kann die Seitenlänge im Netz 1. Ordnung an 40 km heranreichen, während sie in den nachgeordneten Netzen etwa 15 bzw. 5 und 1 km beträgt. Diese Angaben, von denen die Wirklichkeit manchmal beträchtlich abweicht, sollen nur ein ungefähres Bild geben.

Um die Lage der Dreieckspunkte und anderer wichtiger Punkte in einer übersichtlichen und äußerlich voneinander unabhängigen Form anzugeben, benützt man durchwegs rechtwinklige Koordinaten, während Polarkoordinaten bei manchen Verfahren der Einzelaufnahme verwendet werden. Dabei handelt es sich bei der getroffenen Einschränkung in jedem Falle nur um ebene Koordinaten.

Die häufigste Verwendung findet das rechtwinklige allgemeine Koordinatensystem (Abb. 190), dessen positive X-Achse nach einer Drehung um 90^0 im Uhrzeigersinn in die positive Y-Achse fällt. Wenn nicht besondere Gründe dagegen sprechen, wird das Koordinatensystem auf der Erdoberfläche so orientiert, daß die positive X-Achse in die Nordrichtung des Ursprungsmeridians fällt[1]. Ein Punkt P_1 ist in einem solchen System durch seine rechtwinkligen Koordinaten x_1, y_1 bestimmt, wo die Ordinate y_1 den senkrechten Abstand des Punktes von der Abszissenachse, die

---

[1] In Baden z. B., dessen Koordinatenursprung ganz im Norden des Landes (Mannheim) liegt, wurde, um für die große Mehrzahl aller Punkte positive Koordinatenvorzeichen zu erzielen, die positive X-Achse nach Süden, die positive Y-Achse nach Westen gerichtet.

Abszisse x_1 aber das vom Ursprung U des Systems bis zum Ordinatenfußpunkt Q_1 reichende Stück der Abszissenachse bedeutet[1].

Die von P_1 nach P_2 führende Strecke $s_{1 \cdot 2}$ schließt mit der durch P_1 gehenden Parallelen $\varDelta x_{1 \cdot 2}$ zur X-Achse den rechtssinnig[2] gezählten Richtungswinkel $\alpha_{1 \cdot 2} = (P_1 P_2)$ ein[3]. Unter dem Gegenrichtungswinkel zu $(P_1 P_2)$ versteht man den Richtungswinkel $\alpha_{2 \cdot 1} = (P_2 P_1)$ der Seite $P_2 P_1$. Richtungswinkel und Gegenrichtungswinkel unterscheiden sich, wie ein Blick auf die Abbildung zeigt, um 180^0, also ist stets

$$(P_k P_i) = (P_i P_k) + 180^0 . \tag{296}$$

Aus den Koordinaten des Anfangspunktes der Strecke und ihrem Richtungswinkel lassen sich die **rechtwinkligen Koordinaten des Streckenendpunktes** mittels der Formeln

$$x_2 = x_1 + \varDelta x_{1 \cdot 2} = x_1 + s_{1 \cdot 2} \cos \alpha_{1 \cdot 2} , \tag{297}$$

$$y_2 = y_1 + \varDelta y_{1 \cdot 2} = y_1 + s_{1 \cdot 2} \sin \alpha_{1 \cdot 2} \tag{298}$$

berechnen. Eine gute Probe für die Richtigkeit der berechneten Koordinatenunterschiede liefern die leicht abzuleitenden Kontrollgleichungen

$$\left. \begin{aligned}
\varDelta x &= \frac{s}{2} \sqrt{2} \sin (45^0 + \alpha) + \frac{s}{2} \sqrt{2} \cos (45^0 + \alpha) , \\
\varDelta y &= \frac{s}{2} \sqrt{2} \sin (45^0 + \alpha) - \frac{s}{2} \sqrt{2} \cos (45^0 + \alpha) ,
\end{aligned} \right\} \tag{299}$$

deren Berechnung durch besondere Tafeln[4] erleichtert wird.

Bei bekannter Lage der Streckenendpunkte findet man Richtung und Länge der Strecke aus den Beziehungen:

$$\operatorname{tg} \alpha_{1 \cdot 2} = \frac{\varDelta y_{1 \cdot 2}}{\varDelta x_{1 \cdot 2}} = \frac{y_2 - y_1}{x_2 - x_1} , \tag{300}$$

$$s_{1 \cdot 2} = \frac{\varDelta x_{1 \cdot 2}}{\cos \alpha_{1 \cdot 2}} = \frac{\varDelta y_{1 \cdot 2}}{\sin \alpha_{1 \cdot 2}} . \tag{301}$$

[1] Auch das heute weitverbreitete Meridianstreifensystem in ebener GAUSS-KRÜGERscher Projektion benutzt das allgemeine Koordinatensystem. Hier sind die geraden Bilder der Mittelmeridiane (Hauptmeridiane) von 3^0 breiten Zonen die Abszissen- oder Hochachsen der Projektion, während das darauf senkrechte Äquatorbild die Ordinatenachse (Rechtsachse) ist. Die Abszissen (Hochwerte) werden vom Äquator ab nach Norden positiv gezählt; die Ordinaten (Rechtswerte) zählt man nach Osten positiv, aber nicht vom Mittelmeridian aus, sondern zur Vermeidung negativer Werte von einer Parallelen dazu, welche 500 km westlich davon liegt. Jeder Ordinate ist überdies eine den Streifen bezeichnende **Kennziffer** $K = \frac{1}{3} L$ vorangesetzt, worin L die von Greenwich aus nach Ost positiv gezählte geographische Länge des Hauptmeridians bedeutet. Damit ergeben sich für die Bilder der Hauptmeridiane aufeinanderfolgender Streifen die in Tabelle 14 enthaltenen Ordinaten.

Tabelle 14.

L	Rechtswerte (Ordinaten) der Mittelmeridiane	
	K	
6^0	$+\ 2$	500 000 m
9^0	$+\ 3$	500 000 m
12^0	$+\ 4$	500 000 m
15^0	$+\ 5$	500 000 m
18^0	$+\ 6$	500 000 m
21^0	$+\ 7$	500 000 m
24^0	$+\ 8$	500 000 m

[2] Die in der Geodäsie und Astronomie allgemein übliche Zählung der Winkel im Uhrzeigersinn u. die hieraus folgende rechtssinnige Bezifferung der in diesen Wissenszweigen gebrauchten Kreisteilungen hat ihren triftigen Grund in dem Umstande, daß auf der nördlichen Erdhalbkugel, in welcher die Heimat der messenden Astronomie liegt, die Azimute der Sonne mit der Zeit im Uhrzeigersinn zunehmen.

[3] In der preußischen Katastermessung wurden die Richtungswinkel als Neigungen bezeichnet. Im bayerischen Koordinatensystem, dessen positive X- bzw. Y-Achse nach Norden bzw. Westen gerichtet sind, erfolgte die Richtungsangabe mittels der von West über Nord, also im Uhrzeigersinn positiv gezählten Direktionswinkel φ. Der Direktionswinkel einer bestimmten Richtung ist daher um 90^0 größer als ihr Richtungswinkel.

[4] Für kurze Entfernungen dient SEIFFERT, O.: Vierstellige polygonometrische Tafeln zur Berechnung u. Sicherung der Koordinatenunterschiede mit der Rechenmaschine. Braunschweig 1907.

Für diese Berechnungen reichen bei Anstrebung von Zentimetergenauigkeit die 5stelligen Logarithmentafeln bis zu Entfernungen von nahezu 500 m aus.

Zur Probe kann man auch noch den um 45^0 vergrößerten Richtungswinkel aus der Beziehung

$$\operatorname{tg}(45^0 + \alpha) = \frac{\Delta x + \Delta y}{\Delta x - \Delta y} = \frac{(x_2 + y_2) - (x_1 + y_1)}{\Delta x - \Delta y} \tag{302}$$

ableiten. Ebenso wirksam ist die nach Verdoppelung der Koordinaten wiederholte Ableitung des Richtungswinkels.

Der Quadrant des Richtungswinkels ist durch das Vorzeichen der Koordinatenunterschiede (Tabelle 15) eindeutig bestimmt. Bei annähernd gleicher Größe der Koordinatenunterschiede sind die beiden in (301) stehenden Ausdrücke für $s_{1 \cdot 2}$ als gleichwertig zu betrachten; sonst ist wegen des geringeren Einflusses der Abrundungsfehler der mit dem größeren Koordinatenunterschied – allgemein mit dem größeren Zähler (und Nenner) – berechnete Wert vorzuziehen.

Die Streckenermittlung nach der Formel

$$s_{1 \cdot 2} = \sqrt{\Delta x_{1 \cdot 2}^2 + \Delta y_{1 \cdot 2}^2} \tag{303}$$

ist nur dann zweckmäßig, wenn man den Richtungswinkel der Strecke nicht braucht und diese so kurz ist – etwa nicht über 100 m –, daß für die Berechnung die gewöhnlichen, in vielen Logarithmentafeln enthaltenen Quadrattafeln ausreichen.

Tabelle 15.

Quadrant	$\Delta x_{1 \cdot 2}$	$\Delta y_{1 \cdot 2}$
I	+	+
II	—	+
III	—	—
IV	+	—

Für manche Zwecke ist es erwünscht, den Zusammenhang zwischen Koordinatenänderungen, Längenänderung und Richtungsänderung zu kennen. Die Koordinatenfehler dx_i, dy_i und dx_k, dy_k der Endpunkte einer Strecke $P_i P_k$ haben die Seitenänderung ds_{ik} und die Richtungsänderung $d\alpha_{ik}$ zur Folge. Man erhält diese Einflüsse durch Differentiation der Gl. (303) und (300) zu

$$ds_{ik} = (dx_k - dx_i)\cos\alpha_{ik} + (dy_k - dy_i)\sin\alpha_{ik}, \tag{304}$$

$$d\alpha_{ik}'' = -\frac{\varrho''}{s_{ik}}\{(dx_k - dx_i)\sin\alpha_{ik} - (dy_k - dy_i)\cos\alpha_{ik}\}. \tag{305}$$

Für das bayerische Koordinatensystem sind die entsprechenden Ausdrücke

$$ds_{ik} = (dx_k - dx_i)\sin\varphi_{ik} + (dy_k - dy_i)\cos\varphi_{ik}, \tag{306}$$

$$d\varphi_{ik} = \frac{\varrho''}{s_{ik}}\{(dx_k - dx_i)\cos\varphi_{ik} - (dy_k - dy_i)\sin\varphi_{ik}\}. \tag{307}$$

22. Trigonometrische Punktbestimmung.

Die trigonometrische Punktbestimmung erfolgt ausschließlich durch Winkelmessungen bzw. Richtungsmessungen mit dem Theodolit, und da es sich hierbei um die Messung von Dreieckswinkeln handelt, so spricht man von einer Triangulierung (mit dem Theodolit). Bei einer trigonometrischen Punktbestimmung treten folgende Arbeiten auf: 1. die Auswahl und Versicherung der Dreieckspunkte, 2. der Bau von Beobachtungspfeilern und die Signalisierung der Dreieckspunkte, 3. die Ausführung der Beobachtungen, 4. die Zentrierung von Beobachtungen, 5. die Ausgleichung der Beobachtungen, 6. die Durchführung der Koordinatenberechnung. Die beiden zuletzt genannten Arbeiten sind ziemlich verschiedenartig, je nachdem es sich um eine Netzeinschaltung oder um eine Einzelpunkteinschaltung handelt.

a) Auswahl und Versicherung der Dreieckspunkte.

Die Auswahl der Dreieckspunkte, welche entweder Bodenpunkte oder Luftsignale (Türme, Blitzableiter, Windmühlen) sind, erfolgt, nachdem die gegenseitige Sichtbarkeit der Punkte durch örtliche Erkundungen festgestellt worden ist, so, daß die Dreiecke zwecks Erzielung eines stabilen Netzes möglichst gleichseitig werden und ihre Eckpunkte für nachfolgende Punktbestimmungen günstig liegen. Auch die Frage der voraussichtlichen besseren Punkterhaltung spricht bei dieser Auswahl mit. **Schon vor Beginn der Winkelmessung werden die endgültig ausgewählten Dreieckspunkte dauerhaft versichert. Die oberirdische Punktbezeichnung** erfolgt nach Andeutung der Abb. 191a und 191b entweder zentrisch oder exzentrisch durch aufrechte widerstandsfähige Steine, deren mittlere Ausmaße die Abbildung zeigt. Außerdem ist aber jeder Dreieckspunkt auch **unterirdisch**

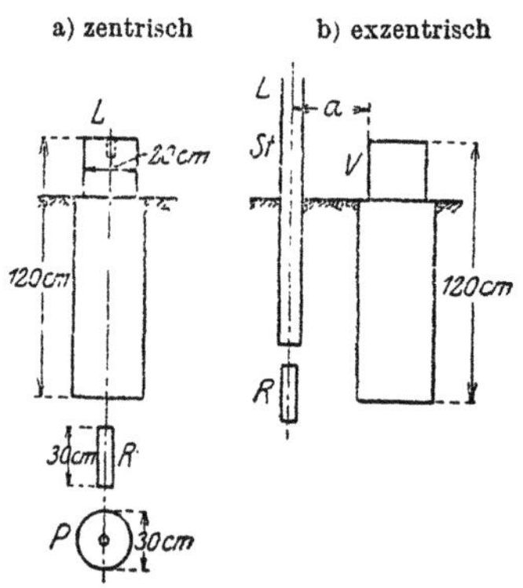

Abb. 191. Oberirdische und unterirdische
Versicherung von Dreieckspunkten.

durch eine lotrechte Röhre R oder eine waagrechte Platte P versichert, deren Achse bzw. Mittelpunkt bei der zentrischen Versicherung auf dem Lot L durch den den Dreieckspunkt oberirdisch bezeichnenden, meist vertieften Mittelpunkt der Steinfläche liegt. Der Querschnitt eines solchen zentrischen Versicherungssteines ist quadratisch[1]. Bei der **exzentrischen Punktversicherung** ist eine meist einer bestimmten Himmelsrichtung zugekehrte Breitseite des Steines etwa durch ein eingehauenes Dreieck als die Vorderseite V gekennzeichnet, von deren Mitte der unterirdisch versicherte Dreieckspunkt um einen durchwegs gleichen Betrag a absteht. Die exzentrische Punktversicherung bietet im Gegensatz zur zentrischen den Vorteil, daß sie ohne Wegnahme des Dreiecksteines eine zentrische Signalisierung des Dreieckspunktes durch eine lotrechte Stange St ermöglicht. **Zur Ergänzung der Punktversicherung** werden die Dreieckspunkte auch noch auf scharf bezeichnete Punkte der näheren Umgebung eingemessen. Dies ist auch bei Luftsignalen angebracht, um ihre etwaige, im Laufe der Zeit erfolgte Lageänderung feststellen und berücksichtigen zu können.

b) Einrichtungen für die Instrumentenaufstellung. Signalisierung der Dreieckspunkte.

Zur Instrumentenaufstellung über Bodenpunkten in nachgeordneten Netzen genügt das Stativ, während im Hauptnetz besondere Beobachtungspfeiler (Abb. 192) errichtet werden. Als solche kommen in Betracht Backsteinpfeiler oder Betonpfeiler in leicht zugänglichen Bodenpunkten und Pfeiler aus Bruchsteinen oder auch massive Pfeiler aus Felsblöcken im Gebirge. Auch kräftige, gut ausgetrocknete Holzsäulen kommen zur Verwendung. In vielen Fällen wird es, um die Sichten frei zu erhalten, notwendig, das Instrument über den Boden zu heben. In einfacheren Fällen genügt hierfür eine längere, vom Standboden des Beobachters vollkommen isolierte Holzsäule, auf deren oberem Ende das Instrument aufgestellt wird. In schwierigen Fällen ist der Bau von eigenen **Beobachtungspyramiden** nicht zu umgehen. Ein solches Bauwerk besteht aus zwei vollständig voneinander getrennten Teilen, dem stabileren Pfeilergerüst für das Instrument und dem leichteren Beobachtungsgerüst, auf dem sich der Beobachter bewegt. Auch **Kirchtürme** mit festem Mauerwerk sind wegen der größeren Fernsicht gesuchte

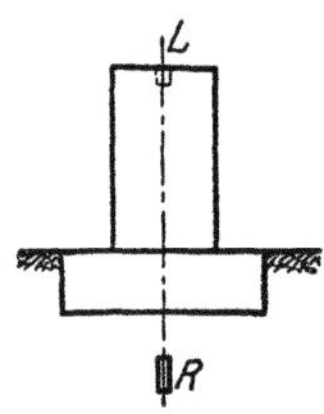

Abb. 192. Beobachtungspfeiler in einem Bodenpunkt.

---

[1] Für amtliche Zwecke ist in Deutschland nunmehr die zentrische Versicherung vorgeschrieben. Eine 1 dm dicke, im Querschnitt quadratische Granitplatte (Seite 30 cm für die Punkte 3. u. 4. Ordnung) trägt ein eingemeißeltes Kreuz zur unterirdischen Bezeichnung des Dreieckspunktes. Er ist durch weitere unterirdische Marken gegen Verlust gesichert. Unmittelbar auf der Bodenplatte sitzt ein 90 cm langer Granitstein mit quadratischem Querschnitt (Seite 20 cm bzw. 16 cm für den 16 cm langen Kopf). Die Nordseite des Kopfes trägt ein eingemeißeltes Dreieck, die Südseite die Bezeichnung T. P. Als Tagesmarke für den Dreieckspunkt dient ein in die Kopfoberfläche gemeißeltes Kreuz, welches auf dem Lot des auf der Bodenplatte bezeichneten Punktes liegen muß.

Beobachtungsstände. Da in der Turmmitte selten eine gute Aufstellung zu ermöglichen ist, so führt man hier die Beobachtungen meist exzentrisch auf Pfeilern aus, welche etwa in den Schallöffnungen oder am oberen Ende des Turmmauerwerkes auf diesem errichtet werden.

Natürliche Luftsignale sind auf kürzere und mittlere Entfernungen ohne künstliche Nachhilfe sichtbar, und zur Signalisierung von Bodenpunkten genügen bei kurzen Sichten häufig gut verstrebte, lotrechte, 3 bis 5 m lange **Signalstangen mit Fähnchen** oder genügend große **Zieltafeln**, die an Stangen lotrecht über dem Dreieckspunkt befestigt sind (Abb. 136, 137). Auf etwas größere Entfernungen hin finden auch niedrige **Pyramiden** von einigen Metern Höhe Verwendung, deren oberes Ende eine Lattenverschalung trägt. Auf sehr große Entfernungen hin, wie sie im Hauptnetz auftreten, erfolgt die deutliche Sichtbarmachung sowohl der Luftsignale als auch der Bodenpunkte mit Hilfe von **Heliotropen**, wenn bei Tage, und durch **Lampensignale**, wenn bei Nacht beobachtet wird[1].

Eine bei Triangulierungen oft wiederkehrende Arbeit ist das **Abloten** eines Punktes. Die unmittelbare Ablotung einer Kirchturmspitze mit dem Schnurlot in die Turmstube wird meist durch Böden und Hölzer behindert und ist daher ungenau, so daß eine **optische Ablotung** vorzuziehen ist. Dazu wird etwa ein Theodolit in mindestens zwei Punkten, von denen aus die Sicht nach der Turmspitze und in die Turmstube frei ist, mit lotrechter Alhidadenachse aufgestellt und auf dem Boden der Turmstube je bei scharf einspielender Querlibelle die Richtung derjenigen Zielebene (Lotebene) bezeichnet, welche die Turmspitze enthält. Der Schnittpunkt dieser beiden geometrischen Örter ist die gesuchte Projektion der Turmspitze. Um den Einfluß des Zielachsen- und des Kippachsenfehlers zu tilgen, wird der Vorgang mit durchgeschlagenem Fernrohr wiederholt und hierauf gemittelt.

c) Beobachtungsverfahren.

Bei der Triangulierung verwendet man heutzutage hauptsächlich die **Winkelmessung im engeren Sinne** (reine Winkelmessung) und das durch Bessel eingeführte Verfahren der **Richtungsbeobachtungen**; die Repetitionswinkelmessung bildet eine Ausnahme.

Im Netz 1. Ordnung überwiegt die **reine Winkelmessung**, bei welcher jeweils nur zwei Ziele in einen nach dem Verfahren der Tilgungsmessung zu beobachtenden Satz zusammengefaßt werden. Vielfach mißt man in einem System von s Strahlen (Abb. 193), das in sich durch $s-1$ Winkel bestimmt ist, die Zwischenwinkel (ik) aller unmittelbar aufeinanderfolgenden Strahlen $(k = i + 1)$ in je n Sätzen. Aus den n gleich genauen Einzelbeobachtungen $(ik)'$ vom Gewicht 1 folgt das Satzmittel

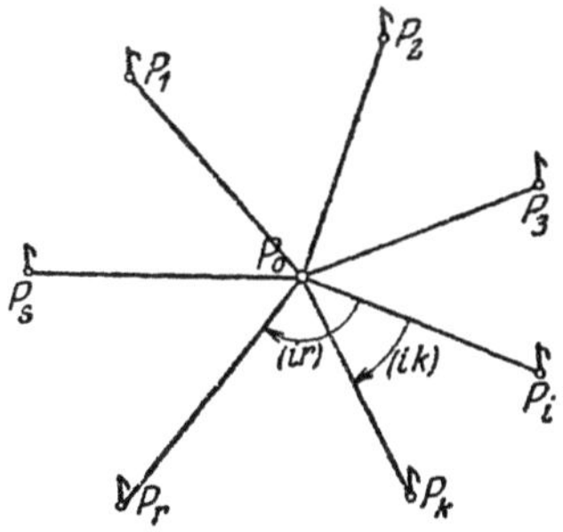

$$(i\,k) = \frac{1}{n} \sum_{e=1}^{n} (i\,k)'_e \qquad (308)$$

Abb. 193. Bestimmung eines Strahlensystems durch Winkelmessungen.

mit dem Gewicht $p = n$. Die Ausgleichung dieser Winkel, welche den Horizont ausfüllen sollen, besteht in einer im allgemeinen gleichmäßigen Verteilung des auftretenden **Horizontwiderspruchs**

$$w = 360^0 - \sum_{i=1}^{s} (i\,k) \qquad (309)$$

---

[1] An dieser Stelle auf weitere Einzelheiten — besonders der künstlichen Signalisierung — einzugehen, ist mit Rücksicht auf den zur Verfügung stehenden Raum nicht möglich; hierüber siehe etwa Jordan: Handbuch der Vermessungskunde, Bd. 3.

auf die einzelnen Winkel. Für ihre wahrscheinlichsten Werte $[ik]$, deren Summe 360^0 ergeben muß, folgen nach (84) die Ausdrücke

$$[i\,k] = (i\,k) + \frac{w}{s}, \tag{310}$$

vorausgesetzt, daß alle Satzmittel aus gleich viel, gleich genauen Beobachtungen gebildet wurden.

Der mittlere Fehler einer Einzelbeobachtung $(ik)'$ wird nach (69)

$$m'_{ik} = \pm \sqrt{\frac{[v'\,v']}{n-1}}, \tag{311}$$

wenn $v'_e = (ik) - (ik)'_e$ der wahrscheinlichste Fehler der e-ten Beobachtung von $(ik)'$ ist. Das Satzmittel (ik) besitzt nach (50) den mittleren Fehler

$$m_{ik} = \frac{m'_{ik}}{\sqrt{n}} \tag{312}$$

und nach (51) das Gewicht $p = n$. Für alle s aufeinanderfolgenden Zwischenwinkel (ik) ist ein analog dem mittleren Fehler gebildeter Mittelwert

$$(\mu) = \pm \sqrt{\frac{1}{s}\,[m_{ik}^2]} = \pm \sqrt{\frac{1}{n\cdot s}\,[m_{ik}'^2]}. \tag{313}$$

Nach (85) und (86) wird der mittlere Fehler der Gewichtseinheit (einmal gemessene Winkel) durch

$$m_0 = \pm\,w\sqrt{\frac{n}{s}} \tag{314}$$

und der mittlere Fehler jedes ausgeglichenen Zwischenwinkels durch

$$\mu = \pm \frac{w}{s}\sqrt{s-1} \tag{315}$$

gegeben. Dieses μ besitzt aber, da es sich nur auf ein einziges w stützt, keine große Zuverlässigkeit, und es ist daher zweckmäßiger, den unter (313) stehenden Mittelwert als die mittlere Unsicherheit eines auf der Station ausgeglichenen Winkels zu betrachten. Aus dem gleichen Grund ist (314) praktisch unbrauchbar und besser durch

$$m_0 = (\mu)\sqrt{n} = \pm \sqrt{\frac{1}{s}\,[m_{ik}'^2]} \tag{316}$$

zu ersetzen.

Vorteilhafter, wenn auch zeitraubender, ist die schon Gauss bekannte, von Schreiber in die Praxis eingeführte Winkelmessung in allen Kombinationen, bei welcher alle einander nicht auf 360^0 ergänzenden Winkel (ir) des Strahlensystems beobachtet werden. Da jeder der s Strahlen mit jedem der $s-1$ übrigen je einen Winkel bildet, so ist die Zahl der bei diesem Verfahren zu messenden Winkel

$$z = \tfrac{1}{2}s\,(s-1). \tag{317}$$

Um aus den gleich genauen Beobachtungen (12), (13), ..., (ir), ... die ausgeglichenen Winkel [12], [13], ..., $[ir]$, ... zu erhalten, bedenken wir, daß sich jeder Winkel einmal durch den für ihn unmittelbar beobachteten Wert und $(s-2)$ mal als Summe oder Differenz der Beobachtungen darstellen läßt. Die Werte der zweiten Darstellungsart besitzen nach dem mittleren Fehlergesetz das mittlere Fehlerquadrat $2\,m^2$, wenn zur unmittelbaren Winkelbeobachtung m^2 gehört, so daß die hierzu umgekehrt proportionalen Gewichte mit 1 und 2 angesetzt werden können. Hiernach ist der wahrscheinlichste, aus Winkelmessungen in allen Kombinationen hervorgehende Wert irgendeines Winkels das allgemeine arithmetische Mittel aus seiner direkten Beobachtung und den $s-2$ ihn zusammensetzenden Summen und Differenzen, wo diesen das Gewicht 1 und der unmittelbaren Beobachtung das Gewicht 2 zu geben ist. So ist z. B. in einem System von 6 Strahlen der wahrscheinlichste Wert des von den Strahlen $P_0 P_1$ und $P_0 P_3$ eingefaßten Winkels

$$[13] = \frac{2\,(13) \quad + (12) + (23) \quad + (14) - (34) \quad + (15) - (35) \quad + (16) - (36)}{6}. \tag{318}$$

Meist werden alle Winkel in mehreren, etwa in n Sätzen beobachtet und aus den Einzelbeobachtungen $(ir)'$ vom Gewicht 1 folgt zunächst wieder das in (318) verwendete Satzmittel

$$(i\,r) = \frac{1}{n} \sum_{1}^{n} (i\,r)'_s \tag{319}$$

mit dem Gewicht $p = n$. Bezeichnet $v_{i\,r} = [ir] - (ir)$ den wahrscheinlichsten Fehler des Satzmittels (ir), so ist, wie hier ohne Beweis mitgeteilt werden muß,

$$m' = \pm \sqrt{\frac{2\,n\,[v\,v]}{(s-1)\,(s-2)}} \tag{320}$$

der mittlere Fehler des in einem Satz beobachteten Winkels, $m = m' : \sqrt{n}$ derjenige eines Satzmittels und

$$\mu = \frac{m'}{\sqrt{n \dfrac{s}{2}}} = \pm 2 \sqrt{\frac{[v\,v]}{s\,(s-1)\,(s-2)}} \tag{321}$$

derjenige eines beliebigen, nach (318) ausgeglichenen Winkels, während

$$p_a = n \cdot \frac{s}{2} \tag{322}$$

dessen Gewicht darstellt. Bei sorgfältigen modernen Messungen erreicht μ nur Bruchteile einer Sekunde.

Zur Winkelmessung im Hauptdreiecksnetz dienen besonders leistungsfähige Instrumente, welche in runden Zahlen einen Kreisdurchmesser von 30 cm (bei modernen Glaskreisen weniger), eine Brennweite von 45 cm, 6 cm Objektivöffnung, 40fache Vergrößerung und Libellen mit einem Teilwert von etwa 5″ besitzen.

Die anfangs vielversprechende, bis in die Mitte des vorigen Jahrhunderts das Feld beherrschende Repetitionswinkelmessung hat man für das Hauptnetz aufgegeben, weil die ihr anhaftenden systematischen Fehler nicht mit der genügenden Sicherheit bestimmt und unschädlich gemacht werden können.

In den Netzen niederer Ordnung werden fast ausschließlich Richtungsbeobachtungen[1] - womöglich in vollen Sätzen - ausgeführt. Bei diesem Verfahren sind alle s Ziele so in einen Satz zusammengefaßt, daß sie in der ersten Fernrohrlage in der Reihenfolge von links nach rechts und nach dem Durchschlagen des Fernrohrs in einer zweiten Lage von rechts nach links eingestellt werden. Die Zusammenstellung der Mittel aus den entsprechenden Beobachtungen beider Fernrohrlagen bildet einen vollständigen Satz, wenn bei der Beobachtung kein Ziel ausgefallen ist. Sollen n Sätze beobachtet werden, so wird der geschilderte Vorgang bei verschiedenen Kreisstellungen n-mal wiederholt.

---

[1] Zur Einführung der Richtungsmessungen siehe BESSEL: Gradmessung in Ostpreußen, Berlin 1838, S. 68f.

Aus den Beobachtungsmitteln a_{i1}, a_{i2}, $\ldots a_{ir}$, $\ldots a_{is}$ des i-ten Satzes ergeben sich in den Differenzen

$$\left.\begin{aligned}
\gamma_{i1} &= a_{i1} - a_{i1} = 0, \\
\gamma_{i2} &= a_{i2} - a_{i1}\,. \\
\gamma_{i3} &= a_{i3} - a_{i1}\,, \\
&\;\cdot\;\cdot\;\cdot\;\cdot\;\cdot\;\cdot\;\cdot \\
\gamma_{ir} &= a_{ir} - a_{i1}\,, \\
&\;\cdot\;\cdot\;\cdot\;\cdot\;\cdot\;\cdot\;\cdot \\
\gamma_{is} &= a_{is} - a_{i1}\,,
\end{aligned}\right\} \qquad (323)$$

die diesem Satze entsprechenden **reduzierten Richtungen**, d. h. diejenigen Winkel, welche die einzelnen Strahlen mit dem gemeinsamen Anfangsstrahl $P_0 P_1$ (Abb. 194) einschließen. Bei n Sätzen erhält man für die reduzierten Richtungen n gleich genaue Reihen, deren einfaches arithmetisches Mittel auf die wahrscheinlichsten Werte γ_1, γ_2, $\ldots \gamma_r$, $\ldots \gamma_s$ der reduzierten Richtungen führt.

So ist z. B.

$$\gamma_r = \frac{1}{n}\,(\gamma_{1\,r} + \gamma_{2\,r} + \cdots + \gamma_{i\,r} + \cdots + \gamma_{n\,r})\,. \qquad (324)$$

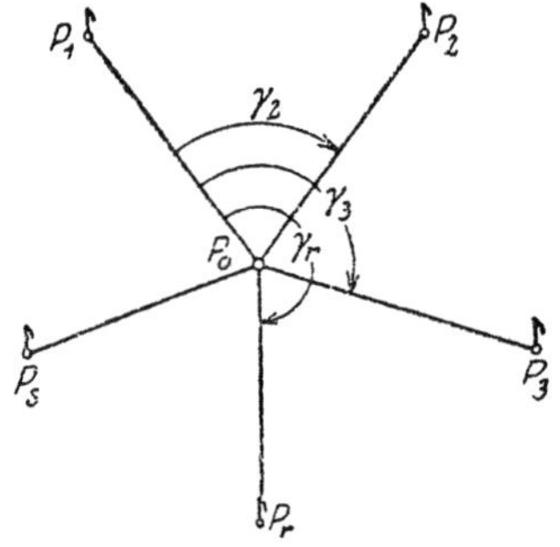

Abb. 194. Bestimmung eines Strahlensystems durch Richtungsbeobachtungen.

Die **Fehlerberechnung für vollständige Richtungssätze** soll an Hand des in Tabelle 16 enthaltenen Zahlenbeispiels erläutert werden. Sind aus den reduzierten Richtungen $\gamma_{1\,r}$, $\gamma_{2\,r}$, $\gamma_{3\,r}$, $\gamma_{4\,r}$ der $n = 4$ Sätze für sämtliche $s = 6$ Zielpunkte die Satzmittel γ_r abgeleitet, so erhält man aus ihrem Vergleich mit den reduzierten Richtungsangaben der einzelnen Sätze je eine Reihe von Unterschieden d, z. B. für den i-ten Satz und die r-te Richtung

$$d_{i\,r} = \gamma_r - \gamma_{i\,r} = v_{i\,r} - v_{i\,1}\,. \qquad (325)$$

Jedes $\gamma_{i\,r}$ desselben Satzes ist nach (323) ein Binom, dessen stets gleiches zweite Glied die zur Nullrichtung des i-ten Satzes gehörige Beobachtung $a_{i\,1}$ ist, so daß jede Differenz auch den Fehler $v_{i\,1}$ von $a_{i\,1}$ enthält. Aus (325) folgen die Ausdrücke

$$\left.\begin{aligned}
[d_{i\,r}] &= [v_{i\,r}] - s \cdot v_{i\,1}\,, \\
\frac{1}{s}\,[d_{i\,r}] &= \frac{1}{s}\,[v_{i\,r}] - v_{i\,1}\,, \\
v_{i\,1} &= \frac{1}{s}\,[v_{i\,r}] - \frac{1}{s}\,[d_{i\,r}]\,.
\end{aligned}\right\} \qquad (326)$$

Tabelle 16.
Standpunkt P_0.

Ziel-punkt	Satzmittel γ_r			1. Satz γ_{1r}	$d_1 r$	$v_1 r$	$v_{1r} v_{1r}$	2. Satz γ_{2r}	$d_2 r$	$v_2 r$	$v_{2r} v_{2r}$	3. Satz γ_{3r}	$d_3 r$	$v_3 r$	$v_{3r} v_{3r}$	4. Satz γ_{1r}	$d_4 r$	$v_4 r$	$v_4 r\, v_4 r$
							$('')^2$				$('')^2$				$('')^2$				$('')^2$
P_1	0^0	$0'$	$0''$	$0''$	$0''$	$+2''$	4	$0''$	$0''$	$-3''$	9	$0''$	$0''$	$-3''$	9	$0''$	$0''$	$+5''$	25
P_2	60	15	19	22	-3	-1	1	15	$+4$	$+1$	1	16	$+3$	0	0	23	-4	$+1$	1
P_3	118	10	30	34	-4	-2	4	24	$+6$	$+3$	9	25	$+5$	$+2$	4	37	-7	-2	4
P_4	184	53	10	10	0	$+2$	4	8	$+2$	-1	1	02	$+8$	$+5$	25	20	-10	-5	25
P_5	243	03	50	56	-6	-4	16	45	$+5$	$+2$	4	47	$+3$	0	0	53	-3	$+2$	4
P_6	303	46	20	18	$+2$	$+4$	16	18	$+2$	-1	1	19	$+1$	-2	4	26	-6	-1	1
$m_r =$	$\sqrt{\dfrac{172}{3\cdot 5}}=\pm 3,4''$				-11	$+1$	45		$+19$	$+1$	25		$+20$	$+2$	42		-30	0	60 / 45
$\mu_r =$	$\dfrac{3,4''}{\sqrt{4}}=\pm 1,7''$		$v_{11}=$	$+2''$				$v_{21}=$ $-3''$				$v_{31}=$ $-3''$				$v_{41}=$ $+5''$		$[v^2]=$	25 / 42 / 172

Das arithmetische Mittel der wahrscheinlichsten Beobachtungsfehler v_{ir} eines jeden Satzes liegt in der Nähe von Null. Die Einführung dieser Näherungsbeziehung in (326) ergibt in

$$v_{i1} = - \frac{1}{s} [d_{ir}] \tag{327}$$

die Verbesserung der Nullrichtung des i-ten Satzes, welche, zu dessen Werten d_{ir} hinzugefügt, auf die wahrscheinlichsten Beobachtungsfehler

$$v_{ir} = d_{ir} + v_{i1} \tag{328}$$

führt. Aus den beiden letzten Gleichungen folgt für jeden Satz die Beziehung

$$\sum_{r=1}^{r=s} [v_{ir}] = 0 , \tag{329}$$

welche den Charakter einer Rechenprobe besitzt. Den gleichen Charakter besitzt die aus (329) durch eine andere Zusammenfassung der Glieder folgende Beziehung

$$\sum_{i=1}^{i=n} [v_{ir}] = 0 , \tag{330}$$

durch welche unmittelbar die Querreihen verprobt werden.

Die Summe der für jeden Satz getrennt aufgestellten Teilbeträge $[v_{ir} v_{ir}]$ gibt die Gesamtfehlerquadratsumme

$$[vv] = [v_{1r} v_{1r}] + [v_{2r} v_{2r}] + [v_{3r} v_{3r}] + [v_{4r} v_{4r}], \tag{331}$$

woraus nach (97) der mittlere Fehler

$$m_r = \pm \sqrt{\frac{[vv]}{\ddot{u}}} \tag{332}$$

der einmal beobachteten Richtung eines Satzes folgt. Die hierin enthaltene Zahl $\ddot{u}$ der überschüssigen Bestimmungsstücke ist

$$\ddot{u} = (n-1)(s-1), \tag{333}$$

da in den letzten $n-1$ Sätzen je $s-1$ Richtungen — nicht aber die Nullrichtung — überschüssig sind. Somit wird der mittlere Richtungsfehler einer Einzelbeobachtung

$$m_r = \pm \sqrt{\frac{[vv]}{(n-1)(s-1)}}, \tag{334}$$

während der mittlere Fehler der aus n Sätzen gemittelten Richtung durch den Ausdruck

$$\mu_r = \frac{m_r}{\sqrt{n}} = \pm \sqrt{\frac{[vv]}{n(n-1)(s-1)}} \tag{335}$$

angegeben wird.

In unserem Zahlenbeispiel besitzen diese Fehler die Werte

$$m_r = \pm 3,4'', \qquad \mu_r = \pm 1,7''.$$

Da jeder Winkel die Differenz zweier Richtungen ist, so besteht zwischen dem mittleren Winkelfehler m_w und dem mittleren Richtungsfehler m_r der einfache Zusammenhang

$$m_w = m_r \sqrt{2}. \tag{336}$$

Daraus aber folgt die zwischen dem Winkelgewicht p_w und dem Richtungsgewicht p_r bestehende einfache Beziehung

$$p_r \doteq 2 p_w . \tag{337}$$

Das Verfahren der Richtungsbeobachtungen verlangt zur Festlegung eines Strahlensystems viel weniger Arbeit als die reine Winkelmessung. Es ist am vorteilhaftesten für Beobachtungen in den untergeordneten Dreiecksnetzen, wo infolge der kürzeren Sichten auch bei etwas ungünstigeren Witterungsverhältnissen die Dreieckspunkte noch ohne umständliche Heliotropen- oder Lampensignalisierung sichtbar sind und vollständige Sätze in kurzer Zeit beobachtet werden können. Letzteres ist wichtig, da nur unter dieser Voraussetzung eine etwaige regelmäßige Drehung der Unterlage des Instruments gleichmäßig mit den Einstellungen fortschreiten wird, so daß jedes Mittel aus den Beobachtungen in beiden Fernrohrlagen um denselben Betrag gefälscht ist und die als Differenzen gebildeten reduzierten Richtungen vom Einfluß der besprochenen Drehung befreit sind.

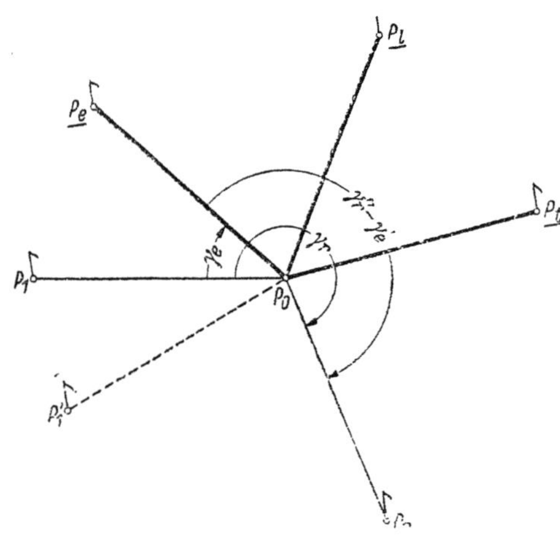

Abb. 195. Nachträgliche Einfügung einer Richtung.

Zur nachträglichen Einfügung einer Richtung $P_0 P_r$ (Abb. 195) in ein auf P_0 beobachtetes und berechnetes System von reduzierten Richtungen zur Nullrichtung $P_0 P_1$ wird man bei der Nachbeobachtung des Zieles P_r auch einige schon vorher beobachtete Leitstrahlen nach v deutlich sichtbaren Punkten P_e, P_l, P_t wieder mitnehmen. Sind γ_e, γ_l, γ_t, γ_r die auf die ursprüngliche Nullrichtung $P_0 P_1$ bezogenen reduzierten Richtungen dieser Strahlen, während man bei der Nachbeobachtung die entsprechenden, vielleicht auf eine andere Nullrichtung $P_0 P_1'$ bezogenen Werte γ_e', γ_l', γ_t', γ_r' findet, so wird

$$\gamma_r = \frac{1}{v}\left\{ \gamma_e + (\gamma_r' - \gamma_e') + \gamma_l + (\gamma_r' - \gamma_l') + \gamma_t + (\gamma_r' - \gamma_t') + \cdots \right\} \tag{337^1}$$

der wahrscheinlichste Wert für das auf P_1 bezogene reduzierte Mittel der nachträglich einbezogenen Richtung.

Für das Hauptdreiecksnetz eignen sich Richtungsbeobachtungen nicht. Sie würden einen sehr großen Gehilfenapparat erfordern, da jeweils die sämtlichen Zielpunkte eines Satzes durch Heliotropen- oder Lampenlicht zu signalisieren wären. Vielfach würden auch Punkte ausfallen und umständlich zu behandelnde, unvollständige Richtungssätze entstehen. Zudem ist hier bei dem langsameren und unregelmäßigeren Fortschreiten der vielen Einstellungen kaum noch zu erwarten, daß eine regelmäßige Drehung der Unterlage im Endergebnis in der vorhin angegebenen einfachen Weise getilgt werden kann. Infolge dieser Umstände ist im Hauptnetz die reine Winkelbeobachtung vorzuziehen.

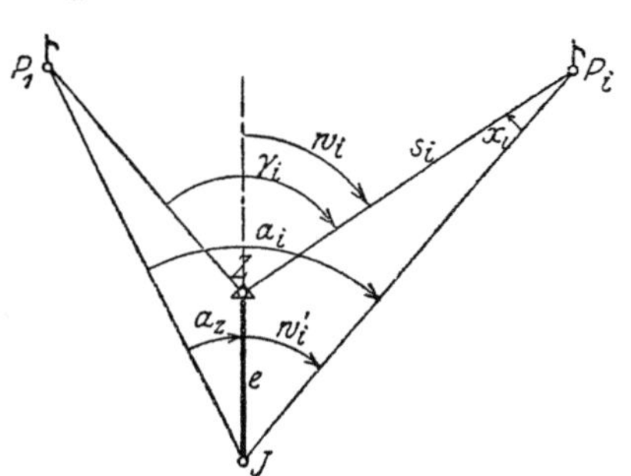

Abb. 196. Standpunktzentrierung.

d) Zentrieren der Beobachtungen.

Ist der Dreieckspunkt Z (Abb. 196), das Zentrum, ein schwer zugängliches Luftsignal oder ein Bodenpunkt, von dem aus nicht alle Zielpunkte gesehen werden können, oder steht in Z ein von anderen Punkten aus angezieltes Signal, so werden die Beobachtungen in einem dem Zentrum möglichst naheliegenden Hilfspunkt J (Instrumentenstand) ausgeführt. Zur Reduktion der in J ausgeführten Beobachtungen a_i auf die entsprechenden Werte γ_i, deren Scheitel das Zentrum ist, braucht man die Zentrierungselemente, nämlich die Exzentrizität $JZ = e$ des Instruments, die Entfernung s_i des Zielpunktes P_i vom Zentrum und den mitbeobachteten Winkel a_z, welchen die Richtung JZ mit der exzentrischen Anfangsrichtung JP_1 bildet. Häufig sind e und a_z indirekt auf trigonometrischem Wege zu ermitteln.

Der auf JZ als Anfangsstrahl bezogenen Richtung

$$w_i' = a_i - a_z \tag{338}$$

entspricht die zentrierte Richtung

$$w_i = w_i' + x_i, \tag{339}$$

da w_i Außenwinkel im Dreieck ZJP_i ist. Die Zentrierungsverbesserung x_i läßt sich aus der strengen Beziehung

$$\sin x_i = \frac{e}{s_i} \sin w_i' \tag{340}$$

gewinnen. Solange $e : s_i$ und damit auch x_i klein bleiben, kann man zur Berechnung von x_i den guten Näherungsausdruck

$$x_i'' \approx \varrho'' \frac{e}{s_i} \sin w_i' \tag{341}$$

verwenden, welcher die gesuchte Größe sofort in Sekunden angibt. Ein Vergleich mit (340) liefert den Fehler des Ausdrucks (341) in Sekunden:

$$\varDelta'' = x_i'' - \varrho'' \frac{e}{s_i} \sin w_i' = \frac{(x_i'')^3}{6\,\varrho''^2}. \tag{342}$$

Also ist

$$x_{\max}'' = \sqrt[3]{6\varrho''^2 \cdot \varDelta''} \tag{343}$$

derjenige größte Betrag der Zentrierungsverbesserung, welcher eben noch mittels der Näherung (341) berechnet werden darf, wenn $\varDelta''$ nicht überschritten werden soll. Für den besonderen Wert $\varDelta'' = \frac{1}{2}''$ ist der Grenzwert $x_{\max} = 5035'' = 1^0\,23'\,55'' \approx 1{,}4^0$.

Dieser Betrag kann keinesfalls überschritten werden, solange $\frac{e}{s_i} < \frac{1}{41}$ bleibt.

Ist x_i berechnet, so ergibt sich nach (339) die auf JZ bezogene, zentrierte Richtung w_i. Die auf den Anfangspunkt P_1 bezogenen, zentrierten Richtungen γ sind die Differenzen

$$\gamma_i = w_i - w_1. \tag{344}$$

Tabelle 17 enthält ein Zahlenbeispiel, dessen unmittelbar gegebene Stücke durch Unterstreichen kenntlich gemacht sind.

Tabelle 17.

Aufstellungspunkt P_0. $\underline{e} = 6{,}459$ m. $\underline{a_z} = 202^0\,44'\,15''$.

Bezeichnung	P_1	P_2	P_3	P_4
$\underline{a}$	$0^0\,00'\,00''$	$90^0\,05'\,16''$	$162^0\,46'\,47''$	$292^0\,28'\,22''$
w'	$157^0\,15'\,45''$	$247^0\,21'\,01''$	$320^0\,02'\,32''$	$89^0\,44'\,07''$
$\underline{s}\,_{(m)}$	$1316{,}9$	$687{,}8$	$652{,}1$	$628{,}4$
$\log \frac{1}{s}$	$6.88\,044$	$7.16\,254$	$7.18\,569$	$7.20\,176$
$\log e$	$0.81\,017$	$0.81\,017$	$0.81\,017$	$0.81\,017$
$\log \varrho''$	$5.31\,443$	$5.31\,443$	$5.31\,443$	$5.31\,443$
$\log \sin w'$	$9.58\,716$	$9.96\,514_n$	$9.80\,769_n$	$0.00\,000$
$\log x''$	$2.59\,220$	$3.25\,228_n$	$3.11\,798_n$	$3.32\,636$
x''	$+391$	-1788	-1312	$+2120$
w'	$157^0\,15'\,45''$	$247^0\,21'\,01''$	$320^0\,02'\,32''$	$89^0\,44'\,07''$
$x'\,x''$	$+06\;31$	$-29\;48$	$-21\;52$	$+35\;20$
w	$157^0\,22'\,16''$	$246^0\,51'\,13''$	$319^0\,40'\,40''$	$90^0\,19'\,27''$
$\gamma_i = w_i - w_1$	$0^0\,0'\,0''$	$89^0\,28'\,57''$	$162^0\,18'\,24''$	$292^0\,57'\,11''$

Den Einfluß von Fehlern der Zentrierungselemente auf die Zentrierungsverbesserung erhält man aus (341) zu

$$d\,x = x\left(\frac{d\,e}{e} - \frac{d\,s}{s} - \operatorname{ctg} w' \cdot d\,a_z\right).\tag{345}$$

Hierin ist die aus (338) folgende Beziehung $d\,w' = -\,d\,a_z$ verwendet worden.

Eine Zentrierung wird auch notwendig, wenn mittels des in P_0 (Abb. 197) zentrisch
aufgestellten Instruments statt des um s entfernten Dreieckspunktes P ein Hilfspunkt
P' angezielt wird. Bedeutet e den senkrechten Abstand
des Dreieckspunktes P von der Sicht P_0P', so ist das aus

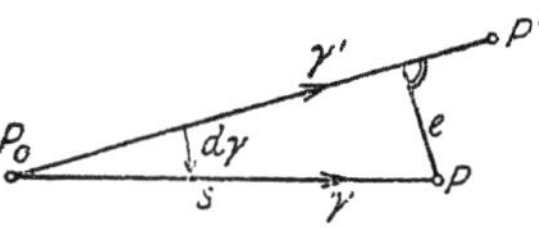

Abb. 197. Zielpunktzentrierung.

$$\sin d\gamma = \frac{e}{s} \quad \text{bzw.} \quad \mathrm{d}\gamma'' \approx \varrho'' \frac{e}{s}\tag{346}$$

folgende $d\gamma$ die wegen der Exzentrizität des Ziel-
punktes notwendige Zentrierungsverbesserung, durch deren Hinzutreten die exzentrische Richtung γ' in die zentrierte Richtung γ übergeht.

Auch die Richtungsermittlung mit Hilfe eines gebrochenen Strahles ist hier zu
nennen. Zur mittelbaren Festlegung der Richtung γ (Abb. 198) einer direkt nicht möglichen Sicht P_0P kann man von P_0 aus einen ihrer Lotebene möglichst
benachbarten sichtbaren Hilfspunkt B anzielen, wobei die gegen γ um
$\varDelta\gamma$ fehlerhafte Richtung γ' erscheint. Weiterhin wird in B, welches von
P_0, P die Abstände a, b besitzt, der Winkel β von P bis P_0 gemessen.
Damit läßt sich die Berechnung des gebrochenen Strahles auf dem Wege

$$\operatorname{tg} \varDelta\gamma = \frac{Q\,P}{P_0\,Q} = \frac{b \cdot \sin\beta}{a - b \cdot \cos\beta}, \quad \gamma = \gamma' + \varDelta\gamma\tag{346^1}$$

durchführen. Liegt B sehr nahe an P_0P, so genügt auch die einfachere
Beziehung

$$\varDelta\gamma'' \approx \varrho'' \frac{b}{c} \sin\beta,\tag{346^2}$$

in welcher für b und $c \approx a + b$ gute Näherungswerte ausreichen.

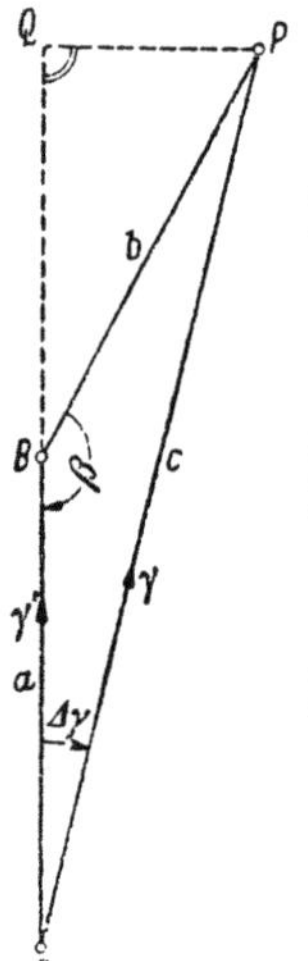

Abb. 198.
Gebrochener Strahl.

e) Netzeinschaltung.

Soll die zusammenhängende Neubestimmung einer größeren Zahl
von Dreieckspunkten im Rahmen eines gegebenen Netzes erfolgen, so
spricht man von einer Netzeinschaltung. Bei einer trigonometrischen
Punkteinschaltung hingegen handelt es sich jeweils um die Neubestimmung eines oder einiger Dreieckspunkte.

Bei der Netzeinschaltung treten die verschiedensten Dreiecksverbindungen auf,
zu deren endgültigen Berechnung eine Ausgleichung nach der Methode der kleinsten
Quadrate meist nicht umgangen werden kann. Doch gibt es auch einige Netzformen,
welche unter Verzicht auf die volle Strenge in wesentlich einfacherer Weise nach einem
Näherungsverfahren, dem Verfahren der übereinstimmenden Dreiecksberechnung, ausgeglichen werden können. Solche besondere Dreiecksverbindungen
sind das vollständige Zentralsystem, das unvollständige Zentralsystem, die Polygonkette und die Linienkette.

Beim vollständigen oder geschlossenen Zentralsystem (Abb. 199) schließt
eine Dreiecksverbindung mit ihrer ersten und letzten Seite an zwei bekannte Punkte P_0
und P_1 an, außerdem besitzen sämtliche Dreiecke in dem beherrschenden Punkt P_0
eine gemeinsame Ecke.

Fällt die letzte Seite des letzten Dreiecks nicht in die erste Seite des ersten Dreiecks, sondern besitzt sie die Lage P_0P_{n+1} (Abb. 200), so spricht man von einem un-

vollständigen oder offenen Zentralsystem. Der Winkel ω zwischen den beiden Anschlußseiten ist die Differenz ihrer Richtungswinkel, nämlich

$$\omega = (P_0P_1) - (P_0P_{n+1}).\tag{347}$$

Diese selbst werden durch eine sinngemäße Anwendung der Gl. (300) gefunden.

Da sich das geschlossene Zentralsystem als ein Sonderfall des offenen ergibt, wenn in diesem P_{n+1} mit P_1 zusammenfällt, also $\omega = 0$ und $P_0P_{n+1} = P_0P_1$ wird, so

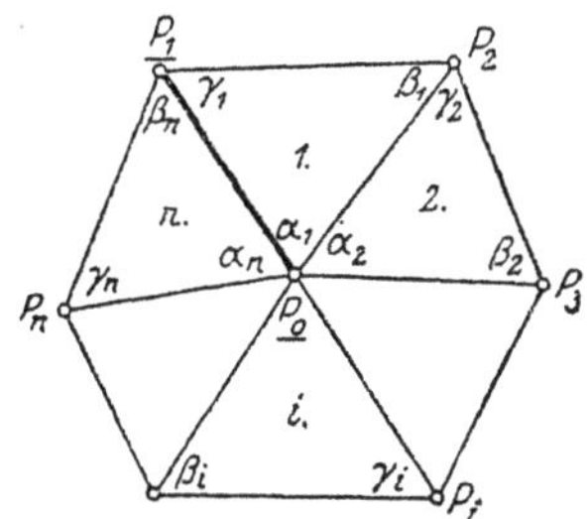

Abb. 199. Vollständiges (geschlossenes) Zentralsystem.

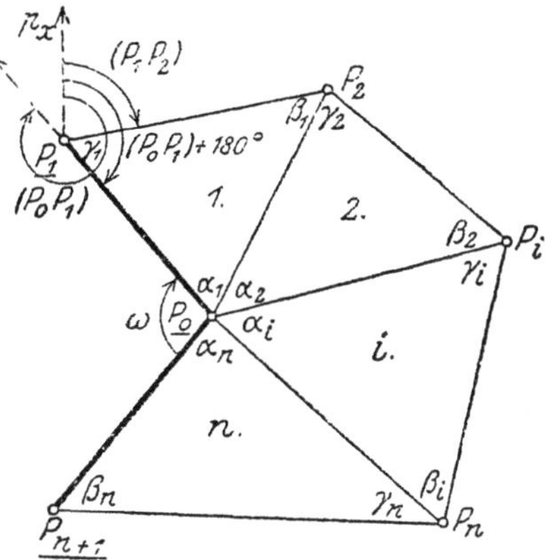

Abb. 200. Unvollständiges (offenes) Zentralsystem.

soll die Näherungsausgleichung am allgemeineren Fall des unvollständigen Zentralsystems klargelegt werden.

Es seien α_i', β_i', γ_i' die beobachteten Winkel im i-ten Dreieck, α_i'', β_i'', γ_i'' die hieraus durch eine Teilausgleichung erhaltenen Zwischenwerte und α_i, β_i, γ_i die durch die vollständige Ausgleichung erhaltenen Endwerte. Letztere müssen

1. die Stations- oder Horizontgleichung:

$$\alpha_1 + \alpha_2 + \cdots + \alpha_n + \omega - 360^0 = 0 \mid ds\,.\tag{348}$$

2. die Dreiecksgleichungen:

$$\left.\begin{aligned}
\alpha_1 + \beta_1 + \gamma_1 - 180^0 &= 0, & & d_1 \\
\alpha_2 + \beta_2 + \gamma_2 - 180^0 &= 0, & & d_2 \\
& \cdots\cdots\cdots & & \vdots \\
\alpha_n + \beta_n + \gamma_n - 180^0 &= 0. & & d_n
\end{aligned}\right\}\tag{349}$$

3. die Seiten- oder Sinusgleichung:

$$1 = \frac{P_0P_1}{P_0P_{n+1}} \cdot \frac{\sin\gamma_1 \cdot \sin\gamma_2 \ldots \sin\gamma_n}{\sin\beta_1 \cdot \sin\beta_2 \ldots \sin\beta_n} = \frac{Z}{N}\tag{350}$$

$$\text{bzw. } \log Z - \log N = 0$$

streng erfüllen. Aus Abb. 200 kann man die Bedingungen (348) bis (350) unmittelbar ablesen, letztere, indem man sich durch wiederholte Anwendung des Sinus-Satzes die Seite P_0P_{n+1} erst durch P_0P_n, dann durch P_0P_{n-1} und auf diesem Wege fortfahrend schließlich durch P_0P_1 ausgedrückt denkt.

Setzt man in (348) und (349) an Stelle der noch unbekannten ausgeglichenen Winkel die Beobachtungen α', β', γ', so erscheinen auf der rechten Seite dieser Gleichungen der Stationswiderspruch ds bzw. die Dreieckswidersprüche d_1, d_2, $\ldots d_n$, welche sämtlich den Charakter von Fehlern besitzen. Diese Unstimmigkeiten werden durch eine erste Teilausgleichung beseitigt. Gibt man jedem Winkel α' auf der Zentralstation mit Rücksicht auf den Horizontwiderspruch ds eine Verbesserung (s)

und jedem der Winkel im i-ten Dreieck eine Verbesserung (i) zur Beseitigung von d_i, so bestehen offenbar die Beziehungen

$$\left.\begin{array}{l} (1) + (s) \\ +\ (2) + (s) \\ \div\ \ldots\ldots \\ +\ (n) + (s) \end{array}\right\} + ds = 0, \qquad (351) \qquad \left.\begin{array}{l} 3\,(1) + (s) + d_1 = 0, \\ 3\,(2) + (s) + d_2 = 0, \\ \ldots\ldots\ldots\ldots\ldots \\ 3\,(n) + (s) + d_n = 0, \end{array}\right\} \qquad (352)$$

da ja durch die einzelnen Verbesserungen die Widersprüche getilgt werden müssen.

Aus der mit 3 multiplizierten Gl. (351) und der Summe der Gleichungen (352) folgen die Ausdrücke

$$3\left\{ (1) + (2) + \cdots + (n) \right\} = -\,3\,n\,(s) - 3\,ds, \qquad (353)$$

$$3\left\{ (1) + (2) + \cdots + (n) \right\} = -\ n\,(s) - \overset{n}{\underset{1}{[d_i]}}, \qquad (354)$$

deren linke Seiten gleich sind. Durch Gleichsetzen ihrer rechten Seiten folgt

$$(s) = \frac{[d] - 3\,ds}{2\,n}, \qquad (355)$$

während sich bei nunmehr bekanntem (s) die Beträge

$$\left.\begin{array}{l} (1) = -\tfrac{1}{3}\left\{(s) + d_1\right\}, \\ (2) = -\tfrac{1}{3}\left\{(s) + d_2\right\}, \\ \ldots\ldots\ldots\ldots\ldots \\ (n) = -\tfrac{1}{3}\left\{(s) + d_n\right\} \end{array}\right\} \qquad (356)$$

aus den Gleichungen (352) ergeben.

Mit den aus dieser Teilausgleichung gewonnenen Verbesserungen (s) und (i) erhält man aus den Beobachtungen α_i', β_i', γ_i' im i-ten Dreieck die **Zwischenwerte**

$$\alpha_i'' = \alpha_i' + (s) + (i), \qquad \beta_i'' = \beta_i' + (i), \qquad \gamma_i'' = \gamma_i' + (i), \qquad (357)$$

welche die Stationsgleichung und die Dreiecksgleichungen streng erfüllen müssen. Die Seitengleichung (350) aber erfüllen sie noch nicht, und ihre Einführung in (350) liefert an Stelle von Z und N die fehlerhaften Werte Z' und N'. Zur Beseitigung des hieraus folgenden **logarithmischen Seitenwiderspruchs**

$$\log Z' - \log N' = \log P_0 P_1 + \overset{n}{\underset{1}{[\log \sin \gamma_i'']}} - \{\log P_0 P_{n+1} + \overset{n}{\underset{1}{[\log \sin \beta_i'']}}\} = \varDelta \quad (358)$$

wird jeder Zählerwinkel γ'' um eine sog. **Sinusverbesserung** x'' verkleinert, jeder Nennerwinkel β'' aber um x'' vergrößert. Bedeuten $\varDelta_i'$ und $\varDelta_i''$ die aus der Logarithmentafel zu entnehmenden logarithmischen Sinusänderungen der β_i'' und γ_i'' für $1''$, so sind

die Ausdrücke $-\,x\,\overset{n}{\underset{1}{[\varDelta_i'']}}$ und $+\,x\,\overset{n}{\underset{1}{[\varDelta_i']}}$ die aus x folgenden Änderungen in $\log Z'$ und

$\log N'$. Ihre Einführung in (358) muß den Widerspruch $\varDelta$ tilgen; also ist

$$-\,x\,[\varDelta''] - x\,[\varDelta'] + \varDelta = 0,$$

und die Sinusverbesserung wird

$$x = \frac{\varDelta}{[\varDelta'] + [\varDelta'']}. \qquad (359)$$

Nach dieser **zweiten Teilausgleichung**, welche sich nurmehr auf die Winkel β'', γ'' erstreckte, sind die **ausgeglichenen Endwerte der Winkel im** i-ten **Dreieck**:

$$\left.\begin{array}{l} \alpha_i = \alpha_i'' \qquad\ \ = \alpha_i' + (s) + (i), \\ \beta_i = \beta_i'' + x = \beta_i' + (i) + x, \\ \gamma_i = \gamma_i'' - x = \gamma_i' + (i) - x. \end{array}\right\} \qquad (360)$$

Sie müssen jetzt die sämtlichen Bedingungsgleichungen (348) bis (350) streng erfüllen.

Liegen keine Winkelmessungen, sondern Richtungsbeobachtungen vor, welchen die zur Berechnung erforderlichen Winkel α', β', γ' entnommen werden, so ändert sich am ganzen besprochenen Verfahren grundsätzlich nichts. Im geschlossenen Zentralsystem nimmt in diesem Fall ds den Sonderwert Null an.

Ein den vorstehenden Entwicklungen sich vollständig anschließendes Zahlenbeispiel für $n = 3$ Dreiecke enthalten die beiden Tabellen 18 und 19, welche wohl ohne eine besondere Erläuterung verständlich sind.

Tabelle 18.

$$\log P_0 P_1 = 3.307\ 484, \qquad \log P_0 P_4 = 3.324\ 012.$$

Bezeichnung	Dreieck 1			Dreieck 2			Dreieck 3			ω	$\omega + [\alpha']$
$\alpha'\ \alpha''\ \alpha$	64° 10' 14"	19"	19"	67° 00' 30"	31"	31"	61° 40' 20"	24"	24"	167° 08' 46"	359° 59' 50"
$\beta'\ \beta''\ \beta$	50 13 15	18	19	70 01 00	59	00	50 10 32	34	35		$ds = -10"$
$\gamma'\ \gamma''\ \gamma$	65 36 20	23	22	42 58 31	30	29	68 09 00	02	01	192° 51' 14"	$= [\alpha]$
Summe der Dreieckswinkel $(s) = +2"$	179° 59' 49" $d_1 = -11"$ $(1) = +\ 3"$	00	00	180° 00' 01" $d_2 = +1"$ $(2) = -1"$	00	00	179° 59' 52" $d_3 = -8"$ $(3) = +2"$	00	00	360° 00' 00" $= \omega + [\alpha]$	$[d] = -18'$

Tabelle 19.

Dreieck	Berechnung des logarithmischen Seitenwiderspruchs				Sinusprobe	
	$\log \sin \beta''$	Δ' in 10^{-6}	$\log \sin \gamma''$	Δ'' in 10^{-6}	$\log \sin \beta$	$\log \sin \gamma$
1	9.885 658	$+1.8$	9.959 390	$+0.9$	9.885 660	9.959 389
2	9.973 031	$+0.8$	9.833 580	$+2.3$	9.973 032	9.833 578
3	9.885 371	$+1.7$	9.967 626	$+0.8$	9.885 372	9.967 625
Summe: $\log P_0 P_4 =$	9.744 060 3.324 012	$[\Delta'] = +4.3$ $\log P_0 P_1 =$	9.760 596 3.307 484	$[\Delta''] = +4.0$	9.744 064 3.324 012	9.760 592 3.307 484
$\log N' =$	3.068 072 $[\Delta'] + [\Delta''] = 8{,}3 \cdot 10^{-6}$	$\log Z' =$ $\Delta = 8 \cdot 10^{-6}$	3.068 080 $x = +1"$		3.068 076 $= \log N$	3.068 076 $= \log Z$ $\log Z - \log N = 0.000\ 000$

Nach erfolgter Ausgleichung[1] leitet man, von $P_0 P_1$ ausgehend, durch wiederholte Anwendung des sin-Satzes unter Benutzung der ausgeglichenen Winkel die Längen sämtlicher Dreiecksseiten ab. Aus dem bekannten Richtungswinkel $(P_0 P_1)$ und den Endwerten der Dreieckswinkel findet man nach Abb. 200, in welcher p_x eine Parallele zur X-Achse bedeutet, leicht auch die Richtungswinkel der Dreiecksseiten, z. B.:

$$(P_1 P_2) = (P_0 P_1) + 180° - \gamma_1, \quad (P_2 P_3) = (P_1 P_2) + 180° - (\beta_1 + \gamma_2),$$
$$(P_i P^i_{+1}) = (P_{i-1} P_i) + 180° - (\beta_{i-1} + \gamma_i) \ \cdots\cdots\cdots\cdots\cdots\cdots \left.\right\} \ (361)$$
$$\cdots\cdots\cdots\cdots (P_{n+1} P_0) = (P_n P_{n+1}) + 180° - \beta_n.$$

Der Anschluß an die von vornherein nach Länge und Richtung bekannte Seite $P_0 P_{n+1}$ bietet eine erwünschte Rechenprobe.

Fügt man die aus der Länge und dem Richtungswinkel jeder Seite $P_i P_{i+1}$ berechneten Koordinatenunterschiede

$$\Delta x_i = P_i P_{i+1} \cos (P_i P_{i+1}), \qquad \Delta y_i = P_i P_{i+1} \sin (P_i P_{i+1}) \qquad (362)$$

der Seitenendpunkte jeweils zu den Koordinaten x_i, y_i des Seitenanfangspunktes, so ergeben sich die Koordinaten

$$x_{i+1} = x_i + \Delta x_i, \qquad y_{i+1} = y_i + \Delta y_i \qquad (363)$$

des Streckenendpunktes P_{i+1}. Auch hier erhält man durch den Anschluß an die Koordinaten des von vornherein festliegenden Punktes P_{n+1} eine Rechenprobe.

---

[1] Die im Folgenden beschriebene Koordinatenberechnung stimmt im Grundgedanken mit der etwas später (S. 158ff.) zu behandelnden Polygonzugberechnung überein.

Die Polygonkette (Abb. 201), welche von zwei bekannten Ausgangspunkten P_0, P_1 zu zwei Anschlußpunkten P_n, P_{n+1} von bekannter Lage führt, wird bei der Triangulierung von langgestreckten Tälern häufig verwendet. Wesentlich ist auch, wie bei jeder Dreieckskette im engeren Sinne des Wortes, daß Diagonalen fehlen und die Berechnung einer Dreiecksseite aus irgendeiner anderen nur auf einem einzigen Wege erfolgen kann. Würde z. B. in der skizzierten Kette auch die Sicht $P_0 P_3$ beobachtet, so würde es sich nicht mehr um eine Kette von Dreiecken, sondern um ein Dreiecksnetz handeln.

Zu der für Winkel- und Richtungsbeobachtungen ganz gleichartigen Berechnung der Polygonkette denken wir uns die einzelnen Dreieckspunkte durch die je zwei Nachbardreiecken gemeinsamen Seiten $P_1 P_2$, $P_2 P_3$, $P_3 P_4$, ..., $P_{n-1} P_n$ verbunden. Die von diesen Seiten eingeschlossenen Winkel seien mit α, die Gegenwinkel der jeweils vorhergehenden Seiten mit β und diejenigen der folgenden Seiten mit γ bezeichnet. Aus den Koordinaten der Anschlußpunkte findet man die als fehlerfrei zu behandelnden ·Richtungswinkel $(P_1 P_0)$, $(P_n P_{n+1})$ beider Anschlußseiten. Der zuletzt genannte läßt sich aber auch durch $(P_0 P_1)$ und die Zwischenwinkel α ausdrücken, welche zu diesem Zwecke in links bzw. rechts vom Zug $P_1 P_2 \ldots P_n$ liegende Werte $^l\alpha$ bzw. $^r\alpha$ zu unterscheiden sind. Denkt man sich im Ausdruck

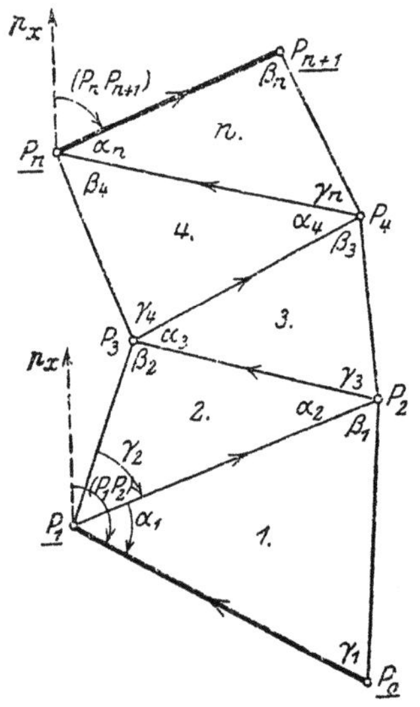

Abb. 201. Polygonkette.

$$(P_n P_{n+1}) = (P_{n-1} P_n) + 180^0 - \alpha_n \qquad (364)$$

den Richtungswinkel $(P_{n-1} P_n)$ durch $(P_{n-2} P_{n-1})$, diesen durch $(P_{n-3} P_{n-2})$ usw. ersetzt, bis man bei $(P_0 P_1)$ angelangt ist, so erhält man hieraus die Polygongleichung

$$(P_0 P_1) + [^l\alpha] - [^r\alpha] + n \cdot 180^0 - (P_n P_{n+1}) = 0. \qquad | \, ds \qquad (365)$$

Treten hierin an Stelle der richtigen (oder ausgeglichenen) Winkel α die fehlerhaften Beobachtungen α', so erscheint auf der rechten Seite von (365) ein Polygonwiderspruch ds, welcher dadurch getilgt wird, daß jedem $^l\alpha$ bzw. $^r\alpha$ eine Polygonwinkelverbesserung $+ (s)$ bzw. $- (s)$ zuerteilt wird. Außer der Polygongleichung (365) bestehen auch hier die Dreiecksgleichungen (349), aus denen durch Einsetzen der beobachteten Dreieckswinkel α', β', γ' wieder die Dreieckswidersprüche d_1, d_2, $\ldots d_n$ folgen. Ihnen entsprechen die Dreiecksverbesserungen (1), (2), $\ldots (n)$. Dazu tritt eine der Bedingung (350) vollständig entsprechende Seitengleichung

$$1 = \frac{P_0 P_1}{P_n P_{n+1}} \cdot \frac{\sin \gamma_1 \cdot \sin \gamma_2 \ldots \sin \gamma_n}{\sin \beta_1 \sin \beta_2 \ldots \sin \beta_n} = \frac{Z}{N}. \qquad (366)$$

Die weitere Behandlung entspricht ganz der Ausgleichung des Zentralsystems, und wie dort ergeben sich auch hier die Verbesserungen

$$(s) = \frac{1}{2n} \{([^l d_i] - [^r d_e]) - 3 ds\}, \quad {}^l(i) = - \tfrac{1}{3} \{+ (s) + d_i\}, \quad {}^r(e) = - \tfrac{1}{3} \{- (s) + d_e\} \qquad (367)$$

aus einer ersten Teilausgleichung[1]. Die aus derselben gewonnenen Zwischenwinkel sind die Ausdrücke

$$\begin{aligned} {}^l\alpha_i'' &= {}^l\alpha_i' + (s) + (i) \\ {}^r\alpha_e'' &= {}^r\alpha_e' - (s) + (e) \end{aligned} \Bigg\}, \qquad \beta_u'' = \beta_u' + (u), \qquad \gamma_u'' = \gamma_u' + (u). \qquad (368)$$

---

[1] Zur leichteren Unterscheidung ist dem linksliegenden Dreieck der Zeiger i, dem rechtsliegenden der Zeiger e gegeben. Spielt die Lage des Dreiecks keine Rolle, so ist der Zeiger u gewählt.

Mit diesen Zwischenwinkeln folgt aus (366) der logarithmische Seitenwiderspruch

$$\Delta = \log Z' - \log N' \tag{369}$$

und damit erhält man die Sinusverbesserung

$$x'' = \frac{\Delta}{[\Delta'] + [\Delta'']}, \tag{370}$$

um welche jeder Zählerwinkel γ'' noch zu verkleinern und jeder Nennerwinkel β'' zu vergrößern ist, damit alle Widersprüche verschwinden. So erhält man schließlich die ausgeglichenen Endwerte

$$\left. \begin{array}{l} {}^l\alpha_i = {}^l\alpha_i'' = {}^l\alpha_i' + (s) + (i) \\ {}^r\alpha_e = {}^r\alpha_e'' = {}^r\alpha_e' - (s) + (e) \end{array} \right\} , \qquad \left. \begin{array}{l} \beta_u = \beta_u'' + x = \beta_u' + (u) + x \\ \gamma_u = \gamma_u'' - x = \gamma_u' + (u) - x \end{array} \right\} . \tag{371}$$

Sind mittels der ausgeglichenen Dreieckswinkel die Längen und Richtungswinkel aller Seiten abgeleitet, so erfolgt die Koordinatenberechnung etwa auf dem Wege $P_1, P_2, P_3, \ldots P_n$. Beim Anschluß der Rechnung an P_n werden in den errechneten Koordinaten x_n', y_n' auch bei fehlerfreier Rechnung Anschlußwidersprüche

$$v_x = x_n - x_n', \qquad v_y = y_n - y_n' \tag{372}$$

auftreten, weil auch die ausgeglichenen Winkel noch mit kleinen Fehlern behaftet sind. Sie können, wenn man die Einfachheit in den Vordergrund stellt, proportional den Seitenlängen auf die einzelnen Koordinatenunterschiede verteilt werden.

Ist in einer Polygonkette die erste Anschlußseite P_0P_1 nach Länge und Richtung, die zweite P_nP_{n+1} aber nur der Länge nach bekannt, so fällt die Polygongleichung aus, und die ganze erste Teilausgleichung besteht nur in der gleichmäßigen Verteilung der Dreieckswidersprüche auf die einzelnen Dreieckswinkel. Dagegen fällt die Seitengleichung und damit die ganze zweite Teilausgleichung fort, wenn die zweite Anschlußseite wohl der Richtung, nicht aber der Länge nach bekannt ist.

Die Linienkette (Abb. 202) ist eine zwischen zwei bekannte Punkte P_0, P_{n+1} mit oder ohne Orientierung eingespannte Dreieckskette. Bei einer äußeren Orientierung werden die Winkel φ_a, ψ_a beobachtet, welche die Seiten P_0P_1 bzw. $P_{n+1}P_n$ mit bekannten Anschlußrichtungen P_0P_0'' bzw. $P_{n+1}P_{n+1}''$ einschließen[1]. Eine innere Orientierung der Kette ist nur möglich, wenn die beiden Anschlußpunkte P_0, P_{n+1} gegenseitig sichtbar sind. An Stelle von φ_a, ψ_a treten dann die Winkel φ_i, ψ_i der genannten Dreiecksseiten mit der die beiden Kettenendpunkte verbindenden Diagonalen. Durch eine scharfe Bestimmung der Orientierungswinkel φ, ψ kann man die Richtungswinkel (P_0P_1) und (P_nP_{n+1}) so genau erhalten, daß sie im Vergleich

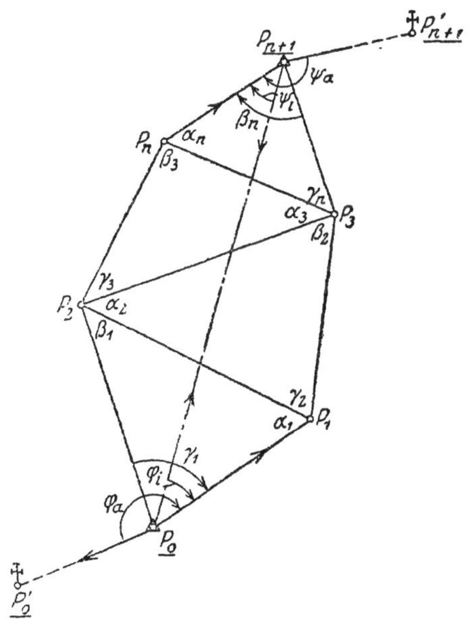

Abb. 202. Linienkette.

zu den beobachteten Dreieckswinkeln als fehlerfrei gelten können, was in der Abbildung durch die Seitenpfeile angedeutet ist[2]. Damit liegen die Verhältnisse hin-

<hr>

[1] In Abb. 202 sind P_0' und P_{n+1}' durch P_0'' und P_{n+1}'' zu ersetzen!

[2] Sind die Ausgangspunkte so spärlich, daß weder ein Punkt P_0' noch P_{n+1}' gefunden werden kann u. ist auch keine innere Orientierung möglich, so läßt sich die Richtung der ersten u. der letzten Seite doch aus Azimutbeobachtungen ableiten. Der Übergang von den Azimuten auf die Richtungswinkel erfolgt mittels der Beziehungen (234) und (233). Siehe auch Grundlagen der tachymetrischen Geländeaufnahme.

sichtlich der Winkelausgleichung ebenso wie in einer Polygonkette mit doppeltem Richtungs-, aber nur einfachem Seitenanschluß. Sie stützt sich auf eine Polygongleichung und n Dreiecksgleichungen, ist daher mit der ersten Teilausgleichung erledigt. Die Endwerte α, β, γ der Dreieckswinkel sind unmittelbar die aus (368) folgenden Werte α'', β'', γ''.

Bei der nicht orientierten Linienkette sind lediglich die einzelnen Dreieckswinkel α', β', γ' gemessen, und die ganze strenge Winkelausgleichung besteht hier in der gleichmäßigen Verteilung der Dreieckswidersprüche auf die Dreieckswinkel. Dagegen bietet die weitere Berechnung der nicht orientierten Linienkette einige Besonderheiten.

Zur Durchführung der Koordinatenberechnung muß man für $P_0 P_1$, das weder der Länge noch der Richtung nach bekannt ist, eine bestimmte Länge $P'_0 P'_1$ und einen Richtungswinkel $(P'_0 P'_1)$ annehmen. Setzt man diesen, wie in Abb. 203 angenommen ist, etwa gleich Null, so ist die Richtung der ersten Seite parallel zur X'-Achse des angenommenen, gegen das Hauptsystem X, Y um δ gedrehten Hilfssystems X', Y'. Mit den getroffenen Annahmen und den ausgeglichenen Dreieckswinkeln lassen sich nunmehr die Längen und Richtungen der Dreiecksseiten einer zur Linienkette $P_0 P_1 P_2 \dots$ ähnlichen und ähnlich gelegenen – wenn wir P'_0 mit P_0 zusammenfallen lassen – Hilfsfigur $P'_0 P'_1 P'_2 \dots$ sowie die recht-

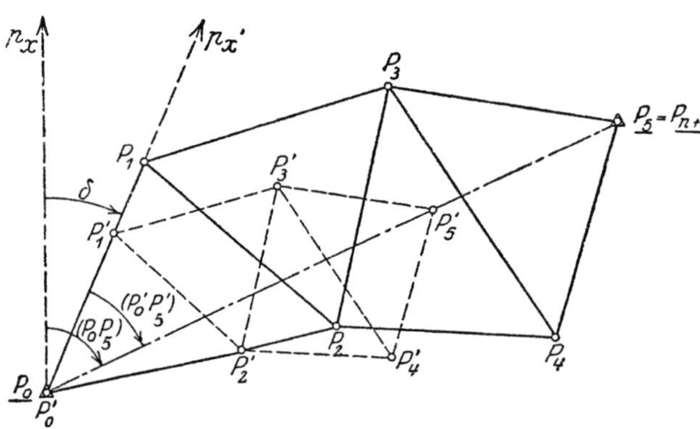

Abb. 203. Berechnung der nicht orientierten Linienkette.

winkligen Koordinaten x', y' ihrer Eckpunkte im Hilfssystem X', Y' berechnen. Es ergibt sich also die Diagonale $P'_0 P'_{n+1}$ aus den Gleichungen

$$\operatorname{tg}(P'_0 P'_{n+1}) = \frac{y'_{n+1} - y'_0}{x'_{n+1} - x'_0}, \qquad P'_0 P'_{n+1} = \frac{x'_{n+1} - x'_0}{\cos(P'_0 P'_{n+1})} = \frac{y'_{n+1} - y'_0}{\sin(P'_0 P'_{n+1})} \qquad (373)$$

nach Richtung und Länge. Die entsprechenden Größen der Hauptfigur im Hauptsystem sind durch die Beziehungen

$$\operatorname{tg}(P_0 P_{n+1}) = \frac{y_{n+1} - y_0}{x_{n+1} - x_0}, \qquad P_0 P_{n+1} = \frac{x_{n+1} - x_0}{\cos(P_0 P_{n+1})} = \frac{y_{n+1} - y_0}{\sin(P_0 P_{n+1})} \qquad (374)$$

bestimmt. Infolge der Ähnlichkeit beider Figuren besitzen entsprechende Größen stets dasselbe Verhältnis

$$C = \frac{P_0 P_{n+1}}{P'_0 P'_{n+1}}. \qquad (375)$$

Sind $P_i P_k$ und $P'_i P'_k$ zwei beliebige, einander entsprechende Längen, so ist die Seitenlänge in der Hauptfigur

$$P_i P_k = C \cdot P'_i P'_k \quad \text{bzw.} \quad \log P_i P_k = \log P'_i P'_k + k, \qquad (376)$$

wenn

$$k = \log C = \log P_0 P_{n+1} - \log P'_0 P'_{n+1} \qquad (377)$$

gesetzt wird. Mit Hilfe der Gleichungen (376) und (377) kann man in einfacher Weise die sämtlichen Seitenlogarithmen der Hilfsfigur in die entsprechenden gesuchten Seitenlogarithmen der Hauptfigur überführen.

Auch die Orientierung der Dreiecksseiten kann leicht durchgeführt werden. Da die X'-Achse des Hilfssystems im Hauptsystem einen Richtungswinkel

$$\delta = (P_0 P_{n+1}) - (P'_0 P'_{n+1}) \qquad (378)$$

besitzt, so sind die Richtungswinkel $(P_i' P_k')$ des Hilfssystems alle um die aus (378) bekannte Orientierungsverbesserung δ zu vergrößern, damit sie in die Richtungswinkel $(P_i P_k)$ des Hauptsystems übergehen. Es ist also

$$(P_i P_k) = (P_i' P_k') + \delta. \tag{379}$$

Mit den bekannten Werten $P_i P_k$, $(P_i P_k)$ kann jetzt die Koordinatenberechnung wie bei der Polygonkette durchgeführt werden. Etwaige Anschlußfehler v_x, v_y in den Koordinaten von P_{n+1} haben hier den Charakter von Rechen- bzw. Abrundungsfehlern.

Bei der orientierten Linienkette kann man die endgültigen Seitenrichtungswinkel mittels der ausgeglichenen Dreieckswinkel sofort aufstellen; für die Länge der Kettenseite aber ist wieder ein Wert $P_0' P_1'$ anzunehmen, damit eine ähnliche Hilfsfigur berechnet werden kann. Zum Übergang von den Seiten der Hilfsfigur zu den entsprechenden der Hauptfigur dienen auch hier die Gleichungen (375) bis (377).

Der mittlere Fehler m_w der in die Näherungsausgleichung dieser verschiedenen Dreiecksverbindungen eingeführten Winkel ergibt sich einmal aus der schon früher erläuterten, an die Satzmittelung angeschlossenen Fehlerberechnung bzw. aus der Winkelausgleichung auf der Station und völlig unabhängig davon aus den einzelnen Dreieckswidersprüchen d. Aus n solchen Elementen, die sämtlich den Charakter von wahren Fehlern besitzen, folgt der mittlere Fehler der Dreieckswinkelsumme zu

$$d_0 = \pm \sqrt{\frac{[d\,d]}{n}}. \tag{380}$$

Da jede Dreieckswinkelsumme aus drei Einzelwinkeln mit je einem mittleren Fehler m_w besteht, so ist offenbar

$$d_0 = m_w \sqrt{3}, \qquad m_w = \frac{d_0}{\sqrt{3}}, \tag{381}$$

also

$$m_w = \pm \sqrt{\frac{[d\,d]}{3\,n}}. \tag{382}$$

Dieser Ausdruck, dessen Zuverlässigkeit mit der Dreieckszahl n zunimmt, wird als die internationale Fehlerformel von Ferrero bezeichnet[1].

f) Trigonometrische Punkteinschaltung.

Die wichtigsten Arten der trigonometrischen Punkteinschaltung, durch welche immer nur ein oder einige Punkte neu bestimmt werden, sind

1. Vorwärtseinschneiden,
2. Seitwärtsabschneiden,
3. Rückwärtseinschneiden,
4. Punktbestimmung durch Gegenschnitt,
5. die Hansen-Aufgabe.

Beim Vorwärtseinschneiden mit Sicht in der Grundlinie (Abb. 204) sind auf zwei bekannten Dreieckspunkten $P_1(x_1, y_1)$, $P_2(x_2, y_2)$ die Winkel α und β beobachtet worden, welche die nach einem unbekannten Punkte $Q(x, y)$ führenden Sichten mit der Verbindungslinie der gegebenen Punkte (Grundlinie) einschließen. Ist der Neupunkt unzugänglich, so muß dessen

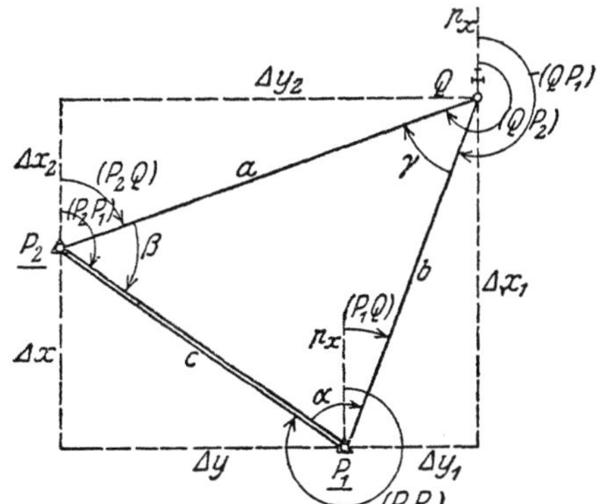

Abb. 204. Vorwärtseinschneiden mit Sicht in der Grundlinie.

[1] Auch aus dem Seitenwiderspruch kann der mittlere Winkelfehler berechnet werden. Diese Berechnungsart ist aber umständlicher und das Ergebnis unzuverlässig, da es sich bei den betrachteten Formen nur je auf einen einzigen Widerspruch stützt.

Berechnung mit den zur eindeutigen Bestimmung hinreichenden unveränderten Beobachtungen α, β durchgeführt werden. Wenn jedoch in einem zugänglichen Q etwa der überschüssige Winkel γ beobachtet wurde, so sind α und β als die aus der Dreiecksausgleichung hervorgegangenen Winkel aufzufassen.

Aus den Koordinaten des auf dem linken Schenkel von γ liegenden Punktes P_1 und von P_2 erhält man die **Entfernung** dieser Punkte und ihren **Richtungswinkel** mittels

$$\operatorname{tg}(P_1 P_2) = \frac{y_2 - y_1}{x_2 - x_1}, \qquad P_1 P_2 = \frac{x_2 - x_1}{\cos(P_1 P_2)} = \frac{y_2 - y_1}{\sin(P_1 P_2)}, \tag{383}$$

während sich bei bekanntem $P_1 P_2$ die von den bekannten Punkten nach Q hinführenden Seitenlängen

$$P_1 Q = P_1 P_2 \frac{\sin\beta}{\sin\gamma}, \qquad P_2 Q = P_1 P_2 \frac{\sin\alpha}{\sin\gamma} \tag{384}$$

nach dem Sinussatz ergeben. Der hierin enthaltene Winkel γ kann gegebenenfalls als die Ergänzung der Summe $\alpha + \beta$ auf 180^0 gefunden werden. Die **Richtungswinkel der abgeleiteten Seiten** kann man aus dem Bild ablesen; sie sind

$$(P_1 Q) = (P_1 P_2) + \alpha, \qquad (P_2 Q) = (P_2 P_1) - \beta, \tag{385}$$

während die Ausdrücke

$$(Q P_1) = (P_1 Q) + 180^0, \qquad (Q P_2) = (P_2 Q) + 180^0 \tag{386}$$

ihre Gegenrichtungswinkel sind. Sie ermöglichen mittels der einfachen Beziehung

$$\gamma = (Q P_2) - (Q P_1) \tag{387}$$

eine **Prüfung der Berechnung der Seitenrichtungswinkel** $(P_1 Q)$ und $(P_2 Q)$.

Mit den abgeleiteten Seiten und ihren Richtungswinkeln ergeben sich die entsprechenden, von P_1 und P_2 aus gezählten **Koordinatenunterschiede**

$$\begin{aligned}
\varDelta x_1 &= P_1 Q \cos(P_1 Q), & \varDelta x_2 &= P_2 Q \cos(P_2 Q), \\
\varDelta y_1 &= P_1 Q \sin(P_1 Q), & \varDelta y_2 &= P_2 Q \sin(P_2 Q).
\end{aligned} \tag{388}$$

Damit erhält man nun die **Koordinaten** x, y **des Neupunktes** von den beiden gegebenen Punkten aus als die Summen

$$\begin{aligned}
x &= x_1 + \varDelta x_1 = x_2 + \varDelta x_2, \\
y &= y_1 + \varDelta y_1 = y_2 + \varDelta y_2,
\end{aligned} \tag{389}$$

welche, von kleinen Abrundungsfehlern abgesehen, je zwei übereinstimmende Werte ergeben sollen (Rechenprobe)[1].

Zur Erläuterung mag das in Tabelle 20 enthaltene **Zahlenbeispiel** dienen.

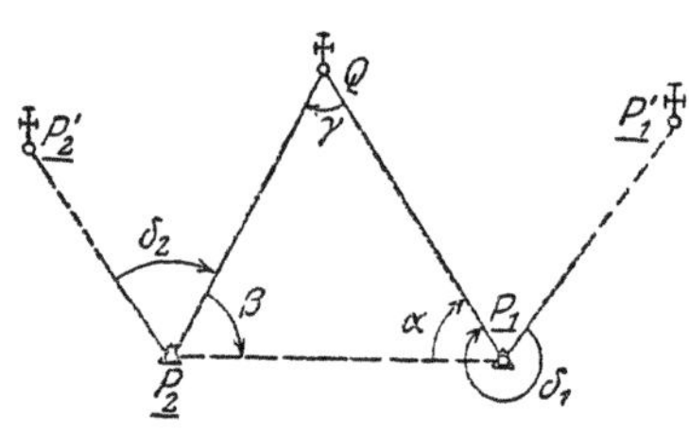

Abb. 205. Vorwärtseinschneiden ohne Sicht in der Grundlinie.

Ist eine Visur in der Grundlinie nicht möglich (Abb. 205), so werden in den gegebenen Punkten P_1, P_2 die Winkel δ_1, δ_2 beobachtet, welche die Seiten $P_1 Q$, $P_2 Q$ mit den nach zwei sichtbaren bekannten Anschlußpunkten P_1', P_2' führenden Richtungen einschließen. Aus den Koordinaten von P_1, P_1' und P_2, P_2' erhält man zunächst $(P_1 P_2)$, $P_1 P_2$ sowie die Richtungswinkel $(P_1 P_1')$ und $(P_2 P_2')$ und hiermit die Seitenrichtungswinkel

$$(P_1 Q) = (P_1 P_1') + \delta_1, \qquad (P_2 Q) = (P_2 P_2') + \delta_2. \tag{390}$$

Die zur Berechnung der Dreiecksseiten $P_1 Q$ und $P_2 Q$ notwendigen Dreieckswinkel aber sind die Richtungswinkeldifferenzen

$$\alpha = (P_1 Q) - (P_1 P_2), \qquad \beta = (P_2 P_1) - (P_2 Q). \tag{391}$$

---

[1] Formeln unter Vermeidung der Richtungswinkel siehe bei JUNG, IVAR: Einfache Formeln für Koordinatenberechnung bei Vorwärtseinschneiden. Z. Vermess.-Wes. 1926, S. 333—336.

Tabelle 20[1].

1. Punkte

$P_1 = \triangle\, 7$
$P_2 = \triangle\, 8$
$Q = \triangle\, 20$

2. Dreieckswinkel

	beobachtet	verbessert
α	$61^0\ 13'\ 30''$	$33''$
β	$31\ \ 27\ \ 42$	45
γ	$87\ \ 18\ \ 39$	42
Sa.	$179\ \ 59\ \ 51$	00

Gegebene Koordinaten

$x_1 = -\,25\,616{,}57 \quad x_2 = -\,24\,950{,}98$
$y_1 = -\,10\,664{,}92 \quad y_2 = -\,11\,619{,}35$

3. Richtung und Länge der Basis

$y_2 - y_1$	$-\ 954{,}43$
$x_2 - x_1$	$+\ 665{,}59$
$\log \Delta y$	$2{.}97\,974_n$
$\log \Delta x$	$2{.}82\,320$
$\log \mathrm{tg}\,(P_1 P_2)$	$0{.}15\,654_n$
$\log \sin (P_1 P_2)$	$9{.}91\,394_n$
$\log \cos (P_1 P_2)$	$9{.}75\,741$
$\log P_1 P_2$	$3{.}06\,580$ $_{79}$

4. Länge der Dreiecksseiten

$\log P_2 Q$	$3{.}00\,904$
$\log \sin \alpha$	$9{.}94\,276$
$\log P_1 P_2$	$3{.}06\,580$
E. $\log \sin Q$	$0{.}00\,048$
$\log \sin \beta$	$9{.}71\,762$
$\log P_1 Q$	$2{.}78\,390$

5. Richtung der Dreiecksseiten

$(P_1 P_2)$	$304^0\ 53'\ 27''$
α	$61\ \ 13\ \ 33$
$(P_1 Q)$	$6\ \ 07\ \ 00$
$(P_2 P_1)$	$124\ \ 53\ \ 27$
β	$31\ \ 27\ \ 45$
$(P_2 Q)$	$93\ \ 25\ \ 42$
$(Q P_2)$	$273\ \ 25\ \ 42$
$(Q P_1)$	$186\ \ 07\ \ 00$
$(Q P_2) - (Q P_1)$	$87\ \ 18\ \ 42$

6. Koordinaten-Berechnung von Q

a) von P_1 aus		x_1	$-\,25\,616{,}57$	b) von P_2 aus		x_2	$-\,24\,950{,}98$
$\log \Delta x_1$	$2{.}78\,142$	Δx_1	$+\ \ \ 604{,}53$	$\log \Delta x_2$	$1{.}78\,574_n$	Δx_2	$-\ \ \ \ 61{,}06$
$\log \cos (P_1 Q)$	$9{.}99\,752$	x	$-\,25\,012{,}04$	$\log \cos (P_2 Q)$	$8{.}77\,670_n$	x	$-\,25\,012{,}04$
$\log P_1 Q$	$2{.}78\,390$	y_1	$-\,10\,664{,}92$	$\log P_2 Q$	$3{.}00\,904$	y_2	$-\,11\,619{,}35$
$\log \sin (P_1 Q)$	$9{.}02\,757$	Δy_1	$+\ \ \ \ 64{,}78$	$\log \sin (P_2 Q)$	$9{.}99\,922$	Δy_2	$+\ 1019{,}22$
$\log \Delta y_1$	$1{.}81\,147$	y	$-\,10\,600{,}14$	$\log \Delta y_2$	$3{.}00\,826$	y	$-\,10\,600{,}13$

Ist auch der Winkel γ beobachtet, so sind α, β, γ vor ihrer weiteren Verwendung erst
auf 180° abzugleichen, und mit diesen Werten sind die Richtungswinkel

$$(P_1 Q) = (P_1 P_2) + \alpha\,, \qquad (P_2 Q) = (P_2 P_1) - \beta \tag{392}$$

noch einmal zu ermitteln. Die weitere Rechnung entspricht vollkommen dem vorher
behandelten Fall.

Die Punktfestlegung durch Vorwärtseinschneiden wird unbestimmt, wenn γ in
der Nähe von 0° oder 180° liegt.

Kann nur in einem der beiden bekannten Punkte beobachtet werden, weil der
andere unzugänglich ist, so muß dafür der Punkt Q zugänglich sein, in dem der Winkel γ
als zweiter Dreieckswinkel zu messen ist. Man spricht dann von einer Punktbestimmung durch Seitwärtsabschneiden. Da der Winkel im unzugänglichen bekannten Punkte als die Ergänzung der Summe der gemessenen Dreieckswinkel auf 180[0]
leicht berechnet werden kann, so unterscheidet sich die rechnerische Behandlung des
Seitwärtsabschneidens nicht von derjenigen des Vorwärtseinschneidens.

Um die Genauigkeit einer Punktbestimmung durch Vorwärtseinschneiden ohne Winkelausgleichung zu ermitteln, denken wir uns die Ko-
ordinaten x, y des Neupunktes als Funktionen der um die bestimmten Beträge $d\alpha$, $d\beta$
fehlerhaften Beobachtungen α, β dargestellt. Diesen bestimmten Winkelfehlern entsprechen die bestimmten Koordinatenfehler

$$\left. \begin{aligned} dx &= \frac{c}{\sin^2 \gamma}\Big\{ -\cos(\psi - \beta)\cdot \sin\beta \cdot d\alpha + \cos(\psi + \alpha)\sin\alpha \cdot d\beta \Big\} \\ dy &= \frac{c}{\sin^2 \gamma}\Big\{ -\sin\beta \sin(\beta - \psi)\cdot d\alpha + \sin\alpha \cdot \sin(\psi + \alpha)\cdot d\beta \Big\} \end{aligned} \right\} \tag{392[1]}$$

des Neupunktes Q. Sie gehen aus den später im photogrammetrischen Teil für die bestimmten Koordinatenfehler dX, dY abgeleiteten Formeln (841), (842) hervor, wenn

---

[1] Da der relative Fehler der zu einem Logarithmus mit einer 5-stelligen Tafel aufgeschlagenen
Zahl bis zu rund $0{,}8 \cdot 10^{-5}$ anwachsen kann u. in obigem Beispiel Entfernungen über 1 km auftreten, so sind in den Endergebnissen x, y aus rechnerischen Gründen die cm nicht mehr ganz
sicher. Sollen diese feststehen, so muß man bei Entfernungen über 500 m mit 6-stelligen Logarithmentafeln rechnen.

dort α mit β vertauscht, B durch c und der Basisrichtungswinkel Φ durch $(P_1 P_2) + 180^0 = \psi + 180^0$ ersetzt wird. Bei Anwendung des mittleren Fehlergesetzes treten an Stelle von $d\alpha$, $d\beta$, dx, dy die mittleren Winkelfehler m_α, m_β bzw. die mittleren Koordinatenfehler[1]

$$m_x = \pm \frac{c}{\sin^2 \gamma} \sqrt{\{\sin \beta \cos (\beta - \psi)\}^2 m_\alpha^2 + \{\sin \alpha \cos (\alpha + \psi)\}^2 m_\beta^2},$$
$$m_y = \pm \frac{c}{\sin^2 \gamma} \sqrt{\{\sin \beta \sin (\beta - \psi)\}^2 m_\alpha^2 + \{\sin \alpha \sin (\alpha + \psi)\}^2 m_\beta^2}, \tag{393}$$

wenn mit ψ der Richtungswinkel $(P_1 P_2)$ der Grundlinie bezeichnet wird.

Benutzen wir, wie üblich, als Maß für den mittleren Punktfehler den Ausdruck

$$m_p = \pm \sqrt{m_x^2 + m_y^2}, \tag{394}$$

so ergibt sich in

$$m_p = \pm \frac{c}{\sin^2 \gamma} \sqrt{\sin^2 \beta \cdot m_\alpha^2 + \sin^2 \alpha \cdot m_\beta^2} = \pm \frac{1}{\sin \gamma} \sqrt{b^2 m_\alpha^2 + a^2 m_\beta^2} \tag{395}$$

ein von der Lage des Dreiecks zum Koordinatensystem unabhängiger Ausdruck. Für gleich genaue Beobachtungen wird $m_\alpha = m_\beta = m$ und

$$m_p = \pm m \frac{c}{\sin^2 \gamma} \sqrt{\sin^2 \alpha + \sin^2 \beta} = \pm \frac{m}{\sin \gamma} \sqrt{a^2 + b^2}. \tag{396}$$

Der mittlere Punktfehler wird am kleinsten, wenn der Neupunkt auf der Mittelsenkrechten zur Grundlinie liegt und durch einen aus der Bedingung $\sin \gamma = \frac{2}{3} \sqrt{2}$ folgenden Schnittwinkel $\gamma \approx 109\frac{1}{2}^0$ bestimmt wird. In diesem günstigsten Fall nimmt m_p den besonderen Wert $\pm m \cdot c \sqrt{\frac{27}{32}} \approx 0{,}92 \cdot c \cdot m$ an.

Die in diesen Formeln von (393) ab enthaltenen Winkelfehler sind in Bogenmaße zu verstehen.

Werden zur Berechnung die durch die Verteilung des Dreieckswiderspruchs verbesserten Winkel α, β verwendet und bedeutet m wieder den mittleren Fehler der gleich genau beobachteten Winkel, so ist

$$m_p = \frac{m \cdot c}{\sin^2 \gamma} \sqrt{\frac{2}{3} (\sin^2 \alpha + \sin^2 \beta - \sin \alpha \sin \beta \cos \gamma)} \tag{397}$$

der Ausdruck für den mittleren Punktfehler, der im gleichschenkligen Dreieck mit dem aus $\cos \gamma = \frac{1}{4} (5 - \sqrt{33})$ folgenden Schnittwinkel $\gamma \approx 100° 44'$ sein absolutes Minimum $0{,}798 \cdot c \cdot m$ erreicht[2].

Während beim Vorwärtseinschneiden und beim Seitwärtsabschneiden je zwei Instrumentenaufstellungen vorzunehmen sind, wird beim Rückwärtseinschneiden[3] das Instrument nur im Neupunkte Q (Abb. 206) selbst aufgestellt, wo die Winkel u und v gemessen werden, unter denen von Q aus die beiden Seiten $P_1 P_2$ und $P_2 P_3$ eines durch die drei bekannten Punkte $P_{1 (x_1, y_1)}$, $P_{2 (x_2, y_2)}$, $P_{3 (x_3, y_3)}$ bestimmten Dreiecks erscheinen. Da die gegebenen Punkte nicht zugänglich sein müssen, so spricht man auch von der Aufgabe der unzugänglichen Punkte.

---

[1] Über den Einfluß fehlerhafter Festpunkte auf das Ergebnis des Vorwärtseinschneidens siehe die gleichnamige Arbeit von ACKERL, FRANZ: Z. Vermess.-Wes. 1930, S. 41—52 (mit Literaturangaben).

[2] Weiteres zur Genauigkeit des Vorwärtseinschneidens siehe bei der Punktbestimmung durch Meßtischphotogrammetrie.

[3] Die erste trigonometrische Lösung des Rückwärtseinschneidens stammt von WILLEBRORD SNELLIUS. (SNELLIUS: Eratosthenes Batavus, de terrae ambitus vera quantitate. Lugduni Batavorum 1617), während die erste Behandlung der Aufgabe mit Koordinaten wohl DELAMBRE zuzuschreiben ist (Métbodes analytiques pour la détermination d'un arc du méridien, Paris, An 7, S. 143).

Um die Koordinaten x, y von Q zu ermitteln, leitet man bei der sog. BURCKHARDT-schen Lösung[1] (1801) zunächst in bekannter Weise die Seiten P_1P_2 und P_2P_3 nach Richtung und Länge ab. Damit ergibt sich der Dreieckswinkel bei P_2 als die Richtungswinkeldifferenz

$$\beta = (P_2P_1) - (P_2P_3). \qquad (398)$$

Zur Bestimmung der nunmehr einzuführenden Hilfswinkel φ, ψ erhält man aus dem Viereck $P_1P_2P_3Q$ zunächst die halbe Summe dieser Winkel:

$$\left.\begin{aligned}\tfrac{1}{2}(\varphi + \psi) &= 180^0 \\ -\tfrac{1}{2}(u + v + \beta) &= \gamma_1.\end{aligned}\right\} \qquad (399)$$

Aus den in P_2Q zusammenstoßenden Dreiecken P_1P_2Q und P_2P_3Q ergibt sich die gemeinsame Seite doppelt, nämlich

$$P_2Q = P_1P_2\frac{\sin\varphi}{\sin u} = P_2P_3\frac{\sin\psi}{\sin v}. \qquad (400)$$

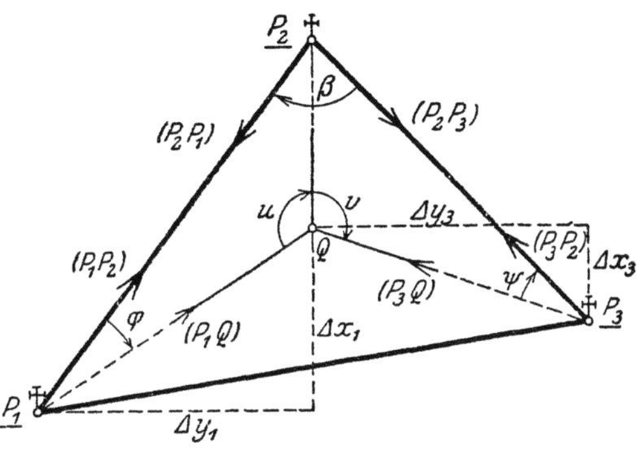

Abb. 206. Rückwärtseinschneiden mit Koordinatenberechnung.

Daraus findet man unmittelbar das Sinusverhältnis

$$\frac{\sin\varphi}{\sin\psi} = \frac{P_2P_3}{P_1P_2}\cdot\frac{\sin u}{\sin v} = \operatorname{ctg}\lambda = \frac{\operatorname{ctg}\lambda}{1} \qquad (401)$$

der gesuchten Winkel. Daß der Hilfswinkel λ um 180^0 unbestimmt bleibt, ist belanglos, da er später in einem Ausdruck von der Form $\operatorname{ctg}(C + \lambda)$ erscheint, dessen Zahlenwert demjenigen von $\operatorname{ctg}(C + \lambda + 180^0)$ gleich ist.

Durch entsprechende Subtraktion und Addition erhält man aus (401)

$$\left.\begin{aligned}\frac{\sin\varphi - \sin\psi}{\sin\varphi + \sin\psi} &= \frac{\operatorname{ctg}\lambda - 1}{\operatorname{ctg}\lambda + 1} \\[2mm] \frac{2\cos\tfrac{1}{2}(\varphi + \psi)\sin\tfrac{1}{2}(\varphi - \psi)}{2\sin\tfrac{1}{2}(\varphi + \psi)\cos\tfrac{1}{2}(\varphi - \psi)} &= \frac{\operatorname{ctg}45^0\operatorname{ctg}\lambda - 1}{\operatorname{ctg}\lambda + \operatorname{ctg}45^0}.\end{aligned}\right\} \qquad (402)$$

oder

Daraus aber folgt unmittelbar die Gleichung

$$\operatorname{tg}\tfrac{1}{2}(\varphi - \psi) = \operatorname{tg}\tfrac{1}{2}(\varphi + \psi)\operatorname{ctg}(45^0 + \lambda) = \operatorname{tg}\gamma_1\operatorname{ctg}(45^0 + \lambda), \qquad (403)$$

woraus man die halbe Differenz der Hilfswinkel, nämlich

$$\tfrac{1}{2}(\varphi - \psi) = \gamma_2, \qquad (404)$$

gewinnt. Die Hilfswinkel selbst sind nach (399) und (404) die Ausdrücke

$$\varphi = \gamma_1 + \gamma_2, \qquad \psi = \gamma_1 - \gamma_2. \qquad (405)$$

γ_2 ist zunächst um 180^0 unbestimmt. Wurde der Quadrant richtig gewählt, so muß die nunmehr folgende Berechnung der Seiten P_2Q, P_3Q auf positive Werte führen. Andernfalls sind γ_2 und mit ihm φ und ψ je um 180^0 zu ändern. Auch schon auf Grund einer rohen Skizze kann man den Quadranten für γ_2 bestimmen. Die Beziehung

$$\beta + u + v + \varphi + \psi = 360^0 \qquad (406)$$

kann als Probe dienen.

---

[1] Nach LIEBITZKY (Z. Vermess.-Wes. 1920, S. 18) rührt die Einführung der Hilfswinkel φ, ψ von dem Göttinger Professor ABRAHAM GOTTHELF KÄSTNER her, der sie in seinen „Geometrischen Abhandlungen" 1790 verwendete.

Tabelle 21.

d)   **1.**

$$Q = \triangle\,18$$
$$x_2 = -\;2\,992,05$$
$$y_2 = -\,10\,693,05$$

a) Gegebene Punkte · **b)** Richtungen · **c)** Winkel

Gegebene Punkte	Richtungen	Winkel
$P_1 = \triangle\,7$	232° 22′ 15″	$u = 127°\ 37′\ 45″$
$P_2 = \triangle\,8$	0 00 00	$v = 99\ 29\ 41$
$P_3 = \triangle\,9$	99 29 41	$u + v = 227\ 07\ 26$

2. Länge und Richtung der Dreiecksseiten

r	1	3
x_r	$-\;2\,479,31$	$-\;2\,199,89$
y_r	$-\,10\,191,87$	$-\,10\,939,00$
$y_r - y_2$	$+501,18$	$-245,95$
$x_r - x_2$	$+512,74$	$+792,16$
$\log \varDelta y$	2.69 999	2.39 085$_n$
$\log \varDelta x$	2.70 990	2.89 881
$\log \mathrm{tg}\ (P_2P_r)$	9.99 009	9.49 204$_n$
$\log \sin (P_2P_r)$	9.84 447	9.47 206
$\log \cos (P_2P_r)$	9.85 439	9.98 001$_n$
$\log P_2P_r$	2.85 551	2.91 880
(P_2P_r)	44° 20′ 46″	342° 45′ 04″

4.

$$\mathrm{ctg}\ \lambda = \frac{P_2P_3 \sin u}{P_1P_2 \sin v}$$

8. Berechnung der Koordinaten von Q

$\log \sin u$	9.89 872		
$\log P_2P_3$	2.91 880		
E. $\log \sin v$	0.00 599		
E. $\log P_1P_2$	7.14 449		
$\log \mathrm{ctg}\ \lambda$	9.96 800		
λ	47° 06′ 32″		
$45° + \lambda$	92 06 32		

5.

$\log \mathrm{ctg}(45°+\lambda)$	8.56 613$_n$
$\log \mathrm{tg}\ \gamma_1$	9.85 552
$\log \mathrm{tg}\ \gamma_2$	8.42 165$_n$
γ_2	$-\ 1°\ 30′\ 45″$
γ_1	35 38 26
$\varphi = \gamma_1+\gamma_2$	34 07 41
$\psi = \gamma_1-\gamma_2$	37 09 11

Berechnung der Koordinaten von Q (Blöcke):

$\log P_1P_2$	2.85 551	$\log P_2P_3$	2.91 880
$\log \sin (u+\varphi)$	9.49 560	$\log \sin (v+\psi)$	9.83 663
E. $\log \sin u$	0.10 128	E. $\log \sin v$	0.00 599
$\log PQ_1$	2.45 239	$\log P_3Q$	2.76 142
$\log \cos (P_1Q)$	9.30 062$_n$	$\log \cos (P_3Q)$	9.76 499$_n$
$\log \varDelta x_1$	1.75 301$_n$	$\log \varDelta x_3$	2.52 641$_n$
$\varDelta x_1$	$-56,62$	$\varDelta x_3$	$-336,05$
x_1	$-\;2\,479,31$	x_3	$-\;2\,199,89$
x	$-\;2\,535,93$	x	$-\;2\,535,95$
$\log P_1Q$	2.45 239	$\log P_3Q$	2.76 142
$\log \sin (P_1Q)$	9.99 115$_n$	$\log \sin (P_3Q)$	9.91 015
$\log \varDelta y_1$	2.44 354$_n$	$\log \varDelta y_3$	2.67 157
$\varDelta y_1$	$-277,68$	$\varDelta y_3$	$+469,43$
y_1	$-\,10\,191,87$	y_3	$-\,10\,939,00$
y	$-\,10\,469,55$	y	$-\,10\,469,57$

3.

$\beta=(P_2P_1)-(P_2P_3)$	61 35 42
$u + v$	227 07 26
$u + v + \beta$	288 43 08
	35 38 26

$$\gamma_1 = \tfrac{1}{2}(\varphi + \psi) = 180° - \tfrac{1}{2}(u+v+\beta)$$

7.

$(P_1Q)=(P_1P_2)+\varphi$	258° 28′ 27″
$(P_3Q)=(P_3P_2)-\psi$	125 35 53
$u + \varphi$	161 45 26
$v + \psi$	136 38 52

6. Probe.

$\beta =$	61° 35′ 42″
$u =$	127 37 45
$v =$	99 29 41
$\varphi =$	34 07 41
$\psi =$	37 09 11
	360 00 00

Nunmehr sind die Längen und Richtungswinkel der von den bekannten Punkten P_1 und P_3 zum Neupunkt Q führenden Seiten zu ermitteln. Sie lassen sich leicht aus der Abbildung ablesen, und es ist

$$P_1Q = P_1P_2 \frac{\sin (u + \varphi)}{\sin u}, \qquad P_3Q = P_2P_3 \frac{\sin (v + \psi)}{\sin v} \tag{407}$$

bzw.

$$(P_1Q) = (P_1P_2) + \varphi, \qquad (P_3Q) = (P_3P_2) - \psi. \tag{408}$$

Die den Strecken P_1Q und P_3Q entsprechenden Koordinatenunterschiede sind die Ausdrücke

$$\left. \begin{aligned} \Delta x_1 &= P_1Q \cos (P_1Q), & \Delta x_3 &= P_3Q \cos (P_3Q), \\ \Delta y_1 &= P_1Q \sin (P_1Q), & \Delta y_3 &= P_3Q \sin (P_3Q). \end{aligned} \right\} \tag{409}$$

Ihr Hinzutreten zu den Koordinaten der Streckenanfangspunkte ergibt die Koordinaten x, y des Neupunktes mit Kontrolle, nämlich

$$\left. \begin{aligned} x &= x_1 + \Delta x_1 = x_3 + \Delta x_3, \\ y &= y_1 + \Delta y_1 = y_3 + \Delta y_3. \end{aligned} \right\} \tag{410}$$

Ein nach den vorstehenden Entwicklungen berechnetes Zahlenbeispiel enthält Tabelle 21.

Eine eigenartige, COLLINS (1671) zugeschriebene Lösung des Rückwärtseinschneidens sei im folgenden skizziert. In dem den Dreieckspunkten P_1, P_3 und dem gesuchten Punkt Q umschriebenen Hilfskreis K_h (Abb. 207) bestimmt die Richtung QP_2 einen Hilfspunkt H (COLLINSscher Hilfspunkt) so, daß die Seiten P_1H, P_3H von den Gegenpunkten P_3 und P_1 aus unter den in Q gemessenen Winkeln u, v erscheinen. Man kann also

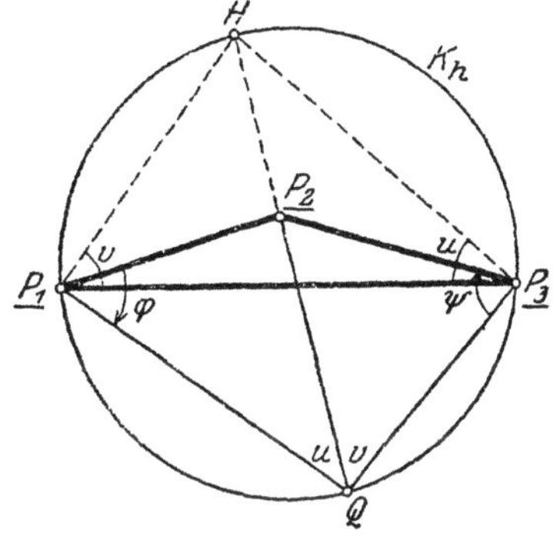

Abb. 207. Lösung des Rückwärts-einschneidens nach Collins.

1. den Punkt H mittels u, v von P_1 und P_3 aus durch Vorwärtseinschneiden bestimmen;

2. aus den Koordinaten von H, P_2, P_1 und P_3 die Richtungswinkel $(HP_2) = (P_2Q)$, (P_1P_2), (P_3P_2) sowie die Seiten P_1P_2, P_3P_2 ableiten und die Richtungen $(P_1Q) = (HP_2) - u$, $(P_3Q) = (HP_2) + v$ aufstellen; damit erhält man

3. die Hilfswinkel $\varphi = (P_1Q) - (P_1P_2)$ und $\psi = (P_3P_2) - (P_3Q)$, mit deren Hilfe aus den vorher berechneten Seiten P_1P_2, P_2P_3 und den Winkeln u, v mittels des Sinussatzes auch die Längen P_1Q und P_3Q gewonnen werden.

4. Mit den Werten P_1Q, (P_1Q) und P_3Q, (P_3Q) findet man endlich in bekannter Weise die Koordinaten von Q.

Eine andere, schon von C. F. GAUSS skizzierte eigenartige Lösung, die auf das Vorwärtseinschneiden zurückführt, hat RUNGE angegeben[1].

Mit zunehmender Verbreitung der Rechenmaschine hat man auch Lösungen ausgearbeitet, welche dem Maschinenrechnen[2] angepaßt sind.

---

[1] RUNGE, C.: Über die Verwandtschaft des Rückwärts- u. Vorwärtseinschneidens. Z. Vermess.-Wes. 1899, S. 313—315.

[2] Bei Verwendung der Rechenmaschine zu trigonometrischen Berechnungen werden die Zahlenwerte der goniometrischen Funktionen unmittelbar besonderen Tafelwerken entnommen. Siehe z. B. GAUSS, F. G.: Fünfstellige trigonometrische u. polygonometrische Tafeln für Maschinenrechnen. JORDAN, W.: Opus Palatinum, Sinus- und Cosinus-Tafeln von 10″ zu 10″ (7 stellig). Hannover u. Leipzig 1897. BRANDENBURG, H.: Siebenstellige trigonometrische Tafel alter Kreisteilung für Berechnungen mit der Rechenmaschine. 2. Aufl. Leipzig 1931. PETERS, J.: Sechsstellige Tafel der trigonometrischen Funktionen (Intervall 10″). 2. Aufl. Bonn u. Berlin 1939. Sechsstellige trigonometrische Tafeln für neue Teilung (Intervall 1ᶜ). 3. Aufl. Berlin 1939, u. Sechsstellige Werte der trigonometrischen Funktionen (Intervall 1ᶜᶜ). 7. Aufl. Berlin 1943.

Eine sehr schöne Lösung dieser Art stammt von ANSERMET[1]. Der im folgenden gebrachte, recht einfache Beweis ist von dem holländischen Geometer J. M. TIENSTRA[2] veröffentlicht worden.

Der Neupunkt Q (Abb. 208) kann als Schwerpunkt der Festpunkte P_1, P_2, P_3 aufgefaßt werden, wenn wir diesen geeignete Gewichte p_1, p_2, p_3 geben. Dann sind die Neupunktskoordinaten[3]

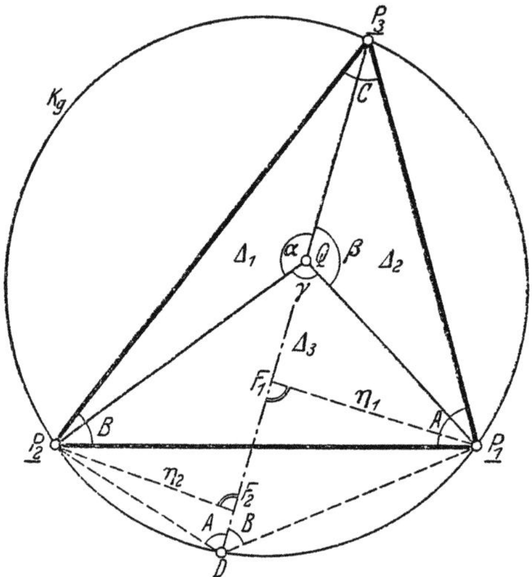

Abb. 208. Rückwärtseinschneiden nach Ansermet.

$$x = \frac{p_1 x_1 + p_2 x_2 + p_3 x_3}{p_1 + p_2 + p_3}, \left.\begin{array}{c}\\ \\ \\ \\ \end{array}\right\} \quad (414)$$
$$y = \frac{p_1 y_1 + p_2 y_2 + p_3 y_3}{p_1 + p_2 + p_3}.$$

Zur Gewichtsbestimmung wenden wir den Momentensatz in bezug auf die durch P_3 gehende Schwerlinie QP_3 an. Da Gleichgewicht besteht, so ist mit den eingetragenen Bezeichungen

$$p_1 \eta_1 = p_2 \eta_2 \qquad (415)$$

oder

$$\frac{p_1}{p_2} = \frac{\eta_2}{\eta_1}. \qquad (416)$$

Die Verlängerung von $P_3 Q$ schneidet den Umkreis K_g der gegebenen Punkte in D. Hier sind noch einmal die Scheitel der beiden Dreieckswinkel A, B (Peripheriewinkel über den Sehnen $P_2 P_3$ und $P_1 P_3$). Werden Zähler und Nenner der rechten Seite von (416) durch DQ dividiert, so erhalten wir an Hand der Abbildung

$$\frac{p_1}{p_2} = \frac{\dfrac{\eta_2}{DQ}}{\dfrac{\eta_1}{DQ}} = \frac{\dfrac{\eta_2}{DF_2 + F_2 Q}}{\dfrac{\eta_1}{DF_1 + F_1 Q}} = \frac{\dfrac{DF_2}{\eta_2} + \dfrac{F_2 Q}{\eta_2}}{\dfrac{DF_1}{\eta_1} + \dfrac{F_1 Q}{\eta_1}} = \frac{\dfrac{1}{\operatorname{ctg} A - \operatorname{ctg} \alpha}}{\dfrac{1}{\operatorname{ctg} B - \operatorname{ctg} \beta}}. \qquad (417)$$

Durch zyklische Vertauschung folgt

$$\frac{p_2}{p_3} = \frac{\dfrac{1}{\operatorname{ctg} B - \operatorname{ctg} \beta}}{\dfrac{1}{\operatorname{ctg} C - \operatorname{ctg} \gamma}}, \qquad (418) \qquad\qquad \frac{p_3}{p_1} = \frac{\dfrac{1}{\operatorname{ctg} C - \operatorname{ctg} \gamma}}{\dfrac{1}{\operatorname{ctg} A - \operatorname{ctg} \alpha}}. \qquad (419)$$

Aus (417) bis (419) aber ergibt sich die Verhältnisgleichung

$$p_1 : p_2 : p_3 = \frac{1}{\operatorname{ctg} A - \operatorname{ctg} \alpha} : \frac{1}{\operatorname{ctg} B - \operatorname{ctg} \beta} : \frac{1}{\operatorname{ctg} C - \operatorname{ctg} \gamma}. \qquad (420)$$

Da die Gewichte in einer beliebigen Einheit angenommen werden können, so kann man ohne weiteres

$$p_1 = \frac{1}{\operatorname{ctg} A - \operatorname{ctg} \alpha}, \qquad p_2 = \frac{1}{\operatorname{ctg} B - \operatorname{ctg} \beta}, \qquad p_3 = \frac{1}{\operatorname{ctg} C - \operatorname{ctg} \gamma} \qquad (421)$$

setzen. Nunmehr lassen sich bei bekannten Gewichten die Neupunktskoordinaten nach

[1] ANSERMET, A.: Le Problème de Snellius. Vevey 1912.
[2] DOLEŽAL, E.: Rückwärts- und Vorwärtseinschneiden mit der Rechenmaschine. Öst. Z. Vermess.-Wes. 1928, S. 87—98.
[3] Die Gleichungen (411) bis (413) fallen aus.

(414) berechnen[1]. Noch eine andere interessante Beziehung läßt sich aufdecken. Die beiden Dreiecke $\varDelta_1$ und $\varDelta_2$ besitzen die gemeinsame Grundlinie P_3Q; also verhalten sich die Dreiecksflächen wie die zugehörigen Höhen. Es ist daher

$$\varDelta_1 : \varDelta_2 = \eta_2 : \eta_1 = p_1 : p_2. \tag{422}$$

Ebenso gilt

$$\varDelta_2 : \varDelta_3 = p_2 : p_3, \qquad \varDelta_3 : \varDelta_1 = p_3 : p_1. \tag{423}$$

Damit ergibt sich die Verhältnisgleichung

$$p_1 : p_2 : p_3 = \varDelta_1 : \varDelta_2 : \varDelta_3. \tag{424}$$

Diese Lösung des Rückwärtseinschneidens ist gegenüber den trigonometrischen Lösungen dann ganz besonders vorteilhaft, wenn die Dreieckswinkel A, B, C von vornherein bekannt sind.

Leider versagt die beschriebene elegante Lösung[2], ohne daß die Aufgabe an sich unbestimmt wäre, wenn die drei Ausgangspunkte P_1, P_2, P_3 auf einer Geraden (ge-fährliche Gerade) liegen. In diesem Fall ergeben sich nämlich für die Gewichte p die unbestimmten Ausdrücke $0 : 0$.

Die Lösung des Rückwärtseinschneidens mit Hilfe der Stücke u, v wird allgemein unbestimmt, wenn der Neupunkt Q auf dem Umkreis K_g (Abb. 209) des gegebenen Dreiecks liegt. Dann erscheinen die Seiten des gegebenen Dreiecks nicht nur von dem zu bestimmen-den Punkte Q aus, sondern aus jedem der auf dem ge-nannten Umkreis liegenden Punkte Q' unter denselben Peripheriewinkeln u und v, welche für sich allein daher den Ort Q nicht mehr eindeutig festlegen. Wegen dieser bedenklichen Eigenschaft des dem gegebenen Dreieck umschriebenen Kreises K_g spricht man von einem ge-fährlichen Kreis. Die analytische Untersuchung dieses Falles ergibt für $\operatorname{tg} \tfrac{1}{2}(\varphi - \psi)$ den unbestimmten Ausdruck $0 \cdot \infty$.

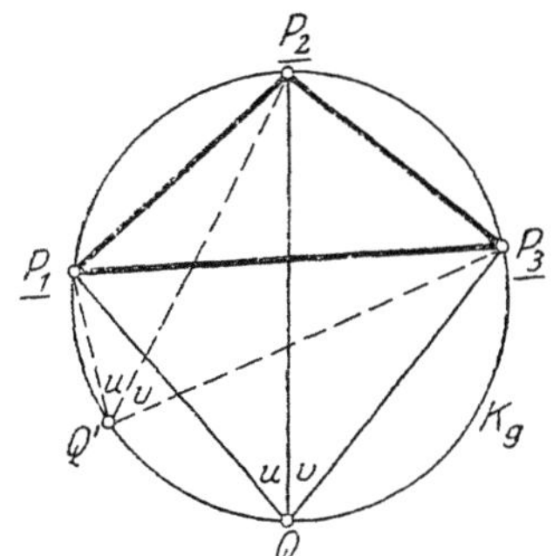

Abb. 209. Gefährlicher Kreis beim Rückwärtseinschneiden.

Zur Genauigkeit der Punktbestimmung durch Rückwärtseinschneiden sei folgendes bemerkt. Q ist Schnittpunkt der über den Sehnen P_1P_2 und P_2P_3 stehen-den Kreisbögen mit den Umfangswinkeln u, v. Er ist also auch durch die in ihm ge-zogenen Kreistangenten T_u, T_v (Abb. 210a) bestimmt. Durch Winkelfehler erfahren, wie sich geometrisch leicht zeigen läßt, die Tangenten Verschiebungen

$$\delta_u = \frac{P_1Q \cdot P_2Q}{P_1P_2}\,du, \qquad \delta_v = \frac{P_2Q \cdot P_3Q}{P_2P_3} \cdot dv \tag{425}$$

und gelangen in die Lagen T'_u, T'_v. Ihr Schnittpunkt ist der fehlerhafte Neupunkt Q', dessen Lage in bezug auf Q mit Hilfe der Tangentenrichtungen und der Werte δ_u, δ_v leicht angegeben werden kann.

Der rein analytische Weg führt unter Verwendung der Abkürzungen $QP_1 = s_1$, $QP_2 = s_2$, $QP_3 = s_3$ und der Zeichen m_w, m_r für den mittleren Fehler eines beobachte-ten Winkels bezw. einer beobachteten Richtung zu folgenden Ausdrücken für den mittleren Punktfehler:

a) bei Verwendung der unveränderten Winkelbeobachtungen

$$m_p = \frac{s_2 \cdot m_w}{\sin 2\gamma_1}\sqrt{\left(\frac{s_1}{c}\right)^2 + \left(\frac{s_3}{a}\right)^2} \tag{425^1}$$

---

[1] Für die praktische Durchführung der Koordinatenberechnung nach (414) wird man den Ursprung zweckmäßig in einen der Festpunkte verlegen, so daß kleine Zahlen erscheinen u. in den Zählern nur je zwei Glieder auftreten.

[2] Wegen weiterer Lösungen des Rückwärtseinschneidens mit der Rechenmaschine siehe in der Z. Vermess.-Wes. a) Runge, C., 1894, S. 204—206; b) Sossna, 1896, S. 269—272 u. 288; c) Reutzel, P., 1908, S. 57—59, u. d) Kneissl, M., 1936, S. 665—667.

b) bei Verwendung unveränderter Richtungsbeobachtungen

$$m_r = s_2 \frac{m_r}{\sin 2\gamma_1} \sqrt{2\left\{\left(\frac{s_1}{c}\right)^2 - \frac{s_1 \cdot s_3}{a \cdot c}\cos 2\gamma_1 + \left(\frac{s_3}{a}\right)^2\right\}} \qquad (425^2)$$

c) bei Verwendung der auf 360^0 abgeglichenen Winkel

$$m_p = s_2 \frac{m_w}{\sin 2\gamma_1} \sqrt{\frac{2}{3}\left\{\left(\frac{s_1}{c}\right)^2 - \frac{s_1 \cdot s_3}{a \cdot c}\cos 2\gamma_1 + \left(\frac{s_3}{a}\right)^2\right\}}. \qquad (425^3)$$

γ_1 ist die durch (399) bestimmte Abkürzung.

Bestimmten Fehlern du, dv in u und v entsprechen die **Koordinatenänderungen**

$$\left.\begin{aligned} dx &= \frac{1}{2\Delta}(\xi_1 dv + \xi_3 du), \\ dy &= \frac{1}{2\Delta}(\eta_1 dv + \eta_3 du), \end{aligned}\right\} \qquad (426)$$

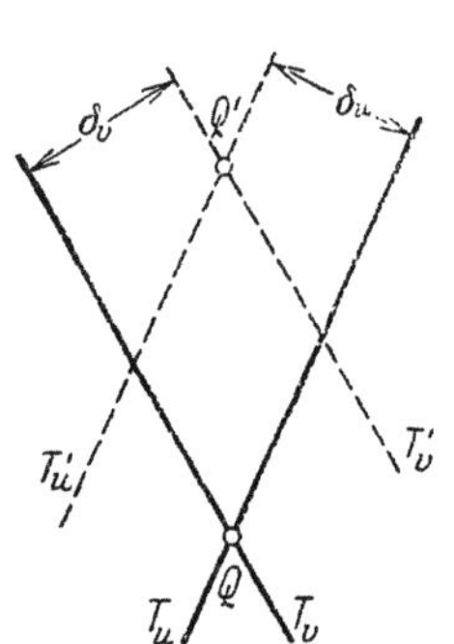

Abb. 210a. Winkelfehler und Tangentenverschiebung.

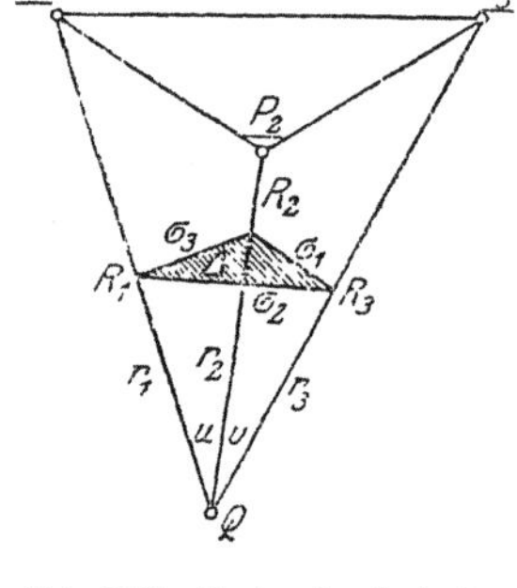

Abb. 210b. Reziprokendreieck zur Beurteilung der Genauigkeit des Rückwärtseinschneidens.

wenn Δ die Fläche des zum gegebenen Dreieck $P_1 P_2 P_3$ gehörigen Reziprokendreiecks $R_1 R_2 R_3$ (Abb. 210b) ist, dessen auf den Strahlen QP_1, QP_2, QP_3 liegende Ecken vom gesuchten Punkt Q die Abstände $r_1 = 1:s_1$, $r_2 = 1:s_2$, $r_3 = 1:s_3$ besitzen. Ferner bedeuten ξ_1, η_1 und ξ_3, η_3 die auf den Anfangspunkt R_2 bezogenen rechtwinkligen Koordinaten der Punkte R_1, R_3 in einem zum Hauptsystem X, Y parallelen System[1]. EGGERT hat an dem in der eben gegebenen Anmerkung genannten Ort auch die der Winkelmessung

und der Richtungsmessung entsprechenden Ausdrücke

$$m_p = \pm \frac{m_w}{2\Delta} \sqrt{\sigma_1^2 + \sigma_3^2}, \qquad \text{(Winkelmessung)} \qquad (427)$$

$$m_p = \pm \frac{m_r}{2\Delta} \sqrt{\sigma_1^2 + \sigma_2^2 + \sigma_3^2} \qquad \text{(Richtungsbeobachtungen)} \qquad (428)$$

für den **mittleren Punktfehler des Rückwärtseinschneidens** aufgestellt. Hier hat Δ seine alte Bedeutung, m_w ist der mittlere Winkel-, m_r der mittlere Richtungsfehler; $\sigma_1, \sigma_2, \sigma_3$ bezeichnen die Längen der den Punkten R_1, R_2, R_3 gegenüberliegenden Seiten.

Ist außer den notwendigen Winkeln u, v noch deren Summe oder ihre Ergänzung auf 2π gemessen und wird der auftretende Horizontwiderspruch gleichmäßig auf die gemessenen Winkel verteilt, so ergibt sich der mittlere Punktfehler des mit diesen verbesserten Winkeln berechneten Rückwärtsschnittes zu

$$m_p = \pm \frac{m_w}{2\Delta} \sqrt{\tfrac{1}{3}(\sigma_1^2 + \sigma_2^2 + \sigma_3^2)}. \qquad (429)$$

Eine **Punktbestimmung durch Gegenschnitt**[2] liegt vor, wenn vom Neupunkt Q aus (Abb. 211) nur zwei bekannte Punkte P_1, P_3 in einem Winkelabstand σ sichtbar sind und vom dritten Festpunkt P_2 aus ein orientierter Strahl nach dem Neupunkt beobachtet werden kann. Diese Orientierung kann mit Hilfe von P_1 oder P_3

---

[1] Die Ausdrücke (426) folgen unmittelbar aus den in EGGERT, O.: Einführung in die Geodäsie, S. 136, Leipzig 1907, für die Koordinatendifferentiale mitgeteilten Formeln.

[2] Siehe dazu Z. Vermess.-Wes. 1912, S. 148 u. 149.

erfolgen, wenn sie von P_2 aus sichtbar sind. Sonst kann man dazu auch irgendeinen anderen bekannten Punkt P_0 benutzen. Durch Hinzufügen des beobachteten Orientierungswinkels ω zu der aus den Koordinaten von P_0 und P_2 abgeleiteten Orientierungsrichtung $(P_2 P_0)$ folgt der Richtungswinkel des orientierten Außenstrahles:

$$(P_2 Q) = (P_2 P_0) + \omega \,. \tag{430}$$

Sind weiterhin aus den Koordinaten der Festpunkte die Seiten $P_1 P_2$, $P_2 P_3$ und $P_1 P_3$ nach Richtung und Länge abgeleitet, so erhält man

$$\alpha = (P_1 P_3) - (P_1 P_2)\,, \quad \beta_1 = (P_2 P_1) - (P_2 Q)\,, \quad \beta_2 = (P_2 Q) - (P_2 P_3)\,. \tag{431}$$

Im $\triangle\, P_1 P_2 Q$ ist $\beta_1 + \alpha + \varphi' + \sigma - v = 180^0$, also wird

$$\varphi' - v = 180^0 - (\alpha + \beta_1 + \sigma) = \delta\,, \quad (432) \qquad v = \varphi' - \delta\,. \tag{433}$$

Aus (432) kann δ zahlenmäßig berechnet werden. Die Anwendung des Sinussatzes auf die Dreiecke $P_1 P_3 Q$ und $P_2 P_3 Q$ gibt

$$\left. \begin{aligned} \sin \varphi' &= \frac{Q P_3}{P_1 P_3} \sin \sigma, \\ \sin v &= \frac{P_2 P_3}{Q P_3} \sin \beta_2\,. \end{aligned} \right\} \tag{434}$$

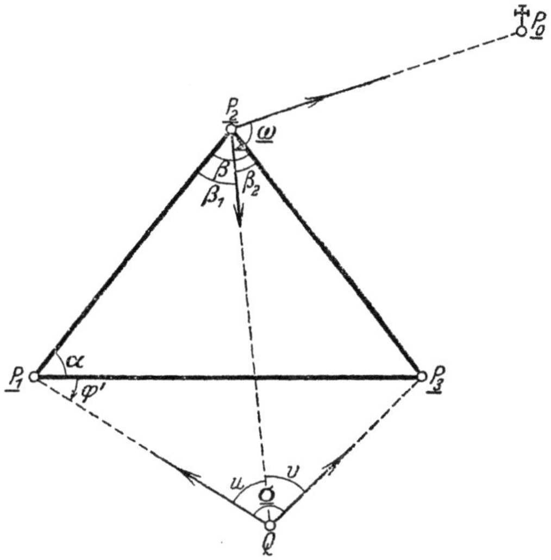

Hieraus folgt durch Multiplikation

$$\sin \varphi' \cdot \sin v = \frac{P_2 P_3}{P_1 P_3} \sin \beta_2 \cdot \sin \sigma = h\,. \tag{435}$$

Auch der Hilfswert h ist nunmehr zahlenmäßig bekannt. Die Einführung von (433) in (435) ergibt

$$\left. \begin{aligned} h &= \sin \varphi' \sin (\varphi' - \delta) \\ &= \sin^2 \varphi' \cos \delta - \sin \varphi' \cos \varphi' \sin \delta \\ &= \tfrac{1}{2} \cos \delta - \tfrac{1}{2} \cos (2\,\varphi' - \delta); \end{aligned} \right\} \tag{436}$$

also ist

$$\cos (2\varphi' - \delta) = \cos \delta - 2h\,. \tag{437}$$

Abb. 211. Punktbestimmung durch Gegenschnitt.

Damit erhält man der Reihe nach

$$2\varphi' - \delta\,, \quad \varphi' = \tfrac{1}{2}\{(2\,\varphi' - \delta) + \delta\}\,, \quad v = \varphi' - \delta\,, \quad u = \sigma - v\,. \tag{438}$$

Die Ermittlung von $2\varphi' - \delta$ unmittelbar aus (437) ist zweckmäßig, wenn man eine genügend scharfe Tafel der natürlichen Werte der goniometrischen Funktionen zur Hand hat. Für die rein logarithmische Rechnung ist eine kleine Umformung am Platz. Setzt man unter Einführung eines Hilfswinkels μ

$$2h = \sin \delta \cdot \operatorname{tg} \mu\,, \quad \text{also} \quad \operatorname{tg} \mu = \frac{2h}{\sin \delta}\,, \tag{439}$$

so folgt aus (437)

$$\cos (2\varphi' - \delta) = \frac{\cos (\delta + \mu)}{\cos \mu}\,, \tag{440}$$

und hieraus ergeben sich wieder die unter (438) stehenden Größen. Damit findet man auch die zum Neupunkt führenden Seiten nach Länge und Richtung:

$$P_1 Q = P_1 P_2 \frac{\sin \beta_1}{\sin u}\,, \qquad P_3 Q = P_2 P_3 \frac{\sin \beta_2}{\sin v}\,, \tag{441}$$

$$(P_1 Q) = (P_2 Q) - u\,, \qquad (P_3 Q) = (P_2 Q) + v\,, \tag{442}$$

womit sich die Koordinaten von Q mit Probe von P_1 und P_3 aus ergeben.

Etwas durchsichtiger und einfacher ist wohl die folgende, von M. Kneissl angegebene Lösung.

Der Halbmesser des Kreises K_σ ist $r = \overline{P_1P_3} : 2\sin\sigma$ (442^1)

und der Mittelpunkt M des Kreises K_σ hat die Koordinaten

$$\left.\begin{aligned}
\xi &= \tfrac{1}{2}(x_1 + x_3) - \tfrac{1}{2}P_1P_3\,\operatorname{ctg}\sigma\cdot\sin(P_1P_3), \\
\eta &= \tfrac{1}{2}(y_1 + y_3) + \tfrac{1}{2}P_1P_3\,\operatorname{ctg}\sigma\cdot\cos(P_1P_3)
\end{aligned}\right\}$$

(442^2)

Nach Ableitung von (P_2M) und $\overline{P_2M}$ aus den Koordinaten von P_2 und M sind im Dreieck P_2MQ der Winkel bei P_2 als die Differenz $(P_2Q) - (P_2M)$ und die Seiten P_2M und $MQ = r$ bekannt. Man kann also das Dreieck P_2MQ auflösen und mit der nunmehr nach Richtung und Länge bekannten Seite P_2Q den Neupunkt Q von P_2 aus polar übertragen.

Es gibt zwei Lösungen. Trifft der orientierte Strahl P_2Q den über P_1P_3 stehenden Kreis K_σ zum Peripheriewinkel σ (erster geometrischer Ort für Q) in zwei durch die Strecke P_1P_3 getrennten Punkten oder liegt P_2 innerhalb von K_σ, so kann die unbrauchbare Lösung mit Hilfe von σ bzw. mit Hilfe von (P_2Q) ausgeschieden werden. Liegt jedoch P_2 außerhalb K_σ und fallen außerdem die beiden Schnittpunkte Q', Q'' (Abb. 212) des orientierten Strahles S mit K_σ auf die gleiche Seite von P_1P_3, so ist die der Wirklichkeit entsprechende Lösung aus den Beobachtungsdaten allein nicht festzustellen. Die Lösung wird **unbestimmt**, wenn alle vier Punkte P_1, P_2, P_3, Q auf einer Geraden

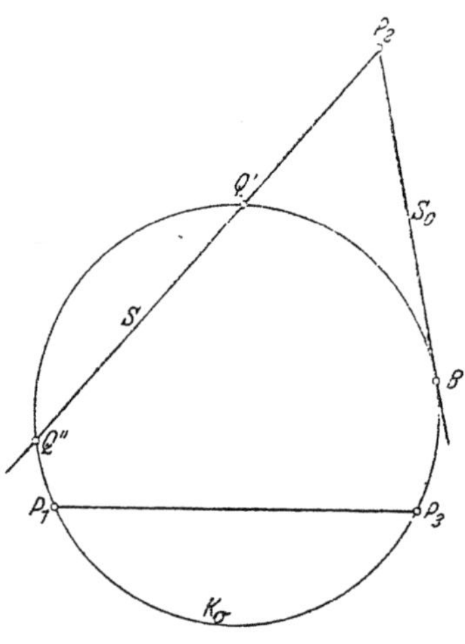

Abb. 212.
Zweideutige und unscharfe Lösung.

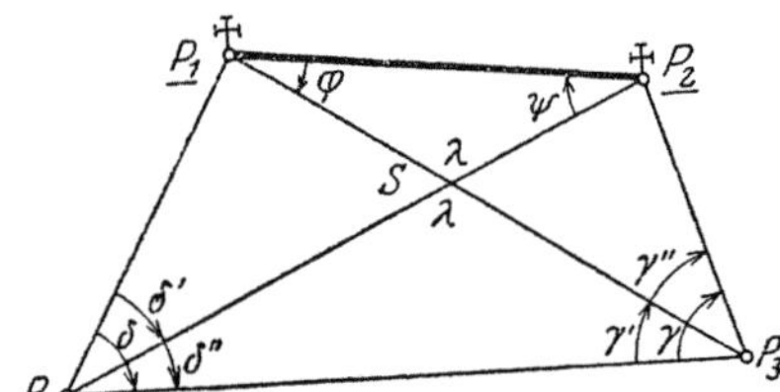

Abb. 213. Die Hansen-Aufgabe. (Direkte Lösung mit Hilfswinkeln.)

liegen. Sie wird infolge schleifenden Schnittes **unscharf**, wenn der orientierte Strahl der Tangentenlage S an den Kreis K_σ nahe kommt. Dies verrät sich in der Rechnung dadurch, daß der aus (437) folgende Winkel $2\varphi' - \delta$ Null wird.

Der mittlere Punktfehler des Gegenschnittes ist der Ausdruck

$$m_p = \frac{m}{\cos[(MQ) - (P_2Q)]}\sqrt{\overline{P_2Q}^2 + \left(\frac{\overline{P_1Q}\cdot\overline{P_3Q}}{P_1P_3}\right)^2},$$

(442^3)

worin m den mittleren Fehler der Beobachtungen ω, σ und M den Mittelpunkt des Kreises K_σ bedeutet.

Bei der Hansen-Aufgabe wird die Lage zweier unbekannter Punkte $P_{3(x_3,\,y_3)}$, $P_{4(x_4,\,y_4)}$ (Abb. 213) aus den auf ihnen nach zwei bekannten Punkten $P_{1(x_1,\,y_1)}$, $P_{2(x_2,\,y_2)}$ und dem jeweils anderen unbekannten Punkte beobachteten Richtungen gefunden. Man spricht auch von der Aufgabe der **unzugänglichen Entfernung**, da die beiden gegebenen Punkte nicht zugänglich sein müssen. Eine **direkte Lösung der Aufgabe** führt zu folgendem Rechnungsgang. Man leitet zunächst aus den Koordinaten der bekannten Punkte die **Richtung** (P_1P_2) und **Länge** P_1P_2 ihrer Verbindungslinie ab. Zur Bestimmung zweier **Hilfswinkel** φ, ψ, deren Scheitel in P_1 und P_2 liegen, erhält man aus den beiden, einen gleichen Winkel λ besitzenden Dreiecken $P_1 S P_2$ und $P_3 S P_4$ die halbe Summe der Hilfswinkel

$$\tfrac{1}{2}(\varphi + \psi) = \tfrac{1}{2}(\gamma' + \delta'') = \gamma_1, \tag{443}$$

während ein Vergleich der beiden für $P_3 P_4$ aus $P_1 P_2$ über $P_1 P_4$ bzw. $P_2 P_3$ sich ergebenden Ausdrücke auf das Sinusverhältnis

$$\frac{\sin \varphi}{\sin \psi} = \frac{\sin \gamma'' \sin \delta'' \sin(\delta + \gamma')}{\sin \gamma' \sin \delta' \sin(\gamma + \delta'')} = \operatorname{ctg} \lambda \tag{444}$$

führt. Genau wie beim Rückwärtseinschneiden findet man auch hier die Beziehungen

$$\operatorname{tg} \tfrac{1}{2}(\varphi - \psi) = \operatorname{tg} \gamma_1 \operatorname{ctg}(45^0 + \lambda), \tag{445}$$

$$\tfrac{1}{2}(\varphi - \psi) = \gamma_2, \tag{446}$$

$$\varphi = \gamma_1 + \gamma_2, \qquad \psi = \gamma_1 - \gamma_2. \tag{447}$$

Die von $P_1 P_2$ ausgehende und zur Probe wieder an diese Seite anschließende Längenberechnung erfolgt mittels des Sinussatzes und führt auf die Ausdrücke

$$\left.\begin{aligned} P_2 P_3 &= P_1 P_2 \frac{\sin \varphi}{\sin \gamma''}, & P_3 P_4 &= P_2 P_3 \frac{\sin(\gamma + \delta'')}{\sin \delta''}, \\ P_4 P_1 &= P_3 P_4 \frac{\sin \gamma'}{\sin(\gamma' + \delta)}, & P_1 P_2 &= P_4 P_1 \frac{\sin \delta'}{\sin \psi}, \end{aligned}\right\} \tag{448}$$

welche positiv werden, wenn γ_2 im richtigen Quadranten aufgeschlagen wurde. Ein etwa auftretendes negatives Vorzeichen für die Längen ist durch eine Änderung von γ_2, φ, ψ um je 180^0 zu beseitigen.

Auch die Ableitung der Richtungswinkel dieser Seiten schließt zur Probe beiderseits an $P_1 P_2$ an. Sie sind die einfachen Ausdrücke

$$\left.\begin{aligned} (P_2 P_3) &= (P_1 P_2) + \varphi + \gamma'', & (P_4 P_1) &= (P_4 P_3) - \delta, \\ (P_3 P_4) &= (P_3 P_2) - \gamma, & (P_1 P_2) &= (P_4 P_1) + \psi + \delta'. \end{aligned}\right\} \tag{449}$$

Schließlich erfolgt in bekannter Weise die Koordinatenberechnung auf dem Wege P_2, P_3, P_4, P_1.

Auch bei der aus Abb. 214 ersichtlichen Punktanordnung, wo $P_3 P_4$ nicht mehr Vierecksseite, sondern Diagonale ist, kann zur Lösung das oben entwickelte Formelsystem dienen, wenn die Punktbezeichnung so erfolgt, daß der um P_1 im Uhrzeigersinn gedrehte Strahl $P_1 P_2$ erst nach P_3 und dann nach P_4 gelangt. Außerdem sind unter γ, γ', γ'' und δ, δ', δ'' die der vorigen Punktanordnung entsprechenden Richtungsunterschiede zu verstehen.

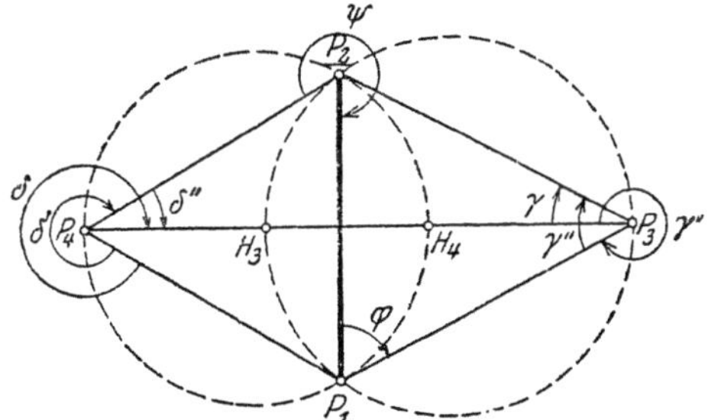

Abb. 214. Lösung der Hansen-Aufgabe mit Collinsschen Hilfskreisen.

Die indirekte Lösung der HANSEN-Aufgabe, welche die Hilfswinkel φ, ψ umgeht, berechnet erst mit einer Annahme $P_3' P_4'$ für die Länge $P_3 P_4$ die Seitenlängen einer zur gegebenen ähnlichen Figur, wobei die der Strecke $P_1 P_2$ entsprechende Länge $P_1' P_2'$ gefunden wird. Die im Verhältnis $P_1 P_2 : P_1' P_2'$ vorgenommene Seitenreduktion führt auf die Längen der Hauptfigur. Der übrige Teil der Lösung (Richtungsableitung und Koordinatenberechnung) unterscheidet sich nicht von der direkten Auflösung.

Die HANSEN-Aufgabe kann auch mit Hilfe von zwei COLLINSschen Hilfspunkten H_3, H_4 (Abb. 214), welche die durch die Neupunkte bestimmte Richtung auf den zwei durch die gegebenen Punkte und je einen Neupunkt bestimmten Kreisen ausschneidet, in ähnlicher Weise berechnet werden wie das Rückwärtseinschneiden mit einem solchen Hilfspunkt[1].

---

[1] Eine weitere neuere Lösung gibt KNEISSL, M. (Ein Satz über das Diagonalenviereck u. eine einfache Anwendung. Z. Vermess.-Wes. 1939, S. 417—419.)

Fallen die beiden Neupunkte zusammen oder liegen beide auf der durch die gegebenen Punkte bestimmten Richtung, so wird die Lösung unbestimmt.

Eine Untersuchung des mittleren Punktfehlers der HANSEN-Aufgabe hat EGGERT[1] durchgeführt. Nach ihm sind unter allen Umständen jene Vierecksformen ungünstig, deren Neupunkte sehr nahe beieinander liegen, besonders aber diejenigen, bei denen ein Festpunkt in der Nähe der Verbindungslinie der Neupunkte liegt[2].

23. Theodolit-Polygonzüge.

Auch im Dreiecksnetz letzter Ordnung sind die Seiten noch viel zu lang, um der Einzelaufnahme als Standlinien dienen zu können auch würden sie dafür viel zu ungünstig liegen. Man schaltet daher in das Dreiecksnetz noch das Polygonnetz ein, dessen zahlreiche, etwa 100 bis 150 m voneinander abstehende Punkte durch die Verbindung von Längen- und Winkelmessungen verhältnismäßig viel billiger als die Dreieckspunkte bestimmt werden können.

a) Anlage, Versicherung und Messung der Polygonzüge.

Polygonzüge, Winkelzüge oder Streckenzüge haben eine vorwiegend praktische Bedeutung und werden daher so angelegt, daß sie vor allem für die nachfolgende Stückmessung (Einzelaufnahme) günstig liegen und ein Arbeiten mit kurzen Ordinaten ermöglichen. Sie folgen den verschiedenen Verkehrswegen, Wasserläufen, Gewannen-, Eigentums- und Kulturgrenzen. Auch darauf ist bei der Punktauswahl zu sehen, daß die Züge möglichst auf derselben Seite der Verkehrswege und Wasserläufe bleiben, daß gute Instrumentenaufstellungen möglich werden und von den einzelnen Punkten aus die beiden Nachbarpunkte bezeichnenden Stäbe an ihren Fußpunkten oder doch möglichst nahe darüber angezielt werden können; auch sollen die Umstände für die Seitenmessung nicht allzu ungünstig sein. Die Wiederauffindung der Polygonpunkte wird erleichtert, wenn sie auf der geraden Verbindungslinie zweier Grenzsteine liegen. Soweit möglich, trägt man auch theoretischen Anforderungen Rechnung, indem wenigstens die Hauptzüge einigermaßen gestreckt und gleichseitig angelegt werden. Die Zuglänge soll im allgemeinen 1 km nicht überschreiten.

Man unterscheidet offene Polygonzüge, geschlossene Züge und Zugverknotungen. Die wichtigste Form ist der offene, meist zwischen zwei Dreieckspunkte P_1, P_n (Abb. 215) eingespannte Zug (zweifacher Punktanschluß), in dessen Endpunkten teils zur bequemen Orientierung, teils zur Steigerung der Ge-

<hr>

[1] EGGERT, O.: Die Genauigkeit der Punktbestimmung durch HANSENS Problem. Z. Vermess.-Wes. 1911, S. 1—16.

[2] Außer den hier besprochenen Arten der Punkteinschaltung wäre etwa noch zu nennen das Rückwärtseinschneiden mit zwei Nachbarpunkten (JORDAN: Handbuch der Vermessungskunde Bd. 2, 6. Aufl., S. 352ff. Stuttgart 1904) u. die MAREKsche Aufgabe (siehe ebendort, S. 355); ferner RINNER, KARL: Zum mehrfachen Rückwärtseinschneiden. Allgem. Verm.-Nachr. 1939, S. 654 u. 655, u. 1943, S. 26—32.

Bei großen Höhenunterschieden kann die horizontale Lage eines Punktes auch aus dem in ihm gemessenen Horizontalwinkel zwischen zwei nach Lage u. Höhe bekannten Punkten sowie den Höhenwinkeln der genommenen Sichten ermittelt werden (WERNER: Punktbestimmung. Z. Vermess.-Wes. 1913, S. 161—169, u. DOCK: Rückwärtseinschneiden im Raum. Öst. Z. Vermess.-Wes. 1910, S. 291—305). Auch aus den Höhenwinkeln allein, welche im gesuchten Punkte nach drei der Lage und Höhe nach bekannten Punkten beobachtet werden, kann man den Beobachtungsort nach Lage und Höhe bestimmen (WERNER: Punktbestimmung durch Vertikalwinkelmessung. Z. Vermess.-Wes. 1913, S. 241—253).

Einige seltenere Fälle behandelt auch HAMMER, E., in der Abhandlung „Über die Aufgaben der einfachen trigonom. Punkteinschaltung", Z. Vermess.-Wes. 1895, S. 593—620.

Sonderfälle für Kolonialzwecke: a) LAMPADARIOS DEM.: La Phototriangulation Aérienne Entre La Crète et L'Egypte. Comptes-rendus de l'Académie d'Athènes 1931, p. 204; b) SCHMEHL, H.: Die trigonom. Verbindung Kretas mit Afrika. Z. Vermess.-Wes. 1941, S. 49—59; c) HINTERKEUSER, J.: Über eine Punktpaarbestimmung nach beweglichen Hochzielen und ihre Verwendung zum Aufbau einer weiträumigen Triangulation. Sonderheft 20 zu den Nachrichten aus dem Reichsvermessungsdienst 1941.

nauigkeit noch je eine Anschlußrichtung nach je einem bekannten Punkte gemessen wird. Eine Seltenheit ist der mehr markscheiderischen Zwecken dienende, nicht direkt orientierte, beiderseits angeschlossene Zug. Auch den geschlossenen Zug, welcher wieder auf den Ausgangspunkt zurückführt, vermeidet man gerne; einmal, weil die bei annähernd gestreckten Zügen übliche einfache Art der Fehlerverteilung hier nur noch vom Standpunkt der Einfachheit aus berechtigt erscheint, dann aber auch, weil bei der Berechnung geschlossener Züge ein etwaiger Längenfehler im Meßwerkzeug nicht aufgedeckt wird. Bei Zugverknotungen endlich, welche zur Vermeidung allzu stark gebogener oder auch allzu langer Züge dienen, führen mehrere möglichst symmetrisch angeordnete Züge zu einem gemeinsamen Knotenpunkt.

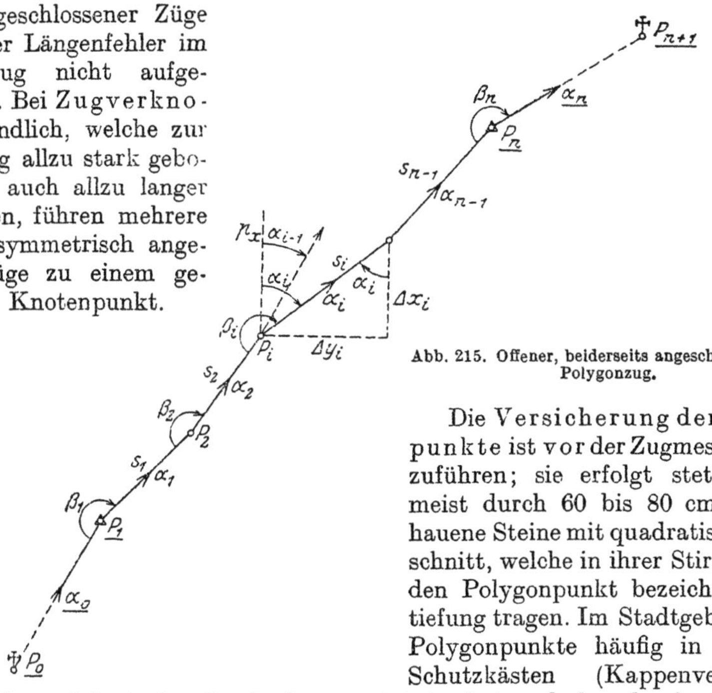

Abb. 215. Offener, beiderseits angeschlossener Polygonzug.

Die Versicherung der Polygonpunkte ist vor der Zugmessung durchzuführen; sie erfolgt stets zentrisch meist durch 60 bis 80 cm lange behauene Steine mit quadratischem Querschnitt, welche in ihrer Stirnfläche eine den Polygonpunkt bezeichnende Vertiefung tragen. Im Stadtgebiet sind die Polygonpunkte häufig in besonderen Schutzkästen (Kappenversicherung) untergebracht, welche in den Straßenkörper einbetoniert und oben durch einen Deckel abgeschlossen werden. Eine weitere Versicherung der Polygonpunkte erfolgt durch sorgfältige Einmessung auf scharf bezeichnete Punkte der näheren Umgebung. Wichtigere Punkte werden auch noch unterirdisch zentrisch versichert.

Zur Festlegung eines Polygonzuges $P_1 P_2 \ldots P_n$ (Abb. 215) werden die je zwei Nachbarpunkte verbindenden Polygonseiten $s_1, s_2, \ldots s_{n-1}$ sowie ihre links liegenden Brechungswinkel β gemessen. Dazu treten in den Zugendpunkten die Anschlußwinkel β_1 und β_n, welche die erste Polygonseite mit der ersten Anschlußrichtung $P_1 P_0$ bzw. eine zweite Anschlußrichtung $P_n P_{n+1}$ mit der letzten Polygonseite einschließen. Zur Seitenmessung dienen Schneidenlatten und Setzbogen oder gewöhnliche Latten, während das Meßband bei geringeren Genauigkeitsansprüchen Verwendung findet. Teils zum Schutz gegen grobe Fehler, teils zur Einschränkung der unvermeidlichen Fehler werden alle Seiten doppelt, das zweite Mal in entgegengesetzter Richtung gemessen. Beide Ergebnisse müssen innerhalb einer bestimmten Fehlergrenze D_s übereinstimmen; im anderen Fall ist die Messung zu wiederholen[1].

Von Zeit zu Zeit ist zur Verringerung der konstanten Längenmessungsfehler eine Abgleichung der Meßlatten oder der Meßbänder vorzunehmen, besonders dann, wenn Messungen in geschlossenen oder stark gebogenen Zügen oder in unsymmetrischen Zugverknotungen bevorstehen.

---

[1] Neuerdings kommt auch die indirekte Polygonseitenmessung durch leistungsfähige Distanzmesser mit waagrechter Latte zur Anwendung. Der mittlere Fehler einer auf diesem Wege ermittelten hm-Strecke ist etwa $\pm$ 2 cm. Näheres über diese Instrumente siehe bei der tachymetrischen Geländeaufnahme.

Für die Winkelmessung ist auf eine sorgfältige Lotrechtstellung der Zielstäbe, soweit ihre Fußpunkte unsichtbar sind, und auf eine gute Zentrierung des Instruments wohl zu achten. Insbesondere soll der Zentrierungsfehler senkrecht zu dem durch die drei je zusammengehörigen Polygonpunkte bestimmten Kreis möglichst gering bleiben. Die Bestimmung der Polygonwinkel erfolgt am einfachsten durch Richtungsbeobachtungen; ein in zwei Fernrohrlagen sorgfältig beobachteter Satz reicht in der Regel aus. Zur Lotrechtstellung der Alhidadenachse kann, soweit es sich um waagrechte Sichten handelt, eine gute, berichtigte Dosenlibelle dienen; bei geneigten Sichten kann man hierzu die Röhrenlibelle nicht entbehren und bei sehr steilen Zielungen, wie sie beim Anschluß an Hochpunkte auftreten, wird am besten die jeweilige Lage der Kippachse gegen den Horizont an einer Kippachsenlibelle verfolgt.

b) Berechnung der Polygonzüge.

Die Berechnung des offenen Polygonzuges mit zweifachem Koordinaten- und Richtungsanschluß verlangt folgende Arbeiten:

1. Ableitung der Anschlußrichtungswinkel,
2. Ausgleichung der gemessenen Polygonwinkel,
3. Berechnung der Polygonseitenrichtungswinkel,
4. Aufstellung der vorläufigen Koordinatenunterschiede,
5. Ausgleichung der Koordinatenunterschiede,
6. Koordinatenberechnung der Polygonpunkte.

Bezeichnet α_i (Abb. 215) den Richtungswinkel der Seite $P_i P_{i+1} = s_i$, so sind die Richtungswinkel α_0 und α_n beider Anschlußrichtungen durch die Ausdrücke

$$\operatorname{tg}\alpha_0 = \frac{y_1 - y_0}{x_1 - x_0}, \qquad \operatorname{tg}\alpha_n = \frac{y_{n+1} - y_n}{x_{n+1} - x_n} \qquad (450)$$

bestimmt. Für die Rechnung werden α_0 und α_n ebenso wie die Koordinaten der Anschlußpunkte als fehlerfreie Größen behandelt.

Aus der allgemeinen Beziehung

$$\alpha_i = \alpha_{i-1} + 180° + \beta_i \qquad (451)$$

folgt

$$\alpha_n = \alpha_{n-1} + 180° + \beta_n. \qquad (452)$$

Ersetzt man hierin α_{n-1} durch α_{n-2}, dieses durch α_{n-3} usw., bis man auf α_0 zurückgekommen ist, so ergibt sich im Ausdruck

$$\alpha_n = \alpha_0 + [\beta] + n \cdot 180° \qquad (453)$$

eine zweite Form des Richtungswinkels der zweiten Anschlußrichtung, welcher hier durch den Richtungswinkel der ersten Anschlußrichtung und die Polygonwinkelsumme ausgedrückt ist. Wird in (453) $[\beta]$ durch $[\beta']$ ersetzt, wo die β' die fehlerhaften Beobachtungen bedeuten, so erscheint auch ein von α_n abweichender Wert

$$\alpha'_n = \alpha_0 + [\beta'] + n \cdot 180°, \qquad (454)$$

welcher um den sog. Richtungsanschlußwiderspruch

$$w = \alpha_n - \alpha'_n \qquad (455)$$

zu verbessern ist. Dieses w, welches die Summe aller Polygonwinkelfehler ist, wird unter der allerdings nicht ganz zutreffenden Annahme, alle Polygonwinkel würden gleiche mittlere Fehler besitzen, nach den im Anschluß an (86) gemachten Ausführungen gleichmäßig auf die Polygonwinkel verteilt. Ist $v_\beta = w : n$ eine solche Einzelverbesserung, so sind die ausgeglichenen Polygonwinkel die Ausdrücke

$$\beta_i = \beta'_i + v_\beta = \beta'_i + \frac{w}{n}. \qquad (456)$$

Auch der Richtungswiderspruch w darf eine gewisse Grenze nicht überschreiten[1].

---

[1] Ein großes w weist, wenn kein Rechenfehler vorliegt, auf einen groben Winkelfehler hin. Er liegt in demjenigen Polygonpunkt, in dem sich die von beiden Anschlußpunkten her berechneten Züge schneiden. Nur für diesen Punkt ergeben sich aus beiden Rechnungen übereinstimmende Koordinaten. Weiteres siehe in Z. Vermess.-Wes. 1888, S. 524—526, 1941, S. 81—83, 227—229.

Mit Hilfe der ausgeglichenen Polygonwinkel findet man nunmehr die ausgeglichenen Seitenrichtungswinkel

$$\alpha_1 = \alpha_0 + \beta_1 + 180°, \ldots \qquad \alpha_i = \alpha_{i-1} + \beta_i + 180°, \cdots$$
$$\alpha_n = \alpha_{n-1} + \beta_n + 180°. \tag{457}$$

Durch den letzten dieser Ausdrücke wird die bisherige Rechnung verprobt.

Aus den ausgeglichenen Seitenrichtungswinkeln und den mit Rücksicht auf die jeweilige Länge der Latten oder Bänder verbesserten Seitenlängen s ergeben sich die **vorläufigen Koordinatenunterschiede**

$$\Delta x_i' = s_i \cos \alpha_i , \qquad \Delta y_i' = s_i \sin \alpha_i , \tag{458}$$

welche entweder logarithmisch (5-stellige Tafel[1]) oder mit den natürlichen Werten der sin und cos durch Multiplikation (Rechenmaschine, Produktentafel) oder unmittelbar aus hinreichend genauen Koordinatentafeln[2] ermittelt werden.

Fügt man die Summe der vorläufigen Koordinatenunterschiede zu den Koordinaten des Anfangspunktes P_1 hinzu, so erhält man die fehlerhaften Koordinaten

$$x_n' = x_1 + [\Delta x'], \qquad y_n' = y_1 + [\Delta y'] \tag{459}$$

des Zugendpunktes P_n. Die als **Koordinatenanschlußwidersprüche** bezeichneten Unterschiede

$$v_x = x_n - x_n', \qquad v_y = y_n - y_n' \tag{460}$$

rühren von den Ungenauigkeiten der Seitenmessung und den nach der Winkelausgleichung noch vorhandenen kleinen Winkelfehlern her. Sie sind die Summen der Fehler sämtlicher Koordinatenunterschiede und werden bei annähernd gestreckten Zügen in der Regel, vielfach aber auch bei anders geformten Zügen proportional den Streckenlängen auf die Koordinatenunterschiede verteilt. Auf $\Delta x_i'$, $\Delta y_i'$ treffen bei dieser einfachsten Verteilungsart die Verbesserungen

$$d\Delta x_i = \frac{s_i}{[s]} \cdot v_x , \qquad d\Delta y_i = \frac{s_i}{[s]} \cdot v_y . \tag{461}$$

Mit den in dieser oder auf andere Weise ausgeglichenen **Koordinatenunterschieden**

$$\Delta x_i = \Delta x_i' + d\Delta x_i , \qquad \Delta y_i = \Delta y_i' + d\Delta y_i \tag{462}$$

ergeben sich nunmehr die **ausgeglichenen Koordinaten der Polygonpunkte:**

$$\left. \begin{array}{l} x_2 = x_1 + \Delta x_1, \ldots \ x_{i+1} = x_i + \Delta x_i, \ldots \ x_n = x_{n-1} + \Delta x_{n-1}, \\ y_2 = y_1 + \Delta y_1, \ldots \ y_{i+1} = y_i + \Delta y_i, \ldots \ y_n = y_{n-1} + \Delta y_{n-1}. \end{array} \right\} \tag{463}$$

Durch die Übereinstimmung der so berechneten Werte x_n, y_n mit ihren bekannten Sollwerten wird der letzte Teil von (459) einschl. ab geprüft.

Ein an diese Ausführungen anschließendes **Zahlenbeispiel** enthält Tabelle 22.

Die Berechnung eines **ohne Richtungsanschluß** zwischen zwei bekannte Punkte $P_1 (x_1, y_1)$ und $P_n (x_n, y_n)$ eingespannten Zuges erfolgt zunächst in einem an sich beliebigen **Hilfskoordinatensystem,** welches zweckmäßig so angenommen wird, daß P_1 seine Koordinaten beibehält und die X'-Achse in die Richtung der ersten Polygonseite fällt. Aus den in diesem System errechneten Koordinaten x_n', y_n' des Zugendpunktes und aus x_1, y_1 für den Zuganfang erhält man den Richtungswinkel $(P_1 P_n)'$ der Schlußdiagonalen im Hilfssystem, während der im Hauptsystem X, Y abgeleitete

---

[1] Für Seiten über 50 m braucht man bei Anstrebung von cm-Genauigkeit 5-stellige Tafeln. Sehr zu empfehlen sind die 5-stelligen logarithmisch-trigonometrischen Tafeln von F. G. Gauss, Vom gleichen Autor stammen auch 5-stellige trigonometrische u. polygonometrische Tafeln für Maschinenrechnen.

[2] Das zweckmäßigste Hilfsmittel dieser Art sind zur Zeit wohl Grünerts Tafeln zur Berechnung der Koordinaten von Polygon- u. Kleinpunkten, Stuttgart 1913, aus denen bis zu $s = 300$ m mittels doppelter Interpolation die Koordinatenunterschiede bis auf 1 cm entnommen werden können.

160   Aufnahmearbeiten.

entsprechende Wert $(P_1\,P_n)$ ist. Man hat also zu allen im System X', Y' abgeleiteten Richtungswinkeln α' die **Orientierungsverbesserung**

$$\delta = (P_1 P_n) - (P_1 P_n)' \tag{464}$$

hinzuzufügen, um die Richtungswinkel $\alpha = \alpha' + \delta$ (465)

im Hauptsystem zu erhalten.

Der so orientierte Zug kann nunmehr – allerdings ohne zweiten Richtungsanschluß, aber mit zweifachem Koordinatenanschluß – berechnet werden.

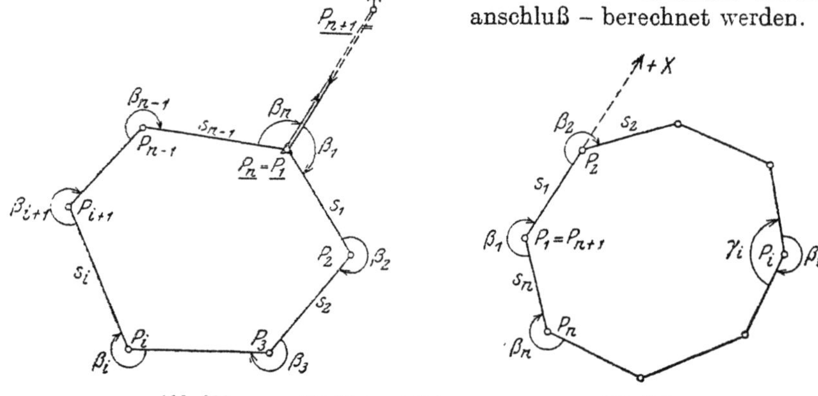

Abb. 216.   Geschlossener Polygonzug   Abb. 217.
mit Richtungsanschluß.   ohne Richtungsanschluß.

In gleicher Weise wie der beiderseits orientierte und angeschlossene Zug und mit denselben Bezeichnungen kann ein **geschlossener Zug, der nach Lage und Richtung ans Dreiecksnetz angeschlossen** ist (Abb. 216), berechnet werden, wenn

Tabelle 22.

Seite s (in m) Punkt	Richtungswinkel α Polygonw. β' v_β	log cos α log s log sin α	log $s\cdot\cos\alpha$ log $s\cdot\sin\alpha$	$\Delta x' = s\cdot\cos\alpha$ $d\,\Delta x$ x	$\Delta y' = s\cdot\sin\alpha$ $d\,\Delta y$ y	Ableitung der Anschlußrichtungswinkel
P_0	$11^0\ 42'\ 06''$			$x_0 = +\ \underline{10\ 005,14}$	$y_0 = +\ \underline{3\ 116,05}$	$x_1 - x_0 = +\ 2\ 005,89$
	$198\ \ 10\ \ 30$					$y_1 - y_0 = +\ \ \ 415,46$
P_1	$+\ 9$			$+\ \underline{12\ 011,03}$	$+\ \underline{3\ 531,51}$	
						$\log \Delta y = 2.61\ 853$
$115,46$	$29\ \ 52\ \ 45$	$9.93\ 806$	$2.00\ 049$	$+\ \ \ \ \ 100,11$	$+\ \ \ \ \ 57,52$	$\log \Delta x = 3.30\ 831$
	$182\ \ 05\ \ 20$	$2.06\ 243$		$+\ 2$	$-\ 1$	$\log \mathrm{tg}\,\alpha_0 = 9.31\ 622$
P_2	$+\ 9$	$9.69\ 738$	$1.75\ 981$	$+\ 12\ 111.16$	$+\ 3\ 589,02$	
$128,89$	$31\ \ 58\ \ 14$	$9.92\ 856$	$2.03\ 878$	$+\ \ \ \ \ 109,34$	$+\ \ \ \ \ 68,25$	
	$178\ \ 19\ \ 40$	$2.11\ 022$		$+\ 2$	$-\ 1$	$x_{n+1} - x_n = +\ 1\ 214,70$
P_3	$+\ 9$	$9.72\ 386$	$1.83\ 408$	$+\ 12\ 220,52$	$+\ 3\ 657,26$	$y_{n+1} - y_n = +\ \ \ 884,82$
$105,18$	$30\ \ 18\ \ 03$	$9.93\ 621$	$1.95\ 815$	$+\ \ \ \ \ 90,81$	$+\ \ \ \ \ 53,07$	$\log \Delta y = 2.94\ 686$
	$179\ \ 47\ \ 50$	$2.02\ 194$		$+\ 1$	$-\ 1$	$\log \Delta x = 3.08\ 447$
P_4	$+\ 9$	$9.70\ 289$	$1.72\ 483$	$+\ 12\ 311,34$	$+\ 3\ 710,32$	$\log \mathrm{tg}\,\alpha_n = 9.86\ 239$
$102,09$	$30\ \ 06\ \ 02$	$9.93\ 709$	$1.94\ 608$	$+\ \ \ \ \ 88,32$	$+\ \ \ \ \ 51,20$	
	$185\ \ 58\ \ 05$	$2.00\ 899$		$+\ 1$	$-\ 1$	
$P_5 = P_n$	$+\ 9$	$9.70\ 029$	$1.70\ 928$	$+\ \underline{12\ 399.67}$	$+\ \underline{3\ 761,51}$	
P_{n+1}	$36\ \ 04\ \ 16$			$+\ \underline{13\ 614,37}$	$+\ \underline{4\ 646,33}$	
$[\beta'] =$	$924\ \ 21\ \ 25$			$[\Delta x'] = +\ 388,58$	$[\Delta y'] = +\ 230,04$	
$\alpha'_n =$	$36\ \ 03\ \ 31$			$x'_n = +\ 12\ 399,61$	$y'_n = +\ 3\ 761,55$	
$w =$	$+\ 45$			$v_x = +\ 6$	$v_y = -\ 4$	
$v_\beta =$	$+\ 9$			$[s] = 451,62$		
$m_\beta \approx$	$\pm\ 20$					

die zusammenfallenden Anschlußpunkte mit P_1, P_n bzw. P_0, P_{n+1} bezeichnet werden und β_1, β_n voneinander unabhängige Winkel sind. Handelt es sich um einen geschlossenen Zug ohne Anschlüsse (Abb. 217), so trennt man besser P_1 von P_n; die Rechnung kann mit beliebig angenommenen Werten der Koordinaten von P_1 und des Richtungswinkels $(P_1 P_2)$ erfolgen. Am einfachsten aber ist es, nach P_1 den Koordinatenursprung und in die erste Polygonseite die $+X$-Achse zu legen. Die Rechnung geht auch hier wie früher vor sich, nur daß der Richtungs- und Längenanschluß erst in einem mit P_1 zusammenfallenden Punkte P_{n+1} stattfindet.

In einem derartigen geschlossenen Polygonzug bestehen die **Winkelproben**

$$[\beta] = (n+2)\,180^0, \qquad [\gamma] = (n-2)\,180^0, \tag{466}$$

wo β die Außenwinkel und γ die Innenwinkel des Vielecks bedeuten.

Umständlicher ist die Berechnung einer **Zugverknotung** (Abb. 218), bei welcher mehrere ziemlich gestreckte, gleichseitige **Teilzüge** Z_1, Z_2, Z_3, ... in einem gemeinsamen **Knotenpunkte** K zusammenlaufen, in dem bei der Polygonwinkelmessung auch ein gut sichtbarer, im allgemeinen unbekannter Punkt H mitbeobachtet wird. Der einzuhaltende **Rechnungsgang** ist folgender:

1. Ableitung der Anschlußrichtungswinkel in den Anfangspunkten der Teilzüge,

2. Berechnung des Mittelwertes der gemeinsamen Anschlußrichtung (KH),

3. Ausgleichung der gemessenen Polygonwinkel,

4. Berechnung der vorläufigen Koordinatenunterschiede,

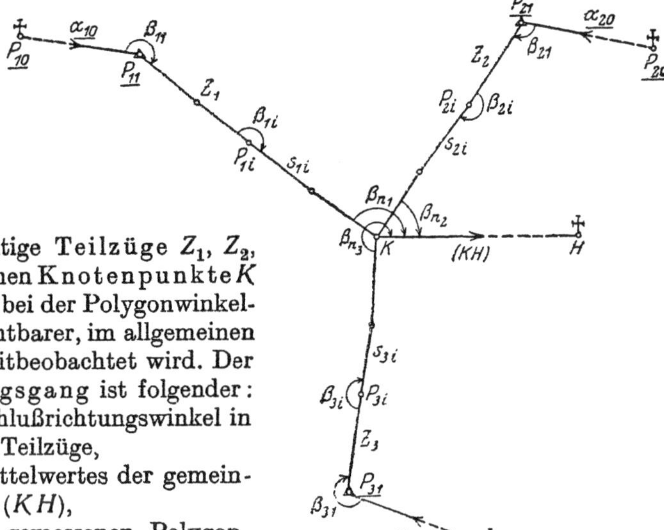

Abb. 218. Zugverknotung.

5. Aufstellung der Koordinaten des Knotenpunktes,

6. Ausgleichung der Koordinatenunterschiede und Koordinatenberechnung der Polygonpunkte.

Im einzelnen sei hierzu folgendes bemerkt:

Zu 1. Die Anschlußrichtungswinkel α_{10}, α_{20}, α_{30} ergeben sich aus den Koordinaten der bekannten Punkte P_{10}, P_{11}, P_{20}, P_{21} und P_{30}, P_{31}, deren Zeiger mit denjenigen ihrer Koordinaten übereinstimmen.

Zu 2. Die einzelnen Züge liefern mit den Bezeichnungen der Figur für den Richtungswinkel (KH) der gemeinsamen Anschlußrichtung die Werte

$$\left.\begin{aligned}
(KH)_1 &= \alpha_{10} + [\beta_1'] + n_1 \cdot 180^0, \\
(KH)_2 &= \alpha_{20} + [\beta_2'] + n_2 \cdot 180^0, \\
(KH)_3 &= \alpha_{30} + [\beta_3'] + n_3 \cdot 180^0,
\end{aligned}\right\} \tag{467}$$

deren wahrscheinlichster Wert das allgemeine arithmetische Mittel

$$(KH) = \frac{p_1(KH)_1 + p_2(KH)_2 + p_3(KH)_3}{p_1 + p_2 + p_3} \tag{468}$$

ist. Die mittleren Fehler der $(KH)_1, (KH)_2, (KH)_3$ sind zu den Wurzeln aus den Zahlen n_1, n_2, n_3 der in diesen Richtungswinkeln jeweils enthaltenen Polygonwinkel proportional; also sind die in (468) auftretenden **Richtungsgewichte** zu den n selbst umgekehrt proportional und durch die Ausdrücke

$$p_1 = \frac{C}{n_1}, \qquad p_2 = \frac{C}{n_2}, \qquad p_3 = \frac{C}{n_3} \tag{469}$$

bestimmt, in denen C einen passenden Festwert – etwa 10 – bedeutet.

Zu 3. An Stelle des unbekannt bleibenden strengen Wertes für den Richtungswinkel der gemeinsamen Richtung tritt der unter (468) stehende Mittelwert (KH), aus dessen Vergleich mit seinen Näherungen die **Richtungswidersprüche**

$$w_1 = (KH) - (KH)_1, \qquad w_2 = (KH) - (KH)_2, \qquad w_3 = (KH) - (KH)_3 \tag{470}$$

der einzelnen Teilzüge folgen. Damit ergeben sich in Z_1, Z_2, Z_3 die **Polygonwinkelverbesserungen**

$$v_{\beta_1} = \frac{w_1}{n_1}, \qquad v_{\beta_2} = \frac{w_2}{n_2}, \qquad v_{\beta_3} = \frac{w_3}{n_3} \tag{471}$$

und die **ausgeglichenen Polygonwinkel**

$$\beta_{1i} = \beta'_{1i} + v_{\beta_1}, \qquad \beta_{2i} = \beta'_{2i} + v_{\beta_2}, \qquad \beta_{3i} = \beta'_{3i} + v_{\beta_3}, \tag{472}$$

mit deren Hilfe die **ausgeglichenen Richtungswinkel** $\alpha_{1i}, \alpha_{2i}, \alpha_{3i}$ der Zugseiten in bekannter Weise gefunden werden. Die bei dieser Gelegenheit aus den einzelnen Teilzügen sich ergebenden Richtungswinkel der gemeinsamen Richtung müssen mit dem in (468) aufgestellten Werte (KH) vollständig übereinstimmen, wenn nicht von (467) einschl. ab ein Rechenfehler unterlaufen ist.

Aus den Widersprüchen $w_1, w_2, \ldots w_\nu$ der Teilzüge folgt nach (69) für den mittleren Fehler des gemessenen Polygonwinkels der Ausdruck

$$m_\beta = \pm \sqrt{\frac{1}{\nu - 1}\left[\frac{w_i w_i}{n_i}\right]}, \tag{473}$$

dessen Zuverlässigkeit jedoch für kleines ν nur gering ist.

Zu 4. Mit den ausgeglichenen Seitenrichtungswinkeln wird nunmehr die Berechnung der **vorläufigen Koordinatenunterschiede**

$$\begin{aligned}
\Delta x'_{1i} &= s_{1i} \cos \alpha_{1i}, & \Delta x'_{2i} &= s_{2i} \cos \alpha_{2i}, & \Delta x'_{3i} &= s_{3i} \cos \alpha_{3i}, \\
\Delta y'_{1i} &= s_{1i} \sin \alpha_{1i}, & \Delta y'_{2i} &= s_{2i} \sin \alpha_{2i}, & \Delta y'_{3i} &= s_{3i} \sin \alpha_{3i}
\end{aligned} \tag{474}$$

vorgenommen.

Zu 5. Jeder Zug liefert ein Wertepaar für die Koordinaten x_K, y_K des Knotenpunktes, nämlich

$$\begin{aligned}
x_{1K} &= x_{10} + [\Delta x'_1], & x_{2K} &= x_{20} + [\Delta x'_2], & x_{3K} &= x_{30} + [\Delta x'_3], \\
y_{1K} &= y_{10} + [\Delta y'_1], & y_{2K} &= y_{20} + [\Delta y'_2], & y_{3K} &= y_{30} + [\Delta y'_3].
\end{aligned} \tag{475}$$

Hieraus folgen die **wahrscheinlichsten Koordinatenwerte** als die allgemeinen arithmetischen Mittel

$$x_K = \frac{P_{1x} x_{1K} + P_{2x} x_{2K} + P_{3x} x_{3K}}{P_{1x} + P_{2x} + P_{3x}}, \qquad y_K = \frac{P_{1y} y_{1K} + P_{2y} y_{2K} + P_{3y} y_{3K}}{P_{1y} + P_{2y} + P_{3y}}, \tag{476}$$

wenn zu den Einzelwerten der Koordinaten die verschiedenen **Koordinatengewichte** P_x, P_y gehören. Sie sind, wenn C_x, C_y zwei willkürliche Festwerte und $m_{x_{n_1}}, m_{y_{n_1}}, m_{x_{n_2}}, m_{y_{n_2}}, m_{x_{n_3}}, m_{y_{n_3}}$ die etwas später von (507) bis (508) gebrachten mittleren

Fehler der mit den ausgeglichenen Zugwinkeln berechneten, unter (475) stehenden Koordinaten bedeuten, die Ausdrücke[1]

$$P_{1x} = \frac{C_x}{m^2_{x_{n_1}}}, \qquad P_{2x} = \frac{C_x}{m^2_{x_{n_2}}}, \qquad P_{3x} = \frac{C_x}{m^2_{x_{n_3}}};$$
$$P_{1y} = \frac{C_y}{m^2_{y_{n_1}}}, \qquad P_{2y} = \frac{C_y}{m^2_{y_{n_2}}}, \qquad P_{3y} = \frac{C_y}{m^2_{y_{n_3}}}. \qquad (477)$$

Zu 6. Zur Ausgleichung der vorläufigen Koordinatenunterschiede bildet man die Koordinatenwidersprüche

$$v_{1x} = x_K - x_{1K}, \qquad v_{2x} = x_K - x_{2K} \qquad v_{3x} = x_K - x_{3K},$$
$$v_{1y} = y_K - y_{1K}, \qquad v_{2y} = y_K - y_{2K}, \qquad v_{3y} = y_K - y_{3K}, \qquad (478)$$

deren Verteilung in jedem Zugzweige ganz so wie im einfachen, beiderseits angeschlossenen Zuge erfolgt. Auch die Berechnung der endgültigen Polygonpunktkoordinaten ist dieselbe.

Eine bei verschiedenen Zugformen häufig wiederkehrende Arbeit ist der Anschluß an einen Hochpunkt P_n (Abb. 219) von bekannter Lage. In einem solchen Falle mißt man zur indirekten Bestimmung der letzten Zugseite s_{n-1} und des Abschlußwinkels β_n in den Endpunkten einer von P_{n-1} ausgehenden, durch direkte Längenmessung bestimmten Seite b die Winkel β_{n-1}, α, γ, a_n. Aus b, α, γ findet man die Seiten s_{n-1} und e, die am besten annähernd gleich lang sind und senkrecht zu einander stehen. Mit Hilfe von γ, a_n, e und der aus den Koordinaten der bekannten Punkte P_n, P_{n+1} gewonnenen Entfernung s_n aber kann man a_n durch eine Zentrierungsrechnung in β_n überführen. Dabei sind die Zentrierungsverbesserungen für die Richtungen H_1P_{n-1} und H_1P_{n+1} wegen der relativ großen Exzentrizität e mittels der strengen Formel (340) zu ermitteln. Diese wichtige Zentrierung wird zur Kontrolle und zur Erhöhung der Genauigkeit unter Benutzung eines anderen Hilfspunktes H_2 wiederholt[2].

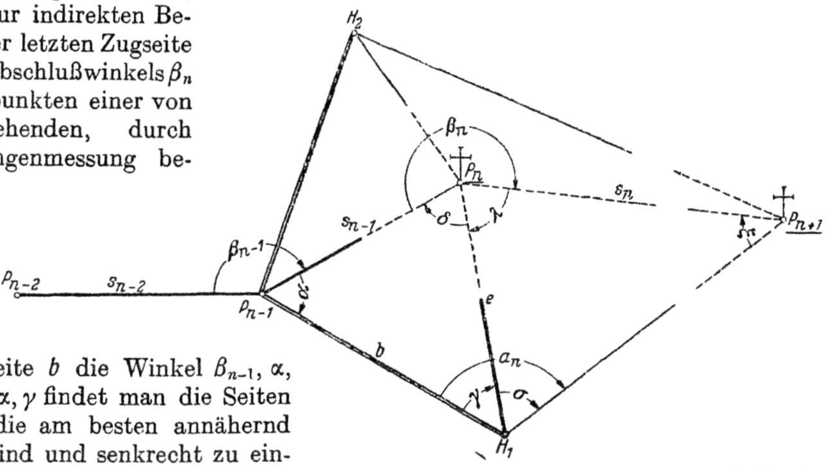

Abb. 219. Polygonzuganschluß an einen Hochpunkt.

Gewissermaßen die Umkehrung der eben besprochenen Aufgabe ist die Herablegung eines Hochpunktes, d. h. die Ableitung der Koordinaten eines Bodenpunktes H_1 (Abb. 219) aus den Koordinaten des Hochpunktes. Die Lösung, welche die gleichen Messungen wie vorhin verlangt, ist durch folgende Schritte gekennzeichnet:

1) $\delta = 180^0 - (\alpha + \gamma)$; 2) e aus b, α, δ; 3) $\sigma = a_n - \gamma$; 4) ξ aus e, s_n, σ;

5) $\lambda = 180^0 - (\sigma + \xi)$; 6) $(P_n H_1) = (P_n P_{n+1}) + \lambda$; 7) polare Übertragung der Koordinaten von P_n nach H_1.

---

[1] Die Dienstanweisung für Triangulierung und Polygonierung in Bayern v. 6. 4. 1937 benutzt folgende Ausdrücke für die Koordinatengewichte

$$p_x = \frac{k \cdot n}{(n-1)\{[s] + [|\Delta x'|]\}}, \qquad p_y = \frac{k \cdot n}{(n-1)\{[s] + [|\Delta y'|]\}} \quad (k \text{ etwa gleich } 1000).$$

[2] Eine umfassende einschlägige Genauigkeitsbetrachtung gibt MERKEL, H., in „Zur Theorie des an einen unzugänglichen trigonometrisc en Punkt angeschlossenen Polygonzugs". Z. Vermess.-Wes. 1933, S. 625—633. Siehe auch BAESCHLIN, C. F.: Die Fehlertheorie der Herablegung eines Hochpunktes. Schweiz. Z. Vermess.-Wes. u. Kulturtechnik 1939, S. 199—206.

c) Fehlerfragen.

Zur Beurteilung der Zuggenauigkeit pflegt man die bei den Seitenmessungen auftretenden Widersprüche ds, den Richtungswiderspruch w, die Längen- und Querabweichung v_l und v_q oder den linearen Anschlußfehler f_s heranzuziehen. Die bei der Hin- und Rückmessung der Polygonseiten s auftretenden Unterschiede ds sollen die aus (261) folgende Maximaldifferenz

$$D_s = 3\,m\,\sqrt{2} = 3\sqrt{2\,(m_a^2 + m_u^2 + m_r^2)} = \sqrt{c_0 + c_1 s + c_2 s^2} \qquad (479)$$

nicht überschreiten. In (479) wird der Koeffizient c_2 Null, wenn etwa die zweimalige Längenmessung mit dem gleichen Meßwerkzeuge am gleichen Tage vorgenommen wird.

Der mittlere Fehler $m_{\beta_i}^2$ des gemessenen Polygonwinkels β_i' setzt sich aus dem reinen Messungsfehler $\pm\mu$ sowie den Einflüssen der mittleren Fehler μ_e, μ_e' in der zentrischen Aufstellung der Signale in P_{i-1} und P_{i+1} (Abb. 220) und des Instruments in P_i zusammen. Mit dem Verhältnis $\mu_e'^2 : \mu_e^2 = \tau$ und den aus der Abbildung verständlichen Bezeichnungen a_i, b_i, c_i ist der strenge Ausdruck für das mittlere Fehlerquadrat des einmal in zwei Lagen gemessenen Polygonwinkels:

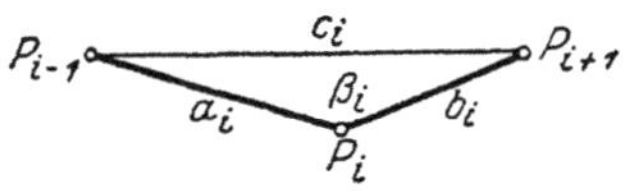

Abb. 220. Polygonwinkelfehler.

$$m_{\beta_i}^2 = \mu^2 + \frac{1}{2}\,(\varrho\,\mu_e)^2 \cdot \frac{a_i^2 + b_i^2 + \tau\,c_i^2}{a_i^2\,b_i^2}, \qquad (480)$$

wie HELMERT[1] zuerst gezeigt hat. Dieser Ausdruck besitzt nur für die eigentlichen Polygonwinkel – nicht auch für die beiden Anschlußwinkel – im gleichseitigen, gleichmäßig gekrümmten Zuge denselben Wert. Das mit τ multiplizierte Glied in (480) stellt den Einfluß des mittleren Fehlers in der zentrischen Aufstellung des Instruments dar, welcher besonders zu fürchten ist, da fast immer $c^2 > a^2 + b^2$ ist. Man kann dem schädlichen Einfluß der Exzentrizitätsfehler in wirksamster Weise durch besondere Aufstellungsvorrichtungen begegnen, auf denen die Signale mit dem Instrument so genau vertauscht werden können, daß deren Achsen bis auf etwa 0,1 mm zusammenfallen. Gehen diese lotrechten Achsen etwas an den zugehörigen Bodenpunkten vorbei, so schadet es wenig, da solche Fehler in dem durch die genannten Achsen bezeichneten Zuge sich nicht fortpflanzen können[2]. Im übrigen bleiben auch diese Zentrierungsfehler bei Verwendung eines guten optischen Abloters[3] leicht unter 0,1 mm.

Eine Berücksichtigung der Unterschiede in den mittleren Fehlern der Polygonwinkel muß im allgemeinen als viel zu umständlich unterbleiben, und man legt daher den sämtlichen Polygonwinkeln den gleichen mittleren Fehler m_β bei. Für den mittleren Fehler m_{α_i} des Richtungswinkels

$$\alpha_i' = \alpha_0 + [\beta_e']_1 + i \cdot 180° \qquad (481)$$

---

[1] HELMERT: Strenger Ausdruck für den mittleren Fehler eines Polygonwinkels, in Z. Vermess.-Wes. 1877, S. 112—115.

[2] Derartige Einrichtungen sind nicht nur für bergmännische Zwecke, sondern auch für moderne Stadtvermessungen von Wichtigkeit. Dazu gehören z. B. die allbekannte Freiberger Aufstellung (beschrieben in BAUERNFEIND: Elemente der Vermessungskunde Bd. 1, 7. Aufl., S. 338—345, Stuttgart 1890), sowie der hieraus entstandene Zentrierapparat für Theodolite u. Signalaufstellung von NAGEL, welcher auszugsweise in der Z. Vermess.-Wes. 1888, S. 39—50, beschrieben ist; ferner der Umsetztheodolit von BREITHAUPT in Kassel. Hier besitzen Theodolit u. Signal gleiche konische Zapfen, die in ein und dieselbe konische Steckhülse eingepaßt sind; bei der Freiberger Einrichtung tragen Theodolit u. Signal gleiche Kugelwulste, welche in eine entsprechende Vertiefung der Auflagerplatte zu liegen kommen. Siehe auch HARBERT: Zeitgemäße instrumentelle Vereinfachungen zur Freiberger Aufstellung bei polygonometrischen Winkelmessungen über Tage. Z. Instrumentenkde. 1926, S. 1—10, u. Polygonierung mit Zwangszentrierung. Z. Vermess.-Wes. 1931, S. 35—44.

[3] LÜDEMANN, KARL: Die Genauigkeit der Zentrierung mit dem optischen Abloter von MAX HILDEBRAND. Mitt. Markscheidewes. 1924, S. 35—44.

der Seite s_i vor der Winkelausgleichung erhält man daher

$$m_{\alpha_i} = m_\beta \sqrt{i} \approx w \sqrt{\frac{i}{n}} \qquad (482)$$

und für den entsprechenden Fehler im Richtungswinkel α_n' der zweiten Anschluß-richtung

$$m_{\alpha_n} = m_\beta \sqrt{n}. \qquad (483)$$

Die zweite Form von (482) folgt aus (85).

Die Grenze für den Richtungswiderspruch w ist der Maximalfehler in α_n', nämlich

$$M_{\alpha_n} = 3\, m_{\alpha_n} = 3\, m_\beta \sqrt{n}. \qquad (484)$$

Zum Quadrat dieses Betrags tritt strenggenommen noch ein Glied $18\, m_r^2$, welches den aus den Koordinatenunsicherheiten der Anschlußpunkte folgenden Fehlern m_r der Anschlußrichtungen Rechnung trägt.

Aus den Koordinaten

$$x_e = x_1 + \sum_{l=1}^{e-1} s_l \cdot \cos\alpha_l, \qquad y_e = y_1 + \sum_{l=1}^{e-1} s_l \cdot \sin\alpha_l \qquad (485)$$

folgen die Differentialausdrücke

$$\left.\begin{aligned}
d x_e &= - \sum_{l=1}^{e-1} \Delta y_l \cdot d\alpha_l + \sum_{l=1}^{e-1} \cos\alpha_l \cdot d s_l \\
&= - \sum_{i=1}^{e-1} (y_e - y_i)\, d\beta_i + \sum_{i=1}^{e-1} \cos\alpha_i\, d s_i = d x_{1e}, \\
d y_e &= \sum_{l=1}^{e-1} \Delta x_l \cdot d\alpha_l + \sum_{l=1}^{e-1} \sin\alpha_l \cdot d s_l \\
&= \sum_{i=1}^{e-1} (x_e - x_i)\, d\beta_i + \sum_{i=1}^{e-1} \sin\alpha_i\, d s_i = d y_{1e},
\end{aligned}\right\} \qquad (486)$$

welche für beliebige Änderungen ds, $d\alpha$, $d\beta$ der Seiten, Richtungswinkel und Polygon-winkel gelten. Bezeichnen ds und $d\beta$ die Fehler der Beobachtungswerte s und β', so sind die Ausdrücke (486) die bestimmten Koordinatenfehler $d x_{1e}$, $d y_{1e}$ des Punktes P_e im nicht ausgeglichenen, beliebig geformten Zug. Daraus folgen im gestreck-ten, gleichseitigen Zuge die mittleren Koordinatenfehlerquadrate

$$\left.\begin{aligned}
m_{x_{1e}}^2 &= \tfrac{1}{6} s^2 \cdot e(e-1)(2e-1)\sin^2\alpha\, m_\beta^2 + (e-1)\cos^2\alpha \cdot m_s^2, \\
m_{y_{1e}}^2 &= \tfrac{1}{6} s^2 \cdot e(e-1)(2e-1)\cos^2\alpha\, m_\beta^2 + (e-1)\sin^2\alpha \cdot m_s^2,
\end{aligned}\right\} \qquad (487)$$

wenn m_s und m_β die mittleren Fehler der gemessenen Seiten und Winkel bedeuten. Für die dem Zugende P_n entsprechenden Werte ist in (487) $e = n$ zu setzen. Legt man die X-Achse in die Zugrichtung, so wird $\alpha = 0$, und aus (487) ergeben sich die hier nur aus den Längen- bzw. Winkelfehlern entspringenden mittleren Längen- und Querabweichungen des nicht ausgeglichenen Zuges, nämlich

$$m_{1l} = m_s \sqrt{n-1}, \qquad m_{1q} = s \cdot m_\beta \sqrt{\tfrac{1}{6} n (n-1)(2n-1)} \qquad (488)$$

oder

$$m_{1l} = m_0 \sqrt{L}, \qquad m_{1q} = m_\beta \cdot L \sqrt{\frac{n(2n-1)}{6(n-1)}} \approx m_\beta \cdot L \sqrt{\frac{n}{3}}, \qquad (489)$$

wenn man noch die Zuglänge $L = (n-1)\, s$ einführt und den mittleren Seitenfehler durch die gute Näherung $m_s = m_0 \sqrt{s}$ wiedergibt. Für eine bestimmte Zuglänge L ist demnach die Querverschwenkung m_{1q} am geringsten bei kleinem n, d. h. für große Seitenlängen. Hingegen ist m_{1l} lediglich von der Zuglänge selbst abhängig[1].

Der mit den ausgeglichenen Polygonwinkeln β berechnete Richtungswinkel

$$\alpha_i = \alpha_0 + [\overset{i}{\underset{1}{\beta_e}}] + i \cdot 180° \text{ ist seiner Entstehung nach der Ausdruck}$$

$$\alpha_i = C + \left(1 - \frac{i}{n}\right)\overset{i}{\underset{1}{[\beta']}} - \frac{i}{n}\overset{n}{\underset{i+1}{[\beta']}}, \tag{490}$$

in dem C eine Konstante bedeutet. Die Anwendung des mittleren Fehlergesetzes auf diesen Ausdruck führt zum mittleren Fehler μ_{α_i} im Richtungswinkel α_i nach der Winkelausgleichung, nämlich

$$\mu_{\alpha_i} = m_\beta \sqrt{\frac{i}{n}(n-i)} = m_{\alpha_i}\sqrt{\frac{n-1}{n}}. \tag{491}$$

Wie eine einfache Untersuchung zeigt, nimmt μ_{α_i} für $i = \frac{n}{2}$, also für die Zugmitte den größten Wert an, während m_{α_i} für $i = n$, also für den Zugendpunkt am größten wird. Es sind diese Extremwerte

$$m_{\alpha\,\text{max}} = w \quad \text{und} \quad \mu_{\alpha\,\text{max}} = \frac{w}{2}, \tag{492}$$

so daß durch die Winkelausgleichung das Maximum des Richtungsfehlers auf die Hälfte reduziert wird[2].

Die bestimmten Koordinatenfehler oder Koordinatenwidersprüche im Endpunkte des mit den ausgeglichenen, je um $w : n$ verbesserten Polygonwinkeln berechneten Zuges sind die Ausdrücke

$$\left. \begin{aligned} v_x = d\,x_{2n} = \overset{n}{\underset{1}{\textstyle\sum}}{}^n_1\eta_i\,d\beta_i + \overset{n-1}{\underset{1}{\textstyle\sum}}\cos\alpha_i\,ds_i, \\[2mm] v_y = d\,y_{2n} = -\overset{n}{\underset{1}{\textstyle\sum}}{}^n_1\xi_i\,d\beta_i + \overset{n-1}{\underset{1}{\textstyle\sum}}\sin\alpha_i\,ds_i, \end{aligned} \right\} \tag{493}$$

in welchen $d\beta_i$, ds_i die Fehler der Beobachtungen β'_i, s_i und ${}^n_1\xi_i$, ${}^n_1\eta_i$ die auf den Schwerpunkt aller Polygonpunkte bezogenen Koordinaten von P_i bedeuten[3]. Demnach kann die Änderung eines Winkels, dessen Scheitel in den genannten Schwerpunkt fällt, keinen Einfluß auf den Längenanschluß des Zuges ausüben.

Die Anwendung des mittleren Fehlergesetzes auf (493) führt im gestreckten und gleichseitigen Zug zu den Quadraten der nach der vorläufigen Winkelausglei-

---

[1] Einseitig angeschlossene Züge ohne Winkelabgleichung kommen besonders häufig im Bergbau vor. Hier muß man zur Erzielung äußerster Genauigkeit vielfach mit vorausberechneten, verschiedenen Gewichten arbeiten. Siehe hierzu REEH, R.: Kritik der Genauigkeit polygonometrischer Punkt- und Richtungsbestimmungen in der Markscheidekunst. Mitt. Markscheidew., N. F. Heft 10 (1908), S. 35—90.

[2] Dies gilt unter der Voraussetzung fehlerfreier Werte für die An- und Abschlußrichtungen α_0 und α_n. Besitzen diese selbst größere Fehler μ_0, μ_n, so wird durch die Winkelausgleichung nicht eine Verbesserung, sondern eine Verschlechterung der Ergebnisse erzielt. Im gestreckten, gleichseitigen Zug ist die nach der Querverschiebung der Zugmitte beurteilte Grenze $\mu_0^2 + \mu_n^2 \leqq n \cdot m_\beta^2$. Siehe HERRMANN, KARL: Welche Genauigkeitsanforderungen müssen An- und Abschlußrichtung im gestreckten, gleichseitigen, in den Koordinaten ausgeglichenen Polygonzug erfüllen? Allg. Vermess.-Nachr. 1928.
Zur Genauigkeitssteigerung durch Zwischenorientierungen siehe HERRMANN, K.: Zur Fehlertheorie des zwischenorientierten Polygonzuges. Allg. Vermess.-Nachr. 1929.

[3] Dieser Ausdruck ist abgeleitet in NÁBAUER: Flächenfehler im einfachen, durch Umfangsmessung bestimmten Polygonzug, S. 6 Gl. (20). Karlsruhe 1918.

chung zu befürchtenden mittleren Koordinatenanschlußwidersprüche

$$m_{x_{2n}}^2 = \frac{n}{12}\,(n^2-1)\,s^2 \cdot \sin^2\alpha \cdot m_\beta^2 + (n-1)\cos^2\alpha \cdot m_s^2 ,$$

$$m_{y_{2n}}^2 = \frac{n}{12}\,(n^2-1)\,s^2 \cdot \cos^2\alpha \cdot m_\beta^2 + (n-1)\sin^2\alpha \cdot m_s^2 , \tag{494}$$

aus denen für $\alpha = 0$ die diesem Falle entsprechenden mittleren Längen- und Querabweichungen m_{2l}, m_{2q} des Zugendpunktes hervorgehen, nämlich

$$m_{2l} = m_s\sqrt{n-1} = m_{1l}, \qquad m_{2q} = s \cdot m_\beta \sqrt{\frac{n}{12}\,(n^2-1)} \tag{495}$$

bzw.

$$m_{2l} = m_0\sqrt{L}, \qquad m_{2q} = m_\beta L \sqrt{\frac{n\,(n+1)}{12\,(n-1)}} \approx m_\beta \cdot \frac{L}{2}\sqrt{\frac{n}{3}}. \tag{496}$$

Während m_{2q} stets $< m_{1q}$ ist, sind m_{2l} und m_{1l} einander gleich, so daß, wie zu erwarten, durch die vorläufige Winkelausgleichung im gestreckten Zuge lediglich eine Verbesserung der Punktlagen senkrecht zur Zugrichtung erfolgt.

Die dreifachen Beträge von m_{2l} und m_{2q}, wegen der Koordinatenfehler von P_1 und P_n noch etwas vergrößert, ergeben die Maximalbeträge $\varDelta l$ und $\varDelta q$. Für die bisher besprochenen Fehler hat unter Voraussetzung günstiger Verhältnisse der Reichsbeirat für das Vermessungswesen folgende Grenzwerte (die Längen in Metern) vorgeschlagen:

$$D_s = 0{,}004\sqrt{s} + 0{,}00030 \cdot s + 0{,}02; \qquad M_{\alpha n} = 1' \cdot \sqrt{n};$$

$$\varDelta l = 0{,}002\sqrt{[s]} + 0{,}00030\,[s] + 0{,}05;$$

$$\varDelta q = \frac{1'}{\varrho'}\,[s] \cdot \sqrt{\frac{n\,(n+1)}{12\,(n-1)}} + 0{,}05 \tag{496¹}$$

Diese Fehlergrenzen wurden auch in die Dienstanweisung für Triangulierung und Polygonierung in Bayern v. 6. 4. 1937 übernommen.

Dem Zutagetreten der regelmäßigen Fehler bei Verwendung verschiedener Meßwerkzeuge zur Hin- und Rückmessung trägt das außerhalb der Wurzel stehende, in s lineare Glied Rechnung.

Die wirklich auftretenden Längen- und Querabweichungen v_l, v_q ergeben sich in einfachster Weise zeichnerisch aus den Koordinatenwidersprüchen v_x, v_y. Trägt man diese vom fehlerfreien Endpunkte P_n (Abb. 221) des Zuges aus mit negativen Vorzeichen ab, so gelangt man zur fehlerhaften Lage P_n' des Zugendpunktes, welcher von P_n um den linearen Anschlußfehler

$$f_s = \sqrt{v_x^2 + v_y^2} \tag{497}$$

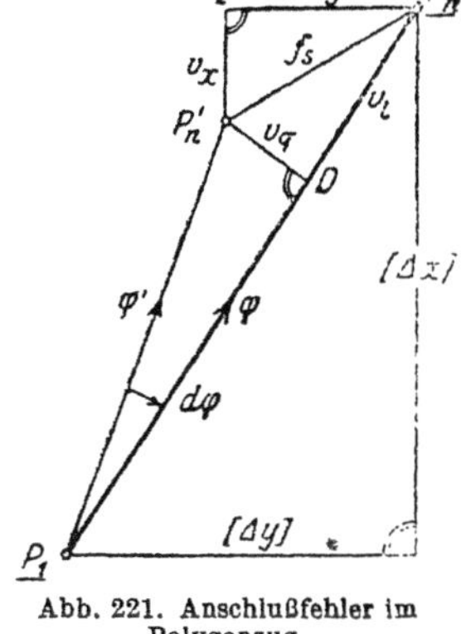
Abb. 221. Anschlußfehler im Polygonzug.

absteht. Dessen Projektionen auf die Zugrichtung und eine dazu Senkrechte sind die Längenabweichung v_l und die Querabweichung v_q. Im gestreckten Zuge kann v_l nur von Längenmessungsfehlern, v_q nur von Fehlern der Winkelmessung herrühren.

Wird für f_s eine obere Grenze M_s gesetzt, so muß der mit den vorläufig ausgeglichenen Winkeln berechnete Zugendpunkt P' innerhalb eines um den richtigen Ort P mit dem Halbmesser M_s beschriebenen Kreises liegen. Sind hingegen für v_l und v_q Fehlergrenzen $\varDelta l$, $\varDelta q$ angegeben, so wird verlangt, daß P' in einem Rechteck liegt, dessen zur Zugrichtung parallele bzw. senkrechte Seiten die Längen $2\varDelta l$ und $2\varDelta q$ besitzen.

Manchmal wird auch noch die **Zugverschwenkung**

$$d\varphi'' = \varrho'' \frac{v_q}{P_1 P_n} \tag{498}$$

für die Genauigkeitsbeurteilung herangezogen.

Im gestreckten, gleichseitigen Zug ist die **mittlere Zugverschwenkung**

$$m_\varphi = \frac{m_{2q}}{L} = m_\nu \sqrt{\frac{n\,(n+1)}{12\,(n-1)}} \approx \frac{1}{2} m_\beta \sqrt{\frac{n}{3}} \,. \tag{499}$$

Stellt man nach der gleichmäßigen Verteilung der Koordinatenwidersprüche im nunmehr **vollständig ausgeglichenen**, gleichseitigen, gestreckten Zug die bestimmten Koordinatenfehler dx_{3e}, dy_{3e} des Punktes P_e als Funktionen der Beobachtungsfehler $d\beta$, ds dar, so gewinnt man hieraus die Quadrate der mittleren Koordinatenfehler in der Zugrichtung und senkrecht dazu:

$$\left.\begin{aligned} m_{3le}^2 &= \frac{(e-1)\,(n-e)}{n-1} \cdot m_s^2, \\[2mm] m_{3qe}^2 &= \frac{s^2}{48} \cdot \frac{(e-1)\,(n-e)}{n\,(n-1)} \left\{ (n+1)\,(n^2+3) - (n+3)\,[(e-1) - (n-e)]^2 \right\} m_\beta^2. \end{aligned}\right\} \tag{500}$$

Damit erhält man für den **Mittelpunkt** $P_{\frac{n+1}{2}}$ des betrachteten Zuges die größte mittlere Längen- und Querverschiebung

$$\left.\begin{aligned} m_{3lm} &= \tfrac{1}{2}\, m_s \sqrt{n-1}, \\ &= \tfrac{1}{2}\, m_0 \sqrt{L}, \end{aligned}\right\} \tag{501} \qquad \left.\begin{aligned} m_{3qm} &= \frac{s}{8} \cdot m_\beta \sqrt{\frac{(n^2-1)(n^2+3)}{3\,n}} \\ &= m_\beta \cdot \frac{L}{8} \sqrt{\frac{(n+1)\,(n^2+3)}{3\,n\,(n-1)}} \approx m_\beta \cdot \frac{L}{8} \sqrt{\frac{n}{3}} \,. \end{aligned}\right\} \tag{502}$$

Erstere ist für eine bestimmte Zuglänge L von der Länge s der Polygonseiten unabhängig; dagegen nimmt m_{3qm} bei festem L mit der Punktzahl zu, verringert sich also für längere Polygonseiten.

Zur Einschränkung der Rechenarbeit ist – von besonderen Ausnahmefällen abgesehen – eine **einfache Verteilung der Koordinatenwidersprüche** v_x, v_y zu fordern. Das vielfach übliche Verfahren, v_x und v_y proportional den Streckenlängen auf die Koordinatenunterschiede zu verteilen, führt nach den Untersuchungen von EGGERT[1] nicht nur im gestreckten gleichseitigen, sondern auch im mäßig geknickten Zuge zu Ergebnissen, welche den nach der Methode der kleinsten Quadrate gewonnenen nahezu gleichwertig sind.

Es sind noch die **Ausdrücke** für die bei der Zugverknotung auftretenden **Koordinatengewichte** P_x, P_y aufzustellen.

Aus (468) und (469) folgt

$$\left.\begin{aligned} (KH) = \left[\frac{1}{n}\right] \cdot \Bigg(&\frac{1}{n_1}\{\alpha_{10} + \overset{n_1}{\underset{1}{[\beta_{1i}']}} + n_1 \cdot 180^0\} + \frac{1}{n_2}\{\alpha_{20} + \overset{n_2}{\underset{1}{[\beta_{2i}']}} + n_2 \cdot 180^0\} \\ &+ \frac{1}{n_3}\{\alpha_{30} + \overset{n_3}{\underset{1}{[\beta_{3i}']}} + n_3 \cdot 180^0\} + \cdots \Bigg) \end{aligned}\right\} \tag{503}$$

---

[1] EGGERT in Z. Vermess.-Wes.: a) Die Fehlerfortpflanzung in Polygonzügen, 1907, S. 4—19; b) Die zulässigen Abschlußfehler der Polygonzüge, 1912, S. 495—508, und c) Zur Ausgleichung von Polygonzügen, 1912, S. 547—554. (Siehe auch Jahrg. 1914, S. 215—235.) EGGERT hat eine überraschend einfache Form der strengen Polygonzugausgleichung mitgeteilt, die aber immer noch viel mehr Arbeit wie die übliche, eben doch ausreichend genaue Näherungsausgleichung erfordert u. diese daher nicht verdrängen wird. (Die Ausgleichung von Polygonzügen nach der Methode der kleinsten Quadrate. Z. Vermess.-Wes. 1928, S. 657—675, u. 1935, S. 1—6.) Siehe ferner in Z. Vermess.-Wes.: FÖRSTNER: Ausgleichung von Polygonzügen, 1933, S. 49—64 u. 101—114, u. NITTINGER, J.: Einige Bemerkungen zur Fehlerverteilung bei Polygonzügen, 1934, S. 407—411 (siehe auch Jahrg. 1938, S. 134.) Ferner NITTINGER, J.: „Ausgleichung polygonaler Züge u. Netze." (Sonderheft 15 zu den Mitt. d. R.-A. f. Landesaufn., Berlin 1937.)

als Funktion der Beobachtungen β'. Hieraus und aus (471) gewinnt man die für jeden Winkel β'_{vi} des Teilzuges Z_v gleiche Winkelverbesserung

$$v_{\beta vi} = \frac{\left(\frac{1}{n_v} - \left[\frac{1}{n}\right]\right) \sum\limits_{1}^{n_v} d\beta_{vi} + \frac{1}{n_1} \sum\limits_{1}^{n_1} d\beta_{1i} + \frac{1}{n_2} \sum\limits_{1}^{n_2} d\beta_{2i} + \frac{1}{n_3} \sum\limits_{1}^{n_3} d\beta_{3i}}{n_v \left[\frac{1}{n}\right]} \qquad (504)$$

als Funktion der Fehler $d\beta$ in den beobachteten Polygonwinkeln. Der ausgeglichene Polygonwinkel β im Zuge Z_v ist daher mit dem Fehler

$$\begin{aligned}
d\beta^0_{vi} &= d\beta_{vi} + v_{\beta vi} \\
&= \frac{1}{n_v}\left[\frac{1}{n}\right]\left\{ n_v\left[\frac{1}{n}\right]d\beta_{vi} + \left(\frac{1}{n_v} - \left[\frac{1}{n}\right]\right) \sum\limits_{1}^{n_v} d\beta_{vi} + \frac{1}{n_1} \sum\limits_{1}^{n_1} d\beta_{1i} + \frac{1}{n_2} \sum\limits_{1}^{n_2} d\beta_{2i} \right. \\
&\qquad \left. + \frac{1}{n_3} \sum\limits_{1}^{n_3} d\beta_{3i} + \cdots \right\}
\end{aligned} \qquad (505)$$

behaftet. Ersetzt man in den aus (486) folgenden, bestimmten Koordinatenfehlern

$$\begin{aligned}
dx_{n_v} &= - \sum\limits_{i=1}^{n_v-1}(y_{n_v} - y_{vi})\, d\beta^0_{vi} + \sum\limits_{i=1}^{n_v-1} \cos\alpha_{vi} \cdot d s_{vi} \\
dy_{n_v} &= \sum\limits_{i=1}^{n_v-1}(x_{nv} - x_{vi})\, d\beta^0_{vi} + \sum\limits_{i=1}^{n_v-1} \sin\alpha_{vi} \cdot d s_i
\end{aligned} \qquad (506)$$

$d\beta^0_{vi}$ durch (505), so erhält man für die dem Endpunkte des Teilzuges Z_v entsprechenden Werte dx_{nv}, dy_{nv} Ausdrücke, welche unmittelbare Funktionen der Beobachtungsfehler $d\beta$ und ds sind. Das mittlere Fehlergesetz führt im **gestreckten, gleichseitigen Zweig Z_v zu den mittleren Koordinatenfehlerquadraten**

$$\begin{aligned}
m^2_{x_{n_v}} &= \frac{s_v^2 \cdot \sin^2\alpha_v}{4\left[\frac{1}{n}\right]^2}(n_v-1)\left\{\frac{1}{3}n_v(n_v+1)\left[\frac{1}{n}\right]^2 \cdot m^2_{\beta v} + (n_v-1)\left(\frac{m^2_{\beta_1}}{n_1} + \frac{m^2_{\beta_2}}{n_2} + \cdots + \frac{m^2_{\beta v}}{n_v} + \cdots\right)\right\} \\
&\qquad + (n_v-1)\cos^2\alpha_v \cdot m^2_{vs}, \\
m^2_{y_{n_v}} &= \frac{s_v^2 \cdot \cos^2\alpha_v}{4\left[\frac{1}{n}\right]^2}(n_v-1)\left\{\frac{1}{3}n_v(n_v+1)\left[\frac{1}{n}\right]^2 \cdot m^2_{\beta v} + (n_v-1)\left(\frac{m^2_{\beta_1}}{n_1} + \frac{m^2_{\beta_2}}{n_2} + \cdots + \frac{m^2_{\beta v}}{n_v} + \cdots\right)\right\} \\
&\qquad + (n_v-1)\sin^2\alpha_v \cdot m^2_{vs}
\end{aligned} \qquad (507)$$

des Zugendpunktes. Setzt man auch noch für alle Teilzüge gleiche Seiten s, gleiche mittlere Seitenfehler m_s und Winkelfehler m_β voraus, so erscheinen an Stelle von (507) die etwas einfacheren Ausdrücke

$$\begin{aligned}
m^2_{x_{n_v}} &= \frac{s^2 \cdot \sin^2\alpha_v}{12\left[\frac{1}{n}\right]}(n_v-1)\left\{n_v(n_v+1)\left[\frac{1}{n}\right] + 3(n_v-1)\right\} \cdot m^2_\beta + (n_v-1)\cos^2\alpha_v \cdot m^2_s, \\
m^2_{y_{n_v}} &= \frac{s^2 \cdot \cos^2\alpha_v}{12\left[\frac{1}{n}\right]}(n_v-1)\left\{n_v(n_v+1)\left[\frac{1}{n}\right] + 3(n_v-1)\right\} \cdot m^2_\beta + (n_v-1)\sin^2\alpha_v \cdot m^2_s,
\end{aligned} \qquad (508)$$

in denen, wie auch bisher, m_β im Bogenmaß zu verstehen ist.

Hat man sich für m_β und m_s nach (473) und aus Doppelmessungen oder nach Schätzungen Zahlenwerte verschafft oder kennt man wenigstens näherungsweise nur das Verhältnis $m_\beta : m_s$, so kann man auch die unter (477) stehenden Zuggewichte P_x, P_y zahlenmäßig berechnen. Häufig begnügt man sich auch mit rohen Näherungen für die Zuggewichte, indem man sie z. B. umgekehrt proportional den Zuglängen oder ihren Quadraten setzt[1].

---

[1] Die Ausdrücke (507) u. (508) sind für den praktischen Gebrauch viel zu umständlich, aber insofern von Bedeutung, als man an ihnen die Brauchbarkeit der für sie verwendeten Näherungen prüfen kann.

24. Horizontalaufnahme durch rechtwinklige Naturmaßkoordinaten.

Dieses auch kurz als Zahlenmethode oder Koordinatenaufnahme bezeichnete Verfahren ist die genaueste Art der Horizontalaufnahme und dient in erster Linie für Aufnahmen zur Sicherung des Grundeigentums und zur Fortführung des Eigentumskatasters. In einem solchen Falle soll der Messung stets eine dauerhafte Abmarkung der Eigentumsgrenzen vorausgehen. Die Koordinatenaufnahme, welche allerdings teurer kommt als die später zu besprechende Meßtischaufnahme, hat die Eigentümlichkeit, daß man jederzeit später aus den in Tabellen und Handrissen niedergelegten Messungsergebnissen einen Plan in einem innerhalb gewisser Grenzen beliebigen Maßstab herstellen kann[1].

a) Liniennetz.

Die Seiten des Polygonnetzes werden besonders bei starker Zersplitterung des Besitzes und im bebauten Gelände nicht ausreichen, um eine technisch einwandfreie Festlegung aller Einzelheiten zu ermöglichen. Es wird daher notwendig, noch weitere Messungslinien, das sog. Liniennetz, in das Polygonnetz einzubinden. Die Endpunkte dieser Einbände sind die Liniennetzpunkte oder Bindepunkte. Sie liegen scharf eingerichtet[2] auf Polygonseiten oder schon bekannten Bindelinien und sind durch ihre gemessenen Abstände von den Anfangspunkten dieser Strecken bestimmt. Die wichtigeren dieser Punkte, deren Bezeichnung sich nach dem vorhergehenden Polygonpunkt richtet – siehe z. B. *16$\frac{1}{2}$*, *16$\frac{2}{2}$*, *16$\frac{3}{2}$* in Abb. 222 – werden durch lotrecht gestellte Röhren versichert. Einbände sollen nahe an den Grenzen vorbeiführen und möglichst unmittelbar an den festen Rahmen des Polygonnetzes anschließen. Man wird sie über die Grundstücksecken hinwegführen, wenn – wie auf der linken Seite von Abb. 222 – die Polygonseite außerhalb des Grundstücks liegt; durchschneidet sie es jedoch – wie in der Abbildung rechts – und sollen die Bindepunkte versichert werden, so legt man diese der besseren Zugänglichkeit und Erhaltung halber zweckmäßiger in die Schnittpunkte der Polygonseite mit den Langseiten der Grundstücke.

Die häufig notwendige Koordinatenberechnung von Liniennetzpunkten geht in folgender Weise vor sich. Der zu berechnende Punkt P (Abb. 223) besitze die Koordinaten x, y und stehe vom Anfangspunkt A der Strecke $AE = S$ um s ab. Aus den Koordinaten x_a, y_a und x_e, y_e der Punkte A und E erhält man mit den in der Abbildung enthaltenen Bezeichnungen

$$\Delta a = x_e - x_a, \qquad \Delta o = y_e - y_a, \qquad (509)$$

$$\Delta x = \frac{s}{S}\,\Delta a = \frac{s'}{S'}\,\Delta a, \qquad \Delta y = \frac{s}{S}\,\Delta o = \frac{s'}{S'}\,\Delta o. \qquad (510)$$

Liegen für s und S die fehlerhaften Beobachtungen s', S' vor, so besteht, wenn man sich s' verhältnisgleich zu S' verbessert denkt, die Proportion

$$s : S = s' : S', \qquad (511)$$

so daß die Koordinatenunterschiede Δx, Δy auch mittels der zweiten Formen der Gleichungen (510) berechnet werden können. Die Endergebnisse sind

$$x = x_a + \Delta x, \qquad y = y_a + \Delta y. \qquad (512)$$

Häufig stellt sich bei der Anlage des Liniennetzes auch die Notwendigkeit heraus, in

---

[1] Eine solche Grenze kommt nur in Betracht, wenn der nachträglich gewählte Maßstab vielmal größer ist als der ursprünglich gewählte, da man an eine in sehr großem Maßstab darzustellende Aufnahme von vornherein größere Anforderungen in bezug auf ihre Vollständigkeit u. Genauigkeit stellen müßte.

[2] Diese scharfe Einrichtung kann bei kurzen Seiten aus freiem Auge oder mit Hilfe eines Feldstechers erfolgen; bei längeren Seiten wird dazu besser ein im Anfangspunkt der bekannten Seite gut zentrisch aufgestellter, berichtigter Theodolit benutzt.

umschlossenen Hofräumen, durch welche eine Messungslinie nicht bis zu einer benachbarten Polygonseite geführt werden kann, Sackpunkte (tote oder angehängte Punkte) zu bestimmen. Ein solcher Sackpunkt P_i^a (Abb. 224) wird durch seine Entfernung s_i^a vom nächstliegenden Polygonpunkt P_i und deren Winkel β_i^a mit der vorhergehenden

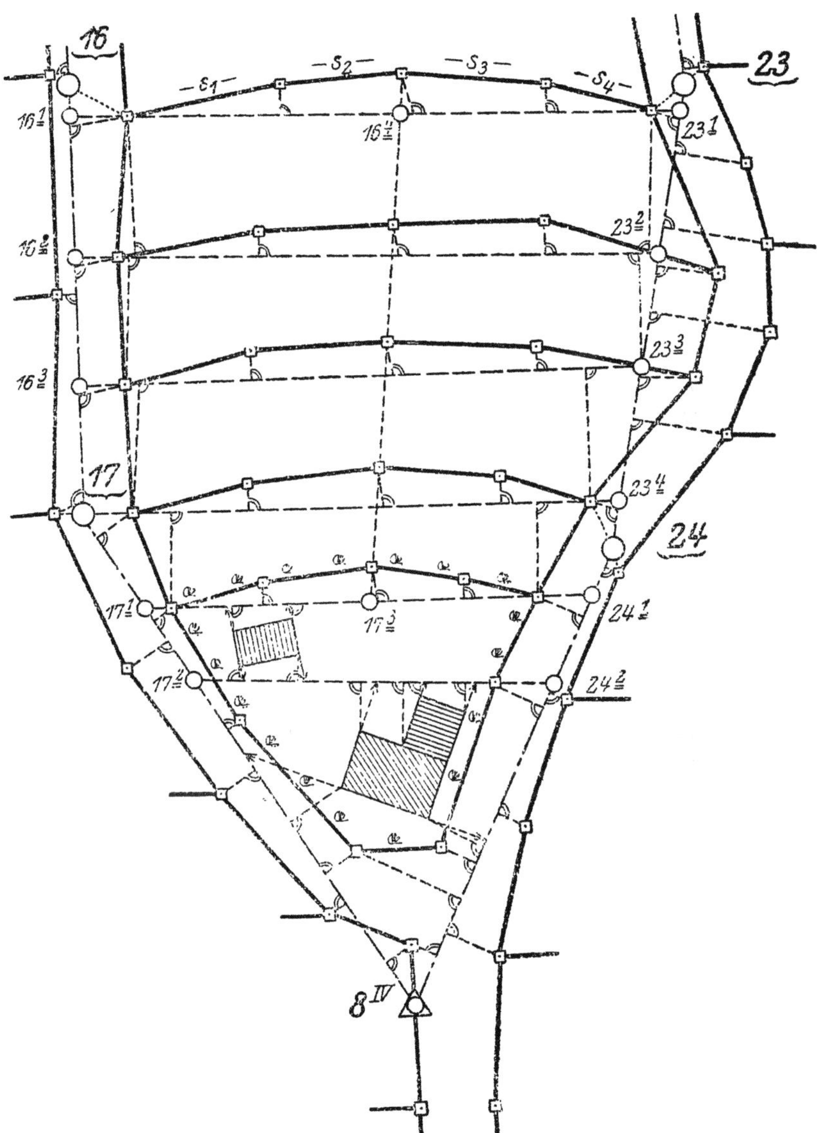

Abb. 222. Skizze einer auf ein Polygon- und Liniennetz bezogenen Stückmessung.

Polygonseite s_{i-1} festgelegt. Damit und mit den Bezeichnungen der Figur ergeben sich der Richtungswinkel

$$\alpha_i^a = \alpha_{i-1} + 180° + \beta_i^a \tag{513}$$

der Sackseite, die Koordinatenunterschiede

$$\Delta x_i^a = s_i^a \cos \alpha_i^a, \qquad \Delta y_i^a = s_i^a \sin \alpha_i^a \tag{514}$$

sowie die **Koordinaten des Sackpunktes**, nämlich

$$x_{\underset{i}{=}}^{a} = x_i + \Delta x_{\underset{i}{=}}^{a}, \qquad y_{\underset{i}{=}}^{a} = y_i + \Delta y_{\underset{i}{=}}^{a}. \tag{515}$$

Bei der Festlegung und Berechnung solcher Sackpunkte ist besondere Vorsicht geboten, da eine Anschlußprobe für die Richtigkeit der Messung oder Rechnung zunächst nicht besteht[1].

Sind die **Koordinaten** x, y des **Schnittpunktes** P (Abb. 225) **zweier Strecken** $P_1 P_2$ und $P_3 P_4$ mit bekannten Endpunkten (Linienschnitt) zu ermitteln, so kann man zur Lösung der Aufgabe die Tangente des Richtungswinkels jeder Strecke je doppelt, einmal aus den Endpunkten, ein zweites Mal mit einem Endpunkt und dem gesuchten Punkt ausdrücken und erhält:

$$\begin{aligned}
\operatorname{tg}(P_1 P_2) &= \frac{y_2 - y_1}{x_2 - x_1} = \frac{y - y_1}{x - x_1} = \frac{\Delta y_1}{\Delta x_1} = m, \\[2mm]
\operatorname{tg}(P_3 P_4) &= \frac{y_4 - y_3}{x_4 - x_3} = \frac{y - y_3}{x - x_3} = \frac{\Delta y_1 - (y_3 - y_1)}{\Delta x_1 - (x_3 - x_1)} = n,
\end{aligned} \right\} \tag{516}$$

$$(P_1 P_2) = \operatorname{arc\,tg} m, \quad (P_3 P_4) = \operatorname{arc\,tg} n. \tag{517}$$

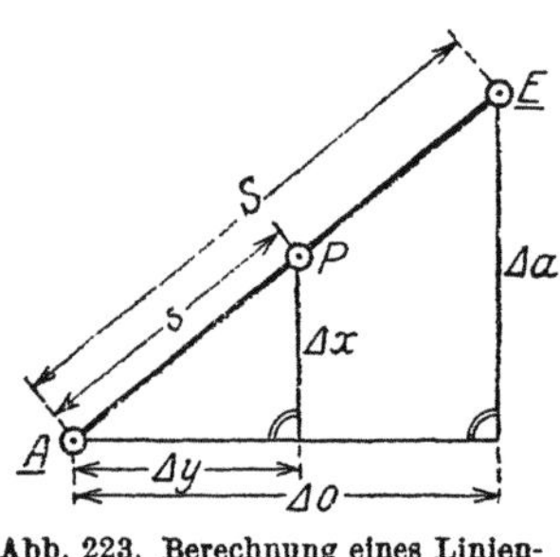

Abb. 223. Berechnung eines Liniennetzpunktes.

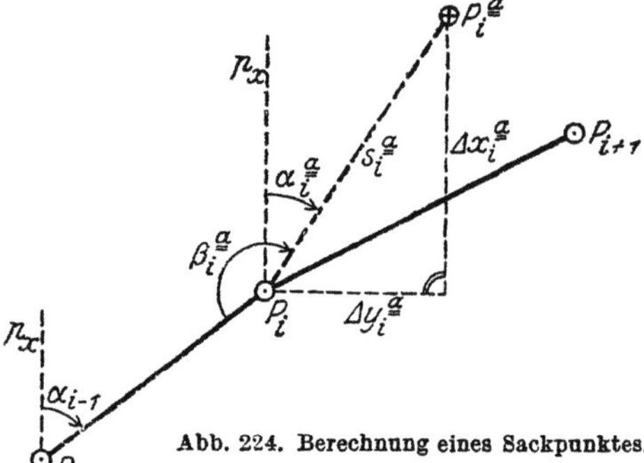

Abb. 224. Berechnung eines Sackpunktes.

Da m und n zahlenmäßig berechnet werden können, so sind die letzten Formen der Beziehungen (516) zwei Gleichungen mit den zwei Unbekannten x, y bzw. Δx_1, Δy_1, für welche sich die Ausdrücke

$$\Delta x_1 = \frac{y_3 - y_1 - n(x_3 - x_1)}{m - n}, \quad \Delta y_1 = m \cdot \Delta x_1 = y_3 + n(x - x_3) \right\} \tag{518}$$
$$x = x_1 + \Delta x_1, \quad y = y_1 + \Delta y_1$$

ergeben. Aus den Koordinatenunterschieden

$$\begin{aligned}
\Delta x_1 &= x - x_1. & \Delta x_2 &= x - x_2, & \Delta x_3 &= x - x_3, \\
\Delta y_1 &= y - y_1, & \Delta y_2 &= y - y_2, & \Delta y_3 &= y - y_3
\end{aligned} \right\} \tag{519}$$

lassen sich dann auch die Entfernungen

$$\begin{aligned}
s_1 &= \frac{\Delta x_1}{\cos(P_1 P_2)} = \frac{\Delta y_1}{\sin(P_1 P_2)}. & s_2 &= \frac{\Delta x_2}{\cos(P_2 P_1)} = \frac{\Delta y_2}{\sin(P_2 P_1)}, \\[2mm]
s_3 &= \frac{\Delta x_3}{\cos(P_3 P_4)} = \frac{\Delta y_3}{\sin(P_3 P_4)}, & s_4 &= \frac{\Delta x_4}{\cos(P_4 P_3)} = \frac{\Delta y_4}{\sin(P_4 P_3)}
\end{aligned} \right\} \tag{520}$$

des Schnittpunktes P von den gegebenen Punkten P_1, P_2, P_3, P_4 berechnen[2]).

Nur ausnahmsweise bestimmt man einen Punkt $P_{(x, y)}$ (Abb. 226) von zwei bekannten Punkten $P_{1\,(x_1, y_1)}$ und $P_{2\,(x_2, y_2)}$ aus durch **Einkreuzen** oder **Bogenschnitt**,

---

[1] Bei der Kartierung aber kommt ein etwaiger Fehler zum Vorschein.

[2] Sobald nach (517) die Richtungen $(P_1 P_2) = (P_1 P)$ u. $(P_3 P_4) = (P_3 P)$ ermittelt sind, könnte die Lösung auch durch Vorwärtseinschneiden ohne Sicht in der Grundlinie von P_1 und P_3 aus zu Ende geführt werden.

indem man seine Entfernungen b, a von diesen mißt. Mit den Abkürzungen

$$c = P_1 P_2, \qquad s = \tfrac{1}{2}(a + b + c) \qquad (521)$$

erhält man durch Anwendung des Halbwinkelsatzes die Dreieckswinkel α, β, γ aus:

$$\operatorname{tg} \frac{\alpha}{2} = \sqrt{\frac{(s-b)\cdot(s-c)}{s\,(s-a)}}, \quad \operatorname{tg} \frac{\beta}{2} = \sqrt{\frac{(s-a)\cdot(s-c)}{s\,(s-b)}}, \quad \operatorname{tg} \frac{\gamma}{2} = \sqrt{\frac{(s-a)\cdot(s-b)}{s\,(s-c)}}, \qquad (522)$$

$$\alpha + \beta + \gamma = 180^0 \qquad (523)$$

mit Kontrolle, so daß nunmehr die Koordinaten von P mittels Vorwärtseinschneidens berechnet werden können[1].

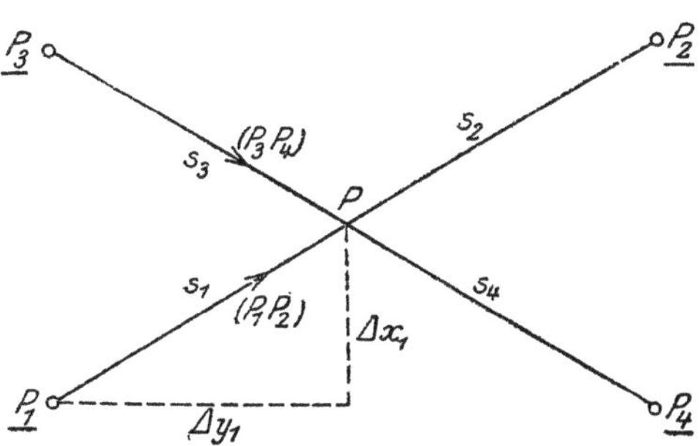

Abb. 225. Berechnung der Koordinaten des Schnittpunktes zweier Strecken (Linienschnitt).

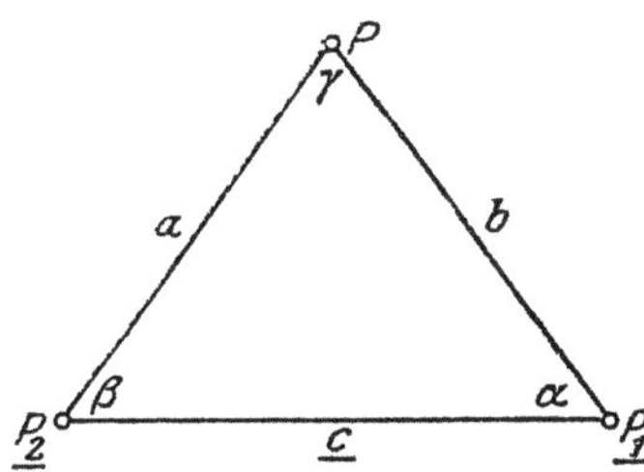

Abb. 226. Berechnung eines durch Bogenschnitt bestimmten Punktes.

b) Einzelaufnahme.

Liegt das Liniennetz fest, so erfolgt nach Andeutung von Abb. 222 die Aufnahme der Einzelheiten durch in der Natur unmittelbar gemessene rechtwinklige Koordinaten und durch Verlängerungen. Hauptsächlich zur Kontrolle werden auch die als Spannungen bezeichneten direkten Entfernungen s_1, s_2 ... eingemessener Punkte ermittelt. Die Koordinatenaufnahme erfolgt in örtlichen Systemen, deren Abszissenachsen die Polygonseiten und Einbände sind, während der Ursprung jeweils der Anfangspunkt einer solchen Linie ist. Diese Linien bzw. die durch sie bestimmten Lotebenen werden in der Natur durch eine genügende Zahl von scharf eingewiesenen Stäben bezeichnet. Zur durchlaufenden Abszissenmessung dienen meist 5-m-Latten, seltener das Ziehstahlband, während die Ordinaten auch mit 5-m-Latten oder 3-m-Latten oder mit einem Handstahlband ermittelt werden, wobei sorgfältig darauf zu sehen ist, daß der Nullpunkt des Meßwerkzeugs jeweils genau auf der Abszissenachse liegt. Zum Fällen und Errichten von Senkrechten wird im horizontalen Gelände zweckmäßig ein Winkelprisma und in stark hügeligen Gebieten die Kegelkreuzscheibe verwendet. In Städten wird bei kurzen Ordinaten wohl auch ein Winkel an die am Boden aufgeschnürte Abszissenachse angelegt. Sehr lange Ordinaten sollen wegen der größeren Unsicherheit in der Lage des Fußpunktes vermieden, zum mindesten verstrebt oder unter Umständen – ausnahmsweise – mit dem Theodolit abgesteckt werden[2]. Scharfe Messungsproben sind für die Endpunkte langer Ordinaten besonders wichtig. Durch Spannungen, welche gegen die Messungslinie und gegen die Ordinaten annähernd gleichmäßig geneigt sind, wird sowohl der zugehörige Abszissenunterschied als auch der Ordinatenunterschied – nicht aber die Koordinaten selbst – verprobt, während zur Abszissenachse annähernd parallele bzw. senkrechte Spannungen lediglich den Abszissenunterschied bzw. den Ordinatenunterschied sichern. Auch die Messung sog.

---

[1] Zur Genauigkeit des Bogenschnittes siehe Z. Vermess.-Wes. 1926, S. 513—527; 1927, S. 374 bis 395; 1930, S. 799—809.

[2] Siehe hierzu LÖSCHNER, HANS: Über die Genauigkeit im Fällen von Ordinaten bei Koordinatenaufnahmen. Z. Instrumentenkde. 1926, S. 497—519.

Steinlinien, wie z. B. eine über *16⁴* und *17³* (Abb. 222) läuft, bietet willkommene
Proben. Vielfach mißt man auch die zur eigentlichen Punktfestlegung entbehrlichen
Viereckshöhen, um später eine einfache Flächenberechnung zu ermöglichen. Auch
Straßen- und ähnliche Gebilde nimmt man, selbst wenn ihre Begrenzung schon teilweise anders festgelegt ist, stets von den auf oder neben der Straße verlaufenden Polygonseiten aus auf, damit ihre Begrenzung jederzeit in einfacher Weise wieder hergestellt
werden kann. Eine wahllose Messung aller möglichen überschüssigen Bestimmungsstücke ist jedoch unangebracht.

Die Messungsergebnisse trägt man in Handrisse ein, welche, soweit es die Rücksicht auf die Deutlichkeit erlaubt, annähernd maßstäblich geführt werden. Gegen-

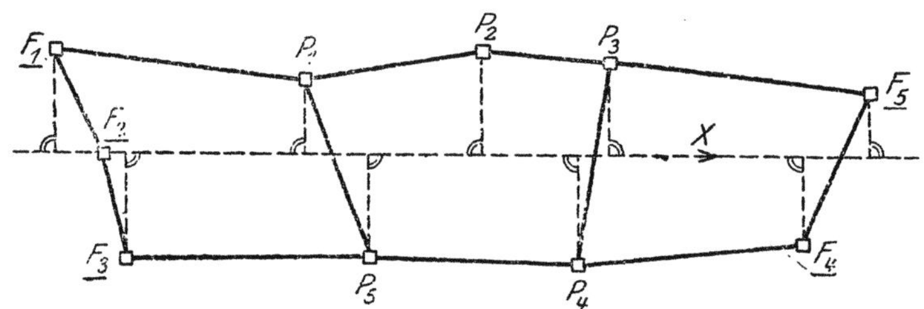

Abb. 227. Standlinienaufnahme.

stand der Aufnahme sind Gebäude, Eigentumsgrenzen samt Grenzzeichen, Kultur-,
Gewannen- und politische Grenzen, ferner Verkehrswege aller Art, Zäune, Hecken,
Gräben, Brunnen, Leitungen im Boden und in freier Luft, Hydranten, Kanalschächte,
Wasserläufe und stehendes Wasser, Brücken, Durchlässe, Staumauern, Stütz- und
Futtermauern, Uferbefestigungen, Hafenanlagen und andere Ingenieurbauwerke; ferner
Denkmäler, Feldkreuze und weitere für den jeweiligen Aufnahmezweck wichtige Einzel-
heiten.

In einfachen Fällen kann man auch ohne Polygonnetz mit einem rechteckigen oder dreieckigen Rahmen auskommen, dessen Seiten als Messungslinien dienen. Den einfachsten Fall stellt die Standlinienaufnahme dar, bei welcher eine als Abszissenachse X (Abb. 227) dienende Standlinie das aufzunehmende
Gebilde $P_1 P_2 \ldots P_5$ der Länge nach ungefähr halbiert. Zum Eintrag einer solchen
Aufnahme in einen bereits vorhandenen Plan muß die Standlinie nach Andeutung von Abb. 227 auf im Plan sicher festliegende Punkte F_1, $F_2 \ldots F_5$ eingemessen werden[1].

Die mittlere Lageunsicherheit der durch eine gute Koordinatenaufnahme bestimmten
Punkte gegen die nächsten Polygonpunkte ist auf einige Zentimeter zu schätzen[2].

25. Horizontalaufnahme durch Polarkoordinaten mit dem entfernungsmessenden Théodolit.

Diese auch als Rayonieren mit dem Theodolit bezeichnete Aufnahmeart kommt
nur für offenes, übersichtliches, annähernd horizontales Gelände in Betracht; sie ist
ein Sonderfall der später ausführlich zu behandelnden Tachymetrie. In einem größeren

---

[1] Als besondere Art der Koordinatenaufnahme sei noch die Parallelmethode genannt, welche
die Einzelaufnahme auf ein System von zwei senkrechten Scharen paralleler Linien stützt. Dieses
Verfahren, welches seinerzeit bei der dänischen u. württembergischen Landesaufnahme eine Rolle
gespielt hat, liefert einfache, gute Messungsproben; es scheitert aber in der Regel daran, daß ein
solches der Gestalt nach vorgegebenes Liniennetz nur sehr schwer abzustecken ist u. sich den aufzunehmenden Linien u. dem Gelände überhaupt viel zuwenig anschmiegt. Zudem verursacht es
viel Flurschaden.

[2] Eine Koordinatenaufnahme beschreibt schon HERON von Alexandrien (SCHÖNE, H.: Herons
von Alexandria Vermessungslehre und Dioptra, S. 261 ff. und 267 ff., Leipzig 1903). Einen geschichtlichen Rückblick auf die Koordinatenmethode gibt des Verfassers Arbeit „Die Bedeutung der Ko-
ordinatengeometrie für die Bauingenieurtechnik‟ in der Z. bayer. Geometerv. 1907, S. 188 ff.

Aufnahmegebiet werden zunächst wieder Festpunkte P_1, P_2, ... etwa durch Polygonmessung bestimmt, welche dann der Einzelaufnahme als Theodolitstandpunkte dienen. Sie sind so auszuwählen, daß von ihnen aus das Gelände möglichst gut überblickt werden kann. Ist das Instrument etwa über P_1 zentrisch aufgestellt, so werden die Achsenfehler so weit beseitigt, daß ihr Einfluß den der zufälligen Beobachtungsfehler nicht mehr erreicht. Diese Untersuchung erstreckt sich, da die Aufnahme mit Rücksicht auf die etwas geringeren Genauigkeitsanforderungen und gesteigerten Ansprüche an den Arbeitsfortschritt nur in einer Fernrohrlage erfolgen kann, auch auf den Ziel- und Kippachsenfehler. Die Berichtigung ist übrigens, da lauter nahezu horizontale Sichten in Frage kommen, leicht ausreichend, es wäre denn, daß zur Orientierung ein sehr nahe gelegener Hochpunkt verwendet werden müßte. Hat man die Konstanten des Entfernungsmessers bestimmt, so wird das berichtigte Instrument zur Orientierung der Aufnahme auf einen anderen bekannten Punkt P_i gerichtet und die zu dieser Einstellung gehörige Horizontalkreisablesung aufgeschrieben. Daraufhin erfolgt die Aufnahme der Einzelpunkte, indem jeweils das annähernd waagrechte Fernrohr auf eine in diesen Punkten lotrecht gestellte Latte gerichtet, an dieser der zwischen den Entfernungsfäden befindliche Lattenabschnitt und am Grundkreis die Horizontalrichtung abgelesen wird. So ist die Lage jedes Punktes in bezug auf den Instrumentenstandort und die Orientierungsrichtung durch seine horizontale Entfernung und deren Richtung, also durch seine horizontalen Polarkoordinaten be-

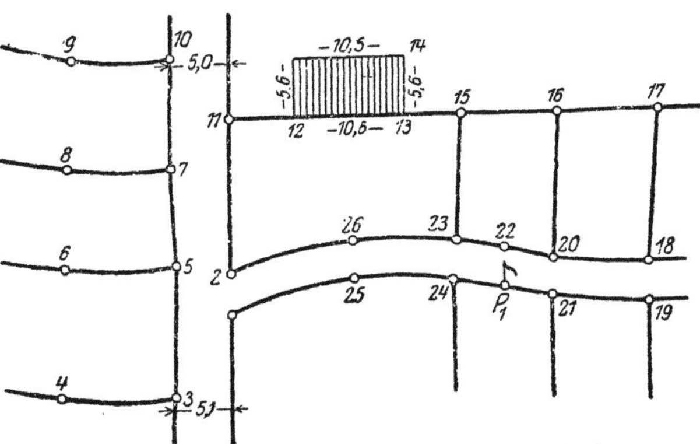

Abb. 228. Handriß zur Aufnahme nach Polarkoordinaten.

stimmt. Eine unmittelbare Messung der Entfernung ist nur zweckmäßig, wenn diese eine Meßbandlänge nicht überschreitet. Während ein Beobachter am Instrument seine Messungen ausführt und einträgt, weist ein Handrißführer dem Lattenträger die Lattenstandpunkte an, numeriert sie in seiner Skizze (Abb. 228) fortlaufend und ergänzt, wo notwendig, die Aufnahmen durch einzelne direkt gemessene Maße, wie Wegbreiten, Hausbreiten u. dgl. Beim Abruf von jedem 5. Punkt wird durch Zuruf nachgeprüft, ob die Numerierung im Handriß mit derjenigen des Beobachters noch übereinstimmt. Am Ende der Beobachtungen, bei besonderen Anlässen auch schon früher, erfolgt auf jedem Standorte noch einmal eine Nachprüfung der Orientierung. Die mittlere Lageunsicherheit der nach diesem Verfahren aufgenommenen Punkte gegen den Instrumentenstandort hängt natürlich von der Entfernung ab; ihre Größenordnung ist auf etwa 1 dm zu veranschlagen.

Neuerdings gewinnt diese Aufnahmeart infolge der Einführung besonders leistungsfähiger Entfernungsmesser[1] mit waagrechter Latte auch wieder für die Eigentumsaufnahmen Bedeutung. Dies gilt für offene übersichtliche Gebiete, die in absehbarer Zeit nicht bebaut werden.

26. Bussolenaufnahme.

Auch bei der Horizontalaufnahme mit der Bussole handelt es sich um eine Punktfestlegung durch Polarkoordinaten. Nur erfolgt hier die Ablesung der Horizontalrichtung an der Bussolenteilung; auch liegen hinsichtlich der Fehlerfortpflanzung besondere Verhältnisse vor.

---

[1] Diese Instrumente geben die Hektometerstrecke mit einem mittleren Fehler von etwa $\pm$ 2 cm. Siehe dazu auch die Ausführungen über Tachymetrie.

a) Bussolenzüge.

Spätestens mit der Einzelaufnahme werden auch die verpflockten Bussolenstandorte festgelegt. Dazu dienen Bussolenzüge, d. h. kurzseitige (Seiten nicht über 50 m) Polygonzüge, in denen an Stelle der Brechungswinkel die Seitenrichtungen, nämlich die magnetischen Streichwinkel beobachtet werden, während zur Messung der Seitenlängen entweder das Meßband oder das distanzmessende Bussolenfernrohr dient. Die Bussolenzüge kann man daher auch als Richtungszüge, die Theodolitpolygonzüge hingegen als Winkelzüge bezeichnen.

Ein Bussolenzug $B_1 B_2 \ldots B_n$ (Abb. 229) wird womöglich immer an zwei Punkte B_1, B_n von bekannter Lage (Dreieckspunkte oder gut bestimmte Polygonpunkte) angeschlossen. Ist das Instrument über B_1 aufgestellt, so ermittelt man zunächst aus der zur Einstellung eines weiteren bekannten Punktes B_0 gehörigen Streichwinkelablesung w_0' (Mittel der Ablesungen an beiden Nadelenden) nach (236)

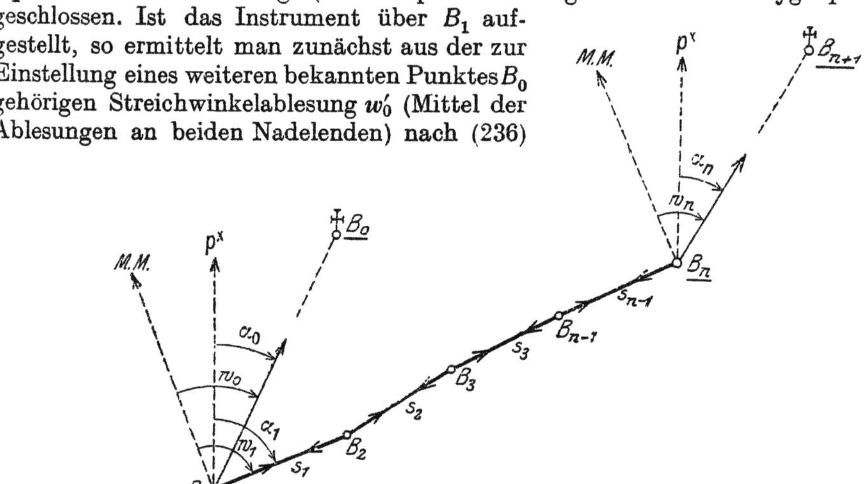

Abb. 229. Bussolenzug mit Gegenazimuten und mit Orientierungsanschluß.

die Reduktionsgröße Γ, stellt hierauf den vorwärtsliegenden Punkt B_2 ein und erhält aus dem Mittel w_1' der Ablesungen den Richtungswinkel α_1 der Seite s_1 nach (235). Gleichzeitig erfolgt die Seitenmessung. Zur eindeutigen Punktfestlegung würde es genügen, in Sprungständen zu beobachten, d. h. nur in jedem zweiten Punkte die von ihm ausgehenden Seiten nach Richtung und Länge zu ermitteln. Sicherer ist es, einen Bussolenzug mit Gegenazimuten zu messen, also die von jedem Punkt ausgehenden Seiten nach Richtung und Länge zu bestimmen und die zusammengehörigen Doppelbeobachtungen für jede Seite vor ihrer weiteren Verwertung zu vergleichen und zu mitteln. Auch am Ende der Arbeit soll Γ noch einmal ermittelt werden. Zur Bestimmung dieser Hilfsgrößen kann an Stelle der Richtungen $B_1 B_0$ und $B_n B_{n+1}$ natürlich auch eine andere in der Nähe liegende bekannte Richtung dienen. Ein Zahlenbeispiel für eine Zugmessung mit Gegenazimuten enthält Tabelle 23.

Ein solcher Bussolenzug wird mit den bekannten Richtungswinkeln und Seiten entweder wie ein Polygonzug in das Koordinatennetz eingerechnet oder – meistens – ohne Rechnung zeichnerisch aufgetragen. Soll ein Zug, für dessen Seiten ausnahmsweise astronomische Azimute a vorliegen, im Landeskoordinatensystem berechnet werden, so muß man erst unter Verwendung der Gl. (233), (234) von den Azimuten auf Richtungswinkel übergehen.

Ein Fehler im Streichwinkel beeinflußt lediglich die Richtung der betreffenden Seite, während alle übrigen Seitenrichtungen davon unberührt bleiben, so daß nur eine geringe Parallelverschiebung des folgenden Zugteiles (Abb. 229a) eintritt. Anders beim Theodolitpolygonzug (Winkelzug), wo ein Winkelfehler eine Drehung des ganzen Restzuges $B_i B_n$ zur Folge hat!

Bedeutet m_r den mittleren Fehler der beobachteten Streichwinkel, so ist die hieraus folgende Querverschwenkung des Endpunktes einer einzelnen Seite s das Produkt $s \cdot m_r$.

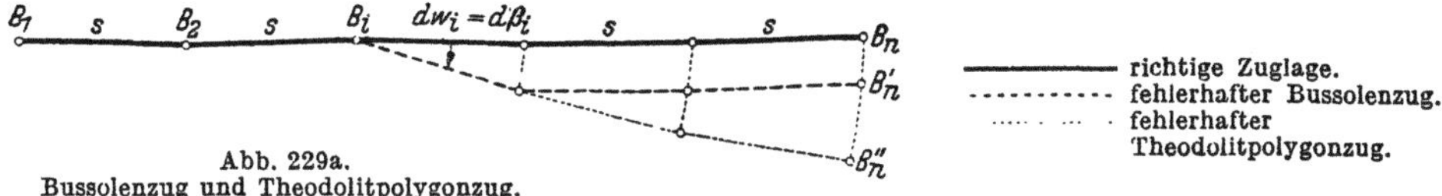

Abb. 229a.
Bussolenzug und Theodolitpolygonzug.

Für den Endpunkt B_n eines gleichseitigen, gestreckten Bussolenzuges von der Länge L ist daher die Querverschwenkung

$$m_q = m_r \cdot s \, \sqrt{n-1} = m_r \, \sqrt{s \cdot L} \tag{524}$$

zu befürchten[1]. Sie ist bei einer festen Zuglänge L zu $\sqrt{s}$ proportional; vom Standpunkte der Fehlerfortpflanzung aus sind also Bussolenzüge mit kurzen Seiten, wie sie im Walde auftreten, den Zügen mit langen Seiten vorzuziehen. Für die Theodolitpolygonzüge ergab sich aus (489) das umgekehrte Ergebnis.

Die mittlere Längsverschiebung des Endpunktes im betrachteten Bussolenzug wird

$$m_l = m_s \, \sqrt{n-1}, \tag{525}$$

wenn m_s den mittleren Längenfehler einer Zugseite s bedeutet. Der Ausdruck für m_l stimmt in der Form mit dem entsprechenden Fehler (488) im Theodolitpolygonzuge überein. Bei den kurzen Entfernungen wird m_s in der Hauptsache durch den Ausdruck $m_0 \sqrt{s}$ bzw. $k \cdot s$ angegeben, je nachdem die Längenmessung unmittelbar oder mit dem Distanzmesser erfolgt. Die Längsverschiebung des Zugendpunktes wird demnach

$$m_l = m_0 \, \sqrt{L} \quad \text{bzw.} \quad m_l = k \, \sqrt{s \cdot L}. \tag{526}$$

Bei Anwendung des Distanzmessers zur Seitenmessung verdienen daher die kurzseitigen Bussolenzüge auch mit Rücksicht auf die Längsverschiebung den Vorzug.

b) Einzelaufnahme.

Auch die Einzelaufnahme mit der Bussole erfolgt durch Polarkoordinaten (Streichwinkel und Entfernungen), die sich auf den jeweiligen Instrumentenstandort und dessen magnetischen Meridian beziehen. Dabei werden Entfernungen unter einer

Tabelle 23.

Standpunkte	Zielpunkte	Strecke (Mittel)	Beobachtete Streichwinkel		Mittel w'	Richtungswinkel α	Bemerkungen
			Nordende	Südende			
B_1	B_0	m	$28,4^0$	$208,3^0$	$28,35^0$	$\underline{16,55^0}$	bekannt
	B_2	41,0	89,2	269,2	89,20	$\overline{77,40}$	$\Gamma = w_0' - \alpha_0$
		(41,05)					$= +11,80^0$
B_2	B_1	41,1	269,1	89,2	269,15	257,35	um 6^{30}
	B_3	39,8	84,7	264,5	84,60	72,80	
		(39,75)					
B_3	B_2	39,7	264,6	84,5	264,55	252,75	
	B_4	43,5	88,8	268,8	88,80	77,00	
B_n	B_{n-1}						bekannt
	B_{n+1}		70,3	250,2	70,25	$\underline{58,40}$	$\Gamma = +11,85^0$
							um 17^{30}

[1] Im Theodolitpolygonzug ist der entsprechende Ausdruck $m_{1q} \approx m_\beta \cdot L \cdot \sqrt{\dfrac{n}{3}}$.

Meßbandlänge meist mit dem Meßband, größere hingegen mit dem Distanzmesser ermittelt. Die Messungsergebnisse trägt man in Tabellen und Handrisse ein, die bei Abruf von jedem 5. Punkt auf die Übereinstimmung der Punktnumerierung hin nachgeprüft werden. Sowohl bei der Einzelaufnahme wie auch schon bei der Standortsbestimmung sind alle Ursachen, welche die Nadel aus der Richtung des magnetischen Meridians bringen könnten, wie die Annäherung von Schlüsseln, Messern, Klemmerfedern, Ziernadeln an die Magnetnadel oder eine nahe gelegene Starkstromleitung, sorgfältig zu vermeiden. Unter normalen Verhältnissen ist die mittlere Lageunsicherheit der verstreut aufgenommenen Einzelpunkte gegen den zugehörigen Bussolenstandort auf etwa 1 dm zu veranschlagen, solange die Entfernungen 50 m nicht überschreiten.

Das Hauptanwendungsgebiet für die Bussole ist der Wald, wo schon die schlechteren Sichtverhältnisse zur Einhaltung der von der Theorie geforderten kurzen Seitenlängen zwingen. Allerdings handelt es sich dabei seltener um eine reine Horizontalaufnahme, als vielmehr um eine vereinigte Horizontal- und Höhenaufnahme.

27. Meßtischaufnahme.

Bei Meßtischaufnahmen erfolgt auch die Bestimmung der Meßtischstandorte, von denen aus möglichst viel Einzelpunkte zu erreichen sein sollen, in der Regel mit dem Meßtisch. Dieses Stationieren mit dem Meßtisch muß stets der Einzelaufnahme vorausgehen, damit sich nicht etwa Fehler in den Standpunktsbildern auf alle von ihnen aus bestimmten Einzelheiten übertragen.

a) Stationieren mit dem Meßtisch.

Die wichtigsten Arten der Punktbestimmung mit dem Meßtisch sind:
1. das graphische Vorwärtseinschneiden,
2. das graphische Seitwärtsabschneiden,
3. das graphische Rückwärtseinschneiden.
Zu diesen als graphische Triangulierung bezeichneten Verfahren tritt noch
4. die Polygonmessung mit dem Meßtisch.

Beim graphischen Vorwärtseinschneiden (Abb. 230) ist von zwei bekannten Feldpunkten A, B aus, deren Bilder a, b auf dem Meßtischblatt im Maßstab der nach-

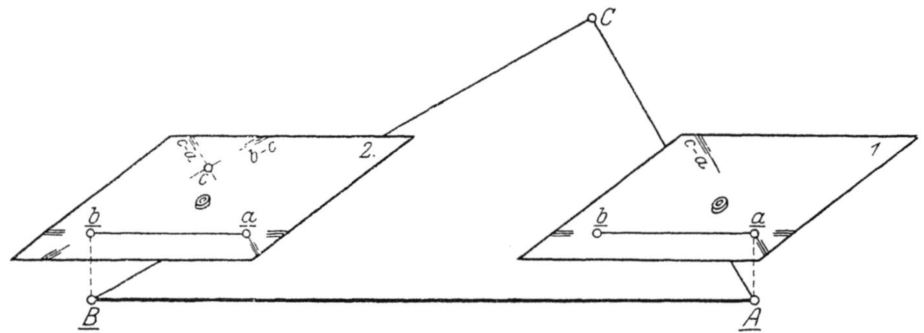

Abb. 230. Vorwärtseinschneiden mit dem Meßtisch.

folgenden Einzelaufnahme aufgetragen sind, der zu einem Neupunkt C gehörige Bildpunkt c zu ermitteln. Zu diesem Zwecke stellt man den Meßtisch zentriert, orientiert und horizontiert nacheinander in den beiden gegebenen Punkten A, B auf, indem man zur Orientierung jeweils die Richtung nach dem anderen bekannten Punkte benutzt. Dreht man nun bei feststehendem Tisch die berichtigte[1] Kippregel so, daß ihre

---

[1] Die Kippregelberichtigung muß sowohl für das Stationieren wie auch für die Einzelaufnahme mit dem Meßtisch sehr sorgfältig durchgeführt werden, da aus praktischen Gründen immer nur in einer Fernrohrlage beobachtet werden kann.

Zielebene den unbekannten Punkt C enthält und die Linealkante durch den Bildort a bzw. b des jeweiligen Standortes geht, so geben die längs der Linealkante gezogenen Striche a—c und b—c je einen geometrischen Ort, deren Schnitt den gesuchten Bildpunkt c ergibt. Daß für die scharfe Richtungsbezeichnung jeweils Randmarken verwendet werden, ist wohl selbstverständlich.

Ist von den gegebenen Punkten einer, z. B. A (Abb. 231), unzugänglich, während B und der unbekannte Punkt C zugänglich sind, so führt das graphische Seitwärtsabschneiden zum Ziel. Hat man den Tisch meßgerecht in B aufgestellt, so erhält man durch Einstellen von C mittels der Kippregel wie vorhin für c einen ersten geometrischen Ort b–c. Auf diesem schätzt man für c einen Näherungsort c' ein und

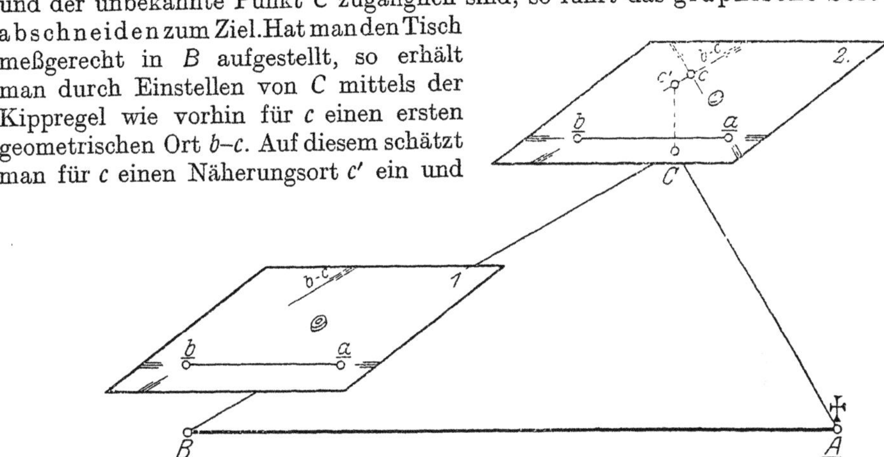

Abb. 231. Seitwärtsabschneiden mit dem Meßtisch.

stellt damit und mit der Richtung CB als Orientierungsrichtung nunmehr den Tisch in C zentriert, orientiert und horizontiert auf. Dreht man hierauf bei festem Tisch die Kippregel so, daß ihre Zielebene den unzugänglichen gegebenen Punkt A enthält und die

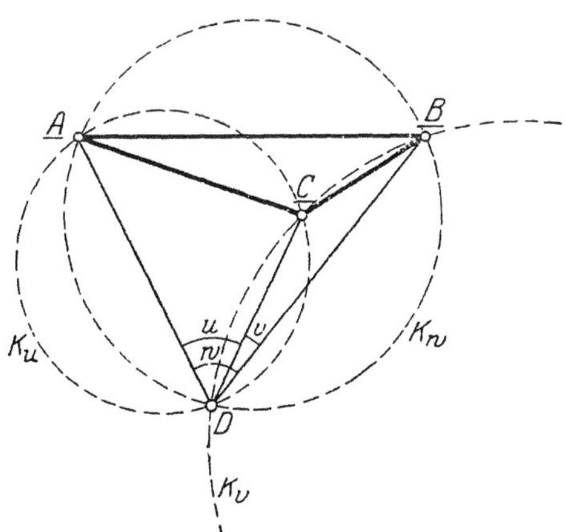

Abb. 232. Lösung des Rückwärtseinschneidens mit Hilfe der Schickhartschen Kreise.

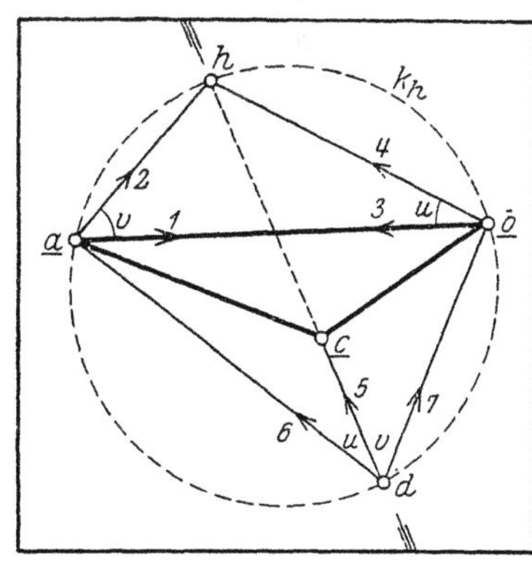

Abb. 233. Graphisches Rückwärtseinschneiden nach Bohnenberger-Collins.

Linealkante durch dessen Bildpunkt a geht, so liefert der Schnitt der Linealkante mit b—c den gesuchten Bildpunkt c. In dieser Konstruktion steckt insofern ein kleiner, praktisch belangloser Fehler, als der zu c gehörige Bodenpunkt von C um den geringen Betrag cc' absteht. Dadurch wird c um $cc' : V$ fehlerhaft, wenn $M = 1 : V$ der Aufnahmemaßstab ist. Für $M = 1 : 1000$ und die große Abweichung $cc' = 5$ cm z. B. wird der Fehler in der Lage des Bildpunktes c erst 5 cmm. Sollte er ja einmal die Grenze der zeichnerischen Darstellungsmöglichkeit überschreiten, so kann er entweder durch eine Wiederholung des Abschneidens in C bei verbesserter Zentrierung oder durch Abtragen der Größe $cc' : V$ von c gegen c' hin unschädlich gemacht werden.

Sowohl beim graphischen Vorwärtseinschneiden wie auch beim Seitwärtsabschneiden sind je zwei bekannte Punkte und je zwei Meßtischaufstellungen notwendig. Beim graphischen Rückwärtseinschneiden hingegen braucht man drei bekannte Punkte, während nur eine einzige Meßtischaufstellung im gesuchten Punkt erforderlich ist. Sind u, v, w (Abb. 232) die Winkel, unter denen vom gesuchten Punkt D aus die Seiten des durch die gegebenen Punkte A, B, C gebildeten Dreiecks erscheinen, so kann man D als den gemeinsamen Schnittpunkt dreier Kreise K_u, K_v, K_w, der sog. Schickhartschen Kreise, auffassen, von denen jeder eine Dreiecksseite als Sehne und den zugehörigen Gesichtswinkel u bzw. v, w als Peripheriewinkel faßt.

Eine dieser Darlegung entsprechende, nach Schickhart benannte Lösung besteht darin, die Winkel u, v auf dem in D aufgestellten Meßtisch zu zeichnen und hierauf im gegebenen Bilddreieck $a\,b\,c$ mit Hilfe der gezeichneten Winkel u, v die den Kreisen K_u, K_v entsprechenden Bildkreise k_u, k_v zu konstruieren, deren Schnittpunkt den dem Neupunkt D entsprechenden Bildpunkt d liefert. Doch ist diese naheliegende, direkte planimetrische Lösung praktisch bedeutungslos, da sie viel zu umständlich ist und zudem vollkommen versagt, wenn die Kreismittelpunkte nicht auf das Meßtischblatt fallen.

Brauchbarer ist schon die von Bohnenberger unter Benutzung des Collinsschen Hilfspunktes angegebene folgende Lösung. Man stellt den Meßtisch über dem Feldpunkt D auf und legt die dort gemessenen Winkel u, v in b und a sofort zeichnerisch an die Seite $a\,b$ des Bilddreiecks an. Der Schnittpunkt h (Abb. 233) der nicht zusammenfallenden Schenkel dieser Winkel ist der Collinssche Hilfspunkt im Bild. Da nach früheren Ausführungen (Abb. 207) d auf hc liegt (die Verbindungslinie hc schneidet auf dem durch a, b, c gehenden Hilfskreis k_h den gesuchten Ort d aus), so kann man in D den Meßtisch mit Hilfe der Anlegelinie $c—h$ orientieren. Schneidet man dann noch seitwärts nach A oder B ab, so ist der Schnittpunkt der Linealkante mit $c—h$ der gesuchte Bildpunkt d. In Abb. 233 ist zur leichteren Orientierung die Reihenfolge der zu nehmenden Sichten durch Numerieren kenntlich gemacht. Strenggenommen müßte man im ganzen drei Meßtischaufstellungen vornehmen, nämlich je eine, wenn beim Antragen der Winkel u, v die Bildpunkte b, a lotrecht über D gebracht werden und eine dritte beim Seitwärtsabschneiden des Punktes d. Dies würde die Lösung sehr umständlich machen. Stellt man den Tisch von vornherein so auf, daß ein für d geschätzter Näherungsort lotrecht über D liegt, so kommt man bei nicht allzu großen Genauigkeitsansprüchen auch mit dieser einen Aufstellung und einigen Drehungen der Tischplatte aus, da sich wegen der gegen die Punktentfernungen sehr kleinen Verschiebungen der Scheitel der angetragenen Winkel u und v diese selbst nur um belanglose Beträge ändern. Die Konstruktion versagt, wenn der Hilfspunkt h über das Tischblatt hinausfällt.

Außer dem eben beschriebenen direkten Verfahren hat Bohnenberger unter Verwendung von Lehmanns fehlerzeigenden Dreiecken noch ein nie versagendes Näherungsverfahren zur graphischen Lösung des Rückwärtseinschneidens erdacht, welches als das im allgemeinen zweckmäßigste heute fast ausschließlich verwendet wird. Bei dieser Lösung stellt man den Meßtisch mit Hilfe eines für d angenommenen Näherungsortes d' zentrisch, horizontal und angenähert orientiert über dem Neupunkt D auf, wobei zur Erzielung einer guten Orientierung am zweckmäßigsten die Richtung nach dem entferntesten der gegebenen Punkte benutzt wird. Werden hierauf bei feststehendem Tisch die Feldpunkte A, B, C nacheinander in die Zielebene der Kippregel gebracht, deren Linealkante dabei je durch den zugehörigen Bildpunkt a bzw. b und c geht, so schließen die längs der Linealkante gezogenen, in Abb. 234 durch einen einfachen Pfeil bezeichneten Richtungen die schon mehrfach genannten Winkel u, v, w ein, deren Scheitel β, α, γ auf den drei durch den gesuchten Bildpunkt d gehenden Schickhartschen Bildkreisen k_u, k_v, k_w liegen. Nunmehr wird die Orientierung des Tisches etwas verändert, und zwar am zweckmäßigsten mit Hilfe eines schärferen

Näherungsortes d'' für d verbessert[1]. Dieses d'' erhält man durch Einschätzung des Schnittpunktes[2] der drei durch β, α, γ gehenden, ihrer Lage nach ungefähr zu überblickenden Bildkreise k_u, k_v, k_w. In dieser neuen Stellung des Tisches wird die eben besprochene Konstruktion wiederholt (Doppelpfeile), wodurch man die ebenfalls auf k_u, k_v, k_w liegenden Winkelscheitel β', α', γ' erhält. Bei einiger Übung werden die beiden fehlerzeigenden Dreiecke $\alpha\beta\gamma$ und $\alpha'\beta'\gamma'$, besonders letzteres ziemlich nahe an den gesuchten Bildort d heranrücken, so daß man, ohne einen großen Fehler zu begehen, die kurzen Bögen $\alpha\alpha'$, $\beta\beta'$, $\gamma\gamma'$ durch ihre leicht zu zeichnenden, sich im gesuchten Bildpunkte d schneidenden Sehnen ersetzen darf. Demnach findet man das Bild d des Neupunktes als den Schnittpunkt der Verbindungslinien $\alpha\alpha'$, $\beta\beta'$, $\gamma\gamma'$ (Abb. 235) der entsprechenden Punkte von zwei nahe an d liegenden fehlerzeigenden Dreiecken. Wird der Tisch, nachdem d gefunden ist, nach einem der gegebenen Punkte orientiert, so müssen zur Probe auch die übrigen Orientierungen stimmen. Sollte dies nicht genügend genau

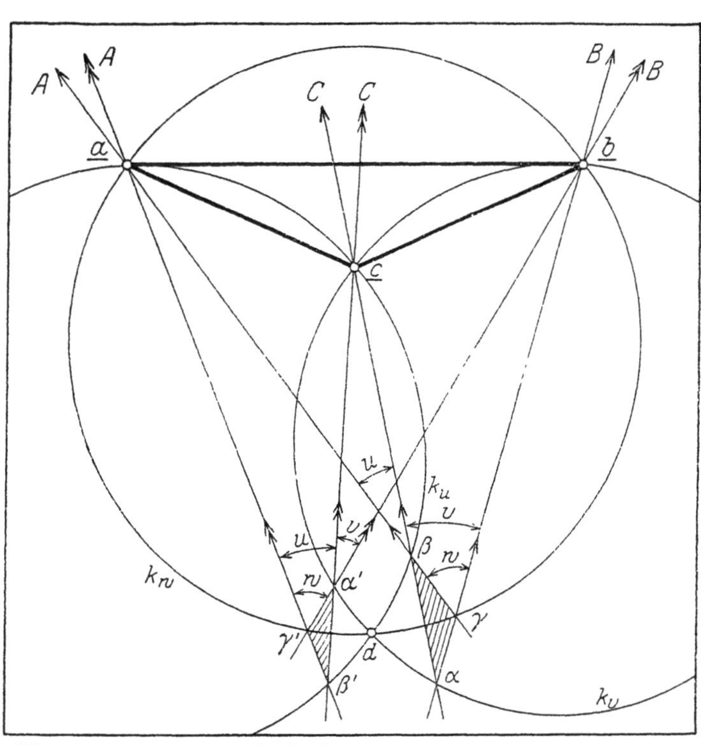

Abb. 234. Bohnenbergers graphische Lösung des Rückwärtseinschneidens mit Hilfe von Lehmanns fehlerzeigenden Dreiecken.

zutreffen, etwa weil das erste fehlerzeigende Dreieck noch zu groß war und die drei Sehnen $\alpha\alpha'$, $\beta\beta'$, $\gamma\gamma'$ nicht genau durch ein und denselben Punkt gehen, so zieht man zur endgültigen Punktbestimmung noch ein drittes, bei schärferer Orientierung des Tisches konstruiertes, fehlerzeigendes Dreieck heran.

Manchmal wird auch die folgende, auf einem LEHMANNschen Satz beruhende Lösung vorgezogen. Ist der Tisch aus seiner richtigen Lage um den kleinen Orientierungsfehler δ herausgedreht, so läßt sich wegen der Gleichheit dieser Drehung für alle Bildgeraden zeigen, daß die Abstände q_1, q_2, q_3 (Abb. 235a) des gesuchten Bildpunktes d von den Seiten des entstandenen fehlerzeigenden Dreiecks $\alpha\beta\gamma$ sich wie die zugehörigen Entfernungen des Neupunktes D von A, B, C (bzw. d von a, b, c) verhalten. Diese Verhältnisse kennt man in allen praktischen Fällen in guter Annäherung. Zieht man also durch die Ecken α, β, γ des fehlerzeigenden Dreiecks die Geraden g_1, g_2, g_3, deren Punkte je ein gefordertes Abstandsverhältnis besitzen, so ist der gemeinsame Schnittpunkt

---

[1] Zur Wahrung der Übersichtlichkeit ist in Abb. 234 die Lage des Bilddreiecks vor u. nach der Orientierungsänderung dieselbe; dagegen hat man sich das in der Zeichnung nicht mehr enthaltene Naturdreieck ABC im entgegengesetzten Sinne um den Betrag der Orientierungsänderung gedreht zu denken.

[2] Dieser Schnittpunkt d liegt innerhalb bzw. außerhalb des fehlerzeigenden Dreiecks, je nachdem der zu bestimmende Punkt D innerhalb oder außerhalb des gegebenen Dreiecks ABC liegt. Dies war schon LEHMANN bekannt. Den einfachsten Beweis bringt FREUCHEN, T., Z. Vermess.-Wes. 1877, S. 276 und 277.

dieser drei geometrischen Örter der Bildpunkt d. Über die Winkelräume, in welchen g_1, g_2, g_3 zu ziehen sind, besteht kein Zweifel, da aus dem Verlauf der Schickhartschen Bildkreise von vornherein die ungefähre Lage von d zum fehlerzeigenden Dreieck bekannt ist.

Sehr einfach und für manche Zwecke hinreichend genau ist die folgende, mit Hilfe einer Pause durchzuführende Lösung. Überträgt man in D mittels der Kippregel die vom Neupunkt nach den gegebenen Punkten führenden Richtungen auf ein Blatt Paus-

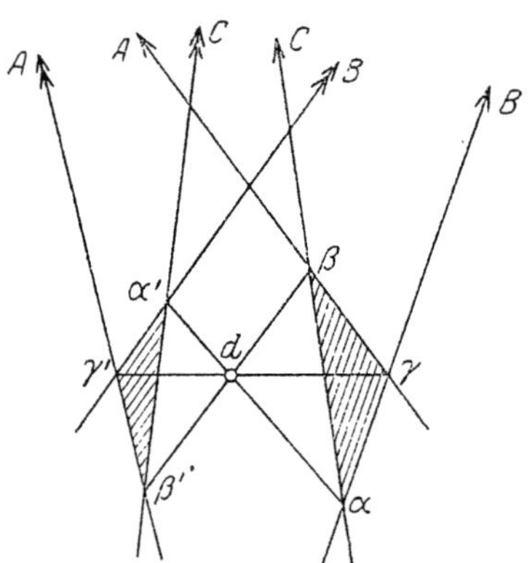
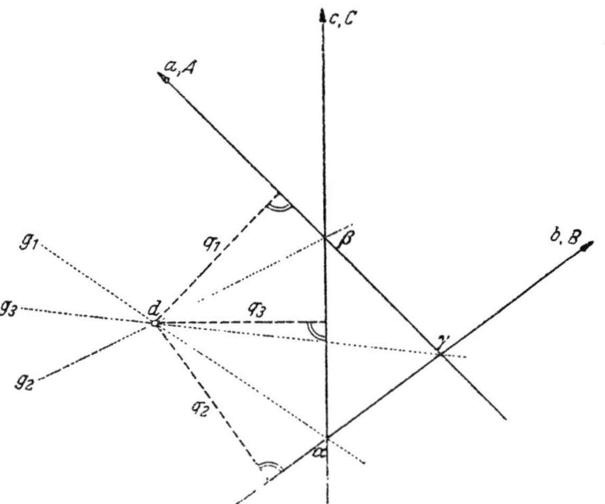

Abb. 235. Konstruktion des Standortes aus den fehlerzeigenden Dreiecken.

Abb. 235a. Abstände des Bildpunktes von den Seiten des fehlerzeigenden Dreiecks.

papier B_p (Abb. 236) und legt dies so auf das Meßtischblatt B_m, daß die Schenkel der Winkel u, v durch die drei gegebenen Bildpunkte a, b, c gehen, so bezeichnet der Ort des Strahlenscheitels den gesuchten Bildpunkt d.

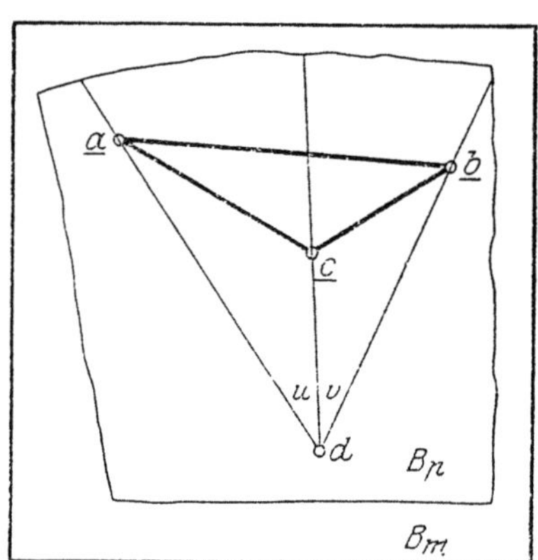

Abb. 236. Lösung des Rückwärtseinschneidens mit Hilfe einer aufgelegten Pause.

Bezüglich des gefährlichen Kreises gilt, was schon gelegentlich der trigonometrischen Punktbestimmung (S. 151) hierüber gesagt worden ist.

Beim Polygonieren mit dem Meßtisch tritt die graphische Richtungsmessung in Verbindung mit der Längenmessung auf. Die Punktbestimmung erfolgt hier jeweils durch Vorwärtsvisieren und Messung der Streckenlänge, die sofort in dem vorgeschriebenen Maßstabe aufgetragen wird.

Ist $P_1 P_2 P_3 \ldots$ (Abb. 237) z. B. das aufzunehmende Polygon, zu dessen bekanntem Anfangspunkt P_1 der zugehörige Bildpunkt p_1 gegeben ist, so wird der Tisch zunächst in P_1 zentrisch aufgestellt und nach einem weiteren bekannten Punkte P_0 orientiert[1]. Dann setzt man bei unveränderter Lage des Tisches die Kippregel so, daß ihre Zielebene den Punkt P_2 enthält und die Linealkante durch den Bildpunkt p_1 geht. In dieser Instrumentenstellung trägt man die der meist direkt gemessenen horizontalen Entfernung $P_1 P_2 = S_1$ im Maßstab der Darstellung entsprechende Länge s_1 von p_1 aus längs der Linealkante ab und erhält so den Bildpunkt p_2. Außerdem wird zur Er-

---

[1] Dabei ist es, wenn der Bildpunkt p_0 nicht mehr auf das Meßtischblatt fällt, notwendig, die Schnittpunkte der Orientierungsrichtung mit den Blatträndern, die sog. Blattschnitte, zu berechnen.

zielung einer möglichst langen Anlegelinie für die Richtung $p_1 p_2$ diese auch an den Blatträndern längs der Linealkante durch Randmarken bezeichnet. Der Meßtischgenauigkeit würde eine einfache direkte Seitenmessung durchaus genügen; sie muß jedoch zur sofortigen Aufdeckung etwaiger grober Fehler wiederholt werden.

So wie im ersten Punkt wird auch in den übrigen Punkten verfahren, wobei zur Orientierung des Tisches jeweils die lange Anlegelinie der vorher bestimmten Seite benutzt wird. Schließlich soll der Endpunkt der letzten Zugseite im Bilde mit einem fehlerfrei vorgegebenen Punkte – im geschlossenen Zuge mit dessen Anfangspunkt – zusammenfallen. Auch soll eine im Endpunkte etwa noch vorhandene Orientierung stimmen. Wegen der verschiedenen unvermeidlichen Messungsfehler wird jedoch an Stelle des richtigen Zuges $p_1 p_2 \ldots p_n$ (Abb. 238) von der

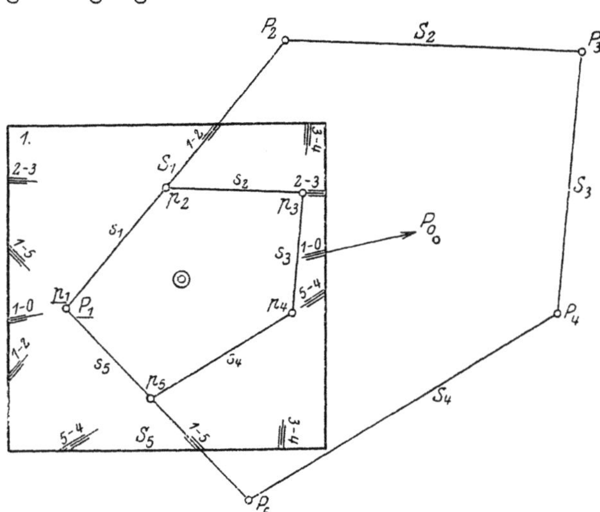

Abb. 237. Polygonaufnahme mit dem Meßtisch.

Länge L der fehlerhafte $p_1 p'_2 p'_3 \ldots p'_n$ mit einem linearen Anschlußfehler $\varDelta_n$ treten. Eine strenge Zugausgleichung ist hier noch weniger am Platz wie bei der Theodolitpolygonierung; man kann etwa nach Andeutung von Abb. 238 die sämtlichen Punkte p' in der Richtung des Schlußfehlers um Beträge $\varDelta_i$ verschieben, welche dem zurückliegenden Weg L^i oder auch nur zur Zahl der zurückliegenden Polygonseiten jeweils proportional sind. So ist

$$\varDelta_i = \frac{L^i}{L} \cdot \varDelta_n \quad \text{bzw.} \quad \varDelta_i = \left\{ (i-1)\,\frac{\varDelta_n}{n-1} \right\} = \frac{i-1}{n-1} \cdot \varDelta_n \tag{527}$$

die Verschiebung des Punktes P_i.

Wird der Schlußfehler $\varDelta_n$ größer als etwa $\frac{1}{1000}$ der Zuglänge, so ist auch noch die Einwirkung grober Fehler anzunehmen. Zeigt sich z. B., daß $\varDelta_n$ ziemlich genau parallel zu einer Zugseite liegt, so ist zu vermuten, daß deren Länge falsch aufgetragen ist.

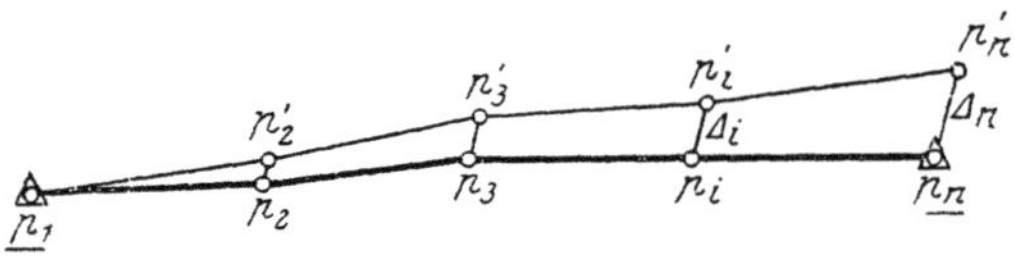

Abb. 238. Linearer Anschlußfehler der graphischen Polygonmessung.

Steht dagegen $\varDelta_n$ senkrecht auf einer zum Endpunkt P_n führenden Diagonale $P_i P_n$, so ist wahrscheinlich die Richtung $P_i P_{i+1}$ fehlerhaft aufgenommen worden. Kann durch eine Nachprüfung der verdächtigen Seiten die Differenz nicht aufgeklärt werden, so ist die ganze Zugmessung zu wiederholen.

b) Einzelaufnahme mit dem Meßtisch.

Vor der eigentlichen Einzelaufnahme geht man zuerst das Gebiet ab und entwirft dabei in allgemeinen Umrissen einen Handriß. Manchmal werden auch gleich die hernach aufzunehmenden Punkte durch numerierte Späne bezeichnet. Dann stellt man den Meßtisch zunächst im ersten Standort P_1 (Abb. 239) gehörig auf, orientiert nach einem möglichst weit entfernten Punkte von bekannter Lage, führt nötigenfalls die Kippregelberichtigung und die Bestimmung der Distanzmesserkonstanten durch und nimmt hierauf alle vom Standort aus gut zu erreichenden Einzelheiten *1, 2, 3,* . . . durch Polarkoordinaten auf. Dabei werden die Entfernungen r_1, r_2, r_3, ... dieser Punkte – abgesehen von denen, die unter einer Meßbandlänge betragen – durch Distanzmessung an einer lotrechten Latte ermittelt und sofort im Aufnahmemaßstab von p_1 (Bildpunkt des Standortes) aus an der durch diesen Punkt gehenden Linealkante abgetragen. Die aufgetragenen Punkte werden sowohl auf dem Meßtisch als auch im Handriß fortlaufend numeriert. Die Übereinstimmung der Numerierung wird, da der Handrißführer mit dem Lattenträger gehen muß, um ihm die Standorte anzuweisen, bei Abruf von jedem 5. Punkt durch Zuruf kontrolliert. Ab und zu, jedenfalls aber unmittelbar vor dem Verlassen des Standortes und nach einer Erschütterung des Meßtisches, muß dessen Orientierung – mittels langer Anlegelinie – nachgeprüft und, wenn nötig, berichtigt werden. Sind im ersten Standpunkte alle von dort aus erreichbaren Punkte aufgenommen, so begibt man sich der Reihe nach auf die übrigen Stationen und verfährt dort ebenso. Die eine oder andere Station wird man auch überspringen können, wenn die in ihrer Umgebung liegenden Einzelheiten von den beiden Nachbarstandorten aus noch mit genügender Sicherheit aufgenommen werden können. Die Punktnumerierung ist eine durchlaufende, knüpft also stets an die letzte gegebene Nummer im eben verlassenen Standpunkte an.

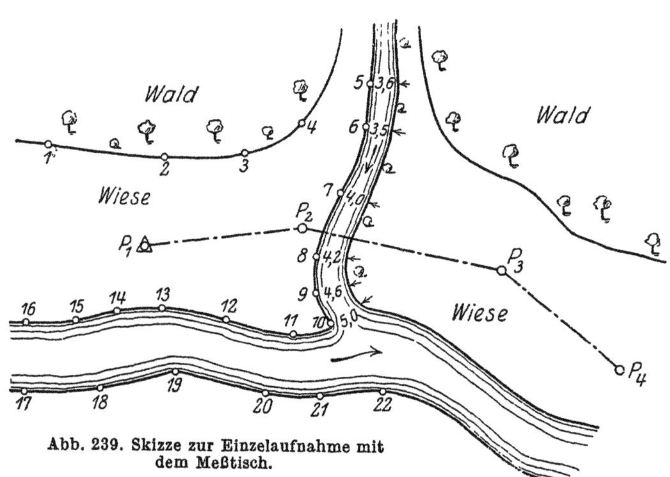

Abb. 239. Skizze zur Einzelaufnahme mit dem Meßtisch.

Da auf die beschriebene Art und Weise schon im Felde ein genaues, verjüngtes Bild entsteht, so kann bereits die im Entstehen begriffene Aufnahme in all ihren Einzelheiten zur Aufdeckung grober Fehler mit der Natur verglichen werden.

Die Güte der Meßtischaufnahmen hängt vor allem vom Maßstab ab. Je kleiner derselbe, desto größer sind die Fehler der aus dem Plan entnommenen Örter und Entfernungen. Ferner spielen die Standfestigkeit des Tisches und die Sorgfalt der Meßtischaufstellung, die Beschaffenheit der Kippregel, das Wetter sowie die Übung, Geschicklichkeit und Gewissenhaftigkeit des Beobachters eine große Rolle. Für die Unsicherheit der aus den Lattenabschnitten ermittelten, aufzutragenden Entfernungen gelten die früher (S. 122ff.) über die Fehler der Fadendistanzmessung gegebenen Ausführungen.

Der mittlere Punktfehler eines aus einer sorgfältigen Originalaufnahme vorsichtig abgegriffenen Ortes oder einer direkt abgegriffenen Entfernung mag, wenn $M = 1 : V$ der Maßstab ist, etwa $(V : 10000)$ Meter betragen[1].

Beispiele größerer Meßtischaufnahmen – vielfach in Verbindung mit Höhenaufnahmen – sind die bayerische Landesaufnahme 1 : 5000, teilweise auch die württembergische Katasteraufnahme 1 : 2500, ferner die preußischen Meßtischblätter (1 : 25000), die älteren badischen topographischen Blätter und die sächsische topographische

---

[1] Eine interessante Untersuchung über die Genauigkeit der bayerischen Grundsteuerkatasterpläne gibt VOGEL, P., in der Zeitschrift des bayerischen Geometervereins 1902, S. 59—69. Siehe ferner KOBELT, KARL: Genauigkeitsuntersuchung der graphischen Triangulation. Zürich 1917; GRAESER, M.: Prüfung der Genauigkeit der topographischen Grundkarte 1 : 5000. Sonderheft 4 der Mitt. Reichsamt Landesaufn. 1926 u. RICHTER, D. H.: Genauigkeitsermittlung in der bayerischen Flurkarte (Meßtischkarte) in Z. Vermess.-Wes. 1942, S. 313—318.

Landesaufnahme. Eine glänzende Meßtischaufnahme neuerer Zeit ist der von 1899 bis 1905 aufgenommene Plan des Stadtgebietes Zürich[1] (50 qkm in 23 Blättern 1 : 2500 mit 2-m-Höhenlinien).

28. Allgemeines über Höhenaufnahmen.

Höhenaufnahmen sind für die verschiedensten Zwecke, insbesondere auch für ingenieurtechnische Aufgaben, von großer Bedeutung. Je nach den vom Zweck der Arbeit abhängigen Genauigkeitsanforderungen kommen verschiedene Methoden der Höhenmessung in Betracht. Die wichtigsten derselben sind, nach abnehmender Genauigkeit geordnet, die folgenden: 1. das geometrische Nivellement, 2. die trigonometrische Höhenmessung, 3. das tachymetrische Nivellement, 4. die Staffelmessung mit Latten und Schnüren, 5. die barometrische Höhenmessung, 6. das Echolot zur Bestimmung von Meerestiefen und Lufthöhen. Die verschiedenen Arten der Höhenmessung dienen zur Bestimmung der Höhenunterschiede zwischen je zwei Punkten und zur Ermittlung ihrer Meereshöhen, d. h. ihrer lotrechten Abstände vom Meeresspiegel (orthometrische Höhen). Diese Fläche muß wegen des starken Einflusses der Erdkrümmung auf die Höhen schon auf kurze Entfernungen hin als kugelförmig, bei feineren Messungen sogar als ellipsoidisch betrachtet werden. In Deutschland bezieht man heute die Höhen auf den möglichst genau in die Niveaufläche des Nullpunktes des Amsterdamer Pegels[2] gelegten Normalnullpunkt (N.N.P.) und bezeichnet sie als Höhen über Normalnull (N.N.). Zur oberirdischen Festlegung des tief unter die Bodenoberfläche fallenden Normalnullpunktes dient der Normalhöhenpunkt (N.H.P.), welchen nach den Ergebnissen sorgfältiger Messungen[3] 1879 das preußische Zentraldirektorium der Vermessungen am Nordpfeiler der Berliner Sternwarte 37,000 m über N.N. durch den Nullpunkt einer Millimeterteilung bezeichnete. Als infolge der geplanten Verlegung der Berliner Sternwarte der Verlust des N.H.P. bevorstand, wurde 1912 zum Ersatz dafür zwischen Herzfelde und Hoppegarten eine Gruppe von 5 Punkten unterirdisch festgelegt und durch Verbindung mit dem Normalhöhenpunkt der Höhe nach genau bestimmt[4].

Als bayerischer Normalhöhenpunkt war nach den Untersuchungen von M. Schmidt der 1880 auf tertiärem Flinz errichtete nördliche Komparatorpfeiler (polierte Oberfläche) im Hof der Technischen Hochschule München zu betrachten[5]. Er ist in der Nachkriegszeit verlorengegangen. Seine Höhe über N.N. war 514,670.

---

[1] Siehe hierzu das Referat Hammer in der Z. Vermess.-Wes. 1911, S. 621—626.

[2] Der Nullpunkt des Amsterdamer Pegels liegt selbst um 0,165 m (1. Ausgleichung Börsch) bzw. 0,105 m (2. Ausgleichung) über dem aus langjährigen (ab 1701), sorgfältigen Beobachtungen bestimmten Mittelwasser der Nordsee. Siehe Z. Vermess.-Wes. 1892, S. 650. Nach den dort S. 648 gegebenen Mitteilungen scheinen die Höhen der Mittelwasser verschiedener Meere bis zu einigen Dezimetern voneinander abzuweichen.

[3] Die nivellitische Verbindung des N.H.P. mit dem Nullpunkt des Amsterdamer Pegels erfolgte 1875 u. 1876 mit Hilfe von niederländischen Messungen u. von Messungen der trigonom. Abt. d. preußischen Landesaufnahme. Sie sind beschrieben in Nivellements der trigonom. Abteilung der Landesaufnahme Bd. 4. Berlin 1880. Siehe hierzu auch die Ausführungen in der Z. Vermess.-Wes. 1880, S. 1—16. Der mittlere Fehler dieser Übertragung ist kleiner als 1 dm zu schätzen.

[4] Siehe dazu Wolff, H.: Ersatz des Normalhöhenpunktes a. d. Berliner Sternwarte. Z. Vermess.-Wes. 1914, S. 51 u. 52.

[5] Er erscheint bei Oertel, Karl: Das Präzisionsnivellement in Bayern rechts des Rheins. S. 118 u. 119. München 1893, unter der Nummer 1322. Eine nähere Beschreibung dieses nunmehr auch verlorenen Punktes gibt M. Schmidt auf S. 21 u. 22 in der Schrift „Das Geodätische Institut u. der Unterricht im Vermessungswesen an der Kgl. Technischen Hochschule in München, München 1916". Die bayerischen Höhenmessungen wurden mittels der dem bayerischen u. norddeutschen Netz gemeinsamen Punkte Elm, Kahla, Koburg und Obersiemau an Normal-Null angeschlossen. In der Rheinpfalz ist der Anschluß durch eine größere Zahl von Punkten erfolgt. Hauptanschlußpunkt war der preußische Höhenbolzen Nr. 5990 im Kasinogarten zu Kreuznach, dessen Höhe 111,555 m über N.N. übernommen wurde. Zur Frage verschiedener bayerischer Horizonte siehe Düll, F.: Die Verschiedenheit der Höhenangaben für die Festpunkte des bayerischen Flußnivellements. Bayer. Z. Vermess.-Wes. 1926, S. 262—268. Einschlägige Angaben

29. Das geometrische Nivellement.

Beim geometrischen Nivellieren oder Einwägen werden die Höhenunterschiede durch waagrechtes Zielen nach lotrecht gestellten, geteilten Latten oder Maßstäben bestimmt. Man bedarf dazu eines der früher (S. 63 ff.) beschriebenen Nivellierinstrumente und einer Nivellierlatte (S. 69 ff.).

Für sehr flüchtige Zwecke kann es manchmal genügen, nach Andeutung von Abb. 73 ein Nivellement mit Aughöhen durchzuführen, indem man sich bei jeder neuen Aufstellung auf denjenigen Geländepunkt begibt, welcher durch das verlängerte horizontale Lotbild in der vorhergehenden Station bezeichnet wurde und die Zahl n der Aughöhen i zwischen den beiden Punkten abzählt, deren Höhenunterschied bestimmt werden soll. Dieser ist die Summe aus dem Produkt $n \cdot i$ und einem im Endpunkt sich ergebenden geschätzten oder gemessenen Restbetrag. Dieses rohe Verfahren, bei dem an Stelle der Lattenablesungen die konstante Aughöhe i tritt, kann als ein Nivellieren vom Ende aus bezeichnet werden, da bergauf lauter Vorblicke, bergab jedoch lauter Rückblicke auftreten.

Verhältnismäßig roh sind auch die Höhenbestimmungen mit anderen Pendelnivellierinstrumenten, mit den hydrostatischen Nivellierinstrumenten sowie mit den Freihandnivellierinstrumenten mit Libelle.

Will man die Höhenunterschiede von Punkten, welche 1 km und mehr voneinander entfernt sind, auf einige mm genau erhalten, so muß man sich des eine feste Aufstellung ermöglichenden Stativnivellierinstruments mit Fernrohr und Libelle bedienen.

a) Festpunkte.

Vor Beginn der Messungen werden die ihrer Höhe nach zu bestimmenden Punkte sorgfältig ausgewählt und versichert. Die Auswahl dieser 1 bis 2 km Abstand haltenden Höhenfestpunkte oder Fixpunkte (Abb. 240), deren Gesamtheit das Höhennetz bildet, erfolgt so, daß Zerstörungen oder auch nur meßbare Höhenänderungen der Träger dieser Punkte unwahrscheinlich sind[1] und spätere Höhenmessungen leicht daran angeschlossen werden können.

Für untergeordnete Messungen von vorübergehender Bedeutung genügen vielfach Grenzsteine und Kilometersteine oder ebene Flächen (Quadrate, Dreiecke) auf Trittstufen, Sockelvorsprüngen u. dgl.; genaueren Anforderungen entsprechen Nivellementspfähle mit eingeschlagenem Nagel mit gewölbtem Kopf (Abb. 240a), horizontale massive Höhenbolzen (Abb. 240b) in festen Sockelmauern, Brückenpfeilern und ähnlichen Bauwerken, aufrechtstehende Kopfbolzen (Abb. 240c) auf den Widerlagern von Brücken, größeren Durchlässen usw., in weit ausgedehnten

---

siehe auch im „Höhenpunktnetz der Landeshauptstadt München, München 1929". Über die Lage weiterer Horizonte siehe HEYDE, HERBERT: Die Höhennullpunkte der amtlichen Kartenwerke der europäischen Staaten u. ihre Lage zu Normal-Null. Berlin 1923 (siehe auch MÜLLER, C.: Taschenbuch der Landmessung u. Kulturtechnik, S. 368 u. 369. Stuttgart 1929).

Nach v. STERNECK, R.: „Kontrolle des Nivellements durch die Flutmesserangaben u. die Schwankungen des Meeresspiegels der Adria" (Mitt. d. k. u. k. Militärgeograph. Instituts XXIV. Bd. 1904, S. 75—141, besonders S. 83) beziehen sich die bisherigen österreichischen Höhenangaben nicht auf das Mittelwasser der Adria bei Triest, sondern auf eine Fläche, welche um 9 cm tiefer liegt als das Mittelwasser.

[1] Gegen Höhenänderungen infolge von plötzlichen oder langsamen Bewegungen der ganzen Erdkruste sind natürlich auch diese Punkte nicht gefeit. Auch die wechselnde Wasserführung des Untergrundes (anquellender Ton) sowie Flut u. Ebbe können meßbare Höhenänderungen (im allgemeinen periodischer Natur) herbeiführen. Einschlägige Literatur: a) HAID, M.: Untersuchung der Senkung des Bodensee-Pegels zu Konstanz, Karlsruhe 1891; b) HILFIKER: Untersuchung der Höhenverhältnisse der Schweiz, Bern 1902; c) BAENISCH, K.: Der Einfluß wechselnder Wasserstände auf die Höhenlage von Festpunkten u. Bauwerken, Z. Vermess.-Wes. 1938, S. 385—398; d) SOYKA, T.: Der Einfluß schwankender Grundwasserstände auf die Höhenlage der Festpunkte u. Bauwerke, Z. Vermess.-Wes. 1941, S. 372—384.

Anlagen z. B. auch besondere **Nivellementssteine** (Abb. 240d) mit horizontalen oder senkrechten Bolzen, **Teilungsmarken** (Abb. 240e), in festem Mauerwerk sitzende **horizontale Bolzen mit zentrischer Bohrung** (Abb. 240f), die auch als **Lochmarken** bezeichnet werden, und **Rohrfestpunkte** (Abb. 240g). Ein solcher besteht aus einem tief in den tragfähigen Boden getriebenen schmiedeeisernen Brunnenrohr, an dessen oberes Ende eine Kugelkappe aufgeschraubt ist[1]. Längs der Flüsse werden

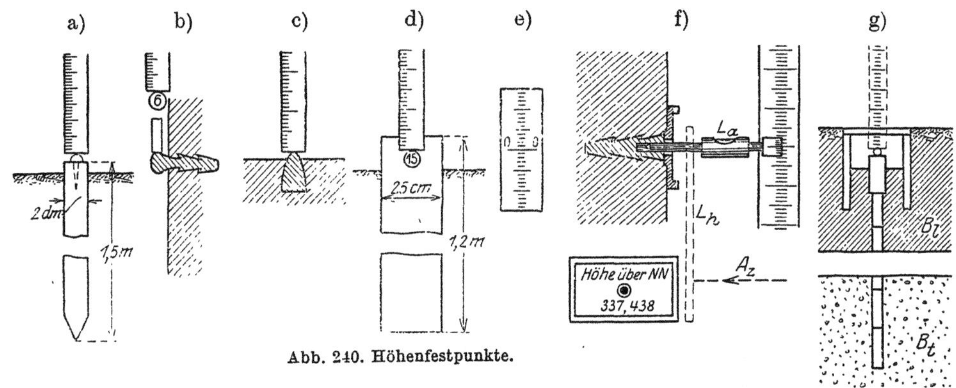

Abb. 240. Höhenfestpunkte.

vielfach auch an gut fundierten km-Steinen oder km-Säulen Höhenbolzen angebracht. **Standsicherheit** verspricht ein Höhenfestpunkt nur dann, wenn sein Träger genügend weit unter die Frostgrenze in festen, gewachsenen Boden reicht. Höhenpunkt ist mit Ausnahme von 240e und f jeweils der höchste Punkt der betreffenden Marke, auf welchen beim Anschluß der Lattenfußpunkt aufgesetzt wird. Bei den Teilungsmarken ist es der Nullstrich einer feinen Teilung und bei den immer mit einem durchbohrten Schutzschild versehenen zentrischen Höhenmarken die horizontalliegende Achse einer zylindrischen Bohrung. Geeignete Höhenlage des Instruments und der Teilungsmarke vorausgesetzt, kann beim Anschluß an dieser selbst unmittelbar abgelesen werden. Auch der Anschluß an Höhenmarken mit horizontaler zentrischer Bohrung kann in ähnlicher Weise bewerkstelligt werden, indem mittels der Ziellinie A_z an einer kurzen Hängelatte L_h (**Anschlußlatte**) abgelesen wird (in Abb. 240f gestrichelt), welche in ihrem Nullpunkt an einem genau in die Höhlung der Marke passenden zylindrischen Stift aufgehängt ist. Die Höhenübertragung auf eine neben der Höhenmarke stehende Latte kann auch mit Hilfe einer sog. **Anschlußlibelle** L_a in der aus der Abbildung ersichtlichen Weise erfolgen[2].

b) Durchführung und Berechnung des gewöhnlichen geometrischen Nivellements.

Die Ableitung der Meereshöhe H_2 (Abb. 241) eines Punktes P_2 aus der bekannten Meereshöhe H_1 eines Ausgangspunktes P_1 durch ein geometrisches Längen- oder Liniennivellement mit Hilfe eines fest aufzustellenden Fernrohrnivellierinstruments mit Libelle geschieht in folgender Weise. Man stellt zunächst das Instrument, dessen Fernrohrvergrößerung etwa 20 bis 25 beträgt und dessen Libellenteilwert 10″ bis 15″ ist, in einem Punkte A_1 auf, der von P_1 gegen P_2 zu um etwa 40 m absteht. Hat es nach einiger Zeit, gegen direkte Sonnenbestrahlung, Regen oder Wind durch einen Meßschirm geschützt, die Temperatur der umgebenden Luft angenommen, so wird es auf die früher (S. 60 ff. u. 65 ff.) beschriebene Weise berichtigt. Auch die mit der Latte verbundene Dosenlibelle ist in bezug auf ihre Stellung zur Teilungslinie zu

---

[1] Näheres siehe bei Gurlitt, S.: Ein Normalhöhenpunkt. Z. Vermess.-Wes. 1908, S. 145—149.
[2] Näheres hierüber siehe in Schmidt, M.: Ergänzungsmessungen zum Bayerischen Präzisionsnivellement, Heft 1, S. 36 u. 37. München 1908.

untersuchen. Nunmehr richtet man das Nivellierfernrohr auf die rückwärts in P_1 (auf dem Festpunkt) lotrecht stehende Latte und erhält an derselben bei scharf einspielender Libelle als Ablesung den ersten Rückblick r_1. War z_1 die zugehörige Zielweite, so wird

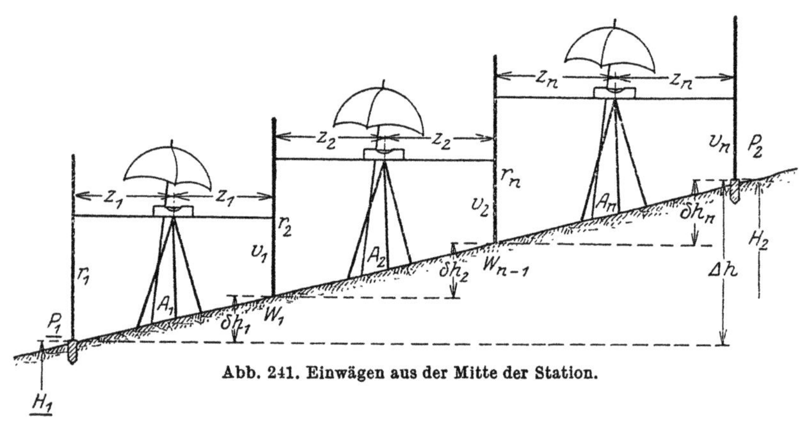

Abb. 241. Einwägen aus der Mitte der Station.

jetzt die Latte über A_1 hinaus, wo das Instrument stehenbleibt, um z_1 gegen P_2 zu in W_1 aufgestellt, so daß das Instrument in der Mitte der Station steht und – auf alle Stationen angewendet – von einem Nivellieren aus der Mitte gesprochen werden kann. An der in W_1 lotrecht stehenden Latte erhält man bei einspielender Libelle den Vorblick v_1. Das gleiche wiederholt man in aneinandergereihten Stationen so lange, bis man mit einer n-ten Station mit der Zielweite z_n und den Lattenablesungen r_n, v_n im Endpunkte P_2 ankommt. In den Lattenstandpunkten W_1, W_2, ... W_{n-1}, den sog. Wechselpunkten, wird die Latte jeweils auf eine fest in den Boden getretene Unterlagsplatte aufgesetzt, während sie in den Endpunkten P_1, P_2 direkt auf den betreffenden Pflock, Bolzen usw. gesetzt wird. Die Höhenunterschiede der unmittelbar aufeinanderfolgenden Wechselpunkte sind die Differenzen $\delta h_1 = r_1 - v_1$, ... $\delta h_n = r_n - v_n$, so daß der Höhenunterschied von P_1 bis P_2

$$\Delta h = \overset{n}{\underset{1}{[\delta h_i]}} = \overset{n}{\underset{1}{[r_i]}} - \overset{n}{\underset{1}{[v_i]}} \tag{528}$$

und die Meereshöhe des letztgenannten Punktes

$$H_2 = H_1 + \Delta h = H_1 + \overset{n}{\underset{1}{[r_i]}} - \overset{n}{\underset{1}{[v_i]}} \tag{529}$$

wird.

Zur Sicherung gegen unzulässige Fehler soll jedes Nivellement, in seinem weiteren Verlauf entweder an einen zweiten Punkt von bekannter Höhenlage anschließen oder in einer geschlossenen Schleife zum Ausgangspunkt zurückkehren.

Eine sich vollständig an den Gang der Messung anschließende, gebräuchliche Art der Aufschreibung und vorläufigen Berechnung eines Nivellements enthält Tabelle 24, in welcher $\otimes$ den jeweiligen Instrumentenhorizont, d. h. die Meereshöhe der waagrechten Ziellinie, andeutet. Das auf den Anfangspunkt zurückgeführte Nivellement kommt dort mit einer um 15 mm zu großen Höhe an. Häufig wird auch die in Tabelle 25 enthaltene Art der Aufschreibung und Berechnung benutzt, welche eine auf der letzten Zeile durchgeführte Rechenprobe ermöglicht.

Tabelle 24.

F.P. 1	125,340
+	0,438
$\otimes$	125,778
–	1,034
	124,744
+	0,402
$\otimes$	125,146
–	1,025
F.P. 2	124,121
+	0,616
$\otimes$	124,737
. . . .	. . . .
F.P. 3	123,045
. . . .	. . . .
F.P. 4	123,138
. . . .	. . . .
F.P. 5	124,086
. . . .	. . . .
F.P. 6	124,851
. . . .	. . . .
F.P. 7	124,934
. . . .	. . . .
F.P. 8	125,169
. . . .	. . . .
F.P. 1	125,355

Durchlaufende Aufschreibung und Berechnung.

Tabelle 25.

Instr.-Stand	Zielweite	Lattenablesung		Höhenunterschied		Höhe des Lattenfußpunktes ü. N.N.	Bemerkungen
		Rückblick	Vorblick	steigt +	fällt −		
						225,915	F.P. Nr.34
1	51	1,628	0,416	1,212	.	$\overline{227,127}$	
2	48	1,957	0,816	1,141	.	228,268	
3	49	0,348	1,389	.	1,041	227,227	
4	47	1,002	1,593	.	0,591	226,636	
5	50	1,738	0,615	1,123	.	227,759	F.P. Nr.51
		6,673	4,829	3,476	1,632		
		$[r]-[v]=+1{,}844$		$[r-v]=+1{,}844$		(227,759)	= Probe

Aufschreibung mit Berechnung der Höhenunterschiede von Wechselpunkt zu Wechselpunkt.

Die Ermittlung der genäherten Zielweiten erfolgt entweder mit dem Distanzmesser, durch Abschreiten, mit dem Meßband, mit der Schnur, in sehr bequemer Weise durch Abzählen der Schienen oder unter Benutzung von hm-Pflöcken. Für mäßige Zielweiten kann man bei unveränderter Stellung des Okularauszugs die genügend scharfe Einhaltung gleicher Zielweiten desselben Standes daran prüfen, daß bei scharfer, parallaxenfreier Einstellung der Latte im Rückblick auch das Lattenbild im Vorblick deutlich und parallaxenfrei sein muß.

Die Nivellierfehler sind teils systematische, teils rein zufällige, unvermeidliche Beobachtungsfehler[1].

Systematische Fehler werden hauptsächlich durch die Erdkrümmung und symmetrische Strahlenbrechung, durch Restfehler am Instrument, durch das Einsinken von Instrument und Latte, durch etwaige Augenmängel beim Einspielenlassen oder Ablesen der Libelle, durch ein fehlerhaftes Lattenmeter, durch die Lattenschiefe sowie durch unsymmetrische Strahlenbrechung bei einseitiger Profilneigung hervorgerufen.

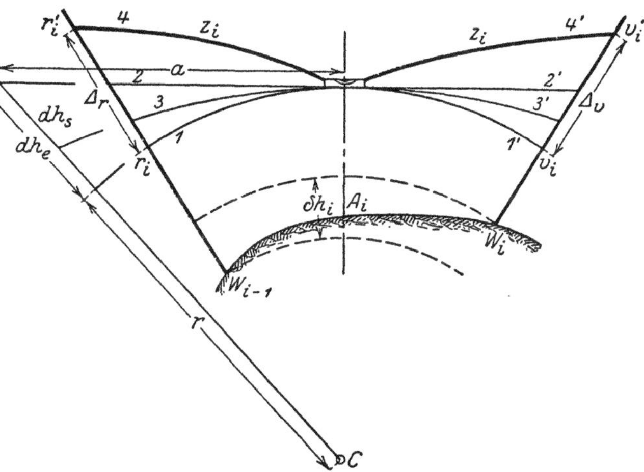
Abb. 242. Tilgung systematischer Fehler beim Nivellieren aus der Mitte.

Eine geradlinige horizontale Sicht würde in der Entfernung a (Abb. 242) vom Instrument um den Einfluß der Erdkrümmung dh_e von der durch den Anfangspunkt der Sicht gehenden Niveaufläche (Kugel um den Erdmittelpunkt C) abweichen. Ist r der Erdhalbmesser bis zu dieser Fläche, so findet man mittels des Sekantensatzes den scharfen Näherungsausdruck

$$dh_e = \frac{a^2}{2\,r}. \tag{530}$$

Der entsprechende Betrag in der Lattenablesung zur Zielweite z ist daher

$$dh_e = \frac{z^2}{2\,r}. \tag{531}$$

---

[1] Diese Trennung kann nicht ganz streng durchgeführt werden, da manche Fehler für den einzelnen Stand systematischen, für die Gesamtheit aller Stände jedoch zufälligen Charakter besitzen.

Betrachtet man die Lichtkurve in erster Näherung[1] als einen Kreisbogen vom Halbmesser R und besteht das als **Refraktionskoeffizient** bezeichnete Verhältnis

$$k = r : R, \qquad (532)$$

so ist $R = r : k$ und der Einfluß der kreisförmigen Strahlenbrechung auf die Einzelablesung wird

$$d h_s = \frac{z^2}{2R} = k \frac{z^2}{2r} . \qquad (533)$$

Ein kleiner **Neigungsfehler** v der Libellenachse gegen die Zielachse wird nach der besten Berichtigung noch vorhanden sein oder infolge von Erschütterungen und Temperaturänderungen oder beim Verstellen des Okularauszugs sich bald wieder einstellen. Auch die bei der Berichtigung vernachlässigte Ungleichheit der Ringdurchmesser oder eine Exzentrizität des Objektivmittelpunktes bei einem drehbaren, umlegbaren oder durchschlagbaren Fernrohr wirken in diesem Sinne.

Die Wirkung der Erdkrümmung, des Neigungsfehlers und der zum Standlot symmetrischen Strahlenbrechung auf das Nivellement kann durch Nivellieren aus der Mitte der Station behoben werden. Der Höhenunterschied der beiden Wechselpunkte W_{i-1} und W_i ist als Abstand der durch sie gehenden kugeligen Niveauflächen

$$\delta h_i = r_i - v_i , \qquad (534)$$

wenn r_i, v_i die Lattenstellen bezeichnen, wo eine in der Niveaufläche des Instrumentenhorizonts gedachte Ziellinie *1* die Latte im Rückblick und Vorblick trifft. Die horizontale, nicht gestörte Ziellinie besitzt die Lage *2*; infolge der zum Lot des Standortes symmetrischen Strahlenbrechung entsteht Lage *3*, und durch Hinzutreten des Neigungsfehlereinflusses endlich ergibt sich die wirkliche Lage *4* der Ziellinie, zu welcher eine von r_i um Δ_r sich unterscheidende fehlerhafte Rückblickablesung r_i' gehört. Die entsprechenden Lagen des Vorblicks sind *1'*, *2'*, *3'*, *4'*. Sie schließen untereinander und mit dem Lot des Aufstellungspunktes A_i dieselben Winkel ein wie *1, 2, 3, 4*, so daß bei gleichen Lattenabständen auch die zu *4'* gehörige Ablesung v_i' von v_i sich um $\Delta_v = \Delta_r$ unterscheiden wird. Setzt man die Ausdrücke

$$r_i = r_i' - \Delta_r , \qquad v_i = v_i' - \Delta_v = v_i' - \Delta_r \qquad (535$$

in (534) ein, so findet man im Ausdruck

$$\delta h_i = r_i' - v_i' \qquad (536)$$

den richtigen Höhenunterschied aus den fehlerhaften Beobachtungen.

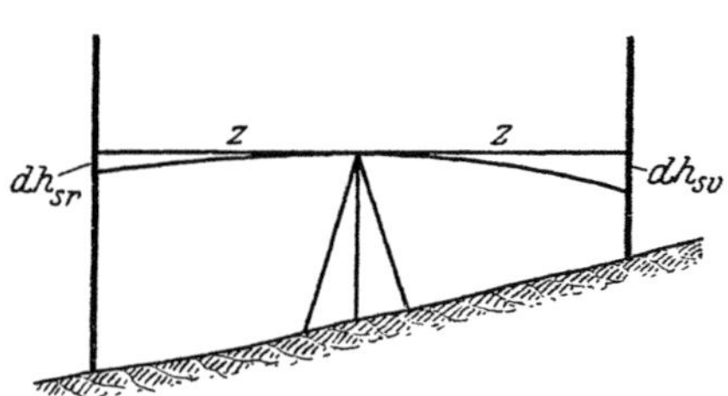

Abb. 243. Ungleiche Strahlenbrechung in Rück- und Vorblick.

Bei geneigtem Profil (Abb. 243) treten im Rückblick und Vorblick infolge ungleicher Strahlenbrechung etwas verschiedene Einflüsse dh_{sr}, dh_{sv} auf. Ist $\Delta k = k_v - k_r$ der Zuwachs des Refraktionskoeffizienten vom Rückblick zum Vorblick und analog Gl. (295) $\delta = \Delta k : 2r$, so geht in den Höhenunterschied eines Standes der Fehler $dh_{sr} - dh_{sv} = -\delta \cdot z^2$ ein. Bei gleichbleibenden Verhältnissen (gleichmäßige einseitige Neigung bei gleicher Bodenbedeckung und gleiche Zielweiten z) wird der Einfluß auf das ganze Nivellement von der Länge l bei n Ständen der Ausdruck

$$-n \cdot \delta_e \cdot z^2 = -\tfrac{1}{2} l \cdot z \cdot \delta_e \qquad (537)$$

sein[2]. Dieser Fehler ist besonders bei längeren Sichten sehr zu fürchten.

---

[1] Näheres hierzu siehe bei der trigonometrischen Höhenmessung S. 218 ff.
[2] δ soll bei einseitiger Profilneigung mit δ_e, bei wechselnder Neigung mit δ_w bezeichnet werden.

Durch das Nivellieren aus der Mitte wird der bei schiefer Stehachse auftretende Einfluß des Kreuzungsfehlers $\varkappa$ und der einer seitlichen Lage der Ziellinie nicht eliminiert. Der Einfluß des Kreuzungsfehlers ist, solange sich der Aufstellungsfehler v_i' (Bogenmaß) in der zur Libelle senkrechten Richtung nicht ändert, für die beiden Blicke eines Standes entgegengesetzt gleich, so daß sein doppelter Betrag in den Teilhöhenunterschied δh_i eingeht. Für die Zielweite z_i ergibt er sich unter Beachtung von (192) zu

$$d h_\varkappa^i = 2 z_i \varkappa \cdot v_i'. \tag{538}$$

Ist e' der seitliche Abstand der Zielachse, so besitzen nach Andeutung von Abb. 244 die beiden Ziellinien des i-ten Standes einen Höhenunterschied $2 \delta_{e'}^i$, so daß der Fehler im Höhenunterschied dieses Standes

$$d h_{e'}^i = 2 e' \cdot v_i' \tag{539}$$

ist. Ein ganz entsprechender Fehler $d h_{e''}^i$ entsteht, wenn die exzentrische Kippachse um e'' von der in der Zielrichtung um v_i'' geneigten Stehachse absteht. Diese drei Fehler, welche durch eine genügende Lotrechtstellung der Stehachse leicht praktisch vollkommen bedeutungslos gemacht werden können, besitzen für den Gesamthöhenunterschied Δh den Charakter zufälliger Fehler, da sie in den Beobachtungen einer größeren Zahl von Ständen verschieden groß und mit verschiedenen Vorzeichen auftreten. Ihre Einflüsse auf Δh sind

$$2 z \cdot \varkappa \cdot v' \sqrt{n} = \varkappa \cdot v' \sqrt{2 l \cdot z}, \quad 2 e' \cdot v' \sqrt{n} = e' \cdot v' \sqrt{2 \frac{l}{z}}, \quad 2 e'' \cdot v'' \sqrt{n} = e'' \cdot v'' \sqrt{2 \frac{l}{z}}, \tag{540}$$

wenn v', v'', $\varkappa$ mittlere Fehler im Bogenmaß bedeuten.

Zwischen den beiden Blicken desselben Standes wird das Instrument etwas einsinken, so daß jeder Vorblick um einen Betrag ε_i' (Abb. 244a) zu klein erhalten wird. Hingegen findet während des Standortwechsels, zwischen dem Vorblick des letzten und dem Rückblick des neuen Standes, ein Einsinken oder geringes Abrutschen der stehenbleibenden Latte um ε_i'' statt, so daß der neue Rückblick um ε_i'' zu groß ausfällt. Beide Fehler, deren Summe $\varepsilon_i = \varepsilon_i' + \varepsilon_i''$ ist, wirken einseitig im gleichen Sinne. Infolge der Verkleinerung aller Vorblicke und der Vergrößerung aller Rückblicke werden die Meereshöhen sämtlicher einnivellierten Punkte zu groß ausfallen, und zwar um so mehr, je weiter die Messung fort-

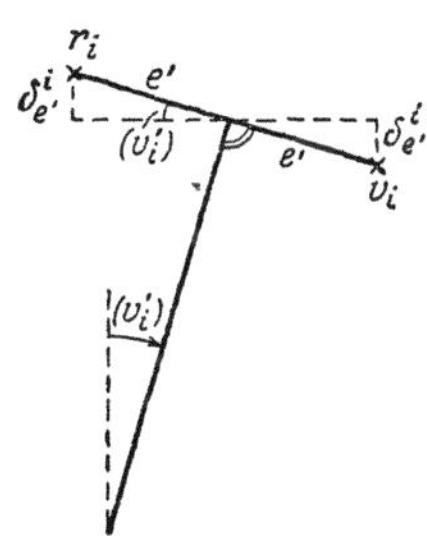

Abb. 244. Nivellierfehler bei schiefer Stehachse und seitlicher Ziellinie.

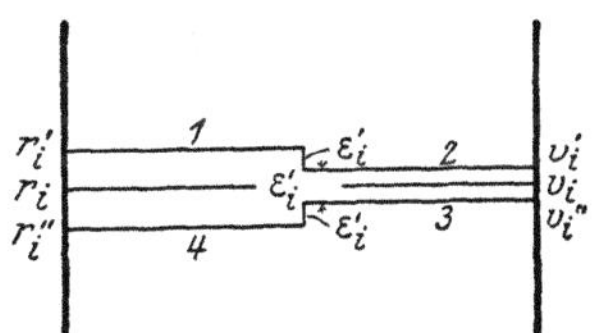

Abb. 244a. Einsinken des Nivellierinstruments.

schreitet. Da ε_i mit der zum Wechseln der Latten- und Instrumentenstandorte benötigten Zeit, also auch mit der Zielweite z_i zunimmt, im allgemeinen jedoch, ohne damit gleichen Schritt halten zu können, so wird man den einem ε_i entsprechenden mittleren Fehler im Teilhöhenunterschied δh_i in grober Annäherung durch den Ausdruck $\varepsilon_m \sqrt{z_i}$ darstellen können, so daß der mit gleichen Zielweiten in n Ständen nivellierte Höhenunterschied Δh den einseitigen Fehler $n \cdot \varepsilon_m \sqrt{z}$ besitzt mag. Dabei ist $[\varepsilon_i^2] : n = \varepsilon_m^2$.

Bei verschieden leistungsfähigen Augen wird zum Einstellen oder Ablesen der Blase sehr oft das eine Auge bevorzugt, wodurch die Blasenränder falsch auf die Libellenteilung projiziert werden. Dieser Mangel beeinflußt Rückblick und Vorblick entgegengesetzt gleich viel, und in der Differenz der Ablesungen wird die Wirkung verdoppelt. Der Einfluß auf den Höhenunterschied eines Standes ist daher $2 \pi \cdot z$, wenn π den im Bogenmaß ausgedrückten Projektionsfehler bedeutet. Die Wirkung ist für alle Stände einseitig, wenn der Libellenbeobachter in bezug zur Nivellierrichtung stets auf derselben Seite des Instruments steht; der Gesamtfehler macht in diesem Fall $2 n \cdot \pi \cdot z$ aus. Er wird dagegen schon im einfachen geometrischen Nivellement vollständig getilgt, wenn bei einer geraden Anzahl von Aufstellungen mit gleichen Zielweiten der Libellenbeobachter von Stand zu Stand abwechselnd auf verschiedenen Seiten des Instruments sich befindet[1]. Steht hingegen der Beobachter unregelmäßig wechselnd bald rechts, bald links, so erscheint der zufällige Gesamtfehler

$$2\pi \cdot z \cdot \sqrt{n} = \pi \sqrt{2\,l \cdot z}. \tag{541}$$

Einseitig und proportional den gemessenen Höhenunterschieden $\varDelta h$ verläuft der Einfluß einer Abweichung des Lattenmeters von seiner Nennlänge. Für einfache technische Zwecke genügt es, das Lattenmeter durch die Messung einiger Strichabstände mittels eines Normalmaßstabes zu bestimmen und etwaige größere Abweichungen rechnerisch zu berücksichtigen. Die der Bestimmung des Lattenmeters eigene Unsicherheit m_m verursacht in $\varDelta h$ den mittleren Fehler $\varDelta h \cdot m_m$.

Dem Ursprung nach rein zufällig ist die Lattenschiefe (Tabelle 8, S. 70), deren mittlere Beträge in der Zielrichtung und senkrecht dazu m_α' und m_α'' sein mögen. Ihre Wirkung aber ist vollständig einseitig, da stets an einer zu hoch gelegenen Stelle der Teilung abgelesen wird. Die bestimmten Abweichungen $d\alpha_{ir}$, $d\alpha_{iv}$ im i-ten Stand verursachen im Rückblick r_i und im Vorblick v_i die bestimmten Ablesefehler $dr_{i\alpha} = -\tfrac{1}{2} r_i \cdot (d\alpha_{ir})^2$ und $dv_{i\alpha} = -\tfrac{1}{2} v_i (d\alpha_{iv})^2$, so daß im Gesamthöhenunterschied $\varDelta h$ der bestimmte Fehler

$$d h_\alpha = \sum_{i=1}^{n}[d\,r_{i\alpha}] - \sum_{i=1}^{n}[dv_{i\alpha}] = -\tfrac{1}{2}\sum_{1}^{n}[r_i(d\alpha_{ir})^2] + \tfrac{1}{2}\sum_{1}^{n}[v_i(d\alpha_{iv})^2] \tag{542}$$

steckt, für welchen ein guter Näherungswert berechnet werden kann. Faßt man in den Summen die Stände mit gleichgeneigten Profilstrecken in Gruppen zusammen, so werden in jeder dieser Gruppen je alle Rückblicke und je alle Vorblicke nahezu gleich sein, so daß man sie vor die Summenklammer nehmen kann. Eine solche e Stände enthaltende Gruppe liefert demnach zum Höhenfehler den Teilbetrag

$$\varDelta d h_\alpha = -\tfrac{1}{2} r\,[(d\alpha_{ir})^2] + \tfrac{1}{2} v\,[(d\alpha_{iv})^2]. \tag{543}$$

Nun ist aber

$$[(d\alpha_{ir})^2] = e \cdot m_\alpha^2 = [(d\alpha_{iv})^2], \tag{544}$$

also

$$\varDelta d h_\alpha = -\frac{m_\alpha^2}{2}(e \cdot r - e \cdot v) = -\frac{m_\alpha^2}{2} \cdot [\delta h_e]. \tag{545}$$

Da für alle übrigen Gruppen dasselbe gilt, so wird der Höhenfehler wegen der mittleren Lattenschiefe näherungsweise

$$d h_\alpha = [\varDelta d h_\alpha] = -\frac{1}{2} m_\alpha^2 \sum_{1}^{n}[\delta h_i] = -\frac{\varDelta h}{2} \cdot m_\alpha^2, \tag{546}$$

in welchem Ausdruck m_α im Bogenmaß zu nehmen ist. Ersetzt man m_α durch m_α' bzw. m_α'', so erhält man mittels (546) die ihnen entsprechenden Verbesserungen $d h_\alpha'$ bzw. $d h_\alpha''$ des Höhenunterschieds $\varDelta h$. Bedeutet

$$m_\alpha = \sqrt{m_\alpha'^2 + m_\alpha''^2} \tag{546^1}$$

die gesamte mittlere Lattenschiefe, so ist der Ausdruck (546) die dieser Resultante entsprechende Höhenverbesserung. Sie läßt sich zahlenmäßig angeben, wenn m_α' und m_α'' oder m_α selbst aus Versuchen bestimmt worden sind. Für $m_\alpha = 10'$ z. B. wird

---

[1] Näheres hierüber siehe bei Holm: Augenmängel des Libellenlesers als Fehlerquelle im Feinnivellement u. ihre Ausschaltung. Z. Vermess.-Wes. 1910, S. 769—779 u. 801—811. Nach den dort gemachten Angaben beträgt, wenn das eine, stets auf der gleichen Seite bleibende Auge gar nicht benutzt wird, unter normalen Verhältnissen der aus dem beregten Mangel fließende Fehler im Feinnivellement etwa 1,2 mm auf 1 km.

$d\,h_a = -4{,}24 \cdot 10^{-6} \cdot \varDelta\,h$. Durch eine sorgfältige Lotrechtstellung der Latte kann der betrachtete Fehler bedeutungslos gemacht werden[1].

Die rein zufälligen, unvermeidlichen Nivellierfehler beruhen in der Hauptsache auf den gleichen Ursachen, wie die früher S. 122 ff. betrachteten Fehler des Lattenabschnitts. Besonders sind zu nennen a) der mittlere Fehler m_t der Lattenteilung; b) der vom Flimmern des Lattenbildes und von der Lage der Ablesestelle im Teilfeld stark beeinflußte Schätzungsfehler, d. i. der eigentliche Ablesefehler m_a, c) die ungleiche Strahlenbrechung[2] bei wechselnden, verschiedenseitigen Profilneigungen. Hier wird der einem Stand entsprechende Fehler $\delta_w \cdot z^2$ in den verschiedenen Aufstellungen wegen der zufällig wechselnden Profilneigungen sein Vorzeichen unregelmäßig wechseln, und dem Gesamthöhenunterschied entspricht hier der mittlere Fehler

$$\delta \cdot z^2 \sqrt{n} = \delta_w \sqrt{\tfrac{1}{2}\,l \cdot z^3}, \tag{547}$$

wo jetzt δ_w als mittlere Unsicherheit aufzufassen ist. d) Ferner kommt in Betracht eine geringe Neigungsänderung dv' der Ziellinie vom Einspielenlassen der Libelle bis zum Ablesen und eine kleine Änderung dv'' des Neigungsfehlers der Libelle in der Zeit zwischen Rückblick und Vorblick. Der Einfluß beider Fehler auf einem Stand ($dv' \cdot z \cdot \sqrt{2}$ bzw. $dv'' \cdot z$) ist zur Zielweite proportional. e) Dasselbe gilt auch für den schon früher besprochenen Einfluß des Kreuzungsfehlers. Dem Zusammenwirken der unter d) und e) genannten Fehler möge für die einzelne Ablesung der mittlere Betrag $\eta_m = z \cdot \eta$ entsprechen. f) Der Einfluß einer seitlichen Lage der Ziellinie — siehe (539) — oder der Kippachse bei schiefem Zapfen ist unabhängig von der Zielweite; sein Quadrat sei für beide Ursachen zusammen für die einzelne Sicht – rein rechnerisch betrachtet – der Ausdruck τ^2. g) Die Ablesungen werden auch durch die beim Einspielenlassen der Libelle begangenen Fehler gefälscht. Sollen diese keinen systematischen Charakter annehmen, so muß für den Rückblick und Vorblick desselben Standes die letzte Bewegung der Feinstellschraube stets im gleichen Sinne, etwa durch ein Hineindrehen der Schraube erfolgen. Andernfalls würde ein Nachziehen der Blase die beiden Ablesungen eines Standes im entgegengesetzten Sinne beeinflussen, in der Differenz der Ablesungen also den doppelten Einfluß ausüben. Der Einfluß des rein zufälligen Fehleranteils ist mit Rücksicht auf (190)

$$m_\lambda = z\,\frac{m_s}{\varrho''} = \frac{0{,}1}{\varrho''}\,z\,\sqrt{p} \approx 5 \cdot 10^{-7}\,z\,\sqrt{p}, \tag{548}$$

wenn m_s den mittleren Einstellfehler der Blase und p den in Sekunden ausgedrückten Teilwert bedeutet. h) Bei zufälligen Unterschieden $\varDelta z$ bzw. m_z der Zielweiten eines Standes wird der Einfluß von Erdkrümmung und kreisförmiger Strahlenbrechung

---

[1] Ein wegen seiner Geringfügigkeit für gewöhnlich zu vernachlässigender systematischer Fehler entsteht infolge der aus dem Eigengewicht der Latte u. eines an den Handgriffen wirkenden Zuges eintretenden Verkürzung der lotrechten Latte. Näheres siehe bei NÁBAUER, M.: Theoretische Untersuchung des Einflusses einer Verkürzung der lotrecht stehenden Latte auf das Nivellement. Zeitschrift des Vereins der höheren bayerischen Vermessungsbeamten 1913, S. 35—58.

Einseitige, der Größe nach schwer anzugebende Fehler entstehen auch durch die lästige, bei unvorsichtiger Behandlung manchmal auftretende Krümmung der Latte.

Den Einfluß einer Durchbiegung u. der Beschaffenheit des Prüfmeters behandelt NIEMCZIK, O., in den Mitt. a. d. Markscheidewesen, Jahrg. 1937, S. 1—15. Siehe auch PESCHEL, H.: Untersuchung von Nivellierlatten der Firma C. Zeiß, Z. Instrumentenkde. 1938, S. 62—77.

[2] Im Gegensatz zur trigonometrischen Höhenmessung verlaufen beim geometrischen Nivellement die Sichten ganz in Bodennähe, also in vielfach gestörten Luftschichten. Es ist begreiflich, daß hier der Refraktionskoeffizient (siehe S. 220, Fußnote 2) manchmal das 10fache des der freien Atmosphäre entsprechenden Wertes beträgt und daß er im übrigen stark vom Bodenprofil sowie dem Abstand der Sichten vom Boden abhängt. Siehe dazu a) HUGERSHOFF: Der Zustand der Atmosphäre als Fehlerquelle im Nivellement. Dresden 1907, und besonders b) KOHLMÜLLER, F.: Zur Refraktion im Nivellement. München 1912; ferner c) KUKKAMÄKI: Über die nivellitische Refraktion. Helsinki 1938, u. Formeln u. Tabellen zur Berechnung der nivellitischen Refraktion. Helsinki 1939 (Veröffentl. Nr. 25 u. 27 d. Finnischen Geodät. Instituts).

sowie derjenige eines restigen Neigungsfehlers v durch Nivellieren aus der Mitte nicht vollständig getilgt. Im einzelnen Stand bleiben die Fehler

$$\frac{z}{r} \cdot \Delta z, \qquad k \frac{z}{r} \cdot \Delta z, \qquad \Delta z \cdot v \tag{549}$$

erhalten, worin Δz einen bestimmten Zielweitenunterschied bedeutet. Ihr Zusammenwirken gibt für die Station den bestimmten Fehler

$$\zeta \sqrt{2} = \Delta z \left(\frac{z}{r} + k \frac{z}{r} + v \right) \tag{549^1}$$

oder das mittlere Fehlerquadrat

$$2 \zeta^2 = m_z^2 \left(\frac{z}{r} + k \frac{z}{r} + v \right)^2, \tag{550}$$

wenn m_z den mittleren Zielweitenunterschied angibt. Für die Gesamtheit aller Stände wird das mittlere Gesamtfehlerquadrat

$$2 n \cdot \zeta^2 = m_z^2 \left(\frac{1}{r} \sqrt{\frac{1}{2} l \cdot z} + \frac{k}{r} \sqrt{\frac{1}{2} l \cdot z} + v \sqrt{\frac{l}{2z}} \right)^2. \tag{551}$$

Die verschiedenen Nivellierfehler und ihre Auswirkungen sind in Tabelle 26 übersichtlich zusammengestellt.

Aus den besprochenen rein zufälligen Fehlern ergibt sich das mittlere Fehlerquadrat einer Ablesung des i-ten Standes

$$\mu_i^2 = m_t^2 + \tau^2 + m_a^2 + \eta_m^2 + m_\lambda^2 + m_{\delta_w}^2 + \zeta^2, \tag{552}$$

woraus mit Rücksicht auf die obigen Ausführungen und auf (289) die Form

$$\mu_i^2 = m_t^2 + \tau^2 + C_0 + C_1 z_i + C_2 z_i^2 + \eta^2 z_i^2 + \widehat{m}_s^2 z_i^2 + \frac{1}{2} \delta_w^2 z_i^4$$
$$+ \frac{1}{2} \left\{ \left(\frac{1+k}{r} \right)^2 \cdot z_i^2 + 2 v \frac{1+k}{r} \cdot z_i + v^2 \right\} m_z^2 \tag{553}$$

oder durch Ordnen nach Potenzen von z

$$\mu_i^2 = \left(C_0 + m_t^2 + \tau^2 + \frac{1}{2} v^2 m_z^2 \right) + \left(C_1 + v \frac{1+k}{r} m_z^2 \right) z_i + \left\{ C_2 + \eta^2 + \widehat{m}_s^2 + \frac{1}{2} \left(\frac{1+k}{r} \right)^2 m_z^2 \right\} \cdot z_i^2$$
$$+ \frac{1}{2} \delta_w^2 z_i^4 \tag{554}$$

hervorgeht.

Besitzen die n gleich sorgfältig beobachteten Stände annähernd gleiche Zielweiten z, so ergibt die Anwendung des mittleren Fehlergesetzes auf die aus $2n$ Gliedern bestehende Summe (528) für das mittlere unregelmäßige Fehlerquadrat des Höhenunterschiedes Δh, also auch der Meereshöhe H_2 den Ausdruck

$$m_u^2 = 2 n \mu^2 = \frac{l}{z} \cdot \mu^2, \tag{555}$$

wenn $l = 2 n \cdot z$ die Länge der nivellierten Strecke bedeutet.

Daraus folgt

$$m_u = \mu \sqrt{2n} = \mu \sqrt{\frac{l}{z}} = \frac{\mu}{\sqrt{z}} \cdot \sqrt{l}. \tag{556}$$

Durch Einsetzen von (554) in (555) ergibt sich

$$m_u^2 = \frac{1}{z} \left\{ l \left(C_0 + m_t^2 + \tau^2 + \frac{1}{2} v^2 \cdot m_z^2 \right) \right\} + \left(C_1 + v \frac{1+k}{r} m_z^2 \right) l$$
$$+ z \left\{ l \left(C_2 + \eta^2 + \widehat{m}_s^2 + \frac{1}{2} \left(\frac{1+k}{r} \right)^2 m_z^2 \right) \right\} + \frac{1}{2} z^3 \{ l \cdot \delta_w^2 \} \tag{557}$$

oder

$$m_u^2 = a \cdot z^{-1} + b + c z + e z^3, \tag{558}$$

Tabelle 26.
Nivellierfehler im einfach geführten Nivellement.

Fehlerbezeichnung	Einfluß auf	
	einen Stand	alle n Stände
I. Systematische Nivellierfehler		
1. Erdkrümmung, zum Standlot symmetrische Strahlenbrechung, restiger Neigungsfehler bei Nivellieren aus der Mitte	0	0
2. Einsinken von Instrument und Latte ε', ε''	$\varepsilon_m \sqrt{z}$	$(\varepsilon_m \sqrt{z})\,n = \dfrac{\varepsilon_m}{2\sqrt{z}} \cdot l$
3. Ungleichmäßige Strahlenbrechung in Rückblick und Vorblick: a) einseitig ungleichmäßig $\delta_e = (k_v - k_r) : 2\,r = \tfrac{1}{2}\left(\dfrac{1}{R_v} - \dfrac{1}{R_r}\right)$	$\delta_e \cdot z^2$	$(\delta_e \cdot z^2)\,n = \tfrac{1}{2}\,\delta_e \cdot z \cdot l$
4. Augenmängel (Projektionsfehler), $\pi =$ Wirkung auf den Blasenstand: a) einseitig bleibende Beobachterstellung b) regelmäßig wechselnde Beobachterstellung	$2\,\pi \cdot z$ $2\,\pi \cdot z$	$(2\,\pi z) \cdot n = \pi \cdot l$ 0
5. Mittlere Unsicherheit des Lattenmeters m_m	$(r-v)\,m_m$	$m_m \cdot \Delta h$
6. Mittlere Lattenschiefe m_a		$-\tfrac{1}{2}\,m_a^2 \cdot \Delta h$
II. Zufällige Nivellierfehler		
1. Mittlerer Lattenteilungsfehler m_t	$m_t \sqrt{2}$	$(m_t \sqrt{2})\sqrt{n} = m_t \cdot \sqrt{\dfrac{l}{z}}$
2. Mittlerer Ablesefehler m_a	$m_a \sqrt{2}$	$(m_a \sqrt{2})\sqrt{n} = m_a \sqrt{\dfrac{l}{z}}$
3. Ungleichmäßige Strahlenbrechung in Rückblick und Vorblick: b) wechselnd ungleichmäßig $\delta_w = (k_v - k_r) : 2\,r$	$\delta_w \cdot z^2$	$(\delta_w \cdot z^2)\sqrt{n} = \delta_w \sqrt{\tfrac{1}{2}z^3 \cdot l}$
4. Augenmängel, $\pi =$ Wirkung auf den Blasenstand c) unregelmäßig wechselnde Beobachterstellung	$2\,\pi \cdot z$	$(2\,\pi \cdot z)\sqrt{n} = \pi \sqrt{2\,z \cdot l}$
5. Neigungsänderung der Zielachse vom Einspielen der Libelle bis zum Ablesen dv'	$dv' \cdot z \cdot \sqrt{2}$	$(dv' \cdot z \cdot \sqrt{2})\sqrt{n} = dv' \sqrt{z \cdot l}$
6. Änderung des Neigungsfehlers vom Rückblick bis zum Vorblick dv''	$dv'' \cdot z$	$(dv'' \cdot z)\sqrt{n} = dv'' \cdot \sqrt{\tfrac{1}{2}z \cdot l}$
7. Kreuzungsfehler $\varkappa$ bei seitlicher Komponente v' von v	$2\,\varkappa \cdot v' \cdot z$	$(2\,\varkappa v' z)\sqrt{n} = \varkappa \cdot v' \sqrt{2\,z \cdot l}$
8. Seitliche Lage e' der Zielachse bei seitlicher Komponente v'	$2\,e' \cdot v'$	$(2\,e'v')\sqrt{n} = e' \cdot v' \sqrt{2\dfrac{l}{z}}$
9. Exzentrische Lage e'' der Kippachse bei Komponente v'' in Zielrichtung	$2\,e'' \cdot v''$	$(2\,e''v'')\sqrt{n} = e'' \cdot v'' \cdot \sqrt{2\dfrac{l}{z}}$
10. Einspielfehler m_s der Libelle	$m_s \cdot z \cdot \sqrt{2}$	$(m_s z \sqrt{2})\sqrt{n} = m_s \cdot \sqrt{z \cdot l}$
11. Zufällige Zielweitenunterschiede Δz bzw. m_z		
a) Einfluß der Erdkrümmung $\dfrac{1}{2\,r}(z_v^2 - z_r^2) =$	$\dfrac{z}{r} \cdot \Delta z$	$\left(\dfrac{z}{r}m_z\right)\sqrt{n} = \dfrac{m_z}{r}\sqrt{\tfrac{1}{2}z \cdot l}$
b) Strahlenbrechung, gleichmäßig kreisförmige	$k \cdot \dfrac{z}{r} \cdot \Delta z$	$\left(k\dfrac{z}{r}m_z\right)\sqrt{n} = k \cdot \dfrac{m_z}{r}\sqrt{\tfrac{1}{2}z \cdot l}$
c) restiger Neigungsfehler v	$v \cdot \Delta z$	$(v \cdot m_z)\sqrt{n} = v \cdot m_z \sqrt{\tfrac{1}{2}\dfrac{l}{z}}$

13*

wenn das Absolutglied in (557) mit b und die Koeffizienten der Potenzen von z mit a, c und e bezeichnet werden.

Macht man (558) zu einem Minimum, so erhält man für die zugehörige günstigste Zielweite[1] den allgemeinen Ausdruck

$$z_0 = \sqrt{-\frac{c}{6e} + \sqrt{\left(\frac{c}{6e}\right)^2 + \frac{a}{3e}}}. \tag{559}$$

Über die Größe der Koeffizienten a, b, c, e läßt sich von vornherein nichts Sicheres angeben, abgesehen etwa davon, daß für kleinere Zielweiten – unter 50 m – und annähernd horizontales Profil der Koeffizient e sehr klein wird, also der Einfluß einer ungleichen Refraktion im Rückblick und Vorblick praktisch verschwindet. Für diesen Fall folgt aus (559) nach einer kleinen Umformung die schon von EGGERT[2] angegebene günstigste Zielweite

$$z_0 = \sqrt{\frac{a}{c}}. \tag{560}$$

Das Einsinken von Instrument und Latte, die Unsicherheit des Lattenmeters sowie einseitig ungleiche Strahlenbrechung und Lattenschiefe erzeugen in Δh das regelmäßige mittlere Fehlerquadrat

$$m_r^2 = \left(n \cdot \varepsilon_m \sqrt{z}\right)^2 + (n \cdot z^2 \cdot \delta_e)^2 + (\Delta h \cdot m_m)^2 + \left(\frac{\Delta h}{2} \cdot \widehat{m}_\alpha^2\right)^2 \tag{561}$$

$$= \left(\frac{l}{2\sqrt{z}} \varepsilon_m\right)^2 + \frac{1}{4}(z \cdot l \cdot \delta_e)^2 + \Delta h^2 \left(m_m^2 + \frac{1}{4}\widehat{m}_\alpha'\right), \tag{562}$$

so daß

$$m^2 = m_u^2 + m_r^2 = \left[\frac{1}{z}\left\{l\left(C_0 + m_l^2 + \tau^2 + \frac{1}{2}v^2 \cdot m_z^2\right)\right\} + \left\{C_1 + v\frac{1+k}{r}m_z^2\right\}l\right.$$

$$+ z\left\{l\left(C_2 + \eta^2 + \widehat{m}_s^2 + \frac{1}{2}\left(\frac{1+k}{r}\right)^2 m_z^2\right)\right\} + \frac{1}{2}z^3\{l\,\delta_w^2\}$$

$$\left. + \left[\frac{1}{4}l^2\left(\frac{\varepsilon_m^2}{z} + z^2\delta_e^2\right) + \Delta h^2\left(m_m^2 + \frac{1}{4}\widehat{m}_\alpha^4\right)\right] \tag{563}$$

$$= l\left[\frac{1}{z}\left\{C_0 + m_l^2 + \tau^2 + \frac{1}{2}v^2 \cdot m_z^2\right\} + \left\{C_1 + v\frac{1+k}{r}m_z^2\right\} + z\left\{C_2 + \eta^2 + \widehat{m}_s^2 + \frac{1}{2}\left(\frac{1+k}{r}\right)^2 m_z^2\right.\right.$$

$$\left. + z^3\left\{\frac{1}{2}\delta_w^2\right\}\right] + l^2\left[\frac{1}{4}\left(\frac{\varepsilon_m^2}{z} + z^2 \cdot \delta_e^2\right)\right] + \Delta h^2\left[m_m^2 + \frac{1}{4}\widehat{m}_\alpha^2\right] \tag{564}$$

wird. Bezeichnet man die Inhalte der eckigen Klammern der Reihe nach mit m_0^2, C_l^2 und C_h^2, so erscheint der kürzere Ausdruck

$$m^2 = m_0^2 \cdot l + C_l^2 \cdot l^2 + C_h^2 \cdot \Delta h^2 \quad \text{bzw.} \quad m = \pm\sqrt{m_0^2 \cdot l + C_l^2 \cdot l^2 + C_h^2 \cdot \Delta h^2}, \tag{565}$$

welcher das mittlere Quadrat des Gesamtfehlers in Δh vorstellt.

Bei Innehaltung gleicher Zielweiten wird der Quotient $\mu : \sqrt{z}$ in (556) ein Festwert m_0, welcher mit m_0 in (565) identisch ist, und der mittlere unregelmäßige Fehler des Höhenunterschiedes

$$m_u = m_0 \sqrt{l} \tag{566}$$

wird zur Wurzel aus der nivellierten Länge direkt proportional. Unter der getroffenen Voraussetzung sind daher die zufälligen Fehlerquadrate direkt, die zugehörigen Gewichte umgekehrt proportional zu den l.

---

[1] Für ein mit einem Instrument von mittlerer Leistungsfähigkeit ausgeführtes einfaches technisches Nivellement liegt nach der Erfahrung die günstigste Zielweite bei ebenem Gelände in der Nähe von 40 m. Angaben über die zweckmäßigste Zielweite beim Feinnivellement bringt WERKMEISTER in Z. f. Instrumentenkde. 1936, S. 115—120.

[2] Die Zielweite beim Nivellieren. Z. Vermess.-Wes. 1914, S. 251.

Den als **mittleren zufälligen Kilometerfehler** bezeichneten Festwert m_0 kann man aus Doppelmessungen (trockenes Wetter, fester Boden, waagrechte Versuchsstrecken) bestimmen. Werden für die Höhenunterschiede Δh_i der Endpunkte von n Strecken l_i in zwei Messungsreihen die Werte $\Delta h_i'$, $\Delta h_i''$ mit den Differenzen

$$d_1 = \Delta h_1'' - \Delta h_1' \ldots \quad d_i = \Delta h_i'' - \Delta h_i', \quad d_n = \Delta h_n'' - \Delta h_n' \tag{567}$$

gefunden, zu denen die Gewichte

$$p_i = \frac{1}{l_i} \tag{568}$$

gehören, so ergibt sich, wenn die l_i in Kilometern ausgedrückt werden, nach (72) der mittlere zufällige Kilometerfehler[1] des **einfachen Nivellements** zu

$$m_0 = \pm \sqrt{\frac{1}{2n} [p\,d\,d]} = \pm \sqrt{\frac{1}{2n} \left[\frac{d\,d}{l}\right]}. \tag{569}$$

Der entsprechende Wert für das **Doppelnivellement** (arithmetisches Mittel aus zwei Messungen) ist

$$\mu_0 = \frac{m_0}{\sqrt{2}} = \pm \frac{1}{2} \sqrt{\frac{1}{n} \left[\frac{d\,d}{l}\right]}. \tag{570}$$

Ein Zahlenbeispiel für diese Fehlerermittlung enthält

Tabelle 27.

Nr.	Hinmessung h'	Rückmessung h''	$d = h'' - h'$	Strecke l	dd	$pdd = \dfrac{dd}{l}$
	m	m	mm	km	mm²	mm²
1	5,341	5,344	+ 3	1,69	9	5,33
2	4,073	4,072	− 1	1,50	1	0,67
3	5,154	5,152	− 2	1,23	4	3,25
4	4,716	4,717	+ 1	0,99	1	1,01
5	3,046	3,048	+ 2	1,26	4	3,17
6	3,819	3,818	− 1	0,74	1	1,35
7	4,063	4,065	+ 2	0,69	4	5,80
8	3,815	3,817	+ 2	1,55	4	2,58
					$\left[\dfrac{dd}{l}\right] =$	23,16

Einfaches Nivellement: $m_0 = \pm \sqrt{\dfrac{1}{2 \cdot 8} \cdot 23{,}16} = \pm 1{,}20 \text{ mm}$;

Doppelnivellement: $\mu_0 = \pm \dfrac{1{,}20}{\sqrt{2}} = \pm 0{,}85 \text{ mm}$.

Die zulässige Größe von m_0 hängt von dem besonderen Zweck der Messung ab. Ein gewöhnlichen technischen Zwecken dienendes Nivellement wird man meistens noch als brauchbar bezeichnen können, solange

$$m_0 \leq 10 \text{ mm} \tag{571}$$

bleibt.

Die **Ausgleichung eines geometrischen Nivellements** wird besonders einfach, wenn dieses zwischen zwei Punkte von bekannter Höhenlage eingespannt ist.

---

[1] Soll der mittels (569) berechnete Wert m_0 keinen nennenswerten einseitigen Fehleranteil enthalten, so müssen die beiden Messungen je einer Strecke unter möglichst gleichen Umständen in der gleichen Richtung erfolgen.

Führt es von einem Punkte P_1 (Abb. 245) von bekannter Höhe H_1 zu einem davon um L entfernten Punkte P_n mit der bekannten Höhe H_n und besitzen die eingeschalteten Zwischenpunkte P_2, P_3, ... P_{n-1} die Nachbarentfernungen l_1, l_2, ... l_{n-1} und die beobachteten Höhenunterschiede $\Delta h'_1$, $\Delta h'_2$, ... $\Delta h'_{n-1}$, so erhält man durch Hinzufügen von $\overset{n-1}{\underset{1}{[\Delta h'_i]}}$ zu H_1 einen zweiten Wert für die Meereshöhe von P_n, nämlich

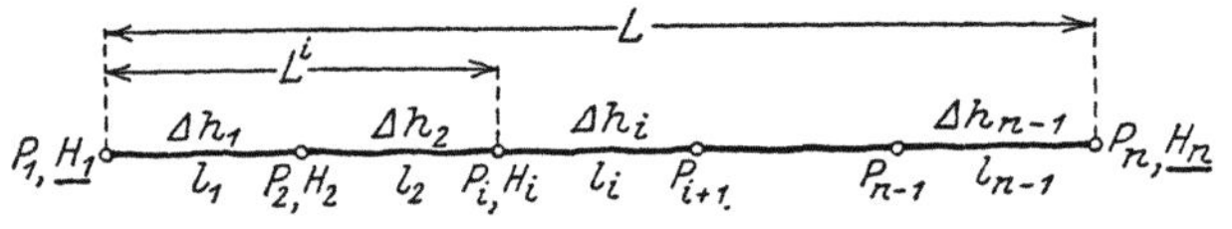

Abb. 245. Ausgleichung einer Nivellementslinie bei festliegenden Endpunkten.

$$H'_n = H_1 + \overset{n-1}{\underset{1}{[\Delta h'_i]}}. \tag{572}$$

Er unterscheidet sich von H_n um den Betrag

$$H_n - H'_n = w, \tag{573}$$

welcher Widerspruch die Summe der wahren Beobachtungsfehler vorstellt. Der Widerspruch w wird nach (84) umgekehrt proportional den Gewichten der $\Delta h'_i$ auf diese verteilt, da $\overset{n-1}{\underset{1}{[\Delta h_i]}}$ eine vorgegebene feste Summe $H_n - H_1$ besitzt. Die strengere Gewichtsermittlung, welche an (563) bzw. (565) anschließen müßte, wäre für gewöhnliche technische Zwecke viel zu umständlich; auch kann man bei geringen Höhenunterschieden die nur von den Δh_i abhängigen regelmäßigen Fehleranteile (Lattenmeter, Lattenschiefe) vernachlässigen. Meist begnügt man sich daher damit, unter Berücksichtigung lediglich der zufälligen Fehler die Gewichte[1] der $\Delta h'_i$ umgekehrt proportional den l_i zu setzen. Es wird also, wenn v_i die zu $\Delta h'_i$ gehörige Verbesserung ist, der ausgeglichene Höhenunterschied

$$\Delta h_i = \Delta h'_i + v_i = \Delta h'_i + \frac{l_i}{L} \cdot w \tag{574}$$

sein, während sich nach (85) der mittlere Fehler der Gewichtseinheit, nämlich der mittlere Kilometerfehler eines einfach beobachteten Höhenunterschiedes zu

$$m_0 \approx \pm \frac{w}{\sqrt{L}} \tag{575}$$

ergibt, welcher Wert aber keine große Zuverlässigkeit besitzt, da er sich nur auf einen einzigen Widerspruch stützt. Aus mehreren Linienwidersprüchen w erhält man einen guten Mittelwert

$$m_0 = \pm \sqrt{\frac{1}{n}\left[\frac{ww}{L}\right]}. \tag{576}$$

Die ausgeglichene Meereshöhe von P_i wird nun

$$H_i = H_1 + \overset{i-1}{\underset{1}{[\Delta h_e]}}. \tag{577}$$

Ist $H'_i = H_1 + \overset{i-1}{\underset{1}{[\Delta h'_e]}}$ die mit den fehlerhaften, beobachteten Höhenunterschieden berechnete Meereshöhe des von P_1 um $L^i = \overset{i-1}{\underset{1}{[l_e]}}$ entfernten Punktes P_i, so wird die Verbesserung von H'_i unmittelbar

$$V_i = \overset{i-1}{\underset{1}{[v_e]}} = \overset{i-1}{\underset{1}{[l_e]}} \cdot \frac{w}{L} = \frac{L^i}{L}\, w \tag{578}$$

---

[1] Eine Untersuchung über die Aufstellung von Nivellementsgewichten enthält Werkmeister: Über Nivellementsgewichte. Z. Vermess.-Wes. 1912, S. 353—364 und 377—391. Siehe auch die ältere Arbeit von Vogler, Chr. A., in Z. Vermess.-Wes. 1877, S. 81—105.

und die ausgeglichene Meereshöhe ist

$$H_i = H_i' + V_i = H_i' + \frac{L^i}{L}\,w. \qquad (579)$$

Ein diese Darlegungen erläuterndes Zahlenbeispiel enthält Tabelle 28.

Eine besonders gefährliche Klippe für ein gutes Nivellement bildet das Überschreiten von breiten Gewässern. Man hilft sich hier durch gleichzeitig gegenseitige Beobachtungen (siehe trigonom. Höhenmessung S. 218) mit waagrechter oder nahezu waagrechter Sicht und benützt zur Erhöhung der Genauigkeit etwa mehrere nebeneinander aufgestellte Instrumente, an denen unmittelbar nacheinander, praktisch also gleichzeitig beobachtet wird. Für die Beobachtungen sind solche Stellen und solche Zeiten zu wählen, daß die beiderseitig beobachtete Lichtkurve **symmetrisch zum Mittellot** zu erhoffen ist[1].

Tabelle 28.

F. P. Nr.	H_i'	L^i	V_i	H_i
	m	km	mm	m
1	125,340	0,00	0	125,340
2	124,121	0,95	— 2	124,119
3	123,045	2,10	— 3	123,042
4	123,138	3,06	— 5	123,133
5	124,086	3,97	— 7	124,079
6	124,851	5,05	— 8	124,843
7	124,934	6,90	— 11	124,923
8	125,169	8,00	— 13	125,156
1	125,355	9,10	— 15	125,340
	$w = -\,0,015$	$L = 9,10$	$m_0 \approx \dfrac{15}{\sqrt{9,1}}\,\mathrm{mm} = \pm 5,0\,\mathrm{mm}$	

c) Längen- und Querprofile.

Das einfache geometrische Nivellement findet in der Ingenieurtechnik die ausgiebigste Anwendung. Insbesondere liefert es die Unterlagen für die Herstellung von Längen- und Querprofilen an Wegen, Straßen, Eisenbahnen und Wasserläufen.

Zur Festlegung eines Längenprofils werden bei seiner Durchmessung alle Hektometerpunkte (**Hauptpunkte**) durch bodengleiche Pflöcke bezeichnet. Außerdem werden auch **Zwischenpunkte** oder **Nebenpunkte** verpflockt, in denen das Längenprofil eine ausgesprochene Brechung erfährt, die Form der Querprofile sich ändert oder die sonst eine besondere Bedeutung besitzen. Neben jedem **Bodenpflock** steht ein über den Boden herausragender, die Bezeichnung des Bodenpflockes tragender **Nummernpflock**. Bei der durchlaufenden Längenmessung erhalten die Hunderterpunkte die Bezeichnung 1, 2, 3, . . ., während die Zwischenpunkte durch zur Nummer des vorhergehenden Hauptpunktes beigesetzte Buchstaben (z. B. 2^a, 2^b, . . ., 3^a, 3^b, . . .) oder durch die Entfernung vom Anfangspunkt voneinander unterschieden werden[2].

In den Haupt- und Nebenpunkten des Längenprofils, deren Höhen durch ein doppelt geführtes geometrisches Längennivellement auf mm zu bestimmen sind, legt man senkrecht zum Längenprofil die **Querprofile**. In diesen werden die ausgesprochenen Brechungspunkte und andere wichtige Punkte, bei gleichmäßiger Neigung die um die runden Beträge 5 m, 10 m usw. von der Achse abstehenden Punkte etwa durch Späne bezeichnet und ihre Achsabstände in einer Skizze (Abb. 246) eingetragen. Zur Höhenbestimmung richtet man das seitlich aufgestellte Nivellierinstrument bei einspielender

---

[1] Einzelheiten siehe in der Z. Vermess.-Wes. bei a) BORK, W., 1929, S. 577—584 (mit Literaturangaben); b) GEODÄTISCHE ABTEILUNG des argentinischen militärgeographischen Instituts 1930, S. 109—120; c) SCHERMERHORN 1926, S. 417—434; d) GRONWALD, W., 1931, S. 1—12; e) PINKWART 1933, S. 508—512, u. 1940, S. 205—222; f) BAENISCH 1935, S. 7—17; ferner g) BÖHLICKE in Mitt. d. Reichsamts f. Landesaufnahme 1932/33, S. 114—131, u. h) SEIDEL, FRIEDRICH: „Die Nivellementsverbindung zwischen Deutschland u. Dänemark über den Fehrmarn-Belt" (Sonderheft 17 zu d. Mitt. d. Reichsamts f. Landesaufnahme 1938).

[2] Soll auch die Lage der Profile im Grundriß dargestellt werden, so sind auch die Brechungswinkel der Strecken des Längenprofils zu beobachten.

Libelle auf die zunächst im bekannten Achspunkt aufgestellte Latte und findet durch Hinzufügen der erhaltenen Ablesung zur Meereshöhe des Achspunktes den Instrumentenhorizont. Liest man dann an der nacheinander in den einzelnen Profilbrechungspunkten aufgestellten Latte die sog. Seitenblicke (höchstens bis auf cm) ab, welche ebenfalls in die Skizze einzutragen sind, so ist das betreffende Querprofil nach Form und Höhenlage bestimmt. Bei beträchtlichen Profilneigungen werden mehrere Instrumentenaufstellungen in verschiedenen Höhenlagen erforderlich.

Sollen die Gefällsverhältnisse eines fließenden Wassers dargestellt werden, so führt man längs desselben ein als Flußnivellement bezeichnetes Längennivellement durch, welches nicht nur alle etwa vorhandenen Pegel und Eichmarken, die Ober- und Unterkanten von Brücken, Wehrkronen, sondern auch alle Punkte einbeziehen soll, in denen ein Gefällswechsel stattfindet. Hier werden die Köpfe von kräftigen, in der Nähe des Ufers noch etwas im Wasser stehenden Pflöcken einnivelliert, außerdem aber auch die Abstände des Sohlenpunktes und des Wasserspiegels vom Kopf des Pflockes (mit Zeitangabe) ermittelt. Auch ist an einem Pegel während der Dauer des Nivellements der Wasserstand zu verfolgen. Die Aufnahme der Querprofile begegnet hier manchmal großen Schwierigkeiten. In ein-

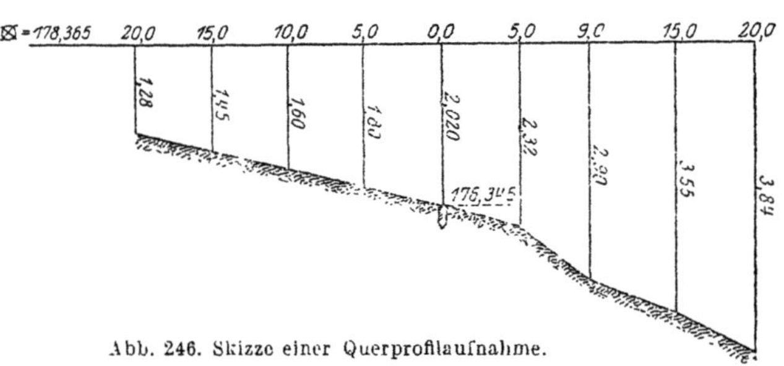

Abb. 246. Skizze einer Querprofilaufnahme.

facheren Fällen kann etwa über das Gewässer im Profil eine Meßleine mit großer Teilungseinheit (1 m, 5 m, 10 m) gespannt werden, in deren Teilungspunkten die Latte auf der Sohle aufgesetzt wird, während die Ablesung jeweils mittels des fest am Ufer aufgestellten Instruments erfolgt.

d) Das Feinnivellement.

Die Bedeutung der Feinnivellements ist teils eine praktische, teils eine wissenschaftliche. Sie bilden einen festen Rahmen für die verschiedensten technischen Nivellements, ermöglichen die Untersuchung der Standsicherheit[1] von Bauwerken und dienen andererseits der Erdmessung zum Studium der Erdgestalt und zur Verfolgung von Bodenbewegungen[2]. Diesen Zwecken entsprechend verlaufen sie längs der wichtigsten Staatsstraßen, Eisenbahnen, Kanäle, Flußläufe und Meeresküsten in langen Linien, deren jede eine größere Anzahl von Strecken umfaßt, von Knotenpunkt zu Knotenpunkt des Netzes[3]. Die Bezeichnung der sehr wichtigen Knotenpunkte erfolgt fast immer durch zentrische Höhenmarken, die ihrerseits wieder versichert

---

[1] Siehe z. B. LANG, W.: Deformationsmessungen an Staumauern nach den Methoden der Geodäsie. Bern 1929; ferner GURLITT: Bewegung von Bauwerken, Öst. Z. Vermess.-Wes. 1929, S. 60 u. 61, und Fußnote 1 S. 187.

[2] In der Bodenseegegend sind schon mehrfach Senkungen der Erdoberfläche festgestellt worden. Eine Erdkrustenbewegung im oberbayerischen Alpenvorland wurde von M. SCHMIDT eingehend untersucht. Siehe SCHMIDT, M.: Ergänzungsmessungen zum bayerischen Präzisionsnivellement Heft 1 und 2. Siehe ferner BERNDT: Küstensenkungsmessungen, Mitt. d. R.-A. f. Landesaufn. 1928/29, S. 30—35, sowie Ergebnisse der Feineinwägungen, Vorheft, Berlin 1930; weiter BASTL, FRIEDRICH: Feststellung von Erdkrustenbewegungen im oberen Lechtale u. im Flexengebiete (1929?). PETRELIUS, A.: Über die Landhebung an den Küsten Finnlands (18. Skandinaviske Naturforskermode 1929). WEISSNER, J.: Der Nachweis jüngster tektonischer Bodenbewegungen in Rheinland u. Westfalen. Essen 1929 (Z. Vermess.-Wes. 1930, S. 153). Wegen der Möglichkeit von Höhenänderungen soll man den Höhenwerten auch Zeitangaben beifügen.

[3] Nach einem von LALLEMAND auf der Allgem. Erdmessungskonferenz in Hamburg 1912 erstatteten Bericht betrug Anfang 1912 die Gesamtlänge aller Feinnivellementslinien auf der ganzen Erdoberfläche 323539 km; die Zahl aller Höhenfestpunkte war 240734.

werden, während zur Bezeichnung der Streckenendpunkte auch Mauerbolzen oder Kopfbolzen genügen. Neuerdings verwendet man für besonders wichtige Höhenpunkte auch die **unterirdische Punktversicherung** (korrosionsfreie Kopf- oder Kugelbolzen in einem guten, genügend breiten Fundament auf unbeweglichem Boden).

Die **wesentlich höhere Genauigkeit der Feineinwägungen** wird erreicht:

1. durch die sorgfältige Auswahl standsicherer Markenträger, durch geeignete Marken und eine gute Knotenpunktversicherung,

2. durch die Verwendung eines besonders leistungsfähigen Nivellierinstruments,

3. durch die Anwendung besonders geeigneter Latten und eine strenge Kontrolle des Lattenmeters,

4. durch ein zweckmäßig ausgebautes Beobachtungsverfahren,

5. durch eine sachgemäße Berechnung der Ergebnisse unter Berücksichtigung der Erdabplattung.

Zu 1. siehe die obigen Ausführungen über Knotenpunkte und die einschlägigen Bemerkungen auf Seite 186 Fußnote 1 unter a) Festpunkte.

Zu 2. Das **Feinnivellierinstrument** soll eine beträchtliche Vergrößerung ($v = 30$ bis 40), große Helligkeit, starkes Auflösungsvermögen und einen kleinen Teilwert ($p = 5''$) besitzen, sowie bei gedrungener, aber nicht schwerfälliger Bauart eine möglichst unveränderliche Lage der Libellenachse gegen die Ziellinie gewährleisten[1]. Zur schnellen Lotrechtstellung des Vertikalzapfens mittels der Dreifußschrauben dient eine gute Dosenlibelle, während das Einspielen der Nivellierlibelle durch eine besondere, am Ende eines langen Hebelarms angreifende Feinstellschraube herbeigeführt wird. Eine genügend scharfe Lotrechtstellung der Stehachse ist notwendig, damit der Einfluß einer etwa vorhandenen Exzentrizität der Ziellinie oder der Kippachse[2] gegen die Stehachse von vornherein wegen seiner Geringfügigkeit vernachlässigt werden kann. Vorteilhaft ist auch die feste oder lose Verbindung einer **Kontroll-Libelle** mit dem Fernrohr, da ein Auseinandergehen der Blasenstände auf jede größere, manchmal plötzlich auftretende Lageänderung der Libellenachse gegen das Fernrohr – leider nicht auch auf eine Verlagerung der Ziellinie gegen das Fernrohr – aufmerksam macht.

Zu 3. Man verwendet stets zwei zusammengehörige Latten *I* und *II*, ein **Lattenpaar**, welche von Stand zu Stand abwechselnd im Rückblick und im Vorblick auf den Zapfen kräftiger Unterlagsplatten stehen. Jede Latte wird durch zwei mit ihr verbundenen, sich gegenseitig prüfenden Dosenlibellen lotrecht gestellt und in dieser Lage am einfachsten mit Hilfe von verspreizten Stöcken hinreichend sicher festgehalten. So kann man den mittleren Aufstellungsfehler der Latte beträchtlich unter $10'$, seinen Einfluß also unter $^1/_{200}$ mm auf 1 m Höhenunterschied halten und ihn von vornherein vernachlässigen. Jede der aus einem Stück bestehenden, also nicht zusammenklappbaren Latten ist ungefähr 3 m lang und besitzt eine weiß-schwarze und eine weiß-rote Teilung, die gewöhnlich auf verschiedenen Seiten der Latte angebracht sind und mit I', I'' bzw. II', II'' bezeichnet sein mögen. Die beiden Teilungen einer Latte, welche meist zweireihige Felderteilungen von etwa $^1/_2$ cm Feldgröße sind, bei einem sehr leistungsfähigen Fernrohr und nicht zu großen Zielweiten auch gute Strichteilungen sein können, sind – abgesehen von der Bezifferung – rund um ein halbes Teilfeld gegeneinander verschoben. Dadurch geht der einseitige Schätzungsfehler[3] in derselben Größe, aber mit verschiedenen Vorzeichen in die Ablesungen an beiden Teilungen ein, verschwindet also im Mittel der Beobachtungen. Abgesehen davon wird das Ergebnis auch infolge der wiederholten Beobachtungen genauer. Die Bezifferung der Teilungen I'' und II'' ist meist in **dekadischen Ergänzungen** gehalten, d. h. von den Ablesungen ist noch die Einheit 10, manchmal auch eine andere bestimmte

---

[1] Zur Erreichung dieses Zweckes haben seinerzeit die Amerikaner **Invarinstrumente** (Nickelstahl) eingeführt.

[2] Eine große Exzentrizität der Kippachse ist immer dann vorhanden, wenn diese am vorderen Ende einer das Fernrohr tragenden Wiege liegt.

[3] Sein ungefährer Verlauf ist aus Abb. 189, S. 123 ersichtlich.

Zahl zu subtrahieren, so daß praktisch an die Stelle der Subtraktion eine Addition tritt und umgekehrt. Beim Gebrauch dieser durch ein vorgesetztes liegendes Kreuz (z. B. ×8,462 statt 1,538) charakterisierten Zahlen wird man an der zweiten Teilung unbefangener ablesen wie an zwei gleich gerichteten Teilungen und erhält in der Summe je zweier zusammengehöriger Ablesungen, welche den bekannten Abstand beider Teilungsnullpunkte ergeben soll, eine erwünschte Kontrolle.

Bei allen hölzernen Latten ändert sich das Lattenmeter mit der Temperatur (Ausdehnungskoeffizient $\alpha \approx 6 \cdot 10^{-6}$ für Fichtenholz), besonders aber

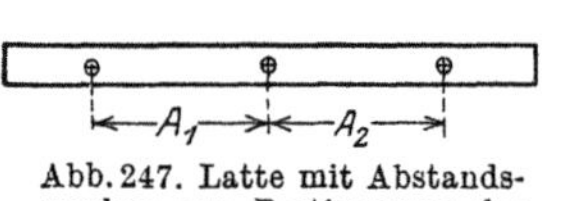

Abb. 247. Latte mit Abstandsmarken zur Bestimmung des Lattenmeters.

mit dem Feuchtigkeitsgehalt der Luft im Verlauf einiger Monate manchmal um mehrere dmm. Da ein einfacher Zusammenhang zwischen der Luftfeuchtigkeit und der von ihr verursachten Änderung des Lattenmeters bisher nicht angegeben werden kann, so ist es für Feineinwägungen unerläßlich, das Lattenmeter jeweils auf anderem Wege zu bestimmen. Eine naheliegende Möglichkeit, die Änderungen des Lattenmeters zu ermitteln, besteht darin, in Abständen von rund 1 m in die Teilung Metallmarken mit feinen Strichkreuzen einzulassen, deren Abstände A_1, A_2 (Abb. 247) mit einem Normalmeter von Zeit zu Zeit genau bestimmt werden. In einfacherer Weise als aus solchen Markenabstandsänderungen läßt sich die Bewegung des Lattenmeters und dessen jeweilige Länge mit dem von M. Schmidt eingeführten und untersuchten Variometer[1] verfolgen. Der Hauptbestandteil dieser Vergleichsvorrichtung ist ein Invardraht D (Abb. 248) – Nickelstahl –, dessen Ausdehnungskoeffizient etwa 10^{-6} und weniger beträgt, so daß jedenfalls die aus dem Temperaturwechsel folgende Änderung der Drahtlänge gegen die Längenänderungen des Holzes vollständig vernachlässigt werden kann. Mit den Enden dieses nahezu 3 m langen, in einer auf der Schmalseite der Latte befindlichen Rinne enthaltenen Drahtes sind zwei kurze zylindrische Ansatzstücke Z_1, Z_2 verbunden, deren unteres sich gegen ein fest mit dem Holz verschraubtes Widerlager W_1 stützt, wenn der Draht durch eine sehr kräftige zwischen dem oberen Ansatzstück Z_2 und einem ebenfalls fest mit der Latte verschraubten Widerlager W_2 befindliche Spiralfeder F gespannt wird. Ein mit dem oberen Ende der Latte verbundenes Metallplättchen trägt eine feine Teilung T, an der mit Hilfe eines am Draht befestigten Nonius N die Variometerablesungen a ausgeführt werden. Bei ge-

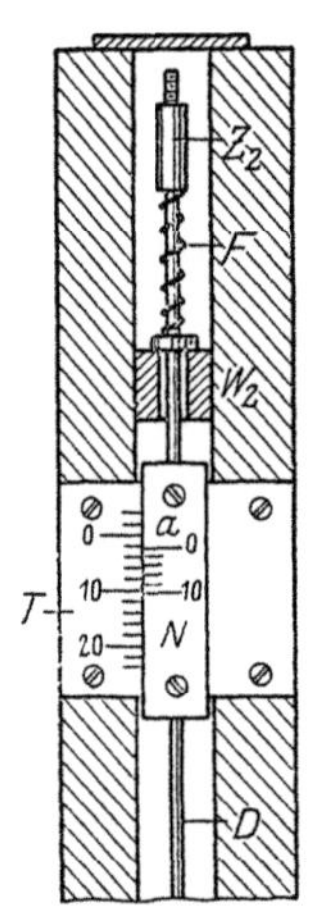

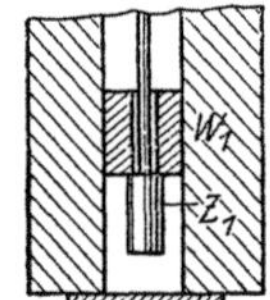

Abb. 248. Variometer von M. Schmidt zur Bestimmung des Lattenmeters.

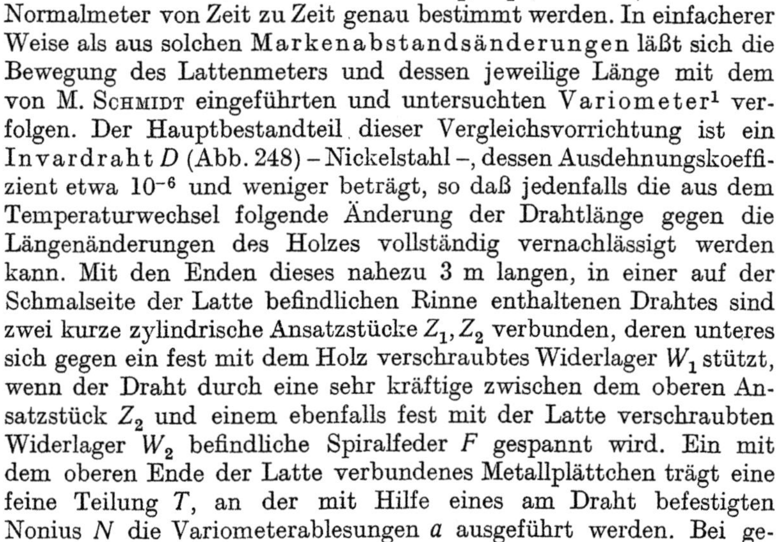
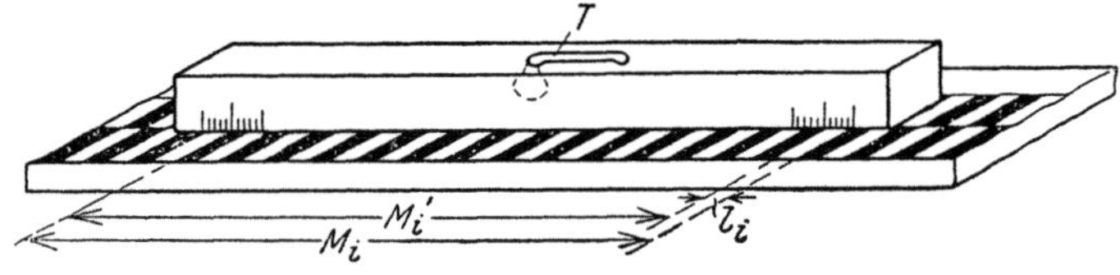

Abb. 249. Teilungsuntersuchung.

eigneter Wahl der Teilungseinheit gibt a die Änderung des Durchschnitts der drei Lattenmeter in cmm mit etwa $\pm$ 3 cmm mittlerem Fehler an. Zur Eichung muß man Variometerablesungen mit einer sorgfältigen Teilungsuntersuchung verbinden[2]. Zu diesem Zweck wird ein mit einem eingelassenen Thermometer versehener Strich-

---

[1] Schmidt, M.: Ergänzungsmessungen [zum bayerischen Präzisionsnivellement Heft 1, S. 29 ff. Ein älteres, aber viel schwerfälligeres Hilfsmittel dieser Art ist die ebendort S. 23 ff. beschriebene Lattenkompensationseinrichtung von Goulier.

[2] Eine besondere Vorrichtung zur Ausführung von Lattenteilungen und von Teilungsuntersuchungen beschreibt Jordan, W., in der Z. Instrumentenkde. 1881, S. 41—47.

maßstab, welcher zu beiden Seiten seiner Endstriche noch je ein in $^1/_5$ mm geteiltes Millimeterintervall besitzt, längs der Teilungslinie auf die Teilung der horizontalen, unterstützten Latte gelegt, und in Abständen von etwa 2 cm je die Länge des Lattenmeters bestimmt. Ist dieses M_i (Abb. 249), ferner M_i' die mittels der abgelesenen Temperatur t_i aus der bekannten Maßstabgleichung gefundene Maßstablänge und l_i die mittels einer Lupe erhaltene Maßstabablesung am Endstrich des Lattenmeters, wenn dessen Anfangsstrich mit dem Anfangsstrich des Maßstabs zusammenfällt, so besteht die einfache Beziehung

$$M_i = M_i' + l_i. \tag{580}$$

Aus den n an allen Stellen der Teilung ausgeführten Längenbestimmungen erhält man das **durchschnittliche Lattenmeter**

$$M_0 = \frac{1}{n} \, \underset{1}{\overset{n}{[}} M_i \,] = 1\,\mathrm{m} + x_0, \tag{581}$$

während sich aus den scheinbaren Beobachtungsfehlern $v_i = M_0 - M_i$ der **mittlere Teilungsfehler** (einschließlich mittlerem Beobachtungsfehler)

$$m_t = \pm \sqrt{\frac{[v\,v]}{n-1}} \tag{582}$$

ergibt, welcher bei guten Teilungen einige cmm nicht überschreiten soll. War a_0 das arithmetische Mittel einiger gleichmäßig auf die ganze Teilungsuntersuchung verteilten Variometerablesungen, so zeigt dieses a_0 ebenfalls das Lattenmeter M_0 an. **Zu einer anderen Variometerablesung a wird also ein Lattenmeter**

$$M = 1\,\mathrm{m} + x_0 + a - a_0 = 1\,\mathrm{m} + x \tag{583}$$

gehören, wenn man zur Abkürzung den Ausdruck $x_0 - a_0 + a = x$ setzt.

Eine solche Teilungs- und Variometeruntersuchung, mit der vielfach noch die Messung von Markenabständen A verbunden wird, soll vor und nach jeder längeren Feldreise vorgenommen werden.

Es ist aber immer noch möglich, daß das aus der Variometerablesung errechnete Lattenmeter nicht mit demjenigen übereinstimmt, in dem die Beobachtungen vorgenommen werden[1].

Diese Schwierigkeit sowie das lästige Drehen und Krümmen mancher Holzlatten fällt weg, wenn die Teilung selbst auf ein Invarband aufgetragen und dieses unter Anwendung einer kräftigen Feder von konstanter Zugkraft in die nur noch als Rahmen und Träger der Bezifferung dienende Latte eingespannt wird. Seit langem stellt die Firma ZEISS derartige Latten her, bei denen das unter 20 kg Zug gehaltene Nickelstahlband zwei von unten nach oben bezifferte, um 2,5 mm gegeneinander verschobene Strichteilungen trägt. Solche Teilungen besitzen ein von der Temperatur und Feuchtigkeit praktisch unabhängiges Lattenmeter; man braucht sie nur selten zu untersuchen; ab und zu aber doch, um festzustellen, ob nicht etwa eine beim Invar manchmal auftretende sprunghafte Längenänderung erfolgt ist[2].

---

[1] Nach SCHMIDT, M., Ergänzungsmessungen zum bayerischen Präzisionsnivellement Heft 1, S. 36, wurde aus Beobachtungen festgestellt, daß bei Nivellierlatten aus Tannenholz das Mittelstück unter dem Einfluß stark wechselnder Luftfeuchtigkeit u. Temperatur eine um etwa 30% größere Längenänderung zeigen kann als die beiden Endstücke.

[2] Ein eifriger Vorkämpfer für die Einführung von Metall-Latten war VOGLER, nach welchem derartige Latten schon 1870 in München u. etwas später in Holland versucht worden sind. VOGLER selbst hat in der Absicht, jederzeit eine einfache, sichere Bestimmung des Lattenmeters zu ermöglichen und die Zielfehler möglichst gering zu halten, als Nivellierlatte eine an einem Ende mit einem Zinkstreifen verbundene Stahllamelle benutzt. Aus der gegenseitigen Verschiebung der beiden freien Enden dieser ein Metallthermometer bildenden Metallstreifen findet man die jeweilige Länge des Lattenmeters. Auf dem eigentlichen Maßstab, der etwa 3 m langen Stahllamelle, sind nur die dm durch weiße Scheibchen von 3 mm Durchmesser bezeichnet. Die Abstände dieser Marken können mit Hilfe eines Normalmaßstabes sehr scharf bestimmt werden. Das eigenartige VOGLERsche Nivellierinstrument, zu dem die beschriebene Latte

Zu 4. Bei der Ausführung des Feinnivellements arbeiten meist 5 Personen zusammen: ein Beobachter für das Fernrohr, einer für die Libelle, ein Schirmhalter, der zugleich Aufschreiber und Rechner ist, und schließlich zwei Lattenträger, die – stets mit derselben Latte – abwechselnd im Rückblick und im Vorblick stehen. Zur Vermeidung von Bodenschwankungen behält der Libellenbeobachter auf ein und demselben Stande die gewählte Stellung unveränderlich bei. Man umgibt sich mit einer zur sofortigen Aufdeckung von Beobachtungsfehlern hinreichenden Zahl von Kontrollen, welche teils durch Ablesen an zwei Teilungen, teils durch wiederholte Einstellungen oder auch durch Ablesen an mehreren Fäden gewonnen werden. Ein Zuviel an Beobachtungen ist aber eher schädlich als nützlich, da dann die Arbeit zu langsam vorangeht und erfahrungsgemäß nur bei einem flotten Arbeitsgang gute Ergebnisse erzielt werden. Dagegen ist jede Feineinwägung in zwei verschiedenen Richtungen durchzuführen. So werden nämlich einseitige Fehler aufgedeckt, die verborgen bleiben, wenn die Wiederholung der Messung in der ursprünglichen Richtung erfolgt. Das Mittel aus dem Hin- und Rücknivellement, das Doppelnivellement, ist von den schlimmsten einseitigen Fehlern befreit. Die Ablesungen an den einzelnen Teilungen erfolgen stets in der Reihenfolge r', v', v'', r'', so daß die beiden Vorblicke v', v'' zeitlich zwischen den beiden Rückblicken liegen. Dadurch wird das Einsinken des Instruments ziemlich unschädlich gemacht, da die den Mittelwerten $r = \frac{1}{2}(r' + r'')$, $v = \frac{1}{2}(v' + v'')$ entsprechenden Lattenablesungen r_i, v_i nach Andeutung von Abb. 244b auf einer Horizontalen liegen. Zum mindesten hat der etwa übrigbleibende Fehler seinen einseitigen Charakter verloren. Große Sorgfalt ist auch auf die Einhaltung gleicher Zielweiten auf ein und demselben Stande zu verwenden, und niemals darf während der Beobachtungen auf einem Stande der Okularauszug verstellt werden.

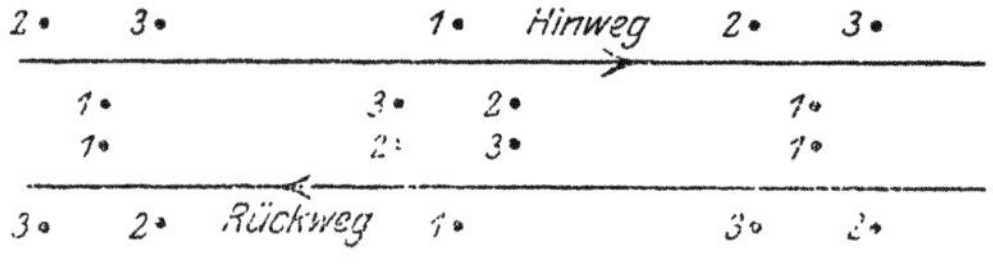

Das Stativ wird so aufgestellt, daß stets das gleiche Bein senkrecht zur Messungsrichtung steht (Abb. 250) und sich abwechselnd zu verschiedenen Seiten derselben befindet. Ihm gegenüber steht jeweils der Libellenbeobachter, dessen Stellung einen entsprechenden Wechsel erfährt. Wie schon früher

Abb. 250. Aufstellungsschema für ein Feinnivellement.

erwähnt, kann dadurch der Einfluß von Augenmängeln des Libellenbeobachters behoben werden. An heißen Tagen wird bei starkem Flimmern der Luft die Arbeit während der Mittagsstunden ausgesetzt. Mindestens am Beginn und Ende jeder einzelnen Nivellementsstrecke wird zur Kontrolle des Lattenmeters auch ein etwa vorhandenes Variometer abgelesen.

gehört, besitzt ein Schiebefernrohr, welches beim Gebrauch längs einer vertikalen zylindrischen Säule um einen jeweils bis auf einzelne cmm zu messenden Betrag – der Spielraum für die vertikale Verschiebung ist etwa 2 dm – so weit verschoben wird, bis bei nahezu einspielender Libelle das nächstliegende Dezimeterscheibchen durch Halbieren scharf eingestellt ist. Zur Reduktion der Einstellung auf horizontale Lage der Ziellinie ist die Ermittlung des geringen Blasenausschlags notwendig. Eine ausführliche Beschreibung des VOGLERschen Instruments u. seiner Anwendung gibt EGGERT, O., in Z. Vermess.-Wes. 1902, S. 1—19 u. S. 32—64; siehe auch Z. Vermess.-Wes. 1908, S. 495 ff.

Eine Nivellierlatte aus Nickelstahl hat zuerst vermutlich SCHELL 1903 in der Werkstätte von ROST in Wien anfertigen lassen. Es handelt sich um einen in einer Aluminiumhülle befindlichen Invarstab (Länge: 3 m. Breite: 3 cm, Dicke: 6 mm), auf dessen beiden Seiten lediglich die dm durch die Spitzen von weißen Dreiecken auf schwarzem Grunde bezeichnet sind. Da die Latte ganz auf das SCHELLsche Präzisionsnivellierinstrument zugeschnitten ist, so kann sie für andere Nivellierinstrumente nicht verwendet werden. Latte u. Instrument hat DOLEŽAL in der Z. Vermess.-Wes. 1905, S. 490—497 u. S. 505—519, beschrieben.

1912 hat MUSIL (siehe Z. Vermess.-Wes. 1915, S. 33—42) zwei 3 m lange Invarbänder von je 30 mm/2 mm Querschnitt mit ½-cm-Teilung am einen Ende mit dem Lattenfuß verbunden, während die anderen Enden frei beweglich blieben. Eine Spannfeder wurde nicht verwendet; vielmehr dienten zur Geradhaltung des Invarbandes Führungsleisten u. Führungsstifte. Sowohl bei SCHELL wie auch bei MUSIL ist Temperaturmessung vorgesehen.

Für die Ausführung der Beobachtungen im einzelnen kommen vier verschiedene Methoden in Frage, nämlich α) Nivellieren mit einspielender Libelle und Zufallsablesung an der Latte, β) Nivellieren mit nahezu einspielender Libelle und Zufallsablesung an der Latte, γ) Nivellieren mit schwach geneigter Ziellinie (mit Libellenausschlägen) und Einstellen auf Teilfeldmitte, δ) Nivellieren mit einspielender Libelle und Mitteneinstellung.

Zu α). Beim Nivellieren mit einspielender Libelle und Zufallsablesungen an der Latte erfolgen bei scharf einspielender Libelle an drei gleichabständigen Fäden die Zufallsablesungen an den Lattenteilungen in der Reihenfolge I', II', II'', I'', wenn auf dem betreffenden Stande die Latte I im Rückblick steht. Eine erste Probe besteht darin, daß die entsprechenden arithmetischen Mittel r', v', v'', r'' mit der jeweiligen Ablesung am Mittelfaden übereinstimmen sollen. Eine weitere sehr wirksame Kontrolle liefert der Vergleich der zusammengehörigen Ablesungen auf beiden Lattenteilungen. Bei verschieden (bzw. gleich-) gerichteten Bezifferungen ist nämlich die Summe (bzw. Differenz) entsprechender Ablesungen der Abstand beider Teilungsnullpunkte, also ein Festwert c_0. Es muß daher jeweils die Bedingung

$$r_i' + r_i'' = c_0 = v_i' + v_i'' \tag{584}$$

erfüllt sein. Aus dem mittels der beiden Außenfäden o, u gefundenen Lattenabschnitt und den Distanzmesserkonstanten c, C erhält man jeweils auch die Zielweite, welche bei diesem Verfahren zweckmäßig etwa 40 bis 60 m ist. Ein Zahlenbeispiel für die dabei auf einem Stand auszuführenden Beobachtungen enthält Tabelle 29.

Tabelle 29.

$c_0 = 4,0000$ m (Sollwert)   Stand 11. $c = 0,50$ m, $C = 100,00$

Rückblick			Vorblick			Bemerkungen
Ent-fernung	Vorder-teilung	Rück-teilung	Ent-fernung	Vorder-teilung	Rück-teilung	
0,503	[1]) $o = 1,095$	[4]) $o = 2,906$	0,507	[2]) $o = 1,251$	[3]) $o = 2,749$	bedeckter
0,506	$m = 1,347$	$m = 2,653$	0,506	$m = 1,505$	$m = 2,495$	Himmel,
	$u = 1,598$	$u = 2,400$		$u = 1,758$	$u = 2,242$	ruhige, klare
50,95 m	4,040	7,959	51,15 m	4,514	7,486	Bilder
$= z$	$r' = 1,3467$	$r'' = 2,6530$	$= z$	$v' = 1,5047$	$v'' = 2,4953$	
	Kontrolle:	$c_0 = 3,9997$		Kontrolle:	$c_0 = 4,0000$	

Doppelte Berechnung des Höhenunterschieds beider Wechselpunkte:	Mittel:
$\Delta h' = r' - v' = -0,1580$ m $\Delta h'' = v'' - r'' = -0,1577$ m Standdifferenz $\delta = \Delta h'' - \Delta h' = +3$ dmm	$\Delta h = -0,1578$ m

Zu β). Beim Nivellieren mit nahezu einspielender Libelle und Zufallsablesungen an der Latte[1] verzichtet man auf das zeitraubende scharfe Einspielenlassen der Libelle, welches doch nicht während des ganzen Standes anhält. Es wird daher die Libelle nur nahezu zum Einspielen gebracht und ihr Stand vor und nach den je drei zu einer Teilung gehörigen Ablesungen ermittelt. Die Mittel b_r', b_v', b_v'', b_r'' aus je zwei Blasenständen werden dann in guter Annäherung den zugehörigen Beobachtungsmitteln r', v', v'', r'' entsprechen. Da die Ziellinie während der Ablesungen nicht genau horizontal war, so bedürfen diese kleiner Verbesserungen, um in diejenigen

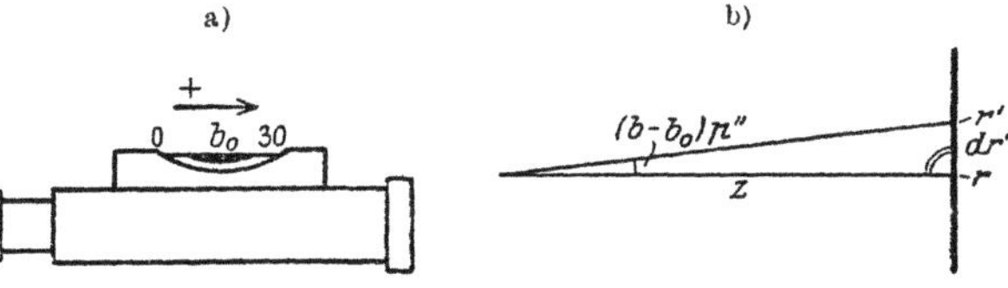

Abb. 251a und b. Nivellieren mit schwach geneigter Sicht.

---

[1] Nach VOGLER (Z. Vermess.-Wes. 1878, S. 8) ist dieses Verfahren zuerst von HIRSCH u. PLANTAMOUR in der Schweiz angewendet worden. Später fand es auch in Bayern Verwendung.

Werte überzugehen, welche horizontalen Sichten entsprechen. Ist b_0 (Abb. 251a) die Mittelmarke der Libelle, so wäre beim Blasenstand b_0 die Ziellinie horizontal. Für einen Blasenstand b ist, wenn die Libellenbezifferung am Okularende der Libelle mit Null beginnt und gegen das Objektivende hin zunimmt, der Höhenwinkel der Sicht $(b - b_0)\,p''$; es werden also die Ablesungen an den aufwärts bezifferten Vorderteilungen zu groß, diejenigen an den abwärts bezifferten Rückteilungen zu klein ausgefallen sein. Die einer Zielweite z entsprechenden Verbesserungen der Ablesungsmittel $r'\ r''$, v', v'' sind daher

$$dr' = -\frac{p''}{\varrho''}(b'_r - b_0)\,z, \qquad dr'' = +\frac{p''}{\varrho''}(b''_r - b_0)\,z, \Bigg\}$$
$$dv' = -\frac{p''}{\varrho''}(b'_v - b_0)\,z, \qquad dv'' = +\frac{p''}{\varrho''}(b''_v - b_0)\,z, \Bigg\} \tag{585}$$

welche Werte entweder mit den Eingängen z und b bzw. $2\,b$ aus einer Hyperbeltafel entnommen werden oder auch leicht mit dem Rechenschieber zu berechnen sind. Die verbesserten Beobachtungsmittel sind dann

$$R' = r' + dr', \qquad R'' = r'' + dr'', \qquad V' = v' + dv', \qquad V'' = v'' + dv''. \tag{586}$$

Auch hier werden Zielweiten von 40 bis 60 m genommen. Die Aufschreibungen eines nach diesem Verfahren beobachteten Standes und ihre ·Berechnung enthält Tabelle 30. Eine Kontrolle der Libellenablesungen wird durch die Berechnung der Blasenlänge (= Differenz dieser Ablesungen) ermöglicht.

Tabelle 30[1].

$b_0 = 25{,}0,\ p = 5'',\ c_0 = 4{,}0000\,\text{m}$ — Stand 9. — $c = 0{,}50\,\text{m},\ C = 10$

Rückblick					Vorblick					Bemerkung
Entfernung	Libelle	Vorderteilung	Libelle	Rückteilung	Entfernung	Libelle	Vorderteilung	Libelle	Rückteilung	
0,541	16,5	[1]) $o = 1{,}372$	17,3	[4]) $o = 2{,}627$	0,543	17,6	[2]) $o = 1{,}032$	16,8	[3]) $o = 2{,}969$	
0,541	32,8	$m = 1{,}643$	33,5	$m = 2{,}356$	0,542	34,0	$m = 1{,}304$	32,8	$m = 2{,}698$	
	$\underline{49{,}3}$	$u = 1{,}913$	$\underline{50{,}8}$	$u = 2{,}086$		$\underline{51{,}6}$	$u = 1{,}575$	$\underline{49{,}6}$	$u = 2{,}427$	leicht
54,6 m $= z$	$= 2\,b'_r$	4,928	$= 2\,b''_r$	7,069	54,75 m $= z$	$= 2\,b'_v$	3,911	$= 2\,b''_v$	8,094	Flimm
		$r' = 1{,}6427$		$r'' = 2{,}3563$			$v' = 1{,}3067$		$v'' = 2{,}6980$	
		$dr' = +\ 5$	Probe: c_0	$dr'' = +\ 5$			$dv' = -\ 11$	Probe: c_0	$dv'' = -\ 3$	
		$R' = 1{,}6432$	$= 4{,}0000$	$R'' = 2{,}3568$			$V' = 1{,}3026$	$= 4{,}0003$	$V'' = 2{,}6977$	

Doppelte Berechnung des Höhenunterschieds beider Wechselpunkte:
$\Delta h' = R' - V' = + 0{,}3406\,\text{m}$ $\Delta h'' = V'' - R'' = + 0{,}3409\,\text{m}$
Standdifferenz $\delta = \Delta h'' - \Delta h' = + 3\,\text{dmm}$

Mittel $\Delta h = + 0{,}34$

Zu γ). **Das Nivellieren mit Libellenausschlägen und Einstellung auf Teilfeldmitte** beruht auf der Überlegung, daß der bei der Halbierung eines Teilfeldes begangene Fehler beträchtlich hinter dem zur Ablesung der zufälligen Fadenstellung gehörigen Ablesefehler bleibt. Bei diesem in die deutsche Nivellierpraxis durch Seibt eingeführten, von ihm weiter ausgebildeten und nach ihm benannten Verfahren wird jeweils der Faden auf die Mitte desjenigen weißen Teilfeldes scharf eingestellt, daß er bei waagrechter Lage die Ziellinie trifft, worauf sogleich der Stand der Libelle abzulesen ist. Dieser Vorgang wird zur Verringerung des Einstellfehlers einmal oder öfter wiederholt; bei der ersten Einstellung werden an jeder Teilung auch die beiden Entfernungsfäden abgelesen. Die Reduktion der Einstellungen auf horizontale Sicht erfolgt ebenso wie vorher bei β); nur handelt es sich hier um wesentlich

---

[1] Aus Platzmangel sind in der Libellenspalte jeweils nur die Mittel aus den Libellenablesungen vor u. nach den Fadenablesungen angegeben.

Tabelle 31.

$=25,0,\quad p=4'',\quad c_0=4,0000\,\mathrm{Dm}$ — Stand 7. — $c=0,25\,\mathrm{Dm},\quad C=100,0$

| | Rückblick | | | | | Vorblick | | | | Bemer-kungen |
Ent-fernung	Li-belle	Vorder-teilung	Li-belle	Rück-teilung	Ent-fernung	Li-belle	Vorder-teilung	Li-belle	Rück-teilung	
	13,6	[1]) $o=0,870$	13,9	[4]) $o=3,129$		18,0	[2]) $o=0,287$	18,3	[3]) $o=3,714$	
362	31,7	$m=1,0510$	31,8	$m=2,9490$	0,361	36,1	$m=0,4670$	36,3	$m=3,5330$	
361	45,3	$u=1,232$	45,7	$u=2,768$	0,361	54,1	$u=0,648$	54,6	$u=3,353$	Sonne, leichtes Flimmern
	13,8		13,7			18,2		18,1		
,40m	31,8	$r'=1,0510$	31,7	$r''=2,9490$	36,3 Dm	36,2	$v'=0,4670$	36,2	$v''=3,5330$	
$=z$	45,6	$dr'=+\,16$	45,4	$dr''=-\,16$	$=z$	54,4	$dv'=-\,15$	54,3	$dv''=+\,16$	
	45,45	$R'=1,0526$	45,55	$R''=2,9474$		54,25	$V'=0,4655$	54,45	$V''=3,5346$	
	$=2\,b'_r$		$=2\,b''_r$	$c_0=4,0000$		$=2\,b'_v$		$=2\,b''$	$c_0=4,0001$	

Doppelte Berechnung des Höhenunterschieds beider Wechselpunkte:
$\Delta h'=R'-V'=+0,5871\,\mathrm{Dm}\qquad \Delta h''=V''-R''=+0,5872\,\mathrm{Dm}$
Standdifferenz $\delta=\Delta h''-\Delta h'=+1\,\mathrm{Ddmm}$

Mittel: $\Delta h=+1,1743$

größere Beträge. Zur Ausnützung der Vorzüge dieses Verfahrens, für das eine durchschnittliche Zielweite von 70 m als günstig erachtet wird, ist eine häufiger zu untersuchende, sehr gute Libelle mit durchaus kreisförmiger Schliffkurve und die genaue Kenntnis des Teilwertes unerläßlich. Tabelle 31 gibt ein Zahlenbeispiel für die Aufschreibungen eines Standes beim abgekürzten SEIBTschen Verfahren für eine nach Doppeleinheiten[1] bezifferte Teilung mit 4 mm breiten Teilfeldern.

Das Verfahren bleibt im Prinzip dasselbe, wenn nicht ein Faden auf die Teilfeldmitte, sondern bei Strichteilungen ein Teilstrich in die Mitte eines waagrechten Doppelfadens gebracht wird, wie es früher bei der preußischen Landesaufnahme üblich war[2].

Die bisher besprochenen Verfahren α), β), γ), welchen die mittleren Fehler m_α, m_β, m_γ eigentümlich sein mögen, hat REINHERTZ[3] auf ihre Genauigkeit hin untersucht und dafür die Beziehung

$$\frac{1}{m_\alpha}:\frac{1}{m_\beta}:\frac{1}{m_\gamma}=1:1,2:2,0 \tag{587}$$

gefunden. Demnach ist das weit verbreitete SEIBTsche Nivellierverfahren den beiden anderen entschieden überlegen.

Zu δ). Das Nivellieren mit einspielender Libelle und Mitteneinstellung[4] vereinigt den Vorteil des Nivellierens bei einspielender Libelle, nämlich geringere Genauigkeitsanforderungen an die Libelle und einfachste Rechnung, mit dem Vorteil größerer Genauigkeit der Mitteneinstellung. Es ist durch den Bau eines Feinnivellierapparates von ZEISS in den Vordergrund gerückt worden. Dieser von WILD konstruierte Apparat besteht aus der auf S. 203 erwähnten Invarbandlatte und dem früher, S. 68, beschriebenen Nivellierinstrument von ZEISS. Vor dessen Objektiv ist eine kreisförmig begrenzte, etwa 24 mm dicke planparallele Platte, die Einstellplatte P_e, so befestigt, daß sie mit Hilfe einer mit Randteilung versehenen Feinstellschraube um eine zur Zielrichtung senkrechte, horizontale Achse gedreht werden kann. Beim Gebrauch wird

---

[1] Die Doppeleinheit ist in Tabelle 31 durch ein der Einheit vorgesetztes D gekennzeichnet.

[2] Nach VOGLER (Z. Vermess.-Wes. 1878, S. 7—18) hat COHEN STUART schon 1875 beim holländischen Feinnivellement das Nivellieren mit Libellenausschlägen u. Einstellung auf Teilfeldmitte in der Form angewendet, daß nacheinander auf die Mitte des von der horizontalen Sicht getroffenen Feldes sowie auf die Mitten der beiden anliegenden Teilfelder eingestellt und aus den zugehörigen Blasenständen unter Voraussetzung einer gleichmäßig gekrümmten Schliffkurve sowohl der Libellenteilwert als auch die Reduktion der Einstellungen auf horizontale Sicht berechnet wurde.

[3] REINHERTZ: Z. Vermess.-Wes. 1894, S. 603.

[4] Beim Gebrauch des in Anmerkung 2, S. 203, erwähnten VOGLERschen Nivellierapparates handelt es sich um ein Nivellieren mit nahezu einspielender Libelle u. Mitteneinstellung.

die Libelle ($p \approx 10''$) des auf die Nivellierlatte L_n (Abb. 252a) gerichteten Fernrohrs zum Einspielen gebracht (s. Abb. 85) und hierauf mittels der Feinstellschraube F durch Vermittlung eines nur angedeuteten Gestänges G die Einstellplatte P_e so weit gedreht, bis im Bilde (Abb. 252b) der nächstliegende Teilstrich r' (erster Rückblick)

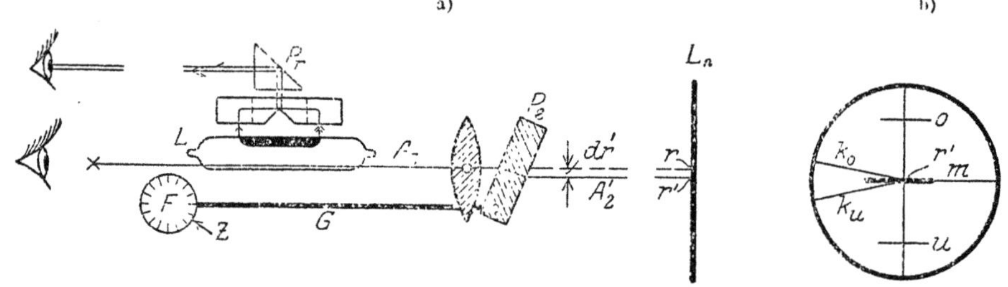

Abb. 252a und b. Wildsches Nivellierinstrument der Firma Zeiß zum Nivellieren mit einspielender Libelle u Mitteneinstellung.

den Öffnungswinkel des keilförmigen Fadenkreuzes halbiert (Keilstricheinstellung). Die dadurch bewirkte Parallelverschiebung der Ziellinie – dr' in Abb. 252a –, um welche die Einstellung r' zu verbessern ist, kann an der Randteilung der Feinstellschraube unmittelbar auf dmm abgelesen und bis auf cmm geschätzt werden. Da die Einstellung der Libelle vom Fernrohr aus erfolgt, so sind hier am Instrument nur zwei Personen notwendig. Tabelle 32 enthält ein mit geringen Änderungen aus

Tabelle 32. Linie: Mühldorf-München.

◻ bei km 55,820, Bahndurchlaß, bis ◻ bei km 55,440, Brücke über die Goldach.

$c_0 = 592,500\ \dfrac{\text{cm}}{2}$ $\qquad\qquad\qquad\qquad c = 0,00\ \text{m}, \quad C = 10$

Nummer des Standes und der Latten Zielweite $z = C \cdot \dfrac{l}{2}$	Rückblick					Vorblick					Stand-diffe-renz $\delta =$ $dv - dr$	Zeit, Be-merkung
	Teilung I'		Ziel-diffe-renz dr	Teilung I''		Teilung II'		Ziel-diffe-renz dv	Teilung II''			
	Latte	Trom-mel		Latte	Trom-mel	Latte	Trom-mel		Latte	Trom-mel		
	cm 2	cmm 2	cmm 2	cm 2	cmm 2	cm 2	cmm 2	cmm 2	cm 2	cmm 2	cmm 2	
Stand Nr. 1 Latte 83 61 { 60,00 m { 60,50 m	[1]) 272	320 340 300 960	 +28	[4]) 864	790 790 796 2376	[2]) 285	764 780 770 2314	 +10	[3]) 878	260 262 260 782	 −18	1915 9. Sept. 4h 10m leichter kühler Wi Sonne
$R' =$	272	320	$R'' =$ $c_0 =$	864 592	792 472	285	771	$= V'$ $c_0 =$	878 592	261 490	$= V''$	

Doppelte Berechnung des Höhenunterschieds beider Wechselpunkte:

$$\Delta h' = R' - V' = -13{,}451\ \frac{\text{m}}{2} \qquad\qquad \Delta h'' = R'' - V'' = -13{,}469\ \frac{\text{m}}{2}$$

Mittel Δh — 6,730

M. Schmidt: Ergänzungsmessungen zum bayerischen Präzisionsnivellement Heft 2, S. 9, entnommenes Beispiel für die Aufschreibungen eines Standes bei Verwendung des Zeissschen Nivellierapparates[1].

---

[1] Der seit 1915 zu den Ergänzungsmessungen im bayerischen Präzisionsnivellement verwendete Nivellierapparat von Zeiss u. sein Gebrauch sind in M. Schmidt, Ergänzungsmessungen zum bayerischen Präzisionsnivellement Heft 1, ausführlich beschrieben.

Zum Feineinwägen mit einspielender Libelle dient auch das Heckmann-Breithaupt-Nivellierinstrument. Über Versuchsmessungen u. die dabei erzielte Genauigkeit siehe in Z. Vermess.-Wes. a) Gronwald, W., 1932, S. 537—540; b) Hohenner, H., 1933, S. 341—344.

Zu 5). **Zur Berechnung eines Feinnivellements und seiner Genauigkeit** sei folgendes bemerkt. Es bezeichne Δh bzw. h den Höhenunterschied zwischen den Endpunkten einer durch zwei benachbarte Festpunkte begrenzten **Strecke** l bzw. einer durch zwei Knotenpunkte des Höhennetzes begrenzten **Linie** L. Die für Δh in beiden Richtungen beobachteten Werte $\Delta h'$, $\Delta h''$ sind zunächst durch Hinzufügen der dem Hin- und Rückweg entsprechenden Verbesserungen v_m', v_m'' zur Berücksichtigung des Lattenmeters in die verbesserten Werte

$$'\Delta h' = \Delta h' + v_m', \qquad '\Delta h'' = \Delta h'' + v_m'' \tag{588}$$

überzuführen. In ihrem arithmetischen Mittel $''\Delta h = \tfrac{1}{2}('\Delta h' + '\Delta h'')$ ist der aus dem Einsinken von Instrument und Latte entstehende Fehler, welcher die Absolutwerte der positiven Höhenunterschiede zu groß, diejenigen der negativen zu klein erscheinen läßt, getilgt bis auf kleine, für mehrere Strecken den Charakter von zufälligen Fehlern annehmende Restfehler. Eine weitere, mit Rücksicht auf die ellipsoidische Erdgestalt notwendige Verbesserung ist die **orthometrische Korrektion** γ. Sie wird, wie hier ohne Beweis mitgeteilt werden muß, in dmm durch den Ausdruck

$$\gamma = -2{,}57 \cdot 10^{-4} H \cdot \Delta\varphi'' \cdot \sin 2\,\varphi \tag{589}$$

bestimmt, wenn $\Delta\varphi''$ den in Sekunden ausgedrückten Breitenzuwachs vom Anfangspunkt der Strecke bis zu ihrem Endpunkt, φ die geographische Breite für die Mitte der Strecke und H die (genäherte) durchschnittliche Meereshöhe beider Streckenendpunkte in Metern bedeutet. Der verbesserte Wert

$$'\Delta h = ''\Delta h + \gamma \tag{590}$$

ist, wenn keine weiteren Bedingungen bestehen, ein wahrscheinlichster[1]. Die Summe der zur Linie L gehörigen $'\Delta h$ gibt den Höhenunterschied ihrer Endpunkte:

$$'h = ['\Delta h]. \tag{591}$$

Als Mittelwerte aus Hin- und Rückmessungen sind die $'h$ und $'\Delta h$ frei von den mit der Entfernung fortschreitenden systematischen Fehlern, welche durch das Einsinken von Instrument und Latte hervorgerufen werden. Da infolge der sorgfältigeren Lattenaufstellung auch der Einfluß der Lattenschiefe wegfällt, so bleiben nur die mit der Wurzel aus der nivellierten Länge wachsenden zufälligen Nivellierfehler $\mu_u = \mu_0 \sqrt{L}$ sowie der mit $'h$ zunehmende Einfluß $'h \cdot m_m$ einer geringen Unsicherheit des Lattenmeters und die für feste Zielweite zu L proportionale Wirkung $\tfrac{1}{2} z \cdot L \cdot \delta_e$ einseitiger Refraktionsfehler übrig. Also besitzt das Quadrat des mittleren Gesamtfehlers in $'h$ die Form

$$\mu_g^2 = L \cdot \mu_0^2 + 'h^2 \cdot m_m^2 + L^2 \cdot m_{\delta_e}^2, \tag{592}$$

deren zweites und drittes Glied nur bei größeren Höhenunterschieden bzw. einseitig geneigten Profilen von Bedeutung sind. $L^2 m_{\delta_e}^2$ wird bei festem z für diejenige Profilneigung am größten, bei der die eine Sicht den Lattenfußpunkt trifft.

Die Genauigkeitsbeurteilung einer Feineinwägung erfolgt nach dem mittleren zufälligen km-Fehler m_0 bzw. μ_0 des einfachen bzw. des Doppelnivellements sowie nach der Größe der systematischen Fehler, soweit diese eben nachweisbar sind. Für m_0 wird sich aus den **Standdifferenzen** ein Wert m_0', aus den **Streckendifferenzen** einer Linie aber ein anderer Wert m_0'' ergeben.

Versteht man unter der **Standdifferenz** $\delta_i = \Delta h_i'' - \Delta h_i'$ (s. die Tabellen 29 bis 32) die Abweichung der aus den Ablesungen an beiden Lattenteilungen ermittelten

---

[1] In sehr geringem Maße werden die Ergebnisse der Feineinwägungen auch von den durch die Gezeiten des Geoids verursachten Lotabweichungen beeinflußt. Siehe HELMERT, F. R.: Die mathematischen und physikalischen Theorien der höheren Geodäsie, II. Teil, S. 383—386, Leipzig 1884, oder BERROTH: Schweremessungen, S. 476 (Handbuch der Physik von GEIGER U. SCHEEL Bd. II).

Höhenunterschiede des i-ten Standes, so sind bei gleichen Zielweiten die Ausdrücke

$$m'_{10} = \pm \sqrt{\frac{[\delta\delta]}{2\,l_i}}, \tag{593}$$

$$m''_{10} = \pm \sqrt{\frac{[\delta\delta]}{2\,L}}, \tag{594}$$

in denen $[\delta\delta]$ verschiedene Werte besitzt, die einer Strecke l_i bzw. einer Linie L entsprechenden **mittleren Standfehler** pro 1 km des einfach (in einer Richtung) gemessenen Nivellements. Der entsprechende Ausdruck für das Doppelnivellement ist

$$\mu'_{10} = \frac{m'_{10}}{\sqrt{2}} \quad \text{bzw.} \quad \mu''_{10} = \frac{m''_{10}}{\sqrt{2}} \,. \tag{595}$$

Die Berechnung von m_{20} aus den Streckendifferenzen einer Linie erfolgt durch eine **Linienausgleichung** gemeinsam mit der Ermittlung desjenigen zur Länge proportionalen **systematischen Fehlers** σ, welcher die Absolutwerte $|{}'\!\varDelta\,h'|$ und $|{}'\!\varDelta\,h''|$ der positiven und negativen Höhenunterschiede auf dem Hin- und Rückwege in verschiedenem Sinne gleich viel beeinflußt. Ist

$$d_i = |{}'\!\varDelta\,h'_i| - |{}'\!\varDelta\,h''_i| \tag{596}$$

die einseitig beeinflußte Differenz der beiden Höhenunterschiede einer Strecke l_i und d'_i der zugehörige zufällige Wert, so gelten die Beziehungen:

$$d_i = d'_i + l_i\,(2\,\sigma), \tag{597}$$

$$d_i\,\sqrt{p_i} = d'_i\,\sqrt{p_i} + 2\,\sigma\cdot l_i\,\sqrt{p_i} \quad \text{bzw.} \quad \frac{d_i}{\sqrt{l_i}} = \frac{d'_i}{\sqrt{l_i}} + 2\,\sigma\sqrt{l_i}, \tag{598}$$

$$\left[\frac{d_i}{\sqrt{l_i}}\right] = \left[\frac{d'_i}{\sqrt{l_i}}\right] + 2\,\sigma\left[\sqrt{l_i}\right]. \tag{599}$$

Nun sind die $d'_i : \sqrt{l_i}$ lauter zufällige Differenzen vom Gewicht 1, so daß

$$\left[\frac{d'_i}{\sqrt{l_i}}\right] = 0 \tag{600}$$

ist. Damit aber ergibt sich aus (599) der systematische Nivellierfehler für 1 km:

$$\sigma = \frac{1}{2}\left\{\left[\frac{d_i}{\sqrt{l_i}}\right] : \left[\sqrt{l_i}\right]\right\}. \tag{601}$$

Mit bekanntem σ findet man aus (597) die zufälligen Differenzen

$$d'_i = d_i - 2\,\sigma\cdot l_i \tag{602}$$

und damit die mittleren zufälligen km-Fehler

$$m_{20} = \pm \sqrt{\frac{1}{2\,n}\left[\frac{d'\,d'}{l}\right]}, \quad \mu_{20} = \pm \frac{1}{2}\sqrt{\frac{1}{n}\left[\frac{d'\,d'}{l}\right]}. \tag{603}$$

Ein **Zahlenbeispiel**[1] für die Berechnung des systematischen und des mittleren zufälligen **Linienfehlers** auf 1 km enthält Tabelle 33.

Bei der geometrisch anschaulicheren und daher bevorzugten **halbgraphischen Linienausgleichung** trägt man die vom Linienanfangspunkt an gezählten Entfernungen L^i aller Streckenendpunkte als Abszissen und die zugehörigen Summen

$$\varDelta_i = [d_e]_{e=1}^{i} \tag{603a}$$

---

[1] Die Zahlenwerte der d_i und l_i sind aus M. SCHMIDT: Ergänzungsmessungen zum bayerischen Präzisionsnivellement Heft 1, S. 38, entnommen. Mit den dort aus einer Linienausgleichung erhaltenen Beträgen $y = +\,0{,}52$ mm (S. 39) und $\mu_1 = \pm\,1{,}27$ mm (S. 40) stimmen die ihnen entsprechenden Werte $2\,\sigma$ u. μ_{20} in Tabelle 33 bis auf 2 bzw. 1 Einheit der zweiten Dezimalstelle überein.

Tabelle 33.

Nr.	d_i	l_i	$\sqrt{l_i}$	$\dfrac{d_i}{\sqrt{l_i}}$	$2\,\sigma\,l_i$	d_i'	$d_i'\,d_i'$	$\dfrac{d_i'\,d_i'}{l_i}$
	mm	km	km $\frac{1}{2}$	mm	mm	mm	mm²	mm²
1	+ 4,3	1,67	1,29	+ 3,34	0,89	+ 3,41	11,6	7,0
2	+ 3,6	2,01	1,42	+ 2,54	1,07	+ 2,53	6,4	3,2
3	+ 3,9	2,01	1,42	+ 2,75	1,07	+ 2,83	8,0	4,0
4	— 4,7	2,01	1,42	— 3,31	1,07	— 5,77	33,3	16,6
5	— 1,9	2,01	1,42	— 1,34	1,07	— 2,97	8,8	4,4
6	+ 3,3	1,74	1,32	+ 2,50	0,93	+ 2,37	5,6	3,2
7	— 2,1	1,40	1,18	— 1,78	0,75	— 2,85	8,1	5,8
8	+ 1,7	1,01	1,00	+ 1,70	0,54	+ 1,16	1,3	1,3
9	+ 3,7	2,02	1,42	+ 2,61	1,08	+ 2,62	6,9	3,4
10	— 0,8	2,03	1,42	— 0,56	1,08	— 1,88	3,5	1,7
11	+ 0,5	2,00	1,41	+ 0,35	1,06	— 0,56	0,3	0,2
12	— 0,2	2,02	1,42	— 0,14	1,08	— 1,28	1,6	0,8
13	+ 8,7	4,03	2,01	+ 4,32	2,15	+ 6,55	42,9	10,6
14	— 3,2	1,51	1,23	— 2,60	0,80	— 4,00	16,0	10,6
15	— 2,4	0,53	0,73	— 3,29	0,28	— 2,68	7,2	13,6
16	+ 3,4	0,48	0,69	+ 4,93	0,26	+ 3,14	9,8	20,4
17	+ 3,0	1,48	1,22	+ 2,46	0,79	+ 2,21	4,9	3,3
18	+ 1,8	2,03	1,42	+ 1,27	1,08	+ 0,72	0,5	0,2
19	— 2,9	2,00	1,41	— 2,06	1,06	— 3,96	15,7	7,8
20	+ 2,0	2,35	1,53	+ 1,30	1,25	+ 0,75	0,6	0,3
21	+ 4,7	1,65	1,28	+ 3,67	0,88	+ 3,82	14,6	8,9
22	+ 2,6	1,75	1,32	+ 1,97	0,93	+ 1,67	2,8	1,6
23	— 0,8	2,05	1,43	— 0,56	1,09	— 1,89	3,6	1,8
24	— 1,9	3,29	1,81	— 1,05	1,75	— 3,65	13,3	4,0
25	+ 0,7	4,89	2,21	+ 0,37	2,61	— 1,91	3,6	0,7
26	— 4,2	2,43	1,56	— 2,69	1,29	— 5,49	30,1	12,4
27	+ 8,9	2,01	1,42	+ 6,27	1,07	+ 7,83	61,3	30,5
28	— 0,2	2,03	1,42	— 0,14	1,08	— 1,28	1,6	0,8
29	+ 2,4	1,99	1,41	+ 1,70	1,06	+ 1,34	1,8	0,9
30	+ 1,4	0,30	0,55	+ 2,55	0,16	+ 1,24	1,5	5,0
31	— 1,1	1,71	1,31	— 0,84	0,91	— 2,01	4,0	2,3
32	+ 4,5	1,33	1,15	+ 3,91	0,71	+ 3,79	14,4	10,8
33	— 0,9	0,10	0,32	— 2,81	0,05	— 0,95	0,9	9,0
34	— 4,9	2,15	1,47	— 3,33	1,14	— 6,04	36,5	17,0
[+]				+ 50,51		+ 47,98		
[—]				— 26,50		— 49,17		
[±]		+64,02	+45,04	+ 24,01		— 1,19		+ 224,1

$$\sigma = + 0{,}27 \text{ mm}; \quad \mu_{20} = \pm 1{,}28 \text{ mm}; \quad m_{20} = \pm 1{,}81 \text{ mm}$$

aller zurückliegenden d_i als Ordinaten auf (Abb. 252c). Die so entstandene Punktreihe läßt sich in ihrer ganzen Ausdehnung oder in mehreren Abschnitten durch je eine Gerade g_1, g_2, ... ausgleichen, deren erste nach der Definition von σ durch den Nullpunkt U gehen muß. Gehört etwa zum Endpunkt von L die dem Bild zu entnehmende Ordinate $\overline{\varDelta}$ des Geradenpunktes $\overline{P}$, so ist

$$\sigma = \overline{\varDelta} : 2\,L \tag{603b}$$

der gesuchte systematische Fehler[1]. Bei bekanntem σ kann die Fehlerberechnung wieder mittels (602) und (603) zu Ende geführt werden[2].

Bilden die Linien eine größere Anzahl von geschlossenen Schleifen, so kann nach Beseitigung der systematischen Fehler der mittlere zufällige km-Fehler näherungs-

---

[1] Auch wenn σ nach (601) berechnet wird, ist die Herstellung eines solchen Schaubildes für das Auseinandergehen beider Einwägungen notwendig, damit für die Berechnung der σ die etwa notwendige Unterabteilung der Linie an den richtigen Stellen erfolgt.

[2] Sieht man von der Zwangsbedingung ab, daß die ausgleichende Gerade durch U gehen muß, so erzielt man eine praktisch bedeutungslose Verminderung des mittleren Fehlers.

14*

weise auch aus den **Schleifenschlußfehlern**, zuverlässiger aber aus einer strengen **Netzausgleichung**, deren Besprechung im Rahmen dieses Buches zu weit führen würde, erfolgen.

Ist w_i der Schlußfehler der doppelt nivellierten i-ten Schleife von der Länge S_i, so sind die Ausdrücke

$$m_{30} = \pm \sqrt{\frac{2}{\nu}\left[\frac{ww}{S}\right]}, \qquad \mu_{30} = \pm \sqrt{\frac{1}{\nu}\left[\frac{ww}{S}\right]} \tag{604}$$

die aus den ν Schleifenschlußfehlern w berechneten Näherungswerte für den mittleren km-Fehler des einfachen bzw. des Doppelnivellements.

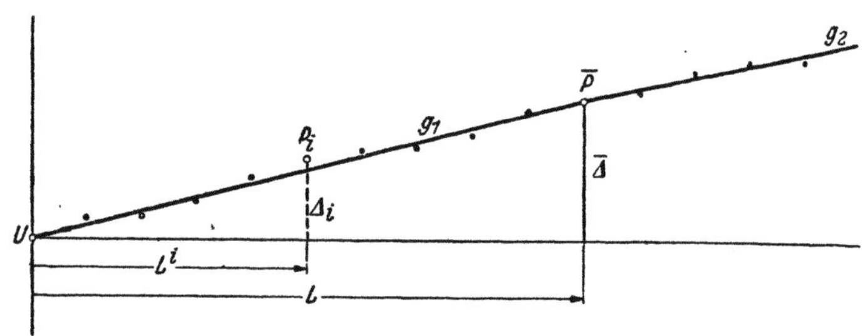

Abb. 252c. Linienausgleichung.

Eine **strenge Netzausgleichung** nach bedingten bzw. vermittelnden Beobachtungen führt auf die entsprechenden Fehlerausdrücke

$$m_{40} = \pm \sqrt{\frac{2[pvv]}{r}} \quad \text{bzw.} \quad m_{40} = \pm \sqrt{\frac{2[pvv]}{n-u}}, \qquad \mu_{40} = \pm \frac{m_{40}}{\sqrt{2}} \tag{604^1}$$

(p = Liniengewicht, v = wahrscheinlichster Beobachtungsfehler, r = Zahl der Bedingungsgleichungen bzw. n = Zahl der Beobachtungen d. i. der Linien, u = Zahl der Unbekannten).

Jedes Feinnivellement ist an gewisse, engere Fehlergrenzen gebunden. Nach einem Beschluß der Allgemeinen Konferenz der Europäischen Erdmessung zu Berlin, 1867, darf der mittlere Fehler der Höhendifferenz zweier um 1 km entfernten Punkte im allgemeinen nicht 4,5 mm und in keinem Falle 7,5 mm überschreiten. Die seither erzielten großen Fortschritte in der Genauigkeit des Nivellierens haben die 17. Allgem. Konf. d. Internationalen Erdmessung in Hamburg, 1912, veranlaßt, neben den unverändert bestehenbleibenden Präzisionsnivellements als **Feineinwägungen von hoher Genauigkeit** solche in entgegengesetzten Richtungen und womöglich an verschiedenen Tagen durchgeführte Doppelnivellements zu bezeichnen, deren nach bestimmten Formeln[1] berechnete mittlere zufällige und mittlere systematische Fehler die Beträge $\mu = \pm 1,5$ mm bzw. $\sigma = 0,3$ mm nicht überschreiten.

Häufig werden, einem viel empfundenen Bedürfnisse folgend, die Ergebnisse der Feineinwägungen in besonderen **Höhenverzeichnissen** veröffentlicht[2].

---

[1] Siehe Verhandlungen der 1912 in Hamburg abgehaltenen 17. Allg. Konf. d. Intern. Erdm., II. Teil, Berlin 1914, Annex B. VIII^c, S. 251 u. 252; ferner BAESCHLIN, F.: Die Nivellements hoher Präzision u. die internationalen Vorschriften ihrer Fehlerberechnung, Schweiz. Bauztg. 1918, und RUNE, G. A.: Die Definition nebst Formeln der internationalen Erdmessungskonferenz 1912 betr. Nivellements von hoher Präzision. Z. Vermess.-Wes. 1930, S. 633—642.
Ein geometrisches Nivellement durch Nivellieren aus Zwischenpunkten, die allerdings nicht in der Mitte der Station vorausgesetzt sind, beschreibt schon HERON von Alexandria; siehe SCHÖNE: Herons von Alexandria Vermessungslehre u. Dioptra, Leipzig 1903, S. 205 ff., Aufg. VI.
[2] Siehe z. B. a) in Baden: Die Großh. Bad. Hauptnivellements mit den Anschlüssen an die Nachbarstaaten, bearbeitet von JORDAN, Karlsruhe 1885; ferner Beiträge zur Hydrographie des Großherzogtums Baden, 13. Heft: Die Hochwassermarken im Großherzogtum Baden, bearbeitet von KITIRATSCHKY, Karlsruhe 1911; b) Bayern: Das Bayerische Landesnivellement, bearbeitet

30. Trigonometrische Höhenmessung.

Bei der Berechnung einer trigonometrischen Höhenmessung treten goniometrische Funktionen von gemessenen Zenitabständen oder Höhenwinkeln der von gegebenen zu gesuchten Punkten führenden Richtungen auf.

a) Kurze Sichten.

Ist in P_1 (Abb. 253) mit der Meereshöhe H_1 unter Verwendung einer Instrumentenhöhe i nach einem in P_2 um die Zielhöhe z über dem Boden befindlichen Zielzeichen der Höhenwinkel α beobachtet worden, so wird der Höhenzuwachs von der Kippachse bis zum Zielpunkt

$$h = a \cdot \mathrm{tg}\, \alpha. \qquad (605)$$

a ist die horizontale Entfernung $P_1 P_2$. Die Meereshöhe des Bodenpunktes P_2 wird

$$H_2 = H_1 + a \cdot \mathrm{tg}\, \alpha + i - z. \qquad (606)$$

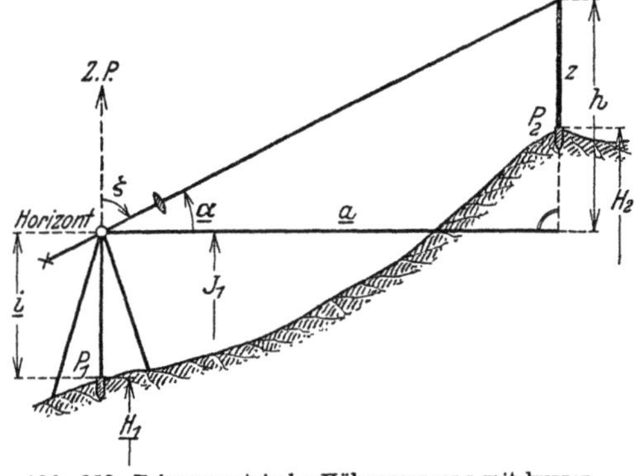

Abb. 253. Trigonometrische Höhenmessung mit kurzen Sichten.

Eine sehr vorteilhafte Anwendung findet diese einfache Art der trigonometrischen Höhenmessung, wenn in Polygonzügen, die einer topometrischen Aufnahme als Grundlage dienen, die Endpunkte der bereits gemessenen Polygonseiten auch der Höhe nach

von M. Schmidt, München 1910, enthält die in Bayern durch Präzisionsnivellements (das unter Bauernfeinds Leitung ausgeführte, über das ganze Land sich erstreckende Feinnivellement wurde seinerzeit von C. Örtel bearbeitet), Eisenbahn-, Straßen- u. Flußnivellements bestimmten Höhen nach dem Stand von Ende 1909. Dazu treten die Ergänzungsmessungen zum bayerischen Präzisionsnivellement, Heft 2, bearbeitet von M. Schmidt, München 1919; ferner Höhenfestpunktnetz der Landeshauptstadt München, München 1929. (Enthält auch die Beziehungen zwischen den zu verschiedenen Zeiten in München gebrauchten Horizonten.) c) Österreich-Ungarn: Das Präzisionsnivellement in der Österreichisch-Ungarischen Monarchie (Astronomisch-Geodätische Arbeiten d. k. u. k. Militärgeograph. Institutes in Wien: I. Theoretische Grundlagen u. Ausführungsbestimmungen, VII. Bd., Wien 1897; II. Westlicher Teil, VIII. Bd., Wien 1896; III. Nördlicher Teil, X. Bd., Wien 1897; IV. Südöstlicher Teil, XIV. Bd., Wien 1899); ferner Müllner, Adolf: Die Fortsetzung des Präzisionsnivellements u. die Neuausgleichung der Schleifen IV—VII im westlichen Teile der Monarchie (Mitt. d. k. u. k. Militärgeograph. Institutes XXXII. Bd., Wien 1913, S. 53—118); d) Preußen u. Elsaß-Lothringen: Nivellements u. Höhenbestimmungen der Punkte erster u. zweiter Ordnung, ausgeführt v. d. Trigonom. Abt. d. Landesaufnahme, Berlin 1870, 1873, 1875, 1880, 1883, 1886, 1889, 1894. Außer diesen größeren Werken sind nach Landesteilen geordnete Auszüge für den unmittelbaren Gebrauch der Technik veröffentlicht worden, die in bisher 13 Heften (Mittler & Sohn, Berlin) erschienen sind; ferner Kgl. Preuß. Ministerium der öffentl. Arbeiten, Höhen über Normalnull von Festpunkten u. Pegeln an Wasserstraßen, Stankiewiecz, Berlin; bisher 16 Hefte nach Flußgebieten geordnet (für den praktischen Gebrauch bestimmte Auszüge aus größeren Bänden). Siehe ferner Gronwald, W. (in Z. Vermess.-Wes.): Die neueren Feineinwägungen d. Trigonom. Abteilung d. Reichsamts f. Landesaufnahme (1932, S. 497—504) u. Die Aufgaben der Büros für die Hauptnivellements u. Wasserstandsbeobachtungen im preußischen Ministerium für Landwirtschaft, Domänen u. Forsten (1932, S. 561—569), sowie Berndt: Ergebnisse der Feineinwägungen, Vorheft, Berlin 1930; f) In Württemberg: Publikation d. k. Württemb. Commission für Europäische Gradmessung, Präzisionsnivellement, ausgeführt unter der Leitung von Schoder, Stuttgart 1885; e) Sachsen: Astronomisch-geodätische Arbeiten für die Europäische Gradmessung im Königreich Sachsen, veröffentl. in Z. Vermess.-Wes. 1886, S. 541ff.; siehe ferner Richter: Das neue sächsiche Landesnivellement. Z. Vermess.-Wes. 1931, S. 95—102; IV. Abt. Das Landesnivellement, begonnen unter Leitung von Julius Weisbach, vollendet und bearbeitet von A. Nagel, Berlin 1886; g) auch einzelne Städte haben ihr Höhenverzeichnis veröffentlicht.
Über den jeweiligen Stand der Feinnivellements auf der ganzen Erde und die dabei verwendeten Instrumente, Latten u. Arbeitsmethoden geben die verschiedenen Gradmessungs- und Erdmessungsberichte Aufschluß. Siehe besonders die Berichte von a) v. Kalmar (Genf 1893) u. b) Lallemand, Ch. (Budapest 1906 u. Hamburg 1912).

bestimmt werden sollen. Sorgt man bei der Höhenwinkelmessung dafür, daß zusammengehörige Werte der Instrumenten- und Zielhöhe einander gleich werden, so ist die Zielachse jeweils zur Verbindungslinie der Bodenpunkte parallel, und man hat neben den Standproben (S. 92) noch eine Gegenprobe, welche besagt, daß die zur gleichen Seite gehörige Summe der Zenitabstände 180° bzw. die Summe der Höhenwinkel Null ist. Dabei ist wegen der kurzen Entfernungen vom Einfluß der Lotkonvergenz abgesehen. Der bei Berechnung solcher Züge zwischen Punkten von bekannter Höhenlage auftretende Widerspruch wird proportional den Quadraten der Seiten auf die ihnen entsprechenden Höhenunterschiede verteilt.

Hierher gehört auch die Bestimmung von Turmhöhen aus nächster Nähe. Sind in den um die gemessene Horizontalentfernung c voneinander abstehenden Punkten P_1, P_2 (Abb. 254), deren Instrumentenhorizonte J_1, J_2 durch ein an einen Höhenfestpunkt angeschlossenes geometrisches Nivellement scharf bestimmt worden sind, die Höhenwinkel φ, ψ gemessen worden, welche die von P_1, P_2 nach einem der Höhe H

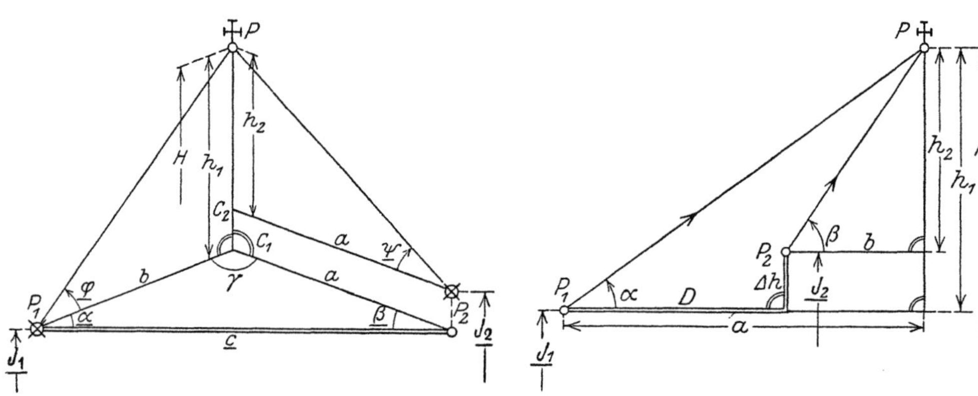

Abb. 254. Turmhöhenbestimmung mit seitlich gelegener Grundlinie.

Abb. 255. Turmhöhenbestimmung mit auf das Ziel gerichteter Grundlinie.

nach zu bestimmenden Punkte P führenden Sichten besitzen und bedeuten α, β die ebenfalls gemessenen Horizontalwinkel zwischen diesen Sichten und der Standlinie c, so ergibt sich mit den eingeschriebenen Bezeichnungen H doppelt auf dem Wege über folgende Formeln:

$$\gamma = 180^0 - (\alpha + \beta), \qquad a = c \cdot \frac{\sin \alpha}{\sin \gamma}, \qquad b = c \cdot \frac{\sin \beta}{\sin \gamma}, \tag{607}$$

$$h_1 = b \cdot \operatorname{tg} \varphi, \qquad h_2 = a \operatorname{tg} \psi, \tag{608}$$

$$H = J_1 + h_1 = J_2 + h_2. \tag{609}$$

Ist es nicht möglich, die Standlinie so zu wählen, daß ein günstiges horizontales Bestimmungsdreieck entsteht, so kann man etwa in einer auf den Turm zuführenden Straße die Standlinie $P_1 P_2$ (Abb. 255) so legen, daß ihre Lotebene auch den zu bestimmenden Punkt P enthält. Aus den ermittelten Instrumentenhorizonten J_1, J_2 in den Endpunkten der Standlinie D und den dort beobachteten Höhenwinkeln α, β findet man unter Verwendung der eingeschriebenen Bezeichnungen:

$$\Delta h = J_2 - J_1, \qquad a = b + D, \qquad b = a - D, \tag{610}$$

$$\Delta h = a \cdot \operatorname{tg} \alpha - b \cdot \operatorname{tg} \beta, \tag{611}$$

$$a = \frac{\Delta h - D \operatorname{tg} \beta}{\operatorname{tg} \alpha - \operatorname{tg} \beta}, \qquad b = \frac{\Delta h - D \operatorname{tg} \alpha}{\operatorname{tg} \alpha - \operatorname{tg} \beta}, \tag{612}$$

$$h_1 = a \cdot \operatorname{tg} \alpha = \frac{D - \Delta h \cdot \operatorname{ctg} \beta}{\operatorname{ctg} \alpha - \operatorname{ctg} \beta}, \qquad h_2 = b \cdot \operatorname{tg} \beta = \frac{D - \Delta h \cdot \operatorname{ctg} \alpha}{\operatorname{ctg} \alpha - \operatorname{ctg} \beta}, \tag{613}$$

$$H = J_1 + h_1 = J_2 + h_2. \tag{614}$$

Liegt P_2 um q außerhalb der Lotebene durch $P_1 P$, so werden statt D und β die fehlerhaften Größen D'. β' gemessen. Für kleines q findet man die verbesserten Werte

$$D = D' - \frac{q^2}{2\,D'}, \qquad \beta = \beta' + \tfrac{1}{4}\left(\frac{q}{b'}\right)^2 \cdot \sin 2\beta'. \tag{614^{1}}$$

Das im letzten Glied enthaltene b' ergibt sich mit D' und β' aus (612).

Auch die Ermittlung der Meereshöhe H_n eines im Turminneren gelegenen Punktes P_n (Abb. 256) mittels eines Schnurzuges $P_1 P_2 \dots P_i \dots P_n$, für dessen Seiten die

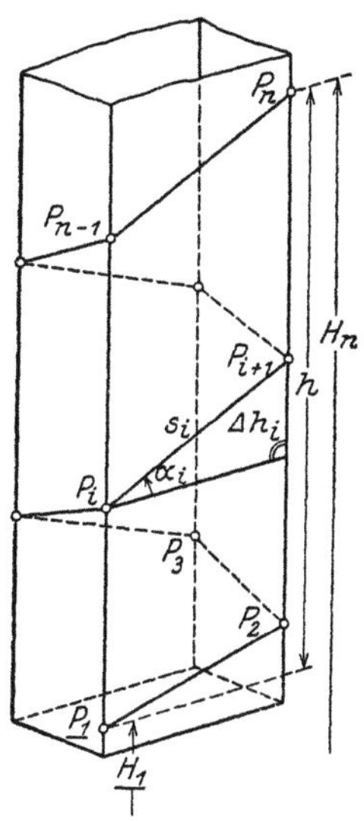

Abb. 256. Turmhöhenbestimmung mit Hilfe eines Schnurzuges.

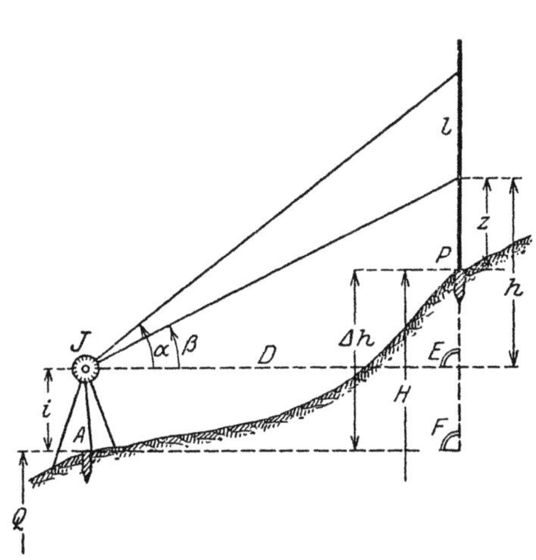

Abb. 257. Bestimmung der horizontalen Entfernung und des Höhenunterschieds durch zweifache Höhenwinkelmessung.

Längen s_i und Neigungen α_i (Hängewaage) zu messen sind, ist hier zu nennen. Der einer einzelnen Seite entsprechende Höhenunterschied wird

$$\Delta h_i = s_i \sin \alpha_i, \tag{615}$$

also folgt der Gesamthöhenunterschied

$$h = \overset{n-1}{\underset{1}{[\Delta h_i]}}. \tag{616}$$

Fügt man ihn zur vorher bestimmten Höhe H_1 des Zuganfangspunktes P_1 am Turmfuß, so erhält man die Höhe des Zugendpunktes, nämlich

$$H_n = H_1 + h = H_1 + \overset{n-1}{\underset{1}{[\Delta h_i]}} = H_1 + \overset{n-1}{\underset{1}{[s_i \sin \alpha_i]}}. \tag{617}$$

Zur Erzielung guter Ergebnisse sind die Schnüre straff zu spannen und die einzelnen Strecken nicht über 20 m zu nehmen.

Noch eine andere Art der Höhen- und Entfernungsbestimmung, das Nivellement durch zweifache Höhenwinkelmessung, gehört hierher.

In A (Abb. 257) steht zur Instrumentenhöhe i ein Theodolit mit Höhenbogen. Damit werden die Höhenwinkel α, β der Sichten nach dem oberen und unteren Endpunkt des festen Abschnitts l beobachtet, der einer im P stehenden lotrechten Latte angehört. Bedeuten z und h die Höhe des unteren Endpunktes des Lattenabschnitts über dem Lattenfußpunkt P bzw. über dem Instrumentenhorizont, so ergeben sich die horizontale Entfernung D und der Höhenunterschied Δh beider Geländepunkte A und P mittels der aus den beiden Neigungs dreiecken folgenden Beziehungen

$$D \cdot \operatorname{tg} \alpha = h + l, \qquad D \cdot \operatorname{tg} \beta = h \qquad (618)$$

zu

$$D = \frac{l}{\operatorname{tg} \alpha - \operatorname{tg} \beta}, \qquad (619)$$

$$\Delta h = D \cdot \operatorname{tg} \alpha + i - l - z = D \cdot \operatorname{tg} \beta + i - z. \qquad (620)$$

Im hügeligen Gelände und bei etwas größeren Entfernungen (etwa 200 bis 400 m) kann es sich, wenn zugunsten der Zeitersparnis die Genauigkeitsanforderungen etwas zurücktreten dürfen, lohnen, ein solches Nivellement durchzuführen, wenn das hernach beschriebene tachymetrische Nivellement versagt. Nach Abb. 258, in deren Be-

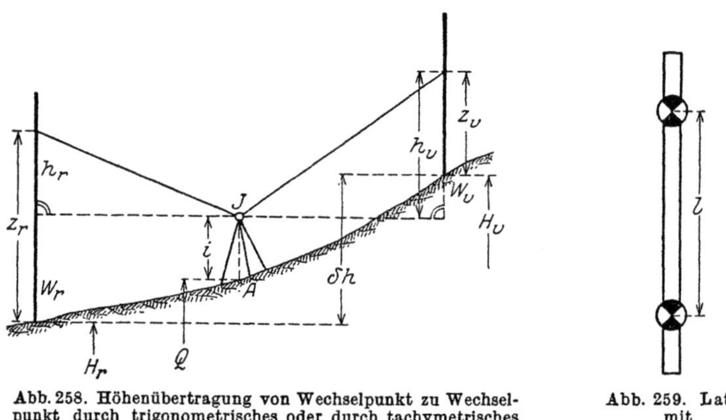

Abb. 258. Höhenübertragung von Wechselpunkt zu Wechselpunkt durch trigonometrisches oder durch tachymetrisches Nivellement.

Abb. 259. Latte mit Zielscheiben.

zeichnungen die Zeiger r und v den Rückblick und den Vorblick andeuten, ist der Höhenunterschied zwischen den aufeinanderfolgenden Wechselpunkten W_r und W_v

$$\delta h = h_v - h_r + z_r - z_v. \qquad (621)$$

Nimmt man, was fast immer geschieht, $z_r = z_v$, so erhält man den einfachen Ausdruck

$$\delta h = h_v - h_r, \qquad (622)$$

welcher in der äußeren Form bis auf das Vorzeichen mit dem entsprechenden Ausdruck $\delta h = r - v$ im geometrischen Nivellement übereinstimmt. Zur Erleichterung der Beobachtungen und zur Erhöhung ihrer Genauigkeit bezeichnet man die Endpunkte des Lattenabschnitts l häufig durch fest mit der Latte verbundene Zielscheiben (Abb. 259), deren möglichst runder Abstand mit Hilfe eines Normalmaßstabes genau bestimmt und von Zeit zu Zeit nachgeprüft wird.

b) Lange Sichten.

Soll die Erdkrümmung und Strahlenbrechung die Höhe des Endpunktes einer Sicht in den Zentimetern nicht mehr fälschen, so muß man Entfernungen über 200 m vermeiden. Bei Zielungen, die wie beim Nivellement durch zweifache Höhenwinkelmessung in Bodennähe hinstreichen, werden die Zentimeter schon auf geringere Entfernungen hin unsicher. Doch wird dieser Fehler im Höhenunterschied δh zum Teil behoben, wenn annähernd aus der Mitte der Station nivelliert wird und die untere Zielscheibe nicht allzu nahe am Lattenfuß liegt.

Für längere Sichten ist bei Anstrebung von cm-Genauigkeit stets der Einfluß der Erdkrümmung und der trigonometrischen Strahlenbrechung zu berücksichtigen.

In Abb. 260 sei a' die zwischen den entfernten Punkten P_1, P_2 mit den Meereshöhen H_1, H_2 verlaufende Lichtkurve, deren Endpunktstangenten T_1, T_2 die Richtungen der jeweils auf den anderen Endpunkt eingestellten Fernrohrziellinie angeben. Sie besitzen die Zenitabstände ζ_1, ζ_2 und schließen mit der Sehne $P_1 P_2$ die als terrestrische Refraktionen bezeichneten Winkel $\Delta\zeta_1$, $\Delta\zeta_2$ ein, deren Summe die Gesamtrefraktion σ ist. Aus dem durch den Erdmittelpunkt C und die Punkte P_1, P_2 gebildeten Dreieck findet man, wenn a' vom Erdmittelpunkt aus unter dem Zentriwinkel γ erscheint, nach dem Tangenssatze

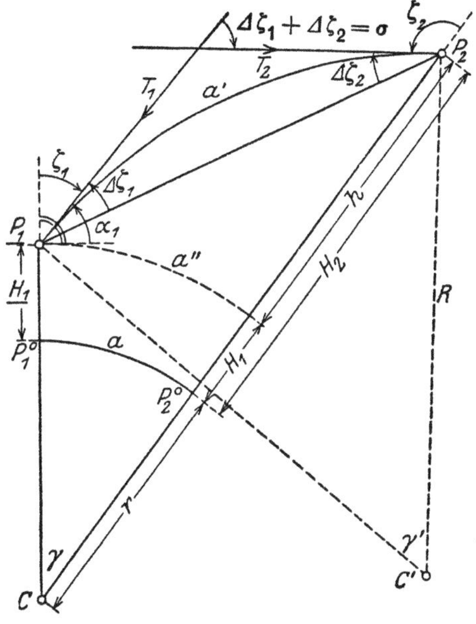

Abb. 260. Trigonometrische Höhenmessung unter
Berücksichtigung von Erdkrümmung und Strahlenbrechung.

$$\frac{CP_2 - CP_1}{CP_1 + CP_2} = \frac{\operatorname{tg}\tfrac{1}{2}\{(\zeta_2 + \Delta\zeta_2) - (\zeta_1 + \Delta\zeta_1)\}}{\operatorname{ctg}\frac{\gamma}{2}} \cdot \quad (623)$$

Die Differenz $CP_2 - CP_1$ ist der zu ermittelnde Höhenunterschied h zwischen P_1 und P_2. Mittels der für alle terrestrischen Sichten (Sichten nach irdischen Zielpunkten) praktisch als streng zu erachtenden Beziehung[1]

$$\operatorname{tg}\frac{\gamma}{2} \approx \frac{\gamma}{2} \approx \frac{a}{2r}, \quad (624)$$

in welcher a die Horizontalprojektion der Lichtkurve auf das Meeresniveau und r (rund 6370 km) den Erdhalbmesser bedeutet, ergibt sich aus (623)

$$h = a\left(1 + \frac{H_1 + H_2}{2r}\right)\operatorname{tg}\frac{1}{2}\{(\zeta_2 + \Delta\zeta_2) - (\zeta_1 + \Delta\zeta_1)\}, \quad (625)$$

bzw.

$$h = a\left(1 + \frac{H_m}{r}\right)\operatorname{tg}\frac{1}{2}\{(\zeta_2 + \Delta\zeta_2) - (\zeta_1 + \Delta\zeta_1)\}, \quad (626)$$

wenn H_m, für das ein Näherungswert $H_1 + \tfrac{1}{2}a \cdot \operatorname{ctg}\zeta$ genügt, die mittlere Meereshöhe von P_1 und P_2 bedeutet. Das Argument des letzten Faktors in (626) läßt sich mit Hilfe der aus der Winkelsumme des Dreiecks CP_1P_2 hervorgehenden Gleichung

$$(\zeta_1 + \Delta\zeta_1) + (\zeta_2 + \Delta\zeta_2) = \pi + \gamma \quad (627)$$

durch die Substitutionen

$$\zeta_2 + \Delta\zeta_2 = \pi + \gamma - (\zeta_1 + \Delta\zeta_1), \qquad \zeta_1 + \Delta\zeta_1 = \pi + \gamma - (\zeta_2 + \Delta\zeta_2) \quad (628)$$

als Funktion von ζ_1, $\Delta\zeta_1$, γ bzw. von ζ_2, $\Delta\zeta_2$, γ ausdrücken. Man erhält auf diese Weise die beiden praktisch noch strengen Formen

$$h = a\left(1 + \frac{H_m}{r}\right)\operatorname{ctg}\left(\zeta_1 + \Delta\zeta_1 - \frac{\gamma}{2}\right), \quad (629)$$

$$h = -a\left(1 + \frac{H_m}{r}\right)\operatorname{ctg}\left(\zeta_2 + \Delta\zeta_2 - \frac{\gamma}{2}\right). \quad (630)$$

Über die Form der Lichtkurve war bisher noch keine Voraussetzung getroffen worden. Macht man die etwas unsichere, in vielen Fällen aber doch genügend genau zu-

---

[1] Vorweg sei folgendes bemerkt. Für $a = a_0 = 1$ km wird $\gamma = \gamma_0 = 32,4'' \approx \tfrac{1}{2}'$ und mit $k = 0,13$ ist ferner für a_0 der Zentriwinkel der Lichtkurve $\gamma' = \gamma_0' = 4,2''$ und $\Delta\zeta = \Delta\zeta_0 = 2,1''$.

treffende Annahme, daß die beiden Refraktionswinkel in den Endpunkten
der Lichtkurve einander gleich seien, nämlich

$$\varDelta\zeta_1 = \varDelta\zeta_2 = \varDelta\zeta = \frac{\sigma}{2}, \tag{631}$$

so findet man aus (626) den Höhenunterschied

$$h = a\left(1 + \frac{Hm}{r}\right)\operatorname{tg}\frac{1}{2}(\zeta_2 - \zeta_1) = a\left(1 + \frac{Hm}{r}\right)\operatorname{tg}\frac{1}{2}(\alpha_1 - \alpha_2) \tag{632}$$

ohne Kenntnis der Strahlenbrechung aus gleichzeitig beobachteten,
gegenseitigen Zenitabständen[1]. Die Lichtkurve a' ist strenggenommen eine
von der wechselnden, nur ungenau bekannten Luftbeschaffenheit und von der Wellenlänge des Lichtes abhängige unregelmäßige Kurve. Bei normaler Luftschichtung weicht
sie von einem sehr flachen Kreisbogen, zu dessen Zentriwinkel γ' der Scheitel C' und
der Halbmesser R gehören mögen, nur wenig ab. Für diese allgemein übliche Näherungsannahme (Kreisbogentheorie) wird

$$\varDelta\zeta = \tfrac{1}{2}\gamma'. \tag{633}$$

Um $\varDelta\zeta$ durch γ ausdrücken zu können, brauchen wir eine – wenigstens näherungsweise bekannte – Beziehung zwischen γ' und γ. Bedeutet $\alpha_1 = \frac{\pi}{2} - \zeta_1$ den in P_1 gemessenen Höhenwinkel von a', so kann man in guter Annäherung

$$a' \approx \frac{a''}{\cos\alpha_1} \approx \frac{a}{\cos\alpha_1} = \frac{r\cdot\gamma}{\cos\alpha_1} \tag{634}$$

setzen. Andererseits ist

$$a' = R\cdot\gamma', \tag{635}$$

also

$$\gamma' = \frac{a'}{R} = \frac{1}{\cos\alpha_1}\cdot\frac{r}{R}\cdot\gamma = \frac{k'}{\cos\alpha_1}\cdot\gamma. \tag{636}$$

Das Verhältnis $k' = r : R$ des Erdhalbmessers zum Halbmesser der Lichtkurve ist
der Refraktionskoeffizient. Die Einführung von (636) in (633) ergibt somit den
Refraktionswinkel

$$\varDelta\zeta = \frac{1}{\cos\alpha_1}\cdot k'\cdot\frac{\gamma}{2} = \frac{k'}{\cos\alpha_1}\cdot\frac{a}{2r}, \tag{637}$$

und der Höhenunterschied wird nach (629)

$$h = a\left(1 + \frac{Hm}{r}\right)\operatorname{tg}\left\{\alpha_1 + \left(1 - \frac{k'}{\cos\alpha_1}\right)\frac{\gamma}{2}\right\}. \tag{638}$$

Hieraus erhält man durch Entwickeln nach dem TAYLORschen Satz unter Beschränkung auf die beiden ersten Glieder

$$h = a\left(1 + \frac{Hm}{r}\right)\left\{\operatorname{tg}\alpha_1 + \frac{\gamma}{2\cos^2\alpha_1}\left(1 - \frac{k'}{\cos\alpha_1}\right)\right\} \tag{639}$$

oder unter Beachtung der Beziehung $\gamma = \frac{a}{r}$

$$h = a\left(1 + \frac{Hm}{r}\right)\operatorname{tg}\alpha_1 + \left(1 - \frac{k'}{\cos\alpha_1}\right)\frac{a^2}{2r\cos^2\alpha_1}. \tag{640}$$

Die Krümmung der Lichtkurve nimmt annähernd mit dem cos des Höhenwinkels
ab, so daß

$$k' \approx k\cos\alpha_1, \quad \gamma' = k\cdot\gamma = k\frac{a}{r}, \quad \varDelta\zeta = k\frac{a}{2r} \tag{641}$$

wird, wenn das künftig allein verwendete k der einer waagrechten Sicht entsprechende

---

[1] GÜLLAND (Z. Vermess.-Wes. 1914, S. 369—385 u. 393—419) findet aus einer Untersuchung
der BAUERNFEINDschen Refraktionsbeobachtungen, daß bei Benutzung der Kreisbogentheorie
Messungen um die Mittagszeit auf der Talstation ebenso gute oder noch bessere Ergebnisse
liefern wie gleichzeitige gegenseitige Beobachtungen aus durchlaufenden Tagesreihen.

trigonometrische Refraktionskoeffizient ist. Bei Berücksichtigung dieses Umstands erscheint statt (640) die bekanntere Form

$$h = a \left(1 + \frac{Hm}{r}\right) \operatorname{tg} \alpha_1 + (1 - k) \frac{a^2}{2\,r \cos^2 \alpha_1}. \tag{642}$$

Der Quotient $H_m : r$ im ersten Gliede dieses Ausdrucks trägt der **Vergrößerung des im Meeresspiegel befindlichen Bogens a bis zum mittleren Messungshorizont H_m Rechnung.** Er kann, wenn es sich nicht um sehr große Meereshöhen handelt, vielfach unterdrückt werden. Da bei den größeren Entfernungen nur kleine Höhenwinkel α in Frage kommen, so kann meistens im Zusatzgliede von (642) auch $\cos^2 \alpha = 1$ gesetzt werden. So entsteht der in der **trigonometrischen Höhenmessung** vielgebrauchte, meist ausreichende **Näherungsausdruck**

$$h = a \cdot \operatorname{tg} \alpha_1 + (1 - k) \frac{a^2}{2\,r} = a \cdot \operatorname{tg} \alpha_1 + v_{es} \tag{643}$$

dessen zweites Glied (**Krümmungsglied** v_{es}) dem mit dem **Quadrat der Entfernung** fortschreitenden Gesamteinfluß der **Erdkrümmung und Strahlenbrechung** entspricht. Die in gleicher Weise fortschreitenden Teilverbesserungen sind $v_e = + \dfrac{a^2}{2\,r}$ (Erdkrümmung) und $v_s = - k \dfrac{a^2}{2\,r}$ (Strahlenbrechung).

Trägt man wieder dem Umstand Rechnung, daß bei der Messung eine Instrumentenhöhe i (in P_1) und eine Zielhöhe z (in P_2) auftritt, so erhält man nach Analogie von (606) und Abb. 253 für die Meereshöhe des Bodenpunktes P_2 den Ausdruck

$$H_2 = H_1 + a \cdot \operatorname{tg} \alpha_1 + i - z + (1 - k) \frac{a^2}{2\,r}. \tag{644}$$

Hierin gehört H_1 zum Bodenpunkt P_1.

Zur **zahlenmäßigen Ermittlung** des **Refraktionskoeffizienten** kann man den aus (643) folgenden Ausdruck

$$k = 1 - \frac{2\,r}{a^2} (h - a \operatorname{tg} \alpha_1) \tag{645}$$

benutzen, wenn h schon aus einem geometrischen Nivellement genau bekannt ist. Auch aus gleichzeitig beobachteten gegenseitigen Zenitabständen ζ_1, ζ_2 oder den ihnen entsprechenden Höhenwinkeln α_1, α_2 kann er mittels der aus (627) nach einer kleinen Umformung entstehenden Formel

$$k = 1 + \frac{r}{a} \cdot \frac{\alpha_1^0 + \alpha_2^0}{\varrho^0} \tag{646}$$

berechnet werden. **Ein für das Festland**[1] **in Deutschland gültiger, aus vielen Bestimmungen gefundener Mittelwert ist**

$$k = + 0{,}13 \pm 0{,}03. \tag{647}$$

Die damit berechneten, mit dem Quadrat der Entfernung fortschreitenden Höhenverbesserungen auf 1 km sind $+ 7{,}8$ cm wegen der Erdkrümmung, $- 1{,}0$ cm wegen der Strahlenbrechung und $+ 6{,}8$ cm wegen des Zusammenwirkens beider Erscheinungen.

Der **Refraktionskoeffizient** ist abhängig von der Wellenlänge λ der Lichtstrahlen, der Zusammensetzung der Luft, ihrem Staubgehalt, dem Luftdruck B, der Temperatur t, vom Druckgefälle π und besonders vom Temperaturgefälle τ (Temperaturabnahme in C° auf 1 m Höhenzunahme). **Er ist für $t = 0°$ und $B = 760$ mm überschlagsweise**[2]

$$k \approx 0{,}23 - 6{,}8\,\tau. \tag{648}$$

---

[1] Über Wasserflächen gelten andere Verhältnisse. Siehe HELMERT: Trigonometrische Höhenmessung u. Refraktionskoeffizienten in der Nähe des Meeresspiegels. Sitzungsber. d. Kgl. Preuß. Akademie der Wissenschaften 1908, S. 492—511.

[2] Zum Temperaturgefälle siehe BROCKS, K.: Vertikaler Temperaturgradient u. terrestrische Refraktion, insbesondere im Hochgebirge. Berlin 1939. Veröffentlichungen d. Meteorologischen Instituts d. Universität Berlin, Bd. III, Heft 4.

Mißlich ist die Änderung von k mit der Meereshöhe und dem Sonnenstand. Immerhin kann man den Einfluß dieser Faktoren überschlägig berücksichtigen. Bedeutet H die in Hektometern ausgedrückte Meereshöhe, b_0 (Abb. 261) den halben Tagebogen der Sonne und b den in der Einheit b_0 ausgedrückten Abstand der Sonne S von ihrem Kulminationspunkt K, so ergibt sich aus den Untersuchungen von Hartl[1] ein der Höhenlage und dem Sonnenstand angepaßter Wert

$$k \approx 0{,}104 - 0{,}0013 \cdot H + 0{,}084\, b^2. \qquad (649)$$

Auch dieser Wert ist nicht unbedingt zuverlässig, da seine Konstanten von der geographischen Lage nicht im erwünschten Maße unabhängig sind.

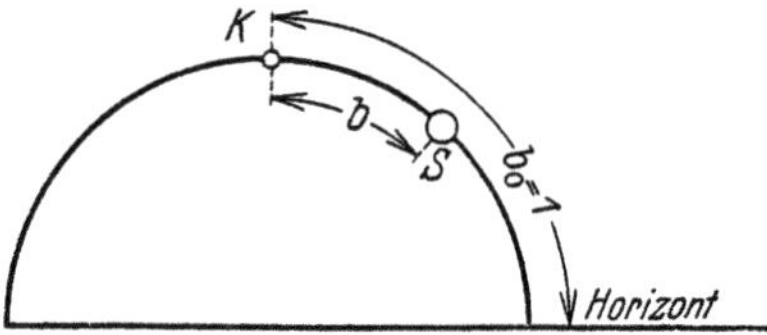

Abb. 261. Einfluß des Sonnenstandes auf den Refraktionskoeffizienten.

Die große Unsicherheit des Refraktionskoeffizienten in niederen Lagen, auch seine lästige Änderung mit der Tageszeit – er ist am kleinsten (rund 0,1), wenn die Sonne im Zenit, am größten (etwa 0,2), wenn sie im Horizont steht[2] – bewirken, daß mit zunehmender Leistungsfähigkeit des geometrischen Nivellements die Bedeutung der ursprünglich bevorzugten trigonometrischen Höhenmessung stark zurückgegangen ist[3]. Die Genauigkeit der trigonometrischen Höhenmessung, welche weniger von der Leistungsfähigkeit des Instruments und der Sorgfalt des Beobachters als von der Kürze der Sichten abhängt, läßt sich durch Beobachtungen aus der Mitte steigern, besonders wenn bei geeigneter Wahl des Instrumentenstandes beide Ziellinien möglichst weit über dem Boden und über gleichartigem Gelände liegen[4].

Der aus (644) sich ergebende bestimmte Fehler der abgeleiteten Meereshöhe H_2 ist

$$dH_2 = dH_1 + di - dz + \frac{a}{\cos^2\alpha} \cdot d\alpha + da \cdot \mathrm{tg}\,\alpha - \frac{a^2}{2r} \cdot dk. \qquad (650)$$

Von diesem Ausdruck kann man leicht auf den mittleren Fehler m_{H_2} übergehen, welcher auf 1 km einige cm nicht überschreiten soll.

In Ausnahmefällen hat der Ingenieur auch Sonnen- und Gestirnshöhen α' zu messen, für deren Reduktion die astronomische Refraktion r zu berechnen ist. Bei genaueren Messungen wird sie unter Beachtung von Temperatur und Luftdruck aus besonderen Refraktionstabellen[5] entnommen. Hat man solche nicht zur Hand, so kann r

---

[1] Hartl, H.: a) Beiträge zum Studium der terrestrischen Strahlenbrechung u. b) Über mittlere Refraktionskoeffizienten. Mitt. d. k. u. k. Militärgeograph. Institutes, S. 110—136, Wien 1883 u. 1884, S. 156—175. Der Koeffizient 0,0013 ist ein den Verhältnissen in Ligurien, Piemont, Dalmatien u. angrenzende Landstriche sowie in den österreichischen Alpenländern angepaßter Mittelwert, während die Zahlen 0,104 u. 0,084 dem Ostseegebiet entnommen werden mußten. Trotz dieser Ungleichartigkeit dürften die nach (649) ermittelten k dem Mittelwert 0,13 vorzuziehen sein.

[2] Dadurch erklärt sich auch der periodische Verlauf der trigonometrisch bestimmten Höhen. Nach den Untersuchungen von Kohlmüller, Frz.: Zur Refraktion im Nivellement, München 1912 (Zeitschr. d. Vereins d. höheren bayerischen Vermessungsbeamten 1912, S. 151 bis 189, 242—280, 299—317), liegen die Verhältnisse bei der auch als topographische Refraktion bezeichneten Refraktion im Nivellement gerade umgekehrt. Sie ist morgens und abends am kleinsten, mittags am größten, im übrigen viel größer als die terrestrische Refraktion und annähernd umgekehrt proportional zur Sichthöhe über dem Boden. Durch die Formel (648) läßt sie sich nicht genügend darstellen. Über neuere Versuche zu ihrer Bestimmung siehe die in Fußnote 2, S. 193, genannten Arbeiten von Kukkamäki.

[3] In hohen Lagen mit weithin gleichartigen Verhältnissen (Hochgebirge) liegen natürlich die Dinge viel günstiger. Finsterwalder, R., u. Gänger, H. (Die trigonometrische Höhenmessung im Gebirge, Nachrichten aus dem Reichsvermessungsdienst 1941, S. 3—41), halten nach ihren Erfahrungen in derartigen Gebieten trigonometrische Höhenmessung und geometrisches Nivellement für ebenbürtig.

[4] Die irdische Strahlenbrechung wurde wahrscheinlich zuerst von Picard 1669 beobachtet (siehe Picard: Mesure De La Terre, S. 57 u. 58, Mémoires De L'Academie Royale Des Sciences Tome Quatrième).

[5] Siehe z. B. a) Albrecht, Th.: Formeln u. Hilfstafeln für geographische Ortsbestimmungen, 4. Aufl., Leipzig 1908; b) Stampfer-Doležal: Sechsstellige logarithmisch-trigonometrische Tafeln, 22. Aufl., Wien 1921; c) die in Fußnote 1, S. 159, genannte Tafel von F. G. Gauss.

mittels der Näherungsformel

$$r'' \approx 21{,}7'' \frac{B}{T} \operatorname{ctg} \alpha' \left\{ 1 + \frac{\widehat{r}}{\sin 2\alpha'} \right\} \approx 21{,}7'' \frac{B}{T} \operatorname{ctg} \alpha' \left\{ 1 + \frac{5{,}3 \cdot 10^{-5}}{\sin^2 \alpha'} \cdot \frac{B}{T} \right\} \qquad (651)$$

gefunden werden, in welcher B den Barometerstand in mm und T die absolute Temperatur in C^0 bedeutet. Bei Höhenwinkeln unter 10^0 wird sie unsicher und bald unbrauchbar. Der wegen Strahlenbrechung verbesserte Höhenwinkel ist

$$\alpha = \alpha' - r''. \qquad (652)$$

31. Tachymetrisches Nivellement.

Beim tachymetrischen Nivellement mittels Kreistachymeters – d. i. ein mit Höhenkreis und Fadendistanzmesser versehener Theodolit – erfolgt die Bestimmung des Höhenunterschieds h (Abb. 262) und der horizontalen Entfernung D eines durch die mittlere Ziellinie bezeichneten Lattenpunktes M in bezug auf den Instrumentenmittelpunkt J aus dem zwischen den Entfernungsfäden liegenden Abschnitt $UO = l$ der lotrechten Latte und dem Höhenwinkel α der mittleren Ziellinie. Die zur Darstellung der Neigungsverhältnisse erforderliche Horizontalentfernung D ist, wenn c die Additionskonstante des Fernrohrs bedeutet, die Summe

$$D = J F^0 + F^0 E = c \cdot \cos \alpha + D'. \quad (653)$$

Mit den in Abb. 262 eingetragenen Bezeichnungen sind die Abstände der durch die äußeren Ziellinien bezeichneten Lattenstellen O und U vom Horizont durch den anallatischen Punkt F die Ausdrücke

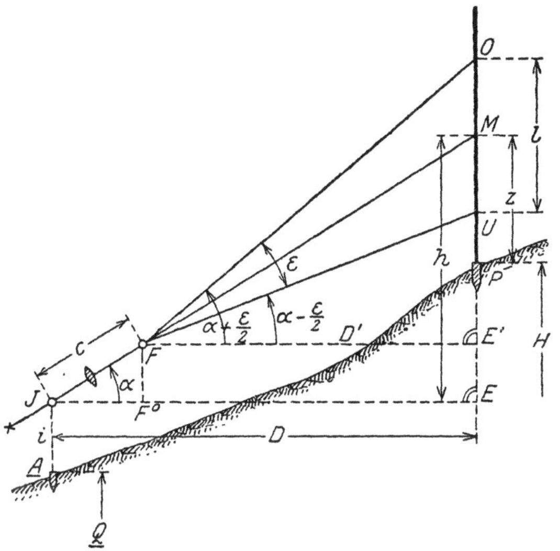

Abb. 262. Bestimmung der Horizontalentfernung und des Höhenunterschieds mit dem Kreistachymeter.

$$E'O = D' \operatorname{tg}\left(\alpha + \frac{\varepsilon}{2}\right), \qquad E'U = D' \operatorname{tg}\left(\alpha - \frac{\varepsilon}{2}\right), \qquad (654)$$

aus deren Differenz

$$E'O - E'U = l = D'\left\{ \operatorname{tg}\left(\alpha + \frac{\varepsilon}{2}\right) - \operatorname{tg}\left(\alpha - \frac{\varepsilon}{2}\right) \right\} \qquad (655)$$

unter Rücksicht auf (653) der strenge Ausdruck für die Horizontalentfernung

$$D = c \cos \alpha + \frac{l}{\operatorname{tg}\left(\alpha + \dfrac{\varepsilon}{2}\right) - \operatorname{tg}\left(\alpha - \dfrac{\varepsilon}{2}\right)} \qquad (656)$$

$$= c \cdot \cos \alpha + \frac{l}{\sin \varepsilon} \cos\left(\alpha + \frac{\varepsilon}{2}\right) \cos\left(\alpha - \frac{\varepsilon}{2}\right) \qquad (657)$$

hervorgeht. Der sogenannte distanzmessende oder parallaktische Winkel ε ist mit der Multiplikationskonstanten C durch die einfachen Beziehungen

$$2 \operatorname{tg} \frac{\varepsilon}{2} = \frac{1}{C}, \quad \widehat{\varepsilon} \approx \frac{1}{C} \qquad (658)$$

verknüpft. Nach einer kleinen Umformung von (657) ergibt sich unter Vernachlässigung des Gliedes

$$v_D = + 2\, c \cdot \sin^2 \frac{\alpha}{2} \cos \alpha - \frac{l}{4C} \sin^2 \alpha \qquad (659)$$

die übliche bequeme Näherungsformel

$$D = (c + C \cdot l)\cos^2\alpha = K \cdot \cos^2\alpha, \tag{660}$$

deren Koeffizient $K = c + C \cdot l$ als Stammzahl bezeichnet wird.

Der Höhenunterschied ist streng

$$h = D\operatorname{tg}\alpha = c \cdot \sin\alpha + \frac{l \cdot \operatorname{tg}\alpha}{\operatorname{tg}\left(\alpha + \dfrac{\varepsilon}{2}\right) - \operatorname{tg}\left(\alpha - \dfrac{\varepsilon}{2}\right)} \,. \tag{661}$$

Unterdrückt man das kleine Glied

$$v_h = +\, 2\,c \cdot \sin^2\frac{\alpha}{2}\sin\alpha - \frac{l}{4\,C}\sin^2\alpha\operatorname{tg}\alpha, \tag{662}$$

so folgt die für den Höhenunterschied übliche Näherungsformel

$$h = \tfrac{1}{2}(c + C \cdot l)\sin 2\alpha = \tfrac{1}{2}K\sin 2\alpha = D \cdot \operatorname{tg}\alpha. \tag{663}$$

Die Ermittlung von D und h erfolgt am einfachsten durch Entnahme aus sog. Tachymetertafeln[1]. Sie sind auch mit dem Rechenschieber – es gibt besondere Tachymeterschieber – leicht zu bestimmen. Dabei wird zweckmäßig nicht unmittelbar D, sondern der bei den meist schwachen Neigungen geringe Unterschied

$$\Delta = K - D = K\sin^2\alpha \approx \frac{3\,K}{10\,000} \cdot (\alpha^0)^2, \tag{664}$$

die Reduktion der Stammzahl auf den Horizont, berechnet, um den die Stammzahl zu verkleinern ist, damit sie in D übergeht. Dieser bequeme Näherungsausdruck ist ziemlich scharf und reicht für praktische Zwecke bis $\alpha = 15^0$ und $K = 150$ m vollkommen aus. Das erste unterdrückte Glied ist $+\,0{,}015 \cdot \Delta$. (665)

Sind h_r und h_v (Abb. 258) die im Rückblick und Vorblick einer Station zu den Zielhöhen z_r, z_v gegen den Instrumentenmittelpunkt gefundenen Höhenunterschiede, so ergibt sich die Meereshöhe H_v des Lattenfußpunktes W_v im Vorblick aus derjenigen H_r des Lattenfußpunktes W_r im Rückblick zu

$$H_v = H_r - h_r + h_v + (z_r - z_v) \tag{666}$$

oder
$$H_v = H_r - h_r + h_v, \tag{667}$$

wenn, wie fast immer, $z_v = z_r$ gemacht wird.

Zur Berechnung der Meereshöhe

$$Q = H_r + z_r - h_r - i \tag{668}$$

des Instrumentenaufstellungspunktes A ist auch die Instrumentenhöhe i zu messen.

Bestimmt man durch tachymetrisches Nivellement mittels wiederholter Instrumentenaufstellungen aus der bekannten Meereshöhe H_1 eines Ausgangspunktes P_1 die Höhe H_2 eines entfernten Punktes P_2, so ist diese

$$H_2 = H_1 - [h_r] + [h_v] + [z_r] - [z_v] \tag{669}$$

bzw.
$$H_2 = H_1 - [h_r] + [h_v], \tag{670}$$

wenn auf jedem Stand $z_v = z_r$ ist.

---

[1] Zahlenwerke dieser Art sind a) JORDAN: Hilfstafeln für Tachymetrie (alte Teilung), 1. Aufl., Stuttgart 1880, 6. Aufl., Stuttgart 1917; b) REGER: Tachymetertafeln als Ergänzungen der JORDANschen Hilfstafeln für Tachymetrie (alte Teilung), Stuttgart 1910; c) JADANZA: Tachymetertafeln für zentesimale Winkelteilung, deutsche Ausgabe besorgt von HAMMER, Stuttgart 1909; d) HAMMER: Tafeln zur Berechnung der Höhenunterschiede aus horizontaler Entfernung u. Höhenwinkel, alte Teilung, Stuttgart 1895; e) Tafeln zur Berechnung von Höhenunterschieden aus Horizontaldistanz u. Höhenwinkel in Zentesimal- u. Sexagesimalteilung. Nebst Hilfstafeln u. Anleitungen. Bearbeitet von H. WILD. Herausgegeben vom Eidgen. Departement des Innern, Bern 1905.

Von graphischen Werken dieser Art seien genannt: a) WERKMEISTER, P.: Graphische Tachymetertafel für alte Kreisteilung, Stuttgart 1908, u. b) WENNER, F.: Graphische Tafeln für Tachymetrie (Zentesimalteilung), Darmstadt 1905.

Vor Beginn der eigentlichen Messungen ist auf die früher beschriebene Weise (S. 120 ff.) die sorgfältige Bestimmung der Distanzmesserkonstanten sowie die Berichtigung des Instruments vorzunehmen. Vor allem ist der Zeigerfehler des Höhenkreises zu bestimmen und womöglich zu beseitigen, und zwar nicht nur bei Instrumenten, die nur einen Höhenbogen besitzen, sondern auch bei denen, die mit einem Vollkreis ausgestattet sind, da zur Zeitersparnis doch nur in einer Fernrohrlage beobachtet wird. Der Zielachsenfehler, Kippachsenfehler und ein Aufstellungsfehler in der Richtung der Kippachse üben nur einen geringen Einfluß aus; dagegen ist durch scharfes Einspielenlassen einer in der Zielrichtung liegenden Libelle[1] dafür zu sorgen, daß bei der scharfen Einstellung des Mittelfadens auf einen meist durch eine Zielscheibe bezeichneten Lattenpunkt die Zeigerlinie des Höhenkreises stets dieselbe Lage gegen den Horizont besitzt. Der Lattenabschnitt müßte strenggenommen aus den zur Einstellung des Mittelfadens gehörigen Zufallsablesungen an den äußeren Fäden berechnet werden. Teils zur Vermeidung der damit verbundenen Rechnung und möglichen Irrtümer, teils zur Herabminderung des Ablesefehlers kippt man jedoch meist das Fernrohr erst so weit, bis der Oberfaden auf dem nächsten dm- oder m-Strich liegt, und liest hierauf nahezu unmittelbar den Lattenabschnitt selbst ab[2]. Bei den ab und zu auftretenden horizontalen Teilstrecken wird man zur Vereinfachung der Beobachtung und Rechnung bei waagrechter Lage der mittleren Ziellinie auf cm ablesen und die betreffenden Höhenunterschiede auf geometrischem Wege ermitteln.

Da die Zielweiten hier beträchtlich größer sind als beim geometrischen Nivellement und größere Neigungen den Arbeitsfortschritt kaum hemmen, so kommt man sehr schnell vorwärts. Allerdings ist auch die Genauigkeit des tachymetrischen Nivellements eine geringere. Wenn aber unter Vermeidung allzu großer Zielweiten jeweils möglichst aus der Mitte der Station beobachtet wird und ein gutes, sorgfältig berichtigtes Instrument Verwendung findet, so kann man den mittleren Kilometerfehler des Höhenunterschieds leicht unter 1 dm halten.

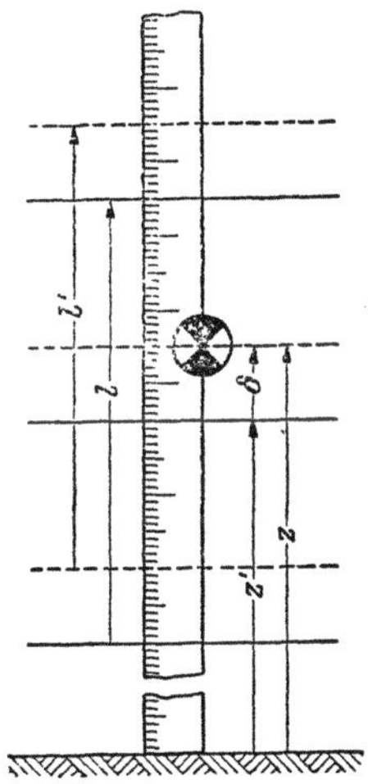

An Fehlern des tachymetrischen Nivellements sind zu nennen: a) Fehler der Formeln, b) Fehler im Messungsvorgang, c) unvermeidliche Beobachtungsfehler.

a) Fehler der Formeln. Durch Verwendung der einfachen Ausdrücke (660) und (663) entstehen kleine, durch (659) und (662) bestimmte Fehler v_D, v_h; auch der Gebrauch der Näherung (665) bringt in D und h die kleinen Ungenauigkeiten

$$dD_\Delta = -0{,}015 \cdot \Delta \tag{671}$$

bzw.

$$dh_\Delta = -0{,}015 \cdot \Delta \cdot \operatorname{tg}\alpha \tag{672}$$

herein; letztere aber nur dann, wenn h als $D \cdot \operatorname{tg}\alpha$ berechnet wird.

b) Fehler im Messungsvorgang. Bei der üblichen Art, den Lattenabschnitt l (Abb. 262a) nach Einstellung des Oberfadens auf einen bestimmten Dezimeter- oder

Abb. 262a.
Beobachtungsvorgang.

---

[1] Trägt eine mittels besonderer Feinstellschraube drehbare Höhenalhidade eine besondere Versicherungslibelle, so kann diese auch erst unmittelbar nach der scharfen Einstellung des Mittelfadens, aber noch vor der Höhenkreisablesung zum Einspielen gebracht werden.

[2] HAMMER untersucht in der Z. Vermess.-Wes. 1905, S. 721—735 (Zusatz 1911, S. 905—911), den aus der Höhenkreisablesung bei veränderter Fernrohrstellung entspringenden Fehler in D unter der Annahme, daß der Mittelfaden stets auf 1,3 m, der Oberfaden stets auf 0,5 m eingestellt wird. Desgleichen untersucht er dort die beiden den Fehler der Näherungsformel (660) darstellenden Glieder des Ausdrucks (659). Der Verlauf aller drei Fehler, von denen nur der erste gefährlich werden kann, ist durch Schaubilder erläutert. Die entsprechenden Höhenfehler entstehen durch Multiplikation der genannten Beträge mit tg. α. Siehe hierzu auch HOHENNER in Zeitschr. d. Vereins d. höheren bayerischen Vermessungsbeamten 1911, S. 271—282, u. WERKMEISTER in Z. Vermess.-Wes. 1906, S. 513—521.

Meterstrich zu ermitteln, wird in der zugehörigen Fernrohrstellung am Mittelfaden eine – nicht abgelesene – fehlerhafte Zielhöhe z' erscheinen, welche sich von dem zur Einstellung der Zielscheibe und zur Höhenkreisablesung α gehörigen Wert z um den Betrag $\delta = z - z'$ unterscheidet. Zur Einstellung z und dem beobachteten Höhenwinkel α gehört ein nicht abgelesener Lattenabschnitt l', während zur Rechnung die nicht streng zusammengehörigen Elemente l, α, z verwendet werden. Die hieraus entspringenden Fehler im Lattenabschnitt, in der Entfernung und im Höhenunterschied sind die Ausdrücke

$$dl_z = l' - l = \frac{2\delta}{C} \operatorname{tg} \alpha, \qquad (673) \qquad\qquad dD_z = \delta \cdot \sin 2\alpha, \qquad (674)$$

$$dh_z = 2\delta \cdot \sin^2 \alpha. \qquad (675)$$

δ wird höchstens 5 cm bzw. 5 dm erreichen, wenn der Oberfaden immer auf den nächstliegenden Dezimeter- bzw. Meterstrich eingestellt wird.

Manchmal kann man nicht an beiden Entfernungsfäden, sondern nur an einem derselben und am Mittelfaden ablesen; es wird dann gewöhnlich die doppelte Differenz der Ablesungen für den Lattenabschnitt l genommen. Halbiert der Mittelfaden scharf den Abstand der Seitenfäden, so ist der Unterschied der Teile des Lattenabschnitts

$$\lambda = l_o - l_u = MO - MU \approx \frac{l}{2C} \cdot \operatorname{tg} \alpha. \qquad (676)$$

Je nachdem l_u oder l_o verdoppelt wird, geht in den Lattenabschnitt der Fehler

$$l - 2l_u = \lambda \quad \text{bzw.} \quad l - 2l_o = -\lambda \qquad (677)$$

ein. Daraus folgen mit Rücksicht auf (660) und (663) in D und h die Änderungen

$$dD_\lambda = \frac{\lambda}{l} \cdot D = \frac{l}{4}\sin 2\alpha \quad \text{bzw.} \quad -\frac{l}{4}\sin 2\alpha, \qquad (678)$$

$$dh_\lambda = \frac{\lambda}{l} \cdot h = \frac{l}{2}\sin^2 \alpha \quad \text{bzw.} \quad -\frac{l}{2}\sin^2 \alpha. \qquad (679)$$

Dazu kommt noch je ein weiterer kleiner Betrag, wenn die Entfernungsfäden zum Mittelfaden nicht genau symmetrisch liegen.

c) **Unvermeidliche Beobachtungsfehler.** Darunter sind hauptsächlich die Fehler der Konstantenbestimmung, der Fehler im Lattenabschnitt, der Höhenwinkelfehler und der Einfluß der Lattenschiefe zu nennen. Der analytische Ausdruck für den bestimmten Fehler eines einzelnen Höhenunterschieds h ergibt sich aus (663) zu

$$dh = h\left\{\frac{dC}{C} + \frac{dl}{l}\right\} + D(1 - \operatorname{tg}^2 \alpha)\,d\alpha, \qquad (680)$$

wenn der äußerst geringe Fehler dc der Additionskonstanten von vornherein vernachlässigt wird[1]. Wegen der **Fehler dC und dl der Multiplikationskonstanten und des Lattenabschnitts** sei auf die früheren Ausführungen (S. 121 f.) verwiesen. Ihr Einfluß ist, solange man den Quotienten $dl : l$ in erster Näherung als konstant betrachtet, zum Höhenunterschied proportional und bleibt für kleine h bis zu etwa 5 m praktisch bedeutungslos. Der von der Horizontalentfernung D und der Neigung der Sicht abhängige **Einfluß eines Fehlers $d\alpha$ im Höhenwinkel** verschwindet für $\alpha = 45^0$ und erreicht, da Zielungen, für welche $\operatorname{tg}^2 \alpha > 2$ ist, praktisch doch nicht in Frage kommen, für waagrechte Sichten seinen größten Wert mit $D \cdot d\alpha$, d. i. etwa 4,4 cm für $D = 150$ m und $d\alpha = 1'$.

Der **Einfluß von dC, dl und $d\alpha$ auf die Horizontalentfernungen** ist weniger für das tachymetrische Nivellement als für die bei der tachymetrischen Geländeaufnahme auftretenden Tachymeterzüge von Bedeutung; er wird nach (660)

$$dD = D\left\{\frac{dC}{C} + \frac{dl}{l}\right\} - 2h \cdot d\alpha. \qquad (681)$$

---

[1] $d\alpha$ ist in (680) in Bogenmaß zu verstehen.

Der aus dC und dl in D entspringende Fehler ist also zu D proportional, während der Einfluß des Höhenwinkelfehlers $d\alpha$ mit dem Höhenunterschied wächst. Er ist für $d\alpha = 1'$ und $h = 50$ m erst 2,9 cm, bleibt also selbst für Präzisionsmessungen ziemlich bedeutungslos.

Ein Aufstellungsfehler v (Abb. 263) der Latte fälscht sowohl die Horizontalentfernung wie auch den Höhenunterschied. Die wegen einer solchen Lattenschiefe anzubringenden Verbesserungen in l, D, h und H sind, wie hier ohne Beweis mitgeteilt werden soll, in den Hauptgliedern

$$dl_v = l - l' \approx l \cdot v \cdot \mathrm{tg}\,\alpha, \qquad (682)$$

$$dD_v \approx (h + z)\,v \qquad (683)$$

und

$$dh_v \approx (h + z)\,v \cdot \mathrm{tg}\,\alpha, \qquad dH_v \approx h \cdot v \cdot \mathrm{tg}\,\alpha, \qquad (684)$$

wenn bei positivem v der Oberteil der Latte gegen das Instrument zu geneigt ist. Für $v = +1^0$, $D = 100$ m und $h = 50$ m z. B. ergeben sich in D und h die Beträge $+ 0,87$ m und $+ 0,44$ m, woraus ohne weiteres folgt, daß besonders bei größeren Höhenunterschieden die Entfernungslatte sorgfältig lotrecht zu stellen ist.

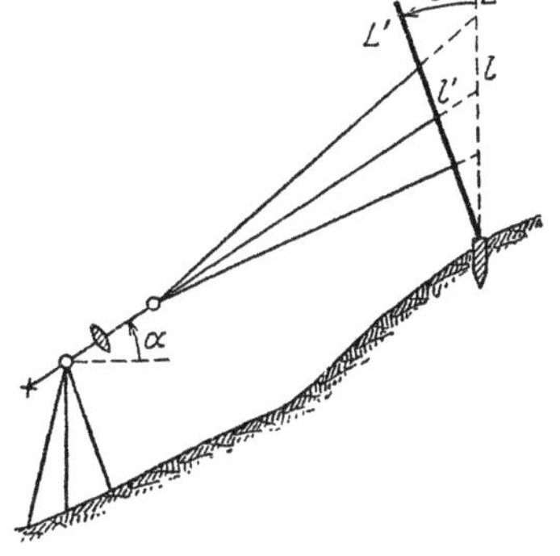

Abb. 263. Einfluß eines Aufstellungsfehlers der Latte.

32. Staffelmessung.

Staffelmessungen kann man mit waagrechten Latten oder Schnüren ausführen, an deren Enden an lotrecht gestellten Maßstäben abgelesen wird. Es handelt sich also auch um eine geometrische Höhenmessung, deren Genauigkeit, wenigstens bei Verwendung von Latten, jedoch weit hinter der des geometrischen Nivellements zurückbleibt.

Der Vorgang der Staffelmessung ist aus Abb. 264, die Art der Aufschreibung aus 265 ohne viel Worte ersichtlich. Dabei handelt es sich seltener darum, nur den Höhenunterschied h zweier Punkte A, B zu bestimmen, als vielmehr um eine Aufnahme des Profils, wobei der meist schon aus einer anderen genauen Höhenmessung bekannte Höhenunterschied h als Messungsprobe dient. Bei vereinzelten Messungen verwendet man gewöhnliche, durch Setzlibellen horizontal gerichtete 5-m-Latten, bei sehr steilem Gelände auch nur 3-m-Latten, während zum Messen der einzelnen Höhenunterschiede $\varDelta h$ eine mit Dezimeterteilung versehene Meßstange meist genügt. Für gewöhnlich findet die Staffelung nur am

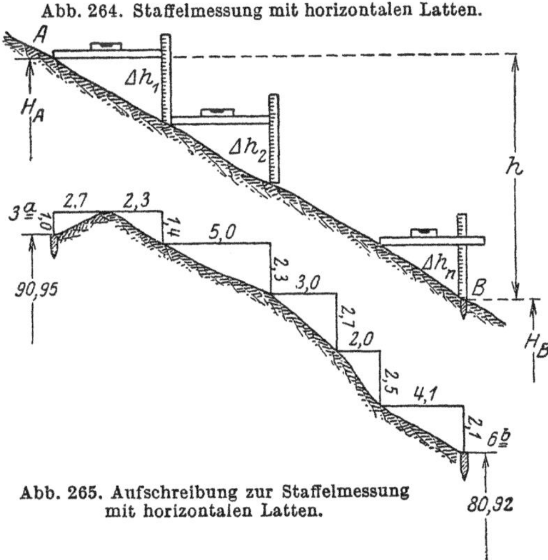

Abb. 264. Staffelmessung mit horizontalen Latten.

Abb. 265. Aufschreibung zur Staffelmessung mit horizontalen Latten.

Ende der horizontalen Latte statt; bei ausgesprochenen Brechungspunkten des Profils und anderen besonders wichtigen Punkten wird auch zwischenhinein oder mit kürzeren Längen abgelotet. Für größere Arbeiten dieser Art verwendet man wohl auch ein besonderes Staffelzeug, dessen horizontale, mit einer eingelassenen Libelle versehene Latte an dem auf den Boden zu setzenden Ende einen Handgriff trägt, während sie sich zur Gewichtsverminderung nach dem in der Luft schwebenden Ende zu verjüngt.

An Fehlern kommen hauptsächlich in Betracht: 1. die Abweichung aus der Horizontalen, 2. der Ablesefehler an der lotrechten Latte, 3. der Ablotungsfehler und 4. der Anlegefehler der nächsten Latte. Schätzt man den hieraus entspringenden mittleren Fehler m_1 einer der n Staffelungen zu ± 3 cm, so ist der in Metern ausgedrückte mittlere Fehler des Höhenunterschieds h

$$m_h = m_1 \sqrt{n} = \pm 0{,}03 \sqrt{n}. \tag{685}$$

Der entsprechende mittlere km-Fehler in h beträgt etwa 42 cm bzw. 55 cm, wenn stets mit 5-m-Latten bzw. 3-m-Latten gearbeitet wird. Eine Staffelmessung mit Latten kann also – besonders auf schlechtem Boden – nur geringeren Genauigkeitsansprüchen genügen.

Genauere Ergebnisse werden bei der in Abb. 266 veranschaulichten Art der geometrischen Höhenmessung mit Hilfe der Hängelibelle erzielt, welche besonders in niedrigen, nur zum Durchkriechen bestimmten Gängen, wo keine Instrumentenaufstellung möglich ist, das gewöhnliche geometrische Nivellement ersetzen muß. Die Ziellinie ist hier jeweils durch eine kurze, straff gespannte, durch eine Hängelibelle gut horizontal gerichtete Schnur ersetzt,

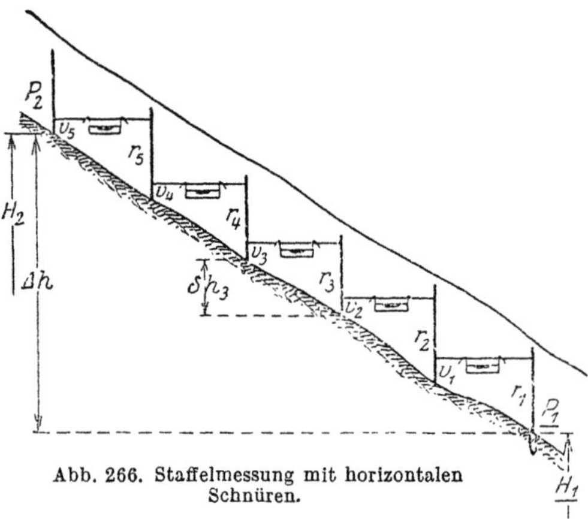

Abb. 266. Staffelmessung mit horizontalen Schnüren.

deren Enden für die die Nivellierlatten ersetzenden kurzen, lotrecht gestellten Maßstäbe als Ablesezeiger dienen. Die Höhenberechnung erfolgt mit Hilfe der Rückblicke r und Vorblicke v wie beim geometrischen Nivellement.

33. Barometrische Höhenmessung.

Wesentlich ungenauer als die bisher besprochenen Verfahren ist die barometrische Höhenmessung, deren Ergebnisse selbst in günstigen Fällen um einige Meter unsicher bleiben[1]. Sie beruht auf dem Umstande, daß unter sonst gleichen Umständen der Luftdruck mit zunehmender Höhe abnimmt, so daß das den Luftdruck angebende Barometer mittelbar auch als Höhenmesser dienen kann. Die Beziehung, welche den Zusammenhang zwischen der Höhe und dem Luftdruck angibt, nennt man die Barometerformel. Sie läßt sich unter der Voraussetzung trockener und in verschiedenen Höhen gleich warmer Luft leicht aufstellen. Bedeutet in Abb. 267 der schraffierte Teil ein Luftprisma vom Querschnitt 1 und der unendlich kleinen Höhe dH, zu dem eine Temperatur t, ein Druck p und ein spezifisches Gewicht s gehören, während der Temperatur t_0 die Werte p_0, s_0 entsprechen, so ist nach dem Gesetz von Mariotte-Gay-Lussac

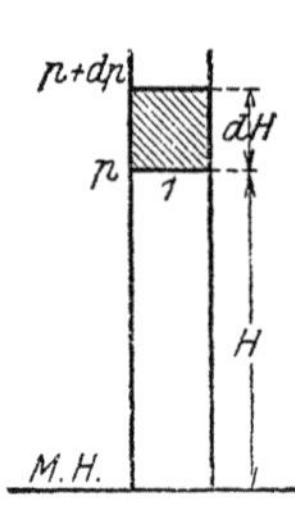

Abb. 267. Barometrische Höhenmessung. Höhen- und Druckänderung.

$$s = s_0 \cdot \frac{p}{p_0} \cdot \frac{1}{1 + \alpha \cdot t} \tag{686}$$

---

[1] Trotzdem behält die barometrische Höhenmessung ihre große Bedeutung für allgemeine Erkundungszwecke des Ingenieurs bei, besonders in unbekannten Ländern. Einen Beleg dafür bietet die Arbeit von Walther: Lagen- und Höhenaufnahmen bei technischen Erkundungsreisen des Bauingenieurs in kartographisch unbekannten Ländern, Karlsruhe 1919. Für barometrische Aufnahmen in Ostafrika sei auf die auch in der vorgenannten Arbeit besprochenen Untersuchungen von E. Kohlschütter (Ergebnisse der ostafrikanischen Pendelexpedition. Abh. d. K. Ges. d. Wissensch. zu Göttingen, Math.-phys. Kl. N. F. B. 5, Bd. 1, Nr. 1, Berlin 1907) hingewiesen.

α bezeichnet hierin den kubischen Ausdehnungskoeffizienten der Luft. Die der Höhenänderung dH entsprechende Druckänderung auf die Flächeneinheit ist das negative Gewicht des kleinen Luftprismas, also

$$dp = -1 \cdot dH \cdot s = -s_0 \cdot \frac{p}{p_0} \cdot \frac{dH}{1+\alpha \cdot t}. \tag{687}$$

Die Integration der hieraus folgenden Form

$$\frac{dp}{p} = -\frac{s_0}{p_0} \cdot \frac{dH}{1+\alpha \cdot t} \tag{688}$$

ergibt den Ausdruck

$$\lg p = -\frac{s_0}{p_0} \cdot \frac{H}{1+\alpha \cdot t} + C, \tag{689}$$

welcher p und p_0 im absoluten Maßsystem enthält. Sind B_1 und B_2 die zu den Meereshöhen H_1 und H_2 der Punkte P_1, P_2 gehörigen Luftdruckwerte in mm, für welche p die besonderen Werte p_1, p_2 annimmt, so bestehen die Beziehungen

$$p_1 = k \cdot B_1, \qquad p_2 = k \cdot B_2, \tag{690}$$

wo k eine Konstante bedeutet. Wendet man (689) unter Beachtung von (690) auf beide Messungen an, so entstehen die Ausdrücke

$$\lg k B_1 = -\frac{s_0}{p_0} \cdot \frac{H_1}{1+\alpha \cdot t} + C, \qquad \lg k B_2 = -\frac{s_0}{p_0} \cdot \frac{H_2}{1+\alpha \cdot t} + C, \tag{691}$$

deren Subtraktion auf die Gleichung

$$\lg k B_1 - \lg k \cdot B_2 = \lg \frac{k \cdot B_1}{k \cdot B_2} = \lg \frac{B_1}{B_2} = \frac{s_0}{p_0} \cdot \frac{1}{1+\alpha \cdot t} (H_2 - H_1) \tag{692}$$

führt. Versteht man ferner unter

$$h = H_2 - H_1 \tag{693}$$

den Höhenunterschied beider Punkte, so folgt aus (692)

$$h = \frac{p_0}{s_0} (1 + \alpha t) \lg \frac{B_1}{B_2} \quad \text{bzw.} \quad h = \frac{1}{M} \cdot \frac{p_0}{s_0} (1 + \alpha t) \log \frac{B_1}{B_2}, \tag{694}$$

wenn $M = 0{,}4343$ den Modul des BRIGGSschen Logarithmensystems bedeutet.

Mit den Ausgangswerten

$$t_0 = 0^0, \quad p_0 = 76 \cdot 13{,}596 \text{ g auf 1 qcm}, \quad s_0 = 0{,}001\,293, \quad \alpha = 0{,}003\,665, \tag{695}$$

erhält man aus (694) den in Metern ausgedrückten Höhenunterschied

$$h = 18464 (\log B_1 - \log B_2) (1 + 0{,}003\,665\,t), \tag{696}$$

die Lufttemperatur t (Mittelwert der Thermometerangaben in beiden Punkten) in Celsiusgraden gemessen[1].

Die praktische Durchführung und Berechnung der barometrischen Höhenmessung ist eine etwas verschiedene, je nachdem die Luftdruckänderung aus der Höhenänderung einer Quecksilbersäule, aus der Formänderung einer elastischen Dose oder aus dem Unterschied der Siedetemperaturen des Wassers ermittelt wird.

---

[1] Gleichung (696) ist eine sog. unvollständige Barometerformel. Die etwas genaueren vollständigen Barometerformeln, deren wichtigste von LAPLACE (1805), BIOT (1811), BAUERNFEIND (1872), RÜHLMANN (1870) u. JORDAN (1876) abgeleitet worden sind, werden wegen ihrer großen Umständlichkeit nur in Ausnahmefällen verwendet.

Sehr bequeme Hilfstafeln zur Höhenberechnung mittels der obenstehenden Barometerformel hat JORDAN berechnet, nämlich Barometrische Höhentafeln für Luftdrucke zwischen 630 u. 765 mm u. für Lufttemperaturen zwischen 0^0 u. $+35^0$. Die ersten 6 Temperaturgrade neu hinzugefügt von HAMMER, 3. Aufl., Stuttgart 1917; ferner Barometrische Höhentafeln für Tiefland und für große Höhen. Hannover 1896.

a) Höhenmessung mit dem Quecksilberbarometer.

Die Quecksilberbarometer, welche den Luftdruck durch die Höhe einer ihm das Gleichgewicht haltenden Quecksilbersäule messen, sind entweder Gefäßbarometer, Heberbarometer oder Gefäßheberbarometer, deren wesentliche Kennzeichen aus den schematischen Darstellungen Abb. 268a, b, c ersichtlich sind. Beim Gefäßbarometer taucht der untere Teil einer geraden, mit Quecksilber gefüllten Barometerröhre R in ein offenes, weites, zylindrisches, mit Quecksilber gefülltes Gefäß. Ein danebenstehender, fester oder beweglicher Maßstab M ermöglicht die Ablesung des Barometerstandes B', zu dem noch die Temperaturverbesserung $v(t)$,

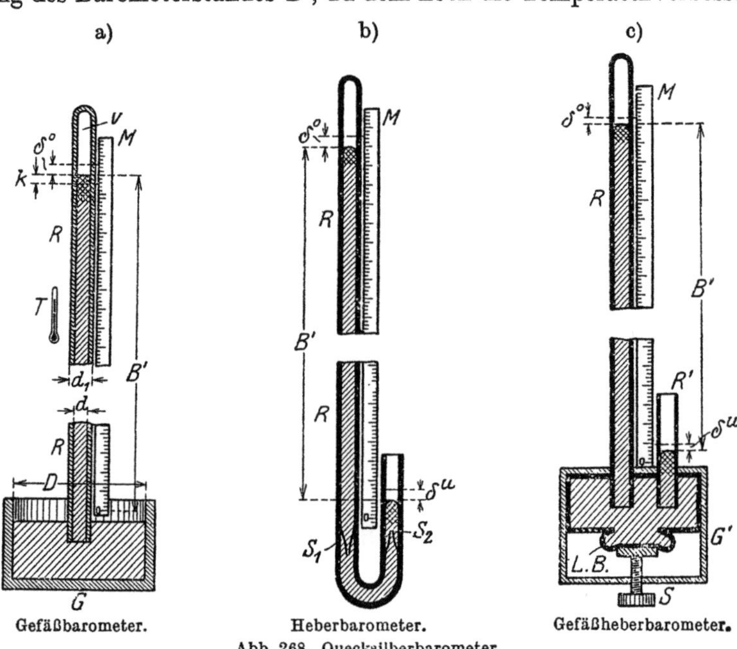

Abb. 268. Quecksilberbarometer.

die Schwereverbesserung $v(g)$, die Gefäßverbesserung $v(G)$ und die Kapillarverbesserung δ hinzuzufügen sind, damit er in den von den wesentlichsten Fehlern befreiten Barometerstand B übergeht.

Wegen der Ausdehnung des Quecksilbers und des Maßstabes ist eine Temperaturverbesserung

$$v(t) = -(\beta - \gamma) B' \cdot t^{i} \tag{697}$$

notwendig. Hierin ist t^{i} die an einem am Instrumente befindlichen Thermometer T abgelesene Instrumententemperatur in Celsiusgraden, $\beta = 180 \cdot 10^{-6}$ der kubische Ausdehnungskoeffizient des Quecksilbers und γ (für Glas $10 \cdot 10^{-6}$, für Messing, Silber, Neusilber $19 \cdot 10^{-6}$) der lineare des Maßstabes.

Eine Schwereverbesserung

$$v(g) = -0,00\,265\,B' \cos 2\varphi - 2\frac{B'\,H}{r} \tag{698}$$

($r = 6370$ km = Erdhalbmesser, φ = geographische Breite und H = Meereshöhe des Beobachtungsortes) wird notwendig, weil die den Druck der Quecksilbersäule bestimmende, also auch den Barometerstand beeinflussende Schwerkraft mit der Meereshöhe und der geographischen Breite veränderlich ist.

Ist der Maßstab M fest mit der Barometerröhre verbunden, so ist an B' auch eine Gefäßverbesserung

$$v(G) = (B' - B^{0})\frac{q}{Q - q_{1}} = (B' - B^{0})\frac{d^{2}}{D^{2} - d_{1}^{2}} \tag{699}$$

anzubringen, da der Teilungsnullpunkt nur für einen ganz bestimmten Barometerstand B^0 in den unteren Quecksilberspiegel fallen wird. In (699) bedeuten q, Q und q_1 die inneren Querschnittsflächen der Barometerröhre R und des Gefäßes G sowie den äußeren Querschnitt von R. Für kreisförmige Querschnitte sind d und D die lichten Weiten der Barometerröhre und des zylindrischen Gefäßes, während d_1 der äußere Durchmesser der Barometerröhre ist.

Diese Gefäßverbesserung fällt fort, wenn vor jeder Ablesung durch Verstellen eines verschiebbaren Maßstabes dessen Nullpunkt jeweils in den unteren Quecksilberspiegel gebracht werden kann.

Wegen der von der lichten Röhrenweite d und von der zu messenden Kuppenhöhe k abhängigen Kapillardepression des Quecksilbers ist noch eine Kapillarverbesserung

$$\delta = f(d, k) \tag{700}$$

erforderlich, welche aus Tabelle 34 entnommen werden kann[1]. Sie ist für das Gefäßbarometer stets positiv und trägt ausschließlich dem zu tiefen Stand der oberen Queck-

Tabelle 34.

Kuppen-höhe in mm	Lichte Röhrenweite in mm						Kuppen-höhe in mm	Lichte Röhrenweite in mm					
	4	6	8	10	12	14		4	6	8	10	12	14
0,00	0,0	0,00	0,00	0,00	0,00	0,00	0,90	2,2	0,98	0,50	0,28	0,16	0,09
0,10	0,3	0,12	0,06	0,03	0,02	0,01	1,00	. .	1,07	0,55	0,30	0,18	0,10
0,20	0,6	0,24	0,12	0,06	0,04	0,02	1,10	. .	1,14	0,59	0,33	0,19	0,11
0,30	0,9	0,36	0,18	0,10	0,06	0,03	1,20	. .	1,21	0,63	0,35	0,20	0,12
0,40	1,2	0,48	0,24	0,13	0,07	0,04	1,30	. .	1,27	0,67	0,38	0,22	0,13
0,50	1,4	0,59	0,29	0,16	0,09	0,05	1,40	. .	1,32	0,71	0,40	0,23	0,14
0,60	1,6	0,70	0,35	0,19	0,11	0,06	1,50	. .	1,37	0,74	0,42	0,24	0,14
0,70	1,9	0,80	0,40	0,22	0,13	0,07	1,60	. .	1,41	0,77	0,44	0,25	0,15
0,80	2,0	0,90	0,45	0,25	0,14	0,08	1,70	. .	1,44	0,79	0,45	0,26	0,16
0,90	2,2	0,98	0,50	0,28	0,16	0,09	1,80	. .	1,46	0,81	0,47	0,27	0,16

silberkuppe in der Barometerröhre Rechnung. Der auf den unteren Quecksilberspiegel treffende entsprechende Betrag ist wegen der großen lichten Weite des Gefäßes verschwindend klein und kann daher vernachlässigt werden.

Bei Berücksichtigung aller bisher genannten Verbesserungen folgt ein Wert

$$(B) = B' + v(t) + v(g) + v(G) + \delta, \tag{701}$$

welcher von dem richtigen Barometerstand B, den ein sorgfältig behandeltes, unter ständiger Kontrolle gehaltenes Normalbarometer angibt, noch um die auch als absolute Korrektion bezeichnete Standverbesserung

$$v(s) = B - (B) \tag{702}$$

abweicht. Diese Differenz hat verschiedene Ursachen und rührt hauptsächlich von einer die Säulenhöhe vergrößernden Verunreinigung des Quecksilbers sowie von der entgegengesetzt wirkenden Anwesenheit geringer Mengen an Luft, Wasser- und Quecksilberdampf im Vakuum her. Die Standkorrektion ist daher strenggenommen eine mit der Zeit und der Temperatur veränderliche Größe. Sie kann jedoch hauptsächlich mit Rücksicht darauf, daß die in kleinen Zeitspannen auftretenden Änderungen des Barometerstandes im Vergleich zur Höhe des Vakuums und erst recht gegen diejenige der Quecksilbersäule nur kleine Größen sind, für kürzere Zeit als unveränderlich behandelt werden. Doch soll man sie bei jeder günstigen Gelegenheit nachprüfen.

---

[1] Die Zahlen der Tabelle 34 stammen aus JORDAN, Handbuch der Vermessungskunde, Bd. 2, 6. Aufl., Seite [17] des Anhangs. Stuttgart 1904.

Soll eine zweite Beobachtung B_2' mit einer ersten B_1' verglichen werden, so kann dies nur für den gleichen Luftzustand geschehen. Es ist also B_2', dessen übrige Verbesserungen denen von B_1' vollkommen entsprechen, noch mit der **Verbesserung auf den gleichen Luftzustand**

$$v(a) = B_{s1} - B_{s2} \qquad (703)$$

zu versehen, wo B_{s1} und B_{s2} die zu gleicher Zeit mit B_1' und B_2' an einem fest aufgestellten Barometer, dem **Standbarometer**, beobachteten Barometerstände sind.

Demnach sind die verbesserten, **für die Höhenberechnung nach (696) verwendbaren Barometerstände** die Ausdrücke[1]

$$\left. \begin{aligned} B_1 &= B_1' + v(t)_1 + v(g)_1 + v(G)_1 + \delta_1 + v(s), \\ B_2 &= B_2' + v(t)_2 + v(g)_2 + v(G)_2 + \delta_2 + v(s) + v(a). \end{aligned} \right\} \qquad (704)$$

Das besprochene Gefäßbarometer eignet sich wegen seiner Schwerfälligkeit und wegen der Transportschwierigkeiten nicht für Aufnahmen im freien Felde; dagegen leistet es als Standbarometer gute Dienste.

Weniger schwerfällig ist das **Heberbarometer** (Abb. 268b), dessen Röhre am unteren Ende U-förmig umgebogen ist. Hier ist der fehlerhafte Barometerstand B' die Differenz der zu den beiden Kuppen im langen geschlossenen und im kurzen offenen Schenkel gehörigen Maßstabablesungen. Eine Gefäßverbesserung gibt es beim Heberbarometer nicht, dagegen bleiben $v(t)$, $v(g)$, δ, $v(s)$ und $v(a)$ erhalten. Nur wird hier die **Kapillardepression**

$$\delta = \delta^o - \delta^u \qquad (705)$$

als die Differenz der zum oberen und unteren Kuppenstand gehörigen, ebenfalls aus Tabelle 34 zu entnehmenden Teilbeträge δ^o und δ^u gefunden.

Auch das in Abb. 268c skizzierte **Gefäßheberbarometer** ist für Reisezwecke brauchbar. Seine beiden Röhren R und R' stecken in einem geschlossenen, mit Quecksilber gefüllten Gefäß G', welches einen durch die Schraube S verstellbaren Lederboden $L.\,B.$ besitzt. Durch ein Anheben dieses Bodens wird die Reibung zwischen dem Quecksilber und den Röhren überwunden[2], so daß in den gleichweiten Röhren R, R' die Kuppen ziemlich gleiche Gestalt annehmen, also auch gleiche Depression besitzen. Somit verschwindet hier, da $\delta^o \approx \delta^u$ ist, auch die Kapillarverbesserung δ, und es bleiben lediglich die Verbesserungen $v(t)$, $v(g)$, $v(s)$ und $v(a)$ übrig.

Nach den skizzierten Grundformen werden die Quecksilberbarometer in der verschiedensten Weise ausgeführt. Vielen Formen gemeinsam ist die sog. Buntensche **Spitze** (S_1 in Abb. 268b), welche einen sehr wirksamen Schutz gegen das gefährliche Eindringen von Luft ins Vakuum gewährt, da eine etwa aufsteigende Luft nahezu restlos in den durch diese Vorrichtung und die anschließende Barometerröhre gebildeten Zwickel geleitet wird. Bei Reisebarometern ist auch für einen geeigneten Verschluß des beim Beobachten offenen Schenkels der Röhre zu sorgen.

b) Höhenmessung mit dem Federbarometer.

Die Wirksamkeit der auf Reisen so handlichen **Federbarometer** (Aneriode) beruht auf der Messung der den Luftdruckschwankungen folgenden Formänderungen einer nahezu luftleeren, elastischen Dose.

Bei dem hauptsächlich von Naudet und Bohne vervollkommneten Federbarometer von Vidie[3], dessen wesentliche Bestandteile Abb. 269 zeigt, erfolgt die

---

[1] Hat man viel mit dem gleichen Instrument zu arbeiten, so empfiehlt es sich, die besprochenen Verbesserungen in Tabellenform oder graphisch darzustellen. Strenggenommen ist auch noch eine sog. **Isobarenkorrektion** $v(i)$ notwendig, da in den Projektionen der Beobachtungspunkte auf das Meeresniveau im allgemeinen ein verschiedener Luftdruck herrscht. Diese bei größeren Entfernungen zu berücksichtigende Verbesserung kann aus einer Isobarenkarte entnommen werden.

[2] Beim Gefäß- u. beim Heberbarometer wird sie durch ein sanftes Klopfen überwunden.

[3] Nach Z. Instrumentenkde. 1924, S. 506, erhielt Lucien Vidie 1844 das französische Patent.

Messung dieser geringen Formänderung durch ein stark vergrößerndes Hebelsystem in folgender Weise. Auf der mit dem Boden eines Gefäßes G verbundenen kräftigen Grundplatte P befindet sich eine luftdicht verschlossene, zur Herabminderung der Temperatureinflüsse möglichst luftleere Dose B, deren stark gewellte elastische Decke eine aufgelötete Säule S trägt. Damit der auch im Gehäuse G herrschende äußere Luftdruck die Büchse nicht eindrückt, wird die wenig widerstandsfähige Dosendecke durch eine das obere Ende von S fest umschließende, kräftige Blattfeder F, deren Spannkraft etwa dem Luftdruck entspricht, nach oben gezogen. Das eine Ende dieser Feder ist durch das Gestell G' und die zugehörigen Träger T, T', ohne B zu berühren, mit der Grundplatte P fest verbunden. Zur Vergrößerung der einer Luftdruckänderung entsprechenden Hebung oder Senkung der Dosendecke, deren Bewegung durch S auf das freie Ende der Blattfeder übertragen wird, dient das Hebelsystem H_1 bis H_4 mit den Gelenken G_1, G_2. Die starr verbunde-

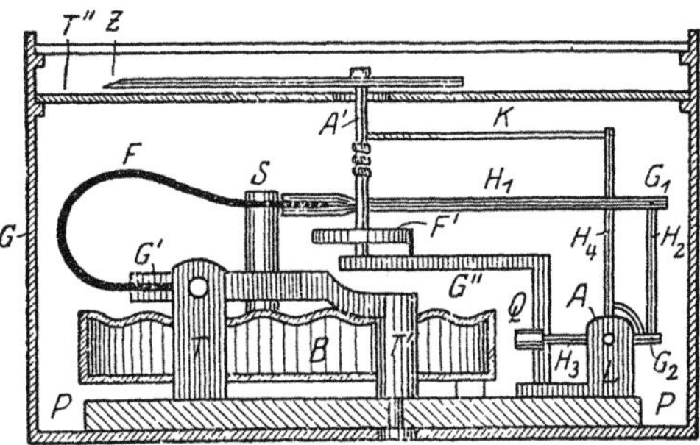

Abb. 269. Federbarometer.

nen Teile H_3, H_4 bilden einen Rechtwinkelhebel, dessen Achse A in dem mit der Grundplatte P fest verbundenen Bock L gelagert ist. Q ist ein an der Verlängerung von H_3 sitzendes Gewicht, das einen toten Gang verhindern soll. Durch die beschriebene Vorrichtung wird eine vertikale Bewegung der Dosendecke in eine beträchtlich größere horizontale Bewegung des oberen Endes von H_4 umgesetzt. Diese aber wird mit Hilfe eines Kettchens K, dessen eines Ende um eine vertikale Achse A' geschlungen ist, in eine Drehbewegung dieser im Gestell G'' gelagerten Achse verwandelt. Mit dem oberen Ende von A' ist ein damit sich drehender Zeiger Z verbunden, welcher an einer geeigneten, auf dem Gehäusedeckel befindlichen Teilung T'' den jeweiligen Luftdruck angibt. Wie sich leicht verfolgen läßt, kann die Kette K nur bei einer Zunahme des Luftdrucks einen Zug ausüben. Damit die Achse A' bei einer Druckabnahme eine entgegengesetzte Drehbewegung ausführt, ist A' mit dem einen, das Gestell G'' mit dem anderen Ende einer dem Zug von K entgegenwirkenden Spiralfeder F' verbunden.

Die Formänderung der Dose läßt sich, wie beschrieben, durch ein **stark vergrößerndes Hebelsystem** messen. Man kann sie aber auch ohne wesentliche vorherige Vergrößerung entweder mit Hilfe einer **feinen Mikrometerschraube** ermitteln, wie es bei den Federbarometern von Goldschmid geschieht[1], oder mit Hilfe eines **stark vergrößernden Mikroskops** bestimmen[2].

Zu den Angaben B_1' und B_2' der Federbarometer ist weder eine Gefäßverbesserung, noch eine Schwereverbesserung, noch eine Kapillarverbesserung hinzuzufügen. Dagegen bleiben die hier andersgeartete **Temperaturverbesserung** $v(t)$, die **Standverbesserung** $v(s)$ und die **Reduktion auf gleichen Luftzustand** $v(a)$ bestehen, wozu noch eine **Teilungsverbesserung** $v(T)$ tritt.

Die für die Höhenberechnung geeigneten **verbesserten Federbarometerstände** sind daher

$$B_1 = B_1' + v(t)_1 + v(T)_1 + v(s), \left.\begin{array}{l} \\ \end{array}\right\}$$
$$B_2 = B_2' + v(t)_2 + v(T)_2 + v(s) + v(a). \qquad (706)$$

Eine **Temperaturverbesserung** $v(t)$ wird hier hauptsächlich deshalb notwendig, weil die in der Dose B noch befindliche geringe Menge Luft einen mit der Temperatur t^i

---

[1] Koppe: Die Aneroid-Barometer von Goldschmid u. das barometrische Höhenmessen. Zürich 1877.

[2] Ein Instrument dieser Art ist das Federbarometer von Reitz-Deutschbein; siehe hierzu Z. Vermess.-Wes. 1873, S. 363—373; 1887, S. 20—25.

wechselnden Druck auf die elastische Decke ausübt und somit die Ablesungen fälscht. Die zu den Änderungen von t^i annähernd proportionalen Werte $v(t)$ kann man durch Vergleich der bei gleichem Barometerstand, aber möglichst verschiedenen Temperaturen (Winterbeobachtungen im Zimmer und im Freien) gefundenen Federbarometerangaben untereinander oder mit einem Standbarometer ermitteln. Sie werden, für jedes Instrument in eine Tabelle gebracht und auf diesem oder in dessen Futteral befestigt. Bei Instrumenten mit Temperaturkompensationen[1] wird $v(t)$ dadurch zum Verschwinden gebracht, daß H_1 (Abb. 269) aus zwei übereinanderliegenden Lamellen mit verschiedenen Ausdehnungskoeffizienten hergestellt wird.

Eine Teilungsverbesserung $v(T)$ wird notwendig, weil – unter sonst gleichen Verhältnissen – die Unterschiede der Barometerablesungen nicht unmittelbar die Luftdruckunterschiede in Millimetern angeben, sondern nur – in guter Annäherung – zu diesen proportional sind. Man ermittelt sie aus Beobachtungen bei möglichst gleichen Temperaturen, aber unter möglichst verschiedenem Druck durch Vergleich mit den verbesserten Angaben eines Quecksilberbarometers und reiht sie in einer Tabelle an die schon vorher bestimmten Temperaturverbesserungen an.

Die auch hier nur für kürzere Zeit als unveränderlich zu betrachtende Standverbesserung $v(s)$ wird wie beim Quecksilberbarometer durch den Vergleich des Wertes $(B) = B' + v(t) + v(T)$ mit der gleichzeitig beobachteten und verbesserten Angabe B eines guten Standbarometers als die Differenz $B - (B)$ gefunden. Sie rührt hauptsächlich von einer Verschiebung des Teilungsnullpunktes her[2].

c) Höhenbestimmung mit dem Siedethermometer.

Die Höhenermittlung mit dem Siedethermometer erfolgt aus den beim Sieden des reinen Wassers beobachteten Dampftemperaturen. Die Verwendung dieses Instruments, das als Höhenmesser mit den Federbarometern in erfolgreichen Wettbewerb getreten ist, beruht auf dem Umstand, daß die Siedetemperatur t_s des Wassers eine Funktion der dem Luftdruck B gleichen Dampfspannung d_s ist; also gilt auch umgekehrt

$$B = d_s = f(t_s). \tag{707}$$

Da man aus einer der zahlreichen Dampfspannungstabellen[3] zu jeder beobachteten Siedetemperatur d_s den zugehörigen Luftdruck B im Beobachtungsort entnehmen kann, so ist damit die Aufgabe auf die rein barometrische Höhenmessung zurückgeführt.

Das Instrument, welches in Abb. 270 schematisch dargestellt ist, besteht aus einem feinen Thermometer, welches zweckmäßig statt der Gradteilung gleich eine den Luftdruck in Millimetern angebende Teilung besitzt. Es steckt in dem mit einem Kochgefäß K verbundenen inneren Mantel M_i, welcher oben durch einen Gummiring R abgeschlossen wird, in dem das Thermometer T verschoben werden kann. Beim Gebrauch wird mittels der 3 bis 4 cm hohen Flamme F einer Spirituslampe L das ins Gefäß K gefüllte destillierte Wasser oder Regenwasser W zum Kochen gebracht, worauf der Wasserdampf, soweit er nicht durch Löcher in der Gefäßdecke in die Luft entweicht, in den zum Schutz

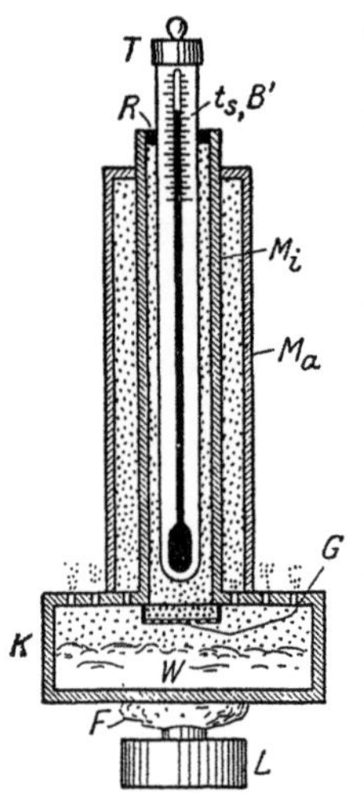
Abb. 270.
Siedethermometer.

---

[1] Siehe dazu Pfeiffer, A.: Zur gleichmäßigen Temperaturkompensation im ganzen Druckmeßbereich. Z. Instrumentenkde. 1931, S. 307—311.

[2] Über Bestrebungen, das Nachhinken der Federbarometer zu vermindern, siehe a) Warburg, E., u. Heuse, W., in Z. Instrumentenkde. 1919, S. 41—55; b) Becker, E., in Meteorolog. Zeitschr. 1924, S. 306—309.

[3] Solche Tabellen u. andere zur Erleichterung der Berechnung barometrischer Höhenmessungen sind in manchen geodätischen Werken, besonders in Jordan, Handbuch der Vermessungskunde, Bd. 2, Anhang [13] bis [27], enthalten.

gegen Abkühlung noch mit einem Außenmantel M_a umgebenen Innenmantel M_i strömt und dort das Thermometer umspült. Ein Gitter G schützt das Thermometergefäß vor spritzendem, kochendem Wasser. Nach einiger Zeit wird das Thermometer nicht mehr steigen und sodann die gesuchte Siedetemperatur t_s bzw. gleich den Luftdruck B' des Beobachtungsortes angeben. Damit nicht etwa die Temperatur eines überhitzten Dampfes gemessen wird, ist wohl darauf zu achten, daß die Dampfabzuglöcher nicht verstopft sind. Eine im Laufe der Zeit eintretende geringe Verschiebung des Teilungsnullpunktes, welche durch Vergleich mit einem Normalbarometer zu ermitteln ist, spielt ganz die Rolle einer Standverbesserung $v(s)$. Der verbesserte Barometerstand ist dann die Summe

$$B = B' + v(s). \tag{708}$$

d) Barometrische Höhenstufen.

Die Beziehung zwischen einer kleinen Höhenänderung dh und der zugehörigen Druckänderung dB erhält man durch Differentiation der Barometerformel (696) zu

$$dh = -18\,464 \cdot M \cdot \frac{dB}{B}\,(1 + 0{,}003\,665\,t), \tag{709}$$

wenn dort B_2 und h als veränderlich betrachtet werden.

Für $dB = -1$ mm folgt hieraus die barometrische Höhenstufe

$$dh_0 = \frac{8019}{B}\,(1 + 0{,}003\,665\,t), \tag{710}$$

das ist derjenige Betrag, um den man steigen muß, damit der Luftdruck um 1 mm abnimmt. Ein aus (710) folgendes Verzeichnis der von der Lufttemperatur und dem Luftdruck abhängigen dh_0 in Metern gibt die Tabelle 35[1]. Hat man nun in

Tabelle 35.

$t°$	Mittlerer Barometerstand B_m in mm																
	760	750	740	730	720	710	700	690	680	670	660	650	640	63 0	620	610	600
−4	10,40	10,54	10,68	10,82	10,97	11,13	11,29	11,45	11,62	11,79	11,97	12,16	12,35	12,54	12,74	12,95	13,1
−2	47	61	76	90	11,06	21	37	54	71	88	12,06	25	44	64	84	13,05	2
0	55	69	84	98	14	29	46	62	79	97	15	34	53	73	93	15	3
2	63	77	92	11,07	22	38	54	71	88	12,06	24	43	62	82	13,03	24	4
4	71	85	99	15	30	46	62	79	97	14	33	52	71	92	12	34	5
6	78	93	11,07	23	38	54	71	88	12,05	23	42	61	81	13,01	22	44	6
8	86	11,01	15	31	46	63	79	96	14	32	51	70	90	10	31	54	7
10	94	08	23	39	55	71	88	12,05	23	41	60	79	99	20	41	63	8
12	11,01	16	31	47	63	79	96	13	31	50	68	88	13,08	29	50	73	9
14	09	24	39	55	71	87	12,04	22	40	58	77	97	17	38	60	83	14,0
16	17	32	47	63	79	96	13	30	48	67	86	13,06	27	47	69	93	1
18	25	40	55	71	87	12,04	21	39	57	76	95	15	36	57	79	14,02	2
20	32	48	63	79	95	12	30	47	66	85	13,04	24	45	66	88	12	3
22	40	55	71	87	12,04	20	38	56	74	93	13	33	54	75	98	22	4
24	48	63	79	95	12	29	46	64	83	13,02	22	42	63	85	14,07	31	5
26	56	71	87	12,03	20	37	55	73	92	11	31	51	72	94	17	41	6
28	63	79	95	11	28	45	63	81	13,00	20	40	60	82	14,03	26	51	7
30	71	87	12,03	19	36	54	72	90	09	29	49	69	91	13	36	61	8
32	79	95	11	27	44	62	80	99	18	37	57	78	14,00	22	45	70	9
34	87	12,02	19	35	53	70	88	13,07	26	46	66	87	09	31	55	80	15,0

zwei Punkten P_1, P_2 die verbesserten Barometerstände B_1, B_2 und die Lufttemperaturen t'_1, t'_2 gefunden, so kann man mit einer mittleren Lufttemperatur $t'_m = \frac{1}{2}\,(t'_1 + t'_2)$

---

[1] Nach Jordan, Handbuch der Vermessungskunde, Bd. 2, 6. Aufl., Anhang [26]. Stuttgart 1904.

Tabelle 36.

21. VII. 1913. Instrument BOHNE 411 (412).

Standort	Barometer-ablesung B'	Temperatur t^i (Instr.) t^l (Luft)	Zeit	Stand-baromet. (Brockenbaromet.)	Verbesserungen $v(a)$ $v(s)$ $v(t_i)$ $v(T)$ 411 / 412		Verbesserter Barometerstand B
	mm	Grad C		mm	mm		mm
1. Kaltenbachtal-brücke, 1,1 m über dem Bolzen. Bolzenhöhe 287,8 m	735,5 (737,3)	+ 18,0 (15,0) 10,0	8^{45}	661,7	0,0 + 0,6 − 0,21 − 1,2 $\overline{- 0,81}$	0,0 − 1,9 0,00 + 0,1 $\overline{- 1,8}$	734,69 (735,50)
2. Molkenhaus, Gaststube, 0,8 m über dem Boden	⌈716,2 (717,4)	15,0 (14,0) 8,0	10^{15}	661,9	− 0,2 + 0,6 − 0,15 − 1,8 $\overline{- 1,55}$	− 0,2 − 1,9 0,00 0,0 $\overline{- 2,10}$	714,65 (715,30)
3. Dreiherrnbrücke, Landesgrenzstein, Oberfläche	717,5 (718,6)	14,0 (14,5) 7,7	10^{50}	661,9	− 0,2 + 0,6 − 0,13 − 1,8 $\overline{- 1,53}$	− 0,2 − 1,9 0,00 0,0 $\overline{- 2,10}$	715,97 (716,50)
4. Scharfenstein, Gaststube, 0,8 m über dem Boden	707,2 (708,2)	11,8 (12,2) 7,3	11^{40}	662,0	− 0,3 + 0,6 − 0,09 − 1,9 $\overline{- 1,69}$	− 0,3 − 1,9 0,00 + 0,1 $\overline{- 2,10}$	705,51 (706,10)
5. Wegkreuzung Ilsenburg-Hermannsklippe, 1,0 m über dem Boden	696,3 (696,8)	12,3 (13,0) 7,1	12^{30}	662,0	− 0,3 + 0,6 − 0,10 − 2,0 $\overline{- 1,80}$	− 0,3 − 1,9 0,00 + 0,3 $\overline{- 1,90}$	694,50 (694,90)
6. Bismarckklippe, Felsbank	684,7 (684,6)	11,5 (12,5) 5,9	12^{55}	662,0	− 0,3 + 0,6 − 0,08 − 2,4 $\overline{- 2,18}$	− 0,3 − 1,9 − 0,00 + 0,5 $\overline{- 1,70}$	682,52 (682,90)
7. Bahnübergang, 1,3 m über dem Boden	668,4 (668,5)	10,0 (11,0) 5,1	1^{25}	662,0	− 0,3 + 0,6 − 0,05 − 2,4 $\overline{- 2,15}$	− 0,3 − 1,9 0,00 + 0,7 $\overline{- 1,50}$	666,25 (667,00)
8. Brocken-Pfeiler I, Oberfläche, Höhe 1142,3 m	663,9 (664,0)	9,0 (10,0) 4,9	1^{35}	662,1	− 0,4 + 0,6 − 0,04 − 2,4 $\overline{- 2,24}$	− 0,4 − 1,9 0,00 + 0,8 $\overline{- 1,50}$	661,66 (662,50)

Tabelle 36.

Standverbesserung $v(s) = +0,6$ mm $(-1,9$ mm$)$.

Mittlerer Barometerstand B_m	Mittl. Lufttemperatur t^l	Barometer-Höhenstufe dh_0	Differenz der verb. Barometerstände ΔB	Vorläufiger Höhenunterschied h'	Verbesserung des Höhenunterschieds dh	Ausgeglichener Höhenunterschied h	Ausgeglichene Meereshöhe H
mm	Grad C	m	mm	m	m	m	m
							288,9
725 (725)	+ 9,0	11,43 (11,43)	− 20,04 (− 20,20)	+ 229,1 (+ 230,9)	− 2,0 (− 1,8)	+ 227,1 (+ 229,1)	
							516,0 (518,0)
715 (716)	7,8	11,54 (11,52)	+ 1,32 (+ 1,20)	− 15,2 (− 13,8)	− 0,1 (− 0,1)	− 15,3 (− 13,9)	
							500,7 (504,1)
711 (711)	7,5	11,58 (11,58)	− 10,46 (− 10,40)	+ 121,1 (+ 120,4)	− 1,1 (− 0,9)	+ 120,0 (+ 119,5)	
							620,7 (623,6)
700 (700)	7,2	11,76 (11,76)	− 11,01 (− 11,20)	+ 129,5 (+ 131,7)	− 1,1 (− 1,0)	+ 128,4 (+ 130,7)	
							749,1 (754,3)
689 (689)	6,5	11,92 (11,92)	− 11,98 (− 12,00)	+ 142,8 (+ 143,0)	− 1,3 (+ 1,1)	+ 141,5 (+ 141,9)	
							890,6 (896,2)
674 (675)	5,5	12,14 (12,12)	− 16,27 (− 15,90)	+ 197,5 (+ 192,7)	− 1,8 (− 1,5)	+ 195,7 (+ 191,2)	
							1086,3 (1087,4)
664 (665)	5,0	12,30 (12,28)	− 4,59 (− 4,50)	+ 56,5 (+ 55,3)	− 0,5 (− 0,4)	+ 56,0 (+ 54,9)	
							1142,3

$$[h] = H_8 - H_1 = + 853{,}4 \text{ m} \qquad [h'] = \begin{matrix} + 861{,}3 \\ (+ 860{,}2) \end{matrix} \quad [dh] = \begin{matrix} -7{,}9 \\ (-6{,}8) \end{matrix} \quad [h] = \begin{matrix} 853{,}4 \\ (853{,}4) \end{matrix}$$

und dem mittleren Barometerstand $B_m = \frac{1}{2}(B_1 + B_2)$ als Eingängen aus Tabelle 35 das zugehörige dh_0 entnehmen. Damit und aus der Druckabnahme $\Delta B = B_1 - B_2$ von P_1 bis P_2 findet man die entsprechende **Höhenzunahme**

$$\Delta h = -\Delta B \cdot dh_0 . \tag{711}$$

Dieses auf BABINET zurückgehende Verfahren der **Höhenbestimmung mit Hilfe von barometrischen Höhenstufen** ist sehr einfach und liefert, solange die Δh nicht allzu groß werden, ganz annehmbare Ergebnisse, besonders wenn bei sog. Höheneinschaltungen der Endpunkt einer Kette von derartigen Höhenmessungen wieder an einen Punkt von bekannter Höhenlage angeschlossen wird, so daß ein auftretender Anschlußwiderspruch verteilt werden kann.

Ein nach diesem Verfahren aus Beobachtungen an zwei Federbarometern berechnetes Zahlenbeispiel enthält Tabelle 36, deren Einträge wohl ohne besondere Erläuterung verständlich sind.

e) Genauigkeit der barometrischen Höhenmessung.

Soweit es sich um absolute Luftdruckbestimmungen und um große Höhenunterschiede handelt, liefern die **Quecksilberbarometer** die besten Ergebnisse. BAUERNFEIND[1] fand z. B. aus 100 korrespondierenden Messungen am Großen Miesing 1857 für **eine** Messung der Höhenunterschiede 540 m, 528 m und 1068 m mit dem Quecksilberbarometer die **durchschnittlichen** Fehler $\pm 3,0$ m, $\pm 3,3$ m und $\pm 4,6$ m. SAMEL[2] bestimmte aus Zimmerbeobachtungen den mittleren Fehler **einer** Luftdruckangabe zu $\pm 2,7$ cmm, $\pm 4,3$ cmm bzw. 6,6 cmm für ein Normalbarometer WILD-FUESS, ein Reisebarometer von FORTIN bzw. für ein DARMERsches Reisebarometer. Die **Federbarometer** liefern, wenn sie nur zum Einschalten von Punkten und für nicht zu große Höhenunterschiede (etwa nicht über 300 m) benützt werden, mindestens ebenso gute Ergebnisse wie Quecksilberbarometer. SCHMIDT[3] fand z. B. den mittleren Fehler einer Luftdruckbeobachtung mit NAUDET-Aneroiden zu ± 11 cmm und denjenigen im Höhenunterschied (Δh bis zu 300 m) zu rund 1 m. HAMMER[4] gibt als mittleren Höhenfehler einer Punkteinschaltung durch ein BOHNE-Aneroid (Δh bis zu 70 m) den sehr geringen Betrag von $\pm 0,65$ m an. A. SCHREIBER[5] hat Genauigkeitsversuche mit einem BOHNEschen Aneroid auf Eisenbahnfahrten angestellt, wobei die Horizontalentfernung der äußersten Punkte 36,1 km, ihr Höhenunterschied 470 m betrug. Er fand den mittleren unregelmäßigen Fehler einer Luftdruckbeobachtung zu $\pm 4,1$ cmm und denjenigen eines Höhenunterschiedes zu $\pm 0,90$ m. Gefährlich ist beim Federbarometer immer die bei der Überwindung großer Höhenunterschiede auftretende **elastische Nachwirkung** (Nachhinken), die auch im Mittel der Angaben mehrerer gleichzeitig benutzter Instrumente erhalten bleibt. Recht gute Ergebnisse werden neuerdings auch mit dem **Siedethermometer** erzielt. Einen ausführlichen Bericht über derartige Messungen gibt das S. 226, Anm. 1, genannte Werk von E. KOHLSCHÜTTER, nach welchem der Luftdruck durch einen vollen Satz von vier Thermometern bis auf 1 dmm genau bestimmt wird. Nach SAMELS[2] Untersuchung beträgt der mittlere Fehler einer Luftdruckbestimmung im Zimmer etwa 1 dmm.

Gemeinsam für alle Arten der barometrischen Höhenmessung sei bemerkt, daß die Kenntnis des mittleren Fehlers einer Luftdruckbestimmung noch keinen absolut zuverlässigen Schluß auf den mittleren Höhenfehler gestattet, da die Höhe auch noch von anderen Faktoren, besonders von der Lufttemperatur, abhängt. Temperatur-

---

[1] BAUERNFEIND: Elemente der Vermessungskunde, Bd. 2, 7. Aufl., 'S. 436. Stuttgart 1890.

[2] SAMEL: Verwendbarkeit von Siedethermometern u. Quecksilberbarometern zur Höhenmessung. Z. Vermess.-Wes. 1911, S. 549—560.

[3] SCHMIDT, M.: Über den praktischen Wert NAUDETscher Aneroide. München 1876.

[4] HAMMER: Genauigkeitsversuche mit einigen BOHNEschen Aneroiden. Z. Vermess.-Wes.1890, S. 79—87.

[5] Z. Vermess.-Wes. 1907, S. 449—470 und 481—493.

fehler aber sind immer zu befürchten, da nicht zu erwarten steht, daß die in Bodennähe beobachtete, schon durch die Wärmestrahlung des Bodens gefälschte Thermometerangabe die Mitteltemperatur der über dem Instrument befindlichen Luftsäule bezeichnet. Damit im Einklang steht auch der in bezug auf die Tageszeit und Jahreszeit periodische Verlauf der barometrisch bestimmten Höhen, welche sich bei normaler Witterung um die Mittagszeit (nach BAUERNFEIND am Miesing im Sommer von 10^h bis 4^h) zu groß, morgens und abends aber zu klein ergeben[1].

34. Das Echolot.

Das Echolot oder BEHM-Lot[2] dient zur Bestimmung von Meerestiefen und Flughöhen aus der Zeit, welche der Schall braucht, um vom Schiff bzw. vom Luftschiff oder Flugzeug aus auf den Grund (Meeresgrund bzw. Meeresspiegel oder festen Boden) zu gelangen und von dort als Echo wieder zum Beobachtungsort zurückzukommen. Der Grundgedanke sei an Hand von Abb. 271 noch etwas näher ausgeführt[3]. Die Schallquelle Q gibt einen scharf einsetzenden Knall, welchen das in unmittelbarer Nähe liegende Abgangsmikrophon $A.M.$ aufnimmt und zur Auslösung des Kurzzeitmessers $K.Z.M.$ diesem zuleitet. Der sich ausbreitende Schall erfährt am Boden F_r eine Reflexion und kommt als Echo zurück. Insbesondere treffen die in R reflektierten Strahlen auf das um a hinter $A.M.$ befindliche Echomikrophon $E.M.$, welches sich infolge einer Eigengeschwindigkeit v des Fahrzeugs seit der Knallerzeugung von seiner Ausgangsstellung $E.M._1$ in seine jetzige Stellung $E.M_2$ bewegt hat. Der vom Echo in $E.M_2$ erzeugte Impuls wird wieder auf den Kurzzeitmesser übertragen, und dieser gibt nun die Zeit Δt an, welche der Schall zur Zurücklegung des Weges $QRE.M_2$ gebraucht hat. Bedeutet c die Schallgeschwin

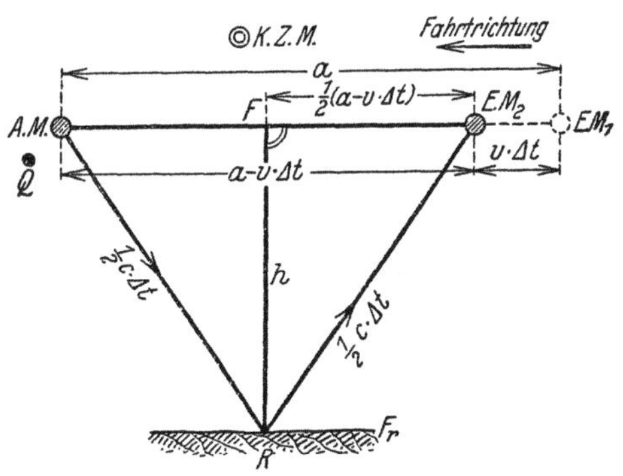

Abb. 271. Wirkungsweise des Echolotes.

digkeit[4], so ergibt sich bei Vernachlässigung des kleinen Abstandes $Q - A.M.$ aus den Einträgen in Abb. 271 für den gesuchten Höhenunterschied h der Ausdruck

$$h = \sqrt{\frac{1}{4}\{(c\cdot\Delta t)^2 - (a - v\cdot\Delta t)^2\}} = \frac{1}{2}c\cdot\Delta t\sqrt{1 - \left(\frac{a - v\cdot\Delta t}{c\cdot\Delta t}\right)^2} \approx \frac{1}{2}c\cdot\Delta t - \frac{(a - v\cdot\Delta t)^2}{4c\cdot\Delta t}. \quad (712)$$

[1] Aus der reichen Literatur über barometrische Höhenmessung siehe weiterhin: HARTL, H.: Praktische Anleitung zum Höhenmessen mit Quecksilberbarometer u. mit Aneroiden, 2. Aufl., Wien 1884; KOPPE: Die Verfahren der Ausführung u. der Berechnung barometrischer Höhenaufnahmen. Z. Vermess.-Wes. 1888, S. 561—584; HAMMER: Beiträge zur Praxis der Höhenaufnahmen. Z. Vermess.-Wes. 1892, S. 353—368; HAMMER: Hilfsmittel zur Berechnung barometrisch gemessener Höhenunterschiede mit Höhenstufen. Z. Instrumentenkde. 1896, S. 161—167; HEBE: Über die Prüfung von Aneroiden. Z. Instrumentenkde. 1900, S. 253—266; LIZNAR: Die barometrische Höhenmessung. Leipzig u. Wien 1904; v. NEUMAYER: Anleitung zu wissenschaftlichen Beobachtungen auf Reisen, Bd. 1, 3. Aufl. Hannover 1906; Abschnitt von P. VOGEL: Aufnahme des Reiseweges u. des Geländes, S. 74—164; desgl. die Ausführungen von HANN, S. 613—619; ferner Anhang, S. 812—823.

[2] Dieses von A. BEHM erfundene u. in die Praxis eingeführte Instrument bedeutet einen großen Fortschritt. Es wurde zunächst für Tiefenmessungen gebraucht. A. WERNER gibt aus verschiedenen Quellen einen zusammenfassenden Bericht „Die Methoden der Kurzzeitmessung beim BEHM-Lot" in Z. Instrumentenkde. 1925, S. 248—253. Heute ist die Erfindung auch schon in den Dienst des Flugwesens gestellt. Siehe hierzu die beiden Abhandlungen von ERNST SCHREIBER: a) Das BEHM-Lot für Flugzeuge u. die mit ihm erzielte Genauigkeit, b) Meßgenauigkeit des BEHM-Lots für Flugzeuge in geringen Flughöhen in den Jahrbüchern 1930 u. 1931 der Deutschen Versuchsanstalt für Luftfahrt (Berichte 185 u. 205).

[3] Weitere Einzelheiten siehe in den in Anm. 2 genannten Abhandlungen.

[4] Sie ist in Flußwasser 1437 m bei 15^0, in Meerwasser 1454 m bei 20^0 (logarithmisch-trigonometrische Tafeln von STAMPFER-DOLEŽAL, 22. Aufl., S. 314. Wien 1921) u. in Luft (330,7 + 0,66 t) m nach S. 483 des in Anm. 2 dieser Seite genannten Berichts Nr. 185.

Die Berücksichtigung des an letzter Stelle stehenden Korrektionsgliedes wird nur bei schärferen Messungen notwendig sein.

Die Genauigkeit der akustischen Lotung, welche in erster Linie vom Kurzzeitmesser abhängt, ist schon heute überraschend groß; nach den in Anm. 2, S. 237, genannten Mitteilungen von E. SCHREIBER wurde der mittlere Fehler der akustisch gemessenen Flughöhen zu $\pm$ 1,3 m für geringe Höhen (4 m bis 18 m) und zu $\pm$ 3,5 m für größere Höhen (19 m bis 100 m) gefunden. Bei Tiefenmessungen werden noch günstigere Ergebnisse erzielt[1].

35. Flächennivellement[2].

Zur Bestimmung der krummen Geländeoberfläche sind alle für dieselbe charakteristischen Punkte nach Lage (Grundriß) und Höhe festzulegen. Insbesondere kommen dafür in Betracht die höchsten und tiefsten Punkte von Kuppen und Mulden, Sattelpunkte sowie die Brechungspunkte von Rückenlinien, Tallinien, von Verschneidungen und von Profilen. Die zu einer solchen Formbestimmung insgesamt notwendigen, als Flächennivellement bezeichneten Arbeiten können entweder nach Lage und Höhe getrennt oder aus einem Guß erfolgen. Ersteres trifft für das geometrische Flächennivellement, im wesentlichen auch für die halbtrigonometrische Höhenmessung zu, während bei der Flächenaufnahme durch Längen- und Querprofile, insbesondere aber bei der tachymetrischen und photogrammetrischen Geländeaufnahme sofort die Gesamtunterlagen für die räumliche Punktbestimmung ermittelt werden.

a) Das geometrische Flächennivellement.

Beim geometrischen Flächennivellement, das bei geringen Höhenunterschieden ein sehr schnelles und doch genaues Arbeiten gestattet, werden entweder Schichtenlinien von runder Meereshöhe im Gelände aufgesucht, bezeichnet und nachträglich durch eine Horizontalaufnahme im Grundriß bestimmt, oder es erfolgt zur nachträglichen zeichnerischen Ermittlung der Schichtenlinien eine Höhenbestimmung von verstreuten Geländepunkten, deren Grundriß entweder schon bekannt ist oder durch eine besondere nachträgliche Vermessung erst noch zu bestimmen ist. Als Instrument dient zweckmäßig ein Dreifußnivellierinstrument, auf dessen scharf lotrecht gerichteter Vertikalachse Ziellinie und Libellenachse genau senkrecht stehen müssen, wenn nicht bei jeder Drehung des Fernrohrs ein lästiger größerer Libellenausschlag eintreten soll. Eine Übertragung der Schichtenlinien in die Natur kann bei sehr flachem Gelände besonders für kulturtechnische Zwecke in Frage kommen. Dazu wird man von einem Höhenfestpunkt aus bis zur Aufnahmestelle zur Gewinnung des Instrumentenhorizonts ein geometrisches Längennivellement durchführen und hierauf in geeigneten Abständen durch Einwinken einer langen, auch für größere Höhenunterschiede ausreichenden Nivellierlatte diejenigen Geländepunkte bezeichnen, für welche bei horizontaler Ziellinie an der Latte die Höhenzunahme von der abzusteckenden Schichtenlinie bis zum bekannten Instrumentenhorizont abgelesen wird. Die so gefundenen Höhenlinien, in deren Verlauf etwaige Unstetigkeiten auf die Möglichkeit von Absteckungsfehlern hinweisen, werden hierauf im Grundriß je nach der geforderten Genauigkeit durch eine Koordinatenaufnahme oder ein anderes Verfahren der Horizontalaufnahme festgelegt.

Die Höhenaufnahme von verstreuten Geländepunkten mit nachträglicher Einzeichnung der Höhenlinien ist besonders vorteilhaft, wenn schon Horizontalpläne mit genügend viel Einzelheiten (Flurpläne von Bayern und Württemberg!)

---

[1] Über eine weitere Vervollkommnung wird in Z. Instrumentenkde. 1933, S. 446, berichtet.

[2] Sowohl für den aufnehmenden wie auch für den zeichnenden Ingenieur sind morphologische Kenntnisse von Nutzen. Ein sehr lesenswertes einschlägiges Buch ist „Deutschlands Erdoberflächenformen", Stuttgart 1941, von H. MÜLLER.

vorhanden sind. Dann beschränkt man sich im wesentlichen darauf, eine genügende Zahl von geeignet liegenden Punkten dieser Pläne auch der Höhe nach zu bestimmen. Auch entzerrte Luftbilder[1] sind wegen ihrer vielen Einzelheiten eine sehr gute Grundlage für ein geometrisches Flächennivellement. Einzelne für die Oberflächengestaltung besonders charakteristische, im Plan jedoch nicht enthaltene Punkte werden zur Ergänzung ebenfalls aufgenommen und dabei durch den mit dem Lattenträger gehenden Planführer – etwa durch Abschreiten ihrer auf die nächste Grundstücksgrenze und ihren Anfangspunkt bezogenen Koordinaten – auch gleich im Horizontalplan festgelegt. Bei der Aufnahme werden die Punkte sowohl im Plan wie auch in der Aufschreibung am Instrument fortlaufend numeriert. Während die Instrumentenhorizonte aus einem durchlaufenden, an beiden Endpunkten an Höhenfestpunkte angeschlossenen Nivellement bis auf mm zu ermitteln sind, genügt es, die Meereshöhen der aufzunehmenden Seitenpunkte je nachdem auf cm oder nur auf dm anzugeben. Die Art der Aufschreibung zeigt Tabelle 37, deren römische Ziffern die Instrumentenstandorte bedeuten, neben denen die zugehörigen Instrumentenhorizonte stehen.

Fehlen die bisher vorausgesetzten Lagepläne, so sind die aufgenommenen Punkte auch noch im Grundriß festzulegen. Bei ziemlich ebenem Gelände steckt man in einem solchen Fall häufig von vornherein ein Quadratnetz (Rost) ab, dessen verpflockte Schnittpunkte hierauf einnivelliert werden.

Tabelle 37.

| Punkt Nr. | Meereshöhen | |
	Hauptpunkte m	Seitenpunkte m
F. P. 10	**531,810**	
. . . . . .	. . . . . .	
I ⊗	512,291	
1	1,45	510,84
2	1,03	511,26
3	1,10	511,19
. . . . . .	. . . . . .	. . . . . .
II ⊗	510,802	
16	1,60	509,20
17	1,48	509,32
. . . . . .	. . . . . .	. . . . . .
F. P. 10	531,818	
	$w = -8$	

b) Die halbtrigonometrische Höhenmessung.

Eine sehr vorteilhafte Art der Flächenaufnahme ist die halbtrigonometrische Höhenmessung, wenn es sich um ein Gelände mit größeren Höhenunterschieden handelt, für das schon Horizontalpläne mit einer genügenden Zahl von in der Natur leicht erkennbaren Punkten vorliegen. Bei diesem Verfahren wird man zunächst eine ausreichende Zahl von auch im Plan enthaltenen oder in denselben einzutragenden Punkten durch geometrisches oder ein sorgfältig durchgeführtes tachymetrisches Nivellement der Höhe nach bestimmen. Manchmal ist es auch möglich, den Standpunkt nach Lage und Höhe durch Rückwärtseinschneiden nach einigen räumlich festliegenden Punkten des Höhennetzes zu ermitteln. Die Einzelaufnahme erfolgt nun von denjenigen dieser Punkte aus, welche einen guten Geländeüberblick gewähren, in folgender Weise. Nach der Berichtigung des mit einem Höhenbogen versehenen Instruments wird die gemessene Instrumentenhöhe i an einer Latte durch eine Zielscheibe bezeichnet, deren Stellung während der Beobachtungsdauer eines Standes unverändert bleibt. Der Planführer wählt die aufzunehmenden Punkte aus, numeriert sie im Plan, zeichnet Leitkurven und führt kleine Ergänzungsmessungen durch. Vom Instrument aus aber wird jeweils die Zielscheibe der in den ausgesuchten Punkten aufgestellten Latte eingestellt und der zugehörige Höhenwinkel α am Instrument abgelesen. Ist Q die Meereshöhe des Instrumentenstandortes, D die unter Berücksichtigung des Papiereinganges[2] aus dem Plan zu entnehmende Horizontalentfernung des Geländepunktes, h der Höhenunterschied zwischen Instrumentenhorizont und Zielscheibe und H die gesuchte Höhe des Lattenfußpunktes, so ist offenbar

$$H = Q + h = Q + D \operatorname{tg} \alpha. \tag{713}$$

---

[1] Luftphotoplan siehe unter Photogrammetrie.
[2] Näheres über den Papiereingang siehe später unter Planherstellung und Flächenberechnung.

Ab und zu ist es auch nicht zu vermeiden, daß zur Ergänzung ein im Plan nicht enthaltener Punkt tachymetrisch bestimmt wird.

Die Berechnung der H nach (713) ist höchst einfach, besonders wenn man Tabellen zu Hilfe nimmt. Es ist aber bei weitem vorteilhafter, die Meereshöhe vollständig auf zeichnerisch mechanischem Wege zu ermitteln. Hat man nach den für

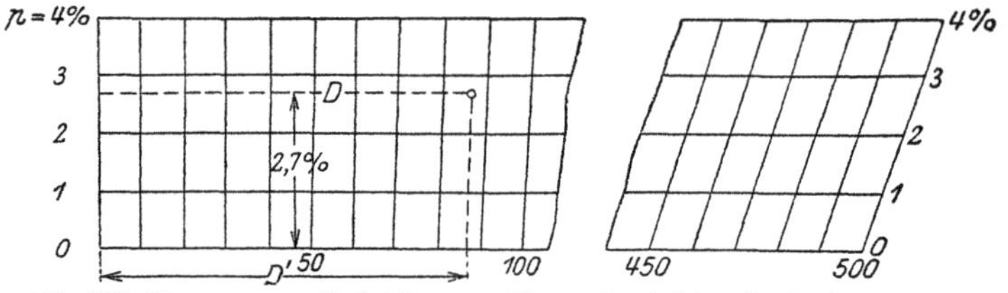

Abb. 272. Diagramm zur Reduktion von Planmaßen infolge des Papiereinganges.

die Koordinatenrichtungen ermittelten Extremwerten p_x, p_y des Papiereinganges für die abgegriffene Länge D' den Betrag $p\%$ eingeschätzt, so kann man nach Andeutung des Diagramms[1] Abb. 272 mit p (hier 2,7%) und der Zirkelöffnung D' als Eingängen leicht die verbesserte Horizontalentfernung D abgreifen und damit aus einem Strahlendiagramm, welches etwa die 10fachen $\mathrm{tg}\,\alpha$ angibt, sofort den Höhenunterschied h in den Zirkel nehmen. Wird h an einem Strichmaßstab, auf dem Q bezeichnet ist, von diesem Punkte aus angetragen, so liest man am Zirkelende unmittelbar H ab[2].

c) Flächenaufnahme durch Längen- und Querprofile.

Die Oberfläche eines schmalen, längs einer Achse verlaufenden Geländestreifens kann, wenn es sich um größere Genauigkeit handelt, durch in früher beschriebener Weise (S. 199) mit dem Nivellierinstrument aufgenommene Längen- und Querprofile bestimmt werden, wozu allerdings auch die Lage der einnivellierten Achse noch im Grundriß zu bestimmen ist. Doch haben derartige Profilaufnahmen mit dem Nivellierinstrument weniger den Zweck, eine nachträgliche Darstellung der Geländeoberfläche zu ermöglichen, als vielmehr den, die unmittelbaren rechnerischen Grundlagen für Massenermittlungen zu liefern.

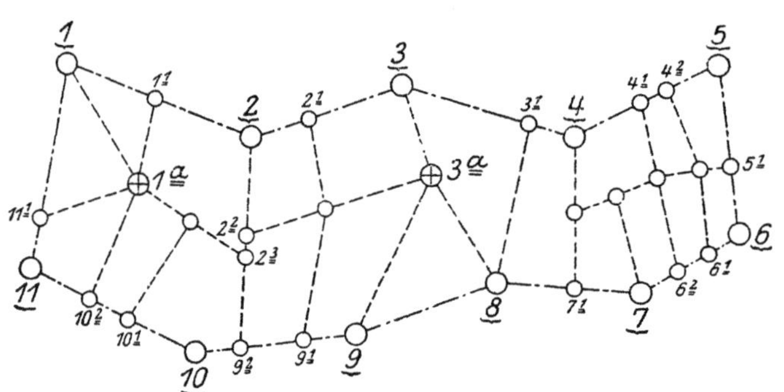

Abb. 273. Profilnetz einer Flächenaufnahme durch Staffelmessung.

Handelt es sich um die Aufnahme von unübersichtlichen, vielleicht auch steilen Flächen und kann — etwa wegen zu dichten Gebüsches oder infolge von Nadelablenkungen — die Bussolentachymetrie keine Verwendung finden, so kommt die Profilaufnahme durch Staffelmessung zu ihrem Recht. Ein solches Gelände (siehe Abb. 273) wird durch einen Polygonzug 1–2–$\cdots$–11 umschlossen, dessen Punkte nach Lage und Höhe – in letzterem Sinn entweder durch geometrisches oder tachymetrisches Nivellement – zu bestimmen sind. In diesen festen Rahmen werden Profilrichtungen 2—9^2 usw. eingebunden, welche den Rücken- und Tallinien sowie anderen Bruchlinien

---

[1] Die gleichmäßig geteilten Parallelen 1—1, 2—2, 3—3 des Diagramms sind um 1, 2 bzw. 3% länger als 0—0.

[2] Weitere Einzelheiten zu diesem in Württemberg mit großem Vorteil angewendeten Verfahren siehe bei HAMMER in Z. Vermess.-Wes. 1890, S. 641—655, und 1897, S. 202—207.

möglichst folgen und im übrigen in der Richtung des größten Gefälles angelegt werden. Dazu tritt noch eine genügende Zahl von Querverbindungen, z. B. $2^{\underline{a}} - 3^{\underline{a}}$. Soweit die verpflockten Einbindepunkte auf den Polygonseiten liegen, werden sie gleich bei der Messung des Polygonzuges nach Lage und Höhe bestimmt. Daran schließt sich nun die Aufnahme aller Profile durch die früher S. 225 beschriebene Staffelmessung mit der Latte. Auch die auf den Einbindelinien liegenden Netzpunkte 2. Ordnung, z. B. $2^{\underline{a}}$, $2^{\underline{b}}$, werden bei dieser Gelegenheit räumlich durch Staffelung bestimmt.

36. Die tachymetrische Geländeaufnahme.

Unter Tachymetrie oder Schnellmeßkunst versteht man ein weitverbreitetes Verfahren der vereinigten Horizontal- und Höhenaufnahme, bei welchem durch Beobachtung von je nur einem Instrumentenstandort aus die Unterlagen für die räumliche Festlegung der Geländepunkte gewonnen werden.

a) Grundlagen der Aufnahme.

Die Grundlagen der tachymetrischen Geländeaufnahme bilden ein über die aufzunehmende Fläche gespanntes Dreiecksnetz und ein Polygonnetz, deren Punkte räumlich scharf festzulegen sind. Auch gut bestimmte Tachymeterzüge kann man dazu rechnen. Ein genügend dichtes Dreiecksnetz erhält man durch eine Neuaufnahme oder durch eine mittels Einzelpunkteinschaltung oder Ketteneinschaltung weit genug getriebene Verdichtung eines schon bestehenden Netzes. Die bei einer Ketteneinschaltung der Lageberechnung der Dreieckspunkte vorausgehende Winkelausgleichung kann nach dem Verfahren der übereinstimmenden Dreiecksberechnung (S. 136 ff.) er-

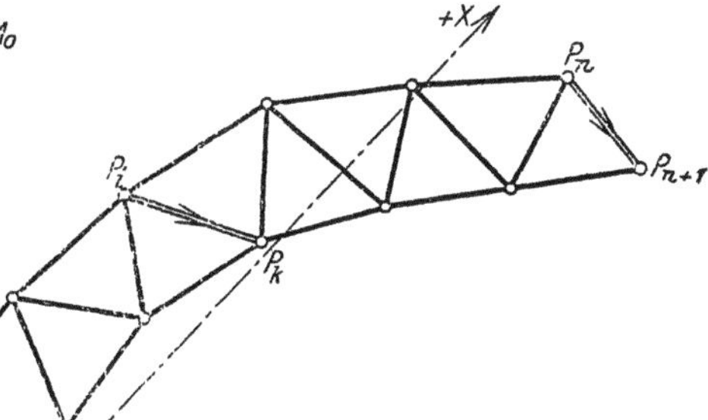

Abb. 274. Dreieckskette mit gerichteten Grundlinien.

folgen, während beim Vorliegen überschüssiger Bestimmungsstücke für Einzelpunkteinschaltungen eine Koordinatenausgleichung[1] kaum zu umgehen ist, wenn Willkür vermieden werden soll.

Sehr häufig hat man es in unkultivierten Ländern ohne vorgegebenes Dreiecksnetz mit der Aufnahme von schmalen, gegen 1 km breiten, aber sehr langen Streifen zu tun. Hier wird das Dreiecksnetz fast immer eine einfache, über den Streifen hinziehende Kette $P_0\,P_1 \ldots P_n\,P_{n+1}$ (Abb. 274) sein, in welcher nicht nur am Anfang und am Ende, sondern auch an Zwischenstellen die Länge einzelner Dreiecksseiten, wenn es etwa geht, direkt zu messen oder aus einer unmittelbar gemessenen Strecke trigonometrisch abzuleiten ist[2]. In der Abbildung sind diese Seiten durch Doppelstriche kennt-

---

[1] Wird in den Werken über Ausgleichsrechnung nach der Methode der kleinsten Quadrate besprochen.

[2] Meist ergibt sich die erste Dreiecksseite als die lange Diagonale eines langgestreckten Vierecks, dessen kurze Diagonale die direkt gemessene Grundlinie ist. Zur Erzielung eines kleinen Längenübertragungsfehlers sind im Vergrößerungsnetz die kleinen Winkel (Gegenwinkel der Basis) mit erhöhter Genauigkeit zu messen.

lich gemacht. Durch solche Grundlinien, welche mit Rücksicht auf die vielleicht nicht allzu große Genauigkeit der Winkelmessung schon in Abständen von je 20 km einzuschalten wären, wird die richtige Länge der Dreiecksseiten besser gewahrt. Eine Anhäufung von Winkelfehlern zu allzu großen Richtungsfehlern wird dadurch vermieden, daß etwa für die vorher der Länge nach bestimmten Seiten auch noch die Azimute (Winkel der Zielebenen mit den Meridianebenen) gemessen werden. Für die Weiterbehandlung einer solchen Kette mit einzelnen orientierten Seiten von bekannter Länge ist ein günstig gelegenes Koordinatensystem anzunehmen. Die Wahl des Anfangspunktes P_0 der Kette zum Ursprung U des Systems bringt den Vorteil, daß lauter positive Abszissen x erscheinen. Mit einem durch Schätzung bestimmten Wert (01) für den Richtungswinkel der ersten Seite P_0P_1 ist die Lage der Abszissenachse bestimmt, und es kann mit den zunächst nur auf 180^0 abgeglichenen Dreieckswinkeln eine

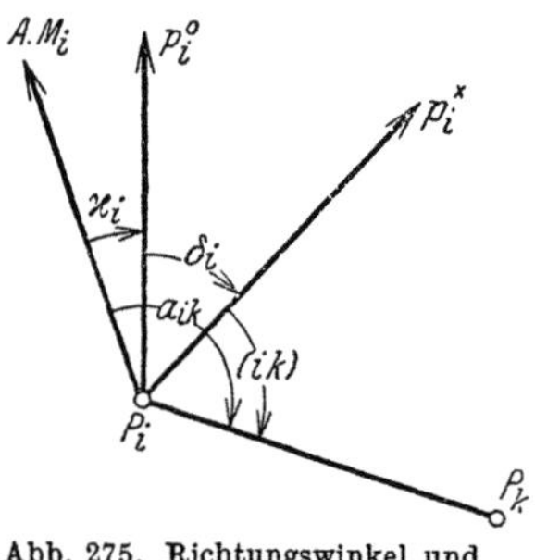

Abb. 275. Richtungswinkel und Azimut.

vorläufige Koordinatenberechnung durchgeführt werden, welche die Näherungswerte x', y' ergibt. Diese genügen aber zur Ableitung des Richtungswinkels (ik) aus dem beobachteten Azimut a_{ik} (Abb. 275) der Seite P_iP_k.

In Abb. 274 ist $A.\,M_0$ der astronomische Meridian des Ursprungs, a_{01} das beobachtete Azimut der Seite P_0P_1 und

$$\psi = a_{01} - (01) \tag{714}$$

das Azimut der X-Achse. Ferner bedeutet in Abb. 275 $A.\,M_i$ den Meridian von P_i, p_i^0 eine Parallele zu $A.\,M_0$ durch P_i, p_i^x eine Parallele zur X-Achse durch P_i und $\varkappa_i$ die Meridiankonvergenz in P_i bezogen auf $A.\,M_0$. Dann gelten, wie hier ohne Beweis mitgeteilt werden muß, zur Ermittlung der Richtungswinkel aus den Azimuten die folgenden, schon für Gradmaß hergerichteten Beziehungen:

$$\delta_i \approx \psi + \varrho'' \left(\frac{x_i' y_i'}{r^2} \sin^2 \psi - \frac{x_i'^2 - y_i'^2}{4\,r^2} \sin 2\,\psi \right), \tag{715}$$

$$\varkappa_i \approx \varrho'' \left(\frac{x_i'}{r} \sin \psi + \frac{y_i'}{r} \cos \psi \right) \operatorname{tg} \varphi_0 + \frac{\varrho''}{\cos^2 \varphi_0} \left(\frac{x_i'^2 - y_i'^2}{2\,r^2} \sin 2\,\psi + \frac{x_i' y_i'}{r^2} \cos 2\,\psi \right), \tag{716}$$

$$(ik) = a_{ik} - (\delta_i + \varkappa_i). \tag{717}$$

Hierin ist φ_0 die zu bestimmende geographische Breite von P_0 (Ursprungsbreite) und r der Halbmesser einer dem Erdellipsoid sich gut anschmiegenden Projektionskugel. Am besten eignet sich beim Vorliegen einer schmalen Kette der Krümmungshalbmesser desjenigen Normalschnittes von U, welcher die X-Achse enthält. Mit einer für unseren Zweck ausreichenden Genauigkeit gewinnt man ihn aus der Beziehung

$$r \approx 6378,00 \text{ km} + 42,5 \left(\tfrac{1}{2} \sin^2 \varphi_0 - \cos^2 \varphi_0 \cos^2 \psi \right) \text{ km}. \tag{718}$$

Von den obenstehenden Ausdrücken ist derjenige für $\varkappa_i$ der ungenauere; aber auch er ist in der hohen Breite von $\varphi_0 = 70^0$ noch brauchbar, wenn die Abszissen x nicht größer als 120 km sind. Bei Überschreitung dieser Grenzen müßte man den Ursprung U in die Mitte der Kette legen. Vom Einfluß etwaiger Lotabweichungen ist dabei abgesehen[1].

Sind nunmehr für alle Kontrollseiten die Längen und Richtungswinkel bekannt, so wird durch diese Seiten die ganze Kette in eine Reihe von Polygonketten abgeteilt, welche nach dem Verfahren der übereinstimmenden Dreiecksberechnung (S. 140) ausgeglichen und eben berechnet werden können. Die bei dieser Behandlung auftretenden relativen Längenverzerrungen[2] bleiben für $y \leq 40$ km unter $1:50000$.

---

[1] Er bleibt hier doch beträchtlich unter dem Richtungsübertragungsfehler, welcher durch Anhäufung der unvermeidlichen Triangulierungsfehler im betrachteten Dreiecksnetz entsteht. Im übrigen kommt nur die meridiansenkrechte Komponente der Lotabweichung in Betracht.

[2] Für Gebiete mit größeren Ordinaten muß bei Wahrung gleicher Genauigkeitsansprüche die Rechnung entweder auf der Kugel oder mittels einer ebenen winkeltreuen Projektion (z. B. Merkatorprojektion) ausgeführt werden. Siehe hierzu die Lehrbücher über Landesvermessung und Höhere Geodäsie.

Zur Durchführung der vorhin erwähnten astronomisch-geodätischen Arbeiten seien für den Notfall[1] noch einige Fingerzeige gegeben.

Die **geographische Breite** φ ist der Winkel, welchen die Lotrichtung des Beobachtungsortes mit der Äquatorebene einschließt. **Ihre Bestimmung aus Kulminationshöhen** sei an Hand von Abb. 276 erläutert. Diese trägt dem Umstand Rechnung, daß die Ausmaße der Erde im Vergleich zur Entfernung eines angezielten Fixsternes als unendlich klein betrachtet werden dürfen, so daß die Erde als Punkt C dargestellt werden kann. Zur Breitenbestimmung wird man einen solchen Zirkumpolarstern Σ verwenden, der mit Rücksicht auf die Tageszeit in zwei Kulminationen Σ_u, Σ_o beobachtet werden kann und welcher auch in der unteren Kulmination mindestens 10^0 über dem Horizont bleibt. Beobachtet man für die kleinste und größte vom Nordpunkt N aus gezählte Gestirnshöhe die Werte h'_u, h'_o, so sind diese zunächst wegen der astronomischen Refraktion um die aus Refraktionstabellen oder nach (651) zu ermittelnden Beträge r_u, r_o zu verkleinern; die Ausdrücke

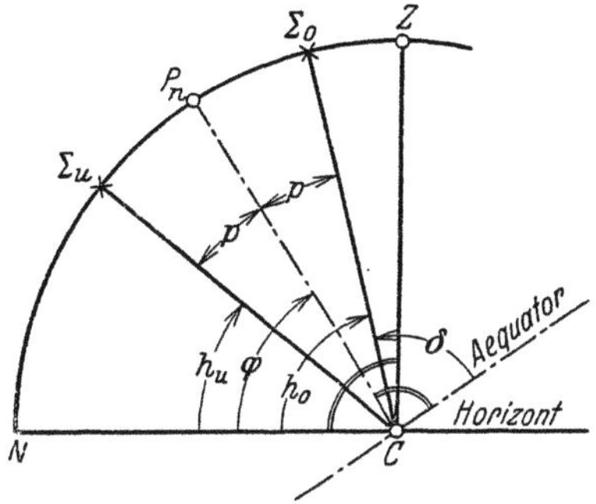

Abb. 276. **Breitenbestimmung aus Kulminationshöhen eines Zirkumpolarsternes (Meridianschnitt).**

$$h_u = h'_u - r_u, \qquad h_o = h'_o - r_o \qquad (719)$$

sind die vom Einfluß der Strahlenbrechung befreiten Höhenwinkel. Da nach Abb. 276 die geographische Breite gleich der Polhöhe ist[2] und die Kulminationsorte Σ_u, Σ_o zum Pol P_n symmetrisch liegen, so wird

$$\varphi = \tfrac{1}{2}(h_u + h_o). \qquad (720)$$

Bei der praktischen Durchführung werden auch die zu den Nachbarstellungen von Σ_u und Σ_o gehörigen Gestirnshöhen beobachtet. Am günstigsten liegen die Verhältnisse, wenn die um 12 Stunden abstehenden Beobachtungen in die Morgen- und Abenddämmerung treffen; dann kann man nämlich ohne Fadenbeleuchtung auskommen. Fallen beide Beobachtungen in die Nacht, was im Herbst und Winter zutreffen kann, so liegen die Dinge auch noch günstig; aber man muß dann bei der Einstellung des Gestirns jeweils durch das Objektiv etwas Licht[3] ins Gesichtsfeld schicken, damit sich das Fadenkreuz vom Hintergrund abhebt. Im Hochsommer ist das besprochene, einfache Verfahren leider nicht anwendbar, weil eine der beiden Kulminationen immer in den hellen Tag fällt und das Gestirn dann nicht auffindbar ist.

Bei diesem Verfahren sind wie bei allen astronomischen Höhenbeobachtungen Luftdruck und Temperatur als Bestimmungselemente für die Refraktion zu messen. Ein etwa vorhandenes Okularprisma (Abb. 53, S. 53) und eine Leuchtblende (Spiegelring) vor dem Objektiv erleichtern das Beobachten.

Hat man ein **Sternverzeichnis**[4], dem die Gestirnsdeklination δ (Winkelabstand vom Äquator) oder ihre Ergänzung auf 90^0 (Polabstand p) entnommen werden kann, oder läßt sich die Berechnung so lange verschieben, bis man sich – erst wieder zu Hause –

---

[1] Der Bauingenieur muß damit rechnen, daß in geographisch unbekannten Ländern u. anderen nicht vermessenen Gebieten auch astronomisch-geodätische Aufgaben an ihn herantreten. Wenn er im Ausland größere Aufnahmen durchführen will, so muß er sich unbedingt **vorher** ausreichende Kenntnisse u. Übung in der astronomisch-geographischen Ortsbestimmung erwerben. Nur für den Ausnahmefall, daß dies unterblieben ist, seien als **grober Notbehelf** die folgenden Ausführungen gegeben. Dabei müssen die Begriffe aus der mathematischen Geographie als bekannt vorausgesetzt werden. Ein einschlägiges, neueres Lehrbuch ist Graff, K.: Grundriß der geographischen Ortsbestimmung aus astronomischen Beobachtungen, 2. Aufl. Berlin 1941.

[2] Entsprechende Schenkel dieser Winkel stehen nämlich aufeinander senkrecht.

[3] Als Lichtquelle kann bei günstiger Stellung auch der Mond dienen.

[4] Z. B. Berliner Astronomisches Jahrbuch oder Nautisches Jahrbuch.

solche Tabellen verschaffen kann, so genügt schon die Beobachtung des Gestirns in einer einzigen Kulmination. Dann ergibt sich die Breite aus

$$\varphi = h_u + p = h_u' - r_u + p \quad \text{bzw.} \quad \varphi = h_o - p = h_o' - r_o - p\,, \qquad (721)$$

je nachdem die Messungen zu einer unteren oder oberen Kulmination gehören.

Für diese zweite Methode kann man unter Verwendung eines Blendglases auch die Sonne benutzen, wobei zur Eliminierung des Sonnendurchmessers in beiden Fernrohrlagen jeweils der andere Sonnenrand eingestellt wird. Wegen der Veränderlichkeit der Sonnendeklination ist auch die Datumsangabe und die genäherte Kenntnis der geographischen Lage erforderlich. Ferner ist hier außer der Strahlenbrechung bei sehr genauen Messungen noch die Höhenparallaxe der Sonne mit $8{,}8'' \cdot \cos h$ zu berücksichtigen; sie ist der kleine Richtungsunterschied der vom Beobachtungsort und vom Erdmittelpunkt zum Sonnenmittelpunkt gezogenen Richtungen.

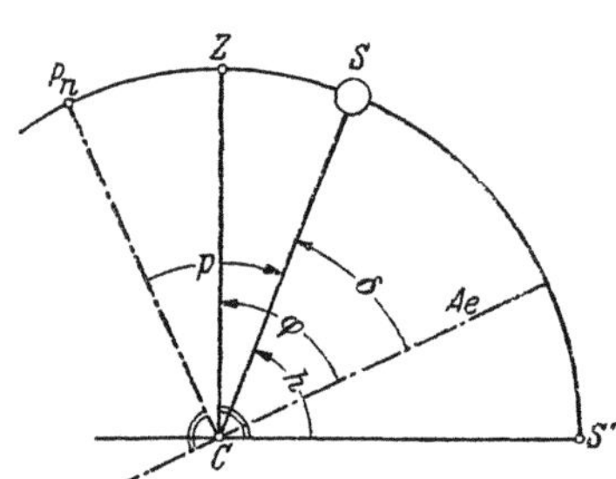

Abb. 276a. Breitenbestimmung aus Meridianhöhen der Sonne.

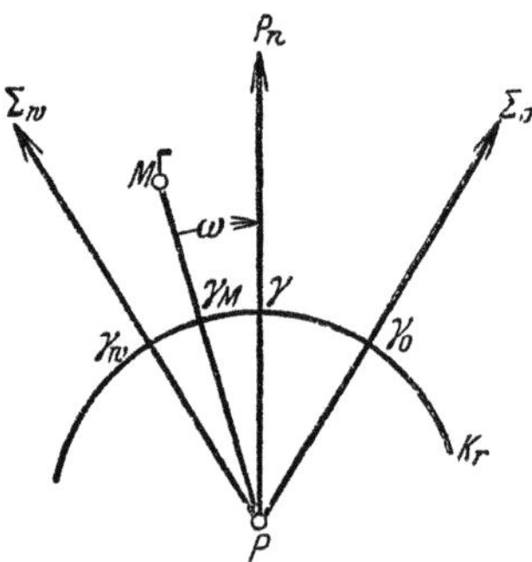

Abb. 277. (Grundriß.) Meridianbestimmung aus den Horizontalkreisablesungen zur östlichsten und westlichsten Stellung eines Gestirns.

Steht die Sonne S (Abb. 276a) zwischen Zenitpunkt Z und Südpunkt S', von dem aus auch die Sonnenhöhe h_o' gezählt wird, so ist die geographische Breite durch den Ausdruck

$$\varphi = 180^0 - h_o' - p + r_o - 8{,}8'' \cdot \cos h \qquad (722)$$

bestimmt.

Wichtiger als Breitenbestimmungen sind für ingenieurtechnische Aufnahmen **Azimutbestimmungen**. Dabei handelt es sich zunächst um die Ermittlung der **Meridianrichtung** bzw. um ihre Festhaltung durch Messung desjenigen Winkels, welchen sie mit einer festen Richtung einschließt.

Die Aufgabe ist am einfachsten zu lösen, wenn man die Horizontalkreisablesungen γ_o und γ_w (Abb. 277) zur Einstellung eines zwischen Zenit und Pol kulminierenden Fixsternes – am besten eines polnahen Gestirns – in seiner östlichsten Stellung Σ_o und westlichsten Stellung Σ_w ausführt. Da die Stellungen Σ_o, Σ_w zur Meridianebene symmetrisch sind, so fällt die Zielebene in den Meridian, wenn am Grundkreis das Mittel

$$\gamma = \tfrac{1}{2}\,(\gamma_o + \gamma_w) \qquad (723)$$

eingestellt wird. Zur Sicherung wird man auch eine gut sichtbare, irdische Marke M einstellen und die zugehörige Kreisablesung γ_M finden. Dann ist die Differenz

$$\omega = \gamma - \gamma_M \qquad (724)$$

derjenige Winkel, welchen die Nordrichtung PP_n mit der festen Richtung PM einschließt. Auch hier werden die zu Σ_o und Σ_w benachbarten Gestirnsstellungen mitbeobachtet, und alle Beobachtungen werden zur Fehlertilgung in zwei Fernrohrlagen ausgeführt. Für die Durchführungsmöglichkeit der skizzierten Methode gilt dasselbe, was über die Möglichkeit der Breitenbestimmung aus beiden Kulminationshöhen eines Zirkumpolarsternes gesagt worden ist.

Die Meridianrichtung kann man auch aus **korrespondierenden Höhen** des gleichen Gestirns gewinnen. Man stellt dazu einen Fixstern Σ in der Nähe des ersten Vertikals (Ost-West-Vertikal) etwa 10 bis 20⁰ über dem Horizont in der Vormittagsstellung Σ_v (Abb. 278) ein und findet eine Grundkreisablesung γ_v. Die zugehörige Gestirnshöhe h wird nach der Kulmination vom absteigenden Stern in der Nachmittagsstellung Σ_n noch einmal erreicht. Beim Herannahen dieses Zeitpunktes ist das Fernrohr,

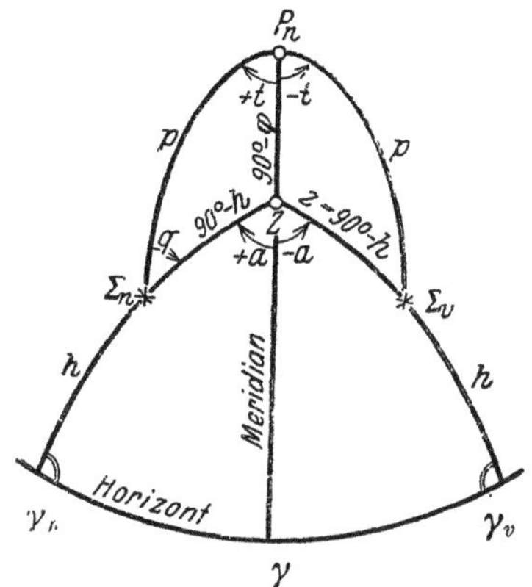

Abb. 278. (Ansicht.) Meridianbestimmung aus korrespondierenden Gestirnshöhen.

dessen ursprüngliche Neigung sorgfältig erhalten bleiben muß, im horizontalen Sinne nachzudrehen, zum Schluß mit der Feinstellschraube. Steht Σ wieder im Fadenkreuzschnittpunkt, so wird am Grundkreis eine Ablesung γ_n erscheinen. Aus Symmetriegründen ist

$$\gamma = \tfrac{1}{2}(\gamma_v + \gamma_n) \tag{725}$$

diejenige Kreiseinstellung, für welche die Zielebene im Meridian liegt.

Bei Verwendung der Sonne erfolgen nach Andeutung von Abb. 279 Randeinstellungen; auch sind die zugehörigen Uhrable-

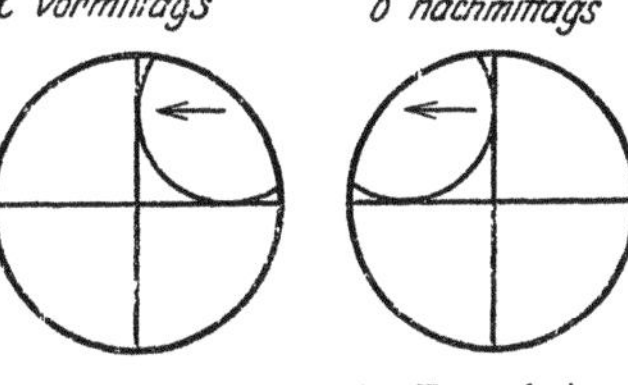

Abb. 279. (Anblick im Fernrohr.) Meridianbestimmung aus korrespondierenden Sonnenhöhen.

sungen U_v, U_n auszuführen, damit die wegen der Sonnendeklinationsänderung notwendige Mittagsverbesserung berechnet werden kann. Ist

$$t = \tfrac{1}{2}(U_n - U_v) \tag{726}$$

der Stundenwinkel der Sonne und $\Delta\delta_0$ deren Deklinationszunahme von der den Beobachtungen vorausgehenden bis zu der ihnen folgenden, gleichartigen Kulmination, so tritt an Stelle von (725) der Ausdruck

$$\gamma' = \frac{1}{2}(\gamma_v + \gamma_n) - \frac{t \cdot \Delta\delta_0}{24 \sin t \cdot \cos \varphi}. \tag{727}$$

Hier ist t in Stunden ausgedrückt. Zur Berechnung des Korrektionsgliedes (Mittagsverbesserung) braucht man auch einen Näherungswert von φ, außerdem $\Delta\delta_0$, welches mangels einer Sonnenephemeride nach

$$\Delta\delta_0 = h_{i+1} - h_i \tag{728}$$

genügend genau aus aufeinanderfolgenden Mittagshöhen h_i, h_{i+1} der Sonne ermittelt werden kann. Auch bei der Einstellung von Planeten ist die Beziehung (727) sinngemäß zu verwenden.

Der bisher beschriebene Weg verlangt die unveränderte Beibehaltung der Fernrohrneigung für die ganze Beobachtungsdauer, so daß nur in einer Lage beobachtet werden kann. Will man diesen Übelstand vermeiden und in zwei Lagen beobachten, so wird sich die Nachmittagshöhe h_n etwas von der Vormittagshöhe h_v unterscheiden[1], und statt (725) ist bei Verwendung eines Fixsternes der Ausdruck

$$\gamma_0 = \frac{1}{2}(\gamma_v + \gamma_n) + \frac{\cos q}{2 \sin t \cdot \cos \varphi}(h_n - h_v) \tag{729}$$

zu benutzen. Der in Abb. 278 eingetragene parallaktische Winkel q ergibt sich genügend scharf mit einem genäherten φ aus

$$\sin q = \frac{\sin t \cdot \cos \varphi}{\cos h}. \tag{730}$$

---

[1] Entsprechende Beobachtungen in beiden Fernrohrlagen gehören wegen der fortschreitenden Bewegung des Gestirns zu etwas verschiedenen Höhenwinkeln u. Azimuten. Sie müssen ziemlich rasch ausgeführt werden, damit dem Höhenmittel ohne weiteres das Azimutmittel zugeordnet werden darf. Deswegen legt man im allgemeinen auch zusammengehörige Sterneinstellungen zwischen die entsprechenden Einstellungen der festliegenden irdischen Marke.

Auch hier sind zur Ermittlung von t nach (726) die Uhrablesungen mitzunehmen. Für die Sonne und für Planeten ist wieder die Mittagsverbesserung zu berücksichtigen, und die der Meridianlage der Zielebene entsprechende Kreiseinstellung wird durch

$$\gamma_0' = \frac{1}{2}\left(\gamma_v + \gamma_n\right) + \frac{1}{2\sin t \cdot \cos \varphi}\left\{(h_n - h_v)\cos q - \frac{t}{12}\cdot \varDelta \delta_0\right\} \ast \tag{731}$$

bestimmt.

Bei Azimutmessungen kann man nahe an den Horizont herangehen, soweit es sich nur um Horizontalkreisablesungen handelt. Bei stärkeren Neigungen der Sicht ist die Alhidadenachse besonders sorgfältig lotrecht zu halten, oder es ist der Aufstellungsfehler zu ermitteln und zu berücksichtigen. Gute Dienste leistet bei solchen Messungen eine Kippachsenlibelle. Erfolgt – wie bei der Meridianbestimmung aus korrespondierenden Gestirnshöhen – die Azimutbestimmung unter Zuhilfenahme von Höhenwinkeln, so muß man mit Rücksicht auf die vertikale Strahlenbrechung auch hier mindestens 10^0 über dem Horizont bleiben.

Wir kehren nunmehr wieder zu den rein geodätischen Arbeiten zurück.

Die Punkte des Polygonnetzes, dessen bis zu 250 m lange Seiten am besten durch direkte Längenmessungen bestimmt werden, soll man so auswählen, daß sie eine feste Instrumentenaufstellung und eine gute Übersicht ermöglichen, damit bei der nachfolgenden Einzelaufnahme von jedem Polygonpunkt aus möglichst viele Gelände-punkte aufgenommen werden können. Soweit möglich, soll auch dem ordentlichen Auf-bau des Netzes die nötige Sorgfalt zugewendet werden. Bei langen, sehr schmalen Streifen – etwa bis 400 m Breite – wird man in der Mitte des Streifens liegende Züge zwischen geeignet gelegene Dreieckspunkte einspannen, so daß, von diesen Zwischen-Dreieckspunkten abgesehen, ein einziger das Rückgrat des Streifens bildender Zug den ersten mit dem letzten Dreieckspunkt verbindet. Wird der Streifen breiter, so braucht man zwei derartige, annähernd parallele Züge, deren Abstand von den Streifen-rändern etwa die Hälfte ihres gegenseitigen Abstandes betragen soll.

Die Höhenbestimmung der Dreiecks- und Polygonpunkte erfolgt, wenn die auftretenden Höhenunterschiede nur gering und die Punkte leicht zugänglich sind, mit dem Nivellierinstrument. Andernfalls begnügt man sich damit, die Höhen von nur einigen möglichst diametral liegenden Dreieckspunkten geometrisch zu nivellieren und ermittelt die Höhen der übrigen Dreieckspunkte trigonometrisch durch die Messung gegenseitiger Zenitdistanzen in zwei Fernrohrlagen. Die zusammengehörigen der unter Berücksichtigung von Erdkrümmung und Strahlenbrechung berechneten Höhenunterschiede weichen meist nur einige cm voneinander ab, solange die Dreiecks-seiten 2 km nicht übersteigen. Ihre Mittelwerte sind entweder durch eine Ausgleichung oder nach Gutdünken zwischen die vorher einnivellierten Dreieckspunkte einzupassen.

Auch die Höhenbestimmung der Polygonpunkte kann trigonometrisch gelegentlich der Polygonwinkelmessung durch die Beobachtung gegenseitiger Zenit-abstände erfolgen. Hier genügt zur Beobachtung (in einer Fernrohrlage) ein Instru-ment, das nur einen Höhenbogen besitzt, und die Berechnung der Höhenunterschiede erfolgt ohne Rücksicht auf Erdkrümmung und Strahlenbrechung. Der am Ende eines Zuges auftretende Höhenwiderspruch ist proportional zu den Quadraten der Seiten-längen auf die ihnen entsprechenden Höhenunterschiede zu verteilen.

Zur Ergänzung des Polygonnetzes dienen Tachymeterzüge, d. h. verpflockte Winkelzüge, deren Horizontalwinkelmessung in der auch sonst üblichen Weise, jedoch nur in einer Fernrohrlage erfolgt, während die Seitenlängen und Höhenunterschiede dieser Züge durch das beim tachymetrischen Nivellement beschriebene Verfahren be-stimmt werden. Dabei wird zur Kontrolle und zur Erhöhung der Genauigkeit jede Seite und der zugehörige Höhenwinkel doppelt, einmal bei Blick vorwärts und ein zweites Mal bei Blick rückwärts gemessen. Tachymetrisch zu bestimmende Seiten dürfen ja nicht zu lang genommen werden, selbst bei sehr leistungsfähigen Instrumenten nicht über 150 m. Längere Seiten müßten gegebenenfalls mit Aufstellung des Instruments in der Mitte der Seite in zwei Abschnitten gemessen werden.

Tabelle 38.

Tachymeterzug von ⊙25—⊙30.

Instrument: Repetitionstachymetertheodolit von Ertel & Sohn, Nr. 47.

$c = 0,40$ m; $C = 100,02$.

4. 8. 1923.
$v_z = 0,0'$.

[1] Ziel	[2] $m = z$	[3] l	[4] Grundkreisablesungen	[5] Höhenkreisablesungen α	[6] K / Δ	[7] Horizontalentfernung $D = K - \Delta$	[8] Höhenunterschied h	[9] Probe $\Delta : h = \operatorname{tg}\alpha$	[10] Meereshöhe H
	m	m	° ′	° ′	m	m	m		m
	Standort:	P. P. 25	$i = 1,35$						**617,31**
⊙24			$224^0 16'\,_e$						
T_1	$z = i$	0,893	50 43	+ 4⁰ 28′					
			44				7,00		
		$0,892_0$		+ 4 29,0	89,62 / 0,55	89,07	+ 6,98	0,0785 / 84	
	Standort:	T_1	$i = 1,38$						624,31
⊙25	$z = i$	0,891	230 43$_e$	− 4 30					
T_2	$z = i$	0,785	61 28	+ 3 58					
			30				4		
		$0,784_5$		+ 3 57,5	78,87 / 0,38	78,49	+ 5,43	0,0698 / 92	
	Standort:	T_2	$i = 1,40$						629,75
T_1	$z = i$	0,784	241 28$_e$	− 3 57					
T_3	$z = i$	0,816	83 36	+ 5 19					
			39				7		
		$0,815_0$		+ 5 19,5	81,92 / 0,71	81,21	+ 7,56	0,0939 / 33	
	Standort:	T_3	$i = 1,34$						637,32
T_2	$z = i$	0,814	263 36$_e$	− 5 20					
T_4	$z = i$	0,698	47 49	+ 3 25					
			53				8		
		$0,699_0$		+ 3 24,5	70,31 / 0,25	70,06	+ 4,17	0,0598 / 96	
	Standort:	T_4	$i = 1,42$						641,50
		i		24					
T_3	$z = 1.60$	0,700	227 49$_e$	− 3 15					
T_5	$z = i$	0,815	43 18	+ 4 33					
			23				9		
		$0,815_5$		+ 4 33,0	81,97 / 0,52	81,45	+ 6,48	0,0802 / 796	
	Standort:	T_5	$i = 1,38$						647,99
T_4	$z = i$	0,816	223 18$_e$	− 4 33					
T_6	$z = i$	0,742	38 46	+ 5 51					
			52				7		
		$0,741_0$		+ 5 51,5	74,51 / 0,77	73,74	+ 7,56	0,1016 / 26	
	Standort:	T_6	$i = 1,35$						655,56
T_5	$z = i$	0,740	218 46$_e$	− 5 52					
⊙30	$z = i$	0,806	35 07	+ 4 40					
			14				8		
		$0,806_0$		+ 4 39,5	81,02 / 0,53	80,48	+ 6,57	0,0806 / 15	
						$[h'] =$	+ 44,75		
	Standort:	P. P. 30	$i = 1,41$			Soll	+ 44,83		**662,14**
T_6	$z = i$	0,806	215 07$_e$	− 4 39		$w_H =$	+ 0,08		
⊙31			68 28						
			36						
	Soll		68 36						
	$w =$		+ 8						

Tabelle 38 enthält unter Verwendung der schon beim tachymetrischen Nivellement gebrauchten Bezeichnungen ein **Zahlenbeispiel** für die Höhenberechnung eines Tachymeterzuges mit sämtlichen Feldaufschreibungen. Zum besseren Verständnis mögen folgende Erläuterungen dienen. Nachdem das Instrument im neuen Standort meßgerecht aufgestellt ist, wird die Instrumentenhöhe i gemessen, aufgeschrieben[1] und an der Entfernungslatte mittels der Zielscheibe eingestellt, so daß die Zielhöhe z gleich der Instrumentenhöhe i und die Sicht parallel zur Verbindungsstrecke der Bodenpunkte wird. Ist diese Angleichung – wie beim Rückblick im Standort T_4 – aus irgendeinem Grund nicht möglich, so muß das betreffende abweichende z, z. B. 1,60 m, eingetragen werden. Spalte 3 enthält die im Rückblick und Vorblick auf mm abgelesenen Lattenabschnitte l und ihre für die weitere Rechnung verwendeten Mittelwerte; diese auf halbe Millimeter. Da ein Repetitionstheodolit zur Verfügung stand, konnten am Grundkreis sogleich Richtungswinkel abgelesen werden. Zu diesem Zweck wurde zunächst im Anfangspunkt P. P. 25 der bekannte Richtungswinkel 224° 16′ für die Orientierungsseite nach P. P. 24 eingestellt[2] und hierauf ohne Änderung dieser Ablesung die Einstellung von P. P. 24 durch eine Drehung um die Kreisachse herbeigeführt. War dann der vorwärtsliegende Punkt T_1 durch eine Drehung um die Alhidadenachse eingestellt worden, so gab die Grundkreisablesung 50° 43′ ohne weiteres den Richtungswinkel der vorwärtsliegenden, nach T_1 führenden Zugseite an. Sinngemäß war auch in allen übrigen Standpunkten zu verfahren. Der Anschlußwiderspruch w (hier $+ 8′$) ist gleichmäßig fortschreitend auf die Richtungswinkel zu verteilen. Im Beispiel sind die vorläufigen Werte der Richtungswinkel durchstrichen und die ausgeglichenen Werte daruntergesetzt. Bei Benutzung eines gewöhnlichen Theodolits erfolgen für Rückblick und Vorblick jeweils Zufallsablesungen, deren Unterschiede erst die Polygonwinkel geben, welche bei rechnerischer Bearbeitung des Zuges wie beim Theodolitpolygonzug zu behandeln sind. Die in Spalte 5 bis auf ganze Minuten enthaltenen Höhenwinkel der einzelnen Seiten des Tachymeterzuges unterscheiden sich in Vorblick und Rückblick nur durch das Vorzeichen. Ihre weiterhin verwendeten Mittel sind auf halbe Minuten gebildet und stehen zwischen den beiden Einzelwerten. Wenn z nicht gleich i gemacht werden konnte, so war vor Mittelung der Höhenwinkel erst eine der Forderung $z = i$ entsprechende Änderung $d\alpha'$ des Höhenwinkels herbeizuführen. Aus Gl. (661): $h = D \cdot \mathrm{tg}\,\alpha$ findet man bei konstantem D leicht den einfachen Ausdruck

$$d\alpha' = \varrho' \cdot \cos^2\alpha \cdot \frac{dh}{D} = \varrho' \frac{i-z}{K}, \tag{732}$$

wo K die Stammzahl bedeutet. In unserem Fall wird $d\alpha = -3438\,\dfrac{0,18}{70} = -9,0'$.

Es ist also die in T_4 nach T_3 erfolgte Höhenkreisablesung $-3°\,15'$ durch $-3°\,24'$ zu ersetzen. Spalte 6 enthält die Stammzahlen K und darunter die nach (664) mit dem Rechenschieber ermittelten Reduktionen $\varDelta$, deren Subtraktion von K auf die in der nächsten Spalte enthaltenen Horizontalentfernungen D führt. Auch die Höhenunterschiede h sind hier mit dem Rechenschieber berechnet. Die Summe ihrer vorläufigen Werte h' (hier 44,75 m) soll mit der Differenz 662,14 m — 617,31 m $= + 44,83$ m der bekannten Meereshöhen der Anschlußpunkte P. P. 25 und P. P. 30 übereinstimmen. Ein Höhenwiderspruch $w_H = + 0,08$ m wird proportional den Quadraten der Entfernungen auf die einzelnen Höhenunterschiede verteilt. Mit den verbesserten Höhenunterschieden h erhält man jetzt die in Spalte 10 stehenden Meereshöhen der einzelnen Zugpunkte mit Anschlußprobe in P. P. 30. Spalte 9 endlich ist eine Probespalte, deren Mitnahme unsicheren Rechnern zu empfehlen ist.

Mit der Messung von Tachymeterzügen pflegt man sogleich auch die Einzelaufnahme zu verbinden.

---

[1] Alle in Tabelle 38 enthaltenen Längen sind in Metern zu verstehen.
[2] Alle Einstellungen sind in der Tabelle durch ein angehängtes e kenntlich gemacht.

b) Die Einzelaufnahme mit verschiedenen Tachymetertheodoliten.

Für die Aufnahme offenen und übersichtlichen Geländes eignet sich am besten die Theodolit-Tachymetrie, welche mit verschiedenen Instrumenten durchgeführt werden kann.

Das älteste und unter den üblichen Tachymetern in bezug auf Genauigkeit noch heute das leistungsfähigste Instrument ist das Kreistachymeter, ein mit Höhenkreis und Fadendistanzmesser ausgestatteter Theodolit. Zur Durchführung der Einzelaufnahme wird das Instrument, nachdem seine Konstanten scharf bestimmt worden sind, über einem bekannten Netzpunkte aufgestellt und berichtigt. Diese Berichtigung hat sich auf die deutliche Sichtbarmachung des Fadenkreuzes, die Lotrechtstellung der Alhidadenachse und Berichtigung der Alhidadenlibelle, die Beseitigung des Neigungsfehlers einer etwa vorhandenen Fernrohrlibelle sowie des Zeigerfehlers am Höhenkreis und, da nur in einer Fernrohrlage beobachtet wird, auch auf die Wegschaffung des Zielachsen- und Kippachsenfehlers zu erstrecken. Zur horizontalen Orientierung des aufzunehmenden Punktsystems wird der rückwärtsliegende Polygonpunkt oder ein anderer Punkt von bekannter Lage eingestellt und die zugehörige Ablesung am Grundkreis aufgeschrieben. Ist das Instrument ein Repetitionstheodolit, so wird man dafür sorgen, daß bei Einstellung der Orientierungsrichtung am Horizontalkreis ihr von vornherein bekannter Richtungswinkel erscheint. Dann gibt auch jede andere Grundkreisablesung sogleich den Richtungswinkel der zugehörigen Zielebene an. Die gemessene Instrumentenhöhe i bezeichnet man an der Entfernungslatte zweckmäßig durch eine Zielscheibe, auf welche jeweils die mittlere Fernrohrziellinie gerichtet wird, wenn ihr Höhenwinkel abgelesen werden soll. Nach diesen Vorbereitungen geht der Handrißführer mit zwei Lattenträgern ins Gelände, wählt die aufzunehmenden charakteristischen Punkte aus, in denen die Latten aufgestellt werden, skizziert, zeichnet Leitlinien und nimmt kleinere Ergänzungsmessungen vor, während zwei Beobachter, deren einer auch die Aufschreibungen besorgt, am Instrument bleiben. Zur Aufnahme eines Punktes wird zuerst der Lattenabschnitt l abgelesen, wobei der obere Faden zweckmäßig auf 1 m oder doch auf einen dm-Strich eingestellt wird. Hierauf stellt man den Mittelfaden auf die Zielscheibe, so daß die Ablesung am Mittelfaden, die sog. Zielhöhe, $z = i$ wird und ruft dann den Lattenträger sofort ab, damit er sich zum nächsten Punkt begeben kann, während am Instrument noch die Ablesungen am Grundkreis und Höhenkreis (Höhenwinkel oder Zenitabstand) ausgeführt werden. Kann einmal z nicht gleich i gemacht werden, etwa

Tabelle 39.

Punkt Nr.	Fadenablesungen				Kreisablesungen		Stammzahl K	Horizontale Entfernung D	Höhenunterschied h	Meereshöhe H	Bemerkungen
	0	$m = z$	u	$l = u - 0$	Grundkreis	Höhenkreis					
	m	m	m	m	° ′	° ′	m	m	m	m	
					Standort:	P.P. 16				311,56	$v_z = 0{,}0'$ $i = 1{,}38$ m $\otimes = 312{,}94$ m
P.P.15					36 15	= Orientierung					
26		i		0,538	51 38	+ 5 58					
27		i		0,630	55 14	+ 4 19					
28		1,30		0,705	70 23	− 1 05					
29	1,046	i	1,988	0,942	81 47	− 1 53					
30		1,93		0,961	102 16	0 00				311,01	nivelliert
31		1,23			114 53	0 00		13,6		311,71	nivelliert und direkt gemessen
45		i		1,004	130 24	− 0 23					
P.P.15					36 14	= Orientierung					

weil die Zielscheibe verdeckt ist, so ist das gewählte z natürlich aufzuschreiben. Manchmal wird es aus einem ähnlichen Grunde notwendig, auch an den beiden äußeren Fäden Zufallsablesungen auszuführen, deren Differenz dann den Lattenabschnitt ergibt. Die **Art der Aufschreibung**, für welche die Punktnumerierung eine durchlaufende für alle Standorte ist, zeigt Tabelle 39. Sind in einem Standort alle Punkte aufgenommen, so wird vor der Wegnahme des Instruments noch einmal die Orientierung nachgeprüft und aufgeschrieben. Bei besonderen Anlässen ist sie schon früher nachzusehen und, wenn nötig, zu berichtigen. Auch die **Übereinstimmung der Punktnumerierung** am Instrument und im Handriß ist etwa alle 5 Punkte durch Zuruf nachzuprüfen. Durch die Grundkreisablesung, den Lattenabschnitt und den Höhenwinkel der mittleren Ziellinie sowie durch i und z ist bei bekannter Lage des Aufstellungspunktes nunmehr auch die räumliche Lage des aufgenommenen Punktes bestimmt. Wie schon früher (S. 222) gezeigt worden ist,

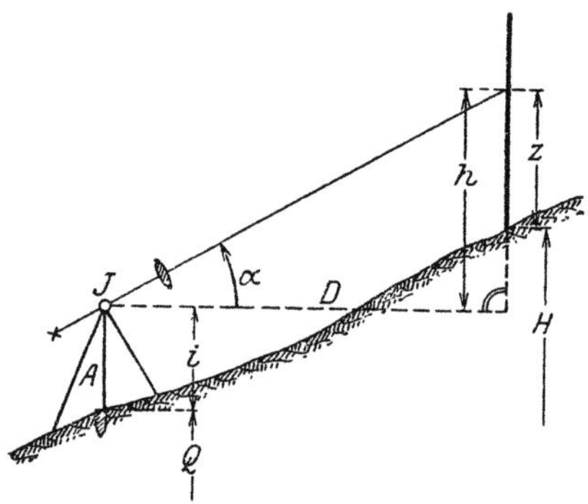

Abb. 280. Höhenermittlung für einen tachymetrisch aufgenommenen Geländepunkt.

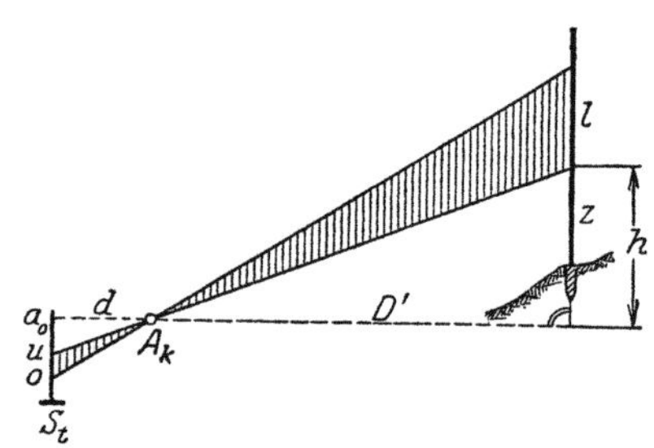

Abb. 281. Wirkungsweise des Schraubendistanzmessers.

sind die horizontale Entfernung D der Latte und der Höhenunterschied h zwischen der Kippachse des Instruments und dem Lattenpunkte z durch die Ausdrücke[1]:

$$D = K\cos^2\alpha = K - \varDelta, \quad \varDelta = K\cdot\sin^2\alpha \approx \frac{3K}{10\,000}(\alpha^0)^2,$$
$$h = \tfrac{1}{2}K\cdot\sin 2\alpha = D\cdot\operatorname{tg}\alpha \qquad\qquad\qquad\Big\} \quad (733)$$

bestimmt. Ist Q die Meereshöhe, $Q' = Q + i - z$ die reduzierte Kote des Aufstellungspunktes A, so folgt nach Abb. 280 die Meereshöhe des Geländepunktes

$$H = Q' + h. \tag{734}$$

Die **zweckmäßige Punktzahl** auf 1 qkm ist etwa 500 bei mittelschwierigem Gelände[2].

Beim **Schraubendistanzmesser** handelt es sich um ein Tachymeter mit nur einer Ziellinie in Verbindung mit einer Tangentenkippschraube[3]. Ihr Abstand von der Kippachse sei d, ihre Ganghöhe γ. Zur Aufnahme eines Geländepunktes werden die beiden meist durch Zielscheiben deutlich bezeichneten Endpunkte eines lotrechten Lattenabschnitts l eingestellt und die zugehörigen Schraubenablesungen o, u ausgeführt. Gehört die Ablesung a_0 zur waagrechten Zielachse und bedeutet c den Abstand der Kippachse von der Alhidadenachse, so bestehen nach Abb. 281 die Beziehungen

$$D' = \frac{d\cdot l}{\gamma(o-u)} = C\frac{l}{o-u}, \quad D = c + D', \quad h = \frac{u-a_0}{o-u}l, \tag{735}$$

worin man der Multiplikationskonstanten $C = d : \gamma$ durch eine geeignete Wahl von d

---

[1] Über die Hilfsmittel zur Bestimmung von D u. h siehe Anm. auf S. 222; wegen der Fehler der Ausdrücke (733) u. (734) siehe (659) u. (662) u. Anm. 2, S. 223.

[2] Wenn der Endzweck nur in der Beschaffung einer einwandfreien Grundlage für ein Kartenwerk 1 : 25000 besteht, so genügen auch weniger Punkte.

[3] Die Tangentenkippschraube ist auf S. 38 beschrieben.

und γ einen runden Wert geben kann. Bei unveränderlichem l wird auch $C \cdot l = C'$ ein Festwert, also

$$D = c + \frac{C'}{o - u}. \tag{736}$$

Mit dem Schraubendistanzmesser kann man noch auf Entfernungen hin arbeiten, für welche bei fest aufgespannten Entfernungsfäden der Fadenabstand schon größer ist als die Länge des Lattenbildes[1]. Doch können wegen der beschränkten Schraubenlänge keine allzu steilen Sichten genommen werden.

Tachymeter, welche die Rechenarbeit ganz oder teilweise selbst erledigen, nennt man selbstreduzierende Tachymeter. Man unterscheidet: Schiebetachymeter (Projektionstachymeter), Kontakttachymeter, Diagrammtachymeter, Tachymeter mit veränderlichen Fadenabständen, Doppelbildtachymeter.

Das Schiebetachymeter oder Projektionstachymeter von KREUTER[2] ist ein Repetitionstheodolit mit in einem Rohrlager drehbarem distanzmessenden Ring-

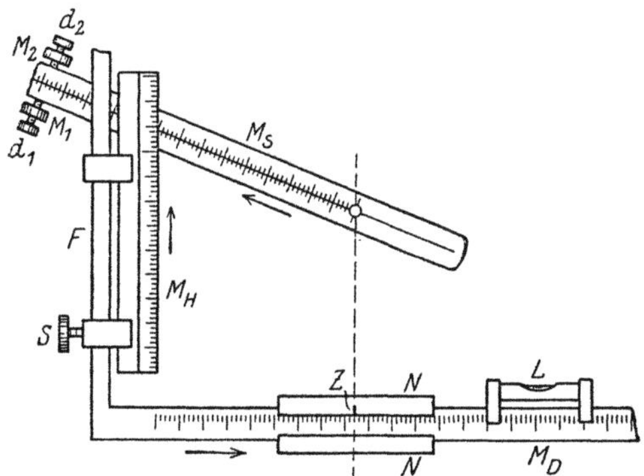
Abb. 282. Projektionsgestänge des Kreuter-Tachymeters.

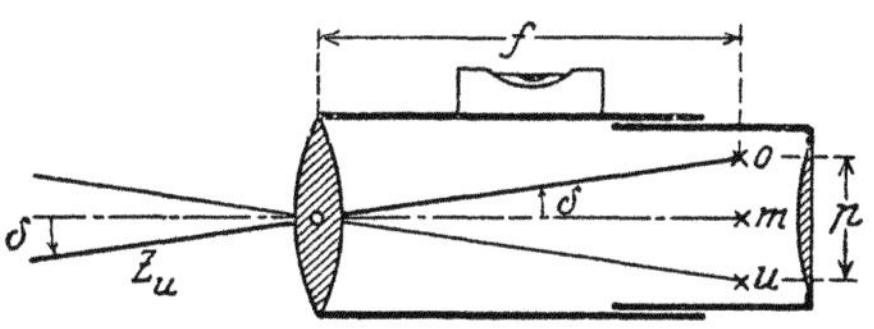
Abb. 283. Fernrohr des Schiebetachymeters von Kreuter.

fernrohr samt umsetzbarer Reitlibelle, so daß das Instrument auch als Nivellierinstrument gebraucht werden kann. Das Eigenartige des Instruments ist ein aus drei geteilten Linealen bestehendes Projektionsgestänge (Abb. 282), dessen schiefes Lineal, das sog. Hypotenusenlineal M_s, fest mit dem Fernrohr verbunden ist und dessen Teilungslinie zur unteren Ziellinie Z_u (Abb. 283) parallel liegt, wenn das Fernrohr auf Unendlich eingestellt ist[3]. Ein Horizontalmaßstab M_D läßt sich in einer unten an den Fernrohrstützen befestigten Nut N verschieben; er endigt in einen lotrechten Führungsarm F, an dem ein Höhenmaßstab M_H mit abgeschrägter Kante verschoben und durch eine Klemmschraube S befestigt werden kann. Der Sinn der Bezifferungen ist in der Abbildung durch Pfeile angedeutet. Beim Gebrauch wird im aufzunehmenden Punkte P eine Latte, deren Oberteil um ein in der Höhe z befindliches Scharnier S (Abb. 284) drehbar ist, so aufgestellt, daß der Lattenfuß L_u lotrecht steht, während der Oberteil L_o

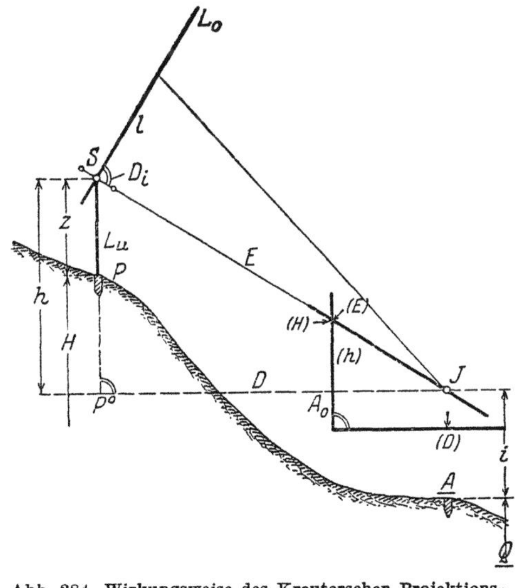
Abb. 284. Wirkungsweise des Kreuterschen Projektionstachymeters.

<hr>

[1] Hin und wieder wird auch mit konstanter tg-Änderung (rundes o-u) und veränderlichem Lattenabschnitt gearbeitet. KLINGATSCH: Über Fadentachymeter mit Tangentenschraube. Z. Vermess.-Wes. 1905, S. 337—341 u. 353—362.

[2] KREUTER, F.: Patentiertes Quotierinstrument für generelle Aufnahmen in koupiertem Terrain. Wien 1874; ferner Das neue Tacheometer, 2. Aufl. Brünn 1888.

[3] Für endliche Entfernungen kommt ein kleiner, praktisch bedeutungsloser Fehler herein.

mit Hilfe eines kurzen, dazu senkrechten, aufklappbaren Diopters D_i senkrecht zur unteren, auf S gerichteten Ziellinie Z_u gestellt wird. Da in S der Nullpunkt der Distanz-teilung liegt, kann am Unterfaden sogleich der Lattenabschnitt l abgelesen werden, so daß der Ausdruck $C \cdot l\,(C = 100{,}00)$ gegebenenfalls unter Hinzufügung von c sogleich die schiefe Entfernung E angibt. Wird nunmehr durch eine horizontale Verschiebung von M_D mittels der Kante des Höhenmaßstabes am schiefen Maßstab M_s die eben ermittelte schiefe Entfernung E eingestellt, so liest man an M_D sogleich die Horizontal-entfernung D, an M_H jedoch die Meereshöhe H des Geländepunktes ab, wenn nach Auf-stellung des Instruments über A der Höhenmaßstab so verstellt wurde, daß an ihm bei horizontaler Lage der unteren Ziellinie durch die Teilungskante von M_s die Ablesung

$$A_0 = Q' = Q + i - z, \tag{737}$$

d. i. die reduzierte Kote des Aufstellungspunktes, angezeigt wird.

Vor dem Gebrauch ist das Instrument zuerst als Theodolit, Nivellierinstrument und als Distanzmesser zu berichtigen. Dann erst erfolgt die Untersuchung des Projek-tionsgestänges in bezug auf 1. die waagrechte Lage des Horizontalmaßstabes durch Umsetzen einer Libelle; 2. den Parallelismus zwischen Hypotenusenlineal und unterer Ziellinie Z_u (Verminderung der Ablesung an M_H um $\frac{1}{200} \cdot \varDelta D$, wenn bei einspielender Fernrohrlibelle M_D um $\varDelta D$ verschoben wird); 3. den Zeigerfehler am Horizontalmaß-stab (für horizontale Sicht – einspielende Libelle – sollen die Ablesungen an M_s und M_D übereinstimmen) und 4. auf die richtige Einstellung des Höhenmaßstabes (bei ein-spielender Libelle soll an M_H die Ablesung $A_0' = A_0 - \frac{1}{200} D$ erscheinen)[1].

Beim Kontakttachymeter von Sanguet sitzen auf der mit einer Libelle L_1 versehenen Alhidade (Abb. 285) die beiden Fernrohrträger T_1, T_2. In ersterem ist die um c exzentrische Kippachse des Fernrohres ge-lagert, während T_2 eine als Tangenten-maßstab M_t bezeichnete Teilung trägt, deren Ablesungen t die 100fachen tg der Höhenwinkel α der Ziellinie (das Instru-ment hat nur eine Ziellinie) angeben. Das Okularende des Fernrohres ruht mittels einer in der durch den Fadenkreuzschnitt-punkt und die Kippachse bestimmten Ebene liegenden Schneide S_1 (Abb. 286) auf einer dazu senkrechten horizontalen Schneide S_2, welche ihrerseits mit einem an der lotrechten Führungsstange F verschiebbaren Gleit-stück G verbunden ist. Durch Anziehen einer Klemmschraube S wird dieses mit einem Nonius ausgerüstete

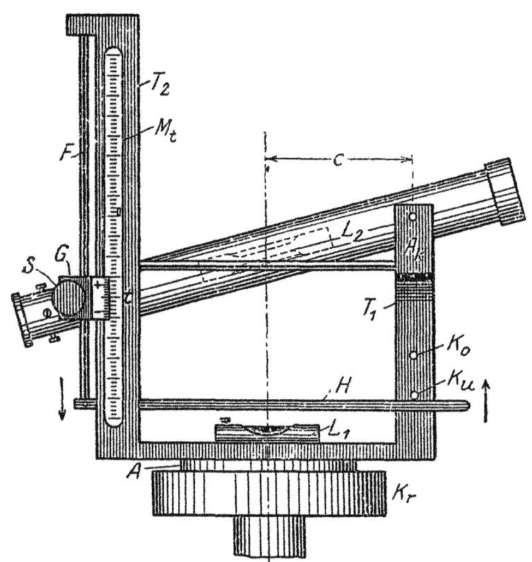

Abb. 285. Kontakttachymeter von Sanguet.

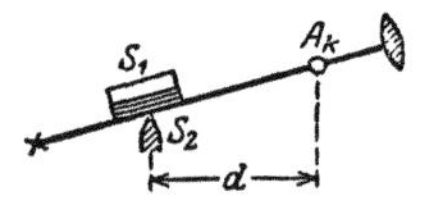

Abb. 286. Schneidenauf-lagerung beim Kontakt-tachymeter von Sanguet.

Gleitstück und damit das Fernrohr in bestimmter Lage festgehalten. Charakteristisch ist ein in der Ausgangsstellung an einem nnteren Knopf K_u anliegender Hebel H,

---

[1] Schon der durch die Erfindung des Meßtisches rühmlichst bekannte Altdorfer Professor Magister Praetorius hatte an seinem Meßtischlein drei Nebenregeln angebracht, welche den Pro-jektionsvorrichtungen des Schiebetachymeters vollkommen entsprechen (siehe Daniel Schwen-ter: Geometriae Practicae, Nürnberg 1627). Nach Puller (Z. Vermess.-Wes. 1896, S. 375) hat 1865 Geometer Kiefer den Gedanken der Projektionsvorrichtung gefaßt u. von Breit-haupt ausführen lassen. Etwas jünger als das Kreutersche Instrument ist das Tachygrapho-meter von Wagner. Das vom Erfinder Puller in der Z. Vermess.-Wes. 1901, S. 531—544, be-schriebene Schiebetachymeter von Puller-Breithaupt vermeidet die bei Kreuter und Wagner notwendige schiefe Lattenstellung.

durch dessen Verstellung bis zum oberen Knopf K_o die mit dem anderen Hebelende verbundene Führungsstange F und damit auch die Schneide S_2 um einen konstanten Betrag q gesenkt werden. Bedeutet d den waagrechten Abstand dieser Schneide von der Kippachse und war bei einer Instrumentenhöhe i in der Ausgangsstellung (H an K_u) t die Ablesung am tg-Maßstab und z diejenige an der Latte, welche in der zweiten Fernrohrstellung (H an K_o) um l vergrößert erscheint, so erhält man mit den in Abb. 287 eingeschriebenen Bezeichnungen:

$$D' : d = l : q, \quad D = c + \frac{d}{q} \cdot l \quad \text{und} \quad h = D' \frac{t}{100}. \tag{738}$$

Bezeichnet man die Multiplikationskonstante $d : q$ zur Abkürzung mit C ($=100,00$), so erhält man zur Bestimmung der Punktlage außer der Ablesung am Grundkreis:

$$\text{und} \quad \left.\begin{array}{l} D = c + C \cdot l \\ H = Q + h + i - z. \end{array}\right\} \tag{739}$$

Das Instrument wird vor dem Gebrauch als Theodolit und unter Verwendung der gestrichelt gezeichneten Fernrohrdoppelschlifflibelle L_2 als Nivellierinstrument berichtigt. Schließlich erfolgt bei lotrechter Alhidadenachse und horizontaler Ziellinie die Bestimmung und Beseitigung des Zeigerfehlers am tg-Maßstab[1].

Eine sehr sinnreiche Konstruktion ist das selbstreduzierende Tachymeter von HAMMER-FENNEL[2].

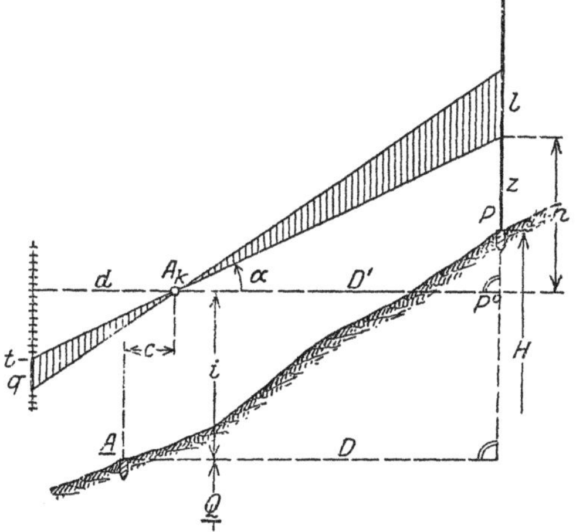

Abb. 287. Wirkungsweise des Kontakttachymeters von Sanguet.

Denkt man sich den Ausdruck für die Horizontalentfernung auf die Form

$$D = C \cdot l \cos^2\alpha = \frac{f}{p} \cdot \cos^2\alpha \cdot l_p = C_1 \cdot l_p \tag{740}$$

gebracht und verlangt man, daß C_1 für alle Fernrohrstellungen eine (runde) Konstante bleibt, so muß, da die Objektivbrennweite f als unveränderlich zu betrachten ist, der Fadenabstand mit der Fernrohrneigung veränderlich sein. Der zum Höhenwinkel α gehörige Wert von p ist nach (739) der Ausdruck

$$p_\alpha = \frac{f}{C_1} \cos^2\alpha. \tag{741}$$

In derselben Weise findet man aus

$$h = \frac{1}{2} C \cdot l \sin 2\alpha = \frac{f}{2q} \cdot \sin 2\alpha \cdot l_q = C_2 \cdot l_q, \tag{742}$$

---

[1] Das selbstreduzierende Kontakttachymeter von KERN (siehe AREGGER: Schweiz. Z. Vermess.-Wes. 1927, S. 267—277) ist eine Weiterbildung des Kontakttachymeters von SANGUET. Neigungsmaßstab u. Schraube zur Herbeiführung einer konstanten Tangentenänderung liegen hier waagrecht. Der in der Fernrohrrichtung liegende Rechtwinkelschenkel des Kontaktmechanismus kann durch eine Schraube mit Schneckengewinde rasch vom Fernrohr gelöst oder damit verbunden werden. Das Fernrohr kann also durchgeschlagen u. in zwei Lagen auch als Theodolitfernrohr gebraucht werden. Seine Additionskonstante ist Null.

Der Gedanke, durch eine waagrechte Schraube eine konstante tg-Änderung der Sicht zur einfachen Ermittlung der Horizontalentfernungen herbeizuführen, ist bereits im Tachymeter LASKA-ROST verwirklicht worden (Z. Instrumentenkde. 1905, S. 225—232).

[2] HAMMER, E.: Tachymetertheodolit zur unmittelbaren Lattenablesung von Horizontaldistanz u. Höhenunterschied. Z. Vermess.-Wes. 1901, S. 153—158, u. Neuerungen am HAMMER-FENNELschen Tachymetertheodolit. Z. Instrumentenkde. 1923, S. 50—53. WALTHER bringt in der Z. Vermess.-Wes. 1933, S. 193—212 u. 279—284, nach Untersuchungen von MÜNCHBACH u. DUBAC eingehende Mitteilungen über die Leistungsfähigkeit der verbesserten Konstruktion von 1930.

wo C_2 ein für die Bestimmung der Höhenunterschiede dienender runder Festwert sein soll, den zu α gehörigen Fadenabstand

$$q_\alpha = \frac{f}{2\,C_2}\sin 2\,\alpha. \tag{743}$$

Nun konstruiert man mit den für die verschiedenen α berechneten Fadenabständen p_α, q_α durch radiales Abtragen derselben von einem Grundkreise G aus ein Diagramm (HAMMER-Diagramm), dessen Kurven in Abb. 288 mit D und $+\,h$ bzw. $-\,h$ bezeichnet sind, und projiziert das mit dem einen durchbrochenen Kippachsenende verbundene Diagramm durch ein geeignetes System von Prismen und Linsen so in die Bildebene, daß die der jeweiligen Fernrohrneigung entsprechenden Längen p_α, q_α stets in der Zielebene liegen. Sie fallen dann in eine den Vertikalfaden ersetzende, das Gesichtsfeld halbierende Prismenkante. Wird mittels dieser Kante die Latte eingestellt und das Fernrohr so geneigt, daß der Grundkreis durch den in mittlerer Instrumentenhöhe befindlichen Teilungsnullpunkt der Latte geht, so liest man an den beiden anderen

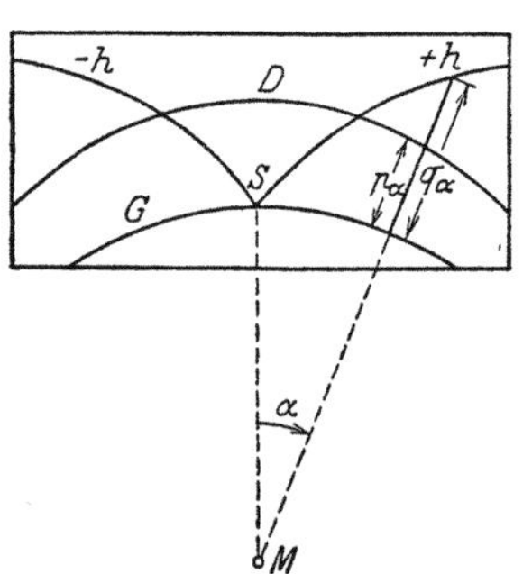
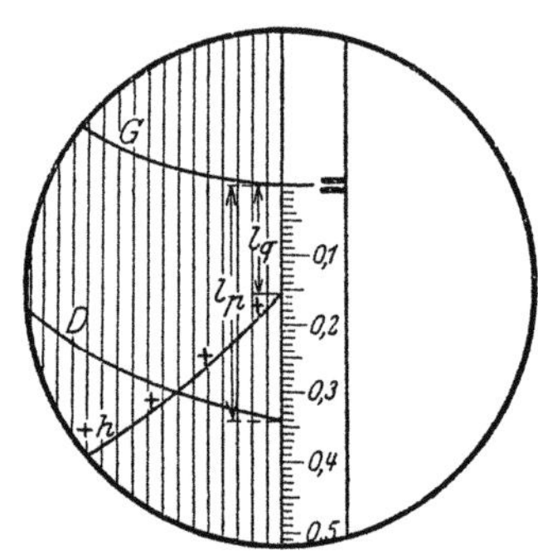

Selbstreduzierendes Tachymeter von Hammer-Fennel.

Abb. 288. Diagramm der Fadenabstände. Abb. 289. Anblick im Fernrohr.

Kurven des Diagramms (Abb. 289) sogleich die Werte l_p und l_q ab, welche unmittelbar auf die Größen

$$D = C_1 \cdot l_p, \qquad h = C_2 \cdot l_q \tag{744}$$

führen. Es ist zweckmäßig, die Abmessungen so zu wählen, daß $C_1 = 100{,}00$ und $C_2 = 20{,}00$ wird.

Mißlich ist beim Diagrammtachymeter von HAMMER-FENNEL die Einschränkung des Geländeüberblicks durch den Ausfall einer Gesichstfeldhälfte. Diesen Nachteil vermeidet das nach Angaben des norwegischen Ingenieurs DAHL von ZEISS gebaute Reduktionstachymeter DAHLTA-ZEISS dadurch, daß das HAMMER-Diagramm in der Bildebene des Okulars auf einen Glaskreis geätzt wird, welchen auch der ganze übrige Strahlengang durchsetzt (Abb. 289a, 289b). Die zugehörige Tachymeterlatte besitzt einen ausziehbaren Fuß, so daß in jedem Stand $z = i$ gemacht werden kann[1]. Den Zwecken der Feintachymetrie, besonders der genauen räumlichen Festlegung der Polygonpunkte, dient der Präzisionsdistanzmesser von HOHENNER. Zur Ermittlung eines Lattenabschnitts kann man entweder an beiden Fäden Zufallsablesungen ausführen, oder man kann einen Faden auf eine Teilfeldgrenze oder Teilfeldmitte bringen und am anderen eine Zufallsablesung vornehmen, oder man kann sich auch beide Fäden auf Teilfeldmitten eingestellt denken. Die diesen Verfahren entsprechenden Entfernungsfehler m_1, m_2, m_3 werden in der genannten Reihenfolge abnehmen; sie stehen nach HOHENNERS Angaben[2] im Verhältnis $3:2:1$. Die gleichzeitige Einstellung beider Entfernungsfäden auf Feldmitten müßte also einen wesentlichen Genauigkeitsgewinn bringen. Zur Ermöglichung einer solchen Einstellung ist

---

[1] Siehe dazu a) WERKMEISTER, P.: Bericht in Z. Instrumentenkde. 1942, S.160 u. 161; b) HÖLLHUBER, G.: „Das neue Reduktionstachymeter DAHLTA-ZEISS und seine Anwendung" in Allgem. Vermess.-Nachrichten 1942, S. 162—166.

[2] Der HOHENNERsche Präzisionsdistanzmesser u. seine Verbindung mit einem Theodolit, S. 8. Leipzig-Berlin 1919.

bei dem genannten Instrument zwischen Okular und Objektiv noch eine durch einen Trieb T' (Abb. 290) verstellbare Schaltlinse L' eingefügt, durch deren Verstellung die Größe des Lattenbildes innerhalb enger Grenzen so weit geändert werden kann, daß bei deutlicher Sichtbarkeit des Bildes beide Fäden auf Feldmitten stehen. Die damit verbundene

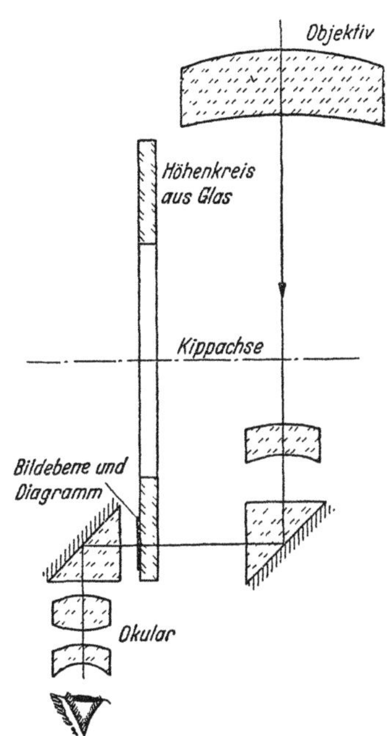

Abb. 289a. Strahlengang im Dahlta.

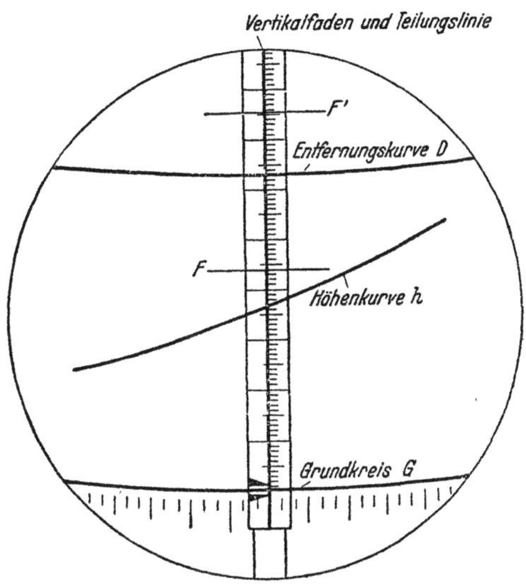

Abb. 289b. Anblick im Fernrohr.
(F, F' = Distanzfäden für C = 200.)

sehr geringe Änderung der Multiplikationskonstanten kann leicht aus der Angabe a eines mit L' verbundenen Zeigers Z ermittelt werden. Bei horizontaler Fernrohrstellung ist die Entfernung durch den Ausdruck

$$D = c + (C_0 + K \cdot a) \cdot l \qquad (745)$$

bestimmt. Von den drei Konstanten c, C_0, K wird die Hauptkonstante C_0 scharf auf einen runden Wert, z. B. 100,00, gebracht. Die Additionskonstante c ist praktisch als unveränderlich zu betrachten, da einem Anwachsen von D von 20 auf 300 m in c nur eine Abnahme von 4 mm entspricht.

Die genauesten Tachymeter sind zur Zeit die in der Hauptsache von schweizerischen Geodäten konstruierten Instrumente mit waagrechter Latte[1] und Koinzidenzplatte. Dabei sind in erster Linie die Namen AREGGER, BOSSHARDT und WILD zu nennen. Wir müssen uns auf die Beschreibung eines einzigen

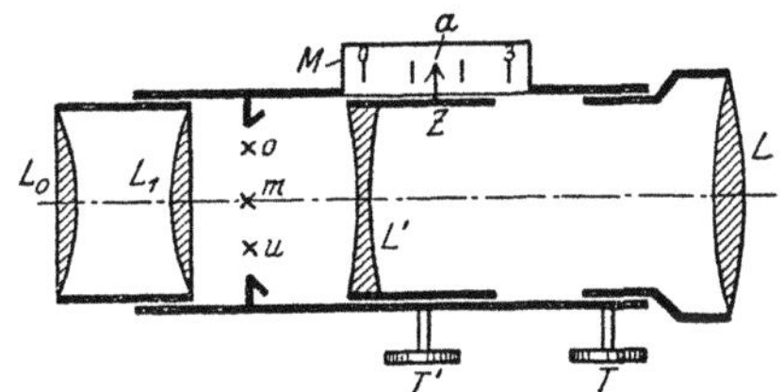

Abb. 290. Präzisionsdistanzmesser von Hohenner.

dieser Instrumente in seinen Grundzügen beschränken und greifen das besonders charakteristische Reduktions-Tachymeter von BOSSHARDT-ZEISS heraus[2].

---

[1] Durch die Verwendung einer waagrechten Latte wird, wie schon S. 123 angegeben, die vertikale Differentialrefraktion ausgeschaltet. An ihre Stelle tritt die viel kleinere waagrechte Differentialrefraktion, welche für tachymetrische Zwecke kaum jemals eine Rolle spielt.

[2] Siehe BOSSHARDT, R.: a) Das neue Reduktions-Tachymeter. Schweiz. Z. Vermess.-Wes. 1927, S. 1—9 u. 25—46, u. b) Optische Distanzmessung u. Polarkoordinatenmethode. Stuttgart 1930.

Siehe ferner a) THEIMER, VIKTOR: Beiträge zur Theorie des Doppelbild-Tachymeters von BOSSHARDT-ZEISS. Z. Instrumentenkde. 1930, S. 493—511, u. b) JÜTTNER, GEORG: Über die bei

Das Instrument besitzt einen Grundkreis und einen Höhenkreis, deren Teilungen durch optische Systeme in der Bildebene eines einzigen, mit dem Fernrohr verbundenen und mit ihm durchschlagbaren Skalenmikroskops abgebildet werden. Die Ermittlung von Richtung und Neigung ist daher wie beim WILD-Theodolit (S. 84) unmittelbar vom Okular aus möglich. Eine neben der Höhenkreisteilung befindliche weitere Teilung gibt unmittelbar die Tangenten der Neigungswinkel an.

Das charakteristische des Instruments liegt in der Bestimmung horizontaler Entfernungen durch **Drehkeile** und **Mikrometerplatte** aus dem an einer **waagrechten Distanzlatte** ermittelten Lattenabschnitt.

Zunächst sei **waagrechte Fernrohrstellung** vorausgesetzt. In Abb. 291 bedeuten K_1, K_2 zwei gleichgestaltete, von vornher gesehen kreisförmig begrenzte, achromatische Keile, deren Hauptschnitte bei waagrechter Fernrohrstellung gleichgerichtet sind und ebenfalls waagrecht liegen. Alle durch diese Keile gehenden Strahlen S'' werden durch ein Rhomboederprisma Q (s. Aufriß) parallel so weit verschoben, daß sie durch die untere Hälfte des Objektivs O in das Fernrohr treten und in dessen Bildebene B ein Bild B'' erzeugen. Sie erfahren durch die Keile eine gewisse seitliche Richtungsablenkung φ, welche für die Normalstellung ε ist, wenn jeder einzelne Keil die Ablenkung $\frac{\varepsilon}{2}$ verursacht. Durch den über den Keilen liegenden Rohrstutzen gelangen die Strahlen S' – die Platte M zunächst weggedacht – unmittelbar auf das Objektiv; sie werden ebenfalls in der Ebene B zu einem Bild B' vereinigt. Es entstehen also in derselben Ebene zwei im horizontalen Sinn gegeneinander verschobene, im

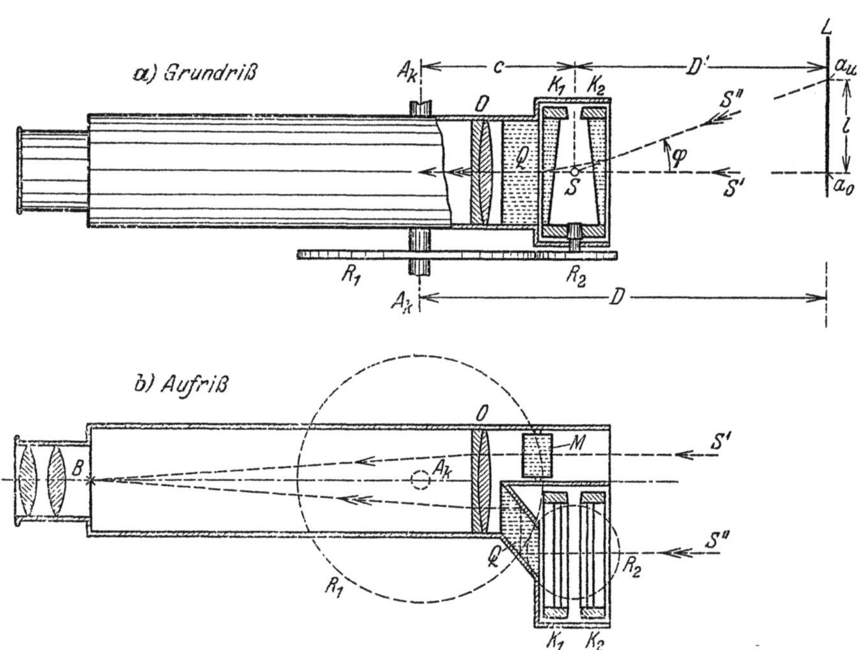

Abb. 291a, b. Reduktionstachymeter Boßhardt-Zeiß.

übrigen aber gleiche Bilder B', B''. Handelt es sich dabei um eine waagrechte, geteilte Latte L, so kann man an irgendeiner Stelle a_o (Abb. 291a) des von der oberen Objektiv-

<hr>

optischen Distanzmessungen mittels BOSSHARDT-ZEISS auftretenden Fehler, unter besonderer Berücksichtigung der Refraktion. Ratibor 1928.

Zum Geschichtlichen siehe die Fußnote 2 auf S. 124; insbesondere auch die dort genannte Studie von AUBELL.

hälfte direkt erzeugten Bildes B' die zugehörige Ablesung a_u im Bild B'' aufsuchen, und in der Differenz

$$l = a_u - a_o \tag{746}$$

erhält man den einem parallaktischen Winkel ε entsprechenden Lattenabschnitt l. Nimmt man für a_o den Teilungsnullpunkt, so gibt a_u unmittelbar l an. Es ist also bei waagrechtem Fernrohr die Horizontalentfernung

$$D = c + D' = c + l \cdot \operatorname{ctg} \varepsilon = c + C \cdot l, \tag{747}$$

worin $C = \operatorname{ctg} \varepsilon$ eine Multiplikationskonstante und c eine Additionskonstante bedeutet. Letztere ist der Abstand des Strahlenschnittpunktes S von der Kippachse A_k.

Die ineinander fallenden Bilder werden infolge der Mischung flau und unscharf. Zur Behebung dieses Übelstandes ist im Okularkopf ein in der Abbildung durch zwei Linsen nur symbolisch angedeutetes, aus Prismen und Linsen bestehendes System zur Bildtrennung enthalten. Die beiden Bilder erscheinen klar und deutlich, durch eine feine Linie getrennt, übereinander. In Abb. 292 ist T_u das untere, T_o das obere Bild der Teilung einer waagrechten, auf einem besonderen Gestell ruhenden Latte[1].

T_o enthält nur den Ablesezeiger Z in Verbindung mit einem Nonius; die links folgende Teilung ist als bedeutungslos weggelassen. In T_u hingegen ist der Teilungsanfang nicht

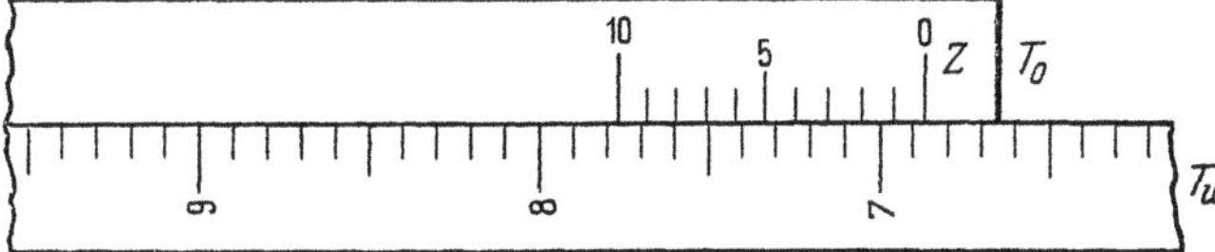
Abb. 292. Doppelbild der waagrechten Distanzlatte.

mehr enthalten. Z fällt nicht genau in den Nullpunkt der Hauptteilung; es ist um den Betrag $c : C$ in die Teilung hineingerückt, so daß in der um diesen Betrag vergrößerten Ablesung die Additionskonstante c sofort mechanisch berücksichtigt wird. Eine Zufallsablesung am Nonius, für welche die Deckstelle doch immer zwischen zwei Strichen durch Schätzung zu ermitteln wäre, würde noch nicht die gewünschte Genauigkeit in D bringen. Diese ist nur zu erreichen, wenn die Koinzidenzstelle aus einem scharfen Zusammenfallen zweier Striche ermittelt werden kann, und dazu dient die als optisches Mikrometer wirkende planparallele Platte M. Durch eine Drehung derselben um eine vertikale Achse kann man das Noniusbild so weit seitlich verschieben, daß eine scharfe Deckung eines seiner Striche mit einem Strich der Hauptteilung stattfindet. Die zugehörige Ablesung an der mit dem Stellwerk verbundenen Trommel gibt die Verbesserung $\varDelta D$ an, welche an dem auf ganze Dezimeter unmittelbar abgelesenen Näherungswert (D) noch anzubringen ist. Es wird also der scharfe Endwert:

$$D = (D) + \varDelta D. \tag{748}$$

Ist die zu Abb. 292 gehörige Trommelablesung etwa 0,075 m, so folgt $D = 68,7$ m $+ 0,075$ m $= 68,775$ m.

Bei einer Kippung des Fernrohrs wälzt sich auf einem gegen den Horizont festliegenden, zur Kippachse koaxialen Rad R_1 (Abb. 291) ein Rad R_2 ab, dessen Bewegung auf die im Grundriß angedeutete Weise so auf die beiden Keile übertragen wird, daß sie in entgegengesetzter Richtung um die Fernrohrneigung α aus der Horizontalen herausgedreht werden. Würden sich die Drehkeile gleichsinnig bewegen, so bliebe ihre gegenseitige Stellung und der Ablenkungswinkel ε im Hauptschnitt erhalten. Der Strahl S'' müßte also in einer zur Zielachse senkrechten Ebene durch die Teilungslinie der waagrechten Latte einen zum Durchstoßpunkt U der Zielachse konzentrischen Kreis K_ε beschreiben, dessen Halbmesser $UE_0 = l$ von S aus unter

---

[1] Für die Senkrechtstellung der Latte zur Zielachse des Fernrohrs durch den Lattenträger wird ein zur Latte senkrechtes Diopter verwendet. Die Richtigkeit der Lattenstellung kann vom Instrument aus am Aufleuchten eines mit der Latte verbundenen Kollimators erkannt werden.

dem Winkel ε erscheint. Diese Ebene ist in Abb. 293 um die Waagrechte durch U in die Horizontalebene umgeklappt. Nach den Eintragungen der Figur geben die Ausdrücke

$$S U = C \cdot l, \quad D' = S U \cdot \cos \alpha = C \cdot l \cdot \cos \alpha \tag{749}$$

die schiefe Entfernung $S U$ vom Instrument bis zur Latte und die horizontale Teilentfernung D'.

In Wirklichkeit drehen sich aber die Keile in entgegengesetzter Richtung, und jedem einzelnen Keil für sich entspricht ein Ablenkungswinkel $\frac{\varepsilon}{2}$ im Hauptschnitt sowie ein Spurkreis $K_{\frac{\varepsilon}{2}}$, dessen Halbmesser $U E'$ bzw. $U E''$

$$l' = (l \cdot \operatorname{ctg} \varepsilon) \cdot \operatorname{tg} \frac{\varepsilon}{2} = \frac{l}{2}\left(1 - \frac{\varepsilon^2}{4} + \cdots\right) \approx \frac{l}{2} \tag{750}$$

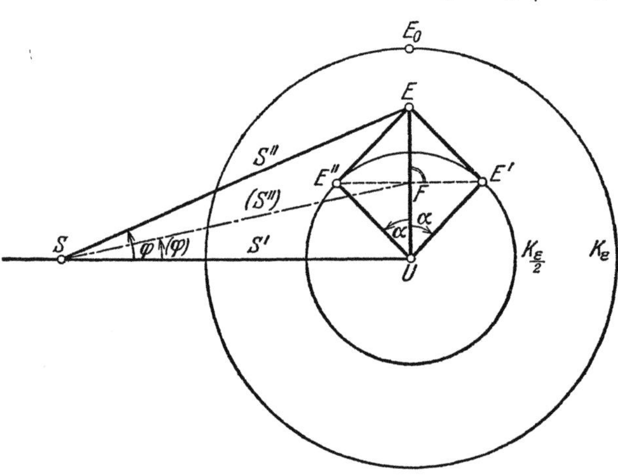

Abb. 293. Stellung der Drehkeile und Lattenabschnitte. Grundriß und Umklappung.

ist. Der Strahl S'' wird durch K_1 nach E', durch K_2 nach E'' abgelenkt. Ihr Zusammenwirken läßt den Strahl nach E gelangen, so daß ein waagrechter Lattenabschnitt

$$l'' = 2\,l' \cdot \cos \alpha = l \cos \alpha \tag{751}$$

erscheint. Ersetzt man in (749) $l \cdot \cos \alpha$ durch l'', so folgt

$$D' = C \cdot l''. \tag{752}$$

Es kann also auch bei geneigtem Fernrohr die Horizontalentfernung durch Multiplikation von C mit dem waagrechten Lattenabschnitt l'' bzw. durch unmittelbare Ablesung im Fernrohr gewonnen werden. Die Additionskonstante c allerdings wird durch die Reduktion des Lattenabschnitts nicht beeinflußt; sie geht als c statt $c \cdot \cos \alpha$ in das Ergebnis ein, so daß der Ausdruck

$$D = c + C \cdot l'' \tag{753}$$

einen geringen Fehler besitzt. Er spielt aber nur bei beträchtlichen Neigungen für die schärfsten Messungen eine Rolle und kann – wenn nötig – leicht berechnet oder einer mit dem Instrument verbundenen Teilung unmittelbar entnommen werden[1].

c) Meßtischtachymetrie und Bussolentachymetrie.

Bei der Meßtischtachymetrie, die besonders früher im offenen übersichtlichen Gelände viel verwendet worden ist, erfolgt die Richtungsangabe durch die Linealkante einer mit Höhenbogen oder Höhenkreis versehenen distanzmessenden Kippregel.

---

[1] Eine kurze Beschreibung des WILDschen Distanzmessers gibt HAMMER, E., in der Z. Instrumentenkde. 1925, S. 353—358 (der neue Wildsche Theodolit mit Präzisionsdistanzmesser).

Über eine Konstruktion von AREGGER siehe: a) AREGGER, ALFRED: Der Doppelbildtachymeter KERN. Z. Vermess.-Wes. 1927, S. 134—141, u. b) LÜDEMANN, KARL: Genauigkeitsuntersuchungen an einem geodätischen Doppelbildentfernungsmesser. Z. Instrumentenkde. 1928, S. 109 bis 113. Das in Form eines doppelten Schwalbenschwanzes gehaltene Keilprisma liegt symmetrisch zu einem Objektivdurchmesser. Dieses Instrument wird auch von HILDEBRAND hergestellt.

Beim BREITHAUPT-Doppelbild-Tachymeter wird ein Prismenaufsatz verwendet, dessen beide nahezu rhombischen Spiegelprismen so geschliffen sind, daß entsprechende Strahlen um den parallaktischen Winkel gegeneinander verdreht sind. Es soll durch die Verwendung von Spiegelprismen der Temperatureinfluß auf die Multiplikationskonstante ausgeschaltet werden. Siehe hierzu UBINK, W.: Das BREITHAUPT-Doppelbild-Tachymeter. Z. Instrumentenkde. 1929, S. 581—595.

Die horizontalen Entfernungen, manchmal auch die Höhen, werden sogleich entweder aus einer Zahlentabelle oder einem Diagramm entnommen und in den Plan eingetragen. Sollen etwa auch die Standorte des Tisches durch Polygonieren mit dem Meßtisch bestimmt werden, so sind aus den früher (S. 178) genannten Gründen das Stationieren und die Einzelaufnahme vollständig voneinander zu trennen. Dem Vorteil einer größeren Anschaulichkeit steht bei der Meßtischtachymetrie ein schwerfälligeres Instrument und die größere Abhängigkeit von der Witterung entgegen[1].

Die Bussolentachymetrie, bei welcher an einem mit distanzmessendem Fernrohr und Höhenbogen versehenen Bussoleninstrument an Stelle der Horizontalkreisablesungen die magnetischen Streichwinkel beobachtet werden, eignet sich in erster Linie für den Wald, wo teils infolge der schlechten Beleuchtung, teils infolge von hinderlichem Baumwuchs nur kurze Sichten möglich sind, wie man sie nach früherem (S. 177, 178) bei Bussolenmessungen verlangen muß. Zur Aufnahme legt man Bussolenzüge mit Gegenazimuten oder auch nur in Sprungständen, die im horizontalen Sinne nach den Ausführungen auf S. 176 ff. festgelegt werden. Zur Höhenfestlegung der Zugpunkte, von denen aus schon bei der Zugmessung die erreichbaren Geländepunkte durch Seitenblicke aufgenommen werden, sind natürlich wie bei jedem Tachymeterzug auch die Höhenwinkel zu messen. Bei sehr dichtem Gebüsch ist die Anwendung der von Jordan eingeführten Meßbandzüge empfehlenswert. Dabei sind alle schiefen Seiten gleich der Länge des flach aufliegenden Meßbandes, dessen jeweiliger Neigungswinkel mit Hilfe eines am oberen Ende des Hinterstabes befindlichen Freihandhöhenwinkelmessers (S. 105, 106) durch Beobachten des oberen Endes des gleich langen Vorderstabes bestimmt wird, während die Ermittlung der Bandrichtung vom hinteren Ende aus mit Hilfe einer Stockbussole erfolgt[2].

d) Genauigkeitsfragen.

Die schärfsten Ergebnisse der Ingenieurtachymetrie liefert das Kreistachymeter, welches – ein gutes Instrument vorausgesetzt – den auf die Kippachse des Instruments bezogenen, scharf bezeichneten Endpunkt einer Hektometerstrecke nach Lage und Höhe mit einem mittleren Fehler von etwa 5 cm bzw. 2 cm festlegt. Ähnlich liegen die Verhältnisse beim Schraubentachymeter. Für das Kreutersche Schiebetachymeter sind die entsprechenden Fehler auf etwa 20 cm bzw. 10 cm zu veranschlagen, welche Genauigkeit für ingenieurtechnische Vorarbeiten durchaus ausreicht. Etwas genauer arbeitet das Kontakttachymeter von Sanguet. Das Hammer-Fennelsche Tachymeter (Konstruktion 1930) gibt die Horizontal- und Vertikalprojektion der Hektometersicht mit einer mittleren Unsicherheit von etwa 1,5 dm bzw. 0,5 dm an[3]. Beim Reduktionstachymeter Dahlta-Zeiss sind nach Höllhuber (S. 254, Fußnote 1) die entsprechenden Beträge etwa 8 cm und 6 cm. Eine gute Tachymeterkippregel mit Fadendistanzmesser ist dem Kreistachymeter nahezu ebenbürtig, während der Tachymeterbussole aus leicht begreiflichen Gründen die geringste Genauigkeit zukommt.

---

[1] Neuerdings verliert die Meßtischtachymetrie an Bedeutung, ohne etwa bedeutungslos geworden zu sein. In Deutschland wurde die Meßtischtachymetrie z. B. verwendet bei der preußischen u. sächsischen topographischen Landesaufnahme 1:25000 sowie für die von Koppe geschaffene, jedoch nur teilweise ausgeführte neue braunschweigische Landeskarte in 1:10000. Auch beim Reichsamt für Landesaufnahme findet der Meßtisch Verwendung. Die neueren badischen, bayerischen und württembergischen topographischen Karten 1:25000 werden aus großmaßstäblichen Grundlagen entwickelt. In Bayern ergänzt man die 5000teiligen Katasterpläne durch Bussolentachymetrie zur Höhenflurkarte (Deutsche Grundkarte), während in Baden und Württemberg die Theodolit-Tachymetrie bevorzugt wird. Die 2500teilige Höhenflurkarte Württembergs ist bereits 1937 fertiggestellt worden.

[2] Eine sehr warme Befürwortung erfährt die Bussolentachymetrie durch Schaefer im Aufsatz „Die topographische Geländeaufnahme mittels der Bussolentachymetrie" (Nachr. aus_d. Reichsvermessungsdienst 1943, S. 106—113).

[3] Siehe Seite 253, Fußnote 2.

Der mittlere Fehler in der räumlichen Lage eines Geländepunktes setzt sich aus den eben genannten Fehlern des Geländepunktes gegen den Instrumentenstandort und aus dessen eigenem Fehler zusammen. Ersterer wird in Lage und Höhe 3 dm bzw. 1 dm kaum überschreiten. Auch die entsprechenden Fehler der Aufstellungspunkte werden selbst in der Mitte von langen Zügen nicht größer sein. Man darf also wohl annehmen, daß der **mittlere Fehler** der nach den besprochenen Methoden aufgenommenen Geländepunkte in Lage (gegen die nächsten Dreieckspunkte) und Meereshöhe die Beträge 0,5 m bzw. 0,2 m nicht überschreitet. **Die dadurch gekennzeichnete Genauigkeit ist aber für ingenieurtechnische Zwecke fast immer als ausreichend zu betrachten.**

Während die sog. **topographische Tachymetrie** mit einer wesentlich geringeren Genauigkeit (Entfernungen und Höhen auf wenige m bzw. dm genau) wie die Ingenieurtachymetrie auskommt, werden bei der sog. **Feintachymetrie** wesentlich schärfere Ergebnisse angestrebt und erreicht. So fand z. B. Hohenner[1] die mittleren Fehler der mit seinem Präzisionsdistanzmesser einmal bestimmten Horizontalentfernungen und Höhenunterschiede zu rund

$$m_D = \pm \frac{D}{2200} \quad \text{bzw.} \quad m_h = \pm \frac{D}{5600}. \tag{754}$$

Bei solchen feintachymetrischen Messungen handelt es sich jedoch nicht so sehr um die räumliche Aufnahme der Geländeoberfläche als um die Verdrängung der direkten Messung von Polygonseiten in schwierigem Gelände, neuerdings auch um scharfe Horizontalaufnahmen durch Polarkoordinaten[2]. Zur Erzielung der erwähnten größeren Genauigkeit braucht man ein gut berichtigtes, besonders leistungsfähiges Instrument (starke Vergrößerung, große Helligkeit, gutes Auflösungsvermögen), gut eingeübte Lattenträger und mit empfindlichen Dosenlibellen versehene, durch Verspreizen lotrecht gehaltene Latten mit scharfer Teilung, deren Meterlänge genau bekannt sein muß. Soll die besonders in D erwartete größere Genauigkeit auch zuverlässig sein, so muß man durch Verwendung der allerdings unbequemen horizontalen Distanzlatte auch die Refraktionsfehler im Lattenabschnitt verkleinern[3]. Bei den neueren Entfernungsmessern mit waagrechter Latte ist es auch gelungen, den mittleren Fehler der 100-m-Strecke auf etwa $\pm$ 2 cm herabzudrücken[4].

37. Allgemeines über Photogrammetrie.
a) Aufgabe der Photogrammetrie.

Die **Photogrammetrie** oder **Bildmeßkunst**[5] ermöglicht die Darstellung der Geländeoberfläche nach Lage und Höhe aus photographischen Aufnahmen von be-

---

[1] Siehe S. 254 Anm. 2, S. 51 u. 54 dieser Schrift u. Z. Vermess.-Wes. 1919, S. 422.

[2] Siehe S. 174 u. 175.

[3] Siehe dazu auch Röthlisberger, E.: Die Verwendung der Präzisionstachymetrie bei den Katastervermessungen im Berner Oberland. Z. Vermess.-Wes. 1906, S. 233—241.

Zur Genauigkeit tachymetrischer Aufnahmen siehe auch Müller, H.: Über den zweckmäßigsten Maßstab topographischer Karten. Ihre Herstellung und Genauigkeit. Heidelberg 1913; ferner Egerer, A.: Untersuchungen über die Genauigkeit der topographischen Landesaufnahme (Höhenaufnahme) von Württemberg im Maßstab 1 : 2500. Stuttgart 1915.

Zur tachymetrischen Aufnahme im allgemeinen siehe Hammer: Beiträge zur Praxis der Höhenaufnahmen; II. Zur Tachymetrie auf freiem Feld u. im Wald. Z. Vermess.-Wes. 1891, S. 193—207 u. 241—251.

Die Genauigkeit der Höhenentnahme beliebiger Kartenpunkte wird im Anschluß an die Herstellung von Höhenplänen besprochen.

[4] Siehe hierzu in der Z. Instrumentenkde.: a) Ackerl, Franz (1929, S. 64—71); b) Schneider, Wilhelm (1929, S. 541—550); ferner in der Z. Vermess.-Wes.: c) Smirnoff, K. N. (1931, S. 727 bis 739); d) Längle (1935, S. 297—308); e) Herrmann, K. (1935, S. 425—435); f) Tschobotaroff (1935, S. 103—112); g) Ulbrich, K. (1938, S. 353—374); h) Idler, R. (1943, S. 15—17).

[5] An Lehrbüchern über Photogrammetrie siehe hauptsächlich: a) Sarnetzky, H.: Grundzüge der Luft- und Erdbildmessung. Berlin 1928; b) Gast, Paul: Vorlesungen über Photo-

kannten Standpunkten aus. Oft ist der Aufnahmeort erst aus den Bildern bekannter
Punkte zu ermitteln, und selbst ohne irgendwelche bekannte Ausgangspunkte ist grundsätzlich eine Darstellung des Geländes möglich. Zur photogrammetrischen Punktbestimmung sind im allgemeinen mindestens zwei zusammengehörige Aufnahmen erforderlich; nur wenn von vornherein feststeht, daß das aufzunehmende
Gebilde in einer bekannten Fläche liegt, wie z. B. die Uferlinien eines stehenden Gewässers, kann man mit einer einzigen Aufnahme auskommen. Die Photogrammetrie,
welche die gleichzeitige Bestimmung einer großen Zahl von Punkten mit mäßiger Genauigkeit ermöglicht, verlangt Einblick in alle Einzelheiten des Geländes, aber kein
Begehen desselben; sie besitzt daher ihre Hauptbedeutung für Aufnahmen in kahlen,
unwegsamen Gegenden, besonders im Hochgebirge. Für die Aufnahme bewaldeten Geländes eignet sie sich nicht.

Findet die Aufnahme vom festen Erdboden aus statt, so spricht man von einer
Erdphotogrammetrie oder terrestrischen Photogrammetrie. Diese ältere Methode besitzt den Vorteil einer leicht durchzuführenden Orientierung der Aufnahmen,
und sie liefert gute Ergebnisse; sie verlangt aber wegen der vielfach mangelhaften
Übersicht eine größere Zahl von Aufnahmestandpunkten. Bei der Luftphotogrammetrie erfolgen die Aufnahmen vom Flugzeug aus in rascher
Folge (früher vom Ballon und Luftschiff aus). Der Einblick in das
Gelände ist ungleich vollkommener wie von der Erde her, aber
die Orientierung und Auswertung der Aufnahmen wird – von besonderen Fällen abgesehen – wesentlich umständlicher wie bei der
terrestrischen Photogrammetrie. Die Luftphotogrammetrie hat, im ganzen gesehen,
die terrestrische Photogrammetrie über-
flügelt. Trotzdem behält auch diese ihre
Bedeutung, besonders für den Bauingenieur. Sie soll, da sie auch die ältere
Methode ist, vor der Luftphotogrammetrie
besprochen werden.

b) Die Bildmeßkammer. Orientierung.

Jeder zu photogrammetrischen Aufnahmen vom festen Boden aus oder aus der
Luft bestimmte photographische Apparat
trägt einen rechteckigen Rahmen mit den
Ausmaßen a, b, dessen Mittelmarken M_1,
M_2, M_3, M_4 bei der Belichtung auf der fest

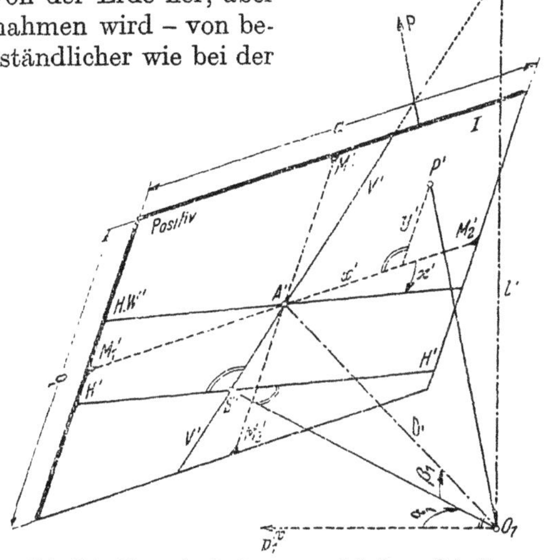

Abb. 294. Elemente der inneren und äußeren Orientierung.

grammetrie. Leipzig 1930; c) v. GRUBER, OTTO (u. Mitarbeiter): Ferienkurs in Photogrammetrie.
Stuttgart 1930; d) HUGERSHOFF, R.: Photogrammetrie u. Luftbildwesen. Wien 1930 (Bd. 7 im
Handbuch der wissenschaftlichen u. angewandten Photographie, herausgegeben von A. Hay);
e) LÖSCHNER, HANS: Einführung in die Erdbildmessung. Leipzig u. Wien 1930; f) BAESCHLIN, C. F.,
u. ZELLER, M.: Lehrbuch der Photogrammetrie. Zürich u. Leipzig 1934; g) SCHWIDEFSKY, K.:
Einführung in die Luft- und Erdbildmessung. Leipzig u. Berlin 1936; h) LÜSCHER, H.:
Kartieren nach Luftbildern, Berlin 1937; i) FINSTERWALDER, R.: Photogrammetrie. Berlin 1939;
k) ZELLER, M.: Lehrbuch der Photogrammetrie. Zürich 1947. Eine Sammlung grundlegender
Arbeiten enthält l) SEBASTIAN FINSTERWALDER zum 75. Geburtstag, Berlin 1937 (darunter
Die geometrischen Grundlagen der Photogrammetrie). Siehe weiter ALBRECHT, G.: Deutsches
Schrifttum über Bildmessung u. Luftbildwesen. Berlin 1938.

Ausschließlich der Photogrammetrie sind die Zeitschriften: a) Int. Arch. f. Photogrammetrie, Bd. 1, 1908/09. Wien 1909, Bd. 8, 2. Hälfte (letzter Bd.), 1937; b) Bildmessung u. Luftbildwesen, 1. Jahrg., Liebenwerda 1926; c) Photogrammetria, 1. Jahrg., Berlin 1938, gewidmet.

Siehe ferner die Jahresberichte der Abteilung für Luftbildwesen u. Navigation der Deutschen
Versuchsanstalt für Luftfahrt u. die von HANSA-LUFTBILD herausgegebenen Hefte Luftbild u.
Luftbildmessung.

an den Rahmen gepreßten Platte mit abgebildet werden[1] (Abb. 294). In der ersten, von O_1 aus erfolgten Aufnahme (I) erzeugen sie die Bilder M'_1, M'_2, M'_3, M'_4. Der wichtigste Bestandteil der Bildmeßkammer ist ein gegen den Markenrahmen möglichst unveränderlich angeordnetes, perspektivisch richtig zeichnendes, auch von anderen Fehlern möglichst freies Objektiv[2]. Für Aufnahmen aus schnell bewegten Flugzeugen muß es zudem sehr lichtstark sein. Der hintere Knotenpunkt K_r dieser Linse, deren Achse zur Bildebene senkrecht liegt, steht von dieser, also auch von der Rahmenebene um die Bildweite D ab. Die von K_r nach den Bildpunkten P' führenden Strahlen (Zielstrahlen) schließen dieselben Winkel ein wie die vom vorderen Knotenpunkte[3] K_v nach den entsprechenden Geländepunkten P gezogenen Richtungen. Da das Objektiv aus Stabilitätsgründen einen festen Abstand von der Bildebene besitzen muß und die aufzunehmenden Punkte weit entfernt sind, so macht man D gleich seiner Brennweite f. Die Bildweite D und die Lage ihres als Bildhauptpunkt oder Rahmenhauptpunkt bezeichneten Fußpunktes A' gegen den Markenrahmen bestimmen die innere Orientierung des Apparates. A' ist durch seine rechtwinkligen Koordinaten in dem durch die Verbindungslinien gegenüberliegender Marken gebildeten Achsenkreuz bestimmt; man trachtet danach, den Hauptpunkt A' in den Nullpunkt dieses Achsenkreuzes zu bekommen. Bei der Aufnahme wird die Kammerachse $O_1 A'$, deren Grundriß auch als Blickrichtung bezeichnet wird, den Richtungswinkel $(O_1 A') = \alpha_1$ und einen Höhenwinkel β_1 besitzen[4]. Die durch O_1 gelegte Horizontalebene schneidet die Bildebene im Bildhorizont $H'H'$, während die durch D' ($D' = $ Lage von D bei der 1. Aufnahme) gelegte Lotebene die den Hauptpunkt A' enthaltende Hauptvertikale $V'V'$ (Hauptsenkrechte) ausschneidet. Diese wird vom Lot l' des Aufnahmeortes O_1 im Bildzenitpunkt Z' bzw. bei abwärts gerichteten Aufnahmen im Bildnadir N' getroffen. Der Bildhorizont $H'H'$ und die zu ihm parallele Hauptwaagrechte $H.W.'$ durch A' schließen mit der Markenverbindungslinie $M'_1 M'_2$ einen als Verkantung $\varkappa'$ bezeichneten Winkel ein. Aufnahmeort, Richtungswinkel und Höhenwinkel der Kammerachse sowie die Verkantung $\varkappa$ (oder Bildhorizont bzw. Hauptvertikale) bilden die Elemente der äußeren Orientierung. Hauptvertikale und Hauptwaagrechte bestimmen das Hauptachsenkreuz.

c) Plattenlage und Bildverzerrung.

Vor der Verwertung einer Platte zu Meßzwecken ist zu untersuchen, ob die abgebildeten Rahmenausmaße mit den wirklichen übereinstimmen. Abweichungen weisen auf Verzerrungen hin, welche entweder durch eine unsachgemäße Behandlung der Platten – sie sollen in waagrechter Lage getrocknet werden – oder infolge Nichtanliegen der Platte am Markenrahmen entstanden sind. Handelt es sich um Papierabzüge, so kommt dazu noch die durch die Bäder entstehende beträchtliche Papieränderung[5]. Auch Filme sind gegen nasse Behandlung und nachfolgende Trocknung empfindlich.

Rührt die Verzerrung von einem Nichtanliegen der Platte[6] am Markenrahmen

---

[1] Häufig wird auch ein auf dem Objektiv bezeichneter Punkt durch vier kleine mit der Kammer fest verbundene Linsen in die Plattenecken abgebildet.

[2] Siehe dazu W. MERTÉ, R. RICHTER, M. v. ROHR: „Das photographische Objektiv" (Bd. 1 d. Handbuchs d. wissenschaftlichen u. angewandten Photographie. Wien 1932).

Ein neueres, sehr leistungsfähiges Weitwinkelobjektiv ist das Topogon von ZEISS. Es zeichnet nach O. v. GRUBER (Bildmessung u. Luftbildwesen 1935, S. 181) ein Bildfeld von 84° scharf aus.

[3] In Abb. 294 ist die in Wirklichkeit nicht zutreffende, für die praktische Bearbeitung aber sehr zweckmäßige Annahme gemacht, daß das aufrechte Bild um den Betrag der Bildweite D vor K_v liegt. Diesen Punkt K_v betrachten wir auch als Aufnahmeort O (hier O_1).

[4] Häufig wird nicht der Höhenwinkel β, sondern der Nadirabstand v verwendet.

[5] Die I. G. Farbenindustrie AGFA hat ein gegen Bäder u. Trocknung praktisch unempfindliches photographisches Papier (mit eingelegter Aluminiumfolie) hergestellt. Die Schrumpfung soll unter 0,01% liegen. Näheres siehe in Bildmessung u. Luftbildwesen bei a) RATHS in Jahrg. 1933, S. 175 u. 176, u. b) BUCHHOLTZ, A., in Jahrg. 1934, S. 96—99.

[6] Siehe hierzu auch NOWATZKY, F.: Ausmessung fehlerhaft anliegender Platten. Jahresber. d. Reichsamts f. Landesaufn. 1920/21, S. 79—87. Berlin 1922.

(Abb. 295) her, so sind Rahmen- und Bildbegrenzung R und B zueinander perspektiv und nach Wegnahme der Platte immer noch zueinander projektiv. Dasselbe gilt für das Bild, welches entstehen sollte, und für das wirklich entstandene Bild.

Für die weitere Untersuchung denken wir uns zunächst unter Voraussetzung einer lotrechten Bildebene die Platte durch folgende Vorgänge aus der Rahmenebene in ihre fehlerhafte Lage gebracht:

1. durch eine Parallelverschiebung p in Richtung der Kammerachse,
2. durch eine Kippung ε (Plattenschiefe) um den Bildhorizont,
3. durch eine seitliche Drehung λ um die Hauptvertikale.

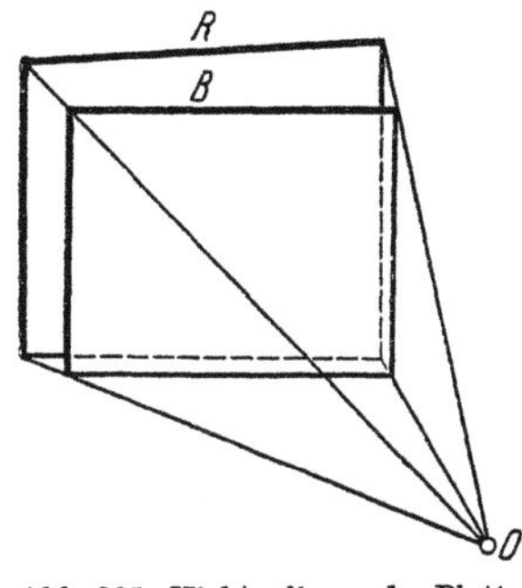

Abb. 295. Nichtanliegen der Platte am Markenrahmen.

Die Einwirkung dieser Bewegungen auf die Koordinaten x, y eines Bildpunktes P im System $HH—VV$ sollen im Positiv unter Weglassung von Strich und Zeiger verfolgt werden.

Zu 1. Findet eine Parallelverschiebung der Platte in Richtung der Kammerachse so statt, daß D um p vergrößert wird, so ist das entstandene Bild dem richtigen ähnlich. Alle von den

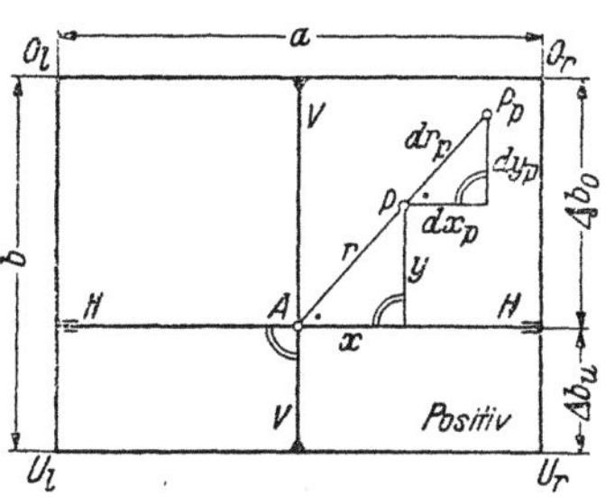

Abb. 296. Parallelverschiebung und Koordinatenänderung.

Hauptpunkten ab nach entsprechenden Punkten P, P_p (Abb. 296) gezogenen Richtungen bleiben in den gleichen Radialebenen zueinander parallel, und entsprechende, ebenfalls parallel bleibende Strecken erfahren die relative Längenänderung $p : D$. Damit folgen für die radiale Punktverschiebung PP_p und für die Koordinatenänderungen die Ausdrücke

$$PP_p = dr = \frac{AP}{D} \cdot p, \qquad dx_p = \frac{x}{D} \cdot p, \qquad dy_p = \frac{y}{D} \cdot p. \tag{755}$$

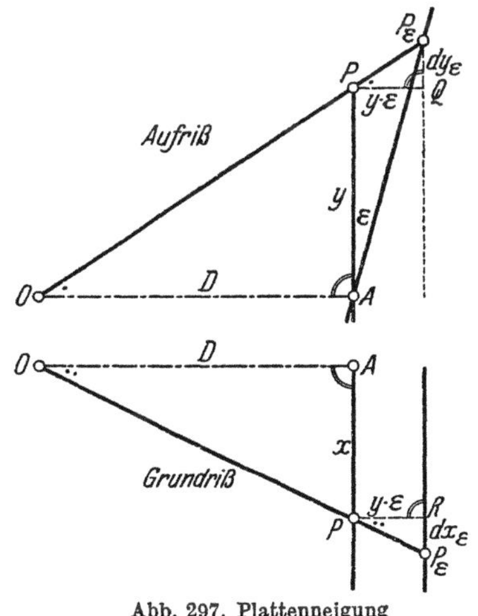

Abb. 297. Plattenneigung und Koordinatenänderung.

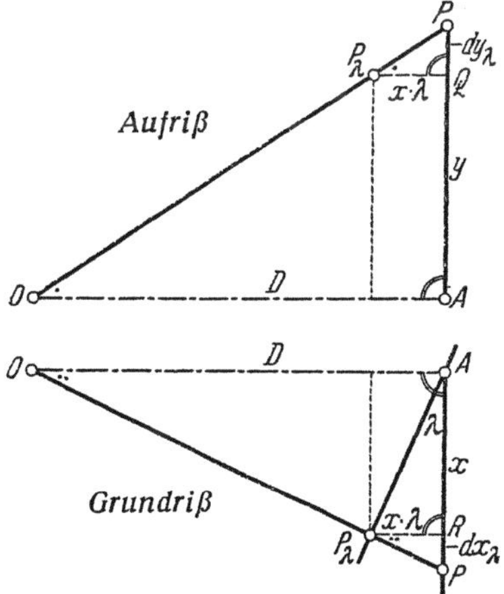

Abb. 298. Seitliche Plattendrehung und Koordinatenänderung.

Zu 2. Denkt man sich den oberen Teil des Positivs (oder Negativs) nach vorn um den Bildhorizont um ε gekippt, so folgt aus den in Abb. 297 enthaltenen ähnlichen Dreiecken OAP und PRP_ε im Grundriß bzw. OAP und PQP_ε im Aufriß mit den wohl ohne besondere Erklärung verständlichen Eintragungen unmittelbar

$$dx_\varepsilon = \frac{x}{D} \cdot y \cdot \varepsilon, \qquad dy_\varepsilon = \frac{y^2}{D} \cdot \varepsilon. \tag{756}$$

Zu 3. Durch eine Drehung λ des Positivs oder der Platte um die Hauptvertikale entsteht an Stelle des Bildpunktes P der fehlerhafte Bildpunkt P_λ (Abb. 298). Aus den ähnlichen Grundrißdreiecken OAP und $P_\lambda RP$ sowie den ähnlichen Aufrißdreiecken OAP und $P_\lambda QP$ ergeben sich die Koordinatenänderungen

$$dx_\lambda = -\frac{x^2}{D}\cdot\lambda, \qquad dy_\lambda = -\frac{x\cdot y}{D}\cdot\lambda. \tag{757}$$

Dem Zusammenwirken von p, ε und λ entsprechen nunmehr die Gesamtfehler dx, dy, welche die Summen der unter (755), (756), (757) aufgestellten, entsprechenden partiellen Koordinatenänderungen sind. Es wird

$$\left.\begin{aligned} dx &= dx_p + dx_\varepsilon + dx_\lambda = \frac{x}{D}(p + y\cdot\varepsilon - x\cdot\lambda) \\ dy &= dy_p + dy_\varepsilon + dy_\lambda = \frac{y}{D}(p + y\cdot\varepsilon - x\cdot\lambda). \end{aligned}\right\} \tag{758}$$

Wenden wir diese Formeln auf die vier Bildecken O_l, O_r, U_r, U_l (Abb. 296) an und sind a, b Länge und Breite des Markenrahmens, ferner Δb_o, Δb_u die im Positiv über bzw. unter dem Bildhorizont liegenden Teile von b, so gilt für

$O_l\left(x=-\dfrac{a}{2},\quad y=\Delta b_o\right):$

$$dx_{ol} = -\frac{a}{2D}\left(p + \Delta b_o\cdot\varepsilon + \frac{a}{2}\cdot\lambda\right), \qquad dy_{ol} = \frac{\Delta b_o}{D}\left(p + \Delta b_o\cdot\varepsilon + \frac{a}{2}\cdot\lambda\right), \tag{759}$$

$O_r\left(x=+\dfrac{a}{2},\quad y=\Delta b_o\right):$

$$dx_{or} = \frac{a}{2D}\left(p + \Delta b_o\cdot\varepsilon - \frac{a}{2}\cdot\lambda\right), \qquad dy_{or} = \frac{\Delta b_o}{D}\left(p + \Delta b_o\cdot\varepsilon - \frac{a}{2}\cdot\lambda\right), \tag{760}$$

$U_r\left(x=+\dfrac{a}{2},\quad y=-\Delta b_u\right):$

$$dx_{ur} = \frac{a}{2D}\left(p - \Delta b_u\cdot\varepsilon - \frac{a}{2}\cdot\lambda\right), \qquad dy_{ur} = -\frac{\Delta b_u}{D}\left(p - \Delta b_u\cdot\varepsilon - \frac{a}{2}\cdot\lambda\right), \tag{761}$$

$U_l\left(x=-\dfrac{a}{2},\quad y=-\Delta b_u\right):$

$$dx_{ul} = -\frac{a}{2D}\left(p - \Delta b_u\cdot\varepsilon + \frac{a}{2}\cdot\lambda\right), \qquad dy_{ul} = -\frac{\Delta b_u}{D}\left(p - \Delta b_u\cdot\varepsilon + \frac{a}{2}\cdot\lambda\right). \tag{762}$$

Daraus folgen nunmehr die Seitenänderungen da_o, da_u, db_l, db_r als Differenzen von entsprechenden Koordinatenänderungen der Rahmenecken, nämlich

$$da_o = dx_{or} - dx_{ol} = \frac{a}{D}(p + \Delta b_o\cdot\varepsilon), \tag{763}$$

$$da_u = dx_{ur} - dx_{ul} = \frac{a}{D}(p - \Delta b_u\cdot\varepsilon), \tag{764}$$

$$db_l = dy_{ol} - dy_{ul} = \frac{b}{D}\cdot p + \frac{\Delta b_o^2 - \Delta b_u^2}{D}\cdot\varepsilon + \frac{a\cdot b}{2D}\cdot\lambda, \tag{765}$$

$$db_r = dy_{or} - dy_{ur} = \frac{b}{D}\cdot p + \frac{\Delta b_o^2 - \Delta b_u^2}{D}\cdot\varepsilon - \frac{a\cdot b}{2D}\cdot\lambda. \tag{766}$$

Beachtet man, daß $\Delta b_o^2 - \Delta b_u^2 = b(\Delta b_o - \Delta b_u)$ ist, so ergeben sich aus den vorstehenden Gleichungen die gesuchten Bewegungskomponenten

$$p = \frac{D}{a\cdot b}(\Delta b_u\cdot da_o + \Delta b_o\cdot da_u), \tag{767}$$

$$\varepsilon = \frac{D}{a\cdot b}(da_o - da_u), \tag{768}$$

$$\lambda = \frac{D}{a\cdot b}(db_l - db_r), \tag{769}$$

sowie die **Probegleichung**

$$\frac{2\,b}{D}\{p + (\Delta b_o - \Delta b_u)\,\varepsilon\} = db_l + db_r\,. \tag{770}$$

Die Seitenänderungen

$$da_o = a_o' - a, \quad da_u = a_u' - a, \quad db_l = b_l' - b, \quad db_r = b_r' - b \tag{771}$$

können aus den bekannten Rahmenausmaßen a, b und den fehlerhaften Bildlängen a_o', a_u', b_l', b_r' zahlenmäßig berechnet werden. Da auch D, Δb_o, Δb_u bekannt sind, so bietet die Berechnung der Größen p, ε, λ nach (767) bis (769) keine Schwierigkeiten mehr.

Ist, wie es fast immer zutrifft, $\Delta b_o = \Delta b_u = \tfrac{1}{2}b$, so folgt aus (767) für die Parallelverschiebung der einfachere Ausdruck

$$p = \frac{D}{2\,a}(da_o + da_u)\,. \tag{771^1}$$

Die gewonnenen Ergebnisse gelten auch für **beliebig geneigte** Platten. Es ist nur der Bildhorizont HH durch die Markenverbindungslinie $M_1\,M_2$ bzw. durch eine Parallele dazu durch A und VV durch $M_3\,M_4$ zu ersetzen.

Auch aus den Seitenänderungen ds_{12}, ds_{23}, ds_{31} eines bekannten Dreiecks $P_1P_2P_3$ – etwa drei bekannte Marken des Rahmens – mit den Seiten s_{12}, s_{23}, s_{31} können p, ε und λ ermittelt werden. Die drei in den Unbekannten linearen Bestimmungsgleichungen haben, wie ohne Beweis mitgeteilt werden soll, die gemeinsame allgemeine Form

$$s_{ik}^2 \cdot p + \{\Delta x_{ik}\,(x_k\,y_k - x_i\,y_i) + \Delta y_{ik}\,(y_k^2 - y_i^2)\} \cdot \varepsilon$$
$$- \{\Delta x_{ik}\,(x_k^2 - x_i^2) + \Delta y_{ik}\,(x_k\,y_k - x_i\,y_i)\}\,\lambda = D \cdot s_{ik} \cdot ds_{ik}. \tag{772}$$

Hierin ist für ik der Reihe nach 12, 23, 31 zu setzen.

Zur Übertragung des Markenkreuzes $HH - VV$ (Abb. 299) aus der Rahmen- in die Bildebene dienen Rahmenpunkte P_1 bis P_4, deren Abstände y_1, x_2, y_3, x_4 von m_1, M_4, m_2, M_3 bekannt sind. Hieraus werden nach (758) die verzerrten Beträge

$$\left.\begin{array}{l} y_1' = y_1 + dy_1, \\ x_2' = x_2 + dx_2, \\ y_3' = y_3 + dy_3, \\ x_4' = x_4 + dx_4 \end{array}\right\} \tag{773}$$

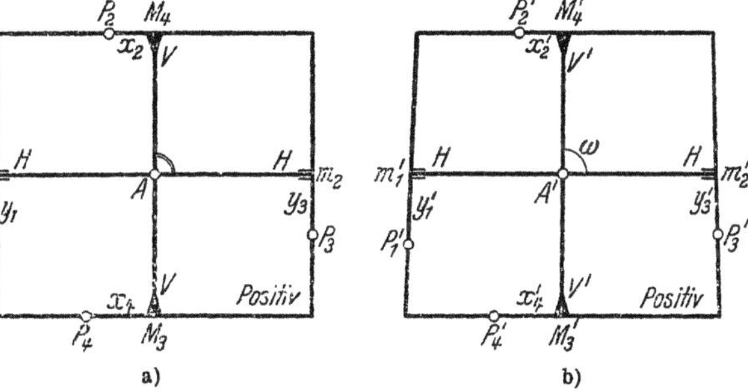

Abb. 299. Übertragung des Markenkreuzes ins Bild.

berechnet und von P_1', P_2', P_3', P_4' aus an den Rändern des verzerrten Bildes abgetragen. Die gefundenen Punkte m_1', m_2', M_3', M_4' bestimmen ein verzerrtes Achsenkreuz, dessen Schnittwinkel ω durch die Beziehung

$$\sin(\omega - 90^0) = \sin\varepsilon \cdot \sin\lambda \tag{774}$$

bestimmt ist. Für $\varepsilon = \lambda = \tfrac{1}{10}^0$ bleibt $\omega - 90^0 < 1''$. Man darf also wohl für alle praktisch möglichen Werte ε, λ die Differenz $\omega - 90^0$ vernachlässigen und das übertragene Achsenkreuz $H'H' - V'V'$ als ein rechtwinkliges betrachten. In diesem Falle genügen zur Übertragung bereits drei bekannte Punkte.

d) Verkehrt eingelegte Platten.

Verzerrte Platten wird man am liebsten durch Neuaufnahmen ersetzen. Das gilt erst recht, wenn infolge einer **Verwechslung der Schichtseite mit der Glasseite** fehlerhafte Bilder entstehen. Oft kann aber eine Wiederholung der Aufnahmen nicht mehr stattfinden, und dann bleibt nur übrig, einen Weg aufzusuchen, der nicht zu umständlich ist und mit möglichst geringen Nachteilen zum Ziele führt[1].

Das von O (Abb. 300) ausgehende Strahlenbündel sollte im Abstand D von O in der Ebene des Markenrahmens das Bild B erzeugen. Da aber die Platte verkehrt eingelegt ist, so entsteht auf der Schichtseite ein Bild B', das um die Plattendicke d hinter B liegt, von O also um $D' = D + d$ absteht. Wir schneiden das in die Platte hinein verlängerte, ursprüngliche Strahlenbündel durch eine zu B und B' parallele Ebene im zunächst unbestimmten Abstand D'' von O und erhalten so ein fingiertes Bild B''. Ein beliebiger Strahl S schließt mit der Kammerachse D einen Winkel ε ein; ihm entsprechen in den Ebenen B, B', B'' die Bildpunkte P, P', P'' mit den Abständen r, r', r'' von den zugehörigen Hauptpunkten A, A', A''. Nun läuft die Aufgabe darauf hinaus, D'' so zu wählen, daß die bleibenden radialen Punktverschiebungen $v = r'' - r'$ bzw. entsprechende Richtungsänderungen λ der Strahlen S möglichst klein werden. Unter dieser Voraussetzung und bei mäßigen Genauigkeitsansprüchen wird man das entstandene Bild B' als ein zur Bildweite D'' gehöriges nichtverzerrtes und zu B ähnliches Bild betrachten und weiter behandeln dürfen.

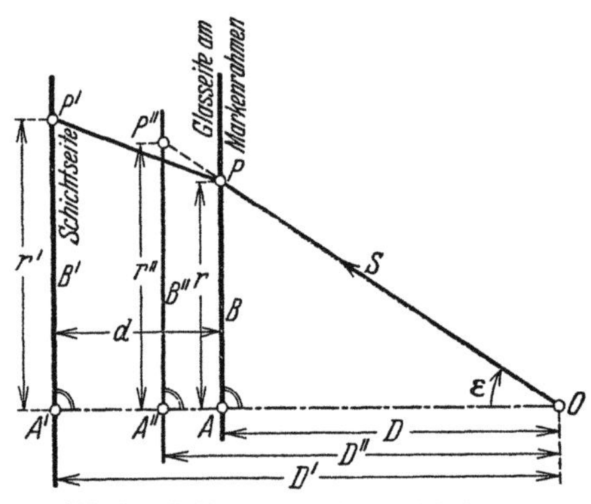

Abb. 300. Bildverzerrung bei verkehrt eingelegter Platte.

Das Ergebnis einer einschlägigen Untersuchung[2] ist folgendes.

In einem kreisförmig begrenzten Innenfeld mit dem Hauptpunkt als Mittelpunkt erscheinen negative v, im übrigbleibenden Außenfeld positive. Die extremen Werte in diesen Feldern sind v_m und v_e; dabei gehört v_e zu demjenigen noch auszuwertenden Punkt P_e, welcher den größten Abstand r_e von A besitzt. Das sind äußersten Falles die Plattenecken. Verlangt man nun, daß

$$v_m + v_e = 0 \tag{775}$$

wird, d. h. daß entgegengesetzt gleiche größte radiale Längenverzerrungen in beiden Feldern auftreten, so führt dies für D'' auf den besonderen Wert D_l''. Er ist durch folgende Gleichungen bestimmt:

$$\left.\begin{array}{ll} D_l'' = D + \dfrac{d}{m_0}, & m_0 \approx 1{,}41 + 0{,}40\,t_e + k_1 \cdot dn, \\[2mm] t_e = \dfrac{r_e}{D'}, & dn = n - 1{,}53, \quad k_1 \approx 0{,}83 + 0{,}60\,t_e. \end{array}\right\} \tag{776}$$

Hierin bedeutet n den Brechungsexponent der Platte.

Den Längenverzerrungen v entsprechen für die Strahlen S Richtungsverzerrungen λ mit gleichen Vorzeichen. Unterwirft man deren Extremwerte λ_m, λ_e der Bedingung

$$\lambda_m + \lambda_e = 0, \tag{777}$$

---

[1] Steht ein Bildmeßtheodolit (siehe später!) zur Verfügung, so wird der Schaden einfach durch eine Ausmessung bei verkehrt eingelegter Platte behoben.

[2] NÄBAUER, M.: Beitrag zur photogrammetrischen Verwertung verkehrt eingelegter Platten. Z. Vermess.-Wes. 1912, S. 1—10.
Zu diesem Gegenstand siehe ferner:
a) ZAAR, K.: Über die Verzeichnung des photographischen Bildes bei Einschaltung von durchsichtigen planparallelen Platten. Int. Arch. f. Photogrammetrie, Bd. 6, S. 182—200. Wien 1923;
b) NOWATZKY: Welche Fehler sind zu erwarten, wenn als Widerlager für den Film eine planparallele Glasplatte verwendet wird? Mitt. d. Reichsamts f. Landesaufn. 5. Jahrg. (1929/30), S. 135—137.

d. h. verlangt man gleich große Absolutwerte $|\lambda_m|,|\lambda_e|$, so geben die Gleichungen

$$\left. \begin{aligned} D_r'' &= D + \frac{d}{\mu_0}, \qquad \mu_0 \approx 1{,}43 + 0{,}34\,t_e + k_2 \cdot dn, \\ t_e &= \frac{r_e'}{D'}, \quad dn = n - 1{,}53, \quad k_2 \approx 0{,}95 + 0{,}26\,t_e \end{aligned} \right\} \tag{778}$$

für D'' den besonderen Wert D_r''.

Bei Verwendung der Brennweiten D_l'' bzw. D_r'' ist die kleine, einem Strahl S entsprechende, bleibende radiale Punktverschiebung v bzw. die Richtungsänderung λ durch die Ausdrücke

$$\left. \begin{aligned} v &= d \cdot t \left(\frac{1}{m_0} - \frac{1}{\sqrt{n^2 + (n^2 - 1)\,t^2}} \right), \\ \lambda &= \frac{d}{D} \cdot \frac{t}{1 + t^2} \left(\frac{1}{\mu_0} - \frac{1}{\sqrt{n^2 + (n^2 - 1)\,t^2}} \right), \quad t = \mathrm{tg}\,\varepsilon \end{aligned} \right\} \tag{779}$$

bestimmt.

e) Entnahme von Winkeln der Zielstrahlen und Zielebenen aus den Bildern.

Wir bezeichnen den Winkel ϱ' (Abb. 301), welchen in Aufnahme I der Zielstrahl $O_1 P$ mit der Kammerachse D' einschließt, als seinen **schiefen Achswinkel** und verstehen unter dem **Achswinkel** φ' schlechthin denjenigen im Uhrzeigersinn positiv gezählten Winkel, welchen der Grundriß des Zielstrahles mit dem Grundriß der Kammerachse bildet. ψ' ist der Höhenwinkel des Zielstrahles.

Setzen wir zunächst eine lotrechte Bildebene voraus, so folgen mit den auf das Hauptachsenkreuz bezogenen Bildpunktskoordinaten x', y'

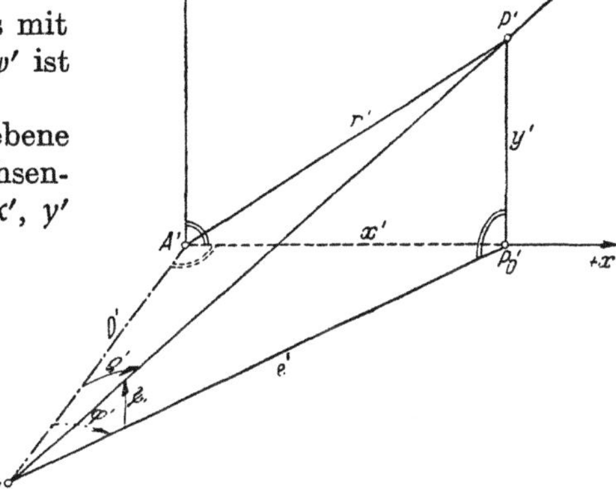

Abb. 301. Achswinkel und Höhenwinkel eines Zielstrahls.

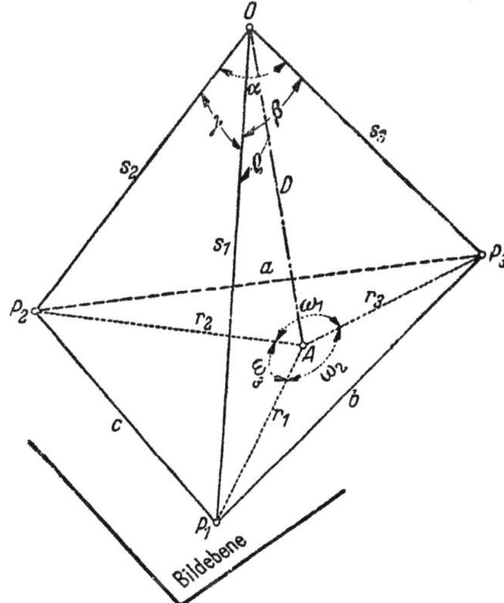

Abb. 302a. Zielstrahlenpyramide.

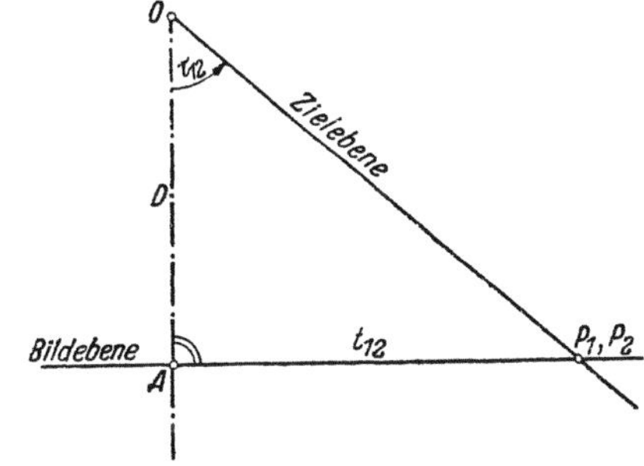

Abb. 302b. Stellung der Zielebene.

nach Abb. 301 die einfachen Beziehungen

$$\mathrm{tg}\,\varphi' = \frac{x'}{D}, \tag{780}$$

$$\mathrm{tg}\,\psi' = \frac{y'}{e'}, \qquad e' = \sqrt{D^2 + x'^2}. \tag{781}$$

Wir betrachten nunmehr die Verhältnisse unter Weglassung der Ortsstriche für eine
beliebig geneigte Aufnahme.

Durch den Aufnahmeort O und die Bildpunkte P_1, P_2, P_3 ist eine Pyramide mit den
Grundseiten a, b, c und den Kantenlängen s_1, s_2, s_3 bestimmt (Abb. 302a—c). α, β, γ sind
die Kantenwinkel, ϱ_1, ϱ_2, ϱ_3 die schiefen Achswinkel der Kanten und σ_1, σ_2, σ_3 die
Flächenwinkel der Pyramidenseiten. Diese Flächenwinkel erscheinen auf der um O ge-
legten Einheitskugel, welche von den Zielstrahlen in den Punkten Π_1, Π_2, Π_3, von der
Kammerachse (Richtung OA) im Punkt A_0 getroffen wird, als sphärische Dreieckswinkel (Abb. 302c). Die Winkel der Pyramidenseiten (Zielebenen) mit der Kammer-

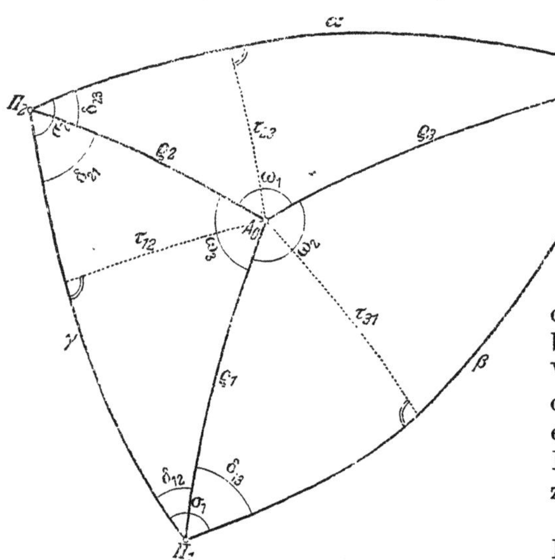

Abb. 302c.
Einheitskugel zur Zielstrahlenpyramide (Innenansicht).

achse sind τ_{12}, τ_{23}, τ_{31}
(Abb. 302b); also 90^0
$-\tau_{12}$, $90^0-\tau_{23}$, $90^0-\tau_{31}$
mit der Bildebene. r_1,
r_2, r_3, welche die Winkel
ω_1, ω_2, ω_3 einschließen,
bezeichnen die Abstände
der Bildpunkte von A,
während t_{12}, t_{23}, t_{31} die
senkrechten Abstände
dieses Hauptpunktes von a, b, c angeben (Abb. 302b). Ihnen entsprechen die
Winkelabstände τ_{12}, τ_{23}, τ_{31}. Durch die
die Kammerachse enthaltenden Radial-
ebenen der Bildpunkte werden die
Flächenwinkel σ in die Bestandteile δ
zerlegt; z. B. σ_1 in δ_{12} und δ_{13}.

Die vollständige Auflösung der
Pyramide $O P_1 P_2 P_3$, d. h. die Ermitt-
lung aller wichtigeren in ihr enthaltenen
Winkel, erfolgt bei bekannter innerer
Orientierung in folgenden Schritten:

1. Koordinatenausmessung der Bildpunkte P_1, P_2, P_3 in einem beliebigen Bild-
koordinatensystem $\xi \eta$ zum Ursprung A mit Hilfe des (später zu besprechenden) Stereokomparators.

2. Aus den Bildkoordinaten ξ_i, η_i (analytisches System) folgen die Radialabstände r_i
der Bildpunkte nach Richtung und Länge sowie ihre Richtungsunterschiede ω, nämlich

$$\left.\begin{array}{ll} \operatorname{tg}(r_i) = \dfrac{\eta_i}{\xi_i}, \qquad (r_i) = \ldots; \qquad r_i = \dfrac{\xi_i}{\cos(r_i)} = \dfrac{\eta_i}{\sin(r_i)}, \\[2ex] \omega_1 = (r_2) - (r_3), \qquad \omega_2 = (r_3) - (r_1), \qquad \omega_3 = (r_1) - (r_2); \end{array}\right\} \quad (781^1)$$

ferner die Seiten des Bilddreiecks nach Richtung und Länge:

$$\left.\begin{array}{ll} \operatorname{tg}(a) = \dfrac{\eta_3 - \eta_2}{\xi_3 - \xi_2}, \qquad \operatorname{tg}(b) = \dfrac{\eta_1 - \eta_3}{\xi_1 - \xi_3}, \qquad \operatorname{tg}(c) = \dfrac{\eta_2 - \eta_1}{\xi_2 - \xi_1}, \\[2ex] a = \dfrac{\xi_3 - \xi_2}{\cos(a)} = \dfrac{\eta_3 - \eta_2}{\sin(a)}, \qquad b = \ldots, \qquad c = \ldots \end{array}\right\} \quad (781^2)$$

und die senkrechten Abstände t_{12}, t_{23}, t_{31} des Bildhauptpunktes von den Seiten a, b, c

$$t_{12} = \frac{\xi_2 \eta_1 - \xi_1 \eta_2}{c}, \qquad t_{23} = \frac{\xi_3 \eta_2 - \xi_2 \eta_3}{b}, \qquad t_{31} = \frac{\xi_1 \eta_3 - \xi_3 \eta_1}{a}. \quad (781^3)$$

3. Nunmehr ergeben sich die schiefen Achswinkel ϱ_1, ϱ_2, ϱ_3 der Zielstrahlen und die
Neigungen τ_{ik} der Zielebenen gegen die Kammerachse aus

$$\operatorname{tg} \varrho_i = \frac{r_i}{D} \quad \text{bzw.} \quad \operatorname{tg} \tau_{ik} = \frac{t_{ik}}{D}. \quad (781^4)$$

4. Weiterhin folgen die Kanten der Bildpyramide, nämlich

$$s_1 = \sqrt{D^2 + r_1^2}, \qquad s_2 = \sqrt{D^2 + r_2^2}, \qquad s_3 = \sqrt{D^2 + r_3^2} \tag{781^5}$$

und damit

5. die Kantenwinkel α, β, γ aus einem Halbwinkelsatz, z. B.

$$\operatorname{tg} \tfrac{1}{2}\alpha = \sqrt{\frac{(s-s_2)(s-s_3)}{s(s-a)}}, \qquad s = \tfrac{1}{2}(a + s_2 + s_3). \tag{781^6}$$

6. Durch Auflösen des nunmehr durch seine Seiten α, β, γ bestimmten Dreiecks $\Pi_1 \Pi_2 \Pi_3$ erhält man auch die Flächenwinkel σ; z. B. folgt σ_1 aus

$$\operatorname{tg} \tfrac{1}{2}\sigma_1 = \sqrt{\frac{\sin(s-\beta)\,\sin(s-\gamma)}{\sin s \cdot \sin(s-\alpha)}}, \qquad s = \tfrac{1}{2}(\alpha + \beta + \gamma). \tag{781^7}$$

7. Aus rechtwinkligen sphärischen Dreiecken ergeben sich auch die Teilwinkel δ, z. B.

$$\sin \delta_{12} = \frac{\sin \tau_{12}}{\sin \varrho_1}, \qquad \sin \delta_{13} = \frac{\sin \tau_{31}}{\sin \varrho_1}. \tag{781^8}$$

Für die bisherigen Rechnungen war lediglich die innere Orientierung als bekannt vorausgesetzt worden. Ist darüber hinaus im Bild auch der Nadirpunkt N (bzw. der Zenitpunkt Z) bekannt, der von A um q absteht, so findet man weiterhin

8. den Nadirabstand ν (Abb. 303a) der Kammerachse aus

$$\operatorname{tg} \nu = \frac{q}{D} \tag{781^9}$$

und 9. den Nadirabstand ν_i eines beliebigen Strahles s_i aus dem in den Seiten s_n, s_i, r_{ni} bekannten Dreieck $N O P_i$ mittels eines Halbwinkelsatzes.

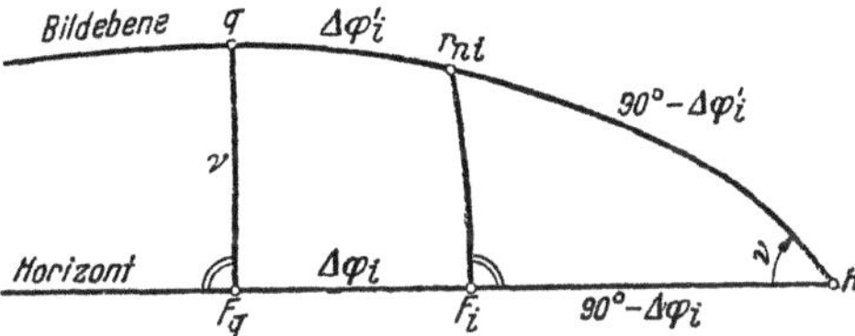

Abb. 303b. Einheitskugel zum Zentrum N (Innenansicht).

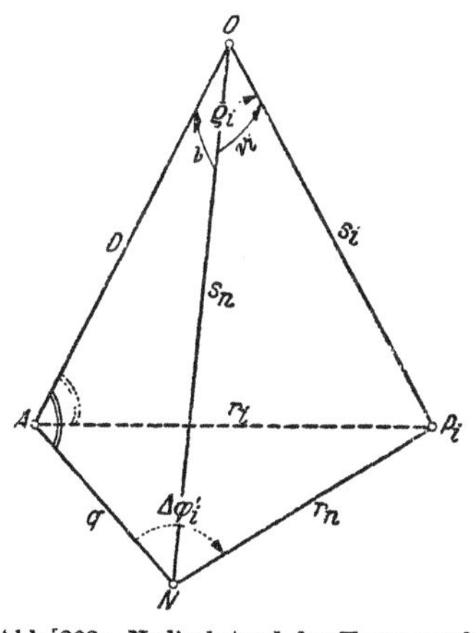

Abb. 303a. Nadirabstand der Kammerachse.

10. Der Geländerichtungswinkelzuwachs $\Delta\varphi_i$ vom Grundriß der Kammerachse bis zum Grundriß des Zielstrahles s_i ergibt sich mit Hilfe des dem bekannten Bilddreieck $N A P_i$ entnommenen schiefen Winkels $\Delta\varphi_i'$ (aus dem Halbwinkelsatz berechnet oder unmittelbar gemessen), wenn die bedeutsamen Ebenen und Richtungen mit der Einheitskugel zum Zentrum N geschnitten werden. Aus dem rechtwinkligen Kugeldreieck $H F_i r_{ni}$ (Abb. 303b) folgt

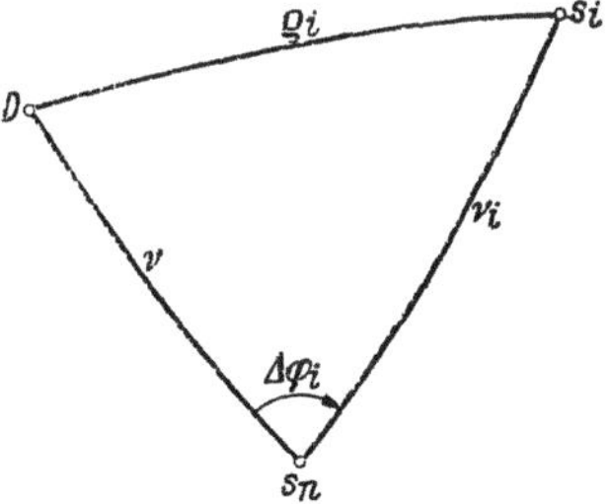

Abb. 303c. Nadirdreieck der Einheitskugel zum Zentrum N (Innenansicht).

$$\operatorname{tg} \Delta\varphi_i = \frac{\operatorname{tg} \Delta\varphi_i'}{\cos \nu} \tag{782}$$

Auch aus dem nadirwärts gelegenen Schnittdreieck $s_n D s_i$ (Abb. 303c) mit den bekannten Seiten ν, ϱ_i, ν_i ergibt sich mit dem Halbwinkelsatz der waagrechte Richtungsunterschied $\Delta\varphi_i$.

Ist Φ der Richtungswinkel der Kammerachse und Φ_i derjenige des beliebigen Zielstrahles s_i, so besteht die einfache Beziehung

$$\Phi_i = \Phi + \Delta\varphi_i . \tag{782\,^{1}}$$

f) Kernpunkte und Kernstrahlen.

Eine gewisse Rolle spielen ab und zu auch die von G. Hauck eingeführten Kernpunkte[1]. Man versteht unter den gegnerischen Kernpunkten $K'_{1\cdot2}$ und $K''_{2\cdot1}$ (Abb. 304) zweier Aufnahmen in verschiedenen Standpunkten die Durchstoßpunkte

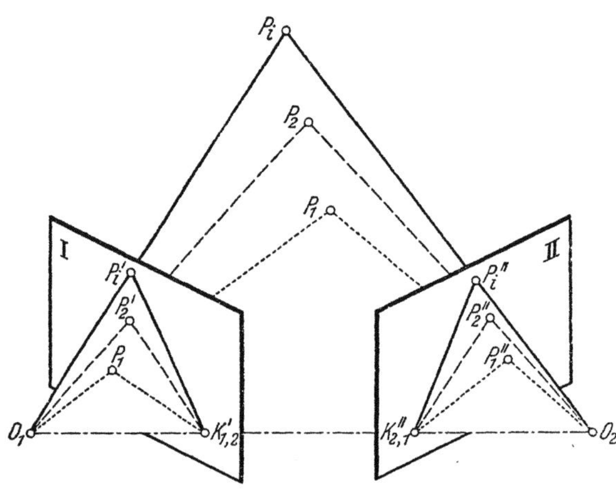

der von den vorderen Knotenpunkten O_1, O_2 bestimmten Geraden durch die Bildebenen I und II. Die Gerade $O_1 O_2$ ist die Kernachse, und jede sie enthaltende Ebene, z. B. die Ebene $O_1 P_i O_2$, ist eine Kernebene. Die Kernebenen schneiden in jeder Bildebene ein Strahlenbüschel zum Mittelpunkt $K'_{1\cdot2}$ bzw. $K''_{2\cdot1}$ aus. Diese aus Kernstrahlen bestehenden Büschel sind nach ihrer Entstehung zueinander projektiv, so daß je vier Elemente des einen Büschels dasselbe Doppelverhältnis besitzen wie die vier entsprechenden Elemente des anderen Büschels. Weiterhin bildet sich

Abb. 304. Entstehung von Kernstrahlenbüscheln.

jede in einer Kernebene enthaltene Gerade in beiden Aufnahmen in zwei zueinander projektiven Kernstrahlen ab. Besitzen umgekehrt zwei einander entsprechende Kernstrahlen projektive Punktreihen, so schneiden sich die zugehörigen Zielstrahlenpaare in einer Geraden.

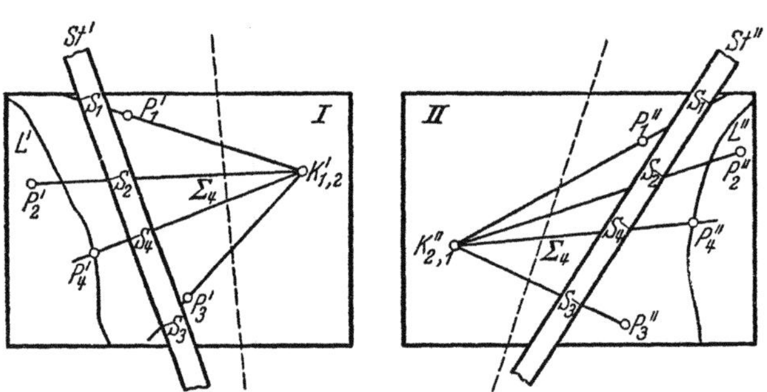

Abb. 305. Kernstrahlen zur Aufsuchung zusammengehöriger Linienpunkte.

Die Bedeutung der Kernpunkte liegt mehr auf theoretischem Gebiet; immerhin können sie auch für die Meßtischphotogrammetrie und für Orientierungsrechnungen von Nutzen sein. Dann nämlich, wenn es sich darum handelt, in abgebildeten Linien (Wege, Wasserläufe, Kulturgrenzen, Kämme, Schneegrenzen usw.) beider Aufnahmen zusammengehörige Punkte zu finden oder wenn eine zweifelhaft gewordene Zusammengehörigkeit von Punkten nachgeprüft werden soll.

In Abb. 305 bedeuten L', L'' die in den Aufnahmen I, II entstandenen Bilder einer Geländelinie L, während P'_1, P'_2, P'_3 und P''_1, P''_2, P''_3 irgendwelche gut erkennbare, zweifellos zusammengehörige Bildpunkte sind. Um nun auf L' und L'' zusammengehörige Punkte P'_4, P''_4 zu finden, verbindet man die vorher ausgewählten Punkte und einen auf L' angenommenen Punkt P'_4 mit den zugehörigen Kernpunkten $K'_{1\cdot2}$ bzw. $K''_{2\cdot1}$ und legt einen Streifen St in der Stellung St' auf das erste Bild. Seine Schnittpunkte S_1, S_2, S_3, S_4 mit den Kernstrahlen werden am Streifenrand bezeichnet. Hierauf bringt man

---

[1] Journal f. d. reine u. angewandte Mathematik, 95. Bd. Berlin 1883, S. 8.

den Streifen in einer solchen Lage St'' auf das zweite Bild, daß die Schnittpunkte S_1, S_2, S_3 auf die entsprechenden Kernstrahlen fallen. Der mitübertragene Punkt S_4 bestimmt mit $K''_{2.1}$ den vierten Kernstrahl, welcher auf L'' den zu P'_4 gehörigen Linienpunkt P''_4 ausschneidet[1].

Die Aufgabe wird noch umständlicher, wenn die Kernpunkte, wie es meist zutrifft, außerhalb der Bildbegrenzung liegen. Kann man die Bilder nicht auf einen Bogen von solchem Ausmaß kleben, daß auch die Kernpunkte noch darauf fallen, so sind die Schnittpunkte der drei festen Kernstrahlen mit den Bildrändern zu berechnen und hierauf die ins Bild fallenden Strahlenstücke zu ziehen. Der Kernstrahl durch den laufenden Punkt P'_4 läßt sich in bekannter Weise jeweils als die zum unzugänglichen Schnittpunkt der übrigen Strahlen führende Gerade konstruieren. Wird nunmehr die vorhin angegebene Konstruk-

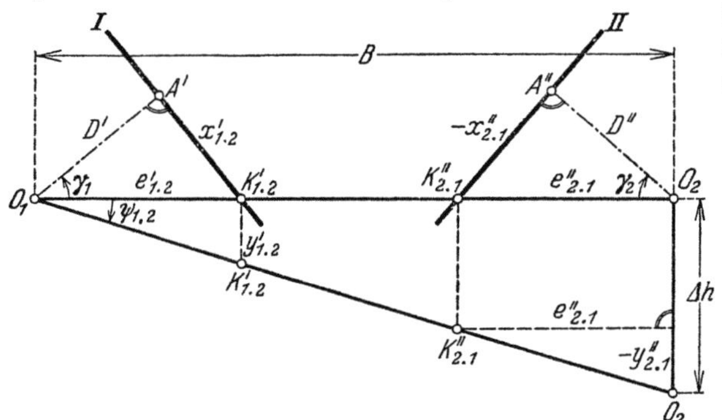

Abb. 306. Bestimmung der Kernpunkte waagrechter Aufnahmen bei bekannten Orientierungen.

Abb. 307. Hauptkernebene und Hauptkernstrahl.

tion in zwei Streifenlagen durchgeführt, so werden ins zweite Bild die Punkte S_4 und Σ_4 übertragen, welche den Kernstrahl $K''_{2.1}P''_4$ bestimmen.

Die Kernpunkte lotrechter Bildebenen sind bei bekannter innerer und äußerer Orientierung leicht zu berechnen. In Abb. 306 sind γ_1, γ_2 die Orientierungswinkel, welche die Kammerachse D in ihren Lagen D', D'' mit der Grundlinie B einschließt. Deren Endpunkte O_1, O_2 besitzen die Instrumentenhorizonte J_1, J_2 und den Höhenunterschied $\Delta h = J_2 - J_1$. Aus den Dreiecken $O_1A'K'_{1.2}$ und $O_2A''K''_{2.1}$ liest man die Ausdrücke

$$x'_{1.2} = D \cdot \operatorname{tg} \gamma_1, \qquad x''_{2.1} = - D \cdot \operatorname{tg} \gamma_2 \tag{783}$$

für die Abszissen der Kernpunkte in den Bildern I und II unmittelbar ab. Aus der angefügten, umgeklappten Neigungsfigur erhält man auch die Ordinaten

$$y'_{1.2} = e'_{1.2}\frac{\Delta h}{B}, \qquad y''_{2.1} = - e''_{2.1}\frac{\Delta h}{B}, \tag{784}$$

der Kernpunkte, und der Ausdruck

$$\operatorname{tg} \psi_{1.2} = \frac{\Delta h}{B} \tag{785}$$

bestimmt den Höhenwinkel $\psi_{1.2}$ der schiefen Basis O_1O_2.

Bei Orientierungsaufgaben spielen die Hauptkernebenen $O_1A'K'_{1.2}$ (Abb. 307), $O_2A''K''_{2.1}$ und die Hauptkernstrahlen $A'K'_{1.2}$, $A''K''_{2.1}$ eine besondere Rolle. Erstere enthalten die zugehörige Kammerachse, stehen also auf der zugehörigen Bildebene senkrecht. Die Hauptkernstrahlen gehen durch den zugehörigen Hauptpunkt[2].

---

[1] Dieses Streifenverfahren wurde von S. FINSTERWALDER in die Praxis eingeführt.

[2] G. LABUSSIÈRE gibt eine einfache zeichnerische Lösung der Kernpunktsermittlung für beliebig geneigte Aufnahmen ausgesprochen räumlicher Gebilde unter Voraussetzung von vielen scharf erkennbaren zusammengehörigen Bildpunkten (Vorträge auf d. 2. Hauptversammlung der Intern. Ges. f. Photogrammetrie 1926 in Berlin, zusammengestellt durch v. Langendorff. Berlin 1927, S. 170—181).

g) Ausmessung geneigter Platten nach Porro-Koppe. Der Bildmeßtheodolit.

In der Absicht, die Arbeit zu vereinfachen und Fehler – besonders solche des Objektivs – für die Auswertung von Aufnahmen möglichst unschädlich zu machen, haben PORRO[1] und später unabhängig von ihm KOPPE[2] die Ausmessung der Platten durch das Objektiv hindurch eingeführt. In Abb. 308 ist *Ka* die Aufnahmekammer und *Pl* die entwickelte Platte. Beide erhalten dieselbe Lage gegeneinander und gegen den Horizont wie bei der Aufnahme. Vor dem Objektiv der Kammer wird ein Theodolit mit zurückgesetztem Fernrohr so angebracht, daß der Schnittpunkt der Zielachse A_z mit der Kippachse A_k in den vorderen Objektivknotenpunkt H' fällt; dies läßt sich leicht bis auf Bruchteile eines Millimeters erreichen. Wird jetzt die in der Brennebene liegende Platte von hinten her beleuchtet und irgendein Bildpunkt P_i' derselben eingestellt, so ist die Zielachse A_z zum Strahl $H''P_i'$ ($H'' = $ hinterer Knotenpunkt des Objektivs) parallel. Diese Strahlen $H''P_i'$ selbst sind aber zu den von H' nach den entsprechenden Geländepunkten P_i führenden Zielstrahlen $H'P_i$ parallel, so daß die nach Einstellung von P_i' am Grundkreis K_g und Höhenkreis K_v des Theodolits ausgeführten Ablesungen die dem Zielstrahl $H'P_i$ entsprechende Horizontalrichtung und seinen Höhenwinkel unmittelbar angeben. Das Instrument, für welches statt der geschlossenen Aufnahmekammer auch ein offener Plattenhalter mit einem besonderen Objektiv – am besten identisch mit dem Aufnahmeobjektiv – verwendet werden kann, wurde später vervollkommnet und ist heute unter dem Namen Bildmeßtheodolit[3] bekannt. Dieser wird als selbständiges Instrument nur selten verwendet, hat aber als wichtiger Bestandteil automatischer Auswerteinstrumente große Bedeutung erlangt.

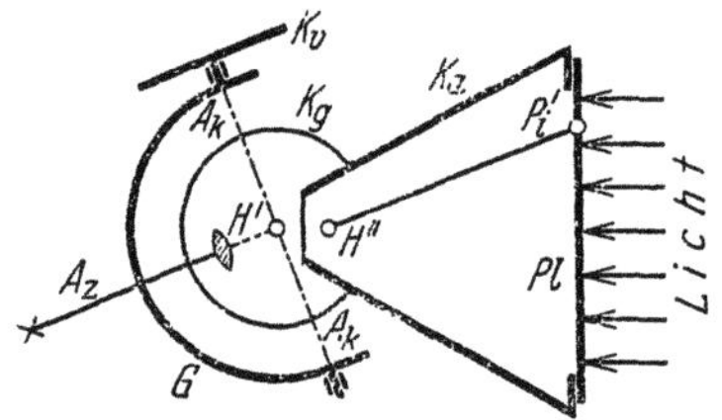

Abb. 308. Bildmeßtheodolit zur Plattenausmessung nach Porro-Koppe.

Ist die Voraussetzung, daß die Bildweite D gleich der Brennweite f des Objektivs sei, nicht streng erfüllt und geht gleichzeitig die Zielachse A_z um r seitwärts an H' vorbei, so ist der größte entstehende Richtungsfehler

$$d\varphi = \varrho'' \frac{r\,(D-f)}{f^2}.\tag{785^1}$$

Für $f = 150$ mm und die großen Abweichungen $r = 0{,}5$ mm, $D - f = 0{,}5$ mm folgt aus (785[1]) der Wert $d\varphi = 2{,}3''$. Er kann wohl immer vernachlässigt werden.

h) Grundlage der Aufnahmen.

Die Grundlage der photogrammetrischen Aufnahmen bildet, soweit diese für rein ingenieurtechnische Zwecke brauchbar sein sollen, stets ein gut bestimmtes Dreiecksnetz mit nicht zu großen Seitenlängen oder zum mindesten eine Folge von gut bestimmten Polygonzügen. Im großen und ganzen gelten für diese Grundlagen die Ausführungen auf S. 241 ff. über die Grundlagen der tachymetrischen Geländeaufnahme. Auf die besondere Eignung von Azimutmessungen zur Einschränkung der Richtungsübertragungsfehler sei hier noch einmal hingewiesen. Nur in einzelnen besonders günstig liegenden Fällen kann auch eine photogrammetrische Standortsbestimmung aus den Aufnahmebildern stattfinden.

Eine sehr gute Stütze für die Auswertung bilden Paßpunkte in genügender Zahl; das sind in den Bildern deutlich erkennbare, für den Aufbau des Netzes an sich entbehrliche Punkte, deren räumliche Lage trigonometrisch ermittelt wird.

---

[1] DOLEŽAL, E.: Über PORROS Instrumente für photogrammetrische Zwecke. Der Mechaniker, S. 73 ff. Berlin 1902.

[2] KOPPE, C.: Photogrammetrie u. internationale Wolkenmessung, S. 14 ff. Braunschweig 1896.

[3] Zwei bekanntere Bildmeßtheodolite sind die von PULFRICH-ZEISS u. HUGERSHOFF-HEYDE. Siehe hierzu a) PULFRICH, C.: Über Photogrammetrie aus Luftfahrzeugen u. die ihr dienenden Instrumente. Jena 1919; b) HUGERSHOFF u. CRANZ: Grundlagen der Photogrammetrie aus Luftfahrzeugen, S. 40—46. Stuttgart 1919; c) HUGERSHOFF: Photogrammetrie und Luftbildwesen, S. 58 ff. Wien 1930.

38. Terrestrische Photogrammetrie.

Die vom festen Boden aus aufnehmende terrestrische Photogrammetrie ist entweder Meßtischphotogrammetrie oder Stereophotogrammetrie. Unterschiede zwischen beiden zeigen sich schon bei den Aufnahmearbeiten und erst recht bei der Verarbeitung der Aufnahmen.

A. Meßtischphotogrammetrie.

Die Meßtisch- oder Einschneidephotogrammetrie ist die ältere Form der Photogrammetrie. Sie hat mit der Einführung der Stereophotogrammetrie und dem Fortschreiten der Luftphotogrammetrie sehr an Bedeutung verloren. Trotzdem kommt sie noch manchmal zum Zug, vor allem bei kleineren Arbeiten, wo es sich vielleicht nicht lohnt, einen Stereoautographen zu benutzen, oder auch bei der Auswertung von sehr nahe gelegenen Geländestücken einer Stereoaufnahme.

Bei der Einschneidephotogrammetrie erhält man die Horizontalprojektionen der aufgenommenen Punkte durch ein meist zeichnerisches Vorwärtseinschneiden, während die Höhen im Anschluß an die Grundrißfestlegung in der Regel durch Rechnung ermittelt werden. Das wichtigste Instrument für die terrestrische Photogrammetrie (für Meßtisch- und Stereophotogrammetrie) ist

a) der Phototheodolit.

Der Phototheodolit, welcher außer zu photographischen Aufnahmen auch zur Messung der äußeren Orientierung dient, besteht aus einem Theodolit, mit dem ein photographischer Apparat fest oder kippbar verbunden ist. Feste Verbindung der genannten Bestandteile besitzt z. B. der in Abb. 309 schematisch dargestellte Phototheodolit von S. Finsterwalder[1]. Die Alhidade trägt eine durch einen Metallrahmen RR und Querspreizen gut versteifte photographische Kammer, deren Bildebene parallel zur Alhidadenachse liegt. Beide können durch mit dem Apparat fest verbundene Libellen L_1, L_2 lotrecht gestellt werden. Das Objektiv O_b sitzt auf einem Schlitten SS, welcher zur Erzielung eines größeren vertikalen Gesichtsfeldes durch die Triebschraube T in einer Führung F in lotrechtem Sinn um genau meßbare Beträge verschoben werden kann. Es ist durch eine um G drehbare Hebelvorrichtung H mit einem Okular o so verbunden, daß dieses stets auf O_b gerichtet ist. Unmittelbar vor der Bildebene ist auf dem Markenrahmen ein Fadenkreuz aufgespannt. Sein Schnittpunkt soll auf G liegen. Dieses, sowie o und O_b bilden das Theodolitfernrohr, während die auf dem Schieber SS befindliche Teilung die Tangente der Höhenwinkel der Ziellinie mißt und so einen Höhenkreis ersetzt[2]. Zur photographischen Aufnahme wird das Okular etwas zurückgezogen und abgedeckt; dar-

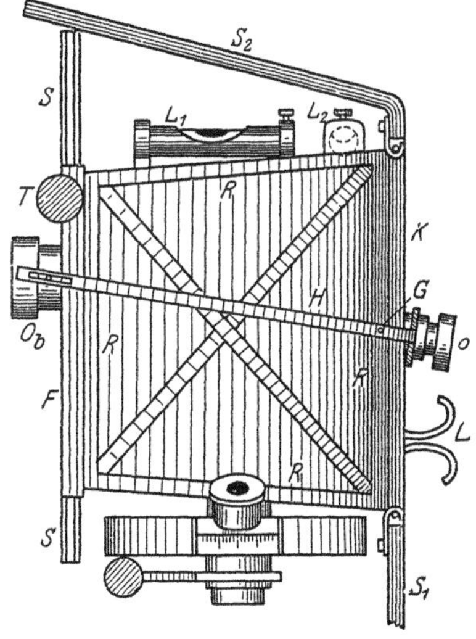

Abb. 309. Phototheodolit von S. Finsterwalder.

aufhin läßt man die in einem Ledersack S_2 befindliche Platte in den Rückteil K der Kammer fallen und befördert sie nach erfolgter Belichtung mittels der Federn L in den unten angehängten Ledersack S_1. Das in erster Linie für Gebirgsaufnahmen bestimmte

---

[1] Siehe Finsterwalder, S.: a) Photogrammetrischer Theodolit für Hochgebirgsaufnahmen. Z. Instrumentenkde. 1895, S. 370—373; b) Zur Photogrammetrischen Praxis. Z. Vermess.-Wes. 1896, S. 225—240.

[2] Schon Paganini hat bei seinem Modell von 1890 das Aufnahmeobjektiv auch als Fernrohrobjektiv benutzt.

Instrument ist leicht gebaut und besitzt ein ebenfalls leichtes zusammenschiebbares Stativ, dessen Standfestigkeit bei der Aufnahme durch ein zwischen seine Beine gehängtes, mit Steinen beschwertes, eben den Boden berührendes Netz erhöht wird.

Am Phototheodolit sind vor seiner Verwendung folgende Untersuchungen vorzunehmen:

1. Berichtigung der Libellen L_1, L_2 und Lotrechtstellung der Alhidadenachse; 2. Prüfung der lotrechten Stellung der Rahmenebene; 3. Untersuchung der horizontalen bzw. lotrechten Lage der Rahmenseiten, Bestimmung des Bildhorizonts und der Verkantung; 4. Prüfung der lotrechten Schieberführung; 5. Bestimmung der Elemente der inneren Orientierung; 6. Ermittlung des Zeigerfehlers am Schieber; 7. Untersuchung des Kreuzungsfehlers der Fernrohrzielebene mit der Hauptzielebene der Kammer[1].

Im einzelnen kann die Berichtigung in folgender Weise durchgeführt werden[2].

Zu 1. Die Libellenberichtigung und die Lotrechtstellung der Alhidadenachse geht in derselben Weise vor sich wie beim Theodolit.

Zu 2. Nach Erledigung des ersten Punktes soll bei einspielender Längslibelle (L_1 in Abb. 309) die Rahmenebene lotrecht stehen. Man kann die Untersuchung etwa mit Hilfe von zwei Loten L_1, L_2 (Abb. 310a) durchführen, welche so aufgehängt werden,

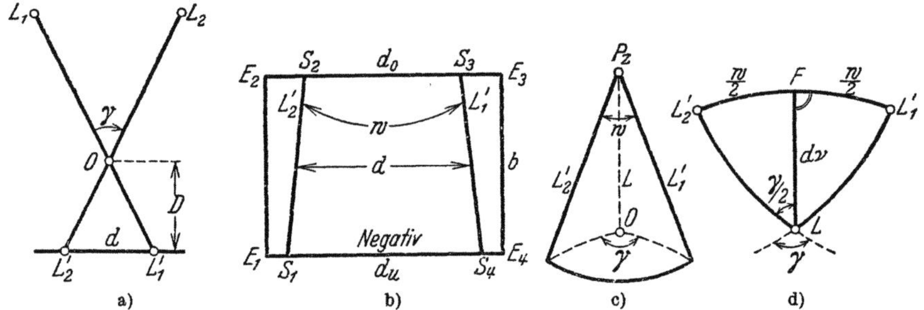

Abb. 310a, b, c, d. Untersuchung der Stellung des Markenrahmens mit Hilfe von Loten.

daß ihre bei einspielender Längslibelle photographierten Bilder L_1', L_2' (Abb. 310b) nahe an die aufrechten Ränder $E_1 E_2$ und $E_3 E_4$ fallen. An den waagrechten Rändern schneiden die Lotbilder die Stücke $S_1 S_4 = d_u$, $S_2 S_3 = d_o$ heraus, aus deren Unterschied sich der kleine Konvergenzwinkel

$$w = \frac{1}{b}(d_u - d_o) \tag{786}$$

der Lotbilder ergibt. L_1', L_2', und das Lot L durch O schneiden sich im Bildzenitpunkt P_z (Abb. 310c) bzw. im Bildnadirpunkt. In dem durch L_1', L_2' und L gebildeten Dreikant erscheint der Konvergenzwinkel w unmittelbar als Seite. Ihm gegenüber liegt der von den Zielebenen $O L_1$, $O L_2$ (Abb. 310a) eingeschlossene Winkel γ. Die Einheitskugel um P_z als Mittelpunkt schneidet das in Abb. 310d enthaltene gleichschenklige

---

[1] Über photogrammetrische Instrumente u. ihre Untersuchung siehe außer den auf S. 260, Fußnote 5, genannten Werken u. anderen z. B. S. FINSTERWALDER: Die Photogrammetrie als Hilfsmittel der Geländeaufnahme in NEUMAYER: Anleitung zu wissenschaftlichen Beobachtungen auf Reisen, Band 1, 3. Aufl. Hannover 1906; ferner KOPPE: Die Photogrammetrie oder Bildmeßkunst. Weimar 1889, u. Photogrammetrie u. internationale Wolkenmessung. Braunschweig 1896. Abbildungen der gebräuchlichsten älteren Apparate enthält WEISS, MAX: Die geschichtliche Entwicklung der Photogrammetrie u. die Begründung ihrer Verwendbarkeit für Meß- u. Konstruktionszwecke. Stuttgart 1913. Die mathematischen Grundlagen des neuen Aufnahmeverfahrens sind behandelt in S. FINSTERWALDER: Die geometrischen Grundlagen der Photogrammetrie. Jb. dtsch. Math.-Ver. Leipzig 1899; siehe ferner S. FINSTERWALDER: Photogrammetrie in der Enzykl. d. math. Wissenschaften, VI₁, 2. Leipzig 1906, mit Literaturangaben

[2] Ein neueres Zahlenbeispiel siehe bei LÖSCHNER, H.: Zur Prüfung eines Photogrammeters. Z. Instrumentenkde. 1928, S. 573—585 (enthält auch Literatur über die Prüfung photogrammetrischer Instrumente).

sphärische Dreieck aus, welches durch die Höhe dv in zwei zur Ebene des Bogens dv symmetrische, gleichschenklig rechtwinklige Dreiecke zerlegt wird. Aus $L L_2 F$ und aus Abb. 310a folgt

$$\operatorname{tg} \tfrac{1}{2}\gamma = \frac{\operatorname{tg}\dfrac{w}{2}}{\sin dv}, \qquad \sin dv = \operatorname{tg}\frac{w}{2}\operatorname{ctg}\frac{\gamma}{2}, \qquad dv \approx \frac{w}{2}\operatorname{ctg}\frac{\gamma}{2} \approx \frac{D}{d}\cdot w. \tag{787}$$

Hierin hat dv seine bisherige Bedeutung; für d kann der Durchschnittswert $\tfrac{1}{2}(d_o + d_u)$ oder auch eines der beiden Elemente genommen werden[1].

Zu 3. Bringt man die beiden berichtigten Libellen (Längs- und Querlibelle) zum Einspielen, so müssen die Rahmenseiten waagrecht bzw. lotrecht liegen. Das wird dann zutreffen, wenn die bei einspielenden Libellen photographierten Bilder der Rahmenseiten auf den Lotbildern senkrecht stehen bzw. zu ihnen parallel liegen.

Bei dieser Vergleichung kann an die Stelle des Lotbildes auch der Bildhorizont HH treten, welcher schon aus anderen Gründen scharf bestimmt werden muß.

Man bringt in genügender Entfernung vom Instrument zwei in den Objektivhorizont einnivellierte Marken (m_1), (m_2) so an, daß ihre bei einspielenden Libellen photographierten Bilder m_1, m_2 (Abb. 311a) in Nähe der Ränder erscheinen. Die Verbindungslinie $m_1 m_2$ ist der Bildhorizont HH; ihren Winkel $\varkappa$ mit der Markenlinie $M_1 M_2$ nennt man deren Verkantung. Dies gilt auch für geneigte Aufnahmen (siehe Abb. 294).

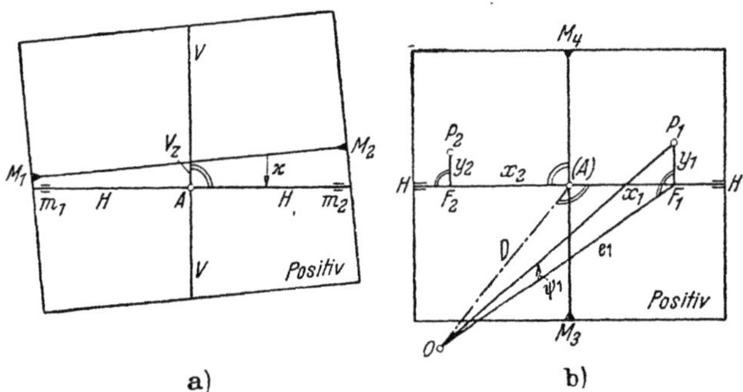

Abb. 311. (Positiv.) Bestimmung des Bildhorizonts, der Verkantung und des Zeigerfehlers.

Der Bildhorizont kann nach Abb. 311b auch aus den rand- und horizontnahen Bildern P_1', P_2' zweier Punkte P_1, P_2 gefunden werden, wenn die Höhenwinkel ψ_1, ψ_2 der zugehörigen Zielstrahlen $O P_1$, $O P_2$ durch eine vorherige scharfe Messung mit dem Theodolit bestimmt worden sind. Aus der Figur folgt

$$e_1 = OF_1 = \sqrt{D^2 + x_1^2}, \quad e_2 = OF_2 = \sqrt{D^2 + x_2^2}, \quad y_1 = e_1\operatorname{tg}\psi_1, \quad y_2 = e_2\operatorname{tg}\psi_2, \tag{788}$$

wo x_1, x_2 die den Bildern zu entnehmenden Abszissen und y_1, y_2 die zu berechnenden, vom Horizont aus gezählten Bildpunktsordinaten sind. Trägt man diese im richtigen Sinn parallel den aufrechten Bildrändern ab, so kommt man auf die Ordinatenfußpunkte F_1 (Abb. 311 b), F_2, deren Verbindungslinie der Bildhorizont ist. Die vor der Horizontbestimmung vorhandene geringe Unsicherheit der Koordinatenrichtungen und ein kleiner Fehler in der Lage des Hauptpunktes A bringen bei der getroffenen Punktauswahl nur einen kleinen Fehler höherer Ordnung in das Endergebnis.

Ist der Bildhorizont HH auf dem einen oder anderen Wege ermittelt worden, so kennt man auch die Verkantung $\varkappa$, welche positiv sein soll, wenn $M_1 M_2$ den linken und HH den rechten Schenkel von $\varkappa$ bildet.

Zu 4. Um zu beurteilen, ob bei lotrechter Alhidadenachse das Objektiv – insbesondere sein hinterer Hauptpunkt – gelegentlich der Schieberverstellung eine lotrechte Gerade beschreibt, prüft man, ob nach Einstellung eines Lotes dieses bei einspielenden Libellen für jede Schieberstellung im Fernrohr eingestellt bleibt.

Zu 5. Ist die Lage des Bildhorizonts nach 3. bestimmt worden, so kann auch die dazu senkrechte Hauptvertikale $V V$ angegeben werden, sobald der Hauptpunkt A be-

---

[1] Die in der 2. Auflage weiterhin beschriebene Spiegelmethode ist wegen des erforderlichen mißlichen Herausschraubens des Objektivs weggelassen worden.

kannt ist. Dessen Ermittlung geht Hand in Hand mit der Bestimmung der Kammerbrennweite $f = D$.

Es werden drei in der Nähe des Instrumentenhorizonts liegende Punkte P_1, P_2, P_3 photographiert, welche unter den mit einem Theodolit genau gemessenen Winkelabständen u, v (Abb. 312a) erscheinen. Die Bildpunkte P'_1, P'_2, P'_3 besitzen – vom Schnittpunkt S der Markenlinie $M_3 M_4$ mit dem Bildhorizont aus gerechnet – die Abszissen x_1, x_2, x_3; sie können mit dem später behandelten Stereokomparator scharf gemessen werden, so daß die gegenseitige Lage der Bildpunkte im horizontalen Sinn bekannt ist. Von O aus erscheinen diese Punkte unter Richtungen, welche die bekannten Winkel u, v einschließen; die Lage des hinteren Objektivhauptpunktes O in bezug

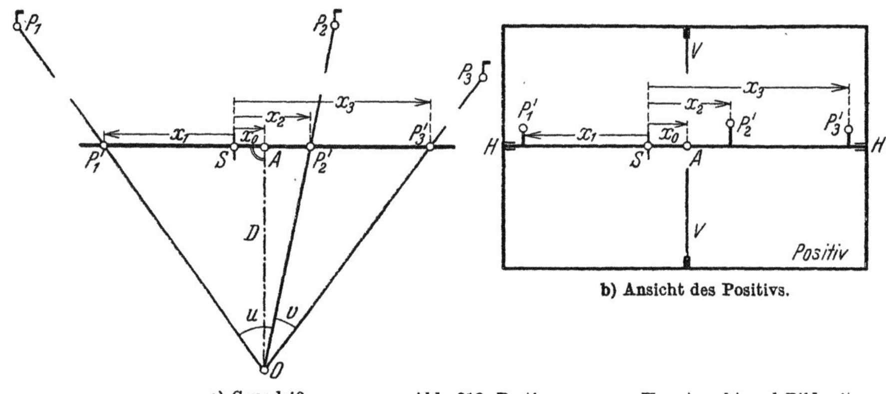

a) Grundriß.　　Abb. 312. Bestimmung von Hauptpunkt und Bildweite.

b) Ansicht des Positivs.

auf S kann also durch Rückwärtseinschneiden (S. 146 ff.) bestimmt werden. Die hierbei gefundenen Koordinaten von O sind aber nichts anderes als die Bildweite D und der horizontale Abstand x_0 des Rahmenhauptpunktes A vom Schnittpunkt S. Mit x_0, D und $V V$ sind nunmehr auch die Elemente der inneren Orientierung bestimmt.

In Wirklichkeit wird für diese Untersuchung eine größere Zahl von Punkten verwendet, so daß D und x_0 durch eine Ausgleichung bestimmt werden[1].

Zu 6. Wird gelegentlich der unter 3. beschriebenen Bestimmung des Bildhorizonts am Objektivschieber $S S$ (Abb. 309) die Einstellung Null herbeigeführt und fällt in der Photographie die Markenlinie $M_1 M_2$ nicht in den Bildhorizont $H H$ (Abb. 311a), so ist der Abstand der Schnittpunkte der Hauptvertikalen $V V$ mit $M_1 M_2$ und $H H$ der Zeigerfehler v_z des Objektivschiebers. Er ist, wenn er nicht beseitigt werden kann, bei der Verarbeitung der Aufnahmen zu berücksichtigen.

Zu 7. Den Winkel δ (Abb. 313), welchen die Fernrohrzielebene mit der den Hauptpunkt A enthaltenden Hauptzielebene der Kammer bildet, bezeichnet man als den **Kreuzungsfehler der Fernrohrzielebene gegen die Kammerachse**. Er kann aus der unter 5. zur Bestimmung der inneren Orientierung erwähnten Aufnahme gefunden werden, wenn vor dem

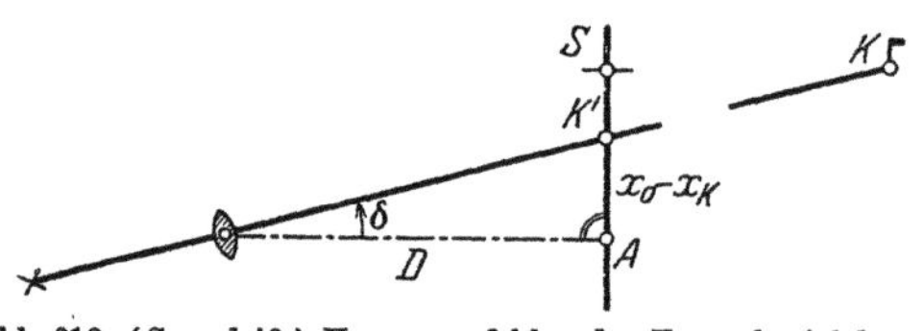

Abb. 313. (Grundriß.) Kreuzungsfehler der Fernrohrzielebene.

---

[1] Diese weitergehende Aufgabe kann hier nicht behandelt werden. Siehe dazu: a) Die Ausführungen von DOLEŽAL, E.: Int. Arch. Photogrammetrie, Bd. 6, S. 31 ff. Wien 1923. (Es wird die Bestimmung der inneren Orientierungselemente D, x_0 mit Hilfe eines GAUTIERschen Gitters u. zweier Kollimatorfernrohre erläutert); b) v. GRUBER, O.: Bestimmung der inneren Orientierung von Meßkammern. Int. Arch. Photogrammetrie. Bd. 6, S. 82—89. Wien 1923; c) BAESCHLIN, F.: Korrekte u. strenge Behandlung des Problems der Bestimmung der inneren Orientierung eines Phototheodoliten. Schweiz. Z. Vermess.-Wes. 1929, S. 31—36; d) WERKMEISTER, P.: Bestimmung der inneren Orientierung der Kammer eines Phototheodolits. Z. Instrumentenkde. 1930, S. 246—254; e) WERKMEISTER, P.: Bestimmung der Genauigkeit der inneren Orientierung einer Meßkammer. Z. Instrumentenkde. 1931, S. 396—400.

Photographieren der Fadenkreuzschnittpunkt auf einen Kontrollpunkt K eingestellt wird. Dessen Bild K' sollte in die Hauptvertikale – im Grundriß in den Hauptpunkt A – fallen. Zeigt sich eine Abweichung $x_0 - x_K$, so ist

$$\delta = \varrho \cdot \frac{x_0 - x_K}{D} \tag{789}$$

der gesuchte Kreuzungsfehler. Es ist daher der Richtungswinkel der Kammerachse um δ größer als derjenige der Zielachse des Fernrohrs[1].

Eine Weiterentwicklung des beschriebenen Instruments – insbesondere auch hinsichtlich der stereophotogrammetrischen Verwendung – ist der ebenfalls nach Angabe von S. Finsterwalder von Zeiss gebaute leichte Feldphototheodolit, welcher sich bei guter Stabilität durch besonders geringes Gewicht und dadurch auszeichnet, daß ein oberes und ein unteres Okular vorhanden ist. Diese bestimmen mit dem Objektiv des Phototheodolits zwei Fernrohre, deren Kippachsen in der Plattenebene liegen. Als Fadenkreuze dienen die Strichmarken, welche auch die Hauptvertikale festlegen. Durch die Verwendung zweier Zielachsen, deren gegenseitige Lage scharf zu ermitteln ist, kann man bei vergrößertem vertikalen Gesichtsfeld ohne allzu große Objektivverschiebungen auf hoch und tief gelegene Ziele einstellen[2].

Unter den vielen anderen Phototheodoliten seien, ohne daß näher darauf eingegangen wird, noch diejenigen von Koppe[3], Doležal-Rost[4], Zeiss[5], Hugershoff-Heyde[6], Wild[7] und Breithaupt[8] erwähnt.

Ist die Instrumentenuntersuchung und Berichtigung[9] durchgeführt, so kann man den Bildhorizont und die Hauptvertikale, deren Lage gegen die Rahmenmarken nunmehr als bekannt anzunehmen ist, in die aufgenommenen Bilder eintragen.

b) Die Einschneidephotogrammetrie mit lotrechter Bildebene.

Bei der photogrammetrischen Einzelaufnahme steht der Phototheodolit in den beiden nach Lage und Höhe bekannten Endpunkten einer Grundlinie. Ist nach sachgemäßer Aufstellung des Instruments die Instrumentenhöhe gemessen und nach Einstellung des anderen Endpunktes der Grundlinie am Horizontalkreis abgelesen worden, so richtet man am besten das Fernrohr auf einen in der Mitte des Aufnahmefeldes liegenden, markanten Punkt und liest wieder sowohl am Grundkreis wie auch am Objektivschieber oder bei geneigter Kammer am Höhenkreis ab. Die Differenz der Grundkreisablesungen – die zur Grundlinieneinstellung gehörige verbessert wegen des Kreuzungsfehlers δ (Abb. 313) – ist der Winkel, den die Bildweite D bei der Aufnahme mit der Grundlinie einschließt. Unmittelbar vor und nach der Belichtung der Platte überzeugt man sich, ob die ursprüngliche Einstellung der Ziellinie erhalten geblieben ist.

---

[1] Nachdem die Untersuchung dieser einen Konstruktion hinreichend ausführlich besprochen worden ist, kann es keine großen Schwierigkeiten bieten, gegebenenfalls auch einen Phototheodolit anderer Bauart zu untersuchen.

[2] Näheres über dieses Instrument siehe bei Finsterwalder, R.: Der leichte Feld-Phototheodolit der Firma Carl Zeiss u. seine Verwendung bei der deutsch-russischen Altai-Pamir-Expedition 1928 (Abschnitt in v. Gruber, O.: Ferienkurs in Photogrammetrie, S. 160—172. Stuttgart 1930).

[3] Koppe, C.: Die Photogrammetrie oder Bildmeßkunst. Weimar 1889, sowie Photogrammetrie u. internationale Wolkenmessung. Braunschweig 1896.

[4] Doležal, E.: Das Phototachymeter Doležal-Rost. Int. Arch. Photogrammetrie, Bd. 6, S. 219—236. Wien 1923.

[5] Pulfrich, C.: Neue stereoskopische Methoden u. Apparate, S. 158—172. Berlin 1912; u. Schneider, F.: Über die Feldausrüstung Zeiss, Modell 3b. Bildmessg. u. Luftbildwes. 1927, S. 95 u. f.

[6] Doležal, E.: Das Photogrammeter des math.-mechan. Instituts Heyde in Dresden. Int. Arch. Photogrammetrie, Bd. 3, S. 226—231. Wien 1912.

[7] Das neue stereophotogrammetrische Instrumentarium Wild. Bildmessg. u. Luftbildwes. 1926, S. 35—37.

[8] Doležal, E.: Int. Arch. Photogrammetrie, Bd. 3 (1912), S. 62 u. f.

[9] Bei sorgfältiger Behandlung des Apparats erhält sich dessen Berichtigung ziemlich lange.

Die Auswertung solcher Aufnahmen sei an Hand der Abbildungen 314—316 erläutert. In Abb. 314 handle es sich um zwei mit lotrechten Bildebenen ausgeführte Aufnahmen I, II, in den bekannten, um die Grundlinie B (Abb. 315) voneinander abstehenden Standorten O_1, O_2 mit den Instrumentenhorizonten J_1 und J_2. Sind auf Grund der bei der Aufnahme abgelesenen Schieberstellungen t_1, t_2 von den Mittelmarken aus die Bildhorizonte $H'H'$, $H''H''$ eingetragen und in ihren Schnittpunkten mit den beiden

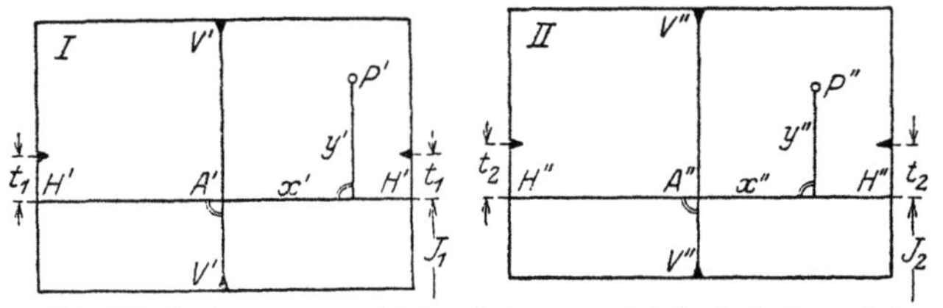

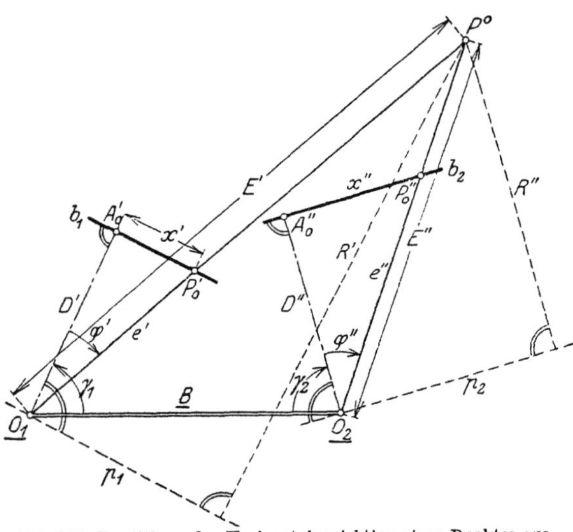

Abb. 314. Zwei zusammengehörige photogrammetrische Aufnahmen bei lotrechter Bildebene (Positiv).

Hauptvertikalen $V'V'$, $V''V''$ die zwei Lagen A', A'' des Hauptpunktes gefunden worden, so kann man die auf das Achsenkreuz Bildhorizont—Hauptvertikale bezogenen rechtwinkligen Koordinaten x', y' und x'', y'' der Bildpunkte P', P'' eines Geländepunktes P den Aufnahmen durch Abmessen entnehmen. Bei Verwendung von Papierbildern ist deren etwa eingetretener Schwund durch Vergleich der Seitenlängen a', b' des Bildrechtecks mit den bekannten Seiten a, b des Markenrahmens festzustellen und in den Koordinaten zu berücksichtigen. Wird hingegen die Bildweite sinngemäß reduziert (getrennt für die Ermittlung der Horizontalprojektion und der Höhen), so können zur nachfolgend beschriebenen Punktbestimmung die unveränderten Koordinaten der Bildpunkte Verwendung finden.

Abb. 315. Ermittlung der Horizontalprojektion eines Punktes aus zwei zusammengehörigen lotrechten Aufnahmen.

Für die prozentualen Papieränderungen[1]

$$p' = 100\,\frac{a'-a}{a}, \quad p'' = 100\,\frac{a''-a}{a}, \quad q' = 100\,\frac{b'-b}{b}, \quad q'' = 100\,\frac{b''-b}{b} \qquad (790)$$

der beiden Aufnahmen in waagrechter und vertikaler Richtung sind diese reduzierten Bildweiten durch die Ausdrücke

$$D'_w = D + \frac{p'}{100}\cdot D, \quad D''_w = D + \frac{p''}{100}\cdot D, \quad D'_v = D + \frac{q'}{100}\cdot D, \quad D''_v = D + \frac{q''}{100}\cdot D \qquad (791)$$

bestimmt.

Nunmehr trägt man im Grundriß mittels der bei der Aufnahme gemessenen Orientierungswinkel γ_1, γ_2 von O_1 und O_2 aus die reduzierte Bildweite in ihren den Aufnahmen entsprechenden Lagen D', D'' ab und errichtet in ihren Endpunkten A'_0, A''_0, den Grundrissen des Hauptpunktes, die als Bildlinien bezeichneten Senkrechten b_1 und b_2. Für genaue Arbeiten genügen zu dieser Konstruktion Transporteur und rechter Winkel nicht; es ist vielmehr rätlich, sowohl für den Grundriß des Hauptpunktes wie auch für zwei an den Enden der Bildlinie gelegene Punkte die rechtwinkligen Koordinaten zu berechnen und damit in einem sorgfältig konstruierten Quadratnetz, in das

---

[1] Weiteres über Papieränderung siehe unter 351 ff. Horizontalpläne.

vorher schon die Standorte eingetragen wurden, nunmehr auch die Hauptpunkte mit den zugehörigen Bildlinien einzutragen. Die Endpunkte der in die Bildlinien übertragenen Abszissen x', x'' bezeichnen die Horizontalprojektionen P_0', P_0'' der Bildpunkte P', P'', während der Schnittpunkt der beiden geometrischen Örter $O_1 P_0'$ und $O_2 P_0''$ die Horizontalprojektion P^0 des Geländepunktes P angibt. Sind E', E'' dessen waagrechte Entfernungen von O_1, O_2, während e', e'' die Entfernungen der entsprechenden Bildlinienpunkte P_0', P_0'' von O_1 und O_2 bedeuten, so folgt aus den beiden ähnlichen Aufrißdreiecken der Abb. 316 für die **Höhenzunahme** vom Knotenpunkt O_1 bis zum Punkte P der Ausdruck

$$h' = \frac{E'}{e'} \cdot y' = \frac{R'}{D} \cdot y', \qquad (792)$$

dessen letzte, bequemere Form, in der R' (siehe Abb. 315) den Abstand des Punktes P^0 von einer durch O_1 gezogenen Parallelen p_1 zu b_1 bedeutet, leicht aus der Beziehung $E' : e' = R' : D$ hervorgeht. Ebenso findet man für den Höhenunterschied zwischen O_2 und P

$$h'' = \frac{E''}{e''} y'' = \frac{R''}{D} \cdot y''. \qquad (793)$$

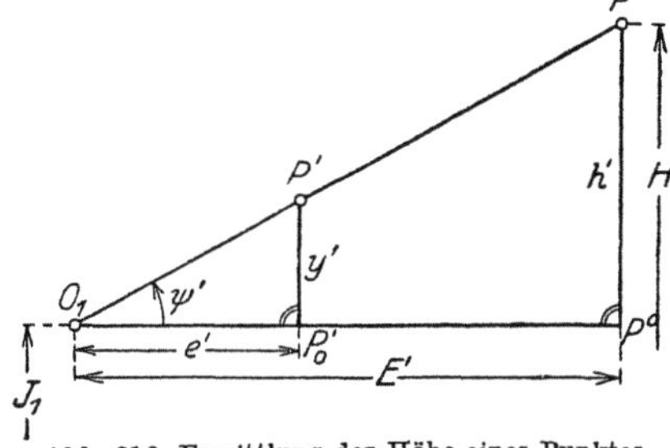

Abb. 316. Ermittlung der Höhe eines Punktes bei bekannter Horizontalprojektion.

In (792) und (793) sind für D die reduzierten Werte D_v' bzw. D_v'' zu nehmen. Die senkrechten Abstände R', R'' von p_1 und p_2 können, nachdem P^0 im Grundriß festliegt, demselben ohne weiteres entnommen werden. Die **Meereshöhe** H des **Geländepunktes** muß sich aus den beiden Ausdrücken

$$H = J_1 + h' = J_2 + h'' \qquad (794)$$

übereinstimmend ergeben.

Bei bekannter innerer und äußerer Orientierung bietet die Gewinnung von Grundriß und Höhe nach dem oben besprochenen Verfahren der **Meßtischphotogrammetrie** keine grundsätzlichen Schwierigkeiten. Sollte das eine oder andere Element der äußeren Orientierung fehlen, so kann dieses mit Hilfe der schon früher (S. 272) erwähnten Paßpunkte gefunden werden. Deren eigentlicher Zweck ist allerdings ein anderer, nämlich die allgemeine Überprüfung der ganzen äußeren Orientierung.

c) Zusammenschluß von Aufnahmen des gleichen Standpunktes.

Für den **Zusammenschluß mehrerer Aufnahmen** desselben Standpunktes braucht man den Winkel λ (Abb. 317), welchen die zu den Aufnahmen gehörigen Lagen $'D$, $''D$ der Bildweiten einschließen. Er ist im allgemeinen aus den Grundkreisablesungen am Phototheodolit bekannt, kann aber, wenn in dieser Richtung etwa ein Versäumnis vorliegt, mit geringerer Genauigkeit auch aus den Aufnahmen selbst bestimmt werden.

Sind $'P$, $''P$, zu welchen die Abszissen $'x$, $''x$ gehören, die Bilder ein und desselben Punktes in beiden Aufnahmen, so berechnet man zunächst $'\varphi$, $''\varphi$ aus den Gln. (780) und erhält sodann den Winkel λ als die Differenz

$$\lambda = '\varphi - ''\varphi. \qquad (795)$$

Dabei ist eine im Vergleich mit den Entfernungen der Geländepunkte sehr kleine Knotenpunktverschiebung vernachlässigt. Zur Erhöhung der Genauigkeit wird man λ unter Zuhilfenahme verschiedener Punkte wiederholt wie angegeben berechnen und die Einzelwerte zu einem Mittel vereinigen. Recht einfach ist auch das folgende, von S. Finsterwalder angegebene Verfahren, welches unter Verzicht auf den Beweis mitgeteilt werden soll. Wählt man in beiden Aufnahmen eine größere Zahl zusammengehöriger Punkte $'P_1$, $''P_1$ bis $'P_n$ $''P_n$ (Abb. 318) so aus, daß sie von den einander zugekehrten Bildrändern nahezu gleiche Abstände $'\xi_1$, $''\xi_1$ bis $'\xi_n$, $''\xi_n$ besitzen, so erhält man mit der Rahmenbreite a den Winkel λ aus den Gleichungen

$$m = \frac{1}{2n}\left(['\xi] + [''\xi]\right), \qquad \operatorname{tg}\frac{\lambda}{2} \approx \frac{\frac{1}{2}a - m}{D}. \tag{796}$$

Ebenfalls ohne Beweis, der sich auf die Gln. (780) und (795) stützt, sei mitgeteilt, wie die an einem Näherungswert (D) der Bildweite noch anzubringende Verbesserung dD gefunden werden kann, wenn sämtliche den Horizont einer Station ausfüllenden λ mit (D) berechnet worden sind.

Es ergibt sich

$$dD = \frac{2\,(D)\,(360^0 - [\lambda])}{\varrho\,([\sin 2\,''\varphi] - [\sin 2\,'\varphi])}, \tag{797}$$

$$D = (D) + dD. \tag{798}$$

In (797) tritt σ an Stelle von 360^0, wenn $[\lambda]$ ein von vornherein bekannter anderer Festwert σ ist.

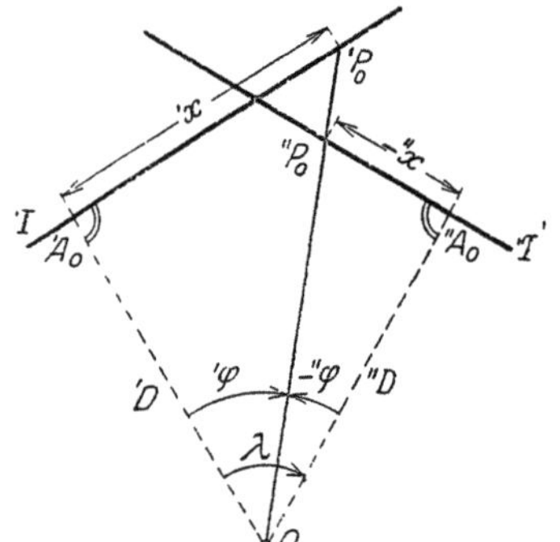

Abb. 317.
Zusammenschluß von lotrechten Aufnahmen einer Station
unter Verwendung beliebiger zusammengehöriger Punkte.

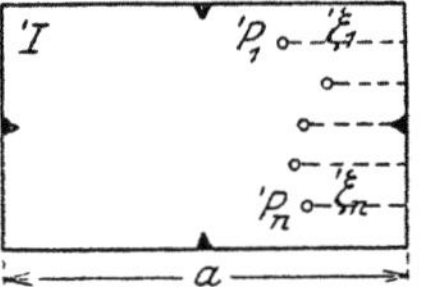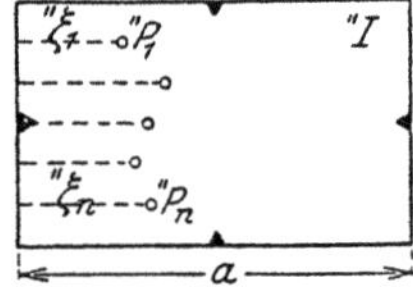

Abb. 318.
unter Benutzung von zusammengehörigen Punkten
in der Nähe der Bildschnittlinie.

Theoretisch kann man bei bekannter Lage der Hauptvertikalen $'V$ bzw. $''V$ aus zwei Aufnahmen im gleichen Standort auch die Abstände $'c$, $''c$ (Abb. 319) der beiden Bildhorizonte $'H\,'H$ und $''H\,''H$ von irgendeiner Horizontparallelen, z. B. von den waagrechten Markenlinien $'M_1\,'M_2$ und $''M_1\,''M_2$ erhalten. In der Abbildung bedeuten $'\eta$, $''\eta$ die meßbaren Abstände der zum gleichen Geländepunkt P gehörigen Bildpunkte

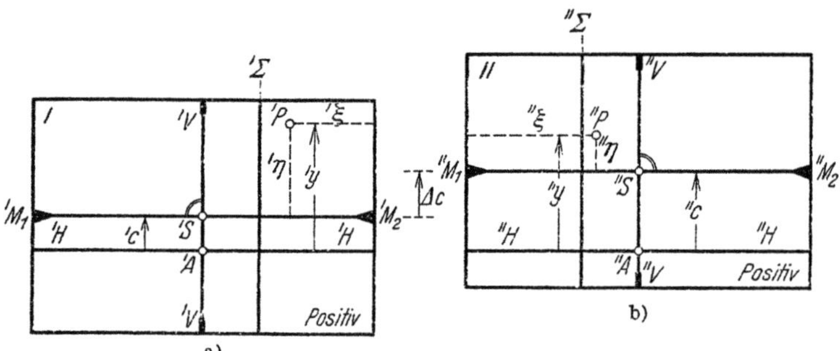

Abb. 319. Zwei auseinandergenommene Bildebenen im gleichen Standort.

$'P$, $''P$ von den vorliegenden, um $\varDelta c$ voneinander abstehenden Markenlinien, während $'y$, $''y$ die entsprechenden, vom Bildhorizont $H\,H$ aus gerechneten, unbekannten Ordinaten sind. Mit den in den Höhendreiecken (Abb. 320) enthaltenen Bezeichnungen folgt

$$\operatorname{tg}\psi = \frac{'y}{'c} = \frac{''y}{''c} = \frac{'\eta + 'c}{'c} = \frac{''\eta + ''c}{''c} \tag{799}$$

und hieraus

$$'c - \frac{'c_1}{''c_1}\cdot''c = \frac{'c_1}{''c_1}\cdot''\eta_1 - '\eta_1 = l_1; \qquad 'c - \frac{'c_2}{''c_2}\cdot''c = \frac{'c_2}{''c_1}\cdot''\eta_2 - '\eta_2 = l_2. \tag{800}$$

Da die verschiedenen c-Werte nach (788) aus der Lage der Bildpunkte zur Hauptvertikalen bestimmt werden können, so ist es nach (800) möglich, aus zwei Bildpunktspaaren die Werte $'c$ und $''c$ zu ermitteln. Die Lösung gibt aber keine scharfen Ergebnisse. Sie werden noch am besten, wenn P_1, P_2 zwei möglichst verschieden gerichteten Zielebenen angehören und die Unterschiede $\Delta e = {}''e - {}'e$ möglichst groß werden.

Dagegen läßt sich der Abstand Δc beider Marken-linien ziemlich scharf bestimmen, wenn auf der Bild-schnittlinie Σ oder in ihrer unmittelbaren Nähe in beiden Bildern genügend Einzelheiten zu erkennen sind. Nach dem Anblick von Abb. 319 wird

$$\Delta c = {}''c - {}'c = {}'\dot\eta - {}''\dot\eta , \qquad (801)$$

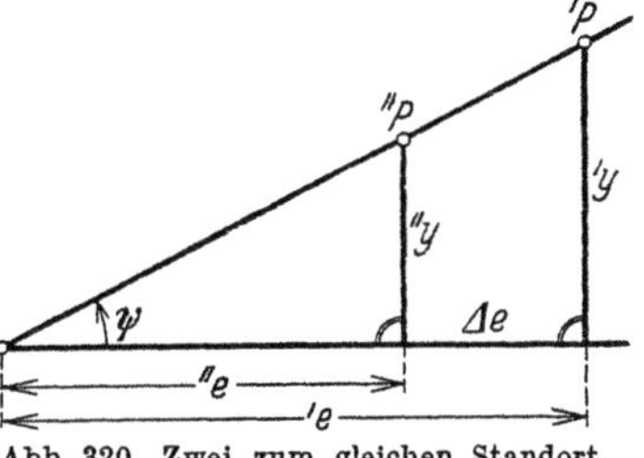

Abb. 320. Zwei zum gleichen Standort und zum gleichen Geländepunkt gehörige Höhendreiecke.

wenn $\dot\eta$ zu Punkten der Schnittsenkrechten gehört. Aus einer größeren Zahl von Einzelwerten Δc_i erhält man für Δc einen guten Mittelwert.

Die einfache Formel (801) gilt nur dann streng, wenn die benutzten Punkte scharf auf der Schnitt-senkrechten Σ liegen. Trifft dies nicht genau zu und besitzen die Bilder eines Punktes in beiden Aufnahmen die etwas verschiedenen Randabstände ${}'\xi$, ${}''\xi$ (siehe Abb. 318), so sind die einzelnen Δc mittels der schärferen Beziehungen

$$\Delta\xi = {}''\xi - {}'\xi , \qquad \Delta c = {}'\dot\eta - {}''\dot\eta - \Delta\xi \cdot \sin\frac{\lambda}{2}\,\mathrm{tg}\,\psi \qquad (802)$$

zu ermitteln. Das Korrektionsglied dieses Ausdrucks enthält den zunächst unbekannten Höhenwinkel ψ. Für den nach (781) zu berechnenden Faktor $\mathrm{tg}\,\psi$ erhält man einen noch ausreichenden Näherungswert, wenn der Bildhorizont auf $\pm\,1$ cm bekannt ist. Der entsprechende Fehler in Δc wird für $\lambda = 60^0$ und $e = 15$ cm erst etwa $\frac{1}{30}\cdot\Delta\xi$.

Hat man Δc gefunden, so folgt aus (800):

$$'c = \frac{'e\,(''\eta + \Delta c) - ''e\cdot'\eta}{''e - 'e} , \qquad ''c = 'c + \Delta c . \qquad (803)$$

Natürlich müssen zur Bestimmung von ${}'c$ möglichst weit von der Schnittsenkrechten abstehende Punkte verwendet werden[1].

d) Berechnung weiterer fehlender Stücke.

Auch der Höhenunterschied der Objektivzentren zweier Standorte ist manchmal zu bestimmen. Er ergibt sich als die Differenz der Instrumentenhorizonte aus (794) zu

$$\Delta h = J_2 - J_1 = h' - h'' . \qquad (804)$$

---

[1] Handelt es sich um zwei Aufnahmen von unbekannter Neigung, so kommt man mit zwei Tripeln (genügen würden schon zwei Paare!) zusammengehöriger Bildpunkte etwa auf folgendem Wege zeichnerisch oder rechnerisch zum Ziel. Die Zielstrahlen nach den unbekannten Geländepunkten P_1, P_2, P_3 bestimmen ein Dreikant, welches die Bildebenen ${}'I$, ${}''I$ in den Bilddreiecken ${}'P_1\,'P_2\,'P_3$, ${}''P_1\,''P_2\,''P_3$ schneidet. Je zwei Seiten dieser Dreiecke liegen in der gleichen Pyramidenebene und treffen sich im Schnitt Σ der Bildebenen ${}'I$, ${}''I$. Nach Umklappung der aus den Bildern folgenden Dreikantseiten in eine Ebene und Abtragung der ebenfalls ermittelten Längen der Pyramidenkanten lassen sich je zwei entsprechende Dreiecksseiten ${}'P_1\,'P_2$, ${}''P_1\,''P_2$ bzw. ${}'P_2\,'P_3$, ${}''P_2\,''P_3$ bzw. ${}'P_3\,'P_1$, ${}''P_3\,''P_1$ zum Schnitt bringen. Die Schnitt-punkte S_{12}, S_{23}, S_{31} kann man mit Hilfe der Längen ${}'P_1S_{12}$, ${}'P_2S_{23}$, ${}'P_3S_{31}$ bzw. ${}''P_1S_{12}$, ${}''P_2S_{23}$, ${}''P_3S_{31}$ aus der Umklappung in die beiden Aufnahmen ${}'I$, ${}''I$ übertragen und erhält damit die Punkte ${}'S_{12}$, ${}'S_{23}$, ${}'S_{31}$ auf ${}'\Sigma$ in ${}'I$ und ${}''S_{12}$, ${}''S_{23}$, ${}''S_{31}$ auf ${}''\Sigma$ in ${}''I$. Die durch die Bildhaupt-punkte ${}'A$, ${}''A$ zu ${}'\Sigma$ bzw. ${}''\Sigma$ gezogenen Senkrechten ${}'H_s$, ${}''H_s$ treten für die Weiterbehandlung ganz an die Stelle des bei lotrechten Bildebenen verwendeten Bildhorizonts, womit die Zu-endeführung der Aufgabe auf den zuerst behandelten einfachen Fall zurückgeführt ist.

Enthalten beide Aufnahmen s e h r v i e l e d e u t l i c h e r k e n n b a r e E i n z e l h e i t e n, so kann man auch in ${}'I$ einige verschiedengerichtete Gerade ${}'g_i$ ziehen, welche von der vermuteten Schnittrichtung nur wenig abweichen. Drei Punkte einer solchen Geraden ergeben ein Strecken-verhältnis ${}'v_i$. Das entsprechend gebildete Streckenverhältnis auf ${}''g_i$ in ${}''I$ sei ${}''v_i$. Diejenige Rich-tung ${}'g_i$ bzw. ${}''g_i$, für welche ${}'v_i = {}''v_i$ wird, bezeichnet in ${}'I$ bzw. in ${}''I$ eine Parallele $({}'\Sigma)$ bzw. $({}''\Sigma)$ zur Schnittgeraden Σ. Damit sind auch die vorhin genannten Senkrechten ${}'H_s$, ${}''H_s$ zu Σ wieder bekannt.

Aus einer größeren Zahl von zusammengehörigen Differenzen h', h'' kann für Δh ein genauerer Mittelwert gefunden werden.

Ist – etwa infolge einer **unterbliebenen Ablesung am Objektivschieber** – die Lage der zu den Markenverbindungslinien M_1', M_2' und M_1'', M_2'' (Abb. 321) parallelen Bildhorizonte $H'H'$, $H''H''$ nicht genau bekannt und werden die Bildpunktsordinaten η', η'' deshalb von den Markenverbindungslinien oder dazu parallelen Linien aus gemessen, so bestehen die Gleichungen

$$y' = \eta' + c_1, \qquad y'' = \eta'' + c_2, \tag{805}$$

wenn c_1 und c_2 die notwendigen Horizontverschiebungen – nach unten im aufrechten Bild – bedeuten[1]. Damit ergeben sich, da man ja die Horizontprojektionen von Geländepunkten konstruieren kann, aus (792), (793) und (804) für drei Punkte P_1, P_2, P_3 die Gleichungen

$$\left.\begin{aligned}
R_1' \cdot c_1 - R_1'' c_2 - D \cdot \Delta h + (R_1' \eta_1' - R_1'' \eta_1'') &= 0, \\
R_2' \cdot c_1 - R_2'' c_2 - D \cdot \Delta h + (R_2' \eta_2' - R_2'' \eta_2'') &= 0, \\
R_3' \cdot c_1 - R_3'' c_2 - D \cdot \Delta h + (R_3' \eta_3' - R_3'' \eta_3'') &= 0,
\end{aligned}\right\} \tag{806}$$

woraus die drei Unbekannten c_1, c_2, Δh eindeutig gefunden werden können. Wird größere Genauigkeit angestrebt, so sind unter Verwendung weiterer Punkte zu den Gln. (806) noch überschüssige Bestimmungsgleichungen mit geeigneten Gewichten für die Absolutglieder aufzustellen, aus denen durch eine Ausgleichung nach vermittelnden Beobachtungen die wahrscheinlichsten Werte der gesuchten Größen sich ergeben.

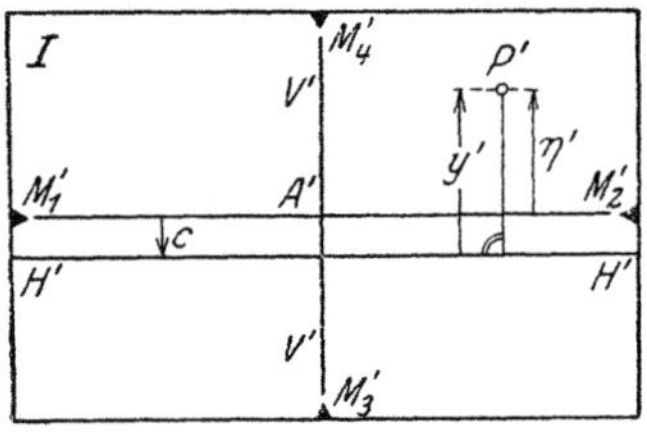

Enthält die Aufnahme drei Punkte P_1, P_2, P_3 (Abb. 322) von bekannter Lage, so ist der Standort auch durch photo-

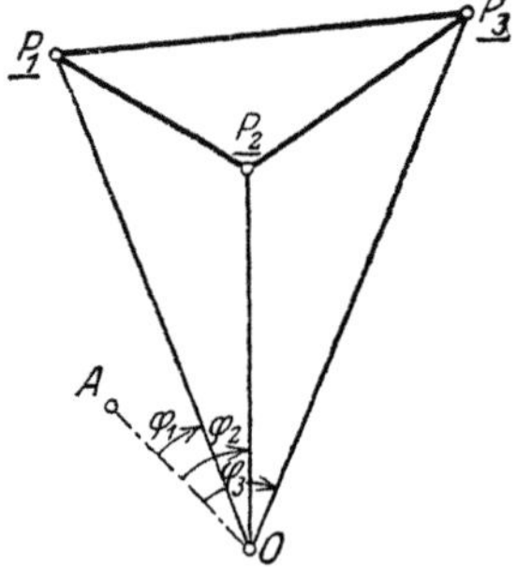

Abb. 322. Photogrammetrische Punktbestimmung durch Rückwärtseinschneiden.

Abb. 321. Ermittlung des zur Markenverbindungslinie parallelen Bildhorizonts bei lotrechter Bildebene (Positiv).

grammetrisches **Rückwärtseinschneiden** bestimmt. Durch Entnahme der Richtungen φ_1, φ_2, φ_3 aus dem Bild kann man den Ort der Aufnahme nach früheren Darlegungen (S. 146, Abb. 236) zeichnerisch oder rechnerisch ermitteln. Doch ist diese Art der Punktbestimmung nur bei günstiger Punktlage und gut bestimmten Ausgangspunkten brauchbar. Auch ist es ratsam, überschüssige Punkte heranzuziehen.

e) Entzerrung des Bildinhalts einer waagrechten Ebene bei bekanntem Höhenunterschied.

Um bei bekanntem Höhenunterschied h aus der Aufnahme eines stehenden Gewässers dessen Uferlinie darzustellen, legt man zweckmäßig der Horizontalprojektion ein Quadratnetz zugrunde, dessen zur Bildebene senkrechte bzw. parallele Netzlinien perspektivisch in das Bild zu übertragen sind. Die im Maßstab der Darstellung um den Höhenunterschied h (Abb. 323) vom Bildhorizont HH abstehende Schnittgerade SS der Bildebene mit dem Wasserspiegel wird ohne Verzerrung abgebildet; also bleiben in der Abbildung auch die der gewünschten Maschenweite w entsprechenden gleichabständigen Teilungspunkte $0, 1, 2, 3 \ldots$ einer in diese Gerade gelegten Netzlinie erhalten. Das Bild des Teilungspunktes 0 mag in die Hauptvertikale VV fallen. Da nach den gemachten Annahmen die beiden zueinander senkrechten

---

[1] In Abb. 321 lies c_1 statt c.

Scharen von Netzlinien senkrecht bzw. parallel zur Bildebene liegen, so gehen ihre perspektivischen Bilder durch den Hauptpunkt A (Fluchtpunkt der ersten Schar) bzw. durch den unendlich fernen Punkt des Bildhorizonts HH. Die erste Schar der Netzlinienbilder ist demnach ein durch die Teilungspunkte $0, 1, 2 \ldots$ gehendes Strahlenbüschel mit dem Mittelpunkt A. Zur Auffindung der zweiten, zum Horizont parallelen Schar denkt man sich die durch O und VV bestimmte Lotebene durch eine Drehung um die Hauptvertikale in die Aufrißtafel geklappt. Dabei wird auch eine in der genannten Ebene liegende geteilte Netzlinie NN mit umgeklappt, welche in dieser Lage mit SS und ihrer Teilung zusammenfällt. Projiziert man diese Punkte von O aus auf die Hauptvertikale (z. B. 3 nach $3'$), so sind die durch diese Projektionen zu HH gezogenen Parallelen die perspektivischen Bilder der zweiten Schar von Netzlinien.

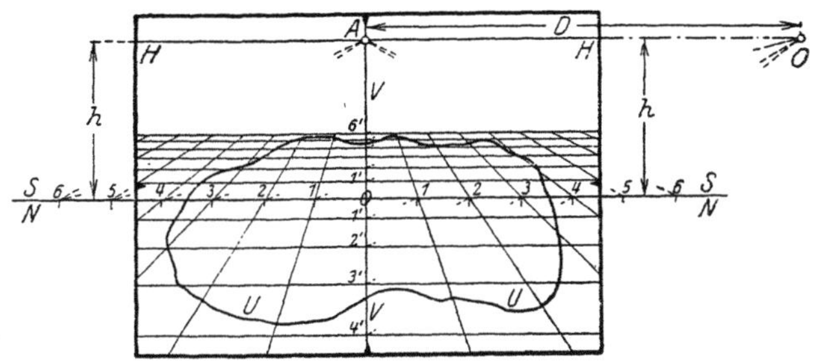

Abb. 323. Darstellung eines mit lotrechter Bildebene aufgenommenen horizontalen Gebildes.

Ist das Netz eng genug, so kann man die Schnittpunkte der Uferlinie UU mit den Netzlinien lediglich durch Schätzung aus dem perspektivischen Netz in das quadratische der Horizontalprojektion übertragen.

Besitzt das Bild eine nach allen Richtungen hin gleichmäßige Verzerrung von $p\%$, so wird es einer Originalaufnahme mit der Bildweite $D_w = D + \dfrac{p}{100} \cdot D$ gleichwertig sein. Es ist dann bei unverändertem h die umgeklappte Bildweite D_w zu verwenden. Ist hingegen die waagrechte Verzerrung $p\%$, die aufrechte aber $q\%$, so wird für die umgeklappte Bildweite die Länge D_w beizubehalten sein, während vom Bildhorizont aus an Stelle von h der Wert $h_v = h + \dfrac{q - p}{100} \cdot h$ abzutragen ist.

f) Die gnomonische Reziprokalprojektion.

Bei flüchtigen Aufnahmen – insbesondere auf Forschungsreisen – wird man aus Mangel an Zeit und Hilfsmitteln auf die Errichtung von besonderen Signalen und auf die regelrechte Erstellung eines trigonometrischen Netzes aus Theodolitbeobachtungen manchmal verzichten müssen, da die Orientierungswinkel γ (Abb. 315) zunächst fehlen. Wenn zwei Bilder in der Hauptsache den gleichen Geländeabschnitt darstellen und den Rahmen möglichst ausfüllen, so ist trotzdem eine gegenseitige Orientierung der Aufnahmen möglich, welche bei gegebener Lage des Bildhorizonts und Hauptpunktes für Aufnahmen mit lotrechter Bildebene nicht allzu umständlich wird. Unter diesen bei terrestrischen Arbeiten leicht einzuhaltenden Voraussetzungen kann die Orientierung der Aufnahmen und die Konstruktion eines Standortsnetzes aus dem Bildinhalt mit Hilfe der gnomonischen Reziprokalprojektion[1] verhältnismäßig einfach durchgeführt werden. Ihr Wesen und der Vorgang bei ihrer Verwendung seien kurz dargelegt.

Auf einer Abbildungsebene ε_0 (Grundrißebene in Abb. 324) steht ein Gnomon g senkrecht. Um eine Gerade r in ε_0 abzubilden, führt man durch die Spitze S des Gnomons eine zu r senkrechte Ebene π, welche in ε_0 eine Gerade p, das gnomonische Reziprokalbild von r, ausschneidet. p steht auf r und seinem Grundriß senkrecht;

---

[1] Diese Projektionsart hat S. FINSTERWALDER der Photogrammetrie dienstbar gemacht. Siehe seine Abhandlungen a) Flüchtige Aufnahmen mittels Photogrammetrie. Verhandl. d. int. Mathematikerkongresses. Heidelberg 1904; b) Die Kernpunkte, die gnomonische Projektion u. die Reziprokalprojektion in der Photogrammetrie. Int. Arch. Photogrammetrie, S. 22—35. Wien 1923.

aber auch auf allen zu r parallelen Richtungen, so daß diesen allen das eine gemeinsame Bild p zukommt. Ist ψ der Höhenwinkel von r, so gibt

$$q = g \cdot \operatorname{tg} \psi \qquad (807)$$

den senkrechten Abstand des Bildes p vom Fußpunkt S_0 des Gnomons an.

Eine beliebige Ebene ε ist durch zwei in ihr liegende Gerade r_1, r_2 bestimmt, deren Reziprokalbilder p_1, p_2 (Abb. 325) sich im

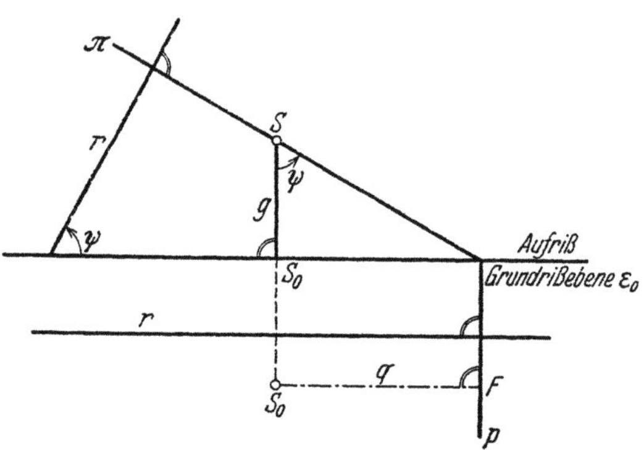

Abb. 324. Entstehung des gnomonischen Reziprokalbildes einer Geraden.

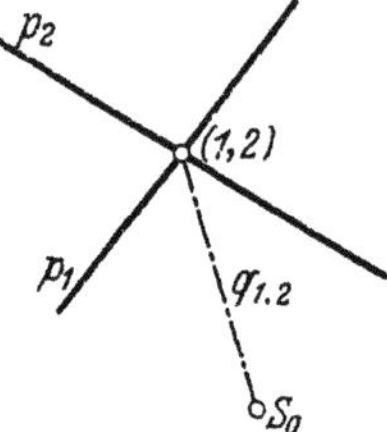

Abb. 325. Gnomonisches Reziprokalbild einer Ebene.

Punkt (1, 2) schneiden. Er ist das Reziprokalbild der Ebene ε sowie aller dazu parallelen Ebenen und ergibt sich unmittelbar als Durchstoßpunkt einer durch S senkrecht zu ε geführten Geraden durch die Bezugsebene ε_0. Aus dem zu $q_{1 \cdot 2}$ gehörigen,

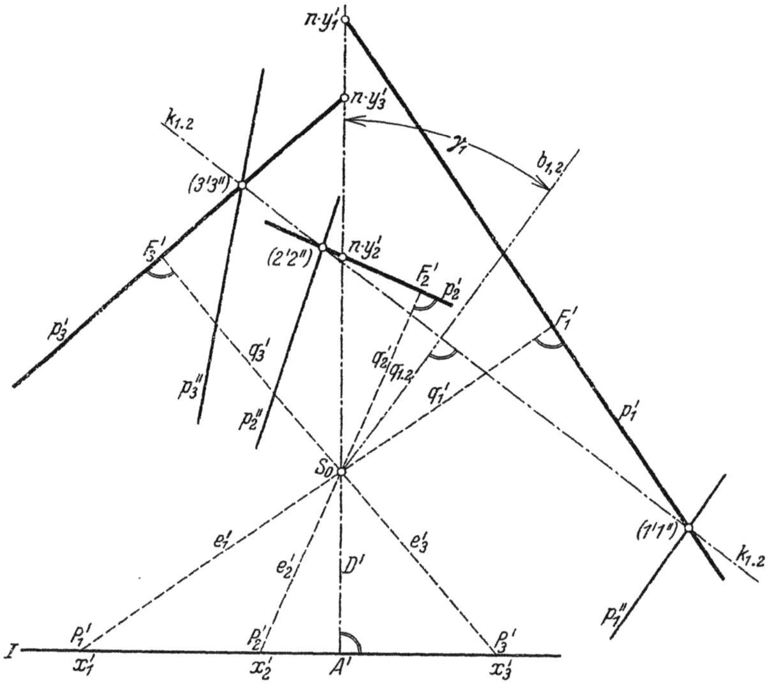

Abb. 326. Orientierung zweier Aufnahmen durch die gnomonische Reziprokalprojektion.

hier nicht dargestellten Neigungsdreieck läßt sich ersehen, daß zwischen dem Abstand $q_{1 \cdot 2}$ des Ebenenbildes vom Gnomonfußpunkt S_0 und dem Neigungswinkel $\psi_{1 \cdot 2}$ der Ebene ε die einfache Beziehung

$$q_{1 \cdot 2} = g \cdot \operatorname{tg} \psi_{1 \cdot 2} \qquad (808)$$

besteht.

Zur gegenseitigen Orientierung der Aufnahmen I und II suchen wir auf beiden Bildern mindestens je drei zusammengehörige Punkte P_1', P_2', P_3' bzw. P_1'', P_2'', P_3'' aus und zeichnen für die dadurch bestimmten Zielstrahlen $O_1 P_1 = 1'$, $O_1 P_2 = 2'$, $O_1 P_3 = 3'$ bzw. $O_2 P_1 = 1''$, $O_2 P_2 = 2''$, $O_2 P_3 = 3''$ die gnomonischen Bilder p_1', p_2', p_3' bzw. p_1'', p_2'', p_3'' (Abb. 326) je auf eine möglichst maßhaltige Pause, wobei für g ein geeigneter Wert, etwa

$$g = n \cdot D \tag{809}$$

anzunehmen ist. Die Herstellung dieser zunächst getrennten gnomonischen Bilder ist ohne weiteres möglich, da sie auf den Horizontalprojektionen e', e'' der zugehörigen Zielstrahlen senkrecht stehen und die zur Berechnung der Abstände q notwendigen Strahlenneigungen ψ aus (781) folgen. Demnach ergeben sich aus (807) für die gnomonischen Strahlenbilder der ersten Aufnahme die Abstände

$$q_1' = \frac{y_1'}{e_1'} \cdot g, \qquad q_2' = \frac{y_2'}{e_2'} \cdot g, \qquad q_3' = \frac{y_3'}{e_3'} \cdot g \tag{810}$$

vom gewählten Projektionsmittelpunkt S_0. Die gnomonischen Reziprokalbilder der Zielstrahlen können auch dadurch gefunden werden, daß von S_0 ab in der Verlängerung von D' die Längen $n \cdot y_1'$, $n \cdot y_2'$, $n \cdot y_3'$ abgetragen werden. Die durch diese Punkte senkrecht zu e_1', e_2', e_3' gezogenen Geraden sind die Bilder p_1', p_2', p_3'. Hat man die Projektion der zweiten Aufnahme in entsprechender Weise gewonnen, so wird die erste Pause derart auf die zweite gelegt, daß die Gnomonfußpunkte S_0, als welche man für die Konstruktion zweckmäßig O_1 und O_2 nehmen kann, sich decken. Dann dreht man unter Festhaltung der Mittelpunkte eine Pause gegen die andere, bis die Schnittpunkte $(1'\,1'')$, $(2'\,2'')$, $(3'\,3'')$ der Strahlenbilder p_1', p_2', p_3' mit den entsprechenden p_1'', p_2'', p_3'' auf einer Geraden $k_{1.2}$ liegen (Glaslineal!). In diesem Falle sind die beiden Pausen bzw. die darauf befindlichen Strahlenbilder richtig gegeneinander orientiert. Die Punkte $(1'\,1'')$, $(2'\,2'')$, $(3'\,3'')$ sind nämlich die Reziprokalbilder der durch die Zielstrahlen $1'\,1''$, $2'\,2''$, $3'\,3''$ bestimmten drei Kernebenen, welchen allen die Kernachse $O_1 O_2$ gemeinsam ist. Deren Bild $k_{1.2}$ muß also durch die genannten drei Kernebenenbilder hindurchgehen, wenn die Orientierung gelungen ist. Die Winkel γ_1, γ_2, welche die Bildweiten D', D'' auf beiden Pausen mit einer zu $k_{1.2}$ Senkrechten $b_{1.2}$ einschließen, sind die gesuchten Orientierungswinkel.

Die Neigung $\psi_{1.2}$ der Grundlinie B ergibt sich aus

$$\operatorname{tg} \psi_{1.2} = \frac{q_{1.2}}{g}, \tag{811}$$

wo $q_{1.2}$ den Abstand des Kernachsenbildes $k_{1.2}$ vom Zentrum S_0 bedeutet.

In Wirklichkeit wird man zur Lösung der eben besprochenen Aufgabe zwecks Erhöhung der Genauigkeit und zum Schutz gegen grobe Irrtümer stets mehr als drei Punktpaare verwenden.

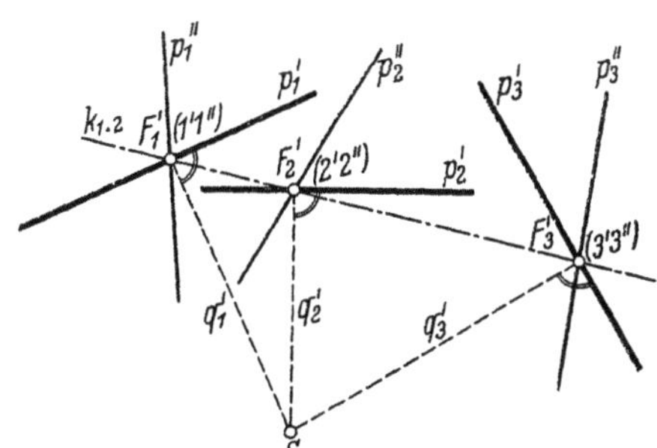

Abb. 327. Gefährliche Strahlenlage für die gnomonische Reziprokalprojektion.

Die in Abb. 327 dargestellte Strahlenlage, für welche die Fußpunkte F_1', F_2', F_3' der Abstände q_1', q_2', q_3' in die Ebenenbilder $(1'\,1'')$, $(2'\,2'')$, $(3'\,3'')$ fallen und daher p_1', p_2', p_3' Fallinien der durch die Punkte P_1, P_2, P_3 bestimmten Kernebenen sind, ist als gefährlich für die Orientierungsbestimmung zu betrachten. Dann berühren nämlich die verschiedenen p' Kreise zum gemeinsamen Mittelpunkt S_0 in den Ebenenbildern $(1'\,1'')$, $(2'\,2'')$, $(3'\,3'')$, und da man jedes Kreisbogenstück durch ein kurzes Stück der Tangente im Berührpunkt ersetzen darf, so kann tatsächlich die obere Pause etwas um S_0 gedreht werden, ohne daß sogleich eine Verschiebung der Strahlenschnittpunkte wahrzunehmen ist; die Orientierung wird also unscharf.

Bei größeren Arbeiten ist es zweckmäßig, den Inhalt der orientierten Pausen auf ein einziges, möglichst maßhaltiges, kräftiges Blatt, das sog. Projektionsblatt, zusammenzutragen. Dieses gibt dann Aufschluß über die horizontale Richtung und über die Neigung – kurz gesagt über die räumliche Lage – aller zur Konstruktion verwendeten Zielstrahlen und der damit abgeleiteten Kernachsen (Grundlinien). Auch Kontrollen bieten sich. Bilden z. B. drei Grundlinien ein geschlossenes Dreieck, so müssen ihre Bilder durch ein und denselben Punkt gehen, welcher das Bild der Dreiecksebene darstellt. Ist eine Grundlinie mehreren Dreiecken gemeinsam, so muß ihr Bild durch die Bilder der Ebenen aller dieser Dreiecke gehen. Nach Beseitigung etwaiger Widersprüche und Annahme einer Länge für die erste Seite kann man die ausgeglichenen Richtungen für den Aufbau des das trigonometrische Netz ersetzenden Standortsnetzes verwenden. Enthält das Netz irgendeine von vornherein bekannte Länge, so gibt ihr Vergleich mit dem abgeleiteten Wert auch noch den Maßstab der Darstellung[1].

g) Auswertung von orientierten Aufnahmen mit bekannter Kippung.

Ist die Aufnahme nicht mit lotrechter Bildebene, sondern unter einem Höhenwinkel β der Bildweite so ausgeführt worden, daß die Markenverbindungslinie M_1, M_2 horizontal liegt, so kann man die Winkel aus der in Abb. 328 angedeuteten Grund- und Aufrißkonstruktion nebst Umklappung entnehmen. Man trägt die zur Tafel II parallel gedachte Bildweite D im Aufriß unter ihrem Höhenwinkel β' auf und trägt vom Bild A' des Hauptpunktes aus die von der Markenverbindungslinie $M_1 M_2$ aus gezählte Ordinate y' des Bildes P' auf der Spur der Bildebene ab. Das Lot durch den so erhaltenen Aufrißpunkt P' schneidet die Kantenparallelen durch O_1 in den Punkten B und C. Trägt man auf dem verlängerten Lot durch P' im Grundriß von C aus mittels der Abszisse x' den Grundriß P_0' von P' auf, so ist $O_1 P_0'$ sogleich wieder der erste geometrische Ort für die gesuchte Horizontalprojektion P^0 des Geländepunktes, wenn von vornherein $O_1 C$ so gelegt wird, daß es mit der Grundlinie B den Winkel γ_1 einschließt und somit den Richtungswinkel Φ_1 besitzt.

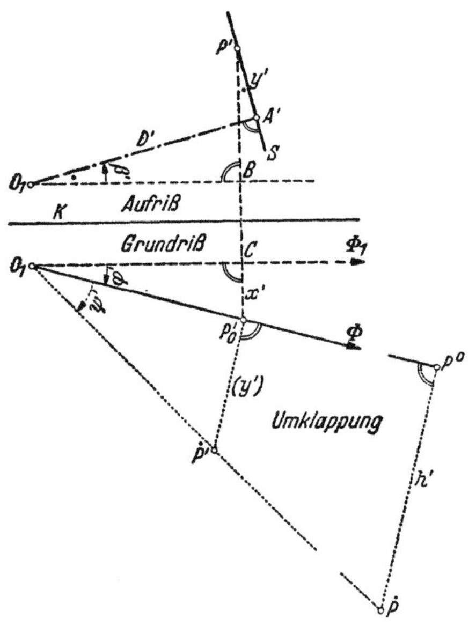

Abb. 328. Ermittlung der Horizontalrichtung u. des Höhenwinkels eines Bestimmungsstrahles bei geneigter Bildebene.

Auf gleiche Weise erhält man von O_2 aus einen zweiten Bestimmungsstrahl $O_2 P_0''$ zur Ermittlung von P^0. Setzt man die der Konstruktion zu entnehmenden Längen

$$O_1 P_0' = (e)', \qquad O_1 P^0 = E', \qquad BP' = (y)', \Big|$$
$$O_2 P_0'' = (e)'', \qquad O_2 P^0 = E'', \qquad BP'' = (y)'', \Big|$$
$$\text{(812)}$$

so werden die von O_1 bzw. von O_2 bis zum Geländepunkt gezählten Höhenunterschiede h', h'' die Ausdrücke

$$h' = \frac{E'}{(e)'} \cdot (y)' \qquad h'' = \frac{E''}{(e)''} \cdot (y)''.$$
$$\text{(813)}$$

---

[1] Eine größere praktische Arbeit dieser Art hat R. FINSTERWALDER ausgeführt und in seiner 1923 verfaßten Dissertation „Die gnomonische Reziprokalprojektion u. ihre praktische Anwendung bei der Vermessung des Loferer Steinbergs" eingehend behandelt. Trotz recht ungünstiger äußerer Verhältnisse bleiben die mittleren Fehler der gnomonisch ermittelten Netzwinkel unter 5′.

Zur zahlenmäßigen Bestimmung der Richtung φ' und des zugehörigen Höhenwinkels ψ' dienen die nach Koppe benannten Gleichungen

$$\operatorname{tg}\varphi' = \frac{x'}{O_1\,C} = \frac{x'}{D\cos\beta' - y'\sin\beta'}\,, \tag{814}$$

$$\operatorname{tg}\psi' = \frac{B\,P_2'}{O_1\,P_0'} = \frac{D\sin\beta' + y'\cos\beta'}{D\cos\beta' - y'\sin\beta'}\cos\varphi'\,. \tag{815}$$

Ganz Entsprechendes gilt auch für die Werte φ'', ψ'' einer zweiten Station.

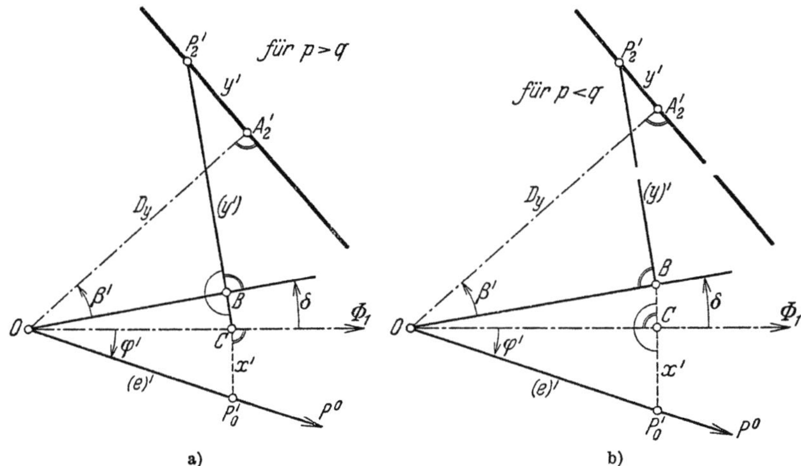

Abb. 329. Berücksichtigung der Papieränderung beim Grund- und Aufrißverfahren für a) $p > q$, b) $p < q$.

Die Abb. 329 zeigen, wie eine Papieränderung von $p\%$ bzw. $q\%$ in der Abszissen- und Ordinatenrichtung bei der Grundrißzeichnung in einfacher Weise berücksichtigt werden kann. Zunächst wird im Aufriß die reduzierte Bildweite $D_y = D + \frac{q}{100}\cdot D$ verwendet. Die damit erhaltenen Strecken $O\,B$ sind ebenfalls um $q\%$ geändert. Um im Grundriß φ' zu erhalten, muß eine zu seiner Konstruktion verwendete Länge $O\,C$ die x' zukommende Verzerrung von $p\%$ besitzen. Dies wird erreicht, wenn zwischen $O\,B$ und $O\,C$ ein kleiner Winkel

$$\delta = \tfrac{1}{10}\sqrt{2\,(p-q)} \quad \text{für } p > q \qquad \text{bzw.} \qquad \delta = \tfrac{1}{10}\sqrt{2\,(q-p)} \quad \text{für } p < q \tag{816}$$

eingelegt wird[1].

Bei der nach (813) erfolgenden Höhenberechnung muß der Unterschied in den Verzerrungen von $(y)'$ und $(e)'$ bzw. von $(y)''$ und $(e)''$ berücksichtigt werden[2].

h) Fehlerfragen.

Die räumliche Genauigkeit eines zeichnerisch oder rechnerisch aus photogrammetrischen Aufnahmen bestimmten Punktes hängt von den Fehlern dx, dy der Bildkoordinaten und denjenigen der Orientierungselemente ab. Erstere setzen sich aus vielen Teilbeträgen zusammen; sie entspringen hauptsächlich folgenden Ursachen:

1. einer Verzeichnung des Objektivs (kann bei guten neueren Objektiven meist vernachlässigt werden), 2. aus Verzerrungen (Nichtanliegen der Platte am Rahmen, Unebenheiten und Durchbiegung der Platte, Verziehen der Schicht, Papieränderung),

---

[1] Der in Abb. 317 bei B bzw. bei C enthaltene einfache Bogen bedeutet einen gestreckten Winkel.

[2] Bei dem von Lüscher, H. (Photogrammetrie. Aus Natur u. Geisteswelt Nr. 612, S. 114 bis 116. Leipzig u. Berlin 1920), angegebenen Verfahren der Abgreiflinie wird die Papieränderung ebenfalls in einfacher Weise berücksichtigt.

3. einer fehlerhaften Lage des Koordinatenursprungs im Bild (mangelhafte Bestimmung oder Übertragung des Hauptpunktes), 4. einer Drehung (Verkantung) des Bildkoordinatensystems (Nichteinspielen der Querlibelle, mangelhafte Bestimmung oder Übertragung des Bildhorizonts), 5. einer unbeabsichtigten Neigung der Aufnahme (mangelhafte Lotrechtstellung der Rahmenebene bei der Instrumentenuntersuchung, Lageänderung oder Einstellfehler der Längslibelle), 6. dem durch die Körnchendicke (etwa 1 cmm für terrestrische und 3 cmm für Luftaufnahmen) begrenzten Auflösungsvermögen der Emulsion, 7. Unsicherheiten der Punktidentifizierung, 8. rein zufälligen Messungsfehlern.

Unter Voraussetzung einer Aufnahme mit lotrechter Bildebene (Waagrechtaufnahme) sollen für die linke Aufnahme I die Koordinatenänderungen ins Auge gefaßt werden, welche aus einer fehlerhaften Lage der Markenlinie M'_1, M'_2 infolge eines kleinen Verkantungsfehlers $d\varkappa'$ und einer geringen Parallelverschiebung dc' sowie durch einen kleinen Neigungsfehler $d\beta'$ der Kammerachse D' entstehen.

Infolge des **Verkantungsfehlers** $d\varkappa'$ (Abb. 330) werden statt der auf den Bildhorizont $H'\,H'$ und den Hauptpunkt A' bezogenen Bildkoordinaten x', y' die auf die verkantete Markenlinie $M'_1\,M'_2$ bezogenen fehlerhaften Beträge $x'_\varkappa$, $y'_\varkappa$ gemessen. Aus der Abbildung ergeben sich die Fehlerausdrücke

$$d x'_\varkappa = x' - x'_\varkappa = - y' \cdot d\varkappa',$$
$$d y'_\varkappa = y' - y'_\varkappa = x' \cdot d\varkappa'. \qquad (817)$$

Demnach verschwindet der Einfluß eines kleinen Verkantungsfehlers auf die Bild-

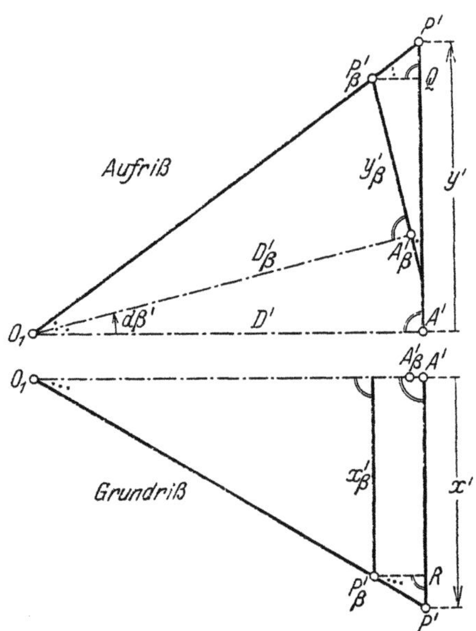

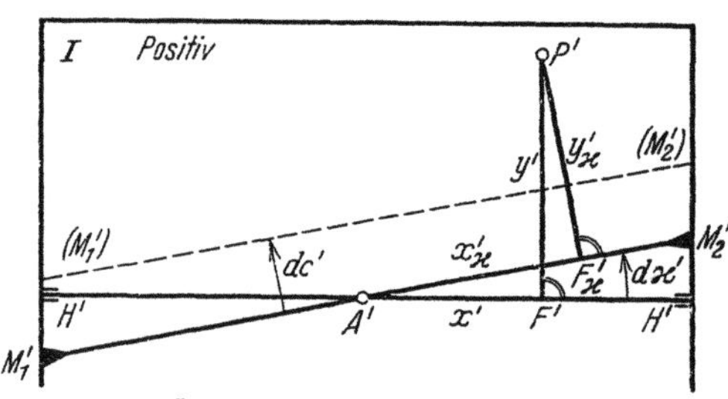

Abb. 330. Änderung der Bildkoordinaten durch eine kleine Verkantung und Parallelverschiebung der Markenlinie $M'_1 M'_2$.

Abb. 331. Änderung der Bildkoordinaten infolge eines kleinen Neigungsfehlers der Kammerachse. Aufriß. Grundriß.

koordinate, wenn der Bildpunkt auf der gleichnamigen Koordinatenachse liegt. Durch eine **Parallelverschiebung** der Markenlinie um dc' gelangt diese in die neue Lage $(M'_1) (M'_2)$. Es werden lediglich fehlerhafte Ordinaten y'_c entstehen, während die Abszissen unberührt bleiben. Die Fehlerausdrücke lauten

$$d x'_c = 0, \qquad d y'_c = y' - y'_c = dc'. \qquad (818)$$

In Abb. 331 ist der Fall veranschaulicht, daß die **Kammerachse** statt der streng waagrechten Lage D' die schwach geneigte Lage D'_β vom Höhenwinkel $d\beta'$ besitzt. An Stelle von P' mit den Bildkoordinaten x', y' entsteht ein anderer Bildpunkt P'_β mit den fehlerhaften Koordinaten x'_β, y'_β. Aus der Abbildung ergeben sich die Fehler

$$d x'_\beta = x' - x'_\beta = \frac{x' \cdot y'}{D} \cdot d\beta', \qquad d y'_\beta = y' - y'_\beta = \left(D + \frac{y'^2}{D}\right) d\beta'. \qquad (819)$$

Der Einfluß einer kleinen Achsenneigung $d\beta'$ auf die Bildabszisse ist proportional zur Fläche des Koordinatenrechtecks; er verschwindet also, wenn der Bildpunkt auf einer

Koordinatenachse liegt. Dagegen kann ihr von x' unabhängiger Einfluß auf die Ordinate niemals Null werden.

Der Gesamteinfluß einer fehlerhaften Lage der Markenlinie und der Kammerachse ist die Summe der eben aufgestellten Teilfehler, nämlich

$$d x'_{\varkappa c\beta} = x' - x'_{\varkappa c\beta} = y'\left(- d\varkappa' + \frac{x'}{D}\cdot d\beta'\right), \tag{820}$$

$$d y'_{\varkappa c\beta} = y' - y'_{\varkappa c\beta} = x'\cdot d\varkappa' + d c' + \left(D + \frac{y'^2}{D}\right) d\beta'. \tag{821}$$

Ein Zielstrahl nach dem Paßpunkt P (Abb. 332) besitzt den Richtungswinkel Φ' und den Höhenwinkel ψ'. Aus dem ebenfalls bekannten Richtungswinkel $\Phi_0 = (O_1 O_2)$ der Standlinie folgt der Richtungswinkel

$$\Phi_1 = \Phi_0 - \gamma_1 \tag{822}$$

der Kammerachse. Nach dem Anblick der Abbildung und mit Rücksicht auf die Gln. (780) und (781) erhält man die fehlerfreien Bildkoordinaten x', y' des Paßpunktes aus den Gleichungen

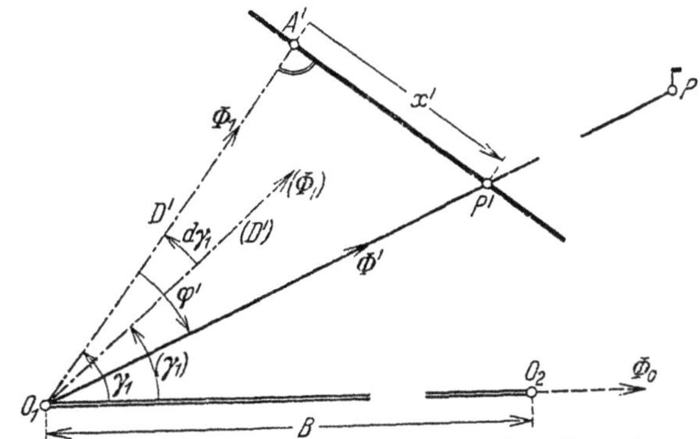

Abb. 332. Prüfung der äußeren Orientierung durch Paßpunkte.

$$\varphi' = \Phi' - \Phi_1, \qquad x' = D\cdot \operatorname{tg}\varphi', \qquad y' = e'\cdot \operatorname{tg}\psi' = \operatorname{tg}\psi'\cdot \sqrt{D^2 + x'_2}. \tag{823}$$

Nun weicht aber der nach (822) zur Berechnung von x', y' erforderliche richtige Wert γ_1 des Orientierungswinkels vom beobachteten Wert (γ_1) meist etwas ab. Dieser beobachtete Wert muß daher zunächst verprobt bzw. berichtigt werden. Mit Hilfe eines Paßpunktes finden wir leicht

$$\operatorname{tg}\varphi' = \frac{x'}{D}, \qquad \Phi_1 = \Phi' - \varphi', \qquad \gamma_1 = \Phi_0 - \Phi_1 = \Phi_0 - \Phi' + \varphi'. \tag{824}$$

Der Fehler des Orientierungswinkels ist die Differenz

$$d\gamma_1 = \gamma_1 - (\gamma_1) = \Phi_0 - \Phi' + \varphi' - (\gamma_1) \tag{825}$$

Für die Ermittlung von γ_1 bzw. $d\gamma_1$ muß ein Paßpunkt so ausgewählt werden, daß seine dem Bild zu entnehmende, in (824) einzuführende Abszisse x' durch die früher besprochenen Fehler $d\varkappa'$, $d c'$, $d\beta'$ nicht beeinflußt wird. Das trifft nach (820) für alle auf dem Horizont liegenden – bzw. ihm benachbarten – Punkte zu. Hat man mit Hilfe eines oder mehrerer solcher Paßpunkte den Orientierungswinkel γ_1 genügend sicher erhalten, so ergeben sich die gerechneten Bildkoordinaten x', y' weiterer Paßpunkte aus (822) und (823). Ihr Vergleich mit den gemessenen, entstellten Werten $x'_{\varkappa c\beta}$, $y'_{\varkappa c\beta}$ führt auf die Zahlenwerte der Fehler $d x'_{\varkappa c\beta}$, $d y'_{\varkappa c\beta}$, und die Anwendung der Beziehungen (820), (821) auf zwei zunächst beliebige Paßpunkte P_1, P_2 ergibt vier Gleichungen, aus welchen die Unbekannten $d\varkappa'$, $d c'$, $d\beta'$ mit Probe ermittelt werden können. Mit den Abkürzungen $(d x'_{\varkappa c\beta})_1$, $(d x'_{\varkappa c\beta})_2$ bzw. $(d y'_{\varkappa c\beta})_1$, $(d y'_{\varkappa c\beta})_2$ für die in (820) und (821) auftretenden Absolutglieder folgt

$$d\beta' = \frac{D\left\{y'_1(dx'_{\varkappa c\beta})_2 - y'_2(dx'_{\varkappa c\beta})_1\right\}}{y'_1 y'_2 (x'_2 - x'_1)}, \qquad d\varkappa' = \frac{(dy'_{\varkappa c\beta})_2 - (dy'_{\varkappa c\beta})_1}{x'_2 - x'_1} - \frac{y'^2_2 - y'^2_1}{D(x'_2 - x'_1)}\cdot d\beta', \tag{826}$$

$$d c' = (d y'_{\varkappa c\beta})_1 - x'_1\cdot d\varkappa' - \left(D + \frac{y'^2_1}{D}\right)d\beta' = (d y'_{\varkappa c\beta})_2 - x'_2\, d\varkappa' - \left(D + \frac{y'^2_2}{D}\right)d\beta'. \tag{827}$$

Wählt man Paßpunkte von besonderer Lage (randnahe Punkte des Bildhorizonts und der Hauptvertikalen), so lassen sich etwas einfachere Fehlerausdrücke erzielen.

Diese ab (817) geführten Entwicklungen gelten natürlich auch für die rechte Aufnahme *II*; nur ist in den entsprechenden Ergebnissen überall ′ mit ″ zu vertauschen, während $+\gamma_1$ und $+d\gamma_1$ durch $-\gamma_2$ und $-d\gamma_2$ zu ersetzen sind.

Wir werfen auch einen Blick auf die **Fehler der einer Aufnahme entnommenen Horizontal- und Höhenwinkel**, soweit es sich um den Einfluß von irgendwie entstandenen Fehlern dx, dy der Bildkoordinaten oder eines Bildweitenfehlers dD handelt. Die Verhältnisse sind für beide Aufnahmen gleich, so daß eine besondere Kennzeichnung durch ′ bzw. ″ unterbleiben kann.

Aus (780) ergibt sich die **Änderung des Horizontalachsenwinkels** φ zu

$$d\varphi = \cos^2\varphi \left(\frac{dx}{D} - \operatorname{tg}\varphi \cdot \frac{dD}{D}\right) = \frac{\cos^2\varphi}{D} \cdot dx - \frac{\sin 2\varphi}{2D} \cdot dD. \tag{828}$$

Die stärkste Einwirkung von dx bzw. von dD auf φ zeigt sich bei Punkten der Hauptvertikalen bzw. bei Punkten mit dem Achswinkel $\varphi = 45^0$.

Für den **Fehler eines Horizontalwinkels** $w_{1\cdot 2} = \varphi_2 - \varphi_1$, dessen Schenkel die Achswinkel φ_1, φ_2 besitzen, folgt aus (828) der Ausdruck

$$dw_{1\cdot 2} = d\varphi_2 - d\varphi_1 = \frac{1}{D}\{\cos^2\varphi_2 \cdot dx_2 - \cos^2\varphi_1 \cdot dx_1 - \sin w_{1\cdot 2}\cos(\varphi_1 + \varphi_2) \cdot dD\}. \tag{829}$$

Bemerkenswert ist, daß der Einfluß eines Bildweitenfehlers nicht nur mit dem Winkel w, sondern auch dann verschwindet, wenn die Winkelhalbierende von w den Achswinkel $\varphi_m = \tfrac{1}{2}(\varphi_1 + \varphi_2) = 45^0$ besitzt.

Aus (781) erhält man den **Fehler des Höhenwinkels** ψ eines Zielstrahles, nämlich

$$d\psi = \frac{1}{D}\left(-\tfrac{1}{2}\sin\varphi\sin 2\psi \cdot dx + \cos\varphi\cos^2\psi \cdot dy - \tfrac{1}{2}\cos\varphi\sin 2\psi \cdot dD\right). \tag{830}$$

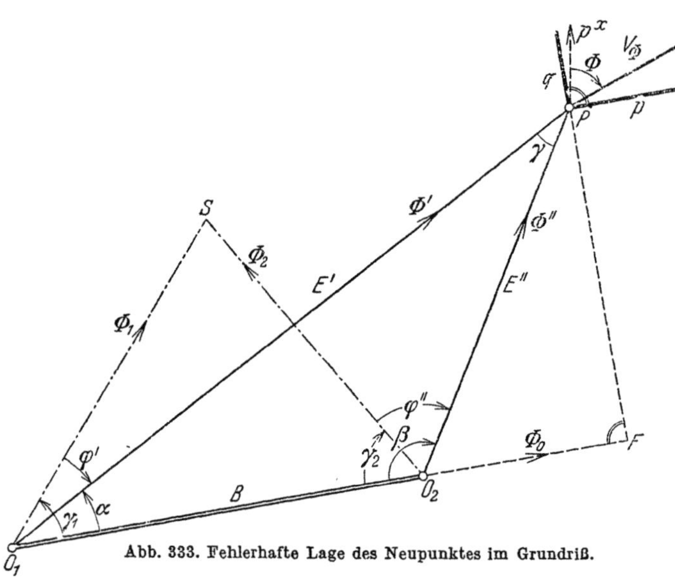

Abb. 333. Fehlerhafte Lage des Neupunktes im Grundriß.

Die größten Einflüsse von dx, dy, dD treffen auf die Plattenecken bzw. den Bildhauptpunkt bzw. die Endpunkte der Hauptvertikalen.

Mit den Seitenrichtungswinkeln Φ_0, Φ_1, Φ_2 (Abb. 333) des von der Basis B und den beiden Lagen der Kammerachse gebildeten Grunddreiecks O_1SO_2, den Achswinkeln φ', φ'' und den Orientierungswinkeln γ_1, γ_2 findet man die Richtungswinkel der Bestimmungsstrahlen O_1P und O_2P, nämlich

$$\Phi' = \Phi_0 - \gamma_1 + \varphi', \qquad \Phi'' = 180^0 + \Phi_0 + \gamma_2 + \varphi'' \tag{831}$$

und hieraus die **Seitenrichtungsfehler**

$$d\Phi' = d\Phi_0 - d\gamma_1 + d\varphi', \qquad d\Phi'' = d\Phi_0 + d\gamma_2 + d\varphi'', \tag{832}$$

bzw.
$$d\Phi' = -d\gamma_1 + d\varphi', \qquad d\Phi'' = d\gamma_2 + d\varphi'', \tag{833}$$

wenn fehlerfreie Lage von O_1 und O_2 vorausgesetzt wird.

Aus den Winkeln

$$\alpha = \gamma_1 - \varphi', \quad \beta = \gamma_2 + \varphi'', \quad \gamma = 180^0 - (\alpha + \beta) = 180^0 - (\gamma_1 + \gamma_2) + \varphi' - \varphi'' \quad (834)$$

des Schnittdreiecks $O_1 P O_2$ folgen die **Dreieckswinkelfehler**

$$d\alpha = d\gamma_1 - d\varphi', \quad d\beta = d\gamma_2 + d\varphi'', \quad d\gamma = -(d\alpha + d\beta) = -(d\gamma_1 + d\gamma_2) + d\varphi' - d\varphi'' \quad (835)$$

und die aus der Abbildung abzulesenden Ausdrücke

$$E' = B \frac{\sin \beta}{\sin \gamma}, \qquad E'' = B \frac{\sin \alpha}{\sin \gamma} \qquad (836)$$

führen auf die **Seitenfehler**

$$dE' = E' \{\operatorname{ctg} \gamma \cdot d\alpha + (\operatorname{ctg} \beta + \operatorname{ctg} \gamma)\, d\beta\}, \qquad (837)$$

$$dE'' = E'' \{(\operatorname{ctg} \alpha + \operatorname{ctg} \gamma)\, d\alpha + \operatorname{ctg} \gamma \cdot d\beta\}. \qquad (838)$$

Der Grundriß von P ist durch seine Koordinaten

$$X = X_1 + E' \cos \Phi' = X_2 + E'' \cos \Phi'', \qquad (839)$$

$$Y = Y_1 + E' \sin \Phi' = Y_2 + E'' \sin \Phi'' \qquad (840)$$

bestimmt. Hieraus ergeben sich für fehlerfreie Lage der Standpunkte O_1, O_2 die folgenden **Koordinatenfehler** des Geländepunktes P:

$$\left. \begin{aligned} dX &= \frac{B}{\sin^2\gamma} \{-\sin\beta \cos(\Phi_0 + \beta)\, d\alpha + \sin\alpha \cos(\Phi_0 - \alpha) \cdot d\beta\} \\ &= \frac{1}{\sin\gamma} \{-E' \cdot \cos(\Phi_0 + \beta) \cdot d\alpha + E'' \cdot \cos(\Phi_0 - \alpha) \cdot d\beta\}, \end{aligned} \right\} \quad (841)$$

$$\left. \begin{aligned} dY &= \frac{B}{\sin^2\gamma} \{-\sin\beta \sin(\Phi_0 + \beta) \cdot d\alpha + \sin\alpha \cdot \sin(\Phi_0 - \alpha) \cdot d\beta\} \\ &= \frac{1}{\sin\gamma} \{-E' \cdot \sin(\Phi_0 + \beta) \cdot d\alpha + E'' \cdot \sin(\Phi_0 - \alpha) \cdot d\beta\} \end{aligned} \right\} \quad (842)$$

im allgemeinen Koordinatensystem als Funktionen der Winkelfehler $d\alpha$, $d\beta$.

Die **Größe** V der **Punktverschiebung** und ihre **Richtung** Φ^0 ist durch die Beziehungen

$$V^2 = dX^2 + dY^2, \qquad \operatorname{tg} \Phi^0 = \frac{dY}{dX} \qquad (843)$$

festgelegt.

Einer beliebigen **Richtung** Φ entspricht eine **Punktverschiebung** V_Φ, welche durch die Projektion von V auf die Richtung Φ dargestellt wird. Man erhält sie aus (841), wenn dort Φ_0 durch $\Phi_0 - \Phi$ ersetzt wird. Damit folgt

$$\left. \begin{aligned} V_\Phi &= V \cdot \cos(\Phi - \Phi^0) \\ &= \frac{B}{\sin^2\gamma} \{-\sin\beta \cos(\Phi_0 - \Phi + \beta) \cdot d\alpha + \sin\alpha \cdot \cos(\Phi_0 - \Phi - \alpha) \cdot d\beta\} \\ &= \frac{1}{\sin\gamma} \{-E' \cos(\Phi_0 - \Phi + \beta)\, d\alpha + E'' \cdot \cos(\Phi_0 - \Phi - \alpha)\, d\beta\} \end{aligned} \right\} \quad (844)$$

oder, wenn die Abkürzungen

$$\left. \begin{aligned} k_\alpha &= -\frac{B}{\sin^2\gamma} \sin\beta \cos(\Phi_0 - \Phi + \beta) = -\frac{E'}{\sin\gamma} \cos(\Phi_0 - \Phi + \beta), \\ k_\beta &= \frac{B}{\sin^2\gamma} \sin\alpha \cos(\Phi_0 - \Phi - \alpha) = \frac{E''}{\sin\gamma} \cdot \cos(\Phi_0 - \Phi - \alpha) \end{aligned} \right\} \quad (845)$$

Verwendung finden:

$$V_\Phi = k_\alpha \cdot d\alpha + k_\beta \cdot d\beta. \qquad (846)$$

Die **Fehlerkoeffizienten** k_α, k_β können nach Andeutung von Abb. 334 auch graphisch gewonnen werden. Vertauscht man auf den Schenkeln des Winkels γ die Längen E', E'' miteinander, so entstehen Hilfspunkte O'_1, O'_2, deren senkrechte Projektionen auf die maßgebende Richtung Φ die Punkte Q_α, Q_β sind. Diese bestimmen mit P als Mittelpunkt zwei Kreise K_α, K_β, an welche parallel zu den Schenkeln des Winkels γ die Tangenten T_α, T_β gezogen werden. Die Abstände der von T_α, T_β auf den genannten Schenkeln bezeichneten Punkte A_0, B_0 vom Winkelscheitel P sind die gesuchten Koeffizienten k_α, k_β. Sie sind positiv, wenn $(PA_0) = (O_2 P)$ bzw. $(PB_0) = (PO_1)$ ist.

Setzt man in (844) nacheinander $\Phi = \Phi_0$ und $\Phi = \Phi_0 - 90^0$,

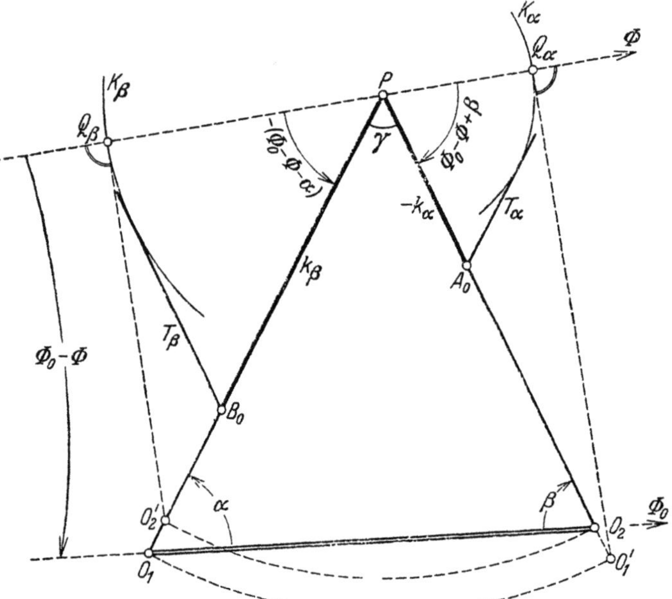

Abb. 334. Zeichnerische Ermittlung der Fehlerkoeffizienten k_α, k_β.

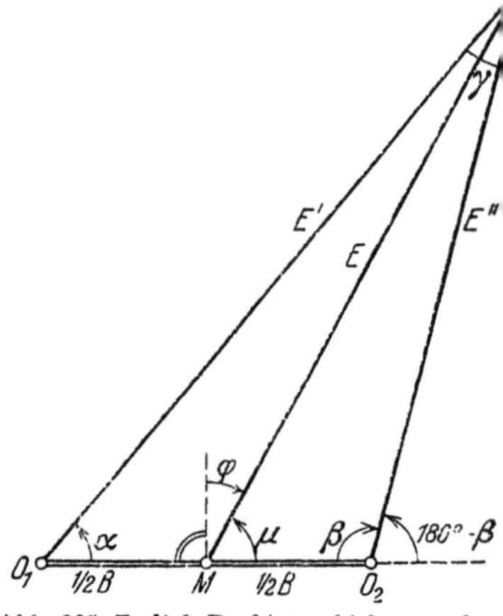

Abb. 335. Radiale Punktverschiebung und Querverschiebung für große Entfernungen.

so erhält man zwei besonders wichtige Komponenten der Punktverschiebung, die **seitliche Verschiebung** p (Abb. 333) und den **Abstandsfehler** q des Geländepunktes von der Grundlinie B. Ihre analytischen Ausdrücke sind

$$p = \frac{B}{2\sin^2\gamma}(-\sin 2\beta \cdot d\alpha + \sin 2\alpha \cdot d\beta) = \frac{1}{\sin\gamma}(-E'\cos\beta \cdot d\alpha + E''\cos\alpha \cdot d\beta),$$

$$q = \frac{B}{\sin^2\gamma}(\sin^2\beta \cdot d\alpha + \sin^2\alpha \cdot d\beta) \qquad = \frac{1}{B}(E'^2 \cdot d\alpha + E''^2 \cdot d\beta). \tag{847}$$

Für große Entfernungen, also für kleines Basisverhältnis

$$v_B = B : E, \dots \tag{848}$$

kann man ohne große Änderung der Fehler die vom Basismittelpunkt M zum Geländepunkt P führende Strecke E (Abb. 335) durch das arithmetische Mittel $\frac{1}{2}(E' + E'')$ beider Zielstrahlen ersetzen und annehmen, daß γ durch E halbiert wird. Versteht man unter φ den **Verschwenkungswinkel**, welchen E mit der Basisnormalen einschließt, so ergibt die Untersuchung für P in Richtung von E eine **radiale Verschiebung**

$$v_l = dE \approx \frac{E}{2\cos\varphi\sin\frac{\gamma}{2}}(\sin\beta \cdot d\alpha + \sin\alpha \cdot d\beta) \approx \frac{E}{\gamma}(d\alpha + d\beta) \approx \frac{B\cdot\cos\varphi}{\gamma^2}(d\alpha + d\beta) \tag{849}$$

und senkrecht dazu eine **Querverschiebung**

$$v_q = E\cdot d\varphi \approx -\frac{E}{2}(d\alpha - d\beta) \approx -\frac{B\cdot\cos\varphi}{2\gamma}(d\alpha - d\beta). \tag{850}$$

Der bisher nicht berücksichtigte Basisfehler dB bewirkt lediglich eine Maßstabänderung. Die Ähnlichkeit wird nicht gestört, aber sämtliche Längen erfahren eine relative Vergrößerung $dB : B$.

Aus

$$h' = E' \cdot \operatorname{tg} \psi' \tag{851}$$

folgt der Fehler des Höhenunterschieds h' vom optischen Zentrum O_1 bis zum Geländepunkt P; er ist

$$dh' = \operatorname{tg} \psi' \cdot dE' + \frac{E'}{\cos^2 \psi'} \cdot d\psi'. \tag{852}$$

In diesem Ausdruck wäre im allgemeinen Fall $d\psi'$ durch (830), dE' durch (837) unter Berücksichtigung von (835) und (828) zu ersetzen und hierauf Gleichartiges zusammenzufassen. Den so entstehenden, ungemein sperrigen Ausdruck kann man vermeiden, wenn man lediglich weit entfernte Punkte in Betracht zieht, für welche auch die Fehlerfrage besonders wichtig ist. Zu solchen Geländepunkten gehören kleine Schnittwinkel γ und auch kleine Höhenwinkel ψ'. Unter dieser Voraussetzung wird in (830) im allgemeinen das mittlere Glied das weitaus größere sein. Vernachlässigen wir neben ihm die beiden anderen, mit dem kleinen Faktor $\sin 2\psi'$ behafteten Glieder, so bleibt die Näherung

$$dh' \approx E' \cdot \operatorname{tg} \psi' \{\operatorname{ctg} \gamma \cdot d\alpha + (\operatorname{ctg} \beta + \operatorname{ctg} \gamma)\, d\beta\} + \frac{E'}{D} \cos \varphi' \cdot dy'. \tag{853}$$

Wegen der Kleinheit von γ kann hierin $\operatorname{ctg} \beta$ neben $\operatorname{ctg} \gamma$ weggelassen werden. Ersetzt man ferner $E' \cdot \operatorname{tg} \psi'$ durch h' und $E' \cos \varphi'$ durch R' (Abb. 315), so wird

$$dh' \approx h' \cdot \operatorname{ctg} \gamma\, (d\alpha + d\beta) + \frac{R'}{D} \cdot dy'. \tag{854}$$

Für den Übergang auf mittlere Fehler lassen wir den bestimmten Fehlern $d\alpha$ und $d\beta$ wieder den gleichen mittleren Winkelfehler $\pm m$ und allen Bildordinaten — auch denen der zweiten Aufnahme – den mittleren Ordinatenfehler $\pm m_y$ entsprechen. Damit erhält man in den ziemlich einfachen Ausdrücken

$$\left. \begin{aligned} m_{h'}^2 &\approx 2\,(h'\ \operatorname{ctg} \gamma)^2 \cdot m^2 + \left(\frac{R'}{D}\right)^2 \cdot m_y^2, \\[2mm] m_{h''}^2 &\approx 2\,(h''\ \operatorname{ctg} \gamma)^2 \cdot m^2 + \left(\frac{R''}{D}\right)^2 \cdot m_h^2, \end{aligned} \right\} \tag{855}$$

rohe Näherungen für die mittleren Fehlerquadrate der Höhenunterschiede h', h'' weit entfernter Punkte.

Zu den Fehlern, welche die Ergebnisse der Meßtischphotogrammetrie beeinflussen, gehören auch die zeichnerischen Ungenauigkeiten. Sie lassen sich analytisch nicht so leicht fassen, und es kann hier nicht weiter darauf eingegangen werden.

Zusammenfassend sei festgestellt, daß bei kurzen Grundlinien wegen der zugehörigen kleinen Konvergenzen eine ungünstige Fehlerfortpflanzung auftritt, obwohl die Punktidentifizierung hier eine sehr scharfe ist. Die Verwendung langer Grundlinien bringt günstige Schnittwinkel und somit kleine Fehler. Dem wirkt aber stark entgegen, daß infolge der geringen Ähnlichkeit der Bilder beträchtliche Identifizierungsfehler entstehen.

Zahlenangaben über die Genauigkeit der Meßtischphotogrammetrie gibt unter anderen S. Finsterwalder[1]. Aus einer Zusammenstellung der zahl-

---

[1] Finsterwalder, S.: Zur photogrammetrischen Praxis. Z. Vermess.-Wes. 1896, S. 225 bis 240. Es sei bemerkt, daß sich die Finsterwaldersche Untersuchung auf keine unwahrscheinlich günstigen Voraussetzungen stützt.

Aus zahlreichen Ausarbeitungen von Studierenden, welche seit Jahrzehnten unter Leitung des Verfassers entstanden sind, folgt übereinstimmend, daß der mittlere Höhenfehler der durch Meßtischphotogrammetrie bestimmten, deutlich erkennbaren Geländepunkte auf 100 m Entfernung unter 1 dm bleibt.

reichen, bei Bearbeitung des Vernagtferners aufgetretenen Höhenwidersprüche folgt, daß der mittlere Fehler einer einfachen Höhenbestimmung auf 1 km Horizontalentfernung etwa $\pm 1,0$ m beträgt, während der mittlere Fehler eines durch zwei Strahlen bestimmten Geländepunktes jedenfalls größer als ein Tausendel des längeren Bestimmungsstrahles ist. Bemerkenswert scheint der Umstand, daß der relative Höhenfehler (relativ in bezug auf die Entfernung) mit zunehmender Entfernung ziemlich stark abnimmt.

B. Die Stereophotogrammetrie oder Parallaxenphotogrammetrie.

a) Grundgedanke. Der Stereokomparator.

Die etwa bis zum Anfang dieses Jahrhunderts zurückreichende Parallaxenphotogrammetrie, deren rasches Aufblühen hauptsächlich den Arbeiten Pulfrichs zu verdanken ist, bestimmt den Grundriß P^0 (Abb. 336) eines Geländepunktes P als

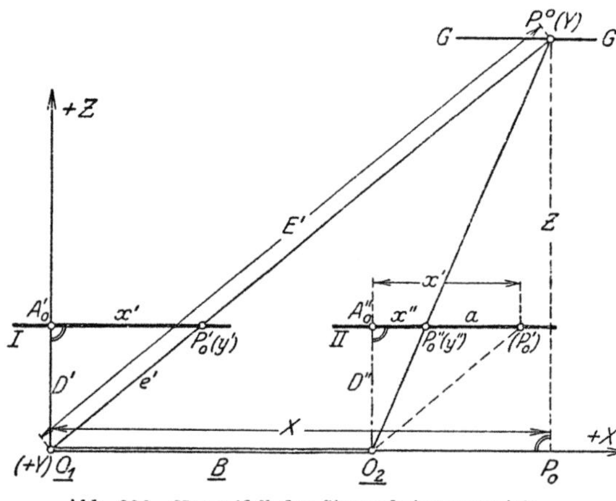

Abb. 336. Normalfall der Stereophotogrammetrie.

den Schnittpunkt des vom ersten (linken) Standort ausgehenden Bestimmungsstrahles $O_1 P^0 = E'$ mit dem geometrischen Ort GG der Punkte gleicher Parallaxe oder Punktverschiebung a, worunter der Abszissenunterschied $x' - x''$ zu verstehen ist. Seine verhältnismäßig größere Genauigkeit verdankt dieses Verfahren dem Umstande, daß man die Parallaxe und den von ihr abhängigen geometrischen Ort GG sehr scharf bestimmen kann. Es wird dazu die durch ein Stereoskop gesteigerte Fähigkeit des Menschen, mit zwei Augen körperlich zu sehen,

benutzt, so daß man das Meßverfahren auch als Stereophotogrammetrie und die Vorrichtung zur Ausmessung der Platten als Stereokomparator[1] bezeichnen kann.

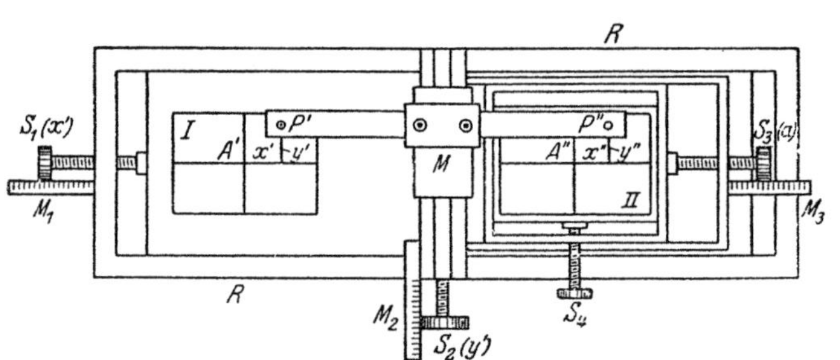

Abb. 337. Schematische Darstellung des Stereokomparators von Pulfrich.

Dieser besteht, wie die schematische Abb. 337 zeigt, im wesentlichen aus vier auf einem festen Rahmen RR befindlichen Schlitten, deren gegenseitige Verschiebung durch Mikrometerschrauben S_1 bis S_4 an deren Trommeln und an Maßstäben scharf abgelesen werden kann. Sind die Platten I, II richtig auf die zugehörigen Schlitten

gebracht und stellt man die beiden Bildmarken des einen erweiterten Objektivabstand besitzenden Doppelmikroskops M (Stereoskop) auf die Bilder P', P'' eines

[1] Der 1901 erfundene Stereokomparator sowie der für stereophotogrammetrische Aufnahmen von Pulfrich konstruierte besondere Phototheodolit sind nach Einrichtung, Theorie u. Gebrauch eingehend beschrieben in Pulfrich: Neuere stereoskopische Methoden u. Apparate. Berlin 1912. Siehe auch v. Gruber, O.: Ferienkurs in Photogrammetrie, S. 314ff. Stuttgart 1930.

Hugershoff, R., hat einen Stereokomparator für lotrechte Plattenlage konstruiert. Siehe Hugershoff, R.: Photogrammetrie und Luftbildwesen, S. 59. Wien 1930.

Objektivpunktes P scharf ein, so sieht man das räumliche Bild der nächsten Umgebung von P, auf welchen eine ebenfalls räumlich erscheinende Mikroskopmarke eingestellt ist. Durch die Abszissenschraube S_1, deren Trommelablesungen die Bildpunktabszissen x' der linken Platte angeben, werden bei fest bleibendem Mikroskop beide Platten gleichmäßig in der Abszissenrichtung verschoben. Die Schraube S_2 bewegt bei unveränderter Plattenlage das Stereoskop und mißt die Ordinaten y' der linken Platte, während die Schraube S_3 eine Verschiebung der rechten Platte gegen die festliegende linke in der x'-Richtung ermöglicht und daher zur Parallaxenmessung dient. Durch S_4 endlich wird eine zur Erhaltung des stereoskopischen Effekts notwendige Nachstellung der Platte II in der Ordinatenrichtung ermöglicht.

Nach diesen allgemeinen Angaben sollen an Hand von Abb. 338 die Vorgänge beim Gebrauch des Stereokomparators noch etwas näher betrachtet werden.

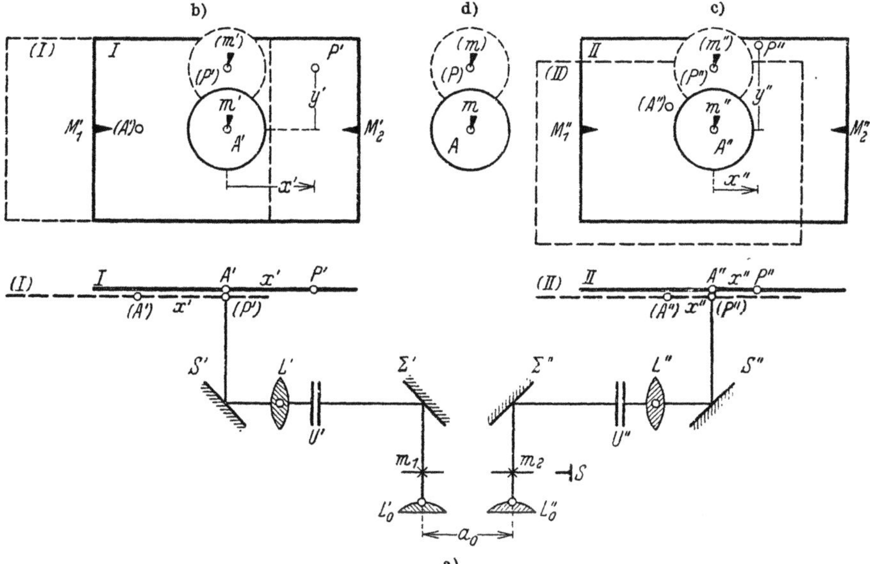

Abb. 338. Strahlengang im Stereokomparator von C. Pulfrich. Punkteinstellung und Ausmessung.

In Abb. 338a sind L' (Objektiv) und L'_0 (Okular) die Hauptbestandteile des linken, etwa 6fach vergrößernden Stereoskopmikroskops, dessen Bildebene eine keilförmige, strichförmige oder sonstwie zweckmäßig geformt Marke m_1 enthält. m' ist ihr Bild in Abb. 338b. Zwei durch Prismen S' bzw. Σ' bewirkte Spiegelungen ergeben eine Parallelversetzung der Mikroskopzielachse, während ein weiteres Prisma U' die durch das Mikroskopobjektiv L' zunächst hereingebrachte Bildumkehrung wieder aufhebt. Ganz entsprechend ist das rechte Mikroskop eingerichtet, dessen Bildebenenmarke m_2 durch eine Schraube S etwas gegen m_1 verschoben werden kann. Zur praktischen Verwendung des Instruments sei kurz folgendes bemerkt:

1. Nachdem auf die Plattenhalter eine gleichmäßig helle Unterlage, z. B. eine Mattscheibe, gebracht ist, wird durch Drehen der Okularmuscheln der Abstand Okular—Bildebene getrennt für beide Mikroskope so geändert, daß bei einäugiger Betrachtung mit dem zugehörigen Auge jede der Marken m_1, m_2 möglichst deutlich sichtbar wird.

2. Durch Drehen der Okularstutzen um exzentrische Achsen macht man die Entfernung der Okulare gleich dem Augenabstand a_0 des Beobachters. Dann vereinigen sich beim zweiäugigen Sehen die zu m_1 und m_2 gehörigen Halbbilder m', m'' [Umklappung in Abb. 338b), c)] zum einzigen, deutlich sichtbaren Raumbild m (Abb. 338d). m schwebt in unendlicher Ferne, wenn die von m_1, m_2 kommenden Strahlen parallel in die Augen treten. Eine zu große Abweichung von dieser bequemen Stellung kann mittels der Schraube S beseitigt werden. Im übrigen bleibt die Stellung der Raum-

marke m unverändert; ihre Entfernung und die Richtung, in der sie erscheint, hängen in keiner Weise von der Stellung der beiden fest miteinander verbundenen Mikroskope gegen die Platten ab.

3. Nunmehr werden die Platten (bei Negativen die Glasseite nach oben) so in die Plattenhalter gelegt, daß in den Mikroskopen aufrechte Bilder ohne Seitenvertauschung erscheinen. Zur Verbesserung der Bildschärfe kann das Stereoskop etwas gegen die Plattenhalter verstellt werden. Dann erst geht man an das eigentliche Ausrichten der Platten, d. h. an die Parallelstellung ihrer Achsenkreuze zu den Schlittenführungen. Wir drehen mittels Kurbeln die Abszissenschraube S_1 und die Ordinatenschraube S_2 so weit, daß die linke Mikroskopmarke m_1 bzw. ihr Bild m' mit der einen Horizontmarke M_1' (Abb. 338b) der linken Platte I zusammenfällt und verschieben diese dann durch weiteres Drehen von S_1, bis die andere Horizontmarke M_2' ins Gesichtsfeld kommt. Fällt m' nicht genau auf M_2', so ist die Hälfte der Abweichung durch Drehen der Platte in ihrer Ebene mittels einer besonderen Richtschraube zu beseitigen und der Vorgang einige Male zu wiederholen, bis sich kein Widerspruch mehr zeigt. Ganz entsprechend wird die rechte Platte II ausgerichtet. Natürlich kann man für diese Arbeiten statt der den Bildhorizont bezeichnenden Markenlinie $M_1 M_2$ auch die dazu senkrechte Hauptvertikale $M_3 M_4$ verwenden.

Bei gelungener Berichtigung ergeben die zu den Enden der Hauptvertikalen gehörigen Markenhalbbilder M_3', M_3'' und M_4', M_4'' nach geeigneter Höhenverstellung an S_4 je ein räumliches Vollbild, welches man mit m zur Deckung bringen kann.

Ob die bei diesen Arbeiten vorausgesetzte senkrechte Schlittenführung wirklich zutrifft, kann man mit Hilfe eines an Stelle der Platten aufgelegten GAUTIER-Gitters (Quadratnetz auf Glas) nachprüfen.

4. Werden jetzt Platten und Stereoskop mit den Schrauben S_1 bis S_4 so verschoben, daß die Mikroskopachsen auf die – wie wir hier voraussetzen – in die Schnittpunkte der Markenlinien fallenden Hauptpunkte A', A'' treffen, die Halbbilder m', m'' also auf A', A'' sitzen, so haben wir die Normalstellung herbeigeführt, zu welcher die einzelnen Maßstabablesungen aufzuschreiben oder besser runde Ablesungen durch geeignete Trommelverstellungen herbeizuführen sind. In dieser Normalstellung besitzen die Platten die in Abb. 338b, c durch ausgezogene Striche bezeichnete Lage.

5. Zur stereoskopischen Ausmessung eines Punktes mit den Bildern P', P'' wird zunächst der in die neue Lage (P') kommende Bildpunkt P' durch Drehen von S_1 und S_2 mit dem Markenbild m' scharf zur Deckung gebracht. Dann gibt man P'' mittels S_3 und S_4 eine solche Lage (P''), daß es mit m'' zusammenfällt. In der Abbildung sind die zugehörigen Plattenstellungen gestrichelt. Die Raummarke m, das aus (P') und (P'') entstandene Vollbild (P) sowie das Gelände in seiner näheren Umgebung erscheinen dem Beobachter im Stereoskop körperlich, und aus einer guten räumlichen Deckung von m und (P) läßt sich die scharfe Einstellung von m' auf (P') und von m'' auf (P'') mit großer Sicherheit – viel besser als bei einäugiger Betrachtung – feststellen. Befriedigt die Einstellung, so werden an den zu S_1 und S_2 gehörigen Nonien die Koordinaten x', y' des linken Bildpunktes P' etwa bis auf 0,02 mm abgelesen. Viel schärfer erhält man an der Trommel der Parallaxenschraube S_3 die für eine genaue Bestimmung des Geländepunktes in erster Linie maßgebende Bildparallaxe

$$a = x' - x'' \tag{856}$$

als Differenz der horizontalen Schlittenverschiebungen. Sie wird bis auf 0,001 mm geschätzt.

b) Ableitung der räumlichen Lage der Geländepunkte aus den Bildkoordinaten für verschiedene Aufnahmefälle.

Am einfachsten liegen die Verhältnisse für die Punktbestimmung aus x', y' und a beim Normalfall der Stereophotogrammetrie, für welchen die lotrechten Bildebenen beider Aufnahmen zusammenfallen (Abb. 336). Wir denken uns durch Knoten-

punkt O_1 der linken Aufnahme ein räumliches, rechtwinkliges Koordinatensystem gelegt, dessen X-Achse die horizontale Richtung O_1O_2, dessen Y-Achse das Lot in O_1
und dessen Z-Achse die zur X-Achse senkrechte Horizontale durch O_1 ist. P habe in
diesem System die Koordinaten X, Y, Z. Eine durch O_2 gezogene Parallele zu O_1P^0
schneidet die Bildebenenspur II in (P'_0), dessen Abstand von P''_0 die Abszissen-
parallaxe a ist. Aus den ähnlichen Dreiecken $O_1P^0O_2$ und $(P'_0)O_2P''_0$ sowie $O_1P^0P_0$
und $O_1A'_0P'_0$, ferner aus den beiden zu O_1P' und O_1P gehörigen ähnlichen Neigungs-
dreiecken (Abb. 316) ergeben sich die Beziehungen

$$Z : f = B : a, \qquad X : x' = Z : f, \qquad Y : y' = Z : f, \tag{857}$$

in welchen nunmehr statt D das gebräuchlichere Zeichen f steht. Ersetzt man die
rechten Seiten der beiden letzten dieser Verhältnisgleichungen durch die gleichwertige
rechte Seite der ersten Proportion, so erhält man die rechtwinkligen Naturkoor-
dinaten von P in der Form

$$X = \frac{B}{a}\,x', \qquad Y = \frac{B}{a}\,y', \qquad Z = \frac{B}{a}\,f. \tag{858}$$

Der Ausdruck für Z zeigt, daß für den Normalfall der Stereophotogrammetrie
der geometrische Ort GG
aller Punkte gleicher Parallaxe eine zur Grundlinie
B parallele Gerade ist.

Während beim Vorliegen
des Normalfalls die Koordinaten eines Geländepunktes
nach (858) leicht berechnet
und aufgetragen[1] werden
können, liegen die Verhältnisse schon etwas umständlicher, wenn die lotrechten
und zueinander parallelen
Bildebenen infolge einer Par-
allelverschwenkung aus
der Grundlinienlotebene O_1O_2
heraustreten. Noch etwas
schwieriger wird die
Aufgabe, wenn die
Aufnahmen zwar
mit waagrechten,
aber sonst be-
liebig gelegenen
Bildweiten erfol-
gen. In der diesem Fall entsprechenden Abb. 339 seien φ_1, φ_2 die
von den Basisnormalen N_1, N_2 nach links positiv gezählten Verschwenkungen der beiden Aufnahmen, während γ_1, γ_2 die Orientierungswinkel,

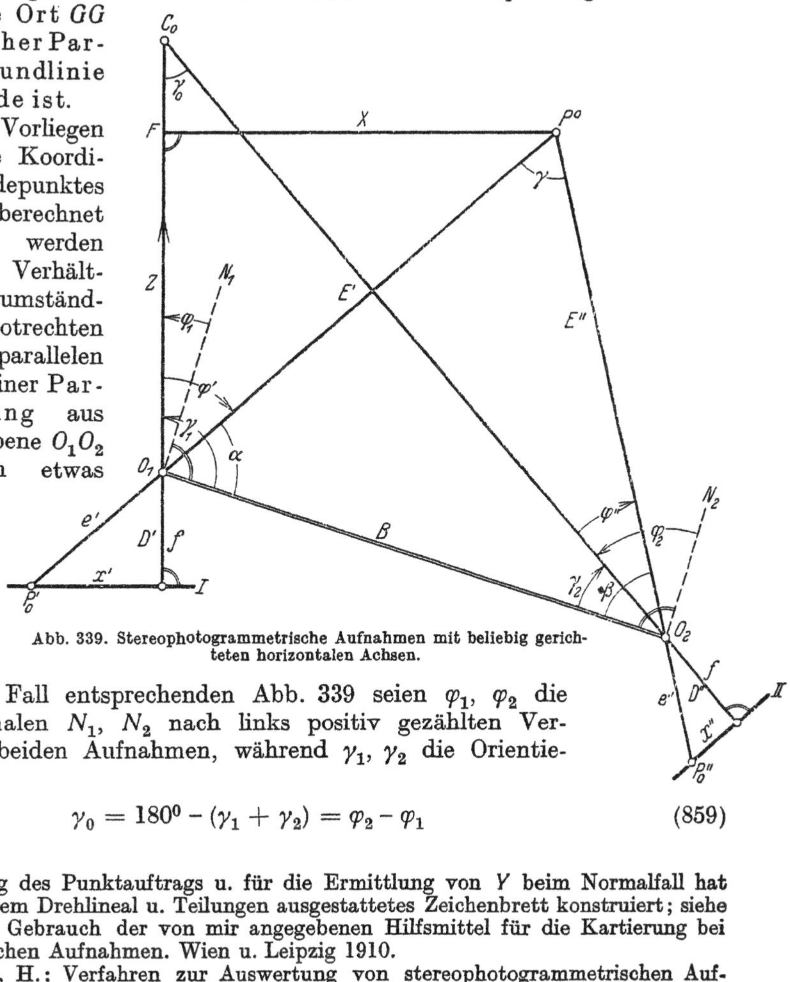

Abb. 339. Stereophotogrammetrische Aufnahmen mit beliebig gerichteten horizontalen Achsen.

$$\gamma_0 = 180^0 - (\gamma_1 + \gamma_2) = \varphi_2 - \varphi_1 \tag{859}$$

[1] Zur Erleichterung des Punktauftrags u. für die Ermittlung von Y beim Normalfall hat
PULFRICH ein mit einem Drehlineal u. Teilungen ausgestattetes Zeichenbrett konstruiert; siehe
PULFRICH: Über den Gebrauch der von mir angegebenen Hilfsmittel für die Kartierung bei
stereophotogrammetrischen Aufnahmen. Wien u. Leipzig 1910.
Siehe auch DOCK, H.: Verfahren zur Auswertung von stereophotogrammetrischen Auf-
nahmen mit parallelverschwenkten waagrechten Hauptachsen (Verfahren der variablen Basis).
Int. Arch. Photogrammetrie Bd. 7, 1. Halbband. Baden bei Wien 1930.

die Konvergenz der Bildweiten D', D'' und B die Horizontalprojektion der Standlinie bedeuten. Hat der Geländepunkt P (im Grundriß P^0) in bezug auf O_1 und die verlängerte Bildweite D' als Z-Achse die rechtwinkligen Raumkoordinaten X, Y, Z, so ergeben sich mit den in der Abbildung enthaltenen Bezeichnungen über die Gleichungen

$$\alpha = 90^0 + \varphi_1 - \varphi', \quad \beta = 90^0 - \varphi_2 + \varphi'' = 90^0 - \varphi_1 - \gamma_0 + \varphi'', \left.\right\} \tag{860}$$
$$\gamma = \gamma_0 + \varphi' - \varphi'',$$

$$E' = B \frac{\sin \beta}{\sin \gamma} = B \frac{e' \cdot f \cdot \cos(\varphi_1 + \gamma_0) + e' \cdot x'' \sin(\varphi_1 + \gamma_0)}{(f^2 + x' \cdot x'') \sin \gamma_0 + f(x' - x'') \cos \gamma_0}, \tag{861}$$

leicht die Beziehungen

$$Z = O_1 F = E' \cos \varphi' = \frac{f}{e'} \cdot E' = B \cdot f \frac{\cos(\alpha - \gamma_0) - x'' \sin(\alpha - \gamma_0)}{(f^2 + x' x'') \sin \gamma_0 + f(x' - x'') \cos \gamma_0}$$
$$= B \cdot f \frac{(f + x'' \operatorname{tg} \gamma_0) \cos \varphi_1 + (x'' - f \cdot \operatorname{tg} \gamma_0) \sin \varphi_1}{a \cdot f + (f^2 + x' \cdot x'') \operatorname{tg} \gamma_0} \left.\right\}, \tag{862}$$

$$X = Z \frac{x'}{f}, \quad Y = Z \frac{y'}{f}. \tag{863}$$

In den vorstehenden Ausdrücken für Z und X kann man die Bildabszisse x'' durch $x' - a$ ersetzen und hierauf durch Elimination von x' eine Beziehung zwischen den Koordinaten X, Z herstellen. Es folgt

$$(f \cdot \sin \gamma_0) \cdot X^2 + (a \cos \gamma_0 + f \cdot \sin \gamma_0) \cdot Z^2 - (a \sin \gamma_0) \cdot X \cdot Z$$
$$- [B \cdot f \cdot \sin(\gamma_0 + \varphi_1)] \cdot X - B \cdot [f \cdot \cos(\gamma_0 + \varphi_1) - a \cdot \sin(\gamma_0 + \varphi_1)] \cdot Z = 0. \left.\right\} \tag{864}$$

Dieser durch die Basisendpunkte O_1, O_2 gehende Kegelschnitt (**Kurve gleicher Parallaxe**) ist der geometrische Ort G aller Geländepunkte, welchen die gleiche Bildparallaxe) $a = x' - x''$ zukommt. Die Kurven gleicher Parallaxe sind für konvergente Aufnahmen ($\gamma_0 > 0$, wie in Abb. 339) Ellipsen, für divergente Aufnahmen Hyperbeln.

Aus (864) erhält man für den **Normalfall** der Stereophotogrammetrie ($\varphi_1 = 0$, $\varphi_2 = 0$, $\gamma_0 = 0$)

$$Z = \frac{B}{a} \cdot f, \tag{865}$$

welches Ergebnis mit dem früher gewonnenen Ausdruck (858) übereinstimmt. Der Ort G ist hier eine zur X-Achse parallele **Gerade**.

Liegen **parallel verschwenkte Aufnahmen** ($\gamma_0 = 0$, $\varphi_1 = \varphi_2 = \varphi$) vor, so ergibt sich aus (864) für G die **Parabelgleichung**

$$a \cdot Z^2 + B(a \cdot \sin \varphi - f \cos \varphi) \cdot Z - B \cdot f \cdot \sin \varphi \cdot X = 0, \tag{866}$$

während Z den besonderen Wert

$$Z = B \cdot \frac{f \cdot \cos \varphi + x'' \sin \varphi}{(x' - x'')} = B \cdot \frac{f \cos \varphi + (x' - a) \cdot \sin \varphi}{a} \tag{867}$$

annimmt. Die Ausdrücke für X, Y bleiben, wie sie unter (863) stehen, erhalten.

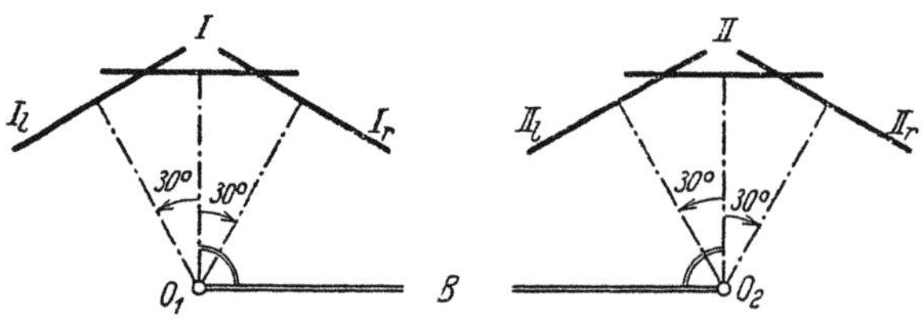

Abb. 340. Aufnahmen mit normalen und parallel verschwenkten Achsen.

Bei der praktischen Ausführung der Aufnahmen wird infolge der Geländeverhältnisse die Anwendung des früher allein gepflegten Normalfalles der Stereophotogrammetrie meist nicht möglich sein oder nicht ausreichen. Andrerseits wird man Aufnahmen mit beliebig gerichteten horizontalen Achsen fast immer vermeiden können. Am zweckmäßigsten ist in der Regel die Verbindung des Normalfalles mit zwei gleichmäßig nach links und rechts um runde

Beträge verschwenkten Aufnahmen, wie es Abb. 340 zeigt. Hier sind I, II Normalaufnahmen, I_l, II_l um 30^0 gleichmäßig links verschwenkte und I_r, II_r um 30^0 gleichmäßig rechts verschwenkte Aufnahmen.

c) Der Stereoautograph.

Die Berechnung der räumlichen Punktlage nach den Gl. (858) ist für den Normalfall einfach; bei parallel verschwenkten Aufnahmen wird die Rechnung nach (867) und (863) schon recht umständlich, und die bei konvergenten Achsen erforderliche Anwendung der Beziehungen (862) und (863) ist als sehr mühselig und zeitraubend zu bezeichnen. Zu dieser Rechenarbeit kommt noch die beim Einzelauftrag der berechneten Punkte erwachsende Zeichenarbeit.

Unter solchen Umständen wäre der Anwendungsbereich der terrestrischen Stereophotogrammetrie wohl ein ziemlich eng begrenzter geblieben. Zum Glück für die neue Methode wurden aber die einer ausgedehnten Anwendung entgegenstehenden Schwierigkeiten durch den 1909 vom damaligen Oberleutnant v. OREL[1] erfundenen, von ZEISS erbauten und vervollkommneten Stereoautograph nahezu mit einem Schlage beseitigt.

Der Stereoautograph ist im wesentlichen die Verbindung des Stereokomparators mit einem Zeichenbrett und einem Übertragungsmechanismus. Durch die zur Einstellung von Bildpunkten im Komparatorstereoskop auszuführenden Schlittenbewegungen tritt jeweils ein Zeichenstift an die Stelle der Horizontalprojektionen der entsprechenden Objektpunkte; gleichzeitig werden die in mechanischer Weise dargestellten Höhenunterschiede der einzelnen Geländepunkte gegen den Knotenpunkt O_1 der linken Aufnahme zu dessen Höhe automatisch addiert, so daß an einem Maßstab sogleich auch die Meereshöhen abgelesen werden können.

An Hand der schematischen Abb. 341, welche die Hauptbestandteile des Modells 1914 enthält, soll auf die Einrichtung und Wirkungsweise dieses Präzisionsautomaten noch näher eingegangen werden.

Ein kräftiges, in der Abbildung nicht enthaltenes Untergestell trägt – in der Abbildung links unten – einen Stereokomparator mit seinen Antriebsvorrichtungen (Richtungsrad R_x, Höhenrad R_y, Abstandsrad R_a, Vertikalparallaxennachstellschraube V) und drei Lineale: das Richtungslineal L_R, das Parallaxen- oder Abstandslineal L_P und das Höhenlineal L_H. Diese Lineale, welche die Schlittenbewegungen des Komparators übernehmen, sind um ortsfeste, in einer Lotebene A_1—A_1 liegende senkrechte Gelenke G_1, G_2, G_3 mit konzentrischen Kreisen K_1, K_2, K_3 drehbar, an denen im Bedarfsfall die jeweilige horizontale Bildrichtung φ', φ'' sowie der Höhenwinkel ψ' des linken Zielstrahles abgelesen werden können. Während das Richtungslineal ein in seiner ganzen Ausdehnung gerades Lineal darstellt, ist das Parallaxenlineal L_P zur Berücksichtigung der Achsenkonvergenz γ_0 um G_2 beliebig knickbar; das Höhenlineal L_H stellt einen in sich starren Rechtwinkelhebel vor. Die kurzen Arme der Linealhebel tragen an ihren Enden die in Führungen B_1 und B_3 laufenden Brennweitenschlitten S_1, S_2 und S_3; so genannt, weil die Achsen A_2, A_4 der Schlittenführungen von den Drehachsen G_1, G_2, G_3 um die Brennweite f der Aufnahmekammer abstehen. Mittels des Abstands- oder Parallaxenrades R_a wird die feingängige Spindel Sp_2 und durch Vermittlung der Übertragungsstange $Ü_1$ auch Sp_1 gleich viel gedreht. Diese Spindeln verschieben auf den Führungsschienen F_1, F_2 die Führungsschlitten S_4, S_5 der Abstandsbrücke B_2 und damit diese selbst samt der Schlittenachse A_3 parallel zu A_1. Der linke Teil B_2' der Abstandsbrücke ist die mit einer verschiebbaren Teilung M_H (Höhenteilung auf Höhenmaßstab) versehene Höhenbrücke, auf welcher ein durch die Höhenspindel Sp_3 bewegter, am langen Hebelende von L_H angreifender Höhenschlitten S_H sitzt. Auf B_2 läuft der vom

---

[1] v. OREL: Der Stereoautograph als Mittel zur automatischen Verwertung von Komparatordaten. Mitt. d. k. k. Militärgeographischen Instituts in Wien, Bd. 30 (1911). Ein Vorläufer des v. ORELschen Apparats ist der Stereoplotter von THOMPSON.

längeren Hebelarm des Richtungslineals L_R geführte **Abstandsschlitten** S_A, welcher selbst den **Basiskreuzschlitten** S_k trägt. Dieser ermöglicht die Einstellung der Grundlinie B unter Berücksichtigung der Verschwenkung φ_1 der linken Kammer-

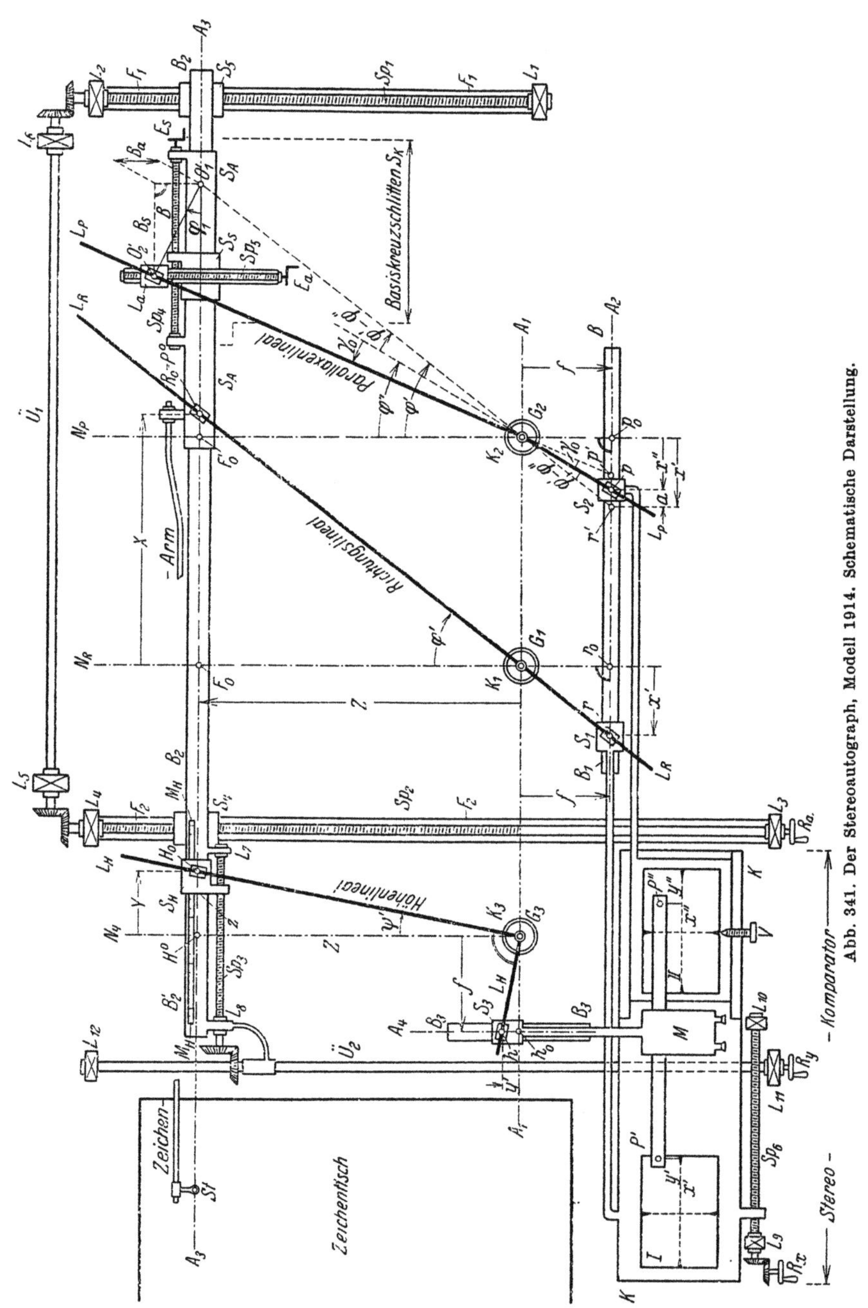

Abb. 341. Der Stereoautograph, Modell 1914. Schematische Darstellung.

achse. Seine Hauptbestandteile sind der mittels Einstellrad E_s und Basisstammspindel Sp_4 verstellbare **Basisstammschlitten** S_s und der **Basisausrückungsschlitten** L_a, dessen Einstellung durch E_a und die Basisausrückungsspindel Sp_5 erfolgt. Die zugehörigen Feinteilungen sind in Abb. 341 nicht mehr dargestellt. Der

Bezeichnungen zu Abb. 341.

K–K	Stereokomparatorhauptschlitten		F_1–F_1, F_2–F_2	Schlittenführungen für die Abstandsbrücke
I (P', x', y')	linke Aufnahme		S_1, S_2, S_3	Brennweitenschlitten für
II (P'', x'', y'')	rechte Aufnahme			L_R, L_P, L_H
M	Stereomikroskop		S_H	Höhenschlitten
X, Y, Z	Koordinaten des Geländepunktes P		S_4, S_5	Führungsschlitten der Abstandsbrücke
R_a, R_x, R_y	Abstandsrad, Richtungsrad, Höhenrad		B, B_s, B_a	Basis, Basisstamm, Basisausrückung
V	Höhennachstellschraube für die Vertikalparallaxe		S_A	Abstandsschlitten
			S_s	Basisstammschlitten
G_1, G_2, G_3	senkrechte Achsen mit Teilkreisen zu L_R, L_P, L_H		L_a	Basisausrückungsschlitten
			E_a, E_s	Einstellräder für B_a und B_s
L_R, L_P, L_H	Richtungs-, Abstands-, Höhenlineal		Sp_1, Sp_2	Spindeln für die Abstandsbrücke
			Sp_3	Höhenspindel
B_1–B_1	Brennweitenschlittenführung für L_R und L_P		Sp_4, Sp_5	Basisstamm-, Basisausrückungsspindel
B_2–B_2	Abstandsbrücke		Sp_6	Abszissenspindel des Komparators
B_2'	Höhenbrücke			
M_H	Höhenmaßstab		L_1 bis L_{12}	feste Lager
z	Höhenzeiger		St	Zeichenstift
$Ü_1$, $Ü_2$	Übertragungsstangen mit Zahnrädern		h, r, p	Linealangriffspunkte am Brennweitenhebel von L_H, L_R, L_P
B_3–B_3	Brennweitenschlittenführung für L_H		H_0, R_0, O_2'	Linealangriffspunkte am anderen Hebelende von L_H, L_R, L_P
φ', φ''	waagrechte Bildwinkel des linken und rechten Zielstrahles		N_H, N_R, N_P	Nullstellung der Lineale L_H, L_R, L_P
φ_1'	Verschwenkungswinkel (der linken Aufnahme)		h_0, r_0, p_0	Nulleinstellung der Brennweitenhebel L_H, L_R, L_P
γ_0	Konvergenzwinkel der Kammerachsen		H^0	Nullpunkt des Höhenmaßstabes bzw. Einstellung auf die Meereshöhe des linken Standpunktes
ψ'	Höhenwinkel des linken Zielstrahles		O_1'	Basisnullpunkt

Basisnullpunkt O_1' ist auf S_A so angeordnet, daß er vom Angriffspunkt R_0 des Richtungslineals um den festen Betrag G_1G_2 absteht; $G_1R_0O_1'G_2$ ist daher stets ein **gelenkiges Parallelogramm**, dessen eines Seitenpaar die unveränderliche Länge G_1G_2 besitzt; die Winkel, welche L_R und G_2O_1' mit N_R und N_P einschließen, sind beide φ'. Auf der linken Seite des Stereoautographen ist ein **Zeichentisch** angebracht, auf welchen durch den Stift St eines langen Zeichenarmes der Grundriß übertragen wird. Der vorhin erwähnte, auf B_2' verstellbare Höhenmaßstab M_H gibt die Meereshöhe jedes eingestellten Punktes an, wobei hier der Einfachheit halber als Ablesezeiger z die linke Kante des Höhenschlittens S_H dient.

Beim **Gebrauch des Instruments** werden nach früheren Angaben (S. 295 ff.) zunächst die Platten im Stereokomparator ausgerichtet. In dessen Ausgangsstellung, für welche $x' = 0$, $y' = 0$, $a = x' - x'' = 0$ ist, verbindet man die ebenfalls in ihre Ausgangsstellungen (Null-Lagen) N_H, N_R, N_P gebrachten Lineale L_H, L_R, L_P mit den entsprechenden Komparatorschlitten. Dabei darf L_P vorerst noch nicht geknickt sein. Nunmehr werden zur Berücksichtigung der Verschwenkung die beiden Basiskomponenten

$$B_s = B \cdot \cos \varphi_1 , \qquad B_a = B \cdot \sin \varphi_1 \tag{868}$$

eingestellt, und zwar der Basisstamm B_s mittels Kurbel E_s und Spindel Sp_4, dann die Basisausrückung B_a durch Vermittlung von E_a und Sp_5. Durch diese Einstellungen wird der Angriffspunkt des langen Parallaxenhebelarmes nach O_2' verschoben. Jetzt erst wird das Parallaxenlineal L_P unter Festhaltung seines kurzen Armes in der Ausgangsstellung p_0G_2 in G_2 durch Drehen des langen Armes um den Konvergenzwinkel γ_0 geknickt und die so erlangte gegenseitige Stellung der Linealarme festgehalten. Ferner ist noch der an B_2' befindliche Höhenmaßstab M_H so zu verschieben, daß an ihm bei

Normalstellung von L_H ein mit dem Schlitten S_H verbundener Zeiger die Meereshöhe J_1 des linken Objektivzentrums O_1 angibt[1].

Nach diesen Vorbereitungen kann die eigentliche Ausarbeitung beginnen. Durch geeignete Drehungen von R_x, R_y und R_a sowie etwaiges Nachstellen der Vertikalparallaxenschraube V – dies kann mit Hilfe einer Töpferscheibe mit dem Fuß geschehen – wird der auszumessende Geländepunkt wie früher beschrieben im Komparator stereoskopisch eingestellt. Die dazu notwendigen Schlittenbewegungen des Stereokomparators werden auf die Lineale L_H, L_R und L_P so übertragen, daß die Angriffspunkte h, r, p an den Brennweitenarmen dieser Lineale aus ihren Nullstellungen h_0, r_0, p_0 um die Bildkoordinaten y', x' und die Parallaxe $a = x' - x''$ herauswandern. Der auf dem Richtungslineal liegende Angriffspunkt R_0 gibt dann – auf G_1 als Ursprung bezogen – den Grundriß P^0 des Geländepunktes P mit den Horizontalkoordinaten Z, X, während der mit B_2' verbundene Höhenmaßstab die Meereshöhe H anzeigt, welche durch mechanisches Addieren des Höhenunterschieds Y zum linken Aufstellungshorizont J_1 entsteht. Aus praktischen Gründen wird aber der Grundriß auf den zugänglich angeordneten Zeichentisch seitlich übertragen.

So kann man für charakteristische, ausgewählte Punkte die räumliche Lage bestimmen und durch Befahren von Linien (Wege, Ufer, Kulturgrenzen usw.) auch deren Grundriß festlegen. Soweit es sich nur um die Ermittlung der Situation handelt, ist ein Ablesen der Meereshöhen nicht notwendig; die Bildordinaten und das Höhenlineal spielen in diesem Fall keine Rolle. Von besonderer Bedeutung für die Oberflächendarstellung sind rundabständige Linien gleicher Meereshöhe, sog. Schichtenlinien oder Höhenlinien. Der Stereoautograph eignet sich, wenn das Gelände nicht ganz einförmig glatt erscheint, vorzüglich zum Ziehen von Schichtenlinien. Dazu ist bei fester Höheneinstellung unter Nachstellen von V an R_x und R_a so zu drehen, daß die Raummarke des Stereoskops die räumlich gesehene Geländeoberfläche nicht verläßt. Der Fahrstift St zeichnet dann den Grundriß der Höhenlinie.

Wir müssen uns von der Richtigkeit der Arbeitsweise des Autographen erst noch überzeugen und stellen die für die Wirkung des Parallaxenlineals bedeutsamen Linien in Abb. 342 noch besonders zusammen.

Aus den ähnlichen Dreiecken $p'r'G_2$ und $QO_1'G_2$ mit den Höhen f und A folgt

$$A = \frac{f}{m} \cdot O_1'Q. \tag{869}$$

Die hierin noch unbekannten Stücke $O_1'Q$ und m sind durch die Bildabszissen x', x'', die Verschwenkung φ_1 und die Konvergenz γ_0 auszudrücken. Im Dreieck $QO_2'O_1'$ mit dem Höhenfußpunkt F wird

$$\left.\begin{aligned}O_1'Q = O_1'F + FQ &= B_s + B_a \operatorname{tg}(\varphi'' - \gamma_0) = B\cos\varphi_1 + B\sin\varphi_1\operatorname{tg}(\varphi'' - \gamma_0)\\ &= B\left(\cos\varphi_1 + \sin\varphi_1\frac{\operatorname{tg}\varphi'' - \operatorname{tg}\gamma_0}{1 + \operatorname{tg}\varphi''\operatorname{tg}\gamma_0}\right)\end{aligned}\right\} \tag{870}$$

oder
$$O_1'Q = B\left(\cos\varphi_1 + \sin\varphi_1\frac{x'' - f\cdot\operatorname{tg}\gamma_0}{f + x''\operatorname{tg}\gamma_0}\right), \tag{871}$$

da $\operatorname{tg}\varphi'' = x'' : f$ ist. Aus den unteren Dreiecken findet man

$$m = x' - p_0p' = x' - f\cdot\operatorname{tg}(\varphi'' - \gamma_0) = x' - f\cdot\frac{x'' - f\cdot\operatorname{tg}\gamma_0}{f + x''\operatorname{tg}\gamma_0} = \frac{a\cdot f + (f^2 + x'\cdot x'')\operatorname{tg}\gamma_0}{f + x''\cdot\operatorname{tg}\gamma_0}, \tag{872}$$

wenn $x' - x'' = a$ gesetzt wird.

Die Einführung von (871) und (872) in (869) ergibt für A den Ausdruck

$$A = B\cdot f\cdot\frac{(f_1 + x''\cdot\operatorname{tg}\gamma_0)\cos\varphi_1 + (x'' - f\cdot\operatorname{tg}\gamma_0)\sin\varphi_1}{a\cdot f + (f^2 + x'\cdot x'')\operatorname{tg}\gamma_0} \tag{873}$$

---

[1] Die Untersuchung des Instruments ist eingehend beschrieben in Lüscher, H.: Der Stereoautograph Modell 1914, seine Berichtigung u. Anwendung; Dissertation als Handschrift gedruckt 1917? Siehe auch die gleichnamige Abhandlung in der Z. Instrumentenkde. 1919, S. 2—19, 55—67 u. 83—91.

Dieses Ergebnis stimmt aber vollkommen mit dem früher entwickelten Ausdruck (862) für die Z-Koordinate überein, so daß nach erfolgter stereoskopischer Einstellung eines Geländepunktes, d. h. nach Übertragung von x' und a auf die Brennweitenschlitten S_1, S_2, der Achsenabstand $A_1 - A_3 = A$ wirklich die Größe Z darstellt. Nachdem dies feststeht, folgt aus den zu den beiden Hebelarmen des Richtungslineals L_R (Abb. 341) gehörigen ähnlichen Dreiecken $G_1 F_0 R_0$ und $G_1 r_0 r$ sowie aus den am Höhenlineal L_H liegenden ähnlichen Dreiecken $G_3 H^0 H_0$ und $G_3 h_0 h$ ohne weiteres

$$X = \frac{x'}{f} \cdot Z, \qquad Y = \frac{y'}{f} \cdot Z, \quad (874)$$

welches Gleichungspaar mit dem früher ermittelten (863) identisch ist. Der Stereoautograph ist also wirklich imstande, die Raumkoordinaten X, Y, Z eines Geländepunktes auf die Einstellung seiner Bildpunkte hin mechanisch darzustellen oder mit anderen Worten: die Koordinatengleichungen (862) und (863) mechanisch aufzulösen.

Der Stereoautograph wird in der Regel nur zur Ausarbeitung von Waagrechtaufnahmen verwendet; er kann aber auch zur Bearbeitung von geneigten Aufnahmen dienen, besonders wenn er eine geeignete Zusatzeinrichtung besitzt[1].

Wenn größere Genauigkeit in den Höhen angestrebt wird, so ist auch der sog. Krümmungsfehler (Gesamteinfluß der Erdkrümmung und Strahlenbrechung) zu berücksichtigen. Dies

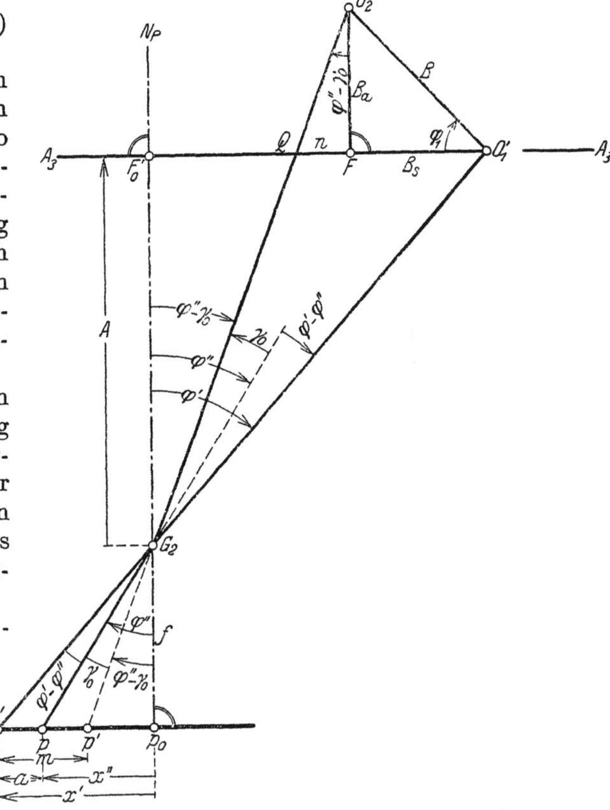

Abb. 342. Ableitung der Abstandsgleichung aus den Bewegungen der Komparatorschlitten.

geschieht nach ASCHENBRENNER[2] mit ausreichender Schärfe auf folgendem Wege. Sind $Z_{min} = t$ und $Z_{max} = w$ die äußersten Abstände, zwischen welchen das auszuwertende Gebiet liegt, so ergibt sich mit $k_0 = (1 - k) : 2r$ (k = Refraktionskoeffizient, r = Erdhalbmesser) eine Höhenreduktion

$$\Delta H = \frac{k_0}{6} \left\{ (w + t)^2 + 2 w \cdot t \right\}. \tag{875}$$

[1] Siehe hierzu a) die auf S. 302, Fußnote 1, genannten Arbeiten von H. LÜSCHER; b) v. GRUBER, O.: Der v. OREL-ZEISSsche Stereoautograph mit Zusatzeinrichtung zur Ausarbeitung von Luftaufnahmen. Int. Arch. Photogrammetrie, Bd. 6, S. 45—59. Wien 1923.

SANDER, W., hat die einer beliebigen Lage der Kammerachsen entsprechenden Formeln abgeleitet (Der v. OREL-ZEISSsche Stereoautograph u. neue Vorschläge für seine weitere Ausgestaltung). Z. Instrumentenkde. 1921, S. 1—27, 33—60 u. 65—86). Mit Erfindung des Stereoplanigraphen hat man die Absicht, den Autograph zur Bearbeitung von Luftaufnahmen auszugestalten, aufgegeben.

[2] ASCHENBRENNER, CLAUS: Über die Berücksichtigung von Erdkrümmung u. Refraktion bei der mechanischen Auswertung von Stereophotogrammen. Z. Instrumentenkde. 1925, S. 203 bis 207.

Am Höhenmaßstab M_H (Abb. 341) ist in der Nullstellung des Höhenlineals L_H statt des linken Instrumentenhorizonts J_1 der reduzierte Wert

$$J_1' = J_1 - \Delta H = J_1 - \frac{k_0}{6}\left\{(w+t)^2 + 2w \cdot t\right\} \tag{876}$$

einzustellen. Weiterhin muß die linke Platte in der Ordinatenrichtung um einen solchen Betrag $\mu \cdot f$ verschoben werden, daß der durch den Hauptpunkt bezeichnete Zielstrahl den Höhenwinkel

$$\mu = k_0(w+t) \tag{877}$$

besitzt. Dies wird praktisch dadurch erreicht, daß unter Annahme und Festhaltung eines runden Abstands Z_0 durch Verschieben des Höhenschlittens S_H der Höhenzeiger z auf die Maßstabablesung

$$H_\mu = J_1' + k_0(w+t) \cdot Z_0 = J_1' + \Delta M \tag{878}$$

eingestellt und hierauf das Höhenlineal festgeklemmt wird. Dann ist die linke Platte so lange in der Ordinatenrichtung zu verschieben, bis die Mikroskopmarke m' auf der Markenlinie $M_1' M_2'$ liegt.

Zweckmäßig wird die Basis B so bemessen, daß die kleinsten und größten Entfernungen zwischen $5B$ und $20B$ liegen. Für die diesem Fall entsprechenden Annahmen $t = 5B$, $w = 20B$ folgen die bequemen **Faustformeln**

$$\Delta H_{(dm)} \approx 0{,}94 \cdot B_{(hm)}^2, \qquad \Delta M_{(dm)} \approx 1{,}71 \cdot B_{(hm)} \cdot Z_{0\,(km)}. \tag{879}$$

Dabei sind ΔH und ΔM in dm, die Basis B in hm und Z_0 in km zu verstehen.

Bei sehr ausgedehnten Aufnahmen wird das Gelände der Tiefe nach in mehrere Streifen zerlegt, für welche die wegen des Krümmungsfehlers notwendigen Einstellungsänderungen gesondert zu ermitteln sind.

d) Genauigkeitsfragen.

Die Aufstellung einer strengen Fehlertheorie der stereophotogrammetrischen Punktbestimmung, sei es, daß diese nach gemessenen Komparatordaten x', y', a mittels der Gln. (862) und (863) rechnerisch oder auf Grund stereoskopischer Einstellungen durch den Stereoautographen mechanisch erfolgt, ist eine recht umständliche Sache. Zu den hauptsächlichsten Fehlerquellen gehören der radial veränderliche Lichtabfall[1], Verzeichnungsfehler des Aufnahmeobjektivs, Helligkeitsunterschiede infolge ungleichartiger Bodenbedeckung, Beleuchtungswechsel und Verschiebung der Schattengrenzen zwischen zwei Aufnahmen, Verschiedenheiten im Plattenkorn, fehlerhafte Plattenlage, Fehler in den Elementen der inneren und äußeren Orientierung, Augenmängel und die nicht ganz auszuschaltenden mechanischen Unvollkommenheiten des Auswerteapparats[2].

Für die weniger wichtige Ermittlung der Punktlage durch Rechnung beschränken wir uns auf den Einblick in die **Fehlerfortpflanzung des Normalfalles**. Aus (858) und (857) folgen die Fehlerausdrücke

$$dX = dX_B + dX_a + dX_{x'} = X \cdot \left(\frac{dB}{B} - \frac{da}{a} + \frac{dx'}{x'}\right), \tag{879^1}$$

$$dY = dY_B + dY_a + dY_{y'} = Y \cdot \left(\frac{dB}{B} - \frac{da}{a} + \frac{dy'}{y'}\right), \tag{879^2}$$

$$dZ = dZ_B + dZ_a + dZ_f = Z \cdot \left(\frac{dB}{B} - \frac{da}{a} + \frac{df}{f}\right), \tag{879^3}$$

---

[1] Der Hauptbestandteil dieses radialen Lichtabfalls ist der mit der 4. Potenz des Einfallswinkels zunehmende LAMBERT-Abfall. Über weitere Einflüsse (Abschattung, Reflexionszunahme, Luftstreulicht) siehe ASCHENBRENNER, C.: „Die Lichtverteilung in Luftbildern" in Bildmessung u. Luftbildwesen 1941, S. 5—19.

[2] Eine interessante Genauigkeitsbetrachtung aus der ersten Zeit der stereophotogrammetrischen Punktbestimmung bringt SCHILLING, FR. in der Z. Vermess.-Wes. 1911, S. 637 ff.

Siehe ferner GRAF, R.: Fehlertheorie des WILDschen Stereoautographen. Schweiz. Z. Vermess.-Wes. 1929, S. 250—264.

Weiterhin siehe FINSTERWALDER, R.: a) Grenzen u. Möglichkeiten der terrestrischen Photogrammetrie, besonders auf Forschungsreisen. Allg. Vermess.-Nachr. 1930; b) Über die Genauigkeit der terrestrischen Photogrammetrie. Allg. Vermess.-Nachr. 1932, S. 17—22.

wenn sämtliche Bestimmungsstücke als fehlerhaft betrachtet werden. Die besonders herausgestellten Teilbeträge für die Einflüsse eines Parallaxenfehlers sind

$$dX_a = -\frac{X}{a}\cdot da = -\frac{Z^2}{B\cdot f^2}\cdot x'\cdot da, \quad dY_a = -\frac{Y}{a}\cdot da = -\frac{Z^2}{B\cdot f^2}\cdot y'\cdot da, \left.\begin{array}{r}\\\\\end{array}\right\}$$
$$dZ_a = -\frac{Z}{a}\cdot da = -\frac{Z^2}{B\cdot f}\cdot da. \tag{879^4}$$

Demnach wächst für festes da der Abstandteilfehler dZ_a proportional mit Z^2, während dX_a, dY_a mit $Z^2\cdot x'$ bzw. $Z^2\cdot y'$ fortschreiten. Ein Basisfehler dB bewirkt, was von vornherein feststeht, lediglich eine Maßstabänderung.

Bei der Verwendung des Stereoautographen wird der Grundriß eines Punktes durch die aus der Einstellung von x' folgende Lage des Richtungslineals L_R, also durch einen orientierten Vorwärtsstrahl sowie durch das Zusammenfallen einer räumlichen Marke m mit dem stereoskopischen Bild (P) des auszumessenden Punktes bestimmt. Die Herbeiführung dieser räumlichen Deckung entspricht in der Hauptsache der Messung des Schnittwinkels γ. Läßt man diese vielleicht nicht ganz hieb- und stichfeste Auffassung gelten, so handelt es sich bei der Autographenarbeit vom geometrischen und fehlertheoretischen Standpunkt aus im wesentlichen um eine Punktbestimmung durch Seitwärtsabschneiden. Die Winkel α, γ des Schnittdreiecks (Abb. 335) besitzen dann die irgendwie entstandenen bestimmten Beobachtungsfehler $d\alpha$, $d\gamma$, und aus $\alpha + \beta + \gamma = 180^0$ ergibt sich der Fehler des dritten Winkels zu

$$d\beta = -(d\alpha + d\gamma). \tag{880}$$

Damit folgen aus (846) bis (850) die Ausdrücke

$$V_\Phi = (k_\alpha - k_\beta)\, d\alpha - k_\beta \cdot d\gamma, \tag{881}$$

$$\begin{aligned}p &= -\frac{B}{2\sin^2\gamma}\{(\sin 2\alpha + \sin 2\beta)\, d\alpha + \sin 2\alpha\cdot d\gamma\}\\ &= -\frac{1}{\sin\gamma}\{(E''\cos\alpha + E'\cos\beta)\, d\alpha + E''\cos\alpha\cdot d\gamma\},\end{aligned}\left.\begin{array}{r}\\\\\\\end{array}\right\} \tag{882}$$

$$\begin{aligned}q &= -\frac{B}{\sin^2\gamma}\{(\sin^2\alpha - \sin^2\beta)\, d\alpha + \sin^2\alpha\cdot d\gamma\}\\ &= -\frac{1}{B}\{(E''^2 - E'^2)\, d\alpha + E''^2\cdot d\gamma\},\end{aligned}\left.\begin{array}{r}\\\\\\\end{array}\right\} \tag{883}$$

$$\begin{aligned}v_l = dE &\approx \frac{E}{2\cos\varphi\sin\dfrac{\gamma}{2}}\left(2\sin\varphi\sin\dfrac{\gamma}{2}\cdot d\alpha - \sin\alpha\cdot d\gamma\right)\\ &\approx \frac{B}{4\sin^2\dfrac{\gamma}{2}}\left(2\sin\varphi\sin\dfrac{\gamma}{2}\cdot d\alpha - \sin\alpha\cdot d\gamma\right),\end{aligned}\left.\begin{array}{r}\\\\\\\\\end{array}\right\} \tag{884}$$

$$v_q = E\cdot d\varphi \approx -\frac{E}{2}(d\alpha + \tfrac{1}{2}d\gamma) \approx -\frac{B}{2}\cdot\frac{\cos\varphi}{\sin\dfrac{\gamma}{2}}(d\alpha + \tfrac{1}{2}d\gamma) \tag{885}$$

für die Punktverschiebung V_Φ in der beliebigen Richtung Φ, die seitliche Verschiebung p, den Abstandsfehler q, die Längsverschiebung v_l in Richtung von E und die Querverschiebung v_q senkrecht zu E. Die in den vorstehenden Gleichungen gebrauchten Bezeichnungen haben die gleiche Bedeutung wie in der bei der Meßtischphotogrammetrie behandelten Fehleruntersuchung für Vorwärtseinschneiden. Das Basisverhältnis besitzt aber bei Stereoaufnahmen einen viel kleineren Wert – durchschnittlich 1 : 10 – als bei der Meßtischphotogrammetrie.

Wird im Ausdruck für v_l auch noch der Basisfehler $(dB : B)\cdot E$ berücksichtigt, $\sin\gamma$ durch γ ersetzt und γ neben φ vernachlässigt, so erhält man unter Beachtung von $d\alpha = -d\varphi$ die gebräuchliche Überschlagsformel

$$\left.\begin{aligned} v_l = d E &\approx \frac{\cos\varphi}{\gamma}\cdot dB - \frac{B\cdot\sin\varphi}{\gamma}\cdot d\varphi - \frac{B\cdot\cos\varphi}{\gamma^2}\cdot d\gamma \\ &\approx \frac{E}{B}\cdot dB - E\cdot\operatorname{tg}\varphi\cdot d\varphi - \frac{E^2}{B\cdot\cos\varphi}\cdot d\gamma \end{aligned}\right\} = \Delta_B \div \Delta_\varphi + \Delta_\gamma , \qquad (886)$$

während aus (895) der Ausdruck

$$v_q = E\cdot d\varphi \approx \frac{B\cdot\cos\varphi}{\gamma}\cdot d\varphi \qquad (887)$$

hervorgeht.

Gl. (886) zeigt, daß die Einflüsse Δ_φ und Δ_γ eines Verschwenkungsfehlers $d\varphi$ und eines Fehlers $d\gamma$ der Zielstrahlenkonvergenz (Konvergenzfehler) zu γ bzw. γ^2 umgekehrt proportional sind, während – wie schon früher festgestellt – der Basisfehlereinfluß Δ_B gleichmäßig mit E zunimmt. In $d\varphi$ und $d\gamma$ sind die zufälligen Auswertungsfehler und die alle Zielstrahlen gleichmäßig beeinflussenden Ungenauigkeiten der äußeren, horizontalen Orientierung enthalten. Bemerkenswert ist, daß Δ_φ wegen des Faktors $\sin\varphi$ für Punkte auf der Basisnormalen verschwindet, während das nach seinem Bau stets viel größere Δ_γ praktisch niemals Null werden kann. Beachtet man außerdem, daß Δ_B gleichmäßig mit E, Δ_γ hingegen proportional zu E^2 wächst, so kann man mit geeignet ausgewählten, kartierten Paßpunkten dB, $d\gamma$ und $d\varphi$ bestimmen bzw. berücksichtigen. Das ist für $d\gamma$ wegen seines starken schädlichen Einflusses besonders wichtig, da dieser Fehler im allgemeinen nicht schon von vornherein durch eine scharfe Ausrichtung der Kammerachsen genügend klein gehalten werden kann. Bei guten Arbeiten muß er nachträglich mit Hilfe der Paßpunkte möglichst unter $10''$ herabgedrückt werden; die entsprechende Grenze für $d\varphi$ ist etwa $1'$.

Die stereophotogrammetrisch bestimmten Höhen werden in erster Linie durch Neigungs- und Verkantungsfehler der Aufnahmen beeinflußt. Auch diese Fehler lassen sich mit Hilfe von kartierten Paßpunkten unschädlich machen.

Einige Zahlenangaben zur Genauigkeit der Stereoautographenarbeit gibt R. Finsterwalder hauptsächlich auf Grund von theoretischen Überlegungen in den auf S. 304, Fußnote 2, zitierten Schriften. Von großem Interesse sind die Mitteilungen des schweizerischen Sektionschefs für Topographie, K. Schneider, über die Genauigkeit der terrestrischen Probeaufnahme Rüschegg im Kanton Bern[1]. Die Feldaufnahmen ($f = 19$ cm) wurden mit dem Stereoautographen im Maßstab 1 : 5000 unter Einhaltung eines Höhenlinienabstandes von 5 m ausgearbeitet. Die Untersuchung ergab für die **Höhenkurven den mittleren Höhenfehler**

$$\left.\begin{aligned} m_H = \pm\,(0{,}4 + 1{,}2\operatorname{tg}\alpha)\ \text{Meter}, \\ \\ m_l = \pm\,(1{,}2 + 0{,}4\operatorname{ctg}\alpha)\ \text{Meter}. \end{aligned}\right\} \qquad (888)$$

und den **mittleren Lagefehler**

Hierin bedeutet α die Geländeneigung an der betrachteten Stelle.

Die Erdraumbildmessung mit Auswertung am Stereoautograph findet unter Beschränkung auf geeignetes Gelände auch im staatlichen Vermessungswesen ausgedehnte Verwendung. Ganz besonders gilt dies für Österreich und die Schweiz.

In Österreich wurden die schon vorhandenen 1000- und 2000-teiligen Katasterblätter durch stereophotogrammetrisch bestimmte Höhenlinien ergänzt; die Herstellung von Grundlagen für Katasterneuaufnahmen im Maßstab 1 : 4000 oder 1 : 5000 erfolgte in Gebieten mit geringem Bodenwert oder schwer bezeichenbaren Grenzlinien (Hoch-

---

[1] Die Photogrammetrie u. ihre Anwendung bei der schweizerischen Grundbuchvermessung u. bei der allgemeinen Landesvermessung; Sammlung von Referaten (Baltensperger, Schneider, Härry), gehalten am Vortragskurs des Schweizerischen Geometer-Vereins am 7. u. 8. Mai 1926 an der Eidg. Technischen Hochschule in Zürich. Brugg 1926.

gebirge) auf stereophotogrammetrischem Wege unter Benutzung von Paßpunkten entlang der zu vermessenden Grenzlinien[1].

In der Schweiz wird die terrestrische Stereophotogrammetrie, gestützt auf ein gutes trigonometrisches Netz, mit großem Vorteil zur planmäßigen topographischen Neuvermessung der etwa die Hälfte des Landes einnehmenden Alpengebiete verwendet. Dazu kommt die teilweise stereophotogrammetrische Grundbuchvermessung, welcher folgende Aufgaben zugewiesen sind: 1. Aufnahme der Eigentums- und Kulturgrenzen für die Grundbuchpläne in den Maßstäben 1:5000 und 1:10000; 2. Aufnahme und Auswertung der Kulturgrenzen für Grundbuchpläne im Maßstab 1:2000; 3. Aufnahmen für den Übersichtsplan (Topographie) 1:5000 und 1:10000 in allen hierfür geeigneten Gebieten (Vor- und Hochalpen)[2].

Auch in Bayern werden gelegentlich vom Landesvermessungsamt erneuerte Katasterblätter durch stereophotogrammetrisch bestimmte Höhenlinien (Autographenarbeit, Photogrammetrie G. m. b. H.) ergänzt.

Seit langem erfolgt auch die Herstellung von Karten des Alpenvereins aus meist erdstereophotogrammetrischen Aufnahmen (R. Finsterwalder). Wie sehr sich die Erdstereophotogrammetrie für Forschungsreisen eignet, hat R. Finsterwalder gezeigt[3].

39. Luftphotogrammetrie.
a) Allgemeines. Instrumente.

Luftaufnahmen besitzen terrestrischen Aufnahmen gegenüber den großen Vorteil, daß sie infolge der ideal überhöhten Aufnahmeorte einen sehr guten Einblick ins Gelände gewähren, womit auch die wichtigste Voraussetzung für ein wirtschaftliches Arbeiten erfüllt ist. Dazu kommt, daß – wenigstens bei Senkrecht- und Steilaufnahmen – die Entfernungen der einzelnen Geländeteile von den Aufnahmeorten keine allzu großen Unterschiede aufweisen, so daß auch eine gleichmäßige Genauigkeit der räumlichen Punktbestimmung innerhalb des gemeinsamen Bildfeldes erreicht wird. Ein weiterer Vorteil ist die kurze Dauer der eigentlichen, in der Regel unter Benutzung eines Flugzeugs erfolgenden Aufnahmearbeit.

Die gegenüberstehenden Nachteile sind in erster Linie die hohen Flugkosten, die Unkenntnis des Aufnahmeortes und der genauen Lage der Kammerachse zum Lot sowie die Schnelligkeit der Fortbewegung, welche nur ganz kurze Belichtungszeiten erlaubt. Bei Senkrechtaufnahmen mit einer Fluggeschwindigkeit c ist die sekundliche Bildverschiebung

$$v_c = \frac{f}{h} \cdot c \ldots \tag{889}$$

Trotzdem schreitet die Ausbreitung der Luftphotogrammetrie unaufhaltsam fort. Aber auch sie ist zur Erzielung einwandfreier Ergebnisse heute noch an ein nach den alten klassischen Methoden hergestelltes, genügend dichtes Dreiecksnetz gebunden. Nur soweit es sich um die sog. extensive Photogrammetrie handelt, für deren kleine Maßstäbe die Genauigkeitsanforderungen an das Endergebnis stark zurücktreten, können auch sehr spärliche trigonometrische Unterlagen noch ausreichen. Hier tritt an Stelle der herkömmlichen Bodentriangulation die später behandelte Lufttriangulation.

---

[1] Siehe dazu a) Gromann, A.: Der bundesstaatliche Vermessungsdienst in Österreich u. seine Arbeiten seit der Reform. Wien 1931 (Sonderabdruck aus: Mitt. d. Geographischen Gesellschaft in Wien, Bd. 74); b) Winter: Bericht der Sektion Österreich der Internationalen Gesellschaft für Photogrammetrie. Int. Arch. Photogrammetrie, Bd. 7, 1. Halbband, S. 37—55. Baden bei Wien 1930.

[2] Schneider, K.: Die Photogrammetrie in der Schweiz. Int. Arch. Photogrammetrie, Bd. 7, 1. Halbband, S. 131ff. Baden bei Wien 1930.

[3] Finsterwalder, R.: a) Begleitworte zur Karte der Loferer Steinberge u. Begleitworte zur Karte der Glocknergruppe. Z. Dtsch. u. Österr. Alpenvereins 1925 u. 1928; b) Photogrammetrie auf Forschungsreisen unter Berücksichtigung der Ergebnisse der Altai-Pamir-Expedition. Bildmessung u. Luftbildwesen, 4. Jahrg. (1929), Heft 4 u. (1930) Heft 1; c) Grenzen u. Möglichkeiten der terrestrischen Photogrammetrie, besonders auf Forschungsreisen. Liebenwerda 1930.

Was die Art der Aufnahme anlangt, so unterscheidet man einige typische Fälle, nämlich a) Senkrechtaufnahmen[1] (Abweichung der Kammerachse vom Lot etwa bis 5^0), b) Steilaufnahmen (entsprechende Abweichung etwa 5^0 bis 20^0), c) Schrägaufnahmen (Neigung etwa 20^0 bis 70^0), d) Flachaufnahmen (Nadirabstand etwa 70^0 bis 85^0), e) Horizontalaufnahmen (Kammerachse bis auf wenige Grad waagrecht). Sie sind in den Abb. 343a–e veranschaulicht. Von Bedeutung ist auch der ungefähre Bildmaßstab $M = 1 : x$. Er ist für Senkrechtaufnahmen

$$M = l : L = f : h = 1 : \frac{h}{f} = 1 : x, \qquad (889^1)$$

wenn unter l, L entsprechende Längen im Bild und im Feld verstanden werden und wenn ferner f die Objektivbrennweite, h die Höhe des Aufnahmeortes über dem Boden (Höhe über Grund) bedeutet. Will man einen bestimmten Bildmaßstab erreichen, so muß die Flughöhe

$$h = f : M = f \cdot x \qquad (890)$$

möglichst eingehalten werden.

Von besonderen Fällen abgesehen, müssen die Aufnahmen so gehalten und miteinander verbunden werden, daß den Nachbaraufnahmen ein entsprechend großes Bildfeld gemeinsam ist. Man spricht dann von einer Überdeckung (in der Flugrichtung) bzw. einer Überlappung (quer zur Flugrichtung) der Aufnahmen (Abb. 344). Erstere (k) beträgt etwa zwei Drittel, letztere (k') gut ein Drittel. Für Senkrechtaufnahmen ungefähr waagrechten Geländes aus gleicher Flughöhe läßt sich die einem bestimmten k bzw. k' entsprechende Basis $b = O_1 O_2$ bzw. die Querbasis q leicht ermitteln. Bei quadratischem Bildrahmen mit der Seite a ist

$$\left. \begin{aligned} b &= (1 - k)\,\frac{h}{f} \cdot a, \\ q &= (1 - k')\,\frac{h}{f} \cdot a \ldots, \end{aligned} \right\} \qquad (890^1)$$

und die zugehörigen Basisverhältnisse sind

$$\left. \begin{aligned} v &= \frac{b}{h} = (1 - k)\,\frac{a}{f} \\ \text{bzw.} \quad v' &= \frac{q}{h} = (1 - k')\,\frac{a}{f} \ldots \end{aligned} \right\} \qquad (890^2)$$

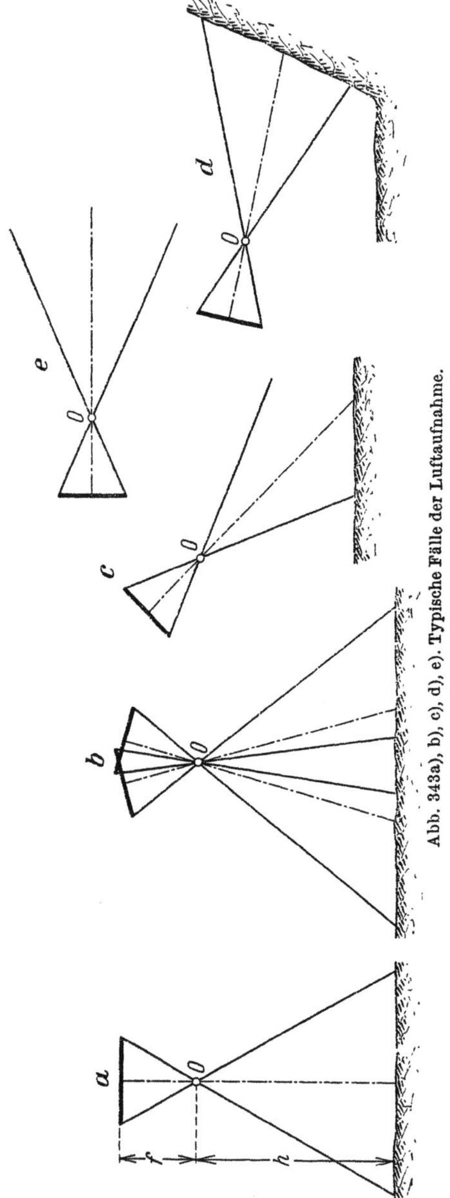

Das Instrument für Luftbildaufnahmen ist die sehr stabil gehaltene Fliegerkammer[2] (Fliegermeßkammer, Flugzeugkammer), eine photographische Meßkammer,

---

[1] Ob bei einer Aufnahme waagrechten Geländes eine Senkrechtaufnahme vorliegt, kann man aus der Ähnlichkeit oder Unähnlichkeit eines bekannten Dreiecks mit seinem Bild ersehen.

[2] Dieses Instrument kann hier nur kurz behandelt werden. Weitere Einzelheiten siehe in der Literatur, z. B. a) bei DOLEŽAL, E.: Photogrammetrische Instrumente, Int. Arch. f. Photogrammetrie, Bd. 6, Wien 1923, S. 249—310, wo Flugzeugkammern verschiedener Firmen behandelt werden; b) in den auf S. 260, 261, Fußnote 5, genannten Werken.

welche entweder freihändig an kräftigen Griffen oder bequemer in einem besonderen Aufhängegestell verwendet wird. Ein solches ermöglicht es, die Kammer angenähert in der gewünschten Richtung festzuhalten. Mit Rücksicht auf die sehr kurze Belichtung, welche zur Vermeidung von Verzerrungen nur mittels eines Zentralverschlusses erfolgen kann, muß ein sehr lichtstarkes Objektiv Verwendung finden, das auch bei großem Öffnungsverhältnis genügend verzeichnungsfrei bleibt. Bei der mit Rahmensucher ausgestatteten Handmeßkammer erfolgt die Bedienung der Kassette und des Verschlusses von Hand aus durch Drehungen an geeigneten Knöpfen. Für größere Aufnahmen sind besondere, nach Vornahme der notwendigen Einstellungen automatisch arbeitende Reihenbildmeßkammern vorteilhafter. Die Hauptbestandteile einer solchen Reihenbildmeßkammer sind: a) die Kammer mit der kardanischen Aufhängevorrichtung, b) ein Sucherfernrohr mit Überdeckungsregler, c) ein regulierbarer Propellerantrieb, d) eine Meßfilmwechselkassette. Die bei Verwendung von Filmen[1] notwendige Ebnung derselben im Augenblick der Aufnahme wird durch einen Staudruck der in die Kammer geführten Luft erreicht, welcher den Film fest an eine ebene Platte preßt. Der regulierbare Propeller aber besorgt automatisch die Auslösung der für den Plattenwechsel bzw. Filmtransport und für die Belichtung notwendigen Bewegungen. Zur genäherten Orientierung der Aufnahme gegen das Lot wird eine mit Gradteilung versehene Dosenlibelle mitphotographiert, während ein im Anlegerahmen befindlicher, selbsttätiger Aufnahmezähler die Platte bzw. den Film numeriert.

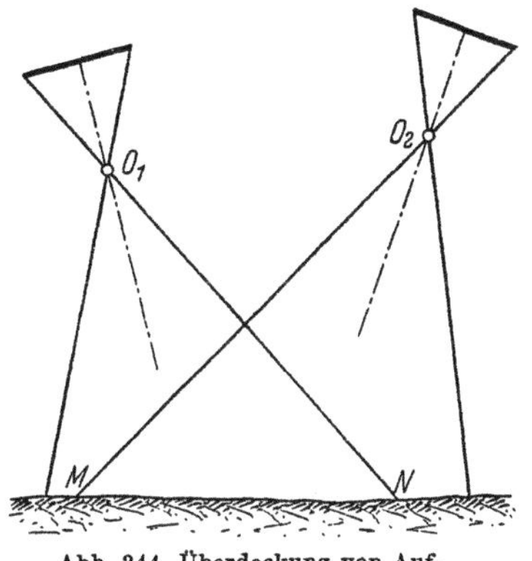

Abb. 344. Überdeckung von Aufnahmen.

Auch gleichzeitig auslösbare Mehrfachkammern (Zweifach- und Vierfachkammer) finden Verwendung. Dabei erfolgt die Anordnung der Kammern symmetrisch zum Lot so, daß bei der Zweifachkammer die Aufnahmerichtungen in der Flugrichtung liegen und bei der Vierfachkammer auch noch senkrecht dazu gestellt sind.

Die Panoramenkammer ist in erster Linie für die Gewinnung kleinmaßstäblicher Karten von Bedeutung und verdankt ihre Entwicklung hauptsächlich dem Bestreben, mit einer einzigen Auslösung ein möglichst großes Gelände zu photographieren. Dabei wird die Aufnahme zur Vermeidung einer allzu weitwinkligen Abbildung mit ungenügend belichteten und unscharfen Randpartien in eine Anzahl gesonderter, annähernd gleich guter Bilder von bekannter gegenseitiger Lage zerlegt. Um die Ausbildung dieses Instruments haben sich besonders THIELE, CAILLETET, SCHEIMPFLUG, TH.[2], CRANZ-HUGERSHOFF und neuerdings C. ASCHENBRENNER verdient gemacht. Letzterem ist es mit Hilfe der Firma C. A. STEINHEIL in München gelungen, die Panoramenkammer so weit zu vervollkommnen und mit geeigneten Hilfsapparaten (Umbild- und Übertragungsgerät) auszustatten, daß damit die später zu besprechende Bildtriangulierung eine wesentliche Förderung erfahren hat.

Die für die Photogrammetrie G. m. b. H. in München erbaute ASCHENBRENNERsche Panoramenkammer[3] (Abb. 345) besteht aus neun zu einer starren Einheit zusammen-

---

[1] Filme können auch heute noch nicht zufriedenstellend formbeständig hergestellt werden. Siehe die eingehenden Untersuchungen von a) LACMANN, O., u. BLOCK, W., im 355. Bericht d. Deutschen Versuchsanstalt für Luftfahrt, Abteilung für Luftbildwesen u. Navigation, S. VII, 15—24; b) BERNDT, G., in Z. Instrumentenkde., Jahrg. 1933, S. 510—514, u. 1934, S. 228—232 u. 452—455.

[2] Eine Würdigung dieses um die Entwicklung der Luftphotogrammetrie hochverdienten Mannes gibt E. DOLEŽAL im Int. Arch. f. Photogrammetrie, Bd. 2 (1909—1911), Wien 1911, S. 241 bis 249.

[3] Siehe hierzu ASCHENBRENNER, C.: a) Neue Geräte u. Methoden für die photogrammetrische Erschließung unerforschter Gebiete; b) Bericht über die Durchführung u. die Ergebnisse

gewachsenen Einzelkammern, deren Objektive *2* bis *9* innerhalb eines kräftigen Ringes *R* um das Objektiv *1* der ersten Kammer kranzförmig angeordnet sind. Bei zusammenfallenden Hauptebenen, gleichen Brennweiten ($f = 5{,}3$ cm) und parallelen Achsen besitzen sie auch eine gemeinsame, in der Vorderseite der Platte *Pl* liegende Brennebene[1].

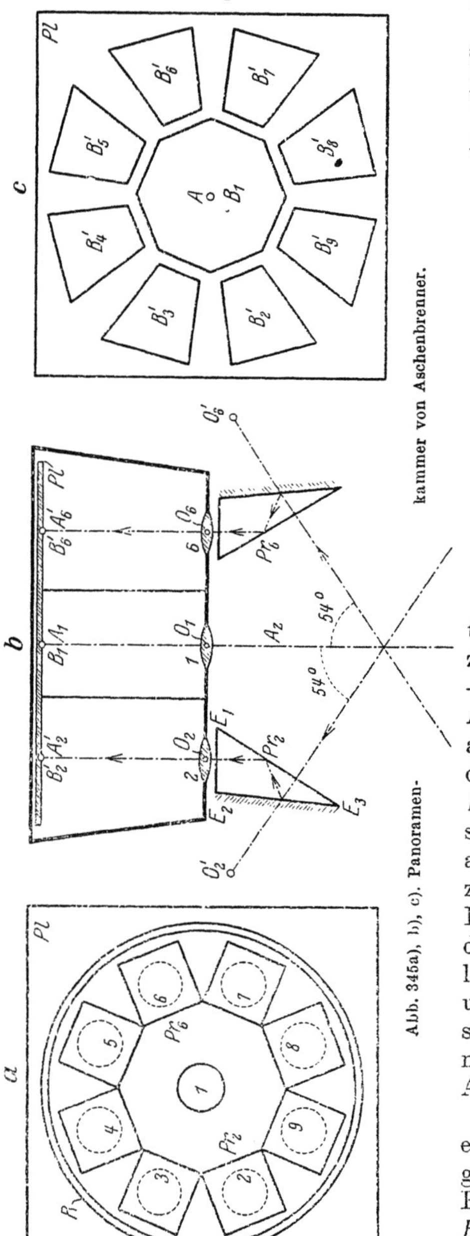

Abb. 345a), b), c). Panoramenkammer von Aschenbrenner.

Vor den Objektiven *2* bis *9* sind die gleichgestalteten Prismen Pr_2 bis Pr_9, welche eine konstante Richtungsablenkung von 54° herbeiführen; dazu muß im Querschnittsdreieck $E_1 E_2 E_3$ der Winkel bei E_1 das Doppelte des Winkels bei E_3 sein. Die Außenseiten $E_2 E_3$

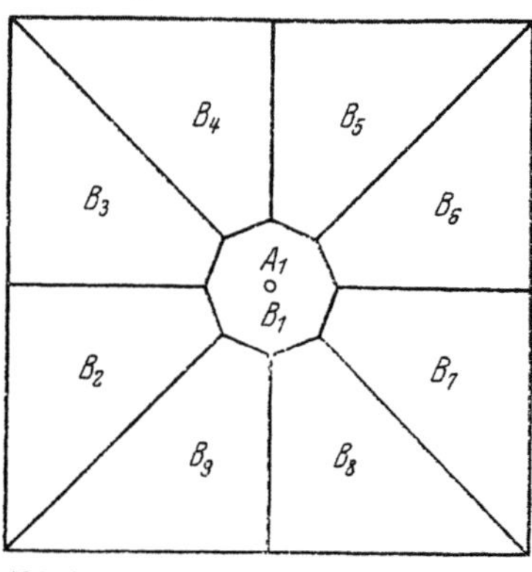

Abb. 346. Zusammengefügte, in die Ebene des Mittelbildes entzerrte Bilder.

tragen Spiegelbelag, so daß die Prismen eine zweimalige Reflexion verursachen, deren eine – an $E_1 E_3$ – eine totale ist. Bei der getroffenen Anordnung ist eine gleichzeitige Auslösung aller Verschlüsse leicht zu ermöglichen; auf der gleichen Platte *Pl* entstehen das Mittelbild B_1 und die seitlichen Bilder B_2' bis B_9', welche so beschaffen sind, als ob sie von O_2' bis O_9' aus je unter einer Neigung von 54° gegen die zentrale Achse A_z aufgenommen worden wären. Die annähernd trapezförmigen seitlichen Bilder auf der quadratischen Platte *Pl* (Seitenlänge 18 cm) reihen sich ebenfalls kranzförmig um das Mittelbild B_1 mit dem Hauptpunkt A_1; sie entsprechen sämtlich Schrägaufnahmen mit dem gleichen Nadirabstand 54°, wenn die Achse der zentralen Kammer lotrecht ist.

Diese Schrägaufnahmen werden mittels eines besonderen Umbildgeräts[2] umphotographiert; dabei reihen sich die auf die Ebene von B_1 entzerrten Teilstücke B_2 bis B_9 so an das Mittelbild, daß ein einheitliches Bild (Abb. 346) entsteht, wie es bei

---

einer Bildtriangulierung mit den neuen Geräten der Photogrammetrie G. m. b. H. in Nr. 1 u. 4 der Z. Bildmessung u. Luftbildwesen, Jahrg. 1929; c) Über weitwinklige Luftphotogrammetrie (Dissertation). München 1931.

[1] Die Einführung der allen Aufnahmen g e m e i n s a m e n B i l d e b e n e ist CRANZ, H., zu verdanken.

[2] Siehe Anmerkung 3 auf S. 309.

unbegrenzter Vollkommenheit der Linse 1 diese selbst erzeugt hätte. Das Ergebnis der Umbildung auf den Maßstab und die Ebene von B_1 ist ein ziemlich gleichmäßig durchgebildetes quadratisches Bild gleicher Perspektive mit dem Hauptpunkt A_1; die Quadratseite erscheint von O_1 aus unter dem großen Bildwinkel von 136^0.

b) Entzerrung eines ebenen Gebildes aus einer einzigen Aufnahme mit Hilfe von vier im Grundriß bekannten Punkten.

Ein einfacher, aber sehr wichtiger Sonderfall der Luftbildmessung ist die **Entzerrung der Aufnahme eines ebenen Gebildes in den Grundriß**, welche ohne jede Kenntnis der inneren oder äußeren Orientierung immer durchgeführt werden kann, wenn in der Photographie vier im Grundriß bekannte Punkte abgebildet sind. Die Höhen bleiben allerdings unbekannt.

Für den Sonderfall einer aus **drei** bekannten Punkten festgestellten ausreichend scharfen Senkrechtaufnahme bekannt waagrechten Geländes genügen für die weitere Bearbeitung schon zwei von diesen drei Punkten. Hier sind Bild und Grundriß unmittelbar **ähnlich**, so daß der Grundriß mit allen seinen Einzelheiten durch eine bloße Maßstabänderung des Bildes aus diesem abgeleitet werden kann. Vergrößerungsfaktor ist das durch die beiden Punktpaare bestimmte Streckenverhältnis.

Viel wichtiger ist der **vier** bekannte Punkte verlangende **allgemeinere Fall** von geneigten Aufnahmen geneigter Ebenen.

In Abb. 347 sei B'' die beliebig geneigte Geländeebene[1] mit den im Grundriß bekannten Punkten P_1'' bis P_4''; B ist der zugehörige Grundriß, B' das von B'' in O aufgenommene Bild. Die durch den Knotenpunkt O gehenden Zielstrahlen entwerfen von B'' auf der Platte die Zentralprojektion B', während die Lote l durch Orthogonalprojektion den Grundriß B erzeugen. Es sind also B und B' zu B'' perspektiv und – als ebene Gebilde für sich betrachtet – zueinander projektiv. Das Doppelverhältnis von je vier entsprechenden Strahlen zu entsprechenden Mittelpunkten besitzt daher in den genannten Ebenen je den gleichen Wert. Dies läßt sich auch unmittelbar aus der Abbildung ersehen. Unter Einbeziehung eines beliebigen, durch den Zeiger 5 charakterisierten laufenden Punktes ergibt sich zur Achse OP_1'' ein Ebenenbüschel, dessen vier Ebenen durch die Bildebene B' und die Geländeebene B'' in zwei projektiven Strahlenbüscheln (P_2', P_3', P_5', P_4'), $(P_2'', P_3'', P_5'', P_4'')$ mit den Mittelpunkten P_1', P_1'' geschnitten werden. Andrerseits wird das entsprechende, zur Achse l_1 gehörige Ebenenbüschel durch B'' und B in den projektiven Strahlenbüscheln $(P_2'', P_3'', P_5'', P_4'')$ und (P_2, P_3, P_5, P_4) zu den Mittelpunkten P_1'', P_1 geschnitten. Da projektive Strahlenbüschel gleiche Doppelverhältnisse besitzen, so gilt offenbar

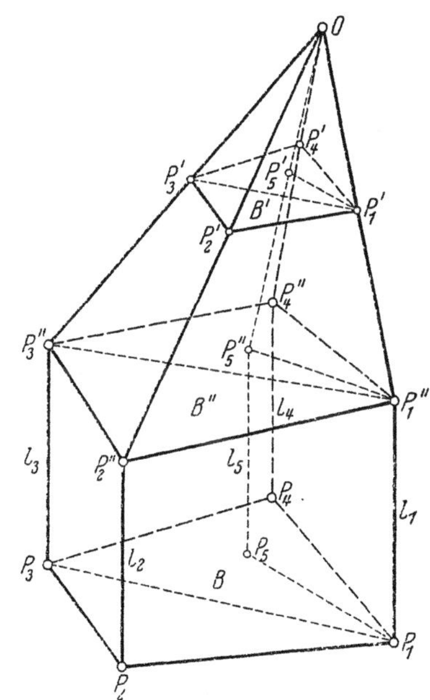

Abb. 347. Beziehungen zwischen Geländeebene B'', Bildebene B' und Grundriß B.

$$(P_2' P_3' P_5' P_4') = (P_2'' P_3'' P_5'' P_4'') = (P_2 P_3 P_5 P_4), \qquad (891)$$

---

[1] Ein Gelände mit Höhenunterschieden bis etwa 1% der Flughöhe kann für die meisten Zwecke, bei denen nur eine Entzerrung in den Grundriß in Frage kommt, noch als eben angesprochen werden.

gleichgültig, welche entsprechende Punkte zu Büschelmittelpunkten gemacht werden[1]. Auf Grund dieser projektiven Beziehung zwischen B' und B kann der Bildinhalt in den Grundriß übertragen werden. Zur Durchführung dieser Arbeit dienen[2]:

1. Das Vierstrahlenverfahren, 2. Bezugsnetze, 3. die photographische Entzerrung[3].

Zu 1. Das Vierstrahlenverfahren (Streifenverfahren) ist zu empfehlen, wenn nur für wenige Punkte der Grundriß aufzusuchen ist. Zur Übertragung des Bildpunktes P_5' (Abb. 348a) verbindet man zunächst die Bilder der bekannten Punkte zum Viereck

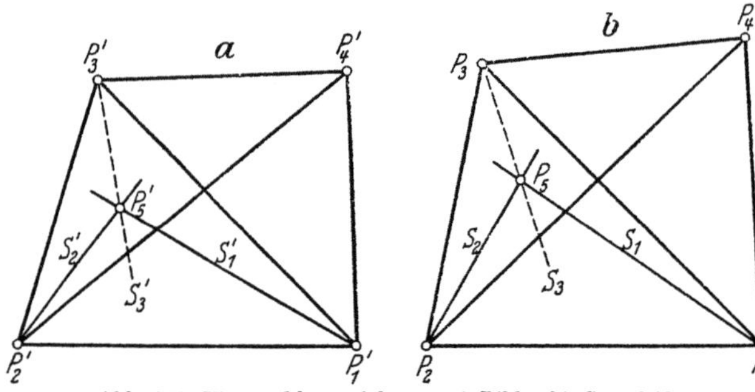

Abb. 348. Vierstrahlenverfahren. a) Bild. b) Grundriß.

$P_1'P_2'P_3'P_4'$ und zieht hierauf den Strahl S_1' von P_1' nach P_5'. Mit Hilfe eines aufgelegten Streifens, an dessen Rand die Schnitte der vier von P_1' auslaufenden Richtungen bezeichnet werden, erfolgt so, wie früher im Anschluß an Abb. 305, S. 270ff., im einzelnen beschrieben wurde, die projektive Übertragung von S_1' in die Grundrißlage S_1 (Abb. 348b). Dann macht man P_2' zum projektiven Mittelpunkt und erhält zum Bildstrahl S_2' im Grundriß einen zweiten geometrischen Ort S_2. Ein unter Benutzung des Zentrums P_3' gewonnener Probestrahl S_3 muß durch den Schnittpunkt von S_1 und S_2 gehen. Dieser Punkt ist der dem Bildpunkt P_5' entsprechende Grundrißpunkt P_5. In gleicher Weise werden sämtliche Punkte in den Grundriß übertragen.

Zu 2. Bei Ableitung des Grundrisses für eine große Anzahl von Punkten oder Linien ist die Anwendung von Bezugsnetzen zu empfehlen, die entweder künstliche oder natürliche Vierecksnetze sind. Ersteres erhält man

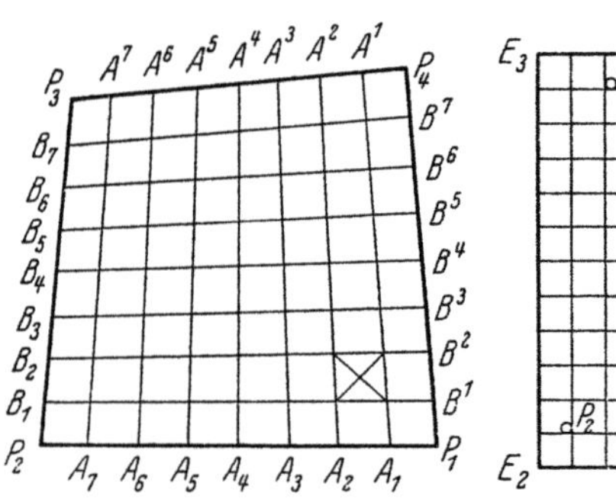

Abb. 349. Künstliches Vierecksnetz mit gleichmäßiger Seitenteilung.

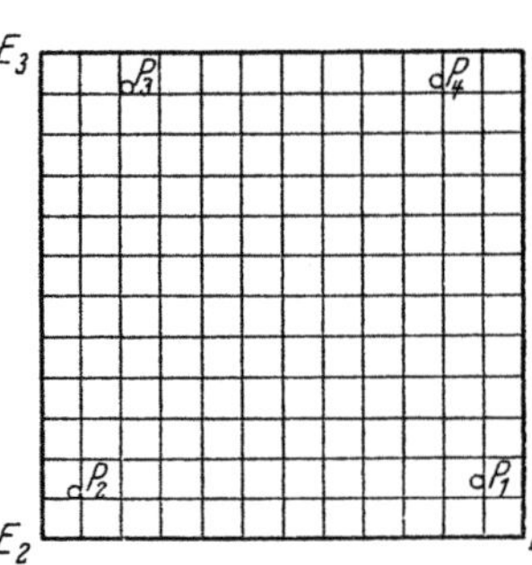

Abb. 350. Koordinatennetz (Möbiusnetz).

z. B., wenn die Seiten des Planvierecks gleichmäßig geteilt (Abb. 349) und die das Netz bestimmenden Teilungspunkte projektiv ins Bild übertragen werden. Ist das Netz genügend eng, so kann man die Einzelheiten nach dem Augenmaß aus dem Bild in die entsprechenden Kartenmaschen übertragen. Maschen mit sehr vielen Einzelheiten wird man, wie in der Abbildung angedeutet, durch Diagonalen noch weiter zerlegen. Bequeme Proben gibt es bei Anwendung des eben besprochenen Netzes nicht.

---

[1] Das Bild eines Kreises ist wieder ein Kreis, wenn a) die Bildebene zur Kreisebene parallel ist oder b) die Kammerachse auf den Mittelpunkt der den Kreis u. den Aufnahmeort enthaltenden Kugel gerichtet ist. (GRAF, ULRICH: Kreise als Photos von Kreisen. Allg. Vermess.-Nachr. 1943, S. 20—22.)

[2] Die mechanische Entzerrung durch sog. rein mechanische Perspektographen kommt praktisch kaum in Betracht.

Bei geringen Genauigkeitsansprüchen kann zur Übertragung von Einzelheiten aus Fliegerbildern in die Karte auch der mit einem Prisma ausgerüstete Luftbildumzeichner dienen.

[3] Dazu tritt in Ausnahmefällen bei ganz einwandfreien Unterlagen u. erhöhten Genauigkeitsanforderungen: 4. die rechnerische Übertragung durch projektives Vorwärtseinschneiden mit Koordinatenberechnung (siehe Nachr. a. d. Reichsverm.-Dienst 1942, S. 360—371).

Sind die gegebenen Punkte P_1 bis P_4, wie es meist zutrifft, durch ihre rechtwinkligen Koordinaten bestimmt, so überträgt man das Umfassungsrechteck $E_1E_2E_3E_4$ (Abb. 350) mit den Unterteilungen der Seiten projektiv in die Photographie und erhält ein sogenanntes MÖBIUSNETZ, aus dem man schätzungsweise auch Entfernungen entnehmen kann. Dieses Netz enthält auch wirksame Kontrollen: Die Netzecken liegen auf den Diagonalen und die Bilder aller Koordinatenparallelen sollen durch ein und denselben Punkt gehen.

Jedes künstliche Netz erfordert die Übertragung von Teilungen aus dem Plan ins Bild; beim natürlichen Vierecksnetz (Abb. 351) bleibt sie erspart. Hier erfolgt die Maschenkonstruktion mittels der von den Ecken S_1, S_2 des vollständigen Vierecks auslaufenden Strahlen, deren erstes Paar durch den Diagonalenschnittpunkt M geht und auf den Viereckseiten die Punkte A_1, A^1 und B_1, B^1 ausschneidet. Die Strecken A_1B_1, A^1B^1 treffen die Diagonale P_1P_3 in zwei Punkten, deren Verbindung mit S_1 und S_2 auf dem Umfang die weiteren Teilungspunkte A_2, A^2, A_3, A^3 und B_2, B^2, B_3, B^3

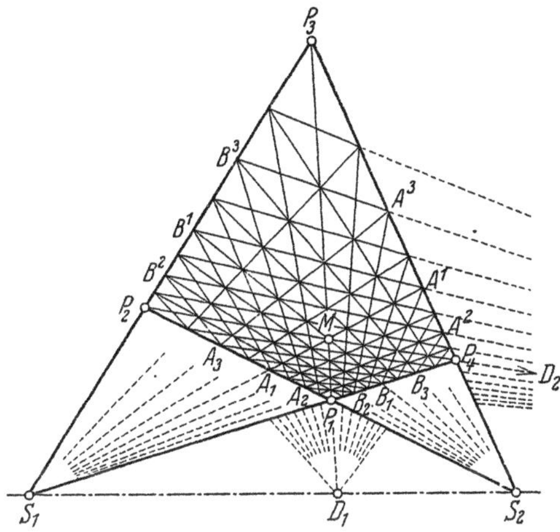

Abb. 351. Natürliches Vierecksnetz.

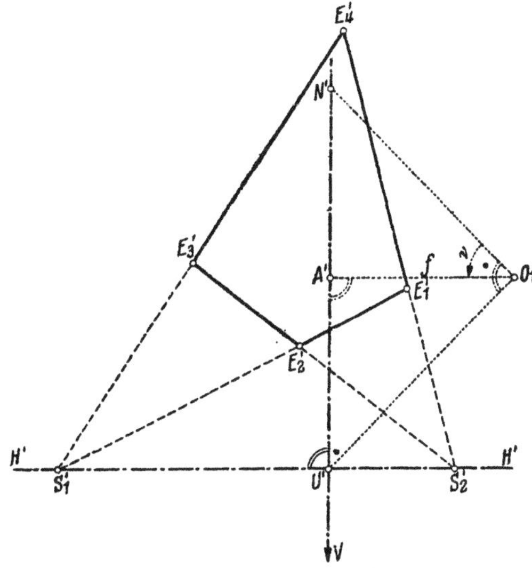

Abb. 352. Bildhorizont und Hauptvertikale bei waagrechter Geländeebene.

bestimmt. Auf diesem Wege kann im Plan und im Bild die Teilung beliebig weit getrieben werden. Eine willkommene Probe besteht darin, daß die Strahlen A^iB^i, A^iB_i, ... bzw. A_iB_i, A^iB^i durch die Schnittpunkte D_1, D_2 der Diagonalen P_1P_3 bzw. P_2P_4 mit der Seite S_1S_2 laufen müssen. Diese schöne Probe versagt, wenn D_1 und D_2 außerhalb des Planes bzw. des Bildes liegen, und es versagt praktisch die ganze Netzkonstruktion, wenn auch S_1, S_2 diese ungünstige Lage besitzen.

Alle bisherigen Ausführungen über Entzerrungen in den Grundriß mit Hilfe von vier hierin bekannten Punkten gelten für eine beliebig geneigte Geländeebene. Ist diese waagrecht, was oft in guter Annäherung zutrifft, so kann man auch den Bildhorizont angeben, bei bekanntem Hauptpunkt auch noch die Hauptvertikale.

Den waagrechten Koordinatenlinien des Grundrisses entsprechen hier in der Geländeebene waagrechte Parallelenscharen, deren Fluchtpunkte S_1', S_2' (Abb. 352) mit denjenigen der gleichgerichteten Koordinatenlinien zusammenfallen. Sie ergeben sich als die Schnittpunkte der Seitenbilder $E_1'E_2'$ und $E_3'E_4'$ bzw. $E_2'E_3'$ und $E_4'E_1'$ (Abb. 352) des Umfassungsrechtecks. Da es sich bei S_1', S_2' um die Fluchtpunkte von horizontalen Richtungen handelt, so bezeichnet die Gerade $S_1'S_2'$ den Bildhorizont $H'H'$, während die Senkrechte dazu durch den Hauptpunkt A' die Hauptvertikale V' angibt. Sie kann wie jede andere Richtung in den Grundriß übertragen werden und bestimmt hier als Horizontalprojektion der Kammerachse die sog. **Blickrichtung** oder **Aufnahmerichtung**.

Bei bekannter Brennweite f ergeben sich weiterhin der Nadirabstand v der Aufnahme und der Bildnadir N' aus

$$\operatorname{tg} v = f : A'U' \quad \text{bzw.} \quad A'N' = f \cdot \operatorname{tg} v = f^2 : A'U'. \tag{891^1}$$

N' in den Grundriß übertragen, bezeichnet den Geländenadirpunkt N.

Bei waagrechter Geländeebene liegt der Bildhorizont $H'H'$ parallel zur Achse S' der Perspektivität, und jede Bildparallele zu $H'H'$, in den Grundriß übertragen, gibt dort eine Parallele zu S'. Daher wird auf zwei einander entsprechenden Geraden dieser Art konstantes, aber mit den Geradenpaaren wechselndes Streckenverhältnis bestehen. Man gewinnt also durch gleichartige Unterteilung von einander entsprechenden zu $H'H'$ bzw. S' parallelen Strecken zwei Reihen einander in Bild und Grundriß entsprechender Punkte. Gleiches gilt für Bild und Grundriß, wenn die Geländeebene geneigt ist; nur besitzen hier $H'H'$ und S' eine andere, der sog. Projektionsstellung entsprechende Lage.

Kann $H'H'$ nicht mit Hilfe eines Möbiusnetzes ermittelt werden, so zeichnet man unter Hinzunahme von P_5 das Grundrißparallelogramm $P_1P_2P_3P_5$ und überträgt P_5 mit Hilfe der beiden gegebenen Vierecke als P'_5 ins Bild. Die Gegenseiten $P'_1P'_2$ und $P'_3P'_5$ bzw. $P'_2P'_3$ und $P'_1P'_5$ des Bildes schneiden sich wieder in je einem Punkte des Bildhorizonts, womit $H'H'$ bestimmt ist.

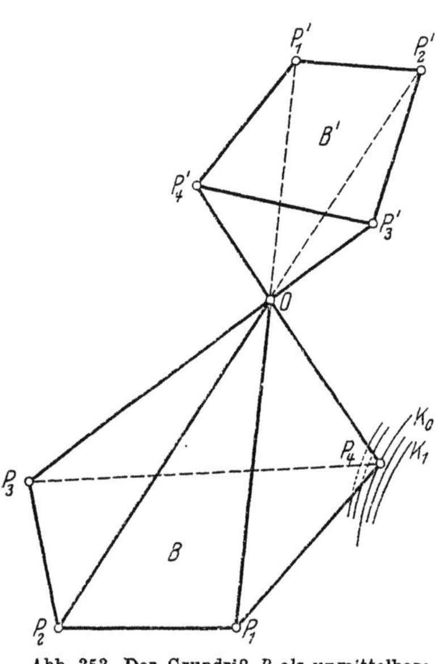

Abb. 353. Der Grundriß B als unmittelbare Perspektive des Bildes B'.

Zu 3. Die Durchführung der photomechanischen Entzerrung setzt voraus, daß sich der Grundriß B als unmittelbare Zentralprojektion des Bildes B' darstellen läßt und daß weiterhin durch eine Linse von vorgegebener Brennweite eine optische Scharfabbildung zwischen den Ebenen B, B' stattfindet. Ersteres wird zutreffen, wenn sich ein Projektionszentrum O (Abb. 353) so finden läßt, daß die verlängerten Kanten der von O und dem Bildviereck $P'_1P'_2P'_3P'_4$ bestimmten Pyramide nach einer geeigneten Bewegung derselben die Grundrißpunkte P_1, P_2, P_3, P_4 treffen. Die Möglichkeit dieses Vorgangs ergibt sich aus folgender Überlegung. Wir denken uns in einer Parallelebene zu B' unendlich viele benachbarte Linien L gezogen und lassen O zunächst auf L_1 wandern. Für jede Stellung von O auf dieser Linie wird es möglich sein, drei Pyramidenkanten durch P_1, P_2, P_3 zu legen, während der Durchstoßpunkt der 4. Kante im Grundriß eine Kurve K_1 beschreibt. Anderen Linien L entsprechen andere Spuren K. Unter dieser Schar wird sich auch eine Linie K_0 befinden, welche durch P_4 geht. Es läßt sich also in der gewählten Ebene ein Punkt O so ausfindig machen, daß von ihm aus nach einer geeigneten gegenseitigen Lageänderung von B' und B die vier Bildpunkte P'_1, P'_2, P'_3, P'_4 auf die Kartenpunkte P_1, P_2, P_3, P_4 projiziert werden. Da auch bei dieser einmaligen, direkten Zentralprojektion je vier Elemente entsprechender Strahlenbündel in B' und B gleiches Doppelverhältnis besitzen, so wird jedem von B' nach B projizierten Punkt in dieser Ebene eindeutig derselbe Platz zugewiesen wie bei Anwendung des Vierstrahlenverfahrens. Das entstehende Gebilde ist also in beiden Fällen dasselbe, nämlich der erstrebte Grundriß B.

Auch in jeder anderen Parallelebene zu B' findet man ein solches Projektionszentrum O, so daß einfach unendlich viele Lösungen bestehen. Für alle diese perspektiven Lagen muß die Schnittgerade S (Abb. 354) der Ebenen B', B (Achse der Perspektivität), welche mit ihrem Bild Punkt für Punkt zusammenfällt, erhalten bleiben.

Man kann also, sobald aus einer ersten Lösung die Schnittgerade bekannt ist, die übrigen perspektiven Lagen lediglich durch Drehung von B um S erhalten. Es läßt sich zeigen, daß dabei O eine ebensolche Drehung um die Fluchtlinie F ausführt.

Eine **optische Scharfabbildung** findet zwischen B' und B statt, wenn

a) unter Voraussetzung einer unendlich dünnen Linse die Schnittgerade S in der Linsenebene E liegt[1] (sog. Scheimpflug-Bedingung)[2] und dabei

b) für ein beliebiges, außerhalb S liegendes Paar entsprechender Punkte P', P in beiden Ebenen die Linsengleichung erfüllt ist.

Durch die unter a) genannte Bedingung wird die Gesamtzahl der Lösungen noch nicht eingeschränkt, da man für beliebige Stellungen von B' und B die Linse immer so legen kann, daß S in der Linsenebene E liegt. Erst durch die zuletzt aufgestellte Forderung, welcher z. B. genügt wird, wenn die zu B gehörige Fluchtlinie F von E um die Linsenbrennweite f absteht, wird aus den unendlich vielen Lösungen die einzige brauchbare ausgewählt.

Die verschiedenen optischen Entzerrungsapparate, welche neuerdings fast immer einen aufrechten Aufbau zeigen, versuchen die vorhin aufgestellten Anforderungen mehr oder weniger automatisch zu erfüllen. Dabei spielen sog. Schnittliniensteuerungen zur Erhaltung der gemeinsamen Schnittgeraden S von B', B und E sowie Inversoren[3] zur automatischen Scharfabbildung eine wichtige Rolle.

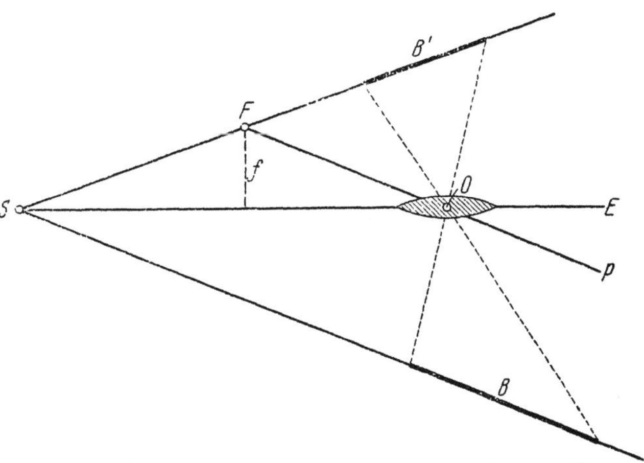

Abb. 354. Perspektive Lage und optische Scharfabbildung zwischen Bild B' und Plan B.

Ein **vollautomatischer** Apparat ist das selbstfokussierende Entzerrungsgerät der Firma Carl Zeiss. Es ist für die Auswertung von nahezu beliebig geneigten Aufnahmen (bis 40° Nadirabstand) bei beliebig geneigter Geländeebene brauchbar und verlangt lediglich die Einpassung der vier gegebenen Grundrißpunkte auf die Projektionen der entsprechenden Bildpunkte aus freier Hand. Charakteristisch ist für das

---

[1] Infolge der endlichen Linsendicke ist s t r e n g e r zu fordern, daß die Spuren der Ebenen B', B mit den zugehörigen Linsenhauptebenen in einer zu diesen senkrechten Parallelebene zur optischen Achse der Linse liegen.

[2] Theodor Scheimpflug, welcher sich um die Entwicklung der Photogrammetrie, insbesondere der Luftphotogrammetrie, große Verdienste erworben hat, ist die Konstruktion des ersten photomechanischen Entzerrungsgeräts, des P h o t o p e r s p e k t o g r a p h e n , zu verdanken. Der Erfinder hat das Instrument hauptsächlich dazu verwendet, um die Schrägaufnahmen seiner Panoramenkammer in die Ebene des nahezu waagrechten Mittelbildes umzuphotographieren. Bei den interessanten Scheimpflugschen Versuchen, durch z o n e n w e i s e s U m p h o t o g r a - p h i e r e n einen naturgetreuen Plan zu erhalten, hat der Photoperspektograph eine wichtige Rolle gespielt. Siehe hierzu Scheimpflug, Theodor: a) Der Photoperspektograph u. seine Anwendung, Photogr. Korresp. 1906, S. 516 u. f.; b) Die Herstellung von Karten und Plänen auf photographischem Wege. Sitzungsberichte d. K. Akademie d. Wissensch., mathem.-naturw. Kl. 1907, Abt. IIa, S. 235 u. f. Eine erste Weiterentwicklung des Photoperspektographen ist der nicht an einen bestimmten Maßstab der Umbildung gebundene P h o t o k a r t o g r a p h von S. Finsterwalder. Siehe Finsterwalder, S., Eine neue Lösung der Grundaufgabe der Luftphotogrammetrie; Sitzungsberichte d. K. Bayer. Akademie d. Wissensch., mathem.-physik. Kl. 1915, S. 67—78.

[3] Siehe hierzu Gruber, Otto v.: Inversoren. Z. Instrumentenkde. 1925, S. 561—573.

Gerät auch die vertikale Lage der durch Bildhauptpunkt und optischen Mittelpunkt der Linse bestimmten Achse[1].

Sind außer der Einpassung auf die gegebenen Punkte noch weitere Nachstellungen notwendig, so spricht man von einem **halbautomatischen** Entzerrungsgerät. Zu dieser Gruppe gehört z. B. das von C. Aschenbrenner konstruierte Entzerrungsgerät der Photogrammetrie G. m. b. H. in München. Dieses Instrument, welches zur Erzielung der Bildschärfe eine gesonderte Nachstellung verlangt, ist für die Auswertung von Nadiraufnahmen (bis etwa 8^0 Nadirabstand) bei horizontalem Gelände bestimmt. Hieraus und aus dem Umstande, daß Projektionsfehler bis $\pm 0,2$ mm (rohe Zeichengenauigkeit) geduldet werden, ergibt sich die Möglichkeit der Vereinfachung einzelner Konstruktionsteile[2]. Noch etwas geringer ist die Automatisierung beim Entzerrungsgerät von R. Hugershoff[3].

Die mit dem einen oder anderen Instrument nach Vornahme der notwendigen Einstellungen gewonnenen photographischen Bilder von ebenen Abschnitten eines größeren Geländes sind Teile des Grundrisses. Sie können, falls stets auf den gleichen Maßstab entzerrt worden ist, lückenlos zum naturgetreu wirkenden **Luft-Photoplan (Photokarte)** zusammengefügt werden, der als Photographie eine Fülle von Einzelheiten, aber keinerlei Bezeichnungen enthält. Werden hierin unter Weglassung der vielen weniger wichtigen Einzelheiten die bedeutsamen Punkte und Linien herausgehoben und fügt man Signaturen und Beschriftung bei, so entsteht der **Luftbildplan** bzw. die **Luftbildkarte**. Sie ist, wenn auch eine Höhendarstellung verlangt wird, durch ein gesondertes Flächennivellement zu ergänzen.

Manchmal reichen die vorhandenen Festpunkte für eine regelrechte Entzerrung nicht aus. In einem solchen Fall kann man die aus Senkrechtaufnahmen gewonnenen, ungefähr gleichmaßstäblichen, ursprünglichen Bilder unter Verwendung der wenigen Paßpunkte zusammenfügen. Da diese Bilder keine genauen Grundrisse sind und auch kleine Maßstabunterschiede besitzen, so ergeben sich besonders in größeren Abständen von den Paßpunkten Klaffungen bzw. Überschneidungen, und das entstehende Gebilde wird als **Luftbildskizze** oder **Mosaikbild** bezeichnet[4].

c) Das Nenonen-Verfahren[5].

Die beschriebenen Entzerrungsverfahren ebenen Geländes erfordern weder die Kenntnis der inneren noch diejenige der äußeren Orientierung. Aber man braucht für jede Aufnahme je vier im Grundriß bekannte Punkte, was ein ziemlich dichtes Dreiecksnetz bzw. ein dichtes Netz von Paßpunkten voraussetzt. Ist dieses Netz aber weitmaschig, so daß nicht mehr auf jedes Bild vier bekannte Punkte treffen, so muß dafür die innere Orientierung der Kammer und das eine oder andere Element der äußeren Orientierung bekannt sein. Auf diesem Gedanken beruht ein anderes, nach Nenonen benanntes Einbildverfahren, welches den Nadirabstand der Kammerachse (Bildneigung) nach Größe und Richtung durch eine kombinierte Horizontbild- und Libellenausschlagvermessung bestimmt. Bei bekannter Bildneigung sind für die Entzerrung

---

[1] Weitere Einzelheiten über den Zeissschen Apparat siehe bei Gruber, Otto v.: Über den Bau von Entzerrungsgeräten. Bildmessung u. Luftbildwesen 1927, S. 10—19; b) Ferienkurs in Photogrammetrie, Stuttgart 1930, S. 383—385 u. 389. Es ist inzwischen weiter vervollkommnet auch als leichtes Feldgerät gebaut worden.

[2] Näheres siehe bei Aschenbrenner, Claus: a) Über ein neues halbautomatisches Entzerrungsgerät für den praktischen topographischen Gebrauch. Z. Instrumentenkde. 1925, S. 333 bis 353; b) Über die Verwendung von Entzerrungsgeräten zur kartographischen Darstellung von geneigtem Gelände aus Flugzeugaufnahmen. Z. Instrumentenkde. 1927, S. 568—579.

[3] Siehe Hugershoff, R.: Photogrammetrie und Luftbildwesen, Wien 1930, S. 21.

[4] Siehe hierzu die beiden Abhandlungen von Adolf Schlötzer: a) Geländevermessung durch Flugzeugaufnahmen; b) Luftbildskizze u. Luftbildkarte im Bauing. 1923, H. 3, und 1924, H. 4.

[5] Siehe dazu in Bildmessung u. Luftbildwesen die Ausführungen von a) Löfström, K. G. (Jahrg. 1932, S. 98—109, u. Jahrg. 1936, S. 112—116); b) Gruber, O. v., in Jahrg. 1935, S. 127—141 u. 167—190.

der Aufnahme nur noch die Bilder von zwei bekannten Punkten[1] erforderlich. Eine weitere Vereinfachung tritt bei bekannter Flughöhe ein. Die NENONEN-Kammer (Abb. 355) ist ein für Nadiraufnahmen bestimmtes Instrument, neben dessen Hauptbestandteil, der Geländekammer mit dem Objektiv O_1, zwei seitlich angeordnete Horizontkammern mit den Objektiven O_2, O_3 liegen. Ihre Achsen sind zur Kammerachse parallel. Die nach außen gerichteten Teile dieser Achsen liegen nach Reflexion an je einer spiegelnden Fläche Sp (Vorsatzprismen) zur Kammerachse und zueinander senkrecht. Bei lotrechter Kammerachse liegen sie waagrecht. Durch diese Anordnung wird auch eine Drehung der Horizontbilder um je 90⁰ in lotrechtem Sinne herbeigeführt und die Abbildung des Horizonts (zwei Ausschnitte, deren Mittelpunkte 90⁰ Abstand

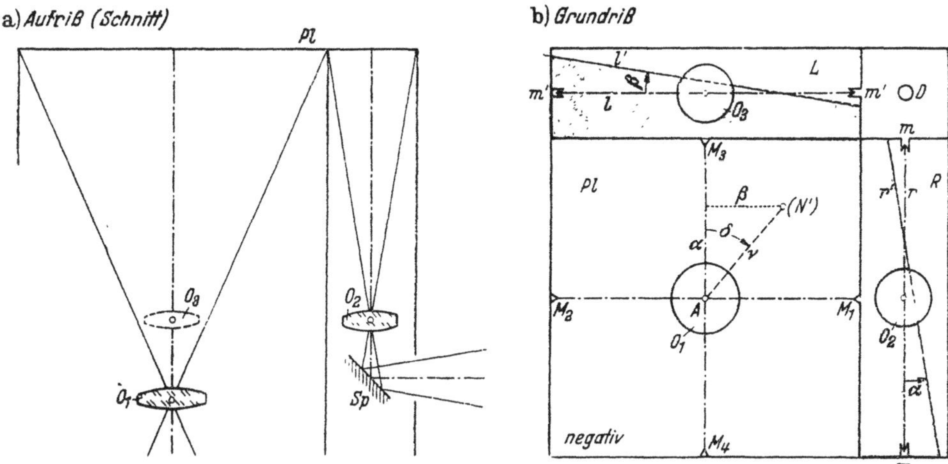

Abb. 355a, b. Nenonen-Kammer.

halten) auf die Geländeplatte Pl ermöglicht. Ein weiteres, in der Abbildung nicht enthaltenes Objektiv O_4 photographiert den Stand einer Dosenlibelle D in die freie Plattenecke. Die Belichtung der Platte erfolgt gleichzeitig für alle vier Objektive. Damit der natürliche Horizont (Grenzlinie zwischen Himmel und Erde), welcher bei 3 km Flughöhe rund 240 km entfernt ist und unter einem Tiefenwinkel von etwa 57′ erscheint, sich genügend deutlich abbildet, muß man panchromatische Platten und Rotfilter verwenden. In den beiden Horizontkammern sind Marken m, m bzw. m', m' so angeordnet, daß ihre Verbindungslinien r, l bei lotrechter Kammerachse zu den Sehnen r', l' der schwach gekrümmten Horizontbilder parallel liegen. Bei geneigter Bildebene schließen r', l' mit r, l die zu messenden Winkel α, β ein, welche wegen ihrer Kleinheit unmittelbar die Komponenten ν_x, ν_y des Nadirabstandes ν der Aufnahme in Richtung der Markenverbindungslinien $M_3 M_4$ bzw. $M_1 M_2$ der Geländekammer angeben. Trägt man α, β in irgendeiner Maßeinheit vom Bildhauptpunkt A aus in Richtung nach M_3 bzw. M_1 ab, so erhält man ν nach Richtung und Größe aus

$$\operatorname{tg} \delta = \beta : \alpha, \qquad \nu = \sqrt{\alpha^2 + \beta^2}. \tag{892}$$

Verwendet man statt α, β die Längen $f \cdot \widehat{\alpha}$, $f \cdot \widehat{\beta}$, so fällt der Endpunkt von ν in den Bildnadirpunkt N'.

---

[1] In diesen Punkten P_1, P_2 liegen die Spitzen von zwei lotrechten Kreiskegeln mit bekannten Öffnungswinkeln, deren Schnittlinie k ein geometrischer Ort für den Aufnahmeort O ist. Ein zweiter Ort ist der Kreiswulst w, von dessen Oberflächenpunkten aus die Geländestrecke $P_1 P_2$ unter dem bekannten Winkel der Zielstrahlen s_1, s_2 erscheint. Aufnahmeort ist derjenige Durchstoßpunkt von k durch w, für welchen die mit den beiden Zielstrahlen fest verbundene Kammerachse den vorher durch die Horizontbilder bestimmten Nadirabstand ν besitzt.

Zur Höhenbestimmung dient ein Feinbarometer, das von VÄISÄLÄ konstruierte
Statoskop, dessen wesentliche Bestandteile Abb. 356 zeigt[1].

Das in einer Dewar-Flasche 1 befindliche Gemisch aus Eis und Wasser hält die Luft
im Behälter 2 auf der konstanten Temperatur 0^0. Ein am oberen Ende des engen Ver-
bindungsrohres 3 angebrachter T-Hahn 4 kann in drei verschiedene Stellungen gedreht
werden. In der Ausgangsstellung *I* besteht Verbindung zwischen dem Luftbehälter,
der äußeren Luft (vermittels des Verbindungsstutzens 6) und dem inneren Schenkel
des U-förmigen Manometer-Kapillarrohres 5. Es herrscht also überall – auch im äußeren
stets offenen Schenkel – der gleiche äußere Luftdruck, so daß in dieser Stellung beide
Flüssigkeitssäulen (Amylalkohol) gleich hoch stehen. Wird beim Aufstieg nach Erreichen der gewünschten mittleren Flughöhe H_m (Nullhöhe, Vergleichshöhe) der
Hahn in die Meßstellung *II* gebracht, so besteht nur noch Verbindung zwischen
dem Raum 2 und der inneren Manometerröhre. In
beiden herrscht der dieser Höhe H_m entsprechende,
dem äußeren Luftdruck gleiche Druck p_0 zur Mano-
meterablesung a_m. Der Vergleichsdruck p_0 bleibt
bei einem Steigen und Fallen des Flugzeugs erhalten, der äußere Luftdruck aber nimmt ab
und zu, so daß im offenen Schenkel ebenfalls
ein Steigen bzw. Fallen der Flüssigkeit stattfindet. In 3 km Flughöhe entspricht einer Höhen-

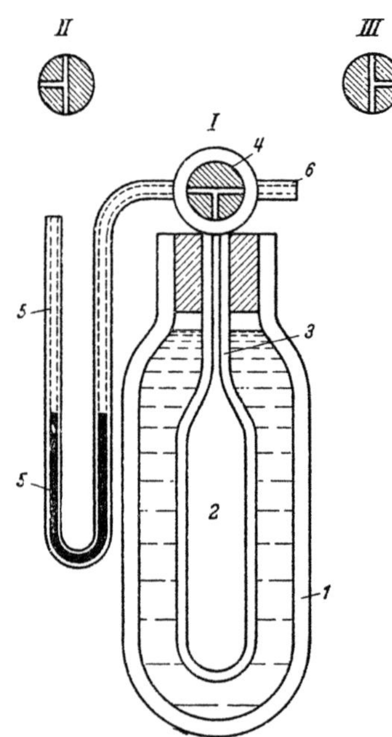

Abb. 356. Statoskop von Väisälä.

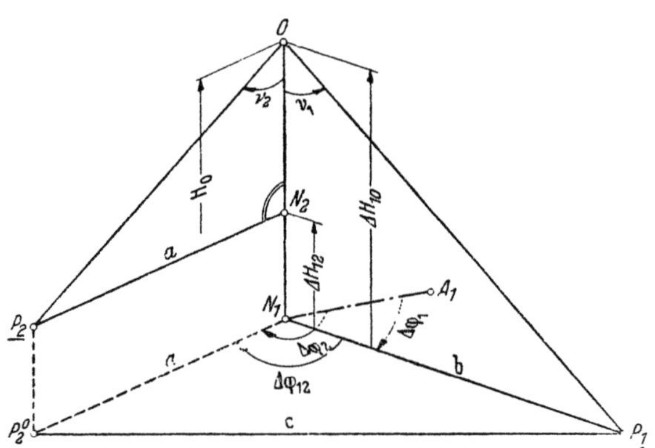

Abb. 356a. Ortsbestimmung aus zwei Strahlen bekannter Neigung
nach bekannten Punkten.

änderung von 1 m ein Manometerausschlag von rund 1 mm, und man kann aus
den Manometerablesungen a die jeweilige Abweichung ΔH der Flughöhe H vom
Horizont H_m ungefähr bis auf $\pm 1,5$ m angeben. In der Transportstellung *III*
besteht Verbindung zwischen dem Luftbehälter 2 und der freien Luft, während die
innere Manometerröhre abgeschlossen ist. Sie eignet sich für den Transport des Instruments, da in dieser Stellung die beiden Flüssigkeitssäulen auch bei geneigter
Stellung unbeweglich bleiben.

Ursprünglich wurde das Instrument mit einem Meßbereich von ± 40 m nur als
Führerstatoskop zur Einhaltung gleicher Flughöhen benützt, was bis auf ± 5 m
erreicht wurde. Später hat man zur Erzielung größerer Genauigkeit noch ein Registrier-
statoskop (Meßbereich ± 30 m, Genauigkeit $\pm 1,5$ m) dazu gegeben, das den jeweiligen Manometerstand auf einem Filmstreifen festhält. Die Beziehung $H_o = H_m + \Delta H$
ergibt die Aufnahmehöhe H_o. Ihre Zuverlässigkeit hängt, da der kleine Betrag ΔH
mit dem Statoskop scharf bestimmt werden kann, von der genauen Ermittlung der

---

[1] Auf dem gleichen Grundgedanken beruht eine neuere, für den praktischen Gebrauch etwas
geeignetere Form.

gewählten Vergleichshöhe H_m ab. Diese läßt sich aber schon mit zwei (besser jedoch aus mehreren) räumlich bekannten und abgebildeten Punkten ermitteln.

Hat man nach den Ausführungen auf S. 269 die Nadirabstände v_1, v_2 der gegebenen Punkte P_1, P_2 (Abb. 356a) berechnet und durch Anwendung von (782) auf OP_1, OP_2 den von ihren Grundrissen eingeschlossenen Winkel $\Delta\varphi_{12} = \Delta\varphi_2 - \Delta\varphi_1$ ermittelt, so folgt mit den Abkürzungen $P_1P_2 = c$ (waagrechte Entfernung), $\Delta H_{12} = H_2 - H_1$ und $t_i = \operatorname{tg} v_i$ der Höhenzuwachs von P_1 bis H_m:

$$\left.\begin{aligned}
&\Delta H_{1m} = Z : N, \\
&N = t_1^2 + t_2^2 - 2\,t_1 \cdot t_2 \cos\Delta\varphi_{12}, \\
&Z = \Delta H_{12}(t_{2i}^2 - t_1 \cdot t_2 \cos\Delta\varphi_{12}) \genfrac{}{}{0pt}{}{+}{(-)} \sqrt{c^2(t_1^2 + t_2^2 - 2\,t_1 t_2 \cos\Delta\varphi_{12}) - \Delta H_{12}^2 \cdot t_1^2 \cdot t_2^2 \sin^2\Delta\varphi_{12}}.
\end{aligned}\right\} \quad (893)$$

Besitzen P_1, P_2 gleiche Meereshöhe, so ergibt sich die einfache Beziehung

$$\Delta H_{1m} = c : \sqrt{t_1^2 + t_2^2 - 2\,t_1 \cdot t_2 \cdot \cos\Delta\varphi_{12}}. \qquad (894)$$

Bei bekanntem ΔH_{1m} bzw. $\Delta H_{2m} = \Delta H_{1m} - \Delta H_{12}$ findet man außer H_m auch die Grundrisse der Zielstrecken, nämlich

$$H_m = H_1 + \Delta H_{1m}, \qquad OP_1 = \Delta H_{1m} \cdot \operatorname{tg} v_1, \qquad OP_2 = \Delta H_{2m} \cdot \operatorname{tg} v_2. \qquad (895)$$

Die Auflösung des nunmehr durch drei Seiten bestimmten Grundrißdreiecks $P_1 P_2 O$ ergibt die beiden Dreieckswinkel bei P_1 und P_2, so daß von diesen Punkten aus durch polare Übertragung auch die Horizontalkoordinaten X_m, Y_m des zu H_m gehörigen Aufnahmeortes O_m erhalten werden. Der Ausdruck $\Phi = (OP_1) - \Delta\varphi_1 = (OP_2) - \Delta\varphi_2$ bezeichnet den Richtungswinkel der Kammerachse.

Für die zur photographischen Entzerrung waagrechten Geländes erforderlichen Einstelldaten am Entzerrungsgerät hat NENONEN folgenden Formelsatz[1] angegeben:

$$\left.\begin{aligned}
&k = \frac{h}{f \cdot M \cdot \cos v}, \qquad \lambda = \frac{F}{f} \cdot \frac{k+1}{k}, \qquad \sin\psi' = \tfrac{1}{2}\left(\lambda + \frac{1}{\lambda}\right)\sin v, \\
&\sin\psi = \tfrac{1}{2}\left(\lambda - \frac{1}{\lambda}\right) \cdot \operatorname{tg} v, \qquad \operatorname{tg}\mu = \frac{\operatorname{tg}\psi' - k \cdot \operatorname{tg}\psi}{k+1}.
\end{aligned}\right\} \quad (896)$$

Hierin ist: f die Brennweite des Aufnahmeobjektivs, F die Brennweite des Entzerrungsobjektivs, h die Aufnahmehöhe (über Grund), k das Vergrößerungsverhältnis im Entzerrungsgerät beim Entzerrungsmaßstab $1 : M$, v der Nadirabstand der Kammerachse bei der Aufnahme, ψ' der Neigungswinkel der Projektionsebene im Entzerrungsgerät, ψ der Neigungswinkel der Bildebene im Entzerrungsgerät, μ der Neigungswinkel der Objektiv-Hauptebenen im Entzerrungsgerät.

d) Ortsbestimmung und Orientierung von Luftaufnahmen aus drei bekannten Punkten bei gegebener innerer Orientierung.

Für die Verwertung von Luftaufnahmen tritt im allgemeinen Fall die Aufgabe heran, zwei oder mehrere zusammengehörige Aufnahmen gegeneinander sowie gegen das Lot und die Erdoberfläche zu orientieren. Dazu kann man die einzelnen Aufnahmen unabhängig voneinander mit Hilfe von je drei bekannten Punkten gegen die Erde ausrichten, womit sie auch gegenseitig orientiert sind. Andererseits kann man beide Aufnahmen zunächst ohne bekannte Punkte lediglich aus dem gemeinsamen Bildinhalt in richtige Lage zueinander bringen und hierauf mit einigen bekannten Punkten die gemeinsame Orientierung zur Erde herbeiführen.

Der erstgenannte Weg führt zum räumlichen Rückwärtsschnitt, dessen

---

[1] Siehe LÖFSTRÖM, Bildmessung u. Luftbildwesen 1932, S. 105.

Lösung früher schlechthin die Hauptaufgabe der Luftphotogrammetrie darstellte[1]. Die strenge Behandlung[2] ist zu umständlich, als daß sie praktisch in Frage käme. Ein von S. FINSTERWALDER[3] angegebenes Näherungsverfahren, dem wir in der Hauptsache folgen, verlangt: 1. die Berechnung der Pyramidenkanten, 2. die Ermittlung der Raumkoordinaten des Aufnahmeortes O, 3. die Bestimmung der räumlichen Lage der Kammerachse, 4. die Einrechnung des Bildhorizonts und der Hauptvertikalen.

Zu 1. Die Berechnung der Pyramidenkanten l, m, n (Abb. 357) geschieht auf folgendem Wege. Sind nach früheren Angaben (S. 269) die schiefen Winkel α, β, γ, unter welchen von O aus die Seiten a, b, c des Festpunktsdreiecks $P_1 P_2 P_3$ erscheinen, dem Bild entnommen, so breiten wir die längs einer Kante – hier längs l – aufgeschnittene Pyramide in die Ebene aus. In dem entstehenden, durch Abb. 358 dargestellten Vierstrahl nehmen wir auf l für P_1 einen Näherungsort an und schneiden von ihm aus mittels der bekannten Entfernung c auf m den Punkt P_2 ab. In gleicher Weise werden unter Verwendung von a und b die Punkte P_3 und P_1 auf n und dem letzten Strahl bestimmt. Die benutzten Seiten sind aus den räumlichen Koordinaten ihrer Endpunkte bekannt. Hat man nach mehreren Versuchen P_1 so angenommen, daß dieser Punkt auf dem Anfangs- und Endstrahl gleich weit vom Mittelpunkt O absteht, so sind die Pyramidenkanten vorerst mit zeichnerischer Genauigkeit bestimmt. Aus den 8 verschiedenen möglichen Lösungen (je 2 liegen spiegelbildlich zur Festpunktsebene) kann man meist schon nach dem Anblick des Bildes die nicht zutreffenden ausscheiden. Im Zweifelsfall wird die Entscheidung durch Hinzunahme eines vierten bekannten Punktes herbeigeführt.

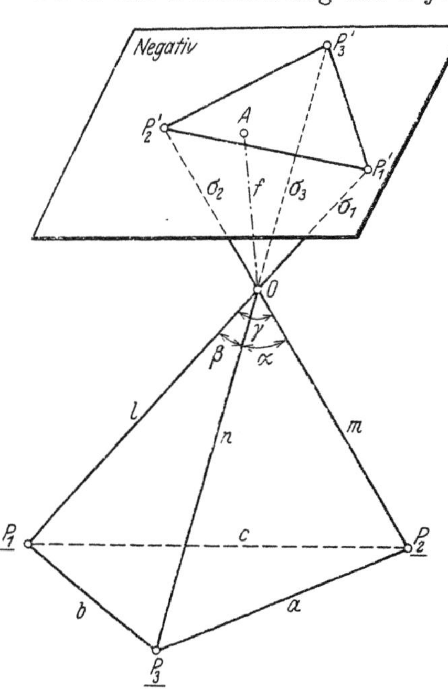

Abb. 357. Photogrammetrische Ortsbestimmung durch räumliches Rückwärtseinschneiden.

Die Verschärfung der Ergebnisse erfolgt durch Rechnung. Man betrachtet die erste auf zeichnerischem Weg erhaltene Kantenlänge als Näherungswert l' und rechnet damit sowie mit c, γ, a, α und b, β alle Dreiecke mittels des Sinussatzes durch. Dabei erhält man jeweils erst den Winkel φ, dann ψ und hierauf die folgende Pyramidenkante, für die letzte den Wert l''.

Bedeutet

$$l = l' + dl' = l'' + dl'' \tag{897}$$

[1] Sie hat jetzt an Bedeutung verloren, da seit dem Aufkommen der neueren Auswertegeräte die gemeinsame, in der Hauptsache mechanische Orientierung von Bildpaaren mit Recht bevorzugt wird. Auch war die Genauigkeit des einfachen Rückwärtsschnittes wegen der früher kleinen Bildwinkel ziemlich gering; dieser Mißstand entfällt bei Anwendung der Panoramenkammer. Heutzutage gebührt die Bezeichnung „Hauptaufgabe der Luftphotogrammetrie" der gemeinsamen Orientierung zweier Luftaufnahmen.

[2] Siehe hierzu MÜLLER, FR. J.: Direkte (exakte) Lösung des einfachen Rückwärtseinschneidens im Raume. Allg. Vermess.-Nachr. 1926, S. 649—661, 669—673, u. 1927, S. 40—43, 49—52, 65—69, 81—87, 105—113.

[3] Dazu siehe FINSTERWALDER, S.: a) Die geometrischen Grundlagen der Photogrammetrie (Bericht, erstattet der deutschen Mathematikervereinigung, Leipzig 1899); b) FINSTERWALDER, S., u. SCHEUFELE, W.: Das Rückwärtseinschneiden im Raum, Sitzungsbericht d. mathem.-physik. Kl. d. K. Bayer. Akad. d. Wissensch., Bd. 33 (1903), S. 591—614; c) FÖRG, KARL: Die Bestimmung des Standpunktes u. der äußeren Orientierungselemente in der Photogrammetrie bei bekannter innerer Orientierung. Nürnberg 1909.

den richtigen Wert der Pyramidenkante OP_1, so läßt sich aus dem Unterschied

$$\Delta = l'' - l' \tag{898}$$

des zusammengehörigen Wertepaares l', l'' die Bedingung

$$dl' - dl'' = \Delta \tag{899}$$

gewinnen, in welcher dl'' durch dl' auszudrücken ist. Zunächst erhält man aus der Beziehung

$$c^2 = l^2 + m^2 - 2l \cdot m \cdot \cos\gamma, \tag{900}$$

in welcher jetzt lediglich l und m als veränderlich zu betrachten sind,

$$dm = -\frac{l - m\cos\gamma}{m - l\cos\gamma} \cdot dl' = -\frac{u_3}{v_3} \cdot dl'. \tag{901}$$

Geht man von dm auf dn und davon schließlich auf dl'' über, so folgt

$$dl'' = -\frac{u_1 \cdot u_2 \cdot u_3}{v_1 \cdot v_2 \cdot v_3} \cdot dl' = -q \cdot dl', \tag{902}$$

wenn

$$\frac{u_1 \cdot u_2 \cdot u_3}{v_1 \cdot v_2 \cdot v_3} = q \tag{903}$$

gesetzt wird. Die hierin enthaltenen Größen u, v (siehe Abb. 358) sind die Projektionen der drei Festpunktsseiten auf die jeweils vorhergehende bzw. auf die folgende Pyramidenkante. Nach Einsetzen von (902) in (899) ergibt sich hieraus und aus (892) in

$$dl' = \frac{\Delta}{1 + q}, \qquad l = l' + \frac{\Delta}{1 + q} \tag{904}$$

die Verbesserung der vorläufigen Kantenlänge l' und die verbesserte Kantenlänge l. Eine neuerliche Durchrechnung der Seitendreiecke mit dem nach Gleichung (904) gewonnenen l als Ausgangswert liefert die scharfen Kantenlängen m, n, und die auf dem 4. Strahl errechnete Länge muß mit l genau übereinstimmen (Anschlußprobe).

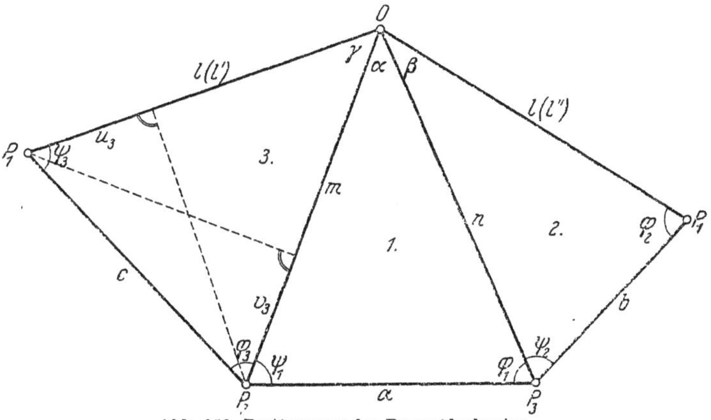

Abb. 358. Bestimmung der Pyramidenkanten.

Aus den Dreiecken der Abb. 358 folgt

$$\frac{u}{v} = \frac{\cos\psi}{\cos\varphi} = \frac{\delta \cdot \cos\psi}{\delta \cdot \cos\varphi} = \frac{d\sin\psi}{d\sin\varphi}, \qquad q = \frac{d\sin\psi_1 \cdot d\sin\psi_2 \cdot d\sin\psi_3}{d\sin\varphi_1 \cdot d\sin\varphi_2 \cdot d\sin\varphi_3}, \tag{905}$$

wenn $d\sin\varphi$, $d\sin\psi$ die jeweils zur selben kleinen Winkeländerung δ (δ etwa $1'$) gehörigen sin-Änderungen bedeuten. q kann also entweder geometrisch nach (903) oder trigonometrisch nach (905) ermittelt werden.

Zu 2. Die Bestimmung der Raumkoordinaten X_o, Y_o, $Z_o = H_o$ des Aufnahmeortes O kann, nachdem die Werte l, m, n berechnet sind, aus den Beziehungen

$$\left.\begin{aligned}
(X_o - X_1)^2 + (Y_o - Y_1)^2 + (Z_o - Z_1)^2 &= l^2, \\
(X_o - X_2)^2 + (Y_o - Y_2)^2 + (Z_o - Z_2)^2 &= m^2, \\
(X_o - X_3)^2 + (Y_o - Y_3)^2 + (Z_o - Z_3)^2 &= n^2
\end{aligned}\right\} \tag{906}$$

erfolgen, in welchen X_i, Y_i bzw. Z_i die Horizontalkoordinaten bzw. die Meereshöhe des Punktes P_i bedeuten.

Der strengen Lösung[1] ist eine Näherungslösung vorzuziehen, welche zunächst auf Näherungswerte (X_o), (Y_o), (Z_o) der Koordinaten von O führt, aus denen durch Hinzufügen von Verbesserungen dX, dY, dZ die scharfen Werte

$$X_o = (X_o) + dX, \qquad Y_o = (Y_o) + dY, \qquad Z_o = (Z_o) + dZ \qquad (907)$$

hervorgehen.

Für die genäherte Bestimmung von O denken wir uns die drei mit den Halbmessern l, m, n um P_1, P_2, P_3 beschriebenen Kugeln K_1, K_2, K_3 (geometrische Örter für O) waagrecht verschoben, bis ihre Mittelpunkte auf dem Lot L liegen, wo sie die unveränderten Meereshöhen $H_1 = Z_1$, $H_2 = Z_2$, $H_3 = Z_3$ (Abb. 359b) besitzen. Bei einer ersten beliebigen Annahme H_o' für Z_o werden die Bestimmungskugeln durch die zu H_o' gehörige Horizontalebene in drei Kreisen mit den Halbmessern $H_o'1'$, $H_o'2'$, $H_o'3'$ geschnitten.

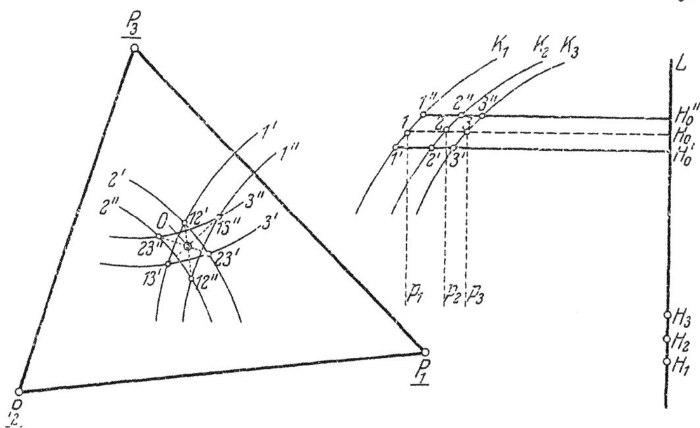

Abb. 359a), b). Genäherte Ortung aus horizontalen Kreisschnitten.

Die Grundrisse $1'$, $2'$, $3'$ (Abb. 359a) der entsprechenden Schnittkreise auf den Kugeln besitzen in ihrer ursprünglichen Lage die Mittelpunkte P_1, P_2, P_3 und die Schnittpunkte $12'$, $13'$, $23'$. Eine zweite Annahme H_o'' führt auf die Halbmesser $H_o''1''$, $H_o''2''$, $H_o''3''$ (Abb. 359b) und auf die zu den Grundrißpunkten P_1, P_2, P_3 konzentrischen Kreise $1''$, $2''$, $3''$ (Abb. 359a) mit den Schnittpunkten $12''$, $13''$, $23''$. Diese beiden Schnittpunktstripel liegen auf den drei Kugelschnittkreisen, deren Grundrisse Ellipsen sind. Falls je zwei entsprechende dieser Punkte nicht zu weit voneinander abstehen, kann man den zwischenliegenden Ellipsenbogen durch die Sehne ersetzen und erhält so drei einfach zu zeichnende geometrische Örter, deren gemeinsamer Schnittpunkt den gesuchten Punkt O im Grundriß angibt. Letzterem können also die genäherten Horizontalkoordinaten (X_o), (Y_o) des Aufnahmeortes entnommen werden. Zieht man nunmehr in den dem Grundriß zu entnehmenden Abständen P_1O, P_2O, P_3O im Aufriß die Parallelen p_1, p_2, p_3 zu L, so schneiden diese auf K_1, K_2, K_3 die Punkte 1, 2, 3 (Abb. 359b) aus, deren ausgleichender Horizont auf L die Meereshöhe $H_o = Z_o$ bzw. die Näherung $(H_o) = (Z_o)$ bestimmt.

Nachdem (X_o), (Y_o), (Z_o) bekannt sind, denken wir uns in den Gleichungen (901) die strengen Werte X_o, Y_o, Z_o durch die Ausdrücke (907) ersetzt und nach dem Taylorschen Lehrsatz entwickelt. Dadurch ergeben sich die linearen Gleichungen:

$$\begin{aligned}
&\{(X_o) - X_1\}\, dX + \{(Y_o) - Y_1\}\, dY + \{(Z_o) - Z_1\}\, dZ \\
&\quad = \tfrac{1}{2}\, l^2 \;-\; \tfrac{1}{2}\,[\{(X_o) - X_1\}^2 + \{(Y_o) - Y_1\}^2 + \{(Z_o) - Z_1\}^2], \\
&\{(X_o) - X_2\}\, dX + \{(Y_o) - Y_2\}\, dY + \{(Z_o) - Z_2\}\, dZ \\
&\quad = \tfrac{1}{2}\, m^2 - \tfrac{1}{2}\,[\{(X_o) - X_2\}^2 + \{(Y_o) - Y_2\}^2 + \{(Z_o) - Z_2\}^2], \\
&\{(X_o) - X_3\}\, dX + \{(Y_o) - Y_3\}\, dY + \{(Z_o) - Z_3\}\, dZ \\
&\quad = \tfrac{1}{2}\, n^2 - \tfrac{1}{2}\,[\{(X_o) - X_3\}^2 + \{(Y_o) - Y_3\}^2 + \{(Z_o) - Z_3\}^2],
\end{aligned} \qquad (908)$$

aus welchen die Unbekannten dX, dY, dZ zu ermitteln sind. Ihre Einsetzung in (907) führt auf die gesuchten scharfen Koordinatenwerte X_o, Y_o, Z_o des Aufnahmeortes.

---

[1] Strenge Lösungen siehe a) in der auf S. 320, Anm. 3c), genannten Dissertation von Karl Förg, S. 33—38; b) bei Eggert, O.: Die Berechnung der äußeren Orientierung in der Photogrammetrie aus der Luft. Z. Vermess.-Wes. 1925, S. 203—215; c) in der 2. Aufl. dieses Buches, S. 302—304.

Auch für das räumliche Rückwärtseinschneiden gibt es einen gefährlichen Ort; in dem Sinne nämlich, als das zu irgendeinem Punkt dieses Ortes gehörige, bereits in das Festpunktsdreieck eingepaßte Bestimmungsdreikant gegen das Festpunktsdreieck noch eine unendlich kleine Beweglichkeit besitzt. O ist in diesem Fall nicht als Schnittpunkt, sondern als Berührungspunkt zweier Linien bestimmt. In solchen Punkten wird daher die Ortsbestimmung theoretisch zwar nicht unmöglich, wie beim ebenen Rückwärtseinschneiden für die Punkte des gefährlichen Kreises; sie ist nur unsicher. Die praktische Auswirkung dieses Umstandes ergibt aber vielfach die Unmöglichkeit der Lösung. Der gefährliche Ort für räumliches Rückwärtseinschneiden ist, wie eine nähere Untersuchung zeigt[1], derjenige auf der Festpunktsebene senkrechte Kreiszylinder (gefährlicher Zylinder), dessen Hauptschnitt in den Umkreis des Festpunktsdreiecks fällt[2].

Zu 3. Zur Bestimmung der räumlichen Lage der Kammerachse AO (Abb. 357) ermitteln wir zunächst die räumlichen Koordinaten x_i, y_i, z_i der Bildpunkte P_1', P_2', P_3', welche sich bei hinzugedachten Koordinatendreiecken leicht aus der Figur ablesen lassen. Es ist

$$\left.\begin{aligned}
x_1 &= X_0 + \frac{\sigma_1}{l}(X_0 - X_1), & x_2 &= X_0 + \frac{\sigma_2}{m}(X_0 - X_2), & x_3 &= X_0 + \frac{\sigma_3}{n}(X_0 - X_3),\\
y_1 &= Y_0 + \frac{\sigma_1}{l}(Y_0 - Y_1), & y_2 &= Y_0 + \frac{\sigma_2}{m}(Y_0 - Y_2), & y_3 &= Y_0 + \frac{\sigma_3}{n}(Y_0 - Y_3),\\
z_1 &= Z_0 + \frac{\sigma_1}{l}(Z_0 - Z_1), & z_2 &= Z_0 + \frac{\sigma_2}{m}(Z_0 - Z_2), & z_3 &= Z_0 + \frac{\sigma_3}{n}(Z_0 - Z_3),
\end{aligned}\right\} \quad (909)$$

und die Gleichung der Bildebene lautet in Raumkoordinaten

$$\begin{vmatrix} x - x_1 & y - y_1 & z - z_1\\ x_2 - x_1 & y_2 - y_1 & z_2 - z_1\\ x_3 - x_1 & y_3 - y_1 & z_3 - z_1 \end{vmatrix} = 0 \text{ bzw. } D^x \cdot (x - x_1) + D^y \cdot (y - y_1) + D^z \cdot (z - z_1), \quad (910)$$

wenn x, y die Koordinaten des laufenden Punktes und

$$D^x = + \begin{vmatrix} y_2 - y_1 & z_2 - z_1\\ y_3 - y_1 & z_3 - z_1 \end{vmatrix}, \quad D^y = - \begin{vmatrix} x_2 - x_1 & z_2 - z_1\\ x_3 - x_1 & z_3 - z_1 \end{vmatrix}, \quad D^z = + \begin{vmatrix} x_2 - x_1 & y_2 - y_1\\ x_3 - x_1 & y_3 - y_1 \end{vmatrix}, \quad (911)$$

die zu den Elementen der ersten Zeile der Hauptdeterminante gehörigen Unterdeterminanten bedeuten.

Versteht man unter v_x, v_y, v_z die Winkel der zur Bildebene senkrechten Kammerachse mit den entsprechenden positiven Achsen des räumlichen Koordinatensystems, so sind diese Winkel durch die Beziehungen

$$\Delta = \frac{1}{\pm\sqrt{(D^x)^2 + (D^y)^2 + (D^z)^2}}, \quad \cos v_x = \Delta \cdot D^x, \quad \cos v_y = \Delta \cdot D^y, \quad \cos v_z = \Delta \cdot D^z \quad (912)$$

festgelegt. Da bei Luftaufnahmen die Kammerachse nach unten gerichtet ist, so muß $90^0 < v_z < 180^0$ sein, und das Vorzeichen von Δ ist entgegengesetzt demjenigen von D^z zu wählen, damit $\cos v_z$ negativ wird. Der Tiefenwinkel der vorwärts gerichteten Kammerachse ist

$$\tau = v_z - 90^0. \quad (913)$$

<hr>

[1] Siehe hierzu a) die auf S. 320, Anm. 3 unter b) genannte Abhandlung von FINSTERWALDER u. SCHEUFELE, S. 597 u. 598; b) KRÖNER, GEORG: Über das Rückwärtseinschneiden im Raum mit Hilfe des Fliegerbildes. Stuttgart 1926. Diese Arbeit befaßt sich auch mit dem Einfluß von Fehlern der Bestimmungselemente auf die Ortsbestimmung. Sie streift auch die Frage, wie genau bei Senkrechtaufnahmen der Aufnahmeort für die Auswertung des Fliegerbildes gebraucht wird.

[2] Völlig unbestimmt wird die Aufgabe natürlich dann, wenn die 3 Festpunkte P_1, P_2, P_3 und der Neupunkt O auf einem Kreis liegen.

Auf der Einheitskugel K_0 um O liegt zwischen den Durchstoßpunkten X, Y (Abb. 360) der Parallelen zu den horizontalen Koordinatenachsen ein Horizontalbogen zum Zentriwinkel 90^0. Die Kammerachse bezeichnet auf K_0 einen Punkt D, welcher von X, Y

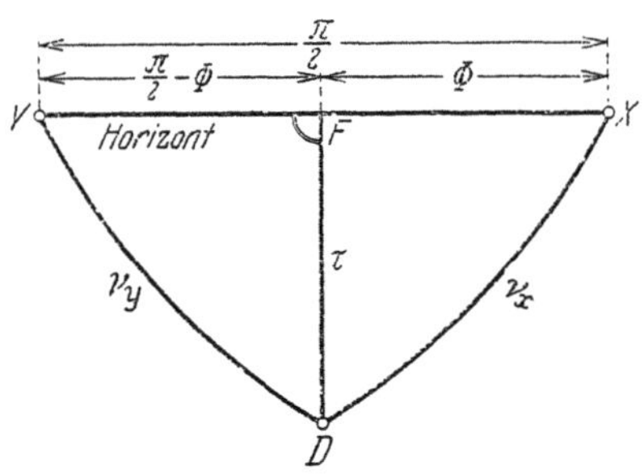

die Abstände v_x, v_y besitzt. Seine sphärische Projektion F auf den Bogen XY zerlegt diesen in die Bestandteile Φ und $90^0 - \Phi$, wo Φ den **Richtungswinkel der Aufnahmeachse** bedeutet. Er wird nach den beiden rechtwinklig sphärischen Dreiecken XDF und YDF durch die Beziehungen

$$\sin \Phi = \frac{\cos v_y}{\cos \tau}, \qquad \cos \Phi = \frac{\cos v_x}{\cos \tau} \qquad (914)$$

Abb. 360. Richtungswinkel Φ und Tiefenwinkel τ der Kammerachse.

vollständig bestimmt. Durch Φ und τ ist nunmehr die räumliche Lage der Kammerachse in einfacher Weise gegeben[1].

Zu 4. Für die Ermittlung des Bildhorizonts $H'H'$ mit der bekannten Höhenkoordinate Z_0 gehen wir darauf aus, dessen Schnittpunkte mit den Seiten des Bilddreiecks zu berechnen; etwa die auf den Seiten $P_1'P_2'$ (Abb. 361a, b) und $P_1'P_3'$ liegenden Punkte S_{12}, S_{13}, welche von P_1' die Abstände s_{12}, s_{13} besitzen. Aus den beiden in

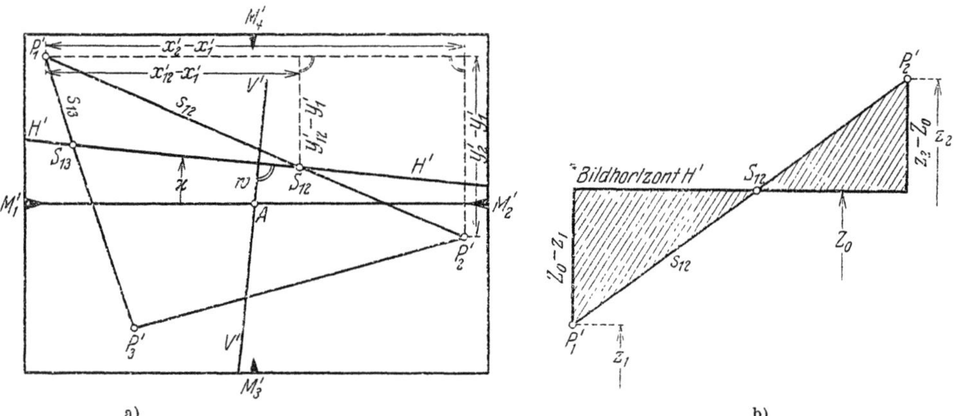

a)   b)

Abb. 361. Ermittlung des Bildhorizonts. a) Draufsicht auf das Bild. b) Vertikalschnitt durch $P_1'P_2'$.

Abb. 361b schraffierten ähnlichen Dreiecken im Vertikalschnitt durch die Punkte P_1', P_2' mit den Meereshöhen z_1, z_2 und aus dem entsprechenden Schnitt durch $P_1'P_3'$ folgen die gesuchten Entfernungen

$$s_{12} = \frac{Z_0 - z_1}{z_2 - z_1} \cdot P_1'P_2', \qquad s_{13} = \frac{Z_0 - z_1}{z_3 - z_1} \cdot P_1'P_3'. \qquad (915)$$

Bedeuten x_i', y_i' die auf ein beliebiges rechtwinkliges System in der Bildebene – etwa auf das Markenkreuz $M_1'M_2'$, $M_3'M_4'$ – bezogenen Koordinaten eines Bildpunktes P_i' so sind nach den ähnlichen in Abb. 361a, b enthaltenen Koordinatendreiecken die Ausdrücke

$$x_{12}' = x_1' + \frac{s_{12}}{P_1'P_2'}(x_2' - x_1') = x_1' + \frac{Z_0 - z_1}{z_2 - z_1}(x_2' - x_1'),$$
$$y_{12}' = y_1' + \frac{s_{12}}{P_1'P_2'}(y_2' - y_1') = y_1' + \frac{Z_0 - z_1}{z_2 - z_1}(y_2' - y_1'), \qquad (916)$$

---

[1] Setzt man in (910) $z = 0$, so folgt die Gleichung der Parallelen zum Bildhorizont u. deren Richtungswinkel, von dem sich Φ um 90^0 unterscheidet. Der so bestimmte Wert von Φ ist (theoretisch) um 180^0 unbestimmt.

$$x'_{13} = x'_1 + \frac{z_0 - z_1}{z_3 - z_1}(x'_3 - x'_1), \qquad y'_{13} = y'_1 + \frac{z_0 - z_1}{z_3 - z_1}(y'_3 - y'_1) \tag{917}$$

die Koordinaten der Schnittpunkte S_{12}, S_{13} im gleichen System. Da sie dem Bildhorizont $H'H'$ angehören, dessen laufender Punkt die Koordinaten x', y' besitzt, so lautet die **Horizontgleichung**

$$H'H' \equiv \frac{x' - x'_{12}}{y' - y'_{12}} = \frac{x'_{13} - x'_{12}}{y'_{13} - y'_{12}}, \tag{918}$$

bzw.

$$(y'_{13} - y'_{12}) \cdot x' - (x'_{13} - x'_{12})\, y' + x'_{13} y'_{12} - x'_{12} y'_{13} = 0 = A \cdot x' + B \cdot y' + C, \tag{919}$$

wenn von den Abkürzungen

$$A = (y'_{13} - y'_{12}), \quad B = -(x'_{13} - x'_{12}), \quad C = x'_{13} y'_{12} - x'_{12} y'_{13} \tag{920}$$

Gebrauch gemacht wird.

Aus der Horizontgleichung (919) ergibt sich für die zum Bildhorizont $H'H'$ senkrechte **Hauptvertikale** $V'V'$ die Gleichung

$$V'V' \equiv B \cdot x' - A \cdot y' + C' = 0 = B \cdot x' - A \cdot y' + (A \cdot y'_0 - B x'_0). \tag{921}$$

Hierin ist das Absolutglied bereits so bestimmt, daß $V'V'$ durch den Hauptpunkt A mit den Koordinaten x'_0, y'_0 hindurchgeht. Für den meist zutreffenden Fall, daß A in den Koordinatenursprung fällt, verschwindet in (921) das Absolutglied, und es bleibt die einfachere Form

$$V'V' \equiv B \cdot x' - A \cdot y' = 0. \tag{922}$$

Zum genauen zeichnerischen Eintrag von $H'H'$ und $V'V'$ ins Bild wird man deren Schnittpunkte mit den Rahmenseiten berechnen. Bei richtiger Berechnung und Eintragung des Horizonts muß dieser vom Hauptpunkt A den Abstand

$$w = f \cdot \operatorname{tg} \tau \tag{923}$$

besitzen.

Von Interesse ist auch die **Verkantung** $\varkappa$ des **Bildhorizonts** $H'H'$ (Abb. 361a) gegen die Markenlinie $M'_1 M'_2$. Aus (919) ergibt sich

$$\operatorname{tg} \varkappa = \frac{A}{B}, \tag{924}$$

falls $M'_1 M'_2$ in B' Abszissenachse der Bildpunkte ist[1].

Die **Ortsbestimmung und Orientierung von Flachaufnahmen und Senkrechtaufnahmen** bietet einige Besonderheiten.

Bekannt ist die 1918 von T. Fischer[2] gefundene Näherungslösung für Flachaufnahmen unter Mitverwendung des Bildmeßtheodolits. Sie besteht in folgendem. Ist mit den nur genähert bekannten Werten v', $\varkappa'$ für den Nadirabstand der Kammerachse und die Verkantung die Platte im Bildmeßtheodolit (siehe S. 272) ausgerichtet, so liest man nach Einstellung des Zielfernrohrs auf die Bilder P'_1, P'_2, P'_3 der Festpunkte an den Kreisen die genäherten horizontalen Richtungen γ'_i und die genäherten Nadirabstände v'_i der Zielstrahlen ab. Mit den Horizontalrichtungen γ'_i ergibt sich durch ebenes Rückwärtseinschneiden – beim ersten Versuch genügt auch die Einpassung einer Strahlenpause – nach den Festpunkten P_1, P_2, P_3 die genäherte Horizontal-

---

[1] Zur Vermeidung der sehr mühseligen rechnerischen Behandlung des räumlichen Rückwärtseinschneidens hat bereits Scheimpflug versucht, die Aufgabe mit Hilfe seines Perspektographen mechanisch durch optische Koinzidenz zu lösen. (Scheimpflug, Theodor: Die Herstellung von Karten u. Plänen auf photographischem Wege. Sitzungsbericht d. mathem.-naturwiss. Kl. d. K. Akademie d. Wiss., Bd. 116, Abt. IIa, S. 235—266. Wien 1907.) Siehe hierzu auch Finsterwalder, S.: Eine neue Lösung der Grundaufgabe der Luftphotogrammetrie, Sitzungsbericht d. K. Bayer. Akademie d. Wiss., mathem.-physik. Kl. München 1915, S. 67—78.

[2] Fischer, T.: Über die Berechnung des räumlichen Rückwärtseinschnitts bei Aufnahmen aus Luftaufnahmen. Jena 1921. Siehe auch Pulfrich, C.: Die Photogrammetrie aus Luftfahrzeugen. Jena 1919. Fischer behandelt in der angeführten Schrift auch den räumlichen Rückwärtseinschnitt ohne Bildmeßtheodolit sowie die Ausgleichung des Rückwärtsschnitts beim Vorliegen überschüssiger Beobachtungen.

projektion O_0' von O (Näherungskoordinaten X_o', Y_o'). Der richtige Grundrißpunkt O_0 hat von P_1, P_2, P_3 die Abstände R_1, R_2, R_3; der Rückwärtsschnitt hat hierfür jedoch die fehlerhaften Werte R_i' geliefert. Damit und mit den genäherten Nadirabständen v_i' findet man aus den Höhen H_1, H_2, H_3 der Ausgangspunkte für die Meereshöhe $H_o = Z_o$ des Aufnahmeortes O die vorläufigen Werte

$$H_{o1}' = H_1 + R_1' \operatorname{ctg} v_1' + k_1, \quad H_{o2}' = H_2 + R_2' \operatorname{ctg} v_2' + k_2, \quad H_{o3}' = H_3 + R_3' \operatorname{ctg} v_3' + k_3, \quad (925)$$

in welchen k_i den zum Strahl OP_i gehörigen Gesamteinfluß der Erdkrümmung und Strahlenbrechung ausdrückt. Bezeichnen weiterhin dv', $d\varkappa'$, dH_o' die an v', $\varkappa'$ und einer Näherungsannahme H_o' noch anzubringenden Verbesserungen, γ_A' die bei Einstellung des Hauptpunktes ausgeführte Grundkreisablesung, $\varphi_i' = \gamma_i' - \gamma_A'$ die von der Blickrichtung (Grundriß der Hauptvertikalen) aus gezählten Horizontalrichtungen der Zielstrahlen OP_i, so erhält man die linearen Gleichungen

$$\left.\begin{aligned}
\frac{R_1' \cos \varphi_1'}{\sin^2 v_1'} \cdot dv' + \frac{R_1' \sin \varphi_1'}{\sin^2 v_1'} \cdot \sin v' \cdot d\varkappa' + dH_o' + (H_o' - H_{o1}') &= 0, \\
\frac{R_2' \cos \varphi_2'}{\sin^2 v_2'} \cdot dv' + \frac{R_2' \sin \varphi_2'}{\sin^2 v_2'} \cdot \sin v' \cdot d\varkappa' + dH_o' + (H_o' - H_{o2}') &= 0, \\
\frac{R_3' \cos \varphi_3'}{\sin^2 v_3'} \cdot dv' + \frac{R_3' \sin \varphi_3'}{\sin^2 v_3'} \cdot \sin v' \cdot d\varkappa' + dH_o' + (H_o' - H_{o3}') &= 0,
\end{aligned}\right\} \quad (926)$$

hieraus dv', $d\varkappa'$, dH_o' und damit die verbesserten Werte

$$v = v' + dv', \qquad \varkappa = \varkappa' + d\varkappa', \qquad H_o = H_o' + dH_o'. \qquad (927)$$

Bei kleinen Beträgen dv', $d\varkappa'$, dH_o' bedeuten die aus (927) für v, $\varkappa$, H_o gefundenen Zahlen sogleich Endwerte. Andernfalls sind sie nur Zwischenwerte v'', $\varkappa''$, H_o'', aus welchen durch eine Wiederholung aller beschriebenen Vorgänge neue kleine Verbesserungen dv'', $d\varkappa''$, dH_o'' und damit die endgültigen Werte

$$v = v'' + dv'', \qquad \varkappa = \varkappa'' + d\varkappa'', \qquad H_o = H_o'' + dH_o'' \qquad (928)$$

gewonnen werden. Nach Einstellung der jetzt feststehenden Werte v, $\varkappa$ am Bildmeßtheodolit liest man an dessen Grundkreis nach Einstellung der Bildpunkte P_i' die zur Berechnung der endgültigen Koordinaten X_o, Y_o dienenden Richtungen γ_i ab.

Das Verfahren nimmt auf den Einfluß der in den Abständen R_i' enthaltenen Ungenauigkeiten keine Rücksicht. Da sich diese Ungenauigkeiten bei waagrechten und schwach geneigten Sichten in den Höhen nicht bzw. nur wenig auswirken können, so ist die besprochene Lösung besonders für Flachaufnahmen geeignet.

Die Ortsbestimmung und Orientierung einer Senkrechtaufnahme ist unter Voraussetzung von vier bekannten Punkten durch MARCHAND[1] behandelt worden[2].

Eine neuere, einfache Bestimmung des Nadirpunktes von genäherten Senkrechtaufnahmen bei annähernd waagrechtem Gelände hat S. FINSTERWALDER angegeben[3].

---

[1] MARCHAND, HERMANN: Die Orientierung von Senkrechtaufnahmen in der Photogrammetrie. Z. Vermess.-Wes. 1922, S. 65—80, 97—112, 193—208, 225—238.

[2] Schon früher (1906) hat SCHELL unter Voraussetzung einer waagrechten Plattenlage – sie sollte durch geeignete Verspannung des den Apparat tragenden, unbemannten Fesselballons erreicht werden – die bei dieser Annahme denkbar einfache Aufgabe der Ortsbestimmung von Luftaufnahmen gelöst u. eine Genauigkeitsuntersuchung angefügt. (SCHELL, ANTON: Die stereophotogrammetrische Ballonaufnahme für topographische Zwecke. Sitzungsbericht d. math.-naturwiss. Kl. d. K. Akademie d. Wiss., Bd. 115, Abt. IIa, S. 485—522. Wien 1906.)

[3] FINSTERWALDER, S.: Höhenkarten aus weitwinkligen Luftaufnahmen. Int. Arch. f. Photogrammetrie, VII. Bd., 2. Hälfte, S. 7—26. Wien 1931.

Bei Senkrechtaufnahmen waagrechten Geländes liegt es nahe, Neigung u. Verkantung aus den Winkel- und Seitenverzerrungen zu ermitteln, welche das Bild des Festpunktdreiecks diesem gegenüber aufweist. Siehe dazu die Ausführungen von WOLF, E., in Bildmessung u. Luftbildwesen, 1934, S. 128 ff.

e) Gemeinsame Orientierung und Auswertung zweier Luftaufnahmen.

Durch die stürmische Entwicklung der Luftphotogrammetrie hat die gemeinsame Orientierung zweier Luftaufnahmen so sehr an Bedeutung gewonnen, daß sie heute als die **Grundaufgabe der Luftphotogrammetrie** bezeichnet werden muß. Das Problem besteht:

1. in einer solchen gegenseitigen Ausrichtung beider Aufnahmen in O_1 und O_2, daß je zwei entsprechende Strahlen $O_1 P_i'$ und $O_2 P_i''$ der beiden Zielstrahlenbündel sich schneiden;

2. in der gemeinsamen Orientierung der gegeneinander ausgerichteten, nunmehr starr verbundenen Aufnahmen zur Erdoberfläche.

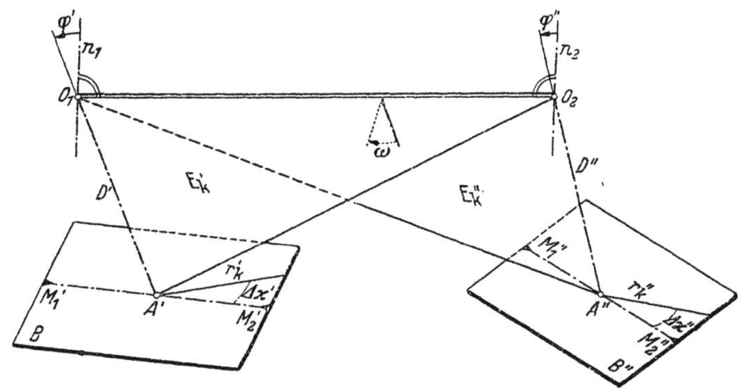

Abb. 362. Elemente der gegenseitigen Orientierung.

Zu 1. Die gegenseitige Lage zweier Aufnahmen in O_1 und O_2 kann man sich in verschiedener Weise durch fünf voneinander unabhängige Bestimmungsstücke festgelegt denken; z. B. durch die Kernpunktskoordinaten und den Winkel der beiden Bildebenen. Meist verwendet man aber die in den Abb. 362 bis 363d eingetragenen Größen, nämlich die beiden **Verschwenkungswinkel** φ', φ'' (Winkel der Kammerachsen mit einer zur Basis $O_1 O_2$ senkrechten Ebene), die **Teilverkantungen** $\varDelta\varkappa'$, $\varDelta\varkappa''$ (Winkel der Hauptkernstrahlen r_k', r_k'' mit den Markenverbindungslinien $M_1' M_2'$ bzw. $M_1'' M_2''$) und

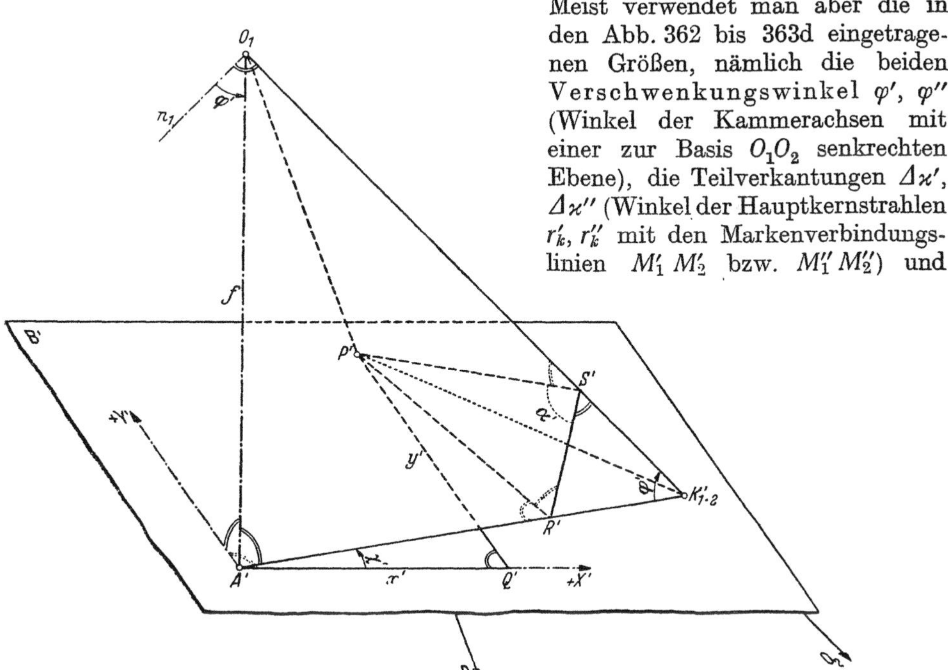

Abb. 363a. Zur gemeinsamen gegenseitigen Orientierung von Luftaufnahmen.

die gegenseitige Verkippung oder Kippungsdifferenz ω (Winkel der durch $O_1 A' O_2$ bzw. $O_2 A'' O_1$ bestimmten Hauptkernebenen E_k', E_k''). Zum besseren Verständnis der Figuren sei bemerkt, daß n_1, n_2 die in E_k' bzw. E_k'' liegenden Basisnormalen bedeuten.

Liegen Aufnahmen vor, deren Bildebenen B', B'' unter sich und zur Kernachse O_1O_2 annähernd parallel sind, so läßt sich die gegenseitige Ausrichtung der Aufnahmen nach einem von S. Finsterwalder angegebenen Verfahren[1] mit Hilfe von fünf Paaren zusammengehöriger Bildpunkte (die zugehörigen Geländepunkte sind unbekannt) rechnerisch[2] durchführen, wobei fünf lineare Gleichungen aufzulösen sind. Den Ansatz hierfür gewinnt man leicht aus Abb. 363a und deren Bestandteilen 363b, 363c, in welchen die Bildrichtungswinkel der beiden Hauptkernstrahlen mit χ', χ'' bezeichnet sind.

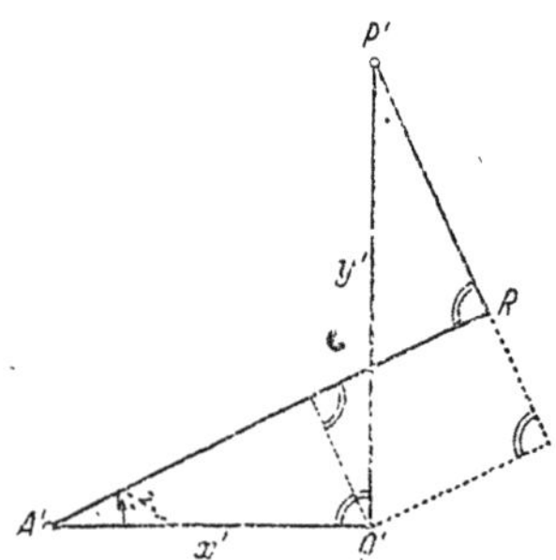

Abb. 363b liegt in der Bildebene B'.

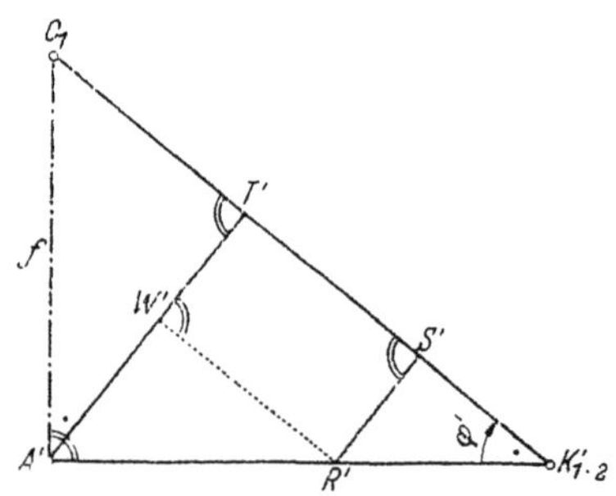

Abb. 363c liegt in der Hauptkernebene E'_k.

Die Kernebene $O_1O_2P' = E_k$ durch den beliebigen Geländepunkt P schließt mit der ersten, zu B' senkrechten Hauptkernebene $O_1O_2A' = E'_k$ einen sog. Keilwinkel α' ein. Zu seiner Bestimmung dient das in Abb. 363a durch den Bildpunkt P' senkrecht zu O_1O_2 gelegte, in R' rechtwinklige Neigungsdreieck $P'S'R'$. Nach den Abbildungen ist

$$\operatorname{tg} \alpha' = \frac{P'R'}{R'S'} = \frac{P'R'}{A'T' - A'W'} = \frac{y' \cdot \cos \chi' - x' \cdot \sin \chi'}{f \cdot \cos \varphi' - (x' \cdot \cos \chi' + y' \cdot \sin \chi') \cdot \sin \varphi'} \,. \tag{929}$$

Hierin sind x', y' die rechtwinkligen Koordinaten des Bildpunktes P' in einem zunächst beliebig gelegenen System, dessen Ursprung im Bildhauptpunkt A' liegt. Ausdruck (929) ist streng und gilt für jede beliebige gegenseitige Stellung der Plattenebenen B', B''. Auch hinsichtlich der Geländeform besteht keine Einschränkung.

Für die Weiterbehandlung wird – wieder für beliebig geformtes Gelände – vorausgesetzt, daß die Bildebenen annähernd parallel sind und daß auch die Kernachse mit den Bildebenen nur kleine Verschwenkungswinkel φ', φ'' einschließt. Dies trifft z. B. für Senkrechtaufnahmen aus annähernd gleicher Höhe zu. Bei Erfüllung der ersten Bedingung wird auch ω eine kleine Größe sein. Weiterhin können und sollen nach den Bildmerkmalen die Abszissenachsen in B', B'' so gelegt werden, daß neben φ', φ'' auch die Bildrichtungswinkel χ', χ'' der Hauptkernstrahlen als kleine Größen von der 1. Ordnung (G^1) betrachtet werden dürfen.

Werden jetzt in (929) die Funktionen der kleinen Winkel unter Vernachlässigung der kleinen Glieder 2. Ordnung durch Reihen ausgedrückt und verwendet man den durch

$$\operatorname{tg}(\alpha') = \frac{y'}{f} \tag{930}$$

bestimmten Hilfswinkel (α'), so ergibt sich schließlich für den Keilwinkel α' der Ausdruck

$$\alpha' = (\alpha') + \frac{x' \cdot y'}{f^2 + y'^2} \cdot \varphi' - \frac{f \cdot x'}{f^2 + y'^2} \cdot \chi' + G^2 \,. \tag{931}$$

---

[1] „Die Hauptaufgabe der Photogrammetrie" in Sitzungsberichte d. Bayer. Akademie d. Wiss. 1932, S. 115—131.

[2] Zweckmäßiger ist es aber, derartige Orientierungsaufgaben mit einem der später aufgeführten Instrumente zur optisch-mechanischen Auswertung von Luftaufnahmen zu lösen.

Damit ist α' durch den vorläufigen Wert (α'), durch die Bildkoordinaten x', y' und die kleinen noch unbekannten Winkel φ', χ' ausgedrückt. In gleicher Weise findet man aus der zweiten Aufnahme B'' den Hilfswinkel (α'') aus

$$\operatorname{tg}(\alpha'') = \frac{y''}{f}, \tag{932}$$

und der von E_k'' aus gezählte Keilwinkel α'' wird

$$\alpha'' = (\alpha'') + \frac{x'' \cdot y''}{f^2 + y''^2} \cdot \varphi' - \frac{f \cdot x''}{f^2 + y''^2} \cdot \chi'' + G^2. \tag{933}$$

α' und α'' unterscheiden sich um den Winkel ω (siehe Abb. 363d) der beiden Hauptkernebenen; also gilt allgemein

$$\alpha_i' = \alpha_i'' + \omega \tag{934}$$

oder nach Einführung der Ausdrücke (931) und (933) und Ordnen nach den Unbekannten

$$\frac{x_i' \cdot y_i'}{f^2 + y_i'^2} \cdot \varphi' - \frac{x_i'' \cdot y_i''}{f^2 + y_i''^2} \cdot \varphi'' - \frac{f \cdot x_i'}{f^2 + y_i'^2} \cdot \chi' + \frac{f \cdot x_i''}{f^2 + y_i''^2} \cdot \chi'' - \omega + (\alpha_i') - (\alpha_i'') = 0 + G^2. \tag{935}$$

Setzt man hierin $i = 1, 2, 3, 4, 5$, so entstehen 5 lineare Gleichungen zur eindeutigen Bestimmung der Unbekannten φ', φ'', χ', χ'', ω. Stehen mehr als fünf Punktepaare zur Verfügung, so kann auch eine Ausgleichung nach der Methode der kleinsten Quadrate mit Genauigkeitsangaben vorgenommen werden.

In manchen Fällen besitzen die zu den ausgewählten Punktpaaren gehörigen fünf Geländepunkte Lagebesonderheiten solcher Art, daß die Lösung versagt[1].

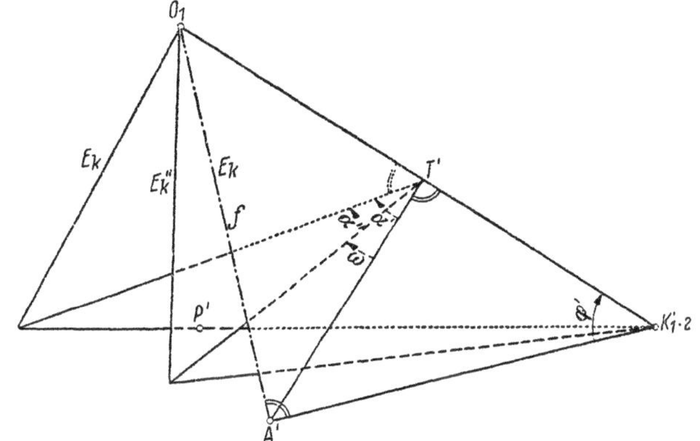

Abb. 363d. Keilwinkel α', α'' und Kippungsdifferenz ω.

Zu 2. Denkt man sich nach der gegenseitigen Ausrichtung der Aufnahmen alle Zielstrahlen zum Schnitt gebracht, so entsteht ein dem Gelände ähnliches Modell. Dieses ist jetzt maßstäblich so zu ändern, ferner so zu drehen und zu verschieben, daß zwei Modellpunkte mit den entsprechenden bekannten Geländepunkten sich decken und daß ein weiterer Punkt eine vorgegebene Koordinate – am besten eine vorgegebene Höhe – erhält. Man braucht also zu dieser gemeinsamen äußeren Orientierung sieben bekannte Stücke, nämlich zwei räumlich vollständig bekannte und abgebildete Punkte und von einem dritten Punkt nur noch die Höhe.

---

[1] Diese gefährlichen Fälle unterscheidet man in solche 1. u. 2. Art. Ein gefährlicher Fall 1. Art liegt vor, wenn bei festliegendem ersten Strahlenbündel (bestimmt durch O_1 u. die Bildpunkte P_1' bis P_5') der Mittelpunkt O_2 des zweiten, das erste streng schneidenden Bündels eine Linie oder Fläche von mindestens endlicher Ausdehnung ist. Ein gefährlicher Ort der 2. Art hat die Eigenschaft, daß auf ihm liegende Aufnahmeorte bereits um unendlich kleine Größen von der 1. Ordnung verschoben werden, wenn sich die Lage der Ausgangspunkte nur um unendlich kleine Beträge von der 2. Ordnung ändert. Siehe dazu des Verfassers Studie „Gefährliche Fälle der gegenseitigen Ausrichtung photogrammetrischer Aufnahmen bei bekannter innerer Orientierung" in den Nachrichten aus dem Reichsvermessungsdienst 1943, S. 150—171, in welcher 11 Fälle offenkundiger Unbestimmtheit 1. Art mit Angabe ihrer Kennzeichen untersucht sind. Dort ist auch Literatur zur Unbestimmtheit 2. Art angegeben, welche hauptsächlich von Bosshardt, R. Finsterwalder, Gotthardt, H. Jung u. Krames behandelt worden ist.

Die rechnerische Bewältigung[1] der hier nur skizzierten Aufgabe ist im allgemeinen

---

[1] **Zur Entwicklung der rechnerischen Lösung** sei folgendes bemerkt: a) S. FINSTERWALDER hat in den geometrischen Grundlagen der Photogrammetrie (Bericht für die Deutsche Mathematikervereinigung. Leipzig 1899) bereits das **Grundsätzliche** über die gegenseitige Orientierung unter Verwendung der Kernpunkte gebracht u. für bekannte innere Orientierung auf S. 15 u. 16 der genannten Abhandlung Näheres auseinandergesetzt. Als Grundrißebene für die Einzelauswertung durch Vorwärtseinschneiden (Meßtischphotogrammetrie) dient hierbei die zur Schnittlinie beider Bildebenen senkrechte Ebene. b) In der Abhandlung „Eine Grundaufgabe der Photogrammetrie u. ihre Anwendung auf Ballonaufnahmen" (Abhandlungen d. K. Bayer. Akademie d. Wiss., Kl. II, Bd. 22. München 1903) gibt S. FINSTERWALDER eine Lösung für die Auswertung von Ballonaufnahmen mit **praktischer Anwendung** auf die Umgebung von Gars am Inn. Dabei ist vorausgesetzt, daß für die äußere Orientierung der Aufnahmen bereits Näherungsangaben vorliegen, wie sie aus den Bildern von Lotleinen u. einer horizontalen Strecke mit bekannten Endpunkten zu entnehmen sind. Aus den vorliegenden Aufnahmen war allerdings die Orientierung gegen das Lot nicht zu entnehmen; es wurden daher die Bilder durch räumlichen Rückwärtseinschnitt nach bekannten Punkten orientiert, u. mit Hilfe von überschüssigen Festpunkten konnte eine Ausgleichung durchgeführt werden. c) H. v. SANDEN (Die Bestimmung der Kernpunkte in der Photogrammetrie. Göttingen 1908) gibt nach Vorträgen von C. RUNGE unter Verwendung von Dreieckskoordinaten eine **lineare Bestimmung der Kernpunkte.** Die Lösung, welche die Kenntnis der inneren Orientierung **nicht** voraussetzt, führt auf 5 lineare Gleichungen mit 5 Unbekannten. Notwendig sind 8 Paare von zusammengehörigen Bildpunkten; von den zugehörigen Geländepunkten dürfen höchstens 5 in einer Ebene liegen. Ferner wird bei bekannter innerer Orientierung auch die Bestimmung der Kernpunkte für den Fall behandelt, daß das Objekt eine Ebene ist. Beiden Untersuchungen ist je ein Zahlenbeispiel angefügt. d) K. FUCHS zeigt in einer sehr lesenswerten Abhandlung (Berechnung der Konstanten der Aufstellung aus inneren Daten. Int. Arch. Photogrammetrie, Bd. 1, S. 201—213, 264—278. Wien 1909, und Bd. 2, S. 112—118. Wien 1911), wie man von den nach geeigneten Gesichtspunkten im Vorder- und Hintergrund ausgewählten, zusammengehörigen Bildpunkten durch ein graphisch-analytisches Näherungsverfahren zu Kernstrahlen u. damit zu guten Näherungskoordinaten der Kernpunkte gelangt. Eine Ausgleichung mit 4 Unbekannten führt zu verbesserten Werten; die allgemeine Form der zugehörigen Fehlergleichung wird aufgestellt. Ferner ist zur Vervollständigung der gegenseitigen Orientierung angegeben, um welche Winkel die zweite Platte um die Achsen eines mit ihr verbundenen Koordinatensystems zu drehen ist, damit sie zur ersten Aufnahme parallel liegt. Da das angegebene Verfahren für Senkrechtaufnahmen versagt, so wird zum Schluß noch auseinandergesetzt, wie man für diesen Fall die gegenseitige Lage der Kammern im Augenblick der Aufnahme aus dem Inhalt der beiden Bilder ohne Verwendung der Kernpunkte ermitteln kann. e) In der Abhandlung „Gegenseitige Orientierung von nahezu parallelen Aufnahmen in der Photogrammetrie" (Z. Mathematik u. Physik, Bd. 59 [1910], S. 12—20) bestimmt H. v. SANDEN zunächst unter Voraussetzung streng paralleler Platten das Verhältnis Höhenunterschied zur Horizontalentfernung der Ballonorte. Hierauf werden für annähernd parallele Bildebenen (Winkel α der Bildebenen ist eine kleine Größe von der 1. Ordnung) die Verhältnisse des Höhenunterschieds der Aufnahmen zu den Horizontalkoordinaten des zweiten Ortes O_2 in bezug auf den ersten Ort O_1 ermittelt u. die Winkel bestimmt, welche die Koordinatenachsen eines mit der zweiten Aufnahme verbundenen Systems mit den entsprechenden Achsen der ersten Aufnahme einschließen. Bis hierher ist alles ziemlich einfach; die Ergebnisse werden aus 5 linearen Gleichungen gewonnen, sind aber im allgemeinen noch nicht genügend scharf. Die weitere Entwicklung, welche auch noch die Glieder mit α^2 berücksichtigt, führt ebenfalls auf lineare Gleichungen mit 5 Unbekannten. Die Koeffizienten u. Absolutglieder dieser Gleichungen werden jedoch so umständlich, daß eine praktische Ausnutzung dieser schärferen Beziehungen kaum in Frage kommt. f) Im Anschluß an FINSTERWALDERsche Vorlesungen entwickelt CHRISTIAN SCHMIDT (Über die gegenseitige Orientierung von Flugaufnahmen mittels gnomonischer Projektion. Z. Vermess.-Wes. 1928, S. 209—219, 273—286, 337—356) aus den bekannten Eigenschaften der direkten gnomonischen Projektion ein neues Orientierungsverfahren. Eine wichtige Rolle spielen dabei Widersprüche in der Ähnlichkeit zweier Punktreihen, welche durch zwei festbleibende parallele Gerade auf den Verbindungslinien entsprechender Bildpunkte ausgeschnitten werden. Die an einen graphischen Vorversuch anschließende schärfere Rechnung führt mit Hilfe von 5 Paaren entsprechender Bildpunkte auf 4 lineare Gleichungen mit 4 Unbekannten (3 kleine Drehkomponenten u. ein Maßstabfaktor). Die Ausführungen sind durch ein Zahlenbeispiel erläutert. g) JOH. KOPPMAIR (Generelle Lösung der Grundaufgabe der Photogrammetrie. Allg. Vermess.-Nachr., 43. Jahrg.) stellt unter der praktisch immer zutreffenden Voraussetzung, die innere Orientierung sei bekannt, aus 8 Bildpunktspaaren durch Vermittlung der stereographischen Projektion ein System von 8 linearen Gleichungen auf, deren Unbekannte auf die 5 eigentlichen Orientierungselemente führen. h) Siehe auch die auf S. 326, Fußnote 3, genannte Arbeit von S. FINSTERWALDER, in welcher für annähernd ebenes Gelände eine ziemlich einfache Art der Nadirübertragung von einer Aufnahme in eine andere, daran angeschlossene gezeigt wird. i) Die S. 328 u. 329 auseinandergesetzte Lösung von S. FINSTERWALDER u. k) F. WEIDMANN, „Über die gegenseitige Orientie-

Fall sehr umständlich und auch im besonderen Fall der Senkrechtaufnahmen nicht eben einfach, solange die Nadirabstände nicht in noch wesentlich engere Grenzen als bisher gezwängt werden können. Für die Praxis ist daher zur Zeit die rechnerisch-analytische Lösung nur von geringer Bedeutung; hier steht die optisch-mechanische Orientierung eines Plattenpaares im Vordergrund. Sie erfolgt mit den auch für die Einzelauswertung von Luftaufnahmen bestimmten Instrumenten, indem durch systematisches Probieren eine fortschreitende, nach Verlauf von einer oder mehreren Stunden genügende Annäherung an die wahren Werte der Orientierungselemente erzielt wird[1].

f) Einige Instrumente zur optisch-mechanischen Auswertung von Zweibildaufnahmen.

Die wichtigsten aus dem deutschen Kulturkreis[2] stammenden Instrumente zur optisch-mechanischen Orientierung und Auswertung von Luftaufnahmen sind in der Reihenfolge ihrer Entstehung:
1. der Inag-Doppelprojektor von M. GASSER,
2. der Autokartograph von R. HUGERSHOFF,
3. der Stereoplanigraph von BAUERSFELD-ZEISS,
4. der Stereoautograph von WILD,
5. der Aerokartograph von HUGERSHOFF,
6. der Aeroprojektor Multiplex von ZEISS-AEROTOPOGRAPH.

Eine ausführliche Beschreibung dieser teilweise sehr komplizierten Instrumente muß hier unterbleiben; immerhin sollen einige charakteristische Merkmale gestreift werden[3].

Zu 1. Denkt man sich die entwickelten Platten Pl_1, Pl_2 (Abb. 364) zweier Luftaufnahmen mit den Kammern in richtige gegenseitige Lage gebracht und von hinten her beleuchtet, so werden sich die das Objektiv verlassenden Hauptstrahlen paarweise in den Punkten der aufgenommenen Geländeoberfläche schneiden. Wird die Basis O_1O_2 genügend verkleinert, so kann man im Zimmer an dem entstandenen, dem Original ähnlichen Geländemodell Messungen ausführen. Irgendeine durch die Oberfläche eines Projektionstisches T dargestellte Ebene schneidet die beiden durch O_1 und O_2 bestimmten Bündel von Hauptstrahlen in zwei Punktfeldern, deren entsprechende Elemente im allgemeinen getrennt liegen. Aus dem Gewirr der sich gegenseitig störenden Projektionen hebt sich aber der geometrische Ort von zusammenfallenden entsprechenden Punkten, d. i. die Schnittlinie des Geländes mit dem Auf-

---

rung zweier Luftbilder eines e b e n e n G e l ä n d e s bei gegebenen inneren Orientierungen u. beliebigen Nadirdistanzen" (Bildmessung u. Luftbildwesen 1937, S. 29—34).

[1] Gegenüber der rechnerischen Ermittlung von Orientierungsverbesserungen ist dieser mechanisch-optische Weg schon dadurch im Vorteil, daß hier die Interpolationen der Wirklichkeit entsprechend nicht auf Geraden, sondern mechanisch auf Kurven vorgenommen werden. OTTO v. GRUBER hat Differentialformeln (Einfache und Doppelpunkteinschaltung im Raum. Jena 1924) aufgestellt, deren Kenntnis die optisch-mechanische Orientierung wesentlich erleichtert.

[2] Einige Angaben über f r a n z ö s i s c h e Auswerteinstrumente – besonders über den Stereotopograph POIVILLIERS – siehe im Int. Arch. f. Photogrammetrie, VII. Bd., 2. Hälfte (1930—1931), S. 59—72; siehe auch in Ferienkurs in Photogrammetrie (O. v. Gruber) den von W. SANDER bearbeiteten Abschnitt, S. 173—289, u. v. GRUBER, S. 324—427.

[3] Für ein eingehendes Studium dieser Instrumente und ihre Handhabung sei besonders auf die S. 260, 261, Anm. 5, genannten Bücher u. Zeitschriften verwiesen. Siehe ferner: a) GASSER, M.: Die Aerokarte von Kalkberge. Kalkberge 1926, u. die darin genannten GASSERschen Patentschriften ab 1915; b) DOLEŽAL, E.: Photogrammetrische Instrumente, Schöpfungen der letzten Jahre, Int. Arch. f. Photogrammetrie, VI. Bd., S. 248—310. Wien 1923; c) v. GRUBER, OTTO: Der Stereoplanigraph der Firma Carl Zeiß, Jena, Z. Instrumentenkde. 1923, S. 1—16; d) HUGERSHOFF, R.: Der Aerokartograph von Prof. Dr.-Ing. Hugershoff. Schweiz. Z. Vermess.-Wes. u. Kulturtechnik 1928, S. 2—11; e) GRAF, R.: Fehlertheorie des WILDschen Stereoautographen; f) BERCHTOLD, E.: Der WILD-Autograph; g) BAESCHLIN, F.: Zur Theorie des WILD-Autographen; h) HAERPFER, A.: Der Plattendrehungswinkel beim WILD-Autographen; sämtlich in der Schweiz. Z. Vermess.-Wes. u. Kulturtechnik, u. zwar e) in 1928, S. 250—264, f) in 1929, S. 49—59, g) in 1929, S. 110—116 u. 123—125, h) in 1929, S. 179 u. 180.

fangschirm, deutlich ab. Sie kann durch Nachfahren mit Blei gezeichnet werden. Handelt es sich, wie in Abb. 364 angenommen, um einen waagrechten Projektionstisch, so erhält man durch lotrechtes Verstellen desselben Schichtenlinien, deren Meereshöhen H ein Zeiger Z am festen Höhenmaßstab M_H angibt.

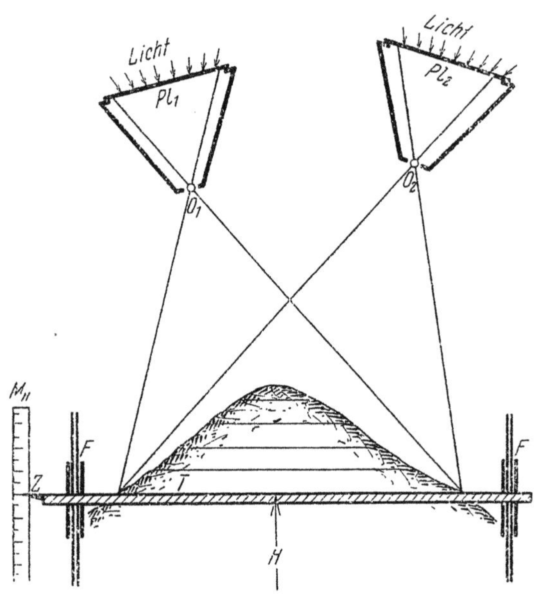

Abb. 364. (Vertikalschnitt.) Grundgedanke der Geländeausmessung durch Doppelprojektion.

Nach wichtigen Vorarbeiten von TH. SCHEIMPFLUG für terrestrische Horizontalaufnahmen mit bekannter Orientierung wurde die vorhin entwickelte, bestechend einfache Idee im Doppelprojektor von M. GASSER (Inag-Gerät) für nicht von vornherein orientierte Luftaufnahmen verwirklicht. Bei diesem Apparat werden zwei auch der Höhe nach verstellbare Projektoren an einer Laufschiene so befestigt, daß die vor den Objektiven befindlichen Spiegel von den Platten Bilder entwerfen, welche zueinander und zum Gelände die gleiche Lage besitzen wie bei der Aufnahme die Platten. Zur Ermöglichung einer solchen Ausrichtung sind die Projektionskammern außerdem um Kugeln, deren Mittelpunkte den Aufnahmeorten entsprechen, nach allen Richtungen hin drehbar. Ein waagrechter, der Höhe nach verstellbarer Tisch, dessen jeweilige Lage scharf abgelesen werden kann, trägt die Projektionsfläche. Sind die Kammern ausgerichtet und die Platten beleuchtet, so kann man für verschiedene Stellungen des Tisches die mehr oder weniger scharf hervortretenden Höhenlinien bzw. die in der betreffenden Ebene liegende Situation zeichnen. Wenn das Gelände wenig Einzelheiten enthält, so ist die vorgesehene Unterstützung der freiäugigen Konstruktion durch das PULFRICHsche Blinkverfahren oder durch Anaglyphen zu empfehlen. Bei ersterem werden die Platten in rascher Folge abwechselnd beleuchtet, so daß entsprechende Teile der beiden Projektionen um so mehr gegeneinander springen, je weiter sie voneinander abstehen. Lediglich die gesuchten, jeweils in der Projektionsfläche liegenden Geländepunkte bleiben dabei ruhig stehen, wodurch ihre Festlegung in der unruhigen Umgebung erleichtert wird. Das Anaglyphenverfahren sieht die Benutzung einer Brille mit zwei komplementär gefärbten Gläsern (hier rot und blau) vor, durch welche die in gleicher Färbe gehaltenen, aufeinanderliegenden Projektionsbilder zu betrachten sind. Jedem Auge wird das seiner Brille gleichfarbige Bild zugeführt, und man sieht dann ein räumliches Geländemodell, dessen Schnittlinie mit der Tischebene durch Nachfahren festgelegt wird.

Die der Auswertung vorangehende Orientierung der Projektoren erfolgt unter Benutzung von drei in den Platten abgebildeten Festpunkten mittels der für die Kammern vorgesehenen Bewegungen. Es handelt sich um eine Lösung durch systematische Versuche, wobei zur Beurteilung des Standes der jeweils erreichten Annäherung in die Platten eingeritzte Linien Verwendung finden. Auch das Maximum der stereoskopischen Wirkung wird zur Verbesserung der Orientierung herangezogen.

In Wirklichkeit findet die Abbildung nicht nur durch die Hauptstrahlen, sondern durch die Gesamtheit aller das Objektiv durchsetzenden Strahlen statt. Daher kann, da besondere Hilfsmittel für eine Scharfabbildung in verschiedenen Entfernungen nicht vorgesehen sind, ein scharfes Bild nur für eine einzige bestimmte Schirmstellung entstehen. Dieser mißliche Umstand ist aber bei den hauptsächlich in Betracht kommenden Senkrechtaufnahmen nicht sehr schlimm, weil hier keine so großen Tiefenunterschiede wie bei Schrägaufnahmen oder gar bei terrestrischen Aufnahmen auftreten. Außerdem kann man bei kräftiger Beleuchtung eine weitere Verbesserung durch Verwendung enger Blenden erzielen.

Aus dem GASSERschen Gerät entstand durch Vereinfachungen, wesentliche Verkleinerung der Projektoren und Verwendung einer größeren Zahl derselben der um 1935 von ZEISS-AEROTOPOGRAPH gebaute Aeroprojektor Multiplex. Er eignet sich für die Kartenherstellung aus Senkrechtaufnahmen (bis etwa 10^0 Nadirabstand) in mittleren und kleinen Maßstäben (M = 1 : 25 000 und kleiner) und leistet bei verringerten Genauigkeitsansprüchen schnelle und gute Dienste, so daß er in kurzer Zeit weite Verbreitung gefunden hat.

Auf einer festen, möglichst ebenen Tischfläche T (Abb. 365), welche auch als Zeichen-

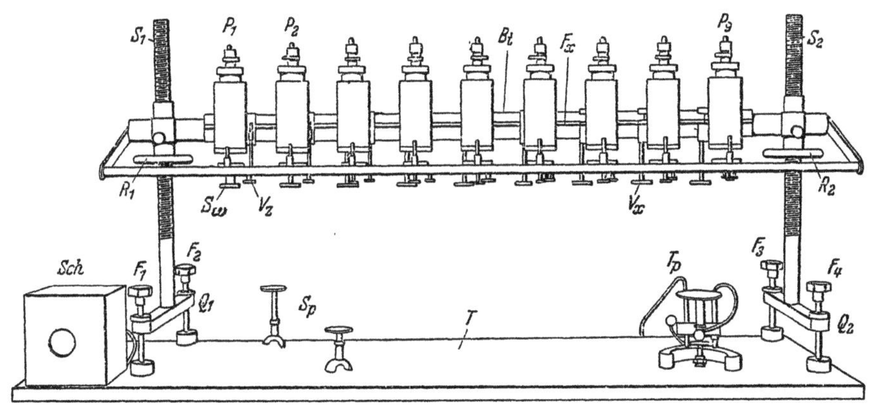

Abb. 365. Aeroprojektor Multiplex.

fläche dient, stehen über zwei von vier kräftigen Fußschrauben F_1 bis F_4 getragenen Querbalken Q_1, Q_2 zwei starke Schraubensäulen S_1, S_2. Sie halten einen Tragbalken B_t, welcher auf beiden Seiten durch Handradmuttern R_1, R_2 der Höhe nach verstellt werden kann. Die einzelnen handlichen Projektoren P_1, P_2, ... mit einem linear auf ein Viertel des Aufnahmerahmens verkleinerten Bildrahmen (4 × 4 cm zum Plattenformat 4,5 × 6 cm) und entsprechend verkleinerter Bildweite bestehen aus je einer Projektorkammer mit Halter, Kondensoraufsatz und Lampenkopf. Der Halter ist so ausgebildet, daß er an jeder Stelle in die prismatische Führung des Hauptträgers eingehängt werden kann, und daß die Projektoren gegen den Hauptträger durch Zahntrieb und Schrauben in drei zueinander senkrechten Richtungen (Koordinatenrichtungen[1]) meßbar verschoben und um drei dazu parallele Achsen gedreht werden können[2]. Die Stromversorgung geht über den Schaltkasten *Sch*. Als Projektionsfläche dient jeweils die mattweiße Oberfläche eines auf der Zeichenfläche freihändig verschiebbaren Tischchens T_p mit Einstellmarke, zentrischem Zeichenstift und Höhenmaßstab. Die mittlere Projektionsweite (Abstand der Ebene bester Bildschärfe vom Objektiv) ist 36 cm bei Normalprojektoren. Da infolge kleinen Öffnungsverhältnisses der Objektive die Tiefenschärfe noch bis 10 cm zu beiden Seiten der mittleren Projektions-

---

[1] Für analytische Betrachtungen liegt die x-Achse waagrecht in Richtung der mit B_t verbundenen Abszissenführung F_x, die y-Achse waagrecht u. senkrecht zur x-Achse, während die z-Achse lotrecht steht.

[2] Die hierfür dienenden Bewegungsantriebe sind in der Abbildung nur zum Teil dargestellt. V_x, V_y, V_z bewirken die Verschiebungen in den Koordinatenrichtungen; die Drehbewegungen der Kammer werden durch eine Kantungsschraube S_x, eine Verschwenkungsschraube S_φ (Längsneigung) u. eine Verkippungsschraube S_ω (Querneigung) ermöglicht.

weite ausreicht, so bleibt auch für die dritte Dimension genügend Spielraum. Die räumliche Wirkung wird durch das Anaglyphenverfahren erzielt.

Zur Auswertung eines Flugstreifens sind Haupt- und Querträger – ersterer auf ungefähre Flughöhe eingestellt – waagrecht zu stellen. Dann wird mit Hilfe von bekannten Punkten, deren räumliche Lage durch die Marken von eigenen Paßpunktsäulen S_p sichtbar gemacht ist, die äußere Orientierung des ersten Bildes vorgenommen. Reichen die Paßpunkte nicht aus, so kann die absolute Orientierung der ersten Aufnahme nur näherungsweise durch Schätzung erfolgen. Nach vorläufiger Anreihung des zweiten Bildes (etwa $\frac{2}{3}$ Überdeckung) zeigen entsprechende Punkte zunächst Parallaxe (Seitenparallaxe in der x-Richtung, Höhenparallaxe in der y-Richtung). Werden diese Parallaxen durch Verschiebungen und Drehungen des Gliedes P_2 restlos beseitigt, so ist das zweite Bild gegen das erste ausgerichtet[1]. Ebenso kann man die übrigen Bilder zu den vorhergehenden hinzuorientieren und so bei sorgfältiger Arbeit auch größere festpunktlose Gebiete überbrücken. Nach Durchführung der gegenseitigen Orientierung sämtlicher Aufnahmen erfolgt mit Hilfe aller vorhandenen und signalisierten Paßpunkte (etwa 5 Punkte auf einen Satz von 9 Aufnahmen) die Verbesserung (Ausschaukelung) der vorläufigen absoluten Orientierung des ganzen Aggregats. Dies wird erreicht: einerseits durch eine entsprechende Neigungsänderung des Tragbalkens mit den Handrädern R_1, R_2 unter Benutzung zweier Festpunkte mit großem Abszissenunterschied und andrerseits durch eine Drehung des ganzen Modells um die Längsachse mittels der Fußschrauben F_1 bis F_4 bei Verwendung von zwei Festpunkten mit großem Ordinatenunterschied. Hierauf erfolgt erst die Einzelauswertung der Formlinien, Verkehrswege, Kulturgrenzen usw. durch Abtasten der betreffenden Linien mittels der entsprechend gehobenen Einstellmarke des freihändig nachgeschobenen Tischchens. Der Stift bezeichnet sogleich den Grundriß; die Höhen sind, soweit erforderlich, abzulesen. Zur Zeichnung der Schichtlinien behält die Tischmarke die eingestellte Höhenlage bei; das Nachführen erfolgt so, daß die Marke in der Geländefläche bleibt und der Stift die Höhenlinie im Grundriß zeichnet. Sinkt die Geländeneigung unter 3^0, so wird diese Art der Ermittlung von Höhenlinien zu unsicher. Hauptsächlich mit Rücksicht auf die Höhendarstellung und zur Verkleinerung des Einflusses der Befahrungsfehler erfolgt, wie auch bei anderen Auswerteinstrumenten, die Auswertung mindestens im doppelten Maßstab der schließlich erstrebten Karte.

Die mit dem Multiplex erzielte Genauigkeit[2] ist etwa ein Drittel derjenigen des Stereoplanigraphen. Der Hauptvorteil dieses einfachen Geräts liegt in der Herstellung eines ausgedehnten Geländemodells durch gleichzeitige Projektion einer größeren Zahl von gegenseitig orientierten Aufnahmen eines Flugstreifens, so daß mehrere Personen gleichzeitig an der Auswertung dieses Streifens arbeiten können.

Den unter 2. bis 5. genannten Auswertegeräten ist die Verwendung von zwei Bildmeßtheodoliten und einer stereoskopischen Betrachtung unter Verwendung einer Raummarke gemeinsam. Diese Apparate bestehen in der Hauptsache aus zwei Bildträgern (Projektoren) mit Lenkern, einem stereoskopischen Betrachtungssystem, einer Kartierungseinrichtung und einigen Meßvorrichtungen. Zur Puntkeinstellung müssen die genannten Bestandteile gegeneinander bewegt werden, was bei den einzelnen Konstruktionen in verschiedener Weise erfolgt.

Beim Autokartographen von R. Hugershoff (1919) liegt das stereoskopische Betrachtungssystem (Doppelfernrohr) fest, und nach erfolgter Orientierungseinstellung ist auch die Neigung der Bildträger gegen die Zeichenebene unveränderlich. Zur Einstellung der Kammerzielstrahlen, d. h. zur Punkteinstellung auf die festgelagerten, waagrechten Zielachsen werden einerseits die Bildträger um senkrechte Stehachsen

---

[1] Diese Arbeit wird sehr erleichtert, wenn man sich vorher über die den einzelnen Bewegungen entsprechenden Punktverschiebungen ein klares Bild verschafft.

[2] Siehe dazu die auf S. 337 in der Fußnote unter m) u. n) genannten Arbeiten von Bean, R. K., u. Richter, Hans.

durch die vorderen Hauptpunkte der Kammer(Bildträger)objektive gedreht und andrerseits zwei vor diesen befindliche Reflektoren um die ebenfalls durch die genannten Hauptpunkte gehenden Fernrohrachsen gekippt. Die erste Bewegung dient zur Messung horizontaler Richtungen; dabei erfahren die von den Bildträgerstehachsen mitgenommenen Horizontallineale (orientierte Vorwärtsstrahlen) solche Drehungen, daß ihr Schnittpunkt den Grundriß des Geländepunktes angibt. Durch die Kippung der Reflektoren hingegen werden die Höhen bestimmt. Hebelsysteme übertragen diese Bewegungen so auf die Hypotenusenlineale der zu beiden Vorwärtsstrahlen gehörigen, in den Grundriß geklappten Höhendreiecke, daß an den Höhenmaßstäben die Geländehöhen bzw. deren Unterschiede gegen die Aufnahmestandpunkte erscheinen. Dabei müssen durch zwei Invarbänder die horizontalen Katheten der Höhendreiecke automatisch den Grundrißlängen der entsprechenden Vorwärtsstrahlen gleich lang gehalten werden. Die der Einzelpunktauswertung vorausgehende Orientierung erfolgt: a) durch Drehungen der Plattenhalter um die Kammerachsen zur Berücksichtigung der Verkantungen, b) durch geeignete Drehungen (Kippungen) der Projektoren um die waagrechten Fernrohrachsen zur Einstellung der Kammerneigungen und c) durch die den Verschwenkungen entsprechenden Drehungen der freigegebenen horizontalen Lineale um die Zapfen der Bildträgerstehachsen mit nachfolgender Klemmung derselben.

Ein wesentlich leichter gehaltenes Instrument ist der 1926 entstandene Aerokartograph von Hugershoff. Vom Autokartograph, mit dem er im Grundgedanken übereinstimmt, unterscheidet er sich – abgesehen vom geringeren Gewicht – vor allem dadurch, daß keine Zerlegung in eine Grund- und Aufrißkonstruktion mit gesonderten Projektionslinealen stattfindet. Die Punktermittlung erfolgt hier vielmehr durch Vermittlung zweier die Zielstrahlen verkörpernder Raumlenker. Bemerkenswert ist auch eine Vorrichtung zur Umkehrung des Stereoeffekts, welche außerdem eine einfache, rasche Aneinanderreihung von aufeinanderfolgenden Bildern ohne Herausnahme der bereits orientierten Platte ermöglicht. Durch eine einzige Hebelbewegung wird das rechte Bild unter Erhaltung seiner Orientierung zum linken Bild einer neuen Kombination gemacht.

Der schon etwas früher entstandene Autograph von Wild besitzt ebenfalls Raumlenker. Sie sind hier zu den Kammerachsen senkrecht gestellt und mit den Bildträgern fest verbunden. Das Betrachtungssystem steht fest, und die ganzen Bewegungen werden bei diesem Instrument den Bildträgern zugeschoben. Bei den Kammerbewegungen um lotrechte und waagrechte Achsen schließen die zu den Bildebenen parallelen Lenker mit der Zielachse des festliegenden Betrachtungsfernrohres andere Winkel ein wie die entsprechenden Feldstrahlen mit den Kammerachsen. Zur Behebung dieses Fehlers erfolgt durch ein besonderes Korrektionsglied eine geeignete zusätzliche Bewegung der Kammern um ihre Längsachsen. Das Instrument wurde seither zum Stereoautograph Wild A 5 vervollkommnet. Im Gegensatz zu diesem Universalgerät ist das einfachere und weitaus billigere Stereokartiergerät Wild A 6 ein Spezialgerät für den ungemein großen und wichtigen Bereich der Senkrechtaufnahmen[1].

Das zur Zeit vollkommenste und leistungsfähigste Auswerteinstrument für Luftaufnahmen ist wohl der Stereoplanigraph von Bauersfeld-Zeiss. Es handelt sich hier gewissermaßen darum, diejenigen Gelände- bzw. Modellpunkte ausfindig zu machen, von welchen aus im parallelen Strahlengang in beiden Platten jeweils entsprechende Bildpunkte erscheinen. Charakteristisch sind die vor den Kammer- bzw. Bildträgerobjektiven befindlichen, beweglichen Zusatzsysteme, welche eine Brennweitenänderung ermöglichen und im gerade betrachteten Geländepunkt sowie in seiner allernächsten Umgebung eine Scharfabbildung herbeiführen. Sie werden durch Lenker von veränderlicher Dicke gesteuert. Das Betrachtungssystem ist ein Doppelmikroskop mit festliegenden Okularen, welches im übrigen als optische Schere ausgebildet ist,

---

[1] Diese Neukonstruktion vom Jahre 1936 beschreibt Voegeli, R., in „Einpassung u. Auswertung von Flugaufnahmen am Stereokartiergerät A 6 der Firma Wild, Heerbrugg" (Schweiz. Z. f. Vermess.-Wes. u. Kulturtechnik 1941, S. 77—84 u. 144—149).

damit der Meßmarkenträger die Verschiebungen eines Kreuzschlittens mitmachen
kann. An die kurzen räumlichen Lenker, welche in ihrem weiteren Verlauf durch Lichtstrahlen ersetzt sind, werden hohe Genauigkeitsanforderungen gestellt. Zur Orientierung der Aufnahmen wird jede Kammer für sich um entsprechende Achsen verkantet,
gekippt und verschwenkt. Die Einstellung der Basiskomponenten erfolgt durch geeignete Verschiebungen der Kammern und der Meßmarken aus ihren Ausgangsstellungen, worauf sie mit ihren Trägern fest verbunden werden und bleiben. Bei der Einzelauswertung der Aufnahmen werden die Geländepunkte mit der Raummarke eingestellt
und die von einem Kreuzschlitten ausgeführten Grundrißbewegungen auf das Zeichenbrett übertragen.

Gegenüber dem skizzierten Modell von 1923 zeigt der Stereoplanigraph von 1930
wesentliche Änderungen. Diese zielen unter Verzicht auf die Ausarbeitung von Schrägaufnahmen und von terrestrischen Aufnahmen darauf hin, ein für die Auswertung der
wichtigeren Senkrecht- bzw. Steilaufnahmen besonders geeignetes und leistungsfähiges Instrument zu schaffen. Es besitzt den großen Vorzug, daß die äußere Orientierung gewonnen werden kann, ohne daß eine nennenswerte Störung der vorher ermittelten gegenseitigen Orientierung der Aufnahmen erfolgt. Inzwischen ist das Instrument weiter vervollkommnet worden. Es besteht jetzt die für genaue Aerotriangu-
lationen wichtige Möglichkeit, durch eine einfache optische Umschaltung die den beiden
Augen zugeführten Bilder zu vertauschen[1].

Bei Feinmessungen kann auch die Erdkrümmung und die atmosphärische
Strahlenbrechung eine Rolle spielen[2].

Die Genauigkeit der heute verwendeten stereoskopischen Auswertegeräte
für Luftaufnahmen läßt sich kurz dahin charakterisieren, daß die Fehler dieser Instrumente die rohe Zeichenungenauigkeit nicht überschreiten, zum Teil sogar wesentlich darunter bleiben. Außer von der Geschicklichkeit des Auswerters und der dem
Auswerteinstrument eigenen Leistung hängt sie auch von der Anordnung der Aufnahmen, der Beschaffenheit und Beleuchtung des Geländes, der Aufnahmeoptik, der
Fluggeschwindigkeit und vom Plattenkorn ab[3].

---

[1] Eine Zusammenstellung von Patenten u. Patentanmeldungen auf Doppelbildauswertegeräte
für Kartierung oder Modellierung gibt W. SANDER in O. v. GRUBER: Ferienkurs in Photogrammetrie, S. 286 u. 287. Stuttgart 1930. Siehe auch die Patentzusammenstellung, welche E. DO-
LEŽAL seiner Abhandlung „Photogrammetrische Instrumente. Schöpfungen der letzten Jahre"
am Schluß beigefügt hat (Int. Arch. Photogrammetrie, Bd. 6, S. 248—310. Wien 1923). So vollkommen die Auswerteapparate für Luftaufnahmen heute schon sind, so teuer sind sie auch – abgesehen etwa vom Multiplex – und können daher nur von leistungsfähigen Instituten u. Gesell-
schaften erworben werden. Es liegt daher das Bestreben nahe, nach billigeren Hilfsmitteln aus-
zuschauen. So hat J. KOPPMAIR in seiner auf S. 330, Fußnote 1, unter g) genannten Schrift
eine einfache Vorrichtung angegeben, welche mit beschränkter Genauigkeit die gegenseitige
Orientierung von Luftaufnahmen ermöglicht. Dabei finden zwei in einem Rahmen drehbare,
stereographische Netze Verwendung. Einer schärferen Lösung soll ein ebenfalls die stereographische
Projektion benutzender Orientierungsapparat (Universalstereograph) mit stereoskopischer Be-
trachtungseinrichtung dienen, über welchen KOPPMAIR auf der Jubiläumstagung der Österreichischen Gesellschaft für Photogrammetrie in Wien im März 1932 vorgetragen hat (Bildmessung u. Luftbildwesen 1932, S. 123—128).
[2] Nach den Untersuchungen von ASCHENBRENNER, C. (Bildmessung u. Luftbildwesen
1937, S. 2—10), hat die atmosphärische Strahlenbrechung zur Folge, daß ein Luftbild das Gelände
so wiedergibt, als sei es

1. um einen gewissen Betrag Δh_1 gleichmäßig gehoben u. außerdem
2. allseitig symmetrisch zum Nadirpunkt so aufgewölbt, daß aus ursprünglich horizontalen
Ebenen flache, nach oben zu hohle Kugelschalen werden.
Weitere einschlägige Arbeiten stammen von GAST, P. (Bildmessung u. Luftbildwesen 1937,
S. 102—108), u. von SCHÜTTE, K. (Z. f. Vermess.-Wes. 1937, S. 514—523).
[3] Daß bei Verwendung regelmäßig geformter Ziele die Genauigkeit wesentlich über die
sonst durch das Plattenkorn bedingte Grenze hinausgeht, hat RAAB, K. O., gezeigt (Z. f.
Vermess.-Wes. 1938, S. 101—116).
Einzelheiten zur Genauigkeit der größeren Auswerteinstrumente siehe in folgenden Arbeiten:
a) Die Photogrammetrie u. ihre Anwendung bei der schweizerischen Grundbuchvermessung u.
bei der allgemeinen Landesvermessung; Sammlung von Referaten. Brugg 1926; b) SCHNEIDER,

g) Lufttriangulation.

Bei der **Luft-, Aero- oder Bildtriangulierung** handelt es sich darum, aus dem Inhalt stark übergreifender Aufnahmen ein Dreiecksnetz zu erstellen, wobei die gegenseitige Sichtbarkeit der ausgewählten Dreieckspunkte **keine Rolle** spielt. Diese Bildtriangulation ist dann besonders wichtig, wenn terrestrische Festpunkte nur am Anfang und Ende eines langen Fluges zur Verfügung stehen, dazwischen aber weite festpunktslose Räume zu überbrücken sind. Je nachdem die Netzpunkte nur im Grundriß oder auch der Höhe nach zu bestimmen sind, spricht man von einer ebenen oder Radialtriangulierung bzw. von einer räumlichen Bildtriangulation.

Zur Durchführung der **räumlichen Aerotriangulation** wird man zunächst ein erstes Bildpaar im Anschluß an gegebene Festpunkte unter sich und gegen die Erdoberfläche orientieren. Das Luftauswertegerät gibt dann nach Einstellung geeignet ausgewählter, auch im folgenden dritten Bild enthaltener Dreieckspunkte deren Raumkoordinaten an. Durch Hinzufügen von je einer weiteren, immer mit Hilfe der vorhergehenden, ausgerichteten Aufnahme zu orientierenden Platte (**Folgebildanschluß**)[1] erhält man eine Folge von räumlich bestimmten Dreieckspunkten, eine Dreieckskette oder ein Netz, welches zur Sicherheit schließlich wieder an bekannte Punkte angeschlossen wird[2].

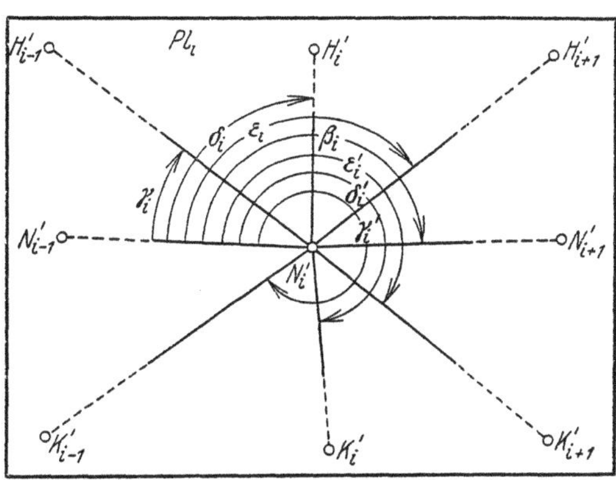

Abb. 366. (Platte.) Nadirtriangulierung.

Zur Zeit steht die **ebene Lufttriangulierung** im Vordergrund. Ihr Hauptziel besteht darin, den Grundriß eines Punktnetzes zu beschaffen, in dessen genügend enge

---

K.: Ergebnisse aerophotogrammetrischer Probeaufnahmen mit WILD-Instrumenten (Schweiz. Z. f. Vermess.-Wes. u. Kulturtechnik 1928, S. 195—208); c) SEIDEL, FRIEDRICH: Über die Prüfung der Genauigkeit der aus Luftlichtbildern hergestellten topographischen Grundkarte 1 : 5000 von Amrum u. ihre Wirtschaftlichkeit (Sonderheft 7 zu den Mitt. d. R.-A. f. Landesaufn. 1928); d) KRUTTSCHNITT, AUREL: Landesreferat über die in Ungarn hergestellten photogrammetrischen Karten (Int. Arch. f. Photogrammetrie, Bd. 7, Halbbd. 1, S. 81—101. Wien 1930); e) KUNY, W.: Festpunktlose räumliche Triangulation aus Luftaufnahmen. Stuttgart 1932; f) SCHERMERHORN, W.: Versuche zur Anfertigung von Katasterkarten im Maßstab 1 : 1000 mit aerophotogrammetrischen Instrumenten der Firma Zeiß-Aerotopograph G.m.b.H., Jena (Bildmessung u. Luftbildwesen 1932, S. 61—75); g) FINSTERWALDER, R.: Der unregelmäßige Fehler der räumlichen Doppelpunkteinschaltung (Allg. Vermess.-Nachr. 1932, S. 41—43); h) FINSTERWALDER, R.: Der unregelmäßige und systematische Fehler der räumlichen Doppelpunkteinschaltung u. Aerotriangulation (Bildmessung u. Luftbildwesen 1933, S. 133—136); i) BRUCKLACHER, W.: Praktische Untersuchung über die Auswertegenauigkeit im Stereoplanigraphen (Bildmessung u. Luftbildwesen 1934, S. 58—65); k) FINSTERWALDER, R.: Genauigkeitsuntersuchung an einem Stereoplanigraphen (Bildmessung u. Luftbildwesen 1934, S. 120—128); l) KUHLMANN, H.: Genauigkeitsuntersuchungen am Aerokartographen, Modell 1927 (Z. f. Instrumentenkde. 1935, S. 237—255 u. 277—289); m) BEAN, R. K.: Der Multiplexprojektor (Bildmessung u. Luftbildwesen 1937, S. 15—27); n) RICHTER, HANS: Herstellung u. Ergänzung topographischer Pläne u. Karten mit dem Aeroprojektor Multiplex nach den Erfahrungen der Hansa Luftbild (Bildmessung u. Luftbildwesen 1940, S. 33—54); o) GOTTHARDT, E.: Genauigkeitsfragen beim räumlichen Rückwärtseinschnitt u. bei der Doppelpunkteinschaltung im Raum (Z. f. Vermess.-Wes. 1942, S. 257—274).

[1] Umständlicher ist der rechnerische Folgebildanschluß. Siehe dazu: a) FINSTERWALDER, S.: Der Folgebildanschluß in den Sitzungsberichten d. Bayer. Akademie d. Wissenschaften, math.-naturw. Abt. 1941, S. 91—110; b) Rechnerischer Folgebildanschluß u. Berechnung der räumlichen Lage von Netzpunkten bei weitwinkligen Aufnahmen (1942 vervielfältigter Studienbehelf des Geod. Inst. d. T. H. München).

[2] Über Versuche dieser Art an einer im Harz erfolgten Probeaufnahme für den Reichsbeirat für das Vermessungswesen berichtet W. KUNY in der oben unter e) genannten Arbeit.

Maschen hinein die einzelnen Aufnahmen photomechanisch entzerrt werden sollen.
Man unterscheidet drei Verfahren der Radialtriangulierung:

1. die Nadirtriangulierung, 2. die Hauptpunkttriangulation, 3. die Fokalpunkttriangulierung.

Setzen wir zunächst eine ideale Senkrechtaufnahme voraus, so besteht zwischen den genannten Verfahren kein Unterschied, weil für die gemachte Annahme der
Nadirpunkt N', der Hauptpunkt A' und für waagrechtes Gelände auch der hernach
zu besprechende Fokalpunkt F' (Abb. 367 zeigt diese Punkte getrennt in allgemeiner

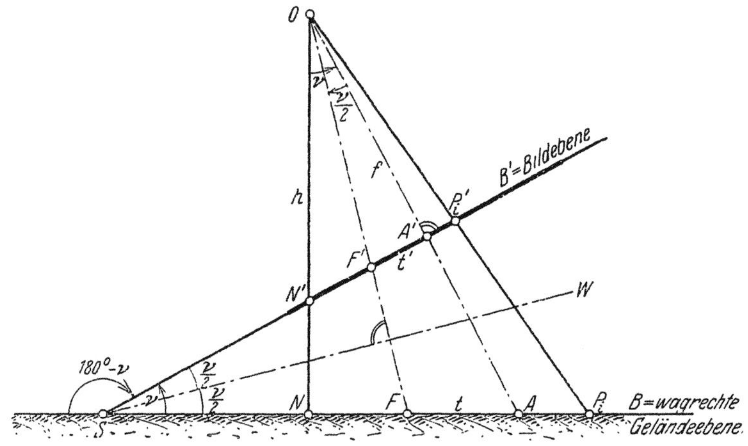

Abb. 367. (Positivstellung der Bildebene.) Nadirpunkte N', N, Hauptpunkte A', A und Fokalpunkte F', F.

Lage) zusammenfallen. Gleiches gilt für die diesen Punkten entsprechenden Geländepunkte N, A und F. Die Kammerachse ist dann der lotrechte Träger eines Ebenen-
büschels, dessen Elemente man als Zielebenen des Theodolits bei einer terrestrischen
Triangulierung im Geländenadir N betrachten kann. Da unter der getroffenen Voraussetzung Grundkreisebene und Bildebene parallel sind (beide liegen waagrecht), so läßt
sich das einer solchen Triangulierung entsprechende System horizontaler Richtungen unmittelbar dem Bild entnehmen, wenn der Theodolitaufstellungspunkt N
mit dem Bildnadir N' und die Geländepunkte P mit ihren Bildpunkten P' vertauscht
werden. Es muß also bei geeigneter Anordnung der Aufnahmen grundsätzlich möglich
sein, lediglich aus dem Platteninhalt eine bis auf den Maßstab bestimmte Dreiecksverbindung zu konstruieren, welche, dem Fluge folgend, über das Gelände hinzieht.
Daher kann, sofern man sich mit einer geringeren Genauigkeit begnügen will oder
muß, die terrestrische Triangulierung durch die ebene Bildtriangulierung ersetzt werden.

Für den soeben behandelten Sonderfall einer streng lotrechten Kammerachse ist
es bei Verwendung der zusammenfallenden Nadir- und Hauptpunkte als Richtungs-
mittelpunkte gleichgültig, wie das Gelände beschaffen ist. Höhenunterschiede verursachen hier lediglich eine radiale Verschiebung der Bildpunkte. Sie lassen also das
durch den Hauptpunkt (Büschelmittelpunkt) und die Bildpunkte bestimmte Strahlen-
system unverändert.

Für einen in praktischen Fällen meist kleinen Nadirabstand ν (Abb. 367) fallen
Hauptpunkt und Nadirpunkt nicht mehr zusammen. Nimmt man als entsprechende
Mittelpunkte der auszumessenden Richtungssätze Bild- und Geländenadir N' und N,
so handelt es sich um eine Nadirpunkttriangulierung. Dagegen spricht man
von einer Hauptpunkttriangulierung, wenn als Richtungszentren der Bildhauptpunkt A' und der Geländehauptpunkt A Verwendung finden. Die Entfernung
$A'N'$ der beiden Mittelpunkte ist $f \cdot \mathrm{tg}\,\nu$.

Sehr oft ist im Bildhauptpunkt A' kein deutlich erkennbarer Punkt abgebildet.
Dann kommt die sog. exzentrische Hauptpunkttriangulierung zum Zug. Man

benutzt hier statt A' einen davon um eine möglichst kleine Strecke e entfernten Ersatzpunkt A'_e, in dem ein auch im Nachbarbild gut erkennbarer Punkt A_e abgebildet ist. Bezeichnet w'_i die von der Bildwaagrechten aus über den aufwärts steigenden Teil des Bildes rechtssinnig gezählte, durch v, e und ΔH_i (Höhenzunahme von A_e bis P_i) entstellte Richtung der Bildstrecke $A'_e P'_i = r_i$; ist weiterhin w_i die entsprechende, d. h. ebenfalls von der Bildwaagrechten aus gezählte Richtung des Grundrisses R_i der Geländestrecke $A_e P_i$, ω'_e die Richtung der Exzentrizität $A' A'_e = e$ und h der Höhenzuwachs von A_e bis O, so gilt

$$\left.\begin{aligned}
w_i - w'_i &= \frac{v^2}{4}\sin 2\,w'_i - v\,\frac{\Delta H_i}{h}\cdot\frac{f}{r_i}\cos w'_i \\[1mm]
&\quad + \frac{e}{r_i}\cdot\frac{\Delta H_i}{h}\sin(w'_i - \omega'_e) - v\,\frac{e}{f}\sin w'_i\sin(w'_i - \omega'_e) + G^3\ldots
\end{aligned}\right\} \tag{936}$$

Hierin sind die Winkelgrößen in Bogenmaß zu nehmen.

Handelt es sich um eine exzentrische **Nadirtriangulierung**, deren Exzentrizität $N' N'_e = e_n$ die Richtung ω'_{ne} besitzt, so tritt an Stelle von (936) die Beziehung

$$\left.\begin{aligned}
(w_i - w'_i)_n &= -\frac{v^2}{4}\sin 2\,w'_i - v\,\frac{e_n}{f}\sin w'_i\sin(w'_i - \omega_{ne}) \\[1mm]
&\quad + \frac{e_n}{r_i}\cdot\frac{\Delta H_i}{h_n}\sin(w'_i - \omega'_{ne}) + G^3.
\end{aligned}\right\} \tag{937}$$

h_n ist die Höhenzunahme vom Geländepunkt N_e bis O.

Der bei der Hauptpunkttriangulierung in (936) auftretende, unter Umständen gefährliche Vergrößerungsfaktor $f:r_i$ ist in (937) nicht enthalten. Zur genäherten Bestimmung der hierin bzw. in (936) und (937) enthaltenen Plattenneigung v und ihrer Richtung sowie der dazu senkrechten Bildhorizontalen, von welcher aus die w_i und w_i' gezählt werden, kann der Stand einer bei der Aufnahme mitabgebildeten Dosenlibelle dienen[1].

Da man bei geneigter Plattenlage für die Nadirpunkttriangulierung den Bildnadir N' erst berechnen müßte, während der Hauptpunkt von vornherein bekannt ist, so zieht man die Hauptpunkttriangulierung in der Regel vor. Vielleicht noch zweckmäßiger ist bei geneigter Kammerachse und ebenem Gelände die **Radialtriangulierung mit Fokalpunkten** (winkeltreue Punkte). Sie besteht in folgendem:

Bei horizontaler Geländeebene B (Abb. 367) schließt diese mit der geneigten Bildebene B' den gleichen Winkel v ein, welchen die Kammerachse $O A'$ mit dem Lot $O N'$ bildet. Zieht man durch O eine Senkrechte $O F$ zur Ebene W, welche den von B und B' eingeschlossenen Winkel v halbiert, so wird der von dieser Senkrechten getragene Ebenenbüschel durch B und B' aus Symmetriegründen in zwei kongruenten Strahlenbüscheln geschnitten, deren Mittelpunkte die als **Bildfokalpunkt** F' und **Geländefokalpunkt** F bezeichneten Durchstoßpunkte sind[2]. Wenn man also bei waagrechtem Gelände, aber beliebig geneigter Bildebene die Fokalpunkte F, F' mit entsprechenden Gelände- bzw. Bildpunkten verbindet, so sind die entstehenden Strahlensysteme kongruent; die dem Bild entnommenen Richtungen und Winkel zum Scheitel F' sind gleich den entsprechenden Feldgrößen zum Mittelpunkt F.

Vor Beginn der Bildausmessung ist der Fokalpunkt F' vom Hauptpunkt A' aus entgegengesetzt der durch das Bild der Libellenblase bestimmten Richtung in die Platte zu übertragen. Nach Abb. 367 wird die abzutragende Strecke

$$t' = A' F' = f\cdot\operatorname{tg}\frac{v}{2}, \tag{938}$$

wenn f wie bisher die Brennweite bedeutet.

---

[1] Die damit erzielte Genauigkeit kann aber im allgemeinen nicht sehr groß sein, weil die bei Verwendung des Flugzeuges unvermeidlichen Beschleunigungen den Blasenstand erheblich fälschen.

[2] Das dem Winkel $180^0 - v$ entsprechende Paar von Fokalpunkten besitzt dieselbe Eigenschaft. Es spielt aber praktisch keine Rolle, weil diese Punkte zu weit hinausfallen.

Bei einer exzentrischen Fokalpunkttriangulierung in den Punkten F'_e (Exzentrizität e_o zur Richtung ω'_{oe}) und F_e besteht die Beziehung

$$(w_i - w'_i)_o = - v \frac{e_o}{f} \sin w'_i \sin (w'_i - \omega'_{oe}) + \frac{\Delta H_i}{h_o} \left[\frac{e_o}{r_i} \sin (w'_i - \omega'_{oe}) - \frac{v}{2} \cdot \frac{f}{r_i} \cos w'_i \right] + G^3. \quad (939)$$

h_o ist der Höhenzuwachs von F_e bis O.[1]

Ein wichtiges Hilfsinstrument für die Ausmessung der Richtungen und radialen Entfernungen im Bild (Polarkoordinaten) ist der ZEISSsche Radialtriangulator, gleichgültig, ob der Nadirpunkt, der Hauptpunkt, der Fokalpunkt oder ein Ersatzpunkt als Büschelmittelpunkt dient. Dieses Instrument, bei dessen Verwendung der mittlere Richtungsfehler einer 5 cm langen Bildstrecke unter 1' gehalten werden kann, besteht im wesentlichen aus zwei auf einer Führungsschiene im ganzen und gegeneinander seitlich verstellbaren Bildwagen mit drehbaren Teilkreisen, in welche mittels besonderer

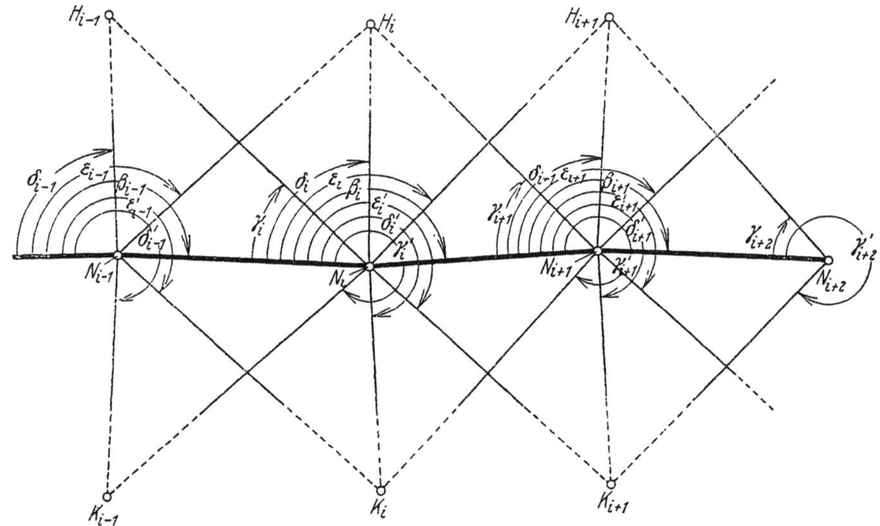

Abb. 368. (Geländegrundriß.) Aufbau eines Nadirpolygonzugs mittels Bildtriangulierung.

Bildrahmen zwei benachbarte Platten geeignet – vor allem zentrisch – eingelegt werden. Ein Doppelmikroskop und Hilfsprismen ermöglichen eine scharfe gegenseitige Orientierung und eine genaue Richtungsausmessung unter Ausnutzung des stereoskopischen Effekts[2].

Ähnliches leistet das ASCHENBRENNERsche Übertragungsgerät der Photogrammetrie G. m. b. H. in München[3].

Über die Verwendung der den Bildern entnommenen Richtungen zum Aufbau eines Polygonzuges oder von Dreiecksverbindungen sei an Hand der Abb. 366 und 368 folgendes bemerkt.

---

[1] Bereits REHN, R. E., hat in der Studie „Fehleruntersuchungen zur Nadirpunkttriangulation" in Bildmessung u. Luftbildwesen 1929, S. 86—95, die exzentrische Fokalpunkttriangulierung ebenen Geländes untersucht und strenge Formeln abgeleitet.

Schärfere Näherungen und strenge Formeln für beliebig geformtes und für geneigtes ebenes Gelände siehe in dem 1937 vervielfältigten Studienbehelf „Unterschiede zwischen Richtungen im Bild u. im Geländegrundriß" des Geod. Inst. d. T. H. München.

[2] Näheres über die Einrichtung des Radialtriangulators u. seinen Gebrauch siehe bei O. v. GRUBER: a) Fortschritte der Aerotriangulation, Bildmessung u. Luftbildwesen 1928, S. 141—150; b) Ferienkurs in Photogrammetrie, S. 318—321. Stuttgart 1930.

Angaben über Genauigkeit u. Leistungsfähigkeit des Radialtriangulators gibt SCHUBERT, A., in Bildmessung u. Luftbildwesen 1933, S. 152—163.

[3] ASCHENBRENNER, CLAUDIUS: Bericht über die Durchführung und die Ergebnisse einer Bildtriangulierung mit den neuen Geräten der Photogrammetrie G. m. b. H. Bildmessung u. Luftbildwesen 1929, Nr. 4, S. 161—169.

Hat man die den einzelnen Strahlen von einem Büschelmittelpunkt N_i' (A_i' oder F_i') zu den benachbarten Nadirpunkten N_{i-1}', N_{i+1}' und zu den Hilfspunkten H_{i-1}', H_i', H_{i+1}', K_{i-1}', K_i', K_{i+1}' entsprechenden Richtungen auf irgendeine Weise (Koordinaten, Transporteur, Radialtriangulator, Übertragungsgerät) aus den Bildern ermittelt und etwa auf den vorhergehenden Mittelpunkt N_{i-1}' als Nullrichtung bezogen, so erscheinen, abgesehen vom Einfluß systematischer und zufälliger Fehler, die in Abb. 368 eingetragenen Grundrißwinkel. Winkel β_i ist sogleich der linksseitige Polygonwinkel im Zugpunkt N_i. Zur Ableitung der Polygonseite $s_i = N_i N_{i+1}$ aus der vorhergehenden $s_{i-1} = N_{i-1} N_i$ verbindet man N_{i-1}, N_i und N_{i+1} mit einem auf den Platten Pl_{i-1}, Pl_i, Pl_{i+1} abgebildeten, derart ausgewählten Hilfspunkt H_i, daß für die Anwendung des Sinussatzes günstig geformte Dreiecke $N_{i-1} H_i N_i$ und $N_i H_i N_{i+1}$ entstehen. Mit den reduzierten Richtungen β_{i-1}, ε_{i-1}, δ_i erhält man zunächst aus $\triangle N_{i-1} H_i N_i$ die Verbindungsseite

$$N_i H_i = s_{i-1} \frac{\sin(\beta_{i-1} - \varepsilon_{i-1})}{\sin(\beta_{i-1} - \varepsilon_{i-1} + \delta_i)}, \qquad (939^1)$$

während das $\triangle N_i H_i N_{i+1}$ mit den reduzierten Richtungen β_i, δ_i γ_{i+1} auf die nächste Polygonseite

$$s_i = N_i H_i \frac{\sin(\beta_i - \delta_i + \gamma_{i+1})}{\sin\gamma_{i+1}} = s_{i-1} \frac{\sin(\beta_{i-1} - \varepsilon_{i-1}) \cdot \sin(\beta_i - \delta_i + \gamma_{i+1})}{\sin(\beta_{i-1} - \varepsilon_{i-1} + \delta_i) \cdot \sin\gamma_{i+1}} \qquad (940)$$

führt.

So gewinnt man, von einem angenommenen Wert s_1 ausgehend, von Punkt zu Punkt fortschreitend alle Seiten des Nadirpolygons bis auf den Maßstab. Diesen erhält man erst durch Berechnung oder Konstruktion einer von vornherein bekannten Länge. Zur Probe und Verschärfung der Ergebnisse dienen Kontrollpunkte K_i, welche eine zweite Seitenberechnung ermöglichen. Diese überschüssigen Punkte werden womöglich so ausgewählt, daß die Grundform der Vierecke $N_{i-1} H_i N_{i+1} K_i$ eine Raute ist. In solchen Rautenzügen ergeben sich infolge von fehlerhaften überschüssigen Bestimmungsstücken Widersprüche. Hauptsächlich mit Rücksicht auf die in den Winkeln enthaltenen systematischen Fehler, deren Durchschnittsbetrag mehrere Minuten ausmacht, ist beim heutigen Stand der Sache eine strenge Ausgleichung aller Beobachtungen in einem Guß sicherlich nicht am Platz. Auf alle Fälle kann man – worauf schon Koppmair[1] hinweist und was Aschenbrenner[2] durchgeführt hat — die einzelnen Rauten als voneinander unabhängig behandeln. Für die Ausgleichung der Einzelrauten genügen auch Näherungsverfahren[3], und wenn entsprechende Punkte H_i, K_i zur Zugrichtung einigermaßen symmetrisch liegen, kann man sich schließlich damit zufrieden geben, die Polygonseiten als einfache arithmetische Mittel aus den mit den links- und rechtsseitigen Dreiecken erhaltenen Einzelwerten zu berechnen.

Bei Parallelflügen, die auch genügende seitliche Überdeckung besitzen, sind auf den einzelnen Platten je drei Nadirpunkte des ersten und je drei des zweiten Fluges enthalten. An Stelle der beim Rautenpolygonzug verwendeten Hilfspunkte H_i treten dann ebenfalls Nadirpunkte, so daß geschlossene Dreiecke, Dreiecksketten und Netze entstehen. Für die Ausgleichung dieser Dreiecksverbindungen[4] gelten ähnliche Gesichtspunkte wie für die Rautenzüge.

Je länger bei einer Bildtriangulierung die zu überwindenden festpunktslosen Strecken sind, desto größer werden die Längen- und Richtungsfehler der von den Enden weiter

[1] Koppmair, Johann: Nadirtriangulierung. Allg. Vermess.-Nachr. 1929, S. 33 u. f.

[2] Aschenbrenner, Claudius: Über weitwinklige Luftphotogrammetrie. München 1931.

[3] Deren Verdrängung durch die strenge Ausgleichung ist erst dann berechtigt, wenn - etwa bei Verwendung von Hubschraubern oder langsam fahrenden Flugzeugen - die Nadirabstände der Aufnahmen noch stark herabgedrückt werden.
Siehe dazu auch die Ausführungen von Buchholtz in Allg. Vermess.-Nachr. 1939, S. 145–153.

[4] A. Buchholtz (Über die Ausgleichung von Bildtriangulationen. Bildmessung u. Luftbildwesen 1930, S. 17—26) schlägt eine Näherungsausgleichung vor, welche mit der Berechnung u. dem Aufbau des Netzes Hand in Hand geht.

abstehenden Polygon- und Dreiecksseiten. Zur Einschränkung dieser lästigen, in der Mitte der Kette ihr Maximum erreichenden Übertragungsfehler kann man – ähnlich wie bei der Beschaffung der Grundlagen für die tachymetrische Geländeaufnahme S. 241 ff. auseinandergesetzt ist – in geeigneten Abständen Dreiecksseiten nach Länge und Richtung (Azimutmessungen) bestimmen. Derartige „gerichtete Seiten von bekannter Länge" bedeuten für ausgedehntere Ketten sehr willkommene Stützen[1].

Bei umfangreicheren Arbeiten laufen in Knotenpunkten mehrere Rautenzüge zusammen, deren Diagonalen die Seiten größerer Dreiecke sind. Zur Festigung der Winkel und Seiten dieser Großdreiecke ist es – wie auch sonst die Ausgleichung erfolgen mag – vorteilhaft, möglichst feste Knotenfiguren zu schaffen. Dazu kann man diese Figuren aus überschüssigen Aufnahmen mehrfach ableiten und die Ergebnisse einer Ausgleichung unterziehen[2].

Über die Genauigkeit der Punktbestimmung durch Radialtriangulation sei summarisch bemerkt, daß aus Aufnahmen, welche zur Ausarbeitung im Maßstab $M = 1:10000$ bestimmt sind, bei nicht zu langen Ketten mittlere Punktfehler im Betrag von mehreren Metern hervorgehen. Die mittleren Fehler der den Bildern entnommenen Richtungen sind, wenn es sich nicht gerade um ausgesprochenes Gebirgsland handelt, auf einige Minuten zu schätzen[3]. Eine Genauigkeitssteigerung, welche nicht durch einen wesentlichen Rechenballast teuer erkauft werden muß, ist nur bei einer genaueren Orientierung der Aufnahme gegen das Lot möglich.

Eine sehr interessante und praktisch aussichtsreiche Erweiterung der Nadirtriangulierung hinsichtlich der Höhenermittlung hat S. Finsterwalder entwickelt. Den näheren Anlaß gab die unerwartet starke Raumwirkung, welche bei der stereoskopischen Betrachtung sich überdeckender Weitwinkelaufnahmen eintrat und welche beim Maßstab $1:50000$ gestattete, die Raummarke bis auf einzelne Meter auf das Gelände einzustellen[4].

---

[1] Siehe hierzu auch S. Finsterwalder: Über die zweckmäßigste Verwendung der geographischen Ortsbestimmungen bei der Nadirtriangulation. Int. Arch. Photogrammetrie, 7. Bd., 2. Halbbd., S. 37—46. Wien 1931.

[2] Mit dieser Aufgabe befaßt sich – z. T. unter Mitverwendung des Sonnenbildes – S. Finsterwalder in den Veröffentlichungen: a) Die gemeinsame Ortung einer Mehrzahl von Aufnahmen des gleichen Geländes (Bildmessung u. Luftbildwesen 1937, S. 142—150); b) Die praktische Verwertung von astronomisch georteten Luftaufnahmen (Bildmessung u. Luftbildwesen 1938, S. 93—97); c) Grundsätzliches zur astronomischen Ortung von Flugaufnahmen (1937, S. 183—187; d) Weiteres zur astronomischen Ortung von Flugaufnahmen 1938, S. 19—25; e) Die rechnerische Durchführung der Ortung insbesonders bei sonnengeorteten Luftaufnahmen 1939, S. 69—96; f) Die gemeinsame Koppelung dreier Luftaufnahmen desselben Geländes 1941, S. 175—193. Die unter c) bis f) genannten Arbeiten sind in den Sitzungsberichten d. Bayer. Akademie d. Wissenschaften enthalten.

[3] Genauigkeitszusammenstellungen u. andere einschlägige Arbeiten: a) Kommissionsberichte zum 3. Internationalen Kongreß für Photogrammetrie 1930 in Zürich (Int. Arch. Photogrammetrie, 7. Bd., 2. Hälfte, S. 141. Wien 1931); b) O. v. Gruber: Ferienkurs in Photogrammetrie, S. 474. Stuttgart 1930; c) die Koppmairsche Untersuchung (S. 341, Fußnote 1) mit Hauptpunktstriangulierung im Hochgebirge; d) die vorwiegend der Fokalpunktstriangulierung gewidmete Arbeit von Georg Schweizer (Untersuchung u. praktische Durchführung einer Radialtriangulation im Hügelland. Borna 1931); e) Dissertation von Cl. Aschenbrenner (Über weitwinklige Luftphotogrammetrie. München 1931); f) S. Finsterwalder: Die Fehlergesetze gleichförmiger gestreckter Dreiecksketten (Sitzungsberichte d. Bayer. Akademie d. Wissenschaften, math.-naturw. Abt. 1933, S. 149—177); g) C. Aschenbrenner: Die Ausgleichung mittels konformer Abbildung unter besonderer Berücksichtigung der Aerotriangulation (Bildmessung u. Luftbildwesen 1936, S. 51—62); h) O. v. Gruber: Beitrag zur Theorie u. Praxis von Aeropolygonierung u. Aeronivellement (Bildmessung u. Luftbildwesen 1935, S. 127—141 u. 167—190).

[4] Für ein eingehendes Studium muß auf die Quellenschriften S. Finsterwalder: a) Auswertung weitwinkliger Luftaufnahmen. Sitzungsberichte d. Bayer. Akademie der Wissenschaften, math.-naturw. Abt., S. 183—207. München 1930; b) Höhenkarten aus weitwinkligen Luftaufnahmen. Int. Arch. Photogrammetrie, 7. Bd., 2. Hälfte, S. 7—26. Wien 1931, verwiesen werden. Um aber mit wenigen Sätzen eine Übersicht des Verfahrens zu geben, sei die Disposition (Int. Arch. Photogrammetrie, 7. Bd., 1. Hälfte, S. 197. Wien 1930) mitgeteilt, welche Finsterwal-

h) Anwendungsgebiet der Luftaufnahmen[1].

Die Luftphotogrammetrie hat sich als Stereo- und Entzerrungsphotogrammetrie, vielfach unter Mitverwendung der Bildtriangulation im privaten, gemeindlichen und staatlichen Vermessungswesen ein großes Anwendungsfeld erobert. Sie ist das gegebene Verfahren für die kleinmaßstäbliche Erstaufnahme kartographisch unerschlossener Gebiete, wird aber weitgehend auch in Kulturländern am rechten Ort mit Vorteil verwendet. Für katastertechnische Aufnahmen hochwertigen Bodens in Kulturländern eignet sie sich nicht[2].

In Deutschland machte das Reichsamt für Landesaufnahme bei der Herstellung der neuen Reichswirtschaftskarte 1 : 5 000 und bei der topographischen Karte 1 : 25 000 vielfach von luftphotogrammetrischen Methoden Gebrauch. Dabei kommen weniger Entzerrungen als stereophotogrammetrische Auswertungen in Betracht. Bei den Hamburger Luftaufnahmen für die Herstellung der topographischen Grundkarte 1 : 5 000 steht wegen des vorwiegend ebenen Geländes die photomechanische Entzerrung im Vordergrund. Verschiedene Firmen führen sowohl für private wie für behördliche Auftraggeber Luftstereo- und Entzerrungsaufnahmen durch. Bei den Luftaufnahmen von Gebieten der bayerischen Staatsforsten durch die Photogrammetrie G.m.b.H. in München ist auch die Bildtriangulierung in größerem Umfang zum Zug gekommen.

DER seinem einschlägigen Vortrag auf der Züricher Tagung (1930) der Internationalen Gesellschaft für Photogrammetrie vorangestellt hat. Sie lautet:

„1. Weitwinklige Luftaufnahmen (über 100° Bildfeld) können unter Voraussetzung eines einigermaßen ebenen Geländes bis auf 15′ genau gegen das Lot orientiert und die darauf befindlichen eigenen und fremden Nadirpunkte mittels einfacher Formeln ausgerechnet werden.

2. Auf Grund dieser umgerechneten Nadirpunkte ist eine genaue Nadirtriangulation der Lage nach möglich.

3. Mittels dieser Lagetriangulation können für jede Luftaufnahme Höhen bezogen auf eine bis auf 15′ genähert waagrechte Ebene gerechnet werden.

4. Die Höhen benachbarter, übereinandergreifender Aufnahmen können einfach auf die gleiche genähert waagrechte Ebene umgerechnet werden.

5. Sind von den so gerechneten Höhen mindestens drei bekannt, so können alle auf eine wirklich waagrechte Ebene bezogen werden.

6. Dann kennt man auch von allen zugehörigen Aufnahmen die wahren Nadirpunkte.

7. Um diese mit den wahren Nadirpunkten versehenen weitwinkligen Aufnahmen für Auswertegeräte geringen Gesichtsfeldes zugänglich zu machen, wird nicht ein ähnliches Modell des Geländes, sondern ein in der Lotrichtung vielfach affin verzerrtes Modell der Auswertung unterzogen. In diesem verzerrten Modell sind die bilderzeugenden Strahlenbündel nicht mehr weitwinklig. Die mitverzerrten Luftaufnahmen können aus den ursprünglichen durch Zuhilfenahme eines Entzerrungsgeräts umgebildet werden.

8. Für diese Umbildung werden einfache Formeln aufgestellt, die die Einstellwerte des Entzerrungsgeräts liefern und auch die Brennweite des Auswertegeräts berücksichtigen.

9. Die Einpassung auf Stereoeffekt dieser umgebildeten Aufnahmen im Auswertegerät ist dadurch sehr vereinfacht, daß die Achsen der beiden Projektionskammern des Auswertegeräts von Anfang an parallel sind und bleiben.

10. Auf diese Weise können aus zwei weitwinkligen Luftaufnahmen Hunderte von Quadratkilometern in Maßstäben 1 : 50 000 bis 1 : 200 000 in einem Stück einheitlich ausgewertet und mit Höhenschichten versehen werden. Eine gewisse Schwierigkeit bereitet nur die Erdkrümmung, da diese das Auswertegerät nicht berücksichtigt.

11. Die mögliche Genauigkeit ist bei 50 mm Brennweite der Aufnahmekammer und der Ausmeßgenauigkeit der Bilder auf 0,01 mm auf 1 bis 2 m in Lage und Höhe zu schätzen.“

[1] Über den jeweiligen Anwendungsstand der Luftphotogrammetrie unterrichten hauptsächlich: a) die im Int. Arch. Photogrammetrie, 7. Bd., 1. Hälfte, S. 6—145. Wien 1930 enthaltenen Landesberichte (siehe besonders die Berichte von Ungarn u. von der Schweiz); b) Die Photogrammetrie u. ihre Anwendung bei der schweizerischen Grundbuchvermessung u. bei der allgemeinen Landesvermessung. Brugg 1926; c) Die Anwendung des photogrammetrischen Aufnahmeverfahrens bei der schweizerischen Grundbuchvermessung. Winterthur 1931 (Sammlung von Referaten); d) Mitteilungen des Reichsamts für Landesaufnahme (seit 1941 Nachrichten aus dem Reichsvermessungsdienst).

[2] Siehe dazu auch in der Z. Vermess.-Wes. Pfitzer: a) Aufgaben u. Aufbau einer Reichsvermessung 1936, S. 1—18; b) Die Deutsche Grundkarte 1 : 5 000. Das kommende Landesgrundkartenwerk 1936, S. 637—648; c) Herrmann, K.: Die Anwendungsmöglichkeit der Photogrammetrie bei der Aufstellung eines Rechtkatasters 1936, S. 296—303.

Bemerkenswert sind auch die von derselben Firma aus Luftaufnahmen hergestellten nordbayerischen topographischen Blätter 1 : 25 000 sowie 5 000-teilige Schichtenpläne von schwedischen und finnischen Gebieten. Auch für die neueren Karten des Deutschen und Österreichischen Alpenvereins wird gelegentlich – hauptsächlich zu Ergänzung der terrestrischen Photogrammetrie – die Luftstereophotogrammetrie verwendet.

In Österreich wurde die Aerophotogrammetrie auf die Herstellung von Luftphotoplänen für ebenes und von Luftbildskizzen für gebirgiges Gelände (ohne Höhendarstellung) beschränkt. Als Grundlage für die Entzerrung der Luftbilder in den Maßstab 1 : 4 000 dienen die auf das gleiche Maßverhältnis verkleinerten Grundkatasterpläne, deren Einzelheiten genügend Paßpunkte liefern. Die Luftaufnahmen bzw. ihre Ergebnisse dienen zur Laufendhaltung der schon bestehenden amtlichen Kartenwerke sowie zur Beschaffung von Behelfen für topographische Neuaufnahmen; namentlich in Gebieten, welche der terrestrischen Stereophotogrammetrie unzugänglich sind.

In der Schweiz liegen die Verhältnisse für die Anwendung der Photogrammetrie – auch der terrestrischen – nicht nur wegen der Geländebeschaffenheit, sondern auch deswegen sehr günstig, weil dieses Land eine einheitlich und sorgfältig durchgeführte Landesvermessung neuesten Ursprungs besitzt, deren Ergebnisse eine vorzügliche Grundlage für photogrammetrische Vermessungen jeder Art bilden. Die Luftphotogrammetrie findet sowohl bei der allgemeinen Landesvermessung wie auch bei der Grundbuchvermessung Anwendung. Bei jener wird sie vorteilhafterweise im welligen Hügelland des schweizerischen Mittellandes und im Jura gebraucht, während im gebirgigen Teil der Schweiz (Alpen und Voralpen) die terrestrische Photogrammetrie zum Zuge kommt. Bei der Grundbuchvermessung wird die Photogrammetrie nur in den weniger wertvollen Gebirgsgegenden verwendet, und zwar je nach Eignung der Gebiete als terrestrische oder als Luftphotogrammetrie oder als Kombination beider Verfahren. Wenn bei amtlichen Vermessungen die Photogrammetrie zu einer lückenlosen Darstellung nicht ausreicht, so findet zur restlosen Ergänzung der Aufnahmeergebnisse immer nur der Meßtisch Verwendung.

Die Aerophotogrammetrie dient in der allgemeinen Landestopographie vorwiegend der Kartennachführung. Hierfür werden die Fliegeraufnahmen nach eingemessenen Paßpunkten entzerrt und zu Photokarten zusammengestellt, auf deren Grundlage die Kartenrevisionen und Nachträge bezüglich der Situation vorgenommen werden oder die Topographie mit Hilfe des Meßtisches erstellt wird. Die Luftstereophotogrammetrie findet in der topographischen Landesaufnahme nur zur Ergänzung der terrestrischen Stereophotogrammetrie Verwendung.

Wie schon S. 307 angeführt, gelten als Aufgaben der stereophotogrammetrischen (terrestrisch und aviatisch) Grundbuchvermessung:

1. die Aufnahme der Eigentums- und Kulturgrenzen für die Grundbuchpläne in den Maßstäben 1 : 5 000 und 1 : 10 000;

2. die Aufnahme und Auswertung der Kulturgrenzen für die Grundbuchpläne im Maßstab 1 : 2 000;

3. Aufnahmen für den Übersichtsplan (Topographie) 1 : 5 000 und 1 : 10 000 in allen dafür geeigneten Gebieten (Vor- und Hochalpen).

Es war beabsichtigt, für diese Zwecke pro Jahr durchschnittlich 500 qkm aufzunehmen.

Ungarn hat sich infolge der orographischen Verhältnisse des Landes ausschließlich auf die Aerophotogrammetrie eingestellt. Im staatlichen Vermessungswesen werden Luftaufnahmen sowohl für Entzerrungszwecke wie auch für die stereophotogrammetrische Bearbeitung in großem Umfange ausgeführt. Die zunächst 1 : 10 000 entzerrte Photokarte wird zur topographischen Bearbeitung auf 1 : 25 000 verkleinert. Sie stützt sich auf Paßpunkte, für deren Beschaffung das vorhandene Dreiecksnetz vor dem Flug so weit verdichtet wird, daß auf je 3 qkm ein Punkt entfällt. Die durchschnittliche Kostenersparnis gegenüber einer Meßtischaufnahme beträgt etwa 10%, und man erhofft mit der Zeit eine Steigerung dieses Satzes. Zur Durchführung der aviatischen Stereophotogrammetrie dienen konvergente Aufnahmen, nachdem vorher das Netz rechnerisch oder graphisch so weit verdichtet worden ist, daß auf jedes Plattenpaar wenigstens 4 Festpunkte treffen. Die Auswertung erfolgt am BAUERSFELD-ZEISSSCHEN Stereoplanigraphen im Maßstab 1 : 10000; bei der weiteren Bearbeitung wird wieder auf 1 : 25000 übergegangen. Auch für die stereophotogrammetrische Methode wird festgestellt, daß sie der Meßtischaufnahme wirtschaftlich überlegen ist. Für beide Methoden der Luftaufnahme sind auch die Ergebnisse von Genauigkeitsuntersuchungen[1] mitgeteilt. Der mittlere Entzerrungsfehler wird zu $\pm 0{,}3$ mm zum Maßstab 1 : 12500 angegeben. Bei der stereoskopischen Auswertung fand sich ein mittlerer Lagefehler von $\pm 2{,}5$ m und ein mittlerer Höhenfehler von $\pm 0{,}3$ m beim Punkteinstellen bzw. von $\pm 0{,}6$ m beim Befahren einer Höhenlinie.

Auch in vielen anderen Ländern ist die Luftphotogrammetrie in fortschreitender Entwicklung.

IV. Planherstellung und Flächenberechnung.

40. Allgemeines.

Ein Hauptzweck der meisten geodätischen Aufnahmen ist die Herstellung von Karten und Plänen. Man versteht darunter zeichnerische Darstellungen der Aufnahmen, welche den Geländegrundriß bis auf den Maßstab und den Einfluß systematischer Verzerrungen richtig wiedergeben. Abbildungen kleineren Maßstabes (unter $M = 1 : 10000$) dienen mehr allgemein wirtschaftlichen, militärischen, geographischen sowie Übersichtszwecken und werden als Karten bezeichnet, während man bei den für ingenieurtechnische Zwecke wichtigeren Darstellungen größeren Maßstabes von Plänen spricht. Je nachdem ein solches Bild lediglich Grundrißdarstellungen oder auch noch Höhenangaben in irgendeiner Form enthält, handelt es sich um Horizontal- oder Lagepläne bzw. um Höhenpläne. In beiden Fällen muß die Darstellung ausgedehnter Aufnahmen auf eine größere Anzahl regelmäßig oder unregelmäßig begrenzter Blätter verteilt werden, deren Ausmaße in beiden Richtungen etwa 40 bis höchstens 60 cm betragen. Zur regelmäßigen Blattbegrenzung dienen bei Karten meistens geographische Netzlinien (Meridiane und Parallelkreise), bei Plänen hingegen rundabständige Senkrechte und Parallele zur Abszissenachse des Koordinatensystems. Im ersteren Falle erfolgt die Bezeichnung des Blattes entweder durch eine Nummer unter Beifügung des wichtigsten in ihm enthaltenen Ortes oder auch durch die geographischen Koordinaten einer Ecke des Blattes bzw. der Blattmitte; im zweiten Falle hingegen wird die Lage eines Blattes

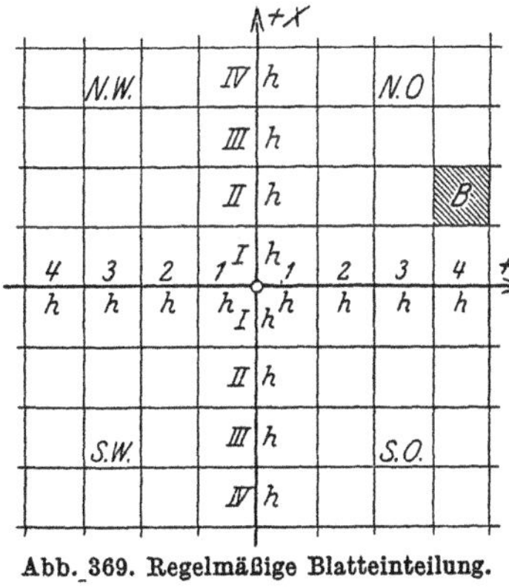

Abb. 369. Regelmäßige Blatteinteilung.

besser durch Angabe des Quadranten sowie der von den genannten Senkrechten und Parallelen eingeschlossenen Schicht (römische Ziffern in Abb. 369) und Reihe (arabische Nummern) bestimmt. Das in Abb. 369 schraffierte Blatt B würde demnach die Bezeichnung N. O. II. 4 tragen. In dieser Weise sind die bayerischen und württembergischen Katasterpläne (Flurkarten) bezeichnet. Die Blätter der in der Entstehung begriffenen Deutschen-Grundkarte 1 : 5000 (mit Höhenlinien) werden nach den Gauß-Krüger-Koordinaten der S. W.-Ecke unter Beifügung des wichtigsten im Blatt enthaltenen Ortes oder Berges benannt. Daß die Ränder regelmäßig begrenzter Blätter

---

[1] Siehe die auf S. 337, Fußnote unter d), genannte Quelle; ferner CSISZÁR, A.: Aus der Entzerrungspraxis des Ungarischen Kartographischen Instituts in Budapest (Z. f. Vermess.-Wes. 1943, S. 207—210; bei geodätisch eingemessenen Paßpunkten wird der mittlere Fehler eines Grundrißpunktes der Photokarte 1 : 10000 zu $\pm 0{,}35$ mm angegeben).

Grundstücke durchschneiden, ist nicht schlimm, da die Flächenberechnung doch meist aus Naturmaßen erfolgt und kleinere Reststücke auch noch über den Blattrand hinaus kartiert werden können. Der große Vorteil der regelmäßigen Blattbegrenzung, die einzelnen Blätter je nach Bedarf in einfachster Weise zu größeren Plänen zusammenstoßen zu können, geht bei der meist durch Gemeindegrenzen oder Flurgrenzen bestimmten unregelmäßigen Blatteinteilung vollständig verloren, welcher Nachteil durch die ungeteilte Darstellung der Grundstücke keinesfalls wettgemacht werden kann.

41. Horizontalpläne.

Zur Zeichnung dieser Pläne sind zunächst alle das Netz der Aufnahme bildenden Dreiecks-, Polygon- und Liniennetzpunkte mittels ihrer rechtwinkligen Koordinaten

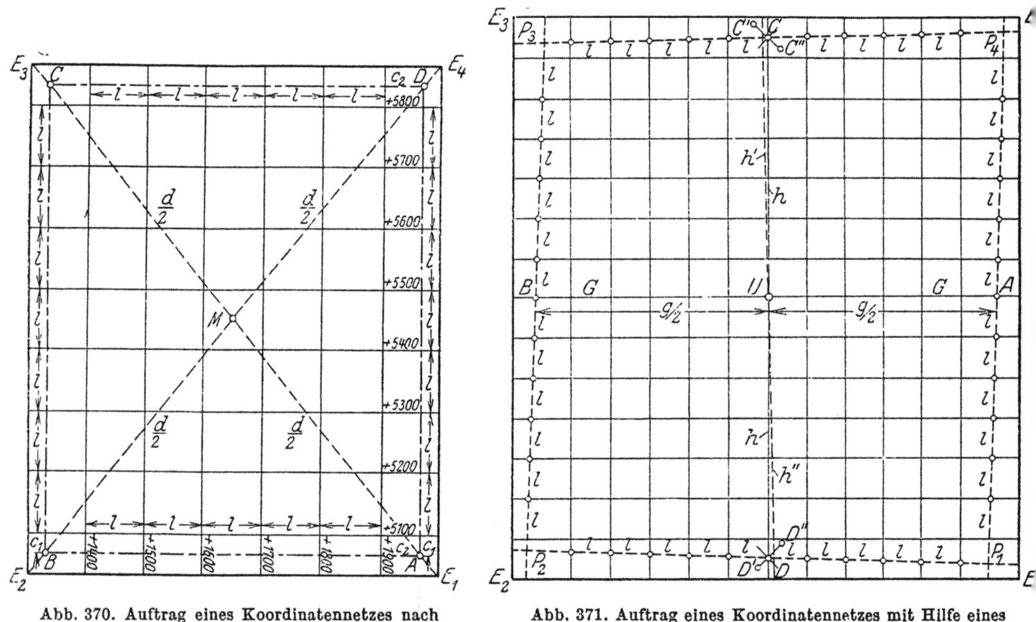

Abb. 370. Auftrag eines Koordinatennetzes nach der Diagonalenmethode.

Abb. 371. Auftrag eines Koordinatennetzes mit Hilfe eines rechtwinkligen Achsenkreuzes.

aufzutragen. Diese werden ihrer großen Ausdehnung halber nicht unmittelbar von den Koordinatenachsen aus, sondern von den dazu parallelen Seiten eines Quadratnetzes mit runder Maschenweite l (meist 1 dm) abgesetzt. Die Konstruktion eines solchen Koordinatennetzes muß man, da die Schiebedreiecke zu ungenau sind, für gewöhnlich mit Hilfe von Zirkel und Transversalmaßstab und eines auf seine Geradlinigkeit geprüften Lineals vornehmen. Sehr vorteilhaft ist die Verwendung eines sogenannten Konstruktions- oder Kontrollineals, welches zwei Teilungen mit den Teilungseinheiten l und $l \sqrt{2}$ (Diagonalenteilung) besitzt.

Beim Auftrag des Koordinatennetzes nach der Diagonalenmethode (Abb. 370) zieht man zwei annähernd durch die Blattecken E_1, E_3 und E_2, E_4 gehende Gerade, betrachtet sie als die Diagonalen eines Rechtecks und trägt auf ihnen von ihrem Schnittpunkte M aus die angenommene Halbdiagonale $\frac{1}{2} d$ nach allen Seiten hin ab. Die so gewonnenen Punkte A, B, C, D bilden einen rechteckigen Rahmen. Auf dessen Seiten werden von den Ecken aus solche Werte c_1, c_2 abgetragen, daß die Verbindungslinien der bezeichneten Punkte Netzlinien von geeigneter Lage sind. Bezeichnet man von diesen aus auf den Rechtecksseiten alle um die gewünschte Maschenweite l abstehenden Punkte, so erhält man in den Verbindungslinien der zusammengehörigen Punkte die beiden Parallelenscharen des Koordinatennetzes. Bei der Prüfung des Netzes müssen alle diagonal liegenden Netzpunkte in die geradlinige Kante und in die Teilstriche der $l\sqrt{2}$-Teilung eines geeignet angelegten Kontrollineals fallen.

Um nach der in Abb. 371 angedeuteten Achsenkreuzmethode ein Koordinatennetz aufzutragen, wählt man in der Mitte einer das Blatt etwa halbierenden horizontalen Geraden GG den Achsenschnittpunkt U und errichtet in ihm mit gewöhnlichen Hilfsmitteln (Reißschiene und Winkel) eine zu GG annähernd Senkrechte $h'\,h''$. Durch Abtragen einer angenommenen Länge $\frac{1}{2}\,g$ auf GG von U aus nach beiden Seiten hin findet man die Hilfspunkte A, B. Werden z. B. mit einem Stangenzirkel von geeigneter Öffnung r, dessen eines Ende in B eingesetzt ist, in der Nähe der Blattränder zu beiden Seiten von $h'\,h''$ nahe an diesen Linien die Punkte C', C'' bzw. D', D'' bezeichnet, so schneidet der nunmehr in A mit derselben Öffnung r eingesetzte Zirkel auf den Strecken $C'\,C''$ und $D'\,D''$ die Punkte C und D aus, deren Verbindungslinie mit $A\,B$ ein rechtwinkliges Achsenkreuz mit dem Mittelpunkt U bildet. Die durch A, B, C, D mit Reißschiene und Winkel gezogenen Achsenparallelen bilden ein von einem Rechteck nur wenig abweichendes Hilfsviereck $P_1P_2P_3P_4$, auf dessen Seiten von den erstgenannten Achsenpunkten aus die gewünschte Maschenweite l wiederholt abgetragen wird. Die Verbindungslinien entsprechender Punkte bilden wieder das Koordinatennetz. Ist der Endpunkt irgendeiner der etwa 0,5 m langen Seiten des Hilfsvierecks gegen ihren Anfangspunkt seitlich um 2 mm verschoben, so wird der hieraus entstehende Projektionsfehler dieser Seite erst $4\,\mu$; er liegt noch weit unter der zeichnerischen Darstellungsmöglichkeit. Zur Erzielung einer

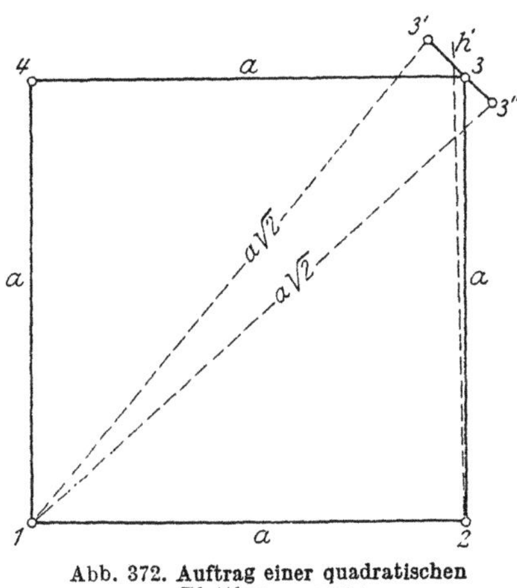

Abb. 372. Auftrag einer quadratischen Blattbegrenzung.

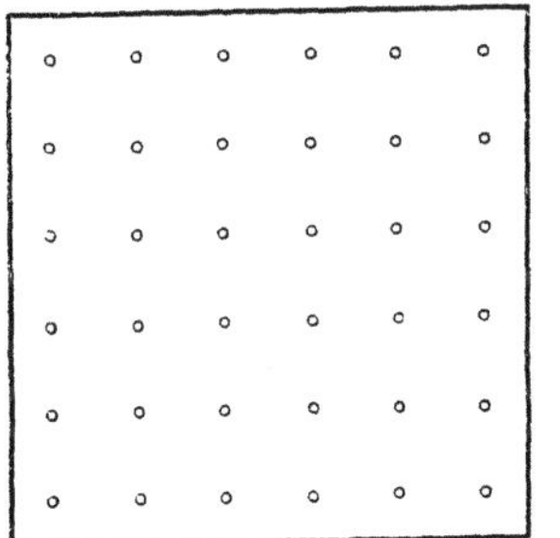
Abb. 373. Quadratnetzplatte.

scharfen Konstruktion ist darauf zu sehen, daß die Punkte A, B, C, D nahe an die Blattränder fallen und das Einkreuzen von C und D unter nahezu rechten Winkeln erfolgt. Zur Verprobung des Netzes dient wieder das Kontrollineal.

Handelt es sich um die Konstruktion eines quadratischen Blattes *1 2 3 4* (Abb. 372) von der Seitenlänge a, so trägt man erst die Punkte *1*, *2* im Abstande a auf, errichtet in *2* die auf *1 2* (annähernd) Senkrechte h' und bezeichnet zu ihren beiden Seiten in ihrer unmittelbaren Nähe zwei von *1* um $a\sqrt{2}$ abstehende Hilfspunkte *3'*, *3''*. Der von *2* aus durch Einkreuzen mit der Entfernung a bestimmte Punkt *3* auf der Strecke *3' 3''* ist ein weiterer Eckpunkt des Blattquadrats. Dessen letzter Punkt *4* kann von *2* und *1* aus in derselben Weise oder von *1* und *3* aus durch Einkreuzen mit dem Halbmesser a gefunden werden. Eine weitere Probe für diese am besten mit dem Kontrollineal auszuführende Konstruktion bietet der Umstand, daß alle Halbdiagonalen des Quadrats gleich lang sind.

Ein einfaches Hilfsmittel zum Auftrag eines Koordinatennetzes ist die Quadratnetzplatte (Abb. 373), deren Netzecken in die Achsen kreiszylindrischer Löcher fallen. Durch einen genau eingepaßten Stift mit zentrischer Spitze wird das Quadratnetz auf die Unterlage übertragen.

Wesentlich genauer, leichter und in viel kürzerer Zeit wie mit Zirkel und Lineal kann ein Koordinatennetz auch mit Hilfe des in Abb. 374 skizzierten großen, freirollenden Koordinatographen von Coradi erstellt werden. Das Instrument besteht im wesentlichen aus zwei Wagen W_1, W_2, die mittels der schneidenförmigen, in den Nuten N, N' laufenden Räder r, r, r', r' in den Koordinatenrichtungen verschoben werden können. W_1 läuft auf einer mit dem Zeichentisch T verschraubten Schiene AA und trägt das am freien Ende mittels einer Laufrolle R auf einer Schiene B ruhende Gestell GG' für W_2. Während die groben Verschiebungen an den Teilungen M, M' abgelesen werden, dienen zur Messung der feinen Bewegungen die in den Zahnstangen Z, Z' sich abwälzenden Zählrollen z, z'. Feineinstellungen nach erfolgter Klemmung werden durch Feinbewegungen F, F' ermöglicht[1]. Der Wagen W_2 trägt die federnden Punktierstifte I, II, III, durch

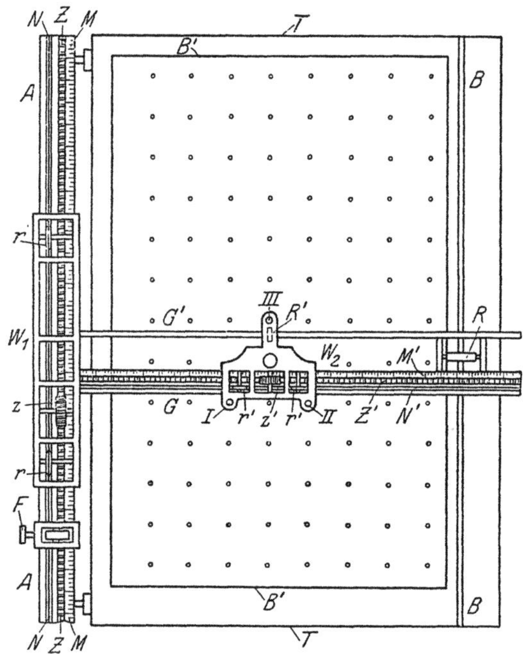

Abb. 374. Skizze des großen, freirollenden Koordinatographen von *Coradi*.

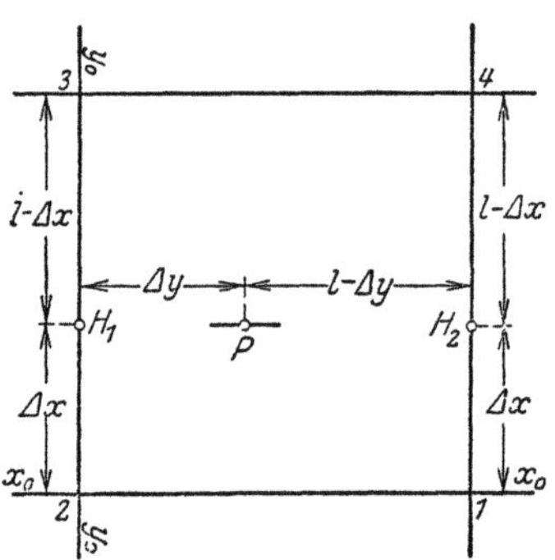

Abb. 375. Auftrag eines durch seine rechtwinkligen Koordinaten (im Hauptsystem) bestimmten Punktes.

welche jeweils drei Netzpunkte auf einmal bezeichnet werden können. An ihre Stelle gebrachte Reißfedern zeichnen sogleich die Linien des Koordinatennetzes. Der mittlere Auftragfehler dieses Apparats ist der Größenordnung nach auf etwa 1 cmm zu schätzen[2].

Die Koordinatennetze – mindestens die Schnittpunkte – bleiben in allen Plänen und Karten erhalten, an welche größere Genauigkeitsansprüche gestellt werden oder aus denen Koordinaten zu entnehmen sind.

Soll ein Punkt P mit den rechtwinkligen Koordinaten x, y ins Koordinatennetz eingetragen werden, so ermittelt man zunächst dasjenige Netzquadrat $1\,2\,3\,4$ (Abb. 375), in welches der Punkt hineinfällt. Gehören zu den den Koordinatenachsen nächstliegenden Quadratseiten $1\,2$ und $2\,3$ die runden Koordinaten x_0, y_0, so sind in den Ausdrücken

$$x = x_0 + \Delta x, \qquad y = y_0 + \Delta y \tag{941}$$

Δx und Δy die Abstände des Punktes P von den erwähnten Quadratseiten. Durch Abtrag des Restes Δx von 1 und 2 aus in der Abszissenrichtung erhält man die mittels

[1] F' ist in Abb. 374 nicht mehr dargestellt.
[2] Zur eingehenden Untersuchung des Instruments siehe Spaeth: Der freirollende Koordinatograph. Z. d. Ver. d. höheren bayerischen Vermess.-Beamten 1914, S. 131—144.

der Ergänzung $l - \Delta x$ von der Gegenseite aus zu prüfenden Hilfspunkte H_1, H_2, deren Verbindungslinie ein geometrischer Ort für P ist. Trägt man auf ihm von H_1 aus Δy ab, so ergibt sich der aufzutragende Punkt, dessen richtige Lage mittels der Restlänge $l - \Delta y$ von H_2 aus zu verproben ist. Bei einer solchen Konstruktion ist die hernach zu besprechende Papieränderung genau zu berücksichtigen. Auch der Auftrag aller dieser Punkte, deren rechtwinklige Koordinaten im gemeinsamen Hauptsystem bekannt sind, kann außer durch Zirkel und Transversalmaßstab (S. 40, 41) mittels des vorhin beschriebenen Koordinatographen schnell und mit größter Genauigkeit erfolgen[1].

An das feste Gefüge der koordinierten Punkte schließt sich nunmehr der Auftrag des Liniennetzes an. Dabei ergeben sich zahlreiche Proben für die Richtigkeit der Arbeit, da die Entfernungen der kartierten Netzpunkte mit den entsprechenden Maßangaben des Handrisses übereinstimmen müssen. Erst nach der angedeuteten Verprobung des Polygon- und Liniennetzes erfolgt nach den Angaben des Handrisses im engsten Anschluß an die Art der Aufnahme die Kartierung der Einzelheiten mit Hilfe der auf die einzelnen Netzseiten und ihre Anfangspunkte

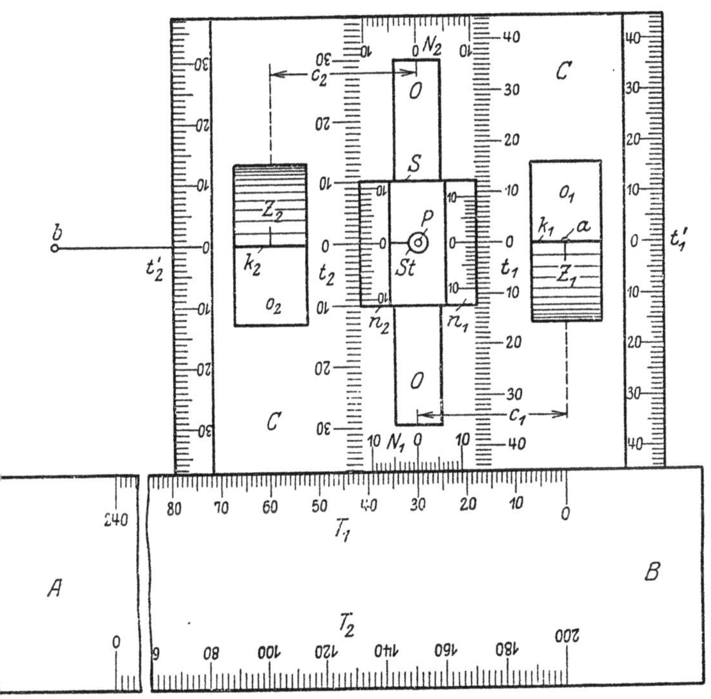

Abb. 376. Orthograph.

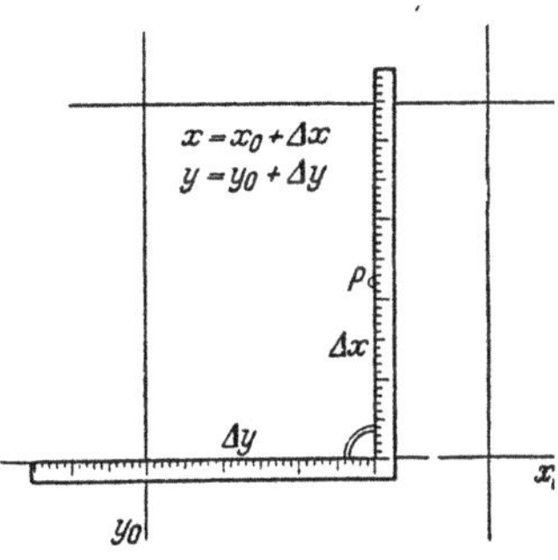

Abb. 377. Planzeiger.

bezogenen örtlichen, rechtwinkligen Koordinaten. Verlängerungen und Spannungen dienen zur Ergänzung des Auftrags, hauptsächlich aber als willkommene Kontrollen. Die zum Punktauftrag durch rechtwinklige Koordinaten für gewöhnlich erforderlichen Lineale und Winkel bezeichnet man als Abschiebezeug. Ist bei der Kleinkartierung von den einzelnen Linien aus jeweils eine größere Anzahl von Punkten durch Abszissen und Ordinaten abzusetzen, so kann der sog. Orthograph gute Dienste leisten. Ein von Peltz 1857 konstruierter Orthograph[2] besteht im wesentlichen aus einem zwei verschiedene Teilungen T_1, T_2 (für verschiedene Maßstäbe) tragenden Abszissenlineal AB (Abb. 376), an dem eine mit denselben Teilungen t_1, t_2 und den zugehörigen Nonien N_1, N_2 (zu T_1, T_2) bzw. n_1, n_2 (zu t_1, t_2) versehene Ordinatenplatte CC verschoben werden kann. Zwei seitliche Fenster o_1, o_2 sind in der einen Richtung durch Kanten k_1, k_2 begrenzt, welche auf einer die Nullpunkte der Teilungen t_1, t_2 enthaltenden, zur Kante des Abszissenlineals parallelen Geraden liegen. In einem in der Mitte angeordneten Aus-

---

[1] Diesem Zweck u. dem Kleinauftrag insbesondere dient auch ein etwas kleineres Instrument dieser Art, der sog. Detailkoordinatograph von Coradi.

[2] Peltz, W.: Der Orthograph. Z. f. Vermess.-Wes. 1874, S. 45—48.

schnitt OO gleitet senkrecht zum Abszissenlineal eine mit Nonien und Punktierstift St ausgestattete Zeigervorrichtung S. Zum Gebrauch legt man die Kanten k_1, k_2 so an die betreffende Messungslinie $a\,b$, daß ihr Anfangspunkt a an einem Zeiger Z_1 ansteht, und verschiebt hierauf das angelegte Abszissenlineal so weit, bis an ihm der runde Abstand c_1 dieses Hilfsstriches Z_1 vom Nullstrich des Nonius N_1 abgelesen wird. Bei richtiger Lage von $A\,B$ muß, nachdem durch Verschieben von C und S an N_1 und n_1 die Einstellungen Null erreicht sind, der Punktierstift St auf a stehen und bei einer Verschiebung von C längs $A\,B$ auch b auf den Fensterkanten k_1, k_2 liegen. Sind für irgendeinen Punkt P an T_1 und t_1 seine Koordinaten eingestellt, so wird er durch einen Druck auf St auf dem Papier bezeichnet. Die an den Seiten von C mit t_1 und t_2 gleichen Kantenteilungen t_1', t_2' ermöglichen auch die Entnahme von Koordinaten aus dem Plan.

Ein einfacheres, allerdings auch ungenaueres Hilfsmittel zur Entnahme von Koordinaten aus Karten ist der auch im Feld verwendbare Planzeiger, dessen Einrichtung und Handhabung in Abb. 377 angedeutet ist.

Der mittlere Fehler der mit Zirkel und Transversalmaßstab durch einen geübten Zeichner aufgetragenen Längen ist auf $^1/_{20}$ mm zu veranschlagen. Er sinkt, wie schon erwähnt, wesentlich bei Verwendung eines Koordinatographen.

Untergeordnete Züge kann man mit Hilfe eines Strahlenziehers unmittelbar mit den gemessenen Bestimmungsstücken zu Papier bringen. Hat man einen Strahlenzieher mit Zentrierungsvorrichtung (Abb. 378), d. h. einen mit einer Gradteilung versehenen Kreis, dessen Mittelpunkt durch ein Kreuz, einen engen Kreis auf Glas oder durch eine kleine kreisförmige Öffnung bezeichnet ist, so legt man seinen Mittelpunkt auf den einen Anschlußpunkt P_1 und dreht beim Vorliegen von Winkelmessungen das

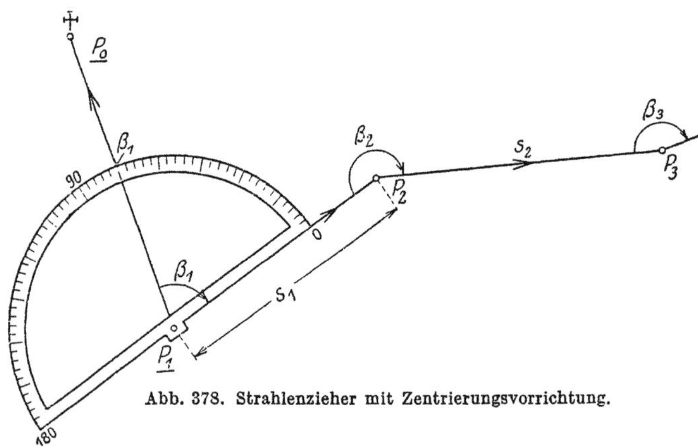

Abb. 378. Strahlenzieher mit Zentrierungsvorrichtung.

Instrument so, daß die als Zeiger dienende Anschlußrichtung P_1P_0 an ihm den Polygonwinkel β_1 angibt. Trägt man in dieser Stellung längs des Nullhalbmessers (Ziehkante) von P_1 aus die erste Polygonseite s_1 im gewünschten Maßstabe ab, so ist der Punkt P_2 gefunden. Ebenso findet man von P_2 aus mit der Orientierung P_2P_1 den Punkt P_3, und ganz entsprechend ergeben sich auch die übrigen Punkte, deren letzter bei guter Arbeit in den bereits durch seine Koordinaten aufgetragenen zweiten Anschlußpunkt P_n fallen muß. Liegen die Richtungswinkel oder Azimute der Polygonseiten vor, so benutzt man zur Orientierung beim Auftrag der folgenden Richtung jeweils die durch ihren Anfangspunkt gezogene Abszissenparallele bzw. die Meridianrichtung. Mit denselben Hilfsmitteln können von den Polygonseiten aus auch die durch ihre horizontalen Polarkoordinaten bestimmten Einzelpunkte des Geländes aufgetragen werden.

Ein recht bequemes Arbeiten ermöglicht der in Abb. 379 skizzierte Strahlenzieher ohne Zentrierung. Er besitzt einen um den Kreismittelpunkt M drehbaren Arm A mit einem Einstellstrich Z und vier zum Zeigerhalbmesser parallelen Ziehkanten K_1 bis K_4. Ein zweiter Arm A' mit zwei parallelen Kanten wird zur Berücksichtigung der Deklination bzw. der Reduktion auf Richtungswinkel beim Auftrag magnetischer Beobachtungen um den Mittelpunkt M' eines Hilfsbogens B so weit gedreht, bis an ihm die Deklination eingestellt ist. Beim Gebrauch wird bei angezogener Klemme S die Unterkante K des Armes A' an die Oberkante der Reißschiene R angelegt, der abzutragende Richtungswinkel bzw. das Azimut mit Hilfe von Z am Hauptbogen eingestellt und das Instrument – wenn nötig auch die Reißschiene – so weit verschoben, bis eine geeignet beleuchtete Ziehkante durch den gegebenen Punkt P_i geht. Von diesem aus erhält man durch Abtrag von s_i sogleich den nächsten Polygonpunkt P_{i+1}. Eine Abweichung der Reißschienenoberkante von der Senkrechten zum Blattrand kann ebenfalls durch Verstellen des Armes A' berücksichtigt werden[1].

Beim Reinzeichnen der Pläne werden die fein eingestochenen Punkte – wenigstens soweit die entsprechenden Feldpunkte scharf bezeichnet sind – von den Tuschelinien nicht überzogen. Zur Darstellung der Einzelheiten dienen besondere Symbole, sog. Signaturen, die als Grund- und Aufrißbilder den natürlichen Eindruck der Gegenstände mehr oder weniger gut wiedergeben[2].

Sowohl für den Auftrag der Pläne wie auch bei der Maßentnahme aus Plänen spielt die Papieränderung eine große Rolle. Dies gilt weniger für die neuerdings häufigeren Trockendrucke als besonders für die älteren durchwegs feucht gedruckten Pläne. Diese erleiden hauptsächlich in der Richtung, in welcher sie parallel zu zwei Blatträndern durch die Presse gingen, beträchtliche, als Papiereingang bezeichnete Schrumpfungen, etwa 1,5%, und senkrecht dazu 0,5%. Sehr alte und schlecht behandelte Pläne zeigen manchmal Eingänge von 3% und mehr. Daneben findet ein vom Verlaufe der Temperatur- und Luftfeuchtigkeit abhängiges geringes unregelmäßiges Arbeiten des Papiers statt.

Eine einwandfreie Bestimmung der Papieränderung setzt die Erhaltung der Schnittpunkte des Koordinatennetzes voraus. Der betrachtete Bezirk sei stets nur so groß, daß innerhalb desselben die Papieränderung für alle zueinander parallelen

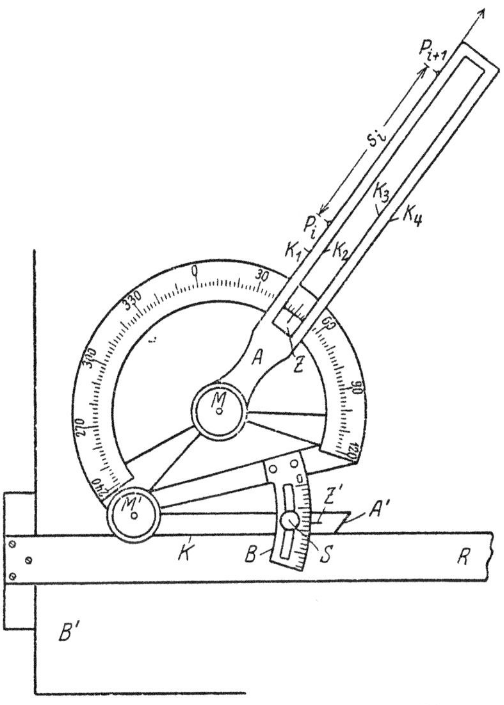

Abb. 379. Strahlenzieher ohne Zentrierungsvorrichtung
(nach *Jordan*).

Richtungen als unveränderlich betrachtet werden darf (affine Verzerrung). Diese Voraussetzung ist erfüllt, wenn zwei Gegenseiten des Netzquadrats je die gleiche Verzerrung besitzen.

Die beiden extremen Werte der Papieränderung, welche $p\%$ und $q\%$ sein mögen, liegen stets in zwei zueinander senkrechten Richtungen. Zeigt sich nun, daß die Maschenweite nicht mehr l, sondern l' und l'' (Abb. 380) in der Richtung der Koordinatenachsen ist, so treffen auf diese Längen die Verbesserungen

$$d l_x = l - l', \qquad d l_y = l - l'', \tag{942}$$

[1] Bussolenzüge werden außer durch rechtwinklige Koordinaten oder mit dem Strahlenzieher auch mit Kompaß und Zulegeplatte oder auch mit Hilfe von Tangenten- und Sehnenlängen kartiert.

[2] Die Zeichnungsvorschriften können für große u. kleine Maßstäbe nicht ganz einheitlich sein. Siehe dazu a) Zeichenvorschrift v. 24. 7. 1937 für die Deutsche Grundkarte 1:5000; b) Vorschriften für Zeichnung u. Vervielfältigung der Katasterpläne in Bayern v. 1. 11. 1929; c) Musterblatt des Reichsamts f. Landesaufn. für die topographische Karte 1:25000 nach d. Erlaß v. 1. 3. 1937.

denen die Prozentzahlen

$$p_0 = 100\,(dl_x : l) \quad \text{und} \quad p_{90} = 100\,(dl_y : l) = q_0 \tag{943}$$

entsprechen.

Die weitere Untersuchung erfolgt unter der oben begründeten Annahme, daß
die Extremwerte der Papieränderung in die Richtung der
Blattränder fallen, so daß alle
rechten Winkel, deren Schenkel den
Koordinatenachsen parallel sind, als
rechte Winkel erhalten bleiben. Beim
Zutreffen dieser Voraussetzung besitzen
die beiden Netzdiagonalen gleich große
Verzerrungen. Die nach (943) bestimmten Zahlen p_0 und $q_0 = p_{90}$ sind dann
sogleich die Extremwerte p und q. Der
Endpunkt P (Abb. 380) einer Strecke
$P_1 P = s$ gelangt bei als fest betrachtetem P_1 nach P' und bedarf der
Verschiebungen (Verbesserungen)

$$d\varDelta x = \frac{p}{100} \cdot \varDelta x, \quad d\varDelta y = \frac{q}{100} \cdot \varDelta y, \tag{944}$$

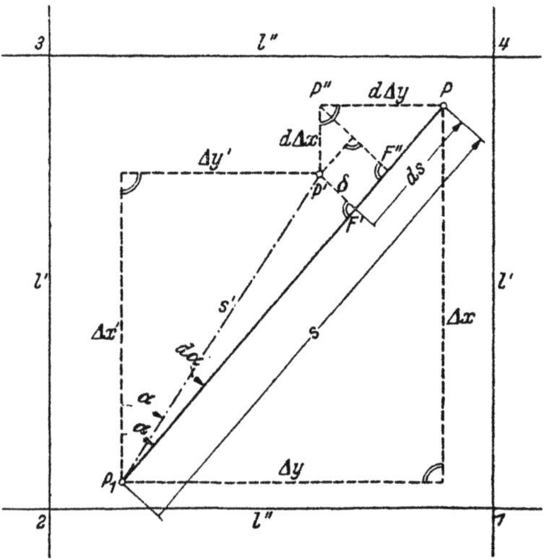

Abb. 380. Papieränderung, Längen- und Querverschiebung.

um wieder nach P zu kommen. Die
entsprechenden, ebenfalls als Verbesserungen aufgefaßten Längen- und Querverschiebungen ds und δ von P lassen sich
aus der Abbildung, deren Fehlerfigur $PP''P'F'$ der Deutlichkeit halber übertrieben groß
gehalten ist, unter Benutzung des Richtungswinkels α leicht ablesen; es ist nämlich

$$ds = \quad d\varDelta x \cos\alpha + d\varDelta y \sin\alpha = \quad \frac{s}{100}(p\cos^2\alpha + q\sin^2\alpha) = \quad \frac{p\cdot\varDelta x^2 + q\cdot\varDelta y^2}{100\cdot s}, \tag{945}$$

$$\delta = - d\varDelta x \sin\alpha + d\varDelta y \cos\alpha = - \frac{s}{200}(p-q)\sin 2\alpha \quad = - \frac{1}{100}\cdot\frac{\varDelta x\cdot\varDelta y}{s} - (p\,q). \tag{946}$$

Die entsprechenden, auf s bezogenen Prozentzahlen p_α und r_α der
Papieränderung in der Richtung α und der dazu senkrechten Querverschiebung sind daher

$$p_\alpha = 100\,\frac{ds}{s} = \quad p\cos^2\alpha + q\sin^2\alpha = \frac{1}{2}(p+q) + \frac{1}{2}(p-q)\cos 2\alpha, \tag{947}$$

$$r_\alpha = 100\,\frac{\delta}{s} = - (p-q)\sin\alpha\cos\alpha = \quad -\frac{1}{2}(p-q)\sin 2\alpha. \tag{948}$$

Die aus r_α bzw. δ folgende Richtungsänderung $\alpha - \alpha'$ ist in Bogenmaß

$$d\alpha = \frac{1}{100}\cdot r_a = - \frac{1}{200}(p-q)\sin 2\alpha = - \frac{\varDelta x\cdot\varDelta y}{100\cdot s^2}(p-q). \tag{949}$$

Für zwei zueinander senkrechte Richtungen α und $\alpha + 90^0$ ergeben sich aus (947) und
(949) die Beziehungen

$$p_\alpha + q_\alpha = p + q \dots, \tag{950}$$

$$d\alpha + d(\alpha + 90^0) = 0 \dots. \tag{951}$$

Es ist also für zwei zueinander senkrechte Richtungen sowohl die
Summe der Papieränderungen wie auch die Summe der Richtungsänderungen konstant. Letztere ist Null.

Aus (949) erhält man für die Verzerrung (Verbesserung) $d\beta_{ik}$ eines Winkels
$\beta_{ik} = \alpha_k - \alpha_i$ den Ausdruck

$$d\beta_{ik} = d\alpha_k - d\alpha_i = - \frac{1}{100}(p-q)\sin\beta_{ik}\cos(\alpha_i + \alpha_k), \tag{952}$$

welcher für $\beta_{ik} = 90^0$ den besonderen Wert

$$d\beta_{90} = \frac{1}{100}\,(p-q)\sin 2\,\alpha_i \tag{953}$$

annimmt. Die Verzerrung (Absolutwert) eines festen Winkels β_{ik} wird nach (952) am größten, nämlich $\frac{1}{100}\,(p-q)\sin \beta_{ik}$, wenn seine Schenkel zu einer Koordinatenrichtung symmetrisch liegen. Ist dagegen eine Oktantenrichtung die Winkelhalbierende, so verschwindet die Winkelverzerrung. Infolge der Winkelverzerrung bedarf der Endpunkt einer Ordinate o, welche von einer den Richtungswinkel α_i besitzenden Messungslinie aus abgesetzt worden ist, in Richtung α_i einer Querversetzung

$$\delta_o = \frac{1}{100} \cdot o\,(p-q)\sin 2\,\alpha_i\,, \tag{954}$$

deren Projektionen auf die Koordinatenachsen

$$\left.\begin{aligned}\delta_{ox} &= \delta_o \cos \alpha_i\,, \\ \delta_{oy} &= \delta_o \sin \alpha_i\end{aligned}\right\} \tag{955}$$

sind.

Die Papieränderung ist beim Auftrag des Koordinaten- und Liniennetzes auf das peinlichste zu verfolgen und zu berücksichtigen, in der Kleinkartierung hauptsächlich beim Abtragen längerer Abszissen oder Abszissenreste auf den Messungslinien zu beachten, während sie bei kurzen Ordinaten übergangen werden kann. Auch die Entnahme von Strecken und Koordinaten aus dem Plan muß unter Berücksichtigung der Papieränderung erfolgen[1].

42. Höhenpläne.

Höhenpläne enthalten neben den Horizontalprojektionen auch Angaben über die Oberflächengestaltung. Ihre ursprüngliche Form ist in der Regel der kotierte Plan, welcher durch Einschreiben der Höhenzahlen zu den im Grundriß aufgetragenen Punkten entsteht. Er bestimmt ein der Geländeoberfläche sich anschmiegendes Polyeder, aber seine Angaben sind unübersichtlich, und man kann aus ihm nur für enge Bezirke die Bodenformen durch Vergleich der Höhenzahlen mühsam herausfinden.

Die für ingenieurtechnische Zwecke vorteilhaftesten Höhenpläne sind die meist auf Grund kotierter Pläne entstandenen Schichtenpläne und die Profilpläne. Die Schichtenpläne enthalten die als Schichtenlinien, Höhenlinien oder Isohypsen bezeichneten geometrischen Örter von Punkten gleicher Meereshöhe, welchen man aus praktischen Gründen runde, gleichabständige Höhenzahlen zuordnet. So entstehen für ein und denselben Plan gleichabständige oder äquidistante Höhenlinien. In verschiedenen Blättern aber schwankt die Schichtdicke je nach den Geländeverhältnissen und dem Zweck der Darstellung innerhalb sehr weiter Grenzen. Sie kann in kulturtechnischen Plänen großen Maßstabes bei geringen Neigungen vielleicht nur 1 bis 2 dm betragen und in Übersichten kleinen Maßstabes bei starken Neigungen bis zu 100 m und mehr anwachsen.

Bei der zeichnerischen Ausführung werden, nachdem die Höhenlinien schätzungsweise in Blei eingetragen sind, die Höhenpunkte in Züge zusammengefaßt, welche

---

[1] Zur Theorie der Papieränderung siehe in der Z. f. Vermess.-Wes.: a) LASKA, W.: Theorie des Karteneingangs. 1906, S. 113—122; b) FUCHS, K.: Theorie des Karteneingangs. 1907, S. 289—298; c) GAMPERT, K.: Über Wirkungen des Papiereingangs. 1925, S. 167—174; d) BRAUN, WALTER: Über die Wirkungen des Papiereingangs. 1926, S. 579—586. Siehe auch e) WEYH: Die Ermittlung des linearen Papiereingangs bei Linien in beliebiger Richtung. Z. des bayerischen Geometervereins 1908, S. 251—255, und f) THEIMER, VIKTOR: Zur Theorie der Papierdeformation. Öst. Z. f. Vermess.-Wes. 1926, S. 69—74, u. 1927, S. 8—19.

Zur Genauigkeit von Kartenmaßen siehe die Ausführungen auf S. 184 sowie H. BRANDENBURG: Bestimmung des Grenzfehlers zwischen einem auf der Karte abgegriffenen und einem örtlich ermittelten Längenmaße. Z. f. Vermess.-Wes. 1930, S. 261—268.

annähernd senkrecht zu den Schichtenlinien stehen, also in Profilen in der Richtung des größten Gefälles liegen. In Abb. 381 ist $A'B'$ die Horizontalspur eines solchen Profilzugs. Man denkt sich nun alle Profilstrecken um das Lot durch ihren Anfangspunkt so weit gedreht, daß sie in die Lotebene der ersten Strecke gelangen, und zeichnet mit den angegebenen Höhenzahlen und den dem Plane zu entnehmenden Horizontalentfernungen das gestreckte Profil AB im Aufriß. Dort bestimmt man die Schnittpunkte des Profils mit den Aufrißbildern der Höhenlinien und überträgt deren Horizontalprojektionen α', β', ... jeweils vom vorhergehenden Teilpunkt aus in den Grundriß zurück. Mit Hilfe einer größeren Zahl solcher Punkte[1] kann man den Verlauf der

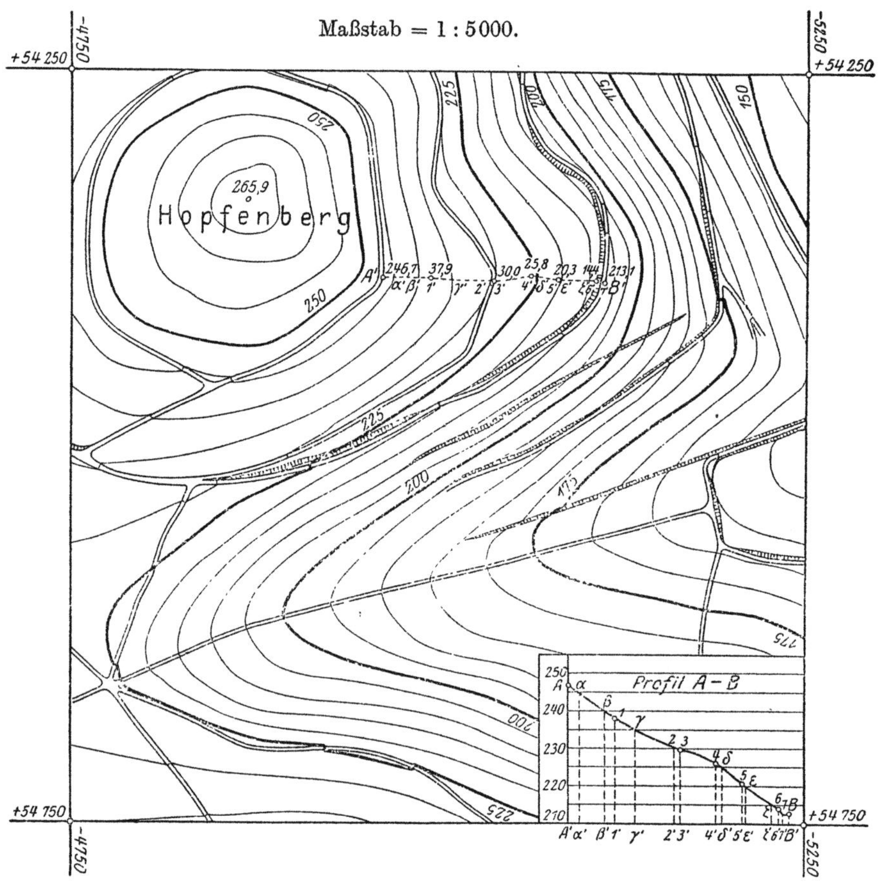

Abb. 381. Plan mit Höhenlinien. Konstruktion der Höhenlinien nach Profilen.

Höhenlinien verbessern. Sie überqueren die Wege senkrecht und verlaufen geradlinig in ebenen Böschungen. Die beschriebene Art der Einschaltung von Höhenlinienpunkten ist zum mindesten dem Anfänger zu empfehlen. Sie ist sehr anschaulich und sehr genau, weil in der zeichnerischen Darstellung auch die Ausrundungen der Profile gut berücksichtigt werden können. Im einfachen Gelände wird auch die geradlinige Interpolation genügen. Dafür gibt es eine Unzahl von Hilfsmitteln, deren einfachstes, bequemstes und billigstes ein mit bezifferten gleichabständigen Parallelen ... 6, 7, 8, ... 11 (Abb. 382) versehenes Blatt Pauspapier ist, welches so auf die durch eine Bleilinie verbundenen Profilendpunkte A', B' gelegt wird, daß deren Höhen zwischen die Linien hineinpassen. Die mit einer Nadel durchzustechenden Schnittpunkte α', β', ...

---

[1] In Abb. 381 sind alle für die Erklärung des Profilauftrags entbehrlichen Punkte mit ihren Höhenzahlen weggelassen worden, damit die Wirkung der Schichtenlinien nicht beeinträchtigt wird.

der verschiedenen Parallelen mit der Linie $A'B'$ sind unmittelbar Punkte der Horizontalkurven. Zur Hebung der Deutlichkeit durch die Farbe pflegt man die Situation schwarz, die Gewässer blau und die Höhenlinien braun zu halten. Vielfach werden auch noch die Kulturarten in verschiedenen Farben dargestellt.

Aus stereophotogrammetrischen Aufnahmen können mit Hilfe eines geeigneten Auswerteapparats (Stereoautograph, Stereoplanigraph usw.) die Höhenlinien unter Vermeidung eines kotierten Planes unmittelbar gezeichnet werden.

Aus einem Schichtenplan kann man bei geeigneter Dichte der Linien den Verlauf der Geländeoberfläche mit einem Blick erfassen und die Geländeneigung nicht nur in der Richtung des größten Gefälles (Böschungswinkel), sondern auch für jede andere Richtung entnehmen. Auch die nach einem solchen Plan erfolgende Zeichnung von lotrechten Profilen mit beliebiger Horizontalspur ist eine höchst einfache Aufgabe.

Um die Klärung der Frage nach dem zweckmäßigsten Maßstab und der zu fordernden Genauigkeit der Schichtenpläne hat sich Koppe verdient gemacht. Die Maßstabfrage muß jeweils unter Beachtung verschiedener Umstände entschieden werden. Sie hängt von der im allgemeinen geforderten Genauigkeit und der Schwierigkeit des Geländes ab, wird aber auch vom Maßstab etwa bereits vorhandener, auch zur Höhenaufnahme verwendeter Horizontalpläne beeinflußt. Für die Aufstellung eines zuverlässigen ingenieurtechnischen Vorprojektes ist jedenfalls der Maßstab 1 : 25000 viel zu klein, schon deswegen, weil er eine maßstabgetreue deutliche Darstellung schmaler Gebilde (Wege, Gräben, Straßen, Bäche usw.) nicht mehr ermöglicht. Darüber und über die Notwendig-

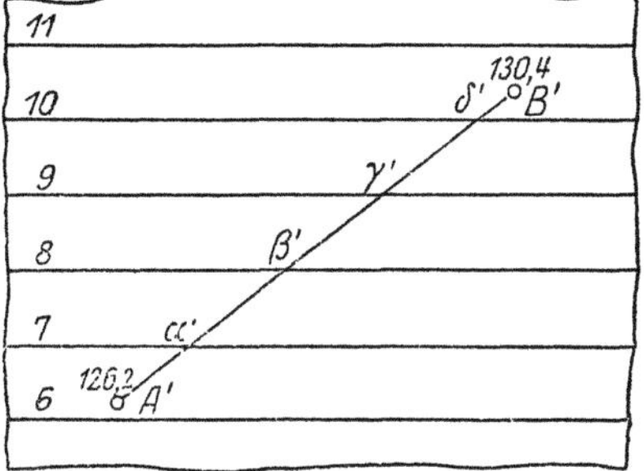

Abb. 382. Einschalten von Punkten runder Höhe mit Hilfe einer Parallelenschar auf Pauspapier.

keit, mit Zunahme der Geländeschwierigkeiten auch den Maßstab zu vergrößern, der im Gebirge 1:1000 und mehr betragen kann, sind sich alle erfahrenen Ingenieure einig. 1 : 10000, 1 : 5000 und 1 : 2500 sind in Deutschland und in der Schweiz häufig gebrauchte Maßstäbe. Zur Beurteilung der Genauigkeit von Höhenplänen dient der mittlere Fehler der Kartenhöhen, welcher durch das Zusammenwirken der Messungsfehler, Zeichnungsfehler und Interpolationsfehler entsteht. Man versteht unter einer Kartenhöhe die durch Einschätzung zwischen benachbarte Schichtenlinien gefundene Meereshöhe eines beliebigen Geländepunktes. Nach Koppes Untersuchungen sind für allgemeine technische Vorarbeiten bestimmte Pläne in 1 : 10000 als zweckentsprechend genau zu betrachten, wenn der mittlere Fehler der Kartenhöhen in Metern etwa

$$m = c + k \cdot \operatorname{tg} \alpha = 0,5 + 5 \operatorname{tg} \alpha \tag{956}$$

beträgt. Hierin bedeutet α den Böschungswinkel an der betrachteten Stelle.

Der vom deutschen Reichsbeirat für das Vermessungswesen für die topographische Grundkarte 1 : 5000 (Wirtschaftskarte) vorgeschlagene mittlere Fehler

$$m = \pm (0,4 + 5 \operatorname{tg} \alpha)_{\text{Meter}} \tag{957}$$

stimmt mit dem Koppeschen Ausdruck nahezu überein.

Will man ein zuverlässiges Urteil über den Wert eines Blattes gewinnen, so müssen seine Koeffizienten c und k bestimmt und ihm beigeschrieben werden. Um mit relativ einfachen Mitteln den mittleren Fehler der Kartenhöhen eines Blattes zu finden, kann man etwa an Stellen verschiedener Neigung nach Lage und Höhe gut bestimmte Polygonpunkte durch Züge verbinden, für deren Brechungspunkte ebenfalls die genaue räumliche Lage aus Messungen zu bestimmen ist. Nach dem Eintrag dieser Züge in den Plan können demselben die Kartenhöhen H' der eingezeichneten

Punkte entnommen und mit den aus den Messungen erhaltenen Punkthöhen H verglichen werden. Trägt man die Absolutwerte der Differenzen $\varepsilon = H - H'$ als Ordinaten zu den entsprechenden Abszissenwerten tg α auf (Abb. 383), so entsteht eine Punktreihe, welche mit genügender Genauigkeit durch eine Gerade G ausgeglichen werden kann. Ihr Abschnitt c' auf der Ordinatenachse und ihre aus einem beliebigen Punkt von G erhaltene trigonometrische Tangente $k' = (y' - c') : x'$ mit der Abszissenachse führen auf die guten Näherungswerte

$$c = \tfrac{5}{4} c', \qquad k = \tfrac{5}{4} k' \qquad (958)$$

der in (956) stehenden Konstanten, vorausgesetzt, daß die Fehler der Probemessung gegen diejenigen der Kartenhöhe vernachlässigt werden dürfen[1].

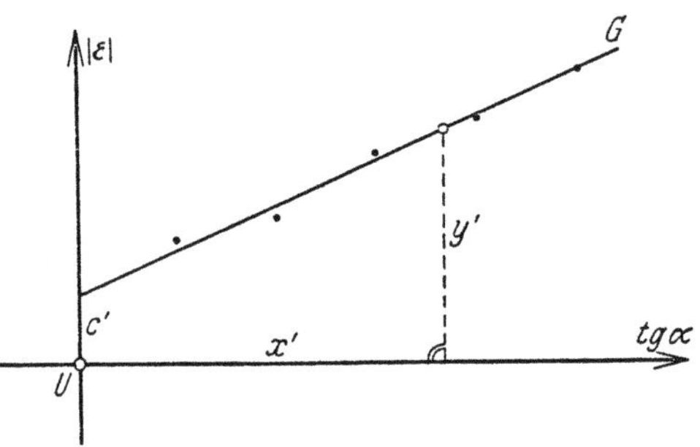

Abb. 383. Konstantenbestimmung zum mittleren Fehler der Kartenhöhe.

---

[1] KOPPE hat seine Untersuchungen über die Maßstabfrage u. die Genauigkeit der Höhenlinienpläne in folgenden Arbeiten niedergelegt: a) Die neuere Landestopographie, die Eisenbahnvorarbeiten u. der Doktor-Ingenieur. Braunschweig 1900; b) Die neue topographische Landeskarte des Herzogtums Braunschweig im Maßstab 1 : 10000. Z. Vermess.-Wes. 1902, S. 397—424; c) Militärische u. technische Topographie. Z. Vermess.-Wes. 1904, S. 1—7; d) Über die zweckentsprechende Genauigkeit der Höhendarstellung in topographischen Plänen u. Karten für allgemeine technische Vorarbeiten. Z. Vermess.-Wes. 1905, S. 2—13, 33—38; e) Über die zweckentsprechende Genauigkeit der Höhendarstellung in topographischen Plänen u. Karten für allgemeine Eisenbahnvorarbeiten. Org. Fortschr. Eisenbahnwes. 1905, S. 73—76, 91—94; f) Eisenbahnvorarbeiten und Landeskarten. Z. Vermess.-Wes. 1906, S. 2—9; g) Die Weiterentwicklung der Geländedarstellung durch Horizontalkurven auf wissenschaftlich praktischer Grundlage im technischen u. allgemeinen Landesinteresse. Z. Architektur- u. Ing.-Wes. 1907, S. 211—215; h) Die vermessungstechnischen Grundlagen der Eisenbahnvorarbeiten in der Schweiz. Org. Fortschr. Eisenbahnwes. 1908, S. 112—116, 125—127, 152—154, 161—164, 185—188, mit Bericht, S. 246; i) Die topographischen Grundlagen bei Eisenbahnvorarbeiten in verschiedenen Ländern. Z. Vermess.-Wes. 1910, S. 401—410; k) Die vermessungstechnischen Grundlagen der Eisenbahnvorarbeiten in Deutschland u. Österreich. Org. Fortschr. Eisenbahnwes. 1912, S. 127—129, 145 bis 147, 163—168, 181—185. In der unter f) genannten Arbeit schreibt KOPPE· „Durch die früher bereits besprochenen Untersuchungen von bei der Rheinischen Eisenbahn mit Erfolg zu generellen Vorarbeiten benutzten Höhenplänen sowie die gutachtlichen Äußerungen hervorragender Eisenbahnbauingenieure konnte festgestellt werden, daß die an eine topographische Landeskarte von ziviltechnischer Seite zu stellenden Anforderungen im allgemeinen sind: 1. Möglichst genauer Grundriß in richtiger geometrischer Verjüngung. 2. Zahlreiche in die Karte eingeschriebene u. in der Natur scharf bezeichnete Höhenfestpunkte, um so mehr, je steiler und schwieriger das dargestellte Gelände ist. 3. Vollständige u. topographisch richtige Darstellung der Geländeformen durch Horizontalkurven. 4. Genauigkeit der Höhenschichtenlinien bis auf einen durchschnittlichen (Bemerkung d. Verfassers: soll heißen mittleren) Fehler derselben $m = \pm (0{,}5 + 5 \text{ tg } N)$ Meter, wobei N die jeweilige Neigung des Bodens bedeutet." Nach der unter d) angeführten Arbeit wird durch die Verdoppelung des Maßstabs die für die Feldaufnahme ein u. derselben Fläche erforderliche Zeit etwa auf das 1½fache erhöht. Zu den besprochenen Fragen siehe ferner SCHUMANN: Ein Vergleich der Höhenlinien einer tachymetrischen Aufnahme mit denen des Meßtischblattes der K. Landesaufnahme. Z. Vermess.-Wes. 1909, S. 1—9, weiter HEINRICH MÜLLER: Über den zweckmäßigsten Maßstab topographischer Karten. Ihre Herstellung u. Genauigkeit. Heidelberg 1913, und A. EGERER: Untersuchungen über die Genauigkeit der topographischen Landesaufnahme (Höhenaufnahme) von Württemberg im Maßstab 1 : 2500. Stuttgart 1915. MÜLLER pflichtet nach eingehender Untersuchung der KOPPEschen Genauigkeitsformel auch für den Maßstab 1 : 5000 bei, während EGERER auf Grund zahlreicher Untersuchungen für den Maßstab 1 : 2500 vorschlägt, den mittleren Fehler der Kartenhöhen mit $0{,}3 + 4$ tg α (für Feldaufnahmen) bzw. $0{,}4 + 5$ tg α (für Waldaufnahmen) anzusetzen. M. PEHNACK findet $m = 0{,}6 + 4$ tg α als mittleren Fehler der Höhenlinie bei neueren Meßtischaufnahmen 1 : 25000 (Mitt. d. Reichsamts f. Landesaufn. 1937, S. 77—88).

Schichtenlinien wurden zuerst zur Veranschaulichung von Punkten gleicher Wassertiefe benutzt. 1730 verwendete sie der niederländische Wasserbauer u. Geometer CRUQUIUS zu diesem Zweck; bald darauf auch der französische Geograph BUACHE. Die große Bedeutung dieser Linien für die Oberflächendarstellung über Wasser hat zuerst wohl der Genfer Ingenieur DUCARLA erkannt, welcher über diese Frage 1771 der Pariser Akademie der Wissenschaften eine Abhandlung vorlegte.

Zu den Höhenplänen im weiteren Sinne gehören auch die besonders für ingenieurtechnische Zwecke wichtigen Profilpläne, welche Darstellungen von lotrechten Längen- oder Querschnitten sind und deren Auftrag entweder mit etwas geringerer Genauigkeit nach den Angaben eines Schichtenplans oder wesentlich genauer nach unmittelbaren Profilaufnahmen (S. 199) erfolgen kann. Als Maßstab der Längen wird bei der Zeichnung des Längenprofils meist derjenige des zugehörigen Horizontalplans gewählt, während die Höhen in der Regel in einem 10mal größeren Maßstab dargestellt werden, so daß durch eine zehnfache Überhöhung auch geringere Neigungen sichtbar gemacht werden können[1]. In das Längenprofil (Abb. 384) trägt man die in hm oder km gehaltene durchlaufende Bezeichnung der Hauptpunkte sowie diejenige der Zwischenpunkte und ihre gegenseitigen Abstände oder ihre Entfernungen vom vorhergehenden Hauptpunkte ein, desgleichen die runden Meereshorizonte und die zu den Profilpunkten und zu nahegelegenen Festpunkten gehörigen Meereshöhen.

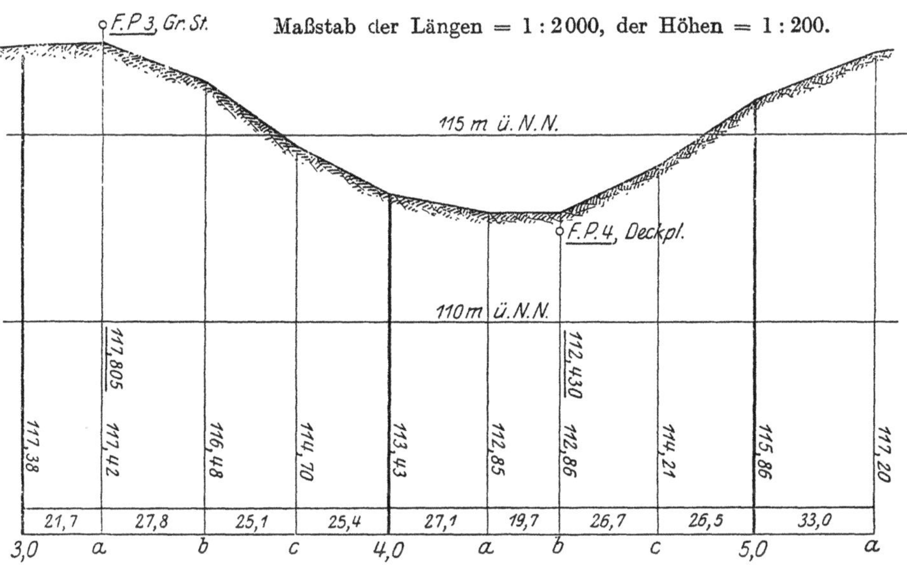

Abb. 384. Längenprofil mit zehnfacher Überhöhung.

Auch Wegübergänge, Durchlässe, Böschungskanten, Grabensohlen usw. werden besonders für die weitere Verwertung des Profils in demselben bezeichnet. Ins Profil wird ferner der Längsschnitt des projektierten Bauwerks aufgenommen.

Der Auftrag von gemessenen Querprofilen erfolgt im engsten Anschluß an die Art der Aufnahme, bei den mit dem Nivellierinstrument aufgenommenen Profilen (S. 199) z. B. am einfachsten vom Instrumentenhorizont aus. In diese natürlichen Profile können die Profile der projektierten Bauwerke mit Hilfe der aus dem Längenprofil sich ergebenden Planikoten eingetragen werden. Aus den Querprofilen werden für die nachfolgende Massenberechnung die Grundflächen der zu berechnenden Körper ermittelt; es ist daher zweckmäßig, sie ohne Verzerrung darzustellen.

Die bei Darstellungen kleineren Maßstabs (Karten) häufige Schraffenmanier[2]

---

[1] Bei technischen Plänen schadet die Überhöhung dann nicht, wenn weiterhin wieder die Zahlen verwendet werden. Sonst werden Überhöhungen, besonders starke, besser vermieden. Sie verdeutlichen wohl die Höhenunterschiede, fälschen aber Längen, Winkel, Böschungen u. Geländeknicke. Schutthalden erscheinen manchmal in unmöglichen Neigungen. Siehe zu diesem Punkt LUDWIG CARRIÈRE: Die Wirkung der Überhöhung. Mitt. Reichsamt Landesaufn. Jahrg. 1929/30, S. 176—193.

[2] Der Grundgedanke der Schraffenmanier „je steiler, desto dunkler" stammt vom preußischen Ingenieurmajor LUDWIG MÜLLER. In ein festes System wurde die Schraffenzeichnung 1799 durch den sächsischen Major LEHMANN gebracht, welcher für die Verteilung von Weiß u. Schwarz die senkrechte Beleuchtung zugrunde legte.

verdankt hauptsächlich militärischen Bedürfnissen ihre Entstehung, ist aber für ingenieurtechnische Zwecke weniger wichtig, da sie die Oberflächenform nur teilweise, nämlich hinsichtlich der Neigungen, darstellt. Zwar sind besonders wichtigen Punkten die Höhenzahlen beigesetzt, zu beliebigen Punkten aber können aus einem solchen Schraffenplan, dessen Elemente in der Fallrichtung liegen, die Meereshöhen nicht entnommen werden.

Die Schraffenmanier stützt sich auf den Umstand, daß das Gelände einem hoch über demselben befindlichen Auge bei lotrechter Beleuchtung mit zunehmender Neigung immer dunkler erscheinen wird. Man bemißt deshalb die Dicke d (Abb. 385) der zur Neigungsdarstellung verwendeten schwarzen Schraffen im Verhältnis zu den weißen Zwischenräumen z um so stärker, je größer die Neigung ist, und zwar benutzt man dafür die Beziehung

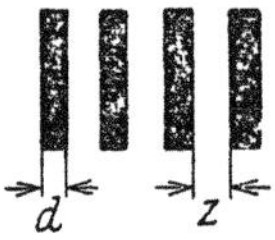

$$d : z = \alpha^0 : (C^0 - \alpha^0), \tag{959}$$

Abb. 385.
Schraffenmanier.

in welcher α^0 den Böschungswinkel der betreffenden Geländestelle und C^0 den größten in einem ausgedehnten Aufnahmegebiet auftretenden Böschungswinkel bedeutet[1]. Demnach wird C^0 in Ländern mit annähernd horizontaler Oberfläche klein bleiben, in Gebirgsländern aber große Werte annehmen müssen.

Schraffenpläne, welche wie die bekannte DUFOUR-Karte der Schweiz unter Annahme einer schiefen Beleuchtung gezeichnet werden, erzielen eine ungemein plastische Wirkung. Sie stellen die Geländeformen gut dar, täuschen jedoch falsche Neigungen vor, da beleuchtete Hänge (Nordwesthänge) zu flach, im Schatten liegende aber zu steil erscheinen. Dieser Nachteil wird gemildert, wenn die Darstellung auch noch Höhenlinien enthält. Dann ersetzt man aber die zeitraubende Schraffenzeichnung besser durch eine ähnlich wirkende Abtönung, eine sog. Schummerung, in welcher die Höhenlinien gut erkennbar bleiben. Neben anderen deutschen Karten besitzt z. B. die zum topographischen Atlas von Bayern in 1 : 50000 gehörige Karte des Wettersteingebirges und der Miemingergruppe schiefe Beleuchtung. Sie enthält braune Höhenlinien auf grau-grüner Schummerung, blaue Gewässer und schwarze Situation.

ECKERTS Punktsystem[2], welches ebenfalls den Satz „je steiler, desto dunkler" befolgt, bedeutet einen Versuch, den stufenförmigen Eindruck der Schraffenkarten zu vermeiden und die zeichnerische Darstellung zu erleichtern.

Hauptsächlich in geographischen Karten werden zur Darstellung der Höhenzonen verschiedene Farben verwendet. Am meisten haben sich die den natürlichen Bodenfarben gut angepaßten SYDOWschen Regionalfarben eingebürgert, welche mittels einer genügenden Zahl von Abstufungen über Grün, Weiß, Braun vom Tiefland ins Hochgebirge führen. Sehr beachtenswert ist eine neuere, vom Wiener Geographen PEUCKER stammende Farbenskala, welche unter Ausnutzung der Raumwerte der Farben nicht nur die Höhenlage, sondern auch die Geländeformen – wenigstens im Gebirge – ziemlich gut zum Ausdruck bringt[3].

---

[1] Im übrigen werden d u. z so bemessen, daß bei jeder Neigung auf 1 cm immer gleich viele Striche treffen.

[2] ECKERT, MAX: Die Kartenwissenschaft Bd. I, S. 578 u. f. Berlin u. Leipzig 1921.

[3] Siehe hierzu PEUCKER, K.: Höhenschichtenkarten. Studien u. Kritiken zur Lösung des Flugkartenproblems (mit einer farbigen Karte). Z. Vermess.-Wes. 1911, S. 17—23, 37—62, 65—81, 85—96. Die neue Höhenschichtenkarte von Bayern 1 : 250000 ist nach der Methode von PEUCKERS Höhenplastik (je höher, desto satter u. greller) ausgeführt.

Zur Geländedarstellung siehe auch die Arbeiten von RÖGER, J.: Die Geländedarstellung auf Karten. München 1908; Die Bergzeichnung auf den älteren Karten. München 1910; Anleitung für den Unterricht im Kartenlesen. München 1910; ferner ROTHE, R.: Darstellende Geometrie des Geländes. Leipzig u. Berlin 1914, u. besonders die beiden Schriften von EGERER, A.: Kartenlesen, 2. Aufl., Stuttgart 1918, u. Kartenkunde (Bd. 610 a. Natur u. Geisteswelt). Leipzig u. Berlin 1920, welche auch eine Besprechung u. übersichtliche Zusammenstellung der hauptsächlichsten deutschen Kartenwerke u. der wichtigsten zugehörigen Daten enthalten.

Über das Kartenwesen in verschiedenen Ländern unterrichten besonders folgende Schriften: a) NETZSCH, HERMANN: Deutsches topographisches Kartenwesen unter besonderer Berücksichtigung der bayer. Verhältnisse. (Bayer. Z. Vermess.-Wes. 1926, S. 207—243); in den Mitt. d. Reichsamts f. Landesaufnahme: b) NETZSCH, H.: Die bayerischen amtlichen Kartenwerke 1929/30, S. 40—55; c) MÜHLBERGER: Die Entwicklung der österreichischen Staatskartographie 1929/30, S. 193—213; d) EGERER: Die neuere amtliche Kartographie Württembergs 1929/30, S. 252—277, u. Vorgeschichte u. Bedeutung der Landeshöhenaufnahme von Württemberg 1937, S. 23—36; e) DEGNER, H.: Geschichtliche Entwicklung der amtlichen Preußischen Gradabteilungsblätter. 1930, S. 85—99; f) BESCHORNER, H.: Das Kartenwesen Sachsens in seiner geschichtlichen Entwicklung. 1930/31, S. 154—158; g) ZANTHIER, v.: 150 Jahre Landesaufnahme Sachsens. 1930/31, S. 180—190; h) WALTHER: Die amtlichen topographischen Kartenwerke des Landes Baden. 1931/32, S. 38—46; i) KRAUSE, O. H.: Neue Wege der Kartenherstellung im Reichsamt f. Landesaufnahme. 1931, Sonderheft 9, 2. Aufl. 1936; k) KLINGENBERG, K. S.: Die amtlichen topographischen Kartenwerke Norwegens u. ihre geodätische Grundlage. 1931/32, S. 232—241; l) GUSTAFSSOHN, A.: Die finnischen topographischen Kartenwerke u. ihre geodätischen Grundlagen. 1932/33, S. 6—21; m) LAMMERER, A., v.: Die Entwicklung des Bayerischen Topographischen Bureaus. 1932/33, S. 21—31; n) MEDVEY-AUREL: Das topographische Kartenwesen Ungarns. 1932/33, S. 99—114; o) OVERSLUIJS, P. M.: Die amtlichen niederländischen topographischen Karten. 1932/33, S. 258—284; p) SCHNATH, G.: Die kurhannoversche Landesaufnahme des 18. Jahrhunderts u. ihre Kartenwerke. 1933/34, S. 19—32; q) LEHMANN, H.: Entwicklungsgeschichte der Thüringer amtlichen Kartographie. 1933/34, S. 39—58; r) CLOSE, Ch.: The map of England or about England with an Ordnance Map. Besprechung 1933/34, S. 67 u. 68; s) NEUNHÖFFER, E.: Hessische Karthographie im 18. Jahrhundert. Triangulationen in der Rheinebene. 1933/34, S. 121—140; t) SCHILLMANN, F.: Das amtliche Kartenwesen Italiens. 1934/35, S. 163—185; u) MÜLLER, R., v.: Die Entwicklung der Kartographie beim Reichsamt für Landesaufnahme nach dem Weltkrieg bis Frühjahr 1934. 1935, S. 235—259; v) BOBEK, H.: Das Kartenwesen von Iran (Persien). 1936, S. 112 bis 126; w) MEYER, H. F.: Stand der geodätischen, topographischen u. kartographischen Arbeiten in Rumänien. 1936, S. 127—133; x) KOST, R. W.: Die Entwicklung der Geländedarstellung in Karten. 1937, Sonderheft 14 mit ausführlichem Literaturverzeichnis; y) WILHELMY, H.: Das Kartenwesen Bulgariens. 1938, S. 139—159; in den Allgemeinen Vermessungsnachrichten: z) MEYER, H. F.: Die amtlichen Kartenwerke des Landes Österreich. 1938, S. 265—275 u. 281—288; a′) BREDOW: Überblick über die neuere amtliche Kartographie der ehemaligen Republik Polen. 1940, S. 194—198; in der Z. f. Vermess.-Wes.: b′) MILIUS, K.: Das österreichische Kartenwesen. 1938, S. 513—517; in der Schweiz. Z. f. Vermess.-Wes. u. Kulturtechnik: c′) IMHOF, E.: Unsere Landkarten u. ihre weitere Entwicklung. 1927, S. 81 bis 178, siehe dazu im gleichen Jahrgang die Ausführungen von GANZ, S. 57—66, LANG, W., S. 203—219, 227—238, u. ZELLER, S. 289—297. Siehe ferner: d′) WOLF, R.: Geschichte der Vermessungen in der Schweiz. Zürich 1879; e′) EIDGEN. TOPOGRAPHISCHES BUREAU: Die Schweizerische Landesvermessung 1832—1864. Bern 1896; f′) FINSTERWALDER, R.: Alpenvereinskartographie. Berlin 1935.

Es sei noch eine kurze Übersicht der wichtigsten deutschen Kartenwerke und einiger Nachbarkarten beigefügt. Ihre ingenieurtechnische Bedeutung nimmt mit dem Maßstab ab.

a) Deutsche Grundkarte 1 : 5000 in GAUSS-KRÜGER-Projektion, erst im Entstehen begriffen; von Koordinatenlinien quadratisch begrenzte Blätter; Seitenlänge 40 cm bzw. 2 km; Gitterweite $w = 4$ cm bzw. 200 m; Fläche $F = 4$ qkm; Zwei- oder Dreifarbendruck; enthält Höhenlinien, Verkehrswege, Gebäude und andere Bauwerke, Grundstücksgrenzen, Kulturarten, Gewässer usw. Süddeutsche Länder und deutsche Großstädte sind schon bald 100 Jahre im Besitz von 5000-teiligen oder noch größeren Plänen, die inzwischen ganz (Württemberg) oder zum größten Teil durch Höhenlinien ergänzt worden sind.

Auf dieser Grundlage entstehen teilweise schon jetzt alle noch weiter genannten Kartenwerke[1].

b) Topographische Karte 1 : 25000 (sog. Meßtischblätter); Gradabteilungskarte in Polyederprojektion mit Höhenlinien; ursprünglich nur mit dem Meßtisch, jetzt auch tachymetrisch und photogrammetrisch aufgenommen und auch aus großmaßstäblichen Darstellungen abgeleitet; Ausmaße in Länge und Breite $\Delta\lambda = 10'$, $\Delta\varphi = 6'$; Randteilung $d\lambda = d\varphi = 1'$; GAUSS-KRÜGER-Gitter mit $w = 4$ cm bzw. 1 km. Fläche unter 48° bzw. 54° Breite $F_{48} \approx 138$ qkm bzw. $F_{54} \approx 122$ qkm; Dreifarbendruck in Kupfer. In Bayern werden die anders begrenzten 25000-teiligen Positionsblätter (1 Blatt umfaßt 16 Katasterblätter 1 : 5000) allmählich auf den Rahmen $\Delta\lambda = 10'$, $\Delta\varphi = 6'$ gebracht.

Der topographischen Karte 1 : 25000 entspricht die im Entstehen begriffene dreifarbige Österreichische Karte 1 : 25000 mit Höhenlinien; bisherige Ausmaße $\Delta\lambda = \Delta\varphi = 7\frac{1}{2}'$; Randteilung $d\lambda = d\varphi = 1'$.

Auch auf die neueren Alpenvereinskarten 1 : 25000 sei verwiesen.

c) Deutsche Karte 1 : 50000; im Entstehen begriffene topographische Gradabteilungskarte in GAUSS-KRÜGER-Projektion; ab 1931 Ausmaße $\Delta\lambda = 30'$, $\Delta\varphi = 15'$ (früher $\Delta\lambda = 20'$, $\Delta\varphi = 12'$); GAUSS-KRÜGER-Gitter mit $w = 4$ cm bzw. 2 km; $F_{48} \approx 1037$ qkm, $F_{54} \approx 913$ qkm;

---

[1] Weiteres siehe im Grundkartenerlaß v. 1. 10. 1941 (Nachrichten aus dem Reichsvermessungsdienst 1941, S. 284 u. f.).

43. Abzeichnen und Vervielfältigung von Plänen.

Ein heute noch viel gebrauchtes Hilfsmittel zum Abzeichnen von Plänen im gleichen oder in einem vom Original verschiedenen Maßstab ist der zu Anfang des 17. Jahrhunderts von Christ. Scheiner aus Mindelheim erfundene Pantograph oder Storchschnabel. Dieses Instrument ist im wesentlichen ein Parallelogramm $ABCD$ (Abb. 386), dessen durch Stäbe verkörperte Seiten in ihren Endpunkten gelenkig miteinander verbunden sind, so daß wohl eine Formänderung, aber keine Seitenänderung des Parallelogramms möglich ist. Auf zweien seiner Seiten liegen ein das Original O umfahrender Fahrstift E und ein dabei das Abbild Z beschreibender Zeichenstift G, welche so angeordnet sind, daß ihre Verbindungslinie durch den festen Aufstellungs- und Drehpunkt F des Storchschnabels hindurchgeht. Zur Erzielung verschiedener Maßstäbe können die beiden Stifte in Löchern verstellt werden. Das Abbild Z wird stets dem Original O ähnlich sein, wenn

1. die Verbindungslinie EG bei jeder beliebigen Stellung des Instruments durch den festen Drehpunkt F hindurchgeht,

2. der Abstand EG durch F stets im gleichen Verhältnis geteilt wird.

Zu 1. Für irgendeine Zufallsstellung des Pantographen gilt nach den beiden ähnlichen Dreiecken DFG und AEG

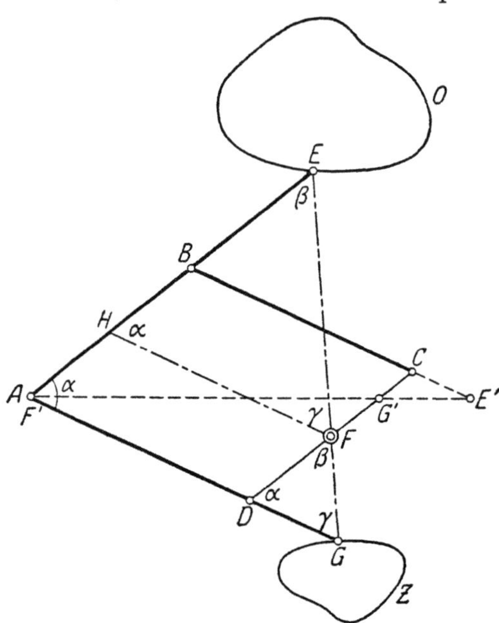

Abb. 386. Storchschnabel (Pantograph) zum Abzeichnen von Plänen.

$$DF = DG\,\frac{AE}{AG} = C_1 . \tag{960}$$

drei- und mehrfarbig auf Kupfer aus der Karte 1 : 25000 abgeleitet; Höhenlinienkarte, z. T. mit violettem Schummerton.

Dieser Karte entspricht die ebenfalls erst im Entstehen begriffene Österreichische Karte 1 : 50000; mehrfarbige Gradabteilungskarte ($\Delta\lambda = \Delta\varphi = 15'$, $d\lambda = d\varphi = 1'$) mit Höhenlinien und Schummerung für senkrechte Beleuchtung.

Die Deutsche Karte 1 : 50000 soll ältere Kartenwerke 1 : 50000, z. B. den Topographischen Atlas von Bayern und denjenigen von Württemberg ersetzen. Ersterer ist eine schwarze Schraffenkarte (Bonnesche Projektion) in Kupfer mit Höhenangaben, aber ohne Höhenlinien; neuere Blätter sind mehrfarbig, mit Höhenlinien und Schummerung für schräge Beleuchtung; Ausmaße der Halbblätter 40 cm/50 cm bzw. 20 km/25 km.

d) Österreichische Spezialkarte 1 : 75 000; Gradabteilungskarte in Polyederprojektion, 1888 fertiggestellt; Ausmaße $\Delta\lambda = 30'$, $\Delta\varphi = 15'$; schwarze Schraffenkarte mit Höhenkoten und Höhenlinien; Reproduktion in Heliogravüre; später auch mehrfarbige Blätter.

e) Karte des Deutschen Reiches 1 : 100000; Gradabteilungskarte in Polyederprojektion; Ausmaße $\Delta\lambda = 30'$, $\Delta\varphi = 15'$; Randteilung $d\lambda = d\varphi = 1'$; Gauß-Krüger-Gitter mit $w = 5$ cm bzw. 5 km; $F_{48} \approx 1037$ qkm, $F_{54} \approx 913$ qkm; schwarze, z. T. auch mehrfarbige Schraffenkarte auf Kupfer mit Höhenangabe, aber im allgemeinen ohne Höhenlinien. Lag 1912 erstmals für das ganze Reich vor.

f) Karten kleineren Maßstabs, wie α) Topographische Spezialkarte von Mitteleuropa 1 : 200000 (Reymannsche Karte), β) Topographische Übersichtskarte des Deutschen Reiches 1 : 200000, γ) Generalkarte (österreichische) von Mitteleuropa 1 : 200000, δ) Topographische Übersichtskarte (württembergische) von Südwestdeutschland 1 : 200000, ε) Höhenschichtenkarte (früher Hypsometrische Karte) von Bayern 1 : 250000, ζ) Übersichtskarte von Mitteleuropa 1 : 300000, η) Vogels Karte des Deutschen Reiches und der Alpenländer 1 : 500000, ϑ) Übersichtskarte (österreichische) von Mitteleuropa 1 : 750000, ι) Übersichtskarte von Europa und Vorderasien 1 : 800000, $\varkappa$) Karte der Reichsstraßen Deutschlands 1 : 800000, λ) Internationale Weltkarte (Anteil) 1 : 1000000.

DG, AE und AG sind unveränderliche Größen, so daß das von der Verbindungslinie der Stifte auf CD abgeschnittene Stück DF stets ein und derselbe Wert C_1 ist.

Es wird daher EG immer durch den Drehpunkt F gehen, wenn dieser so angeordnet ist, daß es für irgendeine Zufallsstellung des Instruments zutrifft.

Zu 2. Das Verhältnis des Zeichenstrahles FG zum Fahrstrahl FE ist nach den ähnlichen Dreiecken DFG und HEF

$$v = FG : FE = DG : HF = DG : AD = C_2. \tag{961}$$

Es ist eine Konstante C_2, da DG und AD ebenfalls Festwerte sind.

Nach (960) und (961) sind die beiden gestellten Bedingungen erfüllt, so daß, wenn der Fahrstift E ein Urbild O umfährt, der Zeichenstift G ein zum Urbild ähnliches und ähnlich gelegenes (F ist Ähnlichkeitspunkt), v-mal vergrößertes Abbild Z aufzeichnet.

Werden also nach Einstellung der Stifte auf die gewünschte Vergrößerung v die sämtlichen Linien und Punkte eines Originalplanes befahren, so zeichnet der zweite Stift den verlangten Plan.

Gebräuchlich ist auch eine andere Anordnung, bei welcher der feste Drehpunkt in eine Ecke des Parallelogramms gelegt wird. Den Punkten E, F, G entsprechen dann die ebenfalls auf einer Geraden liegenden Punkte E', F', G' (Abb. 386).

Nicht so genau, aber recht einfach ist die Abzeichnung eines Planes durch Einschalten von Punkten in Umzeichnungsnetze. Überzieht man den gegebenen Plan mit einem Quadratnetz $0, 1, 2, 3, \ldots a, b, c, \ldots$ (Abb. 387a) und kon-

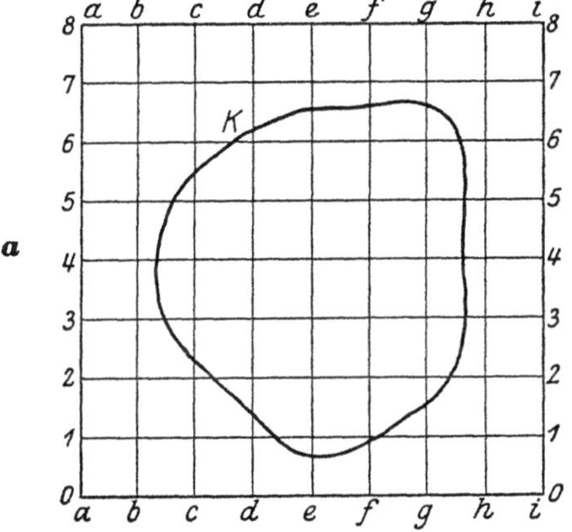
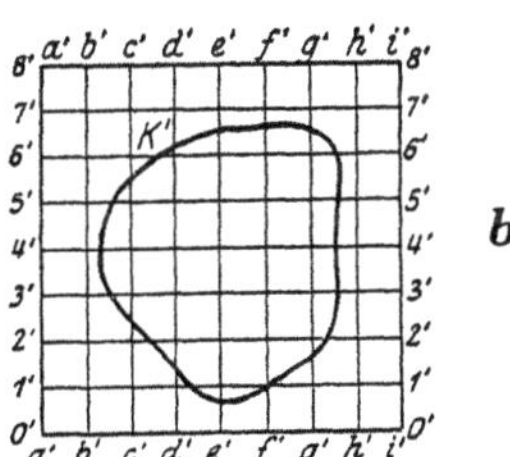

Abb. 387. Abzeichnen eines Planes mit Hilfe zweier Umzeichnungsnetze.

struiert man dazu in der für die Abzeichnung gewünschten Verjüngung ein zweites Quadratnetz $0', 1', 2', 3', \ldots a', b', c', \ldots$ (Abb. 387b), so kann man die Schnittpunkte der Planlinien des Originals mit dem zugehörigen Netz und andere Punkte nach Schätzung in das verjüngte Netz übertragen. So entsteht ein dem Urbild ähnliches Abbild, dessen Genauigkeit im allgemeinen mit der Netzdichte zunimmt.

Liegt das Bedürfnis nach einer größeren Anzahl von genauen Kopien der Originalpläne vor, so erfolgt die Planvervielfältigung mittels eines der bekannten Reproduktionsverfahren, von denen hauptsächlich der Kupferstich und der Steindruck in Frage kommen. Den Übertrag des Originals auf den Bildstock besorgte früher der Pantograph; heute weist man diese Aufgabe der Photographie zu, nachdem es gelungen ist, sehr scharf und perspektivisch richtig zeichnende Weitwinkelobjektive zu konstruieren. Zur Schonung der teuren Kupfer- bzw. Steinplatten werden diese meist nur zur Herstellung besonders wichtiger Planabdrucke wie der Korrektionsblätter unmittelbar benutzt. Im übrigen werden durch Umdruck auf Zink- oder Aluminiumplatten Hilfsbildstöcke gewonnen, auf welchen dann die große Mehrzahl der Pläne gedruckt wird. Geringeren Anforderungen an die Zahl und Beschaffenheit der Abdrücke genügt auch das Lichtpausverfahren[1].

44. Flächenberechnung aus Naturmaßen.

Sehr oft folgt der Kartierung eine Flächenberechnung. Dabei handelt es sich nicht etwa um die wirklichen, krummen Oberflächen[2] der Grundstücke, sondern um ihre Horizontalflächen, d.h. um die von den Grundrissen der Grundstücksgrenzen umschlossenen ebenen Flächen. Die Flächenberechnung kann a) aus Naturmaßen, b) nach dem Plan, c) halbgraphisch vorgenommen werden.

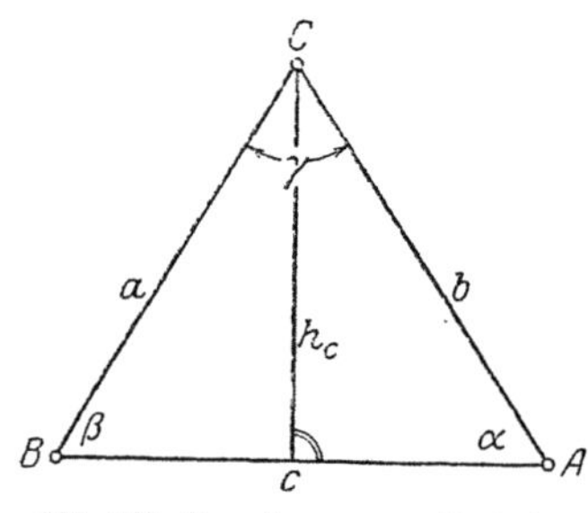

Abb. 388. Berechnung von Dreiecksflächen.

Die Flächenberechnung aus Naturmaßen ist die genaueste Art der Flächenberechnung; sie erfolgt mit Hilfe der in der Natur unmittelbar gemessenen Bestimmungsstücke, wobei die Rechenmaschine oder Rechentafeln gute Dienste leisten können.

Die Bestimmung der Fläche F des Dreiecks ABC (Abb. 388) kann, je nachdem diese oder jene Größen gemessen sind, mittels einer der Formeln

$$F = \frac{1}{2} c \cdot h_c = \frac{1}{2}\, ab \sin \gamma = \frac{c^2}{2} \cdot \frac{\sin \alpha \cdot \sin \beta}{\sin \gamma} \left.\begin{array}{c} \\ \\ \end{array}\right\} \tag{962}$$
$$= \sqrt{s(s-a)(s-b)(s-c)}$$

erfolgen, in deren letzter (Heronische Flächenformel) $s = \frac{1}{2}(a + b + c)$ den halben Dreiecksumfang bedeutet. Auch die Formeln

$$F = \frac{c^2}{2(\operatorname{ctg}\alpha + \operatorname{ctg}\beta)} = \frac{abc}{4r} = 2\,r^2 \sin \alpha \sin \beta \sin \gamma = \varrho \cdot s, \tag{963}$$

in denen r und ϱ den Umkreishalbmesser und den Inkreishalbmesser des Dreiecks bezeichnen, können unter Umständen von Nutzen sein.

Die Fläche eines Rechtecks mit den Seiten a, b ist

$$F = a \cdot b, \tag{964}$$

diejenige eines Trapezes, dessen parallele Seiten a, b den Abstand h besitzen, ist

$$F = \tfrac{1}{2}(a + b)h, \tag{965}$$

während der Ausdruck

$$F = \tfrac{1}{2} e (h_b + h_d) = \tfrac{1}{2} e f \sin \mu \tag{966}$$

die Fläche eines beliebigen Vierecks $ABCD$ (Abb. 389) mit den in der Abbildung enthaltenen Bezeichnungen angibt.

---

[1] Für ein näheres Studium der Planvervielfältigung sei verwiesen auf a) Schikofsky: Reproduktionsmethoden zur Herstellung von Karten. Wien 1890; b) Ibel, A.: Anwendung der Photographie zur Vervielfältigung bayerischer Katasterpläne. Z. Vermess.-Wes. 1907, S. 194—203; c) Ibel, A.: Gravierung und Evidenthaltung der neueren Katasterpläne. Sonderabdruck eines Beitrags zu Amann, J.: Die Bayerische Landesvermessung in ihrer geschichtlichen Entwicklung. München 1908; d) Lamprecht, H.: Die Vervielfältigungstechnik. Sonderheft 2 zu den Mitt. des Reichsamtes f. Landesaufn. 1926; e) das auf S. 35!, Fußnote, unter i) genannte Sonderheft 9; f) Walthard, Friedrich: Mit Stichel und Stift. Zürich 1924; g) Schlötzer, A.: Der Strichverstärker. Reproduktion, Monatszeitschr. f. photomechan. Reproduktionsverfahren. 1933, Heft 8; h) Krause, O. H.: Neue Wege der Kartenherstellung. Sonderheft 9 zu den Mitt. d. Reichsamtes f. Landesaufn. 1931, 2. Aufl. 1936; i) Ohlsberg, M.: Die Grundlagen der lithographischen Flachdrucktechnik. Nachrichten aus dem Reichsvermessungsdienst 1942, S. 232—248.

[2] Zu dieser Frage siehe Finsterwalder, S.: Über den mittleren Böschungswinkel und das wahre Areal einer topographischen Fläche. Sitzungsberichte d. K. B. Akademie d. Wissenschaften, math.-phys. Kl. 1890, S. 35—82; die Ergebnisse sind dort in den Ausdrücken (3) auf S. 42 bzw. 43 (unten) und (26) auf S. 69 enthalten. Siehe ferner Löschner, H.: Über Inhalt und Ertragsfähigkeit geneigter Flächen. Aus der Festschrift „Beiträge zum landwirtschaftlichen Pflanzenbau, insbesondere Getreidebau", S. 188—204. Berlin 1924.

In der Mehrzahl der Fälle handelt es sich um die Berechnung eines nach der Standlinienaufnahme durch gemessene, rechtwinklige Koordinaten bestimmten Vielecks $P_1 P_2 \ldots P_i \ldots P_n$ (Abb. 390). Dieses wird schon durch die Art

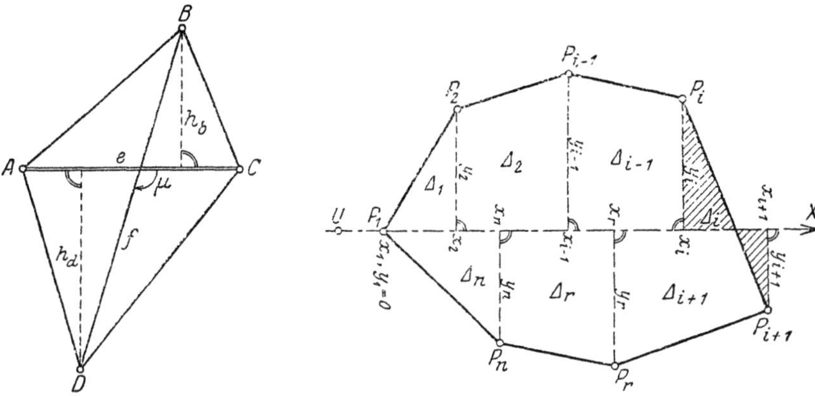

Abb. 389. Berechnung einer Vierecksfläche.

Abb. 390. Berechnung der Fläche eines Vielecks mittels der Trapezformel.

der Aufnahme in die n Teilflächen $\varDelta_1$, $\varDelta_2$, $\ldots \varDelta_n$ zerlegt, welche teils rechtwinklige Dreiecke, teils rechtwinklige Trapeze sind, deren Summe

$$F = \varDelta_1 + \varDelta_2 + \cdots + \varDelta_n \tag{967}$$

die Vielecksfläche ist. Diese Teilflächen lassen sich unmittelbar aus der Abbildung ablesen, z. B.

$$\left. \begin{aligned} \varDelta_1 &= \tfrac{1}{2}(x_2 - x_1)\, y_2, \quad \varDelta_2 = \tfrac{1}{2}(x_3 - x_2)(y_2 + y_3), \\ \varDelta_r &= \tfrac{1}{2}(x_r - x_{r+1})(y_r + y_{r+1}) \cdot \ldots \end{aligned} \right\} \tag{968}$$

Wird der Anfangspunkt U der Abszissenmessung nach P_1 verlegt, so ist $x_1 = 0$. Unter den Trapezen befinden sich manchmal auch verschränkte Trapeze, z. B. $\varDelta_i$, welche aus einem positiven und einem negativen Bestandteil zusammengesetzt sind. Diesem Umstande entsprechend tritt in dem Ausdruck

$$\varDelta_i = \tfrac{1}{2}(x_{i+1} - x_i)(y_i - y_{i+1}) \tag{969}$$

an Stelle der Summe die Differenz der Ordinatenabsolutwerte auf. Diese ungleichartige Behandlung verschwindet, wenn man unter x, y nicht die in den Handriß geschriebenen Absolutwerte, sondern die algebraischen Werte der Koordinaten versteht, deren Vorzeichen aus der Lage der Koordinatenlinien hervorgeht. Setzt man rechtssinnige Bezifferung der Vieleckspunkte und das allgemeine Koordinatensystem voraus, so ergeben sich an der Hand von Abb. 390 leicht die allgemein gültigen Trapezformeln

$$2F = -\sum_{i=1}^{n}(x_{i+1} - x_i)(y_i + y_{i+1}) = +\sum_{i=1}^{n}(y_{i+1} - y_i)(x_i + x_{i+1}). \tag{970}$$

Sie gelten auch für überschlagene Flächen, wenn man deren Teilflächen positiv bzw. negativ auffaßt, je nachdem deren Punktnumerierung nach dem Anblick dem Uhrzeiger folgt oder ihm entgegengesetzt ist.

Vorteilhafter ist die unter strenger Beachtung der Koordinatenvorzeichen anzuwendende sog. Gausssche Flächenformel[1], welche meistens zur Ermittlung von Polygonflächen aus deren berechneten Eckpunktskoordinaten dient, aber ebensogut auch zur Flächenberechnung einer Standlinienaufnahme Verwendung finden kann.

---

[1] Sie wird auch nach L'Huilier benannt.

Durch Verbinden der Eckpunkte des Polygons $P_1 P_2 \ldots P_n$ (Abb. 391) mit dem Koordinatenursprung U (allgemeines System) wird dessen Fläche F in die Dreiecke Δ_1, $\Delta_2, \ldots \Delta_n$ zerlegt, so daß

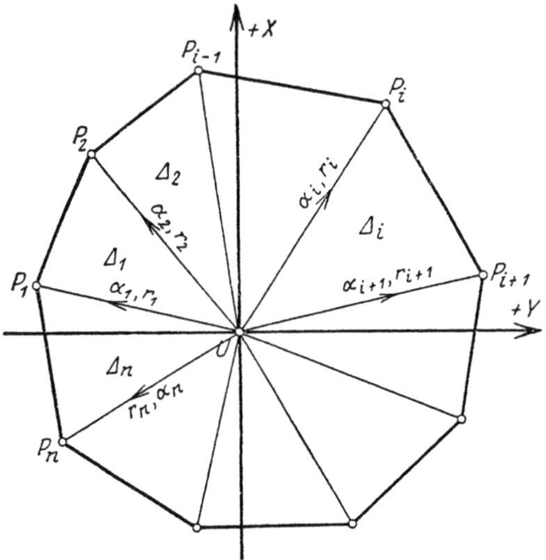

$$F = \sum_{i=1}^{n} \Delta_i \qquad (971)$$

ist. Bezeichnen α_i und r_i Richtungswinkel und Länge des Strahles UP_i, so ist die doppelte Fläche des i-ten Dreiecks

$$2\,\Delta_i = r_i r_{i+1} \sin (\alpha_{i+1} - \alpha_i)$$
$$= (r_i \cos \alpha_i)\,(r_{i+1} \sin \alpha_{i+1})$$
$$- (r_i \sin \alpha_i)\,(r_{i+1} \cos \alpha_{i+1})\,. \qquad (972)$$

Unter Berücksichtigung der Beziehungen

$$r_i \cos \alpha_i = x_i\,, \qquad r_i \sin \alpha_i = y_i$$

findet man aus (972) leicht

$$2\,\Delta_i = x_i\,y_{i+1} - y_i\,x_{i+1}\,, \qquad (973)$$

Abb. 391. Zur Flächenberechnung eines Polygons mittels der Gaußschen Flächenformel.

so daß

$$2F = [2\,\Delta_i] = \sum_{i=1}^{n} x_i\,y_{i+1} - \sum_{i=1}^{n} y_i\,x_{i+1} \qquad (974)$$

wird. Setzt man in den zwei letzten Summen die gemeinsamen x_i bzw. y_i jeweils vor eine Klammer, so entstehen die beiden Formen der GAUSSschen Flächenformel:

$$2F = \sum_{i=1}^{n} x_i\,(y_{i+1} - y_{i-1}) = -\sum_{i=1}^{n} y_i\,(x_{i+1} - x_{i-1})\,. \qquad (975)$$

Bei diesem Ausdruck sind n Differenzen und n Produkte zu berechnen. Er ist also vorteilhafter als die Form (974), welche die Berechnung von $2\,n$ Produkten verlangt. Bei der praktischen Durchführung einer Flächenberechnung mittels der eben aufgestellten Formel wird man, da die Fläche von der Lage des Koordinatensystems unabhängig ist, zur Erzielung kleiner Faktoren x_i, y_i die Koordinaten von einem der Fläche möglichst naheliegenden Nullpunkt aus zählen[1].

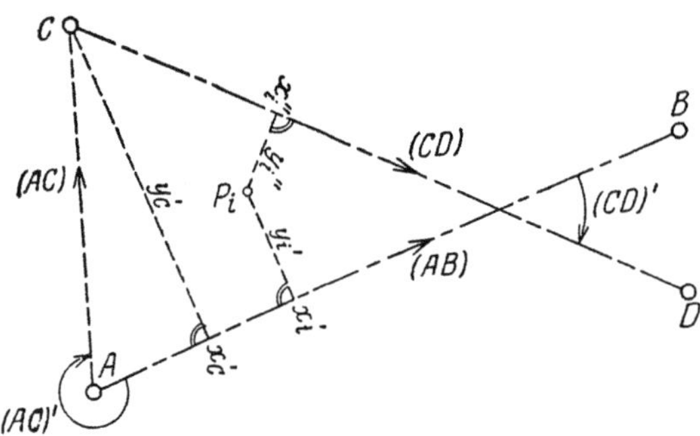

Abb. 392. Koordinatentransformation.

Müssen zur Flächenberechnung auf verschiedene Messungslinien bezogene Koordinaten verwendet werden, so sind diese erst durch eine Koordinatentransformation auf ein und dasselbe System zu beziehen. In Abb. 392 sind AB, CD zwei Messungslinien, für deren Endpunkte die rechtwinkligen Koordinaten in einem gemeinsamen Hauptsystem bekannt sind. Es soll der durch unmittelbare Messung von der örtlichen Abszissenachse CD (C = Ursprung) aus festgelegte Punkt P_i durch Umrechnung auf die Achse AB mit A als Ursprung bezogen werden. Bezeichnen

---

[1] Für die Maschinenrechnung nach der GAUSSschen Flächenformel hat der dänische Landinspektor ELLING eine sehr vorteilhafte Anordnung gegeben. Siehe hierzu Z. Vermess.-Wes. 1926, S. 545—552, u. Bayer. Z. Vermess.-Wes. 1927, S. 76—85.

xy, $x'y'$, $x''y''$ bzw. (), ()$'$ und ()$''$ die Koordinaten eines Punktes bzw. den Richtungswinkel einer Strecke im gemeinsamen Hauptsystem und in den örtlichen Systemen AB bzw. CD, so erhält man aus den Koordinaten x_A, y_A, x_B, y_B, x_C, y_C, x_D, y_D der Punkte A, B, C, D im Hauptsystem in bekannter Weise

$$(AB), \quad (CD), \quad (AC), \quad AC \tag{976}$$

$$(AC)' = (AC) - (AB), \qquad (CD)' = (CD) - (AB) \tag{977}$$

sowie die auf AB bezogenen Koordinaten des Punktes C

$$x_C' = AC \cdot \cos (AC)', \quad y_C' = AC \cdot \sin (AC)'. \tag{978}$$

Da im System AB die Koordinaten x_i'', y_i'' die Richtungswinkel $(CD)'$ und $(CD)' + 90^0$ besitzen, so werden die ihnen entsprechenden Koordinatenunterschiede

$$x_i'' \cos (CD)' - y_i'' \sin (CD)' \quad \text{bzw.} \quad x_i'' \sin (CD)' + y_i'' \cos (CD)' \tag{979}$$

in der Abszissen- bzw. Ordinatenrichtung. Durch Addition der beiden letzten Gleichungen entstehen die **Transformationsformeln**

$$\left.\begin{aligned} x_i' &= x_C' + x_i'' \cos (CD)' - y_i'' \sin (CD)', \\ y_i' &= y_C' + x_i'' \sin (CD)' + y_i'' \cos (CD)'. \end{aligned}\right\} \tag{980}$$

Zur scharfen Berechnung einer **krummlinig begrenzten Fläche** bestimmt man erst die Fußpunkte x_0, x_n (Abb. 393) der die Grenzlinie berührenden Ordinaten, zerlegt den Abszissenunterschied $x_n - x_0$ in eine **gerade Anzahl** n gleicher Teile

$$h = \frac{1}{n}(x_n - x_0) \tag{981}$$

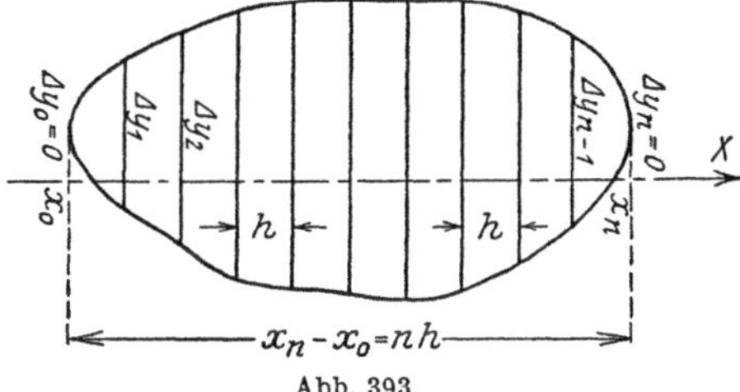

Abb. 393.

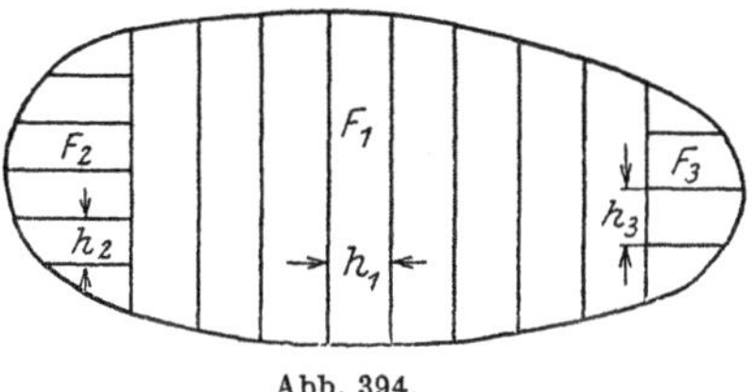

Abb. 394.

Flächenberechnung mit Hilfe der Simpsonschen Regel.

und ermittelt aus den in diesen Punkten errichteten Ordinaten die Sehnen $\varDelta y_0$, $\varDelta y_1$, $\ldots \varDelta y_n$. Durch Anwendung der SIMPSONschen **Regel** auf die beiderseits der Standlinie gelegenen Flächenteile erhält man für die gesuchte Fläche den Ausdruck

$$\begin{aligned} F = \tfrac{1}{3} h [&\varDelta y_0 + \varDelta y_n + 4(\varDelta y_1 + \varDelta y_3 + \ldots + \varDelta y_{n-1}) \\ &+ 2(\varDelta y_2 + \varDelta y_4 + \ldots + \varDelta y_{n-2})], \end{aligned} \tag{982}$$

dessen beide erste Glieder $\varDelta y_0$, $\varDelta y_n$ unter der getroffenen Voraussetzung verschwinden[1].

Man kann auch die Kuppen F_2, F_3 (Abb. 394) einer Fläche F vom Kern F_1 abtrennen, alle drei Teile nach (982) berechnen[2] und zur Summe

$$F = F_1 + F_2 + F_3 \tag{983}$$

vereinigen.

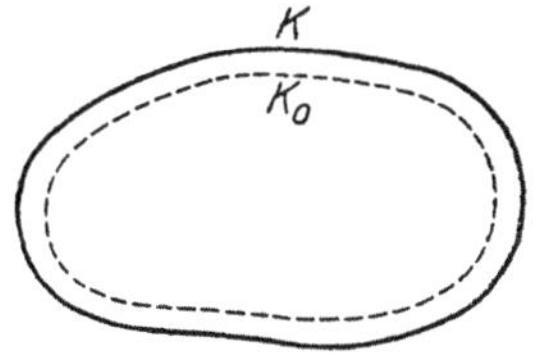

Abb. 395. Flächenreduktion auf den Meeresspiegel.

Projiziert man die im mittleren Messungshorizont H berechnete Fläche F mit der Umgrenzung K (Abb. 395) auf den Meeresspiegel, so entsteht die von K_0 umschlossene

---

[1] Mittels (982) erhält man an Stelle der sonst errechneten Fläche eines Sehnenpolygons den Inhalt einer durch Parabelbögen begrenzten Figur. Diese Parabelbögen schließen sich der Umgrenzung inniger an als die Sehnen u. sind dadurch bestimmt, daß sie durch je drei aufeinanderfolgende Ordinatenendpunkte gehen u. daß die Achsen der Parabeln, auf denen sie liegen, zur Standlinie senkrecht stehen.

[2] Bei der Berechnung des Teiles F_1 sind $\varDelta y_0$ und $\varDelta y_n$ von Null verschieden.

infolge der Lotkonvergenz etwas kleinere Fläche F_0. Den Unterschied

$$\Delta F_0 = F - F_0 \tag{984}$$

bezeichnet man als die **Flächenreduktion auf den Meereshorizont**. Die ähnlichen Flächen F_0 und F liegen auf zwei Kugeln vom Halbmesser r (r = Erdhalbmesser) und $r + H$; sie verhalten sich also wie die Quadrate dieser Längen, und es ist daher

$$F_0 = F\left(\frac{r}{r+H}\right)^2 = F\left(\frac{1}{1+\frac{H}{r}}\right)^2 = F\left(1 - \frac{H}{r} + \ldots\right)^2 = F\left(1 - 2\frac{H}{r} + \ldots\right). \tag{985}$$

Die hierin vernachlässigten Glieder höherer Ordnung von $\frac{H}{r}$ sind im Vergleich zu diesem verschwindend klein. Es wird also die Reduktion auf den Meeresspiegel

$$\Delta F_0 = 2 \cdot \frac{H}{r} \cdot F, \tag{986}$$

und die reduzierte Fläche ist

$$F_0 = F - 2 \cdot \frac{H}{r} \cdot F. \tag{987}$$

Für $F = 1$ ha und $H = 100$ m ist $\Delta F_0 = 0{,}314$ qm; wegen seiner Geringfügigkeit kann es – mindestens in Tiefländern – meistens vernachlässigt werden.

45. Flächenberechnung nach dem Plan.

Liegen wie bei Meßtischaufnahmen für die Flächenermittlung keine Maßzahlen vor, so erfolgt mit geringerer Genauigkeit die **Flächenberechnung nach dem Plan**, und zwar entweder a) aus Planmaßen, b) mit Hilfe von Flächentafeln oder c) mit dem Planimeter.

a) Flächenberechnung aus Planmaßen.

Zur Flächenberechnung aus Planmaßen zerlegt man die einzelnen Figuren in Dreiecke und rechtwinklige Trapeze, deren Bestimmungsstücke dem Plan zu entnehmen sind. Die Dreieckshöhen bzw. die Vielecksordinaten, einzelne Grundlinien und Diagonalen werden meist mit Zirkel und Transversalmaßstab bestimmt, während zur Abszissenmessung im Vieleck besser ein abgeschrägter Maßstab mit einer zuverlässigen, deutlichen Millimeterteilung benutzt wird. Mit den so gewonnenen Maßen erfolgt nunmehr die Flächenberechnung in derselben Weise wie vorher aus Naturmaßen.

Natürlich ist bei dieser Art der Flächenberechnung auch die Papieränderung zu berücksichtigen. Man könnte gleich bei der Maßentnahme jede abgegriffene Länge entsprechend verbessern. Dieser umständliche Weg läßt sich vermeiden, indem man die zunächst ohne Berücksichtigung des Papiereingangs berechnete, fehlerhafte Fläche F' mit einem entsprechenden Zuschlag ΔF, der **Flächenverbesserung infolge der Papieränderung**, versieht.

Wir denken uns F durch Parallele zur einen Hauptrichtung der Papieränderung in unendlich schmale Streifen dF zerlegt, die als Rechtecke von der Länge a und der Breite db gelten können. Sind p und q die Prozentzahlen der Papieränderung in der Richtung der Rechtecksseiten, so betragen deren Änderungen

$$da = \frac{p}{100} \cdot a, \qquad \delta b = \frac{q}{100} \cdot db. \tag{988}$$

Aus dem Ausdruck

$$dF = a \cdot db \tag{989}$$

für die Rechtecksfläche folgt daher die Flächenänderung

$$\delta F = a \cdot \delta b + db \cdot da = a \frac{q}{100} \cdot db + db \frac{p}{100} \cdot a = \frac{a\,db}{100}(p+q) = \frac{p+q}{100} dF. \tag{990}$$

Also ist die der Gesamtfläche $F = \int dF$ entsprechende Flächenänderung ΔF wegen des Papiereingangs

$$\Delta F = \int \delta F = \frac{p+q}{100} \int dF = \frac{p+q}{100} \cdot F, \tag{991}$$

d. h. der Prozentsatz der Flächenänderung ist die Summe der Prozentzahlen der extremen Papieränderungen. Die berichtigte Naturfläche wird daher

$$F = F' + \Delta F = F' + \frac{p+q}{100} \cdot F. \tag{992}$$

Wurden einem Plane, dessen Maßstab etwa $M = 1 : V$ ist, die zur Flächenberechnung verwendeten Maße im natürlichen Maßstab entnommen, so ist das erhaltene Ergebnis zunächst die fehlerhafte Papierfläche f', aus welcher sich die wegen des Papiereingangs berichtigte Papierfläche

$$f = f' + \Delta f = f' + \frac{p+q}{100} f' \tag{993}$$

ergibt. In der zu f ähnlichen Feldfläche F ist jede Länge V-mal größer als in f, und da sich die Flächen ähnlicher Gebilde wie die Quadrate entsprechender Längen verhalten, so besteht für den Übergang von der Papierfläche zur Feldfläche die Beziehung

$$F = V^2 \cdot f. \tag{994}$$

b) Das Schätzquadrat.

Unter den sog. Flächentafeln sei das Schätzquadrat genannt. Dasselbe ist eine durchsichtige, mit einem feinen Quadratnetz überzogene Tafel (Abb. 396) dessen Maschenquadrat eine bekannte runde Fläche f_0 besitzt. Beim Gebrauch wird das Schätzquadrat mit der Teilung auf das Papier gelegt und durch Abzählen und Schätzen die Zahl n der Flächenelemente f_0 ermittelt, welche in der zu bestimmenden Fläche f' enthalten sind. Es ist dann

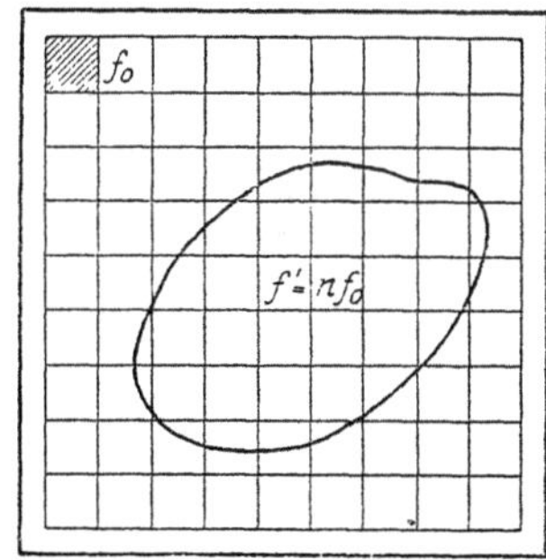

Abb. 396. Flächenbestimmung mit dem Schätzquadrat.

$$f' = n \cdot f_0. \tag{995}$$

Das Schätzquadrat ist sehr bequem; es liefert aber nur mäßig genaue Ergebnisse und wird mit Vorteil besonders zur Nachprüfung von Flächenberechnungen zwecks Aufdeckung etwaiger grober Rechenfehler benutzt. Die Berücksichtigung des Papiereingangs spielt daher bei der Benutzung des Schätzquadrats keine so große Rolle[1].

c) Flächenberechnung mit dem Planimeter.

Mit den Planimetern kann man Flächen auf rein mechanischem Wege durch einfaches Umfahren bestimmen. Die weiteste Verbreitung unter allen Umfahrungsplani-

---

[1] Ähnliche Hilfsmittel zur Flächenbestimmung sind die Faden- oder Harfenplanimeter (Flächenharfe), deren wirksamer Bestandteil eine Schar von parallelen Geraden mit gleichen runden Abständen a ist. Liegt die Harfe auf der Fläche, so kann man rechnerisch oder mit dem Zirkel die Mittellängen der entstandenen Streifen addieren u. erhält im Produkt aus dieser Summe s in den Parallelenabstand a die gesuchte Fläche $f = a \cdot s$.

Hier sei auch die Hyperbeltafel von Kloth genannt, welche auf einer durchsichtigen Platte eine Schar von gleichseitigen Hyperbeln trägt u. zur bequemen Ermittlung von Dreiecks- und Vierecksflächen dient.

metern[1] hat das AMSLERsche Polarplanimeter gefunden, dessen Theorie im folgenden besprochen werden soll.

Die gesuchte, von der stark ausgezogenen Kurve K umschlossene Fläche f_1 (Abb. 397) werde mit dem einen Ende eines Stabes von der Länge a umfahren, während sich das andere Stabende zwangsläufig auf einer außerhalb f_1 befindlichen Kurve K_0 bewegt. Durch eine kleine Bewegung gelangt der Stab aus seiner Anfangslage AB in die Nachbarlage $A'B'$ und überstreicht dabei die kleine Fläche df, welche man sich aus einem unendlich schmalen Trapez df' und einem unendlich schmalen Dreieck df'' zusammengesetzt denken kann. Rechnet man df', df'' und df der Reihe nach positiv, wenn $B'A''$ rechts von BA, $B'A'$ rechts von $B'A''$ und $B'A'$ ganz oder mit seiner größeren Hälfte rechts von BA liegt, so gilt immer die einfache Beziehung

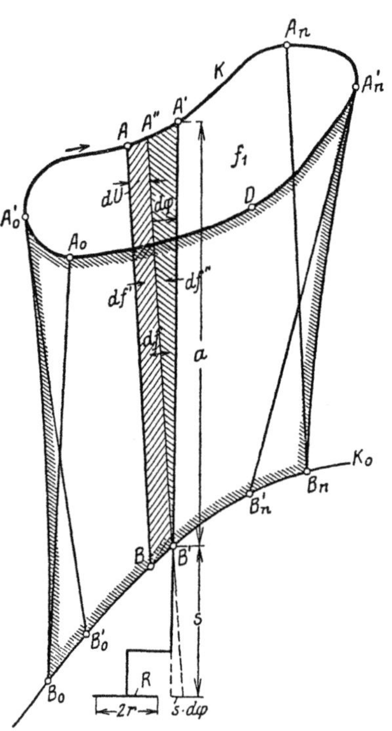

Abb. 397. Zur Theorie des Polarplanimeters für eine mit Pol außerhalb umfahrene Fläche.

$$df = df' + df''. \tag{996}$$

Die Anteile df', df'' entsprechen einer unendlich kleinen Parallelverschiebung bzw. Drehung des Stabes um die Beträge dU und $d\varphi$, so daß

$$df = a\,dU + \frac{a^2}{2}\,d\varphi \tag{997}$$

wird, wobei $d\varphi$ im Bogenmaß zu nehmen ist. Die bei einer vollständigen Umfahrung von f_1 von a überstrichene Fläche f_2 ist also die Summe

$$f_2 = \int df = a\int dU + \frac{a^2}{2}\int d\varphi. \tag{998}$$

f_2, welches den äußeren Umriß $B_0 A_0' A A_n' B_n B$ besitzt, enthält einen Teil $B_0 A_0' D A_n' B_n B$, welcher sowohl beim Hinweg wie auch beim Rückweg, also rechtssinnig und linkssinnig überstrichen wird. Er besitzt daher nach der vorhin getroffenen Vorzeichenregel einmal positives, einmal negatives Vorzeichen, so daß f_2 dem allein übrigbleibenden Teil f_1 gleich wird. Also ist

$$f_1 = f_2. \tag{999}$$

Eine mit a verbundene, auf der Unterlage sich abwälzende Rolle R, deren Achse zum Fahrstab parallel liegt und deren Berührungsebene vom Stabende B bzw. B' um den Rollenarm s absteht, wird sich infolge der Parallelverschiebung und Drehung des Stabes um die Beträge $+\,dU$ und $-s\cdot d\varphi$ abwälzen. Die wirklich erfolgende Rollenabwälzung ist ihre Summe

$$dU_0 = dU - s\cdot d\varphi. \tag{1000}$$

Setzt man den hieraus folgenden Ausdruck

$$dU = dU_0 + s\cdot d\varphi \tag{1001}$$

---

[1] Das älteste Umfahrungsplanimeter ist das Linearplanimeter (mit zwei zueinander senkrechten Bewegungen), als dessen erster Erfinder nach BAUERNFEIND: Elemente der Vermessungskunde, Bd. 2, S. 228. Stuttgart 1890, der bayerische Trigonometer HERMANN (1814) anzusehen ist. Dieses im Laufe der Zeit hauptsächlich durch WETLI u. HANSEN verbesserte Instrument war jedoch ziemlich teuer u. genauer als notwendig. Es wurde daher durch das einfachere, billigere u. doch hinreichend genaue Polarplanimeter, welches 1854 AMSLER in Schaffhausen konstruiert u. das nahezu gleichzeitig (1855) auch MILLER in Leoben erfunden hatte, schnell verdrängt.

in (998) ein, so folgt

$$f_2 = a \int dU_0 + a \cdot s \int d\varphi + \frac{a^2}{2} \int d\varphi. \tag{1002}$$

$\int dU_0$ ist die gesamte, während der Umfahrung von f_1 erfolgende Rollenabwälzung U_0. Die Stabrichtung, welche beim Beginn der Bewegung etwa φ_0 war, ist am Ende derselben wieder φ_0, da der Stab in die Ausgangslage zurückgekehrt ist, ohne den Umkreis umfahren zu haben; es sind also auch in $\int d\varphi$ die Grenzen φ_0 einzusetzen. Damit erhält man

$$f_2 = a \cdot U_0 + \left(as + \frac{a^2}{2}\right)[\varphi]_{\varphi_0}^{\varphi_0} = a \cdot U_0 \tag{1003}$$

oder mit Rücksicht auf (999)

$$f_1 = f_2 = a \cdot U_0. \tag{1004}$$

Bedeutet r den Halbmesser, u den Umfang und n die Umdrehungszahl der Rolle R, so gelten die Beziehungen

$$u = 2\pi \cdot r, \quad U_0 = n \cdot u = 2n\pi \cdot r. \tag{1005}$$

Ihre Berücksichtigung in (1004) führt auf die für **Pol außerhalb der umfahrenen Fläche gültige Planimetergleichung**

$$f_1 = (a \cdot u) \cdot n = k \cdot n. \tag{1006}$$

Die umfahrene Fläche ist also, wenn das zweite Stabende außerhalb ihres Umrisses liegt, das Produkt aus einer Multiplikationskonstanten k und der Rollenumdrehungszahl n. Die Multiplikationskonstante

$$k = a \cdot u \tag{1007}$$

ist das Produkt der Stablänge a in den Rollenumfang u.

Ähnlich liegen die Verhältnisse, wenn sich beim Befahren der die gesuchte Fläche f_1 begrenzenden Linie K das zweite Stabende B auf einer innerhalb K liegenden, geschlossenen Kurve K_0 (Abb. 398) bewegt, welche die Fläche f_3 begrenzen möge. Bei einer vollständigen Umfahrung von K überstreicht der Fahrstab a die ringförmige von K und K_0 begrenzte Fläche f_2 und gelangt nach einer vollen Umdrehung in die mit der Anfangsstellung $B_0 A_0$ zusammenfallende Endstellung. Den beiden Lagen entsprechen also die Richtungsangaben φ_0 bzw. $\varphi_0 + 2\pi$. Für f_2 ergibt sich durch die gleichen Überlegungen wie vorher der Ausdruck (1003), nur daß jetzt die obere Integrationsgrenze nicht mehr φ_0, sondern $\varphi_0 + 2\pi$ ist. So findet man jetzt

$$f_2 = a \cdot U_0 + a^2 \cdot \pi + 2as \cdot \pi. \tag{1008}$$

Für den Fall, daß K_0 ein Kreis vom Halbmesser p ist, wird

$$f_3 = p^2\pi \tag{1009}$$

und die gesuchte Fläche ist

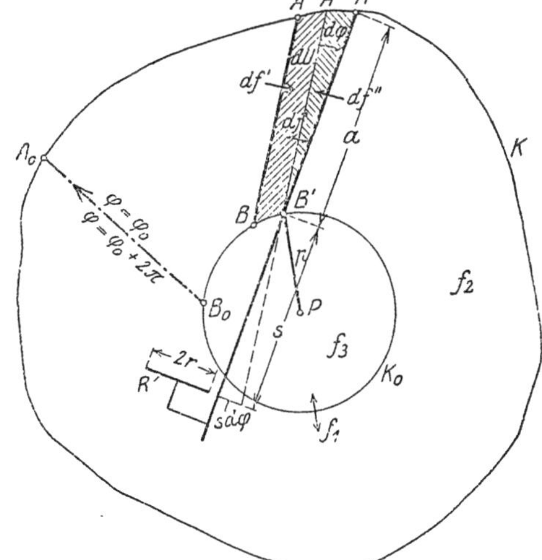

Abb. 398. Zur Theorie des Polarplanimeters für eine mit Pol innerhalb umfahrene Fläche.

$$f_1 = f_2 + f_3 = a \cdot U_0 + \pi(a^2 + 2as + p^2) \tag{1010}$$

bzw.

$$f_1 = k \cdot n + C, \tag{1011}$$

wenn k und n ihre alte Bedeutung behalten und von den Abkürzungen

$$a^2 + 2as + p^2 = L^2, \quad \pi \cdot L^2 = C \tag{1012}$$

Gebrauch gemacht wird.

Bewegt sich das Stabende B_0 auf einer innerhalb der befahrenen Kurve K liegenden Linie K_0, so ist die umfahrene Fläche f_1 das Produkt der Multiplikationskonstanten k in die Umdrehungszahl n, vergrößert um eine Additionskonstante C.

Das in Abb. 399 schematisch dargestellte AMSLERsche Polarplanimeter besteht aus zwei im gemeinsamen Endpunkt B gelenkig verbundenen Stäben, dem Fahrarm a und dem in den Pol P endigenden Polarm p. Ersterer besitzt im Endpunkt A einen Fahrstift[1], mit dem kleine Figuren mit festem Pol außerhalb, große aber mit Pol innerhalb der zu bestimmenden Fläche umfahren werden. Der Pol wird, wenn er eine Spitze besitzt, mit derselben in die Unterlage eingedrückt und durch ein Polgewicht G_p beschwert; bei kugelförmiger Ausbildung wird der Pol in die entsprechend geformte Höhlung eines größeren, fest auf der Unterlage liegenden Polgewichtes eingesetzt. Mit dem Fahrarm ist eine Laufrolle R verbunden, deren Achse XX (Abb. 400) zu a parallel liegt und deren Berührungsebene vom Gelenk B um s absteht. Ein anschließender Zylinder, die Zählrolle R_z trägt eine Teilung, an der mit Hilfe eines Nonius die Bruchteile der Umdrehungszahl abgelesen werden, während eine Zählscheibe Z die ganzen Umdrehungen angibt. Um eine Änderung

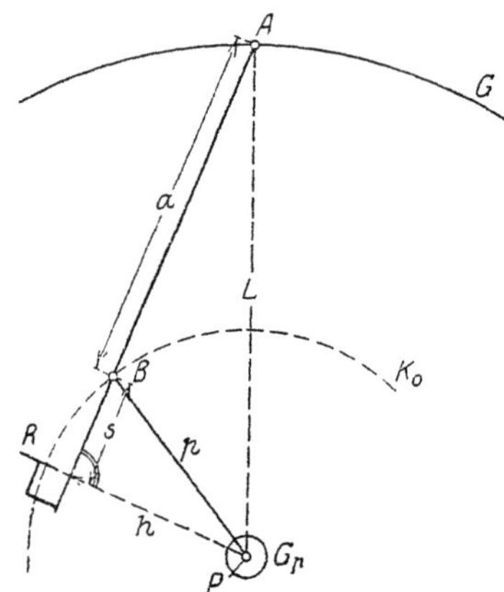

Abb. 399. Schematische Darstellung des Polarplanimeters.

der Fahrarmlänge zu ermöglichen, sind die eben genannten Bestandteile nicht unmittelbar mit dem Fahrstab, sondern mit einer nach Lösen der Klemmschrauben K_1, K_2 am Fahrarm verschiebbaren Hülse H verbunden. Ist mit Hilfe des Nullstriches eines Nonius N_2 an der in einem Fenster der Hülse sichtbaren Fahrarmteilung die gewünschte Einstellung l ungefähr erreicht, so wird K_1 angezogen, mit der Feinstellschraube F die Einstellung l scharf herbeigeführt und sodann die Versicherungsklemmschraube K_2 angezogen. Die Hülse H trägt auch das Gelenk B, welches vielfach derart ausgebildet ist, daß der Polarm nach dem Gebrauch ohne weiteres herausgenommen werden kann.

Der Festwert C kann als die Fläche eines Kreises, des sog. Grundkreises (Nullkreis), aufgefaßt werden, dessen Halbmesser bei kreisförmigem K_0 eine einfache geometrische Deutung besitzt. Faßt man diejenige Stellung des Fahrarmes zum Polarm ins Auge, für welche die erweiterte Rollenebene durch den Pol geht (Abb. 399), so ist das Quadrat des zugehörigen Abstandes AP des Fahrstiftes vom Pol der besondere Wert

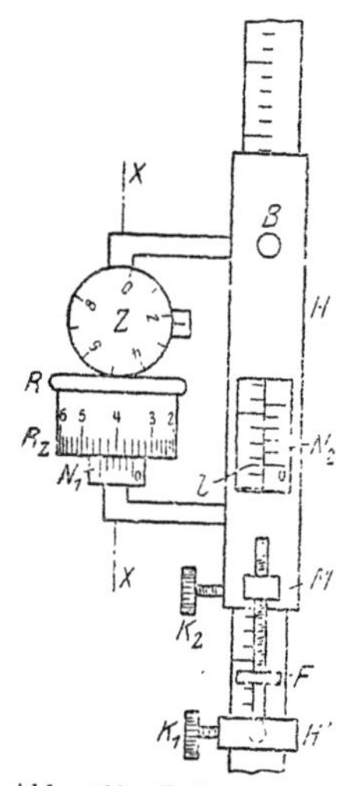

Abb. 400. Rollen-, Zähl- und Einstellwerk des Polarplanimeters.

$$x^2 = (a + s)^2 + h^2 = (a + s)^2 + p^2 - s^2 = a^2 + 2\,as + p^2, \quad (1013)$$

welcher mit dem durch (1012) definierten L^2 übereinstimmt. Die Additionskonstante oder Grundkreisfläche $C = \pi \cdot L^2$ ist daher die Fläche desjenigen Kreises G, welcher umfahren wird, wenn die Rollenebene stets den Pol enthält. Da sich die Rolle bei der Umfahrung des Grundkreises stets in der Richtung ihrer Achse bewegt, so findet dabei nur ein Gleiten, aber keine Umdrehung der Rolle statt[2].

---

[1] Nach WERKMEISTER: Bericht in Z. Instrumentenkde. 1935, S. 266, erhält man mit einer kreisförmigen Fahrmarke einen beträchtlich kleineren Umfahrungsfehler als mit dem Fahrstift.

[2] Nach KILLIAN, K.: Planimeterstudie (Allgem. Vermess.-Nachr. 1940, S. 666—671) gibt es weiterhin zwei Scharen von Nullkurven, welche sich dem Grundkreis von innen oder von außen her asymptotisch nähern.

Will man $C = 0$ machen, so muß L verschwinden. Für diesen Fall folgt aus der ersten der Gl. (1012) die Bedingung

$$s = -\left(\frac{a}{2} + \frac{p^2}{2a}\right). \tag{1014}$$

Ferner müssen für $L = 0$ die Punkte A und P zusammenfallen, d. h. es muß $p = a$ sein. Damit folgt aus (1014) $s = -a$; also muß bei gleicher Länge von Fahr- und Polarm die Rollenebene den Fahrarmanfangspunkt enthalten, damit C verschwindet.

Verbindet man den Polarm mit zwei gleich dicken, senkrecht zur Achse fein gerillten Zylindern Z_1, Z_2 (Abb. 401), die mittels Spitzen in einem festen, im Bild gestrichelt angedeuteten Rahmen laufen, welcher auch das Gelenk B trägt, so wird sich bei einer Bewegung des Fahrstiftes der Polarm stets parallel zu seiner Anfangslage verschieben. Der Pol liegt also bei diesem in verschiedenen Formen ausgebildeten Rollplanimeter im Unendlichen, so daß alle Flächen, die sich senkrecht zum Polarm beliebig weit ausdehnen können, stets mit Pol außerhalb umfahren werden.

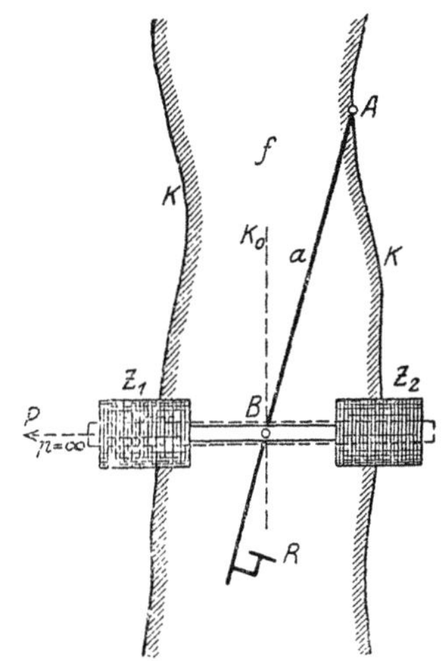

Abb. 401. Rollplanimeter.

Die Bestimmung der Planimeterkonstanten k, C kann genähert mittels der Ausdrücke (1007) und (1012) aus den Abmessungen des Instrumentes erfolgen. Die so gewonnenen, ziemlich ungenauen Ergebnisse taugen aber nur für eine rohe Überprüfung. Zur scharfen Planimetereichung dient der im folgenden beschriebene empirische Weg.

Wird eine bekannte Fläche f mit Pol außerhalb der Figur mit den verschiedenen Fahrarmlängen a_1, a_2 umfahren, so ergeben sich die Umdrehungszahlen n_1, n_2 und es bestehen die Beziehungen

$$f = k_1 n_1 = k_2 n_2, \tag{1015}$$

aus welchen bei bekanntem f und beobachteten n_1, n_2 die Werte k_1, k_2 zahlenmäßig berechnet werden können.

Nach (1007) aber ist auch

$$k_1 = a_1 \cdot u, \qquad k_2 = a_2 u, \tag{1016}$$

so daß aus (1016) und (1015) die Verhältnisgleichung

$$k_1 : k_2 = a_1 : a_2 = \frac{1}{n_1} : \frac{1}{n_2} \tag{1017}$$

hervorgeht. Demnach sind die Multiplikationskonstanten eines Planimeters zu den zugehörigen Fahrarmlängen direkt, zu den zur gleichen Fläche gehörigen Umdrehungszahlen umgekehrt proportional.

Ist k_0 eine runde Konstante, für welche die zugehörige Fahrarmlänge a_0 gesucht wird, so gilt nach (1017) auch

$$a_0 : a_1 = k_0 : k_1. \tag{1018}$$

Hieraus und aus

$$a_2 : a_1 = k_2 : k_1 \tag{1019}$$

ergibt sich durch entsprechende Substraktion

$$(a_0 - a_1) : (k_0 - k_1) = a_1 : k_1 = (a_2 - a_1) : (k_2 - k_1) \tag{1020}$$

und daraus folgt für die gesuchte Fahrarmlänge der Ausdruck

$$a_0 = a_1 + (a_2 - a_1)\frac{k_0 - k_1}{k_2 - k_1}. \tag{1021}$$

Würden die Ablesungen bei den Fahrarmeinstellungen wirklich die Fahrarmlängen angeben, so könnte zur Berechnung von a_0 die einfachere Beziehung (1018) dienen. In Wirklichkeit unterscheiden sich aber die Fahrarmlängen a_0, a_1, a_2 um einen Betrag $\varDelta$

24*

von den entsprechenden Fahrarmeinstellungen (Ablesungen) l_0, l_1, l_2, so daß

$$a_0 = l_0 + \Delta, \qquad a_1 = l_1 + \Delta, \qquad a_2 = l_2 + \Delta \tag{1022}$$

ist. Setzen wir diese Ausdrücke in (1021) ein, so fällt Δ hinaus und es ergibt sich die zur runden Konstanten k_0 gehörige Fahrarmeinstellung

$$l_0 = l_1 + (l_2 - l_1)\frac{k_0 - k_1}{k_2 - k_1}, \tag{1023}$$

welche aus den vorher berechneten Zufallswerten k_1, k_2 und den zugehörigen Fahrarmeinstellungen l_1, l_2 bestimmt werden kann. Die Beziehung (1023) gilt auch für jede andere einheitliche Fahrarmteilung wie auch für den Fall, daß die Bezifferung des Fahrarms mit zunehmender Fahrarmlänge abnimmt.

An die Bestimmung der Multiplikationskonstanten k reiht sich nunmehr die Ermittlung der Additionskonstanten C aus Umfahrungen einer großen bekannten Fläche f mit Pol innerhalb der Figur. Ist n die dabei beobachtete Umdrehungszahl, so wird

$$C = f - k \cdot n. \tag{1024}$$

Zur Durchführung einer Flächenbestimmung mit dem Planimeter setzt man zweckmäßig zunächst den Fahrstift in die Mitte der Figur, stellt den Polarm rechtwinklig zum Fahrarm, fährt hierauf mit dem Fahrstift an den Rand der Figur und überzeugt sich, ob bei der gewählten Stellung ein Umfahren der Figur möglich ist, ohne daß der von den beiden Armen des Instruments eingeschlossene Winkel an irgendeiner Stelle zu spitz oder zu stumpf wird. Dann wählt und bezeichnet man als Anfangspunkt der Umfahrung eine Stelle, für welche einer Bewegung des Fahrstiftes eine möglichst geringe Änderung der Rollenablesung entspricht. Unter dieser Voraussetzung macht es für das Ergebnis wenig aus, wenn der Fahrstift am Ende der Umfahrung etwa nicht genau in den Anfangspunkt zu liegen kommt; er muß jedoch am Anfang und am Ende der Bewegung scharf auf der befahrenen Linie liegen. Zum Schutz gegen grobe Irrtümer und zur Erhöhung der Genauigkeit führt man in der Regel in beiden Umfahrungsrichtungen mindestens je drei Umfahrungen durch und vereinigt die gefundenen Einzelwerte zum arithmetischen Mittel.

Der Einfluß einer Papieränderung auf die planimetrische Flächenermittlung kann unschädlich gemacht werden: 1. durch nachträgliche Berücksichtigung, 2. durch die sog. Proportionalmethode, 3. durch vorherige, entsprechende Änderung der Fahrarmeinstellung.

Die nachträgliche Berücksichtigung der Papieränderung erfolgt wie bei der Flächenberechnung aus Planmaßen mittels (993). Anders bei der Proportionalmethode. Hier kann eine Fläche f ohne Kenntnis der Papieränderung und der Multiplikationskonstanten des Planimeters bestimmt werden, wenn mit ihr auch eine sie umschließende Fläche f_0 (z. B. ein Netzquadrat) ebenfalls mit Pol außerhalb umfahren wird. Sind n und n_0 die beobachteten Umdrehungszahlen, so gibt

$$f = \frac{n}{n_0} \cdot f_0 \tag{1025}$$

die nach der Proportionalmethode bestimmte Fläche an.

Auch durch eine geringe Änderung der Fahrarmeinstellung vor der Umfahrung kann der Papiereingang von vornherein unschädlich gemacht werden. Es ist offenbar $dk_0 = -\frac{1}{100}(p + q) \cdot k_0$ diejenige Änderung der Multiplikationskonstanten, welche die Wirkung des Papiereingangs aufhebt. Dieser Konstantenänderung entspricht aber nach (1023) die Einstellungsänderung

$$dl_0 = \frac{l_2 - l_1}{k_2 - k_1} \cdot dk_0, \tag{1026}$$

so daß die Umfahrung mit der Einstellung $l_0 + dl_0$ statt mit l_0 auszuführen ist.

Auch die Beziehung zwischen Papierfläche, Feldfläche und Maßstab ist wieder durch (1021) ausgedrückt.

46. Halbgraphische Flächenberechnung.

Die halbgraphische Flächenberechnung liegt der Genauigkeit nach zwischen der Flächenberechnung aus Naturmaßen und derjenigen nach dem Plan. Sie erfolgt unter gleichzeitiger Verwendung von Naturmaßen und Planmaßen, und zwar werden zur Geringhaltung der Flächenfehler die kleinen Faktoren direkt gemessen, die großen aber unter sofortiger Berücksichtigung der Papieränderung dem Plan entnommen.

47. Genauigkeit der Flächenberechnung.

Die Fehlerfortpflanzung in der Flächenberechnung ist eine verschiedene, je nachdem die Berechnung aus Naturmaßen oder nach dem Plan erfolgt.

a) Fehler der Flächenberechnung aus Naturmaßen.

Erfahren die Grundlinie c und die zugehörige Höhe h_c eines Dreiecks die Änderungen dc und dh_c, so ist nach (962)

$$dF = \tfrac{1}{2}(c \cdot dh_c + h_c \cdot dc) \tag{1027}$$

der den genannten Änderungen entsprechende **bestimmte Fehler der Dreiecksfläche**. Hierin ist jeder Faktor mit dem Fehler des anderen multipliziert. Bei sehr verschiedenen Faktoren wird also der mit dem großen Faktor multiplizierte Fehler des kleinen Faktors einen viel größeren Einfluß ausüben wie der mit dem kleinen Faktor multiplizierte Fehler des großen Faktors. Daraus folgt die bekannte Regel, **die kleineren Faktoren mit besonderer Schärfe zu bestimmen.**

Wenn an Stelle von dc und dh_c die mittleren Unsicherheiten m_c, m_{h_c} treten, so ergibt die Anwendung des mittleren Fehlergesetzes das mittlere Flächenfehlerquadrat

$$m_F^2 = \tfrac{1}{4}(c^2 \cdot m_{h_c}^2 + h_c^2 \cdot m_c^2), \tag{1028}$$

gleichgültig, in welcher Weise m_c und m_{h_c} entstehen. Setzt man etwa

$$m_c^2 = m_0^2 \cdot c, \qquad m_{h_c}^2 = m_0^2 \cdot h_c \tag{1029}$$

($m_0 =$ mittlerer unregelmäßiger Fehler der Längeneinheit), so folgt aus (1028) die besondere Form des mittleren Fehlerquadrats der Dreiecksfläche

$$m_F^2 = \tfrac{1}{4} c \cdot h_c (c + h_c) m_0^2 = \tfrac{1}{2} F (c + h_c) m_0^2. \tag{1030}$$

Dieser Ausdruck wird mit Rücksicht auf den Faktor $(c + h_c)$ am kleinsten, wenn zur Flächenberechnung dasjenige Paar ,,Grundlinie, Höhe`` benutzt wird, dessen Elemente die kleinste Summe besitzen. Wie die weitere Untersuchung zeigt, besitzen diese Längen unter sich den geringsten Unterschied.

Den **Einfluß, welchen die Fehler** da, db, dc **in den gemessenen Seiten** auf die Dreiecksfläche ausüben, erhält man aus der HERONischen Flächenformel zu

$$dF = r(da \cdot \cos\alpha + db \cdot \cos\beta + dc \cdot \cos\gamma), \tag{1031}$$

wenn r den Halbmesser des Dreiecksumkreises bedeutet. Demnach läßt ein kleiner Fehler der Hypotenuse die Fläche des rechtwinkligen Dreiecks unberührt.

Den beliebig entstandenen mittleren Seitenfehlern m_a, m_b, m_c entspricht im Dreieck das mittlere Flächenfehlerquadrat

$$m_F^2 = r^2 (\cos^2\alpha \cdot m_a^2 + \cos^2\beta \cdot m_b^2 + \cos^2\gamma \cdot m_c^2). \tag{1032}$$

Für die **Rechtecksfläche** $F = a \cdot b$ erhält man die den Gleichungen (1027) und (1029) entsprechenden Fehlerausdrücke

$$dF = a \cdot db + b \cdot da \quad \text{bzw.} \quad m_F^2 = F (a + b) m_0^2. \tag{1033}$$

Die (1030) und (1033) entsprechenden **mittleren Fehlerquadrate der Trapezfläche** sind

$$m_F^2 = \tfrac{1}{2} F (a + b + h) m_0^2 = \tfrac{1}{2} F (g_{13} + h_2 + h_4) m_0^2, \tag{1034}$$

je nachdem die Trapezfläche nach (965) oder aber nach Andeutung von Abb. 402 als Summe zweier Dreiecksflächen mit der gemeinsamen Grundlinie g_{13} und den Höhen h_2, h_4 berechnet wird.

Für ein beliebiges als Summe zweier Dreiecke berechnetes Viereck findet man

$$m_F^2 = \frac{1}{2} F (e + h_b + h_d) m_0^2 = \frac{1}{2} F \left\{ e + f - 2 f \sin^2 \left(45^0 - \frac{\mu}{2}\right)\right\} m_0^2 \qquad (1035)$$

bzw.

$$m_F^2 = \frac{1}{2} (f + h_a + h_c) m_0^2 = \frac{1}{2} F \left\{ e + f - 2 e \sin^2 \left(45^0 - \frac{\mu}{2}\right)\right\} m_0^2, \qquad (1036)$$

je nachdem zur Flächenberechnung die Stücke e, h_b, h_d (Abb. 389) bzw. f, h_a, h_c dienen. Aus einem Vergleich der dritten Glieder in beiden geschweiften Klammern folgt, daß diejenige Flächenbestimmung als die genauere zu betrachten ist, welche die kürzere Diagonale als Grundlinie benutzt.

Sehr viel umständlicher liegen die Verhältnisse, wenn es sich um den wichtigen Fall der Flächenberechnung eines Vielecks handelt. Dabei verläuft die Fehlerfortpflanzung für eine Standlinienaufnahme mittels rechtwinkliger Koordinaten wesentlich anders als bei einer Vielecksaufnahme durch Umfangsmessung, d. h. durch Polygonzüge.

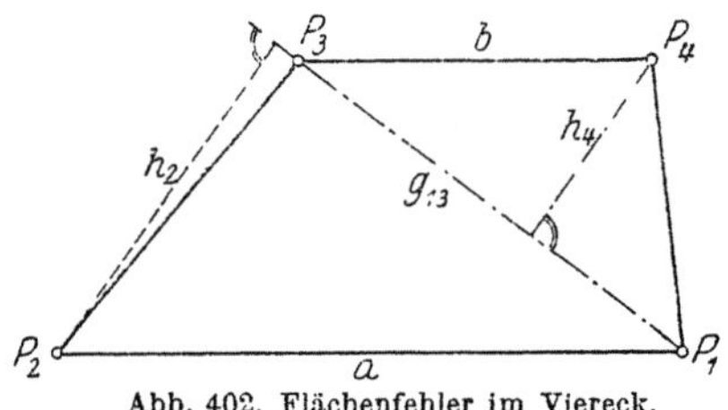

Abb. 402. Flächenfehler im Viereck.

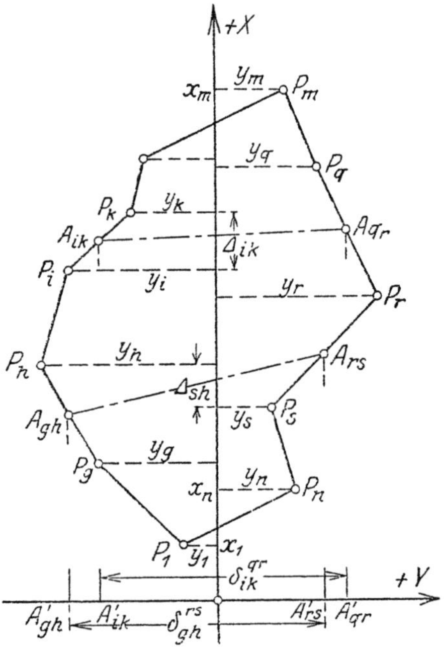

Abb. 403. Flächenfehler eines durch eine Standlinienaufnahme bestimmten Polygons.

Wir betrachten zunächst die durch eine Standlinienaufnahme bestimmte Fläche und berücksichtigen wegen der Wichtigkeit dieses Falles nicht nur die bisher allein beachteten mit der Wurzel aus den gemessenen Längen fortschreitenden Fehler, sondern auch alle übrigen. Aus (975) erhält man zunächst den bestimmten Flächenfehler

$$dF = \frac{1}{2} \left\{ \sum_{i=1}^{n} (y_{i+1} - y_{i-1}) \, dx_i - \sum_{i=1}^{n} (x_{i+1} - x_{i-1}) \, dy_i \right\} \qquad (1037)$$

der ins Auge gefaßten Fläche, deren Eckpunkte P_1 bis P_n sein mögen, während zu P_m (Abb. 403) die größte Abszisse gehören soll. Bedeuten m_0 den mit $\sqrt{l}$ fortschreitenden mittleren zufälligen Fehler der Längenmessung, $m_r = k \cdot y$ den durch eine Ungenauigkeit der Ordinatenrichtung verursachten mittleren Fehler der Abszisse (k etwa $1' : \varrho'$, also roh $1 : 3000$), m_a (rund 2,9 Einheiten der ersten abgeworfenen Stelle), m_a und m_λ die mittleren Fehler der Abrundung, Ablesung und der Ablotung bzw. des Einrichtens und ist $| \Delta_{ik}$ der Absolutwert eines zwischen zwei aufeinanderfolgenden Ordinatenfußpunkten liegenden Abszissenelementes, gleichgültig, ob die zugehörigen

Eckpunkte P_i, P_k auch in der Numerierung aufeinanderfolgen oder ob sie diagonal liegen, so wird das Quadrat des mittleren Flächenfehlers[1]

$$m_F^2 = m_0^2 \left\{ \sum_{i=1}^{k=m} |\varDelta_{ik}| \, (\delta_{ik}^{qr})^2 + \tfrac{1}{4} \sum_{i=1}^{n} |y_i| \, (x_{i+1} - x_{i-1})^2 \right\}$$

$$+ \tfrac{1}{4} k^2 \sum_{i=1}^{n} y_i^2 (y_{i+1} - y_{i-1})^2 + \tfrac{1}{4} D^2 (m_a^2 + m_\alpha^2 + m_\lambda^2) . \tag{1038}$$

Hierin[2] ist δ_{ik}^{qr} die Projektion der Diagonalen $A_{ik} \, A_{qr}$ auf die Ordinatenachse und $A_{ik} \, A_{qr}$ sind die Mittelpunkte derjenigen Strecken $P_i \, P_k$, $P_q \, P_r$, in deren Projektionen auf die Abszissenachse das Element $\varDelta_{ik}$ enthalten ist. Im Beiwert

$$D = \sqrt{\sum_{1}^{n} [d_i^2]} = \sqrt{d_1^2 + d_2^2 + \cdots + d_n^2} \tag{1039}$$

bedeutet die Kurzdiagonale d_i die nach dem übersprungenen Punkte P_i bezeichnete Strecke $P_{i-1} P_{i+1}$. Die Länge D, also auch der Einfluß von m_a, m_α und m_λ auf die Fläche sind von der Lage des Koordinatensystems unabhängig. Entspricht

$$m = \pm \sqrt{m_a^2 + m_\alpha^2 + m_\lambda^2 + \cdots} \tag{1040}$$

dem Zusammenwirken aller von den Koordinaten unabhängigen Fehler, so wird

$$\varDelta m_F = \pm \tfrac{1}{2} D \cdot m \tag{1041}$$

sein Teileinfluß auf die Fläche. Der Bau von (1038) weist darauf hin, daß zur Erzielung eines kleinen Flächenfehlers bei langgestreckten Vielecken die Standlinie das Grundstück der Länge nach oder in Richtung der längeren Diagonale annähernd halbieren soll. Durch eine Einschaltung weiterer Punkte des Umfanges zwischen die bereits vorhandenen wird der Flächenfehler im allgemeinen verringert.

Sind die zur Abszissen- und Ordinatenmessung verwendeten Längenmeßwerkzeuge um $p\%$ bzw. $q\%$ fehlerhaft, so entsteht ein weiterer Flächenteilfehler

$$dF_m = \tfrac{1}{100} (p + q) F . \tag{1042}$$

Wendet man die Formel (1038) auf ein Rechteck von der Fläche F mit den gleichmäßig unterteilten Seiten $a = \mu \cdot \varDelta a$, $b = v \cdot \varDelta b$ und dem Seitenverhältnis $v = b : a$ an und halbiert die zu a parallele Standlinie die Fläche, so findet man

$$m_F^2 = \varDelta a \cdot \varDelta b \left\{ \mu \cdot v^2 \cdot \varDelta b + \tfrac{v}{2} (2\mu - 1) \, \varDelta a \right\} \cdot m_0^2 + \tfrac{v}{12} (2v^2 - 3v + 4) \, \varDelta b^4 \cdot k^2$$

$$+ \left\{ (2\mu - 1) \, \varDelta a^2 + (2v - 1) \, \varDelta b^2 \right\} (m_a^2 + m_\alpha^2 + m_\lambda^2) . \tag{1043}$$

Fällt die Seitenunterteilung weg, so folgt der einfachere Ausdruck

$$m_F^2 = (\tfrac{1}{2} a + b) F \cdot m_0^2 + \tfrac{1}{4} b^4 \cdot k^2 + d^2 (m_a^2 + m_\alpha^2 + m_\lambda^2) , \tag{1044}$$

wenn $d = \sqrt{a^2 + b^2}$ die Rechtecksdiagonale bedeutet. Geht die Standlinie durch zwei Gegenecken des Rechtecks und ist h der Abstand der beiden anderen Ecken von dieser Diagonale, so ergibt sich das Fehlerquadrat

$$m_F^2 = (\tfrac{1}{2} d + h) F \cdot m_0^2 + d^2 (m_a^2 + m_\alpha^2 + m_\lambda^2) . \tag{1045}$$

Hier verschwindet also das mit k^2 behaftete Glied, und ein Vergleich mit (1044) zeigt, daß die Aufmessung des Rechtecks auf die Diagonale derjenigen auf die Längsachse unter sonst gleichen Umständen vorzuziehen ist.

---

[1] Siehe hierzu NÄBAUER: Über die Genauigkeit einer aus rechtwinkligen Koordinaten berechneten Fläche. Z. Ver. höheren bayer. Vermess.-Beamten. 1912, S. 1—12.

[2] Die Summe $\sum\limits_{i=1}^{k=m} |\varDelta_{ik}| \, (\delta_{ik}^{qr})$ enthält $n - 1$ Glieder.

Wesentlich anders als in der durch gemessene rechtwinkliche Koordinaten bestimmten Vielecksfläche liegen die Verhältnisse in dem durch Umfangsmessung bestimmten Polygonzug $P_1 P_2 \cdots P_n$ (Abb. 404). Bedeuten m_i, μ_i, ν_i die mittleren Fehler der gemessenen Seiten s_i, Polygonwinkel β_i und Seitenrichtungen α_i, ferner ${}_1^n S^2$, ${}_1^n T^2$, ${}_1^n O^2$ die entsprechenden mittleren Fehler der vom Zug und seiner Abschlußdiagonale $P_1 P_n$ umschlossenen Fläche, so gelten die Beziehungen[1]

$$ {}_1^n S^2 = \sum_{i=1}^{n-1} \left\{ a_i + C_1 \sin \alpha_i + C_2 \cos \alpha_i \right\}^2 m_i^2 , \tag{1046} $$

$$ {}_1^n T^2 = \sum_{i=1}^{n} \left\{ \tfrac{1}{2}\left(- r_i^2 + \frac{1}{n} \sum_1^n [r_e^2] \right) - C_1 \cdot \xi_i + C_2 \cdot \eta_i \right\}^2 \mu_i^2 , \tag{1047} $$

$$ {}_1^n O^2 = \sum_{i=1}^{n-1} \left\{ \tfrac{1}{2} \left(r_{i+1}^2 - r_i^2 \right) + C_1 \cdot \varDelta x_i - C_2 \cdot \varDelta y_i \right\}^2 \nu_i^2 . \tag{1048} $$

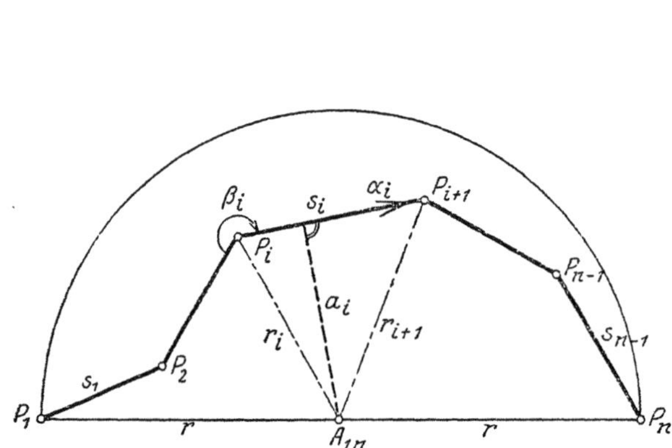

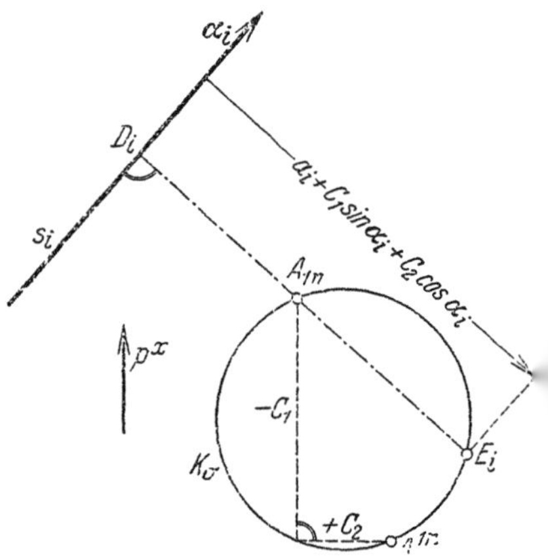

Abb. 404. Zur Ermittlung des Flächenfehlers eines durch Umfangsmessung bestimmten Polygons.

Abb. 405. Graphische Ermittlung der Koeffizienten zum Seitenfehlereinfluß.

Dabei besitzt ${}_1^n S^2$ für den Winkelzug und den Richtungszug bei doppeltem Koordinatenanschluß Geltung, ${}_1^n T^2$ bezieht sich auf den mit zweifachem Koordinaten und Richtungsanschluß gemessenen, in üblicher Weise ausgeglichenen (erst Winkelausgleichung, dann Koordinatenausgleichung)Winkelpolygonzug, während ${}_1^n O^2$ zu einem Richtungszug (z. B. Bussolenzug) mit doppeltem Koordinatenanschluß gehört.

Die in den Ausdrücken (1046) bis (1048) auftretenden Größen kann man teilweise der Zeichnung entnehmen. a_i ist der Abstand des Mittelpunktes A_{1n} der Abschlußstrecke $P_1 P_n$ von der Seite s_i (positiv, wenn A_{1n} rechts von s_i liegt), r_i, r_{i+1}, r_e sind die Entfernungen der Polygonpunkte P_i, P_{i+1}, P_e von A_{1n}; $\varDelta x_i$, $\varDelta y_i$ bezeichnen die Differenzen $x_{i+1} - x_i$, $y_{i+1} - y_i$ und ξ_i, η_i bedeuten die rechtwinkligen Koordinaten des Punktes P_i in einem zum gegebenen parallelen Koordinatensystem, dessen Ursprung in den Schwerpunkt der Polygonpunkte P_1, P_2, $\ldots P_n$ fällt. Die Beiwerte C_1, C_2 endlich sind die Summen

$$ C_1 = + \tfrac{1}{2} \sum_1^n q_e (x_{e+1} - x_{e-1}), \tag{1049} \qquad\qquad C_2 = - \tfrac{1}{2} \sum_1^n p_e (y_{e+1} - y_{e-1}), \tag{1050} $$

deren Koeffizienten p_e, q_e die Bedeutung von Verteilungszahlen bei der Koordinatenausgleichung besitzen, so zwar, daß die auf den Punkt P_e treffenden Koordinatenverbesserungen die Ausdrücke

$$ dx_e = p_e \cdot v_x , \qquad dy_e = q_e \cdot v_y \tag{1051} $$

---

[1] Auf die Herleitung dieser Ausdrücke muß hier verzichtet werden. Siehe dazu Nähauer: Flächenfehler im einfachen, durch Umfangsmessung bestimmten Polygonzug. Karlsruhe 1918.

sind, wo die Koordinatenanschlußwidersprüche $v_x = x_n - x'_n$, $v_y = y_n - y'_n$ den Charakter von Verbesserungen besitzen.

Wie die ohne viel Worte[1] verständliche Abb. 405 zeigt, können auch die sämtlichen Koeffizienten des Ausdrucks (1046) jeweils als Ganzes unmittelbar der Zeichnung entnommen werden.

Durch die Verwendung eines um $p\%$ fehlerhaften Längenmeßwerkzeuges entsteht der systematische Flächenfehleranteil

$$dF_m = \frac{p}{100}\left\{2\,{}^n_1F + C_1\,(y_n - y_1) + C_2\,(x_n - x_1)\right\}. \tag{1052}$$

Für den gleichseitigen, gestreckten Zug ist

$${}^n_1S^2 = 0, \qquad {}^n_1T^2 = \frac{s^4}{720}\,n\,(n^2 - 1)\,(n^2 - 4)\,\mu^2, \qquad {}^n_1O^2 = \frac{s^4}{12}\,n\,(n - 1)\,(n - 2)\,v^2, \tag{1053}$$

wenn, wie es sehr häufig geschieht, v_x und v_y zu gleichen Teilen auf die einzelnen Koordinatenunterschiede verteilt werden.

Die unter Voraussetzung derselben Verteilungsart für den gleichseitigen, gleichmäßig gekrümmten Zug sich ergebenden Flächenfehler sind recht umständliche Ausdrücke[2]. Aus ihnen folgen für den regelmäßigen, geschlossenen Zug, in dem P_n nach P_1 fällt, die besonderen Werte

$${}^n_1S^2 = m \cdot \frac{s}{2}\,\text{ctg}\,\frac{\gamma}{2}\,\sqrt{n-1} = m \cdot R_e\,\sqrt{n-1}, \qquad {}^n_{11}\overline{T}^2 = 0, \qquad {}^n_1O^2 = 0 \tag{1054}$$

worin γ den zu s gehörigen Zentriwinkel und R_e den Inkreishalbmesser des Polygons bedeutet. Demnach wird bei der gleichmäßigen Verteilung der Koordinatenwidersprüche die Fläche des geschlossenen, regelmäßigen Polygons durch die Seitenrichtungsfehler und Polygonwinkelfehler nicht beeinflußt.

Da Polarkoordinaten neuerdings für Eigentumsaufnahmen wieder an Bedeutung gewonnen haben, soll auch der den Fehlern dr_i, $d\gamma_i$ der Polarkoordinaten r_i, γ_i entsprechende bestimmte Flächenfehler

$$dF = \tfrac{1}{2}\left\{{}^n_1[q_i\,dr_i] - {}^n_1[r_i\,p_i\,d\gamma_i]\right\} \tag{1055}$$

angegeben werden. Hierin sind p_i, q_i (Abb. 406) die zu r_i parallelen bzw. senkrechten Komponenten der den Punkt P_i überspringenden Kurzdiagonale d_i. Aus (1055) folgt, wenn m_i den mittleren Fehler von r_i und m' den für alle γ_i gleichen mittleren Richtungsfehler in Bogenmaß bedeutet, das mittlere Flächenfehlerquadrat

$$m_F^2 = \tfrac{1}{4}\left\{{}^n_1[q_i^2\,m_i^2] + {}^n_1[r_i^2\,p_i^2] \cdot m'^2\right\}. \tag{1056}$$

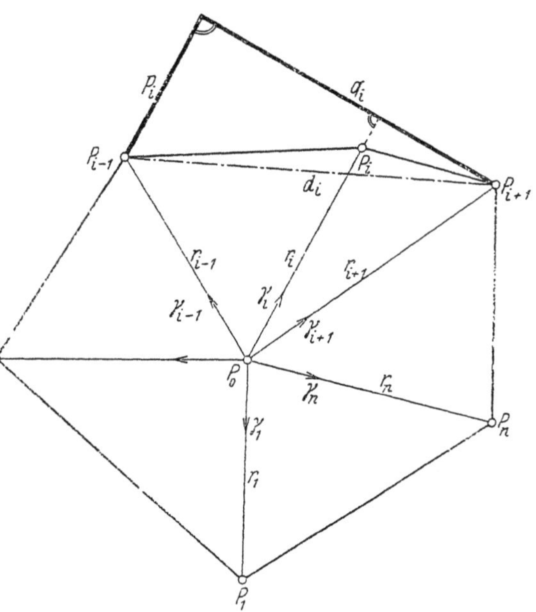

Abb. 406. Ermittlung des Flächenfehlers aus den Fehlern der Polarkoordinaten.

---

[1] K_σ ist ein Kreis über dem Durchmesser $A_{1n}A^{1n}$, wo Hilfspunkt A^{1n} gegen A_{1n} die Koordinatenunterschiede $- C_1, + C_2$ besitzt. Die Senkrechte durch A_{1n} zur Polygonseite s_i schneidet auf K_σ den Punkt E_i aus, dessen Abstand D_iE_i von s_i den zu ds_i bzw. m_i gehörigen Fehlerkoeffizienten darstellt.

[2] Sie waren in der 2. Aufl. mitgeteilt. Ihre Ableitung siehe bei NÁBAUER: Fehler der Polygonfläche ${}^n_1F$ im gleichseitigen, gleichmäßig gekrümmten Zug. Z. Vermess.-Wes. 1921, S. 417—434, 449—466, 481—494.

b) Fehler der aus Planmaßen berechneten Flächen.

Die aus dem Plan mit Zirkel und Transversalmaßstab oder einem guten Millimetermaßstab entnommenen Maße besitzen alle die gleiche, von der Länge unabhängige mittlere Unsicherheit m_p, welche bei einiger Übung etwa $\pm \frac{1}{20}$ mm beträgt. Bei Verwendung des Koordinatographen zur Maßentnahme wird dieser Fehler noch wesentlich kleiner. Infolge der gleichen Unsicherheit kurzer und langer Planmaße werden auch die Flächenfehlerausdrücke etwas andere als bei der Flächenberechnung aus Naturmaßen.

Für die aus der Grundlinie c und der Höhe h_c berechnete Dreiecksfläche f z. B. findet man das mittlere Fehlerquadrat

$$m_f^2 = \tfrac{1}{4}\,(c^2 + h_c^2)\,m_p^2. \tag{1057}$$

Es wird – wie früher – um so kleiner, je weniger sich die gewählte Grundlinie von der zugehörigen Höhe unterscheidet.

Im Rechteck mit der Diagonale d wird

$$m_f = d \cdot m_p, \tag{1058}$$

während sich für das Trapez die Ausdrücke

$$m_f^2 = \tfrac{1}{4}\,[(a+b)^2 + 2\,h^2]\,m_p^2 \quad \text{bzw.} \quad m_f^2 = \tfrac{1}{4}\,[2\,g_{13}^2 + (h_2 + h_4)^2]\,m_p^2 \tag{1059}$$

ergeben, je nachdem die Trapezfläche nach (965) aus den parallelen Seiten und ihrem Abstand oder nach Andeutung von Abb. 402 als Summe zweier Dreiecke mit der gemeinsamen Grundlinie g_{13} ermittelt wird.

Für ein nach der zuletzt genannten Art berechnetes beliebiges Viereck erhält man, wenn e (Abb. 389) als Grundlinie gewählt wird,

$$m_f^2 = \frac{1}{4}\,[2\,e^2 + (h_b + h_d)^2]\,m_p^2 = \frac{1}{2}\Big(e^2 + f^2 - f^2 \cos^2 \frac{\mu}{2}\Big)\,m_p^2. \tag{1060}$$

Die zuletzt angeschriebene Form läßt erkennen, daß man auch hier vom Genauigkeitsstandpunkte aus stets die kürzere Vierecksdiagonale zur Grundlinie machen soll.

Um den mittleren Fehler einer beliebigen Vielecksfläche, deren Eckpunktskoordinaten dem Plan entnommen sind, aufzustellen, brauchen wir nur an den allgemein gültigen Fehlerausdruck (1037) anzuknüpfen. Ersetzt man die darin enthaltenen bestimmten Koordinatenänderungen dx, dy durch die mittlere Unsicherheit m_p, so ergibt sich bei Anwendung des mittleren Fehlergesetzes für den Flächenfehler der höchst einfache Ausdruck

$$m_f = \tfrac{1}{2} D \cdot m_p, \tag{1061}$$

wo D seine alte, durch (1039) erklärte Bedeutung besitzt.

Die diesen verschiedenen Fehlern m_f der Papierfläche f entsprechenden mittleren Fehler m_F der Feldfläche F sind die Ausdrücke

$$m_F = V^2 \cdot m_f, \tag{1062}$$

wenn der Planmaßstab $M = 1 : V$ ist.

c) Genauigkeit der Flächenberechnung mit dem Planimeter.

Eine mit dem Planimeter bei Pol außerhalb bestimmte Fläche $f = k \cdot n$ ist mit dem bestimmten Flächenfehler

$$df = k \cdot dn + n \cdot dk \tag{1063}$$

behaftet, wenn dn und dk die bestimmten Fehler der Rollenumdrehungszahl und der Multiplikationskonstanten bedeuten. dk ist, da k auf empirischem Wege aus n bestimmt wird, von diesem, also auch von dn abhängig. Bei einer mit Pol innerhalb erfolgten Flächenbestimmung tritt zur rechten Seite von (1063) noch der ebenfalls von n abhängige Fehler dC der Additionskonstanten.

Die Ursachen des Fehlers dn sind hauptsächlich folgende: 1. der Umfahrungsfehler, 2. die mangelhafte Abwälzung der Rolle auf schlechter Unterlage, 3. die Rollenachsenschiefe gegen den Fahrarm, 4. die Schiefe der Rollenebene gegen die Rollenachse, 5. die Schiefe der Scharnierachse (für Polarm und Fahrarm), 6. eine geringe Polverschiebung durch Druck oder Zug, welcher bei allzu spitzen oder stumpfen Winkeln zwischen Polarm und Fahrarm auftritt. Die praktische Ermittlung des Einflusses dieser Fehler bereitet Schwierigkeiten. Man trachtet daher diesen Einfluß von vornherein auszuschalten, was bei verschiedenen neueren Planimeterkonstruktionen gut gelungen ist. Am einfachsten läßt sich die Rollenachsenschiefe unschädlich machen. Man umfährt nämlich die Fläche mit einem **Kompensationspolarplanimeter**, d. h. einem Polarplanimeter, dessen Polarm gegen den Fahrarm durchgeschlagen werden kann, in zwei zur Symmetrieachse A_s (Abb. 407) der Fläche symmetrischen Aufstellungen (1 und 2). Das arithmetische Mittel der so gewonnenen Umdrehungszahlen ist frei vom Einfluß der Rollenachsenschiefe. Um den sehr schädlichen Einfluß einer mangelhaften Unterlage zu beheben, hat man Planimeter gebaut, mit welchen eine für die Rollenabwälzung besonders geeignete Fläche verbunden ist. Eine der besten neueren Konstruktionen ist das Kugelrollplanimeter von Coradi sowie dessen Scheibenrollplanimeter. Lorber[1] hat unter Benutzung zahlreicher Beobachtungen die Genauigkeit verschiedener Planimeterkonstruktionen untersucht. Er stellte für den mittleren Flächenfehler die Beziehung

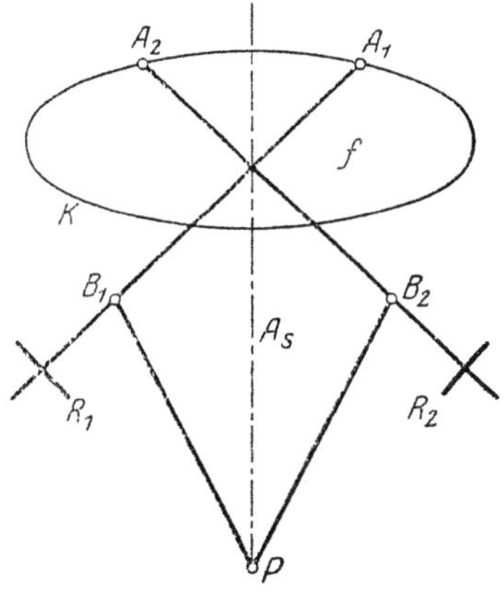

Abb. 407. Flächenbestimmung mit dem Kompensationspolarplanimeter.

$$m_f = c \cdot k + c_1 \sqrt{k \cdot f} \tag{1064}$$

auf und fand für das gewöhnliche Polarplanimeter insbesondere die Werte $c = 0{,}00126$ und $c_1 = 0{,}00022$, so daß für den mittleren Fehler der mit diesem einfachen Instrument einmal umfahrenen Fläche der Betrag

$$m_f = 0{,}00126\, k + 0{,}00022 \sqrt{k \cdot f} \tag{1065}$$

zu erwarten ist. k bedeutet wie bisher den Flächenwert einer Rollenumdrehung. Lorber hat mittels der angegebenen Formel für $k = 10$ qcm und für verschiedene Flächen die zugehörigen, in Tabelle 39a enthaltenen relativen mittleren Fehler je einer Umfahrung berechnet, nach denen man sich ein Urteil über die ungefähre Leistungsfähigkeit des einfachen Polarplanimeters bilden kann.

Tabelle 39a.

$k = 10$ qcm

f in qcm	$m_f : f$	f in qcm	$m_f : f$
5	1 : 357	50	1 : 1852
10	1 : 588	100	1 : 2857
20	1 : 1000	200	1 : 4255

---

[1] Lorber, Franz: Über Coradis Kugelplanimeter. Z. Vermess.-Wes. 1888, S. 161—187. Lorber setzt dabei voraus, daß der Fahrstift die Umgrenzungslinie nicht verläßt. — Zur Theorie der Planimeterfehler siehe ferner a) Wilski, P.: Rollenschiefe u. Scharnierschiefe beim Amslerschen Polarplanimeter. Z. Vermess.-Wes. 1892, S. 609—618; b) Doležal, E.: Planimeterstudien. Berg- u. hüttenm. Jb. Leoben u. Přibram. 1906, S. 293—360, u. 1907, S. 81—143; c) Idler, R.: Die Theorie u. die Genauigkeit des Scheibenrollplanimeters Nr. 4072 der Firma G. Coradi in Zürich, besprochen in der Z. Instrumentenkde. 1926, S. 550—552; d) Montigel, R.: Genauigkeitsuntersuchungen über Flächenbestimmungen mit dem Planimeter. Z. Vermess.-Wes. 1926, S. 257—264; Baer, H.: Genauigkeitsuntersuchungen am Polarplanimeter. Z. Instrumentenkde. 1937, S. 177—189.

d) Flächenabgleichung mit Hilfe von Kontrollflächen.

Zur Verprobung der Flächenberechnung und zur Verbesserung der errechneten Einzelflächen dienen Kontrollflächen, in welchen je eine geeignete Anzahl von nicht allzu verschiedenen Grundstücksflächen F zusammengefaßt ist. Die Hauptmasse der möglichst scharf zu bestimmenden und durch eine zweite Berechnung zu sichernden Kontrollfläche K ist die Fläche P eines Polygons, dessen der Lage nach durch ihre Koordinaten bestimmten Brechungspunkte so ausgewählt werden, daß die Polygonseiten dem Umfang der Grundstückssumme, d. h. dem Umfang der Kontrollfläche sich möglichst gut anschmiegen, und daß die über das Polygon hinausragenden Grundstücksteile (Zugänge z) sowie die Flächenteile (Abgänge a) zwischen den Polygonseiten und den innerhalb derselben liegenden Grundstücksgrenzen nicht zu groß werden und vor allem tunlichst aus Naturmaßen berechnet werden können. An die Stelle einer Polygonfläche im engeren Sinn des Wortes kann auch, besonders bei Flächenberechnungen nach dem Plan, die Fläche P eines regelmäßig begrenzten Blattes oder die Fläche eines oder mehrerer Netzquadrate treten. In allen Fällen bestehen die Beziehungen

$$K = P + [z] - [a], \quad [F] = K. \tag{1066}$$

Ersetzt man hierin die richtigen bzw. ausgeglichenen Einzelflächen F durch die unmittelbar berechneten Werte F', so ergibt sich ein Widerspruch

$$w = K - [F'], \tag{1067}$$

welcher strenggenommen proportional zu den mittleren Fehlerquadraten der Einzelflächen auf diese zu verteilen wäre. Die numerische Ermittlung dieser Fehler ist jedoch nicht immer ganz einfach und würde für die große Zahl der in Frage kommenden Grundstücke im allgemeinen zuviel Arbeit erfordern. Da andrerseits der Flächenfehler zwar in keiner einfachen Beziehung zur Fläche steht, auch nicht von ihr allein abhängt, im allgemeinen aber doch mit ihr zugleich wächst, und da die Flächen ohnedies ermittelt werden, so begnügt man sich in praktischen Fällen damit, den auftretenden Widerspruch w verhältnisgleich den berechneten Flächen auf diese zu verteilen. Die abgeglichene Einzelfläche ist daher

$$F_i = F'_i + \frac{F'_i}{[F'_i]} \cdot w. \tag{1068}$$

Im Bedarfsfall, besonders wenn sehr verschiedenartige Grundstückskomplexe auftreten, zieht man es vor, die große Kontrollfläche in mehrere kleinere zu zerlegen, welche dann zunächst auf die große Kontrollfläche abgeglichen werden, ehe sie zur Abgleichung der Einzelflächen dienen.

V. Absteckungsarbeiten.

Absteckungsarbeiten sind vielfach schon bei den Aufnahmen vorzunehmen; ihre größte Bedeutung aber besitzen sie, wenn es sich darum handelt, zur Übertragung eines ingenieurtechnischen Entwurfs ins Gelände dort nach den Ergebnissen geodätischer Berechnungen oder zeichnerischer Konstruktionen Linien mit bestimmten Eigenschaften zu bezeichnen. Dabei hat man es außer mit der Bezeichnung von Profilen hauptsächlich mit der Absteckung von Linien gleicher Neigung, von Geraden und von Kurven – insbesondere Kreisbögen – zu tun, von welchen in der Natur jeweils so viel Punkte angegeben werden, daß ihre Träger praktisch genau genug bestimmt sind[1]. Die Ausdrücke Gerade, Kreisbogen usw. sind jedoch nicht wörtlich zu nehmen; man versteht darunter vielmehr Profillinien, deren Horizontalprojektionen gerade Linien bzw. Kreisbögen sind.

---

[1] Auf die Beschreibung der für die Vermessungskunde sehr wichtigen, bei Flächenteilungen auftretenden Absteckungsarbeiten, die jedoch für den Bauingenieur weniger von Bedeutung sind, muß hier aus Mangel an Raum verzichtet werden.

48. Absteckung von Bauprofilen.

Zur augenfälligen Bezeichnung des projektierten Baukörpers in der Natur dienen sog. Bauprofile, durch welche sowohl das Längenprofil wie insbesondere auch Querprofile des Bauwerkes dargestellt werden.

a) Absteckung eines Längenprofils.

Sollen Punkte der Längsachse in der Oberfläche des projektierten Bauwerks in der Natur bezeichnet werden, so kann man etwa aus den Profilplänen oder aus den dazugehörigen Berechnungsheften die Beträge Δh entnehmen, um welche die einnivellierten Haupt- und Zwischenpunkte des Längenprofils unter den entsprechenden sichtbar zu machenden Punkten der Längsachse liegen. Werden nunmehr neben den Profilpflöcken lotrecht eingeschlagene Latten in einer solchen Höhe abgeschnitten, daß ihre oberen, meist mit einem Querstück versehenen Enden die genannten Bodenpflöcke um die Beträge Δh überragen, so bezeichnen die Lattenden Punkte der Längsachse in der Oberfläche des Bauwerkes.

Häufig ist der Durchstoßpunkt D (Abb. 408) der Längsachse $P_1'P_2'$ durch die Geländestrecke P_1P_2 zu ermitteln. Sind H_1, H_2 und H_1', H_2' die bekannten zu den genannten Punkten gehörigen Meereshöhen, während s, s_1 und s_2 die Horizontalprojektionen der Strecken P_1P_2, DP_1 und DP_2 bedeuten, so erhält man unter Verwendung der Abkürzungen

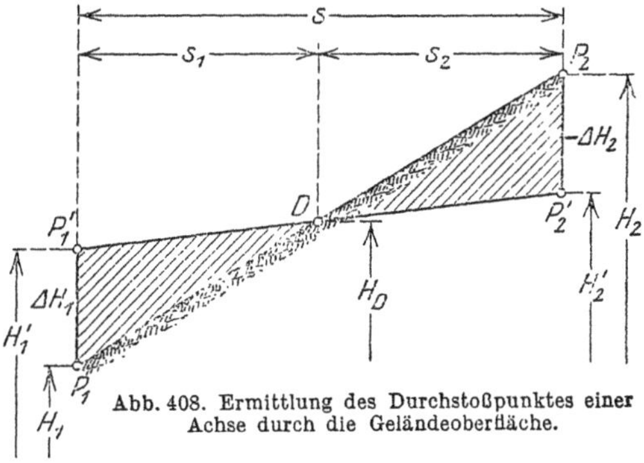

$$\left.\begin{array}{l} \Delta H_1 = H_1' - H_1, \\ \Delta H_2 = H_2' - H_2 \end{array}\right\} \quad (1069)$$

Abb. 408. Ermittlung des Durchstoßpunktes einer Achse durch die Geländeoberfläche.

aus den beiden schraffierten ähnlichen Dreiecken leicht die Absteckungselemente

$$\left.\begin{array}{l} s_1 = s \cdot \dfrac{\Delta H_1}{\Delta H_1 - \Delta H_2}, \\[2mm] s_2 = s \cdot \dfrac{\Delta H_2}{\Delta H_2 - \Delta H_1}, \end{array}\right\} \quad (1070)$$

deren eines zur Verprobung der Rechnung und der darauffolgenden Messung dienen kann.

Für die Meereshöhe H_D des Durchstoßpunktes D findet man unter Verwendung der Abkürzung

$$\Delta H = H_2 - H_1 \quad (1071)$$

leicht den Ausdruck

$$H_D = H_1 + \frac{s_1}{s} \cdot \Delta H = H_2 - \frac{s_2}{s} \cdot \Delta H. \quad (1072)$$

Bei bekanntem H_D kann in D ein Pflock, dessen Oberflächenhöhe mittels eines Nivellierinstruments unter Kontrolle gehalten wird, so weit eingeschlagen werden, daß sein oberes Ende den Durchstoßpunkt D nach Lage und Höhe scharf bezeichnet[1].

---

[1] Manchmal wird der Durchstoßpunkt auch mit Hilfe von drei gleich langen T-förmigen Krücken in der Weise bestimmt, daß zwei Krücken in den beiden im Auftrag liegenden, vorhergehenden oder folgenden bereits bezeichneten Achspunkten aufgestellt werden, worauf die dritte Krücke so lange in der Achsrichtung verstellt wird, bis ihre Querkante in der durch die Querkanten der beiden ersten Krücken bestimmten Ebene liegt, d. h. bis die drei Kanten sich decken. Der Fußpunkt der dritten Krücke bezeichnet dann den gesuchten Durchstoßpunkt.

b) Absteckung von Auftrags- und Abtragsprofilen.

Bei dieser wichtigeren Aufgabe wird das Bauwerk mit Hilfe von Lehren aus Latten in der Natur in groben Zügen veranschaulicht. Mit Rücksicht auf die folgenden Erdarbeiten muß durch die abgesteckten Lattenprofile vor allem der Böschungsfuß F (Abb. 409) einer Anschüttung, der Rand eines Einschnitts und der Böschungswinkel φ bzw. das Böschungsverhältnis $v = \operatorname{ctg} \varphi$ angegeben werden.

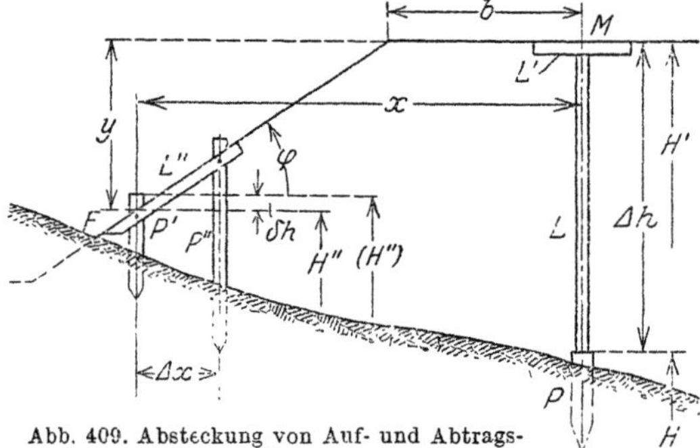

Abb. 409. Absteckung von Auf- und Abtragsprofilen.

Die Kronenmitte M wird, wie vorhin beschrieben, durch den Oberrand einer kurzen horizontalen Latte L' bezeichnet, welche auf einer lotrechten, am Achspflock P befestigten Latte L von der Länge $\Delta h = H' - H$ befestigt ist. H ist die Meereshöhe des Achsenbodenpflockes, H' diejeniger der Krone. Um nun auch die Böschung durch die Oberkante einer Latte L'' bezeichnen zu können, bestimmt man erst entweder durch Maßentnahme aus dem Profilplan oder durch bloße Schätzung in der Natur den ungefähren Ort des Böschungsfußes F und schlägt etwas innerhalb desselben einen Pflock P', welcher von der Achse um x abstehen möge. Bedeutet b die halbe Kronenbreite, y die Höhenzunahme vom Schnittpunkt der Böschungskante mit dem Pflock P' bis zur Krone und H'' die Meereshöhe des vorerwähnten Schnittpunktes, so kann man aus Abb. 409 unmittelbar die Beziehung

$$H'' = H' - y = H' - (x - b) \operatorname{tg} \varphi = H' - \frac{1}{v}(x - b) \tag{1073}$$

ablesen. Diese berechnete Höhe wird etwas kleiner sein als die mit Hilfe des Nivellierinstruments von P auf den Kopf von P' übertragene Höhe (H''). Es wird also der um

$$\delta h = (H'') - H'' \tag{1074}$$

unterhalb des oberen Pflockendes liegende Ort den gesuchten Schnittpunkt der Böschungskante mit der Pflockachse bezeichnen. In ähnlicher Weise bestimmt man einen solchen Schnittpunkt auf einem um Δx von P' entfernten Pflock P'' und befestigt hierauf die Profillatte L'' so an P' und P'', daß ihre in die Böschung fallende Oberkante durch die beiden ermittelten Schnittpunkte geht.

In entsprechender Weise kann man auch Einschnittsprofile abstecken. Nur werden hier die Pflöcke P', P'' aus leicht ersichtlichen Gründen nicht innerhalb (von der Achse aus gerechnet), sondern außerhalb der Einschnittskante geschlagen.

49. Absteckung einer Linie gleicher Steigung.

Eine mittelbare Lösung besteht darin, die Linie gleicher Steigung erst in einem Schichtenplan zu ermitteln und hernach ihre auf geeignete Messungslinien bezogene Horizontalprojektion ins Gelände zu übertragen. Zur Auffindung einer von A ausgehenden Linie AB (Abb. 410) bestimmter Steigung im Plan ermittelt man aus dem Abstand Δh zweier benachbarter Höhenlinien H_1, H_2 und der in Prozent oder durch den Neigungswinkel α bestimmten Steigung die Horizontalprojektion s_0 (Abb. 411) einer Strecke s, welche zwei Punkte P_1, P_2 der genannten Höhenlinien unter der verlangten Steigung verbindet. Der aus dem Neigungsdreieck $P_1 P_2 P_2^0$ sich zeichnerisch oder rechnerisch ergebende Wert

$$s_0 = \Delta h \cdot \operatorname{ctg} \alpha \tag{1075}$$

wird in den Zirkel genommen und, in A beginnend, von Schichtlinie zu Schichtlinie abgetragen. Der so entstehende Linienzug AB kann in untergeordneten Fällen un-

verändert beibehalten werden; bei wichtigeren Linien aber sind mit Rücksicht auf
die Bodenbeschaffenheit, zur Vermeidung allzu starker Krümmungen oder aus anderen
Gründen Abweichungen von der konstruierten Linie notwendig.

Handelt es sich darum, zwei von vornherein festliegende Punkte A, B im Plan
durch eine Linie von gleicher, noch unbekannter Steigung zu verbinden, so nimmt
man einen geschätzten Wert s_0 in den Zirkel, führt die Konstruktion versuchsweise
durch und erreicht auf der durch B gehenden Höhenlinie statt B einen Näherungsort B'. Nach einigen Wiederholungen mit einer stets wieder verbesserten Zirkelöffnung

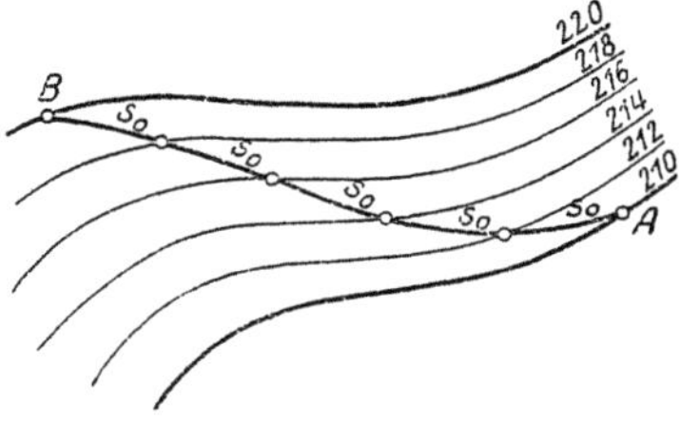

Abb. 410. (Grundriß)   Abb. 411. (Neigungsdreieck)
Aufsuchen einer Linie gleicher Steigung im Plan.

wird man so nahe an B hinkommen, daß der geringe, bleibende Abstand gleichmäßig
auf die einzelnen Höhenlinien verteilt werden darf.

Die unmittelbare Absteckung einer Linie gleicher Steigung im Felde
kann entweder mit einem Nivellierinstrument oder unter Verwendung eines besonderen
Gefäll- oder Neigungsmessers erfolgen.

Die Verwendung des Nivellierinstruments ist bei größeren Genauigkeitsanforderungen und besonders bei geringeren Neigungen am Platz.
Ist $\varDelta h = l \cdot \operatorname{tg} \alpha$ die der gewünschten Steigung auf die waagrechte Meßbandlänge l
entsprechende Höhenzunahme und wurde an der im Anfangspunkt A aufgestellten
Latte im Nivellierfernrohr die Ablesung r gefunden, so bringt man das hintere Ende
des schon ungefähr richtig liegenden Meßbandes in den Anfangspunkt A und beschreibt
mit dem vorderen Bandende ein Kreisbogenstück. Auf diesem findet man nach einigen
Lattenaufstellungen leicht den der gesuchten Linie angehörenden Punkt, für welchen
nämlich die Lattenablesung

$$v = r - \varDelta h \tag{1076}$$

erscheinen muß.

Bei geringeren Genauigkeitsanforderungen kann man unter Benutzung
einer Handkanalwaage (S. 64) oder eines optisch horizontal gelegten Lotes (S. 64)
auch mit Aughöhen arbeiten, wobei man sich jeweils im zuletzt bestimmten Punkt
aufzustellen hat. Ist $i = \varDelta h$ die Aughöhe und s_0 die zugehörige horizontale Kathete des
Neigungsdreieckes, nämlich

$$s_0 = i \cdot \operatorname{ctg} \alpha, \tag{1077}$$

so hält man das hintere Ende einer Schnur von der Länge s_0 am Auge fest, richtet
die Schnur mittels der Handkanalwaage oder nach dem optisch horizontal gelegten Lot
waagrecht und beschreibt in dieser Lage mit dem vorderen Schnurende einen Kreis.
Dessen Schnitt mit dem Boden bezeichnet den nächsten Punkt der abzusteckenden
Linie, von dem aus weitere Punkte in derselben Weise gefunden werden.

Bei stärkeren Steigungen, wo die Anwendung des Nivellierinstruments wegen
der vielen Aufstellungen sehr mühsam wird, kommt der Vorteil der Absteckung einer
Linie gleicher Steigung mittels eines besonderen Neigungsmessers so recht zur
Geltung. Dazu kann man z. B. den auf S. 105 beschriebenen Höhenmesser von Zugmaier oder ein ähnliches Instrument verwenden. Sehr zweckmäßig ist auch der in
Abb. 412 skizzierte Ertelsche Gefällmesser (Nivellierdiopter), bei welchem ein Gestänge F_1, L, F_2 an dem mit einem Stab St fest verbundenen Haken H pendelnd aufgehängt wird. Dieses durch eine schwere Pendellinse P in einer bestimmten Lage gegen

den Horizont festgehaltene Gestänge besteht aus zwei durch ein Lineal L starr verbundenen Flügeln F_1 und F_2, deren erster ein festliegendes Schauloch o mit Fadenkreuz besitzt. Der Flügel F_2 hingegen enthält die Führung für einen im lotrechten Sinn beweglichen Schlitten S, der eine Öffnung mit eingespanntem Fadenkreuz besitzt. o und O bilden zusammen ein zum Vorwärts- und Rückwärtszielen eingerichtetes Diopter, dessen Ziellinie durch geeignetes Einstellen eines mit dem Schlitten S ver-

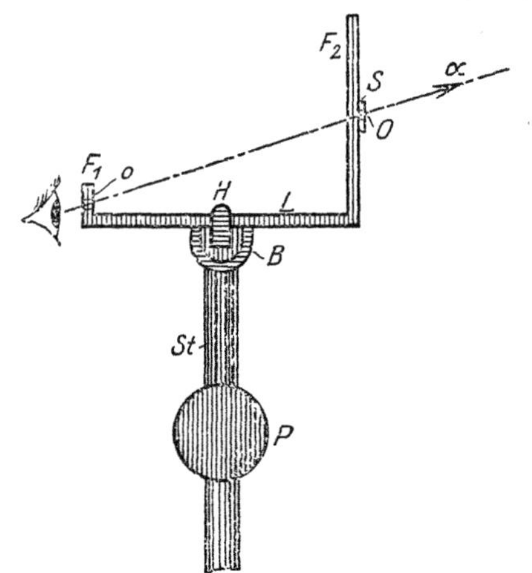

Abb. 412. Gefällmesser von Ertel.

bundenen Zeigers auf eine an der Vorderseite von F_2 aufgebrachte Prozentteilung die gewünschte Neigung erhält. Als Zubehör dient ein Stab mit Zielscheibe, deren Höhe so bemessen wird, daß die auf sie gerichtete Ziellinie zur Verbindungslinie der entsprechenden, durch die unteren Stabenden bezeichneten Bodenpunkte parallel ist. Beim Gebrauch stellt man durch Verschieben des Schlittens S erst die gewünschte Steigung der Ziellinie ein und verstellt hierauf den Stab mit der Zielscheibe so lange, bis diese im Diopter des im horizontalen Sinne nachgedrehten Instruments eingestellt ist. Da man bei der Verwendung eines besonderen Gefällmessers sich nicht ängstlich an eine bestimmte Entfernung zu halten braucht, so kann man, wo es wünschenswert ist, die abgesteckten Punkte auf ausgesprochene Bruchlinien des Geländes verlegen[1].

50. Abstecken von Geraden über Tage.

Diese Aufgabe tritt unter allen Absteckungsarbeiten am häufigsten auf und wird je nach Lage der Dinge in verschiedener Weise gelöst.

a) Einschalten der Zwischenpunkte vom Ende aus.

Sollen in die gerade Verbindungslinie der gegebenen, durch zwei lotrechte Stäbe bezeichneten Punkte A, B (Abb. 413) von A aus weitere Punkte C, D eingeschaltet

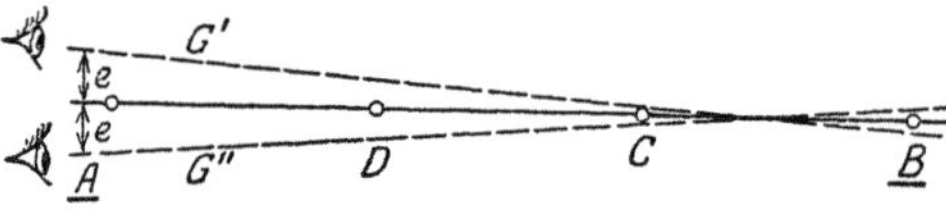

Abb. 413. Einschalten der Zwischenpunkte einer Geraden vom Ende aus.

werden, so schickt man einen Gehilfen mit einem Stab zunächst in die Nähe des entfernteren der zu bezeichnenden Punkte und weist nun den hier möglichst lotrecht gehaltenen Stab von A aus in die Gerade AB ein. Ist die Einschaltung wirklich gelungen, so muß sich das Auge vom Stabe in A aus um genau die gleichen Beträge e nach rechts bzw. nach links bewegen, bis der in B stehende Stab unmittelbar neben dem in C befindlichen erscheint. Bei der Einschaltung weiterer Punkte wird der A am nächsten liegende zuletzt eingerichtet. Den Abstand benachbarter Stäbe braucht man nicht unter 30 m zu nehmen, wenn es sich nur um eine Längenmessung in der Richtung der Linie auf übersichtlichem Gelände handelt. Wird dagegen die Arbeit durch Unübersichtlichkeit des Geländes erschwert oder sind etwa senkrecht zur abgesteckten Richtung auch Ordinaten zu messen, so ist der Punktabstand geringer zu nehmen.

Bei kurzen Linien wird man die beschriebene Absteckung mit freiem Auge oder mit Hilfe eines Feldstechers vornehmen; bei längeren Geraden ist es zu empfehlen, die Zielebene eines in A meßgerecht aufgestellten Theodolits nach B zu richten und nunmehr die Fußpunkte der Stäbe in die lotrechte Zielebene einzuweisen. Bei starken Neigungen ist dieser Vorgang mit durchgeschlagenem Fernrohr zu wiederholen, und in beiden Fernrohrlagen ist auf das Einspielen der Querlibelle zu achten.

---

[1] Siehe auch Fr. Schilling: Konstruktion kürzester Wege in einem Gelände. Z. angew. Math. Mech. 1928, S. 45–68.

b) Punkteinschaltung aus Zwischenpunkten der Geraden.

Um in einer Geraden mit unzugänglichen oder infolge starker Profilkrümmung gegenseitig unsichtbaren Endpunkten A, B (Abb. 414) weitere Punkte zu bezeichnen, wählt man in der Nähe der Geraden zwei gegenseitig sichtbare Punkte C_1, D_1, von welchen aus auch der Endpunkt A bzw. B gesehen werden kann. Nun wird von dem durch einen Stab bezeichneten Punkt C_1 aus ein in D_1 befindlicher Stab scharf in die

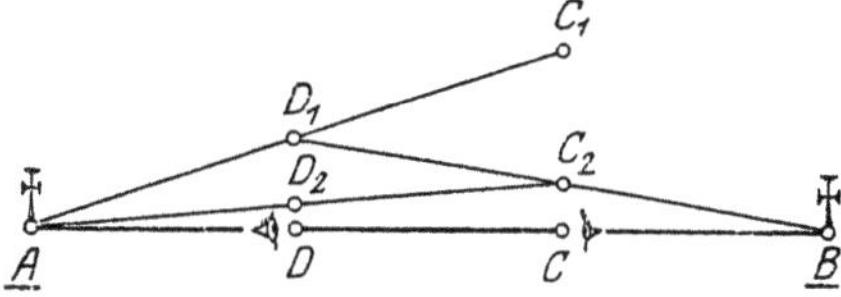

Abb. 414. Punkteinschaltung aus Zwischenpunkten der Geraden.

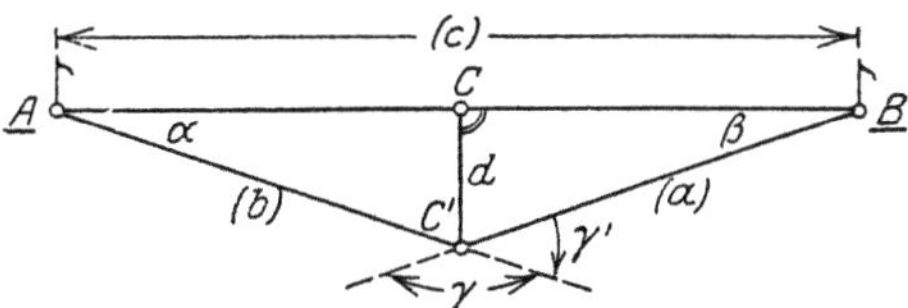

Abb. 415. Zwischenpunktbestimmung durch Winkelmessung und Entfernungsschätzung.

Richtung nach A und hierauf von dem eben bestimmten Orte D_1 aus Punkt C_1 in die Richtung nach B eingewiesen, wodurch der bezeichnende Stab nach C_2 kommt. Nach einigen Wiederholungen dieses Vorgangs, welcher stets eine Annäherung der beiden Stäbe an die Gerade AB herbeiführt, wird der Abstand der Stäbe von dieser Geraden so weit verringert sein, daß er vernachlässigt werden darf. Diesen Zustand erkennt man daran, daß gleichzeitig die Punkte C, D, A und D, C, B in einer Geraden erscheinen.

c) Einweisen eines Zwischenpunktes durch Winkelmessung und Entfernungsschätzung.

Soll ein einzelner Punkt C (Abb. 415) in die gerade Verbindungslinie zweier sehr weit entfernter Punkte A, B oder etwa beim Versagen der vorhin beschriebenen Methode zwischen zwei unzugängliche Punkte eingeschaltet werden, so mißt man mittels eines in dem der Geraden AB benachbarten Orte C' aufgestellten Theodolits den Winkel γ, unter dem von C' aus die Seite AB erscheint. Bedeutet

$$\gamma' = 180^0 - \gamma \tag{1078}$$

die geringe Abweichung des beobachteten Winkels von einem gestreckten und sind (a), (b), $(c) \approx (a) + (b)$ Näherungswerte für die Entfernungen der Punkte A, B von C' bzw. voneinander, so findet man auf dem Weg über den Sinussatz für die kleinen Winkel α, β die hinreichend genauen Ausdrücke

$$\alpha \approx \frac{(a)}{(c)} \cdot \gamma', \qquad \beta \approx \frac{(b)}{(c)} \cdot \gamma'. \tag{1079}$$

Hiermit ergibt sich nach der Abbildung die notwendige Querversetzung des Punktes C' zu

$$d \approx (b) \cdot \widehat{\alpha} \approx (a)\,\widehat{\beta} \approx \frac{(a) \cdot (b)}{(c)} \cdot \widehat{\gamma'}. \tag{1080}$$

Eine zur Probe doch notwendige Wiederholung der Winkelmessung in dem verbesserten Orte C in mehreren Sätzen zeigt sogleich, ob noch eine weitere geringe Versetzung erforderlich ist oder nicht.

d) Verlängerung einer Geraden.

Die Verlängerung einer Geraden AB (Abb. 416) über B hinaus kann auf eine kürzere Entfernung hin mit freiem Auge erfolgen. Dazu wird ein Stab C nach dem Augenmaß in die Lotebene durch AB gebracht und hierauf die Richtigkeit seiner Stellung durch geringes Seitwärtsbewegen des Auges in der vorhin beschriebenen Weise nachgeprüft. Weitere Punkte $D, E, \ldots$ werden in der gleichen Weise bestimmt.

Abb. 416. Verlängern einer Geraden mit freiem Auge.

Zu Verlängerungen auf größere Entfernungen hin dient entweder ein besonderes Absteckungsinstrument oder der Theodolit.

Um mit Hilfe eines zum Umlegen und Durchschlagen eingerichteten Instruments die Gerade AB (Abb. 417) über B hinaus zu verlängern, stellt man den Theodolit mit lotrechter Alhidadenachse in B auf und stellt im Fernrohr den Anfangspunkt A scharf ein. Die Ziellinie besitzt dann die Lage K_1O_1. Durch Umlegen des Fernrohres geht sie in die Lage K_2O_2 über, welche gegen K_1O_1 um den doppelten Zielachsenfehler $2c$ gedreht ist. Wird das Fernrohr auch noch durchgeschlagen, so gelangt die Ziellinie in

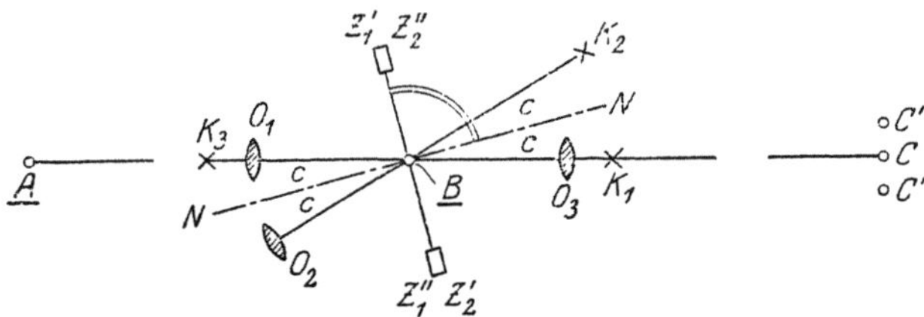

der Lage K_3O_3 genau in die rückwärtige Verlängerung ihrer ersten Lage, also in die Richtung AB, und ein in ihrer Zielebene bezeichneter Punkt C wird in der Geraden AB liegen. Bei stärkeren Neigungen der Strecken AB und BC müßte man zur Ausschaltung des Einflusses eines etwa vorhandenen

Abb. 417. Verlängern einer Geraden mittels Umlegen und Durchschlagen des Fernrohres.

Kippachsenfehlers die Absteckung auch mit umgestellter Alhidade vornehmen, wobei ebenso wie in der ersten Alhidadenstellung eine etwa vorhandene Querlibelle zur Sicht genau einspielen muß. Der richtige Ort C liegt in der Mitte zwischen den in beiden Alhidadenstellungen gefundenen Punkten C' und C''.

Ist das Theodolitfernrohr nur zum Durchschlagen eingerichtet, so geschieht die Absteckung in folgender Weise. Es wird im Fernrohr des in B (Abb. 418)

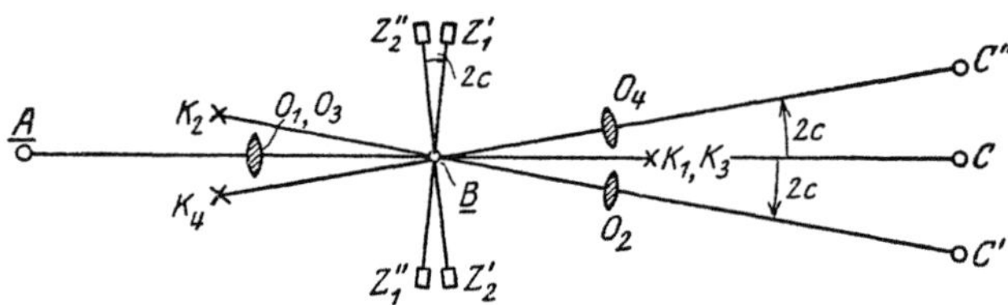

mit lotrechter Alhidadenachse aufgestellten Theodolits der rückwärts liegende Punkt A eingestellt, wodurch die Ziellinie in die Lage K_1O_1, die Kippachse in die Lage $Z_1'Z_1''$ gelangt. Nach dem Durchschlagen kommt sie in die Stellung K_2O_2 und schließt

Abb. 418. Verlängern einer Geraden durch zweimaliges Durchschlagen des Fernrohres.

mit ihrer ersten Lage bzw. mit AB den Winkel $2c$ ein, wenn c den Zielachsenfehler bedeutet. Ein in der Zielebene bezeichneter Punkt besitzt die fehlerhafte Lage C'. Nun wird die Alhidade gedreht, bis Punkt A wieder eingestellt ist. Die neue Lage K_3O_3 der Ziellinie fällt mit ihrer ersten Richtung K_1O_1 zusammen, während die Kippachse eine Lage $Z_2'Z_2''$ besitzt, welche mit $Z_1'Z_1''$ den Winkel $2c$ einschließt. Ein nochmaliges Durchschlagen des Fernrohres bringt dessen Ziellinie in die Lage K_4O_4, welche mit AB den Winkel $2c$, mit K_2O_2 den Winkel $4c$ einschließt. Wird nunmehr in der Zielebene ein Punkt C'' bezeichnet, so ist der Mittelpunkt C der Strecke $C'C''$ der vom Zielachsenfehler und Kippachsenfehler nicht mehr beeinflußte gesuchte, in der Lotebene durch AB liegende Punkt.

Will man ein sehr genaues Ergebnis erzielen, ohne die Absteckung selbst des öfteren zu wiederholen, so kann man etwa durch eine erste Absteckung einen guten Näherungsort C' (Abb. 419) bestimmen und daraufhin bei scharf lotrechter Alhidadenachse den Winkel ABC' in mehreren Sätzen in je

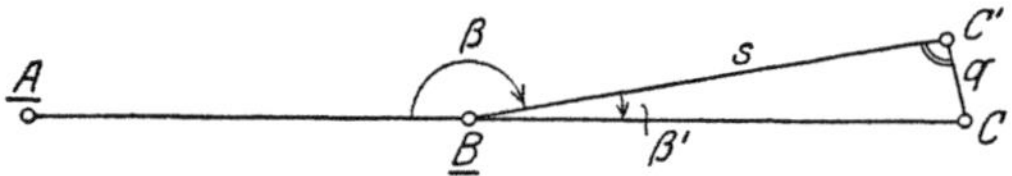

Abb. 419. Verlängern einer Geraden durch Winkelmessung und nachträgliche Querversetzung.

zwei Fernrohrlagen (mit Durchschlagen) messen. Ist β der Mittelwert aus den Beobachtungen und β' dessen Fehlbetrag an einem gestreckten Winkel, so gibt

$$q = s \cdot \widehat{\beta'} \tag{1081}$$

die zur Erreichung der Richtung AB noch notwendige kleine Querversetzung von C' an, wenn s, für das eine rohe Näherung genügt, die Entfernung AC' bedeutet.

e) Abstecken einer Geraden in unübersichtlichem Gelände.

Sind P_1 und P_n (Abb. 420) die Endpunkte einer in unübersichtlichem Gelände, z. B. in Wald verlaufenden Geraden, auf welcher Zwischenpunkte P_2, P_3, ... P_{n-1} bezeichnet werden sollen, so kann man etwa durch den Anfangspunkt P_1 eine Standlinie X legen und den davon nicht allzuweit abliegenden Endpunkt P_n durch seine zu messenden rechtwinkligen Koordinaten x_n, y_n auf diese Hilfslinie beziehen. An Hand der Abbildung ergibt sich leicht zu einer beliebigen Abszisse x_i diejenige Ordinate y_i, deren Endpunkt P_i auf der Geraden $P_1 P_n$ liegt. Sie ist nach den ähnlichen rechtwinkligen Dreiecken, welche durch die

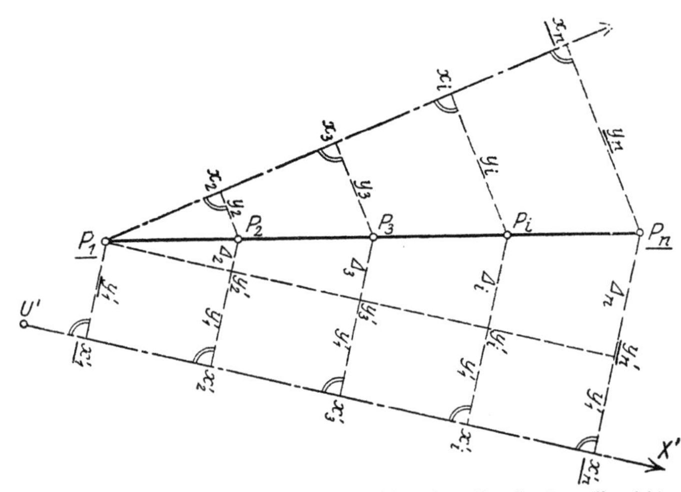

Abb. 420. Absteckung von Zwischenpunkten einer Geraden in unübersichtlichem Gelände.

Koordinaten x_i, y_i bzw. x_n, y_n gebildet werden, der Ausdruck

$$y_i = \frac{y_n}{x_n} \cdot x_i. \tag{1082}$$

Mittels dieser Gleichung wird man für geeignet gewählte Abszissen x die zugehörigen Ordinaten y berechnen und die dadurch bestimmten Punkte P der Geraden $P_1 P_n$ durch Abstecken der gefundenen Koordinaten in die Natur übertragen.

Ist es nicht möglich, die Hilfsgerade X durch P_1 zu legen, so läßt sich vielleicht eine Standlinie X' (Abb. 420, untere Hälfte) so nahe an der abzusteckenden Geraden vorbeiführen, daß deren Endpunkte P_1, P_n auf X' aufgemessen werden können, wobei ein beliebiger Punkt U' als Ursprung dienen möge. Sind x_1', y_1' und x_n', y_n' die dabei gefundenen

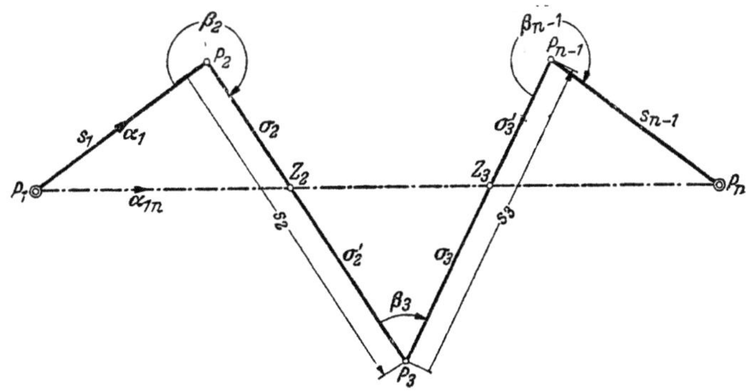

Abb. 421. Absteckung von Zwischenpunkten mit Hilfe eines Zickzackpolygonzuges.

rechtwinkligen Koordinaten dieser Punkte, so erhält man nach der Abbildung für die zu einer Abszisse x_i' gehörige Ordinate y_i', deren Endpunkt P_i auf $P_1 P_n$ liegt, den Ausdruck

$$y_i' = y_1' + \Delta_i = y_1' + \frac{y_n' - y_1'}{x_n' - x_1'} \cdot (x_i' - x_1'). \tag{1083}$$

Mit den hiernach berechneten Koordinaten kann die Absteckung beliebiger Zwischenpunkte der Geraden $P_1 P_n$ von X' aus durchgeführt werden.

Zur Absteckung von Zwischenpunkten einer Geraden $P_1 P_n$ (Abb. 421) im Wald kann auch ein zwischen diesen Punkten im Zickzack geführter Polygonzug dienen, dessen Seitenschnittpunkte $Z_2, Z_3, \ldots Z_{n-2}$ mit der abzusteckenden Geraden berechnet und von den Seitenanfangs- oder Endpunkten aus abgesetzt werden. Der Arbeitsgang ist folgender.

1. Anlage und Messung des Polygonzuges (Zugseiten s_i, Polygonwinkel β_i); 2. Annahme von Koordinaten x_1, y_1 (zweckmäßig Null) für P_1 und eines Richtungswinkels α_1 (etwa Null) für die erste Zugseite s_1; 3. Berechnung der Seitenrichtungswinkel α_i, der Koordinatenunterschiede Δx_i, Δy_i und ihrer Summen

$$x_n - x_1 = \overset{n-1}{\underset{1}{[\Delta x_i]}}, \quad y_n - y_1 = \overset{n-1}{\underset{1}{[\Delta y_i]}}; \tag{1084}$$

4. Berechnung der Diagonalen $P_1 P_n$ nach Richtung $\alpha_{1 \cdot n}$ und Länge aus $[\Delta x_i]$, $[\Delta y_i]$; 5. Berechnung der Seitenabschnitte σ_i, $\sigma_i' = s_i - \sigma_i$ durch fortgesetzte Anwendung des sin-Satzes von Dreieck zu Dreieck fortschreitend (im ersten Dreieck folgen σ_2 und $P_1 Z_2$ aus s_1, $\measuredangle\ P_2 P_1 P_n = \alpha_{1 \cdot n} - \alpha_1$, $\measuredangle\ P_1 P_2 Z_2 = 360^0 - \beta_2$ und $\measuredangle\ P_1 Z_2 P_2 = \alpha_2 - \alpha_{1 \cdot n}$, mit $\sigma_2' = s_2 - \sigma_2$ und den entsprechend wie vorhin abgeleiteten Winkeln des zweiten Dreiecks findet man σ_3 und $Z_2 Z_3$ usw.). 6. Zwischenkontrollen:

$$\sigma_{n-1} = s_{n-1} \quad \text{und} \quad P_1 Z_2 + Z_2 Z_3 + \ldots + Z_{n-2} P_n = P_1 P_n; \tag{1085}$$

7. Abstecken der Zwischenpunkte $Z_2, Z_3, \ldots Z_{n-2}$ mittels der berechneten σ-Werte, Durchhau und nachträgliche Hauptprobe.

Besondere Vorsicht ist geboten, wenn es sich darum handelt, durch einen Häuserblock eine Gerade $P_1 P_5$ (Abb. 422) abzustecken, in deren Richtung ein Durchbruch geplant ist. Zu dieser Absteckung sind folgende Arbeiten vorzunehmen:

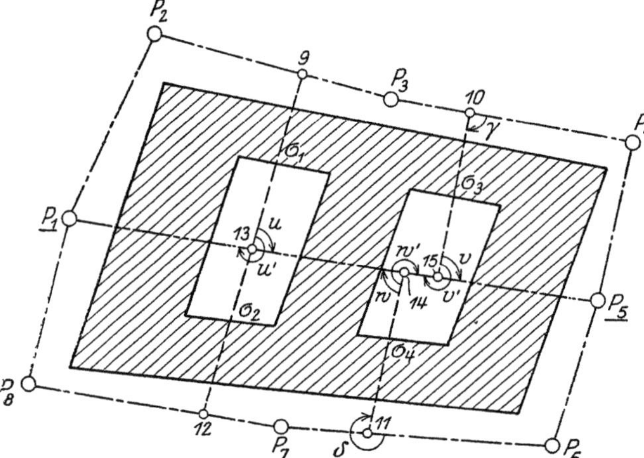

Abb. 422. Angabe von Zwischenpunkten einer Durchbruchslinie.

1. Man legt um den Block einen über die Punkte P_1, P_5 führenden Polygonzug, dessen rechtwinklige Koordinaten nach sorgfältiger Messung seiner Bestimmungsstücke in einem beliebig angenommenen System berechnet werden.

2. Hierauf werden Liniennetzpunkte 9, 10, 11, 12 ausgewählt, von denen aus man unter Benutzung von Durchfahrten, Fenstern und Hofräumen zusammensehen kann oder von denen aus wenigstens in die Hofräume gesehen und gemessen werden kann. Nach erfolgter Einmessung dieser Liniennetzpunkte werden deren Koordinaten in dem vorhin benutzten System, wie S. 170 und 172 beschrieben, berechnet.

3. Sind gegenseitig sichtbare Liniennetzpunkte 9 und 12 vorhanden, so können nach den Ausführungen auf S. 172 die Koordinaten des Schnittpunktes 13 ihrer Verbindungslinie mit der abzusteckenden Geraden $P_1 P_5$ sowie die Entfernungen σ_1, σ_2 des Punktes 13 von 9 und 12 gefunden werden, und die Winkel

$$u = (P_1 P_5) - (12 \cdot 9), \quad u' = (P_5 P_1) - (12 \cdot 9) \tag{1086}$$

der Geraden $P_1 P_5$ mit dem Einband $9 \cdot 12$ ergeben sich als die Differenzen der aus der Koordinatenberechnung bekannten bzw. durch die Koordinaten von P_1 und P_5 bestimmten Richtungswinkel der genannten Strecken.

4. Kann man vom Liniennetzpunkt *10* aus keinen gegenüberliegenden Netzpunkt erreichen, wohl aber den Hofraum einsehen, so mißt man den Winkel γ, den eine festzuhaltende Sicht *10 · 15* mit $P_3 P_4$ einschließt. Die Lage dieser Sicht ist durch ihren bekannten Anfangspunkt *10* und ihren Richtungswinkel

$$(10 \cdot 15) = (\mathrm{P}_3 P_4) + \gamma \tag{1087}$$

eindeutig bestimmt, so daß sich die Koordinaten ihres Schnittpunktes *15* mit $P_1 P_5$ sowie die Länge *10 · 15* $= \sigma_3$ ermitteln lassen. Außerdem findet man auch die Winkel

$$v = (P_1 P_5) - (15 \cdot 10), \qquad v' = (P_5 P_1) - (15 \cdot 10) \tag{1088}[1]$$

der abzusteckenden Geraden mit der angenommenen Sicht. In entsprechender Weise ergeben sich aus dem bekannten Anfangspunkt *11* und dem dort gemessenen Winkel δ einer Kontrollsicht *11 · 14* mit $P_6 P_7$ die Koordinaten des Schnittpunktes *14* dieser Sicht mit $P_1 P_5$, die Entfernung σ_4 und die Winkel w, w'.

5. Mit Hilfe der berechneten Stücke $\sigma_1, \sigma_2, \sigma_3, \sigma_4$ lassen sich die auf der abzusteckenden Geraden liegenden Punkte *13, 14, 15* – ersterer mit Kontrolle – in die Natur übertragen. Die ebenfalls verlangte Richtungsangabe der genannten Geraden in diesen Punkten erfolgt mit Hilfe der in ihnen von den Richtungen *13 · 9*, *15 · 10* und *14 · 11* aus abzutragenden Absteckungswinkel u, u', v, v' und w, w'. Die beiden von *14* und *15* aus vorgenommenen Richtungsangaben kontrollieren sich gegenseitig.

Solche im städtischen Bauwesen herantretende Aufgaben wird man fast immer in der eben skizzierten Weise oder auf einem ähnlichen Wege lösen können. Großes Gewicht ist dabei auf die Beschaffung einer hinreichenden Zahl von Kontrollen zu legen.

51. Richtungsübertragungen.

Bei dieser Art von Absteckungsarbeiten handelt es sich darum, gestützt auf eine festliegende bekannte Richtung eine andere Richtung zu bezeichnen, welche mit der ersten einen bestimmten Winkel einschließt bzw. welche einen vorgeschriebenen Richtungswinkel besitzt.

a) Absteckung einer Parallelen durch gleich lange Ordinaten.

Zur Lösung dieser einfachen, häufig auftretenden Aufgabe, bei welcher durch einen bestimmten Punkt C (Abb. 423) eine Parallele zu einer gegebenen Geraden AB zu ziehen ist, ermittelt man die hierauf bezogene Ordinate y des Punktes C und errichtet

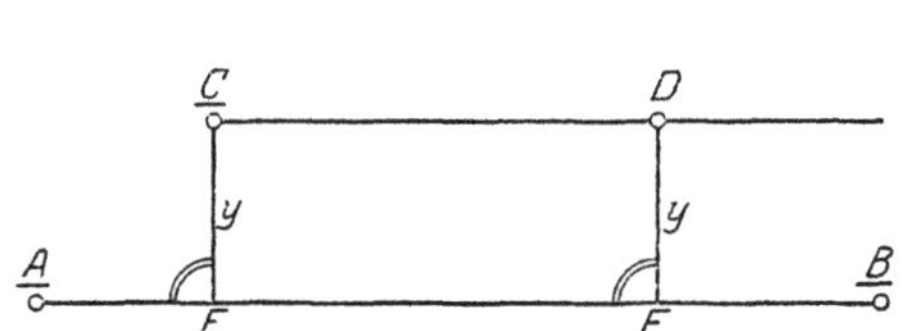

Abb. 423. Parallelenabsteckung durch gleich lange Ordinaten.

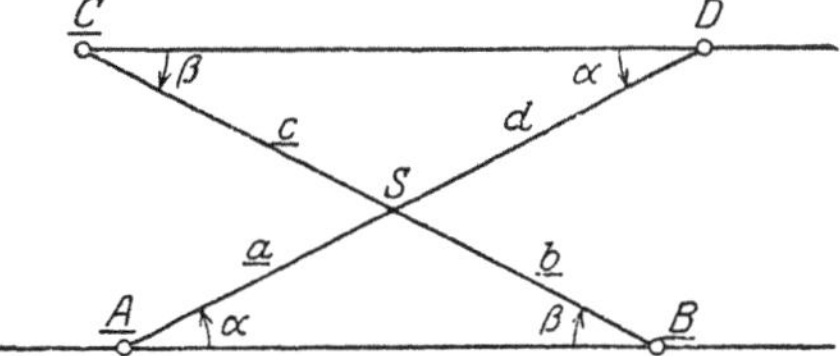

Abb. 424. Parallelenabsteckung durch Längenmessung.

hierauf in einem beliebigen Punkte F (nicht zu nahe an E) von AB darauf eine Senkrechte von der Länge y, deren Endpunkt D zusammen mit C die abzusteckende Parallele bestimmt. Zur Angabe der Ordinatenrichtung wird meist eines der früher (S. 71 ff.) beschriebenen Instrumente zum Abstecken rechter Winkel genügen.

b) Absteckung einer Parallelen durch schiefe Längen.

Um durch Längenmessung allein zu AB (Abb. 424) eine durch den festen Punkt C gehende Gerade abzustecken, wählt man ungefähr in der Mitte der Verbindungsgeraden BC einen Punkt S, dessen zu messende Entfernungen von A, B, C die Längen a, b, c sein mögen. Denkt man sich AS bis zum Schnittpunkt D mit der durch C zu

---

[1] Die Gleichungsnummern (1089) bis (1098) fallen aus.

ziehenden Parallelen verlängert, so ergibt sich aus den ähnlichen Dreiecken $A\,S\,B$ und $D\,S\,C$ für den Abstand des Punktes D von S der Wert

$$d = \frac{a \cdot c}{b} \,. \tag{1099}$$

Man braucht also nur $A\,S$ über S hinaus um die berechnete Länge d zu verlängern, um den auf der gesuchten Parallelen anzugebenden Punkt D zu erhalten.

c) Absteckung einer Parallelen durch Winkelmessung.

Ist eine Längenmessung etwa wegen zu großer Entfernungen oder wegen Unzugänglichkeit des Zwischengeländes nicht möglich oder wird etwas größere Genauigkeit angestrebt, so kann man zunächst in B (Abb. 424) den Winkel β messen, welchen die Richtung $B\,C$ mit der gegebenen Richtung einschließt. Hierauf stellt man den Theodolit meßgerecht in C auf und trägt von $C\,B$ aus den Winkel β in dem der Messung entgegengesetzten Sinn wieder ab. Die so bezeichnete Richtung, der ein Punkt D angehören möge, versinnlicht die abzusteckende Parallele $C\,D$.

d) Übertragung einer beliebigen Richtung durch Winkelmessung.

In Abb. 425 ist $A\,B$ eine in der Natur bezeichnete Gerade mit dem bekannten Richtungswinkel α_1, während C einen gegebenen Punkt bedeutet, durch den eine Richtung $C\,D$ zu ziehen ist, deren Richtungswinkel einen vorgegebenen Wert α_2 besitzt. Zur Lösung der Aufgabe verbindet man B und C durch einen Polygonzug mit möglichst langen Seiten, der, wenn er unzugängliche oder unübersichtliche Gebiete G_1, G_2 umgehen muß, eine gewundene Gestalt besitzt. Mit Hilfe der zu messenden Polygon-

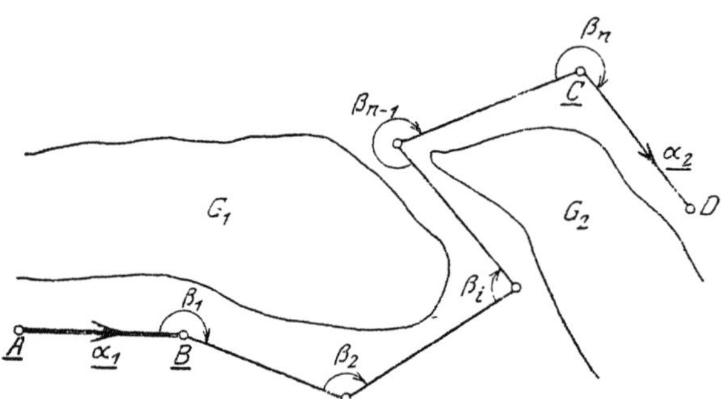

Abb. 425. Richtungsübertragung durch Winkelmessung im Polygonzug.

winkel β_1, β_2, $\ldots \beta_{n-1}$ und der bekannten Anschlußrichtungswinkel α_1 und α_2 läßt sich der in C abzusteckende, letzte Polygonwinkel β_n berechnen. Es ist nämlich

$$\alpha_2 = \alpha_1 + \sum_1^{n-1} [\beta_i] + \beta_n + n \cdot 180^0 \,; \tag{1100}$$

also ergibt sich

$$\beta_n = \alpha_2 - \alpha_1 - \sum_1^{n-1} [\beta_i] - n \cdot 180^0 \,. \tag{1101}$$

Wird in C der errechnete Winkel β_n von der letzten Polygonseite aus im Uhrzeigersinn abgetragen, so enthält die vorwärts gerichtete Zielebene, in welcher ein Punkt D bezeichnet wird, die abzusteckende Richtung mit dem verlangten Richtungswinkel α_2. Irgendeine Längenmessung tritt bei dem beschriebenen Verfahren nicht auf.

52. Absteckung einer geraden Tunnelachse.

Soll sogleich in den beiden Mundlochpunkten M_1, M_2 eines geraden Tunnels mit dem Stollenvortrieb begonnen werden, so ist für jeden dieser Punkte die Richtung der Tunnelachse genau zu bestimmen. Am einfachsten liegen die Verhältnisse, wenn es möglich ist, mit Hilfe des Theodolits über den Berg hinweg eine durch beide Mundlochpunkte gehende Gerade abzustecken[1], in deren

---

[1] Z. B. durch Verlängern (siehe S. 385) einer im Anfangspunkt versuchsweise angenommenen Richtung bei fortschreitender Verbesserung der Annahme oder durch Winkelmessung und Entfernungsschätzung (S. 385).

Profil auf dem Rücken des Berges ein und derselbe Punkt von beiden Mundlochpunkten aus sichtbar ist. Die Zielebene eines in diesen Punkten meßgerecht aufgestellten Instruments, dessen Fernrohr auf den erwähnten Zwischenpunkt gerichtet wird, ist sodann eine die Tunnelachse enthaltende Vertikalebene.

So einfach liegen aber die Verhältnisse nur selten, und wenn vielfach auch noch eine Absteckung über Tage möglich ist, so kann sie meist nur unter Benutzung von mehreren, häufig genug ungünstig liegenden Zwischenpunkten erfolgen, wodurch die Sicherheit der direkten Absteckung beeinträchtigt wird. Unter solchen Umständen ist es wünschenswert, zur Kontrolle auch noch eine indirekte Richtungsangabe durchzuführen; zu einer unumgänglichen Notwendigkeit wird sie in jenen Fällen, wo eine Absteckung der Achsrichtung über Tage unmöglich ist[1].

Handelt es sich um einen kürzeren Tunnel, dessen Länge einige Kilometer nicht überschreitet, und läßt sich zwischen M_1 und M_2 ein auch für Längenmessungen geeigneter Geländestreifen ausfindig machen, so kann zur Lösung der Aufgabe ein die beiden Mundlochpunkte verbindender Polygonzug genügen, dessen möglichst lange Seiten und Brechungswinkel mit großer Sorgfalt zu messen sind. Wird der auf irgendein ebenes, rechtwinkliges Koordinatensystem bezogene Zug berechnet, so erhält man aus den Koordinaten der Zugendpunkte den Richtungswinkel ihrer Verbindungslinie, d. h. der Tunnelachse, und findet in den Unterschieden dieses Richtungswinkels gegen die Richtungswinkel der anliegenden Polygonseiten die Absteckungswinkel, welche man in M_1 und M_2 von der ersten bzw. letzten Polygonseite aus abzutragen hat, damit die lotrechte Fernrohrzielebene die Tunnelachse enthält.

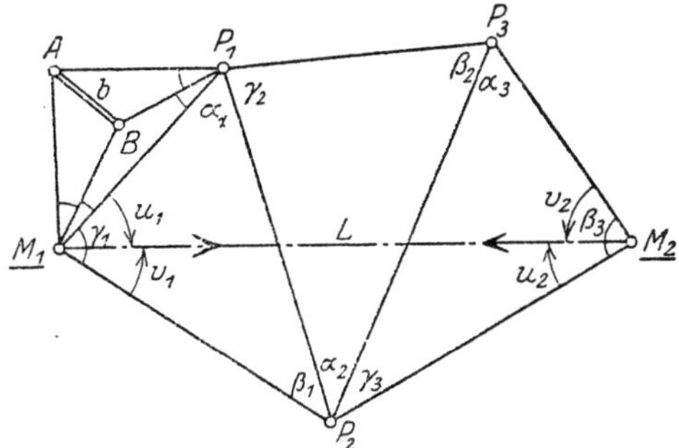

Abb. 426. Richtungsangabe einer geraden Tunnelachse mit Hilfe eines Dreiecksnetzes.

Bei sehr großen Tunnellängen versagt auch diese Methode, da auf weite Entfernungen hin ihre Ergebnisse zu unsicher werden und auch häufiger schwieriges Gelände zu überwinden ist. In solchen Fällen verbindet man die beiden Mundlochpunkte M_1, M_2 (Abb. 426) durch eine Kette oder ein Netz von günstig geformten, großen Dreiecken, deren Winkel mit größter Sorgfalt gemessen werden. Im einzelnen erfordert die Richtungsangabe der Tunnelachse folgende Arbeiten:

1. Zunächst sind die Dreieckspunkte auszuwählen, zu versichern und mit festen Pfeilern für die Instrumentenaufstellung zu versehen. Es hat sich bewährt, in diesen Pfeilern eine lotrechte, zentrische Eisenröhre von etwa 8 cm lichter Weite anzubringen, in welche nach der Beobachtung eine kurze Stange gesteckt wird, die einen den Dreieckspunkt auf größere Entfernungen hin sichtbar machenden, pyramidenförmigen oder kegelförmigen Aufsatz (Hut) aus Blech oder Holz trägt.

2. Zur Winkelmessung dient ein leistungsfähiger Mikroskoptheodolit oder ein Theodolit mit optischem Mikrometer, an denen einschließlich Schätzung der Bruchteile bis auf 2″ abgelesen werden kann. Die Zahl der in verschiedenen Kreisstellungen durch Kompensationsmessung zu bewältigenden Sätze ist so zu bemessen, daß die mittleren Fehler der Winkelmittel nur noch Bruchteile von 1″ betragen. Die genaue zahlenmäßige Angabe des zu fordernden mittleren Winkelfehlers hängt im übrigen von der Form des Netzes, der Tunnellänge und der angestrebten Durchschlagsgenauigkeit ab.

3. Bei sehr ungleichartiger Massenverteilung sind in den Stationen, von welchen steile Sichten ausgehen, die Lotabweichungskomponenten ξ, η des physischen

---

[1] Eine rein geometrische Lösung der in Rede stehenden Aufgabe hat schon HERON von Alexandrien angegeben. Siehe SCHÖNE: Herons von Alexandria Vermessungslehre und Dioptra (Aufgaben VII, S. 215, und XV, S. 239). Leipzig 1903.

Lotes (Normale an das Geoid) in der Richtung des Meridians und senkrecht dazu zu bestimmen, was entweder durch Vergleichung der astronomisch bestimmten geographischen Länge und Breite mit den entsprechenden durch geodätische Übertragung errechneten Werten oder näherungsweise nach den sichtbaren Unregelmäßigkeiten in der Massenverteilung erfolgen kann. Aus ξ und η, welche positiv gezählt werden, wenn das nach oben verlängerte physische Lot nach Norden bzw. Osten ausschlägt (Zenitabweichungen), erhält man die gesamte Zenitabweichung Θ und ihr Azimut ε in entsprechender Weise wie den Aufstellungsfehler v aus seinen Komponenten v_x und v_y, nämlich aus den Beziehungen

$$\operatorname{tg} \varepsilon = \frac{\eta}{\xi}, \qquad \Theta = \sqrt{\xi^2 + \eta^2}. \tag{1102}$$

Auch die Wirkung der Lotabweichung entspricht ganz derjenigen des Aufstellungsfehlers. Davon ausgehend erhält man aus dem fehlerhaften Horizontalwinkel β', dessen linker und rechter Schenkel die Höhenwinkel α_1, α_2 besitzen und mit der Richtung der Zenitabweichung Θ die rechtssinnig positiv gezählten Horizontalwinkel γ_1, γ_2 einschließen, den vom Einfluß der Lotabweichung befreiten Horizontalwinkel

$$\beta = \beta' - \Theta (\sin \gamma_2 \operatorname{tg} \alpha_2 - \sin \gamma_1 \operatorname{tg} \alpha_1) = \beta' + v_\beta. \tag{1103}$$

Die Unterdrückung der Verbesserungen v_β kann in ungünstigen Fällen (sehr steile Sichten, große Lotabweichungskomponenten senkrecht zur Tunnelrichtung) bei einer großen Tunnellänge ein vollständiges Mißlingen des Durchschlags zur Folge haben.

4. Für die Richtungsangabe einer geraden Tunnelachse wäre die Kenntnis der Tunnellänge L nicht notwendig. Man braucht sie aber aus anderen, naheliegenden Gründen. Daher muß auch eine Seitenlänge im Dreiecksnetz bestimmt werden, etwa durch Anschluß der Messungen an ein schon vorhandenes, bekanntes Dreiecksnetz. Ist dies nicht möglich, so muß man auf festem Boden eine auch sonst günstig gelegene Grundlinie b direkt messen und durch ein sog. Vergrößerungsnetz mit der nächstliegenden Dreiecksseite ($M_1 P_1$ in Abb. 426) verbinden. Zur Grundlinienmessung genügen horizontal gerichtete Schneidenlatten oder Schneidenlatten mit Gradbogen, deren genaue Länge durch eine sorgfältige Abgleichung unmittelbar vor und nach der Messung zu bestimmen ist. Die Grundlinie ist, wie früher (S. 108 und 109) beschrieben, erst auf den mittleren Messungshorizont und von diesem auf den Meeresspiegel zu reduzieren, ehe sie zur Ableitung der Dreiecksseite Verwendung findet.

5. Zur Neigungsermittlung der Tunnelachse wird der Höhenunterschied ihrer Endpunkte durch ein Feinnivellement bestimmt, welches zur Sicherheit entweder eine geschlossene Schleife bildet oder wenigstens in Form eines Doppelnivellements (hin und zurück) durchgeführt wird.

6. Die Ausgleichung der Dreieckswinkel erfolgt wegen der Wichtigkeit der Sache am besten nach der Methode der kleinsten Quadrate, über welches Verfahren die Lehrbücher der Ausgleichungsrechnung unterrichten[1]. Für den Fall, daß es sich wie in Abb. 426 um eine reine Dreieckskette handelt, wird die ganze strenge Ausgleichung denkbar einfach und besteht lediglich in der gleichmäßigen Verteilung der Dreieckswidersprüche auf die Dreieckswinkel.

7. Für die Berechnung der Dreiecksseiten nach Richtung und Länge genügt als Projektionsfläche die Kugel. Auf ihr findet auch die Koordinatenberechnung statt, wenn man nicht die Verwendung von ebenen, rechtwinkligen konformen Koordinaten (etwa die Merkatorprojektion) vorzieht, wobei die Abszissenachse zweckmäßig

---

[1] Siehe z. B. HELMERT, F. R.: Die Ausgleichungsrechnung nach der Methode der kleinsten Quadrate, 3. Aufl. Leipzig und Berlin 1924; ferner JORDAN, W.: Handbuch der Vermessungskunde, Bd. 1, Ausgleichungsrechnung nach der Methode der kleinsten Quadrate, 6. Aufl. Stuttgart 1910; die Elemente der Ausgleichungsrechnung u. eine kurz gefaßte höhere Geodäsie sind auch enthalten in NÁBAUER, M.: Grundzüge der Geodäsie, 2. Aufl. Leipzig u. Berlin 1925.

so gelegt wird, daß sie das Dreiecksnetz in seiner Längsrichtung ungefähr halbiert[1]. Ist die Koordinatenberechnung durchgeführt, so erhält man aus den Koordinaten der beiden Mundlochpunkte die Tunnelachse nach Richtung und Länge, und die vor allem gesuchten Absteckungswinkel sind die Richtungsdifferenzen

$$u_1 = (M_1 M_2) - (M_1 P_1), \qquad v_1 = (M_1 P_2) - (M_1 M_2), \quad \left.\right\} \qquad (1104)$$
$$u_2 = (M_2 M_1) - (M_2 P_2), \qquad v_2 = (M_2 P_3) - (M_2 M_1).$$

8. Zur Vorbereitung für die eigentliche Achsabsteckung errichtet man über den an den Mundlochpunkten oder in ihrer Nähe liegenden Dreieckspunkten, in denen auf festem Grund besonders kräftige Pfeiler stehen, als Schutz gegen Witterungsunbilden je ein Beobachtungshäuschen. Von diesen Observatorien aus werden durch Abtragen der errechneten Absteckungswinkel mittels des Theodolits nach oft wiederholten Messungen in genügender Entfernung auf dem stehenden Fels gut sichtbare, bei Nacht beleuchtete Marken, Richtmarken, angebracht, welche alsdann mit den Observatoriumspunkten eine die Tunnelachse enthaltende Lotebene bestimmen. Stehen die erwähnten Dreieckspunkte etwas weiter (vielleicht ½ km) von den Mundlochpunkten ab, so kommen die Absteckungsmarken am besten über das Tunnelportal zu liegen; sind dagegen die Observatorien sehr nahe an den Tunnelendpunkten, so bringt man sie besser in der rückwärtigen Verlängerung der Achse an.

9. Nach diesen Vorbereitungen kann man zur Absteckung der Achsrichtung von den Observatorien aus ein standfestes, mit gutem Fernrohr ausgestattetes Durchgangsinstrument benutzen. Wird dessen auf die Richtmarken eingestelltes Fernrohr so weit gekippt oder durchgeschlagen, bis es die Neigung der Tunnelachse besitzt, so kann man vorwärts im Tunnel ein auf einem sehr kräftigen Stativ befindliches Lichtsignal in die Achse einweisen. Dieser Vorgang wird des öfteren in beiden Fernrohrlagen vollständig wiederholt und sehr erleichtert, wenn der Stativkopf einen senkrecht zur Tunnelrichtung verschiebbaren Schlitten trägt, dessen Bewegung an einer Millimeterteilung gemessen werden kann. Die gefundene Mittellage wird sorgfältig abgesenkelt und etwa durch einen eingefeilten Strich auf einer in die Tunnelsohle eingelassenen Eisenklammer bezeichnet. Wird das Absteckungsinstrument nunmehr über diesem neubestimmten Punkte aufgestellt, so kann von hier aus ein vorwärtsliegender Achspunkt in der gleichen Weise gefunden werden. Von den Umstellstativen ist zu fordern, daß sie nicht nur stabil aufgestellt werden können, sondern auch so eingerichtet sind, daß die lotrechten Achsen des Lichtsignals, des Absteckungsinstruments und der Ablotungsvorrichtung zusammenfallen.

Man hat Hauptabsteckungen und Zwischenabsteckungen zu unterscheiden. Erstere finden nur ab und zu statt, wenn eben der Stollenvortrieb jeweils wieder um ein oder zwei Kilometer vorgeschritten ist. Dabei sucht man mit möglichst langen Sichten vorwärts zu kommen, was jedoch nur bei staub-, rauch- und nebelfreier Luft gelingt. Zur Herbeiführung dieses Zustandes muß schon einige Zeit vor der Absteckung die Arbeit gänzlich eingestellt und mittels der Ventilatoren neue Luft in den Tunnel gepumpt werden. Bei der Absteckung selbst jedoch soll ein gleichmäßiger Luftzustand herrschen. Sehr gefährlich ist die bei einseitiger Erwärmung der Luft (z. B. infolge verschiedener Temperatur der beiden Tunnelwände) auftretende seitliche Strahlenbrechung[2]. Man kann sie bei der Absteckung eines Winkels β_i (Abb. 427), welcher für die vorliegende Aufgabe ein gestreckter ist, näherungsweise unter der Annahme berücksichtigen, daß sie innerhalb einer Polygonseite jeweils gleichartig verläuft. In diesem

---

[1] Die Rechnung auf der Kugel sowie die Theorie der ebenen rechtwinkligen konformen Koordinaten wird in den Lehrbüchern über höhere Geodäsie behandelt. Siehe z. B. JORDAN, W.: Handbuch der Vermessungskunde, Bd. 3. Landesvermessung und Grundaufgaben der Erdmessung.

[2] Siehe zu diesem Punkt: a) GAST, PAUL: Über Luftspiegelungen im Simplontunnel. Z. Vermess.-Wes. 1904, S. 241—271; b) den auf S. 395 unter f) genannten Vortrag von A. TICHY u. c) die in der gleichen Anmerkung unter g) genannte Abhandlung von BAESCHLIN; d) FRECKMANN, W.: Untersuchung über die Strahlenbrechung unter Tage. Leipzig 1932.

Falle ist der Grundriß der rückwärts und vorwärts gerichteten Sicht je ein sehr flacher Kreisbogen, und statt β_i ist ein Winkel

$$\beta_i' = \beta_i - (\xi_{i-1} + \xi_i) \tag{1105}$$

abzustecken, wo

$$\xi_{i-1} \approx 0,11 \cdot \tau_{i-1}, \qquad \xi_i \approx 0,11 \cdot \tau_i \tag{1106}$$

Näherungswerte der in Sekunden ausgedrückten seitlichen Teilrefraktionen sind. τ_{i-1} und τ_i bedeuten die in Celsiusgraden ermittelten, auf 1 km Entfernung bezogenen

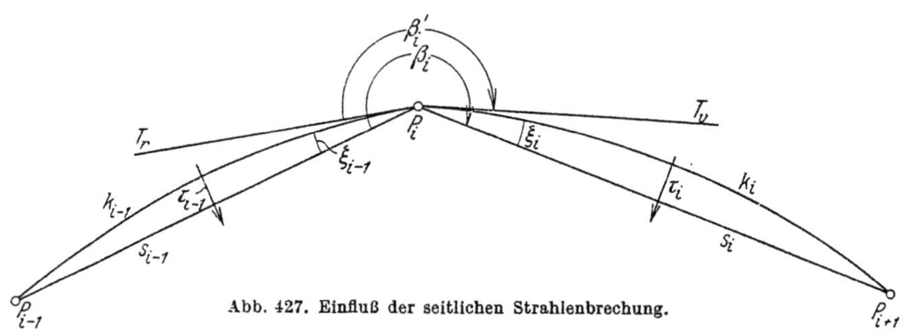

Abb. 427. Einfluß der seitlichen Strahlenbrechung.

seitlichen Temperaturgefälle in den Mitten der Polygonseiten s_{i-1}, s_i. Sie sind hier positiv bei fallender Temperatur und können auch durch die arithmetischen Mittel der etwa in P_{i-1} und P_i bzw. in P_i und P_{i+1} beobachteten Gefälle ersetzt werden[1].

Die immer während des Vortriebs vorzunehmenden Zwischenabsteckungen stützen sich jeweils auf die zuletzt ausgeführte Hauptabsteckung. Sie erfordern, da ihre Fehler sich nur auf einer kürzeren Strecke geltend machen und durch die nächste Hauptabsteckung wieder korrigiert werden, etwas weniger Sorgfalt; es genügen auch wesentlich kürzere Sichten.

Bei diesen Absteckungsarbeiten ist außer dem Grundriß der Tunnelachse auch deren Neigung durch geometrisches Nivellement in den Stollen zu übertragen und die Länge der zurückliegenden Tunnelstrecke genau zu bestimmen.

Das treffendste Urteil über die Genauigkeit der Arbeit liefert der in den Durchschlagsergebnissen sich aussprechende Erfolg. Die in Betracht kommenden Fehler, nämlich 1. die seitliche Abweichung, 2. die Höhenabweichung und 3. die bei einem geraden Tunnel etwas weniger gefährliche Längenabweichung, dürfen aber gewisse Beträge keinesfalls überschreiten, wenn nicht großer Schaden entstehen soll. Man muß sich daher über den Zusammenhang zwischen den mittleren zu befürchtenden Durchschlagsfehlern und ihren Ursachen, nämlich den Fehlern der Messung und der Absteckung, im klaren sein. Die mittlere Unsicherheit der errechneten Absteckungselemente (Richtungswinkel der Achse bzw. Absteckungswinkel und Tunnellänge) erhält man gelegentlich der Ausgleichung des Dreiecksnetzes, und man kann, sobald dessen Gestalt und die Leistungsfähigkeit des Instruments in den Händen eines bestimmten Beobachters feststehen, die zur Innehaltung gewisser Fehlergrenzen unter normalen Verhältnissen erforderliche Satzzahl von Beobachtungen angeben.

Zu den Unsicherheiten der errechneten Absteckungsdaten treten noch die bei der Ausführung der Absteckung unterlaufenden Fehler. Sie verhalten sich, soweit die Horizontalrichtung in Frage kommt, ebenso wie die Winkelfehler in einem gestreckten Polygonzug (siehe die Ausdrücke m_{1l} und m_{1q} auf S. 165) und lassen sich von vornherein ungefähr abschätzen, besser aber aus den bei wiederholten Absteckungen auftretenden Widersprüchen ermitteln. Auch die in der Längen-

---

[1] Der Einfluß eines seitlichen Luftdruckgefälles auf die Strahlenbrechung ist im vorliegenden Fall bedeutungslos.

messung und im geometrischen Nivellement enthaltenen Unsicherheiten lassen sich am zuverlässigsten nach den Widersprüchen mehrerer Messungen beurteilen[1].

---

[1] Bezüglich weiterer Einzelheiten, praktischer Erfahrungen u. der erzielten Durchschlagsergebnisse sei auf einige naheliegende praktische Beispiele hingewiesen. a) Die 1857/58 vorgenommene Achsabsteckung des 1870 durchschlagenen Mont-Cenis-Tunnels (12,2 km) konnte infolge günstiger Umstände mit genügender Sicherheit über den Berg hinweg erfolgen. Die Durchschlagsdifferenzen sind nach einer Notiz der Z. öst. Ing.- u. Arch.-Ver., Bd. 26 (1875), S. 224, 14 m in der Länge, 3 dm in der Höhe, während sich in der Richtung kein nennenswerter Betrag ergab. [CONTE: Über die Herstellung des großen Tunnels durch die Alpen. Zivilingenieur, N. F., Bd. 9 (1863), Anmerk. auf S. 347 u. 348; PESTALOZZI, S.: Die Absteckung der Achse des Gotthardtunnels. Vortrag. Die Eisenbahn, Bd. 6 (1877), S. 89—91 u. 97—99]; b) Die Absteckung des Gotthardtunnels (14,99 km zwischen den Mundlochpunkten, 15,85 km zwischen den Observatorien) erfolgte sowohl durch GELPKE wie auch durch KOPPE indirekt mittels eines Dreiecksnetzes (1869 bzw. 1874) u. unter ungünstigen Verhältnissen zur Probe auch noch direkt über den Berg hinweg. Der am 29. II. 1880 vorgenommene Durchschlag ergab die Fehler 7 m, 49 cm (später nur noch 33 cm) u. 5 cm in Länge, Richtung u. Höhe. Die große Längenabweichung rührt nach den Untersuchungen von MESSERSCHMITT (Neuberechnung der Länge des Gotthardtunnels. Z. Vermess.-Wes. 1902, S. 189—191) wahrscheinlich von einem Längenmessungsfehler in der von KOPPE übernommenen GELPKEschen Grundlinie her. (An Literatur siehe: GELPKE, O.: Bericht über die Bestimmung der St.-Gotthard-Tunnel-Achse. Zivilingenieur, N. F. Bd. 16 (1870), S. 143—167; KOPPE, C.: Bestimmung der Achse des Gotthardtunnels. Z. Vermess.-Wes. 1875, S. 369—444, mit Berichtigungsnachtrag 1876, S. 86—90; KOPPE, C.: Bestimmung der Achse des Gotthardtunnels, II. Z. Vermess.-Wes. 1876, S. 353—382; KOPPE, C.: Trigonometrische Höhenmessung zur Tunneltriangulation. Z. Vermess.-Wes. 1876, S. 129—145; HELMERT: Diskussion der Beobachtungsfehler in KOPPES Vermessung für die Gotthardtunnelachse. Z. Vermess.-Wes. 1876, S. 146—155; GELPKE, O.: Die letzten Richtungsverifikationen u. der Durchschlag am großen St.-Gotthard-Tunnel. Z. Vermess.-Wes. 1880, S. 101—116, 137—148, 149—163; PESTALOZZI, S.: Die Absteckung der Achse des Gotthardtunnels. Die Eisenbahn, Bd. 6 (1877), S. 89—91 u. 97—99; DOLEZALEK, C.: Hilfsmittel für die Richtungsangabe im Gotthardtunnel. Z. d. Archit.- u. Ing.-Ver. zu Hannover, Bd. 24 (1878), S. 186—194; ferner Bericht zum Vortrag von DOLEZALEK: Über den Durchschlag u. die Richtungsbestimmung des Gotthardtunnels. Z. d. Archit.- u. Ing.-Ver. zu Hannover, Bd. 26 (1880), S. 317—320); ZÖLLY, H.: Die Länge des Gotthardtunnels u. die äußeren Einrichtungen für seine Absteckung 1869—1939. Schweiz. Z. f. Vermess.-Wes. u. Kulturtechnik. 1940, S. 84—92 u. 105—111; c) Beim Durchschlag des über 10 km langen Arlbergtunnels (1883), über dessen Absteckung nichts Näheres bekannt geworden ist, waren die Durchschlagsdifferenzen 5,7 m, 4 cm u. 16 cm in Länge, Richtung u. Höhe (Schweiz. Bauztg., Bd. 3 (1884), S. 17 u. 18); d) Der längste bisher gebaute Alpentunnel ist der Simplontunnel (19,80 km), dessen Achse über Tage nicht abgesteckt werden konnte u. deshalb von ROSENMUND aus einer im Sommer 1898 durchgeführten Triangulierung unter Berücksichtigung der Lotabweichungen auf indirektem Wege abgeleitet wurde. Die nach dem am 24. II. 1905 erfolgten Durchschlag festgestellten Durchschlagsfehler betrugen 79 cm, 20 cm u. 9 cm in Länge, Richtung u. Höhe. (ROSENMUND, M.: Über die Absteckung des Simplontunnels. Schweiz. Bauztg., Bd. 37 (1901), S. 221—224 u. 243—245; ROSENMUND, M.: Achsabsteckung am Simplontunnel. Z. Vermess.-Wes. 1902, S. 74—82, u. ROSENMUND, M.: Die Schlußergebnisse der Absteckungen des Simplontunnels. Z. Vermess.-Wes. 1905, S. 578 u. 579); e) Zur Richtungsermittlung des geraden Haupttunnels der Albulabahn (5,87 km) diente kein zusammenhängendes neues Netz; vielmehr wurde jedes der beiden Observatorien durch ein kleines, im Herbst 1898 u. Frühjahr 1899 gemessenes Netz an drei Punkte der neuen eidgenössischen Triangulation angeschlossen. Die Durchschlagsfehler waren 1,15 m, 5 cm u. 5 cm in Länge, Richtung u. Höhe. (GRAF, W.: Die neuen Linien der rhätischen Bahn. Einiges über die Tunnelabsteckungen auf der Albulabahn. Schweiz. Bauztg., Bd. 40 (1902), S. 284—290; f) Über die Tunnelabsteckungen auf der Tauernbahn berichtet TICHY, A., in Rationelle Vorgänge der Absteckung bedeutend langer Eisenbahntunnels. Vortrag Z. öst. Ing.- u. Arch.-Ver. 1914, S. 717—722, 733—736, 749 bis

Tabelle 40.

Tunnel	Länge	Differenz in		
		Länge	Richtung	Höhe
	m	m	mm	
Wocheiner . . .	6 338	0,76	50	3
Karawanken . .	7 972	0,45	20	30
Bosruck	4 766	0,18	153	30
Tauern	8 552	2,93	55	56

754. Über die erzielten Durchschlagsergebnisse unterrichtet Tabelle 40. Von besonderem Interesse ist die mitgeteilte Beobachtung einer seitlichen Strahlenbrechung von 10'' u. 8'' nach verschiedenen Seiten hin; g) Der zuletzt erbaute große Alpentunnel ist der 14,5 km (gerader Abstand der Tunnelendpunkte 13,7 km) lange Lötschbergtunnel, für dessen Richtungsangabe MATHYS 1906 zwei Achspunkte getrennt durch Einschaltung in das Dreiecksnetz der schweize-

53. Richtungsübertragung auf einen anderen Horizont (Schachtlotung).

Die Richtungsübertragung in der gleichen Lotebene auf einen anderen Horizont spielt als Schachtlotung in der Markscheidekunst eine große Rolle. Für die Bauingenieure gewinnt sie besondere Bedeutung, wenn die Durchbohrung eines langen Tunnels außer von seinen Endpunkten auch von mehreren Zwischenpunkten aus in Angriff genommen werden soll. Zur Erreichung dieser Punkte kann man etwa durch besondere, nicht zu lange Seitenstollen von bekannten Punkten aus Polygonzüge führen und so abstecken, daß ihre Endpunkte nach Lage und Höhe auf der Tunnelachse liegen. Mit Hilfe dieser Polygonzüge kann nach den Ausführungen auf S. 390 in den gefundenen Zwischenpunkten die Achsrichtung leicht angegeben werden. Im einzelnen sind dabei folgende Arbeiten durchzuführen:

1. Einrechnung eines Achspunktes P_t (Abb. 428) nach Lage und Höhe als Liniennetzpunkt zwischen die bekannten Mundlochpunkte M_1, M_2 mittels einer geeigneten Annahme für die Entfernung $M_1 P_t$; die Koordinaten von P_t werden x_t, y_t, H_t.

2. Führung, Messung und Berechnung eines an das Netz der Tunneltriangulierung angeschlossenen Polygonzuges bis zum letzten Außenpunkt P_k; Bestimmung der Höhenlage H_k von P_k.

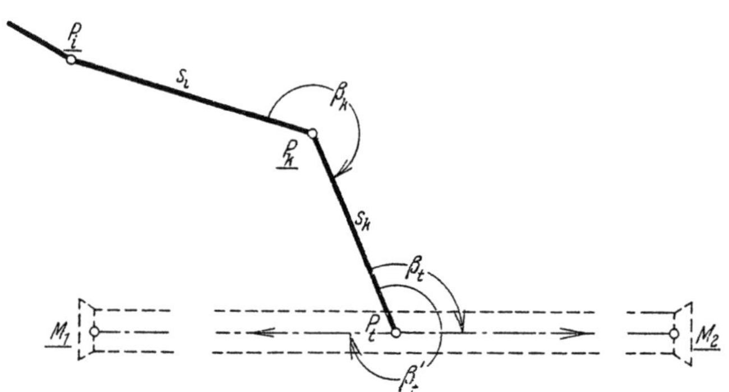

Abb. 428. Seitliches Anfahren von Punkten der Tunnelachse.

3. Berechnung der Polygonseite $P_k P_t = s_k$ nach Richtung, Länge und Neigung v_k aus

$$\operatorname{tg}(P_k P_t) = \frac{y_t - y_k}{x_t - x_k}, \qquad s_k = \frac{x_t - x_k}{\cos(P_k P_t)} = \frac{y_t - y_k}{\sin(P_k P_t)}, \qquad \operatorname{tg} v_k = \frac{H_t - H_k}{s_k}. \qquad (1107)$$

4. Ermittlung der Absteckungswinkel

$$\beta_k = (P_k P_t) - (P_k P_i), \qquad \beta_t = (M_1 M_2) - (P_t P_k), \qquad \beta_t' = (M_2 M_1) - (P_t P_k). \qquad (1108)$$

rische Landestopographie bestimmte. Zur Berechnung der Triangulation diente ein Näherungsverfahren! Behufs Kontrolle seiner errechneten Richtungsangaben führte MATHYS noch 1906 mit Hilfe von drei Zwischenpunkten auch noch eine oberirdische Achsabsteckung durch. Nach MATHYS Tode übernahm 1907 BAESCHLIN die Weiterführung der Arbeiten u. prüfte zunächst unter Berücksichtigung der aus den sichtbaren Massen errechneten Lotabweichungen die vorliegende oberirdische Absteckung. Diese Nachprüfung ergab die Notwendigkeit einer geringen seitlichen Verschiebung der Achssignale. Die Höhenlage der Tunnelportale war schon 1906 durch ein an das Höhennetz der schweizerischen Landestopographie angeschlossenes Feinnivellement bestimmt worden. Nachdem der Stollenvortrieb an der Südseite etwa bis zu km 4,2 und an der Nordseite bis zu km 2,7 gelangt war, erfolgte an dieser Stelle im Juli 1908 der Einbruch der Kander. Es wurde eine Umgehung dieser Stelle u. damit die Aufgabe der geradlinigen Tunnelachse notwendig. Zwei neu eingeschaltete gerade Strecken wurden unter sich u. mit den Endstücken der geraden Tunnelachse durch Kreisbögen von 1100 m Radius verbunden, wodurch die Tunnelachse auf 14,5 km verlängert u. ihre Absteckung wesentlich erschwert wurde. Der am 31. III. 1911 erfolgte Durchschlag zeigte trotzdem nur ganz belanglose Differenzen, nämlich 41 cm, 26 cm bzw. 10 cm in Länge, Richtung u. Höhe. (BAESCHLIN, F.: Über die Absteckung des Lötschbergtunnels. Schweiz. Bauztg., Bd. 58 (1911), S. 109—111, 125—129, 154—156, 167—169, 189—192 u. S. 234.)

Besitzt das Profil der über Tage abgesteckten Tunnelachse tiefe Täler (Abb. 429), so ist es naheliegend, dort **Förderschächte** S_1, S_2 anzulegen und bis zur Tunnelachse hinabzuführen, um gleichzeitig an mehreren Zwischenpunkten mit der Durchbohrung beginnen zu können. Die in diesen Örtern notwendige **Richtungsangabe** der **Achse unter Tage** kann etwa in folgender Weise gefunden werden. Man bringt in den Schacht S (Abb. 430 und 431) in möglichst großem Abstande a zwei Lote

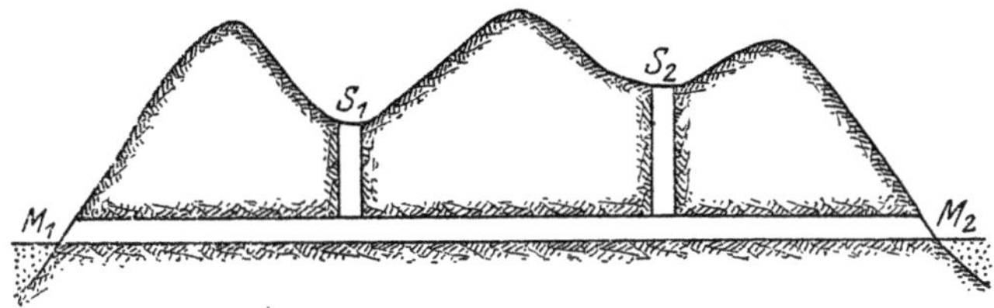

Abb. 429. Richtungsangabe der Tunnelachse in Zwischenpunkten.

L_1, L_2 aus dünnem, aber starkem Stahldraht, an denen schwere Gewichte G_1, G_2 (bis zu einem Zentner und darüber) hängen. Die Lote sind über Tage im Horizont H_o in den Punkten O_1, O_2 einer **Hängebank** so befestigt, daß sie sowohl unter sich als auch zur Umgebung eine möglichst unveränderliche Lage besitzen. Sie durchstoßen in den Punkten U_1, U_2 den Horizont H_u des Tunnels. Gelingt es,

1. über Tage die Lage eines der beiden Aufhängepunkte O_1, O_2 sowie die durch sie bestimmte Richtung

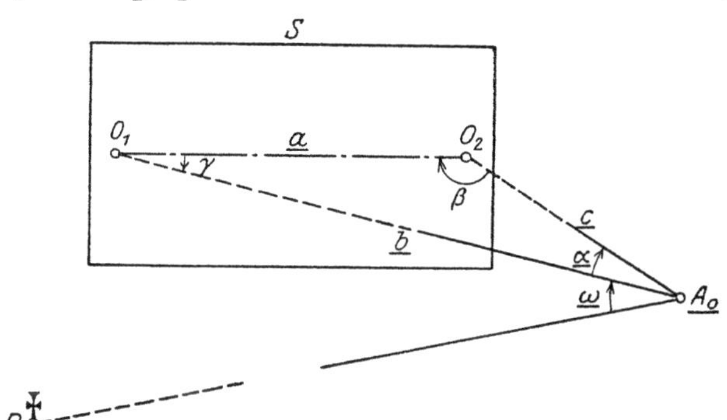

Abb. 430. Scharfe Orientierungsermittlung über Tage.

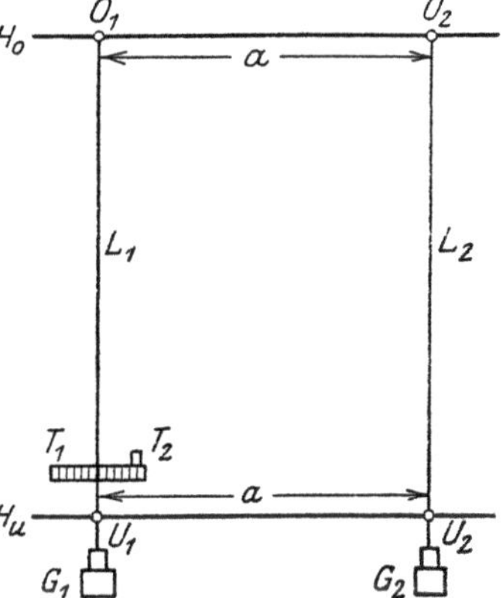

Abb. 431. Orientierungsübertragung in die Tiefe nach dem Schachtlotverfahren von M. Schmidt.

genau zu ermitteln und 2. die Projektionen U_1, U_2 dieser Punkte auf H_u in aller Schärfe ausfindig zu machen, so ist die Aufgabe als gelöst zu betrachten.

Zu 1. Man wählt etwa möglichst nahe der Lotebene durch $O_1 O_2$ und nahe an O_2 auf festem Boden einen Standort A_o so, daß seine Lage im Netz der Tunneltriangulierung gut bestimmt werden kann. Sind die in A_o gemessenen Winkel α (**Standwinkel**) und ω (**Orientierungswinkel**) die Horizontalwinkel, welche die nach dem oberen Ende des ersten Lotes gerichtete Sicht mit der Richtung nach O_2 bzw. mit einer nach einem bekannten Punkte P führenden Anschlußrichtung einschließt, und bedeutet γ den aus α und den ebenfalls zu messenden Entfernungen a, c aus

$$\sin \gamma = \frac{c}{a} \cdot \sin \alpha \qquad (1109)$$

errechneten **Anschlußwinkel** bei O_1 im Anschlußdreieck $A_o O_1 O_2$, so gibt der Ausdruck

$$(O_1 O_2) = (P A_o) + \omega - \gamma \qquad (1110)$$

den Richtungswinkel der Strecke $O_1 O_2$ an[1].

---

[1] Für die allerdings nicht streng zutreffende Annahme, daß die Fehler in ω, α, a u. c von der Lage des Standortes A_o unabhängig sind, wird der Fehler in dem nach (1110) abgeleiteten Richtungswinkel um so kleiner, je näher A_o an die Richtung $O_1 O_2$ u. an O_2 heranrückt. Näheres hierüber siehe bei Parschin, N.: Tagesanschluß der Grubenmessungen, Heft 1, Freiberg i. S. 1914 (ins Deutsche übertragen von P. Wilski).

Mit Hilfe der gemessenen Seiten b bzw. c und ihrer Richtungswinkel

und

$$\left.\begin{array}{l}(A_o\,O_1) = (A_o\,P) + \omega \\[2mm] (A_o\,O_2) = (A_o\,P) + \omega + \alpha\end{array}\right\} \tag{1111}$$

erhält man vom bekannten Punkte A_o aus leicht die Koordinaten von O_1 und O_2, wodurch die genaue Lage dieser Punkte gegen die Tunnelachse bestimmt ist.

Zu 2. Die Ermittlung der Untenpunkte U_1, U_2 muß mit der größten Sorgfalt durchgeführt werden, da sich auf die Richtung ihrer kurzen Verbindungsstrecke ein vielmal längeres Stück der Tunnelachse stützt, so daß Querfehler dieser Punkte auch als vielmal größerer Beitrag in den seitlichen Durchschlagsfehler eingehen. Es ist deshalb notwendig, in manchmal sehr große Tiefen die Obenpunkte O_1, O_2 bis auf einige Dezimillimeter genau abzuloten, was bei der hauptsächlich durch den Wetterzug und das Traufwasser verursachten Unruhe der Lote eine sehr schwierige Aufgabe ist.

Im Bestreben einer Verbesserung des BORCHERSschen Gedankens, die Schwingungsausschläge des Lotes messend zu verfolgen, hat 1882 M. SCHMIDT in Freiberg ein sehr sinnreiches, heute am weitesten verbreitetes Schachtlotverfahren angegeben und später noch weiter ausgebaut[1]. Es besteht in folgendem. Man kann an zwei hinter dem betreffenden Lote befindlichen, senkrecht zueinander gestellten Teilungen T_1, T_2 (Abb. 431) die Bewegungen des schwingenden Lotes verfolgen und die den Umkehren des Lotes entsprechenden Projektionen desselben auf die Teilungen beobachten. Erscheinen die Projektionen der Umkehren an den Stellen a'_1, a'_2, ... $a'_{n'}$ bzw. a''_1, a''_2, ... $a''_{n''}$ dieser Teilungen, so sind für n' und n'' gerade Zahlen vorausgesetzt, die aus einer großen Zahl von Beobachtungen errechneten Mittelwerte

$$a'_m = \frac{1}{n'}\,[a'_i], \qquad a''_m = \frac{1}{n''}\,[a''_i] \tag{1112}$$

diejenigen Teilungsstellen, auf welche sich das zentrierte, d. h. in die Ruhelage gebrachte Lot projizieren muß.

Zur praktischen Ausführung benutzt man einen horizontalen Zentrierteller Z (Abb. 432), mit dem die beiden Teilungen verbunden sind. Zur direkten Beobachtung der Werte a' dient ein seitlich in A_u aufgestelltes Fernrohr, dessen Ziellinie zur Teilung T_1 senkrecht steht. Die sonst für die an T_2 auszuführenden Beobachtungen a'' notwendige Aufstellung eines zweiten Fernrohres kann dadurch vermieden werden, daß in der Höhe von T_2 mit dem Zentrierteller ein lotrechter Spiegel S (eingeführt von CSÉTI)

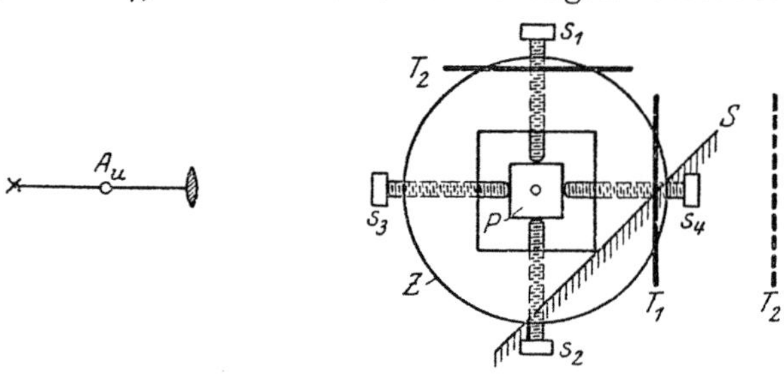

Abb. 432. Zentrierteller nach M. Schmidt mit Csétischem Spiegel.

verbunden wird, welcher mit T_2 einen 45^0-Winkel einschließt. Man erhält dann sogleich von A_u aus mittels der Spiegelbilder der Lotumkehren am Teilungsbild T'_2 die gesuchten Ablesungen a''. Um während der Beobachtung die in einem Ausschnitt des Zentriertellers frei schwingenden Lote möglichst wenig störenden Einflüssen auszusetzen, müssen während der Beobachtungsdauer die Türen verschlossen und die Ventilatoren abgestellt werden. Zur Einstellung des Lotes auf seine errechnete Ruhelage führt man es durch die Bohrung eines prismatischen Zentrierklotzes P, welcher mit Hilfe der Zentrierschrauben s_1, s_2, s_3, s_4 in der Richtung beider Teilungen derart ver-

---

[1] Siehe hierzu die folgenden Schriften von MAX SCHMIDT: a) Das Problem der Schachtlotung mit frei schwingendem Lote; b) Schachtlotungsverfahren mit fixierten Loten, Jb. f. d. Berg- u. Hütt.-Wes. im Kgr. Sachsen. 1882 bzw. 1884; c) die Methoden der unterirdischen Orientierung u. ihre Entwicklung seit 2000 Jahren. München 1892 (Bericht der Technischen Hochschule München für das Studienjahr 1891/92).

stellt wird, daß von A_u aus das Lot an den Teilungsstellen a'_m bzw. a''_m erscheint. Ist in derselben Weise auch das Lot L_2 zentriert worden, so muß der Abstand $U_1 U_2$ bis auf den Einfluß der Lotkonvergenz (S. 109) mit dem über Tage gemessenen Lotabstand a übereinstimmen. Das Gelingen des beschriebenen Schachtlotverfahrens setzt vollkommen frei schwingende Lote voraus, und es ist daher schon vor Beginn der Arbeit zu untersuchen, ob das durch verschiedene Böden gehende und nahe an Bauhölzern vorbeiführende Lot nicht irgendwo geklemmt ist oder anliegt. Man kann sich davon in einfachen Fällen durch den unmittelbaren Augenschein überzeugen; auch kann man längs der Lote Papierscheibchen hinabgleiten lassen oder die gelegentlich der Zentrierungsbeobachtungen ebenfalls ermittelte Schwingungsdauer mit dem aus der bekannten Schwerebeschleunigung g und der Schachttiefe l berechneten theoretischen Wert

$$t = \pi \sqrt{\frac{l}{g}} \tag{1113}$$

vergleichen.

Die Ruhelage L_r (Abb. 433) eines Lotes ist infolge des geringen Wetterdruckes,

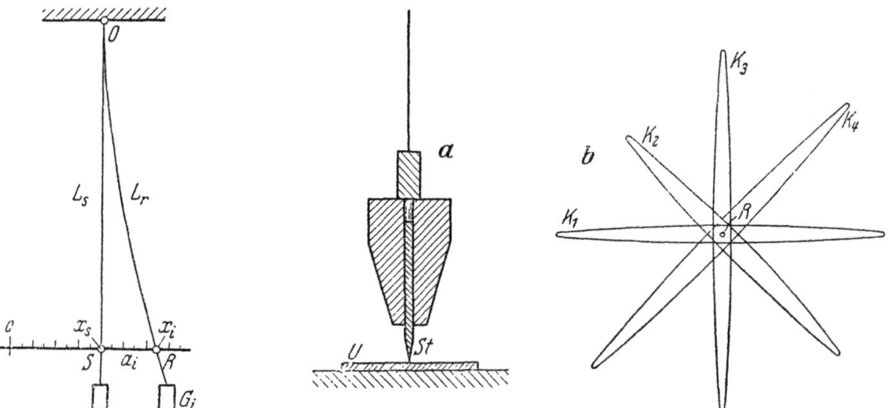

Abb. 433. Ruhelage, Seigerlage und Mehrgewichtslotung.

Abb. 434. Selbstschreibendes Lot von Veith.

welcher auch bei abgestellter Ventilation, abgedecktem Schacht und geschlossenen Wettertüren übrigbleibt, leider noch nicht seine Seigerlage L_s (lotrechte Lage). Wie man bei gleich bleibendem schwachen Wetterzug aus dem Ruhepunkt R den Seigerpunkt S zur Abszisse x_s durch Mehrgewichtslotung finden kann, hat 1916 WILSKI gezeigt. Aus der Voraussetzung, daß das Produkt aus der Abtrift a_i und dem Lotgewicht G_i (Last $+$ halbes Drahtgewicht) konstant sei, folgt für zwei verschiedene Lotgewichte G_e, G_i und die zugehörigen Abtriften a_e, a_i die Beziehung

$$a_e : a_i = \frac{1}{G_e} : \frac{1}{G_i}. \tag{1114}$$

Sind ferner $x_e = x_s + a_e$, $x_i = x_s + a_i$ die zu den entsprechenden Ruhelagen aus den Beobachtungen ermittelten Skaleneinstellungen, so wird

$$x_s = \frac{x_i G_i - x_e G_e}{G_i - G_e} \tag{1115}$$

die zum Seigerpunkt S gehörige Einstellung[1].

---

[1] Zur Mehrgewichtslotung siehe besonders a) WILSKI, P.: Schachtlotung bei Wetterzug. 1916, S. 87—97; b) WILSKI, P.: Die Abtrift des Schachtlotes im Wetterzug. 1917, S. 77—120; c) FOX: Die neuzeitliche Entwicklung der Lotorientierungen. 1926, S. 1—25; d) DRUMM, R.: Die Mechanik der Schachtlotung. 1934, S. 38—54; e) SCHNEIDER, W.: Zur Mehrgewichtslotung. 1937, S. 43—84 [a) bis e) in den Mitt. a. d. Markscheidewesen]. Ferner in der Öster. Z. Vermess.-Wes.: f) WILSKI, P.: Das Schachtlotproblem. 1925, S. 84—90; g) KAPPES, TH.: Schwingungsschiefe u. Skalenschärfe bei der Schachtlotung. 1931, S. 13—21.

Abb. 434 zeigt das 1893 vom Markscheider VEITH in Saarbrücken angegebene selbstschreibende Lot. Dessen Ruhelage R wird aus der auf einer Unterlage aufgezeichneten Spur eines zum Lot zentrischen Bleistiftes St ermittelt. Zur Verbesserung des Geräts hat 1901 FUHRMANN den Stift durch einen zentrischen Lichtstrahl ersetzt[1].

Mit Hilfe eines im Horizont H_u liegenden Anschlußdreiecks $U_1 U_2 A_u$ (man denke sich in Abb. 430 an Stelle von O_1, O_2, A_o nunmehr U_1, U_2, A_u gesetzt!) ergeben sich aus den unter Tage gemessenen Stücken a, b, c und α der Winkel γ, der Richtungswinkel $(U_1 A_u)$ der Seite b, die genaue Lage des nahezu in der Lotebene der Tunnelachse befindlichen Standortes A_u sowie der für die Angabe der Achsrichtung von $A_u U_1$ aus abzusetzende Absteckungswinkel[2].

Bei weiterer Vervollkommnung kommt auch der Kreiselkompaß (Vermessungskreisel) für die Ausrichtung von Tunnelachsen und als unterirdisches Orientierungsmittel ernsthaft in Betracht, nachdem der mittlere Fehler der Richtungsangabe bereits auf wenige Minuten herabgedrückt worden ist[3].

54. Trigonometrische Kurvenabsteckung.

Soll die gerade Achse eines Bauwerkes ihre Richtung ändern, so wird zur Herbeiführung einer allmählichen Richtungsänderung zwischen die beiden Geraden eine Kurve oder ein Kurvenzug eingeschaltet, wobei der Kreisbogen[4] die größte Rolle spielt.

---

[1] Auf S. 8 der in der vorhergehenden Anm. unter c) genannten Arbeit ist auch das selbstschreibende Lot von VEITH skizziert.

[2] Das beschriebene Verfahren der Richtungsübertragung, bei dem die Standorte A_o bzw. A_u nicht auf dem Lot L_1 oder L_2 liegen, ist ein exzentrisches Schachtlotverfahren. Über andere Verfahren dieser Art, sowie über die zentrische Schachtlotung siehe a) die Lehrbücher der Markscheidekunde, b) die S. 397 Anm. 1 genannte Schrift von PARSCHIN, N.; ferner in den Mitt. a. d. Markscheidewesen: c) WANDHOFF: Zentrische oder exzentrische Schachtlotung? 1930, S. 37—66; d) LÜDEMANN, K.: Zur optischen Abseigerung bei der Schachtlotung. 1935, S. 24—33; e) SCHNEIDER, W.: Die Richtungsübertragung mittels optischer Ebenen. Ein neuer optischer Richtloter von Zeiß. 1937, S. 159—196.

Schon HERON von Alexandrien kannte die Kunst der unterirdischen Orientierung (SCHÖNE, Herons von Alexandria Vermessungslehre u. Dioptra. Leipzig 1903) u. eine der bedeutendsten Unternehmungen des Altertums, bei der sie Verwendung fand, war der unter Kaiser Claudius (51 bis 54 n. Chr.) erfolgte Bau eines 5,7 km langen Wasserabzugstollens vom Fuciner-See zum Lirifluß. Nach den Ausführungen von M. SCHMIDT in der auf S. 398 Anm. 1 unter c) genannten Schrift dienten zur Richtungsanweisung u. Materialbeförderung 40 vertikale Schächte von 80 bis 122 m Tiefe u. eine noch höhere Anzahl flacher Schächte von 16 bis 20^0 Neigung. Das in der nachrömischen Zeit verfallene Werk wurde 1862 bis 1875 wieder instand gesetzt, u. die dabei erfolgte Wiedereröffnung der altrömischen Schächte u. Stollen ergab infolge mangelhafter Orientierungsmessungen u. fehlerhafter Höhenangaben große Abweichungen, welche der raschen Wasserabführung hinderlich waren u. zum frühzeitigen Verfall des Werkes wesentlich beigetragen haben.

Überraschend gute Durchschlagsergebnisse wurden nach den Angaben von KOPPE (Z. Vermess.-Wes. 1876, S. 376—378) bei dem 1851 bis 1864 erbauten 10,3 km langen Ernst-August-Stollen im Harz erzielt. Die Arbeit wurde unter Benutzung von 8 Förderschächten an 10 Punkten gleichzeitig in Angriff genommen, u. die Durchschlagsfehler betrugen durchwegs nur einige Zentimeter.

[3] Siehe hierzu in den Mitt. a. d. Markscheidewesen a) den Bericht NEHM über die 15. Tagung des deutschen Markscheidevereins in Clausthal, 1926, S. 162; b) LÜDEMANN: Zur Entwicklungsgeschichte des im Bergbau verwendeten Kreiselkompasses, 1934, S. 5—12.

Um die Ausbildung des Kreiselkompasses für den gedachten Zweck haben sich besonders K. HAUSSMANN u. die Firma ANSCHÜTZ verdient gemacht. Siehe dazu K. HAUSSMANN: a) Der Kreiselkompaß im Dienste des Bergbaues (mit Literaturangabe). Mitt. Markscheidewes., Jahresheft 1914, S. 49—61; b) Die Geophysik im Dienste des Bergbaues. Öst. Z. Vermess.-Wes. 1924, S. 45—53. Siehe ferner c) K. HOCHMUTH: Der Kreiselkompaß. Leipzig 1921.

[4] Eine Kreisbogenabsteckung ist schon beschrieben in DANIEL SCHWENTER: Geometriae Practicae, von neuem an den Tag gegeben u. mit vielen nützlichen Additionen u. neuen Figuren vermehrt durch GEORGIUM ANDREAM BÖCKLERN, Architekt u. Ingenieur. Nürnberg 1667. Doch werden dort die abzusteckenden Größen nicht auf rechnerischem, sondern auf zeichnerischem Wege ermittelt.

a) Kreisbogennetz.

Die Übertragung eines größeren Bogens in die Natur stützt sich auf einen vorher abzusteckenden Rahmen, das sog. Kurvennetz (Abb. 435). Es besteht aus den beiden Haupttangenten G_1, G_2, der Scheiteltangente EF und etwaigen weiteren Zwischentangenten sowie den Berührpunkten A, B, S dieser Geraden mit dem Kreisbogen und ihren gegenseitigen Schnittpunkten. Die Berechnung des Kurvennetzes erfolgt je nach den gegebenen Bestimmungsstücken in verschiedener Weise.

Im einfachsten Falle sind der Kreisbogenhalbmesser r und die beiden Haupttangenten G_1, G_2 mit zugänglichem Tangentenschnittpunkt D gegeben. Mit Hilfe eines in D aufgestellten Theodolits findet man den Tangentenschnittwinkel φ und erhält damit aus dem in den Berührpunkten A, B rechtwinkligen Viereck $CADB$ (C = Kreismittelpunkt), dessen Winkelsumme 360^0 ist, den dem Bogen entsprechenden Zentriwinkel

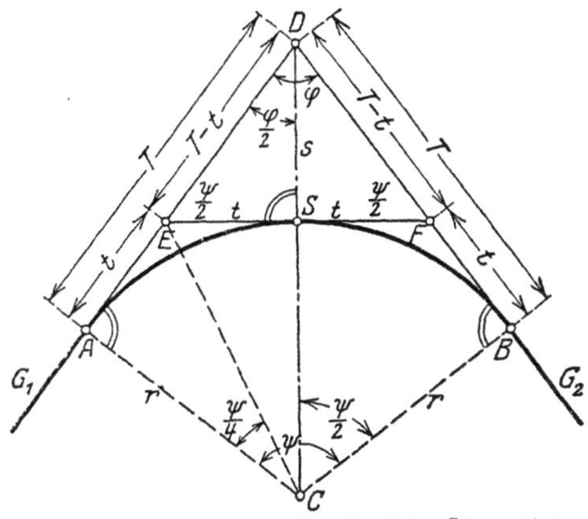

Abb. 435. Kreisbogennetz bei zugänglichem Tangentenschnittpunkt.

$$\psi = 180^0 - \varphi. \tag{1116}$$

Zur Absteckung der Tangentenberührpunkte A, B von D aus braucht man die Länge T der Haupttangente. Sie ergibt sich aus dem Dreieck CAD oder CBD zu

$$T = r \cdot \operatorname{tg} \tfrac{1}{2}\psi, \tag{1117}$$

während die Länge der in S berührenden Scheiteltangente

$$t = r \cdot \operatorname{tg} \tfrac{1}{4}\psi \tag{1118}$$

ist. Auch die Schnittpunkte E, F dieser Scheiteltangente mit den beiden Haupttangenten können mit Hilfe der nunmehr bekannten Differenzen $T - t$ vom Tangentenschnittpunkt D aus auf G_1 und G_2 abgetragen werden. In ähnlicher Weise geht auch die Berechnung weiterer Zwischentangenten vonstatten.

Zur Probe wird man die unmittelbar zu messende Entfernung EF mit ihrem Sollbetrag $2t$ vergleichen und untersuchen, ob der Mittelpunkt S dieser Strecke, der Kurvenscheitel, auf der Winkelhalbierenden der beiden Haupttangenten liegt und von D um den aus

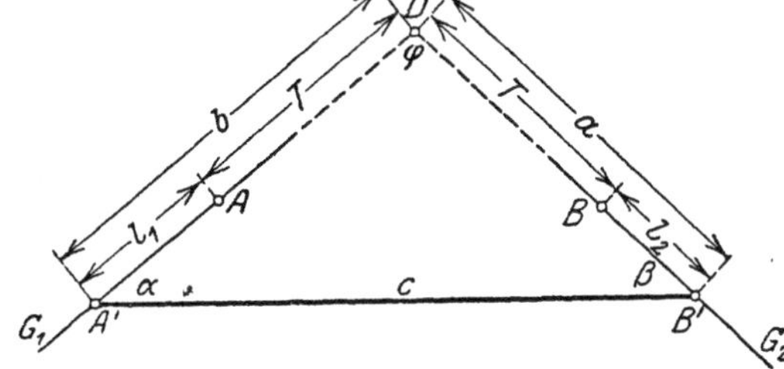

Abb. 436. Berechnung des Kreisbogennetzes bei unzugänglichem Tangentenschnittpunkt.

Dreieck EDS folgenden, errechneten Scheitelabstand

$$s = r \cdot \operatorname{tg} \tfrac{1}{2}\psi \operatorname{tg} \tfrac{1}{4}\psi \tag{1119}$$

absteht.

Auch die Bogenlänge $r \cdot \overset{\frown}{\psi}$ ist zu berechnen.

Ist der Tangentenschnittpunkt D unzugänglich (Abb. 436) - vielleicht weil er ins Wasser fällt –, so lassen sich etwa auf den in der Natur bezeichneten Geraden G_1, G_2 möglichst nahe an D zwei Hilfspunkte A'', B'' signalisieren und in genügendem Abstand weiter rückwärts zwei gegenseitig sichtbare Theodolitstandorte A', B' angeben, deren Entfernung c unmittelbar (oder mittelbar) gemessen werden kann und von denen aus auch die Punkte A'', B'' angezielt werden können. Sind α und β die in A' und B'

zu beobachtenden Winkel, welche die Tangenten G_1, G_2 mit c einschließen, so ist nach dem Dreieck $A'DB'$ der Tangentenschnittwinkel

und der Zentriwinkel

$$\varphi = 180^0 - (\alpha + \beta), \left.\right\}$$
$$\psi = \alpha + \beta. \qquad (1120)$$

Hat man nach (1120) den Zentriwinkel ψ und mittels (1117) die Länge T der Haupttangente berechnet, ferner die Dreiecksseiten $A'D$, $B'D$ zu

$$b = c\,\frac{\sin \beta}{\sin \varphi}, \qquad a = c\,\frac{\sin \alpha}{\sin \varphi} \qquad (1121)$$

ermittelt, so findet man die Abstände der Tangentenberührpunkte A, B von A', B' als die Differenzen

$$l_1 = b - T, \qquad l_2 = a - T. \qquad (1122)$$

Die Berührpunkte A, B können somit von A', B' aus abgesteckt werden, womit die weitere Behandlung der Aufgabe auf die vorher besprochene Lösung zurückgeführt ist[1].

b) Absteckung von gleich abständigen Kreispunkten durch rechtwinklige Koordinaten von der Tangente aus.

Ist das Kurvennetz ins Gelände übertragen, so wird jeder der gleich großen Teilbögen für sich von der zugehörigen Tangente aus abgesteckt, wobei man allerdings die für den ersten Bogen zu berechnenden Koordinaten sogleich auch für die übrigen Bögen verwenden kann.

Denkt man sich den Teilbogen, zu dem der Zentriwinkel $\tfrac{1}{4}\,\psi$ gehören möge, in n gleiche Teile a (Abb. 437) zerlegt, wo a je nach dem Zweck zwischen 5 m und 20 m liegt, so ist der einem Kleinbogen a entsprechende Zentriwinkel

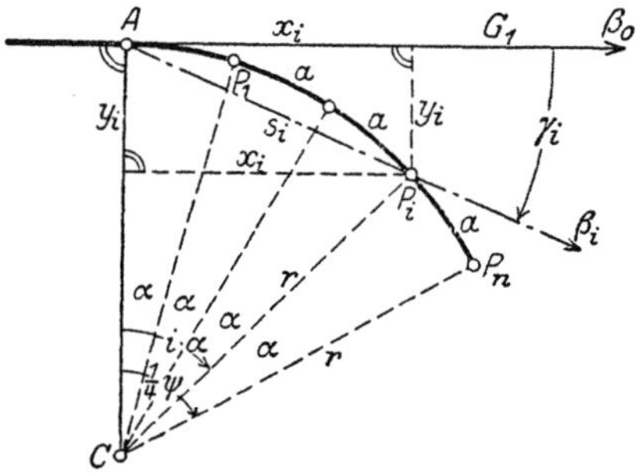

$$\alpha = \frac{\psi}{4\,n}, \qquad (1123)$$

während sich für die auf die Tangente G_1 und ihren Berührpunkt A bezogenen rechtwinkligen Koordinaten eines Kreispunktes P_i nach der Figur die Ausdrücke

$$x_i = r \cdot \sin i\,\alpha, \qquad (1124)$$

$$y_i = r - r \cdot \cos i\,\alpha = 2\,r \cdot \sin^2 \tfrac{1}{2}\,i\,\alpha \qquad (1125)$$

Abb. 437. Absteckung gleich abständiger Kreispunkte durch rechtwinklige Koordinaten von der Tangente aus.

ergeben.

Die nach diesem Verfahren berechneten und in die Natur übertragenen Punkte stehen gleich weit voneinander ab; man hat also, vom Einfluß der Messungsfehler abgesehen, den Vorteil einer an allen Stellen gleichmäßig sicher bestimmten Kurve. Daß mit wachsendem x die Abszissenunterschiede – erst langsam und dann rasch – abnehmen, ist ein Nachteil der Methode, welcher sich besonders bei der Anlage von Kurventabellen bemerklich macht. Solche Hilfstafeln, welche für bestimmte Halbmesser und Bögen die Kreiskoordinaten angeben, werden bei der praktischen Durchführung von Kurvenabsteckungen mit Vorliebe benutzt, da die zahlenmäßige Be-

---

[1] Je nach den gegebenen Bestimmungsstücken ist die Art der Netzberechnung natürlich immer wieder eine etwas verschiedene. Eine Reihe von einschlägigen Aufgaben enthalten z. B. die verschiedenen Jahrgänge der Z. Vermess.-Wes.

rechnung der Punkte mittels der analytischen Formeln auf dem Felde meist zuviel Zeit in Anspruch nehmen würde[1].

c) Absteckung von Kreispunkten durch rechtwinklige Koordinaten von der Tangente aus mit gleichen Abszissenunterschieden.

Sind x_1 und x_n (Abb. 438) die auf die Tangente G_1 und ihren Berührpunkt A bezogenen Abszissen des Bogenpunktes P_1 und des Bogenendpunktes P_n, so ist

$$x_1 = \frac{1}{n} \cdot x_n = \frac{1}{n} \, r \cdot \sin \tfrac{1}{4}\, \psi. \tag{1126}$$

Die Abszisse des Punktes P_i wird

$$x_i = i \cdot x_1, \tag{1127}$$

während

$$y_i = r - \sqrt{r^2 - x_i^2} \approx 2r\left\{\left(\frac{x_i}{2r}\right)^2 + \left(\frac{x_i}{2r}\right)^4\right\} \tag{1128}$$

den strengen bzw. einen genäherten Wert der zugehörigen Ordinate angibt. Ersteren kann man leicht der Figur entnehmen; durch Reihenentwicklung nach dem Binomialsatz folgt hieraus der in den meisten Fällen ausreichende Näherungswert.

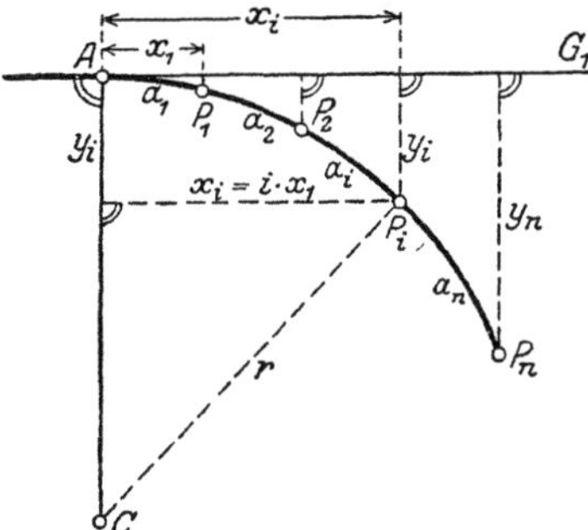

Abb. 438. Absteckung von Kreispunkten durch rechtwinklige Koordinaten von der Tangente aus mit gleichen Abszissenunterschieden.

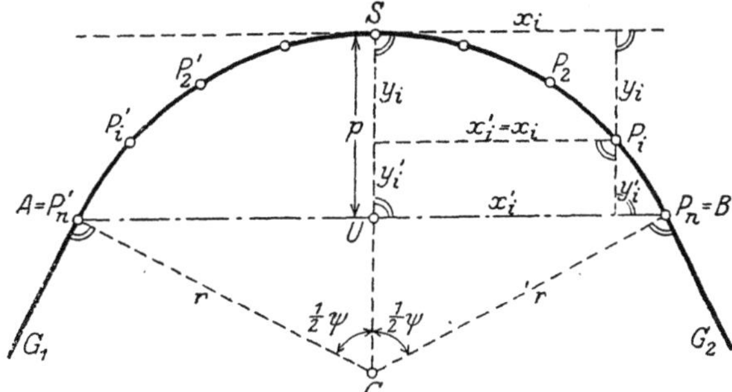

Abb. 439. Absteckung von Kreispunkten durch rechtwinklige Koordinaten von der Sehne aus.

Um den Vorteil dieser Methode voll auszunützen, legt man dem konstanten Abszissenunterschied x_1 einen runden Wert bei. Dann gestaltet sich die Berechnung und Absteckung der Abszissen so einfach, daß man seine Hauptaufmerksamkeit der Ermittlung und Absteckung der die Krümmung eines flachen Bogens besonders stark beeinflussenden Ordinaten zuwenden kann. Dafür läßt sich der kleine Nachteil, daß mit wachsenden Abszissen die Punktabstände zunehmen, leicht mit in Kauf nehmen[2].

d) Absteckung von Kreispunkten durch rechtwinklige Koordinaten von der Sehne aus.

Die beiden vorhin beschriebenen Methoden sind annähernd gleichwertig und anwendbar, wenn das Gelände auf der Außenseite des Bogens zugänglich und für genaue

---

[1] Das bekannteste u. wohl auch älteste Werk, welches Hilfstafeln zum Abstecken von Bögen nach der oben beschriebenen Methode enthält, ist KRÖHNKE: Taschenbuch zum Abstecken von Kurven auf Eisenbahn- u. Wegelinien. Hilfstabellen für dieselbe Absteckungsmethode sind auch enthalten in C. KNOLL: Taschenbuch zum Abstecken der Kurven an Straßen u. Eisenbahnen.

[2] Beim Bau der Brennerbahn (1861—1868) sind nach FR. KREUTER alle Bogen nach dem oben beschriebenen Verfahren abgesteckt worden.

Auch für diese Art des Kurvenabsteckens bestehen Hilfstabellen, wie z. B. in SARRAZIN u. OBERBECK: Taschenbuch zum Abstecken von Kreisbogen (durch den Bearbeiter M. HÖFER, 1938 auf Centesimalteilung umgerechnet) sowie in dem in der vorhergehenden Anmerkung genannten Hilfswerk von KNOLL.

Längenmessungen geeignet ist. Trifft diese Voraussetzung nicht mehr zu, während sich
das innerhalb des Bogens liegende Gelände für die Vornahme von Messungen eignet,
so kann die Einzelpunktabsteckung durch rechtwinklige Koordinaten von der Sehne
aus am Platze sein. Dabei ist die zwischen den Berührpunkten A, B (Abb. 439) gezogene Sehne die Abszissenachse zum Sehnenmittelpunkt U als Ursprung. Die Koordinaten x_i', y_i' eines Punktes P_i lassen sich in einfachster Weise durch die auf die
Tangente bezogenen Werte x_i, y_i ausdrücken, gleichgültig, ob es sich um gleiche Punktabstände oder um konstante Abszissenunterschiede handelt. Nach Abb. 439 gilt
nämlich

$$x_i' = x_i, \qquad y_i' = p - y_i, \tag{1129}$$

wenn

$$p = 2r \cdot \sin^2 \tfrac{1}{4}\psi \tag{1130}$$

die Pfeilhöhe des Bogens AB bedeutet.

e) Absteckung von Kreispunkten durch Polarkoordinaten.

Bei diesem Verfahren wird der abzusteckende Bogen AP_n (Abb. 437) in n gleiche
Teile zerlegt, deren jedem ein Zentriwinkel α entspricht. Die auf die Tangente G_1 und
ihren Berührpunkt A bezogenen Polarkoordinaten eines Kreispunktes P_i sind die Ausdrücke

$$\gamma_i = \tfrac{1}{2} \cdot i \cdot \alpha, \qquad s_i = 2r \sin \tfrac{1}{2} \cdot i \cdot \alpha. \tag{1131}$$

Während die Richtung des Strahles AP_i in A durch Absteckung des Winkels γ_i
von G_1 aus anzugeben ist, wäre s_i in der Zielebene des Theodolits von A aus direkt ab-
zumessen[1]. Das wird bei größeren Entfernungen besonders bei Anwendung der direkten
Längenmessung[2] lästig und kann auch mit Rücksicht auf Geländeschwierigkeiten nicht
immer durchgeführt werden. Man begnügt sich deshalb vielfach damit, die Strahlenrichtung von der Tangente aus abzustecken und die Strahlenlänge bzw. den Punkt P_i
auf dem Strahl dadurch zu bestimmen, daß man die dem Winkel α entsprechende
konstante Sehnenlänge $s_1 = 2r \cdot \sin \tfrac{1}{2}\alpha$ jeweils vom vorhergehenden Punkte P_{i-1} aus
so abträgt, daß ihr Endpunkt in die abgesteckte Strahlenrichtung fällt. Da jedoch bei
diesem bequemen Verfahren die Länge der Leitstrahlen auf indirektem Wege bestimmt
wird, so kann man, strenggenommen, kaum mehr von einer Absteckung durch Polarkoordinaten sprechen. Es ist besonders vorteilhaft, wenn man zwar vom Berührpunkt
der Tangente aus den ganzen Bogen überblicken kann, zu beiden Seiten der – vielleicht
auf einem hohen Damm liegenden – Kurve jedoch keine Messungen ausgeführt werden
können[3].

f) Absteckung von Kreispunkten durch ein regelmäßiges, einbeschriebenes Polygon.

Wenn zu beiden Seiten des Bogens sehr wenig Platz zur Verfügung steht und auch
nicht die ganze Kurve überblickt werden kann, wie z. B. in reifenden Getreidefeldern,
in engen Schluchten oder gar in einem Tunnel, so kann, wenn genaue Arbeit verlangt
wird, die Absteckung des Kreisbogens mit Hilfe eines ihm einbeschriebenen, regelmäßigen Polygons vorteilhaft sein.

---

[1] Hilfstabellen für dieses Verfahren sind enthalten in BAUERNFEIND: Elemente der Vermessungskunde Bd. 2, Tafel 26, u. in BOSSHARDT, R.: Tafeln (400g) zum Abstecken von Kreisbogen nach Polarkoordinaten. Stuttgart 1940.

[2] Eine gewisse Milderung dieses Nachteils tritt ein, wenn auch die längsten Radienvektoren
mit einem leistungsfähigen modernen Entfernungsmesser noch indirekt abgesetzt werden dürfen.

[3] Die beschriebene Abart stammt nach KREUTER aus den 1840er Jahren u. ist von RANKINE
(siehe W. J. M. RANKINE: Handbuch der Bauingenieurkunst. Deutsche Bearbeitung von FRANZ
KREUTER, 3. Aufl. Wien 1892). Hilfstafeln enthalten die auf S. 403, Anmerkung 2, genannten Kurventabellen von SARRAZIN u. OBERBECK.

Die in Abb. 440 angedeutete Lösung nimmt für den etwas schwierigeren Fall, daß der Tangentenschnittpunkt unzugänglich und die Sicht zwischen den beiden Hilfspunkten A', B' auf den Haupttangenten G_1, G_2 nicht frei ist, den folgenden Verlauf.

1. Man verbindet die Hilfspunkte A', B' durch einen Polygonzug $A' P'_2 \ldots B'$, dessen möglichst lange Seiten $s_1, \ldots s_{\nu-1}$ und Brechungswinkel $\beta_1, \ldots \beta_\nu$ sorgfältig gemessen werden.

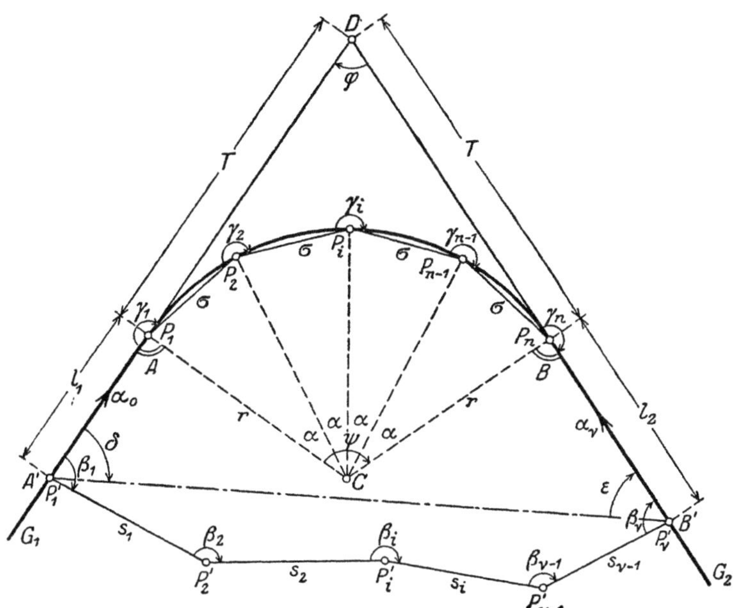

Abb. 440. Absteckung von Kreispunkten durch ein regelmäßiges, einbeschriebenes Polygon.

2. Ist α_0 der irgendwie angenommene Richtungswinkel der Haupttangente G_1 (erste Anschlußrichtung), so erhält man von diesem ausgehend die Richtungswinkel der einzelnen Polygonseiten auf bekanntem Wege und schließlich den Richtungswinkel α_ν, der mit der zweiten Anschlußrichtung identischen Haupttangente G_2, nämlich

$$\alpha_\nu = \alpha_0 + \overset{\nu}{\underset{1}{[\beta_i]}} - (\nu - 1)\, 180^0. \tag{1132}$$

Nun ist aber der Tangentenschnittwinkel φ die Differenz der beiden Tangentenrichtungswinkel, also

$$\varphi = \alpha_0 - \alpha_\nu = (\nu - 1)\, 180^0 - \overset{\nu}{\underset{1}{[\beta_i]}}. \tag{1133}$$

Damit ist auch der Zentriwinkel $\psi = 180^0 - \varphi$, also auch die Haupttangente $T = r \cdot \operatorname{tg} \frac{\psi}{2}$ wieder bekannt.

3. Mit den Polygonseiten und ihren soeben aufgestellten Richtungswinkeln lassen sich unter Annahme irgendwelcher Koordinaten $x_{A'}$, $y_{A'}$ für den Zuganfangspunkt A' die rechtwinkligen Koordinaten der einzelnen Zugpunkte berechnen, wobei der Endpunkt B' die Koordinatenwerte $x_{B'}$, $y_{B'}$ erhalten möge. Damit ergibt sich $A'B'$ nach Richtung und Länge, nämlich

$$\operatorname{tg}(A'B') = \frac{y_{B'} - y_{A'}}{x_{B'} - x_{A'}}, \qquad A'B' = \frac{x_{B'} - x_{A'}}{\cos(A'B')} = \frac{y_{B'} - y_{A'}}{\sin(A'B')}. \tag{1134}$$

4. Nunmehr erhält man im Dreieck $A'DB'$ die bei A' und B' liegenden Winkel

$$\delta = (A'B') - \alpha_0, \qquad \varepsilon = \alpha_\nu - (B'A') \tag{1135}$$

als die Differenzen der Seitenrichtungswinkel, und mit den Abkürzungen

$$A'B' = c, \quad A'D = b, \quad B'D = a \tag{1136}$$

ergeben sich nach dem Sinussatze die noch unbekannten Dreiecksseiten

$$a = c \cdot \frac{\sin \delta}{\sin \varphi}, \quad b = c \cdot \frac{\sin \varepsilon}{\sin \varphi}. \tag{1137}$$

Da bei gegebenem Halbmesser r die Länge T der Haupttangenten nach (1117) berechnet werden kann, so lassen sich auch die Längen

$$l_1 = b - T, \quad l_2 = a - T \tag{1138}$$

angeben, welche man von A' und B' aus auf den Haupttangenten gegen deren Schnittpunkt zu abzutragen hat, um auf die Tangentenberührpunkte A und B zu kommen.

5. Soll das dem Kreisbogen AB einzubeschreibende regelmäßige Polygon $n-1$ Seiten σ fassen, so ist der einer solchen Seite entsprechende Zentriwinkel

$$\alpha = \frac{\psi}{n-1}, \tag{1139}$$

so daß

$$\sigma = 2r \sin \frac{1}{2}\alpha = 2r \sin \frac{1}{2(n-1)}\psi \tag{1140}$$

wird. Die an die Haupttangenten anschließenden Absteckungswinkel γ_1 und γ_n an den Bogenenden sind die Ausdrücke

$$\gamma_1 = \gamma_n = 180^0 + \tfrac{1}{2}\alpha, \tag{1141}$$

während sich für die Zwischenpunkte die einander gleichen Winkel

$$\gamma_2 = \gamma_3 = \cdots = \gamma_{n-1} = 180^0 + \alpha \tag{1142}$$

ergeben.

6. Damit sind alle rechnerischen Vorbereitungen erledigt, und das Polygon kann nunmehr vom Punkt A und der Richtung AA' ausgehend mit Hilfe der errechneten Werte γ und σ abgesteckt werden, wobei für längere Bögen sowohl der Winkelabsteckung mit dem Theodolit als auch der Längenmessung große Sorgfalt zuzuwenden ist. Eine durchschlagende Kontrolle für die Richtigkeit der Arbeit ergibt sich erst beim Anschluß an B, der sowohl der Punktlage als auch der Richtung nach stimmen soll.

Ist die Zahl der so gewonnenen Bogenpunkte noch zu gering, so kann man weitere Kreispunkte von den Sehnen σ aus durch rechtwinklige Koordinaten, wie auf Seite 403 u. 404 beschrieben, abstecken[1].

g) Absteckung eines durch drei gegebene Punkte bestimmten Kreisbogens.

Die Aufgabe, einen durch drei gegebene Punkte A, B, C (Abb. 441, 442) gehenden Kreisbogen abzustecken, kann in verschiedener Weise gelöst werden.

1. Hat man eine Prismentrommel (S. 95) oder einen Arkographen, d. i. ein Winkelspiegel (S. 72) mit verstellbarem Öffnungswinkel, zur Verfügung, so kann man ohne Netz die Methode der gleichen Peripheriewinkel[2] verwenden, welche sich auf

---

[1] Die Verwendung eines regelmäßigen Sehnenpolygons ist im allgemeinen zweckmäßiger als die Absteckung mit Hilfe eines regelmäßigen Tangentenpolygons, da im ersten Fall das Instrument in der Mitte des Stollenquerschnitts, im zweiten hingegen nahe an die Stollenwände zu stehen kommt. Die Absteckung von Kreisbogenpunkten kann auch mittels eines unregelmäßigen Polygons erfolgen, wenn dessen Eckpunktskoordinaten und die Koordinaten des Kreismittelpunktes berechnet werden.

Ob nun die Absteckung mit Hilfe eines regelmäßigen Sehnen- oder Tangentenpolygons oder mittels eines unregelmäßigen Vieleckzugs erfolgt, stets ist der Messung u. Absteckung von Winkeln größte Sorgfalt zu widmen, da ein Winkelfehler sich auf den ganzen Restzug überträgt.

[2] Die Bogenabsteckung durch gleiche Peripheriewinkel scheint zuerst von RANKINE (1841) angewendet worden zu sein. Siehe W. J. M. RANKINE: Handbuch der Bauingenieurkunst. Deutsche Bearbeitung von FRANZ KREUTER, 3. Aufl., S. 114. Wien 1892.

den Umstand stützt, daß alle Punkte, von denen aus die Seite $A\,B = c$ unter demselben Winkel γ erscheint, auf einem Kreis liegen. Zur Durchführung der Absteckung begibt man sich nach C und verstellt den beweglichen Teil des Instruments so weit, daß das Spiegelbild von B in der Richtung des direkt gesehenen Punktes A liegt. Sucht man nunmehr mit Hilfe des unverändert bleibenden Instruments andere Punkte C_1, C_2, ... auf, von denen aus das Spiegelbild von B ebenfalls in der Richtung von A erscheint, so liegen diese Punkte alle auf dem abzusteckenden Bogen. Das beschriebene Verfahren besitzt den Vorteil, daß – vom Einfluß der Instrumentenfehler abgesehen – alle Einzelpunkte voneinander vollständig unabhängig sind. Will man in einem Punkte C des in dieser Weise oder auf irgendeine andere Art abgesteckten Bogens die Richtung nach dem Kreismittelpunkt M

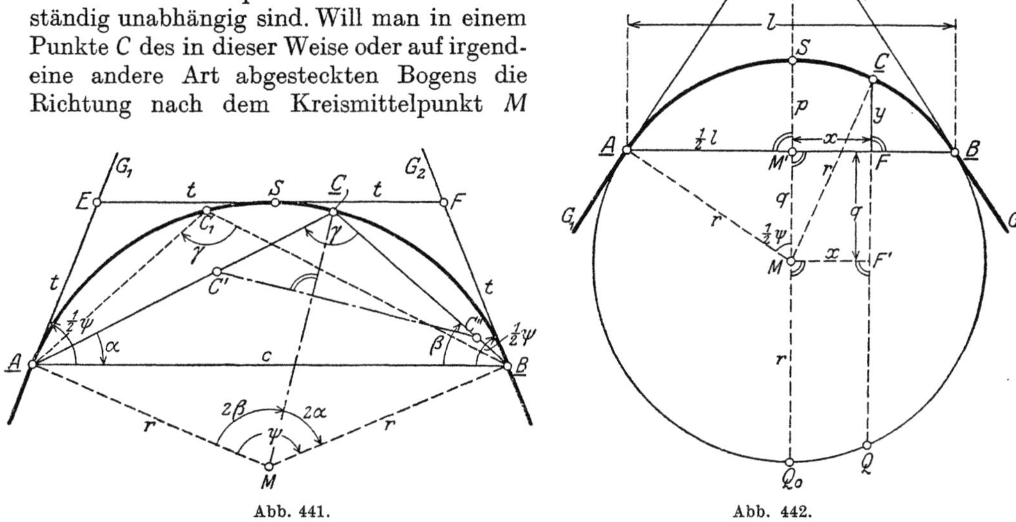

Abb. 441.   Abb. 442.
Absteckung eines durch drei gegebene Punkte bestimmten Kreisbogens.

angeben, so zieht man die durch C gehende Senkrechte zu einer Hilfsstrecke $C'\,C''$ (Abb. 441), deren Endpunkte auf AC und BC so anzunehmen sind, daß der Beziehung

$$C\,C' = \frac{k}{A\,C}, \qquad C\,C'' = \frac{k}{B\,C}, \tag{1143}$$

in welcher k ein beliebiger Festwert ist, genügt wird.

2. Soll die **Absteckung von Kreispunkten auf Grund eines Kurvennetzes** erfolgen, so sind vorerst diejenigen Bestimmungsstücke des Dreiecks $A\,B\,C$ zu messen, welche den Bogen festlegen, nämlich die Seite c und der Winkel γ. Die Figur ergibt dann für den Zentriwinkel ψ den Ausdruck

$$\psi = 2\,(\alpha + \beta) = 360^0 - 2\,\gamma \tag{1144}$$

und da die Haupttangenten G_1, G_2 mit der Sehne $A\,B$ je den Winkel $\tfrac{1}{2}\,\psi$ einschließen, so kann man durch Abtragen dieses Winkels in A und B von c aus auch die Tangentenrichtungen in die Natur übertragen. Mit ψ und dem Bogenhalbmesser

$$r = \frac{c}{2 \sin \tfrac{1}{2}\,\psi} = \frac{c}{2 \sin \gamma} \tag{1145}$$

ergeben sich nach den Formeln (1117), (1118) auch die Tangentenlängen T und t.

Die etwa in C mit dem Theodolit nach dem Kreismittelpunkt M abzusteckende Richtung schließt mit den Seiten $C\,A$ und $C\,B$ die Winkel $\mu = 90^0 - \beta$ und $\nu = 90^0 - \alpha$ ein. Man kann sich davon leicht überzeugen, wenn Abb. 441 durch Ziehen der Dreieckshöhen von M auf $A\,C$ und $B\,C$ ergänzt wird.

3. **Ohne Benutzung eines Theodolits** kann man in folgender Weise vorgehen. Bezieht man C durch seine zu messenden rechtwinkligen Koordinaten x, y (Abb. 442) auf die Sehne $AB = l$ und ihren Mittelpunkt M' und bezeichnet q den Abstand des Kreismittelpunktes M von AB, so folgt aus dem Sehnensatz zum Schnittpunkt F

$$y(y + 2q) = \left(\frac{l}{2} + x\right)\left(\frac{l}{2} - x\right) \tag{1146}$$

$$q = \frac{1}{2y}\left\{\frac{1}{4}\,l^2 - (x^2 + y^2)\right\} = \frac{1}{2y}\left(\frac{1}{2}\,l + \varrho\right)\left(\frac{1}{2}\,l - \varrho\right). \tag{1147}$$

Der Kreishalbmesser r, die zum Kurvenscheitel S gehörige Pfeilhöhe p, der Abstand $p + s$ des Tangentenschnittpunktes D vom Mittelpunkt M' der Seite AB und die Länge der Haupttangente sind dann die Ausdrücke

$$r = \sqrt{\tfrac{1}{4}\,l^2 + q^2}\,, \tag{1148}$$

$$p = r - q\,, \tag{1149}$$

$$p + s = \frac{l^2}{4\,q}\,, \tag{1150}$$

$$T = \sqrt{\tfrac{1}{4}\,l^2 + (p + s)^2}\,. \tag{1151}$$

Durch Errichten einer Senkrechten in M' auf AB von der berechneten Länge $p + s$ erhält man den Tangentenschnittpunkt D und in den Verbindungen AD und BD sogleich die Haupttangenten nach Länge und Richtung. Zur Probe muß der nach (1151) errechnete Wert für T mit den direkt gemessenen Entfernungen AD und BD übereinstimmen. Der dem Bogen ASB entsprechende Zentriwinkel ψ endlich ergibt sich aus der Beziehung

$$tg\,\frac{1}{2}\,\psi = \frac{l}{2\,q}\,. \tag{1152}$$

h) Absteckung von Kreispunkten nach der Einrückmethode.

Auch hier wird der abzusteckende Bogen $A\,P_n$ (Abb. 443) in n gleiche Teile zerlegt. Mit Hilfe des einem Teil entsprechenden Zentriwinkels α erhält man die auf die Haupttangente G_1 bezogenen rechtwinkligen Koordinaten

$$x_1 = r \cdot \sin\alpha\,, \quad y_1 = 2\,r \cdot \sin^2 \tfrac{1}{2}\alpha \tag{1153}$$

des ersten Bogenpunktes P_1. Auch alle weiteren Punkte werden durch rechtwinklige Koordinaten abgesteckt, die jedoch nicht mehr auf die Tangente, sondern auf die Sehne durch die beiden jeweils vorhergehenden Kurvenpunkte mit dem zuletzt bestimmten Punkt als Ursprung bezogen werden. Wie leicht einzusehen, sind diese Koordinaten für alle Punkte von P_2 ab dieselben Werte, nämlich

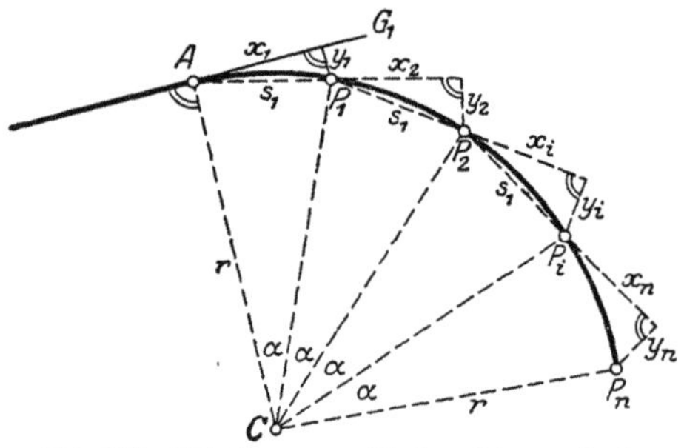

Abb. 443. Absteckung von Kreispunkten nach der
Einrückmethode.

$$x_2 = x_i = s_1 \cdot \cos\alpha\,, \qquad y_2 = y_i = s_1 \sin\alpha\,, \tag{1154}$$

wo

$$s_1 = 2\,r \cdot \sin \tfrac{1}{2}\alpha \tag{1155}$$

ist.

Dieses Verfahren bietet den Vorteil, sehr wenig Raum zu beanspruchen und eignet sich daher besonders zur Absteckung durch enge Schluchten oder durch Getreidefelder. Auch bei der Absteckung eines ganz kurzen Tunnels kann es angebracht sein, doch muß man diese Methode mit großer Vorsicht und peinlicher Genauigkeit anwenden. Sie besitzt nämlich eine sehr ungünstige Fehlerfortpflanzung, da sich eine Ungenauigkeit in der Bestimmung irgendeines Punktes auch auf alle folgenden Punkte überträgt. Man bezeichnet daher dieses Verfahren wie auch das folgende vom praktischen Standpunkt aus als ein Näherungsverfahren.

i) Absteckung von Kreispunkten nach der Ausrückmethode.

Bei diesem Verfahren, welches die gleichen Vorteile und Nachteile wie die Einrückmethode besitzt, wird ebenfalls der erste Zwischenpunkt P_1 (Abb. 444) des in n gleiche Teile mit je einem Zentriwinkel α zerlegten Bogens mittels seiner nach (1153) berechneten rechtwinkligen Koordinaten von der Tangente G_1 aus abgesteckt. Jeder folgende Kurvenpunkt P_2, P_3, ... aber ergibt sich jeweils als Endpunkt einer durch den zuletzt bestimmten Punkt gehenden Sehne, deren konstante Länge s_1 nach (1155) berechnet werden kann, während zur Bezeichnung ihrer Richtung je ein Punkt ihrer rückwärtigen Verlängerung mittels der auf die vorhergehende Sehne und ihren Anfangspunkt bezogenen Ordinate

$$\eta = s_1 \cdot \mathrm{tg}\,\alpha \qquad (1156)$$

abgesteckt wird.

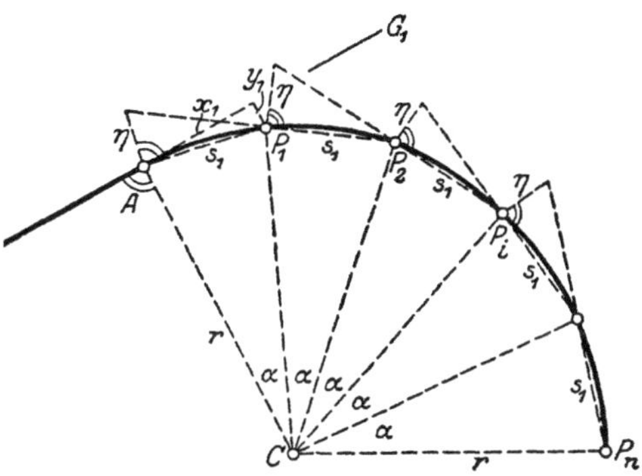

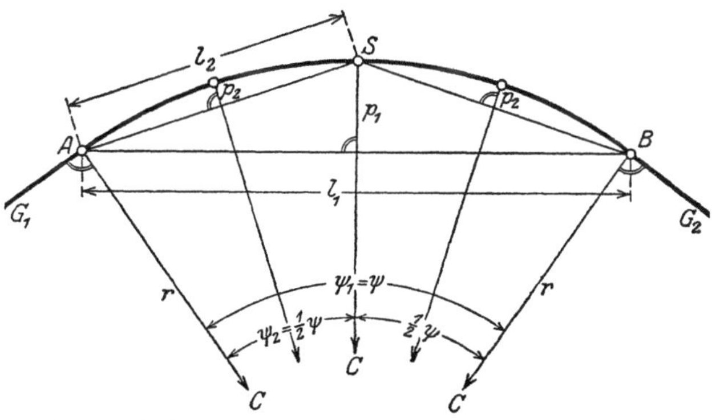

Abb. 444. Absteckung von Kreispunkten nach der Ausrückmethode.

k) Absteckung von Kreispunkten nach der Viertelsmethode.

Sind die beiden zuletzt besprochenen Absteckungsarten wegen ihrer ungünstigen Fehlerübertragung vom technischen Standpunkt aus als Näherungsmethoden zu bezeichnen, so trifft dies für die Viertelsmethode mehr vom mathematischen Standpunkt aus zu. Sie kann mit Vorteil nur auf Bögen mit kleinen Zentriwinkeln ψ (Abb. 445) angewendet werden und setzt voraus, daß in der Natur außer den Bogenendpunkten A, B auch noch der Kurvenscheitel S gegeben ist. Der Kreishalbmesser r hingegen braucht nicht bekannt zu sein. Bedeuten l_1, p_1 die Sehne und die Pfeilhöhe zum Zentriwinkel ψ_1 und l_2, p_2 die entsprechenden Werte zum Zentriwinkel ψ_2, so gelten für p die strengen Ausdrücke

Abb. 445. Absteckung von Kreispunkten nach der Viertelsmethode.

$$p_1 = \frac{l_1^2}{4\,(2r - p_1)} = 2r \cdot \sin^2 \tfrac{1}{4}\psi_1 , \qquad p_2 = \frac{l_2^2}{4\,(2r - p_2)} = 2r \cdot \sin^2 \tfrac{1}{4}\psi_2 , \qquad (1157)$$

aus welchen leicht die für kleinere Zentriwinkel hinreichend genauen Näherungsbeziehungen

$$p_1 \approx \frac{1}{8r} \cdot l_1^2 \approx \frac{1}{8} r \cdot \widehat{\psi}_1^2 , \qquad p_2 \approx \frac{1}{8r} \cdot l_2^2 \approx \frac{1}{8} r \cdot \widehat{\psi}_2^2 \qquad (1158)$$

hervorgehen. Daraus aber folgt unmittelbar die Proportion

$$p_1 : p_2 \approx l_1^2 : l_2^2 \approx \psi_1^2 : \psi_2^2 , \qquad (1159)$$

nach welcher sich die Pfeilhöhen näherungsweise wie die Quadrate der zugehörigen Sehnen oder der entsprechenden Zentriwinkel verhalten. Faßt man etwa den ganzen Bogen $A\,B$ und den halben Bogen $A\,S$ mit den Zentriwinkeln ψ und $\tfrac{1}{2}\psi$ ins Auge, so führt (1159) auf die besonders einfache Beziehung

$$p_1 :\cdot p_2 \approx 1 : \tfrac{1}{4} \quad \text{bzw.} \quad p_2 \approx \tfrac{1}{4}\,p_1, \tag{1160}$$

welche der Viertelsmethode unmittelbar zugrunde liegt und ihr den Namen gegeben hat. Hiernach erhält man die Scheitel der halben Bogen, indem man von den Mittelpunkten der zugehörigen Sehnen aus nach außen zu Ordinaten absetzt, deren Länge ein Viertel der zum ganzen Bogen gehörigen Pfeilhöhe ist. Geht man vom halben Bogen auf den Viertelsbogen usw., so wird der Kreisbogen bald durch eine genügende Zahl von gleich abständigen Punkten bezeichnet sein.

l) Absteckung der kubischen Parabel als Übergangskurve.

Bei der Verwendung einfacher Kreisbögen als Verbindungslinien geradliniger Schienenstränge findet in den Tangentenberührpunkten ein plötzlicher Krümmungswechsel statt. Dieser Umstand ist für das diese Punkte durcheilende Fahrzeug sehr mißlich, da es hier einer plötzlichen Änderung der Fliehkraft ausgesetzt ist. Bekanntlich kann man dieser Kraft, welche den Wagen in der Richtung der Normalen hinauszuwerfen sucht, einen durch eine entsprechende Überhöhung der äußeren Schiene erzielten Widerstand entgegensetzen. Nun soll wegen der Krümmung Null der Tangente im Berührpunkt noch keine Überhöhung vorhanden sein; andererseits soll dort aber wegen der endlichen Krümmung des anschließenden Kreisbogens schon eine Überhöhung stattfinden! Um diesem Zwiespalt zu entgehen, schaltet man zwischen die Gerade G_1 (Abb. 446) und den Kreisbogen K eine sog. Übergangskurve $\ddot{U}$ ein, welche in ihren Berührpunkten mit den Anschlußlinien gleiche Krümmung besitzt.

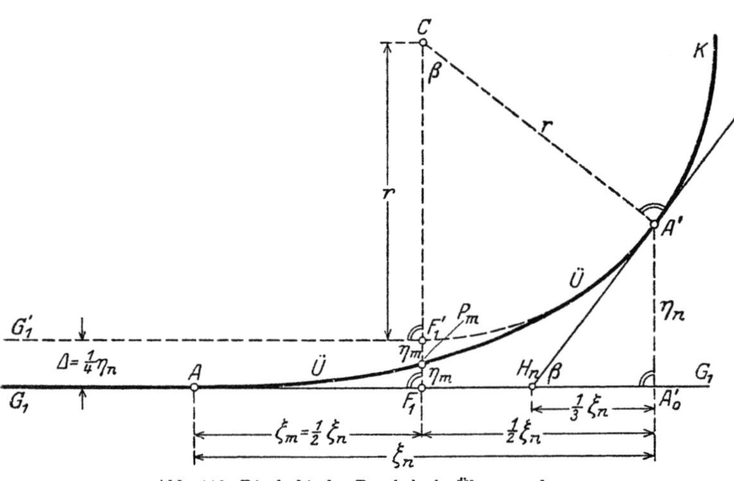

Abb. 446. Die kubische Parabel als Übergangskurve.

Ihr Krümmungshalbmesser ist daher im Tangentenberührpunkt A unendlich groß und nimmt von da an beständig ab, bis er im Berührpunkt A' mit dem Kreisbogen dessen Halbmesser r erreicht. Eine einfache, den gestellten Bedingungen genügende Kurve ist die kubische Parabel

$$\eta = \frac{\xi^3}{6\,q}, \tag{1161}$$

bezogen auf die Tangente G_1 und ihren Berührpunkt A als Anfangspunkt. Der im Nenner von (1161) enthaltene Festwert ist der Ausdruck

$$q = \frac{w \cdot v^2}{v \cdot g} = l \cdot r, \tag{1162}$$

hängt also von der Überhöhungszunahme v der äußeren Schiene pro Längeneinheit, der Spurweite w, der Fahrzeuggeschwindigkeit v und der Schwerebeschleunigung g ab. Er ist auch gleich dem Produkt $r \cdot l$ aus dem Kreisbogenhalbmesser r in die Länge l der

Übergangskurve. Bezeichnet h die dem Kreisbogen zukommende Schienenüberhöhung und ist ein bestimmtes v ($v = \frac{1}{200}$ bis $\frac{1}{300}$) gewählt, so ergibt sich

$$l = \frac{h}{v} \approx \xi_n. \qquad (1163)$$

Die Vertauschung von l mit der Endabszisse ξ_n ist wegen der sehr geringen Neigung der Übergangskurve gegen die Tangente G_1 praktisch zulässig.

Aus der Gleichung (1161) der Übergangskurve ergeben sich noch einige wichtige Beziehungen. Bedeuten ξ_m, η_m die Koordinaten desjenigen Kurvenpunktes P_m, dessen Ordinatenverlängerung den Kreismittelpunkt C enthält, so gilt

$$\xi_m = \tfrac{1}{2}\,\xi_n, \qquad \eta_m = \tfrac{1}{8}\,\eta_n. \qquad (1164)$$

Die Projektion F_1 von C auf G_1 halbiert also die Endabszisse $AA'_0 = \xi_n$. Ferner findet man die infolge Einschaltens der Übergangskurve Ü notwendige Verschiebung des Kreisbogens K nach innen zu

$$\varDelta = F_1 F'_1 = 2 \cdot \eta_m = \tfrac{1}{4}\,\eta_n. \qquad (1165)$$

Der Krümmungshalbmesser R in einem Punkte P mit der Abszisse ξ ist genähert jeweils

$$R \approx q : \xi = \frac{l}{\xi} \cdot r \qquad (1166)$$

und die zugehörige Subtangente

$$S_t = \tfrac{1}{3}\,\xi, \qquad (1167)$$

woraus für den Kurvenendpunkt A' der besondere Wert

$$S_{t_n} = H_n A'_0 = \tfrac{1}{3}\,\xi_n \qquad (1168)$$

hervorgeht. Von Bedeutung ist auch der durch die Beziehung

$$\sin \beta = \frac{\xi_n}{2r} \qquad (1169)$$

bestimmte Zentriwinkel β, welchen der nach dem Endpunkt A' der Übergangskurve führende Kreishalbmesser mit der Ordinatenrichtung einschließt.

Sind in einem praktisch einfachen Falle die den zu messenden Winkel φ einschließenden Haupttangenten G_1, G_2 (Abb. 447) in der Natur gegeben, und sollen sie durch einen Kreisbogen K zum Halbmesser r mit beiderseits anschließenden identischen Übergangskurven $Ü_1$, $Ü_2$ verbunden werden, so ergibt sich folgender Arbeitsgang:

1. Zunächst ist mittels (1163) die Länge l und nach (1162) der Festwert q der Übergangskurve bzw. die Endabszisse ξ_n abzuleiten.

2. Damit erhält man aus (1161) sogleich die Endordinate η_n und hieraus nach (1165) die Tangentenverschiebung $\varDelta$.

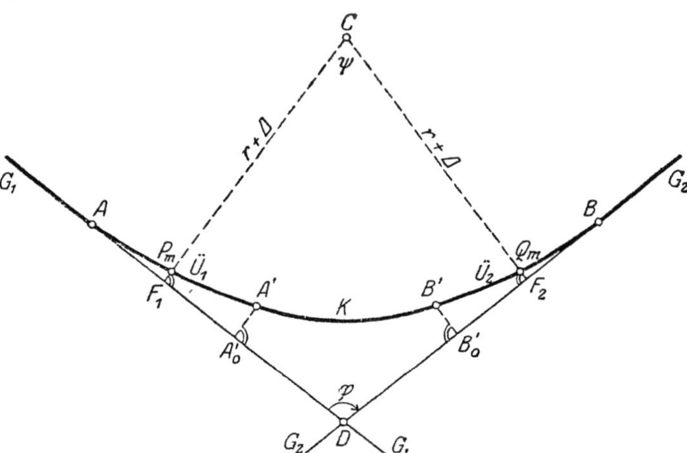

Abb. 447. Absteckung eines Kreisbogens mit beiderseits anschließenden Übergangskurven.

3. Zur Absteckung der Fußpunkte F_1, F_2 braucht man ihren Abstand T' vom Tangentenschnittpunkt D. Er ergibt sich als die Länge der statt mit r mit $r + \varDelta$ berechneten Haupttangante[1], nämlich

$$T' = (r + \varDelta)\,\operatorname{tg} \tfrac{1}{2}\,\psi. \qquad (1170)$$

---

[1] In Abb. 447 ist unter $r + \varDelta$ die Länge CF_1 zu verstehen.

4. Durch Abtragen der Länge $\tfrac{1}{2}\,\xi_n$ auf G_1 bzw. G_2 von F_1 bzw. F_2 aus nach beiden Seiten hin erhält man die Berührpunkte A, B der Übergangskurven $\ddot{U}_1$, $\ddot{U}_2$ mit den Haupttangenten G_1, G_2 und die Ordinatenfußpunkte A'_0, B'_0 der Berührpunkte A', B' von $\ddot{U}_1$ und $\ddot{U}_2$ mit dem dazwischenliegenden Kreisbogen K.

5. Die Berührpunkte A, A' bzw. B, B' und die durch Abtragen der Ordinate η_m in F_1 und F_2 gewonnenen Kurvenmittelpunkte P_m bzw. Q_m werden in vielen Fällen die Übergangskurve schon hinreichend genau bestimmen. Im Bedarfsfalle können weitere Kurvenpunkte leicht nach Gleichung (1161) abgesteckt werden.

6. Daran reiht sich die Absteckung der wie sonst berechneten, jedoch um $\tfrac{1}{2}\,\xi_n$ vergrößerten Kreisabszissen und der um $\varDelta$ vergrößerten Kreisordinaten von den Haupttangenten G_1, G_2 und ihren Berührpunkten A, B aus. Im übrigen kann der Kreisbogen nach einer beliebigen Methode abgesteckt werden, während die Absteckung der Übergangskurven stets durch rechtwinklige Koordinaten von der Tangente aus erfolgt[1].

m) Berechnung der Absteckungselemente eines dreifachen Korbbogens bei festliegenden Haupttangenten, Mundlochpunkten und vorgegebenen Halbmessern.

Um bei größeren Höhenunterschieden die zur Vermeidung unzulässiger Steigungen erforderliche Bahnlänge zu gewinnen, ist man oft genötigt, einen Kehrtunnel anzulegen, dessen Achse im Grundriß ein aus Kreisbögen mit gegebenen Halbmessern zusammengesetzter Korbbogen ist. In Abb. 448, welche den Grundriß eines dreiteiligen Korbbogens darstellt, ist die Berglinie G_1 mit der Tallinie G_2 durch die größtenteils im Berg verlaufenden Kreisbögen $A_1 B_1$, $B_1 B_2$, $B_2 A_2$ mit den Halbmessern r_1, r_3, r_2 verbunden. Gelten etwa die beiden Mundlochpunkte M_1, M_2, deren senkrechte Abstände y_1, y_2 von den ebenfalls gegebenen Haupttangenten G_1, G_2 zu messen sind, als festliegend und hat man für die Halbmesser r_1 und r_2 der an die Geraden anschließenden Bögen passende Werte gewählt, so kann man zunächst die Lage der Tangentenberührpunkte A_1, A_2 angeben, wenn ihre Abstände x_1, x_2 von den Ordinatenfußpunkten F_1, F_2 ermittelt werden. Für diese Längen ergeben sich nach dem Sekantensatz die Ausdrücke

$$x_1 = \sqrt{y_1\,(2\,r_1 - y_1)}, \qquad x_2 = \sqrt{y_2\,(2\,r_2 - y_2)}. \tag{1171}$$

[1] Nach RANKINE (siehe S. 406, Anm. 2), S. 743, hat zuerst WILLIAM FROUDE in den vierziger Jahren des vorigen Jahrhunderts die im vorhergehenden beschriebene kubische Parabel als Übergangskurve benutzt. Um ihre Einführung auf dem Kontinent hat sich nach SARRAZIN u. OBERBECK NÖRDLING, der Chefingenieur der französischen Orleanszentralbahnen, verdient gemacht. Hilfstabellen zur Absteckung von Übergangskurven durch rechtwinklige Koordinaten sind z. B. enthalten in dem auf S. 403, Anm. 2, genannten Taschenbuch von SARRAZIN u. OBERBECK, sowie in KARL HECHT: Hand- und Hilfsbuch zum Abstecken von Eisenbahn- u. Straßenkurven. Dresden 1893 (I. Teil Text, II. Teil Tabellen). Das älteste Hilfswerk dieser Art ist wohl HELMERT: Die Übergangskurven für Eisenbahngleise mit Tafeln. Aachen 1872. GRAVATT hat nach RANKINE (siehe S. 383, Anm. 2), S. 743, schon 1828 oder 1829 die einen sehr allmählichen Krümmungswechsel ermöglichende Sinuskurve zur Verbindung zweier Geraden verwendet u. sie von der Berührpunktsehne aus durch rechtwinklige Koordinaten abgesteckt. Er kam so mit einer einzigen Kurve aus, wo bei dem heute üblichen Verfahren drei gesonderte Kurvenzweige, nämlich zwei kubische Parabeln als Übergangskurven und der dazwischenliegende Kreisbogen abzustecken sind. Neuerdings hat HECHT in seinem vorgenannten Werke vorgeschlagen, irgendeinen Kegelschnitt statt des Kreisbogens samt den Übergangskurven als Bahnkurve zu wählen. Die Absteckung solcher zu den Tangenten symmetrischen Kegelschnittsbahnkurven erfolgt zweckmäßig durch rechtwinklige Koordinaten mit gleichmäßig zunehmenden Abszissen. HECHT hat hiernach eine größere Zahl von Hilfstabellen berechnet. Die Anwendung und Absteckung der gemeinen Parabel von der Achse aus als Bahnkurve ist schon behandelt in FRIEDR. PROSS: Lehrbuch der praktischen Geometrie. Stuttgart 1838.

Den heutigen, beträchtlich gesteigerten fahrtechnischen u. fahrpsychologischen Anforderungen sucht man beim Bau von Autostraßen durch häufigere Anwendung der Klothoide gerecht zu werden. Die vom Berührpunkt bis zum laufenden Punkt einer Klothoide gezählte Bogenlänge ist zur Kurvenkrümmung im laufenden Punkt in Strenge proportional. Bei der kubischen Parabel trifft diese Eigenschaft nur in guter Annäherung zu. Näheres über die Klothoide siehe bei a) KASPER: Der Übergangsbogen beim Bau der Reichsautobahnen, Allg. Vermess.-Nachr. 1942, S. 169—186; b) SCHÜRBA, W.: Klothoiden-Abstecktafeln. Berlin 1942.

Die Endpunkte der in A_1, A_2 senkrecht zu G_1, G_2 gezogenen Halbmesser r_1, r_2 bezeichnen im Plan die Mittelpunkte C_1, C_2 der Bogen $A_1 B_1$ und $A_2 B_2$. Um diese durch einen sie berührenden Bogen mit dem Halbmesser r_3 zu verbinden, muß man für den durch die Abbildung veranschaulichten Fall r_3 jedenfalls größer als r_1 und r_2 annehmen. Hat man einen derartigen Wert gewählt, so ergeben sich in den Differenzen

$$\Delta r_1 = r_3 - r_1, \qquad \Delta r_2 = r_3 - r_2, \tag{1172}$$

deren Summe zudem größer sein muß als die Entfernung $C_1 C_2$, die Abstände des Mittelpunktes C_3 des dritten Bogens von den schon vorliegenden Mittelpunkten C_1 und C_2.

Punkt C_3 kann also durch Einkreuzen mit den Entfernungen Δr_1, Δr_2 von C_1 und C_2 aus leicht zeichnerisch angegeben werden, während die Berührpunkte B_1, B_2 durch die Verlängerungen $C_3 C_1$ und $C_3 C_2$ auf den beiden äußeren Anschlußbögen ausgeschnitten werden. Somit läßt sich jetzt aus dem Mittelpunkt C_3 mit dem Halbmesser r_3 zwischen B_1 und B_2 auch der dritte Kreisbogen zeichnen.

Zur Übertragung des Korbbogens in die Natur kann man jeden seiner Teile etwa durch ein regelmäßiges, einbeschriebenes Polygon oder auch in anderer Weise abstecken. Auf jeden Fall braucht man außer den schon bestimmten Halbmessern r_1,

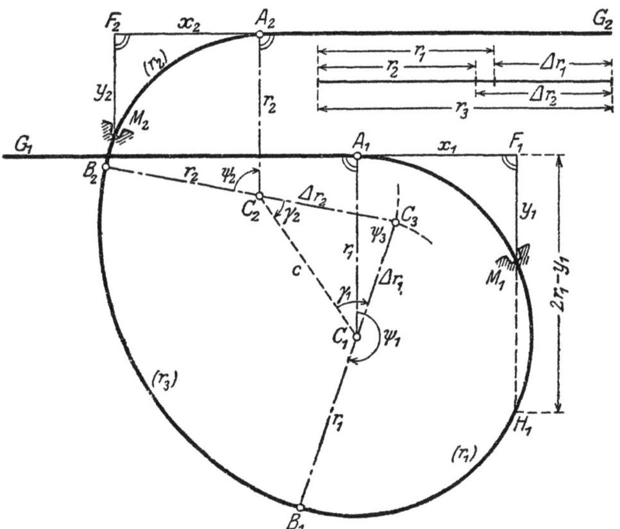

Abb. 448. Berechnung der Absteckungselemente eines dreiteiligen Korbbogens.

r_2, r_3 auch die den zugehörigen Bögen entsprechenden Zentriwinkel ψ_1, ψ_2, ψ_3, für deren Ermittlung die gegenseitige Lage sowohl der Berührpunkte A_1, A_2 wie auch der Anschlußtangenten G_1, G_2 bekannt sein muß. Am einfachsten liegen die Verhältnisse, wenn es möglich ist, die Winkel und eine Seite desjenigen Dreiecks zu messen, welches durch die Berührpunkte A_1, A_2 und den Schnittpunkt der Tangenten G_1, G_2 gebildet wird. Vielfach aber sind diese Unterlagen nur durch eine größere Triangulierung zu erlangen. Hat man auf diesem Wege die rechtwinkligen Koordinaten von A_1, A_2 und die Richtungswinkel $(A_1 F_1), (A_2 F_2)$ der Tangenten G_1, G_2 gefunden, so ist der weitere Arbeitsgang folgender:

1. Aus den Richtungswinkeln

$$(A_1 C_1) = (A_1 F_1) + 90^0, \qquad (A_2 C_2) = (A_2 F_2) - 90^0 \tag{1173}$$

der Strecken $A_1 C_1 = r_1$, $A_2 C_2 = r_2$ folgen die rechtwinkligen Koordinaten

$$\left. \begin{aligned} x_{C_1} &= x_{A_1} + r_1 \cdot \cos (A_1 C_1), & x_{C_2} &= x_{A_2} + r_2 \cdot \cos (A_2 C_2), \\ y_{C_1} &= y_{A_1} + r_1 \cdot \sin (A_1 C_1), & y_{C_2} &= y_{A_2} + r_2 \cdot \sin (A_2 C_2) \end{aligned} \right\} \tag{1174}$$

ihrer Endpunkte, der Kreismittelpunkte C_1, C_2.

2. Deren Verbindungsstrecke $C_1 C_2 = c$ erhält man aus den oben berechneten rechtwinkligen Koordinaten mittels der Formeln

$$(C_1 C_2) = \operatorname{arc\,tg} \frac{y_{C_2} - y_{C_1}}{x_{C_2} - x_{C_1}}, \qquad c = \frac{x_{C_2} - x_{C_1}}{\cos (C_1 C_2)} = \frac{y_{C_2} - y_{C_1}}{\sin (C_1 C_2)} \tag{1175}$$

nach Richtung und Länge.

3. Die Innenwinkel γ_1, γ_2, ψ_3 des seinen Seiten c, Δr_1, Δr_2 nach bekannten Dreiecks $C_1C_2C_3$ ergeben sich nach dem Halbwinkelsatz aus den Formeln

$$\operatorname{tg} \tfrac{1}{2}\gamma_1 = \sqrt{\frac{(s-c)(s-\Delta r_1)}{s(s-\Delta r_2)}}, \qquad \operatorname{tg} \tfrac{1}{2}\gamma_2 = \sqrt{\frac{(s-c)(s-\Delta r_2)}{s(s-\Delta r_1)}},$$

$$\operatorname{tg} \tfrac{1}{2}\psi_3 = \sqrt{\frac{(s-\Delta r_1)(s-\Delta r_2)}{s(s-c)}}, \tag{1176}$$

wenn

$$s = \tfrac{1}{2}(c + \Delta r_1 + \Delta r_2) \tag{1177}$$

den halben Dreiecksumfang bedeutet. Die Bedingung

$$\gamma_1 + \gamma_2 + \psi_3 = 180^0 \tag{1178}$$

bietet eine erwünschte Rechenprobe.

4. Nunmehr erhält man die Richtungswinkel der nach den Berührpunkten B_1, B_2 führenden Halbmesser, nämlich

$$\left.\begin{aligned} (C_1 B_1) &= (C_3 B_1) = (C_1 C_2) + \gamma_1 + 180^0, \\ (C_2 B_2) &= (C_3 B_2) = (C_1 C_2) - \gamma_2. \end{aligned}\right\} \tag{1179}$$

Sie werden durch die Beziehung

$$\psi_3 = (C_3 B_2) - (C_3 B_1) \tag{1180}$$

verprobt.

5. Die noch fehlenden Zentriwinkel ψ_1, ψ_2 der Bogen $A_1 B_1$ und $A_2 B_2$ ergeben sich als die Unterschiede der aus den Bogenmittelpunkten nach den zugehörigen Bogenendpunkten führenden Richtungen. Es ist

$$\psi_1 = (C_1 B_1) - (C_1 A_1), \qquad \psi_2 = (C_2 A_2) - (C_2 B_2). \tag{1181}$$

Damit hat man alles, was man braucht, um von A_1 und A_2 aus die Absteckung der Bögen in Angriff zu nehmen[1].

n) Absteckung eines dreiteiligen Korbbogens mit Übergangskurven an den beiden Außenbögen.

Sind die an die Haupttangenten G_1, G_2 (Abb. 449) anschließenden Kreisbögen $A_1 B_1$, $A_2 B_2$ mit den Halbmessern r_1, r_2 stark gekrümmt, so wird es notwendig, zwischen die Haupttangenten und die genannten Bögen je eine Übergangskurve $\ddot{U}_1$ bzw. $\ddot{U}_2$ (in der Abbildung zur Vermeidung einer Überladung nicht enthalten) einzuschalten. Dabei werden sich, nachdem mittels (1162) und (1163) die Festwerte q_1, q_2 und die Längen l_1, l_2 der Übergangskurven gefunden sind, für die Kreistangenten nach (1165) die Verschiebungen Δ_1 und Δ_2 ergeben, welche eine Versetzung des Tangentenschnittpunktes D nach D' um den vorerst unbekannten Betrag p und eine ebenso große und gleichgerichtete Verschiebung des ganzen Korbbogens nach innen zur Folge haben. Ist φ der bekannte, wie bisher ermittelte Tangentenschnittwinkel, welcher durch $D D'$ in die

---

[1] Der Kehrtunnel spielt besonders bei Gebirgsbahnen eine große Rolle. Angaben über wirklich ausgeführte Kehrtunnelabsteckungen in den Alpen und die dabei erzielte Genauigkeit sind z. B. enthalten in a) KOPPE, C.: Über die Bestimmung der Absteckungselemente für die sieben Kehrtunnels der Gotthardbahn, die Eisenbahn (Schweiz. Z. Bau- u. Verkehrswes.) Bd. 13 (1880), S. 34 bis 37 u. 40—43 (enthält die Berechnungen für den Pfaffensprung- und den Travitunnel sowie Übersichten der anderen Tunnels); b) GRAF, W.: Die neuen Linien der rhätischen Bahn. Einiges über Tunnelabsteckungen auf der Albulabahn. Schweiz. Bauztg. Bd. 40 (1902), S. 284—290 (die dort für mehrere Kehrtunnels angegebenen Durchschlagsfehler in Länge, Richtung u. Höhe betragen jeweils nur wenige cm).
„Über mehrteilige Korbbögen mit gewissen Minimumseigenschaften" siehe FEYER, E., in Z. Vermess.-Wes. 1928, S. 1—14 u. 33—46.

Teile μ, ν zerlegt wird, so ergeben sich zu deren Bestimmung und zur Ermittlung von p die Gleichungen

$$\tfrac{1}{2}(\mu + \nu) = \tfrac{1}{2}\varphi = \gamma_1 , \qquad (1182)$$

$$\frac{\sin \mu}{\sin \nu} = \frac{\varDelta_1}{\varDelta_2} = \operatorname{ctg} \lambda , \qquad (1183)$$

$$\operatorname{tg} \tfrac{1}{2}(\mu - \nu) = \operatorname{tg} \gamma_2 = \operatorname{ctg}(45^0 + \lambda)\,\operatorname{tg}\gamma_1 , \qquad (1184)$$

$$\tfrac{1}{2}(\mu - \nu) = \gamma_2 , \qquad (1185)$$

$$\mu = \gamma_1 + \gamma_2 , \qquad \nu = \gamma_1 - \gamma_2 , \qquad (1186)$$

$$p = \frac{\varDelta_1}{\sin \mu} = \frac{\varDelta_2}{\sin \nu} . \qquad (1187)$$

Die Beziehung (1182) folgt unmittelbar aus dem Anblick der Figur. Dasselbe gilt für (1183), wenn man sich nur noch in der Abbildung von D' aus die Senkrechten $\varDelta_1$ und $\varDelta_2$ zu G_1 und G_2 gezogen denkt. Gleichung (1184) aber entsteht aus (1183) nach Einführung eines Hilfswinkels λ in der gleichen Weise wie die bei der trigonometrischen Behandlung des Rückwärtseinschneidens auf S. 147 aufgestellte Beziehung (403) aus (401) hervorging.

Bei bekanntem μ, ν, p erhält man nunmehr die zur Absteckung der beiden Übergangskurven notwendigen Punkte F_1, F_2 sowie die Punkte F_1', F_2' von A_1 und A_2 aus mittels der rechtwinkligen Koordinaten

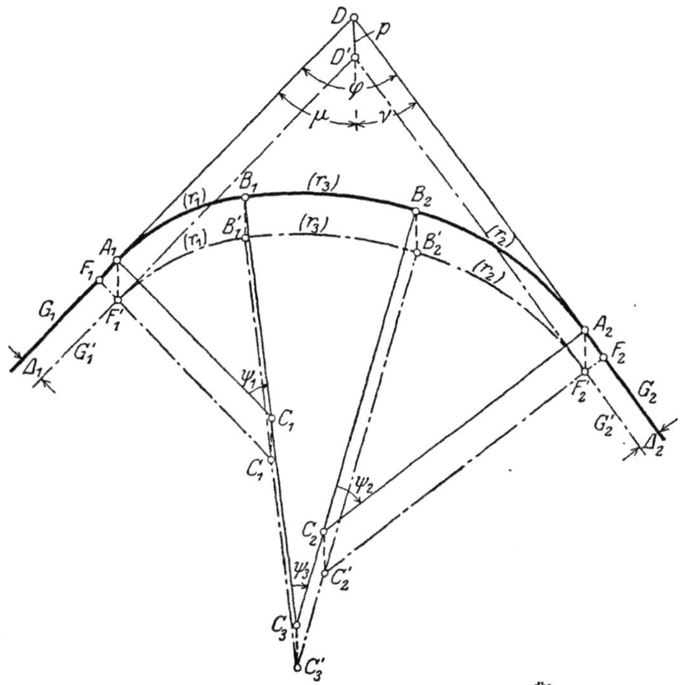

Abb. 449. Absteckung eines dreiteiligen Korbbogens mit Übergangskurven an den beiden Außenbögen.

$$A_1 F_1 = p \cdot \cos \mu, \qquad A_2 F_2 = p \cdot \cos \nu, \qquad F_1 F_1' = \varDelta_1, \qquad F_2 F_2' = \varDelta_2 . \qquad (1188)$$

Mit diesen Unterlagen läßt sich in der früher (S. 410) angegebenen Weise jeder der beiden Übergangsbögen $\ddot{U}_1$, $\ddot{U}_2$ abstecken.

In der Absteckung der Kreisbögen selbst tritt – abgesehen von ihrer Parallelverschiebung – gegen früher keine Änderung ein.

55. Kurvenabsteckung nach dem Winkelbildverfahren.

Die Absteckung neuer Bahnlinien – zum mindesten die erste Absteckung – erfolgt stets nach den bisher besprochenen trigonometrischen Methoden. Dadurch werden auch die Kurven, als Ganzes betrachtet, jeweils am sichersten festgelegt. Infolge der stets zunehmenden Fahrgeschwindigkeit war man nun seit Jahrzehnten darauf bedacht, auch die letzten Spuren von Krümmungsfehlern zu beseitigen, wofür sich das auch nach Nalenz-Höfer benannte Winkelbildverfahren besonders zu eignen scheint.

Dieses neuere Verfahren wird daher vorwiegend bei schon vorhandenen Gleisen zur Verbesserung einer Gleislage und allenfalls auch bei neuen Linien zur endgültigen Festlegung der Gleise verwendet.

a) Allgemeine Verhältnisse im Grundriß.

In Abb. 450 bedeutet L eine Standlinie von bekannter Lage und Krümmung und B den mit einer vorgeschriebenen Krümmung abzusteckenden Neubogen. Die

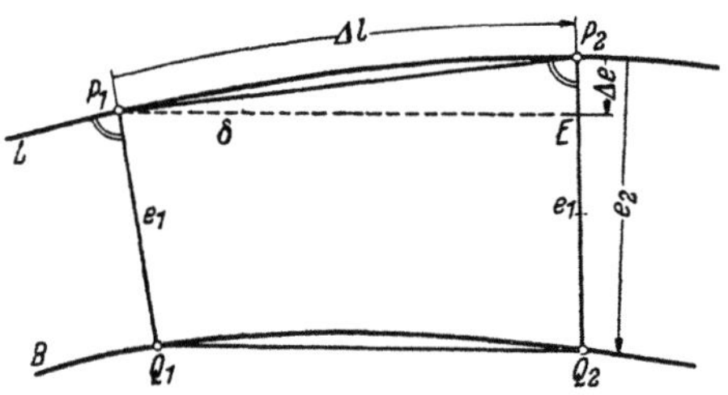

Abb. 450. Standlinie L und abzusteckender Bogen B.

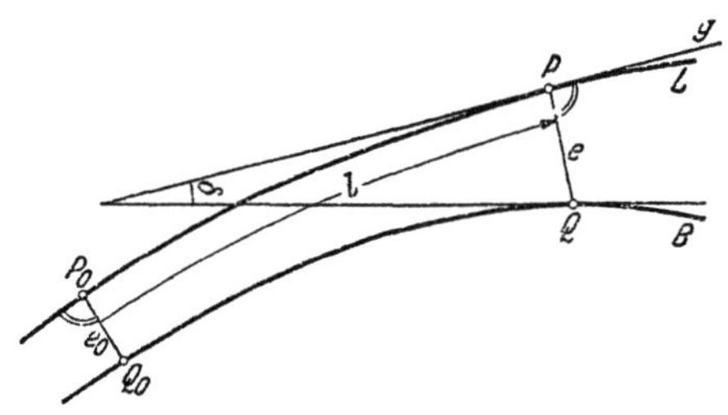

Abb. 451. Abstandszuwachs.

Normalen der benachbarten, um Δl voneinander abstehenden Standlinienpunkte P_1, P_2 bezeichnen in den Entfernungen e_1, e_2 auf dem Bogen B die Schnittpunkte Q_1, Q_2. Eine Parallele P_1E zu Q_1Q_2 schließt mit der Sehne P_1P_2 einen Winkel δ ein[1]. Ist dieser Winkel klein genug, so ergibt sich für den Abstandszuwachs Δe benachbarter Punkte der sehr gute Näherungsausdruck

$$\left.\begin{array}{l} \Delta e = e_2 - e_1 \\ \approx \Delta l \cdot \operatorname{tg} \delta \approx \Delta l \cdot \delta. \end{array}\right\} \quad (1189)$$

Besitzen die Ausgangspunkte P_0, Q_0 den Abstand e_0, so entspricht den laufenden Punkten P, Q der Abstand

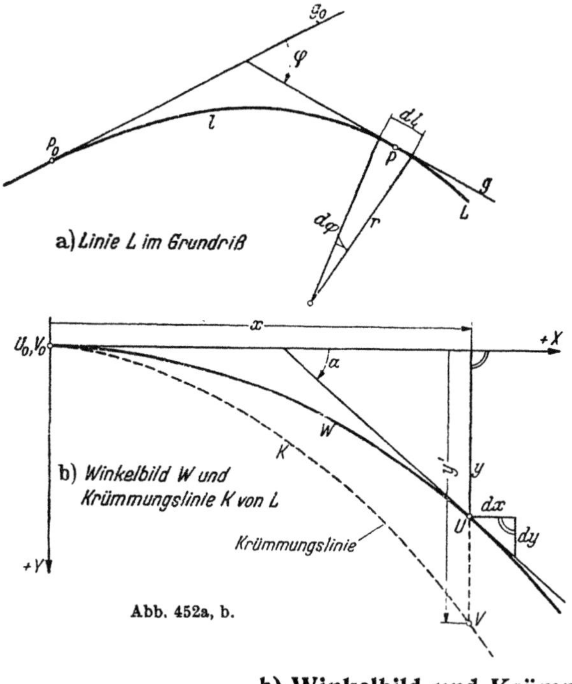

$$\left.\begin{array}{l} e = e_0 + \Sigma \Delta e \\ \approx e_0 + \Sigma \Delta l \cdot \delta. \end{array}\right\} \quad (1190)$$

Beim Übergang zur Grenze folgt aus (1189) und (1190) das Gleichungspaar

$$de \approx \delta \cdot dl \dots \dots \quad (1191),$$

$$e = e_0 + \int_{P_0}^{P} de \approx e_0 + \int_{P_0}^{P} \delta \cdot dl. \quad (1192)$$

Hierin ist der Tangentenwinkel δ als Funktion der von einem bestimmten Anfangspunkt P_0 an gezählten Bogenlänge l zu betrachten.

a) *Linie L im Grundriß*

b) *Winkelbild W und Krümmungslinie K von L*

Krümmungslinie

Abb. 452a, b.

b) Winkelbild und Krümmungslinie.

Um das Winkelbild W irgendeiner Linie L durch rechtwinklige Koordinaten x, y darzustellen (Abb. 452a, b), setzen wir diese proportional zu den Bogenlängen l bzw. zu den Richtungsänderungen φ. Dann ist durch

$$x = c_1 \cdot l \dots \dots \quad (1193) \qquad \text{und} \qquad y = c_2 \cdot \varphi. \quad (1194)$$

---

[1] δ und andere hier noch auftretende Winkel sind im Bogenmaß zu verstehen.

der dem Linienpunkt P entsprechende Winkelbildpunkt U bestimmt. Zweckmäßig nimmt man die unbenannte Zahl c_1 zwischen $\frac{1}{500}$ und $\frac{1}{1000}$ und die Länge c_2 zwischen 50 cm und 100 cm. Aus (1193), (1194) folgen die Differentiale

$$dx = c_1 \cdot dl \dots \dots \quad (1195) \qquad \text{und} \qquad dy = c_2 \cdot d\varphi. \quad (1196)$$

Zwischen dem Krümmungshalbmesser r im laufenden Kurvenpunkt P und dem Winkelbild im entsprechenden Punkt U besteht ein einfacher Zusammenhang. Nach der Figur ist die Krümmung in P

$$\frac{1}{r} = \frac{d\varphi}{dl} = \frac{c_1}{c_2} \cdot \frac{dy}{dx} = \frac{c_1}{c_2} \cdot y' = \frac{c_1}{c_2} \cdot \operatorname{tg}\alpha = \frac{1}{c_3} \cdot y'. \quad (1197)$$

Hierin ist $c_3 = c_2 : c_1$, und $y' = \operatorname{tg}\alpha$ bedeutet die übliche Abkürzung für $dy : dx$, während α die Neigung der in U gezogenen Tangente gegen die Abszissenachse angibt. Aus der letzten Gleichung folgt die Beziehung

$$y' = \frac{dy}{dx} = \frac{c_3}{r}, \quad (1198)$$

deren Integration die Gleichung des Winkelbildes

$$y = \int y' \cdot dx = c_3 \cdot \int \frac{dx}{r} \quad (1199)$$

ergibt.

Trägt man die Ableitungen $y' = c_3 : r$ als Ordinaten zu den unveränderten Abszissen x des Winkelbildes auf, so erscheint die Krümmungslinie K (laufender Punkt V), deren Ordinaten den Krümmungen $1 : r$ proportional sind. Nach Gl. (1199) ist das Winkelbild W des Originals L die Integrallinie des Krümmungsbildes.

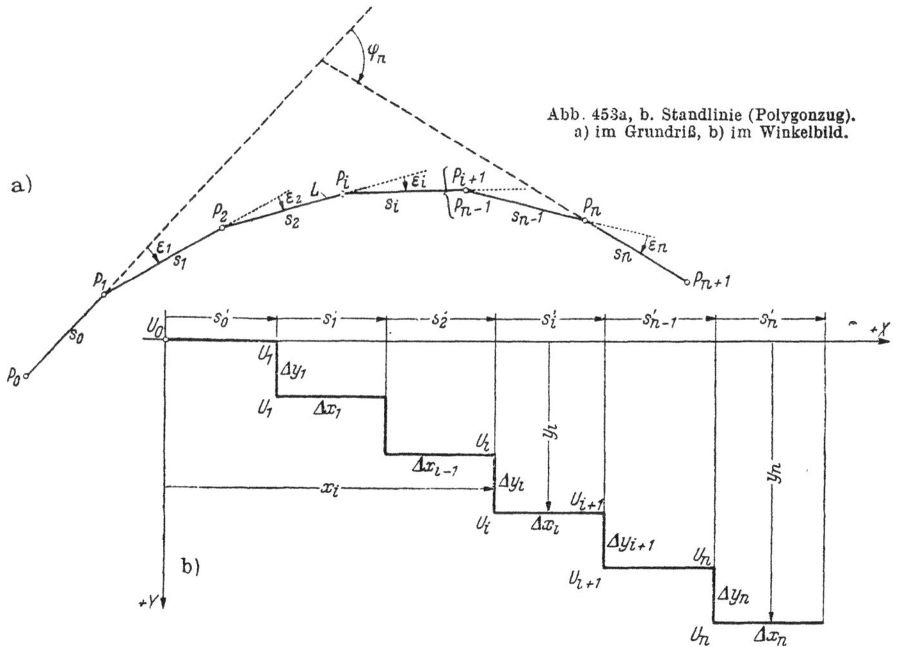

Abb. 453a, b. Standlinie (Polygonzug).
a) im Grundriß, b) im Winkelbild.

c) Winkelbild eines Polygonzuges.

Der Polygonzug L sei durch seine Seiten $s_0, s_1, \dots s_n$ (Abb. 453a, b) und die Zuwächse $\varepsilon_1, \varepsilon_2, \dots \varepsilon_n$ der Seitenrichtungen φ festgelegt. Irgendeiner Polygonseite s_i entspricht im Winkelbild nach (1193) der Abszissenunterschied $\Delta x_i = c_1 \cdot s_i = s_i'$. Für alle Punkte innerhalb einer Polygonseite s_i bleibt die Richtung φ_i unverändert; in diesem Bereich ist die Richtungsänderung Null und das s_i entsprechende Winkelbild s_i' muß daher zur Abszissenachse parallel liegen. Beim Übergang auf die nächste

Seite s_{i+1} findet im gemeinsamen Seitenendpunkt P_{i+1} ein plötzlicher Richtungssprung ε_{i+1} statt, welchem nach (1194) im Winkelbild der Ordinatenzuwachs $\varDelta y_{i+1} = c_2 \cdot \varepsilon_{i+1}$ entspricht. Der Polygonzug besitzt daher ein treppenförmiges Winkelbild. Den Polygonseiten s_i entsprechen die Auftritte s_i' und den Seiten-

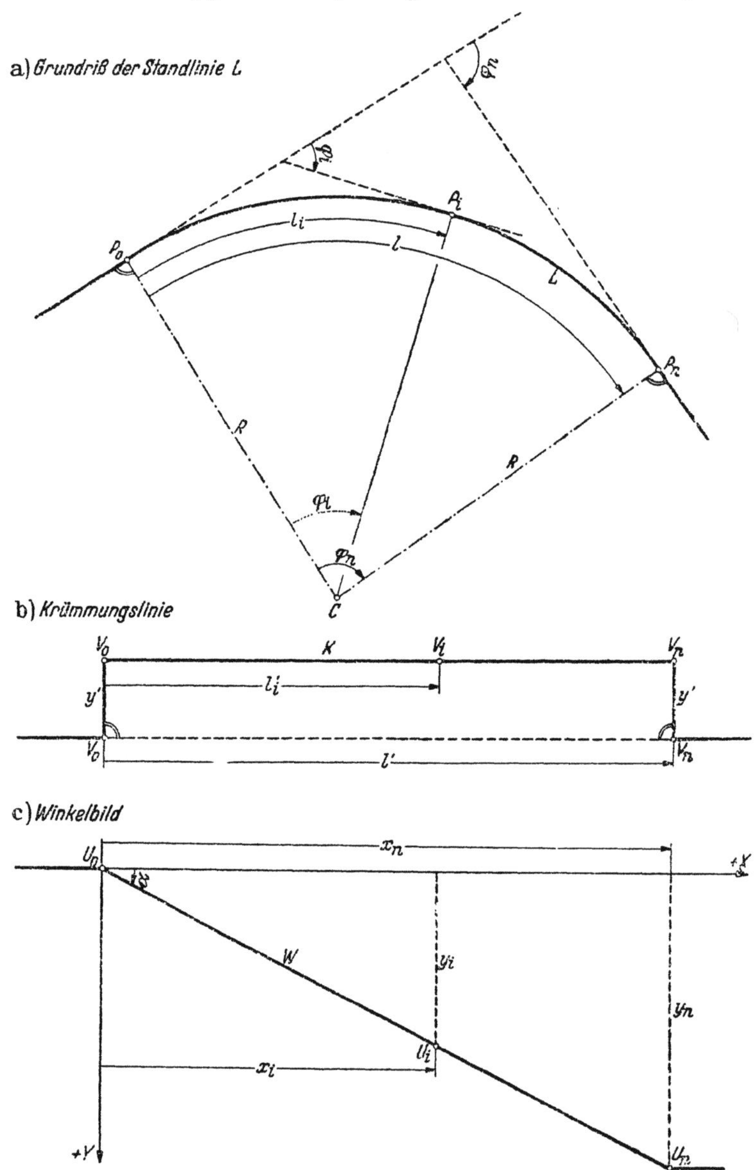

Abb. 454a, b, c. Kreisbogen, Krümmungslinie und Winkelbild.

drehungen ε_i die Steigungen $\varDelta y_i$. An beiden Enden jeder Steigung $\varDelta y_i$ liegt je ein P_i entsprechender Bildpunkt U_i; der obere entspricht dem Endpunkt der Seite s_{i-1}, der untere dem Anfangspunkt von s_i. Die Ausdrücke

$$x_i = \sum_{e=0}^{i-1} s_e' = c_1 \sum_{0}^{i-1} s_e, \qquad y_i = \sum_{e=0}^{i-1} \varDelta y_e = c_2 \sum_{0}^{i-1} \varepsilon_e \qquad (1200)$$

sind also die Winkelbildkoordinaten des Polygonpunktes P_i, wobei dieser für y_i als Anfangspunkt von s_i aufzufassen ist.

d) Winkelbild und Krümmungsbild eines Kreisbogens.

Für diese Linie L ist der Krümmungshalbmesser konstant, nämlich gleich dem Kreishalbmesser R. Das Krümmungsbild K ist daher eine Parallele zur Abszissenachse (Abb. 454) im Abstand

$$y' = c_3 : R. \tag{1201}$$

Auch das Winkelbild W muß eine Gerade sein; aber eine geneigte, weil die Richtungszuwächse φ_i der Kreistangenten gleichmäßig mit den Bogenlängen l_i fortschreiten. Nach (1199) besitzt der Winkelbildpunkt U_i die Ordinate

$$y_i = \frac{c_3}{R} \int dx = \frac{c_3}{R} \cdot x_i. \tag{1202}$$

Aus dieser Gleichung des Winkelbildes W eines Kreisbogens ergibt sich mittels

$$\operatorname{tg} \alpha = y' = c_3 : R \tag{1203}$$

die Neigung α von W gegen die Abszissenachse.

e) Winkelbild und Krümmungslinie des Übergangsbogens mit linear veränderlicher Krümmung.

Hier ist die Krümmungslinie K (Abb. 455) eine gegen die Abszissenachse geneigte Gerade, welche das Anwachsen der Krümmung von $1 : r = y' : c_3 = 0$ im Übergangsanfang $\ddot{U}.A$ bis auf $1 : R = y'_n : c_3$ im Übergangsende $\ddot{U}.E$ veranschaulicht. R bezeichnet den Halbmesser des anschließenden Kreisbogens. Ist $l_{\ddot{u}}$ die Länge der Übergangskurve, so wird

$$x_n = l'_{\ddot{u}} = c_1 \cdot l_{\ddot{u}} \dots \tag{1204}$$

die Endpunktsabszisse im Krümmungs- und im Winkelbild.

Nach (1198) und den ähnlichen Dreiecken der Figur folgt die Gleichung der Krümmungslinie

$$y' = \frac{c_3}{r} = \frac{x}{l'_{\ddot{u}}} \cdot y'_n = \frac{c_3}{l'_{\ddot{u}} \cdot R} \cdot x \tag{1205}$$

und nach (1199) diejenige des Winkelbildes

$$y = \int y' \cdot dx = \frac{c_3}{l'_{\ddot{u}} \cdot R} \int x \, dx \atop = \frac{c_3}{2 l'_{\ddot{u}} R} \cdot x^2. \tag{1206}$$

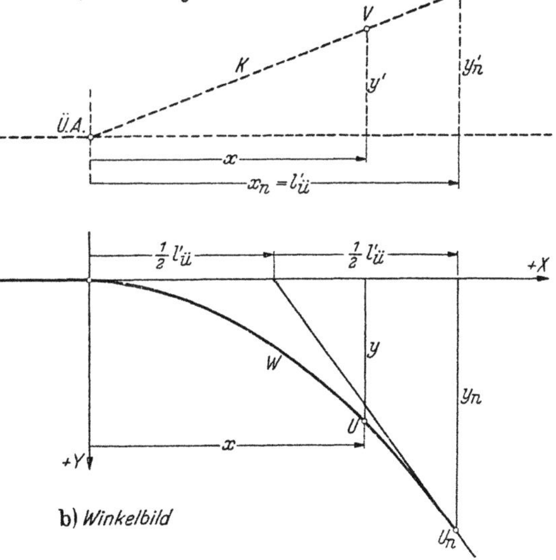

Abb. 455. Krümmungslinie und Winkelbild des Übergangsbogens.

Das Winkelbild des Übergangsbogens mit linear anwachsender Krümmung ist also eine quadratische Parabel $x^2 = 2 p \cdot y$ mit dem Halbparameter $p = l'_{\ddot{u}} R : c_3$. Unter Beachtung von (1204) ergibt sich aus (1206) für den Endpunkt des Winkelbildes die Ordinate

$$y_n = \frac{c_3}{2 R} \cdot l'_{\ddot{u}}. \tag{1207}$$

Die Abszisse eines Tangentenberührpunktes wird durch seine Tangente halbiert.

f) Das Aufnehmen der Standlinie nach Nalenz und Herstellung ihres Winkelbildes.

Die Einheit der auf der Standlinie L (Abb. 456) zu bezeichnenden gleichmäßigen Bogenteilung sei Δl (etwa 10 m). Es ist zweckmäßig, diese Teilung von der Kurve aus beiderseits etwa 50 m in die Gerade hineinzuführen. Die auf einer Schienenkante aufgebrachten Teilstriche bestimmen ein dem Schienenzug einbeschriebenes Sehnenpolygon, dessen bekannte Seiten gleich der Bogeneinheit sind, während

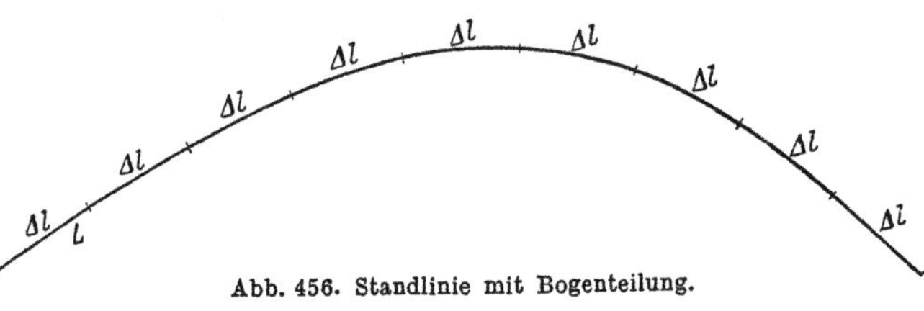

Abb. 456. Standlinie mit Bogenteilung.

sich die zugehörigen Richtungsänderungen ε_i aufeinanderfolgender Polygonseiten aus den mit Hilfe eines besonderen Pfeilhöhenmessers leicht und scharf zu ermittelnden Pfeilhöhen h_i ergeben (Abb. 457). Mit den Bezeichnungen der Figur ist im allgemeinen Fall

$$\varepsilon_i = \varepsilon_i' + \varepsilon_i'' \approx \frac{h_i}{s_{i-1}} + \frac{h_i}{s_i}. \tag{1208}$$

Diese Näherung ist für kleine Winkel bzw. kleine h_i, wie sie in praktischen Fällen auftreten, wenn das Winkelbildverfahren am Platz ist, ziemlich scharf. Für eine einheitliche Bogenteilung wird $s_{i-1} = s_i = \Delta l$, und es folgt

$$\varepsilon_i = 2\,\frac{h_i}{\Delta l}. \tag{1209}$$

Abb. 457. Richtungszuwachs und Pfeilhöhe.

Bei gleichmäßiger Bogenteilung ist der Winkel φ_i, welchen $s_i = \Delta l_i$ mit der Ausgangsseite $s_0 = \Delta l_0$ einschließt,

$$\varphi_i = \sum_{1}^{i} \varepsilon_e = \frac{2}{\Delta l} \sum_{1}^{i} h_e. \tag{1210}$$

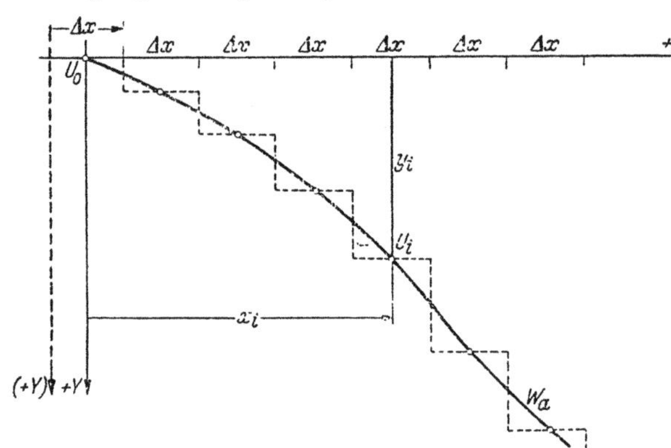

Die Abszissen einander entsprechender Punkte U_i, V_i des Winkelbildes und der Krümmungslinie werden

$$x_i = c_1 \cdot l_i = c_1\,(i \cdot \Delta l) = l_i'' \tag{1211}$$

und die Ordinaten des Winkelbildes sind

$$y_i = c_2 \cdot \varphi_i = \frac{2\,c_2}{\Delta l} \sum_{1}^{i} h_e = c_4 \cdot \sum_{1}^{i} h_e, \tag{1212}$$

Abb. 458. Winkelbild eines Gleisbogens.

wenn $2\,c_2 : \Delta l = c_4$ gesetzt wird.

Die beiden letzten Gleichungen ermöglichen jetzt den Auftrag des Winkelbildes durch rechtwinklige Koordinaten. In dem entstandenen Treppenzug (Abb. 458) kann man die Mittelpunkte der gleich breiten Auftritte verbinden und diesen ausgleichenden Linienzug W_a als das Winkelbild des als Standlinie L dienenden Gleises betrachten. Natürlich muß dann auch die Ordinatenachse um die halbe Auftrittbreite nach rechts verschoben werden.

Zu diesem ausgleichenden Linienzug W_a besteht auch ein ganz im Endlichen liegendes Krümmungsbild, während bei der treppenförmigen Darstellung den Auftritten (Polygonseiten) im Krümmungsbild die Ordinaten Null und den Steigungen (Brechungspunkte des Zuges) unendlich große Ordinaten entsprechen.

g) Winkelbilder der Standlinie und des neu abzusteckenden Bogens. Summenlinie und Absteckungsmaße für den Neubogen.

Ist nach den Ausführungen unter f) die Bildlinie W_L (Abb. 459) der geeignet gewählten Standlinie L mittels der Koordinaten x_i, y_i aufgetragen, so ist noch das Winkelbild W_B des Neubogens (Entwurf) zu ermitteln, dessen laufender Punkt im System X, Y die Koordinaten ξ, η besitzen soll. Zum laufenden Punkt seines Krümmungsbildes, das nach den jeweils vorliegenden Bedürfnissen gezeichnet wird und als bekannt zu betrachten ist, gehören die Koordinaten ξ, η'. Dann sind nach (1199) die Koordinaten des zugehörigen Winkelbildpunktes

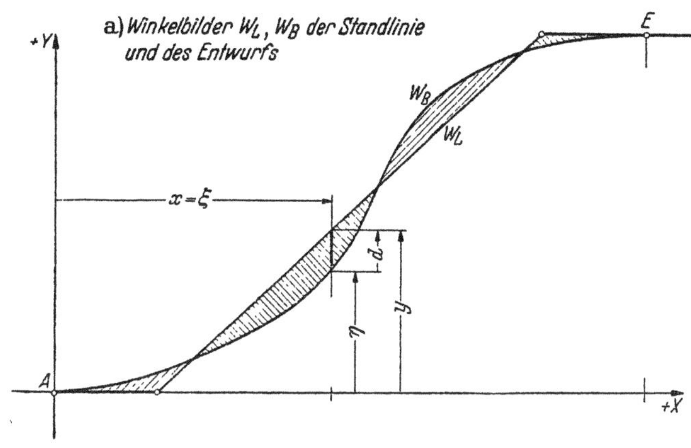

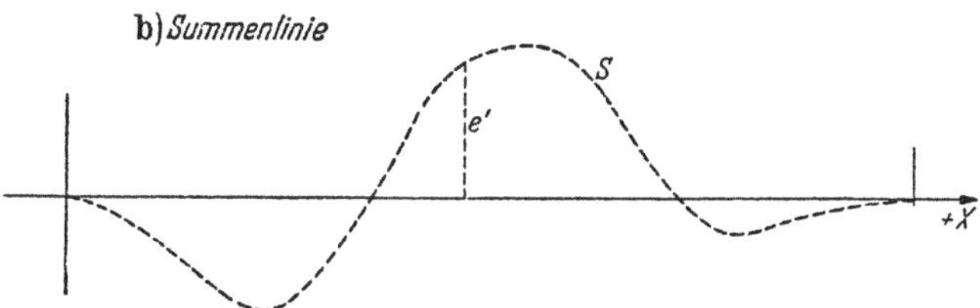

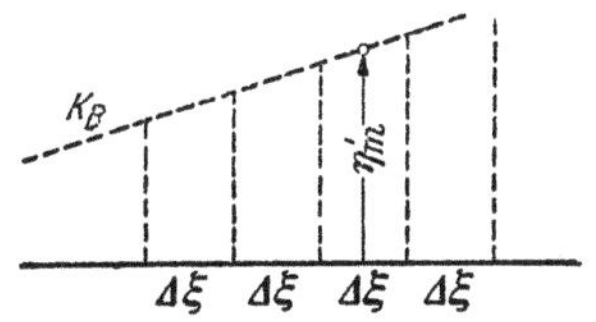

Abb. 459. Winkelbilder der Standlinie, des Entwurfs und Summenlinie.   Abb. 460. Graphische Ermittlung von η.

$$\xi \text{ und } \eta = \int \eta' \cdot d\xi = c_3 \int \frac{d\xi}{r}, \tag{1213}$$

worin r von ξ abhängt. Besitzt die Krümmungslinie eine analytisch faßbare Form, so kann auch η analytisch ausgedrückt werden. Andernfalls findet man es aus der Näherungsbeziehung

$$\eta = \int \eta' \cdot d\xi \approx \Delta\xi \cdot \Sigma\eta'_m, \tag{1214}$$

wenn η'_m (Abb. 460) die Mittelordinate zur gleichen, genügend kleinen Streifenbreite $\Delta\xi$ ist. Die zwischen den Punkten gleicher Abszissen der beiden Winkelbilder W_L, W_B bestehenden Ordinatendifferenzen sind

$$d = y - \eta = c_2 (\varphi - \psi) = c_2 \cdot \delta. \tag{1215}$$

Hierin bedeuten φ, ψ die Richtungen entsprechender Elemente der Standlinie und des Neubogens, deren Unterschied eben der früher mit δ bezeichnete Winkel ist. Er kann nach $\delta = d : c_2$ aus dem der Zeichnung entnommenen d und dem von vornherein bekannten, geeignet gewählten Beiwert c_2 berechnet werden.

Für die Absteckung der Punkte Q_i des Neubogens von den Punkten P_i der Standlinie L aus braucht man jetzt die senkrechten Abstände e_i (Abb. 451), die sich aus (1192) ergeben. Ersetzt man dort δ durch $d : c_2$ und dl durch $dx : c_1$, so erscheint die neue Form

$$e_i = e_0 + \frac{1}{c_1 \cdot c_2} \int_0^{x_i} d \cdot dx = e_0 + \frac{1}{c_1 \cdot c_2} \cdot F_i. \tag{1216}$$

Hierin bedeutet F_i die im Winkelbild von den Bildlinien W_L, W_B und den Ordinatenstücken d_o, d_i eingeschlossene Fläche.

Im allgemeinen muß F_i aus der Zeichnung durch graphische Summierung der d_i in klein genug gewählten Abständen $\varDelta x$ ermittelt werden. Gehört zum e-ten der gleich großen Abszissenintervalle $\varDelta x$ in der Streifenmitte die Differenz d_e, so folgt die weitere Form

$$e_i = e_o + \frac{\varDelta x}{c_1 \cdot c_2} \cdot \overset{i}{\underset{1}{\varSigma}} d_e = e_o + c_5 \cdot e'_i, \tag{1217}$$

worin die Abkürzungen $c_5 = \varDelta x : (c_1 \cdot c_2)$ und $e'_i = \overset{i}{\underset{1}{\varSigma}} d_e$ verwendet sind. Trägt man zu den Abszissen x des Winkelbildes die e' als Ordinaten auf, so erscheint die in Abb. 459 enthaltene Summenlinie S. Soll der Neubogen B am Anfang und Ende in die Standlinie L übergehen, so ist $e_o = e_n = 0$ und es muß die Summenlinie in ihrem Endpunkt auf ihre Anfangsordinate zurückkehren.

h) Reihenfolge der Einzelarbeiten.

Zur Wahrung der Übersicht sollen die wichtigeren beim Winkelbildverfahren auftretenden Arbeiten noch besonders zusammengestellt werden. Es sind folgende.

1. Genaue Aufnahme der Standlinie L; besonders scharfe Ermittlung der Richtungsänderungen entweder mit dem Theodolit (gewöhnlicher Polygonzug) oder durch sehr genaue Pfeilhöhenmessung (Schienenpolygon). L soll sich zur Erzielung kurzer Ordinaten e dem abzusteckenden Neubogen B gut anschmiegen.

2. Berechnung und Auftrag des zu L gehörigen Winkelbildes W_L.

3. Wahl des Krümmungsbildes K_B für den Neubogen B nach den vorliegenden Bedürfnissen; Zeichnung desselben.

4. Ableitung des zugehörigen Winkelbildes W_B, welches in das W_L enthaltende Blatt eingetragen wird.

5. Zeichnung der Summenlinie S aus den graphisch ermittelten Ordinatendifferenzen d der Winkelbilder W_L, W_B.

6. Berechnung der Absteckungsordinaten e und Absteckung des Neubogens[1].

56. Übersicht der vermessungstechnischen Arbeiten beim Eisenbahnbau.

Bei der Anlage von Verkehrswegen, besonders der Eisenbahnen, spielen auch vermessungstechnische Arbeiten eine große Rolle, deren Bedeutung mit der Schwierigkeit des Geländes zunimmt. Hauptsächlich kommen sie in Betracht bei den sog. Eisenbahnvorarbeiten, welche man gewöhnlich in Voruntersuchungen, allgemeine Vorarbeiten und ausführliche (spezielle) Vorarbeiten gliedert.

1. Bei den Voruntersuchungen werden mehrere, vielfach durch weite Räume getrennte Linien miteinander verglichen. Für die Wahl der einen oder anderen Linie bleiben Geländeeinzelheiten ohne Bedeutung; dagegen sprechen neben allgemeinen wirtschaftlichen Gesichtspunkten die großen Züge im Antlitz der Natur, wie die Beschaffenheit und Höhenlage etwaiger Gebirgstäler und Gebirgsübergänge ein entscheidendes Wort. In Kulturländern, die im Besitze einer 25 000-teiligen topographischen Karte mit Schichtenlinien sind, wird es fast immer möglich sein, auf Grund dieses Kartenwerks eine sichere Auswahl zu treffen. Auch eine 50 000-teilige topographische Karte kann noch genügen, wenn sie in bezug auf die Höhendarstellung etwa mittels

---

[1] Einschlägige Literatur: a) HÖFER, M.: Die Absteckung von Gleisbogen aus Evolventenunterschieden, Berlin 1927, u. Über die Absteckung von Bogenweichen, Z. Vermess.-Wes. 1929, S. 401—426; b) SCHRAMM, G.: Der vollkommene Gleisbogen, Berlin 1931, u. Allgemeine Theorie des Nalenz-Höfer-Verfahrens, Organ f. d. Fortschritte d. Eisenbahnwesens 1931, Heft 16; ferner Das Winkelbildverfahren zum Abstecken von Bogen, Z. Vermess.-Wes. 1934, S. 49—64 u. 97—109; c) PETERSEN, R.: Der Übergangsbogen im Eisenbahngleis, Organ f. d. Fortschritte d. Eisenbahnwesens, 1932 Heft 22; d) Abstecken u. Vermarken von Gleisbogen nach dem Winkelbildverfahren (Deutsche Reichsbahn, Hilfsheft h 501 für das dienstliche Fortbildungswesen, 2. Aufl. Leipzig 1941).

barometrischer Messungen so weit ergänzt wird, daß sie 10-m- oder mindestens 20-m-Schichtenlinien enthält. Bei der Anlage von Verkehrswegen in kartographisch unbekannten Ländern bleibt freilich nichts anderes übrig, als daß man die einzelnen Linien bereist und sie unter Zuhilfenahme des Barometers, der Bussole, des Schrittzählers oder der Marschzeiten oder eines Wagenrades als Meßrad in flüchtiger Weise aufnimmt. Die Arbeit kann in einem gut gangbaren Gelände durch automatische Meßinstrumente[1], welche wie z. B. der Pedograph von Ferguson, den Reiseweg in der Hauptsache selbsttätig auftragen, wesentlich erleichtert werden. Zur Sicherung solcher Routenaufnahmen werden einzelne ihrer Punkte, in erster Linie ihr Anfangs- und ihr Endpunkt durch geographisch-astronomische Ortsbestimmungen festgelegt[2].

2. Zu den allgemeinen Vorarbeiten gehört vor allem die Herstellung eines guten, in größerem Maßstab gehaltenen Schichtenplans, welcher einen manchmal mehrere hundert Meter breiten Geländestreifen zu beiden Seiten der ihrem ungefähren Verlauf nach in die Natur übertragenen Linie darstellt. Nach diesem Plan, dem auch – in der Regel unter Beibehaltung des Längenmaßstabes – die meist 10-fach überhöhten Längenprofile entnommen werden, findet unter Einhaltung gewisser Bedingungen (kleinster Halbmesser, größte Steigung usw.) die Ermittlung einiger Varianten des Verkehrsweges statt, unter denen schließlich die bauwürdigste ausgewählt wird.

Bezüglich des Maßstabes und der Art der Aufnahme solcher Schichtenpläne für allgemeine Vorarbeiten herrscht nun eine große, zum Teil allerdings berechtigte Verschiedenheit!

Wird aus Mangel an geeigneten Planunterlagen eine vollständige Neuaufnahme notwendig, die sich, wie früher beschrieben, auf ein Dreiecksnetz und Polygonzüge stützt, so ist nach dem übereinstimmenden Urteil erfahrener Fachmänner der Maßstab 1:5000 der zweckmäßigste. Er reicht zur Darstellung aller wichtigeren Einzelheiten aus und liefert ein noch als übersichtlich zu bezeichnendes Planmaterial, dessen Höhenlinien im Flachland, Hügelland, Mittel- und Hochgebirge zweckmäßig die Abstände 1 m, 2 m, 3 m und 5 m besitzen. Die Ausführungsmethode solcher Neuaufnahmen wird, soweit nicht Vorschriften entscheiden, bis zu einem gewissen Grade immer von der persönlichen Veranlagung und Liebhaberei des Leiters der Arbeiten abhängen. In tieferen, meist unübersichtlichen Lagen wird wohl die Zahlentachymetrie mit dem Theodolit, in Wäldern diejenige mit der Bussole vorzuziehen sein, während in höheren, meist übersichtlicheren Bezirken mit viel Einzelheiten in den Geländeformen die Meßtischtachymetrie, besonders in trockenen Ländern, vielleicht bessere Dienste leisten kann. Nimmt mit zunehmender Höhe die Zugänglichkeit des Aufnahmegebietes immer mehr ab, während es doch gut eingesehen werden kann, so versagen die genannten Methoden, und es kommt die Photogrammetrie als Hilfsmittel der Geländeaufnahme zu ihrem Recht. Nur in einzelnen, besonders einfachen Fällen, z. B. bei der Aufnahme eines nahezu horizontalen Talbodens, genügt es auch, mit dem Nivellierinstrument eine hinreichende Zahl von Querprofilen aufzunehmen, welche in geeigneten Punkten des gut einnivellierten Längenprofils eines Polygonzuges gelegt werden.

Sind bereits Horizontalpläne vorhanden (z. B. in Württemberg die Flurpläne 1:2500, in Bayern die Katasterpläne 1:5000), so braucht man diese nur innerhalb des aufzunehmenden Streifens in bezug auf die Höhen zu ergänzen, was je nach der Gelände-

---

¹ Siehe z. B. F. Koll: Automatische Meßinstrumente (Pedograph, Cyclograph, Hodograph). Z. Vermess.-Wes. 1905, S. 245—251. Ferner siehe Z. Instrumentenkde. 1904, S. 57.

² Siehe dazu in G. v. Neumayer: Anleitung zu wissenschaftlichen Beobachtungen auf Reisen 1. Bd., 3. Aufl., Hannover 1906; die Beiträge a) Ambronn, L.: Geographische Ortsbestimmung auf Reisen, S. 1—73; b) Vogel, P.: Aufnahme des Reiseweges u. des Geländes, S. 74—164; c) Finsterwalder, S.: Die Photogrammetrie als Hilfsmittel der Geländeaufnahme, S. 165—202; d) Finsterwalder, R.: Grenzen u. Möglichkeiten der terrestrischen Photogrammetrie, besonders auf Forschungsreisen, Allg. Vermess.-Nachr. 1930. Auf die auf S. 226, Anmerkung 1 genannte Arbeit von P. T. Walther sei hier noch einmal verwiesen.

beschaffenheit durch geometrisches Flächennivellement, durch halbtrigonometrische Höhenmessung oder auch tachymetrisch erfolgen kann, während das barometrische Flächennivellement, als für diesen Zweck zu ungenau, hier nicht in Betracht kommt. Im übrigen sind die allgemein zugänglichen württembergischen Flurkarten bereits mit Höhenlinien versehen, und auch in Bayern wurden die meisten 5000-teiligen Katasterblätter schon durch Höhenlinien ergänzt[1]. Etwas umständlicher liegen die Verhältnisse, wenn die Lagepläne der Fluraufnahmen in verschiedenen Maßstäben und zusammenhanglos vorliegen. Solche Pläne muß man erst auf einen passenden, gemeinsamen Maßstab bringen und hierauf durch Aneinanderfügen längs der Gemeindegrenzen – so gut es geht – zu einem Ganzen verbinden. Die in manchen Ländern vorhandenen 10000-teiligen Übersichtspläne der Katasteraufnahme sind, wenn es sich nicht um ganz einfache Verhältnisse handelt, in der Regel doch zu klein, um nach Ergänzung in bezug auf die Höhen für die Ermittlung der bauwürdigsten Linie eine zuverlässige Grundlage abzugeben. Neuerdings hat man mit der Anlage einer allgemeinen deutschen Wirtschaftskarte 1:5000 mit Höhenlinien begonnen. Sie wird aber nicht in einem Zuge hergestellt, sondern jeweils nur nach Bedürfnis erweitert.

In Österreich hat es sich eingebürgert, unter Beiseitelassung der früher ebenfalls benutzten Katasterblätter, für die allgemeinen Vorarbeiten vollständige Neuaufnahmen (Zahlentachymetrie) in dem großen Maßstabe 1:1000 auszuführen. Dieses Verfahren kommt allerdings ziemlich teuer; es sind aber auch für die hernach zu besprechenden speziellen Vorarbeiten keine besonderen Aufnahmen mehr vorzunehmen.

3. Zur Vornahme der ausführlichen Vorarbeiten ist zunächst die auf Grund der allgemeinen Vorarbeiten ermittelte bauwürdigste Linie aus dem Plan in die Natur zu übertragen und dauerhaft zu bezeichnen. Bei dieser Gelegenheit hat man es häufig mit der Absteckung von sehr langen Geraden zu tun, während die Bogen in der Regel noch nicht ausgesteckt werden. Längs der ins Feld übertragenen Linie findet ein genaues Längennivellement und die Aufnahme einer genügenden Zahl von kurzen Querprofilen statt. Diese Messungen, nach welchen Profile in größerem Maßstabe (1:1000 und größer) hergestellt werden, bilden nicht nur die Grundlage für die endgültige, genaue Massenberechnung, sondern auch für die genaue räumliche Anordnung der verschiedenen Kunstbauten. Für letzteren Zweck sind manchmal auch noch Detailaufnahmen in größerem Maßstabe erforderlich. Stellt sich auf Grund der letzten Berechnungen die Notwendigkeit einer kleinen Rückung der Linie heraus, so sollen davon im allgemeinen die vorgesehenen Kurven möglichst wenig berührt werden, da Bögen vielfach eingelegt werden, um die Linie zwischen nahe aneinander liegenden Hindernissen ungefährdet hindurchzuführen. Liegt der Verkehrsweg nunmehr endgültig fest, so wird man auch die verschiedenen Bogenabsteckungen vornehmen und die Richtungsangaben für etwaige Tunnelabsteckungen durchführen.

4. Eine wichtige vermessungstechnische Aufgabe, die jedoch mit dem eigentlichen Bau von Verkehrswegen nichts zu tun hat, bildet die Vermarkung und Vermessung der neuen Eigentumsgrenzen sowie die Herstellung der Grunderwerbspläne. Derartige Aufnahmen müssen – wenigstens in Kulturländern – mit der größten Sorgfalt durchgeführt werden und erfolgen heute fast ausnahmslos auf trigonometrischer Grundlage nach der Koordinatenmethode. Diese Arbeiten werden, da es sich hierbei um Eigentumsfragen und um die Laufendhaltung des Grundbuchs handelt, von einer unparteiischen Instanz, nämlich durch die vom Staat aufgestellten Geometer bzw. Vermessungsingenieure, nach besonderen Vermessungsanweisungen vorgenommen[2].

---

[1] Diese durch Höhenlinien ergänzten 5000-teiligen Blätter sind in erster Linie allerdings nur als Grundlage für die Herstellung der topographischen Blätter in 1:25000 gedacht.

[2] Zum Schluß dieser Ausführungen sei noch auf die einschlägigen wertvollen Untersuchungen von C. KOPPE hingewiesen, nämlich a) Die topographischen Grundlagen bei Eisenbahnvorarbeiten in verschiedenen Ländern, Z. Vermess.-Wes. 1910, S. 401—410 u. b) Die vermessungstechnischen Grundlagen der Eisenbahnvorarbeiten in Deutschland u. Österreich, Org. Fortschr. Eisenbahnwes. N. F. Bd. 49 (1912), S. 127—129, 145—147, 163—168, 181—185. Siehe ferner PULLER: Über Eisenbahnvorarbeiten, Z. Vermess.-Wes. 1898, S. 153–162.

Sachverzeichnis.